K.J. Moll, M. Moll

Kurzlehrbuch Anatomie

Für Anne Caroline

K.J. Moll, M. Moll

Anatomie

Kurzlehrbuch zum Gegenstandskatalog

16., überarbeitete Auflage

URBAN & FISCHER
München • Jena

Zuschriften und Kritiken an:
Urban & Fischer, Lektorat Medizinstudenten, Simone Spägele, Karlstraße 45, 80333 München

Wichtiger Hinweis für den Benutzer

Die Erkenntnisse in der Medizin unterliegen laufendem Wandel durch Forschung und klinische Erfahrungen. Herausgeber und Autoren dieses Werkes haben große Sorgfalt darauf verwendet, daß die in diesem Werk gemachten therapeutischen Angaben (insbesondere hinsichtlich Indikation, Dosierung und unerwünschten Wirkungen) dem derzeitigen Wissensstand entsprechen. Das entbindet den Nutzer dieses Werkes aber nicht von der Verpflichtung, anhand der Beipackzettel zu verschreibender Präparate zu überprüfen, ob die dort gemachten Angaben von denen in diesem Buch abweichen und seine Verordnung in eigener Verantwortung zu treffen.

Die Deutsche Bibliothek – CIP-Einheitsaufnahme

Ein Titeldatensatz für diese Publikation ist bei
Der Deutschen Bibliothek erhältlich
ISBN 3-437-41741-X

16. Auflage September, 2000

00 01 02 03 04 5 4 3 2 1 0

Um den Textfluß nicht zu stören, wurde bei Patienten und Berufsbezeichnungen die grammatikalisch maskuline Form gewählt. Selbstverständlich sind in diesen Fällen immer Frauen und Männer gemeint.

Lektorat: Simone Spägele
Redaktion: Dr. Marie Trendelenburg
Herstellung: Peter Sutterlitte
Satz: Medienkontor Lübeck, medienkontor-luebeck.com
Druck und Bindung: Franz Spiegel Buch, Ulm
Zeichnungen: Karl-Josef Moll
Umschlaggestaltung: prepress ulm GmbH, Ulm
Titelphotographie: Tony Stone/Richard Francis

Aktuelle Informationen finden Sie im Internet unter der Adresse:
Urban & Fischer: http://www.urbanfischer.de

Vorwort zur 16. Auflage

Liebe Medizinstudentin, lieber Medizinstudent,

allein über das anatomische Wissen könnten viele dicke Bücher geschrieben werden. Diese Fülle an Wissen übersteigt die Aufnahmefähigkeit von jedem von uns, so dass auch die Anatomen ihre Spezialgebiete haben.

Sie als Studierende stehen nun vor der Schwierigkeit, das vorhandene Wissen auf das zu reduzieren, was für Ihre spätere ärztliche Tätigkeit sowie für eine erfolgreiche Prüfung notwendig ist. „Querbeet"-Lernen kostet nur viel Zeit und bringt erfahrungsgemäß nur sehr wenig, denn das Wissen, das Sie nicht häufiger brauchen, vergessen Sie nach relativ kurzer Zeit wieder.

Bei der Konzeption des Kurzlehrbuches (KL) habe ich mir daher folgende Vorgaben gemacht:

- Das KL soll ein Arbeits- und Lernbuch sein;
- Es soll das notwendige Grundwissen und das gesamte Prüfungswissen für die mündlichen und schriftlichen Prüfungen in der Anatomie enthalten;
- Es soll verständlich geschrieben sein und kein Wissen voraussetzen, so dass Sie sich in jedes der elf Kapitel ohne Vorkenntnisse einarbeiten können;
- Es soll als Repetitorium zur schnellen Vorbereitung auf den schriftlichen Teil des Physikums in 2 bis 3 Wochen durchgearbeitet werden können;
- Unter „Klinik" soll es Ihnen bereits im Grundstudium die anatomisch herleitbaren Ursachen vieler Krankheitsbilder darstellen.

Randwissen habe ich nicht mit aufgenommen, dafür habe ich jedoch die Kapitel, zu denen immer wieder teilweise sehr detaillierte Fragen gestellt werden (z.B. zu den Nervenverläufen) über den in einem Lehrbuch üblichen Rahmen hinaus ausgearbeitet.

Mit dem vorliegenden Buch konnten in den Physika Frühjahr 1997 bis Herbst 1998 86,3 % der Fragen beantwortet, 9,5 % teilweise und 4,1 % nicht beantwortet werden. Etwa 20 % der Fragen, die mit dem Buch beantwortet werden konnten, lagen außerhalb der von mir besonders hervorgehobenen Stoffgewichtung.

In der vorliegenden 16. Auflage habe ich das Kapitel Histologie vollkommen neu geschrieben, so daß sich das Buch nun auch sehr gut für das Lernen zum Histologiekurs eignet.

Lassen Sie mich an dieser Stelle etwas Werbung machen, denn ich glaube, dass die anatomischen Tafeln eine ideale Ergänzung zum KL bilden. Die Tafeln ermöglichen einen Überblick, den Ihnen das Geschriebene nur durch Zusammenfassungen bieten kann. Sie werden wesentlich leichter die Gefäß- und Nervensysteme und wesentliche topographische Zusammenhänge erlernen könne. Da die Anatomie nicht losgelöst von Ihrer späteren Tätigkeit gesehen werden darf, habe ich ableitbare Erkrankungen bzw. Ausfälle mit eingearbeitet, so dass Sie während Ihrer klinischen Ausbildung immer wieder auf die Tafeln zurückgreifen können.

Zur Zeit richte ich eine Website für Anatomie und Physiologie unter www.mollnet.de ein. In dieser Site sollen neue Forschungsergebnisse verständlich publiziert werden, außerdem soll sie den Studierenden ein Forum für den Gedankenaustausch bieten und auf andere interessante Sites verweisen. Wenn Sie an dieser Site mitarbeiten wollen oder interessante Links kennen, mailen Sie mir bitte unter anatomie@mollnet.de. Wenn Sie Fragen, Anregungen oder Kritik am Kurzlehrbuch üben wollen, mailen Sie mir bitte unter der gleichen Adresse oder schreiben an Frau Spägele.

Bei der Neuauflage dieses Buches habe ich wiederum von verschiedener Seite Hilfe erfahren. Herzlich danken möchte ich meiner Lektorin Frau Simone Spägele für die sehr angenehme Zusammenarbeit. Der Lektorin Frau Dr. Marie Trendelenburg danke ich sehr herzlich für eine Vielzahl an kritischen und konstruktiven Anregungen, durch die sie großen Anteil an der Verständlichkeit des neu geschriebenen Kapitels Histologie hat.

Für die Kritik, Hinweise und Anregungen, die ich von studentischer Seite zur letzten Auflage erhalten habe, danke ich an dieser Stelle nochmals. Besonders erwähnen möchte ich die Studierenden Christoph Schiffer, Köln, Beate Witzel, Homburg und Robert Ventz, Berlin.

Ich hoffe auch weiterhin auf Ihre kritische Resonanz.

Saulheim im September 2000 K. J. Moll

Benutzerhinweise

Es gibt eine Reihe von im GK aufgeführten Kapiteln, zu denen seit Beginn der zentral durchgeführten Physika (1974) bis heute keine oder nur eine Frage gestellt wurden. Der Prüfungsstoff anderer Kapitel wird dagegen fast bei jedem Physikum abgefragt.

Eine effektive Prüfungsvorbereitung auf den schriftlichen Teil des Physikums besteht somit darin, das im GK aufgeführte Prüfungswissen nach der Prüfungsrelevanz zu gewichten. Das Erlernen des Basiswissens zu allen Kapiteln bringt dagegen erfahrungsgemäß kaum Punkte im schriftlichen Teil des Physikum.

Im vorliegenden Kurzlehrbuch sind die Schwerpunkte herausgearbeitet und durch Hinweise und Symbole hervorgehoben.

1. Hinter der Kapitelüberschrift stehen in einem Kästchen die Symbole (!) und (1/2). Mit dem Ausrufezeichen (!) werden die Kapitel nach ihrer Prüfungsrelevanz gewichtet. Die erste Zahl gibt an, wieviele Fragen zu diesem Kapitel in den letzten 10 Jahren (20 Physika) gestellt wurden, die Zahl hinter dem Querstrich gibt an, wieviele Fragen seit 1974 insgesamt gestellt wurden. So läßt sich aus diesen Zahlen ableiten, wieweit Fragen zu diesem Kapitel noch im jetzigen Fragenpool enthalten zu sein scheinen.
   Es bedeuten:
   !!! = absolut prüfungsrelevant – sehr gut lernen! Mit 3 Ausrufezeichen sind die Kapitel gekennzeichnet, zu denen bisher mehrere Fragen gestellt wurden oder die von ihrem Inhalt her absolut prüfungsrelevant sind.
   !! = prüfungsrelevant – gut lernen. Mit 2 Ausrufezeichen sind die Kapitel gekennzeichnet, zu denen bisher eine oder mehrere Fragen gestellt wurden, wobei ein Teil des Textes besonders prüfungsrelevant ist.
   ! = bedingt prüfungsrelevant. Mit 1 Ausrufezeichen sind die Kapitel gekennzeichnet, zu denen bisher keine oder nur wenige Fragen gestellt wurden und deren Inhalt nur bedingt prüfungsrelevant ist.
   Kein Ausrufezeichen haben die Kapitel, die mir von der bisherigen Fragengestaltung und dem abgehandelten Wissen her als nicht prüfungsrelevant erscheinen.
2. Zu Anfang vieler Kapitel wird durch Kursivschrift auf das in diesem Kapitel besonders Prüfungsrelevante hingewiesen.
3. Der zwischen 2 grünen Pfeilen liegende Text (➤ ...... ◄) ist besonders prüfungsrelevant.

Durch das Herausarbeiten der Schwerpunkte reduziert sich in dem vorliegenden Buch das für eine gute Note im schriftlichen Physikum notwendige Wissen auf rund 340 Seiten, so daß der Zeitaufwand für die Vorbereitung nicht größer ist als bei einem nur das Basiswissen abhandelnden Repetitorium. Das Prüfungsergebnis dürfte dafür jedoch weitaus besser ausfallen.

Abkürzungen

a.	arteriae (Gen.)
A.	Arteria
Aa.	Arteriae (Plural)
An.	Ansatz
a.p.	anterior-posterior
Bes.	Besonderheit
BWS	Brustwirbelsäule
C	Zervikalbereich
cart.	Cartilago
d	Tage
DD	Differentialdiagnose
Gl.	Glandula
Gll.	Glandulae (Plural)
h	Stunden
HWS	Halswirbelsäule
In.	Innervation
J	Jahre
L	Lumbalbereich
Lig.	Ligamentum
Ligg.	Ligamenta (Plural)
Lj.	Lebensjahr
LWS	Lendenwirbelsäule
m.	musculi (Gen.)
M.	Musculus
Mm.	Musculi (Plural)
mm	musculorum
n.	nervi (Gen.)
N.	Nervus
Nn.	Nervi (Plural)
Nl.	Nodus lymphaticus
Nll.	Nodi lymphatici (Plural)
Nucl.	Nucleus
Proc.	Processus
Procc.	Processus (Plural)
r.	rami (Gen.)
R.	Ramus
Rr.	Rami (Plural)
S	Sakralbereich
syn.	synonym
Th	Thorakalbereich
Ur.	Ursprung
v.	venae (Gen.)
V.	Vena
Vv.	Venae (Plural)
ZNS	Zentralnervensystem

Literaturangabe

Neben der Primärliteratur habe ich die nachfolgenden Bücher benutzt, die mir eine wertvolle Hilfe waren:

Benninghoff, A. und Goerttler, K., Makroskopische Anatomie, Embryologie und Histologie des Menschen, Bd.1, 15. Aufl. 1994, Bd. 2, 15. Aufl. 1993.

Bucher, O., Wartenberg, H., Cytologie, Histologie und mikroskopische Anatomie des Menschen, 12. Auflage 1997.

Feneis, H., Dauber, W., Anatomisches Bildwörterbuch der internationalen Nomenklatur, 8. Aufl. 1998.

Frick, H., Leonhardt, H., Strack, D., Allgemeine Anatomie, 4. Band 1 und 2, 4. Aufl. 1992.

Junqueira, L.C., Carneiro, J., Histologie, 4. Auflage 1996.

Langmann, J., Medizinische Embryologie, 7. Auflage 1985.

Last, R.J., Anatomy, 7. Auflage 1984.

Leonhardt, L.H., Histologie, Zytologie und Mikroanatomie, 8. Auflage 1990.

Lippert, H., Lehrbuch der Anatomie, 5. Auflage 1999.

Moore, K.L., Embryologie, 4. Auflage 1996.

Rauber, Kopsch; Anatomie der Menschen, Band 1 bis 4, Bd. 1., 2. Aufl. 1997, Bände 2 bis 4, 1. Auflage 1987/88.

Rohen, J.W., Topographische Anatomie, 10. Auflage 1999.

Rohen, J.W., Funktionelle Anatomie des Nervensystems, 5. Auflage 1994.

Schiebler, T.H., Schmidt, W., Ziller, K., Lehrbuch der gesamten Anatomie des Menschen, 7. Auflage 1997.

Snell, R.S., Clinical Anatomy for Medical Students, 3. Auflage 1986.

Trepel, M., Neuroanatomie, 2. Aufl. 1999.

Waldeyer, A., Mayet, A., Anatomie des Menschen, Bd. 1 und 2, 16. Auflage 1992.

Die Winterthur Verlaufsbeschreibungen heißen in der aktuellen 2. Auflage:
Moll Anatomische Tafeln. Verlaufsbeschreibungen von Nerven und Gefäßen. Urban & Fischer, 2000
ISBN 3-437-41101-2

Inhaltsverzeichnis

4 Untere Extremität

5 Kopf

6 Leibeswand

7 Brusteingeweide

9 Zentralnervensystem

10 Sehorgan

11 Hör- und Gleichgewichtsorgan

1 Allgemeine Entwicklungsgeschichte und Plazentation

Einleitung

Das menschliche Leben hat seinen Ursprung in der Vereinigung (= Befruchtung) einer mütterlichen Eizelle mit einer väterlichen Samenzelle.

Nachdem die Eizelle durch den Eisprung (= Ovulation) aus einem Follikel des Eierstocks ausgestoßen wurde, erfolgt normalerweise die Befruchtung im Eileiter (= Tuba uterina).

Die befruchtete Eizelle wird **Zygote** genannt. Die Zygote teilt sich nun auf ihrem Weg durch den Eileiter (siehe Kapitel 1.2.2 und 1.2.3) in immer kleinere Zellen (= Furchungszellen).

Um den 6. Tag nach dem Eisprung nistet sich der mittlerweile aus vielen kleinen Zellen bestehende Zellhaufen, **Blastozyste** genannt, in der Schleimhaut der Gebärmutter (= Uterus) ein (siehe Kapitel 1.2.4, sowie Abb. 1.1).

Die vorgeburtliche (= pränatale) Zeit kann in drei Perioden unterteilt werden:

- **Vorembryonalperiode** (syn.: Blastulaphase) – sie reicht vom 1. bis zum 7. Tag und umfaßt die Zeitspanne zwischen Befruchtung und Einnistung. Die Vorembryonalphase endet mit der Ausbildung der Keimscheibe (s. Kapitel 1.4.1). ➤ Fehlbildungen, die in dieser Zeit entstehen, äußern sich als Doppelmißbildungen oder Spaltbildungen. ◄
- **Embryonalperiode** (syn.: Embryonalphase) – sie reicht von der 2. bis zum Ende der 8. Entwicklungswoche. In dieser Periode entwickeln sich die einzelnen Organe. Der Embryo (= Keimling) erhält in dieser Zeit seine menschliche Gestalt. In der 3.–6. Woche wird z.B. die Herzanlage gebildet. ➤ Fehlbildungen, die in dieser Periode entstehen, betreffen einzelne Organe oder die Extremitäten (z.B. Contergan-Kinder!). ◄
- **Fetalperiode** (syn.: Fetalphase) – sie reicht vom Beginn der 9. Entwicklungswoche bis zur Geburt. In dieser Periode reifen die einzelnen Organe heran. Schädigungen, die in dieser Zeit entstehen, können zum Abort (= Absterben) des Fetus (syn.: Foet) führen.

Bitte beachten Sie, dass der Zeitraum der Embryonalperiode nicht eindeutig definiert ist. Einige Autoren, z.B. Langman (Thieme Verlag) bezeichnen als Embryonalperiode die Zeit zwischen der 4. und 8. Entwicklungswoche. Andere Autoren, z.B. Voss/Herrlinger (Fischer Verlag) bezeichnen als Embryonalperiode die Zeit von der Befruchtung der Eizelle bis zum 60. Entwicklungstag.

1.1 Keimzellen und Keimzellbildung

1.1.1 Keimzellen ! 0/0

Als **Keimzellen** (= **Gameten** = Geschlechtszellen) werden die Ei- und Samenzellen bezeichnet. Die Entwicklung dieser Keimzellen erfolgt getrennt von der Entwicklung der **somatischen Zellen** (= die Zellen, die am Körperaufbau beteiligt sind).

➤ Die Keimzellen gehen aus **Urkeimzellen** hervor. Bereits im Stadium der Morula (siehe Kapitel 1.2.2) trennen sich die Keimzellen von den somatischen Zellen. Beim 3 Wochen alten Embryo sind die Urkeimzellen in der Dottersackwand nachweisbar (siehe Kapitel 1.4.2). Von der Dottersackwand gelangen die Urkeimzellen in der 6. Entwicklungswoche mittels amöboiden Bewegungen durch den Allantoisgang (s. Kapitel 1.4.3) und über das dorsale Mesenterium (= Darmgekröse) des Enddarms in die Geschlechtsanlagen (= Gonadenanlage). (S. Abb. 1.2). ◄

➤ Die Urkeimzellen induzieren wahrscheinlich die Entwicklung der Gonaden. ◄ Ob nach der Geschlechtsausbildung aus einer Urkeimzelle ein Ei oder ein Spermium entsteht, hängt von den genetisch determinierten physiologischen Bedingungen ab, das heißt, es hängt davon ab, ob es sich um ein weibliches oder ein männliches Geschlechtsorgan (Eierstock oder Hoden) handelt.

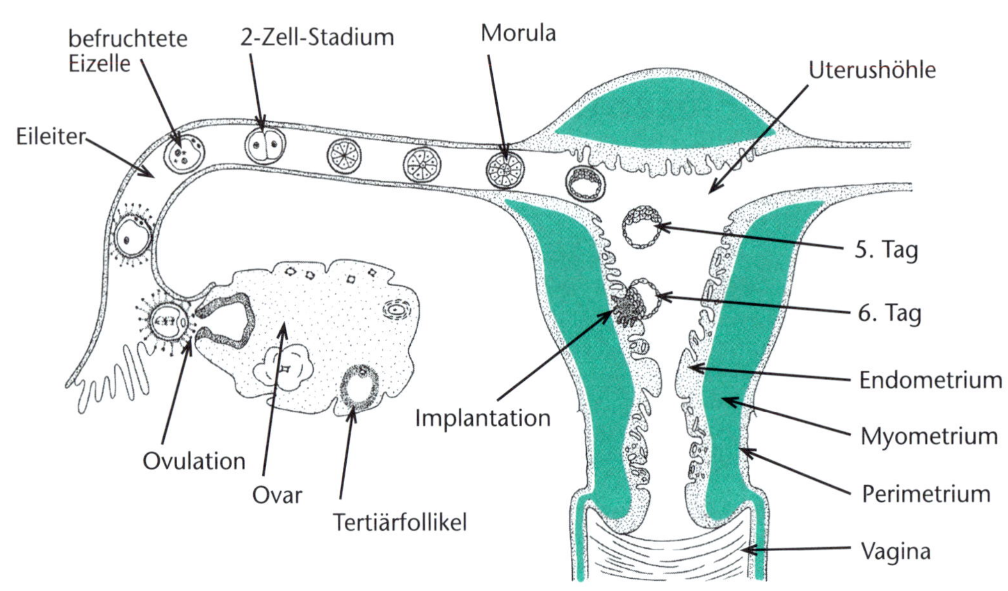

Abb. 1.1 *Wanderung der Eizelle und Einnistung*

Die weiblichen Urkeimzellen werden Ovogonien, die männlichen Urkeimzellen Spermatogonien genannt.

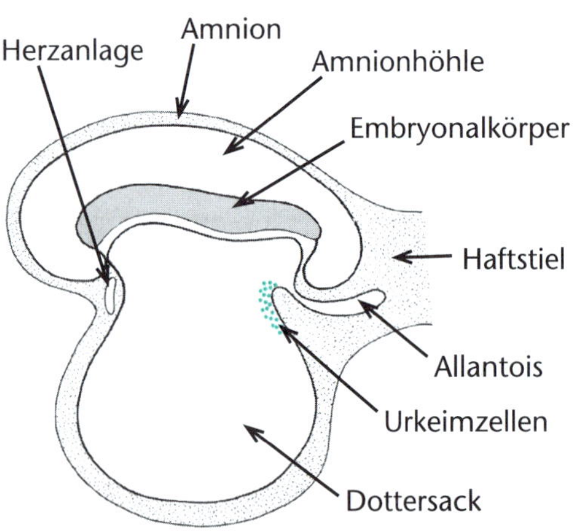

Abb. 1.2 *Schematische Darstellung der Urkeimzellen bei einem etwa 3 Wochen alten Embryo*

➤ Im Gegensatz zu den **Ovogonien** (= **Ureier**), die sich schon während der intrauterinen Entwicklung teilen und damit vermehren, so dass bis zur Geburt etwa eine Million Ovogonien im Keimepithel der beiden Ovarien (= Eierstöcke) angelegt sind, teilen sich die **Spermatogonien** (= **Ursamenzellen**) im Keimepithel der Hodenkanälchen erst ab der Geschlechtsreife. ◄

➤ Aus einer Ovogonie bzw. einer Spermatogonie entsteht eine als **Gamet** (= **Keimzelle**) bezeichnete Ovozyte bzw. Spermatozyte. Ovozyte und Spermatozyte besitzen je einen einfachen (= haploiden) Chromosomensatz. Bei der Befruchtung verschmelzen die beiden Kerne der Eizelle und des Spermiums mit ihren haploiden Chromosomensätzen zur befruchteten Eizelle, die damit einen diploiden Chromosomensatz besitzt. ◄

Keimbahnlehre

In der Keimbahnlehre wird die Hypothese aufgestellt, dass sich das **Keimplasma** bereits nach den ersten Teilungen der befruchteten Eizelle auf bestimmte Tochterzellen (= Blastomere) beschränkt, so dass die Entwicklung der Keimzellen von der der somatischen Zellen (= Körperzellen) grundsätzlich verschieden sei. Die Urkeimzellen nähmen an den Gestaltungs-

und Aufbauprozessen des Körpers nicht teil. Das Keimplasma wird nach dieser Hypothese in Form von Chromosomen von einer Generation zur nächsten weitergegeben (= Keimbahn).
Aus den Urkeimzellen entwickeln sich die Urgeschlechtszellen (= **Gonozyten**).

1.1.2 Ovogenese und Bau der Eizelle !!! 16/29

➤ *Prüfungsrelevant: Gesamtes Kapitel.*◄

Nachfolgend werden die einzelnen Entwicklungs- und Reifungsstadien der weiblichen Keimzellen beschrieben. Die Entwicklung des Eies wird **Ovogenese** (syn.: **Oogenese**) genannt.

Pränatale Reifungsperiode

Pränatal (= vor der Geburt ablaufend) werden folgende beiden Perioden unterschieden:

1. Vermehrungsperiode

Auf ihrer Wanderung von der Dottersackwand zur Anlage des Ovar, vermehren sich die **Urgeschlechtszellen** durch mitotische Teilungen. In der Ovarialanlage siedeln sie sich in der Rindenzone an und teilen sich solange, bis um den 5. Entwicklungsmonat etwa 6 Millionen Zellen entstanden sind, die nun **Ovogonien** (syn.: Oogonien) genannt werden.

➤ Die Ovogonien sind untereinander durch Zellbrükken verbunden und liegen daher in Gruppen beieinander; diese Gruppen werden **Eiballen** genannt. Bis zum Ende der Fetalzeit sind etwa 80 % der Ovogonien wieder zugrunde gegangen. Die Vermehrungsperiode ist somit noch vor der Geburt abgeschlossen. ◄

2. Erste Wachstumsperiode

In den letzten Fetalmonaten wachsen die Ovogonien bis zu einem Durchmesser von 50 µm heran, sie werden nun **primäre Ovozyten** genannt.
➤ Um die primären Ovozyten bildet sich ein einschichtiges, abgeplattetes Epithel, das aus den umgebenden Stromazellen des Ovar hervorgeht. Die Zellen dieses Epithels werden **Follikelepithelzellen** genannt. Eine von den Follikelepithelzellen umgebene primäre Ovozyte wird als **Primordialfollikel** bezeichnet (primordium = der Anfang). ◄ Bei einigen primären Ovozyten entwickelt sich noch vor der Geburt aus den platten Follikelepithelzellen des Primordialfollikels eine einschichtige kubische bis hochprismatische Zellschicht, wodurch laut Definition aus dem Primordialfollikel ein **Primärfollikel** (= ruhender Follikel) entstanden ist. Bei der Geburt liegen etwa 1 Million primärer Ovozyten als Primordial- oder Primärfollikel in einem Ovar (siehe Abb. 1.3).

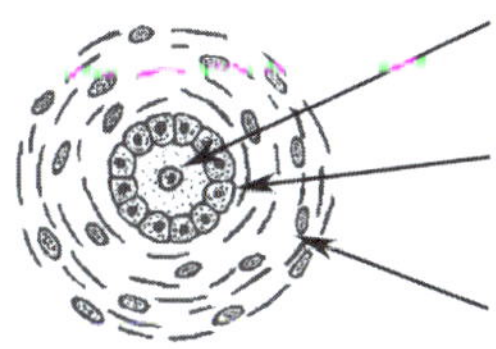

Abb. 1.3 *Primärfollikel*

➤ Noch vor der Geburt treten die primären Ovozyten in die **erste Reifeteilung** (= Meiose) ein, wobei sie jedoch in der Prophase der Meiose verharren. In der Prophase werden die Chromosomen in je 2 Chromatiden geteilt (= Diktyotänstadium der Prophase), so dass pro Chromosomenpaar 4 **Chromatiden** vorliegen, die als **Tetrade** (= Vierheit) bezeichnet werden.◄

Meiose (= Reifeteilung)

➤ Bei den mitotischen Teilungen (Kernteilungen) wird die in der Intermitose replizierte (verdoppelte) DNA auf 2 Tochterzellen verteilt, wobei die beiden Tochterzellen das gleiche genetische Material enthalten. Bevor die Geschlechtszellen in die Meiose übertreten, wird während der prämeiotischen Interphase in der S-Phase die DNA nochmals repliziert. ◄

➤ Die Meiose unterteilt sich in eine 1. und 2. Reifeteilung.
Die **1. Reifeteilung** beginnt mit der Prophase I, die in mehrere Stadien unterteilt wird. In der Prophase I werden die homologen **Chromosomen** der primären Ovozyte zunächst voneinander getrennt, dabei wird sichtbar, das jedes Chromosom aus **2 Chromatiden** besteht – die beiden jeweils bivalenten Chromosomen also aus 4 Chromatiden bestehen (= **Tetradenstadium**).

Ein Chromatid eines der bivalenten Chromosomen legt sich an ein Chromatid des anderen Chromosoms (was als **Chiasmata** bezeichnet wird) und tauscht mit ihm mittels **crossing over** Chromosomensegmente aus. Dadurch wird das genetische Material rekombiniert (ausgetauscht), was die Ursache der vielen genetisch verschiedenen Keimzellen ist.

In der Metaphase I ordnen sich die Chromosomen in der Äquatorialebene an.

In der Anaphase I trennen sich die gepaarten Chromosomen und wandern zu 2 entgegengesetzten Zellpolen. Das Zytoplasma wird zugeschnürt. Damit sind 2 Tochterzellen mit einem haploiden (halben) Chromosomensatz entstanden. Eine der Tochterzellen, die **sekundäre Ovozyte**, besitzt das gesamte paraplasmatische Dottermaterial (= Zytoplasma) der Mutterzelle und ist daher sehr groß. Die andere Tochterzelle wird zum sogenannten **Polkörperchen**, sie ist zytoplasmaarm und deshalb sehr klein. ≺

Die sekundäre Ovozyte und das 1. Polkörperchen liegen innerhalb des von der Zona pellucida umschlossenen Raumes. Das 1. Polkörperchen ist wahrscheinlich funktionslos und degeneriert bald.

➤ Die erste Reifeteilung der primären Ovozyte endet kurz vor der Ovulation. Kurz nach der 1. Reifeteilung beginnt die **sekundäre Ovozyte** mit der 2. meiotischen Reifeteilung, die bis zur Metaphase der Meiose abläuft. Die **2. Reifeteilung** wird nur dann beendet, wenn es nach der Ovulation zur Besamung kommt – also mit dem Eindringen eines Spermium in die Ovozyte (siehe hierzu Kapitel 1.2.1). ≺

Postnatale Reifung (= nach der Geburtablaufend)

3. Erste Ruheperiode

➤ In der Prophase der Meiose verharrt ein Teil der Primordial- und Primärfollikel mindestens bis zur Pubertät, längstens bis zur Menopause (= Zeitpunkt der letzten Regel).

Der größte Teil der Follikel geht jedoch noch vor oder während der Pubertät zugrunde (= Follikelatresie), so dass zu Beginn der Menarche (= 1. Regelblutung) nur noch etwa 40.000 primäre Ovozyten (Primordial- oder Primärfollikel) übrig geblieben sind, von denen wiederum nur etwa 400–500 zu befruchtungsbereiten Eizellen heranreifen. Diese Eizellen gehen in ein Wartestadium (= Diktyotänstadium) über. ≺

➤ Da die Zeit, in der die Ovozyten in diesem Wartestadium der Meiose verweilen, bis zu 50 Jahre umfassen kann (bis zur letzten Regel), besteht mit steigendem Alter der Mutter die Gefahr einer Chromosomenfehlverteilung. Bei Schwangeren, die älter als 30 Jahre sind, steigt die Häufigkeit von fehlgebildeteten Kindern (z.B. von Mongoloiden) an. ≺

4. Zweite Wachstumsperiode (= Follikelreifung)

➤ Bis zur Pubertät verharren die primären Ovozyten ohne sich zu verändern in der Rinde des Ovars. Durch hormonelle Einflüsse reifen jeweils einige der Primärfollikel zu **Sekundärfollikeln** (= wachsende Follikel) heran. Die Sekundärfollikel haben einen Durchmesser von 150 µm. Dazu vermehren sich die die primäre Ovozyte umgebenden Follikelepithelzellen zum mehrschichtigen **Epithelium folliculare** (syn.: **Membrana granulosa**). Diese, auch als Granulosazellen bezeichneten Follikelepithelzellen, sezernieren Glykoproteine, so dass zwischen den primären Ovozyten und der Follikelepithelzellschicht die aus Glykoproteinen bestehende **Zona pellucida** entsteht. ≺ Um die Membrana granulosa bildet sich die aus dem Bindegewebe des Ovar hervorgehende **Theca folliculi**. Zwischen der Membrana granulosa und der Theca folliculi liegt eine dünne Basalmembran.

Aus den Granulosazellen entstehen wie aus Abb. 1.5 ersichtlich:

- der Cumulus oophorus
- Teile der Zona pellucida
- die Corona radiata.

➤ Für den **Sekundärfollikel** ist charakteristisch:

- die Ovozyte ist vergrößert
- um die Ovozyte liegt eine Zona pellucida und eine Membrana granulosa
- die Theca folliculi ist ausgebildet (siehe Abb. 1.4). ≺

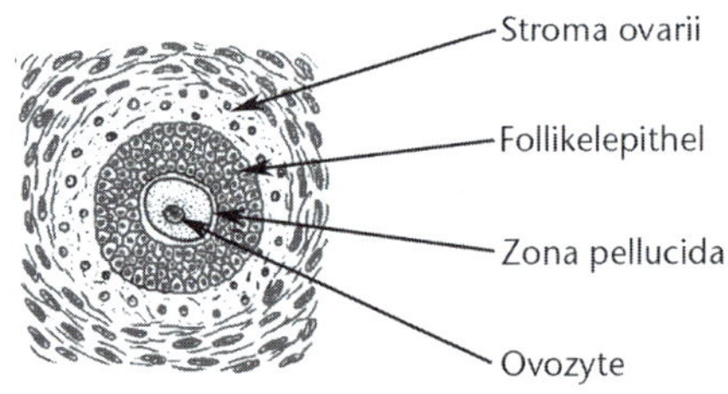

Abb. 1.4 *Sekundärfollikel*

Die Follikelepithelzellen (= Granulosazellen) sondern eine Flüssigkeit ab, die Liquor folliculi genannt wird. Dieser Liquor sammelt sich in Spalten, die sich schließlich zu einer Höhle, dem **Antrum folliculi**, vereinigen. Diese flüssigkeitsgefüllte Höhle ist für den **Tertiärfollikel** (= Bläschenfollikel) charakteristisch. Die Theca folliculi hat sich während dieser Entwicklungszeit in eine **Theca interna** und eine

Theca externa differenziert, wobei die Grenzen zwischen den beiden Thecae und dem umgebenden ovariellen Bindegewebe fließend sind.

➤ Die **Theca interna** (syn.: Tunica interna) ist eine zell- und gefäßreiche Schicht, die als interstitielle endokrine Drüse (= „Thekaorgan") das Hormon Östrogen (= weibliches Geschlechtshormon) produziert. ◄

➤ Die **Theca externa** (syn.: Tunica externa) bildet eine faserige Schicht aus spindelförmig angeordneten Myofibroblasten und Bindegewebsfasern.
Die Zellen des **Epithelium follliculi** (= Membrana granulosa) produzieren ab dem Übergang vom Sekundär- zum Tertiärfollikel u.a. das Hormon Progesteron, das in die Follikelhöhle abgegeben wird. ◄

Der 5–10 mm große Tertiärfollikel enthält die etwa 0,1 bis 0,2 mm große Eizelle.

➤ Der **Tertiärfollikel** ist charakterisiert durch:
- die lichtmikroskopisch sichtbare Follikelhöhle (= Antrum folliculi)
- die Theca interna und externa
- dadurch, dass er voll ausgebildet ist (siehe Abb. 1.5). ◄

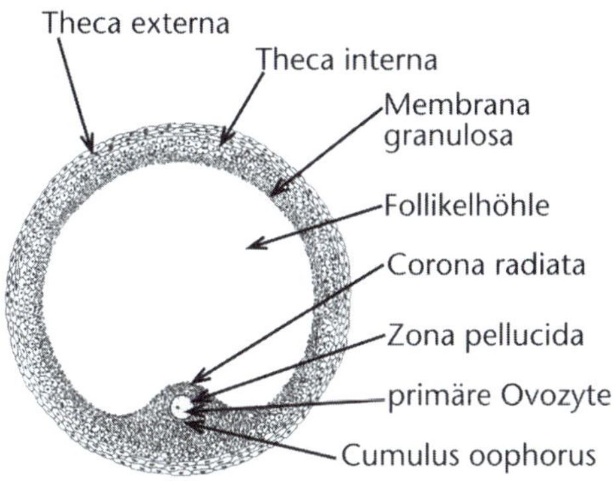

Abb. 1.5 *Graaf-Follikel*

In der Abb. 1.5 sehen Sie einen in die Follikelhöhle vorspringenden Zellhügel, der **Eihügel** (= Cumulus oophorus) genannt wird, und der die primäre Ovozyte enthält. Der Eihügel ist Teil der Membrana granulosa. ➤ Da die Membrana die Ovozyte in diesem Bereich wie einen strahlenartigen Kranz umhüllt, wird dieser Teil der Membrana granulosa **Corona radiata** genannt. ◄

5. Zweite Ruhephase

Diese Phase kann Monate bis Jahre dauern. Innerhalb dieser Zeit kann ein Tertiärfollikel
- zum sprungreifen Tertiärfollikel (= Graaf-Follikel) heranreifen oder
- zugrunde gehen (siehe weiter unten „Follikelatresie").

Im Ovar der geschlechtsreifen Frau werden sowohl Primär- als auch Sekundär- und Tertiärfollikel gefunden, wobei die Primärfollikel besonders häufig vorkommen. Nach der Menopause sind im Ovar keine Follikel mehr nachweisbar.

Im zyklischen Abstand wächst unter Hormoneinfluß zumeist einer der sich in der 2. Ruheperiode befindlichen Tertiärfollikel zum sprungreifen **Folliculi ovarici vesiculosi** (= **Graaf-Follikel**) heran, wobei die Eireifung bei jedem Zyklus abwechselnd einmal im rechten und dann wieder im linken Ovar erfolgt. Am 12. bis 15. Tag des weiblichen Zyklus ist der sprungreife Graaf Follikel durch Mitosen im Follikelepithel und durch Vermehrung des Liquors gegenüber dem einfachen Tertiärfollikel um das dreifache gewachsen und etwa 2 cm groß. Durch diese Größenzunahme wölbt der Follikel die äußere weißliche Haut des Ovar, **Tunica albuginea** genannt, nach außen immer weiter vor. Gleichzeitig wird durch die Größenzunahme die Follikelepithelschicht gedehnt, bis der Teil der Epithelschicht, der direkt unter der Tunica albuginea liegt, nur noch zwei- bis dreischichtig ist. Dieser dünne Bereich wird **Stigma folliculi** genannt, weil der Follikel beim späteren Eisprung hier aufreißt.

➤ Ungefähr 12 Stunden vor der **Ovulation** (= Eisprung) beendet die primäre Ovozyte die 1. Reifeteilung (= 1. meiotische Teilung). ◄

Kurz vor der Ovulation zerfällt der Eihügel, wodurch die sekundäre Ovozyte ihre feste Verbindung zur Membrana granulosa verliert und mit der sie umgebenden Zona pellucida und der Corona radiata frei in der Follikelhöhle schwimmt. Proteolytische Enzyme lockern im Bereich des **Stigma folliculi** die Follikelzellen auf. Durch den sich schnell erhöhenden Druck des Liquor folliculi ruptiert der Follikel im Bereich des Stigma, wobei die Rupturstelle zuvor durch eine kleine Blutung von außen (bei Sicht auf das Ovar) erkennbar wird.

➤ Durch die eröffnete Stelle fließt der Liquor ab und schwemmt dabei die sekundäre Ovozyte mit der sie umgebenden Corona radiata aus der Follikelhöhle aus. Das Ausschwemmen wird **Ovulation** (= **Eisprung**) genannt. Die Ovulation dauert nur wenige Minuten. ◄

Während der Zeit, in der die Ovulation stattfindet, streifen fransenartige Fortsätze des Eileiters, **Fimbrien** genannt, über das Ovar und fangen die Eizelle auf. Der Eileiter übt nun einen Sog auf die Eizelle aus und transportiert die Eizelle mittels eines Flimmerstroms in eine trichterförmige Erweiterung des Eileiters, die Ampulle genannt wird. Den weiteren Verlauf entnehmen Sie bitte dem Kapitel 1.2.1 (Befruchtung). (Siehe Abb. 1.6).

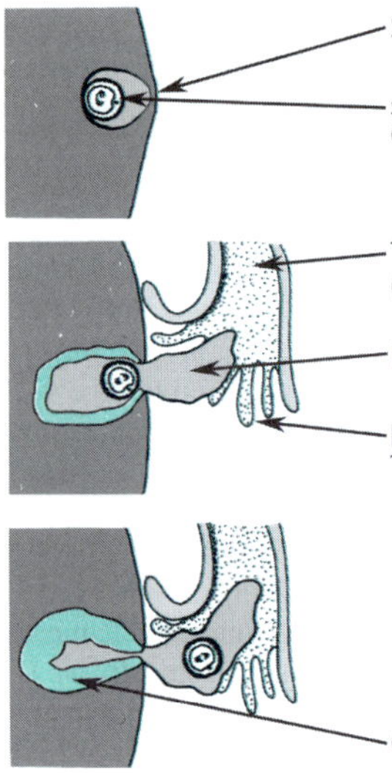

Abb. 1.6 *Schematische Darstellung der Ovulation in drei Stadien (umgezeichnet nach Moor)*

Direkt nach der Ausschwemmung fällt die nun leere Follikelhöhle zusammen, wodurch die Wände ein faltenartiges Aussehen erhalten. Im Innern der Höhle gerinnt das Blut, das im Bereich der Rupturstelle austrat, zu einem kleinen Thrombus (= Corpus hämorrhagicum). Gleichzeitig kommt es zu folgenden parallel ablaufenden Prozessen:

- 1. ➤ Von der Theca interna wachsen langsam Blutgefäße in die Membrana granulosa ein, so dass das entstehende Gebilde rötlich erscheint, weshalb es als **Corpus rubrum** bezeichnet wird.
- 2. Gleichzeitig vergrößern und vermehren sich die Zellen der Membrana granulosa und der Theca interna unter dem Einfluß des Hormons LH (= luteinisierendes Hormon) und lagern vermehrt ein gelbes Lipoid, Lutein genannt, ein. ◄

➤ Dadurch entwickelt sich aus dem zunächst rötlich aussehenden Corpus rubrum als gelber Körper das **Corpus luteum** (= **Gelbkörper**). ◄

➤ Die Zellen der Membrana granulosa und der Theca interna werden nach der Einlagerung des Luteins **Granulosaluteinzellen** bzw. **Thekaluteinzellen** genannt. Die Granulosaluteinzellen sind gegenüber den Thekaluteinzellen durch ihr größeres und helleres Aussehen zu unterscheiden. Etwa 3 Tage nach der Ovulation ist diese Entwicklung abgeschlossen. ◄

➤ Das Corpus luteum dient als endokrine Drüse, es sezerniert vor allem das Hormon Progesteron und etwas Östrogen (siehe weiter unten). Diese beiden Hormone veranlassen die Schleimhaut des Uterus (= Endometrium) nach dem Follikelsprung in die Sekretionsphase überzugehen, um so die Einnistung eines befruchteten Eies vorzubereitet. ◄

➤ Die weitere Entwicklung des Corpus luteum hängt davon ab, ob es zu einer Befruchtung kommt. Kommt es zu keiner Schwangerschaft, so wird es **Corpus luteum menstruationis** (syn.: Corpus luteum cyclicum) genannt und bildet sich ab dem 10.–12. Tag nach der Ovulation zurück. ◄

➤ Kommt es zu einer Schwangerschaft, so bezeichnet man das Corpus luteum als **Corpus luteum graviditatis**. Unter dem Einfluß des zunächst vom Trophoblasten des Keims (siehe Kapitel 1.2.3 und 1.2.4) gebildeten Hormons HCG erreicht es einen Durchmesser von 3–4 cm. Nach dem 4. Schwangerschaftsmonat bildet sich das Corpus luteum graviditatis langsam innerhalb von etwa sechs Wochen wieder zurück, seine Funktion übernimmt dann die Plazenta (= Mutterkuchen).

Bei der Rückbildung des Corpus luteum menstruationis oder des Corpus luteum graviditatis verbleibt im Ovar eine weiße bindegewebige Narbe, die **Corpus albicans** (alt: Corpus fibrosum) genannt wird. ◄

Follikelatresie

Die meisten Primordial-, Primär-, Sekundär- und Tertiärfollikel bleiben a-tretisch (= un-eröffnet), das heißt, sie bilden sich zurück. Die Follikelatresie erstreckt sich von der Fetalzeit bis zur Menopause. Nach der Menopause sind im Ovar keine Follikel mehr nachweisbar.

Primordial- und Primärfollikel bilden sich zurück ohne Spuren zu hinterlassen. Bei Sekundär- und Tertiärfollikeln werden die Ovozyten und die umgebenden Granulosazellen aufgelöst und von Makrophagen phagozytiert, während sich die sehr widerstandsfähige Zona pellucida zu einer dicken hyalinen Membrana verstärkt und zu einer dünnen Schicht abplattet („Peitschenschnur"), die noch längere Zeit im Ovar nachweisbar ist.

➤ Bei der Atresie von Tertiärfollikeln kommt es manchmal zu einer Vermehrung der Theca-interna-Zellen, die dann als **interstitielle Zellen** (= ovarielle Zwischenzellen) bezeichnet werden. Sie können Steroide (Testosteron und Östrogen) synthetisieren.

Festzuhalten bleibt, daß die Follikelatresie auf jeder Entwicklungsstufe der Ovozyte erfolgen kann. ◄

Hormonwirkung

Dieses Teilkapitel erarbeiten Sie sich am besten, nachdem Sie den zeitlichen Ablauf der weiteren Entwicklung in den Kapiteln 1.2.1 bis 1.2.4 gelernt haben.

Der Zyklus der geschlechtsreifen Frau (Ovarialzyklus = Menstruationszyklus) dauert durchschnittlich etwa 28 Tage. Die einzelnen Stadien des Zyklus werden von verschiedenen Hormonen beeinflußt, die wiederum aus unterschiedlichen endokrinen (= hormonabgebenden) Zentren stammen und sich gegenseitig in einer Art Regelkreislauf beeinflussen.

Die endokrinen Zentren im Hirnbereich sind:
- der Hypothalamus (Teil des Zwischenhirns) und
- der Hypophysenvorderlappen (= Adenohypophyse).

Der Hypothalamus bildet sogenannte **Releasinghormone** (= RH), die ihrerseits im Hypophysenvorderlappen die Abgabe der Hormone LH (= Luteinisierungshormon) und FSH (= follikelstimulierendes Hormon) in die Blutbahn bewirken. Beide Hormone gehören zu den Gonadotropinen (= Hormone, die das Wachstum und die Funktion der Gonaden regulieren). Der Hypothalamus wird wiederum u.a. durch das vom Ovar abgegebene Hormon Östrogen stimuliert.

➤ **FSH** bewirkt in den ersten Tagen des Zyklus, daß mehrere Follikel heranreifen. Die Eireifung wird durch das von den Granulosazellen gebildete Hormon Progesteron unterstützt. ◄ Zur Zyklusmitte hin geben die Zellen der Theca interna immer mehr Östrogen ins Blut ab. Östrogen wirkt über den Hypothalamus auf den Hypophysenvorderlappen, der seinerseits proportional zum Anstieg des Östrogenspiegels im Blut das Hormon LH abgibt.

➤ Das Hormon **LH** (syn.: **ICSH**) bewirkt zunächst die Reifung des Tertiärfollikels. ◄ Etwa einen Tag nachdem im Blut die höchste Konzentration an LH gemessen wird, kommt es durch das Zusammenwirken von LH und FSH zur Ovulation.

➤ Unter dem Einfluß von LH entwickelt sich aus dem gesprungenen Ovarialfollikel das Corpus luteum. Das Corpus luteum gibt Progesteron und in geringen Mengen Östrogene ab. Progesteron
- bereitet die Sekretionsphase der Uterusschleimhaut (= Endometrium) vor und steuert die Einnistung des befruchteten Eies,
- hemmt die Bildung neuer Follikel. ◄

➤ Kommt es zur Befruchtung, so bildet der Synzytiotrophoblastteil des Keimlings (siehe Kapitel 1.2.3 und 1.2.4) das Hormon **HCG** (= human chorionic gonadotropin; syn.: Choriongonadotropin). Das HCG verhindert die Rückbildung des Corpus luteum und bewirkt damit indirekt eine Steigerung der Progesteronbildung. Ende des 2. Entwicklungsmonats erreicht die HCG-Bildung ihren Höhepunkt um bis etwa zur 12. Entwicklungswoche stark abzufallen. Gegen Ende des 2. Entwicklungsmonats beginnt auch die Plazenta mit der Bildung von HCG, gegen Ende des 4. Entwicklungsmonats übernimmt die Plazenta die ausschließliche HCG-Produktion. Beim männlichen Keim scheint HCG die Entwicklung der Geschlechtsorgane zu stimulieren. ◄

➤ **Östrogen** (syn.: Estrogen) – wird von der Theka interna und den Granulosazellen (gehen beide aus Follikelepithelzellen hervor), sowie während der Schwangerschaft von der Plazenta gebildet. Östrogen wirkt rückkoppelnd auf den Hypothalamus und bereitet die weiblichen Geschlechtsorgane auf die Wirkung des Progesteron vor. Im mittleren Schwangerschaftsdrittel nimmt die Produktion von Östrogen zu, kurz vor dem Ende der Schwangerschaft erreicht die Östrogen-Produktion ihren Höhepunkt, um dann steil abzufallen (evtl. geburtsauslösender Faktor?).

➤ **Progesteron** ist ein Gestagen (= Keimdrüsenhormon), das von der Granulosa des sprungreifen Graaf-Follikels und nach dem Follikelsprung von den Granulosaluteinzellen des Corpus luteum gebildet wird. Ab dem 2. Schwangerschaftsmonat beginnt auch die Plazenta mit der Progesteronproduktion. Vom 4. Schwangerschaftsmonat an bildet die Plazenta Progesteron in ausreichender Menge. Progesteron bereitet die Uterusschleimhaut auf die Einnistung des Eies vor und dient der Erhaltung der Schwangerschaft. ◄

➤ Östrogen und Progesteron kommen immer gleichzeitig, wenn auch in unterschiedlichen Konzentrationen, vor. Bleibt die Befruchtung aus, so kommt es durch einen starken Konzentrationsabfall von Progesteron und Östrogen zur Menstruation. Bei der Schwangeren kommt es durch die Östrogen-Progesteron-Wirkung

- zur Ausbildung der Graviditätsschleimhaut,
- zum Wachstum der Uterusmuskulatur (ist hauptsächlich durch Muskelfaserhypertrophie! und nur zum kleinen Teil durch Neubildung von Muskelfasern bedingt),
- zur besseren Durchblutung des gesamten Organismus (allgemein als „gesundes Aussehen" der Schwangeren bezeichnet),
- durch Östrogen zur Proliferation der Drüsengänge in der Brustdrüse (= Mamma),
- durch Progesteron zur Vermehrung der Drüsenalveolen in der Mamma. ◄

Schwangerschaftsverhütung

Eine Schwangerschaft kann verhindert werden, indem die LH-Konzentration niedrig gehalten und damit die Ovulation verhindert wird. Dies geschieht durch dauernde perorale Gaben von Östrogen und Gestagen (= Progesteron) in Form der „Pille", die die Bildung und Sekretion von LH im Hypophysenvorderlappen hemmen. Zur menstruationsartigen Blutung kommt es, wenn die Einnahme der Pille unterbrochen wird.

1.1.3 Spermatogenese und Bau der Samenzelle !! 3/12

Vergleichbar zur Ovogenese entwickeln sich auch bei der **Spermatogenese** (= Samenzellbildung) die befruchtungsfähigen Samenzellen aus den männlichen Urkeimzellen (= Spermatogonien).

► Die Samenzellen werden in den Samenkanälchen (= Hodenkanälchen = **Tubuli seminiferi**) des Hodens gebildet. ◄ Die innere Wand dieser Hodenkanälchen ist mit Keimepithel (auch generatives Epithel genannt) ausgekleidet. Im Keimepithel können 2 Zellarten unterschieden werden:

- die Keimzellen (= Vorstufen der Samenzellen)
- die Sertoli-Stützzellen.

► Die **Sertoli-Zellen** sitzen auf einer Basalmembran und reichen in das Lumen der Hodenkanälchen hinein. Zwischen den Sertoli-Zellen, die über Zonulae occludentes untereinander in Verbindung stehen und so eine Art Gitternetz bilden, liegen die Vorstufen der Samenzellen, die von der Peripherie aus in Richtung Lumen der Hodenkanälchen geschoben werden (siehe Abb. 1.7). Der Aufbau des Hodenkanälchens wird ausführlich in Kapitel 8.8.1 beschrieben. ◄

► Die Sertoli-Zellen dienen

- der Ernährung der Keimzellen (= „Ammenzellen")
- als Stützzellen der Keimzellen
- der Übertragung hormoneller Stimuli auf die sich entwickelnden Keimzellen
- der Bildung der Blut-Hoden-Schranke, durch die u.a. die Spermatozoen vor Antikörpern geschützt werden. ◄

► Während der Fetalzeit und nach der Geburt vermehren sich die etwa 10 µm großen **Spermatogonien** in bestimmten zeitlichen Schüben durch mitotische Teilung. Im Gegensatz zur Ovogenese (siehe Kapitel 1.1.2) beginnt die Ausreifung der männlichen Geschlechtszellen jedoch erst mit dem Ende der Pubertät. ◄

Die **Spermatogenese** (= Samenzellbildung) läuft in 3 Phasen ab:

- **Spermatozytogenese** – in dieser Phase kommt es erneut zu einer mitotischen Teilung der Spermatogonien (= postpubertale Vermehrungsphase). Dabei entstehen Spermatozyten (= „Samenmutterzellen").
- **Reifeteilung** (= Reifephase) – diese Phase ist durch die Meiose gekennzeichnet. In zwei aufeinanderfolgenden Teilungen entstehen aus den Spermatozyten Spermatiden (= Vorstufe der Spermien).
- **Spermiohistogenese** (syn.: Spermiogenese = Differenzierungsphase) – in dieser Phase differenzieren sich die Spermatiden zu befruchtungsfähigen Spermien.

Spermatozytogenese (= Vermehrungsphase)

Die **Spermatogonien** liegen als basale Schicht des Keimepithels der Basalmembran den Hodenkanälchen direkt an. Zwischen den Spermatogonien liegen die Sertoli-Zellen. Die Spermatogonien sind proliferationsfreudig, sie teilen sich nur mitotisch!

Im histologischen Schnitt können nach der Färbung des Präparats zwei Arten von Spermatogonien unterschieden werden:

- A-Spermatogonien (= „Typ A"),
- B-Spermatogonien (= „Typ B").

Die A-Spermatogonien kommen wiederum in 2 Formen vor:

- Typ A pale – sie erscheinen heller,
- Typ A dark – sie erscheinen dunkler.

Im Vergleich zu den B-Spermatogonien sind die A-Spermatogonien größer und sitzen der Basalmembran auf.

➤ Die **A-Spermatogonien** werden als Stammzellen angesehen. Durch Teilung entstehen aus ihnen neue Stammzellen sowie die B-Spermatogonien. Die **B-Spermatogonien** unterscheiden sich von den A-Spermatogonien durch einen exzentisch liegenden Zellkern, außerdem haben sie nur noch geringen Kontakt zur Basalmembran. Die B-Spermatogonien bilden die Vorstufe der Spermien. ◄

Beide Spermatogonientypen sind jeweils durch Zytoplasmabrücken (= Interzellularbrücken) untereinander verbunden. Über diese Brücken erfolgt ein Informations- und Stoffaustausch.

Reifeteilung

➤ Durch mitotische Teilung gehen aus den B-Spermatogonien jeweils 2 **primäre Spermatozyten** (syn.: Spermatozyten 1. Ordnung) hervor. Durch Aufnahme von Protein wachsen die primären Spermatozyten auf etwa die doppelte Größe an und treten in die 1. Reifeteilung (= Meiose) ein.
Dabei verdoppelt sich vor dem Eintritt in die **Prophase** der Meiose der diploide Chromosomensatz (= 2 x 23 Chromosomen = 2n), so daß nun der 4-fache Chromatidensatz (= Tetrade = 4n) vorliegt. ◄

Die Prophase dauert etwa 24 Tage. Die daran anschließenden Meiosephasen (= Meta-, Ana- und Telophase) laufen schnell hintereinander ab. Am Ende der ersten Reifeteilung sind aus einer primären Spermatozyte zwei **sekundäre Spermatozyten** (syn.: Spermatozyten 2. Ordnung) hervorgegangen, die den diploiden Chromosomensatz enthalten. Kurz nach ihrer Entstehung treten die sekundären Spermatozyten in die 2. Reifeteilung ein (die Interphase = Zwischenphase zwischen der 1. und 2. Reifeteilung ist nur kurz).

➤ Bei der 2. meiotischen Reifeteilung entstehen aus einer sekundären Spermatozyte 2 **Spermatiden**, die jeweils den haploiden Chromosomensatz enthalten (= 1 x 23 = 1n), wobei als Geschlechtschromosom entweder das X- oder Y-Chromosom vorliegt (siehe Kapitel 1.2.1). ◄

Die Zytoplasmabrücken zwischen den einzelnen Keimzellen lösen sich nun auf, so daß die büschelartig zusammenliegenden Spermatiden nicht mehr untereinander verbunden sind.

➤ Mit jeder Teilung wandern die Keimzellen weiter lumenwärts, das heißt, in einem histologischen Schnitt liegen die Spermatogonien der Basalmembran an, die Spermatozyten rücken zum Lumen des Hodenkanälchens vor und die Spermatiden liegen an der Spitze der Sertoli-Zellen nahe dem Lumen (siehe Abb. 1.7). ◄

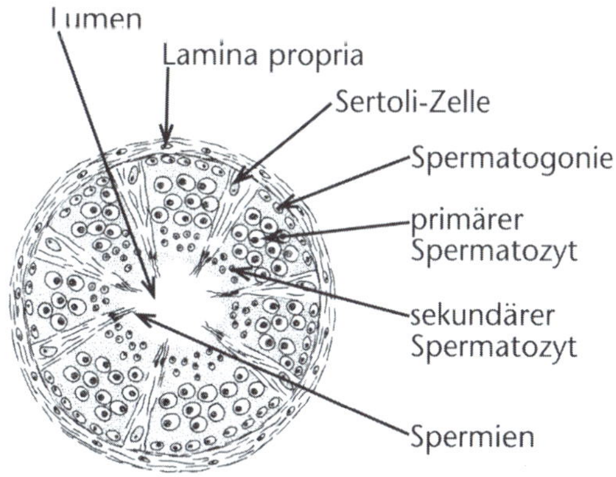

Abb. 1.7 *Schematisierter Querschnitt durch ein Hodenkanälchen*

Spermiohistogenese (= Spermiogenese = Differenzierungsphase)

➤ In der Spermiohistogenese werden die Spermatiden durch den Umbau ihrer Bestandteile in reife, befruchtungsfähige **Spermien** (syn.: Spermatozoen) umgewandelt. ◄ Während dieses Umbaus liegen die Spermatiden zumeist in Vierer- oder Achtergruppen an der Spitze der Sertoli-Zellen.

Bei der Differenzierung laufen in den Spermatiden die nachfolgenden drei Entwicklungsprozesse gleichzeitig ab:

- 1. Bildung eines Akrosom (siehe weiter unten),
- 2. Kondensation des Zellkerns, dadurch verdickt sich das Volumen des Karyoplasmas (= Kernplasma) stark,
- 3. Bildung des Spermienschwanzes (= der Geißel), die von 2 Zentriolen ausgeht, wobei aus einem Zentriol die Doppeltubuli entstehen (siehe weiter unten).

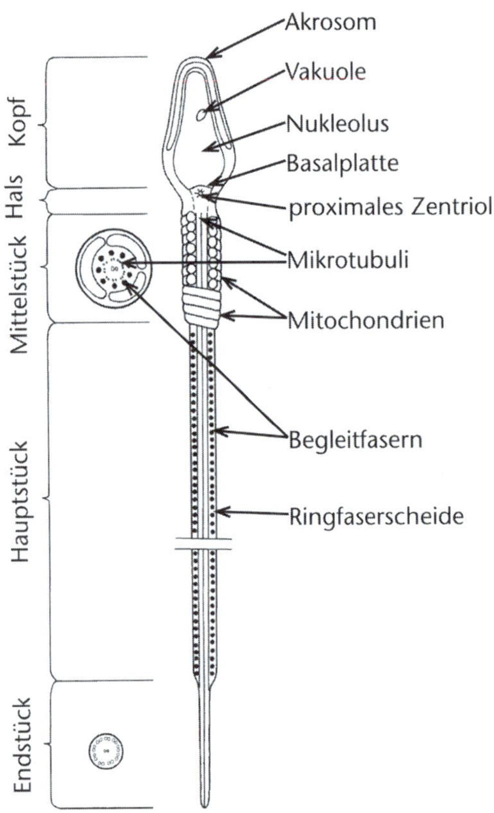

Abb. 1.8 *Schematische Darstellung eines Spermium mit 2 Querschnitten (der obere Querschnitt liegt im Mittelstück, der untere im Endstück)*

Das reife, etwa 60 µm lange Spermium besteht aus (siehe Abb. 1.8):

- Kopf und
- Schwanz.
  Der Schwanz wird wiederum unterteilt in:
  - Hals
  - Mittelstück
  - Hauptstück
  - Endstück.

Der **Kopf des Spermiums** ist etwa 5 µm lang. Im Kopf liegt der abgerundete Zellkern mit dem haploiden Chromosomensatz. Um den Zellkern liegt kappenartig das **Akrosom** (eine Sonderform des Lysosoms).

➤ Das **Akrosom** entsteht aus den Lamellen des Golgi-Apparates. Der Innenraum des Akrosom besteht aus einem mit Bläschen gefüllten Spalt. Diese Bläschen enthalten akrosomale (= hydrolytische = auflösende) Enzyme, u.a. Hyaluronidase, saure Phosphatase und als Protease (für den Proteinabbau) das Akrosin. Akrosin bewirkt bei der Befruchtung die Auflösung der Zona pellucida (siehe Kapitel 1.2.1). Das Akrosom ist damit den Lysosomen vergleichbar. ◄

Der **Hals des Spermium** dient als gelenkiges Verbindungsglied zwischen dem Kopf und dem Mittelstück. Im Halsbereich werden die Bewegungen des Schwanzes gesteuert.

➤ Am Übergang zum Kopf liegt eine Basalplatte, darunter das proximale Zentriol, aus dem nach der Besamung (siehe Kapitel 1.2.1) die Teilungsspindel entsteht. Im Halsbereich beginnt der Achsenfaden, der aus 2 Zentraltubuli und 9 µm die Zentraltubuli gruppierten Doppeltubuli (auch Doppelfibrillen genannt) besteht (= 9x 2+2 Anordnung). ◄ Die Tubuli reichen vom sogenannten Streifenkörper des Halses bis fast zum Schwanzende. Im Schwanzende verlieren die Tubuli ihre 9x 2+2 Struktur (siehe Kapitel 2.2.3.2, Abb. 2.13).

Das Mittelstück ist von 9 Außenfibrillen umgeben, um die sich Mitochondrien spiralartig (= helixartig) herumwinden. Die Mitochondrien stellen die für die geißelartige Bewegung des Schwanzes notwendige Bewegungsenergie in Form von ATP zur Verfügung.

Das **Hauptstück** bildet den längsten Teil des Spermium. Für das Hauptstück ist die Ringfaserscheide charakteristisch, die aus ringförmig angeordneten Fibrillen besteht.

Der untere Teil des Endstücks besteht nur noch aus Plasmalemm, das das ganze Spermium umhüllt.

Die Angabe über die Dauer der Spermatogenese schwankt zwischen 64 Tagen (Moore, Embryologie) und 72 Tagen (Leonhardt, Histologie, Zytologie und Mikroanatomie des Menschen).

Hormonwirkung

Wie die Ovogenese, so unterliegt auch die Spermatogenese einer hormonellen Steuerung. Im Gegensatz zur Frau ist der Hormonspiegel beim Mann keinem Zyklus unterworfen.

➤ Das Hormon **Testosteron** (ein Androgen) wird ab der Pubertät in den Leydigzellen des Hodens (siehe Kapitel 8.8.1) gebildet, dabei wird die Testosteronproduktion in einer Art Regelkreis vom Hypothalamus kontrolliert. ◄ Erniedrigt sich im Blut der Plasmaspiegel an Testosteron, so wird die Adenohypophyse (= Vorderlappen der Hirnanhangdrüse) über den Hypothalamus zur Abgabe des Hormons **ICSH** (= interstitielle Zellen stimulierendes Hormon, syn.:

LH) angeregt. ICSH seinerseits fördert die Synthese von Testosteron (ICSH entspricht dem LH bei der Frau). Während Testosteron für die Bildung der männlichen Keimzellen verantwortlich ist, wirkt das von der Hypophyse abgegebene Hormon **FSH** auf die Spermiogenese.

1.2 Befruchtung, Furchung, Implantation

Die nachfolgende tabellarische Darstellung gibt Ihnen einen zeitlichen Überblick über die Entwicklung vom befruchteten Ei bis zur Geburt.

Alter	Merkmale
1. Tag	**Befruchtung** der Eizelle (= Ovozyte) durch ein Spermium, Verschmelzung zur Zygote. Die Wanderung durch den Eileiter beginnt (Kapitel 1.2.1)
bis 3. Tag	**Furchung** – die Zygote hat sich bis zu diesem Zeitpunkt in etwa 16 immer kleiner werdende Tochterzellen (= Blastomere) geteilt. Dieser Zellhaufen wird Morula genannt (Kapitel 1.2.2).
4.–4 1/2. Tag	Aus der Morula entsteht die **Blastozyste**, die durch einen flüssigkeitsgefüllten Hohlraum gekennzeichnet ist. Die Blastozyste besteht aus dem innen liegenden Embryoblasten und dem außen liegenden Trophoblasten (Kapitel 1.2.3)
5.–6. Tag	Einnistung der Blastozyste ins Endometrium (Kapitel 1.2.4)
8. Tag	Im Embryoblasten kommt es zu ersten Differenzierungen, aus denen die beiden **Keimblätter** (Entoderm und Ektoderm) entstehen. Die Amnionhöhle entsteht (Kapitel 1.4.1)
9. Tag	Der primäre **Dottersack** entsteht (Kapitel 1.4.2)
10./11. Tag	**Die Implantation** des Keimlings ist abgeschlossen (Kapitel 1.2.4)
ab 12. Tag	**Entstehung des uteroplazentaren Kreislaufs**. Das extraembryonale Mesoderm und der sekundäre Dottersack entstehen (Kapitel 1.4.2)
ab 13. Tag	Die Primärzotten werden gebildet (Kapitel 1.3.1). Die Chorionhöhle entsteht (Kapitel 1.4.3)
ab 15. Tag	Ausbildung des Primitivstreifens (Kapitel 1.4.4)
ab 16. Tag	Das **Mesoderm** (= 3. Keimblatt) wird gebildet, damit wird die Keimscheibe dreiblättrig (Kapitel 1.4.4)
ab 18. Tag	Die ersten **Somiten** entstehen (Kapitel 1.4.4). Bildung der Neuralplatte (Kapitel 1.4.5)
ab 21. Tag	Das Herz beginnt zu schlagen (Kapitel 7.1.2). Das **Neuralrohr verschließt** sich bis auf den vorderen und hinteren Neuroporus (Kapitel 1.4.5)
24./25. Tag	**Längskrümmung** des Embryos (Kapitel 1.4.6). Der vordere Neuroporus schließt sich (Kapitel 1.4.5) Die **Augenbläschen** werden angelegt (Kapitel 10.2.1) Die Ohrgrübchen werden sichtbar (Kapitel 11.1)
26./27. Tag	Die Armknospen entstehen (Kapitel 3.1). Der hintere Neuroporus schließt sich (Kapitel 1.4.5)
28./29. Tag	Die Beinknospen entstehen (Kapitel 3.1).Die Lungen und Bronchien werden angelegt (Kapitel 7.1.4)
6. Woche	Physiologischer Nabelbruch (Kapitel 8.1.1)
7. Woche	Die **Knochenbildung** setzt ein (Kapitel 3.1). Die Augenlider bilden sich aus (Kapitel 10.2.1) Mit Ultraschall können die **ersten Bewegungen** des Kindes registriert werden
8. Woche	Alle wesentlichen Organe sind angelegt

Fetalperiode ab 9. Woche	Die Organe reifen heran. Besonders zwischen der 9. bis 20. Woche kommt es zu einem schnellen Wachstum des Fetus
ab 12. Woche	Sichere Bestimmung des Geschlechts
17.–20. Woche	Die Schwangere merkt die ersten Bewegungen des Fetus
26. Woche	Die Augenlider sind ausgebildet, die Augen teilweise geöffnet
30.–34. Woche	Der **Hoden deszendiert** (= steigt in den Hodensack ab)

1.2.1 Befruchtung **!! 0/5**

Zur Befruchtung der im Eileiter liegenden Eizelle gelangen etwa 500 Spermien eines Ejakulats in den Eileiter (= Tuba uterina). Bei dieser Fortbewegung spielen die Eigenbewegungen der Spermienschwänze nur eine unterstützende Rolle.

Die in der Tuba uterina liegende Eizelle produziert ein Glykoproteid (= Fertilisin), das die Eizelle in die Flüssigkeit des Eileiters abgibt.
➤ Dieses Fertilisin löst wahrscheinlich eine den Spermienkopf umgebende Proteinhülle auf, was als **Kapazitation** bezeichnet wird.

Im Bereich der Pars ampullaris der Tube (= längster Abschnitt des Eileiters – siehe Kapitel 8.7.2) treffen die Spermien zumeist auf die Eizelle. Einzelne Spermien bleiben an der Corona radiata der Eizelle haften. Bei jedem dieser Spermien kommt es nun zu einer sogenannten **Akrosomreaktion**, während der im Kopfbereich des Spermium die äußere Akrosommembran mit dem Plasmalemm unter Bildung kleiner Bläschen (= Vesikeln) verschmilzt. Die Vesikel öffnen sich anschließend und setzen Enzyme frei (siehe Abb. 1.9). ➤

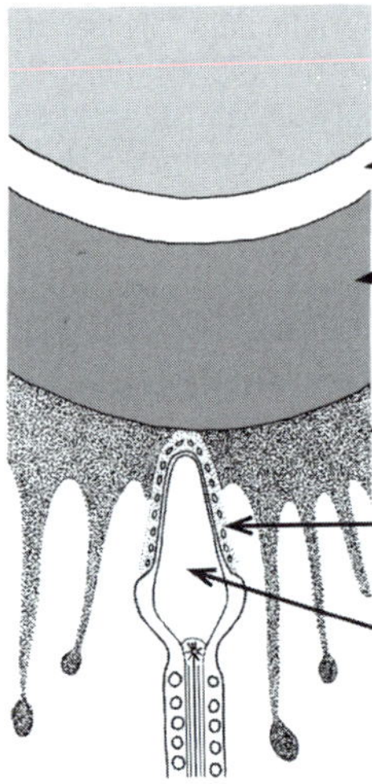

Abb. 1.9 Schematische Darstellung der Besamung im Stadium der Akrosom-Reaktion

Die vorderen 2/3 des Spermiumkopfes sind jetzt nur noch von der inneren Akrosommembran umgeben.

Mit Hilfe der freigesetzten Enzyme (trypsinähnlichen Proteasen) wird die Corona radiata aufgelockert. Mittels eigener Schwanzbewegungen gelangt das Spermium nun zwischen die Follikelepithelzellen (= Granulosazellen) der Corona radiata.

➤ Durch das Enzym Akrosin wird die Zona pellucida in einem kleinen Bereich aufgelöst, durch den das Spermium bis zur Zytoplasmamembran (= Zellmembran) der Eizelle vordringt.

Das Eindringen des Spermium in die Ovozyte wird als **Besamung** bezeichnet. ➤

Nachdem ein Spermium bis zur Zellmembran der Eizelle vorgedrungen ist, lagert es sich im Kopfbereich mit seiner inneren Akrosommembran an die Zytoplasmamembran der Eizelle an. Beide Membranen verschmelzen und lösen sich im Bereich der Kontaktstelle auf. Nun kann das Spermium mit seinem Kopf und dem Schwanz in das Zytoplasma der Eizelle eindringen, während sein Membranüberzug in die Ovozytenmembran eingebaut (inkorporiert) wird.

➤ Mit dem Eindringen löst das Spermium in der Eizelle 2 Reaktionen aus:

- 1. Eine in Vesikeln (= Bläschen) verpackte Substanz, die in der Rindenzone der Eizelle liegt, wird nach außen abgegeben. Diese Substanz verändert die Struktur der Zona pellucida und macht sie so für die anderen noch angelagerten Spermien undurchlässig. Durch die Abgabe dieser Substanz verkleinert sich die Eizelle etwas. Zwischen der Zellmembran der Eizelle und der Zona pellucida entsteht der **perivitelline Raum**.

- 2. Nach dem Eindringen des Spermium beendet die sekundäre Eizelle ihre 2. Reifeteilung und damit die Meiose. Sie schnürt dabei ein zweites Polkörperchen ab. Erst jetzt ist die Eizelle befruchtungsbereit – dazu wandelt sich der Zellkern zum weiblichen Vorkern um. ◄

Zur gleichen Zeit bildet sich der Schwanz des Spermium zurück, während der Spermiumkopf zum männlichen Vorkern anschwillt. Anschließend replizieren die beiden haploiden Vorkerne (enthalten jeweils 23 Chromosomen) ihre DNA und bilden sichtbare Chromosomen aus. Die beiden Kernmembranen lösen sich nun auf.

➤ Als eigentliche **Befruchtung** bezeichnet man die Verschmelzung der beiden haploiden Vorkerne in der Metaphase der Meiose zur diploiden **Zygote** (= befruchtete Eizelle) mit ihren 46 Chromosomen (siehe Abb. 1.10). ◄

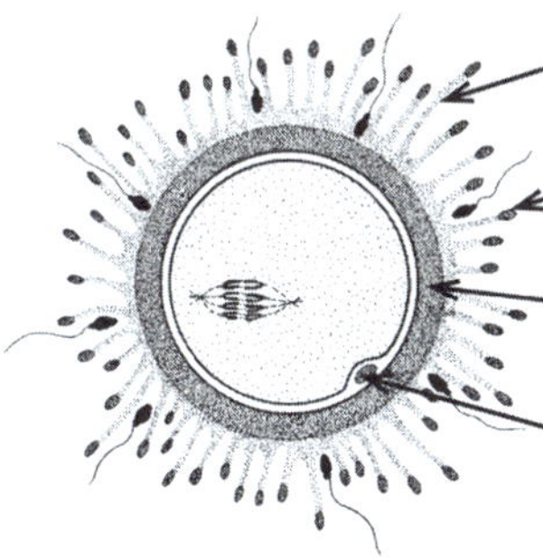

Abb. 1.10 *Eizelle*

➤ Bei der Befruchtung wird gleichzeitig das Geschlecht des Kindes festgelegt, weil das Spermium nur ein X- oder ein Y-Geschlechtschromosom enthält (die Eizelle hat immer nur ein X-Chromosom). ◄

➤ Die Befruchtung kann auch künstlich erfolgen. Diesen Vorgang bezeichnet man als **Insemination**. ◄ Bei der Insemination wird am Konzeptionsoptimum (siehe weiter unten) frisches oder aufgetautes Ejakulat in einer Plastikkappe der Portio des Uterus aufgesetzt. Aus der Kappe heraus nehmen die Spermien den zu Anfang des Kapitels beschriebenen Weg.

Voraussetzung für die Insemination ist, daß die Frau fertil (= fruchtbar) ist. Bei der homologen Insemination kommt das Sperma vom Ehemann, bei der heterologen Insemination von einem anonymen Spender.

➤ Unter dem **Konzeptionsoptimum** versteht man den günstigsten Zeitpunkt für den Beischlaf bei dem man mit hoher Wahrscheinlichkeit eine Befruchtung des Eies herbeiführen kann. Um das Konzeptionsoptimum zu ermitteln, muß man wissen, dass

- das Ei nur wenige Stunden befruchtbar ist
- die in der Scheide liegenden Spermien nach wenigen Stunden ihre Bewegungsfähigkeit verlieren und absterben. Die in den Gebärmutterhals (= Cervix uteri) vorgedrungenen Samenzellen bleiben jedoch wegen der besonderen Beschaffenheit des im Gebärmutterhals liegenden Schleims bis zu 48 Stunden befruchtungsfähig. ◄

Die optimale Konzeptionsstunde kann bisher nicht direkt ermittelt werden. Daher behilft man sich mit einer indirekten Methode. Dazu muß die Frau über einige Monate morgens bevor sie aufsteht, ihre Aufwachtemperatur (= Basaltemperatur) messen. Nach der Ovulation (= Eisprung) wird vermehrt Progesteron gebildet, wodurch es 1 bis 2 Tage nach der Ovulation zu einem meßbaren Temperaturanstieg von 0,2 bis 0,6 Grad kommt.

Da der Eisprung bei Frauen mit einem relativ stabilen Zyklus nur kleinen Schwankungen unterliegt, werden von dem Zyklustag, an dem durchschnittlich eine Temperaturerhöhung stattfindet, 2 Tage abgezogen – so erhält man den wahrscheinlichen Tag des nächsten Eisprungs.

1.2.2 Furchung ! 0/2

Etwa 30 Stunden nach der Befruchtung hat sich die **Zygote** mitotisch in 2 Tochterzellen geteilt. Anschließend kommt es zu rasch aufeinanderfolgenden Teilungen. Charakteristisch für die Zellteilung der Zygote und aller aus ihr hervorgehenden Zellen ist, daß die Zellteilung äußerlich durch ein Furchung gekennzeichnet ist, weshalb alle diese Zellen **Blastomeren** (= **Furchungszellen**) genannt werden.

Bei den Blastomeren wachsen die Tochterzellen nicht zur Größe der Mutterzelle heran. Die zwei Tochterzellen teilen sich das Zytoplasma (= Zellplasma) der Mutterzelle, so daß die beiden Tochterzellen zusammen nicht größer sind als die Mutterzelle. Dadurch entstehen immer kleinere Blastomere, bis schließlich die aus der 150 µm großen Eizelle hervorgegangenen Blastomeren die gleiche Größe wie die sonstigen menschlichen Körperzellen haben.

➤ Jede dieser Blastomeren ist noch omnipotent, das heißt, aus jeder der Blastomeren könnte sich ein neues Embryo entwickeln, denn die Blastomeren besitzen die gleichen Fähigkeiten wie die Zygote; werden z.B. im 2-Zell-Stadium die beiden Blastomeren getrennt, so entstehen eineiige Zwillinge. ◄

3 Tage nach der Befruchtung ist aus der Zygote eine Kugel von 12 bis 16 Blastomeren entstanden. Das Aussehen dieses 16–Zellstadiums erinnert an eine Maulbeere, weshalb diese „Zellkugel" als **Morula** (Morus = Maulbeere) bezeichnet wird. Die Morula ist wie die Eizelle etwa 150 µm groß.

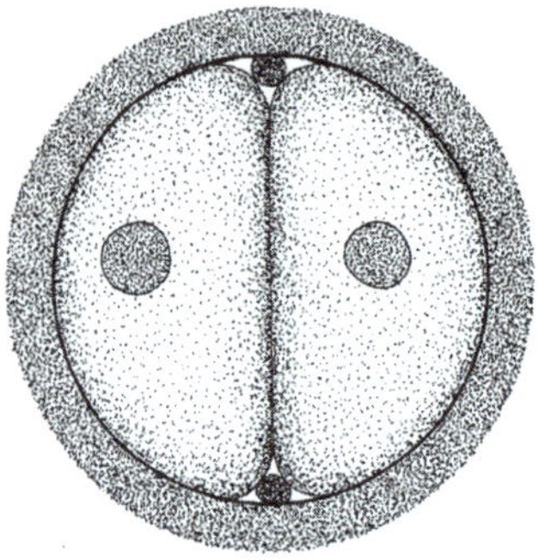

Abb. 1.11 *Zygote (= 2-Zell-Stadium)*

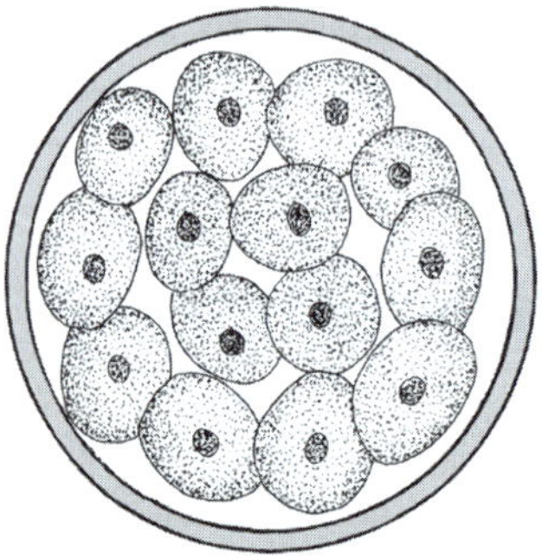

Abb. 1.12 *Morula*

Die Zygote bzw. die aus ihr hervorgegangene Morula hat während dieser 3 Tage infolge der peristaltischen Bewegungen der Muskulatur des Eileiters sowie durch den im Eileiter uteruswärts gerichteten Flimmerstrom, fast den gesamten Eileiter passiert und befindet sich kurz vor dem Uterus. Zwischenzeitlich hat sich die Corona radiata bei der Wanderung durch den Eileiter von der Morula ab- und aufgelöst.

Zwischen dem 3. und 5. Tag der Keimentwicklung erreicht die sogenannte **späte Morula** (spät, weil sie sich im Übergang zur Blastozyste befindet) die Uterushöhle (= Cavum uteri).

1.2.3 Blastozyste !! 0/2

➤ *Prüfungsrelevant: Abb. 1.13.* ◄

➤ Während des letzten Teils der Eileiterwanderung und später in der Uterushöhle, nimmt die Morula von außen Flüssigkeit auf, wodurch die Blastomeren langsam auseinandergedrängt werden, so dass etwa 4 Tage nach der Befruchtung unterschieden wird zwischen

- einem innen liegenden Zellhaufen, der **Embryoblast** genannt wird,
- der flüssigkeitsgefüllten **Blastozystenhöhle** (syn.: Blastozoele)
- einer den Embryoblasten und die Blastozystenhöhle umschließenden äußeren Zellschicht, die **Trophoblast** genannt wird.

Von diesem Zeitpunkt an wird die „Zellkugel" **Blastozyste** (= Keimblase) genannt (s. Abb. 1.13). ◄

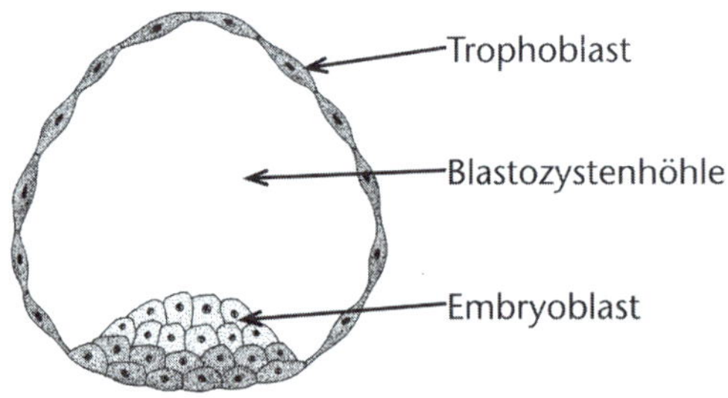

Abb. 1.13 *4 Tage alte Blastozyste*

➤ Aus dem Embryoblast geht später der Embryonalkörper hervor.

Der Trophoblast bildet zunächst das primitive Ernährungsorgan (= Chorion), später geht aus dem Trophoblast der fetale (= kindliche) Anteil der Plazenta hervor (siehe Kapitel 1.4.1).

Am Ende des 4. Tages ist die Blastozyste (späte Morula) auf etwa 100 Zellen angewachsen. Die Zona pellucida dehnt sich und löst sich zwischen dem 4. und 5. Entwicklungstag in der Uterushöhle unter dem Einfluß proteolytischer Enzyme, die vom Trophoblast gebildet werden, auf (= degeneriert). Bis zu diesem Tag liegt die Blastozyste frei im Sekret der Uterushöhle.

Vor der Implantation (= Einnistung in den Uterus – siehe Kapitel 1.2.4), wahrscheinlich auch schon während der Wanderung durch die Tuba uterina, produziert der Trophoblast das Hormon HCG (= human Choriongonadotropin), das verhindert, dass das Corpus luteum zurückgebildet wird (siehe Kapitel 1.1.2 „Hormonwirkung“). ➤

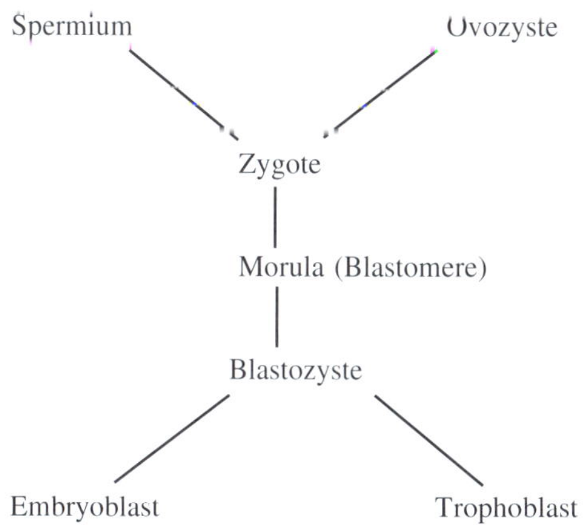

1.2.4 Implantation

!! 3/5

Zwischen dem 5. und 6. Entwicklungstag lagert sich die Blastozyste an die Schleimhaut des Uterus an und beginnt sich einzunisten. Die Uterusschleimhaut wird Endometrium genannt (siehe hierzu Kapitel 8.7.3). Die Einnistung der Blastozyste wird als **Implantation** (syn.: **Nidation**) bezeichnet.

➤ Zu Beginn der Implantation befindet sich das Endometrium auf dem Höhepunkt der Sekretionsphase (wird in Kapitel 8.7.3 beschrieben).

Nachdem sich die Blastozyste an das Endometrium angelagert hat, dringen im Bereich der Anlagerungsstelle Trophoblastzellen in die Interzellularspalten des Oberflächenepithels der Uterusschleimhaut ein und lösen mittels proteolytischer Enzyme das Epithel im Bereich des Implantationsortes auf.

Die Trophoblastzellen, die in das Endometrium eindringen, verschmelzen am 8. Entwicklungstag unter Auflösung ihrer Zellgrenzen zu einem vielkernigen Synzytium, das **Synzytiotrophoblast** genannt wird. Die direkt unter dem Synzytiotrophoblast liegenden Trophoblastzellen behalten ihre Zellgrenzen bei, sie zeigen eine große Vermehrungsrate und werden zusammen als **Zytotrophoblast** bezeichnet.

Der Synzytiotrophoblast bildet somit im Bereich der Anlagerungsstelle die äußere, der Zytotrophoblast die innere Zellschicht (siehe Abb. 1.14). ➤

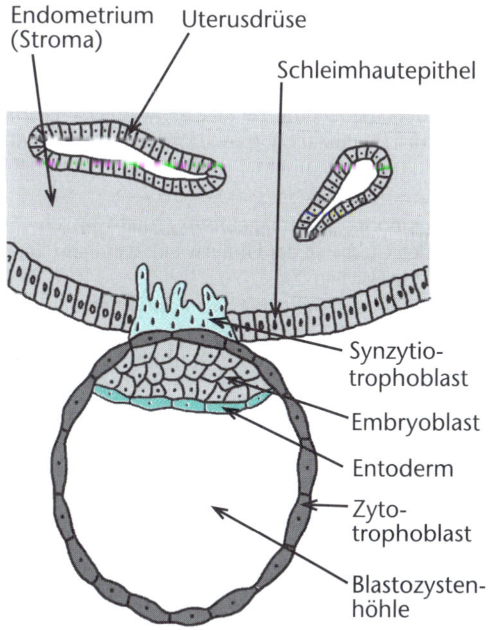

Abb. 1.14 *6–7 Tage alter Keim während der Implantation*

Die fingerartigen Fortsätze des Synzytiotrophoblasten dringen immer tiefer in das Endometrium ein und lösen durch Abgabe von proteolytischen Enzymen das Epithel des Uterus auf. Die dabei freigesetzten Stoffe werden vom Synzytiotrophoblasten resorbiert und dienen dem Keim als Nahrung. Schon bald erreichen die Synzytiotrophoblastfortsätze das mit vielen Kapillaren und Drüsen durchzogene Uterusstroma (= Bindegewebe der Uterusschleimhaut).

➤ Um den 10. bis 11. Entwicklungstag ist die Implantation abgeschlossen. Die ursprüngliche Anlagerungsstelle der Blastozyste, an der das Oberflächenepithel der Uterusschleimhaut (bedingt durch die Auflösung) fehlt, wird durch einen Verschlußpfropfen (= Verschlußkoagulum) geschlossen und später durch Proliferation von Oberflächenepithel bedeckt.

An der Implantation sind sowohl die Blastozyste als auch das Endometrium beteiligt, wobei die Zeit eine entscheidende Rolle spielt. Nur innerhalb einer Zeitspanne von etwa 36 Stunden scheint das Endometrium die Blastozyste nicht als Fremdgewebe zu erkennen sondern zu tolerieren, so dass keine Immunreaktionen gegenüber dem Keim erfolgen. Tritt innerhalb dieses Zeitraums keine Implantation ein, so kommt es zum Embryonaltod ohne vorhergehende Implantation. ➤

Implantationsort

Von großer Bedeutung für die Schwangerschaft ist der Ort der Implantation. Grundsätzlich kann sich die Blastozyste innerhalb des Uterus an jeder Stelle des Endometrium einnisten.

➤ Der normale Implantationsort liegt im oberen Drittel des Uterus an der Hinterwand, weniger häufig an der Vorderwand.

Zwei weitere mögliche intrauterine Implantationsorte bringen zahlreiche Komplikationen mit sich – so führt eine Implantation im Bereich des inneren Muttermundes oder im Bereich der Cervix uteri (= „Zervixschwangerschaft“ = Placenta praevia = „im Wege liegend“) häufig zu einer Verlegung des inneren Muttermundes und wird damit zu einem Geburtshindernis. Außerdem kann es bei solchen Schwangerschaften zu massiven Blutungen der Schwangeren sowie zum Abort kommen. ➤

Unter normalen Voraussetzungen wird eine vorzeitige Implantation durch die Zona pellucida so lange verhindert, bis die Blastozyste die Uterushöhle erreicht hat. Es kann jedoch auch zu einer der nachfolgenden, außerhalb des Uterus liegenden (extrauterinen) Implantation kommen:

- Ovarialschwangerschaft,
- Tubenschwangerschaft,
- Bauchhöhlenschwangerschaft.

Zu einer **Ovarialschwangerschaft** kommt es z.B. wenn die Eizelle nicht aus der Follikelhöhle ausgeschwemmt wird, aber Spermien bis zur Eizelle vordringen.

Zu einer **Tubenschwangerschaft** kann es z.B. kommen, wenn der Eileiter zu lang oder durch eine Entzündung verwachsen ist (= Tubenverklebung), so daß zwar die Spermien, nicht aber die viel größere Eizelle eine Engstelle passieren können.

➤ Zumeist kommt es bei der Tubenschwangerschaft innerhalb der ersten 3 Monate zu einer Tubenruptur und damit zum Abort. Für die Schwangere können die dabei auftretenden inneren Blutungen lebensgefährlich sein. ➤

Zu einer der sehr seltenen **Bauchhöhlenschwangerschaft** kann es kommen, wenn sich eine Blastozyste zunächst im Bereich der Fimbrien (= Tubenanfang) implantiert und dann in die Bauchhöhle abgestoßen wird, wo sie sich zumeist im Bereich der Excavatio recto-uterina (= Douglas-Raum) re-implantiert. In einigen Fällen konnten solche Schwangerschaften ausgetragen werden.

1.3 Plazentation

Als Plazentation bezeichnet man die Bildung der **Plazenta** (= Mutterkuchen).

Die Plazenta dient dem heranwachsenden Keimling als Ernährungs-, Ausscheidungs- und Stoffwechselorgan.

➤ Außerdem werden in der Plazenta folgende Sexualhormone gebildet:

- Steroidhormone (Progesteron und Östrogen),
- Choriongonadotropin (HCG).

Die Hormone dienen dazu, die Schwangerschaft zu erhalten und die Entwicklung des Keimlings zu fördern. ➤

1.3.1 Entwicklung der Plazenta !! 3/10

➤ *Prüfungsrelevant: Sie sollten die in diesem Kapitel fett hervorgehobenen Begriffe kennen.* ➤

Die Bildung der Plazenta erfolgt ab dem 10. Entwicklungstag.
Die Plazenta besteht aus zwei Anteilen:

- einem mütterlichen Anteil, der aus dem Endometrium besteht und **Plazenta materna** genannt wird,
- einem kindlichen Anteil, der aus dem Trophoblast (Kapitel 1.2.4) besteht und **Plazenta fetalis** genannt wird.

Mit der in Kapitel 1.2.4 beschriebenen Implantation der Blastozyste kommt es im Endometrium zu nachfolgenden Veränderungen:

- ➤ Die Stromazellen (= Bindegewebszellen des Endometrium) vergrößern und vermehren sich zu großen, teilweise mehrkernigen Zellen, die nun **Deziduazellen** (= Zellen des schwangeren Uterus – deciduus = hinfällig) genannt werden. Die Deziduazellen speichern Glykogen und Lipide. ➤
- ➤ Unter dem Einfluß des Hormons Progesteron (wird vom Corpus luteum gebildet – siehe Kapitel 1.1.2) verändern sich die Gefäße und Drüsen des Uterus. ➤

➤ Bis etwa zum 12. Entwicklungstag ernährt sich der Keimling ausschließlich dadurch, dass der Synzytiotrophoblast (= Teil des Keimlings) das Endometrium proteolytisch auflöst und die dabei freigesetzten Stoffe resorbiert. ◄ Diese Zeit der Ernährung wird – weil sie durch Auflösung von Gewebe erfolgt – **histiotrophe Phase** genannt (histio = Gewebe, troph = ernährend).

Ab dem 8. Entwicklungstag bilden sich innerhalb des Synzytiotrophoblasten (siehe Kapitel 1.2.4) im Bereich des ehemaligen Implantationspols zunächst kleine Bläschen (= Vakuolen), die zu großen, untereinander in Verbindung tretenden **Lakunen** (= „Seen") zusammenfließen. Um den 11. Entwicklungstag haben sich die Lakunen über die gesamte Oberfläche des Keimlings ausgebreitet. Die zwischen den Lakunen verbleibenden balkenartigen Synzytiotrophoblastteile werden **Trabekel** (= Bälkchen) genannt (siehe Abb. 1.20).

Um den 12. Entwicklungstag ist der Synzytiotrophoblast so weit in das mütterliche Gewebe vorgedrungen, daß er die ersten Kapillaren erreicht. Diese, nur mit einer dünnen Wand umhüllten Kapillaren, haben sich zu Sinusoiden (Definition siehe Kapitel 2.4.2) erweitert, die vom Synzytiotrophoblast arrodiert (= eröffnet) werden.

Das mütterliche Blut fließt aus den Sinusoiden durch kleine in der äußeren Synzytiotrophoblasthülle liegende Öffnungen in die Lakunen. Gleichzeitig bilden sich an der Synzytiotrophoblasthülle Öffnungen, durch die das Blut wieder in den mütterlichen Blutkreislauf zurückfließen kann – damit ist der **uteroplazentare Kreislauf** entstanden. Die histiotrophe Phase wird ab diesem Zeitpunkt von der **hämotrophen Phase** abgelöst (hämo = Blut). Neben den Kapillaren werden auch mütterliche Drüsen eröffnet.

Wie Sie aus Abb. 1.20 entnehmen können, hat sich zwischen dem extraembryonalen Zölom und der Trabekelschicht das extraembryonale parietale Mesoderm gebildet, das auch als **primäre Chorionplatte** (syn.: primäres Chorion) bezeichnet wird (Chorion = Eihaut = embryonale Hülle).

➤ Die primäre Chorionplatte ist zweischichtig, sie besteht aus einer Schicht Zytotrophoblastzellen und der zu den Lakunen hin gelegenen Synzytiotrophoblastschicht. ◄

Um den 12. Entwicklungstag entsteht aus dem extraembryonalen Zölom die **Chorionhöhle**. Gleichzeitig bilden sich aus den Zytotrophoblastzellen der primären Chorionplatte die ersten Mesenchymzellen, die als extraembryonales Mesenchym bezeichnet werden. Aus diesen differenziert sich als dritte Schicht Bindegewebe, womit die **sekundäre Chorionplatte** entstanden ist.

➤ Zur Chorionhöhle hin ist die Chorionplatte vom einschichtigen Amnionepithel (siehe Kapitel 1.4.1) und zum intervillösen Raum hin vom Synzytiotrophoblasten bedeckt. Die Chorionplatte wird also vom Keimling gebildet (siehe Abb. 1.18)! ◄

Aus der noch primären Chorionplatte wachsen um den 13. Entwicklungstag Zytotrophoblastzellen in die vom Synzytiotrophoblast gebildeten Trabekel ein, die damit zu **Primärzotten** (syn.: primäre Chorionzotten) werden. Die Primärzotten, die bald Verzweigungen bilden, enden frei in den Lakunen (siehe Abb. 1.15).

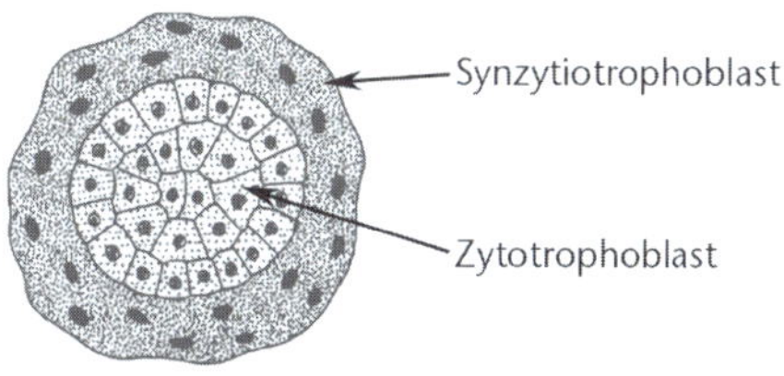

***Abb. 1.15** Querschnitt durch eine Primärzotte*

Ab dem 15. Entwicklungstag wachsen die Mesenchymzellen der sekundären Chorionplatte in die Primärzotten hinein, die damit zu **Sekundärzotten** werden.

Vom 19. Entwicklungstag an bilden sich innerhalb des Mesenchym kapillarähnliche Blutgefäße aus, die mit den Blutgefäßen, die sich im Chorion entwickeln, anastomosieren. Durch die Bildung der Blutgefäße werden aus den Sekundärzotten **Tertiärzotten**. Ungefähr ab dem 21. Entwicklungstag leiten diese Gefäße das Blut zu den Allantoisgefäßen, die im Haftstiel liegen, weiter (siehe Kapitel 1.4.3). (Siehe Abb. 1.16).

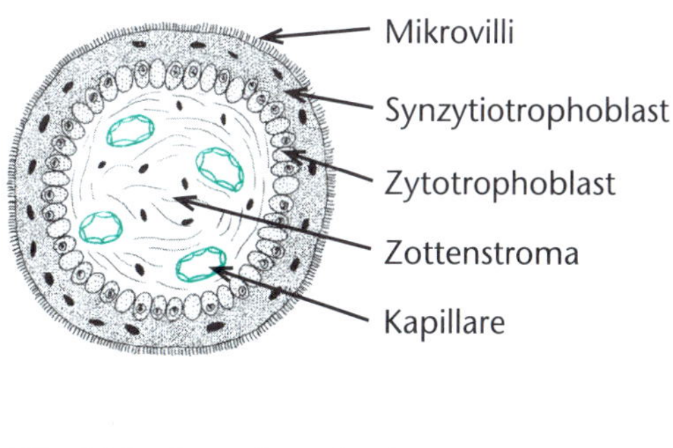

***Abb. 1.16** Querschnitt durch eine Tertiärzotte*

Wie zuvor erwähnt, beginnen sich bereits die Primärzotten an ihrer Oberfläche dichotom (= zweigeteilt) zu verzweigen. Diese Verzweigungen sind bei den Tertiärzotten soweit fortschritten, dass sie an Bäume erinnern, weshalb sie als **Kotyledonen** (= **Zottenbäumchen**) bezeichnet werden. Die etwa 200 Kotyledonen, wovon jedoch nur etwa 25 % voll ausgebildet sind, bilden funktionell den wichtigsten Teil der Plazenta.

Mit ihrem Stamm (= Zottenstamm) entspringen die Kotyledonen von der sekundären Chorionplatte – dieser Teil wird als **Stammzotte** bezeichnet. Die frei in die Lakunen hineinragenden Zottenenden werden **Endzotten** genannt. Die das Kotyledon umhüllenden Zytotrophoblastzellen vermehren sich an einem Ende der Endzotten so stark, daß sie als Zellsäule dem Synzytiotrophoblast und dem Endometrium entgegenwachsen und sich dort verankern – dieser Teil wird **Haftzotte** genannt.

Gleichzeitig mit der Bildung der Zotten konfluieren die zuvor erwähnten Lakunen zu einem gemeinsamen Raum, der als **intervillöser Raum** bezeichnet wird. Nach Entstehung der Tertiärzotten hat sich der intervillöse Raum stellenweise bis auf einen 10 µm breiten Spalt, der zwischen den Zotten liegt, verengt. Gegen Ende der Schwangerschaft zirkulieren im intervillösen Raum etwa 150 ml Blut (siehe Abb. 1.17).

Ab dem 12. Entwicklungstag, an dem die hämotrophe Phase beginnt, kommt es zu ersten Veränderungen im Bereich der Synzytiotrophoblasthülle (syn.: Trophoblastschale) und in der Grenzzone zum Endometrium.

Sobald der in den Haftzotten liegende Zytotrophoblast die Synzytiotrophoblasthülle erreicht hat, wächst der Zytotrophoblast zu den Zellen des Endometriums vor. Gleichzeitig geht der Synzytiotrophoblast bis auf ein zweischichtiges Epithel, das an den intervillösen Raum angrenzt, zugrunde.

➤ Zytotrophoblast und Endometrium verwachsen miteinander. Um den 21. Entwicklungstag ist die Vermischung zwischen mütterlichem Gewebe (= Endometrium) und kindlichem Gewebe (= Zytotrophoblast) soweit fortgeschritten, daß dieser Verwachsungsbereich als **Basalplatte** bezeichnet wird. ◄

Von der Basalplatte aus bilden sich gegen Ende des 3. Entwicklungsmonats säulen- bis plattenförmige **Plazentasepten** (= Septa placentae), die aus dem Zytotrophoblast und der Dezidua hervorgegangen sind. Die Septen liegen zwischen den Zottenbäumchen. Entgegen früherer Lehrmeinung dienen die Septen jedoch nicht der Begrenzung (vor einigen Jahren noch glaubte man, daß die Septen die Plazenta in Lappen, ebenfalls Kotyledonen genannt, unterteilen würden).

➤ Die Zotten werden bis etwa zum 4. Entwicklungsmonat von einem zweischichtigen Epithel aus Synzytiotrophoblasten überzogen. Unter der Synzytiotrophoblastschicht liegt bis zum 4. Entwicklungsmonat eine Schicht aus hellen Zellen, die aus dem Zytotrophoblast hervorgeht und **Langhans-Zellschicht** genannt wird. ◄

➤ Im Zottenstroma treten während der 1. Schwangerschaftshälfte Zellen mit großen Kernen auf, die als **Hofbauer-Zellen** bezeichnet werden und wahrscheinlich Makrophagen sind. ◄

➤ An der Oberfläche der Tertiärzotten hat sich ein Bürstensaum (Mikrovilli) gebildet, wodurch sich die gesamte vom mütterlichen Blut umspülte Zottenoberfläche auf etwa 15 qm vergrößert. Die Mikrovilli dienen der Resorption von Stoffen aus dem intervillösen Raum, in den das mütterliche Blut über neu ausgebildete Spiralarterien gepumpt wird. Im intervillösen Raum verlangsamt sich der Blutstrom, um so den Stoffaustausch zu begünstigen. Über Venen fließt das sauerstoffarme Blut durch den Nabelstrang in den mütterlichen Kreislauf zurück, um dort wieder mit Nährstoffen und Sauerstoff angereichert zu werden.

Gegen Ende der Schwangerschaft lagert sich in bestimmten Bereichen der Plazenta Fibrinoid ein, das unter anderem aus Fibrin besteht. Unterhalb der Basalplatte wird das **Fibrin** als Nitrabuch-Fibrinstreifen, im intervillösen Raum als Rohr-Fibrin und in der Chorionplatte als Langhans-Fibrin bezeichnet. ◄

Klinik: Ab der 9. Woche nach der letzten Regel können anhand von Chorionzotten (Chorionzottenbiopsie) und ab der 16. Woche mittels einer Fruchtwasseruntersuchung (Amniozentese – s. Kapitel 1.4.1) erblich bedingte Schädigungen oder Stoffwechselerkrankungen diagnostiziert werden. Bei einer Chorionzottenbiopsie punktiert man über einen durch die Vagina eingeführten Katheter den Trophoblasten.

1.3.2 Form und Funktion der reifen Plazenta !!! 7/15

➤ *Prüfungsrelevant: Gesamtes Kapitel (mehrere Bildfragen).* ◄

➤ Die reife Plazenta hat ein scheibenartiges Aussehen. Sie ist etwa 2–3 cm dick, hat einen Durchmesser von 15–25 cm und wiegt etwa 400–600 g. ◄

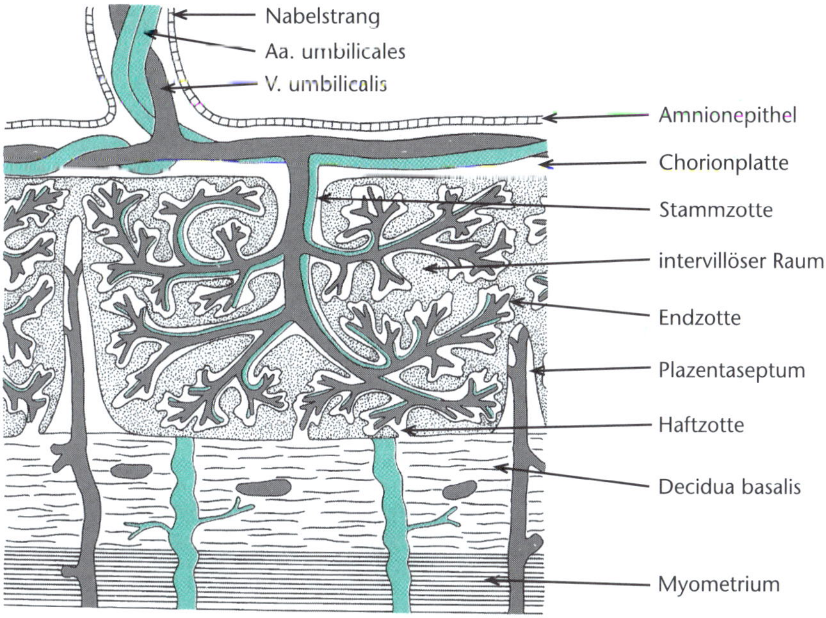

Abb. 1.17 *Schematisierter Schnitt durch eine reife Plazenta*

Wie im vorangehend Kapitel erwähnt, besteht die Plazenta aus zwei Anteilen:

- Placenta fetalis (kindlicher Anteil),
- Placenta materna (mütterlicher Anteil).

➤ Die **Placenta fetalis** entwickelt sich aus den Chorionzotten und bildet die Chorionplatte. Wie in Kapitel 1.3.1 beschrieben, umgibt das Chorion die mit Flüssigkeit gefüllte Chorionhöhle, in der der Keimling mit der Amnionhöhle (Kapitel 1.4.1) und dem Dottersack (Kapitel 1.4.2) liegt. Aus dem Chorion wachsen die Zotten, die zunächst die gesamte Keimblase überziehen, weshalb das Chorion zu diesem Zeitpunkt als **Chorion villosum** bezeichnet wird (siehe Abb. 1.18). ➤

➤ Gegen Ende der 3. Entwicklungswoche bilden sich, wie Sie in Abb. 1.19 sehen können, die Zotten bis auf den Bereich um den ursprünglichen Implantationspol zurück, so daß ein zottenfreier Bereich, das **Chorion laeve**, und ein zottentragender Bereich, das Chorion frondosum, entsteht. Der Bereich des **Chorion frondosum**, der auch als **Chorionplatte** bezeichnet wird, liefert den fetalen Anteil der Plazenta. ➤

➤ Die **Placenta materna** entwickelt sich aus der Zona functionalis der Uterusschleimhaut (= Endometrium). ➤

Das Endometrium des Uterus besteht aus der einschichtigen Lamina epithelialis und der Lamina propria. Die Lamina propria wird in die Zona basalis und in die Zona functionalis (= oberflächliche Schicht) unterteilt. Die Zona functionalis entwickelt sich beim schwangeren Uterus zur **Decidua graviditatis** (= „hinfällige Haut“; hinfällig, weil sie nach der Geburt mit der Nachgeburt ausgestoßen wird).

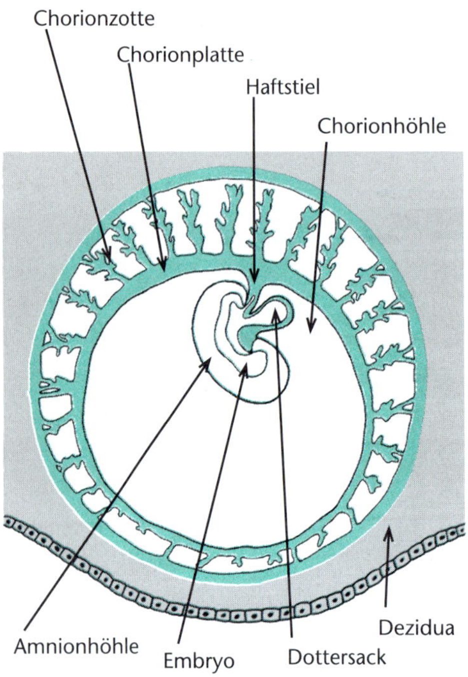

Abb. 1.18 *Plazentation*

➤ Die **Decidua graviditatis** kann topographisch in 3 Bereiche unterteilt werden:

- **Decidua basalis** – sie bildet einen kompakten Teil, in dem die Zotten des Chorion frondosum fest mit der Decidua verwachsen sind. Die Decidua basalis wird auch als **Deziduaplatte** oder Basalplatte bezeichnet, sie bildet den Bereich des ursprünglichen Implantationspols. Die Decidua basalis bildet den maternen Teil der Plazenta.
- **Decidua capsularis** – sie umhüllt das Chorion laeve. Die Decidua capsularis hat zu Anfang des 2. Entwicklungsmonats noch Ähnlichkeit mit der Decidua basalis. Mit der Rückbildung der Zotten und dem Wachstum der Fruchtbase wird sie jedoch immer dünner.
- **Decidua parietalis** – sie überzieht die übrigen Abschnitte des Uteruslumens (siehe Abb. 1.19). ➤

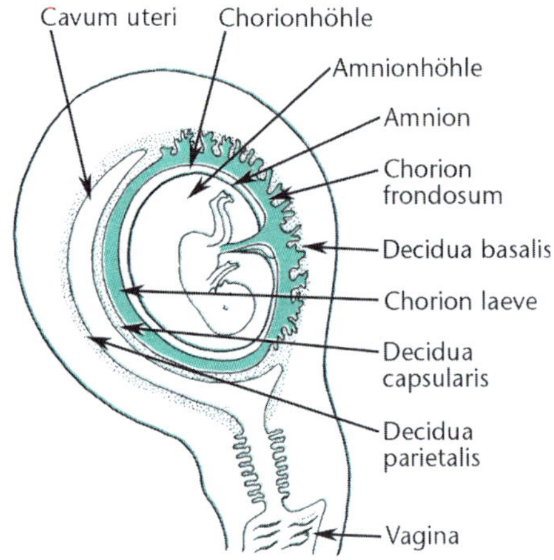

Abb. 1.19 *Schwangerschaft im Bereich der Hinterwand des Uterus*

➤ Gegen Ende des 4. Entwicklungsmonats hat sich der Keimling in der Keimblase so vergrößert, dass die Decidua capsularis an die Decidua parietalis angrenzt. Die Decidua capsularis und die Decidua parietalis verschmelzen nun unter Auflösung des Epithels miteinander. ➤

Die Plazenta hat folgende Aufgaben:

- Regelung des Stoffwechsels zwischen Mutter und Keimling (= Ernährungs- und Ausscheidungsorgan)
- Sauerstoffversorgung des Keimlings und Abtransport von CO_2
- Bildung von Sexualhormonen (= endokrine Drüse).

➤ Das vom mütterlichen Blut umspülte Zottenepithel läßt nur bestimmte Stoffe durch und dient somit als Schranke. Durch diese **Plazentaschranke** ist das Kreislaufsystem der Mutter von dem des Fetus getrennt. Gegen Ende des 4. Entwicklungsmonats besteht das Epithel der Zotten aus folgenden Schichten:

- Synzytiotrophoblast (hauptsächlicher Teil),
- Zytotrophoblast (bis zur 20. Woche, danach abgebaut),
- Basallamina des Synzytiotrophoblasten,
- Zottenbindegewebe,
- Basallamina der fetalen Kapillare,
- Endothel der fetalen Kapillare. ➤

➤ Da das mütterliche Blut unmittelbar die vom Keimling gebildete Zottenoberfläche umspült, spricht man von einer **haemochorialen Plazenta** (Placenta haemochorialis). ◄

➤ Durch die Plazentaschranke gelangen mittels erleichterter Diffusion Glukose, Fette und Proteine zum Keimling. Von den Antikörpern überwindet nur das IgG (wegen des niedrigen Molekulargewichts) mittels Pinozytose die Plazentaschranke, was in den ersten Tagen nach der Geburt für die Abwehr des Neugeborenen lebenswichtig ist. Blutzellen können nur im letzten Drittel der Schwangerschaft, vor allem aber während des Geburtsvorgangs, die Plazentaschranke vom Kind zur Mutter hin aufgrund kleinerer Defekte in den Zottenkapillaren überwinden, wobei bei einem Rhesus positiven Kind und einer Rhesus negativen Mutter kindliche Erythrozyten in den mütterlichen Kreislauf gelangen und dort eine Antikörperbildung auslösen können. ◄ Diese Antikörper können bei einer erneuten Schwangerschaft die Erythrozyten des neuen Fetus schädigen (vorausgesetzt, dieses Kind ist ebenfalls Rhesus positiv).

➤ In der Plazenta werden u.a. folgende Hormone gebildet:
- Östrogen,
- Progesteron,
- Chorion-somato-mammo-tropin (= HPL = Human-Placenta-Lactogen),
- Chorion-gonado-tropin (= HCG = Human-Chorion-Gonadotropin). ◄

➤ Die Hormone werden in Kapitel 1.1.2 „Hormonwirkung" ausführlich beschrieben. Das HCG ist bereits 8 Tage nach der Befruchtung im Urin der Schwangeren nachweisbar und kann daher als Nachweis der Schwangerschaft dienen. ◄

Mikroskopische Anatomie

Ein Plazentaschnitt zeigt zumeist runde bis längliche Inseln (= Zottenanschnitte), die, falls auf dem Schnitt vorhanden, von zwei durchgehenden Zellschichten (= Decidua basalis und Chorionplatte) begrenzt werden. Die Chorionplatte ist von isoprismatischem Epithel bedeckt.
DD: Plexus choroideus (wird selten gefragt) sowie Rete testis (Hoden).

➤ Nerven kommen in der Plazenta nicht vor. ◄

1.3.3 Ablösung der Plazenta — ! 0/3

➤ Nach der Geburt des Kindes wird die Plazenta zusammen mit den Eihäuten ausgestoßen. ◄

➤ Die **Eihäute** (= Fruchthüllen) bestehen aus einer kindlichen und einer mütterlichen Schicht.
Die **kindliche Schicht** besteht aus:
- Amnionschicht = innere Eihaut (besteht aus Epithel und Bindegewebe),
- Chorionschicht = mittlere Eihaut (besteht aus Epithel und Bindegewebe). ◄

➤ Die **mütterliche Schicht** besteht aus der Deziduaschicht = äußere Eihaut, die wiederum unterteilt wird in:
- Decidua capsularis,
- Decidua basalis,
- Decidua parietalis. ◄

➤ Der **Nabelschnur** (syn.: **Nabelstrang** – Entwicklung siehe Kapitel 1.4.3) entsteht aus dem Haftstiel. Der Nabelstrang ist gegen Ende der Schwangerschaft etwa 50 cm lang und 1,5 cm dick. Er besteht aus Gallertgewebe (= Wharton-Sulze) in dem 2 Aa. umbilicales und 1 V. umbilicalis liegen. Außerdem kann ein Rest des Allantoisganges vorhanden sein.

Die Aa. umbilicales führen sauerstoffarmes Blut vom Embryo zur Plazenta zurück, die V. umbilicalis führt O_2-reiches Blut (vergleichbar den Lungenarterien und -venen!). ◄

Die beiden Arterien enthalten in ihrer Wand Längsmuskelwülste, die sich kurz nach der Geburt kontrahieren und damit das Lumen der Arterien verschließen. Dadurch wird ein Verbluten des Neugeborenen verhindert.

Die Nabelgefäße sind von einschichtigem Amnionepithel umhüllt. Die Nabelstranggefäße sind nervenfrei!

1.4 Primitiventwicklung

1.4.1 Entwicklung der Keimscheibe

!! 1/4

Um den 8. Entwicklungstag – also noch während der Implantation – kommt es im Embryoblasten zu ersten Differenzierungen. Zunächst bildet der Embryoblast zur Blastozystenhöhle hin eine Schicht abgeflachter Zellen, die die Anlage des inneren Keimblatts = **Entoderm** (syn.: Endoderm) bilden. Über dem Entoderm entwickelt sich eine zweite Schicht, die aus größeren, zylindrischen Zellen besteht – diese Schicht bildet die Anlage des äußeren Keimblatts = **Ektoderm**.

➤ Entoderm und Ektoderm bilden zusammen die zweiblättrige **Keimscheibe** (siehe Abb. 1.20). ◄

Zu einem späteren Zeitpunkt entsteht als drittes Keimblatt das **Mesoderm**, das in Kapitel 1.4.4 beschrieben wird.

➤ Aus den 3 Keimblättern entwickelt sich der Keim, wobei jedoch entgegen früherer Lehrmeinung die meisten Organe nicht aus einem sondern aus mehreren Keimblättern hervorgehen. ◄

Gleichzeitig mit der zweiblättrigen Keimscheibe entwickeln sich:

- die Amnionhöhle (siehe nachfolgenden Text),
- der Dottersack (siehe Kapitel 1.4.2),
- der Haftstiel (siehe Kapitel 1.4.3) und
- das Chorion (siehe Kapitel 1.3.1).

Amnionhöhle

➤ Um den 8. Entwicklungstag entstehen zwischen den Zellen des Embryoblasten und des Trophoblasten kleine Spalten, die sich zur primären Amnionhöhle vereinigen (Amnion = Embryonalhülle). Das Ektoderm bildet eine Wand der Amnionhöhle. An den Rändern geht das Ektoderm in das Amnionepithel über (siehe Abb. 1.20). Das Amnion bildet die innere Schicht der Eihäute, es besitzt weder Blutgefäße noch Nerven- oder Muskelfasern. ◄

➤ Zu Anfang ist die Amnionhöhle mit einer Flüssigkeit gefüllt, die von den Amnionzellen gebildet wird.

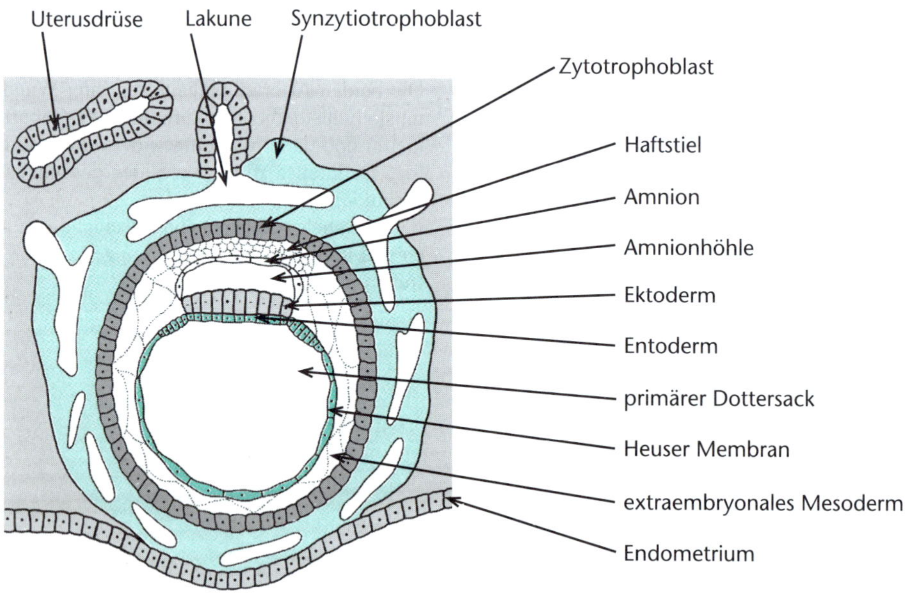

Abb. 1.20 *12 Tage altes Embryo*

Später stammt der größte Teil der Flüssigkeit (Fruchtwasser) von der Mutter. ➤

Im 9. Schwangerschaftsmonat enthält die Amnionhöhle rund 1000 ml Flüssigkeit, die zu etwa 99 % aus Wasser und zu 1 % aus Proteinen, Fetten, Hormonen und abgeschilferten Epithelzellen besteht. Die Flüssigkeit wird ungefähr alle 3 Stunden über die Plazenta vom mütterlichen Blutkreislauf ausgetauscht. In die Amnionflüssigkeit scheidet der Fetus täglich etwa 500 ml Urin ab und schluckt etwa die gleiche Menge an Amnionflüssigkeit.

➤ Die Amnionflüssigkeit dient

- 1. der freien Beweglichkeit des Fetus – der Fetus ist nur durch den Nabelstrang mit der Plazenta verbunden (siehe Kapitel 1.4.1),
- 2. dem Schutz vor äußeren Einwirkungen (z.B. Stößen),
- 3. dem Aufrechterhalten einer konstanten Umgebungstemperatur,
- 4. verhindert, daß der Fetus mit den Eihäuten verklebt. ➤

Bei der Geburt dehnen sich die Amnion- und Chorionhöhle in den Geburtskanal vor und leiten damit die Geburt ein.

Klinik: Bei der **Amniozentese** wird eine Nadel durch die Bauchdecke der Mutter in die Amnionhöhle eingeführt und etwas Flüssigkeit abgesaugt. Anhand der Epithelzellen und der organischen Bestandteile können das Geschlecht und eventuell vorliegende Stoffwechselstörungen noch vor der Geburt ermittelt werden.

1.4.2 Entwicklung des Dottersackes

! 2/3

➤ *Prüfungsrelevant: Sie sollten die Bedeutung aller fett hervorgehobenen Begriffe kennen.* ➤

Fast zeitgleich mit der Entstehung der Amnionhöhle spalten sich vom Zytotrophoblasten Zellen ab, die auf der Innenseite der Blastozystenhöhle eine aus flachen Zellen bestehende Hülle bilden, die **Heuser-Membran** genannt wird (siehe Abb. 1.20). Damit ist neben der Amnionhöhle eine zweite Höhle entstanden, die **als primärer Dottersack** bezeichnet wird. Die zweiblättrige Keimscheibe (aus Ektoderm und Entoderm bestehend) liegt somit zwischen der Amnionhöhle und dem primären Dottersack.

Aus Zellen, die sich ebenfalls vom Zytotrophoblasten abspalten, entwickeln sich mesenchymale Zellen, die sich zu einem lockermaschigen Netzwerk vereinen. ➤ Dieses Netzwerk wird als **extraembryonales Mesenchym** (syn.: extraembryonales Mesoderm) bezeichnet, es füllt den Raum aus, der zwischen dem primären Dottersack und der Amnionhöhle sowie den Zytotrophoblasten liegt. Im extraembryonalen Mesenchym werden die Stoffe gespeichert, die während der histiotrophen Phase (siehe Kapitel 1.3.1) durch die Auflösung der mütterlichen Schleimhaut gewonnen wurden. ➤

Um den 12. Entwicklungstag wachsen flache Zellen aus dem Entoderm auf der Innenseite der Heuser-Membran entlang, sie umkleiden einen neuen Hohlraum, der wahrscheinlich durch Abschnürung vom primären Dottersack entsteht und deshalb **sekundärer Dottersack** genannt wird.

➤ Teile des primären Dottersacks bleiben als Exozölzyste erhalten (siehe Abb. 1.21). ➤

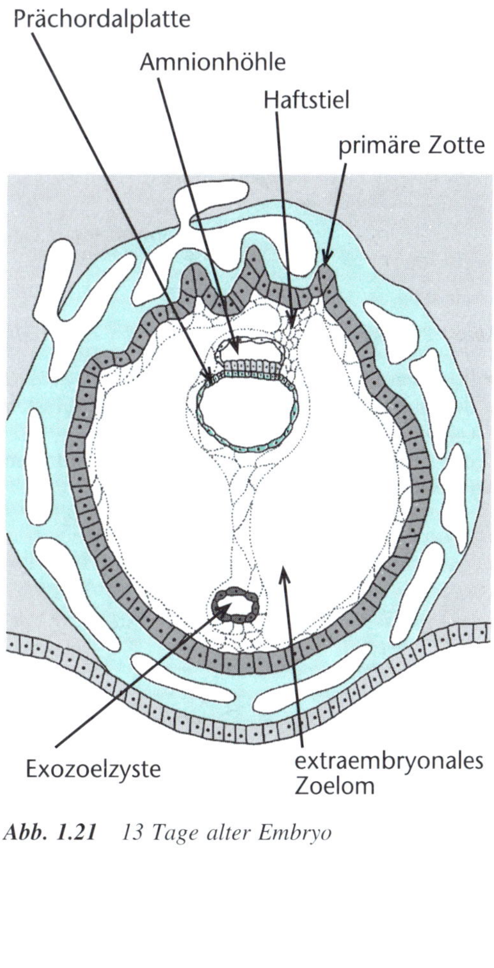

Abb. 1.21 *13 Tage alter Embryo*

Einige Wissenschaftler vertreten die Meinung, daß der sekundäre Dottersack allein aus dem Entoderm entsteht und der primäre Dottersack keinen Anteil am sekundären Dottersack habe.

Entwicklung des Dottersackes

Durch Aufnahme von Flüssigkeit vergrößert sich der sekundäre Dottersack. Weil er nur wenig Dotter enthält, dient er nur bis zur Ausbildung des Plazentarkreislaufs der Ernährung des Keimlings.

➤ Ab dem 13. Entwicklungstag entstehen aus der Hülle des Dottersacks, die aus extraembryonalem Mesenchym besteht, die ersten **Blutinseln**. ◄

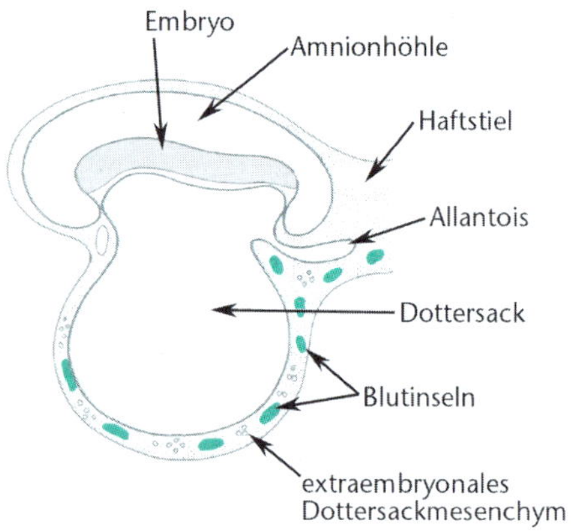

Abb. 1.22 *Schematische Darstellung der Blutinseln*

➤ In diesen Blutinseln entwickeln sich

- die innen liegenden Zellen zu **Hämozytoblasten** (= Blutstammzellen)
- die außen liegenden Zellen zu **Angioblasten** (= Gefäßwandzellen). ◄

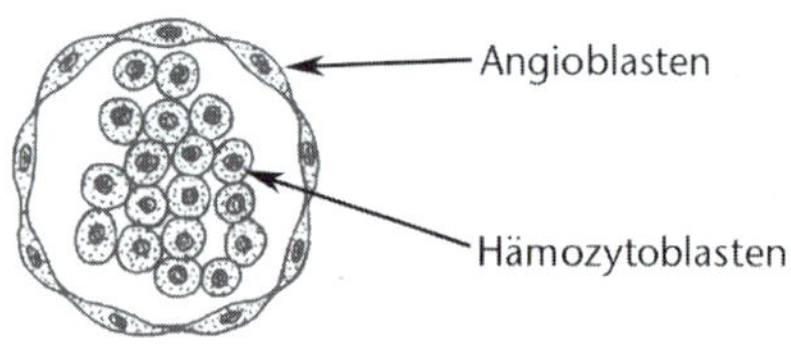

Abb. 1.23 *Blutinsel*

In der 3. Entwicklungswoche vereinigen sich die Blutinseln zur ersten Gefäßanlage, die aus je 2 Aa. und Vv. vitellinae (syn.:Vv. omphalo-mesentericae) bestehen. Die Angioblasten bilden dabei die Wände dieser vier Gefäße. Gleichzeitig gehen aus den Hämozytoblasten die ersten Blutzellen hervor (siehe hierzu Kapitel 2.5.2).

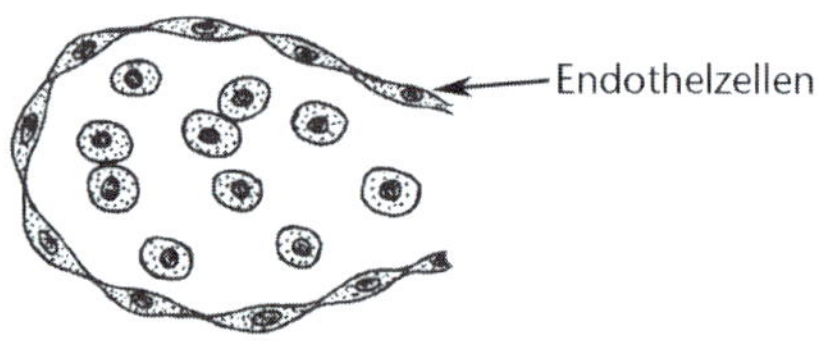

Abb. 1.24 *Gefäßentwicklung*

Dottersackkreislauf

➤ Die **Vasa vitellinae** vereinigen sich zum Dottersackkreislauf, der jedoch schon bald durch den **Plazentarkreislauf** abgelöst wird (siehe Kapitel 1.4.3). Die vier Gefäße obliterieren bis auf

- einen kleinen Teil der Dottersackvenen, der in die Anlage der Leber einbezogen wird und dort die Sinusoide (= erweiterte kleine Gefäße) sowie die V. portae (siehe Kapitel 8.10.4) bildet;
- einen kleinen Teil der Dottersackarterien, die den Truncus coeliacus (Kapitel 8.9.1ff), sowie die A. mesenterica inferior und die A. mesenterica superior bilden. ◄

➤ In der 4. Entwicklungswoche wird der sekundäre Dottersack durch die in Kapitel 1.4.6 beschriebene Abfaltung des Embryos zusammengepreßt, gleichzeitig wird der dorsale Teil des Dottersacks in den Keimling einbezogen. Aus dem einbezogenen Teil entsteht das primitive Darmrohr, aus dem sich wiederum der gesamte Verdauungstrakt (vom Schlund bis zum Rektum – siehe Kapitel 8.1.1) sowie die Luftröhre, die Bronchien und die Lunge entwickeln (siehe Kapitel 7.1.4). ◄

Zwischen dem in den Keimling einbezogenen und dem restlichen Teil des sekundären Dottersacks besteht eine Verbindung, die sich immer mehr einengt, bis nur noch ein Gang, der **Ductus vitellinus** (syn.: Ductus omphaloentericus = Dottersackgang), übrigbleibt. Später obliteriert der Ductus omphaloentericus.

➤ Bei etwa 2 % der Menschen obliteriert der Ductus nicht, so dass bei diesen Erwachsenen etwa 50–100 cm oberhalb der Valva ileocaecalis (syn. für Bauhin-Klappe = Einmündung des Dünndarms in den Dickdarm) der Ductus noch rudimentär als bis zu 6 cm langes **Meckel-Divertikel** vorhanden ist. Verschließt sich der Ductus vitellinus nicht vollständig, so kann es zur Fistelbildung zwischen Ileum und Nabel kommen. ◄

Klinik: Eine Entzündung des Meckel-Divertikels kann wegen seiner Lage manchmal mit einer Appendizitis (= Entzündung der Appendix vermiformis) verwechselt werden.

Gegen Ende des 2. Entwicklungsmonats bildet sich der sekundäre Dottersack zurück und der Dottersackkreislauf wird durch den uteroplazentären Kreislauf (= Plazentarkreislauf) abgelöst (siehe Kapitel 1.4.3).

In den geburtsreifen Eihäuten (siehe Kapitel 1.3.3) kann manchmal als Rest des sekundären Dottersacks ein zwischen Amnion und Chorion liegendes Dottersackbläschen nachgewiesen werden.

1.4.3 Exocoelentstehung und Bildung des Nabelstrangs ! 1/3

➤ *Prüfungsrelevant: Sie sollten die Bedeutung aller fett hervorgehobenen Begriffe kennen.* ◄

Durch das weitere Wachstum des Keimlings entstehen im extraembryonalen Mesenchym Hohlräume, die sich schnell zu einer zusätzlichen Höhle (neben Amnionhöhle und Dottersack) erweitern. Diese neue Höhle wird **extraembryonales Zölom** genannt (Coelom, griech. = Höhle). Das extraembryonale Zölom entwickelt sich zur **Chorionhöhle** (siehe Abb. 1.18).

Vom extraembryonalen Mesenchym bleiben in folgenden drei Bereichen Reste erhalten:

- auf der Oberseite des Amnion als Amnionmesenchym,
- am Dottersack als Dottersackmesenchym,
- auf der Innenfläche des Trophoblasten als Chorionmesenchym (Chorion = Zottenhaut – siehe Kapitel 1.3.1).

Das Amnion- und Chorionmesenchym wird zusammen als **extraembryonales parietales Mesenchym** (syn.: Somatopleuramesenchym), das Dottersackmesenchym als **extraembryonales viszerales Mesenchym** (syn.: Splanchnopleuramesenchym) bezeichnet.

In Abb. 1.21 sehen Sie ein zwischen dem Amnionmesenchym und dem Chorionmesenchym (das die inneren Zytotrophoblasten auskleidet) liegendes Haftstielmesenchym, aus dem der **Haftstiel** entsteht. Dieser Haftstiel stellt beim 3 Wochen alten Embryo die einzige Verbindung zwischen dem Keimling und der Trophoblasthülle (nun Chorionmesenchym genannt) dar. Der Haftstiel ist für die Entstehung der weiter unten beschriebenen Nabelschnur wichtig.

Um den 16. Entwicklungstag entsteht am hinteren oberen Teil des Dottersacks ein dünner, blind endender Fortsatz, der als **Allantois** (syn: Allantoisdivertikel) bezeichnet wird (allantos, griech. = Wurst) – siehe Abb. 1.22. Während die Allantois bei Vögeln und niedrigen Säugetieren als Harnreservoir und zur Atmung dient, hat sie beim menschlichen Keimling keine Funktion.

➤ Trotzdem ist die Allantois wichtig, weil sich in ihr die kindlichen Gefäße für die Ausbildung des Plazentargefäßsystems entwickelt. Diese Gefäße vereinigen sich mit den mütterlichen Gefäßen, die sich aus dem extraembryonalen Chorionmesenchym entwickeln, zum **Plazentarkreislauf**. ◄

Die Allantois wird durch die in Kapitel 1.4.6 beschriebene Abfaltung teilweise in das Embryo einbezogen, so dass sie anschließend aus einem intra- und einem extraembryonal liegenden Anteil besteht. Der extraembryonal liegende Allantoisteil reicht vom Nabel bis zur Anlage der Harnblase, er beteiligt sich an der Bildung des Nabelstrangs. Im 2. Entwicklungsmonat obliteriert der intraembryonale Allantoisteil.

➤ Bei der sich vergrößernden Harnblase wird die Allantois zum **Urachus** (= Harnblasen-Allantoisgang), der nach der Geburt zu einem bindegewebigen Strang, **Chorda urachi** genannt, degeneriert. Die Chorda urachi liegt beim Erwachsenen im Lig. umbilicale medianum, das in der vorderen Bauchwand die Plica umbilicalis mediana aufwirft. ◄

Wie Sie aus Abb. 1.22 entnehmen können, liegt die Allantois im Bereich des Haftstiels. Der Keimling dreht sich in den folgenden Tagen langsam, wodurch der Haftstiel zur Ventralseite des Keimlings verlagert wird.

Ende der 5. Entwicklungswoche nähern sich während der Abfaltung des Keimlings (siehe Kapitel 1.4.6) der Haftstiel mit dem zurückgebildeten Dottersack und dem Dottersackgang und bilden den **Nabelstrang** (syn.: **Nabelschnur**). Das im Nabelstrang liegende Mesenchym (= Haftstielmesenchym) wandelt sich später zu einem gallertigen Bindegewebe um, das als **Wharton-Sulze** bezeichnet wird.

Um die 6. Entwicklungswoche ziehen durch die Nabelschnur:

- Haftstiel mit
  - 2 Aa. umbilicales,
  - 1 V. umbilicalis,
  - Allantois,
- Dottersackstiel (Ductus vitellinus),
- Aa. vitellinae (alt: Aa. omphalomesentericae),
- Vv. vitellinae.

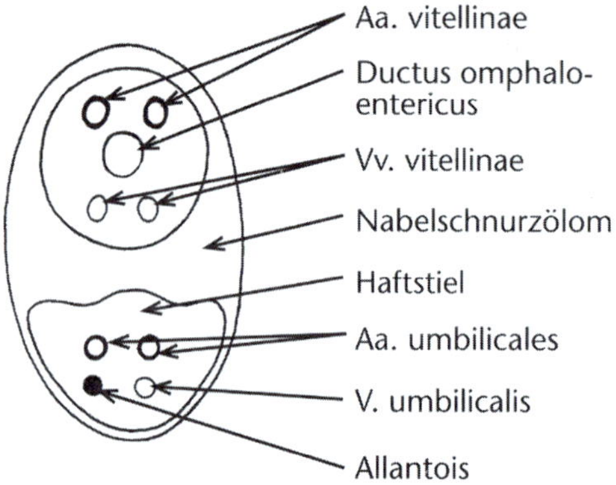

Abb. 1.25 Querschnitt durch die Nabelschnur um die 6. Entwicklungswoche

Um die 10. Entwicklungswoche dringen im Rahmen des physiologischen Nabelbruchs Darmteile in die Nabelschnur vor. Später lösen sich der Ductus vitellinus, die Dottersackgefäße und die Allantois auf.

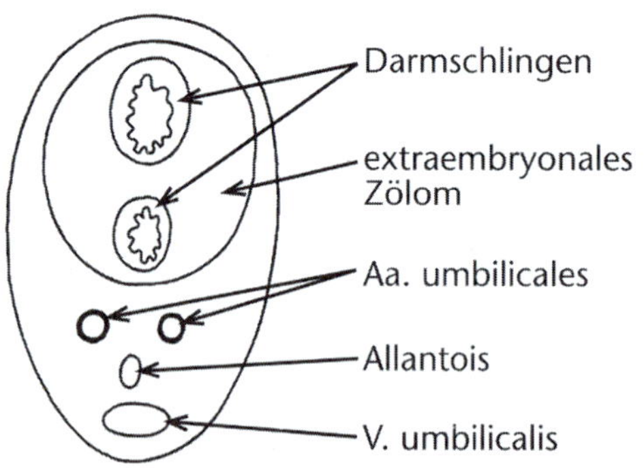

Abb. 1.26 Querschnitt durch die Nabelschnur um die 10. Entwicklungswoche

1.4.4 Bildung und Gliederung des Mesorm, Entstehung des Chordafortsatzes, axiale Differenzierung ! 2/4

Bis zum 14. Entwicklungstag besteht der Keimling aus der zweiblättrigen Keimscheibe, die aus dem Ektoderm und dem Entoderm gebildet wird. In der 3. Entwicklungswoche kommt es zu einem schnellen Wachstum des zu Beginn etwa 1mm langen Keimlings.

Um den 15. Entwicklungstag wandern auf der Ektodermoberfläche (= Dorsalseite des Keimlings) von lateral her einige Ektodermzellen zur Mittellinie hin, wodurch in der Mitte der Keimscheibe eine streifenartige Verdichtung von Ektodermzellen entsteht, die als **Primitivstreifen** bezeichnet wird.

➤ In der Mitte des Primitivstreifens liegt als kleine Rinne, die **Primitivrinne**. Das kraniale Ende des Primitivstreifes verdichtet sich zum **Primitivknoten** (syn.: Hensen-Knoten). ◄

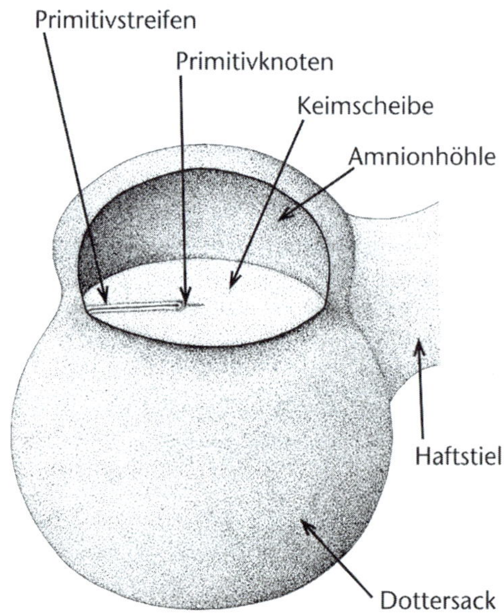

Abb. 1.27 Im Bereich der Allantoishöhle eröffnete Keimblase

Um den 16. Entwicklungstag gelangen die im Primitivstreifen liegenden Ektodermzellen durch die Primitivrinne nach innen in die Keimscheibe und wandern, nun zwischen Ektoderm und Entoderm liegend,

- nach kranial und
- nach beiden Seiten (= Seitenplatten),

und bilden damit als drittes = mittleres Keimblatt das **Intraembryonale Mesoderm**.

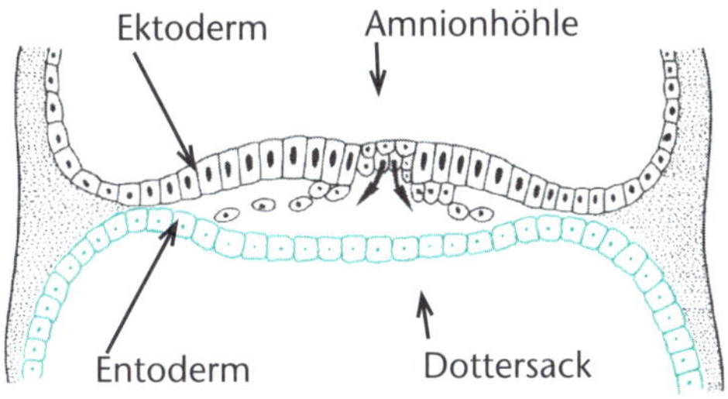

Abb. 1.28 *Bildung des intraembryonalen Mesoderm*

Gegen Ende der 3. Entwicklungswoche hat das intraembryonale Mesoderm die beiden anderen Keimblätter (= Ektoderm und Entoderm) bis auf 3 Bereiche vollständig voneinander getrennt. Diese 3 Bereiche sind:

- 1. das Gebiet der Prächordalplatte,
- 2. das Gebiet der Kloakenmembran,
- 3. der Bereich des Chordafortsatzes.

Am Rand der Keimscheibe geht das intraembryonale Mesoderm in das vom Amnion und Dottersack gebildete extraembryonale Mesoderm über.

➤ Der **Primitivstreifen** legt erstmals die spätere Längsachse des Körpers fest, damit läßt sich am Keimling ein kranialer, ein kaudaler, sowie ein rechter und linker Körperteil unterscheiden.
Gegen Ende der 4. Entwicklungswoche bildet sich der Primitivstreifen wieder zurück. ◄

➤ Die Bildung der einzelnen Keimblätter wird als **Gastrulation**, das Einwachsen der Ektodermzellen zwischen Ektoderm und Entoderm als **Invagination** (= „Einstülpung") bezeichnet. ◄

Beim zuvor erwähnten **Primitivknoten** entsteht um den 16. Tag herum zunächt eine Vertiefung = **Primitivgrube**, durch die wie beim Primitivstreifen die verdichteten Ektodermzellen in das Innere der Keimscheibe vordringen. Diese Ektodermzellen vereinigen sich zu einem Zellstrang, dem **Chordafortsatz** (syn.: Kopffortsatz). Der strangförmige Chordafortsatz wächst bis zur **Prächordalplatte** vor, die ihrerseits aus einer kleinen, rundlich angeordneten Schicht von Entodermzellen besteht und fest mit dem über ihr liegenden Ektoderm verwachsen ist.

➤ Aus der Prächordalplatte entsteht später die Rachenmembran (siehe Kapitel 1.3.6). Unterhalb des Primitivstreifens entsteht die Kloakenmembran (siehe Kapitel 1.4.6). (Siehe Abb. 1.29 und 1.30). ◄

Der Boden des Chordafortsatzes verschmilzt in den nun folgenden Entwicklungstagen mit dem unter ihm liegenden Entodermbereich.

Die verschmolzenen Bereiche degenerieren anschließend, wodurch

- 1. der im Chordafortsatz verlaufende Kanal zum Dottersack hin offen wird,
- ➤ 2. im Bereich der Primitivgrube für kurze Zeit eine Verbindung zwischen der Amnionhöhle und dem Dottersack entsteht, die als **Canalis neurentericus** bezeichnet wird. Der Canalis neurentericus verschließt sich wieder, nachdem sich die nachfolgend beschriebene Chorda dorsalis ausgebildet hat (siehe Abb. 1.29 und 1.30). ◄

Das Dach des Chordafortsatzes bleibt als flache Platte = **Chordaplatte** erhalten. Die Chordaplatte faltet sich stabförmig ein und wird nun **Chorda dorsalis** genannt (weil sie aus dem dorsalen Chordafortsatzteil entstanden ist). Gegen Ende der 4. Entwicklungswoche ist die Entwicklung der Chorda dorsalis (alt: Notochorda oder Rückensaite) abgeschlossen.

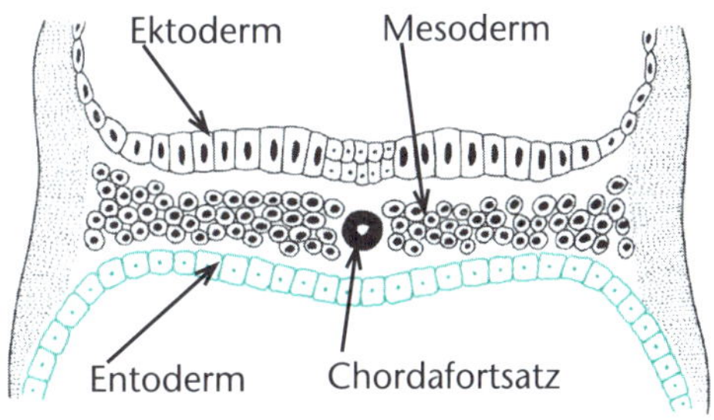

Abb. 1.29 *Querschnitt durch ein 18 Tage altes Embryo mit Darstellung der dreischichtigen Keimscheibe*

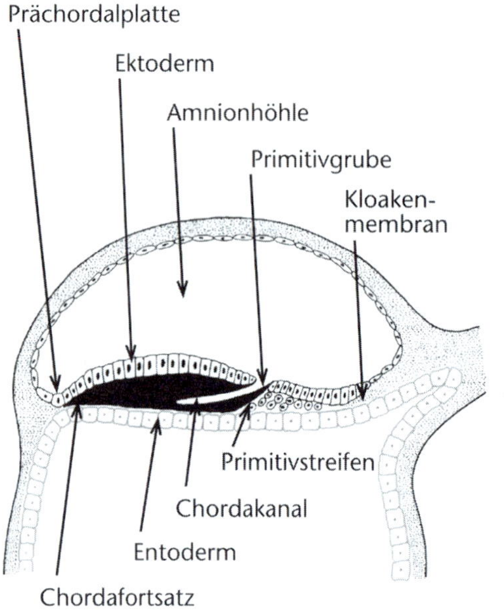

Abb. 1.30 *Längsschnitt durch ein 18 Tage altes Embryo*

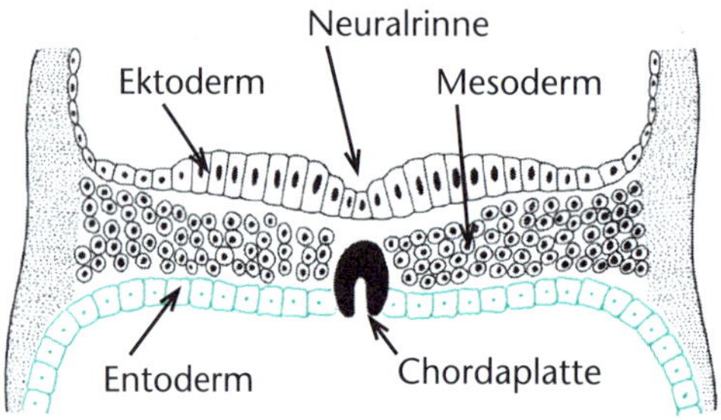

Abb. 1.31 *Bildung der Chordaplatte beim 19 Tage alten Embryo*

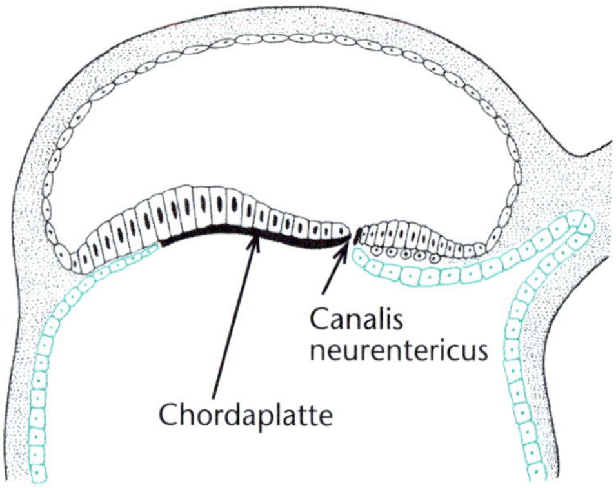

Abb. 1.32 *Längsschnitt durch ein 19 Tage altes Embryo*

➤ Die Chorda dorsalis ist das erste Axialorgan (= primitive Stützskelett) des Keimlings, sie induziert die Bildung des Neuralrohrs – siehe Kapitel 1.4.5. ◄

➤ Reste der Chorda dorsalis liegen als eine Art dünne Membran in den Zwischenwirbelscheiben (= Bandscheiben) der knöchernen Wirbelsäule. Ob der Nucleus pulposus, wie häufig zu lesen, aus diesen Resten gebildet wird, ist noch umstritten (siehe Kapitel 6.1.3). ◄

Wie Sie weiter oben gelesen haben, breitet sich das zwischen dem Ektoderm und dem Entoderm liegende intraembryonale Mesoderm nach beiden Seiten sowie nach kopfwärts hin aus.

Auf beiden Seiten der Chorda dorsalis bildet das intraembryonale Mesoderm zunächst als strangförmige dicke Zellschicht das **paraxiale Mesoderm** (par = neben, paraxial = neben der Achse = neben der Chorda liegend). Lateral vom paraxialen Mesoderm entsteht als dünne Schicht das **laterale Mesoderm** (syn.: Seitenplatten).

Das paraxiale Mesoderm ist mit der jeweiligen Seitenplatte (= laterales Mesoderm) durch ein intermediäres Mesoderm verbunden.

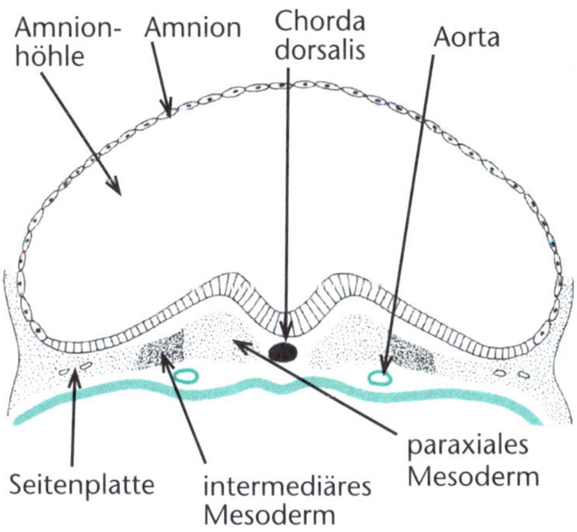

Abb. 1.33 *Entwicklung des Mesoderm (umgezeichnet nach Langman)*

Paraxiales Mesoderm

Gegen Ende der 3. Entwicklungswoche kommt es im paraxialen Mesoderm zu einer Segmentierung (= Unterteilung in einzelne, würfelartige Abschnitte). Diese Segmente werden **Somiten** (= Ursegmente) genannt. Da das paraxiale Mesoderm rechts und links von der Chorda dorsalis liegt, kommen die Somiten paarweise (rechts und links von der Chorda) vor. Die ersten Somiten entstehen in Höhe des kranialen Endes der Chorda dorsalis (dort, wo sich das Neuralrohr schließt – siehe Kapitel 1.4.5). Gegen Ende der 5. Entwicklungswoche sind 42 bis 44 Somiten angelegt.

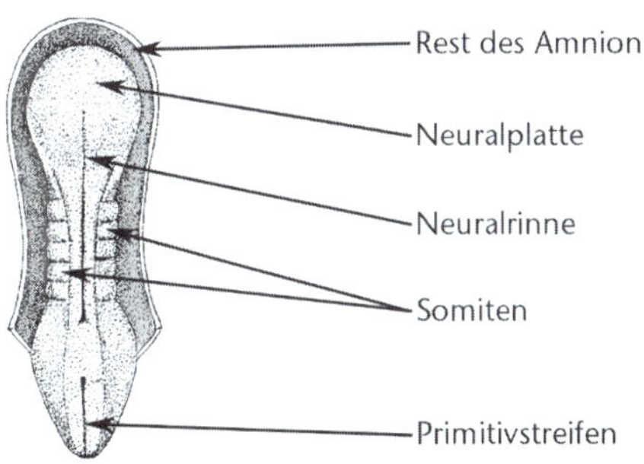

Abb. 1.34 *20 Tage altes Embryo*

Im Innern der Somiten bildet sich vorübergehend ein als **Myozoel** bezeichneter kleiner Hohlraum, der aber bald wieder verschwindet.

Um den 30. Entwicklungstag lösen sich von kranial her die ersten der bisher entstandenen Somiten in folgende 2 Zellverbände auf:

1. Die epithelialen Zellen des vorderen und medialen (= ventromedialen) Teils jedes Somiten werden als **Sklerotom** bezeichnet.

➤ Die Sklerotome bilden das embryonale Bindegewebe (syn.: Mesenchym).
Diese Mesenchymzellen haben die Fähigkeit, sich in folgende verschiedene Zellarten zu differenzieren (sind also noch pluripotent):
- Fibroblasten (= Bindegewebszellen – siehe Kapitel 2.2.4.1);
- Chondroblasten (= Knorpelzellen – siehe Kapitel 2.2.5.3);
- Osteoblasten (= Knochenzellen – siehe Kapitel 2.2.6.3). ◄

➤ Die Mesenchymzellen sind amöboid beweglich, sie wandern zur Chorda dorsalis und umhüllen sie. Ein Teil dieser Mesenchymzellen bildet später die harte Substanz der Wirbelsäule, daher hat dieser Zellverband die Bezeichnung Sklerotom (skleros, griech. = hart) erhalten. ◄
➤ Bitte beachten Sie, dass die Mesenchymzellen aus allen drei Keimblättern hervorgehen können, wenn auch der Hauptteil aus dem Mesoderm entsteht. ◄

2. Die epithelialen Zellen des hinteren und seitlichen (= dorsolateralen) Teils jedes Somiten bilden eine
- innen liegende Muskelanlage, **Myotom** genannt (weiter Kapitel 6.1.1), und eine
- außen liegende Hautplatte, **Dermatom** genannt.

Aus dem Myotom entwickelt sich die Muskulatur der Körperwand und der Extremitäten, aus dem Dermatom entwickelt sich die Dermis (= Haut) mit dem subkutanen Bindegewebe.

Intermediäres Mesoderm

➤ Das intermediäre Mesoderm besteht zunächst aus einem Strang von **Somitenstielen** (syn.: Nephrotome oder Ursegmentstiele), die die einzelnen Somiten mit der rechten bzw. linken unsegmentierten Seitenplatte verbinden. Die Somitenstiele lösen sich von den Somiten ab und verschmelzen bis auf die Zervikalregion (= Halsregion) auf beiden Körperseiten zu je einem nephrogenen (= nierenbildenden) Strang, aus denen sich über Zwischenstufen die beiden Nieren entwickeln (siehe hierzu Kapitel 8.1.2). ◄

Laterales Mesoderm

Im unsegmentierten lateralen Mesoderm (syn.: Seitenplatten) entstehen um den 20. Entwicklungstag Spalten, die sich nach ein paar Tagen zu einem größeren Hohlraum vereinen, der **intraembryonales Zölom** genannt wird. Das intraembryonale Zölom bildet die primitive Leibeshöhle, die später in 3 Körperhöhlen (Perikardhöhle = Herzbeutel, Pleurahöhle = Brusthöhle, Peritonealhöhle = Bauchhöhle) unterteilt wird und in dem sich später die inneren Organe entwickeln. Durch das intraembryonale Zölom werden die Seitenplatten in folgende 2 Blätter geteilt:

- 1. das parietale Blatt (syn.: parietales Mesoderm = Somatopleura), das in das extraembryonale Mesoderm des Amnion übergeht,
- 2. das viszerale Blatt (syn.: viszerales Mesoderm = Splanchnopleura), das in das extraembryonale Mesoderm des Dottersackes übergeht.

Das parietale Blatt bildet mit dem darüberliegenden Ektoderm die embryonale Körperwand, das viszerale Blatt umhüllt mit dem Entoderm den primitiven Verdauungskanal. (Siehe Abb. 1.35 und 1.36).

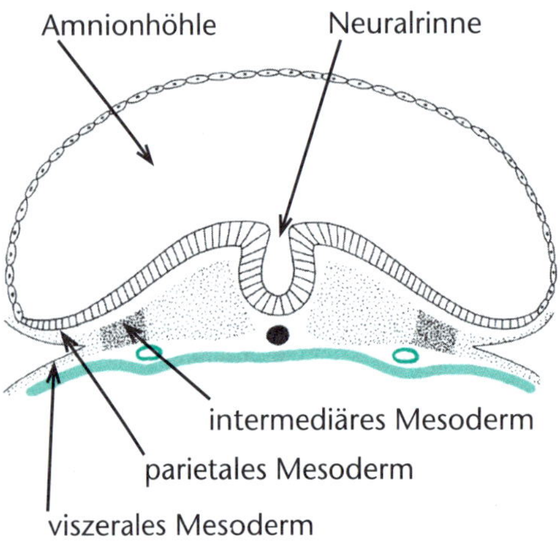

Abb. 1.35 *Entwicklung des Mesoderm (umgezeichnet nach Langman)*

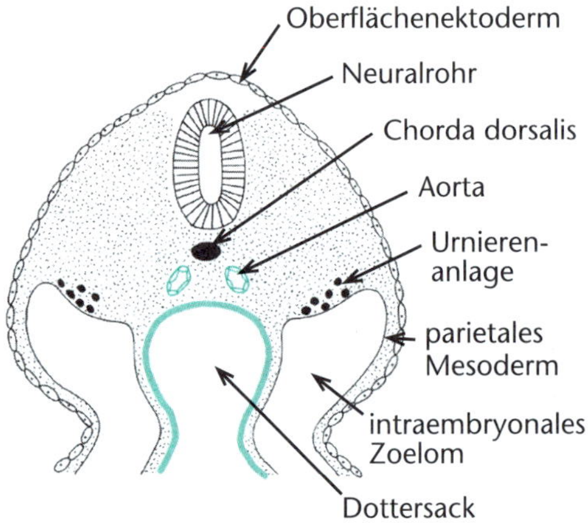

Abb. 1.36 *Querschnitt durch ein 3 Wochen altes Embryo*

Zusammenfassung

➤ Um den 15. Entwicklungstag verdichten sich in der Keimscheibe Ektodermzellen zum Primitivstreifen. In der Mitte des Primitivstreifens entsteht die Primitivrinne, am Ende des Primitivstreifens der Primitivknoten. Die Ektodermzellen dringen zwischen die beiden Keimblätter (Ektoderm und Entoderm) vor und bilden das intraembryonale Mesoderm. ◄

➤ In der Mitte des Primitivknotens entsteht die Primitivgrube, deren Zellen den Chordafortsatz bilden. Aus dem strangförmigen Chordafortsatz entsteht die Chordaplatte, aus der sich wiederum als primitives Stützskelett die Chorda dorsalis bildet.

Das neben der Chorda dorsalis liegende par-axiale Mesoderm segmentiert zu Somiten, aus denen Sklerotome (Anlage u.a. der Wirbelsäule), Myotome (Anlage der späteren Muskeln) und Dermatome (Hautplatten) hervorgehen. Aus dem neben dem paraxialen Mesoderm liegenden intermediären Mesenchym entstehen die Nieren.

Im lateralen Mesoderm entsteht das intraembryonale Zölom, aus dem später die 3 Körperhöhlen (Perikard-, Pleura- und Peritonealhöhle) hervorgehen (siehe Kapitel 7.1.1). ◄

1.4.5 Anlage des Nervensystems ! 1/3

Prüfungsrelevant: Sie sollten die Bedeutung der fett hervorgehobenen Begriffe kennen.

➤ In der 3. Entwicklungswoche verdichtet sich das Ektoderm oberhalb des Primitivknotens zur **Neuralplatte**, dabei differenzieren sich die Ektodermzellen zu **Neuroektodermzellen**, aus denen sich das Nervensystem entwickelt. Die Bildung der Neuralplatte wird wahrscheinlich durch die unter ihr liegende Chorda dorsalis induziert. ◄ Mit dem weiteren Wachstum des Keimlings verlängert sich die Neuralplatte bis zur Rachenmembran (siehe Kapitel 1.4.6). Zwischen der Neuralplatte und dem verbleibenden Ektoderm entwickelt sich, getrennt von der Neuralplatte, ein Strang aus neuroektodermalen Zellen, die zusammen die **Neuralleiste** bilden.

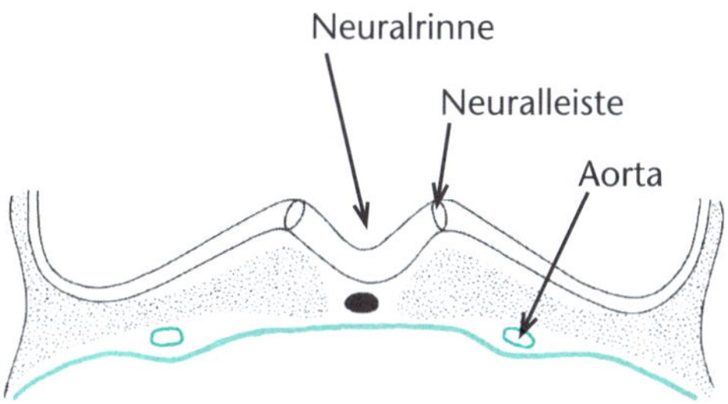

Abb. 1.37 *Neurulation*

Um den 18. bis 19. Entwicklungstag falten sich die beiden seitlichen Ränder der Neuralplatte auf und bilden damit die **Neuralfalten** (syn.: Neuralwülste). In der Mitte der Neuralfalten entsteht dadurch eine Rinne, die **Neuralrinne** genannt wird.

Die Spitzen der beiden Neuralfalten wachsen aufeinander zu und verschmelzen zwischen dem 21. und 22. Entwicklungstag miteinander, wodurch aus der Neuralrinne das **Neuralrohr** entsteht. ➤ Die Bildung der Neuralfalten (= Neuralwülste) und ihr Zusammenwachsen wird als **Neurulation** bezeichnet. ◄

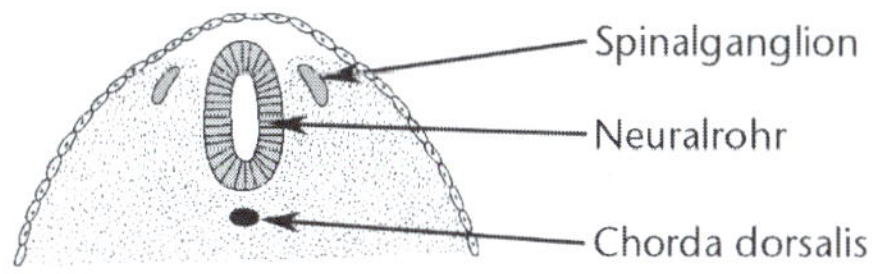

Abb. 1.38 *Neurulation*

➤ Für kurze Zeit bleiben am Neuralrohr kranial und kaudal zwei Öffnungen bestehen, die als **Neuroporus anterior** und **Neuroporus posterior** bezeichnet werden. Über diese beiden Öffnungen steht das Neuralrohr mit der Amnionhöhle in Verbindung. Um den 24. Entwicklungstag schließt sich der Neuroporus anterior, um den 26. Tag der Neuroporus posterior.◄

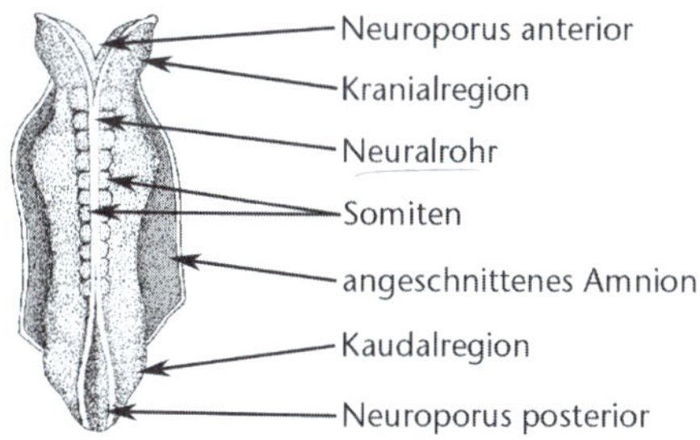

Abb. 1.39 *22 bis 23 Tage altes Embryo*

Aus der Wand des Neuralrohrs, die zunächst nur aus einer Schicht von Neuroepithelzellen (sind neuroektodermaler Herkunft) gebildet wird, entstehen während der weiteren Entwicklung

- im Kopfbereich kleine bläschenartige Verdickungen, die als Hirnbläschen bezeichnet werden und die Anlage des Gehirns bilden (siehe Kapitel 9.1.3),
- im hinteren Teil des Neuralrohrs das spätere Rückenmark (siehe Kapitel 9.1.2).

Die zuvor schon erwähnte **Neuralleiste** liegt nach dem Schluß des Neuralrohrs zu beiden Seiten des Neuralrohrs. Die Zellen verdichten sich und bilden zwischen jedem der in Kapitel 1.3.4 beschriebenen Somiten und dem Neuralrohr jeweils eine als primordiales Spinalganglion (= Anlage der Spinalganglien) bezeichnete Zellansammlung – die Zahl der Somiten und der Spinalganglien ist also gleich groß.

Von den Zellen der Spinalganglien, gehen 2 Fortsätze ab
- je ein zentraler Fortsatz, der ins Neuralrohr hineinwächst und als Hinterwurzel bezeichnet wird,
- je ein peripherer Fortsatz, der mit der aus dem Neuralrohr kommenden Vorderwurzel den Spinalnerv bildet.

Die Spinalnerven wachsen an Leitstrukturen (z.B. Blutgefäßen oder Gewebsspalten) entlang zu ihrem späteren Innervationsort vor.
➤ Aus der Neuralleiste gehen alle afferenten Neurone des somatischen und vegetativen Nervensystems hervor (siehe Kapitel 2.8ff). ◄

➤ *Die nachfolgende Auflistung ist prüfungsrelevant, hierauf sollten Sie, nachdem Sie sich in Kapitel 2.2.8ff und 2.8ff die Grundkenntnisse angelesen haben, zurückkommen.* ◄

➤ Aus den Zellen der Neuralleiste entwickeln sich:
- die sensiblen Neurone der Spinal- und Kopfnerven
- die Ganglienzellen der Hirnnerven: N. trigeminus, N. facialis, N. vestibulo-cochlearis, N. glossopharyngeus, N. vagus
- die Ganglienzellen des vegetativen Nervensystems
  - die paravertebralen Ganglien des Sympathikus (Nervenzellen des 2. Sympathikusneurons)
  - die prävertebralen Ganglien im Brust- und Bauchbereich (z.B. Ganglion cardiacum, Ganglion mesentericum usw.)
  - die parasympathischen Ganglien im Eingeweidebereich (z.B. Plexus myentericus, Plexus submucosus).
- die Mantel- und Gliazellen, die die sensiblen Neurone umhüllen
- die Schwann-Zellen
- die zur APUD-Reihe gehörenden Zellen:
  - die chromaffinen Zellen der Paraganglien
  - die Zellen des Nebennierenmarks
  - die Zellen des Glomus caroticum
  - die Melanoblasten als Vorstufe der Melanozyten
- das Kopfmesenchym und der Knorpel der Viszeralbögen (siehe Kapitel 5.1.2). ◄

1.4.6 Abfaltung der Embryonalanlage ! 0/2

Durch das Wachstum des Neuralrohrs kommt es in der Längs- und Querachse der Keimscheibe zu einer Krümmung (= Abfaltung) der Keimscheibe. Dadurch entsteht aus der zunächst flachen Keimscheibe der Embryonalkörper. Die **Abfaltung** erfolgt gleichzeitig an den beiden Seiten der Keimscheibe.
Bei dem Abfaltungsprozeß entsteht kranial eine Kopffalte und kaudal eine Schwanzfalte. Gegen Ende der 3. Entwicklungswoche entwickeln sich aus dem kranialen Teil des Neuralrohrs das Gehirn.
➤ Das Vorderhirn wächst bei der Abfaltung über die Rachenmembran (siehe weiter unten) hinaus und verlagert damit die Herzanlage (siehe Kapitel 7.1.2) nach ventral.

Durch die etwas später ablaufende Abfaltung im Schwanzbereich wird der Haftstiel nach ventral verschoben und dabei ein Teil der Allantois in den Embryonalkörper einbezogen. Die dadurch zwischen dem Amnion und dem Oberflächenektoderm entstehende Umschlagfalte wird als primitiver Nabelring bezeichnet. Der Haftstiel nähert sich dem Dottersackgang und bildet mit ihm die Nabelschnur. ◄

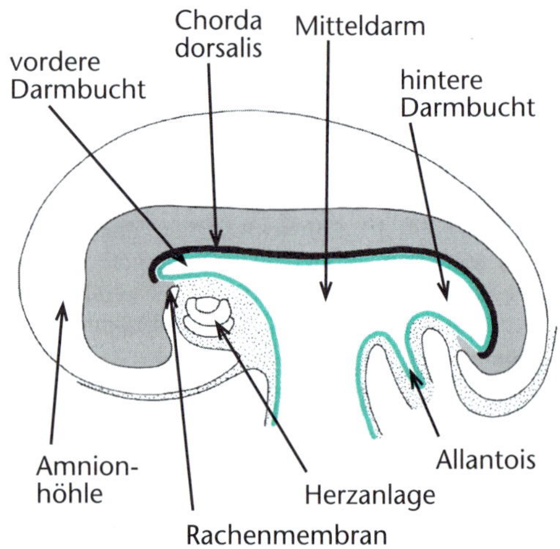

Abb. 1.40 *Abfaltung eines 4 Wochen alten Embryos*

Bei der lateralen (= seitlichen) Abfaltung der Keimscheibe vereinigen sich das Oberflächen-ektoderm und das parietale Mesoderm auf der Bauchseite zur ventralen Leibeswand des Embryos. Dadurch wird gleichzeitig die intraembryonale von der extraembryonalen Zölomhöhle getrennt (siehe Abb. 1.41 und 1.42).

Wie Sie aus den beiden letzten Abbildungen ersehen können, ist die Entwicklung der Darmanlage eng mit der Abfaltung verbunden.

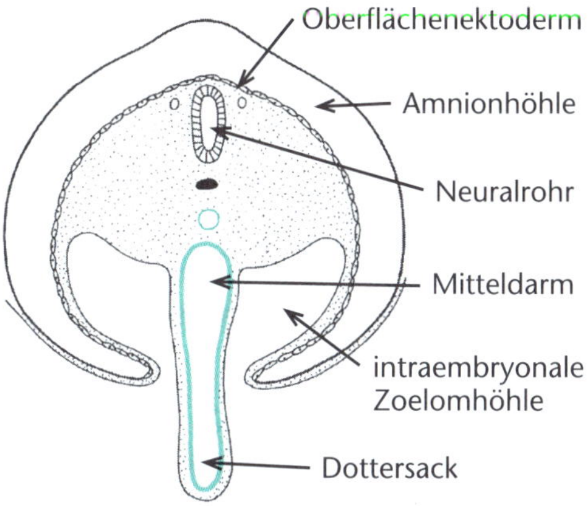

Abb. 1.41 *Querschnitt durch ein Embryo*

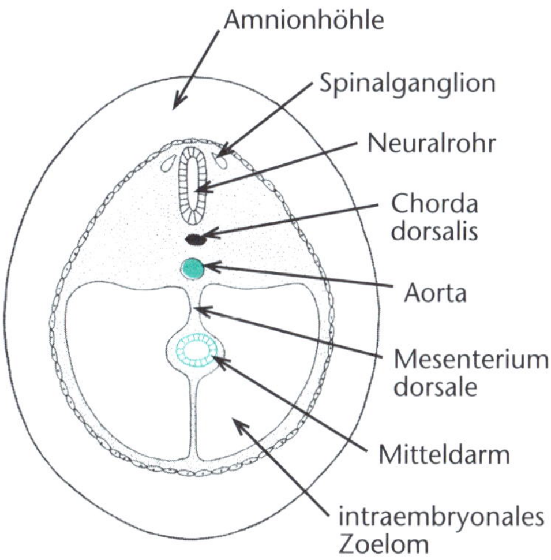

Abb. 1.42 *Querschnitt durch ein Embryo*

➤ Durch die bei der Abfaltung entstehende C-förmige Krümmung des Embryos bildet sich im kranialen und im kaudalen Embryonalteil je eine Einstülpung des Ektoderm, die als vordere und als hintere **Darmbucht** bezeichnet werden (siehe Abb. 1.40). Die beiden Darmbuchten bilden die erste Stufe zur Entwicklung des Primitivdarms. ➤ Gleichzeitig mit der Entwicklung der Darmbuchten entsteht eine Mund- und eine Afterbucht. Die **Mundbucht** (= **Stomodeum**) ist durch die Rachenmembran von der vorderen Darmbucht, die **Afterbucht** durch die Kloakenmembran von der hinteren Darmbucht getrennt.

Im Laufe der weiteren Abfaltung wird ein immer größerer Teil des vom Entoderm ausgekleideten Dottersacks in den Embryonalkörper verlagert, wodurch der **Primitivdarm** in einen Vorder-, Mittel- und Enddarm unterteilt werden kann. Durch die gleichzeitige Abfaltung im Bereich der Querachse schließt sich der Primitivdarm zu einem Rohr (siehe Abb. 1.38 und 1.39).

➤ Die in Kapitel 1.4.4 beschriebene Prächordalplatte wird nach der Abfaltung als **Rachenmembran** (= **Membrana buccopharyngea**) bezeichnet. Sie ist aus dem Ektoderm der Mundbucht und aus dem Entoderm des Vorderdarms aufgebaut und verschließt zunächst den Vorderdarm. Um den 24. Entwicklungstag reißt die Rachenmembran ein, wodurch eine Verbindung zwischen der Amnionhöhle und dem Vorderdarm entsteht.

Die zunächst noch weite Verbindung zwischen dem Mitteldarm und dem Dottersack wird immer mehr eingeengt, bis schließlich nur noch ein kleiner Gang übrigbleibt, der **Dottergang = Ductus vitellinus** (alt: Ductus omphaloentericus) genannt wird (siehe Kapitel 1.4.2).

Der Hinterdarm wird durch eine **Kloakenmembran** verschlossen, die später in je eine Anal- und eine Urogenitalmembran unterteilt wird. Diese beiden Membranen reißen ebenfalls ein und verbinden den Enddarm mit der Amnionhöhle. ➤

➤ Aus dem **Vorderdarm** entwickeln sich (wird ausführlich in Kapitel 8.1.1 beschrieben):
- der Schlunddarm (siehe Kapitel 5.1.2)
- ein Teil des Atmungsorgans (siehe Kapitel 7.1.4)
- die Speiseröhre, der Magen, der obere Teil des Duodenum, die Leber, die Gallengänge und die Bauchspeicheldrüse (siehe Kapitel 8.1.1).

Aus dem **Mitteldarm** entwickelt sich:
- der Darmbereich zwischen dem unteren Teil des Duodenum bis zum Colon transversum (siehe Kapitel 8.1.1).

Aus dem **Hinterdarm** entwickelt sich:
- der restliche Darmteil (siehe Kapitel 8.1.1)
- ein Teil des Urogenitalsystems (siehe Kapitel 8.1.2 und 8.1.3). ➤

1.4.7 Grundbegriffe der Entwicklungsphysiologie !! 3/7

➤ *Prüfungsrelevant: Sie sollten die nachfolgenden Definitionen kennen.* ➤

Als **prospektive Potenz** wird das Faktum bezeichnet, daß dem Blastomer (siehe Kapitel 1.2.2) noch alle Entwicklungsmöglichkeiten offen stehen, das heißt, alle Informationen des genetischen Codes können noch verwirklicht werden – das Blastomer ist also omnipotent.

Die **prospektive Bedeutung** besagt, daß jedes Blastomer nur einen Teil seiner prospektiven Potenz wahrnimmt. Um sich zu bestimmten Zellen zu spezialisieren (z.B. zu Knochen-, Muskel- oder Blutzellen) benötigt das Blastomer nur einen Teil des genetischen Codes. Dazu werden bestimmte Genabschnitte aktiviert (= Gen-Aktivierung) oder unterdrückt (= Gen-Suppression).

Mit der **Determination** der Zellen wird die Entwicklung der Zellen/des Zellverbandes auf eine bestimmte Gewebsform hin festgelegt, z.B. die Entwicklung zum Binde-, Muskel- oder Nervengewebe. Die Zelle hat damit ihre Omnipotenz bzw. ihre Pluripotenz, sich in alle möglichen Richtungen zu entwickeln verloren. In der Zelle sind nur noch bestimmte Gene/Gengruppen aktiv – die anderen Gene, die für die speziellen Aufgaben der Zelle nicht benötigt werden, sind blockiert. Eine Umkehrung findet man nur bei Tumorzellen, die sich auf eine niedrigere Entwicklungsstufe zurückbilden.

Um zu einer Arbeitsteilung zu kommen, bedarf es der gegenseitigen „Absprache". Dazu geben Zellgruppen chemische Stoffe ab oder senden physikalische Reize aus, um so bei anderen Zellgruppen mittels eines entsprechenden Entwicklungsreizes eine Differenzierung auszulösen. Die Beeinflussung einer Zellgruppe durch eine andere wird **Induktion** genannt. Die Zellgruppen, von denen der Reiz ausgeht, nennt man Induktor (= Aktivator).

Die Induktion bewirkt eine **Differenzierung** der Zellen zu spezifischen Strukturen und Funktionen. Durch die Differenzierung wird die spezielle Eigenschaft ausgebildet, während die funktionellen Fähigkeiten, die die Zelle nicht benötigt, durch Inaktivierung der betreffenden Gene unterdrückt werden. Eine hohe Differenzierung kann bis zur Unterdrückung der Mitosebereitschaft führen (z.B. bei den Nervenzellen, die sich nicht erneuern können).

Die Differenzierung geht mit dem **Wachstum** einher. Durch fortlaufende Teilung und Differenzierung der zunächst gleichen Blastomere wird höher entwickeltes Lebens erst möglich.

1.5 Ausbildung der äußeren Körperform

1.5.1 Pränatale Proportionsänderungen ! 0/2

➤ Das Alter eines Embryos wird im 1. Monat anhand der Zahl der Somiten (= Ursegmente) bestimmt. Von der 6. Woche bis zum 3. Monat mißt man die Scheitel-Steiß-Länge (= Sitzhöhe), beim Fetus wird die Scheitel-Fersen-Länge gemessen. ➤

Die Größe des Keimlings können Sie vereinfacht dadurch errechnen, indem Sie in den ersten 5 Schwangerschaftsmonaten die Monatszahl quadrieren:

- 1. Monat = 1 mal 1 = 1 cm
- 5. Monat = 5 mal 5 = 25 cm.

Ab dem 6. Monat muß die Monatszahl mit 5 multipliziert werden:

- 6. Monat = 6 mal 5 = 30 cm
- 10.Monat = 10 mal 5 = 50 cm.

➤ Das Gewicht des Keimlings beträgt durchschnittlich in der 3. Entwicklungswoche etwa 0,1 g. Der Fetus wiegt Ende des 3. Monats bereits etwa 45 g, Ende des 6. Monats etwa 1 kg, Ende des 8. Monats etwa 2,7 kg und gegen Ende des 9. Monats etwa 3,5 kg. ➤ Bei Mehrlingsschwangerschaften weichen die Gewichte teils beträchtlich von den angegebenen Durchschnittsgewichten ab.

Ab dem 3. Schwangerschaftsmonat kommt es zu den ersten, für die werdende Mutter kaum wahrnehmbaren aktiven Bewegungen des Fetus, ab dem 4.–5. Monat kann die Schwangere diese Bewegungen spüren.

Wächst der Keimling in einer nicht stammesgeschichtlich üblichen Art heran, ist z.B. das Kopfwachstum geringer als das Brustwachstum, so spricht man von einem **heterochronen Wachstum**.

1.5.2 Reifezeichen !! 4/8

Prüfungsrelevant: Gesamtes Kapitel.

➤ Der **Geburtstermin** liegt 266 Tage (= 38 Wochen) nach der Befruchtung oder 280 Tage (= 40 Wochen) nach der letzten Regel. ◄ Bei der Bestimmung des Schwangerschaftsmonats geht man nicht von Kalendermonaten sondern von Mondmonaten aus, das heißt, der Schwangerschaftsmonat besteht aus 28 Tagen.

Nach der Geburt muß anhand der nachfolgend aufgeführten Reifezeichen festgestellt werden, ob das Neugeborene reif, unreif oder überreif ist, was von entscheidender Bedeutung für die Frage nach der Gefährdung des Neugeborenen ist.

➤ Meßbare Reifezeichen sind u.a.:
- Körpergewicht zwischen 2.800–4.100 g (Durchschnitt 3.400 g),
- Scheitel-Fersenlänge 48–54 cm (Durchschnitt 50 cm),
- Kopfumfang 33,5–37 cm (Durchschnitt 35 cm),
- Brustumfang 30–35 cm (Durchschnitt 33 cm) – erst ab dem 2. Lebensjahr wird der Brustumfang größer als der Kopfumfang. ◄

Neben diesen sicheren Reifezeichen, die sich auf das Meßbare beziehen, gibt es noch die sogenannten „unsicheren **sekundären Reifezeichen**“:
- die Haut sollte dick, rosig und ohne Venenzeichnung sein,
- das Unterhautfettgewebe sollte gut ausgebildet sein,
- die Lanugohaare sollten nicht mehr vorhanden sein (höchstens noch Reste auf dem Rücken),
- bei den Mädchen sollten die großen Labien (= Schamlippen) die kleinen Labien überdecken,
- bei den Knaben sollten die Hoden in das Skrotum (= Hodensack) deszendiert sein (Descensus = Herabsteigen des Hodens aus der Bauchhöhle)
  - die Vorhaut ist mit der Glans penis (Eichel) über Gewebebrücken verbunden, so daß die Vorhaut nicht zurückgeschoben werden kann.
- die Finger- und Zehennägel sollten die Finger- bzw. Zehenkuppen erreichen oder überragen.

Außer den zuvor beschriebenen morphologischen Reifezeichen gibt es noch **funktionelle Reifezeichen**:
- aktiver Muskeltonus (das Neugeborene sollte den Kopf heben und aufrecht halten können),
- passiver Muskeltonus (die Gelenke sollten gebeugt gehalten werden können).

➤ Beim **Neugeborenen**
- liegt die Körpermitte etwa in Nabelhöhe,
- sind die Arme und Beine etwa gleich lang,
- ist der Kopfumfang zumeist etwas größer als der Brustumfang. ◄

Klinik: ➤ Kinder, die zu früh geboren werden, haben ab dem 7. Schwangerschaftsmonat sehr gute Überlebenschancen, weil im 7. Entwicklungsmonat die für die Atmung wichtigen Alveolen (siehe Kapitel 7.2.2) ausgebildet werden. Zu diesem Zeitpunkt wiegt der Fetus etwa 2.000 bis 2.500 g. Da das dem Wärmeschutz dienende Unterhautfett jedoch erst im 8. bis 9. Schwangerschaftsmonat aufgebaut wird, zeigen die Frühgeburten eine „runzelige“ Haut. Wegen der noch unterentwickelten Fähigkeit, die Temperatur zu regulieren, müssen die Neugeborenen für einige Zeit in den Brutkasten (siehe auch Kapitel 7.1.4). ◄

1.6 Mehrlingsbildung, Mehrfachbildung, Mißbildung

1.6.1 Mehrlinge !! 3/4

Bei 1 % aller Geburten werden Zwillinge, bei ungefähr 0,01 % Drillinge und bei 0,001 % Vierlinge geboren.

Bei **Mehrlingsgeburten** werden (ausgenommen bei den weiter unten beschriebenen eineiigen Zwillingen) mehrere Eizellen von jeweils einer Samenzelle befruchtet.

Diese Eizellen können entweder
- durch einen Mehrfacheisprung (= Poly-ovulation) freigesetzt werden, wobei mehrere Graaf-Follikel (siehe hierzu Kapitel 1.1.2) gleichzeitig platzen oder
- aus einem Graaf-Follikel freigesetzt werden, der mehrere Eier (= Ovozyten) enthält.

Zwillinge können zweieiig (= aus 2 verschiedenen Eiern entstanden) oder eineiig (= aus einem Ei entstanden) sein. 75 % der Zwillinge sind zweieiig, 25 % eineiig.

➤ Zu **zweieiigen Zwillingen** kommt es
- durch gleichzeitige Ovulation von 2 Graaf-Follikeln oder
- durch Ovulation eines Graaf-Follikels, der jedoch 2 Eizellen (= Ovozyten) enthält. ◄

➤ Das heißt, dass zweieiige Zwillinge immer aus 2 verschiedenen Eizellen hervorgehen.

Die befruchteten Eizellen implantieren sich im Uterus an verschiedenen Stellen, so dass jedes dieser Embryonen eine eigene Plazenta, eine eigene Amnionhöhle und eine eigene Chorionhöhle besitzt. Wenn die Implantationsorte nahe beieinander liegen, können die beiden Plazenten zu einer Plazenta verschmelzen, die beiden Embryonen besitzen jedoch auch in diesem Fall eine eigene Amnion- und Chorionhöhle.

Grundsätzlich gilt, daß bei zweieiigen Zwillingen die Genzusammensetzung verschieden ist. ◄

➤ Zu **eineiigen** (= identischen) **Zwillingen** kommt es
- indem sich die beiden ersten, aus einer Zygote (= befruchtete Eizelle) entstehenden Blastomeren, trennen und sich jede der beiden Blastomeren selbständig weiterentwickelt. Beide Embryonen wachsen dann in eigenen Plazenten heran (außer, die beiden Plazenten liegen so nahe beieinander, daß sie miteinander verschmelzen).
- indem sich in der 1. Entwicklungswoche in der Blastozyste der Embryoblast in zwei Embryonalanlagen teilt. Die beiden Embryonen wachsen dann in einer gemeinsamen Plazenta und in der gleichen Chorionhöhle heran, sie besitzen jedoch jeweils eine eigene Amnionhöhle.
- indem sich der etwa 15 Tage alte Keimling im Stadium der zweiblättrigen Keimscheibe (s. Kapitel 1.4.1), kurz bevor sich der Primärstreifen ausbildet, trennt. Die beiden Embryonen wachsen dann in einer gemeinsamen Chorion- und Amnionhöhle auf (kommt selten vor). ◄

➤ Grundsätzlich gilt, dass eineiige Zwillinge identisches Genmaterial besitzen und deshalb immer gleichen Geschlechts sind, auch die Blutgruppe, Augenfarbe, Fingerabdrücke und die nicht von der Umwelt beeinflußbaren Körpermerkmale sind gleich. ◄

Zu Mehrlingsgeburten kommt es
- durch Erbfaktoren – in manchen Familien treten Mehrlingsgeburten überproportional häufig auf, wobei bei Zwillingen nur die Möglichkeit von zweieiigen Zwillingen vererbbar ist. Außerdem gibt es bei der Häufigkeit von Mehrlingsgeburten Rassenunterschiede
- durch Hormontherapie
- infolge eines höheren Lebensalters der Schwangeren – der Anteil der Mehrlinge steigt mit dem Lebensalter der Schwangeren.

1.6.2 Mehrfachbildung ! 0/0

Bei den Mehrfachbildungen sind besonders die Doppelbildungen hervorzuheben, bei denen es durch eine unvollständige Durchschnürung einer Zygote oder durch unvollständige Trennung eines Embryoblasten in zwei Embryoblastanlagen (siehe Kapitel 1.6.1) zu eineiigen Zwillingen kommt, die wegen der unvollständigen Trennung durch Gewebsbrücken miteinander verbunden sind (z.B. Siamesische Zwillinge).

Eine chirurgische Trennung ist nur dann problemlos möglich, wenn die beiden Individuen keine lebenswichtigen Organe wie Herz, Lungen oder Leber gemeinsam besitzen.

1.6.3 Mißbildungen einzelner Körperabschnitte ! 0/0

Nach verschiedenen Untersuchungen muß bei etwa 2 bis 3 % der Neugeborenen mit Mißbildungen gerechnet werden. Hinzu kommen nochmals etwa 3 % der Neugeborenen, bei denen die Mißbildung erst in der frühen Kindheit entdeckt wird (z.B. Taubheit, Schwachsinn usw.).

Die Ursachen für diese Mißbildungen sind
- endogener (= durch Erbfaktoren bedingter) oder
- exogener (= durch Umweltfaktoren bedingter) Natur.

Bei den **endogenen** (= genetisch) bedingten **Mißbildungen** kommt es bei der Mitose oder der Meiose an den Chromosomen zu
- numerischen oder
- strukturellen Veränderungen.

Bei der **numerischen Veränderung** kann es in einer Keimzelle während der Meiose u.a. durch eine Nondisjunction (= falsche Verteilung der homologen Chromosomen zu den Zellpolen) zu einer abnormen Chromosomenzahl kommen, wobei die haploide Keimzelle z.B. statt 23 nun 24 Chromosomen besitzt, so dass in der Zygote (= befruchtete Eizelle) dann 47 statt 46 Chromosomen vorkommen. Wenn statt zwei drei Chromosomen von einem Chromosomenpaar vorhanden sind, wird dies als **Trisomie** bezeichnet. Ist statt zwei nur ein Chromosom vorhanden, so wird dies **Monosomie** genannt. Hierbei ist noch zu unterscheiden, ob die Veränderung ein autosomes Chromosom (= „Körperchromosom“) oder das gonosome Chromosom (= Geschlechtschromosom) betrifft.

Nur einige wenige Trisomien und Monosomien sind mit dem Leben vereinbar. Die meisten Keimlinge mit einer numerischen Chromosomenveränderung sterben kurze Zeit nach der Befruchtung ab. Die Tri- und Monosomien verursachen regelmäßig Mißbildungen, die jedoch unterschiedlich stark ausgeprägt sein können. So führt die Trisomie 21, bei der 3 Chromosomen vom Typ 21 vorliegen, zum Down-Syndrom, das Ihnen als Mongolismus bekannt ist. Menschen mit Veränderungen bei den Geschlechtschromosomen sind nicht fortpflanzungsfähig.

Zu einer **strukturellen Chromosomenaberration** (= strukturelle Veränderung an Chromosomen) kommt es u.a. durch Chromosomenbrüche, bei denen der entsprechende Chromosomenabschnitt verloren geht oder sich verdoppelt.

Die **exogenen Ursachen** für die Mißbildung eines Kindes sind umweltbedingt. Wird die Schwangere diesen schädigenden Faktoren ausgesetzt, so können Schäden in Form von Mißbildungen auftreten. Zu diesen Faktoren zählen:

- Röntgenstrahlung und radioaktive Strahlung,
- bestimmte Medikamente (u.a. Zytostatika = Mittel gegen Krebs),
- Drogen,
- Infektionskrankheiten (u.a. Röteln, Syphilis, Toxoplasmose),
- Hormongaben,
- chronischer Alkoholmißbrauch der Mutter,
- Nikotin,
- Mangel- oder Fehlernährung der Mutter.

Für die jeweilige Mißbildung ist jedoch nicht nur das Teratogen (= der schädigende Umweltfaktor) verantwortlich. Wesentlich ist der Zeitpunkt, an dem das Teratogen auf das Embryo trifft.

➤ Die empfindlichste Periode, in der es zu Organmißbildungen kommen kann, ist die Zeit der Organogenese (= Organentwicklung) zwischen dem 15. und 60. Entwicklungstag. Wird der Keimling zu einem späteren Zeitpunkt z.B. während der Fetalzeit dem Teratogen ausgesetzt, so kommt es zu anderen, zumeist weniger schwerwiegenden Mißbildungen. ◄

2 Allgemeine Anatomie und Histologie

2.1 Allgemeine Anatomie

2.1.1 Gestalt 0/0

Als **Gestalt** wird die äußere Form (Oberfläche) eines Menschen bezeichnet. Die äußere Form des Körpers wird in einen **Stamm** (= Truncus) und zwei Paar Gliedmaßen (= Extremitäten) unterteilt.
Wie Sie aus dem nachfolgenden Schema ersehen können, wird der Stamm in einen Kopf, Hals und Rumpf unterteilt. Der **Rumpf** wiederum wird in die Brust, den Bauch und das Becken gegliedert, in deren Höhlen die Eingeweide liegen. Der hintere Teil des Rumpfes wird (einschließlich des Nackens) Rücken genannt.

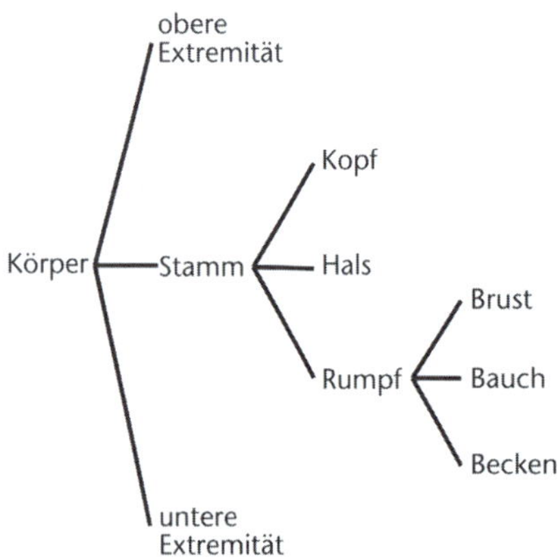

Der Stamm ist über den Schultergürtel mit dem Arm und über den Beckengürtel mit dem Bein verbunden. Entgegen dem gängigen Verständnis gehören zur oberen Extremität neben dem Ober- und Unterarm und die Hand noch der Schultergürtel. Zur unteren Extremität gehören der Beckengürtel, der Ober- und Unterschenkel und der Fuß.

Da viele Strukturen nicht auf den Kopf, Hals oder die Extremitäten beschränkt sind, kann eine exakte Grenze nur auf das Skelett bezogen werden.

2.1.2 Orientierungsbegriffe ! 1/2

Unser Körper ist räumlich betrachtet dreidimensional aufgebaut. Daher können wir am menschlichen Körper drei **Hauptachsen** unterscheiden, die zueinander senkrecht stehen (s. Abb. 2.1). Bitte beachten Sie, daß wir in der Medizin bei der Lagebezeichnung immer vom stehenden Menschen ausgehen, dabei wird die Bezeichnung „rechts" oder „links" immer aus der Sicht des Patienten verwendet (die aus unserer Sicht linke Seite ist für den Patienten die rechte Seite!).

Jede der 3 Hauptachsen verbindet zwei einander entgegengesetzte Punkte:
- kranio-kaudale Achse (vom Scheitel zur Fußsohle) = **Longitudinalachse** (= Längsachse)
- dorso-ventrale Achse (von einem Punkt der Rükkenfurche zu einem Punkt des Bauchbereichs) = **Sagittalachse** (= Pfeilachse)
- quere Achse = **Transversalachse** (= Querachse).

Aus jeweils 2 Hauptachsen wird eine der drei Hauptebenen gebildet.
- **Sagittalebene** (= Paramedianebene) – wird aus der Longitudinal- und der Sagittalachse gebildet. Sie unterteilt den Körper in Längsschnitte.
- **Frontalebene** – wird aus der Longitudinal- und der Transversalachse gebildet. Sie verläuft parallel zur Stirn. Dadurch wird der Körper in einen vor und einen hinter dem Schnitt liegenden Teil zerlegt.
- **Horizontal- oder Transversalebene** – wird aus der Transversal- und der Sagittalachse gebildet. Dadurch wird der Körper in Querschnitte unterteilt.

➤ **Medianebene** – ist eine Sonderform der Sagittalebene. Die Medianebene verläuft von der Rükkenfurche zur Bauchmitte (durch den Nabel) und teilt den Körper in zwei spiegelbildlich gleiche (= bilateral-symmetrische) Hälften, die **Antimere** (= Gegenstucke) genannt werden. ◄

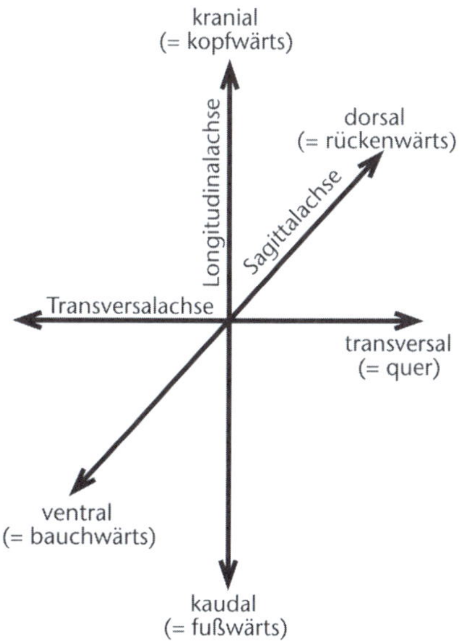

Abb. 2.1 Körperachsen

Unser Körper ist jedoch nicht vollkommen bilateralsymmetrisch aufgebaut. So kommen, entwicklungsgeschichtlich begründet, einige Organe nur einzeln vor (Herz, Leber, Magen, Milz), was als asymmetrisch bezeichnet wird (weil diese Organe nur oder überwiegend in einer Körperhälfte liegen). Feine **Asymmetrien** (= Abweichungen) zeichnen außerdem unsere Gesichter aus, z.B. in Form unterschiedlich großer Gesichtshälften, leicht unterschiedlicher Formen oder den Stellungen von Ohren und Augen usw.

In Kapitel 1.4.4 ist beschrieben, daß der Embryonalkörper während einer bestimmten Zeitspanne in Segmente (Ursegmente) gegliedert ist. Diese paarweise vorliegenden Segmente werden auch als **Somiten** bezeichnet.

➤ Die Gliederung des Körpers in diese Segmente wird **Metamerie** genannt. Im Embryonalstadium findet man die Metamerie außer im Darmbereich bei fast allen Organsystemen, wie z.B. Muskulatur, Skelett (Wirbel und Rippen), Nerven- und Gefäßsystem, Urogenitalsystem und an der Haut als **Dermatome**. Beim Erwachsenen sind als Reste der Metamerie nur noch die segmental angeordnete Wirbelsäule mit den kurzen Rückenmuskeln und den Rippen, sowie die zwischen den Rippen liegenden Gebilde (Mm. intercostales, Aa. und Vv. intercostales, Nn. intercostales) zu finden. ◄

In den Naturwissenschaften wird die Summe der immer wiederkehrenden Merkmale einer Population erfaßt und daraus ein Regelfall (= die Norm) abgeleitet, wobei eine bestimmte Schwankungsbreite toleriert wird. Man unterscheidet zwischen einer funktionellen, idealen und statistischen Norm. Eine **funktionelle Norm** bedeutet, daß ein Organismus entsprechend seinen Aufgaben und Zwecken arbeitet. Die **ideale Norm** ist ein übersteigerter Normalitätsbegriff, der nur von wenigen Organismen erreicht wird, z.B. beim Schönheitsideal der Proportionen.

Demgegenüber steht die **statistische Norm**, die sich am Bevölkerungsdurchschnitt orientiert.

Eine innerhalb der Schwankungsbreite (Streubreite) liegende Abweichung von der statistischen Norm wird als **Variabilität** (= Veränderlichkeit) bezeichnet. Die Schwankungsbreite ist genetisch festgelegt, also artspezifisch, kann jedoch durch Umweltfaktoren beeinflußt werden. Die Variationen entstehen schon in der Embryonalentwicklung, z.B. als **Varietät** (= kleiner Unterschied) des Venensystems. Nach der Geburt kann die Abweichung beibehalten oder abgebaut werden.

Eine außerhalb der Variationsbreite liegende Abweichung wird als **Anomalie** (= Fehlbildung, z.B. ein 6. Finger) bezeichnet.

2.1.3 Postnatale Änderung der Gestalt 0/1

Die postnatale Zeit (= die Zeit nach der Geburt) wird unterteilt in:

- **Neugeborenenperiode** – umfaßt die ersten zwei Wochen nach der Geburt. **Säuglingsalter** – reicht bis zum 15. Lebensmonat.
- **Kindheit** – umfaßt die Zeit bis zum Beginn der Pubertät, die bei Mädchen zwischen dem 11. – 12. und bei Jungen zwischen dem 12. – 14. Lj. beginnt und etwa 3 – 4 J. dauert.

- **Adoleszenz** – bezeichnet die Zeit vom Beginn bis zum Ende der Pubertät. Sie endet mit der Geschlechtsreife.
- **Erwachsenenalter.**

Das **Wachstum** des Kindes erfolgt in Schüben. Zwischen diesen Schüben ist das Wachstum nicht so ausgeprägt.
➤ 5 Monate nach der Geburt soll der Säugling sein Geburtsgewicht verdoppelt und nach einem Jahr verdreifacht haben.

Ein Jahr nach der Geburt soll das Kind etwa 50 % größer geworden sein (von etwa 50 cm auf 75 cm gewachsen sein). Mit 3 Jahren sollte es etwa doppelt so groß wie bei der Geburt sein. Mädchen erreichen mit durchschnittlich 9 J., Jungen mit 11 J. etwa 80 % ihrer Erwachsenengröße. Da bei Jungen das Körperwachstum länger anhält, sind Männer im Mittel etwa 10 cm größer als Frauen. Die endgültige Körpergröße ist neben dem Geschlechtsunterschied vom Konstitutions- und Rassentyp abhängig.

Beim Kind erfolgt der erste **Wachstumsschub** (= Streckung) zwischen dem 6. und 7. Lebensjahr und der 2. Wachstumsschub während der Pubertät, in der sich vor allem die Extremitäten verlängern. Um das 6. Lj. verliert das Kind die rundliche Form (den „Babyspeck").

Während beim Neugeborenen die Kopflänge das Vierfache der Gesamtlänge beträgt und der Körpermittelpunkt noch über dem Nabel liegt, beträgt die Gesamtlänge beim sechsjährigen Kind etwa das Sechsfache und beim Erwachsenen ungefähr das Achtfache der Kopflänge. Der Körpermittelpunkt liegt beim Erwachsenen etwa im Bereich der Symphyse (= Schambeinfuge).

Beim Neugeborenen ist der Gehirnschädel im Vergleich zum Gesichtsschädel proportional größer als beim Erwachsenen. Mit der weiteren Entwicklung des Kindes (Ausbildung des Gehirns) vergrößert sich der Gesichtsschädel stärker als der Gehirnschädel. ◄
Die postnatale Entwicklung verläuft bei Jungen und Mädchen unterschiedlich, was in der Pubertät durch die Ausbildung der sekundären Geschlechtsmerkmale sichtbar wird. Die Unterschiede in der Entwicklung zwischen den Geschlechtern bezeichnet man als **Geschlechtsdimorphismus**.

Zu den **primären Geschlechtsmerkmalen** zählen die Geschlechtsdrüsen (= Hoden und Eierstöcke) und die der Fortpflanzung dienenden Organe wie Samenwege, Eileiter, Uterus, Vagina usw.

Zu den **sekundären Geschlechtsmerkmalen** zählen u.a. die äußeren Geschlechtsorgane, die Schambehaarung, die Fettverteilung, die Brustdrüsenentwicklung, das Kehlkopfwachstum („Adamsapfel") und der Stimmbruch. Wesentlich ist auch, daß sich bei den Mädchen ein breiteres Becken ausbildet, was für den Geburtsweg notwendig ist, und daß Mädchen schmalere Schultern haben.

Körperbautypen

In früheren Jahren hat man große Anstrengungen unternommen, die Menschen nach ihrer äußeren Form einzuordnen, um so Rückschlüsse auf charakterliche Eigenschaften und die Disposition für bestimmte Erkrankungen ziehen zu können. All diese Theorien erwiesen sich als nicht haltbar. Heute noch gebräuchlich ist die Typenlehre von Kretschmer, der die Menschen in 3 Haupttypen unterteilt:

- **leptosomer Typ** – ist schlank bis hager, hat lange Gliedmaßen und soll ausdauernd (zäh) sein;
- **athletischer Typ** – ist mittelgroß bis groß, hat eine sehr gut ausgebildete Muskulatur, eine breite Brust und ein schmales Becken;
- **pyknischer Typ** – ist mittelgroß mit kurzen, manchmal zierlichen Beinen. Er hat einen breiten Kopf, einen kurzen Nacken, eine große Brust und einen großen Bauch. Er neigt zur Fettleibigkeit.

Wie bei allen Ordnungsversuchen, so gibt es auch bei den Körperbautypen nur wenige Menschen, die genau einem der drei Haupttypen zuzuordnen sind.

2.2 Allgemeine Histologie

Als **Histologie** (Histo- = Gewebe) bezeichnet man die Lehre von den Geweben des Körpers und die Art, wie die Bestandteile der einzelnen Gewebe strukturell und funktionell miteinander in Verbindung stehen. Der Begriff „Gewebe" wurde bereits benutzt, bevor man im 19. Jahrhundert erkannte, daß die Zelle die kleinste funktionelle Einheit der meisten lebenden Organismen bildet (Virchow).

Jedes **Gewebe** besteht aus einem Verband von morphologisch gleichartig differenzierten Zellen, die spezifische Aufgaben erfüllen (s. Kapitel 2.2.1).

Heute verhilft uns die Histologie zu Erkenntnissen über die biologischen Strukturen und den physiologischen und molekularbiologischen Aufbau von Geweben und Zellen. Somit bildet die Histologie ein Verbindungsglied zwischen der Anatomie und der Physiologie und Biochemie.

Während die Histologie die Verbindung der Anatomie zur Biochemie und Physiologie herstellt, befaßt sich die mikroskopische Anatomie anhand von Schnittpräparaten mit der Anordnung von verschiedenen Geweben in einzelnen Organen und Systemen.

2.2.1 Gewebe ! 6/15

Prüfungsrelevant: Sie sollten die Definitionen der fett hervorgehobenen Begriffe kennen.

Unser Körper besteht aus verschiedenen **Organen**. Diese Organe wiederum sind aus sich gegenseitig ergänzenden, unterschiedlichen **Geweben** aufgebaut. Jedes dieser Gewebe stellt einen Verband gleichartig differenzierter (= spezifischer) Zellen dar.

Eine andere Definition für Gewebe lautet: Gewebe sind alle Arten von Zellverbänden, die eine gemeinsame Funktion haben.

Der Raum, der zwischen den einzelnen Zellen liegt, wird **Interzellularraum** genannt. Der Interzellularraum ist mit von den Zellen produzierten Interzellularsubstanzen und mit Interzellularflüssigkeit angefüllt.

Die Interzellularräume sind für die einzelnen Zellarten charakteristisch. So bilden sich zwischen den Epithelzellen (s. Kapitel 2.2.3) spaltförmige und zwischen den Binde- oder Stützgewebszellen weiträumige Interzellularräume aus (s. Kapitel 2.2.2).

Nach einer älteren Definition unterscheiden wir im menschlichen Körper 4 **Grundgewebearten**:
- Epithelgewebe,
- Muskelgewebe,
- Nervengewebe,
- Binde- und Stützgewebe.

Epithelgewebe – die Zellen des Epithelgewebes (= Epithelzellen) kleiden die äußeren und inneren Oberflächen des Körpers aus (s. Kapitel 2.2.3). Die Epithelzellen liegen eng nebeneinander, so daß sich zwischen den Zellen nur ein schmaler Interzellularraum ausbilden kann. Durch interzelluläre Verbindungen sind die Zellen untereinander fest verhaftet. Epithelzellen kleiden die äußeren und inneren Oberflächen des Körpers aus (s. Kapitel 2.2.3).
Muskelgewebe – die länglichen Muskelzellen enthalten kontraktile Filamente, mit deren Hilfe sich die Muskelzellen verkürzen (= kontrahieren) können. Dadurch wird Bewegung möglich – weiter s. Kapitel 2.2.7.
Nervengewebe – die hoch differenzierten Nervenzellen dienen der Informationsaufnahme und der Weiterleitung bzw. Verarbeitung von Informationen (s. Kapitel 2.2.8).
Binde- und Stützgewebe – die Zellen des Binde- und Stützgewebes haben mechanische Aufgaben. Zwischen diesen Zellen liegen teilweise große Interzellularräume mit Interzellularsubstanz. Bindegewebe kommt u.a. als Mesenchym, retikuläres Bindegewebe, Fettgewebe, Sehnen, Bänder usw. vor (s. Kapitel 2.2.4). Zu den Bindegewebszellen zählen nach dieser älteren Definition auch die Blutzellen (= rote und weiße Blutkörperchen) sowie die Zellen des Immunsystems (Lymphozyten, Makrophagen) weil sie teilweise im Bindegewebe verweilen. Als Stützgewebe kommen Knochen und Knorpel vor.

Nach einer neueren Klassifizierung versucht man die Zellen nach ihren funktionellen Eigenschaften einzuteilen:
- Epithelzellen,
- Muskelzellen,
- Nervenzellen,
- Supportzellen (Knochen, Knorpel, faseriges Bindegewebe),
- Blutzellen,
- Zellen des Immunsystems,
- hormonproduzierende Zellen,
- Keimzellen.

Unsere Organe sind, wie zuvor erwähnt, aus verschiedenen Grundgewebsarten aufgebaut. Die spezifischen Zellen eines Organs, die dessen besondere Funktion und Leistung bedingen, werden als **Parenchym** bezeichnet (z.B. Leber- oder Nierenparenchym).

Im Gegensatz zu diesem Organgewebe wird das **interstitielle oder Gerüstgewebe**, das aus gefäß- und nervenhaltigem Bindegewebe besteht, als **Stroma** bezeichnet.

In den Geweben laufen Lebensprozesse ab, die mit den nachfolgend aufgeführten Begriffen bezeichnet werden.
Als **Wachstum** bezeichnet man die Vermehrung der Zellen durch Zellteilung sowie die Größenzunahme von einzelnen Zellen. Bei Heranwachsenden beruht das Wachstum auf mitotischer Zellteilung. Bei hochdifferenzierten Zellen wie den Muskelzellen kommt es hingegen zur Zellvergrößerung.

Das Wachstum geht mit einer **Differenzierung** (= Spezialisierung) der Zellen einher. Die Differenzierung einer Zelle oder Zellgruppe erfolgt während der Keimentwicklung durch **Induktion**. Hierbei wird die Zelle oder Zellgruppe von einer anderen Zelle oder Zellgruppe zu einer bestimmten Differenzierung hin beeinflußt. Alle spezialisierten Zellen besitzen den gleichen Gensatz wie die Zygote (= befruchtete Eizelle), unterscheiden sich jedoch durch Gestalt,

Struktur, Antigeneigenschaften und der Fähigkeit zur Enzymsynthese voneinander. Mit zunehmender Differenzierung geht die Fähigkeit der Zellen zur Zellteilung verloren

Die **Wucherung** von Zellen über das normale Teilungswachstum hinaus nennt man **Proliferation**, sie kommt z.B. bei der proliferativen (= produktiven) Entzündung oder beim Karzinom vor.

Die Fähigkeit von Geweben, einen Gewebsverlust durch Gewebsneubildung zu ersetzen, wird **Regeneration** genannt. Es gibt verschiedene Formen der Regeneration. Als **physiologische Regeneration** bezeichnet man den Ersatz eines Gewebes, das durch z.B. Verschleiß zugrunde gegangen ist, durch identisches Gewebe. Ist Gewebe durch eine Schädigung z.B. infolge einer Verletzung zugrunde gegangen, so wird der Ersatz als **pathologische Regeneration** bezeichnet.

Zumeist wird zugrunde gegangenes Gewebe durch regenerationsfreudiges Bindegewebe ersetzt, was auch als **unvollkommene Regeneration** bezeichnet wird.

Die Fähigkeit zur Regeneration ist bei den einzelnen Gewebearten unterschiedlich entwickelt. Zumeist beschränkt sich die physiologische Regeneration auf nur wenige Zellarten. Eine Regeneration von Gewebe wie z.B. bei Reptilien, bei denen ganze Extremitäten ersetzt werden können, ist beim Menschen nicht möglich.

Die Regeneration geht von **Stammzellen** (= embryonalen Zellen) aus, die im Gegensatz zu den hochdifferenzierten Gewebszellen teilungsfähig sind. Während der Teilung differenzieren sich die Tochterzellen während die Stammzellen erhalten bleiben. Regeneriert werden können:

- die Blutzellen (täglich müssen z.B. etwa 200 Milliarden rote Blutkörperchen neu gebildet werden),
- die obere Epidermisschicht der Haut,
- Schleimhautepithel,
- die Haare,
- die Schleimhaut des Uterus nach der Menstruation.

Nach unseren Erkenntnissen regenerieren nicht (oder nur in Sonderfällen):

- Nervenzellen,
- Herz- und Skelettmuskelzellen,
- Knorpelzellen.

Die Regeneration unterscheidet sich vom Wachstum darin, daß die Regeneration Ersatz leistet, während sich die lebende Substanz durch Wachstum vermehrt oder vergrößert.

Als **Degeneration** bezeichnet man die Entartung eines Gewebes oder den Ersatz vollwertigen Gewebes durch minderwertiges Gewebe. Die Degeneration führt in allen Fällen zu einer Verminderung der Zellleistung, z.B. bei der stoffwechselbedingten Verfettung der Leberzellen eines Alkoholikers.

Bei Sauerstoffmangel oder bei Stoffwechselstörungen kann es innerhalb eines Gewebes zur sogenannten **Nekrobiose** (= allmähliches Absterben der Zellen eines Gewebes) kommen. Die Folge kann Verfettung sein. Die Nekrobiose kann in eine **Nekrose** (= örtlicher Gewebetod) übergehen.

Die Vergrößerung des Zellvolumens ohne Zellvermehrung nennt man **Hypertrophie**. Sie tritt vor allem auf

- bei längerer Überlastung am Herzmuskel (z.B. bei einer Herzinsuffizienz),
- bei Leistungssportlern oder Bodybuildern in der quergestreiften Muskulatur,
- während der Schwangerschaft im Myometrium des Uterus.

Nehmen die Anforderungen an den spezifischen Leistungen der Zellen ab, so atrophieren die betroffenen Zellen. Bei einer **einfachen Atrophie** nimmt die Zellgröße ab, während die Anzahl der Zellen gleich bleibt. Ein Beispiel ist die Inaktivitäts-Atrophie der Muskulatur bei bettlägerigen Patienten.

Bei einer **numerischen Atrophie** (syn.: **Involution**) verringert sich die Zellzahl, z.B. nach der Stillzeit in der Brustdrüse.

Als **Hyperplasie** wird eine massive Zellvermehrung bezeichnet. So kann es z.B. im Hochgebirge infolge von Sauerstoffmangel oder nach Gabe entsprechender Medikamente (Doping im Radsport) zu einem starken Anstieg an roten Blutkörperchen kommen. Eine Hyperplasie kann auch als Folge einer Hypertrophie z.B. einer Organvergrößerung durch Zellvermehrung infolge des Muskeltrainings auftreten.

Unter einer **Metaplasie** versteht man die Umdifferenzierung eines Gewebetyps in einen anderen. Dabei wandelt sich ein chemisch oder mechanisch gereizter Gewebetyp, z.B. infolge einer chronischen Entzündung in einen anderen Gewebetyp um. Es gibt 2 Formen der Metaplasie:

- die direkte Metaplasie, bei der die Umwandlung in einen anderen Gewebetyp (Zellart) ohne Zellteilung erfolgt,
- die indirekte Metaplasie, bei der die Rückbildung von höher- in niedriger differenzierte Zellen mittels Zellteilung erfolgt. Als indirekte Metaplasie bezeichnet man es, wenn Zellen entarten und so

ein Tumor entsteht oder wenn sich im Atemtrakt Flimmerepithel infolge des Rauchens in Plattenepithel umwandelt.

Während der Embryonalentwicklung kann es zur Hypo- und Aplasie kommen.

Die unvollständige Ausbildung eines Organs während der Embryonalentwicklung, die meist auch mit einer Funktionsstörung einhergeht, bezeichnet man als **Hypoplasie** (z.B. die Uterushypoplasie).

Wird in der Embryonalzeit ein Organ nicht angelegt, so liegt eine **Aplasie** vor, z.B. die Aplasie (= das Fehlen) einer Niere.

Durch das Verschmelzen von Einzelzellen kann ein Zellverband entstehen, der keine Zellgrenzen mehr aufweist. Ein solcher Zellverband, der im menschlichen Organismus z.B. in Form des Synzytiotrophoblasten vorkommt, wird **Synzytium** genannt. Vom Aussehen her unterscheidet sich ein Synzytium nicht von einem **Plasmodium**, die Entstehung ist jedoch unterschiedlich. Als Plasmodium wird eine vielkernige Zytoplasmaeinheit bezeichnet, die durch Kernteilung ohne anschließende Zellteilung entstanden ist (z.B. die Sternberg-Riesenzellen beim Morbus Hodgkin).

2.2.2 Zellkontakte und Interzellularraum !!! 9/14

Prüfungsrelevant: Gesamtes Kapitel. Es wurden einige elektronenmikroskopische Bildfragen gestellt.

Während der Embryonalentwicklung wandern die noch amöboid beweglichen Zellen zu ihrem endgültigen Bestimmungsort. Die Zellmembran (= **Plasmalemm**) dieser Zellen ist an ihrer Außenseite von der **Glykokalix** umgeben. Die Glykokalix besteht aus Glykolipiden und Glykoproteinen (Polysacchariden). Sie ist für jeden Zelltyp einzigartig (= spezifisch). Die Glykokalix wirkt als Antigen und bestimmt die serologischen Eigenschaften der Zellen. Bei den Erythrozyten (= roten Blutkörperchen) wird anhand der Glykokalix zwischen den Blutgruppen A und B unterschieden. Die Glykokalix gibt für den Zelltyp spezifische Moleküle in die Interzellularflüssigkeit ab, die als „Signalträger" dienen. Treffen sie auf gleichartig differenzierte Nachbarzellen, so lösen sie bei diesen Zellen eine **Kontaktinhibition** aus, worunter man den Stillstand der Zellbewegung und evtl. eine Hemmung der Zellteilung versteht. Die so „kontakteten" Zellen wandern nicht mehr weiter, sondern vereinigen sich mit den gleichartig differenzierten Zellen zu einem spezifischen Zellverband, aus dem das Gewebe entsteht.

Bei Zellen, die in einem Zellverband liegen, dient der Kontakt
- der mechanischen Stabilisierung des Zellverbandes,
- dem Austausch größerer Moleküle,
- dem Ionenaustausch (und damit der elektrischen Integration von Nachbarzellen).

Fehlt der Kontakt zwischen den Gewebszellen oder wird er unterbrochen (z.B. weil sich bei bösartigen Tumoren die Eigenschaften der Glykokalix der einzelnen Zellen verändert haben), so wächst jede Zelle für sich weiter und es entsteht ein Tumor.

Der Kontakt zwischen den Zellen erfolgt innerhalb der Gewebe durch
- indirekte Zellkontakte oder
- direkte Zellkontakte.

Die **indirekten (= mechanischen) Zellkontakte** entstehen z.B. durch fingerförmige Ausstülpungen der Zellmembran der einzelnen Zellen, die in die Vertiefungen von Nachbarzellen hinein ragen. Die Ausstülpungen werden **Zellinterdigitationen** genannt.

Bei den **direkten Zellkontakten** (= interzellulären Verbindungen) sind die Verbindungen zwischen zwei Nachbarzellen nur auf wenige Stellen der Membran beschränkt. Diese Verbindungen sind reversibel, d.h. sie können wieder gelöst oder neu aufgebaut werden. Diese Verbindungen haben verschiedene Aufgaben und ein unterschiedliches Aussehen.

Aufgrund ihrer Aufgaben unterteilt man die direkten Verbindungen in
- Verbindungen, die die Zellen mechanisch miteinander verbinden – Desmosomen und Zonulae occludentes,
- Verbindungen, die die Zellen funktionell und mechanisch miteinander verbinden – Nexus.

Anhand des Aussehens werden die direkten Zellkontakte unterteilt in:
- punktförmige Verbindung = **Macula,**
- gürtelförmig um die Zelle herumlaufende Verbindung = **Zonula,**
- streifenförmige Kontaktstelle = **Fascia.**

Bei den direkten Zellkontakten (= interzellulären Verbindungen) unterscheiden wir zwischen
- Desmosomen (= Haftverbindungen), die unterteilt werden in
  - Macula adhaerens (= punktförmiges Desmosom),

- Zonula adhaerens (= gürtelförmiges Desmosom),
- Fascia adhaerens (= streifenförmiges Desmosom).
- Undurchlässigen Zellverbindungen, die den parazellulären Stofftransport unterbinden
  - Zonulae occludentes (= Tight junction);
- funktionellen Zellverbindungen, die dem Stoffaustausch zwischen Zellen dienen
  - Gap junction.

Desmosomen

Desmosomen verbinden gleiche und unterschiedliche Zellen mechanisch miteinander. Sie verschließen den Spalt zwischen zwei Zellen (= Interzellularspalt) jedoch nicht und behindern daher auch nicht den parazellulären Stoffaustausch. Desmosomen kommen z.B. in Epithelfortsätzen der Epidermis (Haut) vor, in denen die Zellmembran stellenweise verdichtet ist. Diese Verdichtung wird Haftplatte genannt.

In den Zellen ist das Zytoplasma im Bereich des Desmosom durch intermediäre Filamente angereichert. Die intermediären Filamente haben ein röhrchenförmiges Aussehen. Sie gehören zum Zytoskelett und bestehen bei den Epithelzellen aus Zytokeratinen, aus denen **Tonofilamente** gebildet werden. Die Tonofilamente kommen aus dem Zellinnern und strahlen in das Desmosom hinein. Intrazellulär gehen von der Haftplatte transmembranöse Filamente ab, die sich mit denen der Nachbarzelle verbinden.

Zusatz: Zum Zytoskelett gehören: intermediäre Filamente, Mikrotubuli und Mikrofilamente. An intermediären Filamenten kommen vor in:
- Epithelzellen – Zytokeratin,
- Muskelzellen – Desmin,
- Mesenchymzellen – Vimentin,
- Gliazellen – Gliafilamente (GFAP),
- Neuron – neurofilamentäre Tripletproteine.

Der Interzellularspalt (Spalt zwischen zwei Zellen) ist in der Regel etwa 25–35 nm breit. Im Bereich der Desmosomen ist der Interzellularspalt dagegen etwa 25–35 nm breit.

Es kommen auch Halbdesmosomen (= **Hemidesmosomen**) vor, bei denen das Desmosom nur von einer Zelle gebildet wird. Hemidesmosomen dienen z.B. dazu, Epithelzellen an der in Kapitel 2.2.3 beschriebenen Basalmembran zu befestigen.

Nach dem Aussehen werden die Desmosomen unterteilt in:
- **Maculae adhaerentes** (= Fleckendesmosomen) – sehen scheibenförmig aus und haben einen Durchmesser von etwa 0,5 µm.
- **Zonulae adhaerentes** – verlaufen gürtelförmig um die Zellen herum und dienen als Haftplatten. Die Zonulae enthalten viele aktinbindende Proteine. Sie kommen beim kubischen und hochprismatischen Epithel vor.
- **Fasciae adhaerentes** – verlaufen streifenförmig und kommen nur in den Disci intercalares der Herzmuskulatur vor.

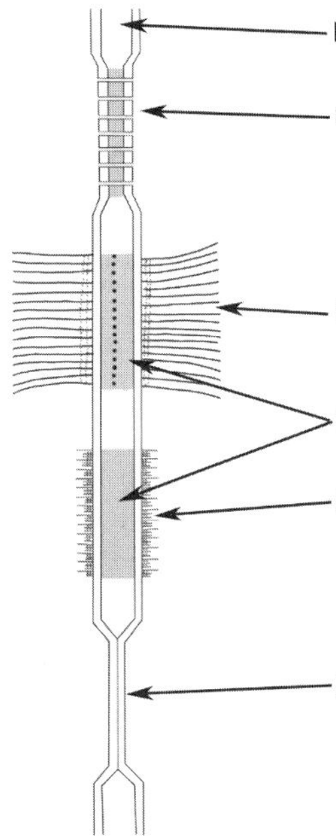

Abb. 2.2 Zellkontakte

Tight junction (syn.: Zonula occludens)

Bei diesem Zellkontakt verschmelzen die beiden äußeren Plasmalemmschichten zweier Nachbarzellen im apikalen Teil (= nahe der freien Oberfläche) durch transmembranale Verbindungsproteine miteinander, was als „tight junction" bezeichnet wird. Der Interzellularspalt ist in diesem Bereich verschlossen, wodurch ein freier Transport von Substanzen durch den Interzellularspalt verhindert wird.
Die Tight junction unterteilt man genau wie die Desmosomen nach ihrem Aussehen in Maculae, Zonulae und Fasciae occludentes. Zumeist kommen die Tight junctions als Zonulae occludentes im Bereich der hochprismatischen Darmepithelzellen vor, wo sie dazu dienen, den Transport der aus dem

Darmlumen resorbierten Makromoleküle parazellulär (an den Zellen vorbei) zu verhindern. Fasciae occludentes und Maculae occludentes kommen nur selten vor.

Treten die Macula adhaerens, die Zonula adhaerens und die Zonula occludens zusammen auf, so spricht man von einem **Haftkomplex**. Unter dem Lichtmikroskop erscheint ein solcher Haftkomplex im Tangentialschnitt als **Schlußleistennetz**. Schlußleisten dichten den Interzellularraum ab und verhindern dadurch den ungewollten Verlust von Flüssigkeit nach außen.

Gap junction (= Nexus)

Als „gap junction" werden abgerundete Bereiche der Zellmembran bezeichnet, über die mittels ionaler und metabolischer Kopplung der Kontakt zwischen zwei Nachbarzellen ohne eine Membranverschmelzung erfolgt. Die Nachbarzellen sind durch einen verkleinerten aber durchgängigen Interzellularspalt voneinander getrennt, der etwa 2–4 nm breit ist. Die benachbarten Zellen kommunizieren in diesem Bereich über sogenannte **Tunnelproteine** (= Membranproteine) miteinander. Diese in der Zellmembran liegenden Tunnelproteine bilden jeweils einen etwa 1 nm großen Kanal. Die Tunnelproteine bilden **Konnexone**, die etwa 7–8 nm lang sind und etwa 2 nm aus der Zelle heraus in den Interzellularraum ragen. Jedes Konnexon verbindet sich mit je einem Konnexon der Nachbarzelle. Dadurch entsteht ein im Durchmesser etwa 1 nm großer Kanal, über den das Zytoplasma der Nachbarzellen in direktem Kontakt steht. Durch den Kanal können Ionen und niedermolekulare Stoffe bis etwa zur Größe von Glukose hindurchtreten. Neben dem Austausch niedermolekularer Stoffe dienen die Gap junction der Übertragung von elektrischen Signalen und damit der Weiterleitung von Aktionspotentialen.

Gap junction dienen also dazu, Nachbarzellen zu größeren Funktionseinheiten zusammenzuschließen. Gap junction kommen u.a. bei Herzmuskelzellen und glatten Muskelzellen vor. Ihre Neubildung wird hormonell beeinflußt.

Interzellularraum

Es werden zwei Arten von Körperräumen unterschieden:

- der außerhalb der Zelle liegende Extrazellularraum,
- der innerhalb der Zelle liegende Intrazellularraum.

Der **Extrazellularraum** wird wiederum unterteilt in

- einen **Intravasalraum** (= Raum innerhalb der Blutgefäße),
- einen **Interzellularraum** (= Raum zwischen den Zellen), der auch als **Interstitium** bezeichnet wird.

Diese Räume spielen vor allem bei der Verteilung des Körperwassers eine wichtige Rolle.

Die **Interzellularräume** können spaltförmig (wie zwischen Epithelzellen) oder weit (wie beim lockeren Binde- und Stützgewebe) sein.

Interzellularräume dienen als Transportwege für die Auf- und Abbauprodukte der Zellen, sowie als Gewebestütze.

Die in den Interzellularräumen liegende **Interzellularsubstanz** besteht aus interstitieller Flüssigkeit, Proteoglykanen und Glykoproteinen. Über die interstitielle Flüssigkeit können wasserlösliche Substanzen aus den Gefäßen in die Zellen gelangen.

Klinik: Bei bestimmten Erkrankungen kann u.a. vermehrt Flüssigkeit in die Interzellularräume eingelagert werden oder der Abtransport der interstitiellen Flüssigkeit gestört sein. Dadurch kann ein extrazelluläres Ödem entstehen (z.B. bei einer Herzinsuffizienz).

2.2.3 Epithelgewebe

2.2.3.1 Klassifizierung von Epithelverbänden — !!! 6/17

Prüfungsrelevant: Besonders die Tabelle.

Das **Epithelgewebe** (syn.: Epithel) besteht aus gleichartig differenzierten Zellen, die eng beieinander liegen. Daher sind die Interzellularräume sehr schmal (spaltförmig).

Das Epithel wird aufgrund seiner Funktion und Struktur unterteilt in:

- Oberflächenepithel,
- Drüsenepithel (s. Kapitel 2.6.2),
- Sinnesepithel (s. Kapitel 2.8.5 und 2.9.1.5),
- Myoepithel.

Das **Oberflächenepithel** bedeckt die äußeren Körperoberflächen und kleidet im Körperinnern die Körperhöhlen (mit Ausnahme der Gelenkhöhlen und Schleimbeutel) sowie die Hohlorgane wie Darm, Gefäße und Harn- und Geschlechtsorgane, aus. Das

Oberflächenepithel enthält bis auf wenige Ausnahmen weder Blut- noch Lymphgefäße. Ausnahmen hiervon sind die äußere Wand des Ductus choledochus, die Fossa navicularis der männlichen Harnröhre, und die Stria vascularis des Innenohrs. Nervenfasern kommen hingegen im Oberflächenepithel vor!

Basal wird das Oberflächenepithel durch eine dünne Basalmembran vom gefäßführenden Bindegewebe getrennt (s. Kapitel 2.2.3.2).

Das **Drüsenepithel** geht aus dem Oberflächenepithel hervor. Ausnahmen hiervon bilden die aus dem Bindegewebe gebildeten Thekaluteinzellen (Ovar) und die Leydig-Zwischenzellen (Hoden). Das Drüsenepithel bildet das Parenchym der Drüsen.

Als **Sinnesepithel** bezeichnet man Zellen oder Zellgruppen, die bestimmte Reize registrieren. Weil diese Zellen Reize aufnehmen, aber nicht weiterleiten oder verarbeiten können, werden sie als sekundäre Sinneszellen bezeichnet. Die Erregungen werden über Nervenzellfortsätze, die mit den Sinnesepithelzellen in Verbindung stehen, weitergeleitet.

An Sinneszellen kommen vor:
- Mechanorezeptoren, die die auf die Haut einwirkenden Reize registrieren;
- Geschmackszellen in der Zunge.

Eine Sonderform bilden die Riechzellen und die Hörzellen, die sowohl Rezeptoren als auch Nervenzellen sind.

Die **Myoepithelzellen** haben ein sternförmiges Aussehen. Sie enthalten Aktin- und Myosinfilamente, wodurch sie wahrscheinlich zur Kontraktion befähigt sind. Myoepithelzellen kommen im Bereich der Endstücke von Speichel-, Schweiß- und Brustdrüsen vor. Sie umschließen mit ihren Zytoplasmafortsätzen die basalen Teile der Drüsenzellen und drücken dadurch wahrscheinlich das Sekret aus der Drüsenzelle heraus.

Entwicklungsgeschichtlich gesehen, geht das Epithel aus den drei Keimblättern (s. Kapitel 1.4.1) hervor:
- Aus dem Ektoderm entstehen die Epidermis (oberste Hautschicht), sowie das Mundhöhlen- und Nasenepithel,
- aus dem Mesoderm entwickelt sich das Endothel (kleidet die Gefäße aus) und das Mesothel (kleidet die Eingeweide aus),
- aus dem Entoderm geht das Epithel des Magen- und Darmkanals sowie des Schlundes hervor.

Die **Regeneration** (= Zellmauserung) von zugrundegegangenen Epithelzellen erfolgt durch mitotische Teilung von Stammzellen, die bei mehrreihigem Epithel in der untersten Schicht (= Basalschicht) liegen. Die neu entstandenen Zellen wandern langsam zur obersten Zellschicht hin. Unter bestimmten Bedingungen z.B. bei Verletzungen, können sich auch die anderen Basalzellen zu Stammzellen differenzieren. Die **Regenerationsrate**, d.h. die Zeitspanne, in der die Zellen physiologisch durch neue Zellen ersetzt werden, hängt vom Ort und der Beanspruchung der Zellen ab.

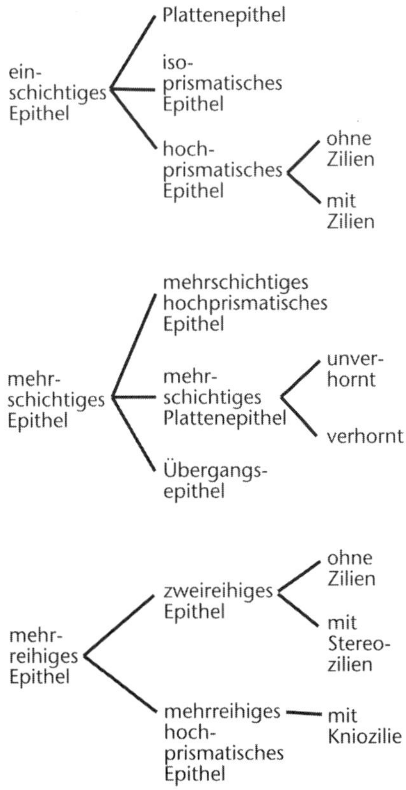

Die Lebensdauer der Epithelzellen beträgt in etwa bei
- Leber oder Niere 200–300 d,
- Harnblase 70 d,
- Haut (Stratum germinativum) 20 d,
- Magen/Darm 2–4 d.

Die einzelnen Epithelarten werden klassifiziert nach der

- Form der Epithelzellen,
- Anordnung der Epithelzellen,
- Differenzierung der oberflächlichen Zellschicht.

Bei der **Form der Epithelzellen** unterscheidet man zwischen:

- platten Epithelzellen (= sind niedrig und breit),
- isoprismatischen = kubischen Epithelzellen (= sind genauso hoch wie breit),
- hochprismatischen Epithelzellen (= sind höher als breit).

Prismatische Epithelzellen dienen der Resorption, Sekretion und über fingerförmige Ausstülpungen an der Zelloberfläche, die Mikrovilli genannt werden (s. 2.2.3.2), dem Transport. Ist die oberste Epithelschicht von einem Hornbelag überzogen, so spricht man von einem verhornten Epithel, sonst von unverhorntem Epithel.

Bei der Anordnung der Epithelzellen unterscheidet man zwischen

- einschichtigem Epithel – besteht nur aus einer Epithelzellschicht;
- mehrschichtigem Epithel – mehrere Epithelzellschichten liegen übereinander. Nur die unterste Zellschicht steht in Kontakt mit der Basalmembran (s. Kapitel 2.2.3.3);
- mehrreihigem Epithel – mehrere Epithelzellschichten liegen scheinbar übereinander, jedoch berühren im Gegensatz zum mehrschichtigen Epithel alle Epithelzellen die Basalmembran. Nicht alle Zellen erreichen jedoch die Oberfläche! Unter dem Lichtmikroskop liegen die Zellkerne einer

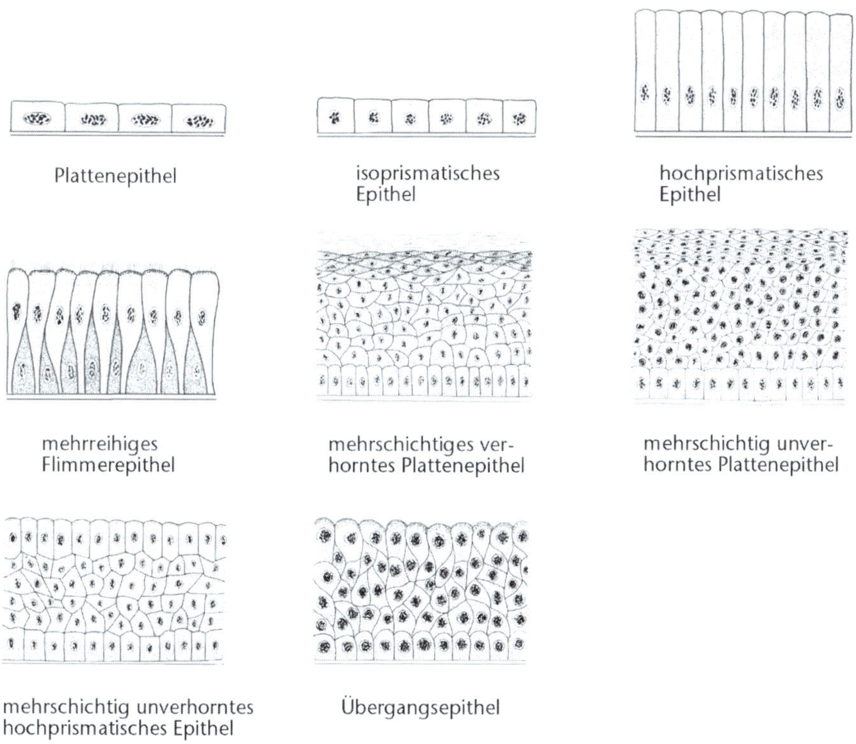

Abb. 2.3 Epithelarten

Vorkommen und Funktionen der einzelnen Epithelarten

Epithelart	Vorkommen	Funktion
einschichtiges Plattenepithel	• Als kleine Alveolarzellen in den Lungenalveolen • Als Capsula glomeruli der Nierenkörperchen • Als häutiges Labyrinth im Gehörgang. • Als **Mesothel** kleidet es die serösen Höhlen (Pleura-, Perikard- und Peritonealraum) aus • Als **Endothel** kleidet es die Blut- und Lymphgefäße und die Herzinnenräume aus.	1. Stofftransport mittels Pinozytose (es ist für Gase und flüssige Stoffe durchlässig) 2. Schutz der Organe vor mechanischen Einflüssen.
einschichtiges isoprismatisches (= kubisches) Epithel	• In den Ausführungsgängen und Endstücken seröser Speicheldrüsen • In den Sammelrohren der Niere • Im Plexus choroideus (der Hirnkammer) • Im Auge als Pigmentepithel der Retina (= Netzhaut) • Als vorderes Linsenepithel (Auge) • Auf der Oberfläche des Ovars als Keimepithel	Bildung und Ausscheidung bestimmter Sekrete.
einschichtiges, hochprismatisches Epithel (= Zylinderepithel) **a) ohne Zilienbesatz**	• Im Verdauungskanal vom Magen bis zum Rektum, im Darmbereich teilweise mit Mikrovilli besetzt • Hauptstücke der Nieren • Gallenblase	Resorption, Sekretion und Schutz.
b) mit Kinozilien (= Flimmerepithel)	• Tuba uterina (= Eileiter), • Uterus • kleine Bronchien (Lunge)	Sekretion sowie Transport des Eies im Eileiter bzw. von Fremdkörpern aus der Lunge.
mehrschichtiges unverhorntes Plattenepithel (Schleimhaut)	• Mundhöhle (ab Innenseite der Lippen) • Oesophagus (= Speiseröhre) • Anus • Vagina.	Schleimhaut – schützt vor mechanischer Beanspruchung.
mehrschichtiges verhorntes Plattenepithel	Bildet die Epidermis der Haut.	Schützt vor starker mechanischer Beanspruchung.
mehrschichtiges unverhorntes hochprismatisches Epithel	Kommt nur selten vor: • in der Fornix der Konjunktiva (Auge) • in einigen Ausführungsgängen von Drüsen	Schützt vor leichten mechanischen Beanspruchungen
zweireihiges Epithel **a) ohne Zilien**	• Ductus deferens (= Samenleiter), • Ausführungsgänge von Drüsen (u.a. des Ductus parotideus)	Transport und Sekretion
b) mit Stereozilien	Ductus epididymidis (= Nebenhodengang)	Transport der Samenzellen
mehrreihiges, hochprismatisches Epithel (mit Kinozilien = Flimmerepithel)	• Als respiratorisches Epithel in den Luftwegen von der Nasenhöhle über den Larynx (= Kehlkopf), die Trachea bis zu den Bronchien • Tuba auditiva • Urethra masculina (größter Teil)	Transport von Fremdkörpern und Schleim aus der Lunge in Richtung Mund
Übergangsepithel (überwiegend mehrschichtig)	Kommt nur in den ableitenden Harnwegen vor: • Nierenbecken, • Ureter (= Harnleiter), • Harnblase, • oberer Teil der Urethra (= Harnröhre).	Schutz des umliegenden Gewebes gegen Harnschäden, Volumenanpassung (kann sich bei Füllung der Harnwege vom hohen vielschichtigen in ein niedriges wenigschichtiges Epithel umwandeln).

Zellschicht in einer Reihe nebeneinander, worauf sich auch die Bezeichnung „mehrreihig" bezieht. Die Stammzellen liegen in der untersten Schicht. Die durch Teilung von Stammzellen neu entstandenen Zellen wandern zur obersten Zellschicht hin. Mehrreihiges hochprismatisches Epithel (= **Flimmerepithel**) liegt normalerweise zweireihig vor. An seiner Oberfläche trägt es eine große Anzahl an Kinozilien (s. Kapitel 2.2.3.2).

Als Sonderform gilt das in den ableitenden Harnwegen (Harnleiter = Ureter, Harnröhre = Urethra) vorkommende **Übergangsepithel** (= **Urothel**), das überwiegend mehrschichtig ist, stellenweise aber auch zweireihig vorliegt. Die oberste Zellschicht ist je nach Dehnungszustand kubisch bis platt. Die Zellen der obersten Schicht werden **Deckzellen** genannt. Jede Deckzelle hat ungefähr einen Durchmesser von 100 µm und bedeckt mehrere unter ihr liegende Zellen, die **intermediäre Zellen** genannt werden. Die Deckzellen entstehen durch Verschmelzung oder Teilung der intermediären Zellen. Deckzellen enthalten einen, häufig zwei Zellkerne. An ihrem apikalen Teil (= die zum Lumen hin gerichtete Zelloberfläche) verdichten Glykoproteine das Zytoplasma der Zellen, so daß eine verdickte Zellmembran entsteht, die **Crusta** genannt wird. Die Crusta schützt die Zellen vor dem Harn, indem sie als Permeabilitätsbarriere dient.

Grundsätzlich gilt, daß die **Farbe des Oberflächenepithels** (Haut, Schleimhaut) von der Dicke und der Durchblutung des Epithels abhängt. Außerdem wird die Farbe von der Pigmentierung und der Verhornung beeinflußt. Unsere Lippen erscheinen rot, weil in das mehrschichtige Epithel zahlreiche Bindegewebspapillen mit ihren Gefäßen hinein reichen.

Die **Ernährung der Epithelzellen** erfolgt mittels Diffusion. Aus den im Bindegewebe liegenden Blutgefäßen gelangen die Stoffe durch die Basalmembran zu den Epithelzellen. Durch in das Epithel hineinragenden Bindegewebspapillen wird die Kontaktfläche mit dem Epithel vergrößert und damit die Weiterleitung von Nährstoffen verbessert.

Einschichtiges und mehrreihiges Epithel wird direkt aus dem Bindegewebe ernährt. Die Zellen des oberflächlichen, mehrreihigen Epithels werden mittels Diffusion aus den darunterliegenden Zellen ernährt. Die Aufnahme von Sauerstoff durch das Epithel der Haut ist sehr gering.

Mikroskopierhilfe: Unter dem Lichtmikroskop können die Zellgrenzen je nach Färbung häufig nicht erkannt werden. Bei diesen Präparaten hilft die Form des Zellkerns bei der Bestimmung, wobei jedoch die Schnittebene zu beachten ist, denn ein länglicher Kern kann bei einem Querschnitt rund erscheinen.
Bei einem Längsschnitt enthalten
- platte Zellen horizontal liegende Kerne,
- kubische Zelle runde Kerne,
- hochprismatische Zellen senkrecht liegende elliptische Kerne.

Klinik: Veränderungen der Epithelfarbe können ein Zeichen für eine Erkrankung sein. So kann die Blaufärbung der Lippen auf einem Sauerstoffmangel des Blutes infolge einer Herzinsuffizienz beruhen. Im Bereich des Mundhöhlenepithels auftretende weiße Flecken (Leukoplakien) lassen eine Verhornung vermuten und müssen wegen Karzinomverdacht abgeklärt werden.

2.2.3.2 Oberflächendifferenzierungen !! 4/13

Besonders prüfungsrelevant: Das gesamte Kapitel (bisher wurden mehrere elektronenmikroskopische Bildfragen gestellt).

An der freien Oberfläche der Epithelzellen kommen je nach Funktion verschiedene Oberflächendifferenzierungen vor:
- Kinozilien – dienen dem Weitertransport von Stoffen,
- Stereozilien – dienen als Rezeptoren,
- Mikrovilli – vergrößern die Zelloberfläche.

Kinozilien (= Flimmerhärchen) – sind etwa 5–10 µm lange, aktiv bewegliche Zellfortsätze, die dicht zusammenstehen und sich in einer Art Flimmerstrom in einem gleichsinnigen Rhythmus in eine bestimmte Richtung bewegen. Dabei entsteht eine koordinierte, wellenförmige Bewegung, die durch einen aktiven schnellen Schlag der Kinozilien und ein langsames, passives Zurückgleiten in die Ausgangsposition bedingt ist. Der Schlagrhythmus wird als **Metachronie** bezeichnet. Die Schlagrichtung ist vorbestimmt und wohl genetisch festgelegt. Durch diese Bewegungen werden Flüssigkeit oder kleine Partikel in eine bestimmte Richtung transportiert.

Eine Kinozilie besteht aus einem Zilienschaft und einem Kinetosom. Der Zilienschaft ist der Abschnitt, der über die Zelloberfläche hinausragt. Das Kinetosom (auch Basalkörperchen genannt) liegt direkt unter der Zellmembran und dient der Verankerung des Zilienschaftes.

Der **Zilienschaft** besteht aus einem innen liegenden Achsenfaden, der von einer Plasmalemmhülle umgeben ist.

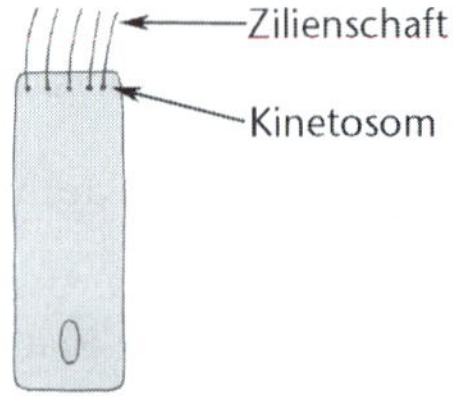

Abb. 2.4 *Mit Kinozilien besetzte Zelle*

Das **Kinetosom** (= Basalkörperchen) besteht aus neun zu einem Kreis angeordneten Gruppen von je 3 Tubuli. Die beiden inneren Tubuli jeder der neun Gruppen setzen sich in den Schaft des Kinozilium fort. Im Zilienschaft sind 9 Doppeltubuli ringförmig um 2 zentral liegende Mikrotubuli angeordnet. Der Achsenfaden besteht also aus 9 (x 2) + 2 Tubuli (= 9 Doppeltubuli und 2 Zentraltubuli). Die 9 Doppeltubuli besitzen „Ärmchen", die Dynein, ein ATP (= Adenosintriphosphat) spaltendes Enzym (ATPase) enthalten. Hierdurch wird die Energie freigesetzt, die für die aktive Bewegung der Kinozilien nötig ist (weiter s. Lehrbuch der Biochemie).

Kinozilientragende Epithelzellen kommen im Respirationstrakt, in der Tuba uterina (= Eileiter), im Uterus und in den Ductuli efferentes (= Samenkanälchen im Nebenhoden) vor.

Klinik: Ist die Zilienfunktion gestört, so können nachfolgende Krankheitsbilder entstehen:

- in der Lunge kann es durch den behinderten oder blockierten Abtransport des gebildeten Schleims zur Lungeninfektion und bei längerer Dauer zur Überdehnung des Lungengewebes kommen;
- bei fehlender Zilienfunktion in der Tuba uterina (= Eileiter) kann das vom Ovar ausgestoßene Ei nicht durch die Tuba uterina weitergeleitet werden, wodurch die betroffene Frau unfruchtbar sein kann.

Geißeln haben die gleiche Struktur wie die Kinozilien. Geißeln findet man vor allem bei Bakterien. Bei uns Menschen kommen sie nur im Spermienschwanz vor, wo sie der aktiven Fortbewegung dienen.

Als **Sinneshaare** bezeichnet man kinozilienähnliche Strukturen, die kein zentrales Tubuluspaar besitzen. Im Querschnitt zeigen die Sinneshaare ein 9 (x 2) + 0 Muster. Sinneshaare dienen u.a. der Aufnahme von Reizen und kommen z.B. als Haarzellen im Corti-Organ (Innenohr) vor.

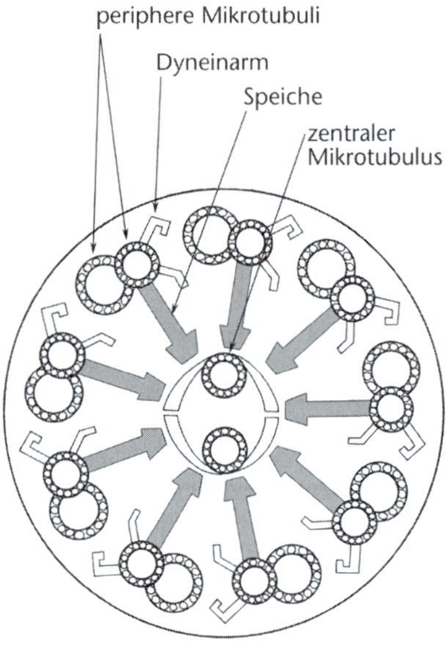

Abb. 2.5 *Schematisierter Querschnitt durch eine Kinozilie (umgezeichnet nach einer Physikumfrage)*

Stereozilien (= Wimpernhaare) sind 4–8 µm lange unbewegliche Fortsätze am apikalen (= zur Oberfläche hin gerichteten) Teil der Zelle. Im mikroskopischen Schnitt haben die Stereozilien das Aussehen von verklebten Pinselhaaren.
Stereozilien kommen vor:

- an der freien Oberfläche des Ductus epididymidis (= Nebenhodengang) und des Ductus deferens (= Samenleiter),
- am Epithel der Bogengänge des Innenohrs.

Stereozilien dienen als Rezeptoren. Außerdem vermutet man, daß sie Aufgaben im Bereich der Resorption und der Sekretion haben.

Mikrovilli sind 0,5–2 µm lange, fingerförmige Ausstülpungen des Plasmalemm, die in ihrem Innern keine Tubulusstrukturen erkennen lassen. Durch die Mikrovilli wird die Oberfläche der Zelle vergrößert und damit die Resorptionsfläche erhöht. Mikrovilli kommen bei stark resorbierenden Epithelzellen, z.B. des Darms, vor. Bei einem Schnitt sind zumeist mehrere Mikrovilli getroffen.

Besonders dicht (= rasenartig) beieinander liegende Mikrovilli, wie man sie im Dünndarm und in den

Hauptstücken der Niere findet, erscheinen lichtmikroskopisch als sogenannter **Bürstensaum**. In den Mikrovilli des Bürstensaums kommen Aktin- und Myosinfilamente vor, die den Mikrovilli eine wenn auch geringe Kontraktionsbewegung ermöglichen.

Die Bürstensäume sind von einer Glykokalix überzogen, die für die Resorption von Stoffen von großer Bedeutung ist. Die Glykokalix gehört strukturell zum Plasmalemm der Zelle.

Die lateralen Zellteile stehen mit anderen Zellen über die in Kapitel 2.2.2 beschriebenen Zellkontakte in Verbindung. In den lateralen Zellregionen kommen als weitere Oberflächendifferenzierungen Zellausstülpungen vor, die sich mit den Ausstülpungen der Nachbarzellen verzahnen. Diese Ausstülpungen werden **Interdigitationen** genannt. In den lateralen Zellregionen können auch Mikrovilli vorkommen, die in die Interzellularräume hineinragen.

Der basale Zellteil kann tiefe Faltungen aufweisen, die für stark flüssigkeits- oder ionentransportierende Epithelien charakteristisch sind, wie z.B. für die proximalen Tubuli der Nephrone (liegen in der Nierenrinde) sowie für die Zellen im Ausführungsgangsystem exokriner Drüsen.

2.2.3.3 Strukturen an der Epithel-Bindegewebsgrenze 1/1

Das **Epithelgewebe** wird von dem darunterliegenden Bindegewebe durch eine etwa 0,5–1,5 µm dicke **Basalmembran** (= Grundmembran = **Membrana basalis**) getrennt. Die basalen Teile der Epithelzellen sind mit der Basalmembran über Hemidesmosomen verbunden. Die Basalmembran ist je nach Epithel unterschiedlich ausgeprägt. Sie ist epithelialer Herkunft. Aufgrund ihres Kohlenhydratanteils (Glykoprotein) läßt sie sich mit PAS (= Perjodsäure-Schiff-Reaktion) färberisch darstellen und lichtmikroskopisch sichtbar machen.

Elektronenmikroskopisch kann die Basalmembran unterteilt werden in

- Basallamina,
- Lamina rara externa (liegt zum Epithel hin),
- Lamina densa,
- Lamina rara interna (liegt zum Bindegewebe hin),
- Lamina fibroreticularis

Im elektronenmikroskopischen Bild erscheint die **Lamina densa** als dichte, dunkle Zone, während die beiden hell erscheinenden **Laminae rarae externa und interna** häufig nicht darstellbar sind. Über die beiden Laminae rarae sind die Epithelzellen bzw. die Bindegewebszellen mit der Lamina densa verbunden.

Unter der Lamina rara interna liegt häufig als **Lamina fibroreticularis** eine aus retikulären Bindegewebefasern bestehende Schicht, die, wenn sie vorhanden ist, dicker als die übrigen Schichten der Basalmembran ausgebildet ist.

Besonders dicke Basalmembranen nennt man **Glashaut** (z.B. die Basalmembran der Hodenkanälchen).

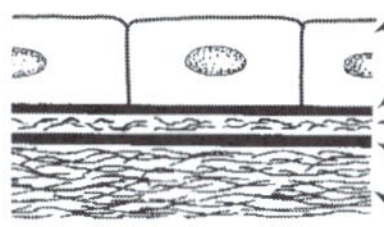

Abb. 2.6 *Basalmembran*

In der **Basallamina** kommt Kollagen vom Typ IV, in der Lamina fibroreticularis Kollagen vom Typ III vor.

Die Basalmembran dient der mechanischen Stabilisierung der epithelialen Zellen, außerdem beeinflußt sie den Stofftransport.

Die Epithelzellen sind durch Wurzelfüßchen mit der Basalmembran verbunden. Durch diese Oberflächenvergrößerung wird u.a. ein besserer Stofftransport ermöglicht.

2.2.3.4 Leistungen des Epithelgewebes 0/1

Epithel dient, wie in den vorhergehenden Kapiteln bereits beschrieben

- dem Schutz – als Oberhaut oder Schleimhaut,
- dem Transport – Sekretion oder Resorption,
- der Reizwahrnehmung (= Sinnesfunktion) – s. Kapitel 2.8.5.

Dem Schutz dient das **Plattenepithel**, indem es die Organe nach außen vor mechanischen, thermischen und chemischen Einflüssen schützt und als Barriere für den Flüssigkeitsaustritt und das Eindringen von Keimen (= biologischer Schutz) dient. Für den biologischen Schutz sind die meisten Epithelien an ihrer Oberfläche mit einem dünnen Film aus Proteinen, Glykoproteinen und Zuckerresten überzogen, die Glykokalix genannt wird. Je stärker die mechanische Beanspruchung ist, desto stärker ist der Grad der Verhornung des Plattenepithels, z.B. besitzen Blutgefäße ein einschichtiges Plattenepithel, der Oesophagus (= Speiseröhre) unverhorntes mehrschichtiges Plattenepithel und die Fußsohle verhorntes mehrschichtiges Plattenepithel.

Das **hochprismatische Epithel** (= Zylinderepithel) ist sehr stoffwechselaktiv. Es dient der Aufnahme (= Resorption) und der Abgabe (= Sekretion) von Stoffen. Darüber hinaus dient es, sofern es mit Kinozilien besetzt ist, dem weiterleitenden Transport.

Das **kubische (isoprismatische) Epithel** ist zur Bildung und Ausscheidung bestimmter Sekrete und Stoffe befähigt.

2.2.4 Binde- und Stützgewebe ! 0/1

Binde- und Stützgewebe bestehen aus einem weitmaschigen Verband von Zellen. Sie besitzen die nachfolgend aufgeführten Gemeinsamkeiten:
- sie stammen vom Mesenchym (= embryonalen Bindegewebe) ab,
- die Zellen des Stützgewebes und die fixen Bindegewebszellen produzieren extrazelluläre Grundsubstanzen.

Zwischen den Zellen des Binde- und Stützgewebes, also im Interzellularraum, liegt die für die jeweilige Gewebeform charakteristische **Interzellularsubstanz**. Die Interzellularsubstanz besteht aus einem geformten und einem ungeformten Anteil. Die geformte Interzellularsubstanz besteht aus Fasern (weiter s. Kapitel 2.2.4.5). Die ungeformte (= amorphe) Interzellularsubstanz wird als **Grundsubstanz** (= Kittsubstanz) bezeichnet. Die Grundsubstanz wird im Bindegewebe von **Fibroblasten** gebildet.

➤ Die Grundsubstanz setzt sich zusammen aus:
- **Glykoproteinen** (= Proteine, die einen Kohlenhydratanteil enthalten, am häufigsten Glukose) – sie sind am Aufbau der Glykokalix und der Basalmembran beteiligt.
- **Proteoglykanen** (= an Proteine gebundene Glykosaminoglykane (GAG, syn. Mukopolysaccharide)) – sind sehr große Moleküle. Als Glykosaminoglykane kommen vor: Hyaluronsäure, Chondroitinsulfat, Heparinsulfat oder Keratinsulfat. Diese haben ein organspezifisches Verteilungsmuster. Je nach Zusammensetzung der Proteoglykane ist die Interzellularsubstanz viskös bis fest.
- **Interstitielle Flüssigkeit** – besteht u.a. aus Wasser, freien Elektrolyten, Plasmaproteinen und Hormonen. Sie dient dem Stofftransport zwischen Zellen und Blutgefäßen. Die interstitielle Flüssigkeit bildet den Ursprung der Lymphe, wobei jedoch darauf hinzuweisen ist, daß beide Flüssigkeiten nicht identisch sind! ➤

Der Anteil von geformter zu ungeformter Interzellularsubstanz ist für das jeweilige Gewebe (Bindegewebe, Knorpel, Knochen) charakteristisch und u.a. für den Stoffaustausch und die mechanischen Eigenschaften verantwortlich. Durch ihre Viskosität schützt die Bindegewebsgrundsubstanz das Gewebe vor Fremdkörpern. Bei festem Gewebe, wie Knochen, sind eingelagerte Kalksalze für die Festigkeit verantwortlich.

Große Mengen an Grundsubstanz sind im Knorpel als sogenanntes Chondroid und im Knochen als Osteoid zu finden – weiter ☞ Kapitel 2.2.5.1 (Knorpel) und 2.2.6.1 (Knochen).
Alle Zellen können in geringen Mengen Grundsubstanz produzieren. In jeder Gewebsart gibt es jedoch Zellen, die diese Aufgabe „hauptamtlich" übernehmen.
Die Fähigkeit, in größeren Mengen Grundsubstanz zu bilden, nimmt mit zunehmendem Alter ab und damit auch die Fähigkeit, Wasser zu binden. Dadurch wird der Hautturgor erniedrigt und die Durchlässigkeit geringer.

Stützgewebe

Das Stützgewebe wird unterteilt in:

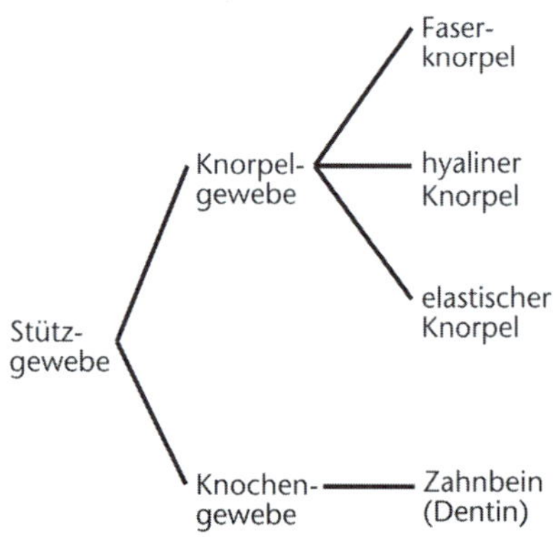

Das Knorpelgewebe wird ausführlich in Kapitel 2.2.5f, das Knochengewebe in Kapitel 2.2.6f beschrieben.

Bindegewebe

Im Bindegewebe ist Wasser an Glykosaminoglykane gebunden. Daher ist es nicht möglich, bei einem Ödem z.B. im Unterschenkelbereich die vermehrte Gewebsflüssigkeit abzusaugen.

Die Formen des Bindegewebes werden in Kapitel 2.2.4.6 ausführlich beschrieben.

Klinik: Bei einem **Ödem** (= erhöhte Bindegewebsflüssigkeit) sind die Interzellularräume erweitert. Zu einem Ödem kann es u.a. kommen

- wenn der venöse Blutabfluß behindert ist, z.B. infolge insuffizienter Venenklappen (äußere Zeichen können z.B. im Bereich der unteren Extremität Krampfadern als Erweiterung der oberflächlichen Beinvenen sein),
- bei einer Herzinsuffizienz.

Bei den **Bindegewebszellen** werden 2 Zellarten unterschieden:

- fixe (= ortsständige) Bindegewebszellen,
- freie (= bewegliche) Bindegewebszellen.

Die **fixen Bindegewebszellen** sind die eigentlichen Bindegewebszellen. Zu ihren Aufgaben gehört die Bildung von ungeformter Interzellularsubstanz (= Grundsubstanz) und geformter Interzellularsubstanz (= Bindegewebsfasern).

Die fixen Bindegewebszellen bilden zwei Arten von Gewebe:

- Beim **lockeren Bindegewebe** bilden kollagene Fasern eine Art Scherengitterstruktur, die zugfest ist. Das lockere Bindegewebe hat Stoffwechselaufgaben.
- Das **straffe Bindegewebe** hat vor allem mechanische Aufgaben. Zum straffen Bindegewebe zählen Sehnen und Bänder.

Die **freien Bindegewebszellen** bilden ein eigenes System (s. Kapitel 2.2.4.3). Freie Bindegewebszellen kommen in Spalten und Räumen des Bindegewebes und im Blut vor.

Die freien Bindegewebszellen produzieren keine Interzellularsubstanzen, sondern dienen der immunologischen Abwehr. Im Stützgewebe gibt es keine freien Bindegewebszellen.

Klinik: Zu den Bindegewebserkrankungen zählen u.a. die rheumatischen Erkrankungen.

2.2.4.1 Fixe Bindegewebszellen

!! 2/5

Prüfungsrelevant: Das gesamte Kapitel.

Zu den fixen Bindegewebszellen gehören:

- Mesenchymzellen,
- Retikulumzellen,
- Fettzellen (= Adipozyten),
- Fibroblasten/Fibrozyten (einschließlich der Myofibroblasten),
- Chondroblasten – s. Kapitel 2.2.5.1,
- Osteoblasten – s. Kapitel 2.2.6.1,
- Odontoblasten – s. Kapitel 5.4.4.

Die **Mesenchymzellen** sind pluripotente embryonale Bindegewebszellen, die noch die Fähigkeit besitzen, sich in verschiedene Richtungen zu entwickeln. Sie gehen hauptsächlich aus dem intraembryonalen Mesoderm (= mittleren Keimblatt) hervor und kommen nur im embryonalen Körper vor. Die amöboid beweglichen Mesenchymzellen sind basophil. Sie enthalten nur wenig Zytoplasma. Vom Zellleib gehen zahlreiche dünne zytoplasmatische Fortsätze ab, die durch Desmosomen mit Ausläufern anderer Mesenchymzellen verbunden sind, so daß ein lockerer dreidimensionaler Zellverband entsteht. Durch ihre zytoplasmatischen Fortsätze haben die Mesenchymzellen ein sternförmiges Aussehen. Die Interzellularsubstanz des mesenchymalen Bindegewebes ist ungeformt und von wässriger Beschaffenheit. Aus den Mesenchymzellen gehen neben den Binde- und Stützgewebszellen die Muskel- und Blutzellen hervor. Auch beim Erwachsenen sollen noch im Bereich der Adventitia der Blutgefäße Zellen mit der pluripotenten Fähigkeit der Mesenchymzellen vorkommen.

Die **Retikulumzellen** sind biologisch sehr aktive Zellen, die noch undifferenziert und damit pluripotent sind. Die Retikulumzellen kommen vor als:

- fibroblastische Retikulumzellen – produzieren Fasern und Grundsubstanz;
- histiozytäre Retikulumzellen – phagozytieren primär.

Retikulumzellen haben einen großen ovalen Zellkern. Sie bilden neben der Grundsubstanz noch Retikulinfasern, die die Interzellularräume füllen. Die retikulären Fasern bestehen aus Kollagen, Glykoproteinen und Proteoglykanen. In den Maschen zwischen den Retikulumzellen und den Retikulinfasern sammeln sich freie Bindegewebszellen, wobei in lymphatischen Organen vor allem Lymphozyten und im Knochenmark Blutzellen vorkommen.

Retikulumzellen kommen vor allem im Knochenmark, in den lymphatischen Organen sowie in der Lamina propria der Darmschleimhaut vor.

Die Retikulumzellen können
- phagozytieren (= große Partikel aufnehmen, speichern und abbauen),
- sich an bestimmten Orten in Fettzellen umwandeln,
- sich bei Reizung als einzige fixe Zellen in freie Bindegewebszellen verwandeln, die aus dem Zellverband austreten und sich amöboid zum Ort der Reizung hin bewegen.

Mit anderen phagozytierenden Zellen bilden die Retikulumzellen das sogenannte **retikuloendotheliale System (= RES)** – ☞ hierzu Kapitel 2.2.4.7.

Das retikuläre Bindegewebe wird in Kapitel 2.2.4.6 beschrieben.

Die im lymphatischen System vorkommenden Retikulumzellen werden ausführlich in Kapitel 2.5.4 beschrieben.
Als Sonderform der Retikulumzellen kommen die **Fettzellen** (= **Adipozyten**) vor. Die Zellen sind kugelförmig und haben einen Durchmesser bis etwa 100 µm. Fettzellen besitzen nur wenige Mitochondrien. Jede Fettzelle ist von einer Basalmembran umschlossen, die durch Retikulinfasern verstärkt wird, wodurch die Form der Zelle, auch bei einer Entleerung, relativ stabil ist. Jeweils mehrere Fettzellen sind von Kollagenfasern umhüllt.

Für die Fettzellen ist charakteristisch, daß sie Fett intrazellulär (= innerhalb des Zytoplasmas) in Vakuolen (= Bläschen) speichern. Durch diese Vakuolen werden die Zellkerne an den Zellrand gedrängt, wodurch die Zellen ein **siegelringartiges Aussehen** erhalten. Zwischen den Fettzellen liegen im Interzellularraum Retikulinfasern. Die Fettzellen werden ausführlich in Kapitel 2.2.4.6.

Die **Fibroblasten** und **Fibrozyten** sind spezifische Bindegewebszellen, die in jedem Bindegewebe vorkommen. Sie produzieren Grundsubstanz und Fasern (s. weiter unten). Entwicklungsgeschichtlich gehen beide Zellformen wie auch die zuvor beschriebenen Retikulumzellen aus den Mesenchymzellen hervor.

Fibroblasten und Fibrozyten bilden eine Zellart. Sie unterscheiden sich nur in ihrem Funktionszustand voneinander. Die Fibroblasten sind als aktive Zellen mit intensiver Synthesetätigkeit im wachsenden Bindegewebe anzutreffen. Die Fibrozyten werden dagegen als das ruhende Stadium der Fibroblasten angesehen. Es ist jedoch darauf hinzuweisen, daß die Aktivität der Fibrozyten zwar eingeschränkt, aber keineswegs vollkommen aufgehoben ist (sind nicht inaktiv). Einige Autoren sehen den Unterschied zwischen Fibroblast und Fibrozyt darin, daß die Fibroblasten die aktive und jüngere Zellform seien, während die Fibrozyten als „reife" Zellen ihre Synthesearbeit schon abgeschlossen hätten und nun von der produzierten Interzellularsubstanz umgeben seien.

Zwischen Fibroblasten und Fibrozyten gibt es naturgemäß viele Übergänge. Der Fibrozyt kann wieder zum Fibroblasten reaktiviert werden, z.B. bei der Wundheilung.

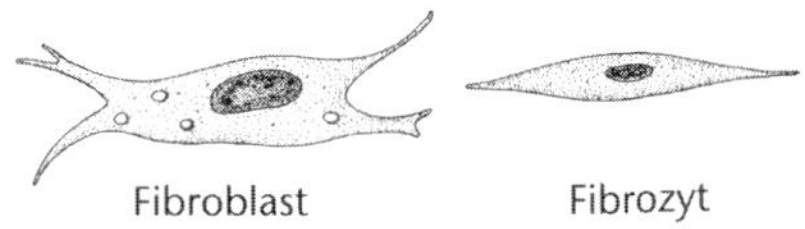

Abb. 2.7 Fibroblast

Die Fibroblasten (und mit Einschränkung die Fibrozyten) produzieren:
- **Prokollagen**, das nach außen in den Interzellularraum abgegeben wird und dort der Fibrillogenese (= Bildung der Bindegewebsfasern) dient – s. Kapitel 2.2.4.2
- **Glykosaminoglykanen,** die ebenfalls in den Interzellularraum abgegeben werden, wo sie einen wichtigen Bestandteil der amorphen Interzellularsubstanz (= Grundsubstanz) bilden;
- **Kollagenase** (bzw. Prokollagenase), ein Enzym, das dem Abbau von Kollagen dient. Es wird in Lysosomen gespeichert und bei Bedarf freigesetzt (Kollagen und Prokollagen werden in Kapitel 2.2.4.5 beschrieben).

Die Bildung der Grundsubstanz wird bei den Fibroblasten hormonell beeinflußt. Durch Desoxykortikosteron wird die Synthese gesteigert. Durch Kortison wird die Synthese erniedrigt, weil Kortison die Entwicklung der Fibroblasten hemmt.

Unter dem Lichtmikroskop haben die Fibrozyten ein dünnes, spindelförmiges Aussehen. Sie sind zumeist kleiner als die Fibroblasten. Ihre Zellorganelle (= ER, Mitochondrien, Golgi-Apparat) sind weniger stark ausgeprägt als bei den Fibroblasten.
Fibroblasten besitzen einen ovalen Zellkern und viele teilweise ausgeprägte zytoplasmatische Fortsätze. Über die Zytoplasmafortsätze stehen sie untereinander in Verbindung. In ihrem Zytoplasma findet man sehr viel granuliertes ER (= rauhes endoplasmatisches Retikulum), viele Mitochondrien und einen größeren Golgi-Apparat – alles Zeichen für die hohe Syntheseaktivität.

Als Zwischenform zwischen Fibroblast und glatter Muskelzelle kommen die **Myofibroblasten** vor. Myofibroblasten haben ein spindelförmiges Aussehen und sind daher lichtmikroskopisch bei einer Routinefärbung nur schwer von Fibroblasten zu unterscheiden. Sie können nur immunhistochemisch und unter dem Elektronenmikroskop eindeutig nachgewiesen werden. Wie die Fibroblasten, produzieren auch die Myofibroblasten Prokollagen. Myofibroblasten enthalten gebündelte Aktin- und Myosinfilamente und sind dadurch kontraktil. Im Gegensatz zu den glatten Muskelzellen besitzen sie jedoch keine Lamina externa (s. Kapitel 2.2.3.3).

Im gesunden Gewebe kommen Myofibroblasten u.a. in der Tunica albuginea des Hodens, im Myometrium des Uterus, in der Tunica fibrosa der Milz, den Alveolarsepten der Lunge, sowie als **Perizyten** in den kleinen Blutgefäßen vor.

Myofibroblasten haben die Aufgabe, bei einer Schädigung des Bindegewebes, z.B. infolge einer Verletzung, die geschädigte Stelle abzudichten. Bei einer offenen Wunde kontrahieren sich die Myofibroblasten und versuchen damit die Wunde zu verschließen. Durch das von ihnen synthetisierte Prokollagen wird gleichzeitig eine Art Stützgerüst gebildet, durch das die Wundränder zusammengehalten werden. Später entsteht daraus eine fibröse Narbe.

Außerdem findet man Myofibroblasten bei Gewebsfibrosen wie Leberzirrhose oder Lungenfibrose.

Die Myofibroblasten werden adrenerg innerviert. Ihre Entwicklung wird wahrscheinlich hormonell (Wachstumsfaktoren) gesteuert.

2.2.4.2 Leistungen von fixen Bindegewebszellen 0/0

Die fixen Bindegewebszellen erfüllen im Zellverband eine Vielzahl an Aufgaben:

- sie erfüllen vor allem Stütz- und Haltefunktion;
- sie ermöglichen es benachbarten Organen sich gegenseitig zu verschieben;
- sie dienen als Druckpolster;
- sie umhüllen Gefäße und Nerven und schließen sie zu Leitungsbahnen zusammen;
- sie bilden Bindegewebsfasern – die Fibrillogenese wird ausführlich in Kapitel 2.2.4.5 beschrieben;
- sie kontrollieren die Grundsubstanz. Die im Binde- und Stützgewebe liegende Grundsubstanz dient dem Stofftransport und der Wasserspeicherung. Außerdem hat sie mechanische Aufgaben und ist an der Bildung von Bindegewebsfasern beteiligt. Die interzellulär liegende Grundsubstanz besteht aus einer Flüssigkeit, die u.a. Plasmaproteine, Elektrolyte und Hormone enthält. Außerdem kommen Mukopolysaccharide vor, die als Schleimsubstanz in der Synovialflüssigkeit der Gelenke und als Gerüstsubstanz beim Knorpel eine Rolle spielen.
  Die Kontrolle der Grundsubstanz obliegt den fixen Bindegewebszellen, sie ist von den Erfordernissen der Umgebung abhängig (z.B. von der mechanischen Beanspruchung).
- sie speichern Wasser und Fett. Im Bindegewebe wird Fett und Wasser gespeichert. Fett ist ein wichtiger Energiespeicher. Als Wasserspeicher ist das Bindegewebe lebenswichtig. Das Wasser liegt im Bindegewebe in gebundener Form vor, dazu dient die starke Hydrophilie von Glykosaminoglykanen.
- sie dienen teilweise der Phagozytose. Einzelne fixe Bindegewebszellen besitzen die Fähigkeit zur Phagozytose, das heißt, sie können gröbere Partikel aufnehmen, speichern und abbauen.
- sie dienen dem Gewebsersatz bei Verletzungen.

2.2.4.3 Freie Bindegewebezellen !!! 11/43

Besonders prüfungsrelevant: Das gesamte Kapitel (es wurden mehrere elektronenmikroskopische Bildfragen gestellt).

Zu den **freien Bindegewebszellen** gehören die amöboid beweglichen weißen Blutzellen (= Leukozyten). Die freien Bindegewebszellen dienen der immunologischen Abwehr (Phagozytose, Antikörperbildung).

Nur etwa 5 % der freien Bindegewebszellen befinden sich in der Blutbahn. Die Blutgefäße dienen ihnen quasi nur als Straße, um von ihrer Bildungsstätte zu ihrem „Arbeitsplatz", insbesondere dem lockeren und retikulären Bindegewebe, zu gelangen. Dort angekommen treten sie mittels **Diapedese** (= aktiver Durchtritt) durch die Wand kleiner Blutgefäße (Kapillaren und Sinusoide) ins Bindegewebe über. Im Gewebe ändert sich teilweise ihre Gestalt und ihre Struktur. Als sogenannte **Endzellen** sind sie nicht mehr in der Lage verbrauchtes Protein zu ersetzen.

Leukozyten kommen vor als

- Granulozyten, die unterteilt werden in:
  - neutrophile Granulozyten,
  - eosinophile Granulozyten,
  - basophile Granulozyten,
- Monozyten,
- Lymphozyten.

Außerdem werden zu den freien Bindegewebszellen gezählt:
- Plasmazellen,
- Mastzellen.

Leukozyten
Aufgrund ihres Bildungsortes werden die Leukozyten unterteilt in
- **myeloische Leukozyten** – werden im roten Knochenmark gebildet. Zu ihnen zählen die Granulozyten und Monozyten, die im Knochenmark gebildet werden;
- **lymphatische Leukozyten** – werden in den lymphatischen Organen gebildet. Zu ihnen zählen die Lymphozyten, die in den lymphatischen Organen gebildet werden.

Granulozyten – sind amöboid beweglich, das heißt, sie können aus dem Blut in das Gewebe übertreten und dort phagozytieren. Die Granulozyten werden im roten Knochenmark gebildet. Ihre Lebensdauer beträgt bis zu 10 d. Sie sind 10–15 µm groß und besitzen einen chromatinreichen, gelappten Zellkern.

Bei den ausgereiften Granulozyten ist eine Segmentierung des Kerns zu erkennen. Jugendliche Granulozyten besitzen einen noch unsegmentierten Kern. Sie werden **stabkernige Granulozyten** genannt. Stabkernige Granulozyten kommen im Blutbild mit einem Anteil von bis zu 4 % vor. Ist ihr Anteil höher, so spricht man von einer **Linksverschiebung**, für die eine Infektionserkrankung oder eine Leukämie ursächlich sein können. Wenn sie bei einer eitrigen Entzündung auftreten, nennt man sie auch **Mikrophagen**.

Die Granulozyten enthalten in ihrem schwach azidophilen Zytoplasma Granula, die sich je nach Zellart unterschiedlich anfärben lassen.
Anhand der Farbe der Granula unterscheidet man zwischen:
- neutrophilen Granulozyten,
- eosinophilen Granulozyten,
- basophilen Granulozyten.

Neutrophile Granulozyten (kurz „Neutros") – machen im Differentialblutbild (s. Abbildung in Kapitel 2.5.1) durchschnittlich etwa 60 % aller Leukozyten aus. Ihr Zellkern weist bis zu 5 Einschnürungen auf. Beim weiblichen Geschlecht haben etwa 3–5 % der Zellkerne einen trommelschlegelförmigen Anhang, der „**drumstick**" genannt wird. Dieser Anhang enthält ein X-Chromosom, anhand dessen das Geschlecht eindeutig festgestellt werden kann (kann bei Menschen, die anhand der primären Geschlechtsmerkmale nicht eindeutig einzuordnen sind, wichtig sein).

Die Granula der neutrophilen Granulozyten liegen überwiegend in Form von primären Lysosomen vor, die hydrolytische und antibakterielle Enzyme enthalten. Ein kleiner Teil der Granula enthält Lysozym und alkalische Phosphatase.

Die neutrophilen Granulozyten verfügen über eine ausgeprägte amöboide Beweglichkeit. Bei einer akuten Entzündung werden sie chemotaktisch angelockt und wandern durch die Wand der kleinen Gefäße in das Gewebe ein. Sie phagozytieren Antigene (= körperfremde Partikel, wie z.B. Bakterien) und körpereigene Gewebstrümmer, die sie mit Hilfe der in den Lysosomen enthaltenen Enzyme auflösen. Infolge der Phagozytose verfetten die neutrophilen Granulozyten und gehen unter Eiterbildung zugrunde.

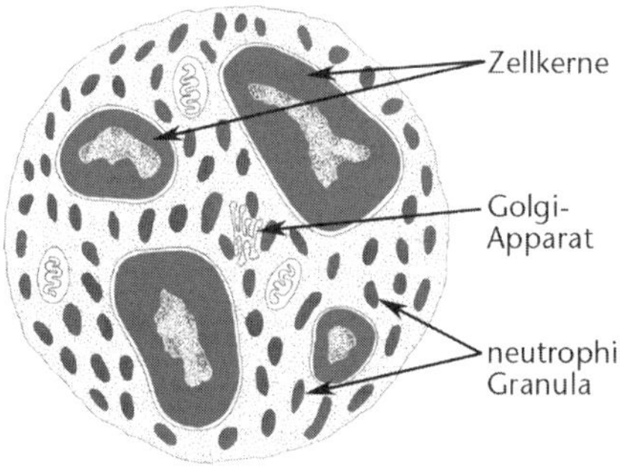

Abb. 2.8 Elektronenmikroskopische Darstellung eines neutrophilen Granulozyten

Eosinophile Granulozyten (kurz „Eos") – stellen 2–4 % aller Leukozyten. Ihr Zellkern besitzt im Gegensatz zu den neutrophilen Granulozyten nur eine Einschnürung. Eosinophile Granulozyten enthalten viele Mitochondrien, weshalb sie sich gut mit Eosin anfärben lassen. Bei der Färbung des Blutausstrichs nach Pappenheim haben sie ein sattes rotes Aussehen. Innerhalb der relativ großen azidophilen Granula liegen Kristalloide zumeist in Form von länglichen Körperchen.

Bei allergischen Erkrankungen wie Heuschnupfen, Asthma, treten die eosinophilen Granulozyten vermehrt im Blut auf. Sie können Antigen-Antikörper-Komplexe phagozytieren. Außerdem können sie Histamin binden und wirken damit bei Entzündungen teils als Gegenspieler der basophilen Granulozyten.

Basophile Granulozyten (kurz „Basos") – haben einen Anteil von etwa 1 % an den Leukozyten. Ihr Zellkern ist nur undeutlich gelappt. Sie enthalten viele

Ribosome, weshalb sie sich gut mit basischen Farbstoffen z.B. Methylenblau anfärben lassen (daher ihre Bezeichnung). Die grobkörnigen Granula haben im Blutausstrich bei einer Färbung nach Pappenheim eine dunkelblaue Farbe. Basophile Granulozyten besitzen auf ihrer Oberfläche IgE-Rezeptoren.

In der Granula sind Heparin und Histamin gespeichert. Heparin hemmt die Blutgerinnung, Histamin wirkt gefäßerweiternd. Bei einem Antigenkontakt wird Histamin ausgeschüttet.

Basophile Granulozyten phagozytieren fast gar nicht und besitzen keine proteolytischen Enzyme.

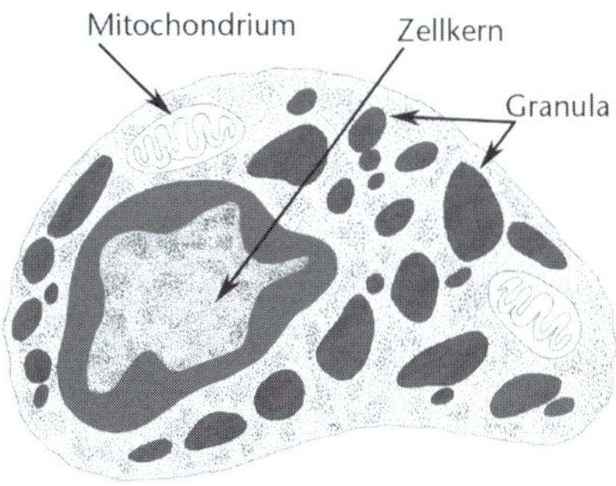

Abb. 2.9 *Elektronenmikroskopische Darstellung eines eosinophilen Granulozyten*

Merke: **Granula** findet man in den basophilen und eosinophilen Granulozyten. Die neutrophilen Granulozyten enthalten ebenfalls Granula; diese sind jedoch so fein, daß sie in normalen Abbildung nicht zu erkennen sind. **Kristalloide** kommen nur in den Granula der eosinophilen Granulozyten vor. Neutrophile Granulozyten phagozytieren Antigene und körpereigene Gewebstrümmer. Eosinophile Granulozyten phagozytieren Antigen-Antikörper-Komplexe. Basophile Granulozyten hemmen die Blutgerinnung und wirken gefäßerweiternd.

Monozyten (= Blutmakrophagen) – haben einen Anteil von 2–8 % an den Leukozyten. Die Monozyten sind mit etwa 15–20 µm die größten Leukozyten. Sie sind amöboid beweglich (= Migration) und können phagozytieren. Sie besitzen einen meist exzentrisch liegenden, großen, chromatinarmen Kern, der nur wenig gelappt ist. Wegen ihres regelmäßig geformten Kerns werden die Monozyten zusammen mit den Lymphozyten auch als mononukleäre Zellen bezeichnet (s. Kapitel 2.2.4.7).

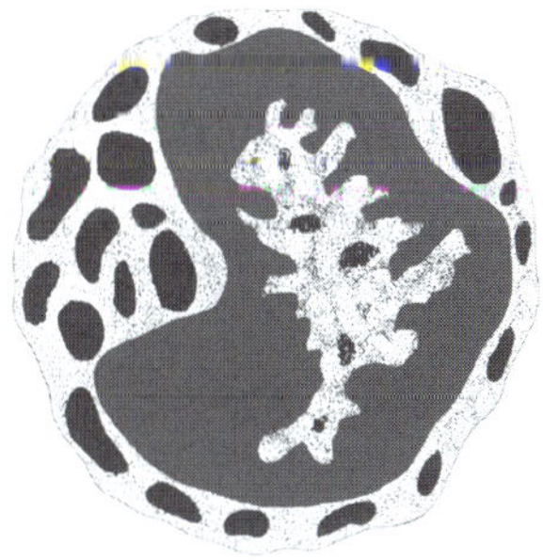

Abb. 2.10 *Elektronenmikroskopische Darstellung eines basophilen Granulozyten*

Genetisch sind wahrscheinlich alle als Monozyten bezeichneten Zellen nicht gleich! Die Monozyten entwickeln sich im roten Knochenmark aus den pluripotenten Stammzellen des myeloischen Systems. Aus den Stammzellen differenzieren sich **Monoblasten**, aus denen sich die Promonozyten und daraus die Monozyten entwickeln. Nach der Reifung gelangen sie in die Blutbahn, in der sie jedoch nur wenige Stunden zirkulieren. Durch die Gefäßwand von Kapillaren wandern sie mittels Diapedese in das umgebende Bindegewebe, wo sie sich zu ortsständigen gewebstypischen Makrophagen differenzieren (Makrophagen s. Kapitel 2.2.4.7).

Monozyten wirken als **akzessorische** (unterstützende) **Zellen** mit bei der

- humoralen (= die Körperflüssigkeit betreffenden) Immunreaktion (s. Kapitel 2.2.4.7). Sie tragen an ihrer Oberfläche Rezeptoren, an denen sich Immunglobuline mit ihrem Fc-Abschnitt anlagern können. Außerdem besitzen sie Rezeptoren für Komplementproteine.
- zellvermittelten Immunreaktion (s. Kapitel 2.2.4.7). Nachdem die Monozyten eine körperfremde Substanz phagozytiert und durch lysosomale Enzyme zerlegt haben, können sie das Antigen auf ihrer Zelloberfläche für T-Lymphozyten präsentieren und damit die T-Lymphozyten aktivieren. Über T-Helferzellen werden auch die B-Lymphozyten aktiviert.

Histiozyten (= **Gewebsmakrophagen**) – sind in das Bindegewebe eingewanderte Monozyten, die zeitweise ortsständig sind und deshalb auch ruhende Wanderzellen genannt werden. Histiozyten haben ein spindel- bis sternförmiges Aussehen und lassen sich daher teilweise schwer von Fibrozyten unterscheiden. Histiozyten bilden pseudopodenartige Fortsätze, sind reich an zytoplasmatischen Einschlüssen und synthetisieren lysosomale Enzyme. Durch Reizung (bei einer Entzündung) werden sie aktiviert und sind dann in der Lage, sich amöboid zum Entzündungsgebiet zu bewegen. Die Histiozyten phagozytieren zugrunde gegangenes Zellmaterial, Mikroorganismen und andere Partikel. Sie besitzen eine hohe Phagozytoseaktivität.

Die in der Nähe von Blutgefäßen liegenden Histiozyten werden **Adventitiazellen** genannt.

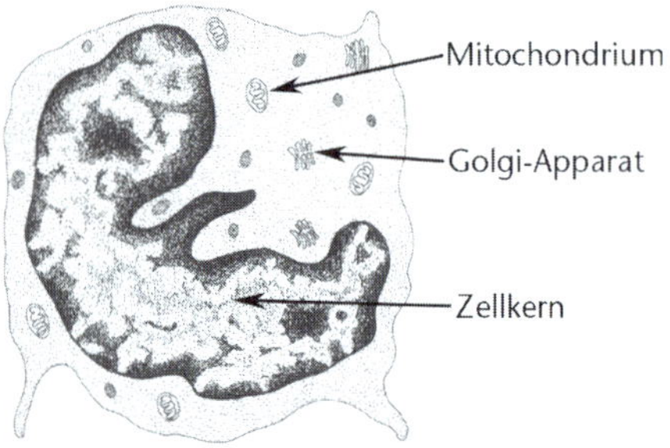

Abb. 2.11 *Elektronenmikroskopische Darstellung eines Monozyten*

Lymphozyten – machen etwa 25–40 % aller Leukozyten aus. Sie sind amöboid beweglich, können aber nicht phagozytieren (sie besitzen keine proteolytischen Enzyme!). Die Lymphozyten gehören zum spezifischen, erworbenen Immunsystem (sind gegen spezifische Antigene gerichtet). Ihre Lebensdauer liegt zwischen 10 d und 1,5–4 J.

Die Lymphozyten befinden sich zu über 90 % in den lymphatischen Organen. Die restlichen 10 % erreichen über die Lymphbahn die Blutbahn.

Zusatz: Primäre lymphatische Organe sind: Knochenmark und Thymus.

Sekundäre lymphatische Organe sind: Lymphknoten, Milz, Peyer-Plaques, Waldeyer-Rachenring und Appendix.

Im Blut werden die Lymphozyten z.B. durch bakterielle Reize transformiert, indem aus den vorwiegend in der Blutbahn vorkommenden kleinen Lymphozyten große teilungsfähige Lymphozyten entstehen, die Immunglobulin bilden.

Die kleinen Lymphozyten sind 7–10 µm, die großen Lymphozyten sind 10–16 µm groß. Der C-förmige Kern der großen Lymphozyten besitzt weniger Chromatin und ist heller als der Kern der kleinen Lymphozyten.

Klinik: Lymphozyten treten vermehrt bei chronischen Entzündungen im Bindegewebe als basophile Rundzellen auf.

Die Lymphozyten werden unterteilt in:

- **T-Lymphozyten** – entstehen aus hämatopoetischen Stammzellen des Knochenmarks. Über die Blutbahn gelangen sie als sogenannte Vorläuferzellen in den Thymus, wo sie sich differenzieren und ihre immunologische Prägung erfahren. T-Lymphozyten dienen der zellgebundenen Immunität, indem sie auf Makrophagen einwirken.
- **B-Lymphozyten** – entwickeln sich ebenfalls aus hämatopoetischen Stammzellen im Knochenmark, wo sie über mehrere Vorstufen ihre Ausreifung erfahren (s. Kapitel 2.2.4.7).
- **0-Lymphozyten** (= natürliche Killerzellen = **NK-Zellen**) – gehören zum unspezifischen Immunsystem. Sie sind also nicht auf bestimmte Antigene spezialisiert. Sie töten entartete oder von einem Virus befallene Zellen.

T- und B-Lymphozyten können aufgrund unterschiedlicher Rezeptoren in ihrem Plasmalemm unterschieden werden. Bei B-Lymphozyten lassen sich Immunglobuline als Rezeptoren nachweisen. T-Lymphozyten besitzen Rezeptoren für Schafserythrozyten, durch die es bei Zugabe von Schafserythrozyten zur Rosettenbildung kommt (Schafserythrozyten umlagern dabei die T-Lymphozyten).

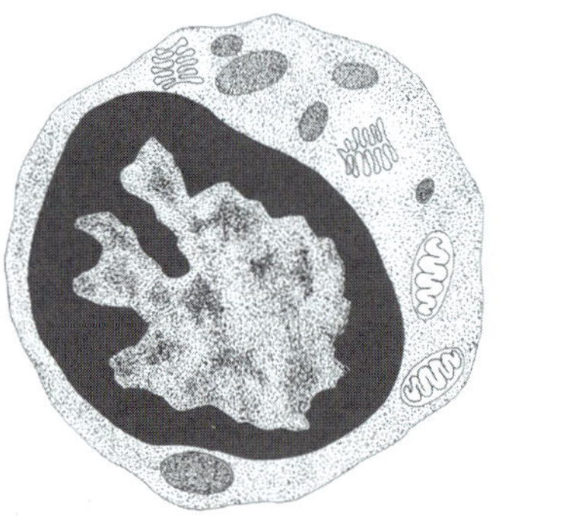

Abb. 2.12 *Elektronenmikroskopische Darstellung eines Lymphozyten*

Plasmazellen – sind 10–15 µm groß. Ihre Lebensdauer liegt zwischen 10–30 d. Die Plasmazellen bilden die Endstufe der B-Lymphozytenreihe. Die zumeist ovalen Plasmazellen haben einen rundlichen, exzentrisch liegenden Kern mit **Radspeichenstruk-**

tur. Die Radspeichenstruktur wird durch das charakteristisch angeordnete, große Heterochromatin verursacht. Das Zytoplasma ist basophil, was durch das sehr zahlreich vorhandene granulierte endoplasmatische Retikulum (ER) bedingt ist.

Auf einen Antigenreiz hin können die Plasmazellen Immunglobuline (Antikörper) bilden, die sie an das Blutplasma oder an Sekrete abgeben, weshalb sie als Trager der humoralen (= die Körperflüssigkeit betreffenden) Immunität bezeichnet werden. Die Antikörperproduktion beginnt etwa 4 Wochen nach der Geburt. Bis dahin übernehmen Antikörper der Mutter, die dem Kind über die Plazenta von der Mutter zugeführten werden, den immunologischen Schutz des Kindes.

Plasmazellen kommen in geringer Zahl im gesamten Bindegewebe vor, besonders zahlreich sind sie in den lymphatischen Organen und im Knochenmark. In den Lymphknoten kommen sie besonders im Mark; in der Milz besonders in der roten Milzpulpa vor. Außerdem kommen sie im Stroma von Drüsen und in der Subserosa der Darmschleimhaut, sowie in chronisch entzündeten Bereichen vor.

Klinik: Pathologisch kommen Plasmazellen in Entzündungsherden vor. Im Blut treten sie nur bei einer Rötelinfektion auf.

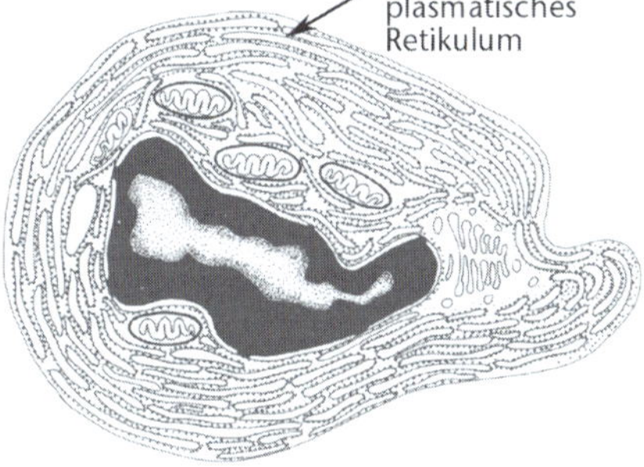

Abb. 2.13 *Elektronenmikroskopische Darstellung einer Plasmazelle*

Mastzellen – sind 10–15 µm groß. Sie entstehen im Knochenmark aus eigenen Stammzellen. Entgegen früherer Annahme sind die Mastzellen nicht mit den basophilen Granulozyten identisch!

Die Mastzellen sind rundlich und besitzen lappenartige Ausbuchtungen. Der Zellkern ist relativ klein und liegt zentral. Die Mastzellen liegen im lockeren Bindegewebe. Besonders häufig findet man sie in der Adventitia kleinerer Blutgefäße.

Mastzellen besitzen Rezeptoren, an die sich infolge einer Immunreaktion das von den Plasmazellen gebildete Immunglobulin IgE anlagern kann.

Die im Zytoplasma liegenden feinen Granula lassen sich mit basischen Farbstoffen metachromatisch anfärben. Metachromatisch heißt, daß die Granula der Mastzellen saure Gruppen (Heparin und Chondroitinsulfat) enthalten, die bei der Anfärbung in einer anderen Farbe als die der Farblösung erscheinen (die Granula wird z.B. durch Toluidinblau rot gefärbt).

Metachromatisch lassen sich 2 Arten von Mastzellen unterscheiden:

- **Bindegewebsmastzellen** – enthalten in ihrer Granula Heparin. Heparin hemmt die Blutgerinnung (ist ein Antikoagulans). Heparin wird jedoch nach der Ausschüttung sofort inaktiviert.
- **Mukosamastzellen** – enthalten in ihrer Granula Chondroitinsulfat.

Außerdem kann in den Granula Histamin und ECF (wirkt chemotaktisch auf eosinophile Granulozyten) enthalten sein.

Unter Einwirkung von Histamin kontrahiert sich die glatte Muskulatur, besonders in den Bronchien sowie in den Blutkapillaren, was zur Gefäßerweiterung führt. Dadurch kommt es zur erhöhten Durchblutung und zu einem besseren An- und Abtransport von Stoffen. Die Permeabilität der Venolen wird durch Histamin gesteigert.
Serotonin konnte hingegen nur in den Mastzellen einiger Tiere nachgewiesen werden.

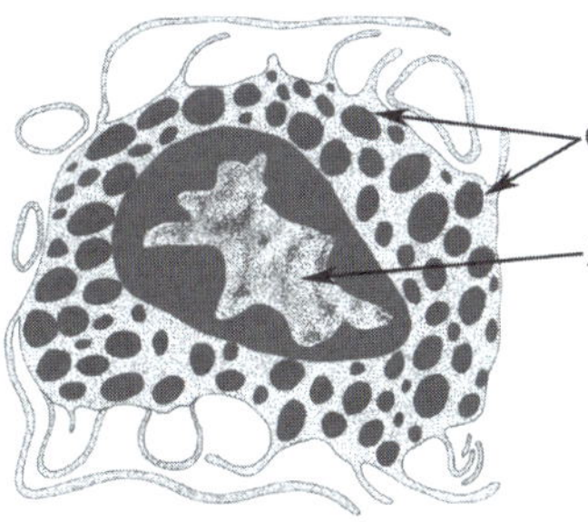

Abb. 2.14 *Elektronenmikroskopische Darstellung einer Mastzelle*

Klinik: Kommt unser Körper mit einer Substanz (Allergen) in Kontakt, gegen die er auf Grund eines vorhergehenden Kontaktes sensibilisiert ist, so werden die in der Granula der Mastzellen gespeicherten Substanzen vermehrt freigesetzt – es kommt zu einer **allergischen Reaktion**! Unter Histamin kontrahiert

Histologie

sich die glatte Muskulatur, wodurch es im Bereich der Bronchien zum Spasmus kommen kann.

2.2.4.4 Spezifische Leistungen freier Bindegewebszellen !! 3/6

Prüfungsrelevant: Sie sollten die Bedeutung der fett hervorgehobenen Begriffe kennen.

Die **freien Bindegewebszellen** dienen vor allem der Abwehr von in den Körper eingedrungenen Fremdzellen (Bakterien) und anderen Fremdkörpern (z.B. Toxine).

Alle freien Bindegewebszellen besitzen die Fähigkeit, sich amöboid fortzubewegen (= Fähigkeit zur Ortsveränderung). Dazu dienen ihnen die im Zytoplasma liegenden Aktin- und Myosinfilamente, die sich mittels Kalzium-Ionen kontrahieren können und dabei Pseudopodien ausbilden. Die amöboide Ortsveränderung ermöglicht es diesen Zellen auf einen chemotaktischen Reiz zu reagieren.

Die **Chemotaxis** spielt bei der unspezifischen humoralen und zellulären Immunreaktion eine wesentliche Rolle. Unter Chemotaxis versteht man das Phänomen, daß Zellen (Granulozyten und Makrophagen) durch Zerfallsprodukte, die z.B. von Bakterien stammen oder durch Komplementfaktoren zur Störungsstelle hin angelockt werden. Als Komplementfaktoren wird ein System von im Blutserum und auf den Zelloberflächen vorkommenden Proteinen bezeichnet, die an bestimmten Antigen-Antikörperreaktionen beteiligt sind und eine Zelllyse (= Zellauflösung) bewirken.

Um aktiv durch eine Kapillarwand treten zu können (= **Diapedese**), lösen die Leukozyten die Kittsubstanz und die Zellhaften zwischen den einzelnen Gefäßwandzellen auf.

Klinik: Bei einer lokal begrenzten Entzündung z.B. infolge einer infizierten Wunde, kommt es u.a. durch Freisetzung von Histamin aus den Mastzellen zur erhöhten Durchblutung (= vaskulären Reaktion). Außerdem kommt es zur verstärkten Einwanderung von phagozytierenden Leukozyten und Makrophagen (= zelluläre Reaktion).

Die freien Bindegewebszellen sind zu nachfolgenden Leistungen fähig:

- **Phagozytose** (= Aufnahme von Bakterien und größeren Partikeln in den Zellleib mit anschließender Zersetzung oder Speicherung) – hierzu sind alle freien Bindegewebszellen mit Ausnahme der Lymphozyten befähigt. Die Phagozytose zählt zur angeborenen Immunität.
- Intrazelluläre Verdauung in **Lysosomen** (unspezifische Immunreaktion). Lysosomen sind Körperchen, die im Zytoplasma der Zelle, z.B. in den neutrophilen Granulozyten, liegen. Sie gehen aus den Diktyosomen der Golgi-Apparate hervor. Die Lysosomen dienen der intrazellulären Verdauung von zelleigenem und zellfremdem (= phagozytiertem) Material. Die Lysosomen sind von einer Einheitsmembran umgeben, durch die ein Austritt der proteolytischen (= eiweißspaltenden) Enzyme (= saure Hydrolasen und Phosphatasen) in das Zellinnere, und damit eine Selbstauflösung der Zelle, verhindert wird. Lysosomen enthalten keine Lipasen, weshalb Lipide nicht verdaut werden können. Die Lipide werden als bräunlich aussehendes **Lipofuszin** besonders in Herzmuskel-, Nerven- und Leberzellen abgelagert. Lipofuszin wird auch als Alterspigment bezeichnet, weil es sich im Laufe des Lebens immer mehr anreichert.
- Als primäre Lysosomen werden die aus den Diktyosomen der Golgi-Apparate neu gebildeten Lysosomen bezeichnet. Sekundäre Lysosomen sind solche Lysosomen, die bereits „verdauen".
- Antikörperbildung – s. Kapitel 2.2.4.7.
- Histaminbildung – s. Mastzellen.

2.2.4.5 Struktur und Eigenschaften von Grundsubstanz und Bindegewebsfasern !! 7/10

Prüfungsrelevant: Gesamtes Kapitel.

Die zwischen den Bindegewebszellen liegende Interzellularsubstanz besteht aus Grundsubstanz und Fasern.

Es wird zwischen folgenden Fasertypen unterschieden:

- Kollagenfasern,
- retikuläre Fasern,
- elastische Fasern.

Welche Fasertypen und mit welchem Anteil sie am Aufbau des Gewebes beteiligt sind, hängt vom jeweiligen Gewebetyp ab (s. Kapitel 2.2.4.3).

Die Fasertypen sind aus fibrillären Proteinen (Gerüstproteinen) aufgebaut, von denen vier nachfolgend aufgeführt sind:

- Kollagen,
- Elastin,
- Fibrillen,
- Fibronektin.

Kollagen ist mit einem Anteil von etwa 30 % am gesamten Proteingehalt das im menschlichen Körper am meisten verbreitete Protein. Kollagen bildet den Hauptteil der Kollagenfasern. Außerdem dient Kollagen bei Basalmembranen als Stützgewebe.

Kollagen wird zum größten Teil von Fibroblasten produziert, aber auch andere aus dem Mesenchym abstammende Zellen können Kollagen bilden (s. Tabelle unter „Produzenten").

Kollagen besteht hauptsächlich aus den fibrillären Aminosäuren Glyzin (33 %), Prolin (12 %) und Hydroxyprolin (10 %). Bisher kann man 11 verschiedene kollagene Polypeptidketten unterscheiden. Diese Kollagentypen unterscheiden sich geringfügig in ihrer Aminosäurezusammensetzung und in ihrer Länge.

Die wichtigsten Kollagentypen sind in der nachfolgenden Tabelle aufgeführt. Beim Typ I bestehen die **Tropokollagenmoleküle** (Erklärung s. weiter unten) aus zwei $\alpha 1$ und einer $\alpha 2$ Peptitkette, bei den anderen in der Tabelle aufgeführten Typen sind die Tropokollagenmoleküle aus drei $\alpha 1$ Ketten aufgebaut (bisher sind über 20 verschiedene $\alpha 1$ Ketten bekannt).

Elastin bildet den Hauptbestandteil der elastischen Fasern. Durch den Einbau von Elastin entstehen Quervernetzungen, die dem Gewebe Elastizität verleihen und bei Dehnung ein elastisches Zurückgleiten ermöglichen. Elastin wird von Fibroblasten gebildet.

Fibrillen sind Glykoproteine, die in elastischen Fasern eingebaut sind. Sie kommen als Mikrofibrillen im Mesangium der Niere (Nierenglomeruli), in der Milz und den Zonulafasern der Linse (Auge) vor.

Fibronektin ist ein Glykoprotein, das von Fibroblasten gebildet und an die Umgebung abgegeben wird. Fibronektin hat an seiner Oberfläche u.a. kollagen- und heparinbindende Stellen, an denen andere Makromoleküle wie Kollagen oder Glykosaminoglykane haften. Fibronektin erfüllt Aufgaben bei der Ausrichtung neu gebildeter Kollagenfibrillen.

Fibronektin, das in die Zelloberfläche eingebaut ist, kann auch die Anlagerung an Nachbarzellen bewirken. Außerdem kommt Fibronektin als Plasmaprotein vor, das durch Bindung an Fibrin im Blutgerinsel die Besiedelung von Zellen (Fibroblasten) durch Anlagerung fördert.

Kollagenfasern

Die Kollagenfasern haben makroskopisch ein weißes Aussehen. Es handelt sich um 1–10 µm lange unverzweigte Fasern. Sie bestehen aus dem Protein Kollagen, sowie aus Polysacchariden. Ihre Bezeichnung beruht darauf, daß sie beim Kochen quellen und dabei aus ihnen Leim entsteht (Leim = griech.: kolla).

Kollagen-Typ	Produzent	Vorkommen	Morphologie	Funktion
I	Fibroblasten	Haut, Sehnen, Faszien, Bänder	breite Fasern, kompakt	kommt mit etwa 90 % am häufigsten vor, gibt dem Gewebe Zugkraft
	Osteoblasten	Knochen		
	Odontoblasten	Dentin		
	Chondroblasten	Faserknorpel		
II	Chondroblasten	hyaliner Knorpel, elastischer Knorpel, Nucleus pulposus (Teil der Bandscheibe), Glaskörper (Auge)	dünne Fasern, locker verbunden	wirkt wechselndem Druck entgegen
III	Myofibroblasten	glatte Muskulatur, Endothel der Gefäße (Darmwand)	dünne Fasern, locker verbunden	sind für retikuläre Fasern typisch. Dienen dazu, wechselnde Drucke, (z.B. in Gefäßen) und bei sich dehnenden Organen, der Dehnung entgegenzuwirken.
	retikuläre Zellen	lymphatisches Gewebe, Knochenmark, Milz		
	Hepatozyten	Leber		
		Niere		
IV	epitheliale Zellen	Basalmembran, Linsenkapsel (Auge)	dünne Fasern	Stützgewebe

Werden Kollagenfasern mit schwachen Säuren behandelt, so quellen sie ebenfalls und sind mikroskopisch nicht mehr sichtbar. Im Polarisationsmikroskop sind die Kollagenfasern doppelbrechend (= anisotrop). Im Elektronenmikroskop erscheinen sie quergestreift, das heißt, helle und dunkle Abschnitte wechseln sich in regelmäßigen Abständen ab. Die Kollagenfasern liegen dabei meistens in leicht gewellten Bündeln zusammen (= „Haarlockenform").

Kollagenfasern werden bei der HE-Färbung (mit Eosin) rot und mit der Azanfärbung blau angefärbt. Im Zupfpräparat sind sie mikroskopisch am besten zu untersuchen.

Kollagenfasern sind bis zu 6 kg/mm² zugfest und haben damit eine höhere Zugfestigkeit als Stahl. Sie können sich maximal bis etwa 5 % dehnen. Einer Biegung setzen sie keine Kräfte entgegen.

Klinik: Bei einer Überdehnung können die Kollagenfasern einreißen (z.B. beim Achillessehnenriß), dabei werden die Kettenstrukturen irreversibel auseinandergerissen. Bei längerer Ruhigstellung von Gelenken, z.B. nach einem Skiunfall, verkürzen sich die Fasern in den Bändern und es tritt eine Versteifung auf, die jedoch durch krankengymnastische Übungen reversibel ist.

Fibrillogenese

Die ersten Vorstufen zu den Kollagenfasern werden innerhalb der Fibroblasten gebildet. Am rauhen endoplasmatischen Retikulum der Fibroblasten werden zuerst Polypeptid-α-Ketten (= Pro-α-Ketten) gebildet, die aus einer bestimmten Aminosäuresequenz bestehen. Die Ketten enthalten u.a. Prolin und Lysin. Jeweils drei dieser Pro-α-Ketten verdrillen sich zu einer **Tripelhelix,** die **Prokollagen** genannt wird. Für die richtige Anlagerung der Pro-α-Ketten sind **Registerpeptide** am Ende der Ketten verantwortlich. Das Prokollagen wird im Golgi-Apparat und bei Bedarf in Transportvesikeln gespeichert und mittels Exozytose in den Extrazellularraum abgegeben.

Durch Abspaltung der Registerpeptide entsteht aus Prokollagen **Tropokollagen**. Tropokollagenmoleküle lagern sich durch End-zu-End- und Seit-zu-Seit-Aggregation zu **Mikrofibrillen** zusammen, wobei die in Reihe angeordneten Tropokollagenmoleküle gegenüber der Nachbarreihe um jeweils 1/4 der Länge versetzt angeordnet sind. Diese Art der Verknüpfung erscheint unter dem Elektronenmikroskop als periodisch wiederkehrende Querstreifung aus dunklen und hellen Abschnitten (Periodizität). Durch die Quervernetzung der Tropokollagenmoleküle ist die hohe Zugfestigkeit der Kollagenfasern zu begründen. Die Mikrofibrillen lagern sich wiederum zu **Kollagenfibrillen** und diese zu Kollagenfasern zusammen.

Die Syntheseschritte sind: Prokollagen → Tropokollagen (1,5 nm lang) → Protofibrillen (10–20 nm) → Mikrofibrillen (20–200 nm) → kollagene Fibrillen (= Kollagenfibrillen, 0,2–0,5 μm) → Kollagenfasern → kollagene Faserbündel.

Retikuläre Fasern

Retikulinfasern (syn.: retikuläre Fasern, Gitterfasern) sind im Körper weit verbreitet. Sie bestehen aus Kollagen vom Typ III, Fibronektin und Proteoglykanen, wobei die Kollagenfasern durch Fibronektin und Proteoglykanen (die die Kittsubstanz bilden) zusammengehalten werden.

In der Embryonalentwicklung entstehen zunächst nur Retikulinfasern, die später teilweise durch Kollagenfasern vom Typ I ersetzt werden. Beim Erwachsenen kommen retikuläre Fasern nur noch als zarte Netze vor, die gitterartige Gebilde bilden, wobei sich die einzelnen Fasern meist über mehrere Zellen erstrecken. Retikulinfasern kommen zumeist in der Umgebung von Retikulumzellen, sowie als nicht zellgebundene Fasernetze vor.

Die Retikulinfasern sind zugfest und biegungselastisch. Bei Dehnung werden nicht die Fasern gedehnt, sondern das „Gitter" wird länger, aber dafür schmäler.

Retikulinfasern kommen vor: im retikulären Bindegewebe, als Gerüst der hämatopoetischen Organe (= rotes Knochenmark, Milz), in lymphatischen Organen (Lymphknoten, Tonsillen), als Umhüllung von Nervenfortsätzen, Muskel-, Drüsen- und Fettzellen, in der Wand von Kapillaren und als Teil der Basalmembran zwischen der Epithel- und Bindegewebsschicht.

Unter dem Polarisationsmikroskop verhalten sich die Retikulinfasern anisotrop, d.h. sie rufen eine Doppelbrechung des polarisierten Lichtes hervor.

Im Gegensatz zu Kollagenfasern können Retikulinfasern färberisch mit HE nicht dargestellt werden. Sie können durch die Perjodsäure-Schiff-Reaktion sowie durch Silberimprägnation dargestellt werden (darum werden die Retikulinfasern auch argyrophile Fasern genannt – argyros = Silber). Die PAS-Reaktion ist wiederum für die Darstellung der Kollagenfasern wenig geeignet.

Elastische Fasern

Die elastischen Fasern haben makroskopisch ein gelbliches Aussehen. Sie unterscheiden sich wesentlich von den beiden zuvor beschriebenen Faserarten. Elastische Fasern sind überwiegend aus Elastin (einem Protein) aufgebaut, das aus Glycin, Prolin und hydrophoben Aminosäuren besteht.

Proelastin wird u.a. von Fibroblasten gebildet und sezerniert. Aus Proelastin entsteht extrazellulär das Elastin. Vom Kollagen unterscheidet sich das Elastin durch die Aminosäurezusammensetzung. Elastische Fasern bestehen aus einem vom Elastin gebildeten amorphen Zentrum. Um dieses Zentrum liegt eine schmale Randzone, von der etwa 10 nm dicke Fibrillen abgehen.

Physikalisch zeichnen sich die elastischen Fasern durch ein niedriges Elastizitätsmodul aus, das heißt, sie besitzen eine hohe Dehnbarkeit (bis etwa 150 % ihrer eigentlichen Länge) und kehren, wenn dieser Wert nicht überschritten wird, in ihre Ausgangsposition zurück. Bei älteren Menschen nimmt die Dehnbarkeit der elastischen Fasern ab.

Elastische Fasern kommen allein, zu allermeist jedoch als Netz in Organen vor, die unterschiedlichen Dehnungsspannungen unterliegen, wie Aorta, Gallenblase, Lunge usw. Besonders viele elastische Fasern kommen in der Lunge vor. In den Gefäßen bilden sie gefensterte Membranen. Bei den herznahen elastischen Arterien ist das Verhältnis von elastischen Bestandteilen zur glatten Muskulatur (im Gegensatz zu den herzfernen Arterien) zugunsten der elastischen Teile verschoben, womit sich auch die Windkesselfunktion herznaher Arterien (Aorta) erklären läßt (s. Kapitel 2.4.3).

Unter dem Polarisationsmikroskop sind die elastischen Fasern schwach doppelbrechend. Sie besitzen keine Querstreifung. In Säuren und Alkalien sind sie unlöslich. Durch Kochen quellen sie nicht! Sie können u.a. mit Orcein (braun) und Resorcinfuchsin (schwarzblau) färberisch dargestellt werden.

2.2.4.6 Formen des Bindegewebes — !! 3/7

Das Bindegewebe wird unterteilt in:

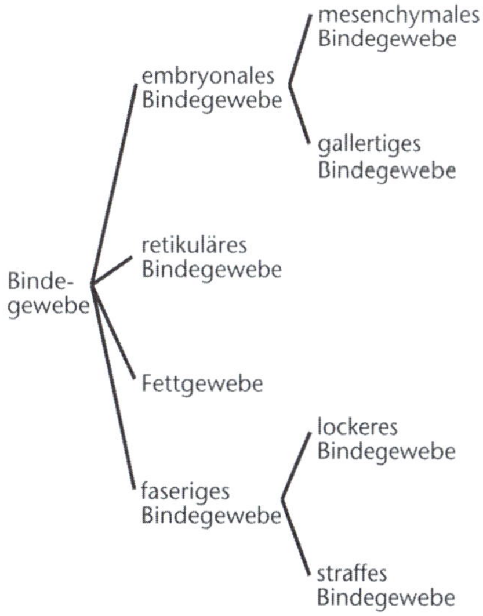

Mesenchym

Die embryonale Form des Bindegewebes wird mesenchymales Bindegewebe (= Mesenchym) genannt. Das Mesenchym kommt nur während der pränatalen Entwicklung vor. Es geht hauptsächlich aus dem Mesoderm hervor. Außerdem entwickelt sich das Mesenchym aus dem Neuroektoderm der Neuralleiste

	Kollagenfasern	Retikulinfasern	elastische Fasern
Anordnung	Faserbündel	Fasern bilden feine Netze	netzartig verzweigte, gefensterte Membranen
Lichtmikroskop	stark anisotrop, wenig lichtbrechend, Längsstreifen	isotrop, wenig lichtbrechend	schwach anisotrop, stark lichtbrechend
Elektronenmikroskop	Querstreifung	keine Querstreifung	keine Querstreifung
Dehnbarkeit	zugfest, Elastizität bis 5 %	zugfest und biegungselastisch	bis 150 % dehnbar
Färberisches Verhalten	s. Kapitel 2.2.9.2	s. Kapitel 2.2.9.2	s. Kapitel 2.2.9.2

(Kopfmesenchym) und zu einem geringen Teil aus dem Endoderm (alle 3 Keimblätter sind also an der Ausbildung beteiligt).

Der Interzellularraum des mesenchymalen Bindegewebes ist ungeformt und mit einer unspezifischen, soleartigen Substanz ausgefüllt.

Die Mesenchymzellen teilen sich mitotisch. Sie sind pluripotent. Die Mesenchymzellen bilden die Stammzellen für alle Zellen des Binde- und Stützgewebes.

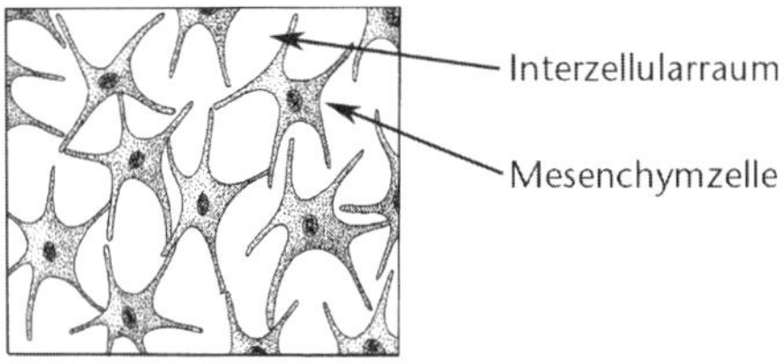

Abb. 2.15 Mesenchym

Gallertgewebe

Eine besondere Form des mesenchymalen Bindegewebes stellt das Gallertgewebe dar, das eine gallertartige Interzellularsubstanz besitzt. Diese gallertartige Grundsubstanz enthält kollagene Fibrillen, die dem Gewebe eine gewisse Zugfestigkeit verleihen, außerdem ist es druckelastisch. Freie Zellen kommen nur selten vor. Gallertgewebe kommt als **Wharton Sulze** in der Nabelschnur und in der Pulpa junger Zähne vor.

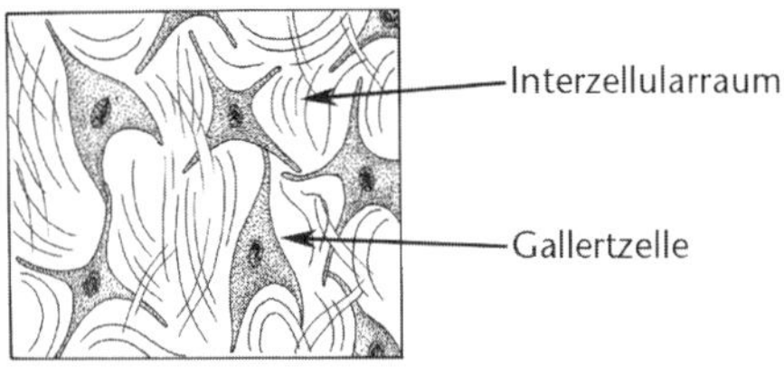

Abb. 2.16 Gallertartiges Bindegewebe

Bindegewebe

Das **Bindegewebe** ist ein im Körper weit verbreitetes Gewebe, das Organe umhüllt, sie zu funktionellen Einheiten zusammenschließt und auch das Grundgerüst (= Stroma) von Organen bildet. Daneben dient das Bindegewebe dem Stoffaustausch und der Speicherung von Wasser und Fett. Bei der Wundheilung kann Bindegewebe als Ersatzgewebe auftreten.

Die nachfolgend beschriebenen Gewebe kommen in unserem Körper zumeist als Mischgewebe vor, so kommen z.B. im kollagenen Bindegewebe elastische Fasern vor.

Retikuläres Bindegewebe

Im retikulären Bindegewebe bilden die Retikulumzellen über ihre Zellfortsätze ein weitmaschiges, dreidimensionales Netz. In der Interzellularsubstanz liegen die von den Retikulumzellen gebildeten Retikulinfasern, die das Gewebe festigen. In den Interzellularräumen sind freie Zellen, vorwiegend Lymphozyten, eingelagert.

Retikulumzellen sind als einzige fixe Zellen auf einen Reiz hin amöboid beweglich und können dann aus dem Zellverband austreten.

Das retikuläre Bindegewebe kommt vor allem in den lymphatischen Organen wie Milz, Tonsillen, Lymphknoten, sowie im Knochenmark und in der Lamina propria der Darmschleimhaut vor.

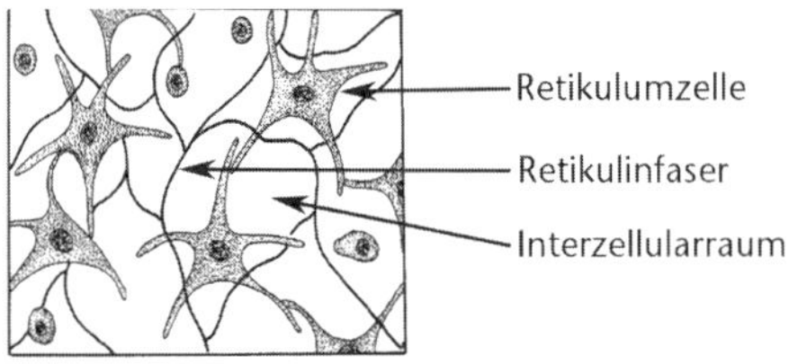

Abb. 2.17 Retikuläres Bindegewebe

Fettgewebe

Das Fettgewebe ist eine Sonderform des retikulären Bindegewebes. Es besteht vor allem aus **Fettzellen (= Adipozyten)**, die fast überall im Körper vorkommen. Die Fettzellen speichern intrazellulär Fett. Einzelne Adipozyten liegen z.B. im lockeren faserigen Bindegewebe. Zusammenliegende Adipozyten bilden Fettläppchen, die von einer bindegewebigen Kapsel umgeben sind. Außer Fettzellen können auch u.a. Leberzellen (bei „Leberverfettung“) oder Knorpelzellen Fett in größeren Tropfen speichern.

Fett besteht überwiegend aus Neutralfetten, einem Ester des Glyzerin und der Fettsäuren. Je höher der Anteil an ungesättigten Fettsäuren ist, desto flüssiger ist das Fett.

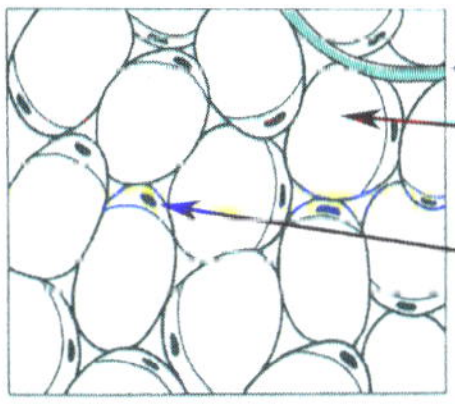

Abb. 2.18 *Fettgewebe*

Bei einem normalgewichtigen Mann hat Fett je nach Alter einen Anteil von 15–25 % und bei der Frau von 20–35 % am Gesamtgewicht.

Der hohe Anteil am Gesamtgewicht zeigt die Wichtigkeit und Vielseitigkeit des Gewebes.

Fettgewebe dient
- als Energiespeicher;
- dem Wärmeschutz – da Fett ein schlechter Wärmeleiter ist, isoliert es den Körper nach außen hin, was bei Neugeborenen und in Kälteregionen wichtig ist;
- dem mechanischen Schutz, z.B. vor Stößen. So schützt Fett z.B. den Augapfel in der Orbita (= Augenhöhle);
- dem Wasserhaushalt, weil Fett Wasser bindet;
- als Platzhalter, z.B. in der Brust für die Ausbildung der Milchdrüsen. Außerdem ersetzt es Lücken nach der Rückbildung von Organen z.B. des Thymus;
- der Modelierung unseres Körpers, die geschlechtsabhängig ist.

Je nachdem, ob Fett in den Fettzellen in einem oder mehreren Tropfen (Vakuolen) gespeichert ist, unterscheidet man zwischen :
- univakuolären Fettzellen – bilden das weiße Fettgewebe,
- multivakuolären Fettzellen – bilden das braune Fettgewebe.

Die **univakuolären Fettzellen** entstehen aus **Lipoblasten** (= Jugendform der Fettzellen), die mesenchymaler Herkunft sind. Die Lipoblasten haben ein spindelförmiges Aussehen. Sie bilden das weiße Fettgewebe, das in Speicher- und Baufett unterteilt wird.

In den Lipoblasten liegen noch viele kleine Fettvakuolen (sind also noch plurivakuolär). Während ihrer Reifung zu Adipozyten vereinigen sich die Fettvakuolen zu einem zentral im Zytoplasma liegenden Fetttropfen (univakuolärer Adipozyt).

Die kugelförmigen Adipozyten haben einen Durchmesser bis etwa 100 µm. Fettzellen besitzen nur wenige Mitochondrien. Sie enthalten im Zytoplasma einen (= univakuolären) Fetttropfen. Durch den Fetttropfen werden das Zytoplasma und der Zellkern an die Zellrand gedrängt, wodurch der Zellkern bei einem entsprechenden Schnitt durch die Zelle siegelringartig erscheint (= **Siegelringform**). Manchmal kommen auch im Zellkern kleine Fetteinschlüsse vor, die bei entsprechender Fixierung herausgelöst werden und unter dem Mikroskop als „Lochkern" erscheinen.

Im Routinepräparat wird Fett durch Alkohol, Toluol oder Xylol herausgelöst. Im Paraffinschnitt enthalten die Fettzellen somit kein Fett und scheinen leer zu sein.

Für die Darstellung von Fett wird ein Gefrierschnitt mit Sudan III (hellrot) oder Scharlachrot angefärbt.

Jede Fettzellen ist von einer Basalmembran umschlossen, die durch Retikulinfasern verstärkt wird, wodurch die Form der Fettzellen – auch bei einer Entleerung – relativ stabil ist. Jeweils mehrere Fettzellen sind von Kollagenfasern umhüllt.

Lediglich zwischen der 27. Embryonalwoche und dem zweiten Lebensjahr sowie vor der Pubertät entstehen neue Fettzellen, wobei ein Überangebot an Nahrung die Neubildung von Zellen begünstigt. So wird schon im frühen Lebensbereich eine Prädisposition für eine spätere Fettleibigkeit gelegt.

An der Neubildung von Fettzellen sind folgende Hormone beteiligt: Wachstumshormone, Insulin, Glukokortikoide und Trijodthyronin.

Bei einem Energiedefizit wird Fett aus den Fettzellen freigesetzt, wobei die Fettzellen jedoch nicht zugrunde gehen sondern später wieder Fett speichen können. Bei den Zellen, die zum Speicherfett gehören, findet ein dauernder Umbau des Fettes mit einer Halbwertzeit von etwa 20 Tagen statt.

Die Einlagerung und Mobilisierung von Fett wird ebenfalls hormonell gesteuert.

An der Einlagerung sind besonders Insulin und Östrogene beteiligt, außerdem Noradrenalin, Adrenalin und Glucagon.

An der Freisetzung (Lipolyse) von Fett sind vor allem die beiden Katecholamine Noradrenalin (über den Sympathikus) und Adrenalin und Glucagon sowie Thyroxin (Schilddrüsenhormon) beteiligt.
Weiter ☞ bitte Physiologie und Biochemie.

Die univakuolären Fettzellen sind gut mit Gefäßen versorgt. Sie werden über den Sympathikus erregt, wobei die Fettzellen nicht in direktem Kontakt mit den Nervenfasern stehen sondern über Rezeptoren verfügen, an die sich das von den Nervenfasern freigesetzte Noradrenalin anlagern kann.

Bei den Adipozyten werden geschlechtsspezifische Unterschiede diskutiert.

Univakuoläres Fettgewebe kommt im ganzen Körper vor. Ausnahmen sind nur die Augenlider, Ohrläppchen, der Penis und das Skrotum. Es wird nach seiner Funktion unterteilt in:

- **Speicherfett** kommt vor allem im Omentum majus, in den Mammae sowie im Bereich des Unterhautbindegewebes vor.
- **Baufett** ist im Gegensatz zum Speicherfett nur schwer mobilisierbar. Es wird erst nach länger andauerndem Hungern abgebaut. Baufett kommt in der Orbita als Corpus adiposum orbitae, als Wangenfettpfropf (Corpus adiposum buccae), im Bereich des Gesäßes, der Hohlhand und der Fußsohle sowie als Fettkörper in Gelenken vor. Nach der Rückbildung des Thymus und des blutbildenden Knochenmarks in den Röhrenknochen dient es als Gewebsersatz.

Die **multivakuolären Fettzellen** (= auch plurivakuoläre Fettzellen genannten) bilden das **braune Fettgewebe**. Sie sind etwa 30 µm groß. Die multivakuolären Fettzellen enthalten viele kleine Fetttropfen und viele Mitochondrien. Die für das braune Fettgewebe charakteristische braune Farbe beruht auf dem Cytochromgehalt der Mitochondrien.

Beim braunen Fettgewebe bilden die Zellen Lappen, die reich kapillarisiert sind. Das Gewebe ist stärker nerval versorgt als das weiße Fettgewebe. Die Fettzellen stehen über Synapsen mit sympathischen Nervenfasern in Verbindung.

Braunes Fettgewebe entsteht nur praenatal (vor der Geburt). Beim Neugeborenen dient es der Wärmebildung, beim Erwachsenen kommt es nur noch im Bereich des Nierenhilus und der Schilddrüse sowie in der Achselhöhle und im Nackenbereich vor. Auch bei länger andauerndem Hunger wird das braune Fettgewebe nicht angegriffen.

Faseriges Bindegewebe

Das faserige Bindegewebe wird in ein lockeres und ein straffes Bindegewebe unterteilt, wobei die Übergänge fließend sind.

Das **lockere Bindegewebe** hat verschiedene Aufgaben. Es dient als Füllgewebe zwischen Muskeln und Organen, sowie deren Gliederung (z.B. in Lappen). Es umhüllt Nerven und Gefäße, bildet in manchen Organen das Stroma (z.B. des Hodens, der Leber und der Nieren), es bildet die Leptomeninx (= weiche Hirnhaut – s. Kapitel 9.10.2) und ist am Aufbau der Haut (Subkutis) und der Schleimhaut beteiligt. Außerdem dient es als Verschiebeschicht und als Wasserspeicher.

Das lockere Bindegewebe ist regenerationsfähig und sorgt für den Gewebsersatz bei Verletzungen z.B. als Narbe.

In den weiten Interzellularräumen des lockeren Bindegewebes kommen alle Arten von Bindegewebszellen, besonders jedoch die Fibrozyten und Makrophagen (dienen der Abwehr!), vor. Im Interzellularraum kommen locker angeordnete Kollagenfasern vor, die teils scherengitterartig angeordnet und zugfest sind. Außerdem findet man elastische Fasern.

Das lockere Bindegewebe enthält im Bereich der Rindenzone des Ovars viele spindelförmigen Zellen, weshalb dieses Gewebe auch als **spinozelluläres Bindegewebe** bezeichnet wird.

Klinik: Bei erhöhter Wassereinlagerung ins Bindegewebe bilden sich **Ödeme**.

Zu den Bindegewebserkrankungen zählen u.a. auch die rheumatischen Erkrankungen.

Das **straffe Bindegewebe** kommt überall dort vor, wo die mechanische Beanspruchung besonders groß ist. Unter dem Lichtmikroskop erscheint das straffe Bindegewebe geordnet und in den Sehnen leicht gewellt.

Straffes Bindegewebe besitzt im Gegensatz zum lockeren Bindegewebe viele in Bündeln angeordneten kollagenen Fasern, jedoch nur wenig Grundsubstanz und freie Zellen. Der Stoffwechsel ist niedriger als im lockeren Bindegewebe. Die Fähigkeit zur Regeneration und zur Abwehrleistung ist gegenüber dem lockeren Bindegewebe gering.

Nach der Art wie die dicken Kollagenfasern angeordnet sind, wird zwischen geflechtartigem und parallelfaserigem straffen Bindegewebe unterschieden:

- Beim **parallelfaserigen Bindegewebe** sind die Kollagenfasern in einer bestimmten Richtung ausgerichtet. Dieses Bindegewebe kommt in Sehnen und Bändern vor.
- Beim **geflechtartigen Bindegewebe** bilden die Kollagenfasern ein dreidimensionales Netz. Dieses Bindegewebe bildet die fibrösen Kapseln der parenchymatösen Organe wie Hoden, Leber, Milz und Nieren, sowie die Dura mater (harte Hirnhaut), die Sklera des Auges und das Stratum reticulare der Haut.

Die **Sehnen** befestigen die quergestreifte Muskulatur an den Knochen und dienen somit zur Übertragung der Muskelkräfte auf die Ansatzpunkte, z.B. die Knochen. Sehnen bestehen aus parallel verlaufenden, wellig vorliegenden Kollagenfasern. Von einigen Autoren werden Sehnen zum Stützgewebe gezählt.

Zwischen den Sehnenfasern liegen Sehnenzellen. Sie haben wegen der beengten Verhältnisse im Längsschnitt ein flügelartiges Aussehen, weshalb sie auch **Flügelzellen** genannt werden. Die Sehnenfasern sind zu Bündeln zusammengefaßt und werden von lockerem Bindegewebe umschlossen, das auch die Gefäße und Nerven enthält. Sehnen können gut regenerieren, wobei die neu zu bildenden kollagenen Fasern von den im umgebenden Bindegewebe liegenden Fibroblasten gebildet werden. Die Sehnenzellen beteiligen sich nicht an der Neubildung.

Breitflächige Sehnen werden Aponeurosen genannt (s. auch Kapitel 2.3.7.1).

Bänder (= **Ligamenta**) besitzen ebenfalls parallel verlaufende, zu Bündeln angeordnete Fasern. Von den Sehnen unterscheiden sich die Bänder dadurch, daß die Sehnenzellen größer und länger sind und daß zwischen den Sehnenfaserbündeln nur wenig Zwischengewebe liegt.

Elastische Bänder bestehen aus parallel verlaufenden elastischen Fasern, zwischen denen lockeres Bindegewebe liegt. Elastische Bänder kommen beim Menschen nur als Ligg. flava entlang der Wirbelsäule und als Lig. suspensorium im Penis vor. Das Lig. vocale (= Stimmband) besteht ebenfalls überwiegend aus elastischen Fasern.

Faszien sind aus teils parallel, teils geflechtartig verlaufenden Fasern aufgebaut.

2.2.4.7 Morphologische Grundlagen der Abwehrleistungen des Bindegewebes !! 5/10

Prüfungsrelevant: Das gesamte Kapitel.

Unsere physische Existenz hängt wesentlich davon ab, daß sich unser Körper gegen eindringende oder eingedrungene Fremdkörper (z.B. Bakterien oder Viren) wehrt und Entartungen von körpereigenen Zellen entgegenwirkt. Dazu besitzt unserer Körper ein **Immunsystem**, das unterteilt wird in ein:

- unspezifisches Abwehrsystem – wird vom mononuklearen Phagozytosesystem gebildet,
- spezifisches Abwehrsystem – wird vom lymphatischen System (T- und B-Lymphozyten) gebildet.

Unspezifisches Abwehrsystem

Bei der unspezifischen Abwehr werden die als fremd erkannten Mikroorganismen oder Partikel phagozytiert.

Zur Phagozytose sind zwei Zellarten befähigt:

- die **Mikrophagen**, hierunter werden die neutrophilen und mit Einschränkung die eosinophilen Granulozyten zusammengefaßt, die kleine Partikel phagozytieren können (s. Kapitel 2.2.4.3);
- die **Makrophagen**, die zum mononukleären Phagozyten-System (– MPS) zusammengefaßt werden.

Mikrophagen

Die **neutrophilen Granulozyten** erreichen innerhalb von etwa 4–6 Stunden das infiltrierte Gebiet, wo sie mit der Phagozytose beginnen. Gleichzeitig geben sie proteolytische Enzyme ab, die den Infiltratherd erweichen. Nach der Phagozytose bilden sie sich zu „Eiterkörperchen" zurück und gehen zugrunde.

Die **eosinophilen Granulozyten** treten vorwiegend bei der Phagozytose von Antigen-Antikörperkomplexen auf (s. weiter unten).

Makrophagen

Die Makrophagen sind langlebig. Sie gehen aus pluripotenten Stammzellen des myeloischen Systems hervor. Die Stammzellen liegen pränatal (vor der Geburt) im Dottersack, später in der Leber und Milz, postnatal im Knochenmark. Aus den Stammzellen entwickeln sich zuerst **Monoblasten**, die sich über Promonozyten zu Monozyten weiterentwickeln und dann das Knochenmark verlassen. Über den Blutweg gelangen sie in die kleinen Blutgefäße, durch deren Wand sie in das umgebende Gewebe gelangen, wo sie sich zu spezifischen Makrophagen weiterentwickeln.

Die Gesamtheit der **Makrophagen**, sowie der Monozyten und ihrer Vorstufen im Knochenmark, werden zum **mononukleären Phagozyten-System** (= MPS) zusammengefaßt.

Zum **MPS** gehören:

- Monozyten mit ihren Stammzellen sowie ihre Vorstufen;
- ortsständige Makrophagen. Dazu zählen:
  - Makrophagen – im Knochenmark,
  - dendritische Retikulumzellen – im lymphatischen System,
  - Osteoklasten – im Knochengewebe,
  - Histiozyten – im Bindegewebe,
  - Alveolarmakrophagen – im Lungenepithel,
  - Kupffer-Zellen – in der Lebern,
  - Pleura- und Peritonealmakrophagen – im Mesothel der serösen Leibeshöhlen,
  - Langerhans Zellen – in der Epidermis (Haut),

- Mikrogliazellen – im Zentralnervensystem. Ob die Mikrogliazellen wirklich zum MPS gehören wird noch diskutiert.

Vor einigen Jahren noch wurde das **RES** (= retikulo-endotheliale-System) gelehrt, bei dem man von zwei verschiedenen Zellarten ausging: den histiozytären Retikulumzellen und bestimmten Endothelzellen (Gefäßwandzellen, z.B. Kupffer-Sternzellen). Hierzu zählte man die Retikulum- und Sinusendothelzellen der Lymphknoten, der Milz und des Knochenmarks, sowie die Kupffer Sternzellen der Leber, die Alveolarmakrophagen und die Pleura- und Peritonealmakrophagen.

Die Endothelzellen erwiesen sich als perivaskuläre Makrophagen, so daß man fortan vom **RHS** (= retikulo-histiozytären System) sprach, das auch die Histiozyten, Monozyten und Mesogliazellen umfaßte.

Ob die Begriffe MPS und RHS synonym verwandt werden können, ist noch nicht geklärt, da Endothelzellen doch Unterschiede zu den anderen Makrophagen aufzuweisen scheinen.

Die Makrophagen besitzen vier Merkmale:

- sie sind zu chemotaktischen Bewegungen fähig, das heißt, Makrophagen reagieren auf Zerfalls- oder Stoffwechselprodukte der in den Körper eingedrungenen Bakterien als auch auf Bestandteile des Komplementsystems, indem sie sich in Richtung z.B. auf das Bakterium in Bewegung setzen. Zum **Komplementsystem** werden all die im Serum liegenden Proteine zusammengefaßt, die, nachdem sie durch einen Antigen-Antikörper-Komplex aktiviert wurden, in einer festgelegten Reihenfolge nacheinander reagieren;
- sie können phagozytieren;
- sie besitzen ein eigenes Verdauungsenzym (= Lysozym), das die aufgenommenen Fremdkörper abbaut;
- sie können auf das spezifische Abwehrsystem einwirken, indem sie Antigene weitergeben oder zurückhalten.

Die Makrophagen sind zur Phagozytose und Pinozytose (Aufnahme gelöster Stoffe) fähig. Für die Phagozytose bilden Makrophagen u.a. Lysozym, saure Phosphatasen, Esterasen, Proteasen, Komponenten für das Komplementsystem, Fibronektin und teilweise Peroxidase usw. (s. bitte Biochemie). Sie bauen die inkorporierten Teilchen teilweise in **Phagolysosomen** wieder ab. In den Phagolysosomen wird das zu phagozytierende Material mit **Lysosomen** vereinigt.

Lysosome sind kleine, von einer Membran umschlossene Körperchen, die der intrazellulären Verdauung dienen. **Primäre Lysosome** entstehen dadurch, daß zunächst hydrolytische Enzyme synthetisiert werden. Diese Enzyme werden zum Golgi-Apparat transportiert und dort in Lysosomen verpackt. Sie bilden den größten Teil der Granula, z.B. der neutrophilen Granulozyten.

Durch Autophagie oder Heterophagie entstehen aus den Primär- die **Sekundärlysosomen**. Bei der **Autophagie** wird zelleigenes Material durch eine Vakuole vom übrigen Zellmaterial getrennt. Diese Vakuole vereinigt sich mit einem Primärlysosom, wodurch ein **Zytolysosom** (syn.: Autolysosom) entsteht. Wird das im Zytolysosom liegende Material nicht vollständig abgebaut, bildet sich ein Residualkörper (= Restkörper), z.B. als Lipofuszingranula, der zum **Telolysosom** wird.

Bei der **Heterophagie** liegt das zu phagozytierende Material (z.B. ein Bakterium) in einem **Phagosom**. Das Phagosom ist von einer Membran umhüllt, die bei der Phagozytose durch Abschnürung der Plasmamembran entstanden ist. Das Phagosom und ein Primärlysosom vereinigen sich zum Phagolysosom, in dem der Abbau erfolgt.

Ortsständige Makrophagen werden ruhende Makrophagen, freie Makrophagen Wanderzellen genannt, wobei „ortsständig" und „frei" nur verschiedene Stadien im Lebenszyklus eines Makrophagen bilden. Die ortsständigen Makrophagen (Histiozyten) liegen vor allem an Oberflächen, an denen Schadstoffe vorbei transportiert werden. Die freien Makrophagen bewegen sich amöboid zum Schadensort hin, wobei sie durch Chemotaxis angelockt werden (s. Kapitel 2.2.4.4). Die freien Makrophagen zeigen eine größere Phagozytoseaktivität als die ortsständigen.

Folgende Faktoren sind für die Phagozytoseleistung wichtig:

- die Oberflächenladung des zu phagozytierenden Materials – positiv geladenes Fremdmaterial wird schneller phagozytiert;
- die „Markierung" des zu phagozytierenden Materials durch Antikörper – Antigen-Antikörper-Komplexe lagern sich an Fc-Rezeptoren für IgG an der Membran der Makrophagen an. Dadurch wird die Phagozytose erleichtert.

Nach der Phagozytose großer Partikel können sich Makrophagen zu epitheloiden Zellen umwandeln, die miteinander verschmelzen und **Fremdkörperriesenzellen** bilden können.

Nach dem Abbau z.B. eines Bakteriums können Teile des Fremdkörpers (= Antigen) in die Plasmamembran gelangen und dort nach außen präsentiert werden. Die Makrophagen können das Antigen auch ohne vorherige Phagozytose auf der Plasmamembran präsentieren.

Durch die Präsentation werden **T-Helfer-Zellen** (s. weiter unten) angelockt. Kommt es zu einem Kontakt zwischen der Makrophage und einer T-Helfer-Zelle, so sezerniert die Makrophage **Interleukin I**, das sich an Rezeptoren der T-Helfer-Zelle anlagert und die T-Helfer-Zelle veranlaßt, Interleukin II und Wachstumsfaktoren zu sezernieren, die die B-Lymphozyten stimulieren.

Die T-Helfer-Zellen können ihrerseits auch die Makrophagen dazu aktivieren, das gesamte phagozytierte Material vollständig abzubauen.

Die T-Helfer-Zellen werden durch **akzessorische Zellen** aktiviert. Die akzessorischen Zellen bestehen aus 2 Gruppen,

- den phagozytierenden und
- den nicht-phagozytierenden Zellen.

Zu den phagozytierenden Zellen gehören die Monozyten und ihre Abkömmlinge die Makrophagen. Zu den nicht-phagozytierenden akzessorischen Zellen gehören die interdigitierenden follikulären und die follikulären dendritischen Retikulumzellen sowie die Langerhans Zellen.

Die Beziehungen zwischen den Makrophagen und den T-Helfer-Zellen wurde zuvor bereits beschrieben. Die **follikulären dendritischen Retikulumzellen** kommen in der sogenannten B-Region des lymphatischen Gewebes vor, dazu zählen die Keimzentren, die Primärfollikel und die Außenzone der Follikel. Über ihre Ausläufer sind sie untereinander verbunden und bilden so ein Netzwerk.

Die **interdigitierenden follikulären Retikulumzellen** kommen in der T-Region des lymphatischen Gewebes, der Parakortikalzone des Lymphknotens und der periarteriolären Scheide der Milz vor, wo sie das retikuläre Gewebe bilden.

Die **Langerhans Zellen** kommen in der Epidermis vor. Sie haben viele Ausläufer. Auf ihrer Membran besitzen sie spezifische IgG-Rezeptoren.

Spezifisches Abwehrsystem

Das spezifische Abwehrsystem wird vom lymphatischen System gestellt. Das lymphatische System besteht aus

- lymphatischen Organen: Thymus, Milz, Lymphknoten, Tonsillen;
- lymphatischem Gewebe: Lymphfollikel in der Schleimhaut des Magen-Darm-Bereichs und des Respirationstraktes;
- lymphatischen Zellen: Lymphozyten, Plasmazellen.

Die Träger des spezifischen Abwehrsystems (Immunsystems) sind die sogenannten **immunkompetenten Zellen**. Sie sind in der Lage, körpereigenes von körperfremdem Protein und Glykoprotein zu unterscheiden und bei Bedarf Antikörper gegen einen bestimmten Fremdkörper zu bilden (z.B. gegen eingedrungene Bakterien).

An immunkompetenten Zellen kommen vor:

- **T-Lymphozyten** – dienen der zellulären Immunität, d.h. einige von ihnen bilden auf ihrer Zelloberfläche Rezeptoren (aus Immunglobulinmolekülen), die mit entsprechenden Antigenen reagieren.
- **B-Lymphozyten** – dienen der humoralen Immunität, d.h. bei einem Antigenreiz differenzieren sie sich zu Plasmazellen, die Antikörper bilden und diese ins Blut oder ins Gewebe abgeben.

Die Vorläuferzellen der B- und T-Lymphozyten entstehen während der Embryonalzeit zuerst im Dottersack und später, sowie postnatal im Knochenmark aus einer gemeinsamen pluripotenten Stammzelle (= **non-B-non-T-Zelle**). Vom Knochenmark wandern die Vorläuferzellen der T-Lymphozyten als **Thymozyten** über die Blutbahn in die Thymusrinde, während die Vorläuferzellen der B-Lymphozyten im Knochenmark verbleiben.

In der Thymusrinde lernen die Thymozyten zwischen körpereigenem Material und körperfremdem Antigen zu unterscheiden. Die Thymozyten, die zu dieser Unterscheidung nicht fähig sind, gehen zugrunde. Der andere Teil, der eigene Antigene toleriert, wandert in die Markregion des Thymus, wo die Thymozyten zwischen interdigitierenden Retikulumzellen ausreifen. Als reife immunkompetente T_1-Lymphozyten werden sie aus dem Thymus in die Blutbahn ausgeschwemmt, durch die sie in die Thymus-abhängigen Areale (= T-Zell-Areale) der lymphatischen Organe gelangen. Sie besiedeln im/in:

- Lymphknoten – die rindennahen (parakortikalen) Regionen,
- Milz – die periarteriellen Scheiden in der weißen Milzpulpa,
- lymphatischen Gewebe – die intrafollikulären Areale.

Die überwiegende Zahl der Lymphozyten liegt im Gewebe und tritt nur für Stunden in die Blutbahn über, wobei viel mehr T- als B-Lymphozyten in der Blutbahn zirkulieren.

T-Lymphozyten

Bis zur Pubertät werden die T-Lymphozyten im Thymus gebildet. Beim Erwachsenen sollen die T-Lymphozyten mit Hilfe der in der Haut liegenden

Langerhans Zellen und Granstein Zellen sowie thymusähnlicher Hormone im Hautbereich ausgebildet werden, wo sie auch proliferieren sollen.

Die **T_1-Lymphozyten** sind langlebig, je nach Zellart kann die Überlebenszeit Monate bis Jahre betragen.

Die T_1-Lymphozyten verlassen zeitweise über die Blut- oder Lymphbahnen ihren Aufenthaltsort, kehren aber immer wieder in das lymphatische Gewebe zurück. Kommen sie auf diesem Weg oder in den lymphatischen Organen und Geweben mit einem Antigen (einem nicht körpereigenen Stoff) in Kontakt, so transformieren sie sich zu **T-Immunoblasten** und über eine klonale Proliferation zu T_2-Lymphozyten. Als **klonale Proliferation** wird eine Zellvermehrung bezeichnet, bei der ein T_2-Lymphozyt quasi die „Stammzelle" bildet. Die neu entstandenen Zellen bilden einen Klon, dessen Zellen sich zu antigendeterminierten Lymphozyten differenzieren.

Innerhalb der T_2-Lymphozyten unterscheidet man viele Zellarten, wovon für Sie wichtig zu kennen sind:

- zytotoxische T-Zellen,
- Regulatorzellen – werden wiederum unterteilt in:
  - T-Helfer-Zellen (T-helper cells),
  - T-Suppressor-Zellen,
  - Gedächtniszellen (T-memory cells).

Die **zytotoxischen T-Zellen** (syn.: **Killer Zellen**) besitzen an ihrer Oberfläche Rezeptoren für spezifische Antigene. Kommen sie in Kontakt mit diesen antigentragenden Fremdkörpern oder entarteten körpereigenen Zellen (Viren, Tumorzellen usw.), so heften sie sich an das Antigen an und phagozytieren den Fremdkörper. Nach der Phagozytose gehen sie nicht zugrunde sondern wandeln sich in **Immunozyten** um und lösen den Antigenträger auf.

Die zytotoxischen T-Zellen sind zu folgenden Funktionen fähig:

- zellvermittelte Immunität – sie entsteht gegen bakterielle Antigene und führt zu einer Überempfindlichkeitsreaktion vom verzögerten Typ,
- Transplantatabstoßung – hierbei wirken die zytotoxischen Zellen auf die transplantierten Zellen zytotoxisch.

Die zytotoxischen T-Zellen sind also für die zelluläre Abwehr zuständig. Sie differenzieren sich nicht in Immunglobulin-bildende Zellen und produzieren auch keine Antikörper.

Die Vermehrung und Differenzierung der zytotoxischen T-Zellen wird durch T-Helfer-Zellen gefördert.

Die **T-Helfer-Zellen** (**Regulator-Zellen,** syn. Helfer-T-Zellen) dienen als Helfer, sowie als Auslöser oder als Verstärker einer Immunantwort. Die T-Helfer-Zellen werden durch akzessorische Zellen aktiviert (s. oben).

Besonders wichtig sind die T-Helfer-Zellen für die Proliferation (= Zellvermehrung) und die Differenzierung der B-Lymphozyten zu antikörperproduzierenden Plasmazellen (s. weiter unten).

Diese Beeinflußung der B-Lymphozyten durch die T-Helfer-Zellen findet auf 2 Wegen statt:

- **direkter Weg** – die reifen B-Lymphozyten besitzen in ihrer Membran Antigenrezeptoren (Immunglobuline = zellständige Faktoren) über die T-Helfer-Zellen Kontakt mit den B-Lymphozyten aufnehmen,
- **indirekter Weg** – indem T-Helfer-Zellen als Mediatormoleküle **Lymphokinine** synthetisieren und sezernieren. Die bekanntesten Lymphokinine sind die Interferone. Einige dieser Lymphokinine dienen der Proliferation, andere stimulieren die Differenzierung der B-Lymphozyten.

Klinik: Bei der Immunschwächekrankheit **AIDS** befällt das HIV-Virus die T-Helfer-Zellen, wodurch die B-Lymphozyten bei einem Infekt nicht aktiviert werden. Gegen Ende der Krankheit sind häufig keine T-Helfer-Zellen mehr im Blut zu finden. Daraus läßt sich erklären, daß bei AIDS-Patienten selbst leichte Infektionen schwerste Komplikationen verursachen können.

Ein Defekt des T-Zellsystems, z.B. durch frühzeitige Entfernung des Thymus führt ebenfalls zu einer immunologischen Insuffizienz (= ungenügenden Leistung), die die zellvermittelte Immunität betrifft.

Die **T-Suppressor-Zellen** haben die Aufgabe, eine Immunantwort der zytotoxischen T-Zellen, der B-Lymphozyten und der T-Helfer-Zellen zu dämpfen um eine Überreaktion zu verhindern.

Im peripheren Blut kommen etwa doppelt so viele T-Helfer-Zellen wie T-Suppressor-Zellen vor.

Beim erstmaligen Kontakt mit einem Antigen kommt es zur primären Immunantwort. Hierbei wandeln sich T_1-Lymphozyten nach einem Kontakt mit dem Antigen in T-Immunoblasten um. Diese differenzieren sich zu T_2-Lymphozyten und zu **T-Gedächtniszellen** (= **T-memory-cells**).

Die T-Gedächtniszellen sind langlebig. Erfolgt ein neuer Kontakt mit diesem Antigen, so kommt es durch die Gedächtniszellen zu einer schnelleren und stärkeren Reaktion. Die Gedächtniszellen wandeln sich in T-Immunoblasten zurück und veranlassen die sekundäre Immunantwort, wobei zwischen dem Antigenkontakt und der Reaktion mehrere Stunden bis Tage vergehen.

Zusammenfassend läßt sich die **Reaktionskette einer Immunabwehr** folgendermaßen darstellen:
Antigen → Makrophage → T-Helfer-Zelle → B-Lymphozyt → Plasmazelle → Antikörper.

B-Lymphozyten

Das „B" der B-Lymphozyten wird von der bei Vögeln vorkommenden Bursa fabricii, einem Anhangsorgan der Kloake, abgeleitet, in der diese B-Lymphozyten nachgewiesen wurden. Bei uns Menschen ist diese Bursa nicht vorhanden, bei uns bezieht sich das „B" auf „bone" (= Knochen).

Die Stammzellen der B-Lymphozyten liegen wahrscheinlich im Knochenmark und im lymphatischen Gewebe des Darmbereichs. Es wird auch diskutiert, ob sie sich vorgeburtlich in der Leber aufhalten. Die Stammzellen teilen sich im Knochenmark. Die durch die Teilung entstandenen B-Zellen proliferieren und reifen zu **B_1-Lymphozyten** heran. Die B_1-Lymphozyten werden in die Blutbahn ausgeschwemmt und besiedeln die B-Zell-Areale von:

- Lymphknoten,
- weißer Milzpulpa,
- Tonsillen,
- Peyer Plaques (= Folliculi lymphatici aggregati),
- Appendix vermiformis („Blinddarm").

In diesen Bereichen können die B_1-Lymphozyten mit Antigen in Kontakt kommen, infolge dessen es zu einer primären oder sekundären humoralen Immunantwort kommen kann.

Bei der **primären humoralen Immunantwort** kann es beim Antigenkontakt im Randbereich der Rinde eines Lymphknotens zur direkten oder indirekten Plasmazell-Bildung kommen.

Beim **direkten Weg** wird dem B_1-Lymphozyt das Antigen von T-Helfer-Zellen präsentiert (s. oben bei T-Helfer-Zellen). Anschließend transformieren (= umwandeln) sich die B-Lymphozyten in **B-Immunoblasten**, die anschließend proliferieren. Die B-Immunoblasten wandern in die Markstränge des Lymphknotens, wo sie sich zu lymphoiden **Plasmazellen** differenzieren, die zuerst Antikörper vom IgM-Typ (= Immunglobulin der M-Klasse – s. weiter unten) produzieren.

Beim **indirekten Weg** kommt es in den Lymphfollikeln nach einem Antigenkontakt zur Ausbildung eines **Keimzentrums** (= **Sekundärfollikel**). Dazu wird das Antigen von den T-Helfer-Zellen an die dendritischen Retikulumzellen der Lymphfollikel abgegeben. Die dendritischen Retikulumzellen präsentieren das Antigen den B_1-Lymphozyten, die sich daraufhin zu großen Keimzentrumszellen, den **Zentroblasten** transformieren. Die Zentroblasten proliferieren. Aus ihnen entstehen die kleinen Zentroblasten, die sich zu **B_2-Lymphozyten** differenzieren. Die B_2-Lymphozyten verlassen das Keimzentrum. Aus ihnen entstehen die kurz- bis langlebigen **Gedächtniszellen** (= **B memory-cells**).

Zu einer **sekundären humoralen Immunantwort** kommt es, wenn der Körper bereits einmal mit dem Antigen in Kontakt gekommen ist und dabei Gedächtniszellen gebildet hat. Bei einem erneuten Kontakt mit diesem spezifischen Antigen kommt es innerhalb kurzer Zeit (innerhalb weniger Minuten) zu einer sekundären Immunantwort, bei der sich die Gedächtniszellen proliferieren und zu Plasmazellen differenzieren, die anschließend IgG-Moleküle bilden.

Die von den Plasmazellen produzierten **Antikörper** gehören zu den **Immunglobulinen**, die aus jeweils zwei identischen schweren sowie leichten Polypeptidketten bestehen. Die Immunglobuline haben ein Y-förmiges Aussehen, wobei die schweren Ketten den unteren, unpaarigen Teil des Y bilden. Am Ende dieses unpaarigen Teils befindet sich die Komplementbindungsstelle.

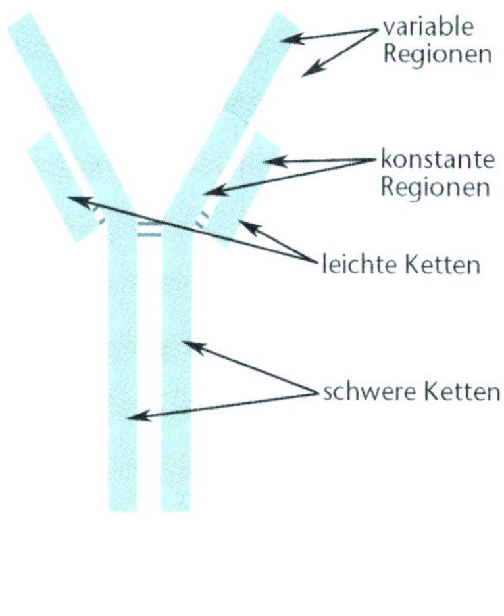

Abb. 2.19 *Antikörper*

Bei einer Spaltung des Immunglobulins entstehen 3 Fragmente, von denen 2 identisch sind, sie bestehen aus jeweils einer leichten Kette und Anteilen der schweren Polypeptidkette. Dieser Teil lagert sich dem Antigen an und wird als antigenbindendes Fragment (Fab) bezeichnet.

Histologie

Der dritte Teil wird Fc genannt, er enthält die Bindungsstelle für das Komplement. Aufgrund der Unterschiede zwischen den schweren und leichten Ketten lassen sich bei den Immunglobulinen 5 Hauptklassen unterscheiden (s. auch Physiologie und Biochemie):

- **IgM** – werden als erste bei der primären humoralen Immunantwort gebildet. Sie haben ein Molekulargewicht von etwa 1 Million Dalton und stellen 10 % aller Immunglobuline. IgM dient mit zur Aktivierung des Komplementsystems. Die Plazenta kann IgM wegen seiner Größe nicht passieren.
- **IgG** – werden bei der primären humoralen Immunantwort nach dem IgM sowie ausschließlich bei der sekundären Immunantwort gebildet. IgG stellen mit etwa 75 % den Hauptteil der Antikörper im Blutplasma. IgG haben ein Molekulargewicht von etwa 50.000 Dalton. Sie können als einzige Immunglobuline die Plazentaschranke passieren, dadurch sind die Neugeborenen die ersten Tage nach der Geburt gegen Infektionen geschützt.
- **IgA** – entsteht bei einer primären humoralen Immunantwort im Bereich der Schleimhäute. IgA kann u.a. im Speichel, in der Tränenflüssigkeit, der Vormilch, im Prostatasekret und in der Vaginalflüssigkeit nachgewiesen werden. Das Molekulargewicht liegt bei etwa 160.000 Dalton.
- **IgE** – lagern sich nach der Bildung durch Plasmazellen der Membranoberfläche von Mastzellen und basophilen Granulozyten an. Bei Kontakt mit einem Antigen (Allergen) werden aus diesen Zellen Mediatoren (Histamin, Heparin, Leukotrien) freigesetzt, die zu einer allergischen Reaktion vom Soforttyp führen. Das Molekulargewicht liegt bei etwa 190.000 Dalton.
- **IgD** – sind in die Membranoberfläche von B-Lymphozyten eingebaut und wahrscheinlich an der Differenzierung der B-Lymphozyten beteiligt. Das Molekulargewicht beträgt etwa 175.000 Dalton.

Immunität
Bei der Immunität unterscheidet man zwischen einer angeboren und einer erworbenen Immunität.

Die **angeborene Immunität** bedeutet, daß bestimmte Krankheitserreger (Bakterien oder Viren) bei bestimmten Säugetierarten (Spezies) keine Erkrankung auslösen können, z.B. erkrankt der Mensch nicht an der Hundestaupe. Die angeborene Immunität ist also genetisch bedingt

Bei der **erworbenen Immunität** hat ein bestimmter Mensch nach einer oder mehreren Infektionen eine über längere Zeit oder zeitlebens, wie z.B. nach einer Maserninfektion, anhaltende Resistenz gegenüber dem Antigen entwickelt. Diese Immunität kann auch durch eine Impfung erworben werden.

Bei einer Impfung unterscheidet man zwischen:

- **aktiver Immunisierung** – hierbei werden abgeschwächte oder abgetötete Antigene injiziert, die zur Antikörperbildung führen;
- **passive Immunisierung** – hierbei werden spezifische Antikörper übertragen, wobei der Infektionsschutz jedoch nur solange gewährleistet ist, wie sich die Antikörper im Organismus befinden. Eine passive Immunisierung ist z.B. als Sofortreaktion aufgrund einer Tetanusinfektion erforderlich, was die Bedeutung vorsorgender Impfungen deutlich macht.

2.2.5 Knorpelgewebe

Das **Knorpelgewebe** gehört zu den Stützgeweben. Es kommt beim Menschen u.a. im Skelett und in den Luftwegen vor (s. Kapitel 2.2.5.2).

Das Knorpelgewebe hat nachfolgende Fähigkeiten:

- es ist druckelastisch, d.h. es ist bis zu einem Grenzwert durch Druck (Kompression) und Zug verformbar;
- es ermöglicht Gleitbewegungen (in den Gelenken);
- es ist schneidbar, weil es im Gegensatz zum Knochen fast nur aus organischen Materialien besteht;
- es moduliert Formen aus (z.B. den Nasenknorpel);
- es hat formgebende Aufgaben, da aus ihm Knochengewebe entsteht.

2.2.5.1 Strukturen des Knorpelgewebes ! 0/2

Der Knorpel geht aus dem Mesenchym hervor. Die Mesenchymzellen wandeln sich zu Vorknorpelzellen um, die sich zu größeren Zellhaufen zusammenlagern. Diese, nun **Chondroblasten** genannten Zellen, bilden in ihren Golgi-Apparaten und im endoplasmatischen Retikulum Knorpelgrundsubstanz.

Die Grundsubstanz des Knorpels besteht

- zu etwa 60–70 % aus Wasser,
- 30–35 % aus den Glykosaminoglykanen (= Mukopolysacchariden), Chondroitinsulfat und Hyaluronsäure, die in großen Proteoglykanen mit Kollagenfasern (überwiegend vom Typ II-Kollagen) verbunden sind,
- zu etwa 4 % aus Mineralien.

➤ Das Chondroitinsulfat ist für die Basophilie der Grundsubstanz und das Aufquellen der Kollagenfasern verantwortlich. Die Kollagenfasern liegen daher unter dem Lichtmikroskop zumeist als lichtdurchlässige, maskierte (nicht sichtbare) Strukturen vor. ➤

Die Glykosaminoglykane verleihen dem Knorpel seine Festigkeit. Die Proteoglykane sind für die elastischen Eigenschaften verantwortlich.

Die **Chondroblasten** teilen sich während des Knorpelwachstums. Sie geben Grundsubstanz nach allen Seiten ab und rücken so zwangsläufig auseinander. So liegen nach Beendigung des Knorpelwachstums fast nur noch die Chondroblasten aus der letzten Teilung beieinander.

Die sich nicht mehr teilenden Chondroblasten werden **Chondrozyten** genannt. Die jungen Chondrozyten sind meist flach, die älteren rund oder oval. Die reifen, großen Chondrozyten sind rundlich und leicht basophil. Sie enthalten viel rauhes endoplasmatisches Retikulum und große Golgi-Komplexe. In den Chondrozyten ist Fett und Glykogen abgelagert.

➤ Die Chondrozyten werden hormonell beeinflußt:
- die Knorpelbildung wird gefördert u.a. durch STH (Wachstumshormon), Thyroxin und Testosteron,
- hemmend wirken u.a. Kortison, Hydrokortison und Östradiol. ➤

Je ein Chondrozyt liegt in einer glattwandigen **Knorpelhöhle**, die **Lakune** genannt wird. Manchmal sieht man auch zwei Chondrozyten in einer Lakune. Durch Fixierung sind die Chondrozyten im Präparat zumeist geschrumpft, so daß zwischen Chondrozyt und Lakunenwand ein Spalt entsteht.

Die schmale **Knorpelkapsel** ist von einem **Knorpelhof** umgeben. Zumeist werden mehrere Knorpelhöhlen von einem Knorpelhof umhüllt. Der Knorpelhof besteht vor allem aus Chondroitinsulfat, was die Ursache seiner Metachromasie ist. In der Epiphysenfuge ordnen sich die Chondrozyten zu Reihen an.

Bis zu 8 Chondrozyten bilden mit ihrer Knorpelkapsel und dem Knorpelhof zusammen ein **Chondron** (= Knorpelterritorium). Die Chondrone bilden das funktionelle Bauelement des Knorpels.

Der Raum zwischen den einzelnen Chondronen wird als Interterritorium bezeichnet, hier liegt die bereits erwähnte Grundsubstanz (Matrix), außerdem kommen elastische oder kollagene Fasern vor.

Die Zahl und die Anordnung der Chondrone ist für die einzelnen Knorpeltypen charakteristisch.

Nur der fetale Knorpel wird über Blutgefäße versorgt. Der ausdifferenzierte Knorpel ist gefäß- und nervenfrei. Stellenweise ziehen Gefäße und Nerven durch den Knorpel ohne diesen jedoch selbst zu versorgen.

Die einzelnen Chondrozyten haben keinen Kontakt mehr zueinander. Daher erfolgt der Stoffwechsel mittels Diffusion vom gefäßhaltigen Perichondrium (= Knorpelhaut) bzw. beim Gelenkknorpel von der Gelenkflüssigkeit (= Synovia) aus, wodurch die Knorpeldicke begrenzt ist. Die Chondrozyten betreiben wegen des trägen Stoffwechsels eine Vorratswirtschaft in Form von Lipid- und Glykogeneinlagerungen.

Der Knorpel geht ohne scharfe Grenze in die bindegewebige, gefäß- und nervenreiche **Knorpelhaut** (= **Perichondrium**) über. Da das Perichondrium des Knorpels sensible Nervenendigungen enthält, ist es schmerzempfindlich.

Das Perichondrium gliedert sich in eine
- innere, zellreiche Schicht, das **Stratum cellulare**, dessen Zellen den Fibroblasten ähneln,
- äußere, faserreiche Schicht, das **Stratum fibrosum**, das aus kollagenen und elastischen Fasern besteht.

Das Perichondrium hat neben der Aufgabe, den Stoffwechsel des Knorpels zu gewährleisten, die Fähigkeit, den nur bis ins Kindesalter regenerationsfähigen Knorpel bei Bedarf neu zu bilden. Am Gelenkknorpel fehlt das Perichondrium, weshalb der Gelenkknorpel nicht erneuert werden kann.

2.2.5.2 Typen des Knorpelgewebes und ihre biomechanischen Eigenschaften

! 0/4

Aufgrund der unterschiedlichen Matrix (Grundsubstanz) wird der Knorpel morphologisch in drei Formen unterteilt:
- hyaliner Knorpel,
- elastischer Knorpel,
- Faserknorpel.

Von diesen Gewebstypen muß der **fetale Knorpel** unterschieden werden, der noch Blutgefäße besitzt. Die fetalen Knorpelzellen gleichen den Mesenchymzellen; sie sind gleichmäßig in der Grundsubstanz verteilt, Chondrone fehlen. Aus dem fetalen Knorpel entwickelt sich über den hyalinen Knorpel der chondrale Knochen (s. Kapitel 2.2.6.3).

Hyaliner Knorpel

➤ Der hyaline Knorpel ist das am häufigsten vorkommende Knorpelgewebe. Er ist nur wenig elastisch. Makroskopisch hat er ein bläuliches, milchartig durchscheinendes Aussehen (griech. hyalos = durchscheinend). Der hyaline Knorpel hat eine niedrige Zug- und eine hohe Druckfestigkeit

(1,5 kg/mm^2), die sich im Alter durch Wasserverluste vermindert.

Unter dem Lichtmikroskop sind die Kollagenfasern maskiert, da ihr Brechungsindex dem der Matrix entspricht. Unter dem Polarisationsmikroskop können die Kollagenfasern dargestellt werden. Der trajektorelle Verlauf der Kollagenfasern sowie der Anteil an Hyaluronsäure und das Verhältnis von Keratinsulfat zu Chondroitinsulfat ist für die mechanischen Eigenschaften entscheidend.

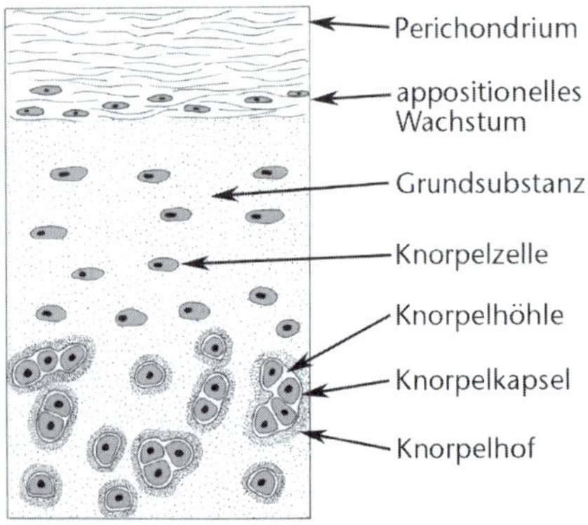

Abb. 2.20 *Hyaliner Knorpel*

Im Alter kann es zur Wasserabnahme und durch einen verminderten Stoffwechsel zum Absterben von Chondrozyten und damit zu einem verminderten Chondroitinsulfatgehalt kommen. Dadurch werden die Kollagenfasern demaskiert und erscheinen als sogenannte Asbestfaserung. Die Folge kann Höhlenbildung und Verkalkung sein. Die Druckelastizität ist erniedrigt.

Alle hyalinen Knorpel sind bis auf den Gelenkknorpel vom Perichondrium überzogen. ◄

Der hyaline Knorpel kommt vor:

- als Nasenknorpel,
- im Kehlkopf als Cartilago thyroidea, Cartilago cricoidea sowie überwiegend im Cartilago arytaenoidea,
- in den Luftwegen in den Trachealspangen und Hauptbronchien,
- am Rippenansatz,
- in den Epiphysenfugen der Röhrenknochen (zwischen Diaphyse und Epiphyse),
- als Gelenkflächenüberzug,
- im knorpeligen embryonalen Skelett.

Mikroskopierhilfe: Hyalinen Knorpel erkennen Sie an der homogenen bläulichen Grundsubstanz innerhalb der die Chondrozyten von einem dunklen Hof umgeben liegen.

Elastischer Knorpel

Makroskopisch hat der elastische Knorpel ein gelbliches Aussehen. Der elastische Knorpel unterscheidet sich vom hyalinen Knorpel dadurch, daß er außer der Grundsubstanz und den Kollagenfasern dichte elastische Fasernetze aus Elastin besitzt. Die Fasernetze umfassen die Chondrone und strahlen ins Perichondrium ein. Das Elastin verleiht dem elastischen Knorpelgewebe eine hohe Biegefestigkeit und Dehnbarkeit. Der elastische Knorpel ist jedoch weniger druckfest als der hyaline Knorpel.

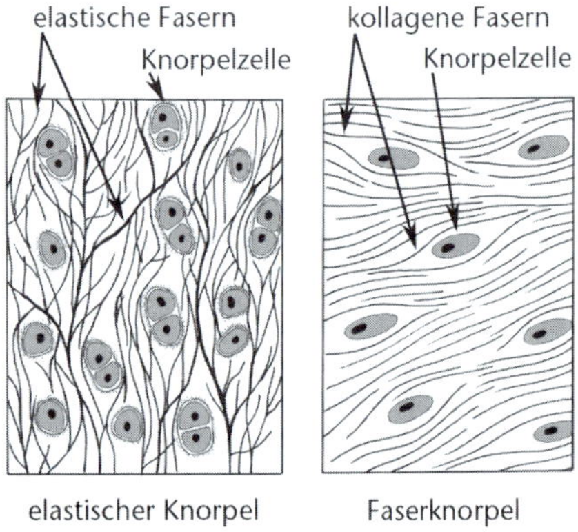

Abb. 2.21 *Knorpelarten*

► Die Chondrone kommen beim elastischen Knorpel gleichmäßiger verteilt vor als beim hyalinen Knorpel. Die Kollagenfasern liegen auch beim elastischen Knorpel maskiert vor.

Elastischer Knorpel ist vom Perichondrium umgeben. Degenerative Veränderungen sind wesentlich weniger ausgeprägt als beim hyalinen Knorpel. ◄

Elastischer Knorpel kommt vor:

- im äußeren Gehörgang,
- in der Tuba auditiva (= Ohrtrompete),
- im Kehlkopf als Epiglottis, Cartilago corniculata, Cartilago cuneiformis, Cartilago arytaenoidea,
- in der Ohrmuschel.

Mikroskopierhilfe: Elastischen Knorpel erkennen Sie an den Fasernetzen, die bei der Elastica-Färbung gelb und bei der Resorzin-Färbung schwarz erscheinen.

Faserknorpel

Der Faserknorpel (= **Bindegewebsknorpel** oder kollagenfaseriger Knorpel) besteht fast ausschließlich aus geflechtartig verbundenen Kollagenfasern vom Typ I, die wegen ihrer Masse nicht mehr maskiert vorliegen. Zwischen den dicht zusammenliegenden, unregelmäßig angeordneten Kollagenfaserbündeln liegt die nur spärlich vorkommende Grundsubstanz. Die weit auseinander gedrängten Chondrone enthalten nur wenige Chondrozyten.
➤ Der Faserknorpel hat eine hohe Zugfestigkeit. Er besitzt kein Perichondrium.

Der Faserknorpel kommt an den Stellen vor, wo das Bindegewebe größeren Drucken ausgesetzt ist, z.B. ◄
- in den Disci intervertebrales (= „Bandscheiben") der Wirbelsäule,
- in der Symphysis pubica (= Schambeinfuge),
- in den Disci articulares (z.B. im Kiefergelenk),
- in den Menisci (z.B. im Kniegelenk),
- manchmal an den Stellen, wo Sehnen im Knochen befestigt sind.

Mikroskopierhilfe: Faserknorpel erkennen Sie an den vielen parallel verlaufenden Fasern, in denen nur wenige Chondrozyten eingelagert sind.

2.2.5.3 Wachstum des Knorpelgewebes

! 0/1

Beim Knorpelgewebe unterscheidet man zwei Arten des Wachstums
- von innen nach außen = **interstitielles Wachstum**,
- von außen nach innen = **appositionelles Wachstum**.

Das **interstitielle Wachstum** findet nur während der frühen Phase der Knorpelbildung statt. Dabei mauern sich die Knorpelbildner (= Chondroblasten) unter Abgabe von Interzellularsubstanz ein und teilen sich anschließend mitotisch.

Beim **appositionellen Wachstum** teilen sich die im Perichondrium liegenden perichondralen Fibroblasten in Chondroblasten, aus denen nach Abgabe von Interzellularsubstanz die Chondrozyten werden.

Im Gegensatz zum Knorpel besitzt der im nächsten Kapitel beschriebene Knochen nicht die Fähigkeit zum interstitiellen Wachstum (außer bei der Knochenneubildung vom Endost her). Daher ist das Wachstum des Röhrenknochens nur mit Hilfe des Knorpels möglich. Dies geschieht, indem die Matrix der zu einer Säule angeordneten Knorpelzellen verkalkt und anschließend aufgelöst und durch Knochengewebe ersetzt wird. Während des Wachstums der Röhrenknochen bleibt eine Schicht hyalinen Knorpels in der Metaphyse (= Wachstumsfuge) erhalten.

2.2.6 Knochengewebe

Das Knochengewebe ist Teil des Stützgewebes unseres Körpers.

Der Knochen dient u.a.
- dem Schutz der darunter liegenden Organe (z.B. Schädelknochen, Brustskelett, Rückenwirbel),
- der mechanischen Stützung des Körpers,
- der Bewegung (z.B. Röhrenknochen der Extremitäten),
- als Depot für Mineralsalze.

2.2.6.1 Grundstruktur des Knochengewebes

! 1/4

Die Entwicklung des Knochengewebes erfolgt auf zwei verschiedenen Wegen:
- direkt – aus Mesenchymzellen = **desmale Ossifikation**;
- indirekt – über Bildung von hyalinem Knorpel = **chondrale Ossifikation** (weiter s. Kapitel 2.2.6.3).

Der Knochen besteht aus:
- Grundsubstanz (= Matrix),
- verschiedenen Zellen – Osteoblasten, Osteozyten, Osteoklasten.

Die Zusammensetzung der Grundsubstanz des Knochengewebes hängt vom Alter ab. Durchschnittlich besteht die Grundsubstanz
- zu etwa 20–30 % aus Wasser (nimmt mit steigendem Alter ab),
- zu etwa 25 % aus organischen Substanzen,
- zu etwa 45–60 % aus Mineralien (= anorganischen Substanzen).

Die organische Grundsubstanz wird **Osteoid** genannt, sie besteht vor allem aus Kollagen sowie aus Glykosaminoglykanen.

➤ An den im Knochen vorkommenden Mineralien haben einen Anteil von:

Phosphat 50 %,
Kalzium 35 %. ◄

➤ Das Knochengewebe bildet somit einen Speicherort für Mineralien, so sind 99 % des Kalziums und 75 % des Phosphats unseres Körpers in den Knochen gespeichert, wobei Kalzium mit etwa 1–2 % am Gewicht unseres Körpers beteiligt ist. ◄

Im Gegensatz zum Knorpel ist der Knochen weder schneid- noch biegbar. Der gesunde Knochen hat mit etwa 14–16 kp/mm^2 eine sehr hohe Druckfestigkeit und mit 10 kp/mm^2 eine hohe Zugfestigkeit. Die Zugfestigkeit wird durch die Kollagenfasern gewährleistet.

Die hohe Druckfestigkeit des Knochens beruht auf den anorganischen Kalksalzen (Kalzium), die in Kristallform vorliegen und parallel zu den Kollagenfasern verlaufen. Dagegen kann er nur minimal gebogen werden (Gefahr des Knochenbruchs!). Bei Reibung wird das Periost (= die den Knochen umgebende Haut) geschädigt und kann an dieser Stelle abgebaut werden. Um dies zu verhindern, ist der Knochen im Bereich der Gelenke mit hyalinem Knorpel überzogen.

➤ Bei einem erniedrigten Blut-Kalzium-Spiegel wird Kalzium aus dem Knochen freigesetzt, was u.a. hormonell gesteuert wird:

- **Parathyrin** (= Parathormon), ein Hormon aus der Nebenschilddrüse, wirkt auf die Osteoklasten, die vermehrt Knochen abbauen und damit Kalzium freisetzen (wird weiter unten beschrieben);
- **Kalzitonin**, ein Hormon der C-Zellen der Schilddrüse, wirkt hemmend auf die Osteoklasten und erhöht somit die Kalziumeinlagerung in den Knochen. ◄

Klinik: Ein Kalzium- und Phosphatmangel oder eine Störung des Kalzium- und Phosphatstoffwechsels infolge eines Vitamin D-Mangels kann bei Kindern zur **Rachitis** führen. Dabei wird die Verknöcherung der Knochenanlagen behindert, das Wachstum wird dadurch verzögert, die Knochen deformieren.

Beim Erwachsenen kann ein chronischer Kalziummangel zur Osteomalazie führen; die Knochen werden entkalkt und erweichen, so daß sie zu Verbiegungen neigen. Bei Astronauten kommt es nach einer längeren Schwerelosigkeit wie auch bei länger bettlägerigen Patienten zum Kalziumverlust und daher zu einer erhöhten Frakturgefahr.

Die Knochenzellen stammen von den Mesenchymzellen ab. Aus den Mesenchymzellen bilden sich sogenannte Vorläuferzellen, die sich proliferieren und zu **Osteoblasten** (= Knochenzellen) differenzieren. Die Osteoblasten bilden die Endform dieser Zellreihe, sie können sich nicht mehr teilen!

Die Knochenvorläuferzellen kommen während des gesamten Lebens im Bereich der äußeren und inneren Oberfläche des Knochens vor. Während der Wachstumsphase sind sie besonders aktiv.

Die Osteoblasten bedecken als einschichtige Schicht die Oberfläche der Knochenbälkchen. Über zytoplasmatische Ausläufer sind sie mit den Nachbarzellen verbunden.

➤ Die Osteoblasten produzieren Kollagen vom Typ I sowie Glykoproteine und Proteoglykane. In Vesikeln speichern die Osteoblasten Ca^{2+} und $PO_4{}^2$. Außerdem sezernieren sie alkalische Phosphatasen.

Die Osteoblasten geben die von ihnen synthetisierten Substanzen zur Bildung der Matrix nach außen ab. Dadurch entfernen sich die einzelnen Osteoblasten immer weiter voneinander und mauern sich langsam innerhalb der Knochenmatrix ein. Die von den Osteoblasten abgegebene, noch nicht verkalkte Grundsubstanz, wir **Osteoid** (= **Vorknochen**) genannt. Das Osteoid wird bei normaler Ca^{2+} und $PO_4{}^2$-Konzentration im Blut mineralisiert, d.h. es verknöchert, wobei die Härte des Knochens in direkter Beziehung zur Anzahl der eingelagerten Mineralsalze steht.

Osteoblasten sind basophil und PAS-positiv. ◄

Bei den ringsum von Matrix umgebenen Osteoblasten ist die Syntheseaktivität stark erniedrigt, deshalb werden diese Zellen **Osteozyten** genannt. Die ovalen Osteozyten besitzen im Gegensatz zu den Osteoblasten nur noch wenig rauhes ER und einen kleinen Golgi-Apparat.

Die Osteozyten liegen in Lakunen (= Höhlen). Über ihre Zytoplasmafortsätze stehen sie untereinander in Verbindung. Über diese Zytoplasmafortsätze, die jeweils in einem Knochenkanälchen (Canaliculi ossei) liegen, erfolgt auch der Stoffaustausch.

Die Osteozyten werden unterteilt in

- **osteoblastische Osteozyten** – enthalten viel Kalziumphosphat, das sie zum Aufbau der Grundsubstanz abgeben können;
- **osteolytische Osteozyten** – enthalten viele Lysosome. Diese Osteozyten können den Knochen abbauen und damit Kalzium freisetzen.

Wenn Osteozyten zugrunde gehen, kommt es zum Abbau der umgebenden Grundsubstanz. Andererseits können sich Osteozyten oft im Rahmen des Knochenumbaus in Knochenvorläuferzellen zurückbilden.

➤ Die **Osteoklasten** stammen wahrscheinlich von mononuklearen Monozyten des Blutes ab und würden damit zum MPS gehören (s. Kapitel 2.2.4.7). Bisher ist nicht geklärt, ob die kernreichen Osteoklasten durch Verschmelzung vieler Monozyten oder durch vielfache Kernteilung eines Monozyten entstehen.

Die noch vor einigen Jahren einhellig vertretene Lehrmeinung, daß Osteoklasten aus Vorläuferzellen bzw. Osteoblasten entstehen, scheint nach neueren Untersuchungen nicht mehr haltbar zu sein.

Die amöboid beweglichen Osteoklasten sind stark verzweigte Riesenzellen, die einen Durchmesser von 10–100 µm haben und bis zu 50 Zellkerne enthalten. Die Osteoklasten sind azidophil.

Die Osteoklasten dienen der aktiven Knochenresorption, indem sie sich in die Grundsubstanz des Knochens „hineinfressen". Die dadurch entstandenen Hohlräume werden **Howship-Lakunen** genannt. Zum Knochen hin tragen die Osteoklasten auf ihrer Oberfläche Mikrovilli, was ein Zeichen für ihre starke Resorptionsfähigkeit ist.

Beim Knochenabbau setzen die Osteoklasten lysosomale Enzyme frei, die das Kollagen und die Glykosaminoglykane des angrenzenden Knochens spalten, gleichzeitig werden die Kalzium- und Phosphat-Ionen aus der aufgelösten Matrix freigesetzt.

Die Osteoklasten werden hormonell aktiviert durch Parathyrin (Parathormon aus der Nebenschilddrüse), dadurch wird der Kalziumspiegel im Blut erhöht. Gehemmt werden sie durch Kalzitonin und Östrogene. ◄

Zwischen der Tätigkeit der den Knochen aufbauenden Osteoblasten und der Tätigkeit der den Knochen abbauenden Osteoklasten besteht im Knochen von Erwachsenen ein Gleichgewicht, wobei das Verhältnis von Osteoblasten zu Osteoklasten bei etwa 100 : 1 liegt.

Merksatz:

Osteo**b**lasten **b**auen Knochen auf,
Osteo**k**lasten **k**auen Knochen.

Der Knochen paßt sich ständig den sich verändernden statischen Gegebenheiten durch Ab- und Neuaufbau an.

Klinik: Im Alter kommt es individuell unterschiedlich ausgeprägt durch verminderte körperliche Belastung und durch veränderte hormonelle Bedingungen zu einer typischen Knochenatrophie (= Rückbildung). Durch die Abnahme der Spongiosastruktur wird der Knochen in seiner Gesamtheit dünner, was auch die häufigeren Knochenbrüche älterer Menschen erklärt.

Der Knochen wird bedeckt (wird ausführlich in Kapitel 2.3.2 beschrieben) auf:
- seiner äußeren Oberfläche vom Periost,
- seiner inneren Oberfläche vom Endost.

Fehlt die Oberflächenbedeckung, so kommt es in diesem Bereich zum sofortigen Knochenabbau durch Osteoklasten.

Im Gegensatz zum Knorpel wird der Knochen sehr gut über Blutgefäße aus dem Periost bzw. Endost („Knochenhaut" s. weiter unten) versorgt, was wegen des durch den ständigen Knochenumbau erforderlichen hohen Stoffwechsels auch notwendig ist. Da nicht jeder Osteozyt über ein eigenes kleines Gefäß versorgt werden kann, erfolgt der Stofftransport über die Fortsätze der Osteozyten, die mit den Kapillaren in Verbindung stehen.

2.2.6.2 Typen des Knochengewebes, biomechanische Eigenschaften !! 2/7

Histologisch lassen sich anhand des Kollagens im Osteoid zwei Knochenarten unterscheiden:
- **Geflechtknochen** – die Kollagenfasern sowie die Knochenzellen erscheinen ungeordnet verteilt,
- **Lamellenknochen** – besteht aus regelmäßigen, parallel angeordneten Kollagenfasern.

Der **Geflechtknochen** (= **Faserknochen**) bildet die erste (= primitive) Form der Verknöcherung. Er entsteht durch chondrale oder desmale Ossifikation (s. Kapitel 2.2.6.3).

Der Geflechtknochen kommt beim Feten vor. Bis zum 5. Lj. wird er bis auf wenige Ausnahmen durch Lamellenknochen ersetzt. Beim Erwachsenen kommt Geflechtknochen physiologisch nur noch im Felsenbein, in den Alveolarfortsätzen (Zähnen) und an den Nähten (= Suturae) der Schädelknochen vor. Ansonsten bildet sich Geflechtknochen beim Erwachsenen nur bei rascher Knochenausbildung, z.B. nach einer Fraktur, wobei der Geflechtknochen anschließend in Lamellenknochen umgebaut wird. Der Geflechtknochen ist reich vaskularisiert.

Im Geflechtknochen liegen Kollagenfasern als grobe, ungerichtete Bündel vor. Es kommen relativ viele Osteoblasten vor. Der Mineralanteil ist prozentual geringer als beim Lamellenknochen. Der Geflechtknochen ist relativ zugfest und biegungselastisch.

Bis auf die zuvor erwähnten Anteile an Geflechtknochen besteht das ganze Skelett aus **Lamellenknochen**. Der Lamellenknochen besitzt, wie die Bezeichnung schon andeutet, ein lamellenartiges Aussehen.

Das lamellenartig angeordnete Knochengewebe wird nach der Dichtigkeit in eine äußere **Substantia compacta** (= **Kompakta**) und in eine innere, aus Knochenbälkchen aufgebaute **Substantia spongiosa** (= **Spongiosa**) unterteilt.

Für den Lamellenknochen sind charakteristisch:

- Knochenlamellen,
- Kanälchen.

Die etwa 5–10 μm dicken **Lamellen** bestehen aus zueinander parallel verlaufenden gestreckten Kollagenfasern, die innerhalb der Grundsubstanz liegen. Innerhalb der Lamelle verlaufen die Kollagenfasern schraubenzieherartig, wobei die Verlaufsrichtung innerhalb benachbarter Zellen zumeist gegensinnig zueinander liegen, d.h. sich meist spitzwinklig kreuzen. Die Osteozyten liegen innerhalb der Lamellen oder an deren Grenze in Knochenhöhlen (= Lacunae osseae). Diese Knochenhöhlen sind über **Knochenkanälchen** (= Canaliculi ossei) untereinander und mit dem weiter unten beschriebenen Canalis centralis verbunden. Durch die Knochenkanälchen sind die Osteozyten über ihre Ausläufer untereinander verbunden.

Bei einem Knochenschliff durch die Diaphyse des Röhrenknochens wird die Anordnung der Lamellen besonders deutlich. Die Herstellung eines Knochenschliffs wird in Kapitel 2.2.9.1 beschrieben.

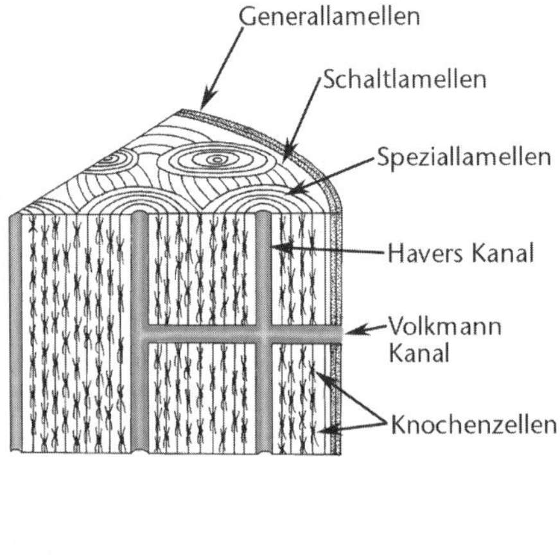

Abb. 2.22 *Schemsatisierter Knochenaufbau*

Die Knochenlamellen werden unterteilt in:

- Speziallamellen – liegen im Osteon,
- Schaltlamellen – liegen zwischen den Osteonen,
- Generallamellen – liegen an der inneren und äußeren Oberfläche des Knochens.

Die **Speziallamellen** bestehen aus spiralartig angeordneten, parallel zueinander verlaufenden Kollagenfaserbündeln und dem dazwischen liegenden mineralisierten Osteoid. Der Verlauf der Faserbündel wechselt von Lamelle zu Lamelle.

Bis zu 20 dieser Speziallamellen sind in der Substantia compacta der Diaphyse (= Mittelstück des Knochens – ☞ Kapitel 2.3.1) konzentrisch um einen **Zentralkanal** (= **Canalis centralis** = **Havers-Kanal**) herum gruppiert, wobei die äußeren Lamellen die ältesten darstellen. Dieser Komplex aus Speziallamellen und Zentralkanal wird als **Osteon** (= **Havers-System**) bezeichnet. Die Osteone sind einige Zentimeter lang und etwa 1 mm dick. Zwischen den einzelnen Lamellenschichten liegt faserarme Kittsubstanz.

Die bis zu 300 μm breiten Zentralkanäle sind von flachen Zellen ausgekleidet, außerdem kommen in ihnen Knochenvorläuferzellen vor. In den Zentralkanälen verlaufen neben Nerven die für die Nährstoffversorgung des Knochens notwendigen Gefäße.

Die **Schaltlamellen** sind Reste von ehemaligen Osteonen, die abgebaut wurden und nun die Räume zwischen neu gebildeten Osteonen füllen. Schaltlamellen kommen auch in der Spongiosa der Epiphyse (= Endstück des Knochens) vor.

Die **Generallamellen** begrenzen den Knochen nach innen und außen. Äußere Generallamellen liegen in der äußeren Knochenschicht und bilden die Grenze zum Periost hin. In den äußeren Generallamellen findet man manchmal Sharpey-Fasern, die als kollagene Fasern die Sehnen und Bänder mit den Knochen verbinden.

Die inneren Generallamellen liegen in der inneren Knochenschicht zur Markhöhle hin.

Während die äußeren Generallamellen eine geschlossene Schicht bilden, zeigen die inneren Generallamellen besonders im Bereich der Spongiosa Lücken. Die inneren Generallamellen setzen sich in die Bälkchen der Spongiosa fort.

Neben den Zentralkanälchen, die innerhalb der Osteone liegen, gibt es noch die **Canales perforantes** (= **Volkmann-Kanäle**), die unabhängig vom Lamellenverlauf durch die Osteone hindurchziehen und die Zentralkanäle mit den Blutgefäßen des Periost und des Endost verbinden.

2.2.6.3 Bildung des Knochengewebes

!! 4/18

Besonders prüfungsrelevant: Das gesamte Kapitel.

Die Knochen entwickeln sich im Fetus entweder durch

- **chondrale Ossifikation** (= Knochenbildung) oder durch
- **desmale Ossifikation.**

Chondrale Ossifikation

Bei der chondralen Ossifikation wird zuerst ein aus Knorpel bestehendes Modell des künftigen Knochens angelegt. Vor allem die Röhrenknochen werden auf diese Weise gebildet. Beim Röhrenknochen besteht das Modell aus einem Schaft (der späteren Diaphyse) und zwei abgerundeten Enden (den späteren Epiphysen). Die Bildung des chondralen Knochens aus dem Knorpel erfolgt entweder als

- perichondrale Ossifikation oder als
- enchondrale Ossifikation.

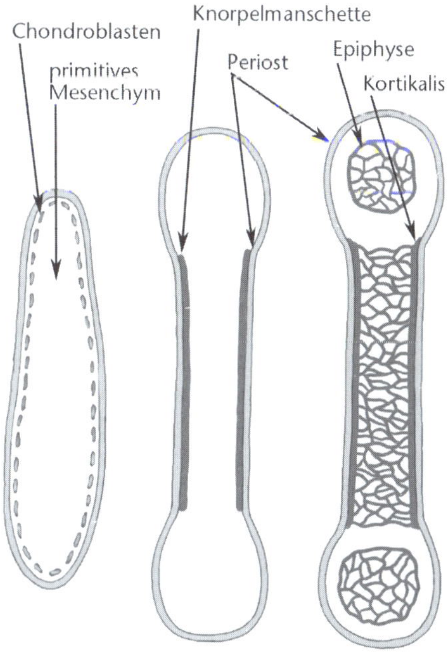

Abb. 2.23 *Entwicklung des Röhrenknochens (links: Knorpelmodell; Mitte: Entwicklung der Diaphyse; rechts: Röhrenknochen)*

Perichondrale Ossifikation

Bei der perichondralen Ossifikation entsteht zunächst Geflechtknochen. Er wird später vollständig abgebaut und durch Lamellenknochen ersetzt. Aus den Mesenchymzellen entwickeln sich Chondroblasten und Knochenvorläuferzellen. Chondroblasten bilden um den Knorpel herum das Perichondrium (= Knorpelhaut), aus dem später das Periost (= Knochenhaut) hervorgeht.

Die Knochenvorläuferzellen wandeln sich ab dem 3. Entwicklungsmonat im Perichondrium der Diaphyse zu Osteoblasten um. Diese bilden auf der Oberfläche der Diaphyse eine Manschette aus Geflechtknochen, die bis zur Dia- und Epiphyse vorwächst. Durch diese Knochenmanschette verschlechtert sich die Nährstoffzufuhr zu den Knorpelzellen. Infolgedessen bauen die Knorpelzellen Interzellularsubstanz ab und nehmen an Größe zu (sie hypertrophieren). Unter dem Mikroskop erscheint der Knorpel wegen der vergrößerten Knorpelhöhlen blasig, weshalb er **Blasenknorpel** genannt wird.

Nun kommt es zur Bildung und Einlagerung von Hydroxylapatitkristallen, also zur Bildung und Einlagerung von Kalziumsalzen in die Knorpelgrundsubstanz, und damit zur Verkalkung. Die Chondroblasten degenerieren nach und nach und sterben ab. Die Hohlräume, in denen sie lagen, bleiben erhalten.

Gleichzeitig dringen Osteoklasten von der Knochenmanschette aus in den verkalkenden Knorpel vor. Dadurch entstehen Löcher, durch die Blutgefäße und die Osteoblasten in die Diaphyse hinein vorwachsen. In der Diaphyse lagern sich die Osteoblasten entweder den verkalkten Knorpelbälkchen an und bilden Osteoid oder ersetzen die Knorpelbälkchen. Dadurch entsteht ein feines Maschenwerk aus Knochenbälkchen, das charakteristisch ist für die Geflechtknochen.

Das Maschenwerk füllt das Innere der Diaphyse aus, es wird **Spongiosa** genannt. Die die Spongiosa umgebende kompakte Schicht wird **Kompakta** genannt. Durch den Abbau von Knochenbälkchen entsteht die fast knochenfreie **primäre Markhöhle**, in die mit den Gefäßen Mesenchymzellen hineinwachsen, die sich zu den Stammzellen der Blutzellen des roten Knochenmarks differenzieren. Um den 5. Entwicklungsmonat füllen die Stamm- und Blutzellen den Knochenmarksraum aus, so daß man ab diesem Zeitpunkt von der **sekundären Markhöhle** spricht.

Enchondrale Ossifikation

Die enchondrale Ossifikation findet in der **Epiphysenplatte** (syn.: Epiphysenfuge, Wachstumsfuge, Metaphyse) statt, die zwischen dem Knochenschaft (= Diaphyse) und dem Knochenende (= Epiphyse) liegt.

In den ersten Lebensjahren entwickeln sich in den beiden zunächst noch knorpeligen Epiphysen ein oder mehrere Knochenkerne, die **Ossifikationszentren** genannt werden. Die Knochenkerne wachsen nach allen Seiten hin vor, bis nur noch ein schmaler Bereich zwischen der Diaphyse und der jeweiligen Epiphye übrig bleibt, der als **Epiphysenplatte** bezeichnet wird. Die Verknöcherung im Bereich der Knochenkerne ist der in der weiter unten beschriebenen Epiphysenplatte vergleichbar. Da die einzelnen Knochenkerne zu bestimmten Entwicklungszeiten auftreten, kann anhand ihres Vorhandenseins das Skelettalter eines Kindes bestimmt werden (s. Kapitel 3.1).

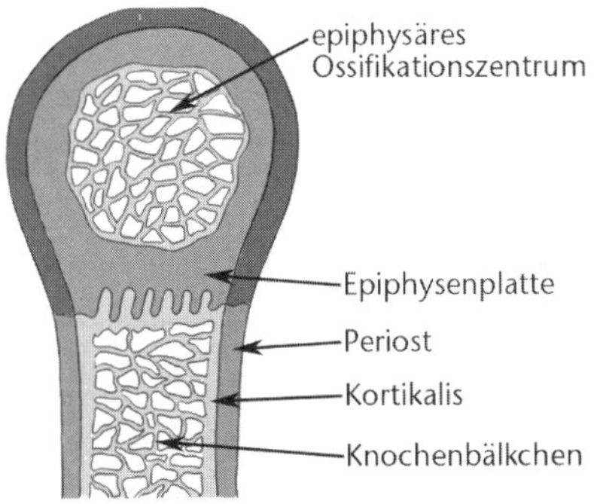

Abb. 2.24 Enchondrale Ossifikation

In der Epiphysenplatte findet das **Längenwachstum** des Knochens statt, wobei fortlaufend Knorpel gebildet wird, der wieder abgebaut und durch Knochen ersetzt wird. Wenn die Epiphysenplatte verknöchert ist, kann kein weiteres Längenwachstum des Knochens mehr stattfinden.

An der Epiphysenplatte werden nachfolgende Zonen unterschieden (die von der Epiphyse zur Diaphyse hin gerichtet sind):

- **Reservezone** – besteht aus hyalinem Knorpel;
- **Proliferationszone** – in diesem Bereich proliferieren die Chondrozyten (Knorpelzellen) und ordnen sich säulenartig an, weshalb man auch vom **Säulenknorpel** spricht;
- **Resorptionszone** – in dieser Zone liegen hypertrophierte Chondrozyten, deren Nährstoffversorgung stark behindert ist. Es kommt zur Bildung von Hydroxylapatitkristallen und damit zur Verkalkung. Wegen der vergrößerten Knorpelhöhlen wird dieser Bereich **Blasenknorpel** genannt;
- **Verknöcherungszone** – die Chondrozyten gehen in dieser Zone zugrunde. Die Matrix zwischen den leeren Knorpelhöhlen wird durch Chondroklasten teilweise abgebaut. Durch einsprossende Gefäße gelangen die Knochenvorläuferzellen vom Periost aus in diese Zone. Die Vorläuferzellen differenzieren sich zu Osteoblasten. Die Osteoblasten lagern sich den dünnen Knorpelwänden an und bilden Osteoid, das an den Wänden abgelagert wird. Dadurch entsteht ein Geflecht aus Knochenbälkchen. Im Innern enthalten die Knochenbälkchen verkalkten Knorpel. Der neugebildete Knochen wird Geflechtknochen genannt, er wird später vollständig abgebaut und durch Lamellenknochen ersetzt.

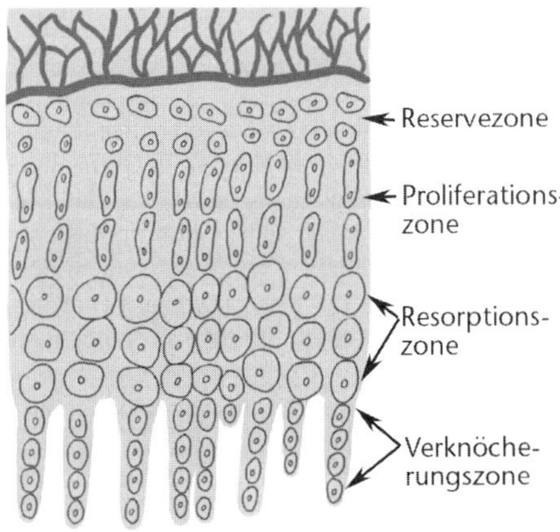

Abb. 2.25 Schnitt durch die Epiphysenplatte

Wenn die Röhrenknochen ihre endgültige Länge erreicht haben, verknöchern die Epiphysenplatten.

Bei den meisten Röhrenknochen endet das Wachstum gegen Ende der Pubertät, wobei bei den Röhrenknochen die entgegengesetzten Epiphysenplatten zeitlich unterschiedlich verknöchern. Das Knochenwachstum ist bei Frauen um das 18. und bei Männern um das 20. Lj. herum abgeschlossen.

Desmale Ossifikation

Während das Längenwachstum von der Epiphysenplatte ausgeht, findet das Dickenwachstum im Bereich der Diaphyse mittels desmaler Ossifikation statt. Dazu bilden die im zellreichen Stratum osteogenicum des Periost (Kapitel 2.3.2) liegenden Osteoblasten Osteoid, das an die Außenfläche angelagert wird. Damit der Knochen nicht zu schwer wird, bauen Osteoklasten von der Markhöhle her teilweise Knochen wieder ab (s. Leichtbauweise in Kapitel 2.3.5).

Beim Dickenwachstum des Röhrenknochens wird also nicht zuerst Knorpelgewebe gebildet; das Dickenwachstum erfolgt vielmehr mittels desmaler Ossifikation.

Das Dickenwachstum geht von den Zellen im Periost aus und bleibt zeitlebens erhalten. Nach der Pubertät verlangsamt es sich jedoch sehr stark.

Bei der **desmalen Ossifikation** entsteht der Knochen direkt aus dem Mesenchym, weshalb diese Form auch als direkte Knochenbildung bezeichnet wird. Durch desmale Ossifikation entsteht bei den Röhrenknochen die zuvor beschriebene perichondrale Knochenmanschette. Ausschließlich durch desmale Ossifikation entstehen jedoch nur einige platte Schädelknochen.

Bei der desmalen Ossifikation differenzieren sich in umschriebenen Gebieten (= Ossifikationsinseln = Verknöcherungsinseln) Mesenchymzellen zu Vorläuferzellen und diese zu Osteoblasten. Die Osteoblasten scheiden Kollagen und Osteoid ab und mauern sich ein. Die so wachsenden Bereiche werden **primäre Ossifikationszentren** genannt.

Gleichzeitig setzt der Ab- bzw. Umbau durch Osteoklasten ein. Der dabei entstehende Knochen besteht aus Knochenbälkchen und hat ein spongiöses (schwammartiges) Aussehen.

Das spongiöse Bälkchenwerk wird bei den Schädelknochen als **Diploë** bezeichnet. Um die Diploë bildet sich als äußere und innere kompakte Schicht die Lamina externa bzw. Lamina interna. Die Laminae sind kompakt, weil die aufbauende Tätigkeit der Osteoblasten viel größer ist als die abbauende Wirkung der Osteoklasten.

In den Maschen der Diploë differenzieren sich Mesenchymzellen zu blutbildenden roten Knochenmarkszellen (weiter s. Kapitel 2.3.1ff).

Die desmal gebildeten Knochen werden auf der äußeren Seite von Periost umhüllt.

Die Knochenbildung (= Ossifikation) für das Längen- und Dickenwachstum sowie der zeitlebens stattfindende Knochenumbau wird durch zahlreiche Faktoren beeinflußt:

fördernd wirken:

- STH (= Somatotropin), das als Wachstumshormon im Hypophysenvorderlappen gebildet wird. Es löst seinerseits die Bildung von Somatomedin aus, das die Verknöcherung der Epiphysenplatte verzögert;
- Thyroxin (Schilddrüsenhormon);
- Vitamine
  - Vitamin D – fördert die Kalziumresorption im Darm,
  - Vitamin A – beeinflußt die Aktivität der Osteoblasten und Osteoklasten;
  - Vitamin C – ist für die Kollagensynthese in den Osteoblasten wichtig;

hemmend wirken u.a.

- Parathormon (aus den Epithelkörperchen) – aktiviert die Osteoklasten;
- Geschlechtshormone.

Klinik: Bei einem Mangel an STH im Kindesalter kommt es zum **hypophysären Zwergenwuchs** und bei einer Überproduktion zum Riesenwuchs.

Bei einem Mangel an Geschlechtshormonen kommt es bei Kindern zur verzögerten Verknöcherung der Epiphysenplatte und damit zum verstärkten Wachstum.

Bei Erwachsenen, besonders bei Frauen, kommt es bei einem Mangel an Geschlechtshormonen zur **Osteoporose** (= Knochenschwund), dessen typische Folge bei älteren Menschen eine Oberschenkelhalsfraktur sein kann.

Ein Vitamin D-Mangel führt zur unzureichenden Kalzifizierung des Knochens. Ein Proteinmangel kann die Kollagensynthese in den Osteoblasten stören.

Eine Schwangerschaftsverhütung durch die „Pille" ist bei Mädchen, die das Wachstum noch nicht beendet haben, problematisch, da dies zur vorzeitigen Verknöcherung der Epiphysenplatte führen kann.

Ebenfalls kann es durch eine Knochenverletzung in Höhe der Epiphysenplatte zu einer vorzeitigen Verknöcherung kommen, was bei den Beinen zu unterschiedlichen Beinlängen führen kann.

2.2.7 Muskelgewebe

Im Unterschied zum Knorpel- und Knochengewebe bilden beim Muskelgewebe die Zellen die Leistungsträger.
Beim Muskelgewebe gibt es gegenüber der Nomenklatur anderer Zellen nachfolgende Besonderheiten, die wegen der spezifischen Leistungen der Muskelzellen eingeführt wurden:

- Zytoplasma – wird bei den Muskelzellen Sarkoplasma genannt,
- glattes endoplasmatisches Retikulum – sarkoplasmatisches Retikulum,
- Mitochondrien – Sarkosome,
- Plasmalemm – Sarkolemm.

2.2.7.1 Morphologische Grundlagen der Kontraktilität !! 3/9

Prüfungsrelevant: Gesamtes Kapitel.

Die Muskulatur geht überwiegend aus dem Mesoderm hervor (s. Kapitel 1.4.4). Nur die im Bereich des Auges liegenden M. dilatator pupillae und M. sphincter pupillae sowie die Myoepithelzellen gehen aus dem Ektoderm hervor.

Die aus dem Mesoderm hervorgehenden Myoblasten differenzieren sich zu Muskelzellen. Im Fall der **Skelettmuskelfasern** kommt es durch die Verschmelzung vieler Myoblasten zu vielkernigen Muskelzellen, die als Muskelfasern bezeichnet werden und ein klassisches Beispiel für ein Synzytium sind.

Das Muskelgewebe besteht aus spezialisierten Zellen, die sich kontrahieren (= zusammenziehen) können und unserem Körper damit die Möglichkeit zur Eigenbewegung geben.

Die Fähigkeit sich zu kontrahieren, beruht auf dem Zusammenspiel der beiden kontraktilen Proteine Aktin und Myosin.

Aktin wird auch als **Mikrofilament** (Aktinfilament) bezeichnet, es kommt in allen Zellen vor, wo es u.a. an der Zellbewegung, der Endo- und Exozytose (s. Drüsen) oder der Bewegung der Mikrovilli beteiligt ist.

In Verbindung mit Myosin kommt Aktin nur in nachfolgenden kontraktilen Zellen vor:

- **Muskelzellen,**
- **Myoepithelzellen** – sind ektodermaler Herkunft und entstammen dem Epithel. Sie liegen als verzweigte Zellen um Endstücke exokriner Drüsen herum gruppiert und unterstützen die Drüsenzellen bei der Sekretabgabe. Myoepithelzellen kommen vor in: Speichel-, Duft-, Schweiß-, Milch- und Tränendrüse. Nicht jedoch im Pankreas, weil es entodermaler Herkunft ist.
- **Myofibroblasten** – bilden eine Zwischenform zwischen Muskelzelle und Fibroblast – s. Kapitel 2.2.4.1;
- **Perizyten** – liegen außen der Basalmembran von Kapillaren an – s. Kapitel 2.4.3.

Myosin und Aktin sind am Aufbau von **Myofibrillen** beteiligt. Die Myofibrillen sind etwa 0,5–2 µm dick und haben ein zylindrisches Aussehen. Die Myofibrillen durchziehen die Muskelfaser in Längsrichtung. Sie sind meist so lang wie die Muskelfasern. Sie sind in der Muskelfaser entweder gleichmäßig verteilt (= **Fibrillenfelderung**) oder in Bündeln zusammengelagert (**Cohnheim-Felderung**).

Die Myofibrillen bestehen aus kurzen Myofilamenten, von denen es zwei Arten gibt:

- **Aktinfilamente** – sind dünn und etwa 1 µm lang. Sie bestehen hauptsächlich aus Aktin sowie aus Tropomyosin und Troponin;
- **Myosinfilamente** – sind dicker und etwa 1,5 µm lang. Sie bestehen aus Myosin.

Das **Myosin** ist an seinem Ende schwach kugelförmig zu einem Köpfchen verdickt. Dieses Köpfchen besitzt eine spezifische Bindungsstelle für ATP. Über das Köpfchen verbindet sich das Aktin- mit dem Myosinfilament.

Aktin besteht aus zwei Ketten, die einander umwinden und dabei eine Doppelhelix bilden. In der durch die Doppelhelix hervorgerufenen Rinne liegen die **Tropomyosin-Moleküle**. Mit dem Tropomyosin ist das Troponin verbunden.
Vom **Troponin**, einem Protein, kommen drei Untereinheiten vor:
Troponin I wirkt hemmend auf die Aktin-Myosin-Verbindungen,
Troponin C besitzt eine Bindungsstelle für Kalzium,
Troponin T verbindet sich mit Tropomyosin.

Unter dem Lichtmikroskop zeigen die Myofibrillen der Skelett- und Herzmuskulatur eine Querstreifung die durch **Sarkomere** hervorgerufen wird. Die etwa 3 µm langen Sarkomere sind aus dunkleren und helleren Bereichen aufgebaut, durch die die Querstreifung verursacht wird. Diese Bereiche sind mit den nachfolgend beschriebenen Buchstaben belegt.
Als Sarkomer bezeichnet man den Abschnitt zwischen zwei **Z-Streifen**. Der Z-Streifen bildet den Verknüpfungsbereich zwischen benachbarten Sarkomeren. Im Z-Streifen sind die Schwanzenden von 2 Aktinfilamenten durch α-Aktinin verankert.

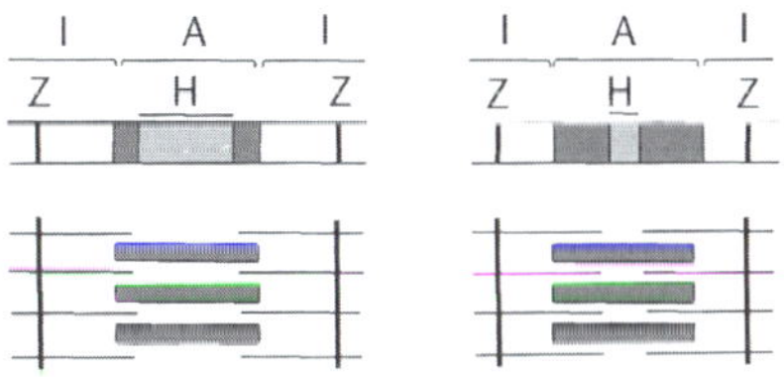

Abb. 2.26 Myofilamente unter dem Lichtmikroskop

In der Mitte des Sarkomers liegen die dicken Myosinfilamente, die unter dem Lichtmikroskop dunkel und im polarisierten Licht doppelbrechend (= anisotrop) erscheinen und daher **A-Streifen** (syn.: A-Bande) genannt werden.

Zwischen den Myosinfilamenten liegen die an dem Z-Streifen befestigten dünnen Aktinfilamente, die unter dem Lichtmikroskop hell erscheinen und im polarisierten Licht einfachbrechend (= isotrop) sind, sie bilden die beiden **I-Streifen** (= syn.: I-Banden).

Der Bereich, in dem nur Myosinfilamente liegen, wird als **H-Zone** (= **Hensen-Zone)** bezeichnet. Im A-Streifen hingegen überlappen sich die Aktin- und Myosinfilamente.
In der Mitte des H-Streifens liegt eine nur elektronenmikroskopisch zu erkennende Mittelmembran, die **M-Streifen** (= Mittelstreifen) genannt wird. In dieser Membran sind jeweils zwei der entgegengesetzt verlaufenden Myosinfilamente miteinander verbunden.

Im Ruhezustand des Muskels überlappen sich die beiden A- und I-Streifen nur minimal. Bei einer Kontraktion gleiten die dünnen Aktinfilamente durch Binde- und Loslaß-Bewegungen des Köpfchens am Myosinfilament zwischen die Myosinfilamente bis zur Mitte des Sarkomers vor, wodurch der I-Streifen schmäler wird, während sich der A-Streifen (Myosin) nicht verändert. Die H-Zone wird durch das Vordrängen des Aktins ebenfalls verschmälert.

Die für seine Binde- und Loslaßbewegung benötigte Energie erhält das Myosinköpfchen dadurch, das Myosin als ATPase wirkt und energiereiches ATP in ADP und Phosphorsäure spaltet. Nach Beendigung der Kontraktion wird ADP durch Energiegewinnung aus Glykogen wieder zu ATP resynthetisiert.

Es werden zwei Arten von Kontraktionen unterschieden:
- isotonische Kontraktion,
- isometrische Kontraktion.

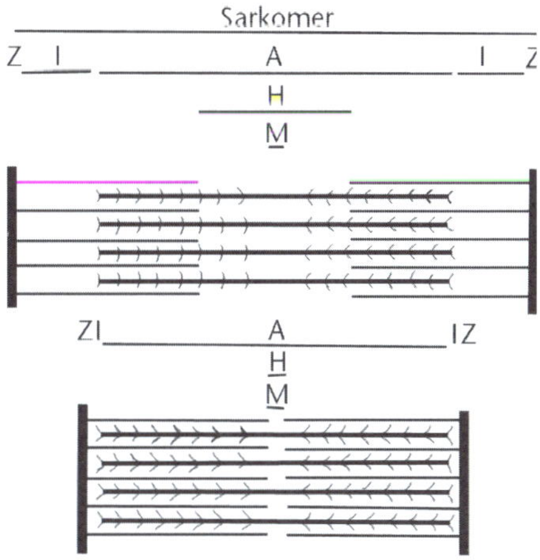

Abb. 2.27 Myofilamente (schematisiert)

Bei der **isotonischen Kontraktion** verkürzt sich der Muskel unter konstanter Belastung. Dabei schieben sich die dünnen Aktinfilamente, wie zuvor beschrieben, zwischen die Myosinfilamente zur Sarkomermitte hin vor, wodurch sich das Sarkomer um bis zu 50 % verkürzen kann (= Sliding-Filament-Theorie der Kontraktion).

Bei der **isometrischen Kontraktion** verkürzt sich das Sarkomer nicht. Es kommt zu einer Spannungsänderung, bei der der Muskel zwar Haltearbeit (= Kraft) aufwendet, in seiner Länge aber konstant bleibt.

Der Kontraktion der Muskelzelle geht ein Nervenreiz voraus, worauf hin Kalzium-Ionen in das Sarkoplasma der Muskelzelle einströmen. Die Kalzium-Ionen werden im **sarkoplasmatischen Retikulum,** einer Sonderform des glatten endoplasmatischen Retikulum, gespeichert. Das endoplasmatische Retikulum ist zisternenartig verzweigt.
Das sarkoplasmatische Retikulum besteht aus den zwei nachfolgend beschriebenen entgegengesetzt verlaufenden Röhrchensystemen (= Tubuli):
- transversal verlaufende Tubuli – bilden das **T-System.** Es besteht aus anastomosierenden Einstülpungen (Tubuli) des Sarkolemm. Durch das T-System werden die Myofilamente zu Myofibrillen gebündelt. Die transversalen Tubuli verlaufen an der Grenze zwischen dem A- und I-Streifen. Sie umhüllen die Myofibrillen netzartig. Daraus erklärt sich auch ihre spezielle Aufgabe, daß sich bei einer Depolarisation die gesamten Myofibrillen der Skelettmuskelfaser einheitlich kontrahieren;

- longitudinal (längs) verlaufende Tubuli – bilden das **L-System.** Es besteht aus längs den Myofibrillen verlaufenden Röhrchen.

An den Stellen, an denen sich die T- und L-Tubuli treffen, erweitern sich die L-Tubuli zu einer terminalen Zisterne (Endzisterne) die **Triade** genannt wird. Sie enthalten die Kalzium-Ionen.
T- und L-System anastomosieren **nicht** miteinander!

Nach einem Nervenreiz kommt es zur **Depolarisation** der Zellmembran, die die Erregung über das T-System in das Zellinnere weiterleitet, wo sie auf die Endzysternen des L-Systems übertragen werden. Daraufhin öffnen sich die in den Wänden der Endzysternen liegenden Ca2+ -Ionenkanälchen und Kalzium wird in das Sarkoplasma abgegeben. Kalzium lagert sich dem Troponin an und es kommt zur Brükkenbildung zwischen dem Aktin- und Myosinfilament. Das Myosinköpfchen gewinnt, wie zuvor beschrieben, aus der Spaltung von ATP in ADP Energie und zieht sich am Aktinfilament entlang, wodurch das Aktinfilament zwischen die Myosinfilamente gleitet und es zur Kontraktion kommt.

Muskelzellen wandeln somit chemische in mechanische Energie um. Nach dem Ende der Kontraktion (Depolarisation) wird Kalzium über eine Membranpumpe in die Endzysternen zurückgepumpt. ADP wird durch oxidative Phosphorylierung wieder zu ATP umgebaut. Die dazu benötigte Energie liefern Glucose und Fettsäuren sowie Sauerstoff, der im Sarkoplasma an **Myoglobin** gebunden ist. Myoglobin steht dem Hämoglobin (roter Blutfarbstoff) nahe.

2.2.7.2 Typen des Muskelgewebes !!! 8/22

Prüfungsrelevant: Gesamtes Kapitel.

Nach morphologischen und funktionellen Gesichtspunkten wird das Muskelgewebe unterteilt in:
- glattes Muskelgewebe
- quergestreiftes Muskelgewebe, das wiederum unterteilt wird in
  - Skelettmuskulatur,
  - Herzmuskulatur.

Glattes Muskelgewebe

Das glatte Muskelgewebe besteht aus spindelförmigen, zumeist unverzweigten Muskelzellen, die etwa 20–200 µm lang und 3–10 µm dick sind. Längere glatte Muskelzellen mit einer Länge bis zu etwa 500 µm kommen nur im schwangeren Uterus vor. Die glatten Muskelzellen besitzen einen länglichen (= stäbchenförmigen), mittelständig liegenden Zellkern, der bei der Kontraktion der Zelle eine korkenzieherartige Gestalt annimmt. In Kernnähe liegen einige Sarkosome (Mitochondrien). Es ist reichlich rauhes endoplasmatisches Retikulum und ein gut ausgebildeter Golgi-Apparat vorhanden. Das Sarkolemm der Zellmembran ist nur als dünne Gitterfaserschicht ausgebildet.

Die Myofilamentbündel liegen häufig nicht wie bei der Skelettmuskelfaser geordnet, sondern netzförmig vor, wobei neben Aktin- und Myosinfilamenten noch intermediäre Filamente vorkommen, die ungeordnet durch das Sarkoplasma ziehen. Die glatten Muskelzellen können sich daher stärker als die quergestreiften kontrahieren, wobei die Kontraktion jedoch wesentlich langsamer abläuft. Außerdem können die glatten Muskelzellen im Kontraktionsstadium verharren.

Das T-System fehlt bei den glatten Muskelzellen. Kalzium wird entweder über eine Depolarisation der Membran oder mittels Transmittern (Acetylcholin, Noradrenalin) freigesetzt.

Die glatte Muskulatur wird vom vegetativen Nervensystem sympathisch oder parasympathisch innerviert. Da nicht alle Muskelzellen eine eigene Nervenendigung besitzen, erfolgt die Übertragung der Erregungen von der einen auf die andere Muskelzelle entweder über Bindegewebsfasern oder mittels Zellhaften (= gap junctions, Nexus).

Die glatten Muskelzellen sind zur Kontraktion sowie zur Synthese von z.B. Kollagen und Proteoglykanen fähig.
Die glatte Muskulatur des Uterus unterliegt einer endokrinen (= hormonellen) Kontrolle. Bei anhaltender Dehnung kann die glatte Muskulatur des Uterus innerhalb weniger Tage hypertrophieren (z.B. während der Schwangerschaft des Uterus).

Die glatten Muskelzellen liegen häufig in Verbänden vor, die durch **Endomysium** (einer Bindegewebsschicht) verbunden und durch ein festes Bindegewebe, dem **Perimysium,** umschlossen sind.

Glatte Muskulatur kommt u.a. vor: in Hohlorganen, z.B. in der Wand des Magen-Darm-Kanals, in der Gallenblase, den harnableitenden Wegen (Nierenbecken bis Harnröhre), den Gefäßwänden, den Bronchien, sowie in Geschlechtsorganen (Uterus und im Bindegewebe der Prostata). Die 3 Augenmuskeln M. sphincter pupillae, M. dilatator pupillae und M. ciliaris, sowie die Mm. arrectores pilorum (= Haarmuskeln) bestehen ebenfalls aus glatter Muskulatur.

Bei einer Schädigung kann die glatte Muskulatur regenerieren. Dazu teilen sich die glatten Muskelzellen mitotisch und ersetzen so untergegangenes glattes Muskelgewebe.

Die Zellen des glatten Muskelgewebes unterscheiden sich u.a. von den Zellen des quergestreiften Muskelgewebes dadurch, daß

- die glatten Muskelzellen keine Querstreifung aufweisen;
- die glatten Muskelzellen vegetativ und die Skelettmuskelfasern somatisch innerviert werden, weshalb nur die quergestreifte Muskulatur willkürlich bewegt werden kann. Eine Sonderform bildet die Herzmuskulatur, die zwar quergestreift ist, aber trotzdem vegetativ innerviert wird.

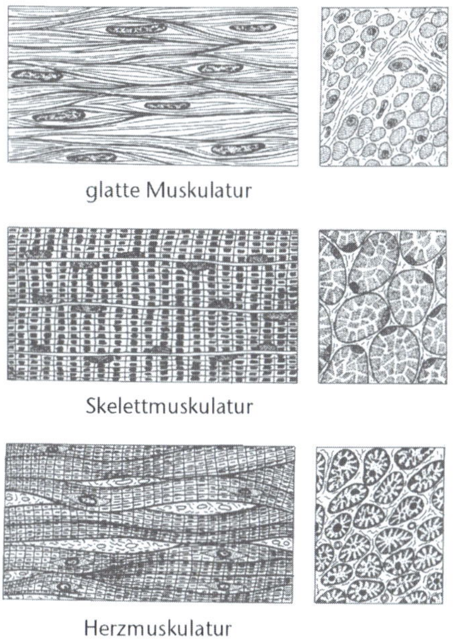

Abb. 2.28 *Muskelgewebe (links: längsschnitt, rechts: Querschnitt)*

Skelettmuskulatur

Die Zellen der Skelettmuskulatur werden als Muskelfasern bezeichnet. Sie sind bis zu 15 cm lang und zwischen 20–100 µm dick. Die Skelettmuskelfasern entstehen durch Verschmelzung vieler einkerniger Myoblasten. Wegen der Vielkernigkeit bilden die Muskelfasern ein Synzytium. Die Zellkerne liegen randständig.

Das Sarkoplasma wird von einem Sarkolemmschlauch umhüllt, der aus dem Plasmalemm der Muskelfaser, einer Basalmembran und einer Schicht aus Gitterfasern besteht.

In den Räumen zwischen den Myofibrillen liegen neben einigen Sarkosomen (Mitochondrien) und dem sarkoplasmatischen Retikulum das sauerstoffbindende Myoglobin, das für die Rotfärbung des Muskels verantwortlich ist.

Die Myofibrillen, die in Längsrichtung zur Muskelfaser ausgerichtet sind, haben zumeist die gleiche Länge wie die Muskelfaser.

Im Sarkoplasma enthalten die Muskelfasern viel Glykogen als Energiequelle. Die Skelettmuskelfasern können sich nach einer Gewebsschädigung nicht mehr teilen. Unter der Basalmembran der Muskelfasern kommen vereinzelt kleine spindelförmige **Satellitenzellen** (= inaktive Stammzellen) vor, die bei einer Muskelschädigung zur Teilung angeregt werden und neue Muskelzellen bilden können. Gehen vermehrt Muskelfasern zugrunde, so werden sie durch Narbengewebe ersetzt.

Eine erhöhte Belastung führt zur Hypertrophie der Muskelfasern.

Die einzelnen Skelettmuskelfasern unterscheiden sich aufgrund ihrer verschiedenartigen Aufgaben zum Teil erheblich in ihrem Aufbau und Aussehen. So enthalten die ständig arbeitenden Muskelfasern (z.B. die der Atemmuskeln) viele Sarkosome (Mitochondrien), während die zur raschen Kontraktion befähigten Muskeln besonders reich an Fibrillen sind.

Es kommen zwei verschiedene Haupttypen von Muskelfasern vor:

- Typ 1 – diese Muskelfasern kontrahieren sich relativ langsam. Es sind schlanke Fasern, die viel Myoglobin enthalten und daher ein rötliches Aussehen haben. Sie kommen vor allem in Muskeln vor, die viel Haltearbeit zu verrichten haben, wie die langen Rückenmuskeln oder die Wadenmuskeln.
- Typ 2 – diese Muskelfasern kontrahieren sich schneller und sind dicker als die Muskelfasern vom Typ 1.

Beim Typ 2 werden unterschieden:

- Die Typ-2A-Fasern haben ein rotes Aussehen. Ihre Energie gewinnen sie wie die Typ 1-Muskelfasern vor allem durch einen aerob-oxidativen Stoffwechsel. Sie enthalten viele Sarkosome (Mitochondrien).
- Die Typ-2B-Fasern haben ein weißes Aussehen, was allein schon wegen der Farbe auf wenig

Histologie

Myoglobin schließen läßt. Sie gewinnen ihre Energie vorwiegend anaerob. Diese Muskelfasern können sich am schnellsten kontrahieren.

Wegen ihres hohen Energiebedarfs werden die Muskelfasern zumeist von mehreren Kapillaren versorgt. Jede Muskelfaser besitzt an ihrer Oberfläche eine **motorische Endplatte** (s. Kapitel 2.3.7.1), über die die Muskelfaser mit einem Nerv verbunden ist. Eine Ausnahme bilden die äußeren Augenmuskeln, die mehrere Endplatten besitzen.

Wird die Nervenfaser, die eine motorische Einheit versorgt, zerstört, so atrophiert die Muskelfaser. Das Gleiche gilt für einen Muskel, wenn der ihn innervierende Nerv irreversibel verletzt wurde.

Die Muskelfasern werden außerdem sensibel innerviert, sie geben Informationen über die Tiefensensibilität (Lageempfindung, Bewegungsgeschwindigkeit) an das Zentralnervensystem weiter.

Herzmuskulatur

Zwischen der glatten Muskulatur und der quergestreiften Skelettmuskulatur ist die quergestreifte Herzmuskulatur anzusiedeln, die im Gegensatz zur Skelettmuskulatur nicht der willkürlichen Kontrolle unterliegt, sondern vegetativ innerviert wird.

Die Herzmuskelzellen besitzen einen, manchmal zwei bis drei zentral liegende Zellkerne. Sie besitzen mehr Sarkoplasma und mehr Sarkosome (Mitochondrien) als die Skelettmuskelfasern. Die Zellkerne haben eine ovale Form und sind von einem fibrillenfreien Hof umgeben, in dessen Bereich sich mit zunehmendem Alter Lipofuszin (ein braunes Abnutzungspigment) einlagern kann.

Die etwa 100 µm langen, unregelmäßig verzweigten Herzmuskelzellen verlaufen parallel zueinander und sind durch End-zu-End-Verbindungen zu einem dreidimensionalen Raumgitter vernetzt. Diese Verbindungen werden durch spezielle Haftkomplexe, die **Disci intercalares (= Glanzstreifen),** hergestellt. Die Disci intercalares verlaufen treppenförmig, manchmal geradlinig. Im ungefärbten Präparat haben sie ein glänzendes Aussehen. An den längs verlaufenden Seiten der Disci intercalares dienen gap junctions (Nexus) der Erregungsausbreitung. Die quer verlaufenden Seiten stehen durch Maculae adhaerentes und Fasciae adhaerentes sowie durch mechanische Haftstrukturen untereinander in Verbindung.

Das Herzmuskelgewebe besitzt wie die Skelettmuskulatur ein T- und L-System. Die T-Tubuli sind jedoch besonders in den Herzkammern zahlreich vorhanden. Sie liegen im Bereich des Z-Streifens. Im Gegensatz zum Skelettmuskel dienen die T-Tubuli als Ca2+-Speicher, das L-System ist nur wenig ausgeprägt. Triaden kommen nicht vor.

In den Zellen des Herzvorhofs kommt eine spezifische Granula vor, die Cardinatrium (wirkt diuretisch) und Cardiodilatin (erweitert Gefäße) enthält.

Neben den kleineren, ausschließlich der Kontraktion dienenden Herzmuskelzellen, die in ihrer Gesamtheit als Arbeitsmyokard bezeichnet werden, besitzt das Herz viele größere Zellen, die der Erregungsbildung und -leitung dienen. Die Erregungsleitung erfolgt in den Zellen des Sinus- und AV-Knotens. Von diesen Knoten wird die Erregung über die Zellen des His- Bündels einschließlich der daraus hervorgehenden Kammerschenkeln mit ihren Purkinje-Fasern weitergeleitet. Die Übertragung der Erregung von einer Zelle auf die nächste erfolgt über gap junction. Die Gefäß- und Nervenversorgung ist ausführlich in Kapitel 7.5.1 beschrieben.

Das Herzmuskelgewebe besitzt keine Satellitenzellen und kann daher z.B. nach einem Infarkt nicht mehr regenerieren. Untergegangenes Herzmuskelgewebe wird durch vernarbendes Bindegewebe ersetzt.

	Skelettmuskulatur	Herzmuskulatur	Glatte Muskulatur
Bauelement	Muskelfaser	Muskelzelle	Muskelzelle
Länge	bis 15 cm	50–100 µm	20–200 µm/ Uterus bis 500 µm
Kern	sehr zahlreich, randständig	2–3, zentral liegend	zentral liegender Einzelkern
Gestalt des Kerns	länglich	länglich oval	länglich (bei Kontraktion korkenzieherartig)

Das Herzmuskelgewebe unterscheidet sich in folgenden Punkten vom Skelettmuskelgewebe:

- Der Skelettmuskel besteht aus Muskelfasern, während die Herzmuskulatur aus Muskelzellen aufgebaut ist, die durch Disci intercalares miteinander verbunden sind.
- Die Skelettmuskelfaser besitzt viele randständig liegende Zellkerne, während der eine ovale Zellkern (manchmal kommen auch 2–3 vor) einer Herzmuskelzelle meist zentral (= mittelständig) liegt.

- Die Skelettmuskulatur besteht aus unverzweigten Fasern, während die Herzmuskelzellen ein dreidimensionales Netz bilden.
- Die Herzmuskelzellen besitzen mehr Sarkosome (Mitochondrien) und Sarkoplasma um Ermüdungserscheinungen vorzubeugen.
- Die Herzmuskelzellen haben einen kleineren Durchmesser als die Skelettmuskelfasern.
- In der Herzmuskulatur kommen keine Satellitenzellen vor.

2.2.7.3 Mechanische Integration der Bauelemente des Muskelgewebes 0/0

An der Grenze zu anderen Gewebsarten entwickelt das Muskelgewebe häufig eine Basalmembran (= Glashaut). Die **Basalmembran** besteht aus einer Basallamina (= Grenzmembran), die überwiegend aus Glykoproteiden und aus einem Filz von Retikulinfasern, dem Sarkolemm, aufgebaut ist.

Die Basalmembran hat in diesem Bereich vor allem mechanische Aufgaben, indem sie z.B. bei der Verankerung von Retikulinfasern im Parenchym und an Gefäßwänden hilft. An der Basallamina der Muskelfasern sind auch die kollagenen Sehnenfasern befestigt.

Die Retikulinfasern bilden u.a. am Endomysium (s. Kapitel 2.3.7.1) des Muskels ein Zellgitterwerk, das durch retikuläres Bindegewebe streifig aussieht. An den Muskelenden ist das Sarkolemm fest mit Sehnenfasern verbunden. Die Sehnenfasern vereinigen sich zu Primärbändern. Da die Muskelfasern unterschiedlich lang sind, bilden sich am Muskelende Einstülpungen, in die die Sehnenfasern hineinreichen. Am Übergang von den Muskelfasern in die Sehnenfasern sind die Myofibrillen mit den Fibrillenbündeln der Sehnen fest verzahnt.

2.2.8 Nervengewebe

Jede Zelle reagiert auf einen entsprechenden Reiz. Die spezialisierten Zellen des Nervensystems können jedoch nicht nur einen Reiz registrieren und entsprechend reagieren, sie können diesen Reiz, der aus der Umwelt stammen kann oder im Körper selbst erzeugt wird, auch über entsprechende Fortsätze zum Zentralnervensystem weiterleiten, wo diese Reize verarbeitet und teilweise bewußt gemacht werden.

Das Nervengewebe kommt mit Ausnahme vom Knorpel, den Nägeln und dem Zahnschmelz im gesamten Körper vor.

Das **Nervensystem** ist aus Nervengewebe aufgebaut. Es wird unterteilt in
- Zentralnervensystem (Gehirn und Rückenmark),
- peripheres Nervensystem.

2.2.8.1 Zellarten ! 0/1

Aus den Zellen des Ektoderm entstehen im 2. Entwicklungsmonat als Vorläuferzellen des Nervensystems (s. auch Kapitel 2.2.8.6)
- Neuroblasten,
- Glioblasten.

Aus den **Neuroblasten** entwickeln sich die Nervenzellen mit ihren Fortsätzen. Aus den **Glioblasten** gehen als Hüllzellen die Gliazellen hervor.

Die **Nervenzellen** (= **Neurozyten** = Ganglienzellen) bilden die funktionelle Grundeinheit des Nervensystems. Über die Zellmembran können die Nervenzellen schnell erregt werden. Im Ruhezustand besteht zwischen den Nervenzellen und dem Extrazellularraum eine unterschiedliche Ionenkonzentration, die sich in der Potentialdifferenz, dem **Ruhepotential,** der Zellen von –90 mV ausdrückt. Bei einem Reiz des Plasmalemm, z.B. durch eine andere Nervenzelle, kommt es schlagartig zur Depolarisation (Erregung).

Die Nervenzellen leiten die elektrischen Erregungen weiter, wobei mehrere Nervenzellen zumeist in einer Kette hintereinander geschaltet sind. Dabei wird die Erregung von einer zur nächsten Nervenzelle weitergeleitet. Ein Teil der Nervenzellen besitzt die Fähigkeit zur Erregungsbildung.

Die Gesamtheit aller Nervenzellkörper bildet die graue Substanz (= Substantia grisea) des Gehirns und des Rückenmarks. Außerdem kommen Nervenzellen in den Ganglien (= knotenförmigen Ansammlungen von Nervenzellen) sowie in Sinnesorganen vor. Die weiße Substanz (= Substantia alba) des Gehirns und Rückenmarks wird von den Nervenzellfortsätzen gebildet (s. Kapitel 9.2.2).

Gliazellen bilden mit ihren Fortsätzen das Stützgerüst, in dem die Nervenzellen eingebettet sind. Die Gliazellen haben eine Reihe von Aufgaben. Sie schützen die Nervenzellen vor äußeren Einwirkungen, (dienen dem mechanischen Schutz). Außerdem dienen sie der elektrischen Isolierung, sowie dem Stoff- und Nährstofftransport für die Nervenzellen. Einige Gliazellen haben Abwehrfunktionen.

Im Gegensatz zu den Nervenzellen behalten die Gliazellen ihre Teilungsfähigkeit zeitlebens. Nach

dem Untergang von Nervenzellen beteiligen sie sich daher an der Narbenbildung. Auf bestimmte Reize hin, z.B. nach Durchtrennung einer Nervenfaser, können sie proliferieren.
Gliazellen dienen jedoch **nicht** der Erregung!

Unter dem Lichtmikroskop sind die Gliazellen zumeist viel kleiner und zahlreicher als die Nervenzellen. Auf eine Nervenzelle kommen etwa 10 Gliazellen.

Die Nervenzellen unterscheiden sich von den Gliazellen:
- durch einen viel größeren Nukleus (= Zellkern),
- durch ihr basophiles Zytoplasma,
- indem sie Transmittersubstanzen (z.B. Acetylcholin, Adrenalin) bilden,
- indem sie über Synapsen untereinander verbunden sind (s. Kapitel 2.8.7).

2.2.8.2 Gliederung und Gestalt der Nervenzellen !!! 8/15

Die Nervenzellen werden mit all ihren Fortsätzen als **Neuron** bezeichnet.

Die Lehre über die Neuronen besagt:
- Die Nervenzelle als selbständige, morphologische und funktionelle Einheit wird als Neuron bezeichnet.
- Jedes Neuron geht aus einem Neuroblasten hervor.
- Ein Neuron leitet nervöse Funktionen.

Neurone stehen durch Synapsen untereinander in Verbindung.
Das Neuron stellt eine trophische Einheit dar.

Ein Neuron besteht aus
- dem **Perikaryon** (= Zellleib),
- Fortsätzen:
  - den **Dendriten** (= afferente Bahnen), die die Informationen aufnehmen und zum Perikaryon weiterleiten (dienen somit der Reizaufnahme),
  - dem **Axon** (syn.: Neuriten = efferente Bahn), das die Erregung über Synapsen zum Erfolgsorgan oder zu einem anderen Neuron weiterleitet (dient folglich der Reizweiterleitung).

Jedes Neuron besitzt ein Axon und einen bis viele Dendriten.

Perikaryon

➤ Als Perikaryon wird der Zellkörper bezeichnet, der je nach Nervenzelltyp ein rundes bis eckiges Aussehen hat und 5–150 µm groß sein kann.

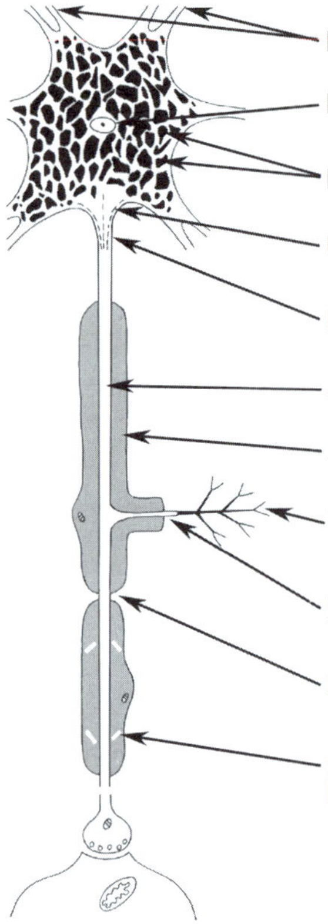

Abb. 2.29 *Neuron*

Das Perikaryon enthält einen großen Zellkern, der häufig zentral liegt. Der Zellkern besitzt einen großen Nucleolus, der Proteine und RNA enthält und ein Zeichen für die hohe Stoffwechselaktivität der Nervenzellen ist. Nervenzellen in sympathischen und sensiblen Ganglien besitzen teilweise auch 2 Zellkerne. Zwischen dem Nucleolus und der Kernmembran findet man beim weiblichen Geschlecht ein kleines Chromatinkörperchen, das Teile eines X-Chromosoms enthält und Sexchromatin **(Barr-Körper)** genannt wird.

Das Perikaryon bildet das trophische Zentrum (der Ernährung der gesamten Zelle dienende Stoffwechselzentrum). Dazu enthält es viel rauhes (= granuliertes) endoplasmatisches Retikulum, das zusammen mit den freien Ribosomen teilweise durch **Neurofilamente** zu Gruppen zusammengefaßt wird. Hierdurch entsteht ein Lamellensystem aus untereinander in Verbindung stehenden Spalträumen, die u.a. Cholinesterase speichern.

Solche **Lamellensysteme** können mittels eines basischen Farbstoffs (nach der Nissl-Methode) als sogenannte Nissl-Schollen dargestellt werden. Neurofilamente kommen außer im Perikaryon in den Zellfortsätzen der Nervenzellen vor. ◄

Klinik: Beim **Morbus Alzheimer** findet man in den Perikaryen sehr viele Neurofilamente, die teilweise in atypischen Formen vorliegen.

► Nissl-Schollen kommen in den Perikaryen und in größeren Dendriten vor. Die Nissl-Substanz ist dem Ergastoplasma anderer Zellen vergleichbar und dient der Proteinsynthese. In den Abgangsstellen des Axon (= Axonhügel) und in den Axonen selbst kommen keine Nissl-Schollen vor. Die Schollengröße ist für bestimmte Nervenzellen charakteristisch, so haben z.B. Pyramidenzellen große Nissl-Schollen, die Perikaryen der motorischen Nervenzellen des Rückenmarks besitzen viele und die sensiblen Nervenzellen weniger stark ausgeprägte Nissl-Schollen.

In der Nervenzelle ist der Golgi-Apparat gut ausgebildet. Es kommen viele Mitochondrien und Lysosome vor. Außerdem findet man häufig größere Fetttröpfchen.

In einigen Nervenzellen können Pigmente (z.B. Melanin oder Lipofuszin) nachgewiesen werden. Melanin kommt z.B. in der Substantia nigra (Teil des Mittelhirns – s. Kapitel 9.4.2) vor, eisenhaltige Pigmente findet man im Nucleus ruber (ebenfalls Teil des Mittelhirns). Einige Nervenzellen bilden als neurosekretorische Nervenzellen Sekretgranula z.B. die Nervenzellen des Nucleus supraopticus.

An das Perikaryon der meisten Nervenzellen lagern sich Axone anderer Nervenzellen an, die inhibitorisch (= hemmend) oder exzitatorisch (= erregend) auf das Perikaryon einwirken können. Das Perikaryon erhält seinerseits über die nachfolgend beschriebenen Dendriten Erregungen. Da Erregungen häufig von mehreren vorgeschalteten Neuronen zu einem Neuron zusammenlaufen (= konvergent sind) spricht man vom **Konvergenzprinzip.** ◄

Richtung des Erregungsablaufs:
Erregung (Reiz) → Dendrit (afferent) → Perikaryon → Axon (efferent) → Erfolgsorgan.

Dendriten

► Die Dendriten sind baumartig verzweigt, weshalb man auch vom Dendritenbäumchen spricht. Sie sind in ihrem Endbereich dünner als am Anfangsteil. In ihrem Feinbau gleichen sie im Anfangsteil dem Perikaryon (im Anfangsteil kommen noch Nissl-Schollen vor). An ihrem Ende sind die Dendriten teilweise vorgewölbt. Diese Vorwölbungen werden als **Dornen** (spines) bezeichnet. Über diese Dornen sind die Dendriten synaptisch mit Axonen anderer Nervenzellen verbunden.

Die zumeist in Vielzahl von einem Perikaryon abgehenden Dendriten vergrößern die Oberfläche der Nervenzellen erheblich. Die Dendriten sind zumeist kürzer als die Axone. Sie besitzen eine niedrigere Reizschwelle als das Axon.

Die Dendriten haben die Aufgabe, Erregungen aus der Umgebung oder von anderen Nervenzellen an das Perikaryon weiterzuleiten, sie bilden somit eine afferente Verbindung. ◄

Axon (alt: Neuron)

Jede Nervenzelle besitzt jeweils nur ein Axon. Wenn es von einer Gliascheide umhüllt ist, wird es als Nervenfaser bezeichnet.

Das Axon besteht aus dem
- Axoplasma (= Zytoplasma),
- Axolemm (= Plasmalemm)
- Axonscheide (= von Schwann-Zellen gebildete Gliascheide).

Am Axon können unterschieden werden:
- Axonhügel,
- Axon,
  - Initialsegment,
  - Axonstamm,
  - Telodendron,
- Kollaterale.

► Das **Axon** entspringt mit einem pyramidenartigen Hügel am Perikaryon. Dieser Hügel wird **Axonhügel** (Ursprungshügel) genannt. Im Axonhügel liegen bündelartig angeordnete Neurotubuli (= Mikrotubuli), aber keine Nissl-Schollen. Anhand der fehlenden Nissl-Schollen können Sie ein Axon von den Dendriten unterscheiden.
Am Axonhügel geht bei markhaltigen Axonen das Axon in ein dünnes **Initialsegment** (= Anfangssegment) über. Unterhalb des Initialsegments beginnt bei diesen Axonen die Markscheide (s. Kapitel 2.2.8.5). Das Initialsegment ist also immer axonscheidenfrei.

Im Gegensatz zu den Dendriten ist ein Axon über seine gesamte Länge gleich dick.

Im **Axoplasma** (= Zytoplasma) liegen Neurofilamente und Neurotubuli (= Mikrotubuli) zu langen, parallel angeordneten Bündeln vor. Sie dienen dem axoplasmatischen Fluß für Transmitter (Überträgerstoffe), Enzyme usw. Das Volumen des Axon kann je nach Länge ein Vielfaches von dem des Perikaryon

Histologie

betragen. Axone können z.B. als Teil der Nervenfasern des N. ischiadicus bis zu 1 m lang sein.

Das untere Ende eines Axon ist zumeist ramifiziert (= baumartig verzweigt), weshalb dieser Teil als **Telodendron** bezeichnet wird. Die Äste des Telodendron sind an ihren Enden zu **Endkolben** verdickt. In den Endkolben liegen synaptische Vesikel, die Neurotransmitter enthalten (s. Kapitel 2.8.6). Diese Endkolben (= Boutons terminaux) stehen über Synapsen (s. Kapitel 2.8.3) mit anderen Nervenfasern oder z.B. mit einer Muskel- oder Drüsenzelle (= Effektorzelle) in Verbindung.

Axone verzweigen sich nur selten. Solche Verzweigungen gehen regelmäßig rechtwinklig von dem Axon ab und werden **Kollaterale** genannt. Bei markhaltigen Nervenfasern zweigen die Kollateralen im Bereich der Ranvier-Schnürringe (s. Kapitel 2.2.8.4) vom Axon ab. Durch Kollaterale kann eine Nervenzelle Erregungen auf mehrere Erfolgszellen übertragen – eine solche Erregung breitet sich also aus (divergiert), weshalb man vom **Divergenzprinzip** spricht.

Beim **axonalen Transport** wird unterschieden zwischen:

- langsamem axonalen Transport für z.B. Enzyme, die mit einer Geschwindigkeit von 1–5 mm/Tag weitertransportiert werden;
- schnellem anterograden axonalen Transport für z.B. neurosekrethaltige Vesikel, die mit einer Geschwindigkeit von 400 mm/Tag transportiert werden. Diesem Transport dienen wahrscheinlich die Neurotubuli, wobei Kinesin die benötigte Energie freisetzt;
- schnellem retrograden axonalen Transport für den Rücktransport von z.B. Transmittern, die neu aufbereitet werden müssen. Dynein setzt dazu die benötigte Energie frei. ◄

Klinik: Auf dem Weg des retrograden axonalen Transports gelangen wahrscheinlich auch die Viren für Herpes zoster (= Gürtelrose), die in den Gliazellen der Spinalganglien verharren, sowie die Tetanus-Viren in die Perikaryon.

Nach der Art und der Zahl der Fortsätze werden die Nervenzellen unterteilt in:

- **apolare Nervenzellen** – sie besitzen keine Fortsätze. Sie kommen vor als: Sinneszellen in den Geschmacksknospen und im Innenohr;
- **unipolare Nervenzellen** – sie besitzen nur ein Axon aber keine Dendriten. Sie kommen vor als: Riechzellen in der Nase, als Stäbchen- und Zapfenzellen in der Retina (= Netzhaut);
- **bipolare Nervenzellen** – sie besitzen nur einen Dendriten und ein Axon. Sie kommen vor: im Bulbus olfactorius (Riechbahn), Retina, Ganglion vestibulare und Ganglion spirale cochleae (Ohr);
- **pseudounipolare Nervenzellen** – sie gehen entwicklungsgeschichtlich aus bipolaren Nervenzellen hervor. Während der Entwicklung wandern beide Enden (Axon und Dendrit) aufeinander zu und verschmelzen im Anfangsteil miteinander. Aus dem kurzen Anfangsteil gehen ein Axon, das in Richtung ZNS zieht und ein sogenanntes dendritisches Axon (das vom ehemaligen Dendriten gebildet wird) hervor. Bei den pseudounipolaren Nervenzellen gelangen die Erregungen nicht bis in das Perikaryon, sondern werden von dem dendritischen Axon direkt auf das Axon übertragen. Synapsen sind nicht vorhanden. Pseudounipolare Nervenzellen kommen vor in: Spinalganglien und in sensiblen Kopfganglien;
- **multipolare Nervenzellen** – sie bestehen aus einem Axon und einem bis vielen Dendriten. Die meisten Nervenzellen sind multipolar. Anhand der Länge der Axone unterscheidet man nachfolgende Typen:
  - **Golgi-Typ I-Nervenzellen** – besitzen lange Axone und verbinden somit weit auseinander liegende Gebiete (z.B. die Peripherie mit dem ZNS). Sie kommen vor: als Motoneurone im Rückenmark, als Purkinjezellen im Kleinhirn und als Riesenpyramidenzellen im Großhirn. Außerdem als Korbzellen des Kleinhirns (Kapitel 9.5.2) und Mitralzellen der Riechbahn (Kapitel 9.8.1).
  - **Golgi-Typ-II-Nervenzellen** – besitzen kurze Axone. Sie kommen vor als Interneurone. Interneurone sind in einem Regelkreis von Nervenzellen eingeschlossen – sie sind quasi Zwischenglieder. Häufig besitzen sie nur je einen dendritischen und einen axonalen Fortsatz. ◄

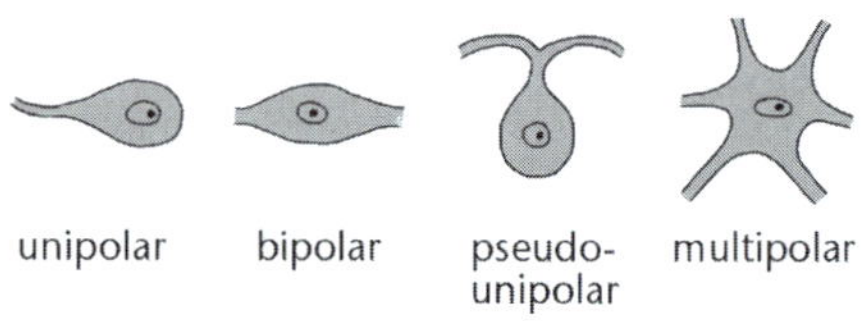

Abb. 2.30 Typen der Nervenzellen

Außerdem kommen **neuroendokrine Nervenzellen** vor, die Hormone synthetisieren und bei Bedarf abgeben. Sie kommen als multipolare Nervenzellen im Hypothalamus vor, wo sie Vasopressin und Oxytozin synthetisieren.

2.2.8.3 Kontakte der Nervenzellen 0/0

Das Axon steht über eine **Synapse** mit der Erfolgszelle (andere Nervenzelle, Muskel- oder Drüsenzelle) in Verbindung.

Die Synapse besteht aus:
- der Membran des Endkolbens des Axon,
- der Zellmembran der nachgeschalteten Zelle,
- dem dazwischen liegenden Spalt (= synaptischer Spalt).

An der Synapse wird die Erregung auf die nachgeschaltete Erfolgszelle übertragen, indem aus den im Endkolben liegenden Vesikeln die Transmitter (biogene Amine) in den synaptischen Spalt freigesetzt werden. Die **Transmitter** lagern sich an membranständige Rezeptoren der Erfolgszelle an und erregen so die Membran (weiter s. Kapitel 2.8.6 und 2.8.7).

2.2.8.4 Arten der Gliazellen !!! 14/23

Besonders prüfungsrelevant: Tabelle S. 92.

Die Gliazellen werden in ihrer Gesamtheit als **Neuroglia** bezeichnet. Die Neuroglia ist neben den Nervenzellen als zweite Gewebeart am Aufbau des zentralen und peripheren Nervensystems beteiligt. Etwa die Hälfte des Nervengewebes besteht aus Neuroglia.

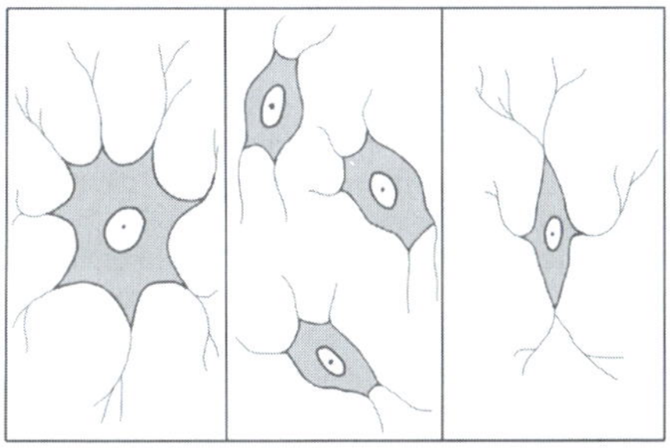

Abb. 2.31 *Nervenzellen*

Die Neuroglia kann in eine zentrale und in eine periphere Glia unterteilt werden.
Die Klassifizierung der Glia des ZNS (= zentrale Glia) ist in den Lehrbüchern teilweise unterschiedlich dargestellt. Im GK wird unterteilt zwischen:

- Makroglia – hierzu zählen die Astrozyten und Oligodendrozyten,
- Mikroglia (häufig syn.: Mesoglia),
- Ependymzellen.

Die periphere Glia liegt vor als:
- Schwann-Zellen,
- Mantelzellen.

2.2.8.5 Nervenfasern !! 5/10

Prüfungsrelevant: Gesamtes Kapitel.

Die langen Fortsätze der Nervenzellen werden Nervenfasern genannt. Die Nervenfaser besteht aus einem
- Axon (syn.: Neurit) und einer umgebenden
- Axonscheide (syn.: Gliascheide).

Das **Axon** ist von einer Basalmembran umgeben, die aus der Basallamina und netzartig verflochtenen Retikulumfasern besteht. Hierdurch wird (nur elektronenmikroskopisch sichtbar) das Axon vom umgebenden Bindegewebsraum abgegrenzt.

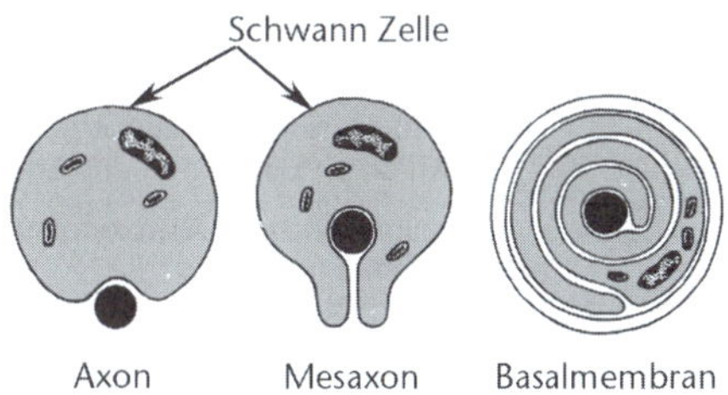

Abb. 2.32 *Bildung der Markscheide durch eine Schwann-Zelle*

Die **Axonscheide** (syn.: Gliascheide oder **Markscheide)** wird bei den peripheren Nervenfasern von den Schwann-Zellen und bei den Nervenfasern im ZNS von den Oligodendrozyten gebildet. Die Axonscheide umhüllt bis auf das Initialsegment das gesamte Axon.

Die Bildung der Markscheide (= **Myelinisation)** beginnt zu Anfang des 4. Entwicklungsmonats. Dabei lagern sich auf den sich ausbildenden Axonen der peripheren Nerven die **Schwann-Zellen** nebeneinander an und umwachsen das Axon, bis beide Ränder der Schwann-Zelle aneinander stoßen (s. Abb.). Diese Plasmalemm-Duplikatur wird **Mesaxon** genannt. Die Markscheidenbildung beginnt damit, daß die Schwann-Zellen das Mesaxon um das Axon herumwickeln. Dadurch entsteht im Querschnitt eine

<table>
<tr><th colspan="2">Gliazellen</th></tr>
<tr><td>Astrozyten</td><td>Die Astrozyten sind die größten Gliazellen. Sie haben ein sternförmiges Aussehen und besitzen einen großen, zumeist runden, chromatinreichen Kern. Jede Zelle verfügt über eine große Zahl von Plasmafortsätzen. Während der Embryonalentwicklung dienen die Vorläuferzellen der Astrozyten (die radiäre Glia) als Leitstruktur für die ihrem Zielgebiet entgegen wachsenden Nervenzellfortsätze.Die Astrozyten (= Makrogliazellen) gehören zum Stützgewebe des ZNS. Sie werden unterteilt in:
• protoplasmatische Astrozyten, die protoplasmareich sind und vorwiegend in der grauen Substanz des Gehirns und des Rückenmarks liegen;
• Faserastrozyten, die faserreich sind und vorwiegend in der weißen Substanz des ZNS vorkommen.

Die Astrozyten besitzen lange Fortsätze, die sich an ihren Enden zu sogenannten platten Gliafüßchen (syn.: Gefäßfüßchen) verbreitern. Diese Gliafüßchen umhüllen pflastersteinartig die Kapillaren und bilden dadurch eine Grenzmembran, die Membrana limitans gliae vascularis. Über diese Gliafüßchen erfolgt wahrscheinlich ein Stoffaustausch zwischen den mit den Astrozyten in Verbindung stehenden Neuronen und dem Blut. Die Neurone selbst haben keinen Kontakt zu den Gefäßen.
Die Grenzmembran bildet zusammen mit dem Endothel und der Basallamina der Kapillare die Blut-Hirn-Schranke, die bestimmte Stoffe am Durchtritt in das Gehirn hindert, wobei dem Endothel die eigentliche Barrierefunktion zufällt.
An der Gehirnoberfläche verbreitern sich die Ausläufer der Astrozyten zu einer weiteren Grenzmembran, der Membrana limitans gliae, die an die bindegewebige Pia mater (Hirnhaut) angrenzt.
Die Fortsätze der Astrozyten können außerdem marklose Nervenfasern umhüllen. Andere Fortsätze ziehen zu Synapsen, bei denen sie die Erregungsübertragung wahrscheinlich hemmend oder fördernd beeinflussen können. Die aus den Synapsen freigesetzten Transmitter können von ihnen aufgenommen werden.
Funktion: Die Aufgabe der Astrozyten ist sehr komplex. Sie wirken integrativ, dienen dem Stoffaustausch der Nervenzellen und regulieren den Kaliumhaushalt (Ionenhaushalt) im ZNS. Indem sie Antigene auf ihrer Oberfläche präsentieren, dienen sie der Abwehr. Außerdem können sie sich z.B. nach einer Verletzung im ZNS-Bereich teilen und so den entstandenen Defekt durch Bildung einer Narbe abdecken.</td></tr>
<tr><td>Pituizyten</td><td>Pituizyten sind den Astrozyten vergleichbare Gliazellen, die nur in der Neurohypophyse vorkommen.</td></tr>
<tr><td>Oligodendrozyten
(Oligodendroglia)</td><td>Die Oligodendrozyten sind im Vergleich zu den Astrozyten kleiner und weniger verzweigt. Sie enthalten viele Mitochondrien und sind protoplasmaarm. Die Oligodendrozyten treten in 2 Formen auf:
• in der grauen Hirnsubstanz kommen sie als Satellitenzellen vor, die als Stützgewebe den Perikaryen der Nervenzellen unmittelbar anliegen und mit ihnen im Stoffaustausch stehen;
• in der weißen Substanz des Gehirns kommen sie als Myelinisierungszellen vor, die für die Markscheidenbildung um die Axone verantwortlich sind.
Während der Embryonalentwicklung bilden die Oligodendrozyten die Markscheiden um die sich ausbildenden Nervenfasern. Im Gegensatz zu den peripheren Schwann-Zellen umhüllen die Oligodendrozyten die Fortsätze der Nervenzellen jedoch nicht mit ihrem Zellkörper. Oligodendrozyten umwickeln vielmehr mit ihren Fortsätzen die Axone der benachbarten Nervenzellen und bilden so Markscheiden. Da Oligodendrozyten mehrere Fortsätze besitzen, können sie mehrere Axone umscheiden. Die Zellkörper liegen reihenförmig angeordnet zwischen den Nervenfasern.
Funktion (vergleichbar den Schwann-Zellen): Markscheidenbildung im ZNS.
Klinik: Die Multiple Sklerose (= MS) ist eine Autoimmunerkrankung, die gegen die Oligodendrozyten gerichtet ist, so daß die Markscheiden im ZNS zerstört werden (es kommt zu herdförmigen Entmarkungen). Infolge des Markscheidenverlustes in Begleitung von Entzündungsherden kommt es im umschriebenen Gebiet zur Schädigung der in diesem Gebiet liegenden Fortsätze der Nervenzellen mit jeweils auf das Gebiet bezogenen Lähmungserscheinungen und Sensibilitätsverlusten. Da Oligodendrozyten als Gliazellen zeitlebens teilungsfähig sind, können die Markscheiden nach einem Entzündungschub teilweise wieder aufgebaut werden, was wahrscheinlich Ursache für die häufigen Spontanremissionen ist.</td></tr>
</table>

Mikroglia (= Mesogliozyten)	Die Herkunft der Mikroglia ist bisher noch nicht eindeutig nachgewiesen. Es wird vermutet, daß sie aus Makrophagen stammen, die in das ZNS eingewandert sind und somit mesodermaler Herkunft wären (deshalb auch Meso-gliozyten). Die Mikroglia kommt in der weißen, überwiegend jedoch in der grauen Substanz des Gehirns im Bereich der Gefäßwände vor. Die Zellen sind stark verzweigt und besitzen einen länglichen, dunklen Zellkern. Sie sind amöboid beweglich und können phagozytieren (besitzen Lysosomen), wobei sie besonders Fett speichern. Sie können sich wahrscheinlich in Makrophagen zurückverwandeln. **Funktion:** Sie dienen der Phagozytose und können Antigen auf ihrer Membran präsentieren.
Ependymzellen (= Ependymozyten)	Die Ependymzellen sind je nach Ort iso- bis hochprismatisch. Die Kerne der Ependymzellen sind vergleichsweise klein. Die Oberfläche der Ependymzellen ist mit vielen kurzen Mikrovilli (dienen der Sekretion und Resorption) sowie mit Kinozilien bedeckt, die der Fortbewegung des Liquors dienen. Die Ependymzellen sitzen keiner Basalmembran auf. Sie bilden eine bedingt durchlässige Barriere zwischen dem Liquorraum und dem ZNS. Die Ependymzellen kleiden die liquorhaltigen Hohlräume des ZNS (= Hirnventrikel und Rückenmarkskanal) aus. Mit einem basalen Fortsatz dringen sie in das Hirngewebe ein. Im Bereich des 3. Hirnventrikels kommen als spezialisierte Ependymzellen die kinozilienarmen **Tanyzyten** vor, die mit ihren Fortsätzen zwischen den Astrozyten bis zu den Gefäßen vordringen.
Schwann-Zellen	Die Schwann-Zellen umhüllen in der Peripherie die langen Nervenfasern (s. Kapitel 2.2.8.5).
Mantelzellen (= Satellitenzellen)	Die kleinen Mantelzellen umgeben kranzartig die Neurone der Spinalganglien. Sie dienen dem Stoffaustausch zwischen den Nervenzellen und den Kapillaren.

Lamellenstruktur. Je mehr Lamellen gebildet werden, desto dicker wird die **Myelinscheide** und damit die Nervenfaser. Beim Einrollen verschmelzen die jeweils zusammenliegenden Innenflächen der Zellmembran zu einer dicken Hauptlinie (= Major dense line), während die äußere Lamelle die dünnere Intermediärlinie bildet. Der Spalt zwischen den Lamellen ist zu allermeist frei von Zytoplasma.

Die **Oligodendrozyten** umwickeln im Gegensatz zu den Schwann Zellen die Axone der Nerven des ZNS mit ihren Ausläufern (s. Tabelle in Kapitel 2.2.8.4).

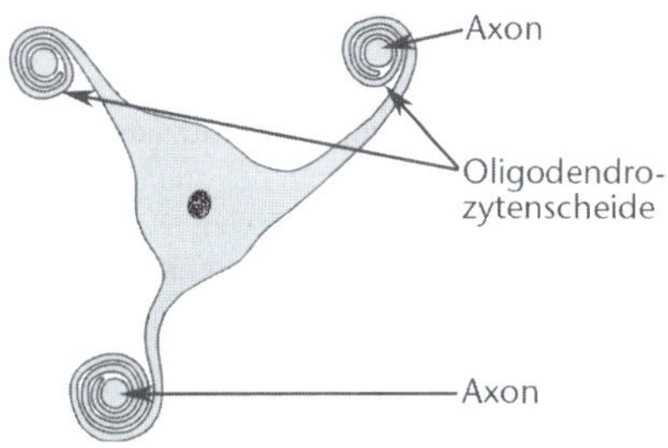

Abb. 2.33 Oligodendrozyt

Bis zur Geburt sind die Markscheiden nur unvollkommen ausgebildet, was sich u.a. an den eingeschränkten motorischen Bewegungsmöglichkeiten des Neugeborenen zeigt, bei dem die Axone der motorischen Neurone noch marklos sind. Die Markscheiden sind bei den motorischen Neuronen erst gegen Ende des 1. Lj. ausgebildet (um den 9. Lebensmonat). Die Markscheidenreifung des gesamten Nervensystems ist erst mit Beginn der Pubertät abgeschlossen.

Die von den Gliazellen gebildeten Lamellen werden als **Myelin** (= Nervenmark, kurz Mark) bezeichnet. Myelin besteht aus Proteinen und Lipiden.

Je nachdem ob Lamellen vorhanden sind und wie stark sie ausgebildet sind, werden die Nervenfasern unterteilt in:

- markhaltige Nervenfasern – hierbei bilden die Gliazellen um jedes Axon eine Markscheide, die nachfolgend beschrieben wird. Vorkommen: z.B. bei den Motoneuronen;
- markarme Nervenfasern – hierbei umhüllt die Gliascheide gleichzeitig mehrere Axone, bildet aber nur eine spärliche Markscheide. Vorkommen: z.B. bei den präganglionären Nervenfasern und bei vegetativen Nervenfasern;
- marklose Nervenfasern – hier fehlen die Markscheiden. Die Axone liegen einzeln oder zu mehreren in Einstülpungen der Gliazellen. Diese Einstülpungen bilden ein Mesaxon ohne jedoch den weiteren Schritt zur Markscheidenbildung zu machen. Gliazellen können mehrere solcher Einstül-

pungen aufweisen. Ranvier-Schnürringe (Erklärung s. weiter unten) kommen nicht vor. Vorkommen: z.B. bei postganglionären vegetativen Nervenfasern;

- markfreie Nervenfasern – kommen nur im ZNS vor. Sie sind von keiner Scheide aus Fortsätzen der Oligodendrozyten umhüllt.

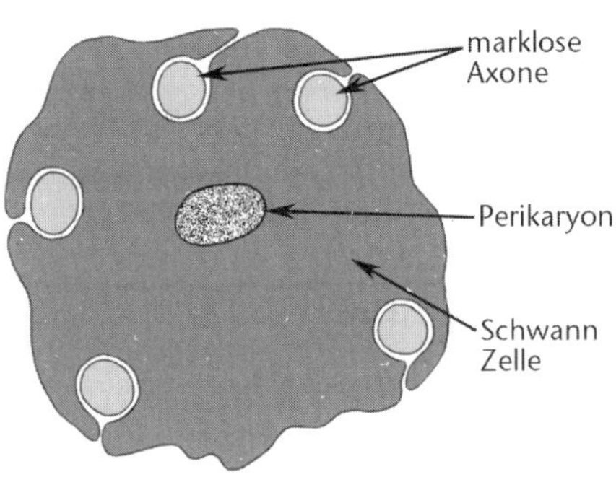

Abb. 2.34 *Marklose Nervenfasern in Schwann-Zelle*

Markhaltige Nervenfasern besitzen viel Myelin, markarme wenig, marklose Nervenfasern kein Myelin. Von den im vegetativen Nervensystem vorkommenden markarmen peripheren Nerven unterscheiden sich die markhaltigen durch die größere Anzahl an Marklamellen.

Die von den **Schwann-Zellen** gebildete Markscheide wird von konisch verlaufenden Furchen unterbrochen, die als **Schmidt-Lanterman-Einkerbungen** bezeichnet werden. Diese lichtmikroskopisch sichtbaren Einkerbungen entstehen dadurch, daß bei der Myelinisation Zytoplasma zwischen den Lamellen verbleibt und dadurch die Oberfläche der Zellmembranen nicht miteinander verschmelzen. Die Einkerbungen können durch Osmiumsäurefärbung sichtbar gemacht werden, wobei die Markscheiden schwarz und die Einkerbungen hell erscheinen. Bei Markscheiden im ZNS fehlen die Schmidt-Lanterman-Einkerbungen.

Im Prinzip sind die Markscheiden des ZNS genauso aufgebaut wie die von den Schwann-Zellen gebildeten peripheren Nervenfaserscheiden, jedoch umgibt ein Oligodendrozyt mit seinen Fortsätzen und nicht mit dem Zellleib die Axone. Da sich die Oligodendrozyten nicht mit ihrem Zellleib dem Axon anlegen, fehlen unter dem Lichtmikroskop den Markscheiden des ZNS neben den Einkerbungen auch die Zytoplasmasäume mit den Zellkernen.

Bei markhaltigen Nervenfasern, die einen Durchmesser von 2 µm oder mehr haben, treten Ranvier-Schnürringe auf, die die mit einem Myelinmantel ausgestatteten Markscheiden in ganz bestimmten Abständen von 0,2–1 mm unterbrechen. Die **Ranvier-Schnürringe** liegen jeweils zwischen zwei benachbarten Schwann-Zellen. Sie entstehen durch eine Erweiterung des zwischen den beiden Schwann-Zellen liegenden Interzellularraumes. Im Bereich der Ranvier-Schnürringe fehlt das Myelin. Die Nervenfasern sind hier marklos und nur vom Axolemm (= Neurolemm) und der Gliahülle umgeben. Kollaterale verlassen ausschließlich in diesem Bereich das Axon.

Die Kontinuität des Axon wird durch den Ranvier-Schnürring nicht unterbrochen, da sich die Einkerbung nur im Bereich der Markscheide befindet. In Höhe des Ranvier-Schnürrings ist das Axon leicht verdickt, was als **Nervenfaserknoten** (= Nodus neurofibrae) bezeichnet wird.

Den Abschnitt zwischen zwei benachbarten Schürringen nennt man **Internodium** (= interanulares Segment). Die Internodien sind unterschiedlich lang, wobei ein Internodium einer Schwann-Zelle entspricht.

Der Faserdurchmesser des Internodium verhält sich zu seiner Länge wie etwa 1 : 100 – je größer der Durchmesser, desto länger das Internodium.

Die Markscheiden isolieren das Axon (vergleichbar der Ummantelung an einem Stromkabel), so daß in diesem Bereich eine Erregung (Depolarisation) der Zellmembran nicht möglich ist, der Membranwiderstand ist zu hoch. Eine Depolarisation ist lediglich im Bereich der marklosen Ranvier-Schnürringe möglich.

Bei einer Erregung wird das im Ruhezustand negativ (-70 mV) geladene Innere der Nervenzelle (= **Ruhepotential**) depolarisiert (bis + 100 mV) und über die Nervenfaser fortgeleitet. Damit ändert sich schlagartig das Membranpotential. Die Fortleitung der Erregung entlang des Axolemm wird **Aktionspotential** genannt.

An den Ranvier-Schnürringen kann das Aktionspotential wegen der Isolierung des nachfolgenden Internodium erst am nachfolgenden Ranvier-Schnürring wieder ein neues Aktionspotential ausgelösen. Die Erregung springt somit von einem Schnürring zum nächsten. Dieses Phänomen bezeichnet man als **saltatorische Erregungsleitung.**

Durch das Überspringen von einem zum nächsten Ranvier-Schnürring kann die Erregung sehr viel schneller und energiesparender weiter geleitet werden, weil nur im Bereich der Ranvier-Schnürringe die Ionen nach dem Ende des Aktionspotentials wieder herausgepumpt werden müssen. Die Erregungsleitung erhöht sich mit der Dicke der Markscheide (und damit der Isolierung). In markfreien Nervenfasern erfolgt die Erregungsleitung kontinuierlich, d.h. die Membranpermeabilität verändert sich fortschreitend.

Die Leitungsgeschwindigkeit einer Erregung hängt ab vom:
- Durchmesser der Nervenfaser,
- Anteil des Myelins in der Markscheide,
- der Internodienlänge.

2.2.8.6 Grundzüge der Neurohistogenese !! 2/8

➤ Während sich das Neuralrohr abfaltet, lösen sich aus seinem Ektoderm Zellen, die die Neuralleiste bilden.
Aus den Neuroepithelzellen des Neuralrohrs entstehen u.a. die Neuroblasten und die Glioblasten. ➤

Die **Neuroblasten** besitzen zu Anfang einen zentralen Fortsatz, der vorläufiger Dendrit genannt wird. Dieser zentrale Fortsatz bildet sich im Laufe der weiteren Differenzierung zurück und die Zelle wird zu einem runden, apolaren Neuroblasten.

Aus dem Neuroblasten entwickeln sich zwei neue, entgegengesetzt gelegene Zytoplasmafortsätze, die die Zelle zu einem bipolaren Neuroblasten werden lassen. Einer der Fortsätze entwickelt sich zum Axon, der andere bildet Verzweigungen und wird Dendrit genannt. Aus diesem Neuroblasten entwickelt sich die Nervenzelle, die nicht mehr teilungsfähig ist.

Die Gliazellen entstehen erst dann aus den Neuroepithelzellen, wenn die Bildung der Neuroblasten beendet ist. Die **Glioblasten** wandern nach ihrer Entstehung in die von den Neuroblasten gebildete Mantelzone ein, aus der später die graue Substanz des Rückenmarks entsteht. In der Mantelzone differenzieren sich die Glioblasten zu Astrozyten und anderen Gliazellen.

Regeneration (= Erneuerung)

➤ Die Nervenzellen sind so hoch differenziert, daß sie sich nicht mehr regenerieren können. Nur die Axone des peripheren Nervensystems, sind noch regenerationsfähig, wenn sie unterhalb des Initialsegments (der Abgangsstelle aus dem Perikaryon) beschädigt werden. ➤
Wird eine Nervenfasern durchtrennt, so liegt vom Perikaryon aus gesehen ein distales (= peripheres), abgetrenntes und ein proximales (= zentrales) unbeschädigtes Nervenfaserteil vor.

➤ Nach einer Durchtrennung der Nervenfaser
- schwillt das Perikaryon an und rundet sich ab,
- wird der Zellkern zum Zellrand gedrängt,
- lösen sich die Nissl-Schollen auf,
- steigt die Anzahl der Ribosomen stark an (vermehrte Proteinsynthese). ➤

➤ Am Axon kommt es
- oberhalb der Verletzung zur Anschwellung und Rückbildung (= Degeneration) des Axonstumpfs,
- unterhalb der Verletzungsstelle zur sekundären (= absteigenden) Degeneration (= Rückbildung), die als **Waller-Degeneration** bezeichnet wird. In den folgenden Tagen, dem Marchi-Stadium, zerfallen das Axon und die umgebende Markscheide, wobei die Markscheide zu einem Myelinballen verklumpt. Beides wird von Makrophagen phagozytiert. Aus dem Axonstumpf entwickelt sich ein Wachstumskolben, aus dem Sprossen hervorwachsen. ➤

➤ Voraussetzung für die Regeneration einer Nervenfaser ist es, daß die Schwann-Zellen sowie die Basalmembran noch vorhanden sind. Die Schwann-Zellen können proliferieren und sich zu säulenartigen Markscheiden, den **Bünger-Bänder,** anordnen. Die Bünger-Bänder dienen als Leitschiene für das auswachsende Axonende. Gleichzeitig werden u.a. von den Schwann-Zellen Wachstumsfaktoren für den Axonfortsatz abgegeben sowie Laminin freigesetzt, das auf die Axonsprossen Leitfunktion ausübt. ➤

Für die Regeneration der Nervenfaser muß eine Sprosse in das Bünger-Band hinein wachsen. Die anderen Sprossen atrophieren. Das sich neu ausbildende Axon wächst nun mit einer Geschwindigkeit von 1–4 mm/Tag im Bünger-Band bis in das Erfolgsorgan vor. Für die Regeneration des distalen Nervenfaserteils wird Protein benötigt, das im Perikaryon gebildet wird.

Nachdem die Regeneration beendet ist, werden die Nissl-Schollen wieder aufgebaut und der Zellkern wandert wieder zur Mitte.

Findet die Nervenfaser keine „Leitschiene" in Form der Bünger-Bänder, so bildet sich ein sogenanntes **Amputationsneurinom** z.B. nach einer Amputation einer Extremität. Das Neurinom kann sehr schmerzhaft sein.

Bei Nervenfasern im ZNS, die nicht auf diese Weise regeneriert werden, kann evtl. eine Kollaterale zum Axon werden.

2.2.9 Histologische und histochemische Technik

In den nachfolgenden Unterkapiteln habe ich meine Ausführungen stark begrenzt, da das umfangreiche Wissen der histologischen Techniken viele Seiten füllen würde, aber nur für die fachspezifische Arbeit von wesentlichem Interesse ist. Interessierte Leser seien daher auf die speziellen Histologiebücher verwiesen.

2.2.9.1. Grundbegriffe der Präparationsmethoden ! 2/4

Bevor man ein Gewebe histologisch untersuchen kann, muß es gegen **Autolyse** (= Selbstauflösung) und Fäulnis geschützt und dementsprechend aufbereitet werden.
Nachfolgend werden die einzelnen Schritte am Beispiel einer Gewebsentnahme dargestellt.

Als erstes muß das Gewebestück in eine Fixierflüssigkeit eingelegt und damit fixiert werden. Das Fixiermittel stellt eine chemische Verbindung dar, die einen Teil des Gewebes ausfällt oder in Wasser oder organischen Lösungsmitteln unlöslich macht. Aus diesem Grund ist es notwendig, für bestimmte Untersuchungen spezifische **Fixiermittel** zu verwenden.

Alkohol ist nur sehr bedingt als Fixiermittel geeignet, da er Proteine denaturiert (= ausfällt). Außerdem werden durch Alkohol Lipide (Fette) aus dem Gewebe herausgelöst.

Als Fixiermittel wird vor allem Formalin, manchmal auch Kaliumpermanganat oder Chromsäure verwendet. Für Schnitte, die elektronenmikroskopisch untersucht werden sollen, benutzt man vor allem Glutaraldehyd.

Nach der Fixierung wird das Gewebe durch ein schrittweise von 60 auf 100 % aufsteigendes Alkoholbad entwässert. Der Alkohol wird anschließend durch Xylol (einem organischen Lösungsmittel) ersetzt. Das nun xylolgetränkte Gewebe wird in geschmolzenes Paraffin oder in eine Kunstharzlösung (z.B. Acrylharze) getaucht. Nach dem Aushärten kann der nun harte Gewebsblock mit einem Mikrotom (= einem Gerät mit dem feine Schnitte vom Gewebsblock abgeschnitten werden) in dünne Scheiben geschnitten werden.

Anmerkung: **Fettzellen** enthalten im Paraffinschnitt kein Fett, weil das Fett bei der Präparation herausgelöst wird. Unter dem Mikroskop sehen Sie daher nur noch die leeren Fettvakuolen, die ein wabiges Aussehen haben.
Zur Darstellung von Fettgewebe benutzt man den Gefrierschnitt (s. unten) und färbt mit Sudan III oder Scharlachrot oder schwärzt mit Osmiumsäure. Bei der Fixation mit Osmiumtetroxyd erscheinen die Fettzellen dagegen als schwarze Kugeln.

Die mit dem Mikrotom geschnittenen Scheiben dürfen für das Lichtmikroskop nicht dicker als 5–10 µm und für das Elektronenmikroskop nicht dicker als 1 µm sein.

Die dünnsten Schnitte bilden die **Gefrierschnitte.** Hierzu wird das Gewebe physikalisch fixiert, das heißt, das Gewebe wird durch Eintauchen in flüssigen Stickstoff auf –150° C schockgefroren und anschließend mit einem Gefriermikrotom geschnitten. Die Schnitte werden gefriergetrocknet und können dann wie die in Paraffin eingebetteten Schnitte eingefärbt werden.

Färbung

Durch die Anwendung spezifischer Färbemittel werden bestimmte Gewebsstrukturen angefärbt und damit besser sichtbar gemacht. Die Farbe wird direkt auf das Präparat aufgetragen (mittels eines Farbbads). Eine weitere Möglichkeit der Färbung besteht darin, das Präparat zuerst durch ein anderes Mittel für das anschließende Farbbad vorzubereiten (= indirekte Färbung).

Nur solche Schnitte werden angefärbt, die unter dem Lichtmikroskop begutachtet werden sollen. Unter dem Elektronenmikroskop sehen alle Strukturen schwarz-weiß aus.

Welche Farben die einzelnen Strukturen bei der jeweiligen Färbung annehmen, ersehen sie aus der Tabelle in Kapitel 2.2.9.2.

Herstellung eines Knochenpräparats

➤ Um das Knochengewebe histologisch untersuchen zu können, müssen besondere Verfahren angewandt werden, da das Knochengewebe wegen seiner Härte nicht mit dem Mikrotom geschnitten werden kann.

Ein Knochenpräparat wird entweder durch einen Knochenschliff oder durch Entkalkung hergestellt.

Für den **Knochenschliff** wird der Knochen mazeriert. Dazu wird er von allen organischen Bestandteilen (= Weichteilen z.B. Muskelgewebe) befreit und getrocknet.
Mit einer Säge werden von dem mazerierten Knochen dünne Scheibchen abgesägt. Anschließend werden die Knochenscheibchen so lange geschliffen, bis sie so dünn sind, daß sie durchsichtig sind. Dann werden sie mit Tusche angefärbt. Bei dieser Technik werden

die Knochenzellen herausgelöst. Mit dem Knochenschliff können die Knochenhöhlen, die Knochenkanälchen und die Knochengrundsubstanz dargestellt werden.

Um die Knochenzellen anhand von Schnitten untersuchen zu können, muß der Knochen seine Festigkeit verlieren. Dazu muß er entkalkt werden, indem durch ein säurehaltiges Mittel (z.B. 5 % Salpetersäure) die anorganische Knochenstruktur aufgelöst wird, wobei die Zellen und die organischen Substanzen erhalten bleiben. Nach der Entkalkung ist der Knochen biegsam und so weich, das Schnitte mit dem Mikrotom angefertigt werden können. ◄

2.2.9.2 Grundbegriffe der Färbetechnik ! 1/7

Prüfungsrelevant: Tabelle.

Es gibt basophile, azidophile und neutrophile Gewebsstrukturen (basophil = basische Farbstoffe liebend, azidophil = saure Farbstoffe liebend, neutrophil = bindet sowohl basische als auch saure Farbstoffe).

Saure Farbstoffe sind Elektronen-Akzeptoren, die negativ geladen sind und sich an positiv geladenen azidophilen Gewebsstrukturen, die basische Gruppen besitzen, anlagern.

Basische Farbstoffe sind Elektronen-Donatoren, die positiv geladen sind und sich an negativ geladene basophile Gewebsstrukturen, die saure Gruppen besitzen, anlagern.

Basophil sind besonders die proteinbildenen Zellen (u.a. auch die Nerven- und Plasmazellen), weil sie viel RNA enthalten, die z.B. als m-RNA (= messenger-RNA) für die Proteinsynthese benötigt wird (s. Biologie). Außerdem sind basophil: Zellkern und Teile der Knorpelgrundsubstanz.

Azidophil sind z.B. das Zytoplasma der Zellen und viele Interzellarsubstanzen.

Wenn bei der Färbung eines Schnittes das Präparat eine andere Farbe annimmt als die Farblösung, so bezeichnet man das als **Metachromasie** (z.B. wenn sich das Präparat bei Methylblau rot anfärbt).

Zur Färbung eines Schnittes werden verwendet:
- als basische Farbstoffe: Methylenblau, Toluidinblau, Hämatoxylin- und Karmin-Lacke;
- als saure Farbstoffe: Eosin, Anilinblau, Pikrinsäure, Säurefuchsin und Azokarmin.

Blutzellen werden normalerweise im **Blutausstrich** untersucht. Dazu streicht man einen Bluttropfen auf einem Objektträger aus. Nachdem der Ausstrich an der Luft getrocknet ist, kann er mit verschiedenen Farbmischungen angefärbt werden. In der Klinik wird häufig die Färbung nach Pappenheim verwendet, mit der die Zellen optimal voneinander unterschieden werden können. Als Reagenzien verwendet man u.a. die May-Grünwald-Lösung (enthält Methylenblau) und die Giemsa Lösung (enthält Azur II).

2.2.9.3 Kenntnis der Grundmechanismen wichtiger histo- und zytochemischer Methoden ! 2/6

Durch die **Histochemie** ist es möglich, kleinste Bausteine eines Gewebes, z.B. Stoffwechselprodukte, Enzymtätigkeit usw. an ihrem angestammten Platz nachzuweisen. Das Präparat wird, um keine Verzer-

Färbemethode	Zellkern	Zytoplasma	Retikulinfasern	Kollagenfasern	Elastische Fasern	hyaliner Knorpel	Muskelgewebe	Fettzellen
H.-E.	blau	blaßrot	blaßrot	rot	blaßrosa	violett	rot	—
van Gieson	schwarz-braun	gelb-braun	blaßrot	rot	blaßgelb	rot und gelb	gelb	—
Elastica-Färbung	—	—	—	—	schwarz	—	—	—
Azan	rot	rot	blau	blau	blaßrot	blaßblau	orange	—
Versilberung	—	—	schwarz	braun	—	—	—	—
Goldner	schwarz	ziegelrot	blaßgrün	grün	grün bis rot	hellgrün	orange-rot	—
Kongorot	blau	—	—	—	—	—	—	—
Giemsafärbung	blau	rot	—	rot	—	—	—	—
H-Sudan	blau	—	—	—	—	—	—	orange

rungen zu verursachen, zu diesem Zweck gefriergetrocknet.

In der Histochemie wird besonders die **Perjodsäure-Schiff-Reaktion (= PAS)** verwendet, mit der Kohlenhydrate nachgewiesen werden können. Bei der PAS-Reaktion entstehen aus Zucker u.a. freie Aldehydgruppen, die dabei rot gefärbt werden.

➤ Mit der PAS-Reaktion werden nachgewiesen: Glykogen, Glykoproteine, Glykolipide und auch viele Proteoglykane. ◄

Eine weitere histochemische Methode ist der Nachweis von Enzymaktivitäten. Hierzu wird einem Gewebe ein Substrat angeboten, das von den im Gewebe enthaltenen Enzymen umgesetzt wird. Das dabei entstehende Reaktionsprodukt kann mikroskopisch sichtbar gemacht werden.

Die **Autoradiographie** dient zur Beurteilung von Stoffwechselvorgängen. Dazu wird eine radioaktiv markierte Substanz verwendet, die in einer Emulsion enthalten ist. Mit dieser Emulsion wird der Gewebsschnitt bedeckt. Das Gewebe nimmt die radioaktiv markierten Substanzen auf und wird dadurch zum Selbststrahler. Anschließend wird der Schnitt mit einer fotografischen Platte in Kontakt gebracht, auf der er durch Strahlung seine charakteristischen Strukturen abbildet.

Der **immunhistochemische Nachweis** wird zumeist mit den klassischen serologischen Methoden durchgeführt. Im Vorfeld wird einem Tier die nachzuweisende Substanz als Antigen injiziert. Das Tier produziert gegen diese Antigene Antikörper, die später aus dem Serum (= Blut ohne Blutzellen und Fibrin) des Tiers gewonnen werden. Will man nun in einem Gewebsschnitt bestimmte Substanzen nachweisen, so überschichtet man den Schnitt mit den zuvor markierten Antikörpern. Dabei kommt es zu einer Antigen-Antikörper-Reaktion, bei der sich die markierten Antikörper dem Antigen anlagern. Die dadurch entstehenden Antigen-Antikörper-Komplexe können unter dem Licht- oder Elektronenmikroskop nachgewiesen werden.

2.3 Allgemeine Anatomie des Bewegungsapparates

2.3.1 Knochentypen ! 1/2

Das menschliche Skelett besteht aus folgenden **Knochentypen:**

- lange Knochen (= Röhrenknochen): z.B. Humerus, Femur usw.;
- kurze Knochen: Fuß- und Handwurzelknochen;
- platte Knochen: Scapula (Schulterblatt), Sternum (Brustbein), Knochen im Schädelbereich sowie das Os coxae (Hüftbein);
- lufthaltige Knochen: Os ethmoidale (Siebbein), Os sphenoidale (Keilbein), Os frontale (Stirnbein), Maxilla (Oberkieferknochen) usw.

Alle Knochen besitzen eine Rindenschicht, die **Substantia corticalis** genannt wird. Die **Substantia corticalis** liegt direkt unter dem Periost. Am Schaft der Röhrenknochen ist die Substantia corticalis mehrere Millimeter dick und wird deshalb Substantia compacta (= Kompakta) genannt. Innerhalb des Knochens liegt die **Substantia spongiosa** (= Spongiosa), die jedoch bei den einzelnen Knochentypen unterschiedlich ausgeprägt ist.

Der **Röhrenknochen** besteht aus einem Mittelstück (Schaft) und zwei verdickten Enden. Das Mittelstück wird Diaphyse, die beiden verdickten Endstücke werden Epiphysen genannt.

Zwischen der Diaphyse und der Epiphyse liegt beim wachsenden Knochen die **Epiphysenplatte** (= **Metaphyse** = Wachstumsfuge).

In der Metaphyse wird während des Längenwachstums der Knorpel durch die enchondrale Verknöcherung in Knochen umgewandelt (bitte beachten Sie, daß die Kliniker als Metaphyse beim Kind den Abschnitt zwischen der Epiphysenplatte und dem Ende der Diaphyse, beim Erwachsenen den Abschnitt zwischen der Epi- und der Diaphyse bezeichnen).

Die Epiphysen sind zumeist von hyalinem Knorpel überzogen. Sie beteiligen sich am Aufbau eines Gelenks.

Als **Apophyse** bezeichnet man Knochenvorsprünge, die Bändern (= Ligamenta) und Muskeln als Ansatz oder Ursprung dienen.

Im Bereich der Diaphyse ist die Substantia corticalis relativ dick und wird deshalb mit einem Eigennamen als **Substantia compacta** bezeichnet. Im

Bereich der Epiphyse ist die Substantia corticalis hingegen vergleichsweise dünn, was dadurch aufgewogen wird, daß das Innere der Epiphyse von vielen Knochenbälkchen (= Spongiosa) ausgefüllt ist.

Im Bereich der Diaphyse liegt die Markhöhle, die das Knochenmark enthält (s. Kapitel 2.3.3).

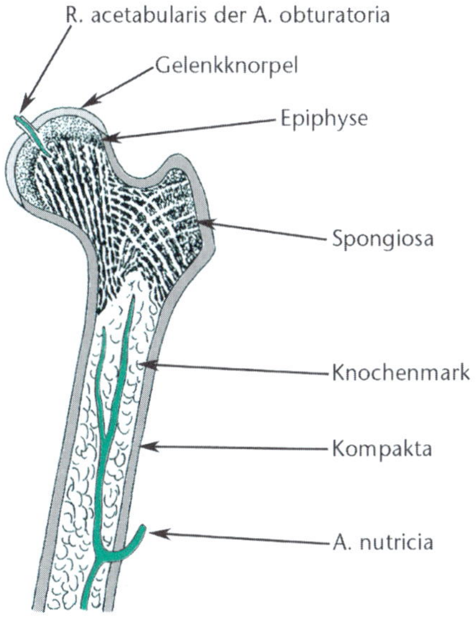

Abb. 2.35 *Längsschnitt durch das Femur*

Die kurzen Hand- und Fußwurzelknochen und die Wirbelknochen bestehen aus der oberflächlich liegenden Substantia corticalis und der darunter liegenden Substantia spongiosa.

Die platten **Schädelknochen** bestehen aus zwei Schichten der Substantia corticalis. Die kompakte Außenschicht wird Lamina externa und die Innenschicht Lamina interna genannt. Zwischen den beiden Laminae liegt die Spongiosa, die bei den Schädelknochen als **Diploé** bezeichnet wird. Bei sehr flachen Knochen fehlt die Diploé.

Die lufthaltigen Knochen enthalten einen mit Schleimhaut ausgekleideten lufthaltigen Hohlraum. Dieser dient u.a. der Gewichtsersparnis.

2.3.2 Periost und Endost ! 1/2

Der Knochen wird auf seiner Außen- und Innenseite (zum Markraum gerichtet) von einer bindegewebigen Haut umgeben:

- das Periost (Knochenhaut) bedeckt die Außenseite;
- das Endost überzieht die Innenseite.

Periost

Das Periost überzieht bis auf die mit Gelenkknorpel überzogenen Bereiche den gesamten Knochen. Am Gelenk geht das Periost unmittelbar in die Gelenkkapsel über. An das Periost heften sich Sehnen und Bänder an.

Das Periost besteht aus zwei Blättern, die nur beim wachsenden Knochen deutlich unterschieden werden können:

- Stratum fibrosum – bildet die äußere, faserreiche Schicht;
- Stratum osteogenicum (= Stratum germinativum = Kambiumschicht) – bildet die innere zell-, gefäß- und nervenreiche Schicht.

➤ Das **Stratum fibrosum** besteht aus zugfesten Kollagenfaserbündeln, die geflechtartig angeordnet sind. Vom Stratum fibrosum aus dringen als **Sharpey-Fasern** (= **Fibrae perforantes**) bezeichnete Kollagenfaserbündel in die äußeren Lamellen des Knochens ein und befestigen so das Periost am Knochen.

Die Sehnen der Muskeln strahlen ihrerseits zumeist in das Stratum fibrosum ein und verteilen sich in dieser Schicht breitflächig, so daß die Sehnen über das Periost mit dem Knochen verbunden sind. Bei einigen Sehnen dringen die Sehnenfasern direkt in den Knochen ein. ◀

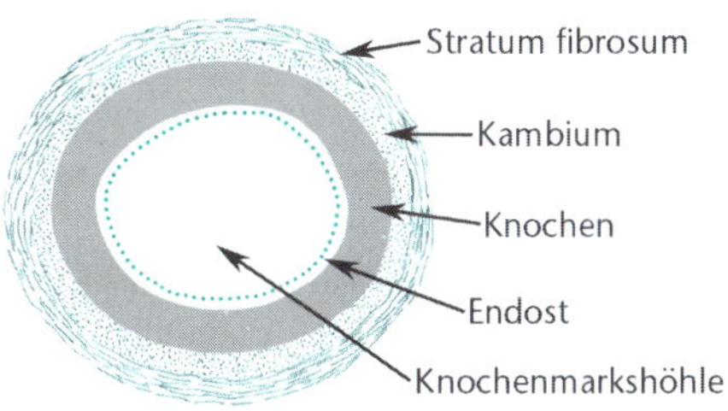

Abb. 2.36 *Schematisierter Aufbau eines kindlichen Knochens*

➤ Das **Stratum osteogenicum** (= **Kambiumschicht**) liegt dem Knochen direkt an. Aus den Zellen der Kambiumschicht differenzieren sich während der Entwicklung Osteoblasten, die beim jugendlichen Knochen für das Dickenwachstum des Knochens verantwortlich sind. Beim Erwachsenen kommen nur noch wenige Osteoblasten im Stratum osteogenicum vor.

Bei einem Knochenbruch differenzieren sich jedoch erneut Osteoblasten aus den Zellen des Stratum osteogenicum, um den Knochen wieder aufzubauen.

Fehlt das Periost an einer Stelle des Knochens, so kommt es in diesem Bereich zum Knochenabbau. ➤

Gefäßversorgung des Knochens

➤ Im Gegensatz zum Knorpel ist der Knochen reich an Blutgefäßen. Das Periost hat entscheidenden Anteil an der Ernährung und am Erhalt des Knochens. ➤
Die Gefäße, die den Knochen mit Blut versorgen, kommen aus dem Periost und ziehen in den Canales perforantes in den Knochen, wo sie sich verzweigen und in die Gefäße, die in den Canales centrales verlaufen, münden.
Bei Röhrenknochen kommen im Bereich der Diaphyse Canales nutricii vor, die in das Knochenmark ziehen und Aa. nutriciae enthalten. Die **Aa. nutriciae** versorgen vor allem den Knochen im Bereich der Diaphyse. Die Aa. nutriciae des Femur gehen als Äste aus den Aa. perforantes I bis III hervor.

Die Epiphysenplatte wird zumeist von vielen kleinen Arterien versorgt, die von außen durch die Canales perforantes in den Knochen eindringen.

Innervation

➤ Das Periost wird sensibel innerviert, was den intensiven Schmerz bei Verletzungen des Periosts z.B. nach Knochenbrüchen oder bei einem Tritt gegen die Tibia (= Schienbein) erklärt. ➤

Endost

Zur Markhöhle hin ist der Knochen von einer dünnen Schicht aus flachen Bindegewebszellen bedeckt, die als Endost bezeichnet wird. Das Endost bedeckt auch die Spongiosabälkchen. Das leicht ablösbare Endost kleidet außerdem die kleinen Kanälchen (Canales perforantes und Canales centrales) aus.

Wie die Zellen des Stratum osteogenicum des Periost, so können sich auch die Zellen des Endost zu Osteoblasten differenzieren und den Knochen von innen neu bilden.

2.3.3 Knochenmark ! 2/5

Durch den Abbau der in Kapitel 2.2.6.3 beschriebenen Spongiosa (knöchernes Maschenwerk) entsteht in den Röhrenknochen eine fast knochenfreie primäre Knochenmarkshöhle, die mit dem **primären Knochenmark** gefüllt ist. Das primäre Knochenmark differenziert sich zum sekundären Knochenmark.

Vom 5. Entwicklungsmonat an bis zum Kleinkindalter füllt das rote, **blutbildende Knochenmark** die gesamte sekundäre Knochenmarkshöhle und den freien Raum zwischen den Knochenbälkchen der Spongiosa aus.

Nach dem 5. Lj. entstehen im Bereich der Diaphyse der Röhrenknochen aus den Retikulumzellen des roten Knochenmarks Fettzellen, wodurch das Knochenmark eine gelbliche Farbe erhält und **gelbes Knochenmark** (= Fettmark) genannt wird. Beim Erwachsenen füllt das gelbe Knochenmark die Markhöhlen der Röhrenknochen (Diaphyse) aus. Das rote Knochenmark kommt nur noch in der Spongiosa der platten und kurzen Knochen vor:
- Rippen,
- Sternum,
- Schädelknochen.

➤ Das gelbe Knochenmark kann bei erhöhtem Blutzellbedarf z.B. infolge einer Erkrankung oder wegen eines hohen Blutverlusts in rotes, blutbildendes Knochenmark zurückgewandelt werden. ➤

Bei einer auszehrenden Erkrankung (z.B. bei bestimmten Tumorerkrankungen) kann das Fett des gelben Knochenmarks teilweise durch Wasser ersetzt werden, wodurch das Knochenmark gallertartig wird und aufgrund seines grauen Aussehens als **graues Knochenmark** (syn.: weißes Knochenmark) bezeichnet wird.

➤ Das gesamte Knochenmark wiegt beim Erwachsenen durchschnittlich 2.600 g, das rote Knochenmark stellt davon wiederum etwa die Hälfte, also etwa 1.300 g. Die blutbildenden Zellen des roten Knochenmarks haben insgesamt ein Gewicht von etwa 400 g. ➤

Von den Gefäßen, die vom Periost in den Knochen ziehen, verlaufen die Aa. nutriciae im Knochenmark, wo sie sich zu Kapillaren verzweigen, die in weitlumige venöse Sinus einmünden. Die venösen Sinus sind untereinander netzartig verbunden.

➤ Innerhalb des Knochenmarks bilden die Blutgefäße ein geschlossenes System. Lymphgefäße kommen im Knochenmark nicht vor.

Während die Wände der Kapillaren noch von Endothelzellen ausgekleidet sind, wird die dünne Wand der Sinus wahrscheinlich von umgewandelten Retikulumzellen gebildet, die lichtmikroskopisch den Endothelzellen gleichen, aber wie echte Retikulumzellen phagozytieren und speichern können. Da diese Zellen die Sinus umgeben, werden sie auch als **Uferzellen** bezeichnet. ➤

Der Raum zwischen den Gefäßen des roten Knochenmarks wird von retikulärem Bindegewebe ausgefüllt, das das **Markstroma** bildet. Die im retikulären Bindegewebe liegenden Blutzellen bilden das **Markparenchym.** Diese Zellen sind aus einer pluripotenten Stammzelle hervorgegangen. Sie bilden die Vorstufen der Erythrozyten, Granulozyten, Monozyten, Thrombozyten und der B-Lymphozyten.

Reife Erythrozyten, Granulozyten und Monozyten werden in dem retikulären Maschenwerk gespeichert und bei Bedarf mittels Diapedese (= aktiver Durchtritt durch die Sinusoidwände) in die Blutbahn abgegeben. Bei den Erythrozyten ist die Diapedese noch umstritten.
Bis zu 10 % der Blutzellen sollen im Knochenmark liegen.

2.3.4 Knochenwachstum ! 0/0

Die Bildung des Knochengewebes durch chondrale oder desmale Ossifikation wird ausführlich in Kapitel 2.2.6.3 beschrieben.

Bei den Schädelknochen erfolgt das Knochenwachstum hauptsächlich im Bereich der Nähte, wobei sich das Wachstum der Schädelknochen proportional zum Gehirnwachstum vollzieht – entwickelt sich das Gehirn unvollständig, so bleibt auch der Hirnschädel entsprechend klein, ist das Gehirn volumenmäßig überproportional groß, wie beim Hydrozephalus („Wasserkopf"), bei dem die Hirnventrikel stark erweitert sind, dann ist auch der Hirnschädel entsprechend groß.

Beim Wachstum der Röhrenknochen wird unterschieden zwischen:
- Längenwachstum,
- Dickenwachstum.

Das Längenwachstum wird ausführlich in Kapitel 2.2.6.3 beschrieben.

➤ Während das Längenwachstum mit der Verknöcherung der Epiphysenplatte endet, bleibt die Fähigkeit zum **Dickenwachstum** ein Leben lang erhalten. ➤

Nach der Pubertät verlangsamt sich das Dickenwachstum jedoch sehr stark. Das Dickenwachstum geht von Osteoblasten aus, die im Stratum osteogenicum, einer zellreichen Schicht des Periost, liegen oder sich dort entwickeln. Gleichzeitig mit dem Dickenwachstum wird vom Markraum aus durch Osteoklasten der Knochen abgebaut (s. Leichtbauweise in Kapitel 2.3.5).

Frakturen

Bei einer Fraktur (Knochenbruch) kommt es zumeist zur Eröffnung der Blutgefäße in den Canales centrales und Canales perforantes (Havers- und Volkmann-Kanälchen – s. Kapitel 2.2.6.2) sowie zum Absterben von Knochenzellen.

➤ Der Reiz zur Knochenneubildung geht von der verletzten Stelle und den damit verbundenen Blutungen aus. Vom Periost und Endost aus wächst Bindegewebe in den Frakturspalt vor, das von Blutgefäßen begleitet wird. Im Frakturspalt und um den äußeren Frakturspalt herum wird als eine Art Knochenmanschette **Kallus** gebildet, der die Knochenenden miteinander verbinden und damit den Knochen stabilisieren und ruhig stellen soll.

Die notwendige Knochenneubildung erfolgt im Frakturspalt durch enchondrale Verknöcherung (s. Kapitel 2.2.6.3), wobei sich die dazu notwendigen Zellen (Chondroblasten, Osteoblasten) aus den unspezifischen Bindegewebszellen im Periost und Endost differenzieren. ➤
Nachdem der Frakturspalt verknöchert ist, wird der Kallus wieder abgebaut.

Klinik: Um eine schnellere Heilung zu erreichen, werden die Bruchenden durch Stahlplatten oder Stahlnägel so aufeinander gepreßt, daß keine Kallusbildung mehr erfolgt. Wird die Bruchstelle nicht fachgerecht versorgt, indem z.B. die Bruchenden nicht richtig reponiert werden oder der betroffene Körperteil nicht ruhig gestellt wird, so kann eine Pseudoarthrose („falsches Gelenk") entstehen, bei der die ehemaligen Bruchenden gegeneinander beweglich bleiben.

2.3.5 Funktioneller Bau des Knochens ! 0/1

Der Knochen zählt zu den schwersten Geweben des Körpers. Damit dieses Grundgerüst unseres Körpers nicht zu schwer wird, ist jeder Knochen nach dem **Leichtbauprinzip** aufgebaut, das heißt, mit mög-

lichst wenig Material (Knochensubstanz) wird ein Maximum an Leistung erzielt **(Minimum-Maximum-Prinzip)**. Dieses Leichtbauprinzip, wird auch in der Technik angewandt, z.B. bei Lastkränen, die nicht aus Stahlblöcken sondern aus Stahlträgern bestehen, deren Form und Anzahl den statischen Anforderungen entsprechend errechnet wurden.
In ihrer „Leichtbauweise" sind die Knochen mit etwa 10 % am gesamten Körpergewicht beteiligt. Wären die Knochen schwerer, so müßte, um sie gegeneinander bewegen zu können, die Muskulatur wesentlich ausgeprägter sein, was uns wiederum schwerer machen und für die Fortbewegung mehr Energieaufwand erfordern würde.

➤ Das Leichtbauprinzip ist besonders gut beim Lamellenknochen verwirklicht, der wegen seiner mechanischen Eigenschaften (hohe Druck-, Zug- und Biegefestigkeit) dem Geflechtknochen überlegen ist. Um den sich möglicherweise im Laufe des Lebens verändernden funktionellen Bedingungen Rechnung zu tragen, laufen innerhalb des Knochens zeitlebens Umbauvorgänge ab, die den Knochen jeweils optimal den Notwendigkeiten anpassen.

Beim Lamellenknochen ist die Kompakta nur in Bereichen verdickt, die besonders belastet sind. Außerdem sind die in der Spongiosa liegenden Knochenbälkchen so angeordnet oder werden so umgebaut, daß sie in Richtung der größten Druck- bzw. Zugspannung ausgerichtet sind und somit **Hauptspannungslinien** bilden, die **Trajektorien** genannt werden. Hieraus resultiert, daß die Knochenbälkchen vorwiegend druck- und zugfest sind, bei einer größeren Biegebelastung jedoch brechen können.

In der Kompakta treten die höchsten Spannungen jeweils in der Längsrichtung auf. Den Biegespannungen, die auf den Schaft des Röhrenknochens einwirken können, ist die **Zuggurtung** entgegengesetzt. Bei der Zuggurtung wirken entsprechende Skelettmuskeln durch ihre Kontraktion der im Schaft eines Röhrenknochens auftretenden Biegespannungen entgegen. ➤

Ändern sich die funktionellen Bedingungen z.B. durch Gewichtsveränderung, infolge einer verstärkten körperlichen Aktivität oder bei einer Inaktivität bettlägeriger Patienten, so kommt es innerhalb des Knochens zu Umbauvorgängen, durch die der Knochen den jeweiligen Gegebenheiten optimal angepaßt wird – Aktivitäts-Hypertrophie bei vermehrter, Inaktivitäts-Atrophie bei stark verminderter Belastung. Bei der Aktivitätshypertrophie wird besonders die Struktur der Spongiosa verstärkt.
Bei älteren Menschen oder auch bei Astronauten, die längere Zeit im schwerelosen Raum verbracht haben, wird der Knochen zumeist durch die verminderte körperliche Aktivität oder Belastung abgebaut, was mit ein Grund für die häufiger auftretenden Frakturen ist.

2.3.6 Knochenverbindungen

Die Knochen können untereinander
- durch einen Gelenkspalt diskontinuierlich (= nur stellenweise),
- durch ein Zwischengewebe kontinuierlich (= überall)

miteinander verbunden sein.

Die diskontinuierlich (beweglich) miteinander verbundenen Knochen bilden eine Articulatio synovialis (syn.: echtes Gelenk – s. Kapitel 2.3.6.2). Die kontinuierlich (unbeweglich) miteinander verbundenen Knochen bilden eine Synarthrose (= Fuge = Hafte).

2.3.6.1 Fugen 0/0

Bei den **Synarthrosen** (= Fugen = Haften) unterscheidet man nach der Art des Zwischengewebes, das zwei Knochen miteinander verbindet, zwischen:
- Articulatio fibrosa – hierbei besteht das Zwischengewebe aus straffem Bindegewebe,
- Articulatio cartilaginea – hierbei besteht das Zwischengewebe aus Knorpel.

Die **Articulationes fibrosae** (= „Bandgelenke") werden unterteilt in:
- **Syndesmosen** (= Bandhaften) – hier sind die Knochen durch straffes kollagenes oder elastisches Bindegewebe miteinander verbunden. Beispiel: Membrana interossea antebrachii, die die beiden Unterarmknochen (Ulna und Radius) miteinander verbindet, sowie das Lig. nuchae (= Nackenband).
- **Suturen** (= Nähte) – sie verbinden die Ränder der jeweils einander gegenüberliegenden Schädelknochen durch kurze, kollagene Fasern miteinander. Während der Geburt dienen die Suturen der Verformbarkeit des Schädels und nach der Geburt dem Wachstum der Schädelknochen. Später verknöchern sie (s. Kapitel 5.1.1).
- **Gomphosis** (= Einzapfungen) – diese Form der Knochenverbindung findet man nur bei den Zähnen. Hierbei stecken die Zähne ähnlich einem Nagel (gomphos = Nagel) in den Alveolen (= Zahnfächern) des Kiefers. Durch straffes kollagenes Bindegewebe sind die Zähne in den Alveolen befestigt.

Die **Articulationes cartilagineae** (= „Knorpelgelenke") werden unterteilt in:

- **Synchondrosen** – sie bilden Verbindungen, die aus hyalinem Knorpel bestehen. Synchondrosen bilden Wachstumszentren, die im Laufe der Skelettreifung verknöchern. Beispiel ist die Synchondrosis sternalis am Sternum (= Brustbein).
- **Symphysen** – hier sind die Knochen durch Faserknorpel miteinander verbunden. Beispiel ist die Symphysis pubica (Schambeinfuge), die zwischen den beiden Schambeinen liegt.

Sind die zuvor erwähnten Articulationes verknöchert, so wird diese Verbindung als **Synostose** bezeichnet.

2.3.6.2 Gelenke

Zur „Einteilung der Gelenke" wurde bisher noch keine Frage gestellt!

Als diskontinuierliche Knochenverbindungen werden die Gelenke (= Di-arthrosen = Articulationes synoviales) bezeichnet. Sie erlauben es den Knochen, sich gegeneinander zu bewegen.

Alle **Diarthrosen** besitzen folgende Merkmale:

- einen Gelenkspalt,
- eine Gelenkkapsel,
- Synovia (= Gelenkschmiere),
- einen die Knochen überziehenden Knorpel,
- Gelenkbänder (= Ligamenta).

Außerdem können vorkommen:

- Zwischenscheiben (= Disci oder Menisci articulares),
- Schleimbeutel (= Bursae synoviales),
- Gelenklippen (= Labra articularia).

Der **Gelenkspalt** (syn.: Gelenkhöhle = Cavitas articularis) liegt als dünner, kapillärer Spalt zwischen den Gelenkenden der Knochen sowie der Gelenkkapsel. Im Gelenkspalt befindet sich die Synovia (= Gelenkschmiere – s. weiter unten).

Die **Gelenkkapsel** (Capsula articularis) umschließt allseitig das Gelenk. Sie besteht wie das Periost aus einer äußeren und einer inneren Schicht.

Die äußere Schicht, die **Membrana fibrosa** (syn.: Stratum fibrosum), ist in ihrer Dicke sehr variabel. Sie besteht aus kollagenen Fasern. Die Membrana fibrosa wird durch Bänder verstärkt und geht in das Periost über. Sie dient dazu, das Gelenk zusammenzuhalten.

➤ Die Gelenkinnenhaut, die **Membrana synovialis** (syn.: Stratum synovialis) besteht aus lockerem Bindegewebe, das elastische Fasern enthält. Die zur Gelenkhöhle hin gerichtete Oberfläche der Membrana synovialis wird nicht von einem Epithel überzogen sondern ist von einer Schicht platter bis kubischer Bindegewebszellen bedeckt, die in A- und B-Zellen unterteilt werden und phagozytieren können. Diese Zellen geben wahrscheinlich Sekrete in die Synovia ab. Bei einigen Gelenken kann die Membrana synovialis neben gefäßreichen Zotten auch fettreiche Falten bilden.

Die Membrana synovialis hat die Aufgabe, Synovia in den Gelenkspalt zu sezernieren und Flüssigkeit aus dem Gelenkspalt zu resorbieren.

Während das Stratum fibrosum keine Gefäße besitzt, findet man im Stratum synovialis viele Nerven und Blutgefäße. Das Stratum synovialis ist daher sehr schmerzempfindlich. ➤

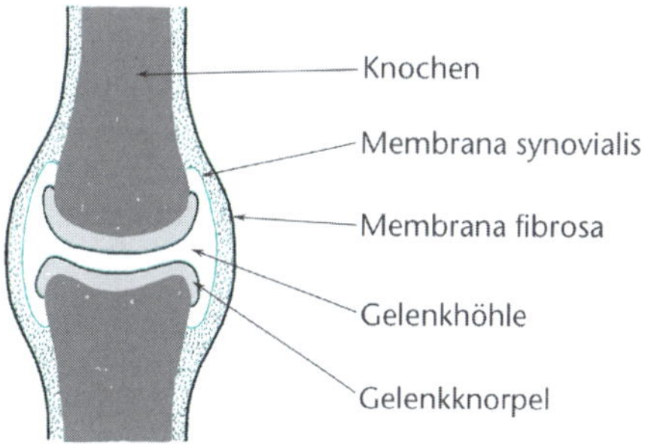

Abb. 2.37 *Schematische Darstellung eines Gelenks*

Die **Synovia** („Gelenkschmiere") dient als Gleitmittel für die am Gelenk beteiligten Knochenstrukturen, sowie als Transportmedium zur Ernährung des gefäßlosen Gelenkknorpels. Sie wird von den Fibrozyten der Membrana synovialis gebildet und enthält als Bluttranssudat u.a. Proteine (wenige), sowie Glukose und Hyaluronsäure.

Der den Knochen im Gelenkspalt überziehende **Gelenkknorpel** (Cartilago articularis) ist hyaliner, und nur im Kiefer- und Schlüsselbeingelenk faseriger Natur. Über eine verkalkte Knorpelzone ist er am darunterliegenden Knochen befestigt.

Der Gelenkknorpel bildet eine glatte Oberfläche für ein möglichst reibungsloses Gleiten. Außerdem ist er verformbar, wodurch bei Bewegungen eine größere Kontaktfläche gebildet und damit eine bessere Druckverteilung erzielt werden kann.

An Stellen, die höheren Druckbelastungen ausgesetzt sind, findet man die dicksten Knorpelschichten von bis zu 6 mm. Bei Bewegungen schützt der

Knorpel den Knochen gegen das Abreiben von Knochensubstanz.

Wird der Gelenkknorpel zerstört, so ist wegen dieses „Abreibens" das Gelenk von einem bestimmten Zeitpunkt an nicht mehr funktionsfähig.

Im Bereich der Gelenkfläche ist der hyaline Knorpel nicht vom Perichondrium überzogen, was zur Folge hat, daß zerstörtes Knorpelgewebe nicht mehr regenerieren kann.

Der Gelenkknorpel besitzt keine Blutgefäße, er wird von der Oberfläche her durch Diffusion aus der Synovia ernährt.

Klinik: Im Alter kommt es häufig durch eine langjährige Abnutzung besonders in den Finger- und Hüftgelenken zu degenerativen Veränderungen des Gelenkknorpels, die **Arthrosen** genannt werden. Dabei kann der Knorpel soweit abgerieben sein, daß Knochenflächen aufeinander reiben, was zu schmerzhaften Gelenkanschwellungen führt.
Als **Arthritis** wird eine rheumatische Gelenkentzündung bezeichnet, deren Ursache eine Autoimmunerkrankung ist. Dabei verdickt sich die Membrana synovialis der Gelenkkapsel durch Einlagerung von u.a. Lymphozyten und Plasmazellen. Der Gelenkknorpel wird von Gefäßen durchzogen und durch kollagenfaseriges Bindegewebe ersetzt.

Die **Gelenkbänder** (= Ligamenta) dienen als Verstärkungsbänder der Gelenkkapsel, sowie als Führungs- oder Hemmungsbänder des Gelenks. Hemmungsbänder dienen z.B. im Kniegelenk dazu, eine Überstreckung des Gelenks zu vermeiden.

Neben den Gelenkbändern und der Gelenkkapsel halten Muskelkräfte ein Gelenk zusammen. Eine Muskelführung kommt besonders ausgeprägt im Schultergelenk vor.

Wird ein Gelenk durch äußere Kräfte auseinandergezogen, so entsteht in der Gelenkhöhle ein Unterdruck, der dann ebenfalls dazu beiträgt, das Gelenk zusammenzuhalten.

➤ Die **Zwischenscheiben** liegen, wenn vorhanden, innerhalb des Gelenkspalts. Sie bestehen aus straffem Bindegewebe oder aus Faserknorpel. Die Zwischenscheiben dienen der Gelenkführung und der gleichmäßigen Verteilung des auf dem Gelenk lastenden Drucks auf die Knochenflächen. Als Disci articulares teilen die Zwischenscheiben den Gelenkspalt vollständig in zwei Bereiche. Als Menisci articulares teilen sie den Gelenkspalt unvollständig. Ein Discus kommt z.B. im Kiefergelenk vor, Menisci kommen u.a. im Kniegelenk vor.

Die Gelenklippen kommen als **Pfannenlippen** (= Labra glenoidalia) im Schulter- und Hüftgelenk vor, wo sie die Gelenkpfannen vergrößern.

Die **Schleimbeutel** (= Bursae synoviales) liegen als spaltförmige Hohlräume zwischen den Gelenken und den sie umgebenden Muskeln und Sehnen. Die Schleimbeutel verbessern das Gleiten dieser Strukturen über das Gelenk, indem sie den Druck verteilen. Die Schleimbeutel sind mit einer Synovialmembran ausgekleidet. In ihrem Lumen kommt Synovialflüssigkeit vor. Teilweise kommunizieren die Schleimbeutel mit dem Gelenkspalt und können so von einer Gelenkserkrankung ebenfalls betroffen sein. ➤

Einteilung der Gelenke

Die Gelenke werden nach der Anzahl der am Gelenk beteiligten Knochen unterteilt in:

- einfaches Gelenk – in ihm artikulieren zwei Knochen miteinander,
- zusammengesetztes Gelenk – in ihm artikulieren mehr als zwei Knochen miteinander (z.B. im Ellenbogengelenk: Humerus, Ulna und Radius).

Die Bewegungsmöglichkeiten der Gelenke werden in drei aufeinander senkrecht stehenden **Hauptachsen** (früher als Freiheitsgrade bezeichnet) unterteilt, wobei sich einachsige Gelenke nur in einer, zweiachsige Gelenke in zwei und dreiachsige in drei Hauptachsen bewegen können.

Anhand eines Kugelgelenks sind die Hauptachsen nachfolgend charakterisiert:

- die erste Hauptachse ist die Längsachse, durch die z.B. die Innen- und Außenrotation möglich ist;
- die zweite Hauptachse ist die transversale Achse (s. Kapitel 2.1.2), durch die Beugung (= Flexion) und Streckung (= Extension) möglich ist,
- die dritte Hauptachse ist die sagittale Achse, die Abduktion (= Wegführen) und Adduktion (= Heranziehen) ermöglicht.

Als **Zirkumduktion** (= Kreiseln) bezeichnet man eine kombinierte Bewegung aus Adduktion, Abduktion, Flexion und Extension, die bei zwei- und dreiachsigen Gelenken möglich ist.Nach der Form werden die Gelenke unterteilt in:

- **Einachsige Gelenke** (sie besitzen 2 Hauptrichtungen):
  - **Scharniergelenk** (= Ginglymus) – es besteht wie die Türangel aus einer konkaven Gelenkpfanne, die den walzenförmigen Gelenkkopf teilweise umfaßt, z.B. Ellenbogengelenk, Kniegelenk, oberes Sprunggelenk.

- Drehgelenk (= Articulatio trochoidea) – es wird in ein Radgelenk und in ein Zapfengelenk unterteilt.
  Zapfengelenk – in ihm dreht sich ein Zapfen als Gelenkkopf in einer konkaven Gelenkpfanne, z.B. Articulatio radioulnaris proximalis.
- **Radgelenk** – in ihm dreht sich die Gelenkpfanne um einen feststehenden Zapfen, z.B. Articulatio atlanto-axialis (– Gelenk zwischen den beiden ersten Halswirbeln), Articulatio radioulnaris distalis.

• **Zweiachsige Gelenke** (sie besitzen 2 Hauptachsen = 4 Hauptrichtungen):
  - **Sattelgelenk** – hierbei haben der Gelenkkopf und die Gelenkpfanne jeweils eine konkav gekrümmte Gelenkfläche, z.B. Daumengrundgelenk.
  - **Eigelenk** (= Ellipsoidgelenk) – hierbei liegt ein konvexer ovaler Gelenkkopf in einer konkav geformten Gelenkpfanne, z.B. proximales Handgelenk.
• **Dreiachsige Gelenke** (besitzen 3 Hauptachsen = 6 Hauptrichtungen):
  - **Kugelgelenk** – besitzt einen kugelförmigen Gelenkkopf und eine konkave Gelenkpfanne, z.B. Schultergelenk.
  - **Nußgelenk** – bildet eine Sonderform des Kugelgelenks, bei dem der Gelenkkopf zu mehr als 50 % von der Gelenkpfanne umgeben ist, z.B. Hüftgelenk.

Neben diesen frei beweglichen Gelenken kommen als straffe Gelenke die **Amphiarthrosen** vor, die bedingt durch eine straffe Gelenkkapsel und durch starke kurze Bänder, nur eine minimale Bewegungsmöglichkeit besitzen, z.B. Articulatio sacroiliaca.

2.3.7 Skelettmuskulatur und Hilfseinrichtungen

2.3.7.1 Form- und Strukturmerkmale !! 2/6

Die meisten Skelettmuskeln haben ihren Ursprung und ihren Ansatz am Knochenapparat. Daneben findet man quergestreifte Skelettmuskulatur in der mimischen Muskulatur, den äußeren Augenmuskeln, der Zunge, im Pharynx (= Schlund), Larynx (= Kehlkopf) und im oberen Oesophagusabschnitt (= Speiseröhre).

➤ Die Skelettmuskulatur wird vom animalen (somatischen) Nervensystem innerviert, wobei jedoch nicht jede Skelettmuskelfaser von einem eigenen Spinalnervenast versorgt wird. Vielmehr innervieren manche Axone bis zu 100 und mehr Muskelfasern. ◄

Unterschiede zwischen den einzelnen Skelettmuskeln

Der Form nach unterscheiden sich die einzelnen Skelettmuskeln teilweise dadurch, daß sie einen oder mehrere eigenständige Ursprünge haben. Per definitionem wird bei der Muskel-Knochen-Verbindung als Ursprung des Muskels der Knochen bezeichnet, der weniger beweglich ist, und als Ansatz der Knochen, der beweglicher ist.

Mehrere Ursprünge haben z.B.:
• M. biceps brachii – zweiköpfig,
• M. triceps brachii – dreiköpfig,
• M. quadriceps femoris – vierköpfig.

Die Skelettmuskeln besitzen neben den zum Teil langen Sehnen einen aus kontraktilen Muskelfasern bestehenden Muskelbauch. Einige Muskeln besitzen mehrere hintereinander liegende Muskelbäuche, die durch Zwischensehnen verbunden sind (z.B. der M. rectus abdominis).

Andere Muskeln wiederum bilden Fiedern aus, bei denen die Muskelfasern ohne Bauchbildung in die Ansatzsehne übergehen.

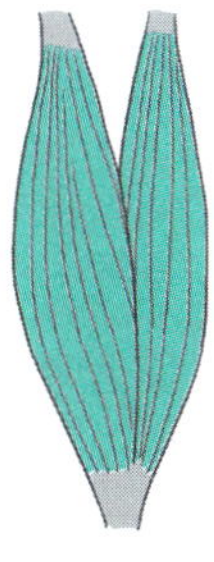

Abb. 2.38 Zweiköpfiger Muskel

Aufbau des Skelettmuskels

Der Skelettmuskel ist aus verschiedenen Geweben aufgebaut, wobei das quergestreifte Muskelgewebe den größten Anteil stellt. Das Muskelgewebe besteht aus einer Vielzahl von Muskelfasern, die als kontraktile Masse bezeichnet werden.

Jede **Muskelfaser** ist von einer als Sarkolemm bezeichneten Zellmembran umhüllt. Dieses Sarkolemm kann elektronenmikroskopisch in die eigentliche Zellmembran, in eine Basalmembran und in eine aus argyrophilen Fibrillen bestehenden Schicht unterteilt werden.

Die Muskelfasern verlaufen zueinander parallel, verbinden sich jedoch nicht untereinander.
An jeder Muskelfaser schließt eine Sehnenfaser an. Um einen festen Halt zu haben, ist das Sarkolemm der Muskelfaser an den Enden fingerartig eingefaltet. An der Basallamina, die das Sarkolemm umgibt, entspringen die Sehnen.

Sehnen und Aponeurosen (= flächenhafte Sehnen, z.B. bei den platten Bauchmuskeln) bestehen aus in Zugrichtung angeordneten, parallel verlaufenden Kollagenfaserbündeln, die durch schraubig verlaufende Fasern zusammengehalten werden. Die Sehne wird von einem geflechtartigen Bindegewebe, dem **Peritendineum externum,** umhüllt. Durch das gefäß- und nervenführende **Peritendineum internum** wird die Sehne in Primärbänder unterteilt. Die Sehnen sind relativ gefäßarm (weiter s. Kapitel 2.2.4.6).

Bei der **Muskel-Sehnen-Verbindung** ist am entsprechenden Ende das Plasmalemm der Muskelfaser fingerförmig geformt. Von der Basalmembran, die das Plasmalemm überzieht, ziehen kollagene Fibrillen als feine Fortsätze in den Anfangsteil der Sehne, wo sie sich den Sehnenfasern anlagern. Die große Festigkeit zwischen Sehne und Muskel ist dabei aus der großen Kontaktfläche zwischen der Sehne und dem Muskel zu erklären.

Bei der **Sehnen-Skelett-Verbindung** vereinigen sich die einzelnen Sehnenfasern zu spitzwinkligen Sehnen (Aponeurosen) und verbinden sich mit dem Stratum fibrosum des Periost. In einigen Bereichen dringen die Sehnenfasern bis in die Knochen ein und bilden damit eine direkte Sehnen-Knochen-Verbindung.

Zur Muskelkontraktion s. Kapitel 2.2.7.1.

Als weiteres Gewebe findet man im Skelettmuskel das zwischen den Muskelfasern liegende lockere Bindegewebe. Durch dieses Bindegewebe werden die Muskelfasern gebündelt und damit zu größeren Einheiten zusammengefaßt.

Etwa 10–50 Muskelfasern bilden ein Primärband. Das in Primärbändern liegende kapillarreiche Bindegewebe, das das Sarkolemm der benachbarten Muskelfasern untereinander locker verbindet, wird **Endomysium** genannt.
Das Primärband wird vom **Perimysium internum** umhüllt, das die Verschieblichkeit der Primärbänder untereinander ermöglicht.

Durch das gefäß- und nervenführende Perimysium externum werden Gruppen von Primärbändern zu höheren Funktionseinheiten (= Sekundärbändern) zusammengefaßt.
Um den Skelettmuskel herum liegt als lockere Bindegewebshülle das **Epimysium,** das es den einzelnen Muskeln erlaubt, sich gegeneinander zu verschieben.

Nerven- und Gefäßversorgung

Wegen des großen Energiebedarfs werden die quergestreiften Muskeln von sehr vielen im Endomysium liegenden Blutgefäßen versorgt.

Die größeren Nerven, die zu den Skelettmuskeln ziehen, enthalten sowohl motorische (= efferente) als auch sensible (= afferente) Axone, die sich im Perimysium zu kleinen Nervenästen verzweigen.

Bei der **Muskelinnervation** muß unterschieden werden zwischen
- sensibler Innervation,
- motorischer Innervation.

➤ Sensibel (= afferent) werden Impulse von Dehnungsrezeptoren weitergeleitet, die Informationen über den Spannungszustand (Kontraktion) des Muskels liefern. Schmerzrezeptoren kommen in Skelettmuskeln nicht vor.
Sensible Impulse, die die Spannung von Muskeln und Sehnen und die Stellung von Gelenken registrieren, werden **Propriorezeptoren** genannt. Propriorezeptoren sind die Endorgane der **Tiefensensibilität.** Die sensiblen Impulse der Propriorezeptoren werden zum Rückenmark weitergeleitet, auf Grund derer eine motorische Reaktion entstehen kann (s. Reflexe in Kapitel 9.2.4). Bei den Propriorezeptoren ist der Reiz- und Erfolgsort identisch!

An Propriorezeptoren kommen vor:
- Muskelspindeln,
- Sehnenspindeln,
- Lamellenkörperchen. ◄

Die motorischen (efferenten) Nervenfasern teilen sich im Perimysium in kleinere Nervenäste auf. Im Endomysium gelangen sie zu ihrem Innervationsort.
➤ Jede Muskelfaser muß, um sich kontrahieren zu können, von wenigstens einem motorischen Nervenast innerviert werden. Andererseits innervieren manche Axone bis zu 100 und mehr Muskelfasern. Eine Nervenfaser und alle von ihr innervierten Muskelfasern werden als **motorische Einheit** bezeichnet.

Je weniger Muskelfasern zu einer motorischen Einheit gehören, desto besser ist die Feinabstimmung von Bewegungen (weil relativ zur Muskelgröße mehr Nervenfasern an der Feinabstimmung beteiligt sind).

Der Nervenast steht mit der Muskelfaser über eine Synapse in Verbindung, die **myoneurale Verbindung** genannt wird.

Kurz oberhalb der Synapse verliert der Nervenast seine Markscheide und verzweigt sich in noch kleinere Nervenfäserchen, deren Enden verdickt sind. Diese Verdickungen werden **motorische Endplatten** genannt. In den motorischen Endplatten ist als Neurotransmitter Acetylcholin gespeichert. Bei einer Erregung des Axon wird das Acetylcholin in den synaptischen Spalt freigesetzt. Acetylcholin lagert sich an spezifische Rezeptoren im Sarkolemm (= Plasmalemm) der innervierten Muskelfaser an. Durch die Anlagerung wird die Permeabilität des Sarkolemm für Natrium erhöht, wodurch die Membran depolarisiert (= **Endplattenpotential).** Die Depolarisation wird auf das sarkoplasmatische Retikulum übertragen und führt dort zur Freisetzung von Kalzium aus den Triaden (weiter s. Kapitel 2.2.7.1). Durch den Abbau des Acetylcholin wird die Depolarisation beendet. Acetylcholin-Rezeptoren kommen nur in motorischen Endplatten vor. ◄

Muskelspindeln

➤ Die nach ihrem spindelförmigen Aussehen benannten Muskelspindeln liegen innerhalb der Skelettmuskelfasern. Sie sind bis zu 3 mm, selten bis 10 mm lang und 0,2 µm dick. Die Muskelspindeln sind von einer bindegewebigen Kapsel umgeben. In der Kapsel liegen 3–10 dünne, modifizierte Muskelfasern. Diese im Vergleich zu den die Muskelspindeln umgebenden normalen Skelettmuskelfasern (= extrafusale Muskelfasern) dünnen Fasern werden **intrafusale Muskelfasern** genannt. Die intrafusalen Muskelfasern sind an ihren Enden mit dem zwischenmuskulären Bindegewebe verbunden. Sie verlaufen parallel zu den extrafusal gelegenen Muskelfasern.

In den Muskelspindeln kommen zwei Arten von intrafusalen Fasern vor:

- **Kernsackfasern** – sind mit 1–2 Fasern an den Muskelspindeln beteiligt. In der Fasermitte liegt eine sackartige Erweiterung, die bis zu 50 Zellkerne enthält;
- **Kernkettenfasern** – stellen die restlichen Fasern der Muskelspindel. Die Zellkerne sind reihenartig angeordnet und über die ganze Faser verteilt.

Die intrafusalen Fasern besitzen nur in ihren Endabschnitten quergestreifte Myofibrillen und können darum auch nur dort kontrahiert werden. Im Bereich des mittleren, nicht kontrahierbaren Bereichs der Muskelspindel werden die intrafusalen Fasern von **anulospinalen Endigungen** (anulospinale Wikkelung) umschlungen. Die anulospinalen Endigungen entstammen den markhaltigen Aα-Fasern (= Typ Ia-Nervenfasern). Im gleichen Bereich der Muskelspindel stehen die intrafusalen Fasern mit doldenblütenförmigen Endigungen von dünnen Aβ-Nervenfasern (= Typ II-Fasern) in Kontakt. Diese Nervenfasern sind über ihre Endigungen häufig mit mehreren Muskelspindeln verbunden. Beide Nervenfasertypen bilden die Endigungen von axonalen Dendriten.

Im Bereich der kontraktilen Enden treten motorische Nervenfasern an die intrafusalen Fasern heran – bei Kernsackfasern vor allem über motorische Endplatten, bei Kernkettenfasern als Endnetze. Dabei handelt es sich um Fasern von Aγ-Motoneuronen, die aus den motorischen Vorderhornzellen des Rükkenmarks kommen.

Funktion: Die Muskelspindeln dienen als Dehnungsrezeptoren, die durch Kontraktion an den Spindelenden in den anulospinalen Endigungen gereizt werden und die Information über die Muskellänge über Aα-Fasern zu den α-Motoneuronen im Rückenmark weiterleiten. Die Aβ-Fasern registrieren die konstante Dehnung. ◄

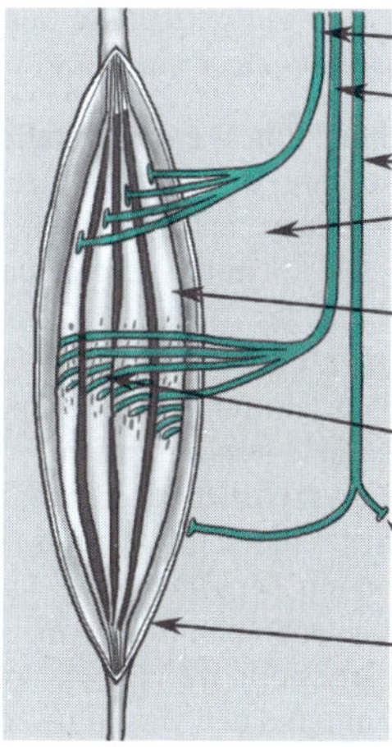

Abb. 2.39 Muskelspindel (schematisiert)

Sehnenspindeln

➤ Die Sehnenspindeln (syn.: Sehnenorgane, Tendorezeptoren, Golgi-Sehnenorgane) liegen innerhalb

Histologie

der Sehne an der Grenze zum Skelettmuskel. Sie verlaufen parallel zu den Sehnenfasern. Die etwa 1 mm langen Sehnenspindeln sind wie die Muskelspindeln von einer Kapsel aus Bindegewebe umgeben. Sie werden von ein oder zwei afferenten Aβ- (= Ib)-Nervenfasern versorgt, die über die hintere Spinalnervenwurzel in das Rückenmark ziehen und die α-Motoneurone des Vorderhorns hemmen. Die Sehnenspindeln sind Dehnungsrezeptoren, die bei der Muskelkontraktion gedehnt und damit erregt werden. Sie kontrollieren die Muskelspannung, während die zuvor erwähnten Muskelspindeln die Länge des Muskels kontrollieren.

Die Sehnenspindeln bilden mit den Muskelspindeln einen Teil des Rückkopplungssystems, das die Spannung der Skelettmuskeln steuert (Näheres ☞ bitte Physiologie). ◄

Lamellenkörperchen

► Die Lamellenkörperchen (Golgi-Mazzonische Körperchen) sind ähnlich den in Kapitel 2.9.1.5 beschriebenen Vater-Pacini-Körperchen aufgebaut. Sie kommen am Sehnenansatz vor und dienen als Dehnungsrezeptoren. ◄

2.3.7.2 Allgemeine Muskelmechanik ! 0/1

Prüfungsrelevant: Sie sollten die Bedeutung der fett hervorgehobenen Begriffe kennen.

Legt man einen Querschnitt durch einen parallelfaserigen Skelettmuskel, so kann anhand der Struktur und Funktion zwischen einem anatomischen und einem physiologischen Querschnitt unterschieden werden.

Als **anatomischen Querschnitt** bezeichnet man den in Höhe des größten Umfangs des Muskels senkrecht zur Längsachse gelegten Schnitt.

Als **physiologischen Querschnitt** bezeichnet man die Summe aller Muskelfaserquerschnitte eines Muskels, was gleichbedeutend mit der Kraft des Muskels ist – den physiologischen Querschnitt legt man so, daß alle Muskelfasern dargestellt werden. Aus dem physiologischen Querschnitt und der Muskelfaserlänge kann die Arbeit eines Muskels (Kraft x Weg) errechnet werden. Die Kraft ist dabei proportional zur Anzahl der kontrahierten Muskelfasern.

Bei parallelfaserigen Skelettmuskeln ist der anatomische und physiologische Querschnitt gleich.

Ein weiteres Unterscheidungsmerkmal stellt die **Hubhöhe** (= Verkürzungsgröße) und die Hubkraft dar. Die Hubhöhe hängt von der Muskelfaserlänge ab. Bei einer vorausgegangenen maximalen Dehnung kann sich die Muskelfaser bei der Kontraktion um bis zur Hälfte verkürzen.

Die Kontraktionskraft (= **Hubkraft**) hängt von der Zahl der erregten Fasern ab.

Neben der Hubkraft ist der wirksame Hebelarm (Weg) für die Arbeit (Muskelwirkung) eines Muskels entscheidend. Je länger der Weg (Hebelarm) ist, desto größer muß die Hubhöhe (lange Muskelfasern) sein um in einem Gelenk die maximale Bewegung zu erzeugen.

Kontrahieren sich mehrere Muskelfasern, so summiert sich ihre Wirkung (s. hierzu die Lehrbücher der Physiologie).

2.3.7.3 Hilfseinrichtungen der Muskeln und der Sehnen ! 1/2

Zu den Hilfseinrichtungen der Muskeln und Sehnen zählen
die Muskel- und Muskelgruppenfaszien,
die Schleimbeutel und die Sehnenscheiden.

Die **Faszien** bestehen aus straffem Bindegewebe. Sie umhüllen einen Muskel, eine Muskelgruppe, ein ganzes Glied (z.B. Arm) oder ein Organ. Zwischen den Muskeln und der Innenseite der jeweiligen Faszie liegt als lockere Verschiebeschicht das **Epimysium.**

Die oberflächliche Körperfaszie grenzt den Muskelmantel unseres Körpers gegenüber der Subkutis (= Unterhaut) ab.

Die **Einzelfaszie** sichert als Führungsröhre die Form und die Lage des Muskels.

Die **Gruppenfaszie** umschließt Muskeln gleicher Funktion und trennt sie dabei von anderen Muskelgruppen. Einige Gruppenfaszien ziehen bis zum jeweiligen Knochen.

Den Bereich, der zwischen zwei Gruppenfaszien liegt, nennt man **Muskelscheidewand** (= Septum intermusculare). In den Muskelscheidewänden findet man oft Sehnenzüge, wodurch diese Wände verstärkt werden und damit Muskelfasern als Ursprungs- und Ansatzstelle dienen können.

Wenn sich die Muskeln innerhalb ihrer Faszien kontrahieren und sich damit verdicken, drücken sie auf die in ihrer Nähe liegenden Gefäße (Venen und Lymphgefäße) und fördern so den Blut- und Lymphtransport - dieser Vorgang wird als **Muskelpumpe** bezeichnet.

Klinik: Die Faszien verhindern, daß z.B. Entzündungen zum Muskel weitergeleitet werden, die Faszien bilden quasi also eine Art Schutzwand um die Muskeln.

Als **Faszienloge** (von einigen Autoren als **Muskelloge** bezeichnet) wird der von einer Faszie umschlossene Bereich bezeichnet, in dem Muskeln liegen. Die Faszienlogen sind in einigen Körperbereichen bei der Ausbreitung von Eiteransammlungen von großer klinischer Bedeutung.

Die **Schleimbeutel** (= Bursae synoviales) sind mit Schleim gefüllte Spalträume, die zwischen einem Gelenk und den Sehnen/Muskeln oder zwischen Sehnen und der Haut liegen. Die Bursae wirken als Druckverteiler und erleichtern die Verschiebung der einzelnen Schichten gegeneinander.

Gelenknahe Bursae können mit dem Gelenkspalt in Verbindung stehen.

Die **Sehnenscheiden** bilden um lange Extremitätensehnen röhrenförmige Bindegewebshüllen. Sehnenscheiden treten dort auf, wo Sehnen durch vorspringende Knochen gefährdet sind. Sehnenscheiden umhüllen die Sehnen der langen Finger- und Zehenmuskeln.

Die Sehnenscheiden enthalten eine schleimige Flüssigkeit, die **Synovia** genannt wird. Die Synovia ermöglicht die Verschiebung der Sehne innerhalb der Sehnenscheide.

Die Sehnenscheiden bestehen aus einer inneren Vagina synovialis und einer äußeren starken Vagina fibrosa. Die Vagina fibrosa ist in der Umgebung verankert. Beide Vaginae gehen an den Enden der Sehnenscheide zum Teil mittels eines Mesotendineum (= Verbindung zwischen den beiden Vaginae) ineinander über.

Klinik: Bei einer Überbeanspruchung durch z.B. ungewohnte Arbeit, kann es zur Sehnenscheidenentzündung (Tendo vaginitis) kommen.

➤ Als **Hypomochlion** bezeichnet man eine Umlenkstelle für die Sehne eines Muskels. Ein Hypomochlion verändert die Richtung eines Muskelzugs, wobei die Zugrichtung des Muskels nur von der wirksamen Endstrecke der Sehne bestimmt wird (= dem Teil, der hinter dem Hypomochlion liegt).

Im Bereich des Hypomochlion liegen die Sehnen in einer Sehnenscheide. ◄

➤ Beispiele für Hypomochlien sind:

- Malleolus medialis (= innerer Fußknöchel) – für M. flexor digitorum longus,
- Incisura ischiadica – für den M. obturatorius internus,
- Hamulus pterygoideus – für den M. tensor veli palatini. ◄

2.3.7.4 Muskelfunktion

! 0/1

➤ *Prüfungsrelevant: Sie sollten die Bedeutung der fett hervorgehobenen Begriffe kennen.* ◄

Die Muskeln haben die Aufgabe

- mittels Kontraktion Bewegungen auszuführen oder
- über den Muskeltonus eine Ruhespannung aufrecht zu erhalten (siehe Physiologie).

Nachfolgend sind die im GK aufgeführten Punkte definiert:

Funktionelle Muskelgruppen – die meisten Skelettmuskeln wirken gemeinsam mit anderen Muskeln (z.B. als Beuger eines Gelenks). Eine solche Gruppe bezeichnet man als funktionelle Muskelgruppe.

➤ Die Muskeln einer funktionellen Gruppe können, brauchen aber nicht gleicher Herkunft zu sein und können daher von verschiedenen Nerven innerviert werden. ◄

Genetische Muskelgruppen – die Muskeln einer genetischen Gruppe entstammen der gleichen Anlage und werden vom gleichen Nerv innerviert, z.B. entstammen die mimischen Muskeln (= Gesichtsmuskeln) dem 2. Kiemenbogen und werden vom N. facialis innerviert.

Synergisten – Bewegungen des Körpers werden zumeist von wenigstens zwei Muskeln (= funktionelle Muskelgruppe) gemeinsam ausgeübt. Solche Muskeln, die bestimmte Bewegungen gemeinsam ausüben, werden Synergisten (syn.: Agonisten = Gleichsinnige) genannt.

Antagonisten (= Gegenspieler) – als Gegenspieler der Synergisten führen die Antagonisten entgegengesetzte Bewegungen aus. Erst eine Feinabstimmung zwischen synergistischen und antagonistischen Bewegungen macht abgestufte Bewegungen möglich. Die Einstufung als Synergist oder Antagonist hängt für den betrachteten Muskel von der jeweilig auszuführenden Bewegung sowie von der Gelenkstellung ab.

Bewegungsmuskeln – sie dienen dynamischen Vorgängen (= Bewegungen), das heißt, durch isotonische Kontraktionen (siehe unten) ziehen sich die Muskelfasern zusammen und ermöglichen es uns so, unseren Körper zu bewegen. Da die Bewegungsmuskeln jeweils nur kurzfristig aber intensiv genutzt werden, besitzen sie viel Glykogen aber sind relativ schlecht durchblutet, weshalb sie als weiße (= an-aerobe) Muskulatur bezeichnet werden.

Haltemuskeln - sie sind statisch tätig, das heißt, sie halten unseren Körper in einer bestimmten Stellung. Die Fasern der Haltemuskeln kontrahieren sich isometrisch (siehe unten). Da die Haltemuskeln (z.B. die Rückenmuskulatur) über längere Zeiträume beansprucht werden (z.B. tagsüber, um unseren Körper aufrecht zu halten) sind sie über viele Blutgefäße besonders gut mit Sauerstoff versorgt, weshalb sie als rote (= aerobe) Muskeln bezeichnet werden.

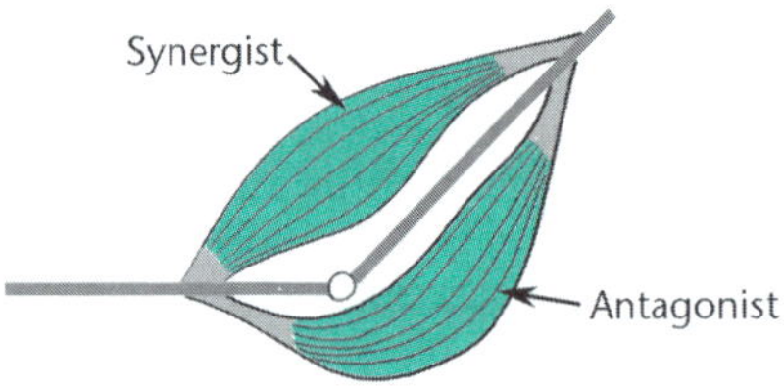

Abb. 2.40 *Schematische Darstellung von Synergist und Antagonist*

Isometrische Kontraktion - bei der isometrischen Kontraktion kommt es zu einer Spannungsänderung, bei der der Muskel zwar Kraft (= Haltearbeit) aufwendet, in seiner Länge aber konstant bleibt.

Isotonische Kontraktion - bei der isotonischen Kontraktion verkürzt sich der Muskel unter konstanter Belastung. Dabei schieben sich die dünnen Aktinfilamente zwischen die Myosinfilamente zur Sarkomermitte hin vor, wodurch sich die Muskelfaser verkürzt.

Aktive Muskelinsuffizienz - hiermit bezeichnet man die Unfähigkeit eines Muskels zur weiteren Kontraktion, wenn mit der Vorkontraktion bereits das Maximum an Verkürzung erreicht wurde. Bei Muskeln, die mehrere Gelenke überziehen, reicht ihre maximal mögliche Kontraktion manchmal nicht aus, um die jeweiligen Gelenke in eine Extremstellung zu bringen, z.B. kann man das Kniegelenk nicht so weit aktiv beugen, daß die Ferse das Gesäß erreicht.

➤ Anders ausgedrückt, die aktive Insuffizienz mehrgelenkiger Muskeln entsteht aus einer unzureichenden Verkürzungsfähigkeit des Muskels. ◄

Passive Muskelinsuffizienz - während bei der aktiven Insuffizienz die Verkürzung des Muskels nicht ausreicht, ist bei der passiven Insuffizienz die Fähigkeit eines Muskels sich über mehrere Gelenke zu dehnen, nicht ausreichend. Diese Besonderheit beobachtet man bei dem Versuch untrainierter Menschen, bei durchgestreckten Kniegelenken mit den Handballen den Boden zu erreichen.

2.4 Allgemeine Anatomie des Kreislaufsystems

2.4.1 Gliederung des Kreislaufsystems !!! 11/22

➤ *Besonders prüfungsrelevant: Der gesamte Abschnitt „Fetaler Blutkreislauf" und „Umstellung des fetalen Blutkreislaufs".* ◄

Das **Blutgefäßsystem** wird unterteilt in:
- Aorta und Arterien, die das Blut vom Herzen wegleiten,
- Venen, die das Blut dem Herzen zuführen.

Das Herz bildet somit die Zentralstelle des Kreislaufsystems.

Das **Kreislaufsystem** kann in 2 Systeme unterteilt werden,
- in einen großen Kreislauf, der das Blut vom Herzen über die Arterien zu den einzelnen Organen leitet und über die Venen zum Herzen zurücktransportiert,
- in einen kleinen Kreislauf, der das sauerstoffarme Blut vom Herzen zur Lunge und das dort mit Sauerstoff angereicherte Blut von der Lunge zum Herzen zurücktransportiert.

Kleiner Kreislauf (= Lungenkreislauf)

Das in den Venen des großen Kreislaufs fließende sauerstoffarme Blut gelangt über die beiden Venae cavae (superior und inferior) in den rechten Vorhof und von dort in die rechte Kammer. Von der rechten Kammer wird es über den Truncus pulmonalis und durch die Aa. pulmonales (= Lungenarterien) zu den beiden Lungen gepumpt. In der Lunge geben die Erythrozyten CO_2 ab und nehmen O_2 auf. Über die Vv. pulmonales fließt das sauerstoffreiche Blut in den linken Vorhof des Herzens.

Merke: Als einzige Venen führen die Vv. pulmonales und beim Fetus die V. umbilicalis (siehe Fetalkreislauf) sauerstoffreiches Blut!

Großer Kreislauf

Vom linken Vorhof gelangt das Blut in die linke Herzkammer, aus der es mit hohem Druck in die Aorta gepumpt wird. Die Aorta leitet das Blut über ihr Arteriensystem den einzelnen Organen zu.

Durch die den Arterien nachgeschalteten Kapillaren gibt das Blut Sauerstoff und Nährstoffe an die Organe ab. Gleichzeitig werden CO_2 und Stoffwechselprodukte aus den Organen an das Blut abgegeben, die über die Vv. cavae zum rechten Vorhof transportiert werden.

Innerhalb des großen Kreislaufs nimmt die Pfortader (= V. portae → Leber) eine Sonderstellung ein. Die **V. portae** erhält ihr nährstoffreiches (mit Proteinen, Zucker und Salz angereichertes) Blut aus den Venen des Magens und des Darms. Das ebenfalls zur V. portae fließende Blut aus dem Pankreas (= Bauchspeicheldrüse) ist mit Hormonen und das aus der Milz kommende Blut mit Abbauprodukten angereichert. In der Leber werden die Stoffwechselprodukte teilweise umgebildet bzw. die für den Körper giftigen Produkte teilweise abgebaut und gespeichert. Von der Leber gelangt das sauerstoffarme Blut über die V. cava inferior zum rechten Vorhof des Herzens.

➤ Das aus dem Darm aufgenommene Fett wird nicht über die V. portae sondern über Lymphwege in den Blutkreislauf weitergeleitet. ◄ Dazu nimmt das Lymphgefäßsystem über die in den Gewebsspalten befindlichen Kapillaren einen Teil des an das Gewebe abgegebenen Blutplasmas als fast zellfreie Gewebsflüssigkeit auf.

➤ Die wie das Blut gerinnungsfähige Lymphe wird über Lymphgefäße, in denen Lymphknoten zwischengeschaltet sind, zum Hauptlymphgefäß, dem **Ductus thoracicus** (= Milchbrustgang) geleitet. ◄ Der Ductus thoracicus zieht vom Bauchraum durch die Brusthöhle zum Angulus venosus sinister (= linker Venenwinkel) in dem er einmündet, wodurch die Lymphe in den Blutkreislauf zurückfließt.

Fetaler Blutkreislauf

➤ (orientieren Sie sich bitte an der Abb. 2.41).
Beim Fetus fließt das O_2-reiche Blut aus der Plazenta in die **V. umbilicalis** (= Nabelvene). Die Blutmenge wird dabei über einen Nabelschnursphinkter reguliert.

Von der V. umbilicalis gelangt der größte Teil des Blutes durch den **Ductus venosus Arantii** (einen Kurzschluß) zur V. cava inferior, der Rest fließt über eine Anastomose zur V. portae (= Pfortaderanastomose) zur Leber, wo es sich mit dem sauerstoffarmen Blut aus dem Darmbereich mischt und über die Vv. hepaticae ebenfalls in die V. cava inferior gelangt.

Von der V. cava inferior gelangt das Blut in den rechten Vorhof des Herzens, wobei der Blutstrom durch eine Klappe der V. cava inferior, die **Valvula venae cavae inferioris** (= **Valvula Eustachii**) genannt wird, direkt auf das **Foramen ovale** gerichtet ist, so daß der größte Teil des Blutes aus dem rechten Vorhof direkt in den linken Vorhof fließt (unter Umgehung der rechten Herzkammer). Vom linken Vorhof fließt das Blut in die linke Kammer und von dort durch die Aorta zu den jeweiligen Versorgungsgebieten.

Das sauerstoffarme Blut aus dem Kopf- und Armbereich fließt über die V. cava superior zum Herzen. Dabei kreuzt sich der aus der V. cava superior kommende Blutstrom mit dem aus der V. cava inferior kommenden. Das Blut aus der V. cava superior nimmt jedoch einen etwas anderen Weg. Über die **Valvula sinus coronarii** (= **Thebesii-Falte**) gelangt es in die rechte Herzkammer und fließt von dort durch den Truncus pulmonalis zum **Ductus arteriosus (Botalli)** und weiter zur Aorta.

Da im spätfetalen Blutkreislauf die Lungen ihre Funktion noch nicht aufgenommen haben (die Sauerstoffanreicherung des Blutes erfolgt in der mütterlichen Lunge) fließt nur ein kleiner, der Eigenversorgung dienender Teil des Blutes vom Herzen über die Aa. pulmonales zu den beiden Lungen. Der Ductus arteriosus dient dabei als Kurzschluß zwischen dem Truncus pulmonalis und der Aorta, so wird der Lungenkreislauf umgangen. Dieser Kurzschluß wird dadurch begünstigt, daß der Widerstand in den Lungenarterien während der Fetalzeit relativ groß ist.

Über die Aorta descendens gelangt das Blut zu den Aa. iliacae und von dort über die beiden Aa. umbilicales zur Plazenta. ◄

➤ Wie Sie aus der Abb. 2.41 entnehmen können, gibt es im fetalen Blutkreislauf drei **Kurzschlüsse,** durch die das Blut an bestimmten Organen vorbeifließt:

- 1. Kurzschluß – **Ductus venosus Arantii** (Blut fließt größtenteils an der Leber vorbei),
- 2. Kurzschluß – **Foramen ovale** (Blut gelangt vom rechten direkt in den linken Vorhof des Herzens),
- 3. Kurzschluß – **Ductus arteriosus** (Blut fließt an den Lungen vorbei).

Das sauerstoff- und nährstoffarme Blut gelangt über die Aa. iliacae internae zu den beiden Aa. umbilicales, von denen das Blut zur Plazenta fließt. ◄

Merke (siehe Schema):
- Das sauerstoffreiche Blut gelangt über die V. umbilicalis zum Fetus.
- Alle fetalen Arterien führen Mischblut.
- Das von den Arterien geführte Blut ist in der oberen Körperhälfte sauerstoffreicher als in der unteren Körperhälfte.
- Das sauerstoffarme Blut gelangt über zwei Aa. umbilicales zum mütterlichen Blutkreislauf zurück.

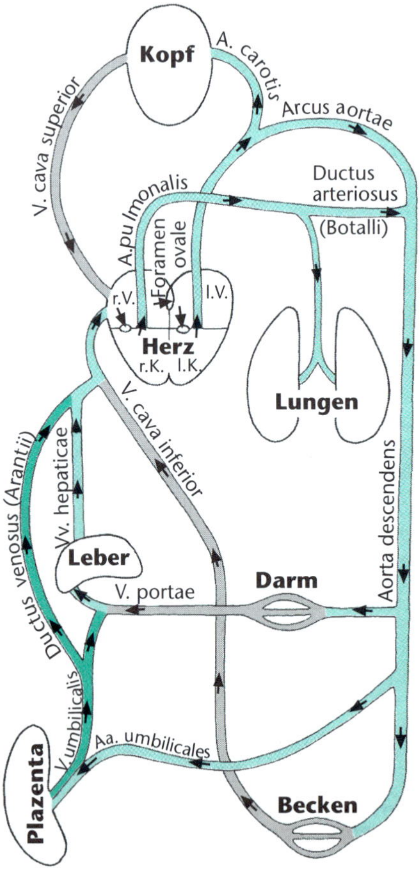

***Abb. 2.41** Fetaler Blutkreislauf (grauer Gefäßbereich = sauerstoffarm, hellroter Gefäßbereich = Mischblut, roter Gefäßbereich = sauerstoffreich)*

Umstellung des fetalen Blutkreislaufs mit der Geburt

Bei der Geburt wird der Plazentarkreislauf durch das „Abnabeln" unterbrochen. Wie in Kapitel 1.3.3 beschrieben, kontrahieren sich kurz nach der Geburt die Längsmuskelwülste innerhalb der Aa. umbilicales, so daß dadurch ein Zurückfließen des Blutes in den mütterlichen Kreislauf und damit ein Verbluten verhindert wird. Die dem Fetus das Blut zuführende V. umbilicalis verschließt sich kurz nach dem Verschluß der Aa. umbilicales. Durch die etwas länger offene Vene erhält das Neugeborene noch zusätzlich etwa 2–4 % Blut.

➤ Mit der Unterbrechung des Plazentarkreislaufs steigt der CO_2-Gehalt des Blutes (weil kein O_2-reiches Blut mehr zugeführt wird). Dadurch wird das Atemzentrum aktiviert und das Neugeborene beginnt zu atmen, womit der Lungenkreislauf seine Tätigkeit aufnimmt. Hierbei spielen auch die Abkühlung des Neugeborenen und die ersten Schreie eine Rolle.

Während des Durchtritts des Kindes durch den engen Geburtskanal wird die Amnionflüssigkeit aus den Lungen ausgedrückt. Durch die mit dem Schreien verbundenen ersten Atembewegungen des Neugeborenen entfalten sich die Lungen, wodurch ein Sog auf das von der A. pulmonalis transportierte Blut entsteht. Indem sich der Ductus arteriosus (Botalli) nun kontrahiert (= sein Lumen zusammenzieht) entfällt der 3. Kurzschluß und das Blut kann nicht mehr direkt von der A. pulmonalis in die Aorta fließen. Stattdessen fließt das Blut nun in die Lungen und von dort zum linken Vorhof zurück. Durch die damit verbundene Zunahme des Blutvolumens erhöht sich der Druck im linken Vorhof. Dadurch wird das **Septum secundum** (siehe Kapitel 7.1.2) auf das **Septum primum** gedrückt und so das **Foramen ovale** funktionell verschlossen - damit beginnt der eigentliche Lungen- und Körperkreislauf. Die beiden Septa verschmelzen zumeist innerhalb eines Jahres miteinander. Bei etwa 20 % der Erwachsenen sind die Septa nicht miteinander verschmolzen, so daß ein anatomisch offenes, funktionell aber verschlossenes Foramen ovale vorliegt. ➤

➤ Nach der Geburt bilden sich innerhalb von Tagen bis Monaten vollständig zurück (= obliterieren):
- Der Bauchteil der beiden Aa. umbilicales verödet zum rechten bzw. linken **Lig. umbilicale mediale**, die an der inneren Oberfläche der Unterbauchwand je eine Plica umbilicalis medialis (= mediale Nabelfalte) aufwerfen (siehe Kapitel 6.3.2). Der obere Teil der beiden Aa. umbilicales bleibt als Aa. vesicales superiores erhalten.

- Die V. umbilicalis obliteriert zum **Lig. teres hepatis.** Ein kleiner Teil der V. umbilicalis entwikkelt sich zu den Lebersinusoiden.
- Der Ductus venosus (Arantii) obliteriert zum **Lig. venosum.**
- Der Ductus arteriosus (Botalli) verödet zum **Lig. arteriosum.**
- Das Foramen ovale verschließt sich. ◄

2.4.2 Gliederung des Blutgefäßsystems ! 0/2

➤ *Prüfungsrelevant: Sie sollten die Bedeutung der fett hervorgehobenen Begriffe kennen.* ◄

Das Herz pumpt das Blut über die Aorta in die **Arterien.** Die Arterien werden je nach ihrem Durchmesser in große, mittlere, kleine und präkapillare Arterien unterteilt. Die präkapillaren Arterien, auch **Arteriolen** genannt, verursachen durch ihren kleinen Gefäßdurchmesser eine Erhöhung des Widerstandes und üben dadurch einen maßgeblichen Einfluß auf den Blutdruck aus.

Von den Arteriolen fließt das Blut in die **Kapillaren,** die den wesentlichen Anteil am Stoff- und Gasaustausch mit dem Gewebe haben. Von den Kapillaren wird das Blut zu den **Venulae** und von dort zu den **Venen** geleitet. Arterie → Arteriole → Kapillare → Venula → Vene.

➤ Die Arterien und besonders die Arteriolen werden vom vegetativen Nervensystem innerviert, wobei sich die um die großen Arterien liegenden Nervenfasern zu Plexus zusammenschließen. Diese Nervenfasern entstammen überwiegend dem Sympathikus, dessen postganglionären marklosen Fasern zur Gefäßmuskulatur ziehen.

Die sympathischen Fasern wirken vasokonstriktorisch, was entscheidend für die Regulierung des Blutdrucks ist. Die parasympathischen Fasern wirken vasodilatatorisch. ◄

➤ Etwa 85 % des gesamten Blutes befindet sich im **Niederdrucksystem,** zu dem die Kapillaren, die Venulae, die Venen, das rechte Herz und während der Diastole (siehe Kapitel 7.5) auch die linke Herzkammer und der linke Vorhof zählen. ◄

Bei Lungen, Herz und Leber dient ein Teil der Blutgefäße ausschließlich der Versorgung des jeweiligen Organs, weshalb diese Gefäße als **Vasa privata** (= Versorgungsgefäße) bezeichnet werden. Der andere Teil der Blutgefäße dient dem Gesamtorganismus und führt dem jeweiligen Organ nur Blut zur „Verarbeitung" zu, weshalb diese Blutgefäße als **Vasa publica** (= "Arbeitsgefäße") bezeichnet werden.

➤ Die Aa. pulmonales, die aus dem Truncus pulmonalis hervorgehen, führen als Vasa publica den Lungen sauerstoffarmes Blut zu, während die aus der Aorta thoracica entspringenden Rr. bronchiales den Lungen sauerstoffreiches Blut nur zur Eigenversorgung zuleiten und deshalb Vasa privata bilden.

Beim Herzen sind die Herzkranzarterien Vasa privata, während die Vv. cavae, die Aorta und der Truncus pulmonalis Vasa publica bilden. ◄

Als **Plexus** wird eine geflecht- oder netzartige Vereinigung von Venen, Lymphgefäßen oder Nerven bezeichnet. Als venöse Plexus kommen z.B. im Kopfbereich u.a. der Plexus pharyngeus und der Plexus suboccipitalis vor.

Sinus bedeutet Vertiefung oder auch geschlossener Kanal. Beim Venensystem findet man als Sinus weitlumige Venen, z.B. im Kopfbereich als Sinus durae matris.

Als **Sinusoide** werden sehr weite Kapillaren bezeichnet, die in der Leber und in innersekretorischen Drüsen zu finden sind.

Als **Anastomose** bezeichnet man eine Verbindung zwischen Arterien, Venen oder Lymphgefäßen. Größere arterielle oder venöse Anastomosen werden in den entsprechenden Organkapiteln beschrieben, z.B. portokavale Anastomosen in Kapitel 8.10.4.

Als **Kollateralkreislauf** bezeichnet man einen Umgehungskreislauf, der dann Bedeutung erlangt, wenn ein Hauptgefäß verschlossen ist. Beim Kollateralkreislauf übernehmen kleinere Gefäße, die in der Nähe des großen Gefäßes verlaufen, die Organversorgung. Dabei kann sich das Lumen der Kollateralgefäße erheblich vergrößern.

Reicht beim Verschluß eines Hauptgefäßes die Blutversorgung durch Kollateralgefäße nicht aus, wie z.B. nach einem Herzinfarkt, so kommt es in dem zu versorgenden Organbereich zu einer Sauerstoffunterversorgung, in deren Folge ein Teil des Gewebes zugrunde geht (= Nekrose).

➤ Sind keine Kollateralen oder Anastomosen zu den Nachbararterien vorhanden, so bezeichnet man eine Arterie als **Endarterie.** Sie versorgt allein das Kapillarnetz, wodurch bei einem Verschluß der Arterie z.B. infolge einer Embolie (= Verstopfung eines Blutgefäßes durch einen Embolus, z.B. Blutgerinnsel) oder einer Thrombose (= Blutpfropfbildung innerhalb eines Gefäßes) das zu versorgende Gewebe absterben kann. **Funktionelle Endarterien** sind z.B. die Koronararterien (= Aa. coronariae) des Herzens, bei denen die Anastomosen nicht genügend ausgebildet sind, sowie die Aa. segmenti der Niere oder die A. centralis retinae (der Netzhaut des Auges). ◄

Sperrarterien sind kleine arterielle Blutgefäße, die ihr Lumen durch Muskelkontraktion vollständig verschließen und dadurch die Durchblutung von Kapillargebieten unterbinden können.

➤ **Drosselvenen** sind kleine venöse Blutgefäße, die Blut aufstauen können. Man findet Drosselvenen in den genitalen Schwellkörpern, in der Nasenschleimhaut und in endokrinen Drüsen. ◄

Das **Wundernetz** (= Rete mirabile) ist eine Verzweigung einer Arteriole oder eines venösen Astes, die sich wieder zum arteriellen bzw. venösen Gefäß vereinigt.

➤ Ein arterielles Wundernetz ist z.B. das Malpighi' sche Körperchen (Niere), ein venöses Wundernetz liegt z.B. in der Leber zwischen der Pfortader und der Lebervene vor. ◄

In den Gefäß-Nervenstraßen verlaufen Gefäße und Nerven nebeneinander zu ihrem Zielort.

2.4.3 Mikroskopische Anatomie und Ultrastruktur der Blutgefäße !! 3/7

Die Wände aller größeren Gefäße haben einen gleichen, dreischichtigen Grundaufbau. Innerhalb dieser Schichten sind jedoch große Abweichungen festzustellen, die vor allem funktionell bedingt sind. Die Gefäßwände mit all ihren Schichten sind mesenchymaler Herkunft.

Die Wand der größeren Blutgefäße besteht lichtmikroskopisch von innen nach außen aus folgenden 3 Schichten:

- **Tunica intima** (= Innenschicht, kurz „Intima") – sie erscheint lichtmikroskopisch gewellt und besteht aus einem:
  - einschichtigen **Endothel**, das an das Gefäßlumen angrenzt;
  - **Stratum subendotheliale** (syn.: Lamina propria intima), das als subendotheliale Schicht aus lockerem Bindegewebe besteht und manchmal von glatten Muskelzellen durchsetzt ist;
  - **Membrana elastica interna** (kurz „Elastica"), die als gefensterte Membran die Grenze zur Tunica media bildet.
- ➤ **Tunica media** (= Mittelschicht, kurz „Media") – sie reguliert die Gefäßweite und wird vegetativ innerviert. Die Media besteht aus:
  - einer ringförmig, verlaufenden Schicht glatter Muskelzellen, die **Myozyten** genannt werden. Die Myozyten werden in kontraktile und metabolische Myozyten unterteilt. Zwischen den Myozyten liegen: Kollagen vom Typ I und III, Elastin und Proteoglykane. ◄
  - **Membrana elastica externa**, die aus einem elastischen Fasernetz besteht, das nur in größeren Gefäßen vorkommt.
- **Tunica externa** (= Außenschicht, syn.: **Adventitia**, kurz „Externa") – sie besteht aus einem mit kollagenen Fasern vom Typ I durchsetzten Bindegewebe. Die Externa verbindet das Gefäß locker mit der Umgebung. In dieser Schicht verlaufen die Nervenfasern und bei größeren Gefäßen die Vasa vasorum.

Gefäß- und Nervenversorgung

Die dünnwandigen Arterien werden mittels Diffusion aus dem Gefäßlumen ernährt. Bei Gefäßen mit dikkeren Wänden (besonders bei Arterien) wird die Intima und ein zur Intima hin gelegener Teil der Media vom Gefäßlumen aus ernährt. In der Tunica externa kommen als Gefäße Vasa vasorum vor, die bei den Venen bis in die äußeren Bereiche der Media ziehen. Bei Arterien kommen nur gelegentlich Gefäße in der Media vor, was u.a. mit dem Blutdruck zusammenhängt – je sauerstoff- und nährstoffreicher das Blut und je höher der Blutdruck ist, desto lumenferner liegen die versorgenden Gefäße.

➤ Ein dichtes Nervengeflecht liegt als **Plexus nervorum perivascularis** in der Externa. Die sympathischen Nervenfasern sind zuallermeist marklos. Die meisten Nervenfasern wirken adrenerg. Je nachdem, welcher Rezeptor in das Sarkolemm der glatten Muskelzelle der Media eingebaut ist wirken sie

- vasokonstriktorisch (gefäßzusammenziehend) bei α-Rezeptoren (für Noradrenalin),
- vasodilatatorisch (gefäßerweiternd) bei β-Rezeptoren.

Das Verhältnis von α- zu β-Rezeptoren ist für die einzelnen Gefäße spezifisch. Cholinerg wirkende Nervenfasern kommen u.a. im Genitalbereich vor, wo sie bei der Erektion vasodilatatorisch wirken. ◄

Bei den Gefäßen unterscheidet man zwischen:
Arterien → Arteriolen → Kapillaren → Venolen → Venen.

Arterien

Durch die Arterien gelangt das Blut vom Herzen zu den einzelnen Versorgungsbereichen. Aufgrund des Wandbaues werden die Arterien unterteilt in:

- Arterien vom elastischen Typ,
- Arterien vom muskulären Typ.

➤ Die **Arterien vom elastischen Typ** haben makroskopisch ein gelbes Aussehen, das durch elastische Membranen bedingt ist. Sie kommen nur in Herznähe vor. Zu den Arterien vom elastischen Typ zählen: Aorta, Truncus brachiocephalicus, A. carotis communis, A. subclavia, A. iliaca communis, Truncus pulmonalis.

Gegenüber den anderen Gefäßen besitzen die Arterien vom elastischen Typ nachfolgende Besonderheiten:

- In der Intima ist das Stratum subendotheliale infolge der hohen mechanischen Belastung gegenüber dem Stratum subendotheliale der Arterien vom muskulären Typ stark ausgeprägt, so daß die Intima insgesamt relativ breit ist. Die Endothelzellen sind zum Lumen hin mit Mikrovilli besetzt und enthalten Lysosome. Durch die gefensterte Membrana elastica interna ist die Intima von der Media getrennt.
- In der Media kommen sehr viele elastische Membranen (Membrana elastica fenestrata) vor, die ebenfalls gefenstert sind. Zwischen elastischen Membranen liegen die Zellen der schraubenartig angeordneten glatten Muskulatur. Ihre Anzahl nimmt mit dem Alter zu (in der Aorta kommen bis zu etwa 60 solcher Membranen vor).
- Die Tunica externa ist weniger ausgeprägt. ➤

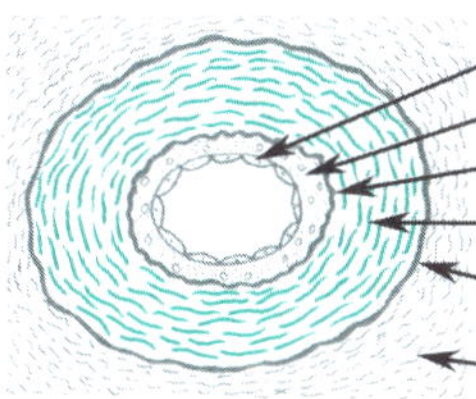

Abb. 2.42 Arterie

Infolge der Kontraktion der Herzkammern wird das Blut in der Austreibungsphase des Herzens (s. Kapitel 7.5) jeweils schlagartig in die Gefäße gedrückt. In der Füllungsphase der Herzkammern wird der Blutfluß aus dem Herzen unterbrochen. Ein solch diskontinuierlicher Blutstrom würde für das Herz infolge einer jeweils hohen Druckamplitude erhöhte Muskelarbeit erfordern, außerdem hätten diese Blutdrücke auf kleine Gefäße und die zu versorgenden Organe eine sehr ungünstige Wirkung. Um einen kontinuierlichen (gleichmäßigen) Blutfluß zu erzielen, besitzen einige Arterien, insbesondere der herznahe Teil der Aorta die sogenannte „**Windkesselfunktion**".

Die Wand dieser Gefäße kann sich relativ weit dehnen, so daß sich das Gefäßlumen durch die während der Austreibungsphase (= Systole des Herzens) ausgeschüttete Blutmenge wesentlich erweitert. Die dadurch in der Gefäßwand entstehende Dehnungsenergie wird gespeichert. Bei nachlassender Druckamplitude (während der Diastole = Erschlaffungsphase des Herzens) dient diese Energie der Gefäßwand dazu, das gespeicherte Blut in die Blutbahn zu drücken. Das zuvor gedehnte Gefäß kehrt so wieder in seine Ausgangsposition zurück (wie bei einem Luftballon, den man fortlaufend aufbläst um dann die Luft wieder abzulassen).

Zu den Arterien vom muskulären Typ zählen die übrigen Arterien. Bei diesem Arterientyp ist die Media besonders ausgeprägt, die aus bis zu etwa 40 Lagen, vorwiegend ringförmig angeordneter glatter Muskelzellen besteht. Zwischen den Muskelzellen liegt elastisches und kollagenes Bindegewebe.

Klinik: Die gesunde Intima ist zum Lumen hin glatt. Infolge fettreicher Ernährung, Hypertonie (= Bluthochdruck), Diabetes (= Zuckerkrankheit) oder Rauchens verdickt sich die Intima, indem u.a. Lipide eingelagert werden. Im fortgeschrittenen Stadium lagern sich vermehrt kollagene und elastische Fasern ein, was als Sklerose bezeichnet wird. Die Intimaverdickung wird als atherosklerotische Plaque bezeichnet. Die Media wird nun vom Lumen her schlechter mit Nährstoffen versorgt und bildet sich daher zurück. Durch Kalkeinlagerung verhärtet sich das betroffene Gefäß und das Gefäßlumen wird durch weitere Intimaverdickung mehr und mehr eingeengt. So kann eine Artheriosklerose zu den nachfolgenden Erkrankungen führen:

- Durchblutungsstörungen – durch Lumeneinengung z.B. zur Angina pectoris;
- Thrombusbildung – bei Schädigung des Endothels können sich Thrombozyten der geschädigten Stelle anlagen. Darüber kann es zum verminderten Blutfluß kommen und sich ein Blutgerinnsel ausbilden, das langsam wächst. Diese Thromben können viele cm lang werden und zu einem Gefäßverschluß führen wie beim Herzinfarkt oder irgendwann abreißen und zu einem Gefäßverschluß führen (z.B. bei der Lungenembolie).
- Aneurysmabildung (= Gefäßerweiterung) – kann bei einer starken Verminderung des elastischen

Materials und der Muskulatur in der Media auftreten. Eine Ruptur eines Aneurysmas kann besonders bei größeren Arterien tödlich enden.

Arteriolen

Die nächst kleineren Gefäße sind die Arteriolen, die der Regulierung des Blutdrucks und der peripheren Durchblutung dienen. Die Arteriolen haben einen Durchmesser von maximal 0,5 mm. In der Tunica intima sitzen die Endothelzellen unmittelbar der stark vernetzten Membrana elastica interna auf (ein Stratum subendotheliale fehlt). Die Media ist durch 1–5 ringförmig angeordnete Lagen glatter Muskelzellen gekennzeichnet, zwischen denen die elastische Membran liegt. Die Arteriolen werden auch als Widerstandsgefäße bezeichnet, da sich in ihnen der arterielle Druck stark erniedrigt.

Eine direkte Verbindung zwischen den kleinen Arterien (Arteriolen) und Venen (Venolen) wird als **arterio-venöse Anastomose** bezeichnet. Diese Anastomosen werden unterteilt in
- Glomusanastomosen,
- Brückenanastomosen.

➤ Bei den **Glomusanastomosen** liegt das Gefäß knäuelartig vor. Die einzelnen Gefäßteile sind ineinander verschlungen. Im Glomus besitzen die Gefäße neben der Ring- noch eine Längsmuskelschicht. Diese knäuelartigen Verdickungen kommen ausgeprägt u.a. in den Finger- und Zehenspitzen vor.

Bei den **Brückenanastomosen** besteht eine direkte Verbindung (= Kurzschluß) zwischen der Arteriole und der Venole. Sie kommen u.a. in Schwellkörpern der Genitalorgane sowie in der Nasenschleimhaut vor.

Durch Kontraktion der glatten Muskelzellen können sich die Anastomosen verschließen und dadurch die Durchblutung mit regulieren. Die Anastomosen werden wahrscheinlich sympathisch innerviert. ➤

Kapillaren

Aus der Arteriole fließt das Blut in eine Vielzahl von Kapillaren (= Haargefäßen). Die Kapillaren besitzen durch ihre große Zahl eine große Berührungsfläche zwischen ihrer Gefäßwand und dem Gewebe. Dadurch kommt es auch zu einer Verlangsamung des Blutstroms von etwa 300 mm/s in den Arterien auf etwa 0,3 mm/s in den Kapillaren. Die Kapillaren dienen dem Stoff- und Gasaustausch mit dem umgebenden Gewebe. Dabei tritt Sauerstoff vom Blut in das umgebende Gewebe und Kohlendioxid vom Gewebe ins Blut über. Die Kapillaren sind 0,5–1 mm lang. Ihr Durchmesser beträgt 5–15 µm. Dadurch sind einige Kapillaren im Durchmesser kleiner als die Erythrozyten, die sich daher bei der Passage durch solche Kapillaren verformen müssen.

➤ In der Leber, Milz und im Knochenmark sind die Kapillaren weiter und werden **Sinusoide** genannt. ➤ Die Kapillaren sind organspezifisch und damit funktionsabhängig aufgebaut.

Unter dem Lichtmikroskop besteht die Wand der Kapillaren zumeist aus drei Schichten:
- Endothel,
- Basalmembran,
- Perizyten.

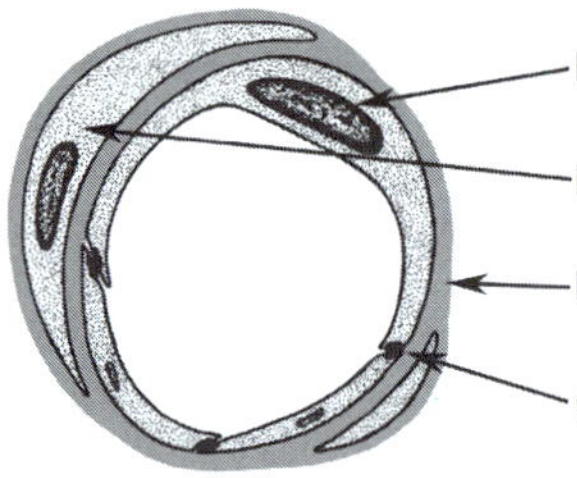

Abb. 2.43 *Schnitt durch eine nicht gefensterte Kapillarwand*

➤ Das **Endothel** bildet die innerste Schicht. Es besteht aus einem dünnen, einschichtigen, zumeist platten Epithel, das das Endothelrohr bildet. Die Endothelzellen liegen in den Kapillaren lückenlos nebeneinander, wobei sich ihre Zellränder überlappen. Die Endothelzellen sind durch tight junction und gap junction verbunden.

Das Plasmalemm der Endothelzellen ist lumenwärts mit verschiedenen Rezeptoren besetzt, u.a. für Angiotensin. In den Endothelzellen kommen Lysosome und verschiedene Enzyme vor.

Die Endothelzellen spielen eine wichtige Rolle bei der Regulierung des Gefäßstroms. Sie sezernieren verschiedene Stoffe wie Stickstoffmonoxid (NO, Syn.: EDRF), das die glatte Gefäßmuskulatur relaxiert (entspannt) und so die Gefäße dilatiert. Die gleiche Aufgabe hat Prostazyklin. Das ebenfalls sezernierte Peptid Endothelin wirkt hingegen vasokonstriktorisch.

Außerdem sezernieren Endothelzellen Stoffe, die die Blutgerinnung beeinflussen. Gerinnungshemmend wirken PGI_2 und Thrombomodulin, gerinnungsfördernd wirken die ebenfalls synthetisierten Stoffe Thromboplastin und der von-Willebrand-Faktor, wobei das Verhältnis von gerinnungfördernden und -hemmenden Substanzen bei intaktem Endothel eine Gerinnung verhindert.

Bei einer Schädigung der Endothelwand können Adhaesionsmoleküle freigesetzt werden, die dazu dienen, daß sich Leukozyten anheften.

Die Endothelzellen enthalten Vesikel, die dem transendothelialen Transport für wasserlösliche Moleküle dienen. Mehrere dieser Vesikel können sich vorübergehend zu transendothelialen Kanälchen (= Poren) zusammenlagern, die den Stoffdurchtritt erleichtern. Neben diesen intrazellulären Poren kann das Endothel wie weiter unten beschrieben wird, als fenestriertes Endothel auftreten oder größere Lücken aufweisen, die „gap" genannt werden.

Die den Endothelzellen außen anliegende **Basalmembran** (= Grenzmembran) erscheint als dünnes, hyalines Häutchen, das glasig durchsichtig ist. Die Basalmembran besteht aus einer Basallamina, die aus Glykoprotein aufgebaut ist, sowie aus Retikulinfasern, die die Basalmembran mit der Umgebung verbinden. Die Basalmembran ist PAS-positiv. Sie umhüllt das Endothelrohr. Die Basalmembran ist dehnbar und spielt wahrscheinlich bei den weiter unten beschriebenen gefensterten Kapillaren eine Rolle beim Stoffdurchtritt in das oder aus dem Gewebe.

Außen liegen der Basalmembran vereinzelt **Perizyten** an. Diese sind verzweigt und umgeben mit ihren langen Fortsätzen die Basalmembran. Perizyten sollen kontraktil sein, sie haben jedoch wahrscheinlich keinen Einfluß auf die Weite des Kapillarlumens. An der Wand der Sinusoiden und in den Kapillarwänden von Skelettmuskeln kommen Perizyten nicht vor.

Den Kapillaren können außen **Adventitiazellen** anliegen, die jedoch nicht von der Basalmembran umhüllt sind. Die Adventitiazellen werden zu den Makrophagen gezählt. ◄

Elektronenmikroskopisch lassen sich die Kapillaren unterteilen in:

- ➤ **Kapillaren mit geschlossener Epithelschicht** (= nicht-fenestriertes Endothel) – diese Kapillaren dichten porenlos das Kapillarinnere nach außen hin ab. Solches Endothel bildet eine unüberbrückbare Schranke für höhermolekulare Stoffe, weshalb es an den Blut-Gewebe Schranken (z.B. der Blut-Hirn-Schranke) beteiligt ist. Diese Kapillaren kommen am häufigsten vor.
- **Kapillaren mit gefenstertem Endothel** (= fenestriertes Endothel) – bei den Kapillaren vom gefensterten Typ umschließen die Endothelzellen das Kapillarlumen nicht lückenlos. Zwischen den Endothelzellen befinden sich 60–80 µm große Endothelfenster, die den Durchtritt von höhermolekularen Stoffen aus dem Gefäßlumen ermöglichen. Diese Fenster sind durch ein dünnes Diaphragma verschlossen. Die Basalmembran umschließt das gefensterte Endothel lückenlos. Gefenstertes Endothel kommt in den Nierenglomeruli, der Leber, in der Schleimhaut des Dünndarms, bei endokrinen Drüsen (Schilddrüse, Nebennierenrinde) und im Plexus choroideus (Gehirn) vor.
- **Kapillaren mit interzellulären Lücken** (= diskontinuierliches Endothel) – bei diesen Kapillaren ist sowohl das Endothel als auch die Basalmembran mit Lücken („gap") durchsetzt. Durch diese Lükken können Makromoleküle aus dem Kapillarlumen ins Gewebe gelangen. Solche Kapillaren kommen in den Sinusoiden der Leber und Milz vor. ◄

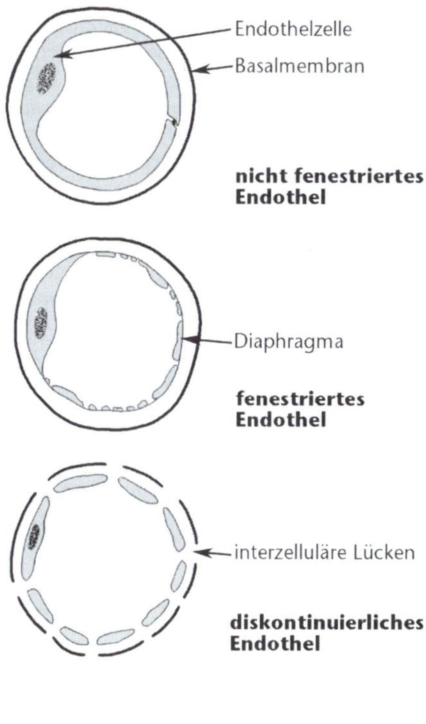

Abb. 2.44 *Kapillaren*

Venolen

Die Venolen sind den Kapillaren nachgeschaltet (liegen also postkapillär). Sie haben einen Durchmesser bis etwa 50 µm. Ihr Wandaufbau entspricht dem der Kapillaren, wobei eine Media jedoch meist fehlt.

Venen

In den Venen ist der Blutdruck niedriger als in den Arterien. Da durch den niedrigeren Blutdruck im Venensystem (Venen gehören zum Niederdrucksystem des Kreislaufs) das Blut in den Venen viel langsamer zum Herzen zurückfließt als Blut aus dem Herzen in die Arterien gelangt, befindet sich etwa vier mal mehr Blut in den Venen als in den Arterien. Um das gleiche Blutvolumen transportieren zu können, muß daher der Durchmesser der Venen größer sein oder aber zwei Venen das Blut einer Arterie abtransportieren, wie z.B. im Bein- und Armbereich.

Bedingt durch den niedrigeren Blutdruck, ist die Venenwand im Vergleich zur Arterie zumeist dünner. Außerdem sind die Wandschichten nicht so scharf voneinander abgegrenzt wie bei den Arterien.

Der Aufbau der Venenwand besteht wie der der Arterien aus drei Schichten:

- **Tunica intima** – bei kleineren Venen besteht sie nur aus Endothel, bei größeren Venen findet man noch eine unvollständig vorliegende Membrana elastica interna.
- **Tunica media** – in sehr kleinen Venen kann die Media fehlen, bei größeren Venen ist sie wesentlich schwächer als bei den Arterien ausgebildet. Im Sinus durae matris (Gehirn) fehlt die Media, in der A. umbilicalis (Nabelvene) sowie in den Venen der Extremitäten ist die Media dagegen ausgeprägt, wobei wiederum die Media der Beinvenen stärker ausgebildet ist als die der Armvenen. Die Media besteht vor allem aus netzartig verbundenen Muskelfasern, zwischen denen kollagenes Bindegewebe und elastisches Material liegt.
- **Tunica externa** – sie ist bei Venen oft breiter als bei Arterien und besteht aus lockerem kollagenem Bindegewebe, das von elastischen Fasernetzen und Bündeln glatter Muskelzellen durchsetzt ist.

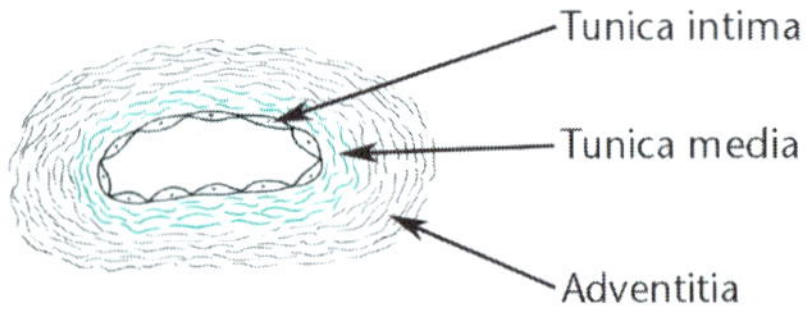

Abb. 2.45 *Vene*

2.4.4 Einrichtungen zur Förderung des venösen Rückstroms

0/1

Das nähr- und sauerstoffreiche Blut gelangt über die Venen in das Herz zurück. Der in den Venen herrschende Druck von etwa 10–15 mmHg reicht jedoch nicht aus, um das Blut selbsttätig aus den Extremitäten oder dem Stamm in Richtung Herz zurück zu pumpen. Daher muß das Blut in den Venen durch Druck von Außen herzwärts transportiert werden. Dieser Druck wird vorrangig von der Skelett-Muskelpumpe erzeugt. Durch die Kontraktionen der Skelettmuskeln werden die in ihrer Nachbarschaft verlaufenden tiefen Venen komprimiert und damit das in ihnen fließende Blut herzwärts gedrückt. Damit das venöse Blut in den Venen nicht wieder in die Peripherie (z.B. in die Beine) zurückfließen kann, besitzen die Venen der Rumpfwand und der Extremitäten **Venenklappen**, die ähnlich den Taschenklappen des Herzens aufgebaut sind (s. Kapitel 7.5).

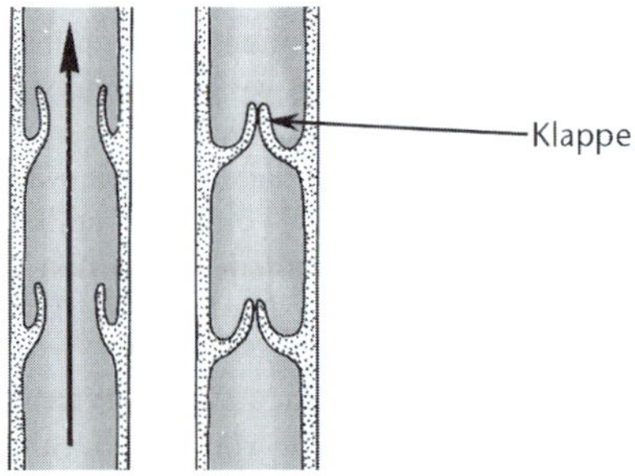

Abb. 2.46 *Venenklappen (links offen, rechts geschlossen)*

Die zumeist paarig vorliegenden Venenklappen sind Duplikaturen der Tunica intima (= Endothelfalte). Die Venenklappen sind frei von Gefäßen und Muskelzellen. Die herznahen Venen und die Venen im Bereich des Gehirns, des Halses und des Oberbauchs besitzen keine Venenklappen, da hier die Saugwirkung des Herzens ausreicht, das Blut nicht in die Peripherie zurückfließen zu lassen.

Wird z.B. von der Muskulatur kein Druck mehr auf die Venenwand ausgeübt, so fließt das Blut wieder zurück. Dadurch werden die Klappensegel passiv aufgebläht und verschließen so das Gefäßlumen, so daß ein weiteres Zurückfließen des Blutes unterbunden wird.

Neben der Muskelpumpe dienen auch die Arterienpulse, Magen-Darm-Bewegungen und Zwerchfellbewegungen durch wechselnden Druck auf die benachbarten Venen dem venösen Rückfluß.

Klinik: Wenn die Venenwand geschwächt ist oder z.B. durch langes auf der Stelle stehen bei Verkäuferinnen oder bei langen Flugreisen stark belastet wird (weil die Muskelpumpe nicht betätigt wird und sich das Blut daher staut), kann sich das Lumen der Venen z.B. im Beinbereich erweitern, so daß die Klappensegel das Gefäßlumen nicht mehr ganz verschließen können. Das Blut fließt dann durch die Klappen zurück und staut sich noch stärker im Beinbereich. Hält dieser Zustand über lange Zeit an, so kann es zur **Varizenbildung** (= Krampfaderbildung) kommen.

2.4.5 Funktionelle Gliederung des Lymphgefäßsystems

! 0/3

Die sich in den Gewebsspalten (= interzellulärer Bindegewebsraum) ansammelnde Gewebsflüssigkeit wird **Lymphe** genannt. Die Lymphe unterscheidet sich aufgrund der zellulären Bestandteile wesentlich vom Blut. Täglich fallen etwa 2 l Lymphe an.

Die Lymphe ist als Filtrat in seiner Zusammensetzung dem Blutplasma ähnlich. Sie besteht aus Stoffwechselabbauprodukten, die im Gewebssaft gelöst sind, sowie aus Zelltrümmern, Hormonen und aus im Bereich des Dünndarms resorbierten emulgierten Fetten, die der Lymphe ihr milchiges Aussehen verleihen. An Zellen kommen in der Lymphe nur Lymphozyten vor. Wie das Blut, so enthält auch die Lymphe Fibrinogen, daher ist auch die Lymphe gerinnungsfähig.

Die kleinsten Lymphgefäße sind die **Lymphkapillaren**, die blind im interzellulären Bindegewebsraum beginnen. Die Lymphkapillaren bestehen aus flachen Endothelzellen, die ein Röhrchen bilden. Das Endothel ist nicht fenestriert, auch fehlen Poren. Im Gegensatz zu den Blutkapillaren fehlen die Perizyten. Außerdem ist die Basalmembran, wenn überhaupt, nur lückenhaft vorhanden. Die Lymphkapillaren sind mit dem umgebenden Bindegewebe verbunden, wodurch auch das Lumen der Kapillaren offen gehalten wird. Durch die Wand des Endothels können Proteine und korpuskuläre Elemente hindurchtreten. Stellenweise können jedoch Spalten im Endothel auftreten.

➤ Lymphkapillaren kommen nicht vor: im Hirngewebe, Stützgewebe (Knochen, Knorpel), Knochenmark, in der Milzpulpa, Plazenta und im Nervensystem. ◄

Die Lymphkapillaren leiten die Lymphe zu den größeren, mit einer Intima und einigen glatten Muskelzellen ausgestatteten Lymphgefäßen, den sogenannten **Leitgefäßen**, weiter. Die Leitgefäße sind von einem lockeren Bindegewebe umgeben. Eine Media im eigentlichen Sinn oder eine Tunica externa fehlen. Die größeren Lymphgefäße anastomosieren untereinander. Ähnlich den Venen besitzen die größeren Lymphgefäße Taschenklappen, die das Zurückfließen der Lymphe in die Peripherie verhindern. Zwischen den Klappen sind die Lymphgefäße erweitert, so daß die Lymphgefäße ein perlschnurartiges Aussehen haben.

Die Leitgefäße münden in große Transportgefäße, die eine mit glatten Muskelzellen durchsetzte Media besitzen. Die Transportgefäße werden vegetativ innerviert.

➤ Die Lymphe wird wie das in den Venen enthaltende Blut mittels der Muskelpumpe aus den Lymphkapillaren und Leitgefäßen zu den **Transportgefäßen** weitergeleitet. Die größeren Gefäße verlaufen zumeist parallel zu den Blutgefäßen. Die Transportgefäße münden in den Ductus thoracicus bzw. in die Trunci lymphatici. Im Venenwinkel münden die Lymphgefäße in die V. brachiocephalica (s. Kapitel 7.6.4). ◄

In die Lymphbahnen sind zahlreiche **Lymphknoten** zwischengeschaltet. In den Lymphknoten wird die Lymphe gefiltert und gereinigt. In der Regel fließt die Lymphe zunächst durch **regionäre Lymphknoten**, die die Lymphe aus einem bestimmten Zuflußgebiet (Region) z.B. einem Organ oder einer Extremität erhalten. Nachdem die Lymphe zumeist mehrere hintereinander liegende regionäre Lymphknoten passiert hat, fließt sie zu **Sammellymphknoten**. Aus den Sammellymphknoten gehen als Trunci lymphatici die großen Lymphstämme hervor, die in Kapitel 7.6.4 beschrieben werden.

Die Lymphe durchfließt also einen, meistens mehrere Lymphknoten – weiter s. Kapitel 2.5.5.

2.5 Blutzellen und Blutzellbildung, lymphatische Organe, Immunsystem !! 4/12

Besonders prüfungsrelevant: Die Tabelle „Differentialblutbild".

Das **Blut** kann als eine besondere Form des Bindegewebes angesehen werden. Es fließt innerhalb eines geschlossenen Kreislaufs. Das Blut besteht aus:
- Zellen (Blutkörperchen),
- Blutplasma (als Zwischenzellsubstanz),
- Blutserum (als Grundsubstanz).

Die zelligen Bestandteile des Blutes werden unterteilt in:
- Erythrozyten (= rote Blutkörperchen),
- Leukozyten (= weiße Blutkörperchen),
- Thrombozyten (= Blutplättchen).

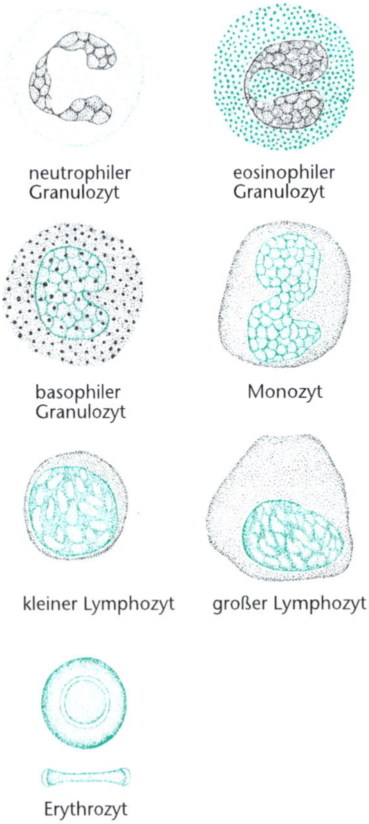

Abb. 2.47 *Blutzellen*

Der Anteil der Blutzellen am gesamten Blutvolumen wird **Hämatokrit** genannt. Er beträgt im Durchschnitt etwa 45 Vol. % (= 0,45), mit einer großen Schwankungsbreite (s. nachfolgende Tabelle).

Bei einem normalen **Blutbild** werden folgende Durchschnittswerte ermittelt:

Blutbild	Erythrozyten 106/mm3	Hämoglobin g/100 ml	Hämatokrit Vol. %	Leukozyten mm3
Neugeborenes	5,1 +/– 1,0	19,5	54 +/– 10	11.000
1 Jahr	4,5	11,2	35,5	9.000
15 Jahre	4,8	13,4	39,0	7.000
Mann	4,5–6,3	16,0	40–50	4.000–10.000
Frau	4,2–5,5	14,0	37–48	4.000–10.000

Der Hämatokrit wird ermittelt, indem Blut, dem man zuvor ein gerinnungshemmendes Mittel zugesetzt hat, in einem speziellen Hämatokritröhrchen zentrifugiert wird. Dabei setzen sich im unteren Teil des Röhrchens die festen Bestandteile (Zellen) als **feste Phase** ab, deren Anteil am Blut abgelesen werden kann. Darüber liegt als flüssige Phase das **Blutplasma**. Von der festen Phase bilden die Erythrozyten den größten Anteil, über den Erythrozyten liegen die Leukozyten, die nur eine dünne weiß/graue Schicht bilden.

Das **Blutplasma** besteht zu etwa 90 % aus Wasser, zu 6–8 % aus Proteinen (u.a. Fibrinogen) und zu 2–4 % aus Hormonen, Enzymen, Lipiden, Elektrolyten usw. Von den Proteinen stellt Albumin etwa 60 %.

Bei der Blutgerinnung wandelt sich Fibrinogen in **Fibrin** um. Fibrin bildet ein Maschenwerk, zwischen dem die Blutzellen liegen. Zusammen bilden die Blutzellen mit dem Fibrin einen Blutkuchen, von dem eine gelbliche Flüssigkeit, das **Blutserum**, getrennt vorliegt.

Das Blutserum unterscheidet sich vom Plasma dadurch, daß dem Serum die Blutgerinnungsfaktoren (Fibrinogen) fehlen.
Das Gesamtvolumen des Blutes ist mit etwa 6–8 % am Gewicht unseres Körpers beteiligt, was einem Blutvolumen von 4–5 Litern entspricht.

Das Blut dient als/der
Transportmittel,
- indem es den Organen über die Erythrozyten Sauerstoff zuführt und Kohlendioxid abtransportiert,
- indem es Nährstoffe, Stoffwechselprodukte, Hormone usw. transportiert;

- Homöostase (= erhält das innere Milieu aufrecht), indem es bei der Wärmeregulierung hilft (u.a. über die Weite der Gefäße und damit der Durchblutung der Haut), indem es an der Regulierung des Säure-Basen Gleichgewichts beteiligt ist;
- Abwehr, indem es Leukozyten und Makrophagen transportiert (andererseits aber auch z.B. Bakterien und Viren als Transportweg dienen kann).

Merke: Die Verweildauer der Zellen im strömenden Blut beträgt:

Erythrozyten	100–120 Tage
Granulozyten	einige Stunden (Lebensdauer einige Tage)
Monozyten	1,5–5 Tage
Thrombozyten	5–11 Tage
Lymphozyten	10–100 Tage (manchmal Jahre).

Merke: Durchmesser der Blutkörperchen

Erythrozyten	7,5 µm
Granulozyten	9–16 µm
Monozyten	15–20 µm
Lymphozyten	10–16 µm
Thrombozyten	1–3 µm.

Merkwort zu den Größenverhältnissen der Blutkörperchen zueinander (mit zunehmender Größe): **TELyGraM**
T (Thrombozyt – kleinstes Blutkörperchen), **E** (Erythrozyt), **Ly** (Lymphozyt), **Gra** (Granulozyt), **M** (Monozyt).

2.5.1 Morphologie der Blutzellen und ihre funktionelle Zuordnung !!! 7/24

Besonders prüfungsrelevant: Das gesamte Kapitel.

Von den in Kapitel 2.5 aufgeführten Blutkörperchen werden die Leukozyten (= Granulozyten, Lymphozyten und Monozyten) ausführlich in Kapitel 2.2.4.3 beschrieben.

Erythrozyten

Die Erythrozyten (= rote Blutkörperchen, kurz „Erys“) sind etwa 7,4 µm groß und 2 µm dick. Sie haben ein meniskusartiges (= bikonkaves) scheibenförmiges Aussehen. An beiden Seiten sind sie eingedellt, so daß sie im Zentrum nur etwa 1 µm dick sind. Die Erythrozyten sind gut verformbar und können dadurch mit dem Blutstrom selbst durch kleinste Kapillaren ab etwa 5 µm hindurch schwimmen. Durch die bikonkave Form wird ihre Oberfläche vergrößert, wodurch ein besserer Gasaustausch möglich ist.

Erythrozyten, die größer als 9 µm sind, werden **Makrozyten**, Erythrozyten, die kleiner als 6 µm sind, **Mikrozyten** genannt.
Die Erythrozyten entstehen im roten Knochenmark aus kernhaltigen Zellen (s. Kapitel 2.5.2).

Die Erythrozyten selbst besitzen keinen Kern mehr. Sie enthalten weder Mitochondrien noch endoplasmatisches Retikulum. Wegen des fehlenden Zellkerns

Differentialblutbild

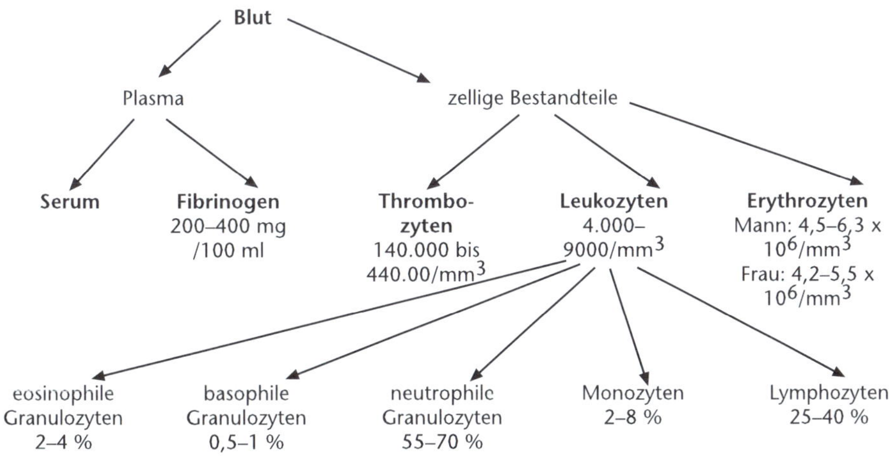

sind sie nicht mehr in der Lage Protein (z.B. Hämoglobin) zu synthetisieren.
Als Energiequelle dient ihnen Glukose, die anaerob abgebaut wird und für die **Natriumpumpe** wichtig ist. Im Blutplasma ist die Natrium- und Kalium-Konzentration größer als in den Erythrozyten. Ein Ausgleich des Konzentrationsgefälles durch Na^+ -Zufluß mit dem damit verbundenen Wassernachstrom, hätte das Aufquellen der Erythrozyten zur Folge, wodurch diese nicht mehr verformbar wären, daher muß fortlaufend Na^+ aus der Zelle gepumpt werden.

Im Plasmalemm der Erythrozyten kommen verschiedene Membranproteine vor. Als sogenannte **integrale Membranproteine** kommen u.a. Transportproteine, Proteine, die für die Blutgruppeneigenschaften verantwortlich sind (Blutgruppenantigene), sowie verschiedene Rezeptoren vor. Periphere Membranproteine sind am Zytoskelett der Erythrozyten beteiligt und wesentlich für die Verformbarkeit verantwortlich.

Hämoglobin (= **Hb** = roter Blutfarbstoff) stellt mit etwa 90 % den Hauptanteil an den Erythrozyten, wobei ein Erythrozyt etwa 30 pg Hämoglobin enthält. Der Hb-Anteil des einzelnen Erythrozyten wird als **Färbekoeffizient** bezeichnet. Auf die gesamten Erythrozyten in einem Liter Blut bezogen, macht der Hb-Anteil beim Mann etwa 160 g/l und bei der Frau 140 g/l aus. Das Hämoglobinmolekül besteht aus 4 Polypeptidketten mit je einem Eisen (II)-haltigen Häm. Es sind vier verschiedene Peptidketten bekannt (α, β, γ, δ-Ketten). Beim erwachsenen Menschen kommt mit über 95 % Hb-A1 mit 2 α und 2 β Ketten vor, Hb-A2 kommt nur zu 1–2 % vor und besteht aus 2 α und 2 δ Ketten. Das fetale Hämoglobin Hb-F mit 2 α und 2 γ Ketten, das beim Neugeborenen noch bis zu 80 % des Hämoglobins ausmacht, ist beim Erwachsenen nur noch unter 1 % vorhanden. Hb-F zeichnet sich dadurch aus, daß es bei einem niedrigen Sauerstoff-Partialdruck mehr O_2 binden kann als Hb-A1.

Die Erythrozyten haben die Aufgabe, O_2 von der Lunge zu den Geweben zu transportieren und CO_2 auf dem Rückweg zur Lunge zu befördern. Dazu wird O_2 an das Eisen im Häm angelagert (wobei sich die Wertigkeit des Eisens nicht verändert!). CO_2 wird hingegen an eine Aminogruppe angelagert, dadurch entsteht eine Carbaminoverbindung.

Klinik: Kohlenmonoxid (CO) hat eine etwa 300 mal höhere Affinität zum Hämoglobin als Sauerstoff, weshalb bei einem erhöhten CO-Gehalt in der Luft entsprechend weniger O_2 transportiert werden kann. Der dadurch entstehende Sauerstoffmangel kann je nach CO-Konzentration bis zum Tode führen.

Als **Anämie** wird eine erniedrigte Hämoglobin-Konzentration im Blut bezeichnet, die entweder auf eine erniedrigte Erythrozyten-Anzahl im Blut oder auf eine Verminderung der Hämoglobinmenge in den Erythrozyten zurückzuführen ist.

Die Erythrozyten haben eine Lebensdauer von etwa 120 Tagen. Gegen Ende dieses Lebenszyklus nimmt die Verformbarkeit ab, was u.a. durch den Verbrauch der Glukose als Energiequelle für die Natriumpumpe bedingt ist.
Alte, nur noch wenig verformbare, sowie deformierte Erythrozyten bleiben innerhalb der Milz im Netzwerk der Pulpastränge (s. Kapitel 8.4) hängen und werden durch Makrophagen abgebaut. Neben der Milz können Erys auch in der Leber oder im Knochenmark abgebaut werden. Das Hämoglobin wird dabei aufgespalten und über mehrere Schritte zu Bilirubin abgebaut, das in der Leber verarbeitet und über die Galle ausgeschieden wird. Das dabei freigesetze Eisen wird erneut für die Neubildung von Hämoglobin benutzt.

Thrombozyten

Die Thrombozyten (= Blutplättchen, kurz „Thrombos") sind im Durchmesser etwa 2–5 µm große kernlose Blutplättchen, die wie die Erythrozyten per Definitionem keine Zellen sind, weil ihnen der Zellkern fehlt. Insgesamt kommen im Blut etwa 140.000–440.000/mm^3 Thrombozyten vor.

Die Thrombozyten bestehen aus einem
- Hyalomer,
- Granulomer.

Die Thrombozyten sind von einem Plasmalemm umgeben. Unter dem Plasmalemm liegt als durchsichtige Zone das **Hyalomer**. Es besteht aus einem zirkulären Ring von Mikrotubuli. Vom Hyalomer gehen lange dünne Zytoplasmafortsätze ab. Das Plasmalemm ist von einer Glykokalix umgeben, die aus Glykosaminoglykanen und Glykoproteinen besteht und an der Verklumpung der Thrombos beteiligt ist.

Das **Granulomer** besteht aus mehreren Granula. Bei den Granula unterscheidet man zwischen:
- α-Granula – kommen am häufigsten vor. Sie enthalten u.a. Gerinnungsfaktoren, thrombozytenspezifische Proteine und PDGF (einen Wachstumsfaktor);
- δ-Granula – enthalten Serotonin, das von den Thrombozyten aus dem Blutplasma resorbiert wird;
- λ-Granula (= Lysosome) – enthalten lysosomale Enzyme (z.B. saure Hydrolasen).

Differentialblutbild

Beim Differentialblutbild werden im Blutausstrich die verschiedenen Leukozytenarten ausgezählt. Die Zahlen werden in Prozent umgerechnet

Blut zelle	**Her kunft**	**mittlere Lebens-dauer**	**Diffe rential-Blutbild**	**Zell größe µm**	**Be we-gung**	**Funktion / Aufgabe**	**Auftreten**	**Besonderheit**
Gra-nulo zyten	Knochen-mark				amö-boid		Bei Entzün-dung durch Kapillarwand	
neutro-phile		6–7 Stunden *	55-70 % (55–68 %)**	9–15		Phagozytose		Die Granula sind sehr schlecht sichtbar; primäre Lysosome
baso-phile		5–6 Stunden *	0–1 % (0,5–1 %)	9–14		Heparin- u. Hista-min-Produktion (Phagozytose)		Basophile Granula, enthalten Heparin und Histamin
eosino-phile		8 Stunden *	2–4 % (2,5–3 %)	11–16		Antigen/Anti-körper-Komplex	Bei allergischen Reaktionen	Eosinophile Granula; größer als neutrophile Granulozyten
Mono-zyten	Knochen-mark	Monate, im Blut wenige Stunden	2–8 % (4–5 %)	15–20	amö-boid	Phagozytose	Treten aus dem Blut ins Gewebe über und differenzieren sich in • Lunge zu Alveolarmakrophagen • Leber zu v. Kupffer Sternzellen, • Milz zu Sinusendothelzellen, • lockerem Bindegewebe zu Histiozyten.	
Histio-zyten					amö-boid	Phagozytose		Ins Bindegewebe eingewanderte Monozyten
Lym-pho-zyten	Knochen-mark, werden in lymphat. Organen geprägt	kurzlebige: bis 10 Tage, langlebige: 1,5–4 Jahre	25–40 % (20–36 %)	klein: 7–10 groß: 10–16	amö-boid	B-Lymphozyten: humorale Immunität T-Lymphozyten: zellgebundene Immunität	Bei chron. Entzün-dungen	Die kleinen Lympho-zyten transformieren sich bei Antigenkon-takt zu großen, tei-lungsfähigen Lymphozyten, die Immunglobulin produzieren.
Throm-bo-zyten	Knochen-mark, durch Ab-schnürung aus Mega-karyozyten	5–11 Tage	140.000 bis 440.000 $/mm^3$	1–3	mit dem Blut-strom	Dienen der Blut-gerinnung u. zer-fallen unter Abga-be von Thrombo-kinase		Kernlos, werden in der Milz abgebaut, enthalten Serotonin und den Blutplättchen-faktor III.
Ery-thro-zyten	Knochen-mark	100–120 Tage	Mann: 4,5–6,3 x $10^6/mm^3$ Frau: 4,2–5,5 x $10^6/mm^3$	Durch-messer 7,5 ; dick: 2; bikon-kav	mit dem Blut-strom	Am Hämoglobin d. Erythrozyten ist O_2 bzw. CO_2 an-gelagert. Sauer-stoffversorgung d. Gewebes u. Ab-transport von CO_2.		Tragen die Blutgrup-peneigenschaften (Blutgruppe, Rhesus-faktor). Sind kernlos und besitzen weder Mitochondrien noch endoplasmatisches Retikulum.

* = Verweildauer im Blut

** In der Spalte Differential-Blutbild sind in Klammern die Werte nach Leonhardt (Histologie, Zytologie und Mikroanatomie des Menschen/Thieme Verlag) angegeben – diese Werte weichen bei allen Autoren etwas voneinander ab.

Bei einer Gefäßverletzung agglutinieren die Thrombozyten im Bereich der Gefäßwand, zerfallen und setzen dadurch **Serotonin** frei. Serotonin bewirkt, daß sich die Gefäßmuskulatur kontrahiert, wodurch die Blutzufuhr zur verletzten Stelle vermindert wird. Gleichzeitig wird **Plasmathromboplastin** (syn.: Thrombokinase) mit Hilfe der Gerinnungsfaktoren V, VIII, IX, X und des Plättchenfaktors 3 gebildet. Das Plasmathromboplastin wandelt Prothrombin in **Thrombin** um, das seinerseits das im Blutplasma zirkulierende Fibrinogen in Fibrin umwandelt. Aus Fibrin entsteht ein Thrombus (= Blutpfropf), der das Gefäß im Bereich der Verletzung verschließt.

Klinik: Bei einer Erniedrigung der Thrombozyten unter 60.000/mm^3 ist die Blutgerinnung massiv gestört.

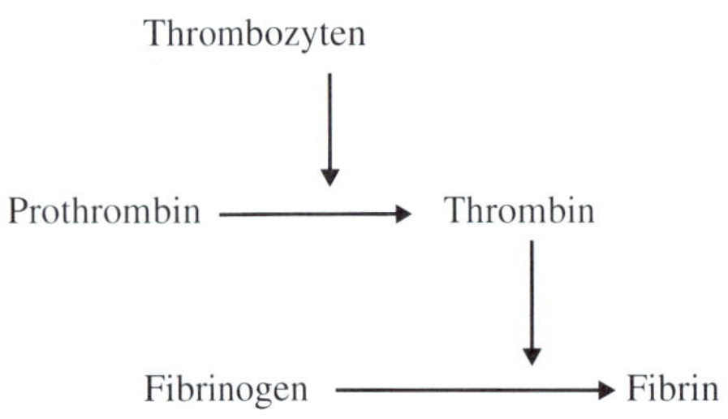

2.5.2 Blutzellbildung im roten Knochenmark ! 1/6

Vorgeburtliche Blutzellbildung

Die vorgeburtliche Blutzellbildung (= **Hämatozytopoese**) erfolgt in drei verschiedenen Perioden an jeweils unterschiedlichen Orten.

➤ **Megaloblastische Periode** – reicht von der 2. Entwicklungswoche bis zum Ende des 2. Monats. Die ersten Blutzellen gehen aus den Blutinseln des extraembryonalen Mesoderm der Dottersackwand hervor (s. Kapitel 1.4.2).
Die im Innern der Blutinseln liegenden Mesenchymzellen differenzieren sich zu den **Blutstammzellen** (**Hämozytoblasten**). Die am Rand der Blutinseln liegenden Mesenchymzellen entwickeln sich zu Gefäßwandzellen (**Angioblasten**), die die erste Gefäßanlage bilden. Aus den Blutstammzellen gehen die **Megaloblasten** als Vorstufen der Erythrozyten hervor. Leukozyten werden zu diesem Zeitpunkt noch nicht gebildet. Gegen Ende des 2. Entwicklungsmonats bildet sich der Dottersack zurück. Die Stammzellen der Blutzellen wandern aus der Dottersackwand zur Leber.

Hepatolienale Periode – reicht vom Ende des 2. bis zum 8. Entwicklungsmonats. Während dieser Zeit übernimmt das Lebermesenchym und später zusätzlich die Milz die Blutzellbildung, indem in ihnen die Jugendformen der Erythrozyten, die Retikulozyten, sowie die Vorstufen der Granulozyten gebildet werden. Nach etwa 3 Monaten wandern **Blutstammzellen** vom Sinusendothel der Leber (wo sie sich vom Dottersack kommend eingenistet haben) in das Knochenmark.

Medulläre Periode – beginnt mit dem 5. Entwicklungsmonat. Während die Blutzellbildung in der Leber immer mehr abnimmt, tritt das rote Knochenmark als Produktionsort der Erythrozyten und Leukozyten immer mehr in den Vordergrund. Bis zur Geburt ist das gesamte rote Knochenmark an der Blutzellbildung beteiligt. ◄

Die Blutzellbildung erfolgt für die:
- Erythrozytopoese – in der 2. Entwicklungswoche,
- Megakaryopoese – im 3. Embryonalmonat,
- Granulozytopoese – gegen Ende des 3. Embryonalmonats,
- Lymphozytopoese – im 4. Entwicklungsmonat,
- Monozytopoese – im 5. Entwicklungsmonat.

Die Bildung aller Blutzellen geht wahrscheinlich von pluripotenten (= undifferenzierten) Stammzellen aus, die **Hämozytoblasten** genannt werden. Aus den basophilen Hämozytoblasten gehen die spezifischen unipolaren Stammzellen hervor für die:
- Erythrozytopoese,
- Granulozytopoese,
- Lymphozytopoese,
- Thrombozytopoese,
- Monozytopoese.

Diese **spezifischen Stammzellen** können ein Blastem (= Keim = aus undifferenzierten Zellen bestehendes Bildungsgewebe) bilden. Sie sind für die Regeneration (= Zellmauserung) notwendig.

Die blutbildenden Zellen des Knochenmarks sind im retikulären Bindegewebe angesiedelt, das zwischen den Spongiosabälkchen liegt. Das Bindegewebe ist von vielen Fettzellen durchsetzt.

Erythrozytopoese (syn.: Erythropoese)

Die Erythrozytopoese verläuft in mehreren Stadien, die ihren Ausgang von Proerythroblasten haben. Jeder

der nachfolgenden Entwicklungsstadien dauert durchschnittlich einen Tag.

➤ Die Erythrozytopoese wird gesteigert, wenn der Sauerstoffpartialdruck im Blut abnimmt. Dann wird aus der Niere **Erythropoetin** freigesetzt, das wahrscheinlich bei der Umwandlung von Vorläuferzellen in Proerythroblasten aktiv beteiligt ist. Erythropoetin hat nur eine Halbwertzeit von etwa 2 Tagen.
Stimulierend auf die Erythrozytopoese wirken: Folsäure, Vitamin B_{12} und u.a. folgende Hormone: Thyroxin, Kortison, Testosteron.
Hemmend wirken: Östrogene. ◄

Die einzelnen Stadien der Erythrozytopoese sind:

- **Proerythroblasten** – sind mit 15–17 μm die größten Zellen der Erythrozytopoese. Der große Zellkern nimmt etwa 4/5 des Zellvolumens ein. Hämoglobin ist nur minimal nachweisbar.

In den nachfolgenden Entwicklungsstadien werden die Zellen immer kleiner.

- **basophile Erythroblasten** – Hämoglobin ist nachweisbar. Die basophilen Erythroblasten teilen sich 1–2 mal mitotisch.
- **polychromatische Erythroblasten** – der Hämoglobingehalt hat wesentlich zugenommen. Die Zellen teilen sich mehrmals mitotisch, wobei der Differenzierungsgrad zunimmt.
- **orthochromatische Erythrozyten (Normoblasten)** – sind etwa 8–10 μm groß. Der exzentrisch liegende Zellkern nimmt nur noch 1/4 des Zellvolumens ein. Es kommt viel Hämoglobin vor, weshalb das Zytoplasma nun azidophil ist. Es sind nur noch wenige Mitochondrien und Polysome vorhanden. Nach 3 weiteren Mitosen werden die Zellkerne abgeschnürrt, die Zellen sind nun kernlos und nicht mehr teilungsfähig. Erfolgt die Kernabschnürung in einem früheren Zellstadium, so sind die späteren Erythrozyten größer und werden Makrozyten genannt.
- **Retikulozyten** – werden als jugendliche Erythrozyten bezeichnet, die noch nicht ganz ausgereift sind. Die Retikulozyten besitzen im Gegensatz zu den Erythrozyten als Substantia granulo-filamentosa noch Reste ribosomaler RNA. Im Blut liegen etwa 1 % der Erythrozyten im noch nicht ausgereiften Stadium des Retikulozyten vor.
- **Erythrozyten** – s. Kapitel 2.5.1.

Granulozytopoese (syn.: Granulopoese)

Aus den unipolaren Stammzellen sollen alle drei Arten der Granulozyten hervorgehen. Vom Mye-

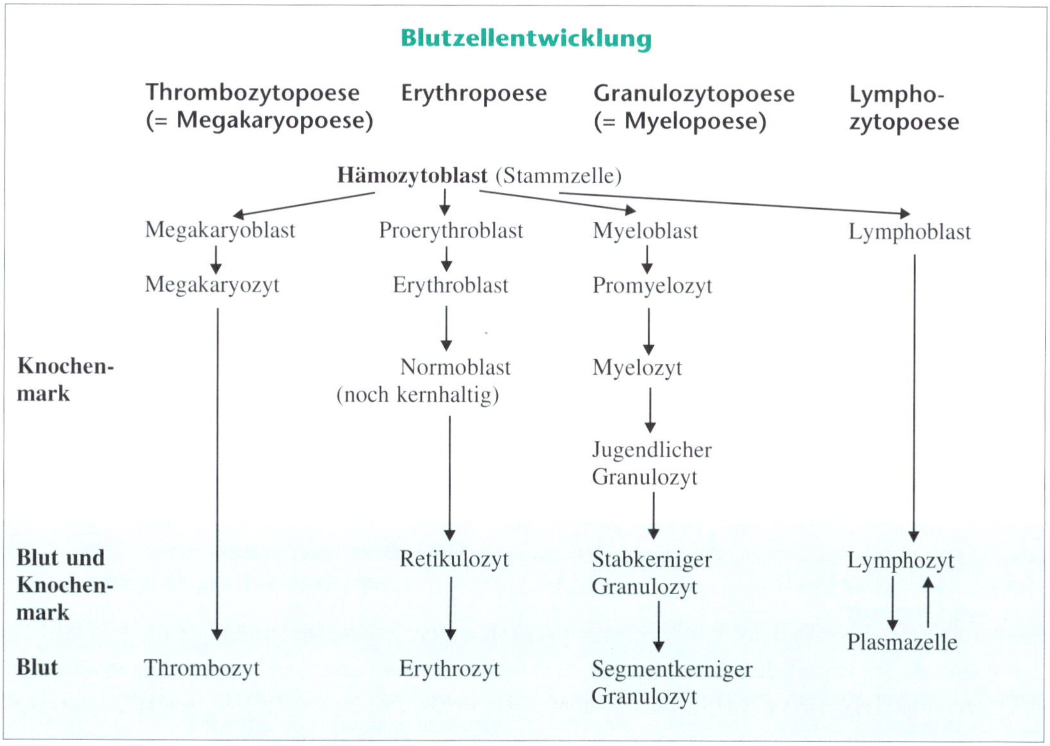

loblasten bis zum segmentkernigen Granulozyten dauert die Entwicklung etwa 11 Tage.

- **Myeloblasten** – sind etwa 12 μm groß. Sie besitzen noch keine Granula.
- **Promyelozyten** – sind etwa 15 μm groß und besitzen unspezifische Granula (große Lysosome).
- **Myelozyten** – sind etwa 10–12 μm groß. Diese Zellen besitzen bereits spezifische Granula (entweder neutrophile, eosinophile oder basophile). Sie teilen sich mitotisch.
- **Metamyelozyten** (= jugendliche Granulozyten) – sie besitzen für sie spezifische neutrophile, eosinophile und basophile Granula. Sie können sich nicht mehr teilen.
- **stabkernige Granulozyten** – der Zellkern ist stab- bis hufeisenförmig. Sie stellen etwa 3–5 % der im Blut vorkommenden Granulozyten.
- **segmentkernige Granulozyten** – s. Kapitel 2.2.43.

Lymphozytopoese (syn. Lymphopoese)

Aus den Stammzellen gehen Lymphoblasten hervor, die sich mitotisch in Prolymphozyten teilen. Aus den **Prolymphozyten** entwickeln sich:

- im Knochenmark die B-Lymphozyten,
- im Thymus die T-Lymphozyten (s. Kapitel 2.2.4.7).

Monozytopoese (syn. Monopoese)

Aus den Stammzellen gehen Monoblasten hervor, die sich in Promonozyten und diese wiederum in Monozyten teilen –
s. auch Kapitel 2.2.4.3.

Thrombozytopoese (syn. Thrombopoese)

Aus den Stammzellen gehen Megakaryoblasten hervor, die etwa 20–50 μm groß sind. Aus den Megakaryoblasten entwickeln sich die **Megakaryozyten**, die 40–160 μm groß sind. In den Megakaryozyten bildet sich Granula, die u.a. lysosomale Enzyme enthält. Die Megakaryozyten besitzen ausgeprägte Fortsätze, durch deren Abschnürung die Thrombozyten entstehen.

2.5.3 Lymphatische Organe ! 1/1

Die lymphatischen Organe dienen der Abwehr. Sie befinden sich vor allem in den Regionen, in denen Krankheitskeime (Bakterien, Toxine usw.) in den Körper eindringen oder sich einen Weg bahnen können.

Die Bildung der Lymphozyten (Lymphozytopoese) beginnt im 4. Entwicklungsmonat in der Leber, später im Knochenmark. Ihre immunologische Prägung erhalten die Lymphozyten in den lymphatischen Organen.

Zu den **lymphatischen Organen** gehören:

- Thymus,
- Tonsillen (Tonsillae palatinae, Tonsilla pharyngea),
- weiße Pulpa der Milz,
- Lymphknoten (Nodi lymphatici – s. Kapitel 2.5.5),
- Lymphfollikel (= Folliculi lymphatici – sie kommen vor allem im Dünn- und Dickdarm und im Appendix (Wurmfortsatz) als Peyer-Plaques vor.

Bis auf den Thymus, der aus der 3. Schlundtasche des Entoderm hervorgeht (= epitheliale Herkunft), besteht das Grundgerüst der lymphatischen Organe aus retikulärem Bindegewebe, in dessen Maschen viele T- und B-Lymphozyten liegen (s. Kapitel 2.5.4).

Der **Thymus** unterscheidet sich außerdem von den anderen lymphatischen Organen dadurch, daß er keine Lymphfollikel besitzt und, bedingt durch eine Blut-Gewebe-Schranke, nicht wie die anderen Organe mit Körperflüssigkeit in Berührung kommt. Der Thymus wird häufig als primäres lymphatisches Organ bezeichnet, weil in ihm die T-Lymphozyten ihre immunologische Ausreifung erfahren.

Lichtmikroskopisch können die lymphatischen Organe unterteilt werden in:

- lympho-retikuläre Organe – hierzu zählen die weiße Milzpulpa, die Lymphknoten und die Lymphfollikel,
- lympho-epitheliale Organe – hierzu zählen die Tonsillen und der Thymus.

Bei den lymphoepithelialen Organen liegen die Lymphozyten direkt unter dem Epithel (Tonsillen) bzw. im Verband mit Epithelzellen (Thymus).

2.5.4 Bauprinzipien der lymphatischen Organe ! 1/2

Das Stroma (= Grundgewebe) der lymphatischen Organe besteht aus einem weitmaschigen (schwammartigen) Netz von Retikulumzellen, das durch ein Gerüst aus Retikulinfasern versteift wird.

Bei den im lymphatischen System vorkommenden Retikulumzellen unterscheidet man zwischen:

- ➤ **Dendritischen Retikulumzellen** – sind spezifisch für die B-Lymphozytenregion in den Keimzentren der Lymphfollikel. Die Zellen besitzen verzweigte Ausläufer, die mit den Nachbarzellen durch Desmosomen verbunden sind. Sie sind sehr langlebig und können Antigen-Antikörper-Komplexe präsentieren.
- **Interdigitierenden Retikulumzellen** – sie sind spezifisch für die T-Lymphozytenregion in der parakortikalen Zone von Lymphknoten und der periarteriolären Scheide der Milz. Sie besitzen pseudopodenartige („scheinfüßchenartige") Fortsätze.
- **Histiozytären Retikulumzellen** – sollen Abkömmlinge von Monozyten sein. Sie können phagozytieren.
- **Fibroblastischen Retikulumzellen** – bilden retikuläre Fasern (= Retikulinfasern). Sie besitzen lange, dünne, verzweigte Fortsätze. Zusammen mit den retikulären Fasern bilden sie das weitmaschige Grundgerüst lymphatischer Organe. ◄

In den Retikulumnetzen liegen die in Kapitel 2.2.4.7 ausführlich beschriebenen T- und B-Lymphozyten. Eine Ausnahme hiervon bildet der Thymus, in dem nur T-Lymphozyten vorkommen. Die **T-Lymphozyten** gelangen vom Thymus über den Blutweg zu den sogenannten „thymusabhängigen Regionen" (= sekundäre lymphatische Organe), z.B. in die parakortikale Zone (= Parakortex) der Lymphknoten oder in die periarterioläre Scheide der Milz.

Die **B-Lymphozyten** gelangen über den Blutweg zu den sogenannten B-Regionen der lymphatischen Organe (besonders den Lymphfollikeln).

Die unterschiedliche Bevorzugung bestimmter Orte wird wahrscheinlich durch die verschiedenen Retikulumzellen bewirkt, denn für die B-Regionen sind dendritische, für die T-Regionen interdigitierende Retikulumzellen kennzeichnend.

In dem Maschenwerk, das von den Retikulumzellen gebildet wird, liegen so viele Lymphozyten, daß das retikuläre Bindegewebe lichtmikroskopisch in den Hintergrund tritt. Ordnen sich die Lymphozyten in Form von Knötchen an, so spricht man von **Lymphfollikeln**.

Beim Neugeborenen, das noch nicht mit Antigenen in Berührung gekommen ist, liegen die Lymphfollikel als **Primärfollikel** vor. In diesen Primärfollikeln sind die Lymphozyten annähernd gleichmäßig verteilt.

➤ Nach dem ersten Kontakt mit einem Antigen wandelt sich der Primär- in einen **Sekundärfollikel** um. Beim Sekundärfollikel wird unterschieden zwischen einem/einer

- hellen Zentrum, das **Reaktionszentrum** (= Keimzentrum) genannt wird – in diesem Bereich werden Lymphozyten neu gebildet. Im Reaktionszentrum können u.a. nachgewiesen werden: B-Lymphozyten (Immunoblasten), Plasmazellen, Gedächtniszellen, dendritische Retikulumzellen sowie einige T-Lymphozyten,
- dunklen, lymphozytenreichen Randzone (dem Lymphozytenwall) – in diesem Bereich läuft die eigentliche Abwehrreaktion ab. Die Randzone besteht aus sehr vielen Lymphoblasten, Lymphozyten sowie Plasmazellen. ◄

Nach dem Abklingen einer Infektion können sich die Sekundärfollikel wieder zurückbilden.

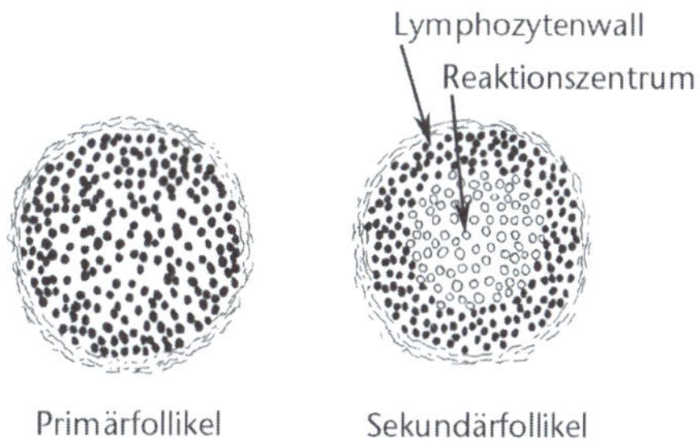

Abb. 2.48 Zwei verschiedene Stadien eines Lymphfollikels

2.5.5 Mikroskopische Anatomie und Ultrastruktur der lymphatischen Organe !! 3/7

Prüfungsrelevant: Das gesamte Kapitel.

In diesem Kapitel werden nur die Lymphknoten beschrieben. Der Thymus, die Milz und die Tonsillen werden ausführlich in den jeweiligen Organkapiteln dargestellt.

In unserem Körper kommen etwa 700 – 900 bohnenförmig bis rundlich aussehende **Lymphknoten** (= **Nodi lymphatici**) vor, die zwischen die Lymphbahnen geschaltet sind. Die in den Lymphgefäßen weitergeleitete Lymphe durchfließt wenigstens einen Lymphknoten.

Klinik: Solange die Lymphknoten inaktiv sind, sind sie nur wenige mm groß und von weicher Konsistenz (können nicht getastet werden). Bei Abwehrleistungen können sie sich je nach Lage bis zu etwa 3 cm vergrößern und verhärten, so daß sie tastbar werden. Nachdem z.B. eine Entzündung erfolgreich behandelt wurde, können sich die Lymphknoten wieder zurückbilden.

Bei den Lymphknoten unterscheidet man zwischen
- **regionären Lymphknoten** – kommen zumeist in Gruppen vor. Sie erhalten Lymphe aus jeweils bestimmten Körperregionen oder einem bis mehreren Organen;
- **Sammellymphknoten** – sind den regionären Lymphknoten nachgeschaltet. Sie liegen zumeist um große Gefäße (Aorta oder A. carotis interna) herum gruppiert.

Die Lymphknoten haben zwei Hauptaufgaben:
- sie dienen dem spezifischen Abwehrsystem, indem in ihnen Lymphozyten mit dem über das Blut transportieren Antigen oder antigenpräsentierenden Zellen in Kontakt treten können;
- sie filtern kleine Teilchen wie z.B. Kohlenstaub aus der Lymphe.

Klinik: Die aus der Lymphe gefilterten Tumorzellen können im Lymphknoten weiter wachsen. Davon sind zuerst die regionären Lymphknoten betroffen, in denen sich häufig die ersten Metastasen (= Tochtergeschwülste) bilden. Daher ist die Kenntnis der Lymphknoten und ihrer Zuflußgebiete bei der Tumordiagnostik sehr wichtig (☞ auch z.B. die Winterthur Tafeln „Lymphknoten“)!

Bei den bohnenförmig aussehenden Lymphknoten liegt das **Hilum** im Bereich der eingedellten Seite. Durch das Hilum gelangen Arterien und Nerven in den Lymphknoten. Die Vene und ein ableitendes Lymphgefäß (= Vas efferens) verlassen den Lymphknoten im Hilum.

Dem Lymphknoten werden zumeist über mehrere zuführende Lymphgefäße (Vasa afferentia) Lymphe zugeführt. Die Vasa afferentia enthalten Gefäßklappen.

Mikroskopische Anatomie

Außen ist der Lymphknoten von einer derben bindegewebigen Organkapsel umgeben. Diese Organkapsel besteht aus Kollagenfasern, in die elastische Netze eingeflochten sind. In der Kapsel kommen vereinzelt glatte Muskelzellen vor.
Von der Organkapsel zieht eine Vielzahl von Bindegewebsbälkchen (= **Trabekeln**) zur Mitte des Lymphknotens, wobei sie das Parenchym unvollständig unterteilen. Die Trabekel gehören zum Stroma und dienen als Stützgewebe des Lymphknotens. In den Trabekeln liegen Blutgefäße, die vom Hilum kommen oder zu ihm ziehen.
Der Raum zwischen den Trabekeln ist mit retikulärem Bindegewebe ausgefüllt, in dessen Maschen die Lymphozyten liegen. Das retikuläre Bindegewebe unterteilt man in eine
- Rinde,
- Mark,
- und die zwischen Rinde und Mark liegende parakortikale Zone.

Die **Rinde** (= Kortex) besteht u.a. aus Lymphozyten, antigenpräsentierenden dendritischen Retikulumzellen sowie anderen Retikulumzellen. Die Lymphozyten sind zu vielen ringförmigen Sekundärfollikeln (Lymphfollikeln) zusammengelagert (s. Kapitel 2.5.4). Die Sekundärfollikel sind vor allem von B-Lymphozyten besiedelt.

Die **parakortikale Zone** (= **Parakortex**) ist aus interdigitierenden Retikulumzellen aufgebaut. Der Parakortex ist eine thymusabhängige Zone, in der überwiegend T-Lymphozyten vorkommen. Die postkapillären Venolen sind im Parakortex mit einem hohen (kubischen) Endothel ausgekleidet. Die Endothelzellen besitzen Zellrezeptoren, durch die der Durchtritt von T-Lymphozyten erleichtert wird. Die T-Lymphozyten verlassen die Lymphknoten nach 6–20 h wieder über das efferente Lymphgefäß.

Kommen die T-Lymphozyten im Lymhknoten mit einem entsprechenden Antigen in Kontakt, so transformieren sie sich zu T-Immunoblasten (s. Kapitel 2.2.4.7). Die aktivierten T-Lymphozyten gelangen mit der Lymphe zum Ort des Befalls, um dort ihre Abwehrtätigkeit zu beginnen. Bei einer Immunreaktion, an der vor allem T-Lymphozyten beteiligt sind, kommt es zur **parakortikalen Reaktion**, dabei kann sich der Parakortex bis in das Mark ausbreiten.

Das **Mark** (= Medulla) des Lymphknotens liegt im Bereich des Hilum. Es besteht aus zu **Marksträngen** angeordneten B-Lymphozyten, Retikulumzellen und Plasmazellen sowie aus dem Marksinus. Lymphfollikel kommen im Mark **nicht** vor!

Die Lymphknoten werden von einem Netzwerk von **Lymphsinus** durchzogen. Die Sinus sind spaltförmig erweiterte Räume, durch die die Lymphe von den Vasa afferentia in Richtung Vas efferens fließt. Die Lymphsinus sind unvollständig von Endothelzellen ausgekleidet, die sich aus den Retikulumzellen entwickelt haben. Die Endothelzellen werden auch als **Uferzellen** bezeichnet.
In den Sinus liegen schwammartig angeordnet Retikulumzellen sowie einige freie Makrophagen. Die

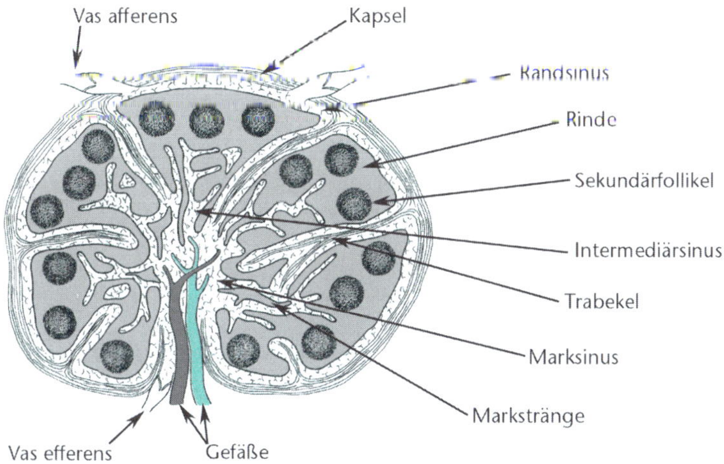

Abb. 2.49 Lymphknoten

Lymphe fließt sehr langsam durch die Sinus, so daß körperfremde Stoffe von den Uferzellen, Retikulumzellen und freien Makrophagen phagozytiert werden können.

Die lymphatischen Sinus werden unterteilt in

- **Randsinus** (**Marginalsinus**) – liegt zwischen der Organkapsel und der Rinde. In den Randsinus fließt die Lymphe aus den Vas afferentia.
- **Intermediärsinus** – ziehen vom Randsinus kortikal (= intermediär) durch die Rinde Richtung Mark, wo sie im Marksinus münden.
- **Marksinus** – liegen als breite Sinus zwischen den Marksträngen.
- **Terminalsinus** – erhält die Lymphe aus den Marksinus. Im Terminalsinus wird die Lymphe gesammelt und über ein Vas efferens abgeleitet.

Trotz der nur unvollständig verschlossenen Sinuswände gelangt nur rund 1 % der Lymphe in das umliegende Lymphknotengewebe. In dieser Lymphe vorkommende Antigene verursachen eine Immunreaktion, bei der u.a. T-Helfer-Zellen B-Lymphozyten aktivieren können – s. Kapitel 2.2.4.7.

2.6 Allgemeine Anatomie der Drüsen

Bis auf wenige Ausnahmen können alle Zellen bestimmte Stoffe synthetisieren. Zellen, deren spezielle Aufgabe die Synthese von bestimmten Stoffen und deren Abgabe ist, werden **Drüsenzellen** genannt. Erythrozyten können keine Stoffe synthetisieren, weil ihnen die RNA fehlt.

2.6.1 Klassifizierung von Drüsen — !! 5/14

Es wurden mehrere Bildfragen gestellt.

Die Drüsen gehen in ihrer Mehrzahl aus dem Oberflächenepithel (= Deckepithel) hervor. Dabei unterscheidet man zwischen einzelligen Drüsen, die als einzelne Zellen innerhalb des Epithelverbands verbleiben und mehrzelligen Drüsen.

Histologie

Bei den **mehrzelligen Drüsen** verläuft der Entwicklungsvorgang vereinfacht dargestellt so ab, daß bestimmte Zellen des Oberflächenepithels proliferieren und dadurch ein Zellstrang entsteht, der bis in das unter dem Epithel liegende Bindegewebe vorwachsen kann. Bleibt die Beziehung zum Oberflächenepithel in Form eines Ausführungsgangsystems bestehen, so spricht man von einer **exokrinen Drüse**. Besteht nach Abschluß der Entwicklung keine Beziehung mehr zum Oberflächenepithel, so spricht man von einer **endokrinen Drüse**.

Endokrine Drüsen können auch aus Teilen von exokrinen Drüsen entstehen, indem sich z.B. Zellen des exokrinen Teils abspalten (wie die in Kapitel 8.5.2 beschriebenen Langerhans-Inseln).

Einige Drüsenzellen gehen nicht aus dem Oberflächenepithel hervor. Zu ihnen gehören z.B. die Theka-lutein-Zellen und das Corpus luteum (= Gelbkörper) des Ovar, sowie die Leydig-Zwischenzellen des Hodens, die sich beide aus dem Bindegewebe entwikkeln.

Die Aufgabe der Drüsen besteht in der Bildung eines spezifischen Sekrets. Bei der Sekretabgabe unterscheidet man wie bereits erwähnt zwischen

- exokrinen Drüsen – das synthetisierte Sekret wird über ein Ausführungsgangsystem (s. Kapitel 2.6.3) auf die Haut oder Schleimhaut des Atemtrakts sowie des Magen-Darm-Kanals abgegeben;
- endokrine Drüsen – besitzen kein Ausführungsgangsystem. Das Inkret wird in das Blut abgegeben.

Das Sekret, das nach außen auf die Haut oder Schleimhaut abgegeben wird, bezeichnet man als Exkret, das nach innen abgegebene Sekret als Inkret. Das Inkret besteht aus Hormonen.

Exokrine Drüsen

Die exokrinen Drüsen können einzellig oder mehrzellig sein, wobei die

- einzelligen Drüsen zumeist endoepithelial und die
- mehrzelligen Drüsen exo-epithelial liegen.

Einzellige exokrine Drüsen

➤ Die einzelligen exokrinen Drüsen liegen zumeist innerhalb des Oberflächenepithels (= endoepithelial). Ein typisches Beispiel für endoepitheliale einzellige Drüsen sind die **Becherzellen**, die im Darmbereich und in den Luftwegen (Luftröhre und Bronchien) vorkommen. Die kelchglasartig aussehenden Becherzellen sind auf ihrer zum Lumen zugewandten Oberfläche häufig mit Mikrovilli besetzt. Sie produzieren einen Schleim, der am apikalen Teil der Zelle (= Zellspitze) z.B. in das Darmlumen abgegeben wird, wobei die Zelloberfläche zerreißt. Der Schleim dient als Gleitmittel für die Nahrung und als Schutzfilm für das Epithel. Nach der Sekretabgabe können die Zellen wieder neues Sekret bilden oder gehen zugrunde. Unter dem Lichtmikroskop erkennnen Sie Becherzellen am hellen, wabigen Aussehen.

Neben den Becherzellen kommen als weitere einzellige endoepitheliale Drüsen u.a. die Paneth-Körnerzellen im Dünndarm und die enterochromaffinen Drüsen (s. Kapitel 8.2.2) vor. ➤

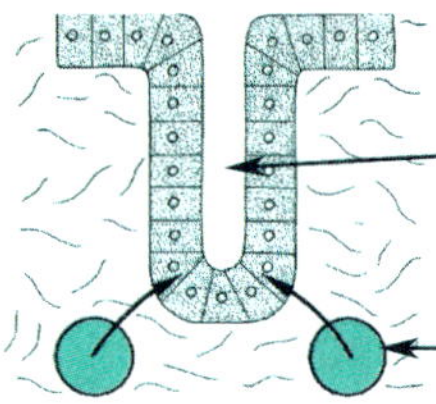

Abb. 2.50 *Exokrine Drüse*

Mehrzellige exokrine Drüsen

Die meisten mehrzelligen exokrinen Drüsen liegen exoepithelial (außerhalb des Epithels).

Mehrzellige endoepitheliale Drüsen kommen nur im mehrreihigen Epithel der Nasenschleimhaut und in der Urethra (Harnröhre) vor. Diese Drüsen besitzen keinen Ausführungsgang. In dem Bereich, in dem die Drüsenzellen ihr Sekret abgeben, ist die Drüse leicht eingezogen (invaginiert).

Die exoepithelialen mehrzelligen Drüsen liegen unterhalb des Epithels im Bindegewebe. Diese Drüsen bestehen aus einem:

- Drüsenkörper (Endstück), der am Ende der Drüsen liegt und dessen Zellen die Sekrete bilden;
- Verbindungsstück, das den Drüsenkörper mit der Epitheloberfläche (der Haut- oder Schleimhautoberfläche) verbindet. Durch das Verbindungsstück, das Ausführungsgang genannt wird, gelangt das Sekret zur Oberfläche (s. Kapitel 2.6.3).

Es kommen viele verschiedene Formen an exoepithelialen Drüsen vor, die unterschieden werden können nach

- der Form der Drüse (Form der Ausführungsgänge und der Endstücke),
- der Art des Sekrets,
- der Art der Sekretabgabe.

Form der exoepithelialen Drüsen

Nach der Form unterscheidet man zwischen
- tubulösen Drüsen,
- azinösen Drüsen,
- alveolären Drüsen.

Die azinösen und alveolären Drüsen kommen häufig mit tubulösen Drüsenanteilen zusammen als Mischform vor.

➤ Die **tubulösen Drüsen** besitzen ein schlauchförmiges Endstück. Sie werden unterteilt in:
- einfach tubulöse Drüsen – der Ausführungsgang ist langgestreckt. Sie kommen als Krypten im Kolon und Lieberkühn-Krypten im Dünndarm vor.
- gewunden (geknäuelt) tubulöse Drüsen – ihr Ausführungsgang ist gestreckt. Im Bereich des Endstücks sind sie geknäuelt. Sie kommen als Schweißdrüsen vor.
- verzweigt tubulöse Drüsen – bei ihnen münden mehrere Ausführungsgänge zusammen. Sie kommen als Gll. cervicales im Uterus, Gll. pylorica im Magen und Gll. duodenales im Duodenum vor. ➤

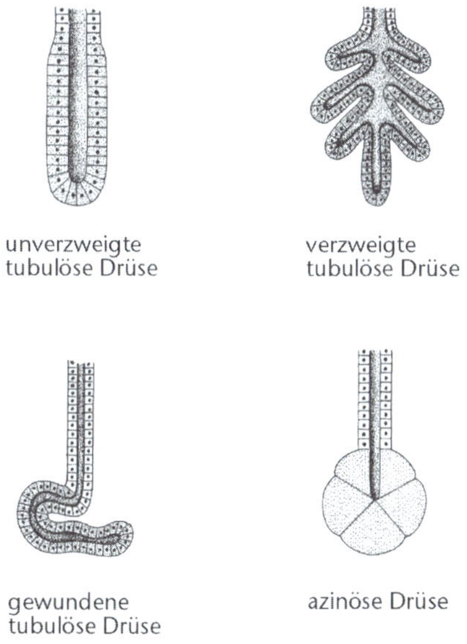

Abb. 2.51 *Verschiedene Drüsenarten*

Azinöse Drüsen haben ein Endstück, das beerenförmig aussieht (acinus = Weinbeere). Sie kommen als Gl. submandibularis und Gl. sublingualis vor.

Alveoläre Drüsen besitzen ein bläschenförmiges Aussehen. Sie kommen als tubuloalveoläre Drüsen in der Milchdrüse (Mamma), Prostata, und Gl. parotis (Ohrspeicheldrüse) vor.

Art der Sekretabgabe

Nach der Art der Sekretabgabe (= Extrusion) unterscheidet man zwischen:
- apokrinen Drüsen,
- holokrinen Drüsen,
- merokrinen Drüsen.

➤ In den **apokrinen Drüsen** sammelt sich das Sekret an der Zellspitze (apokrin). Das Zytoplasma der Zelle schnürt sich bei der Extrusion (= Abgabe des Sekrets) im apikalen Teil mit dem Sekret ab.

Nach der Extrusion sind diese Drüsenzellen damit zwangsläufig kleiner geworden und müssen regeneriert werden, bevor sie erneut Sekret abgeben können.

Zu den apokrinen Drüsen gehören u.a. die Duftdrüsen der Achselgegend, die Milchdrüsen, Moll-Drüsen (Augenlid) und die Gll. ceruminosae (äußerer Gehörgang).

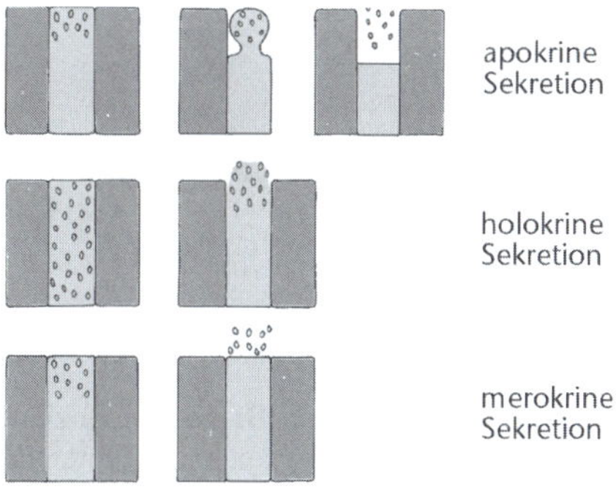

Abb. 2.52 *Sekretionsarten*

In den **holokrinen Drüsen** sammelt sich das Sekret im gesamten Zellleib. Bei der Extrusion des Sekrets gehen diese Drüsenzellen zugrunde. Neue Drüsenzellen entstehen aus dem unter den holokrinen Drüsenzellen liegenden mehrschichtigen Drüsenepithel.

Holokrine Drüsen kommen als Talgdrüsen (= Gll. sebaceae) und als Meibohm-Drüsen (Gll. tarsales = modifizierte Talgdrüsen) am Augenlid vor.

Die **merokrinen Drüsen** (alt: akkrine Drüsen) bilden die häufigste Drüsenart. Sie sondern ihr Sekret in der Art der Exozytose (in Tröpfchenform) an ihrer Zelloberfläche ab. Bei der Extrusion bleibt die Zelle vollständig erhalten. Die merokrinen Drüsen sind immer zur Sekretion bereit. Zu den merokrinen Drüsen gehören u.a. die Speicheldrüsen, die Drüsen des Geschlechtsapparates und die endokrinen Drüsen.

Nach der Art des von den Endstücken gebildeten Sekrets werden die merokrinen Drüsen in seröse, muköse und gemischte Drüsen unterteilt. ◄

Art des Sekrets

Anhand der Art des Sekrets unterscheidet man zwischen

- serösen Drüsen,
- mukösen Drüsen,
- seromukösen (= gemischten Drüsen).

Manche Drüsen synthetisieren in ihren Endstücken nur ein Sekret, sie sind somit homokrin. Andere Drüsen synthetisieren verschiedene Sekrete, was als heterokrin bezeichnet wird. Heterokrin sind z.B. die Gll. gastricae (Magendrüsen), die aus 3 Arten von Drüsenzellen bestehen (Haupt-, Neben- und Belegzellen – s. „Magendrüsen" in Kapitel 8.2.1).

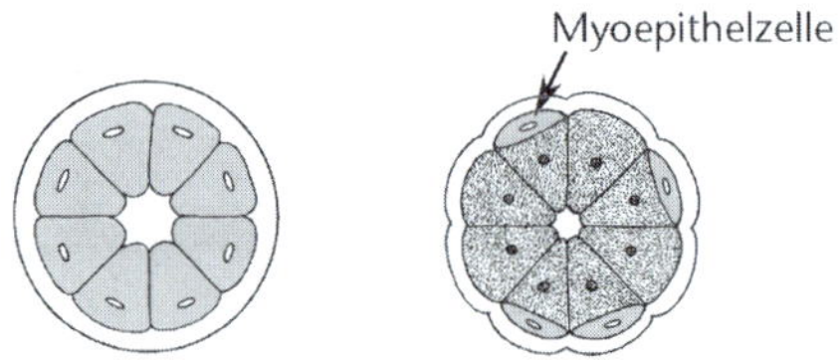

Abb. 2.53 *Verschiedene Endstücke*

Die Endstücke der **serösen Drüsen** produzieren ein dünnflüssiges Sekret, das reich an Proteinen und Enzymen ist. Die Endstücke haben ein kleines Drüsenlumen, das von hohen Drüsenzellen umgeben ist. Diese Drüsenzellen besitzen einen im basalen Drittel der Zelle liegenden runden Zellkern, der viel rauhes ER und einen ausgeprägten Golgi-Apparat besitzt.
Rein seröse Drüsen sind die Gl. parotis (Ohrspeicheldrüse), das Pankreas, die Gl. lacrimalis (Tränendrüse) und die Spüldrüsen der Geschmacks- und Geruchsorgane. ◄

> **Merksatz** für die serösen Drüsen:
> **Papa**geien**tränen** sind serös.
> **Pa** (= Parotis), **pa** (= Pankreas), **tränen** (= Tränendrüse).

➤ Die **mukösen Drüsen** produzieren einen enzymarmen, zähflüssigen Schleim, der **Muzin** genannt wird. Das Muzin besteht u.a. aus Mukoproteinen und Glykoproteinen. Es dient hauptsächlich als Gleitmittel. Die Endstücke der mukösen Drüsen haben ein weites Drüsenlumen. Die das Lumen umgebenden Drüsenzellen sind flacher als die Zellen der serösen Drüsen. Die Zellkerne sind abgeplattet und liegen basal. Auffällig ist die große helle Sekretgranula.

Rein muköse Drüsen sind beim Menschen relativ selten, zu ihnen gehören die Gll. linguales posteriores (hintere Zungengrunddrüsen) und die Gll. palatinae (hintere Gaumendrüsen).

Die **gemischten Drüsen** besitzen in ihren Endstücken sowohl seröse als auch muköse Zellen, wobei die serösen Zellen den mukösen Endstücken als von **Ebner-Halbmond** (syn.: Gianuzzi-Halbmond) kappenartig aufliegen. Wenn die Zahl der serösen Zellen in den Endstücken überwiegt, spricht man von seromukösen, im umgekehrten Fall von mukoserösen Drüsen.
Seromukös ist die Gl. submandibularis (Unterkieferdrüse), mukoserös ist die Gl. sublingualis (Unterzungendrüse).

Nervenversorgung der exokrinen Drüsen

Die exokrinen Drüsen werden vegetativ (sympathisch und/oder parasympathisch) versorgt. ◄

Endokrine Drüsen

Die endokrinen Drüsen bilden Hormone. Sie besitzen keine Ausführungsgänge. Statt dessen werden sie von einem verzweigten, stark ausgeprägten Kapillarnetz durchsetzt, über das sie ihr Inkret (glanduläre Hormone) direkt in die Blutbahn, selten in die Lymphbahn, abgeben. Das Epithel der Kapillaren ist im Bereich der Drüsen sehr dünn und fenestriert. Nur in den zu den endokrinen Drüsen zählenden Leydig-Zwischenzellen des Hodens sind die Kapillaren nicht fenestriert.

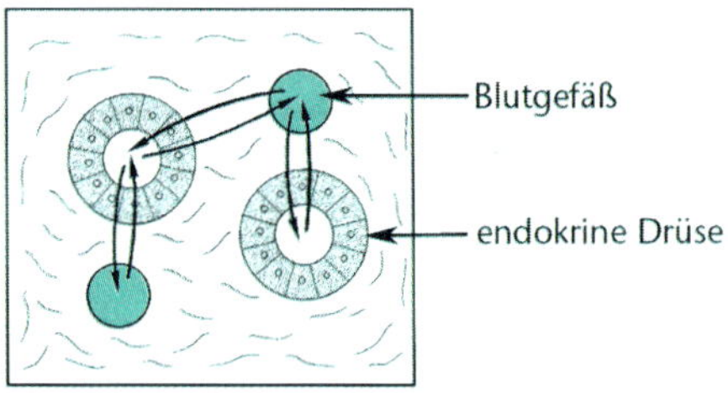

Abb. 2.54 *Endokrine Drüse*

Über den Blutweg erhalten die Drüsenzellen die zur Hormonproduktion notwendigen Stoffe. Werden die Hormone direkt an das umliegende Gewebe abgegeben (= **Gewebshormone**, die nicht über den Blutweg transportiert werden), so wird dies als **parakrine Sekretion** bezeichnet.

Endokrine Drüsen kommen vor als:
- einzellige Drüsen,
- Zellverband innerhalb eines Organs,
- Organ.

➤ Einzellige endokrine Drüsen kommen als Gastro-entero-pancreatico-endokrines Zellsystem vor – wird ausführlich in Kapitel 8.5.3 beschrieben.

Als Zellverband kommen die endokrinen Drüsenzellen vor im Hypothalamus, als Langerhans-Inseln im Pankreas, als Paraganglien, Leydig-Zwischenzellen im Hoden, Follikelepithelzellen und Corpus-Luteum-Zellen im Ovar, sowie während der Schwangerschaft in der Plazenta.

Als Organ kommen die endokrinen Drüsen vor als Hypophyse, Epiphyse, Schild- und Nebenschilddrüse und als Nebennieren. ◄

➤ Als **neuroendokrine Zellen** werden Nervenzellen bezeichnet, die Hormone bilden können.

Die endokrinen Drüsen werden vom **Hypothalamus** gesteuert
- nerval – über das vegetative Nervensystem,
- hormonell – indem er direkt oder indirekt über das Hypothalamus-Hypophysen-System auf die Organe Einfluß nimmt.

Über Releasing-factors (Steuerhormone) und Release-inhibiting-factors regelt er die Freisetzung von glandotropen Hormonen aus der Adenohypophyse (= Hypophysenvorderlappen). Die glandotropen Hormone regen ihrerseits die folgenden peripheren Drüsen zur Synthese von Effektorhormonen an: Ovar, Hoden, Schilddrüse, Nebenschilddrüse. ◄

Die Hormone können bestimmten Stoffklassen zugeordnet werden:
- Peptide – hierzu gehören die Steuerhormone des Hypothalamus;
- Amine – hierzu gehören Adrenalin, Noradrenalin, Dopamin, Serotonin und Melatonin;
- Steroide – hierzu gehören die Mineralokortikoide und Sexualhormone;
- Proteine – hierzu gehören die Wachstumshormone und Gonadotropine.

2.6.2 Morphologische Grundlagen der Sekretbereitung und -abgabe

! 1/1

Unter **Sekretion** versteht man die Bildung und Abgabe (= Extrusion) von in den Drüsenzellen gebildeten spezifischen Substanzen.

Die Sekrete können enthalten: Proteine, Glykoproteine oder Lipide.

Die für die Sekretzubereitung notwendigen Stoffe werden aus dem umgebenden Gewebe und dem Blut aufgenommen, dann abgebaut und an den Ribosomen zu spezifischen Strukturen aufgebaut.

Die Proteinsynthese läuft an den Ribosomen ab. Die Ribosomen sind dem rauhen endoplasmatischen Retikulum (ER) angelagert, die elektronenmikroskopisch in den Drüsenzellen als dicht zusammenliegende Membranen zu erkennen sind.
Die Steroidsynthese läuft am ungranulierten ER und die Synthese der kohlenhydratreichen Sekrete im Golgi-Apparat ab.

Am endoplasmatischen Retikulum vorbei gelangen die Stoffe in die Golgi-Apparate, wo sie zu ihrer endgültigen Struktur und Funktion umgebaut werden. Die Sekrete werden in Vesikeln der Golgi-Apparate gelagert.

➤ Die **Sekretion** (= Sekretabgabe) erfolgt über den exokrinen Drüsenanteil
- nach einem Impuls vom autonomen Nervensystem,
- nach einem hormonellen Impuls,
- sowohl über Impulse des autonomen Nervensystems als auch hormonell. ◄

2.6.3 Morphologische Grundlagen des Sekrettransports

! 0/3

Die exoepithelialen Drüsen bestehen aus:
- einem Drüsenkörper (= Endstück);
- einem Drüsenausführungsgangsystem.

In den Drüsenzellen, die zum **Endstück** gehören, wird das Sekret synthetisiert. Die Endstücke sind durch eine Basalmembran vom umliegenden Bindegewebe getrennt.
Mehrere Endstücke werden durch Bindegewebe zu Drüsenläppchen zusammengefaßt. Große Drüsen sind außerdem durch eine Capsula fibrosa (Bindegewebskapsel) nach außen abgegrenzt.

Von den Endstücken gelangt das Sekret in das **Ausführungsgangsystem** der Drüse, das unterteilt wird in:

- Schaltstück – schließt an das Endstück an,
- Streifenstück – bildet das Sekretrohr,
- Ductus excretorius – bildet den eigentlichen Ausführungsgang.

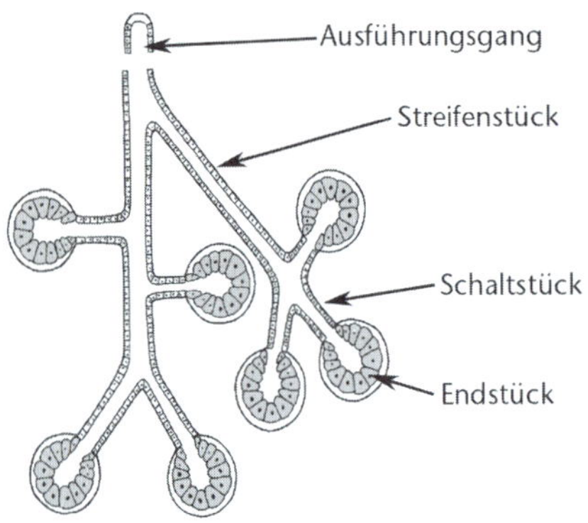

Abb. 2.55 Alveoläre Drüse

➤ Das **Schaltstück** verbindet das Endstück mit dem Streifenstück. Schaltstücke haben zumeist ein enges Lumen. Sie sind mit einem einschichtigen, platten bis kubischen Epithel ausgekleidet und kommen bis auf die Gl. lacrimalis nur in serösen Drüsen vor.

Das **Streifenstück** (= Sekretrohr) liegt im Drüsenläppchen. Es besitzt ein einschichtiges, iso- bis hochprismatisches Epithel.

Der **Ausführungsgang** (Ductus excretorius) verbindet das Drüsenläppchen mit der Epitheloberfläche. Der Ausführungsgang besteht aus mehrreihigem, kubischen bis hochprismatischen Epithel, das mit einer Schlußleiste abschließt. Von den Streifenstücken lassen sie sich außerdem dadurch unterscheiden, daß sie zumeist von viel mehr Bindegewebe umgeben sind.

Das Ausführungsgangsystem ist nicht bei allen exkretorischen Drüsen gleich aufgebaut, z.B. fehlen im Pankreas die Streifenstücke und bei der Gl. lacrimalis (Tränendrüse) die Schalt- und Streifenstücke. ➤

Das drüsenspezifische Ausführungsgangsystem wird im mikroskopischen Teil der jeweiligen Drüse beschrieben.

Die Endstücke und der Anfangsteil der Schaltstücke der Duft-, Schweiß- und der Speicheldrüsen, sowie der proliferierenden Milchdrüse, sind von **Myoepithelzellen** umgeben. Die Myoepithelzellen sind modifizierte Epithelzellen, die kontraktile muskuläre Fibrillen (= Myofibrillen) enthalten. Bei ihrer Kontraktion pressen sie das Sekret aus der Drüse heraus. Die Myoepithelzellen sind ektodermalen Ursprungs. Sie werden zur glatten Muskulatur gerechnet.

Bei den Speicheldrüsen (Gl. submandibularis, Gl. sublingualis) liegen die Myoepithelzellen als Korbzellen zwischen der Basalmembran und der Drüsenzelle. Bei den Schweißdrüsen liegen sie als Stabzellen entlang der Schweißdrüse.

2.7 Allgemeine Anatomie der Schleimhäute und der serösen Höhlen

2.7.1 Schleimhäute ! 0/2

Die Oberfläche des Körperinneren wird von einer Schleimhaut (= **Tunica mucosa**, kurz „Mucosa") ausgekleidet. Dabei überzieht die Schleimhaut all die Organe, die mit der Umwelt in Verbindung stehen, z.B. Magen-Darm-Kanal, Harn- und Geschlechtswege. An den Körperöffnungen geht die Schleimhaut in die äußere Haut (= Kutis) über.

Die Schleimhäute produzieren Schleim, der sie überzieht und sie feucht und gleitfähig hält.

Das **Schleimhautepithel** dient der

- Protektion – schützt das unter ihm liegende Gewebe vor mechanischen, chemischen und thermischen Einflüssen sowie vor Bakterien und Viren. Dem dient vor allem mehrschichtiges Plattenepithel.
- Resorption – nimmt Stoffe auf. Dazu dient vor allem hochprismatisches Epithel, das mit Mikrovilli besetzt ist. Um eine möglichst große Aufnahmefläche zu erhalten, besitzt die Mukosa in bestimmten Bereichen Falten und Zotten.
- Sekretion – erfolgt durch Drüsen (Becherzellen), die als endoepitheliale Drüsen innerhalb der Schleimhaut liegen (s. Kapitel 2.6.1).

Mikroskopische Anatomie

Die Schleimhaut (Mukosa) besteht aus wenigsten zwei Schichten:

- **Schleimhautepithel** (Epithelium mucosae, alt: Lamina epithelialis mucosae) – kann ein- oder mehrschichtig, iso- oder hochprismatisch sein oder als Übergangsepithel vorliegen. Es ist frei von Blutgefäßen.

- **Lamina propria mucosae** (= Schleimhautbindegewebe) – besteht aus lockerem Bindegewebe, in dem zahlreiche vegetative Nervenfasern sowie Blut- und Lymphgefäße verlaufen.

Im Bereich des Oesophagus (= Speiseröhre) und des Darms kommen als weitere Schichten hinzu:

- **Lamina muscularis mucosae** (= Schleimhautmuskelschicht) – kommt im gesamten Verdauungskanal vor. Sie besteht aus glatten Muskelzellen, die die Schleimhaut bis zu einem gewissen Grade kontrahieren können, damit z.B. kleine Fischgräten sich nicht aufspießen sondern weiter transportiert werden können. Diese Lamina kommt nicht im oberen Drittel des Oesophagus vor, in dem quergestreifte Muskelfasern liegen.
- **Tela submucosa** (= submuköse Bindegewebsschicht) – besteht aus lockerem oder retikulärem Bindegewebe, das mit scherengitterartig angeordneten Kollagenfasern und elastischen Fasern durchsetzt ist. In der Submukosa verlaufen die Leitungsbahnen (Arterien, Venen, Lymphgefäße). In dieser Schicht bilden vegetative Nervenfasern Nervengeflechte (= Plexus).
  Die Submukosa dient als Verschiebeschicht und schützt die Mukosa vor mechanischen Einwirkungen (Verletzungen). Durch die Einlagerung von freien Bindegewebszellen (Makrophagen) dient sie außerdem der immunologischen Abwehr. Im Dünndarm kommen in der Submukosa Lymphknötchen, im Ileum Peyer-Plaques vor.
  An den Körperstellen, an denen die Submukosa fehlt, z.B. am Zahnfleisch, ist die Mukosa unverschieblich mit dem Knochen verbunden.

2.7.2 Seröse Höhlen 0/1

Aus dem intraembyonalen Zölom (s. Kapitel 1.4.4), das die primitive Leibeshöhle bildet, entwickeln sich drei verschiedene **Körperhöhlen:**

- eine Perikardhöhle (= Herzbeutelhöhle),
- eine rechte und linke Pleurahöhle (= Brustfellhöhle),
- eine Peritonealhöhle (= Bauchfellhöhle) – beim männlichen Geschlecht bildet die Peritonealhöhle einen fingerförmigen Ausläufer (Proc. vaginalis peritonei – s. Kapitel 8.1.3), der durch den Abstieg des Hodens aus der Bauchhöhle in den Hodensack entsteht.

Diese Körperhöhlen werden als **seröse Höhlen** bezeichnet, weil sie von einer serösen Haut, der Tunica serosa (kurz: Serosa) ausgekleidet sind.

Die serösen Häute bestehen aus zwei Schichten:

- **Tunica serosa** – wird wegen ihrer mesodermalen Herkunft auch **Mesothel** genannt. Das Mesothel besteht aus einem einschichtigen Plattenepithel. Es besitzt an seiner Oberfläche Mikrovilli, die der Resorption dienen. Die Mesothelzellen können sich bei Gewebsentzündungen zu Makrophagen differenzieren.
- **Lamina propria** (Bindegewebsschicht) – in ihr verlaufen die Blutgefäße und Nerven. Hier kommen auch Lymphozyten und Histiozyten vor.

Bei Organen, die Größenveränderungen unterliegen z.B. die Harn- oder Gallenblase und der Magen-Darm-Bereich, kommt als dritte Schicht die **Tela subserosa** vor, die die Serosa relativ locker mit den Organen verbindet und als Verschiebeschicht dient.

Muskel- und Drüsenzellen kommen in der Serosa nicht vor!

Die **Serosa** ist sehr dünn, sieht hellrot aus und ist glatt spiegelnd. Auf der Oberfläche bildet sich durch Transsudation (= Durchtritt von Flüssigkeit aus den Blutgefäßen) ein dünner Flüssigkeitsfilm, der ständig erneuert wird und dazu dient, die Reibung der sich teils gegensinnig bewegenden Organe in der Höhle herabzusetzen. Das Transsudat entspricht in seiner Zusammensetzung annähernd dem Blutserum.

Die Serosa besteht aus den beiden nachfolgenden Blättern und einem zwischen diesen Blättern liegenden Serosaspalt:

- das viszerale Blatt (= **Serosa visceralis**) umkleidet die Oberflächen der Organe,
- das parietale Blatt (= **Serosa parietalis**) kleidet die Innenseite der jeweiligen Höhle aus.

In den einzelnen Körperhöhlen haben die Serosablätter nachfolgende Eigennamen:

- Pleurahöhle
  - viszerales Blatt = Pleura pulmonalis (= Lungenfell),
  - parietales Blatt = Pleura costalis (= Rippenfell),
- Perikardhöhle
  - viszerales Blatt = Epikard,
  - parietales Blatt = Perikard,
- Peritonealhöhle
  - viszerales Blatt = Peritoneum viscerale,
  - parietales Blatt = Peritoneum parietale.

Das viszerale Blatt geht in einer **Umschlagfalte** in das parietale Blatt über. Die Umschlagfalte liegt in dem Bereich des Gefäß-Nervenstiels, der das Organ versorgt. Das kurze Verbindungsstück, in dem die Serosablätter den Gefäß-Nervenstiel umschlingen wird **Mesenterium** (= Gekröse, kurz **Meso**) genannt, z.B. Mesogastrium beim Magen, Mesocolon beim Dickdarm, Mesovarium beim Ovar. Das Meso umschließt die „Versorgungsstraße“ für das Organ. In der Bauchhöhle wird das Meso auch als **Bauchfellduplikatur** bezeichnet. Organe, die vollständig vom Peritoneum umschlossen sind, werden als intraperitoneal bezeichnet (s. Kapitel 8.13).

Hat das Meso auch begrenzte Haltearbeit zu leisten, z.B. wenn größere Gefäße und Nerven in ihm verlaufen, die das Organ an seinem Platz halten, wird es als **Ligamentum** (z.B. Lig. hepatoduodenale) bezeichnet. Kleine Bauchfellduplikaturen werden als Plica bezeichnet (z.B. Plica caecalis).

Man kann die Serosaverhältnisse an einem nur wenig gefüllten großen Luftballon verdeutlichen. Drücken Sie beide Hände in den Luftballon hinein, so wird eine Wand des Ballons im Idealfall beide Hände bis zum Handgelenk umschließen, wie bei einem Organ den Gefäßstiel.

Zwischen den beiden Serosablättern liegt als kapillärer Spaltraum der **Serosaspalt**, der mit einer geringen Menge seröser (eiweißhaltiger) Flüssigkeit gefüllt ist. Der Serosaspalt ermöglicht es den Organen, bei einer Volumenänderung reibungslos innerhalb der Leibeshöhle zu gleiten. Die Serosa ist in der Lage, die zuvor sezernierte Flüssigkeit (Transsudat) wieder zu resorbieren.

Klinik: Kommt es bei einer Thoraxverletzung zur Eröffnung des Serosaspalts, so wird vor allem durch die Lungenbewegungen Luft von außen in den Spalt eingesogen. Dadurch weitet sich der Spalt und es entsteht ein **Pneumothorax**.

Bei einer Entzündung der Serosa kann die Transsudation höher sein als die Rückresorption. Eine Entzündung der Serosa wird in der
- Pleurahöhle als Pleuritis,
- Perikardhöhle als Perikarditis,
- Peritonealhöhle als Peritonitis bezeichnet.

Die bei einer Entzündung auftretende Flüssigkeit kann sich je nach Entzündungsort als Pleuraerguß, Herzbeutelerguß oder Aszitis („Bauchwassersucht“) ausbilden. Eine Aszitis kann auch durch Eiweißmangel hervorgerufen werden wie z.B. bei Kindern aus Hungergebieten, deren Bauch dann hervorsteht.

2.8 Allgemeine Anatomie des Nervensystems !!

Optische, akustische, thermische oder mechanische Reize, die wir aus unserer Umwelt empfangen, werden über Rezeptoren registriert und über Nervenfasern teilweise bis in das Gehirn weitergeleitet. Dort werden sie weiterverarbeitet, z.T. gelangen sie in das Bewußtsein.

➤ Jede Nervenfaser kann nur in eine Richtung eine Erregung weiterleiten. Nach der Richtung der Reizleitung unterscheidet man:
- afferente (= aufsteigende) Nervenfasern – sie leiten sensible Impulse von einem Rezeptor in der Peripherie zentripetal zu einem höheren Zentrum (zum Rückenmark, zumeist jedoch zum Gehirn). Ihre Perikaryen liegen in einem Ganglion (s. bitte weiter unten). Jedes afferente Neuron besteht aus sensiblen Nervenfasern. Im Gehirn werden diese Reize verarbeitet und teilweise bewußt wahrgenommen.
- efferente (= absteigende) Nervenfasern – sie leiten Impulse zentrifugal von einem höheren Zentrum (zumeist dem Gehirn, seltener vom Rückenmark) zur Peripherie (z.B. zu einem Muskel, an dem es in Form einer Muskelkontraktion zur Reaktion auf den Reiz kommt). Die efferenten Neurone enthalten per definitionem motorische Nervenfasern. An motorischen Bahnen kommen im Gehirn nur die Pyramidenbahn (dient der willkürlichen Bewegung) und die extrapyramidale Bahn (dient unwillkürlichen Bewegungen) vor. Diese Bahnen ziehen bis zu den im Vorderhorn des Rückenmarks liegenden Perikaryen der Spinalnerven, wo sie umgeschaltet werden. Am Perikaryon beginnt die gemeinsame motorische Endstrecke. Die Perikaryen der Hirnnerven liegen im Hirnstamm. ◄

Die Nerven können anhand der Qualität der weiterzuleitenden Reize unterteilt werden in:
- sensible Nerven (leiten afferent),
- motorische Nerven (leiten efferent),
- gemischte Nerven (besitzen sowohl sensible als auch motorische Nervenfasern) – hierzu gehören die Spinalnerven und viele Hirnnerven.

Die meisten Nerven besitzen mehrere Faserqualitäten!

Innerhalb der sensiblen Nervenfasern werden von einigen Autoren noch spezielle **sensorische Nervenfasern** unterschieden. Die sensorischen Nervenfasern leiten die Erregungen von Rezeptoren der Sinnesorgane (u.a. Geruchs- und Geschmacksorgane) zum ZNS.

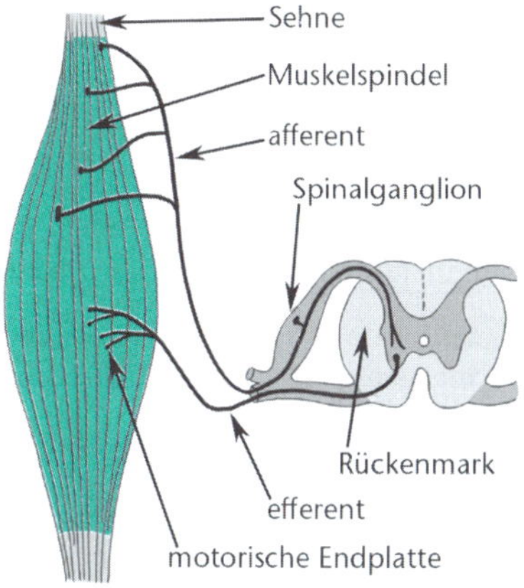

Abb. 2.56 Einfacher Reflexbogen mit 2 Neuronen

Die **Nervenzellen** (**Neurone**) sind zu Ketten (= Neuronenketten) hintereinander geschaltet (wie beim Staffellauf). Dabei stehen die Nervenzellen über Synapsen untereinander in Kontakt.

Besteht eine solche **Neuronenkette** nur aus zwei Neuronen, so liegt ein **einfacher Leitungsbogen** (syn.: monosynaptischer Reflexbogen) vor. Bei diesem Reflexbogen leitet eine afferente Nervenzelle die Information zum Rückenmark oder Gehirn weiter, wo sie auf eine efferente Nervenzelle umgeschaltet wird, die zum Erfolgsorgan (z.B. einem Muskel) zieht. Einfache Leitungsbögen kommen bei den Eigenreflexen vor (s. Kapitel 9.2.4 unter „Reflexbogen"). Ein Beispiel ist der Muskeldehnungsreflex, bei dem eine kurzzeitige Dehnung des Muskels einen Reiz für Rezeptoren im Muskel bildet. Der Reiz wird weitergeleitet und führt über den monosynaptischen Reflexbogen zur Kontraktion des selben Muskels.

Sind zwischen dem afferenten und efferenten Neuron noch weitere Neurone (= **Interneurone**) zwischengeschaltet, so liegt ein **zusammengesetzter Leitungsbogen** (syn.: polysynaptischer Reflexbogen) vor, wie z.B. bei Fremdreflexen. Hier liegt der Rezeptor nicht im Erfolgsorgan des efferenten Neurons. Ein Beispiel ist die Reflexbewegung, die z.B. beim Berühren einer heißen Herdplatte auftritt und durch die bestimmte Muskeln kontrahiert werden.

Im Körperinnern dient das **Nervensystem** zusammen mit Hormonen dazu, die Funktionen und Tätigkeiten der einzelnen Organe zu regulieren, zu koordinieren und zu kontrollieren.

2.8.1 Gliederung nach morphologischen und funktionellen Kriterien !! 1/4

Das **Nervensystem** kann nach topographischen und funktionellen Gesichtspunkten unterteilt werden.

Topographisch in:
- zentrales Nervensystem (= ZNS),
- peripheres Nervensystem (= PNS).

Funktionell in:
- somatisches (animales oder zerebrospinales) Nervensystem,
- vegetatives (autonomes) Nervensystem.

Topographische Einteilung des Nervensystems

Zentrales Nervensystem
Zum zentralen Nervensystem (ZNS) gehören das
- Gehirn – liegt innerhalb der Schädelhöhle,
- Rückenmark – liegt innerhalb des Wirbelkanals.

Gehirn und Rückenmark gehen beide aus dem Neuralrohr hervor (zur Entwicklung s. bitte Kapitel 9.1.1f).

Gehirn und Rückenmark stehen durch das Foramen magnum (= Hinterhauptsloch in der Schädelbasis) miteinander in Verbindung. Das **Rückenmark** dient dabei sowohl als Bindeglied (Leitungsapparat) zwischen dem peripheren Nervensystem und dem Gehirn als auch als Ort, in dem einfache Reflexe umgeschaltet werden (s. Kapitel 9.2.1).

Aufbau des ZNS
Wenn Sie ein Gehirn oder ein Rückenmark quer durchschneiden, so können Sie mit bloßem Auge unterscheiden zwischen einer
- grauen Substanz (= Substantia grisea) und einer
- weißen Substanz (= Substantia alba).

➤ Im Rückenmark liegt die **graue Substanz** zentral. Sie hat eine schmetterlingsförmige Struktur. Die graue Substanz wird von der weißen Substanz umhüllt (weiter s. bitte Kapitel 9.2.1).
Das Gehirn weißt gegenüber dem Rückenmark eine Dreischichtigkeit auf: grau/weiß/grau. Innen liegen

die gut gegeneinander abgrenzbaren Kerne, die von der weißen Substanz umhüllt sind. Die weiße Substanz des Gehirns wird Medulla (= Mark) genannt. Das **Mark** wird im Großhirn- und Kleinhirnbereich von einer **Rinde** (= **Kortex**) umhüllt.
Histologisch und funktionell sind Rinde und Kerne grundverschieden!

Im Stammhirn kommen als Formatio reticularis Gebiete vor, in denen die weiße Substanz nicht streng von der grauen Substanz getrennt liegt. In diesem Gebiet kommen Perikaryen und myelinhaltige Nervenfasern nebeneinander vor.

Die graue Substanz besteht hauptsächlich aus den Perikaryen (= Zellkörpern) der Neurone sowie aus Neuropil. Als **Neuropil** bezeichnet man die zwischen den Perikaryen liegenden Fortsätze der Nervenzellen (Axone, Dendriten), sowie die Kapillaren. Die nachgeburtliche Volumenzunahme des Gehirns hängt vor allem mit der Zunahme des Neuropils zusammen, da nach der Geburt keine neuen Hirnzellen mehr entstehen, andererseits durch die vielfältige Vernetzung der Neurone untereinander mengenmäßig viel mehr Nervenzellfortsätze als Perikaryen vorkommen. ◄

Mikroskopisch gleich aussehende Perikaryen liegen in der grauen Substanz zumeist nebeneinander. Solche Ansammlungen von Perikaryen werden als **Nervenkerne** (= Nuclei) bezeichnet (nicht mit dem Zellkern Nucleus verwechseln!). Während die Nuclei im Hirnbereich gut voneinander abgrenzbar sind, liegen sie im Rückenmark so eng beieinander, daß sie scheinbar ineinander übergehen.

► Die **weiße Substanz** besteht vorwiegend aus markscheidenhaltigen Nervenfasern sowie aus Gliazellen und Blutgefäßen. Die weiße Farbe ist durch die lipidhaltigen Markscheiden bedingt. In der weißen Substanz kommen grundsätzlich keine Perikaryen vor. ◄

Die Nervenfasern des ZNS sind überwiegend zu **Nervenfaserbündeln** zusammengefaßt, die teils abhängig von der Größe als Fasciculi (= Strang), Tractus (= Bahn), Funiculus oder Fibrae bezeichnet werden.

Funktionelle Einteilung des Nervensystems
Nach funktionellen Gesichtspunkten unterteilen wir das Nervensystem in ein
- somatisches Nervensystem und ein
- vegetatives Nervensystem (s. Kapitel 2.8.3).

Zum **somatischen Nervensystem** (syn.: animales Nervensystem) werden alle Teile des zentralen und peripheren Nervensystems gerechnet, die der Verbindung zwischen dem Organismus und der Umwelt dienen. Hierzu werden die willkürlichen motorischen Bewegungen der Skelettmuskulatur gerechnet, die auf bewußten Wahrnehmungen sensibler Reize aus der Peripherie des Körpers beruhen.

Die Nervenfasern, die zum somatischen (animalen) NS gehören, werden somatische Nervenfasern, die, die zum vegetativen NS gehören, viszerale Nervenfasern genannt.

Das ZNS ist über **somatische Nervenfasern** mit der Leibeswand und den Extremitäten und über **viszerale Nervenfasern** mit den Eingeweiden, der glatten Muskulatur und den Drüsen verbunden.

► Das somatische und das vegetative Nervensystem können sich gegenseitig funktionell beeinflussen. ◄

Unter funktionellen Gesichtspunkten wird zwischen den nachfolgenden Fasertypen unterschieden:
- **somato-afferent** (= somatosensibel) – leiten die Erregungen der Haut (Hautsensibilität), der Muskel- und Sehnenspindeln und der Rezeptoren in den Gelenkkapseln zum ZNS;
- **somato-efferent** (= somatomotorisch) – leiten die Erregungen vom ZNS zu den Skelettmuskeln. Sie dienen der willkürlichen Innervation;
- **viszero-afferent** (= viszeromotorisch) – leiten die Erregungen von den inneren Organen (Eingeweiden) und den Gefäßen zum ZNS;
- **viszero-efferent** (= viszeromotorisch) – leiten die nicht willkürlich beeinflußbaren Erregungen vom ZNS zur glatten Muskulatur der Eingeweide, zur Herzmuskulatur und zu den Drüsen.

2.8.2 Neuronale Gliederung des peripheren animalischen Nervensystems ! 1/3

Das **periphere Nervensystem** (= PNS) besteht aus:
- Nerven – bestehen aus einem Bündel von Nervenfasern und den sie umgebenden Schwann-Zellen. Die Nervenfasern können motorische oder sensible Impulse weiterleiten;
- Ganglien – bestehen aus Perikaryen. Es gibt sensible und vegetative Ganglien (s. weiter unten).

Das periphere Nervensystem besteht auf jeder Körperhälfte aus

- **12 Hirnnerven** – sie haben ihren Ursprung an den Kernen (= Nuclei) in der grauen Substanz des Gehirns,
- **31 Rückenmarksnerven** (= Spinalnerven) – gehen aus der grauen Substanz des Rückenmarks hervor.

Die jeweils paarig vorliegenden Hirnnerven werden ausführlich in Kapitel 5.5 beschrieben.

Spinalnerven

Das Rückenmark kann in Segmente unterteilt werden. Aus jedem dieser Rückenmarkssegmente treten auf der rechten und linken Seite jeweils 2 Wurzeln aus (Radix anterior und posterior), die sich auf jeder Seite zu einem Spinalnerven vereinigen. Der Spinalnerv (N. spinalis) verläßt den Wirbelkanal durch ein zwischen den Wirbeln liegendes Loch (= Foramen intervertebrale).

Kurz vor der Vereinigungsstelle bildet die Radix posterior (hintere Wurzel) im Foramen intervertebrale das **Ganglion spinale**. Die Radix anterior (vordere Wurzel) ist motorisch, die Radix posterior sensibel. Wie die Hirnnerven, so kommen auch die 31 **Spinalnerven** (Nn. spinales) paarweise vor.

Die meisten peripheren Nerven enthalten Fasern mit verschiedenen Leitungsqualitäten (sensibel und motorisch).

Im Bereich der Brust- und Bauchwand bleiben die Spinalnerven als Nn. intercostales streng segmental.

Im Hals-, Lenden- und Kreuzbeinbereich verflechten sich die Spinalnerven kurz nach ihrem Austritt aus dem Wirbelkanal zu **Plexus** (Plexus brachialis, cervicalis, lumbalis).

Durch den Austausch von Nervenfasern mit anderen Spinalnerven besitzen die aus dem Plexus hervorgehenden Nerven Nervenfasern mehrerer Rükkenmarkssegmente. In den einzelnen Nerven verlaufen motorische und sensible Nervenfasern.

Einige Muskeln werden nur von Nervenfasern aus einem Segment innerviert. Diese Muskeln werden deshalb als **Kennmuskeln** bezeichnet. Sie können bei Rückenmarksschädigungen bei der Bestimmung der Höhe der Schädigung wertvolle Hinweise liefern.

Die **Hirnnerven unterscheiden sich von den Spinalnerven** in folgenden Punkten:

- Die Hirnnerven zeigen im Gegensatz zu den Spinalnerven keine segmentale Unterteilung.
- Im Gegensatz zu den Spinalnerven sind nur wenige Hirnnerven gemischte Nerven – s. zur Faserqualität der Hirnnerven Kapitel 5.5.
- Während bei den Spinalnerven der sensible Anteil mit der dorsalen Nervenwurzel in das Rückenmark eintritt und der motorische Anteil mit der ventralen Wurzel austritt, liegt bei den Hirnnerven die Ein- und Austrittsstelle normalerweise im basalen Hirnbereich. Nur der N. trochlearis tritt dorsal aus.

Ganglien

Sowohl bei den Hirnnerven als auch bei den Spinalnerven kommen **Ganglien** („Nervenknötchen") vor. Die Ganglien sind eine Anhäufung von Perikaryen, die makroskopisch als wenige mm bis zu 2–3 cm große Verdickungen sichtbar sind. Bei den peripheren Nerven liegen die Perikaryen der sensiblen Nervenfasern in den Ganglien! Die Perikaryen sind von **Mantelzellen** (syn. Satellitenzellen) umhüllt. Das Ganglion selbst ist von einer bindegewebigen Kapsel umgeben.

➤ Sensible Ganglien kommen bei einigen Hirnnerven und bei allen Spinalnerven vor:

- Die Hirnnerven V, VII, VIII, IX und X besitzen Ganglien. Diese liegen entweder innerhalb der knöchernen Schädelbasis oder kurz außerhalb der Schädelhöhle.
- Die Spinalganglien liegen in den Foramina intervertebralia. Diese Foramina befinden sich jeweils zwischen zwei aufeinanderfolgenden Wirbeln. ◄

➤ Die Ganglien des peripheren Nervensystems kommen als **kraniospinale (sensible) Ganglien** vor. Sie gehören zum somatischen Nervensystem. In ihnen liegen die Perikaryen der sensiblen Neurone (Ganglienzellen). Diese sensiblen Neurone bilden die ersten Neurone der afferenten Bahn.

An **Ganglienzellen** (syn.: Nervenzellen, Neurone) kommen in sensiblen Ganglien vor:

- A-Zellen – sind somatoafferent,
- D-Zellen – sind viszeroafferent (weiter s. Kapitel 9.2.1 „Radix posterior").

Diese Nervenzellen sind pseudounipolar. Der einzige Fortsatz dieser Zellen teilt sich T-förmig in ein dendritisches Axon und in ein zentralwärts ziehendes Axon. Der aus der Peripherie kommende Reiz wird vom dendritischen Axon direkt auf das Axon übertragen – es erfolgt also keine synaptische Übertragung im sensiblen Ganglion! Ausnahmen bilden nur die beiden sensiblen Ganglion vestibulare und Ganglion spirale cochleae des Hirnnerven N. vestibulocochlearis, die bipolare Nervenzellen besitzen. ◄

Histologie

2.8.3 Neuronale Gliederung des peripheren vegetativen Nervensystems !! 1/2

Zum **vegetativen Nervensystem** werden alle Teile des Nervensystems gerechnet, die unbewußt und unwillkürlich die inneren Organe steuern.

➤ Das vegetative NS dient dazu, den Ablauf im Inneren unseres Körpers zu regulieren, indem es das innere Körpermilieu (Homöostase) aufrecht erhält. Es steuert den Kreislauf, den Blutdruck, die Atmung, den Stoffwechsel, die Verdauung usw.

Das vegetative Nervensystem ist dem Willen nicht unterworfen, wobei die Einschränkung gemacht werden muß, daß das vegetative Nervensystem mittels bestimmter Trainingsmethoden (z.B. dem autogenen Training) bewußt beeinflußt werden kann. Da das vegetative Nervensystem jedoch weitgehend selbständig arbeitet, wird es auch als **autonomes Nervensystem** bezeichnet.

Zwischen dem vegetativen Nervensystem, dem somatischen (animalen) Nervensystem und dem endokrinen System (Hormonsystem) bestehen gegenseitige Wechselbeziehungen.

Das vegetative Nervensystem kann nach topographischen Gesichtspunkten unterteilt werden in einen
- zentralen Anteil, dessen Zentrum der Hypothalamus ist und der aus den im Gehirn und Rückenmark verlaufenden Bahnen besteht,
- peripheren Anteil, der aus den afferenten und efferenten Nervenfasern besteht. ➤

.Funktionell und topographisch muß beim vegetativen Nervensystem unterschieden werden zwischen:
- afferenten vegetativen Nervenfasern,
- efferenten vegetativen Nervenfasern.

Afferente vegetative Nervenfasern

Die afferenten Nervenfasern leiten Erregungen aus den Eingeweiden zu den Hirnzentren weiter. Zumeist werden diese Erregungen nicht bewußt wahrgenommen, teilweise können sie aber auch z.B. als Magenschmerzen, Darmblähung usw. bewußt werden.

Die Perikaryen der vegetativen afferenten (sensiblen) Nervenfasern liegen wie die des somatischen Nervensystems in den
- Spinalganglien, von wo sie durch die Radix posterior des Spinalnerven ins Rückenmark gelangen,
- sensiblen Ganglien der Hirnnerven.

Efferente vegetative Nervenfasern

Der efferente Teil des vegetativen Nervensystems wird unterteilt in
- Sympathikus,
- Parasympathikus.

Der afferente Anteil weist nicht diese funktionellen Unterschiede auf, so daß er nicht unterteilt werden kann.

Der Sympathikus und der Parasympathikus werden von dem im Zwischenhirn liegenden Hypothalamus gesteuert (s. Kapitel 9.6.3).

Bis auf wenige Ausnahmen werden alle Organe von den antagonistisch (= entgegengesetzt) wirkenden Sympathikus und Parasympathikus versorgt.

➤ Nur vom Sympathikus werden versorgt: Gefäßmuskulatur und Milz.

Nur vom Parasympathikus werden versorgt: Tränendrüse, M. sphincter pupillae.

Überwiegend vom Parasympathikus wird versorgt: Harnblase. ➤

Die Reaktionen auf eine Steigerung der Sympathikus- oder Parasympathikusaktivität sind in Kapitel 8.12.2 tabellarisch dargestellt.

In der Nähe von Eingeweiden und Gefäßen bilden sympathische und parasympathische Nervenfasern Geflechte, die **autonome Geflechte** genannt werden.

➤ Die **efferente vegetative Leitungsbahn** besteht im Gegensatz zum somatischen NS aus 2 Neuronen (somatisches NS ein Neuron). Das Perikaryon des 1. efferenten Neuron liegt im Hirnstamm oder im Rückenmark. Von diesem präganglionären Neuron zieht ein Axon zu dem Perikaryon des 2. efferenten Neuron, das im vegetativen Ganglion liegt. Die 2. efferenten Neurone werden **postganglionäre Neurone** genannt, sie entsenden ihre Axone zum Erfolgsorgan.

Die präganglionären markhaltigen Nervenfasern gehören zu den B-Fasern (s. Tabelle in Kapitel 2.8.6), die postganglionären marklosen Nervenfasern zu den C-Fasern. Da die präganglionären Nervenfasern mit mehreren Perikaryen der postganglionären Nervenfasern verbunden sind, wird die Erregung diffus ausgebreitet.

➤ In den **vegetativen Ganglien** liegen als zweite Neurone der efferenten vegetativen Bahn die Perikaryen der vegetativen Neurone. Diese Nervenzellen sind multipolar, selten unipolar. Sie bilden zahlreiche Synapsen mit Axonen der ersten Neurone. Die Perikaryen werden zumeist nur von wenigen Mantelzellen umhüllt. Die Kapsel besteht aus Bindegewebe.

Vegetative Ganglien kommen vor als

- **paravertebrale Ganglien** des Sympathikus (syn.: **Grenzstrangganglien**) – liegen als kleine Knötchen entlang der Wirbelsäule. In ihnen kommen zwei verschiedene Typen von Nervenzellen vor:
  - Typ-I-Nervenzellen – sind zumeist mehrkernig, sie enthalten in Vesikeln Noradrenalin,
  - Typ II-Nervenzellen – sind kleiner als Typ I und einkernig. Sie enthalten in ihren Vesikeln Dopamin;
- **praevertebrale Ganglien** – kommen zumeist innerhalb von vegetativen Plexus vor, die bestimmte Gefäße umspannen. Die überwiegenden Neurone gehören zum Sympathikus, die anderen Perikaryen gehören zu den 2. parasympathischen Neuronen (s. weiter unten);
- **intramurale Ganglien** – liegen in der Wand von Organen, vor allem in Darmwänden. Funktionell gehören sie überwiegend zum Parasympathikus (2. Neuron des Parasympathikus).

Als **Transmitter** dienen

- Acetylcholin – bei allen präganglionären Synapsen und postganglionären parasympathischen Synapsen;
- Noradrenalin – bei postganglionären sympathischen Synapsen. ◄

Sympathikus

Der Sympathikus hat im Wesentlichen seinen Ursprung im thorakalen und lumbalen Bereich des Rückenmarks in Höhe von C_8 – L_3. Die in diesem Bereich in der Substantia intermedia der Seitensäule des Rückenmarks liegenden Perikaryen gehören zum 1. afferenten (= präganglionären) Neuron des Sympathikus.

Die Axone der präganglionären Neurone gelangen durch die Radix ventralis (= vordere Wurzel des Spinalnerven) aus dem Rückenmark zu dem jeweiligen **Spinalnerven** (N. spinalis), den sie nach kurzem Verlauf über einen abgehenden Nervenast, den **R. communicans albus**, wieder verlassen (albus = weiß, weil die Nervenfasern markhaltig sind).

Im Hals- und Lendenbereich ziehen die Rr. communicantes albi durch kleine **Ganglia intermedia**, in denen ein Teil der Nervenfasern bereits auf postganglionäre Nervenfasern umgeschaltet wird.

Die Rr. communicantes albi ziehen jeweils zu ihrem zugehörigen Spinalganglion. Die einzelnen Spinalganglien sind segmental angeordnet und durch Nervenfasern kettenförmig zum Grenzstrang miteinander verbunden. Der **Grenzstrang** (= **Truncus sympathicus**) liegt auf beiden Körperseiten paravertebral entlang der Wirbelsäule.

► In den **Grenzstrangganglien** liegen die Perikaryen der postganglionären Nervenzellen des Sympa-

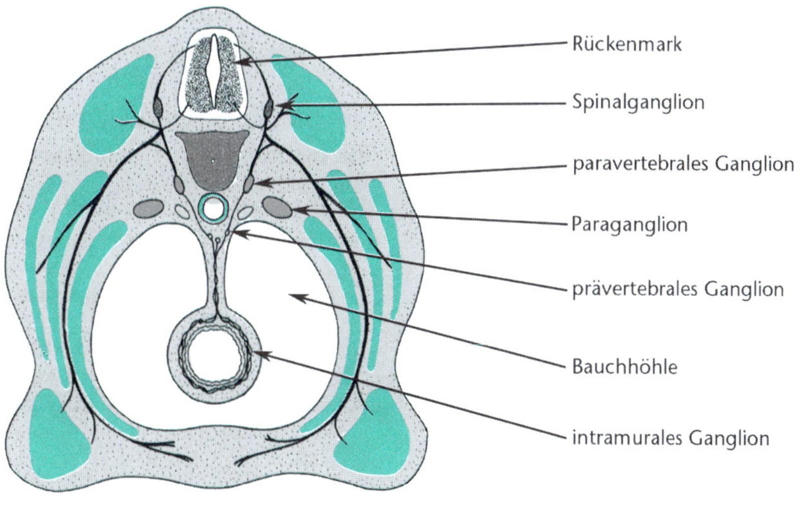

Abb. 2.57 *Schematisierte Darstellung des peripheren Nervensystems (umgezeichnet nach Rohen)*

thikus. Der größere Teil der präganglionären Nervenfasern wird sympathisch auf bis zu etwa 50 postganglionäre Neurone umgeschaltet. Ein Teil der postganglionären Nervenfasern zieht über die **Rr. communicantes grisei** zum Spinalnerven zurück (griseus = grau, weil das Axon des 2. Neuron marklos ist). Sie lagern sich den Nn. spinales an und ziehen mit den aus den Spinalnerven hervorgehenden Nerven zu den Extremitäten oder zum Rumpf, wo sie Gefäße, glatte Muskelzellen, Drüsen oder die Haut (Schweißdrüsen, Mm. arrectores pili) innervieren.

Andere präganglionäre Nervenfasern ziehen durch das Ganglion hindurch zu prävertebrale Ganglien, in denen die Perikaryen der postganglionären Neurone z.B. für die Eingeweide liegen. Diese Nerven ziehen zusammen mit Gefäßen als periarterielle Geflechte zu den Eingeweiden.

Als Transmitter dienen dem Sympathikus:

- präganglionär – Acetylcholin,
- postganglionär – Noradrenalin.

Die postganglionären Fasern zu den Schweißdrüsen und Gefäßen bilden eine Ausnahme, sie besitzen ebenfalls cholinerge (Acetylcholin) Transmitter. ◄

Besondere Beziehungen des Sympathikus zum Nebennierenmark

► Entwicklungsgeschichtlich entstammt das Nebennierenmark (= NNM) der Anlage des Sympathikus. Die Zellen des NNM haben sich zwar zu Drüsenzellen entwickelt, synthetisieren jedoch die gleichen Transmitter (Überträgerstoffe) wie auch die postganglionären Neurone des Sympathikus, nämlich Noradrenalin sowie Adrenalin und Neuropeptide. So ist zu erklären, daß eine vermehrte Ausschüttung von Hormonen des NNM ergotrop (= wie eine Steigerung der Sympathikusaktivität) wirkt. ◄

Zum Verlauf des Sympathikus im Kopfbereich s. Kapitel 5.7.1, im Brustbereich Kapitel 7.7 und im Bauchbereich Kapitel 8.12.1

Parasympathikus

Während der Sympathikus ergotrop (= energieerhöhend) wirkt, indem er z.B. den Herzschlag erhöht, ist der Parasympathikus als Antagonist histiotrop (= dient der Erholung und der Regeneration des Körpers).

Der Parasympathikus besteht aus einem Kopf- und einem Sakralanteil.

► Die Perikaryen der präganglionären Neurone des Parasympathikus liegen im Bereich des Kopfes (= kranialer Teil) im Mittelhirn und in der Medulla oblongata (verlängertes Mark).

Die Nervenfasern des kranialen Teils ziehen mit den nachfolgenden Nerven zu ihren Innervationsorten:

N. oculomotorius (III), N. facialis (VII), N. glossopharyngeus (IX) und N. vagus (X). Der N. vagus ist für den Parasympathikus der wesentlichste Hirnnerv.

Der sakrale Teil des Parasympathikus geht aus der Zona intermedia des Rückenmarks in Höhe des 2. – 5. Sakralsegments hervor. Über die Radix ventralis verlassen diese Fasern das Rückenmark.

Die präganglionären Nervenfasern werden in Ganglien, die am oder im Erfolgsorgan liegen, auf die postganglionären Neurone umgeschaltet.

Der Parasympathikus zieht zu den Eingeweiden von Kopf, Brust und Bauch, während der Sympathikus Nervenfasern auch zu den Extremitäten (Haut und Gefäße) entsendet.

Als Transmitter dient dem Parasympathikus an den prä- und postganglionären Nervenendigungen (Synapsen) Acetylcholin. ◄

Zum Verlauf des Parasympathikus im Kopfbereich s. Kapitel 5.7.2 und im Bauchbereich s. Kapitel 8.12.2.

2.8.4 Periphere Organisation und Projektion ! 0/2

Intramurales Nervensystem

► Die Gefäß- und Darmwände können sich ohne Einwirkung des Nervensystems durch die in der Wand eingelagerten glatten Muskelzellen rhythmisch kontrahieren, was als **myogene Automatie** bezeichnet wird. ◄

Diesem myogenen Automatismus ist ein Geflecht von vegetativen Nervenzellen übergeordnet, das als intramurales Nervensystem in oder an der Wand von Gefäßen und Hohlorganen wie Magen-Darm-Kanal, Uterus und Harnblase liegt. Das intramurale Nervensystem besitzt viele kleine Ganglien. Die in den Ganglien liegenden Perikaryen gehören zum Parasympathikus, die sympathischen Nervenfasern ziehen nur hindurch.

Im Darmbereich finden wir entsprechend den beiden Muskelschichten des Darms zwei dieser Nervengeflechte:

- **Plexus submucosus** (= Meissner-Plexus) – liegt in der Tela submucosa des Darms,
- **Plexus myentericus** (= Auerbach-Plexus) – liegt zwischen der Längs- und Ringmuskulatur des Darms (s. Kapitel 8.2).

Dermatome

Als Dermatom bezeichnet man ein Hautareal, das von einem bestimmten Rückenmarkssegment sensibel innerviert wird.

In der Entwicklungsgeschichte wird der zu einem dorsalen Ursegment gehörende Hautbezirk als Dermatom bezeichnet, dem jeweils ein bestimmter Nerv zugeordnet werden kann (s. auch Kapitel 1.4.4).

➤ Diese im Rumpfbereich gürtelförmigen Hautbezirke überlappen sich während der weiteren Entwicklung mit den Nachbarbezirken, so daß einem Hautbezirk beim Erwachsenen mehrere Dermatome zugeordnet werden können, wobei jedoch ein Dermatom anteilsmäßig immer überwiegt. Diese Überlappungen haben Bedeutung für die Tast- und Temperaturempfindungen. Nervenfasern, die Schmerzreize weiterleiten, sind nicht betroffen – s. Head-Zonen in Kapitel 8.14.1. Den Bereich, der ausschließlich von einem Nerv innerviert wird, bezeichnet man als **Autonomiegebiet**.

Die Hautoberfläche des Menschen ist in 30 Dermatome unterteilt. Diese Dermatome sind den 31 Spinalnervenpaaren zugeordnet. Dem 1. Spinalnervenpaar ist kein Dermatom zuzuordnen. ◄

Klinik: Dermatome dienen in der Neurologie u.a. der Höhendiagnose von Rückenmarksschäden. So kann man bei einer Querschnittlähmung durch das Fehlen von afferenten Signalen Rückschlüsse auf die Höhe der Rückenmarksverletzung ziehen. Bei den Extremitäten zeigt ein Ausfall der Hautsensibilität, welcher Nerv geschädigt ist.

Beim Ausfall eines peripheren Nerven kommt es nur im Autonomiegebiet zum vollständigen Ausfall der Sensibilität (Anästhesie), im übrigen Bereich ist die Sensibilität nur abgeschwächt (Hypästhesie).

Beim Ausfall eines Rückenmarksegments kann es zu vasomotorischen Störungen mit Rötung der Haut oder zur Störung der Schweißdrüsensekretion mit Ausbildung einer trockenen Haut in dem betroffenen Dermatom kommen, was der Diagnose dient.

Beim **Herpes zoster** (Gürtelrose) kommt es infolge einer Entzündung eines Spinalganglions in dem zu diesem Ganglion gehörenden Dermatom zu einer schmerzhaften Rötung und Bläschenbildung der Haut.

Head Zonen

Bei Erkrankungen innerer Organe können bestimmte Hautbezirke schmerzempfindlich werden. Diese, bestimmten Organen zuordnenbare Hautbezirke, werden Head Zonen genannt – s. Kapitel 8.14.1.

2.8.5 Sinnesfunktion ! 0/2

Die in den vorhergehenden Kapiteln angesprochenen Erregungen werden durch äußere Reize hervorgerufen. So können die in der Netzhaut des Auges (Retina) liegenden Rezeptoren auf einen Reiz hin (Lichtstrahl) eine Erregung auslösen und diese zu den entsprechenden Zentren im Gehirn leiten.

Man unterscheidet im wesentlichen zwischen
- physikalischen Reizen wie Druck, Dehnung, Licht und
- chemischen Reizen wie O_2-Druck, Säuren usw.

Diese Reize verursachen bei den nachfolgend aufgelisteten Rezeptoren eine Änderung der Membranpermeabilität und damit des **Membranpotentials**. Wenn das Membranpotential einen bestimmten Wert übersteigt, wird ein Aktionspotential ausgelöst, das durch afferente Neurone weitergeleitet wird.

Morphologisch werden die Rezeptoren unterteilt in:
- ➤ **primäre Sinneszellen** – sind selbst Teil des Nervensystems. Sie besitzen ein afferentes Axon, das die Informationen zum Zentralnervensystem weiterleitet. Die primären Sinneszellen sind also modifizierte Nervenzellen, die gleichzeitig das 1. Neuron einer Leitungsbahn bilden.
  Primäre Sinneszellen sind z.B. die Stäbchen- und Zapfenzellen in der Retina (= Sehzellen), sowie die Riechzellen (= Sinneszellen der Regio olfactoria).
  Zu den primären Sinneszellen können per definitionem auch die Neurone mit **freien Nervenendigungen** gezählt werden, weil sie als erstes Neuron der Leitungsbahn ein Axon besitzen. Über frei im Epithel oder Bindegewebe endende Dendriten werden die Reize aufgenommen. Hierzu zählen die Rezeptoren für mechanische und thermische Reize und die Schmerzreize.
- **Sekundäre Sinneszellen** – besitzen keine eigenen Axone und sind damit keine Nervenzellen. Die sekundären Sinneszellen leiten z.B. als Geschmackszellen, Gleichgewichtssinn-Zellen und Hörzellen die Erregungen über Synapsen an die sie umgebenden Dendriten von Neuronen weiter. ◄

Funktionell werden die Rezeptoren unterteilt in

- **Oberflächenrezeptoren** – nehmen Reize aus der Umwelt auf, z.B. Druck-, Schmerz- oder Temperaturempfindungen. Sie kommen z.B. in der Haut vor.
- **Propriozeptoren** – reagieren z.B. auf Muskel- oder Sehnendehnungen und dienen damit der Tiefensensibilität. Sie teilen dem ZNS die Lage des jeweiligen Körperteils mit.
- **Chemorezeptoren** – reagieren auf Geschmacks- und Geruchsreize. Außerdem kommen Chemorezeptoren z.B. im Glomus caroticum und im Glomus aorticum (liegen in der Wand von Blutgefäßen) vor, wo sie u.a. den O_2-Druck des Blutes messen (s. Kapitel 5.8.2).
- **Photorezeptoren** – kommen als Stäbchen- und Zapfenzellen in der Retina (Netzhaut) vor. Sie reagieren auf Lichtreize.
- **Audiorezeptoren** – kommen im Gehörorgan vor. Sie reagieren auf akustische Reize.

Eine andere funktionelle Einteilung unterscheidet zwischen

- **Exterozeptoren** – hierzu zählen alle Rezeptoren, die von außen gereizt werden (Druck, Temperatur usw.),
- **Propriozeptoren,**
- **Exterozeptoren** – hierzu zählen alle Rezeptoren, außer den Propriozeptoren, die im Körperinnern gereizt werden können (z.B. Chemorezeptoren).

2.8.6 Nervenfasern ! 1/2

Besonders prüfungsrelevant: Tabelle.

Siehe auch Kapitel 2.2.8.5.

Nervenfasern sind mit elektrischen Leitungen vergleichbar, wobei das innerhalb des Axon liegende Axoplasma die Impulse leitet.

Im Ruhezustand besteht zwischen der Außenseite der Nervenfaser und dem Axoplasma eine **Potentialdifferenz** von 80 mV, das heißt, die Außenseite ist gegenüber dem Axoplasma positiv geladen.

Bei einer Erregung kommt es an dem erregten Abschnitt der Nervenfaser kurzfristig zu einem Ionenaustausch und damit zu einem **Aktionspotential.** Kationen strömen von außen nach innen, Anionen von innen nach außen, wodurch das Innere des Axon kurzfrist positiv und die Außenseite negativ wird.

Zwischen dem erregten Abschnitt und dem benachbarten, noch in Ruhe befindlichen Abschnitt entsteht ein Potentialgefälle, was bei **marklosen Nervenfasern** zu einer Depolarisation des Nachbarabschnitts führt. So breitet sich die Erregung bis zur Synapse (= Kontaktstelle mit der nachfolgenden Zelle) aus.

Die Geschwindigkeit der Erregungsausbreitung hängt vom Durchmesser der Nervenfaser ab.

Fasertyp/ Leitungs-geschwindigkeit	Fasertyp/ Muskel-afferenz	Funktion	Nervenfaser-durchmesser	Leitungsge-schwindigkeit
Markscheiden-haltige Nerven-faser				
Aα	Ia	afferent: von anulospinalen Endigungen efferent: zu Skelettmuskeln	10–20 µm	60–120 m/sec
	Ib	afferent: von Golgi Sehnenorganen efferent: zu Skelettmuskeln		
Aβ	II	afferent: von Hautafferenzen für Berührung und Druckfestigkeit	7–15 µm	40–90 m/sec
Aγ	—	efferent: zu Muskelspindeln	4–8 µm	15–25 m/sec
Aδ	III	afferent: für Temperatur, Schmerz und Druck	2–6 µm	15–25 m/sec
B	III	efferent: sympathisch praeganglionär	1–3 µm	3–15 m/sec
Markscheiden-freie Nervenfaser				
C	IV	afferent: Eingeweideschmerz, grobe Berührung efferent: sympathisch postganglionär	0,5–2 µm	0,5–2 m/sec

➤ Bei den **markhaltigen Nervenfasern** erfolgt die Erregungsausbreitung wesentlich schneller, was dadurch bedingt ist, daß die Nervenfasern im Bereich der Internodien durch die Myelinscheide wesentlich besser isoliert sind als im Bereich der Ranvier-Schnürringe. Dadurch kommt es nur im Bereich eines Ranvier-Schnürrings zu einer Erregung.

Das Aktionspotential überspringt dabei das Internodium und löst beim nächsten Schnürring ein Aktionspotential aus. Die Erregung „springt" also von einem Schnürring zum nächsten, was als **saltatorische Erregung** bezeichnet wird.

Das Verhältnis von Leitungsgeschwindigkeit zur Faserdicke beträgt bei markhaltigen Nervenfasern etwa 6 : 1. ➤

Die Nervenfasern können in zwei Klassen unterteilt werden:

- In der ersten Klasse werden die Nervenfasern nach dem Verhältnis der Leitungsgeschwindigkeit zum Faserdurchmesser eingeteilt. Hierbei bilden die markhaltigen A-Fasern die dicksten und am schnellsten leitenden Nervenfasern, die marklosen C-Fasern die dünnsten und am langsamsten leitenden Nervenfasern.
- In der zweiten Klasse werden die Nervenfasern nach der Muskelafferenz eingeteilt, dabei sind die I-Nervenfasern am dicksten und die IV-Nervenfasern am dünnsten.

2.8.7 Synapse   ! 2/3

Die Kontaktstelle, an der die Erregung (das Aktionspotential) von einem Neuron auf ein anderes Neuron oder eine Erfolgszelle (z.B. Muskelzelle) übertragen wird, bezeichnet man als **Synapse**. Synapsen kommen sowohl im somatischen als auch im vegetativen Nervensystem vor. Ein Neuron kann bis zu mehreren Tausend Synapsen besitzen und mit entsprechend vielen Neuronen oder anderen Zellen verbunden sein.

Synapsen können nach ihrer Beschaffenheit unterteilt werden in

- chemische Synapsen,
- elektrische Synapsen,
- gemischte Synapsen.

Bei uns Menschen kommen vorwiegend chemische Synapsen vor. Bei den chemischen Synapsen wird die Erregung durch Neurotransmitter übertragen. Dabei ist die Erregungsübertragung nur in eine Richtung möglich („Einbahnstraße"). Zum Aufbau der chemischen Synapsen ☞ bitte Kapitel 2.8.8.

Funktionell können Synapsen unterteilt werden in

- erregende (= **exzitatorische**) **Synapsen** – bei ihnen wird das Aktionspotential auf die Erfolgszelle übertragen, bei der sie die Zellmembran depolarisieren, so daß das Aktionspotential weitergeleitet werden kann,
- hemmende (= **inhibitorische**) **Synapsen** – dadurch wird die Zellmembran der Erfolgszelle hyperpolarisiert, das heißt, eine Erregungsbildung unterdrückt.

Nach dem Erfolgsort werden die Synapsen unterteilt in

- interneuronale (syn.: neuroneuronale) Synapsen,
- myoneuronale Synapsen,
- neuroepitheliale Synapsen.

Als **interneuronale Synapse** wird eine Synapse zwischen zwei Neuronen bezeichnet. Hierbei unterscheidet man zwischen:

- axo-dendritischer Synapse – liegt zwischen einem Axon und dem Dendrit der Erfolgszelle. Die Dendriten können an ihren Enden dornenartig verdickt sein, so daß man in diesem Fall auch von **Dornsynapsen** spricht.
  Die axodendritischen Synapsen können hemmend oder erregend auf die Erfolgszelle wirken.
- axo-somatische Synapse – liegt zwischen einem Axon und dem Perikaryon der Erfolgszelle.
- axo-axonale Synapse – liegt zwischen zwei Axonen, wobei das Axon, das das Aktionspotential weiterleitet, zumeist am Axonende des Empfängeraxon ansetzt. Es kann jedoch auch an einer anderen Stelle des Axons ansetzen. Aktionspotentiale können also auch an anderen Stellen des Axons – nicht nur an dessen Ende – übertragen werden!
  Die Erfolgszelle wird über solche Synapsen gehemmt.

Seltener kommen vor:

- dendrodendritische Synapsen – zwischen zwei Dendriten,
- somatodendritische Synapsen – zwischen Perikaryon und Dendrit,
- somatosomatische Synapsen – zwischen zwei Perikaryen,
- ➤ glomeruläre Synapsen – bestehen aus einer Vielzahl von synaptischen Verbindungen von Dendriten. Sie kommen in der Rinde des Kleinhirns und im Bulbus olfactorius vor,

- komplexe Synapsen – hierbei sind Dornsynapsen gespalten und bilden so mehrere Synapsen,
- **Synapsen à distance en passant** – kommen beim Sympathikus zwischen Axon und glatten Muskelzellen in Gefäßwänden vor. En passant bedeutet, daß das Axon mehrere Ausfaltungen zur Freisetzung von Transmittern besitzt. À distance bedeutet, daß der Synapsenspalt stark erweitert ist. ◄

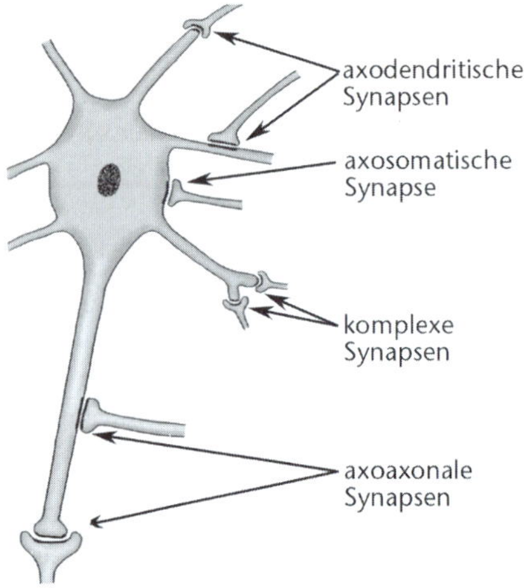

Abb. 2.58 *Verschiedene Arten von Synapsen*

Die **neuromuskuläre Synapse** stellt eine Verbindung zwischen einem Neuron und einer Muskelzelle her. Diese auch myo-neurale Synapse genannte Verbindung kommt im somatischen Nervensystem an der quergestreiften Skelettmuskulatur als motorische Endplatte und im vegetativen Nervensystem an den glatten Muskelzellen vor.

Die **neuroepitheliale Synapse** findet man als neuroglanduläre Synapse zwischen einem Axon und dem Plasmalemm von exokrinen oder endokrinen Drüsenzellen sowie zwischen einem Axon und plurivakuolären Fettzellen.

2.8.8 Bau der Synapsen ! 1/1

Im Bereich einer Synapse wird ein Aktionspotential auf die nachfolgende Zelle (Erfolgszelle) übertragen.

Eine Synapse besteht aus 3 Anteilen, die gebildet werden von
- der präsynaptischen Membran, die zum zuleitenden Neuron gehört,
- dem Synapsenspalt,
- der postsynaptischen Membran, die zur Erfolgszelle (Effektorzelle) gehört.

► Das Axon des zuleitenden Neuron ist an seinem Ende keulenförmig zu einem **Endkolben** (syn.: Bouton oder Endknöpfchen) verdickt. Der Endkolben ist markscheidenfrei. Das Plasmalemm des Endkolbens wird im Synapsenbereich als **präsynaptische Membran** bezeichnet. Der Endkolben enthält besonders viele Mitochondrien und die als Transmitter-Organelle bezeichneten **synaptischen Bläschen**. In den synaptischen Bläschen sind Transmitter (= Überträgerstoffe) gespeichert.

Die präsynaptische Membran ist durch einen etwa 10–30 nm breiten **Synapsenspalt** von der **postsynaptischen Membran** (alt: subsynaptische Membran) der Empfängerzelle getrennt.

Die prä- und die postsynaptische Membran sind durch Glykoproteine verdickt. ◄

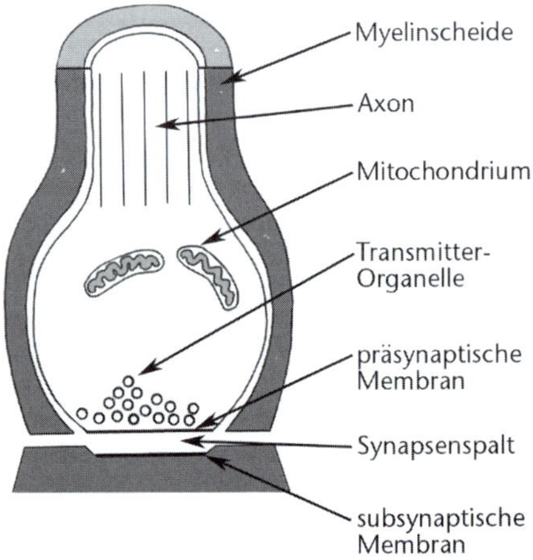

Abb. 2.59 *Synapse*

➤ Bei einer im Endkolben ankommenden Erregung werden die in den synaptischen Vesikeln gespeicherten **Neuro-Transmitter** mittels Exozytose in den Synapsenspalt abgegeben. Die Transmitter lagern sich an spezifische Rezeptoren an, die in der postsynaptischen Membran eingebauten sind, und verursachen dadurch entweder eine

- **Depolarisation** – indem sich der Transmitter an ein Na^+-Ionen-Kanalprotein anlagert und es damit öffnet, so daß Na^+-Ionen in die Erfolgszelle einströmen. Dadurch nimmt das negative Ruhemembranpotential (- 60 bis - 80 mV) ab. Wird dabei ein Schwellenpotential überschritten, so kann das Membranpotential vorübergehend positiv werden (+ 20 bis + 60 mV) und als Aktionspotential weitergeleitet werden.
- **Hyperpolarisation** – hierbei lagern sich Transmitter an Kanalproteine an, durch die negativ geladene Ionen ins Zellinnere einströmen und so hemmend wirken. ◄

Ob ein Transmitter hemmend (exzitatorisch) oder erregend (inhibitatorisch) wirkt, hängt vom Rezeptor ab, das heißt, ein Transmitter kann sowohl erregend als auch hemmend wirken.
In einer Synapse können verschiedene Transmitter wirksam werden, weil in den Endkolben synaptische Bläschen jeweils verschiedene Transmitter speichern können.
Millisekunden nach der Depolarisation wird ein Teil der Transmitter durch Enzyme gespalten und damit von den Rezeptoren gelöst; damit repolarisiert die postsynaptische Membran. Der Rest der Transmitter wandert durch die präsynaptische Membran in den Endkolben zurück und wird durch das Axon zum Perikaryon geleitet, wo die Transmitter erneut aufbereitet werden. Neue Transmitter werden im Perikaryon synthetisiert, am Golgi-Apparat in Vesikeln gespeichert und entlang der Neurotubuli zum Endkolben transportiert.

➤ An **Transmittern** kommen **im peripheren Nervensystem** vor:

- an cholinergen Rezeptoren – Acetylcholin, z.B. in motorischen Endplatten, präganglionären sympathischen Synapsen, parasympathischen Synapsen, ZNS;
- an adrenergen Rezeptoren – Noradrenalin, z.B. in postganglionären sympathischen Synapsen (außer z.B. bei Schweißdrüsen, die Acetylcholin als Transmitter besitzen).

An **Transmittern** kommen **im ZNS** vor:

- GABA – besonders im Groß- und Kleinhirn,
- Dopamin – im Hypothalamus, Corpus striatum, Hirnstamm,
- Serotonin – im Hirnstamm,
- Glycin – im Rückenmark,
- Adrenalin – u.a. im Hirnstamm,
- Noradrenalin – im noradrenergen System, Hypothalamus, Substantia nigra, Locus coeruleus. ◄

Noradrenalin, Adrenalin, Serotonin und Dopamin gehören zu den Monoaminen. GABA und Glycin zu den Aminosäuren.

2.8.9 Neurosekretion 0/0

Einige Nervenzellen können als **neuroendokrine Zellen** Hormone synthetisieren und mittels Neurosekretion abgeben. Im Hypothalamus kommen solche Zellen vor (s. Kapitel 9.6.3 „Hypothalamus"). Sie bilden Releasing factors sowie ein Neurosekret, das Vasopressin (= Adiuretin) und Oxytocin enthält.

Die Axone dieser neurosekretorischen Nervenzellen des Hypothalamus enden als kleine Verdickung, den **Herring-Körpern**, an Kapillaren, in deren Lumen sie ihre Sekrete abgeben. Zu den in den Nervenzellen produzierten Transmittern s. bitte Kapitel 2.8.8, zum axonalen Transport Kapitel 2.2.8.2.

2.8.10 Mikroskopische Anatomie des peripheren Nerven ! 2/3

Ein peripherer Nerv besteht aus einer Vielzahl von Nervenfasern sowie aus Hüllgewebe.

Die von einer Gliascheide umgebenen Nervenfasern liegen gewellt im Nerven, wodurch bei einer Dehnung ein Zerreißen der Nervenfasern verhindert wird.

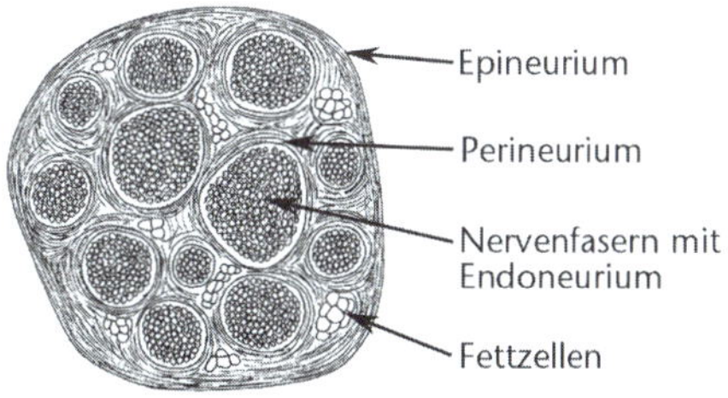

Abb. 2.60 Hüllen eines peripheren Nerven

Histologie

Die Nervenfasern sind von drei verschiedenen bindegewebigen Strukturen umschlossen (ähnlich den Muskelfasern):

- **Endoneurium** – liegt als lockeres Bindegewebe zwischen den Nervenfasern. Es enthält Blutkapillaren und bildet zusammen mit der Basalmembran die Endoneuralscheide. Die Basalmembran besteht aus der die Schwann-Zelle umgebenden Basallamina sowie aus Retikulinfasern. Im Endoneurium kommen Mastzellen und Histiozyten vor.
- **Perineurium** – besteht aus straffem Bindegewebe, das elastische Fasern enthält. Das Perineurium umgibt einige hundert Nervenfasern. Innen ist das Perineurium von einem Perineuralepithel bedeckt, das als Abkömmling der weichen Hirnhaut anzusehen ist.
- **Epineurium** – umgibt die vom Perineurium umhüllten Nervenfaserbündel und schließt sie zu Nerven zusammen. Das aus lockerem Bindegewebe bestehende Epineurium ist mit dem umgebenden Gewebe verbunden. Vom Epineurium dringen bindegewebige Septen bis zum Endoneurium vor, in denen Gefäße verlaufen.

2.9 Haut und Hautanhangsgebilde

2.9.1 Haut und Unterhaut ! 1/3

Die **Haut** (= **Kutis** = Integumentum commune = Körperdecke) ist das größte Organ des Menschen. Die von der Haut bedeckte Oberfläche ist ungefähr 1,5–1,8 m^2 groß. Die Haut hat die Aufgabe, den Körper vor mechanischen, chemischen und thermischen Schäden zu schützen. In der Haut kommen sehr viele Zellen des spezifischen Abwehrsystems vor. Außerdem dient die Haut als Wärmeregulator, indem sie bei übermäßiger Erhitzung des Körpers durch Absonderung von Schweiß den Körper abkühlt.
Die in der Haut liegenden Druck-, Schmerz- und Temperaturrezeptoren vermitteln dem Nervensystem die „äußeren Bedingungen".
Bestimmte Stoffe können durch die Haut in den Körper gelangen, was bei der Therapie einer Erkran-

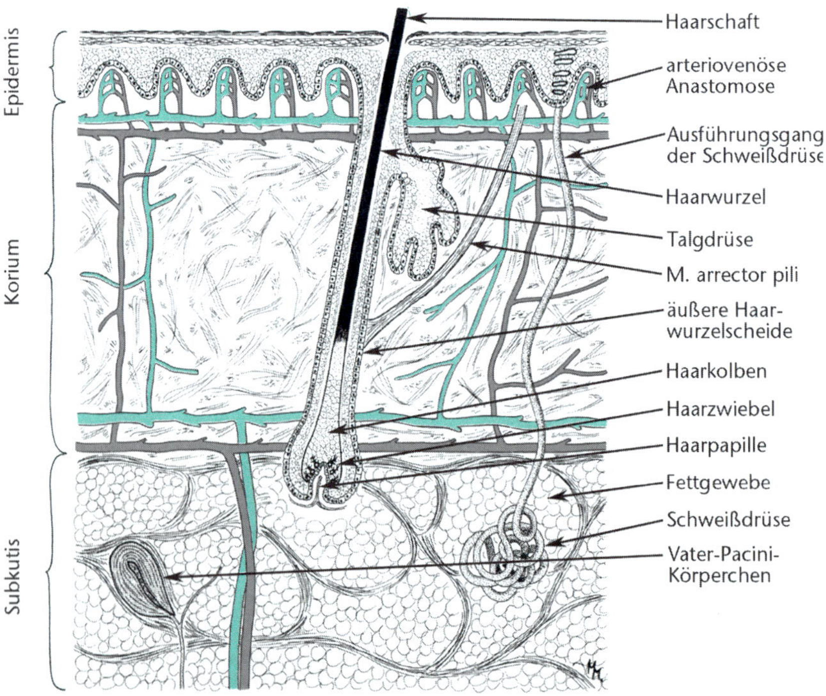

Abb. 2.61 Schematisierter Schnitt durch die Haut mit Gefäßeinzeichnung (umgezeichnet nach Snell)

kung teilweise ausgenutzt werden kann (z.B. durch Einreiben von Salben).
Die Haut trägt jedoch nur mit etwa 1 % zur Atmung bei!

Die Haut besteht aus zwei Hauptschichten:
- Kutis – wird wiederum unterteilt in:
  - Epidermis (= Oberhaut),
  - Korium (= Dermis = Lederhaut),
- Subkutis.

Epidermis und Korium bestehen ihrerseits aus mehreren Schichten, die lichtmikroskopisch gut voneinander zu unterscheiden sind.

➤ Die drei Schichten unterteilen sich in:

	Merkspruch
A. Kutis	
I. Epidermis	
1. Stratum **corne**um	**Corne**lias und
2. Stratum **luci**dum	**Luci**s
3. Stratum **gran**ulosum	**gran**dfather
Stratum **ger**minativum unterteilt sich in	**ger**ne
4. Stratum **spi**nosum	**spi**elt
5. Stratum **bas**ale	**Bas**eball
II. Korium	während
1. Stratum **pap**illare	**Pap**a
2. Stratum **re**ticulare	**re**det.
B. Subkutis ➤	

Die erste Anlage der Epidermis entwickelt sich im 2. Entwicklungsmonat aus dem Ektoderm, das die Oberfläche des Embryos überzieht. Bis zum Ende des 4. Entwicklungsmonats sind die fünf Schichten der Epidermis ausgebildet. Aus der Neuralleiste wandern in dieser Zeit Melanozyten in die Epidermis ein.

Die Dermis (= Korium) entwickelt sich um die gleiche Zeit aus dem parietalen Mesoderm und den Dermatomen.

2.9.1.1 Epidermis !! 8/15

Prüfungsrelevant: Das gesamte Kapitel.

Die **Epidermis** ist durchschnittlich etwa 50 µm dick. Im Bereich der Fußsohlen kann sie bis zu 1 mm dick werden.

Die Epidermis besteht aus einem mehrschichtigen, verhornten Plattenepithel, dessen oberste Hornschichten täglich abgestoßen werden. Der Zellersatz erfolgt im **Stratum germinativum** (= **Keimschicht**). Diese Keimschicht wird in das Stratum spinosum und das Stratum basale unterteilt. Die Zellen des Stratum germinativum teilen sich ständig und schieben sich dabei zwischen die Zellen der drei oberen Epidermisschichten. Die gute **Regenerationsfähigkeit** der Epidermis zeigt sich darin, daß sie unter normalen Verhältnissen innerhalb von 30 d vollkommen erneuert wird. Das Epithel der Haut ist normalerweise gefäßlos.

Mikroskopische Anatomie

Wie in Kapitel 2.9.1 aufgelistet, besteht die Epidermis von basal nach apikal aus folgenden 5 Schichten:

Stratum basale

Stratum basale (= **Basalschicht**) – besteht aus einer iso- bis hochprismatischen Zellreihe, die mit der darunterliegenden Basalmembran über **Wurzelfüßchen** fest verbunden ist. Die Basalmembran wird von den Epithelzellen gebildet, sie verbindet die Epidermis fest mit der darunterliegenden Dermis (Korium). Die Zellen des Stratum basale werden auch **Keratinozyten** genannt, weil sie auf ihrer Wanderung zur Hautoberfläche keratinisieren. Die Keratinozyten sind basophil, sie haben einen relativ großen Zellkern. Durch Desmosomen sind die Keratinozyten untereinander verbunden.

Im Stratum basale liegen die **Stammzellen** der Epidermis, die sich durch Mitosen teilen. Während die Stammzellen zeitlebens teilungsfähig bleiben, wandern die Tochterzellen in Richtung Epidermisoberfläche und synthetisieren dabei Keratin (ein Protein). Als Endstadium bilden diese Zellen das verhornte Stratum corneum.

Im Stratum basale kommen neben den Keratinozyten noch Melanozyten, Langerhans-Zellen und Merkel-Zellen vor.

Die **Melanozyten** entstehen aus den Melanoblasten, die während der Embryonalentwicklung aus der Neuralleiste auswandern. Sie liegen zwischen den Keratinozyten. Mit ihrem basalen Ende erreichen sie die Basalmembran. Die Melanozyten besitzen unregelmäßige Fortsätze, die zwischen die Keratinozyten in das Stratum spinosum hineinragen. In dem relativ hellen Zytoplasma der Melanozyten wird **Melanin**, ein Pigment, gebildet. Das Melanin schützt die Haut vor ultraviolettem Licht. Bei erhöhter Lichtexposition erhöht sich die Melaninsynthese. Melanin wird als Melanosom (Melaningranula) gespeichert und über die Fortsätze der Melanozyten an die umgebenden Keratinozyten abgegeben.

Melanozyten kommen besonders zahlreich im Bereich der Brustwarze und des Anus vor.

Die Zahl der Melanozyten ist bei hell- wie bei dunkelhäutigen Menschen ungefähr gleich. Bei dunkelhäutigen Rassen ist das Melanin jedoch in allen Schichten der Epidermis zu finden, während es sich bei hellhäutigen Rassen hauptsächlich auf das Stratum basale beschränkt. Melanin hat die Aufgabe, uns vor UV-Strahlen zu schützen.

Die Albinos besitzen ebenfalls Melanozyten, jedoch ist bei ihnen die Melaninsynthese wegen eines Gendefektes gestört.

Die **Langerhans-Zellen** haben ein helles, sternförmiges Aussehen. Sie sind wahrscheinlich aus dem Knochenmark eingewandert und gehören zu den akzessorischen Zellen des Immunsystems. Langerhans-Zellen sind die einzigen Zellen der Epidermis, die IgG-Rezeptoren besitzen. Sie können bei Kontakt mit Antigenen das Antigen aufnehmen und es den immunkompetenten Zellen (B- und T-Lymphozyten) präsentieren. Trotz ihrer hohen Differenzierung sind die Langerhans-Zellen zur Mitose fähig.

Die **Merkelzellen** kommen als Merkel-Tastscheiben vor (s. Kapitel 2.9.1.5).

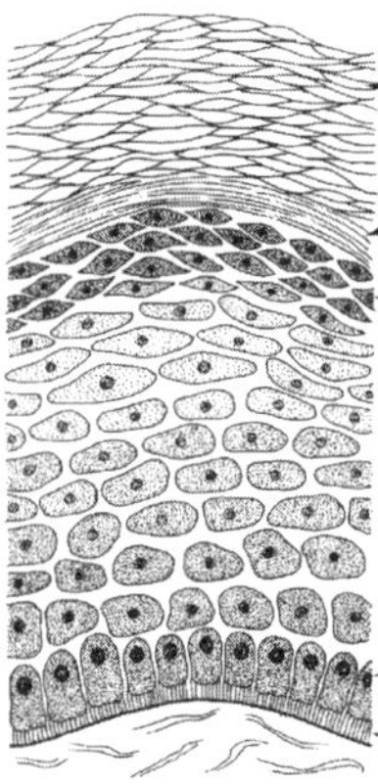

Abb. 2.62 Schnitt durch die Epidermis

Stratum spinosum

Stratum spinosum (= Stachelzellschicht) – besteht aus runden bis kubischen Zellen mit vielen zytoplasmatischen Ausläufern, die diesen Zellen ein stachelförmiges Aussehen verleihen. In den Zytoplasmaausläufern liegen die für das Stratum spinosum charakteristischen trajektoriell ausgerichteten **Tonofibrillen**, die zur Hautstabilität beitragen, indem sie die Druckfestigkeit der Haut erhöhen. Tonofibrillen sind unter dem Polarisationsmikroskop doppelbrechend.

Stratum granulosum

Stratum granulosum (= Körnerschicht) – die Keratinozyten dieser Schicht sind noch kernhaltig, aber schon im Um- oder Abbau begriffen. Im Stratum granulosum entstehen als Vorstufen der Hornsubstanz die **Kerato-hyalinkörper**. Die Keratinozyten können fast vollständig mit dem stark basophilen Keratohyalin ausgefüllt sein.

Das Stratum granulosum bietet alle Anzeichen für den beginnenden Verhornungsprozeß und dient daher als wichtigstes Diagnosekriterium für das verhornende Epithel, da sich die Hornschicht meist fixationsbedingt beim Anfertigen des histologischen Schnitts ablöst.

Stratum lucidum

Stratum lucidum (= helle Schicht) – kann man nur bei einem Schnitt durch die Epidermis der Leistenhaut (z.B. der Fingerbeere) erkennen. In diesem Bereich verlieren die Zellen ihre Zellkerne (= Karyolyse). Diese Schicht erscheint unter dem Lichtmikroskop durchschimmernd. Sie enthält neben Glykogen fein verteiltes Eleidin.

2.9.1.2 Korium ! 0/1

Die **Dermis** (= **Korium** = Lederhaut) liegt zwischen der Basalmembran und der Tela subcutanea. Aus der Dermis von Tieren wird Leder gewonnen, was die große Reißfestigkeit der Dermis wiederspiegelt.

Die Dicke der Dermis hängt von der jeweiligen Körperregion ab. In der Fußsohle ist sie bis zu 3 mm dick.

Die Dermis besteht aus 2 Schichten:

- Stratum papillare
- Stratum reticulare.

Stratum papillare

Stratum papillare – besteht aus lockerem Bindegewebe sowie aus Kollagenfasern vom Typ III, die die Dermis fest mit der Basalmembran verbinden und deshalb auch Ankerfasern genannt werden. Zwischen dem Bindegewebe liegen viele der Abwehr dienende Zellen wie Lymphozyten, Plasmazellen, Makrophagen und Mastzellen.

Vom Stratum papillare ragen Bindegewebspapillen (daher die Bezeichnung „papilla") in die Epidermis hinein, wodurch die Kontaktfläche zwischen Dermis und Epidermis wesentlich vergrößert wird. Der Abscherung der Epidermis wirkt das Stratum papillare so entgegen. In den Bindegewebspapillen liegen neben Kapillarschlingen, die der Wärmeregulierung dienen, Rezeptororgane wie die Meissner-Tastkörperchen (s. Kapitel 2.9.1.5).

Stratum reticulare

Stratum reticulare – hier liegen viele kollagene Fasern vom Typ I sowie elastische Fasern. Die elastischen Fasern sorgen für die Elastizität der Haut. Die kollagenen Fasern sind zu einem scherengitterartigen Geflecht angeordnet, das der Haut seine große Reißfestigkeit verleiht und eine begrenzte Dehnbarkeit der Haut zuläßt. Die Kollagenfasern sind in Richtung der Hautspannung angeordnet, das heißt, sie haben in Abhängigkeit von der jeweiligen Region unterschiedliche Verlaufsrichtungen.

Diese Verlaufsrichtungen erkennen Sie, wenn Sie eine Nadel in die Haut einstechen. Der Einstich hinterläßt statt des erwarteten Loches einen Spalt. Der Verlauf solcher Spaltlinien ist in der Chirurgie von Wichtigkeit. Schneidet man die Haut quer zur Verlaufsrichtung der Spaltlinien, so entsteht eine klaffende Wunde, die schlecht verheilt und eine gut sichtbare Narbe hinterläßt. Schneidet man die Haut längs der Verlaufsrichtung der Spaltlinien, so legen sich die Wundränder einander wieder an und es entsteht eine schmale Narbe.

Texturunterschiede

Die Textur (= Struktur des Gewebes) der Haut ist regional unterschiedlich. Im Rückenbereich ist die Haut relativ dick, am Augenlid sehr dünn. In der Hohlhand oder in der Fußsohle ist die Haut über kleine Fasern an der jeweiligen Aponeurose fixiert (Palmar- bzw. Plantaraponeurose).

Gefäßversorgung der Haut

Die Dermis (Korium) ist reich vaskularisiert. Die in ihr verlaufenden kleinen Gefäße (Kapillaren) erhalten ihr Blut aus den an der Grenze zur Subkutis liegenden Arterien- und Venenplexus. Besonders in den Fingerspitzen liegen arteriovenöse Anastomosen.

In der Dermis bilden Lymphkapillaren netzartige Geflechte.

Von der **Hautalterung** ist besonders die Dermis betroffen. Im Alter verringert sich die Höhe der Bindegewebspapillen, was zur Einziehung der Haut führt (kleine Falten). Gleichzeitig verringert sich die Synthese von Kollagen und elastischen Fasern, wodurch die Haut u.a. weniger elastisch wird. Durch Veränderung der Grundsubstanz des Bindegewebes (verringerter Gehalt an Glykosaminoglykanen) kann weniger Flüssigkeit gebunden werden, so daß der Hautturgor abnimmt (die Haut trocken wird).

2.9.1.3 Subkutis — 0/0

Funktionell gehört die **Subkutis** (= **Tela subcutanea** = Unterhautbindgewebe) zur Haut, sie wird jedoch nicht dazu gezählt.

Die Subkutis dient regional als Fettspeicher (beim Mann im Bauchbereich, bei der Frau um Hüfte, Gesäß und Brust). Die Subkutis befestigt die Haut an den tiefer gelegenen Strukturen, z.B. der Körperfaszie. Außerdem dient sie als Verschiebeschicht.

Das in der Subkutis eingelagerte Fett wird durch straffe Bindegewebszüge (Retinacula cutis) in Kammern untergliedert. Das Fett wird in Baufett (kommt in der Fußsohle vor) und Depotfett (kommt in der Bauchwand vor) unterteilt.

2.9.1.4 Äußere Beschaffenheit der Haut — ! 1/3

Anhand der Struktur der Oberfläche kann man die Haut in eine Felder- und in eine Leistenhaut unterteilen.

Bei der Aufsicht auf die Haut sehen Sie viele feine polygonale (= vieleckige) Felder, die durch die Verzahnung der Epidermis mit dem Korium entstehen. Der Teil der Haut, der außen solche Felder aufweist, wird **Felderhaut** genannt. In den Furchen zwischen den Feldern münden die Talgdrüsen und treten die Haare aus, auf den Feldern münden die Schweiß- und Duftdrüsen.

Die Felderhaut bildet den größten Teil unserer Haut. Besonders ausgeprägt ist sie im Bereich des Ellenbogen- und Kniegelenks.

Die **Leistenhaut** liegt in Form von längs und quer verlaufenden Rinnen an den Finger- und Zehenspitzen, sowie in der Hohlhand und in der Fußsohle vor. In die Leisten ragen Bindegewebspapillen hinein und bilden damit nebeneinanderliegende bogenförmige bis wirbelartige Erhebungen.

➤ Die Anordnung der Leisten ist genetisch festgelegt und daher für jedes Individuum verschieden. Diesen Umstand macht man sich kriminaltechnisch beim Fingerabdruck zunutze. Im Bereich der Leistenhaut fehlen Haare und die Talg- und Duftdrüsen.

Die **Farbe der Haut** wird bestimmt durch:
- Melanin (Pigmentkörnchen) – s. Kapitel 2.9.1.1,
- Stärke der Durchblutung,
- Karotingehalt,
- Dicke der Hornschicht. ◄

Die Blutgefäße der Haut dienen der Ernährung und der Temperaturregulierung. Bei Kälte sind die Gefäße eng, so daß nur wenig Blut hindurchfließt, dadurch fühlt sich die Extremität kalt an. Bei Wärme sind die

Gefäße weit, wodurch als Nebenwirkung der Blutdruck sinken kann (das Blut „versackt" in den peripheren Gefäßen).

Bei guter Durchblutung erscheint die Haut „rosig", bei schlechter Durchblutung, z.B. infolge einer Anämie (= Blutarmut) erscheint die Haut blaß.

2.9.1.5 Sinnesfunktionen der Haut !!! 7/14

Prüfungsrelevant: Das gesamte Kapitel.

In der Haut liegen viele Rezeptoren, die Druck-, Berührungs-, Schmerz-, Wärme- und Kältereize weiterleiten. Wegen ihrer großen Ausdehnung kann die Haut als größtes Sinnesorgan des Menschen bezeichnet werden.

Die Nervenfasern für die Haut sind größtenteils sensibler (= afferenter) Natur. Autonome Nervenfasern innervieren Drüsen, Blutgefäße und die Mm. arrectores pilorum.

Für bestimmte Reize sind jeweils spezifische Strukturen zuständig:

- für Berührung
  - Meissner-Tastkörperchen,
  - Genitalkörperchen,
- für Druck
  - Merkel-Tastscheiben,
  - Ruffino-Endkörperchen,
- für Vibration
  - Vater-Pacini-Lamellenkörperchen,
- für Temperatur und Schmerz
  - freie Nervenendigungen.

Meissner-Tastkörperchen (= Corpuscula tactus) – liegen als ovale bis zu 150 µm lange Rezeptoren in den Papillen des Stratum papillare (Korium). Besonders zahlreich kommen sie in der Leistenhaut und hier vor allem in den Finger- und Zehenspitzen vor. Außerdem findet man sie in der Stimmritze, Mundhöhle, in den Lippen und in der Glans penis.

Die Meissner- Tastkörperchen bestehen aus 5–10 epithelähnlichen, übereinander geschichteten Zellen, zwischen denen marklose Nervenfasern enden. Die marklosen Nervenfasern sind von terminalen Schwann-Zellen umhüllt, wodurch Lamellen entstehen. Die Tastkörperchen sind nur basal von einer bindegewebigen Kapsel umhüllt.

Genitalkörperchen – sind bis zu 200 µm groß. Sie kommen in der Epidermis der äußeren Geschlechtsorgane vor, indem sich marklose Nervenfasern aufrollen. Die Genitalkörperchen sind von einer Kapsel umhüllt.

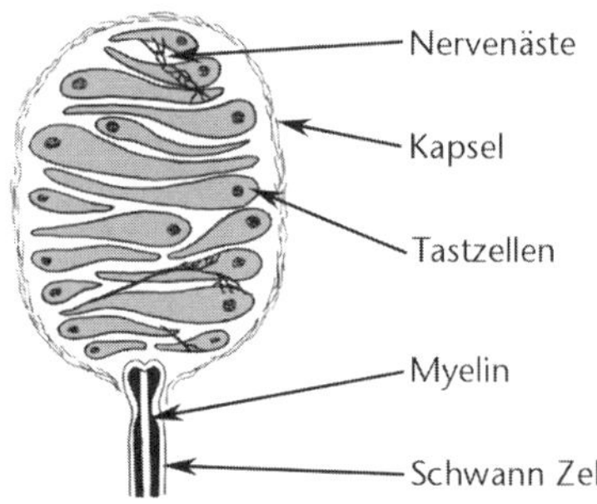

Abb. 2.63 Meissner-Tastkörperchen

Merkel-Zellen – sind bis zu 20 µm groß. Sie kommen nur im Bereich von mehrschichtigem Plattenepithel vor, wo sie bevorzugt im Stratum basale liegen. Sie haben ein helles Zytoplasma. Eine Kapsel fehlt. Liegen mehrere Merkel-Zellen nebeneinander, so bilden sie eine **Merkel-Tastscheibe**.

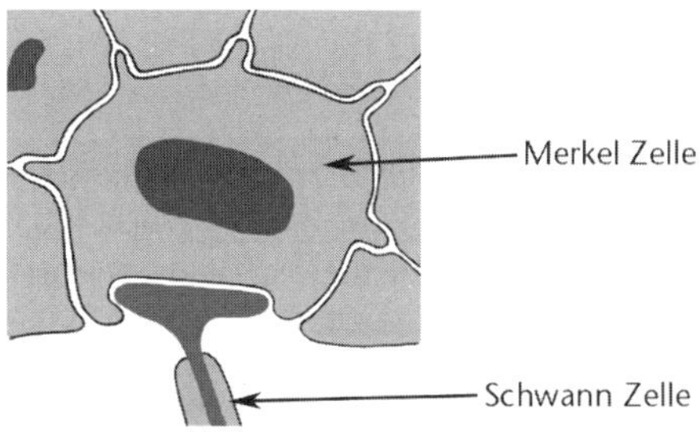

Abb. 2.64 Merkel-Tastscheibe

Ruffini-Endkörperchen – sind bis zu 1 mm lang. Sie kommen im Stratum reticulare als Dehnungsrezeptoren sowie in den Gelenkkapseln vor.

Vater-Pacini-Lamellenkörperchen (= Corpuscula lamellosa) – sind bis zu 4 mm lang und 2 mm dick und damit als größte Mechanorezeptoren makroskopisch sichtbar und als harte Körperchen tastbar.

Die Vater-Pacini-Lamellenkörperchen reagieren sehr schnell auf eine vibratorische Kompression.

Im Zentrum des Lamellenkörperchens liegt der Innenkolben (= Bulbus internus). Das afferente Axon verliert im Lamellenkörperchen seine Markscheide und wird von terminalen Schwann-Zellen umscheidet. Von einem Lamellenkörperchen geht nur ein afferentes Neuron ab.

Der Innenkolben ist von zwiebelschalenartig vorliegenden Lamellen umgeben, die aus abgeplatteten

Zellen bestehen. Die Spalträume zwischen den Lamellen sind mit Flüssigkeit gefüllt.

Die Lamellenkörperchen sind von einer bindegewebigen Kapsel umgeben. Im subkapsulären Spalt verlaufen kleine Blutgefäße, außerdem kommen hier Makrophagen vor.

Die Vater-Pacini-Lamellenkörperchen kommen besonders zahlreich in der Dermis und der Tela subcutanea des Handtellers einschließlich der Finger und in der Fußsohle vor. Außerhalb der Haut kommen sie vor im: Mesenterium, Harnblase, Peritoneum parietale, Tunica dartos des Hodens sowie in der Umgebung des Pankreas, in der Kapsel der Prostata und in der Vagina.

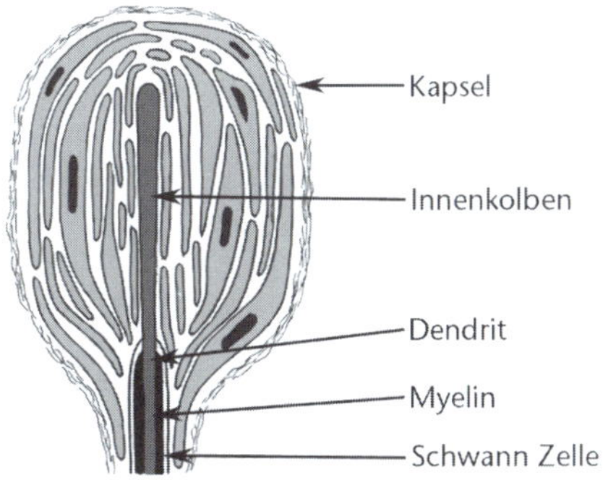

Abb. 2.65 *Vater-Pacini-Lamellenkörperchen*

Krause-Endkörperchen (= Corpuscula bulboidea) – kommen als ovale Nervenknäuelchen in der Tunica propria vor. Hüllzellen bilden um sie eine Kapsel. Sie kommen in Schleimhäuten (der Mundhöhle, Nase und Harnblase) vor. Wahrscheinlich dienen sie als Kälterezeptoren.

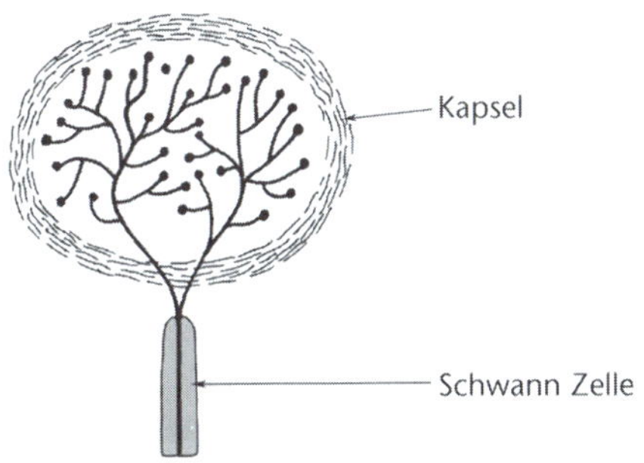

Abb. 2.66 *Krause-Endkörperchen*

Die freien, **sensiblen Nervenendigungen** kommen in der Kutis und der Subkutis vor. Sie dienen als Rezeptoren für mechanische und thermische Reize sowie für Schmerzempfindungen (Nozirezeptoren). Mit ihren Ästen reichen sie bis in die Epidermis – die Epidermis ist also nicht frei von Nerven! Die sensiblen Nervenendigungen umwickeln die Wurzeln der Tasthaare und werden bei deren Bewegung (Abwinkelung der Haare) erregt.

2.9.2 Behaarung

!! 3/5

Die **Haare** bilden zusammen mit den Nägeln und den Talg- und Schweißdrüsen die epithelialen Hautanhangsgebilde.

Die Haare sind elastische Hornfäden, die aus verhornten Epithelzellen entstehen. Der Mensch ist nur im Handteller, an der Fußsohle und an der Innenfläche der Finger und Zehen frei von Haaren.

Es wird zwischen embryonalen und terminalen Haaren unterschieden.

Embryonale Haare sind kurz und nicht pigmentiert. Sie treten gegen Ende des 3. Entwicklungsmonats am Körper als **Lanugohaare** (= Flaum- oder Wollhärchen) auf und überziehen während der weiteren Entwicklungszeit den gesamten Körper. Die Lanugohaare werden nach dem 8. Entwicklungsmonat bis zur Geburt durch Ersatzhaare ersetzt. Im Bereich des Kopfes, der Augenlider und der Augenbrauen werden die Lanugohaare durch Terminalhaare ersetzt.

Zum Zeitpunkt der Geburt sollten die Lanugohaare nicht mehr vorhanden sein (unsicheres Reifezeichen).

Während der Pubertät bilden sich **Terminalhaare** in der Achselhöhle und im Schambereich sowie beim Mann im Gesicht- und Brustbereich. Neben dem Geschlecht wird die Behaarung durch die Rasse und das Alter beeinflußt.

Die gruppenweise angeordneten Terminalhaare unterscheiden sich von den einzeln stehenden Lanugohaaren durch ihre größere Länge und Dicke, sowie durch ihre Pigmentierung. Ihre Wurzeln liegen in der oberen Subkutis, während die Wurzeln der Lanugohaare in der Kutis liegen.

Haaraufbau

Das Haar wächst aus einer trichterartigen Einsenkung in der Haut, die **Haartrichter** genannt wird.

Am Haar unterscheidet man zwischen einem

- Haarschaft, der sichtbar über die Haut hinausragt,
- Haarwurzel, die schräg in der Haut sitzt.

➤ Die **Haarwurzel** endet zumeist in einem verdickten Bulbus (= Haarzwiebel). In den **Haarbulbus** stülpt sich von unten her eine bindegewebige **Haarpapille** hinein, die Blutgefäße zur Versorgung des Haares führt. Um die Haarwurzel herum liegt der **Haarfollikel** (= Haarbalg). ◄

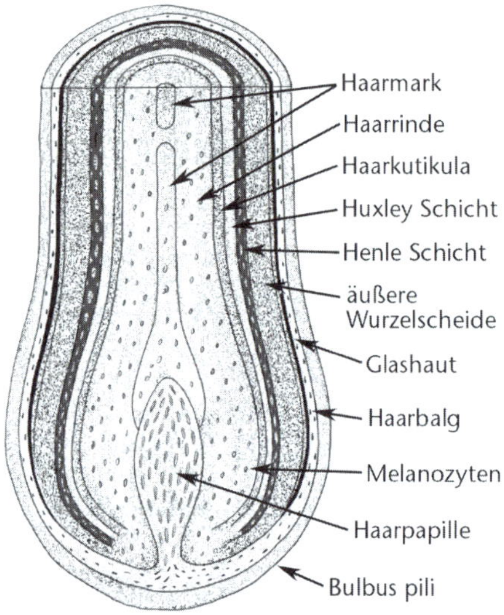

Abb. 2.67 Längsschnitt durch die Haarwurzel

Der **Haarschaft** besteht von innen nach außen aus:
- Mark,
- Rinde,
- Kutikula.

➤ Das **Haarmark** wird von Epithelzellen gebildet, die über der Haarpapille liegen.

Die **Haarrinde** wird von Zellen gebildet, die lateral der Haarpapille liegen. Diese Zellen differenzieren sich zu keratinhaltigen (verhornten) Zellen. Zwischen diesen Zellen liegen Melanozyten, die ihr Pigment an die keratinisierten Zellen abgeben und damit die Haarfarbe bestimmen.

Lateral der Zellen aus denen sich die Rinde bildet, liegen im Bulbus Zellen, die die **Haarkutikula** bilden. Diese Kutikula besteht aus dachziegelartig angeordneten, verhornten Zellen, die kernlos sind.

➤ Die Haarkutikula wird von zwei **Wurzelscheiden** umfaßt
- die innere epitheliale Wurzelscheide,
- die äußere bindegewebige Wurzelscheide.

Die innere **epitheliale Wurzelscheide** liegt dem Haarschaft unmittelbar an. Sie besteht aus 3 Schichten:
- Scheidenkutikula,
- Huxley-Schicht – ist mehrschichtig,
- Henle-Schicht – ist einlagig.

Die verhornten Zellen der **Scheidenkutikula** sind mit den ebenfalls verhornten Zellen der Haarkutikula verzahnt und befestigen so das Haar in der Wurzelscheide.

Die äußere bindegewebige Wurzelscheide ist als Fortsetzung des Stratum germinativum der Epidermis aufzufassen.
Zwischen der inneren und der äußeren Wurzelscheide liegt als Glashaut die **Lamina basalis** (Basalmembran). ◄

Im Bereich des Korium münden in jeden Haarfollikel eine bis mehrere **Talgdrüsen** (s. Kapitel 2.9.4). Durch Kontraktion des an dem Haarbalg ansetzenden M. arrector pili wird die Talgdrüse ausgedrückt und das Haar aufgerichtet. Der M. arrector pili liegt dabei auf der Seite, zu der das Haar geneigt ist.

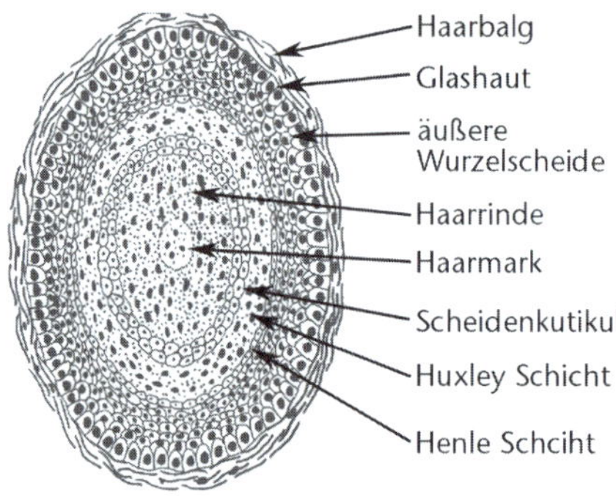

Abb. 2.68 Querschnitt durch einen Haarfollikel

➤ Die Haare werden von den inneren Epithelzellen des Bulbus gebildet. Werden der Bulbus und die Haarpapille zerstört, so ist eine Neubildung von Haaren nicht mehr möglich. Ist das Haarwachstum dagegen beendet, so löst sich das Haar durch Verdikkung seines unteren Endes von der Papille ab, das Haar wird zum Ausgang der Wurzelscheide geschoben und „fällt" aus. Die Papille bildet nach einer Ruhephase ein neues Haar (Kolbenhaar), das das alte Haar vollends herausschiebt.
Die „Lebensdauer" der Kopfhaare beträgt 3–4 Jahre. ◄

2.9.3 Nägel 0/0

Die **Nägel** sind gewölbte Platten, die das obere Ende der Finger und Zehen bedecken. Sie sind epidermaler Herkunft.

Die **Nagelplatte** (allgemein als Nagel bezeichnet) besteht aus Hornschuppen, die durch Tonofilamente verfestigt und damit steifer gemacht sind.

Die Nagelplatte liegt auf dem Nagelbett. Seitlich ist die Nagelplatte von der Nagelfalz, am Ende von der Nageltasche umgeben. Im Bereich der Nageltasche wird die Nagelplatte Nagelwurzel genannt. Von der Nageltasche aus wächst das Eponychium (= Nagelhaut), ein epithelial verhorntes Häutchen, über die Oberfläche der Nagelplatte (wird häufig aus kosmetischen Gründen entfernt).

Unter dem Eponychium liegt die weißliche, halbmondförmige **Lunula**, die als vordere Wachstumszone sichtbar ist und Matrix genannt wird.

Der Teil des Nagelbetts, der vor der Lunula liegt, wird als Hyponychium bezeichnet – in diesem Bereich erfolgt keine Nagelbildung mehr.

2.9.4 Hautdrüsen ! 2/5

Prüfungsrelevant: Das gesamte Kapitel.

In der Haut kommen 4 verschiedene Drüsen vor:
- Schweißdrüsen (Glandulae sudoriferae merocrinae),
- Talgdrüsen (Glandulae sebaceae),
- Duftdrüsen (Glandulae sudoriferae apocrinae),
- Brustdrüsen (Mammae).

Die etwa 0,5 mm großen **Schweißdrüsen** (= merokrine Schweißdrüsen) sind unverzweigte tubulöse Drüsen, die aus einem im Stratum reticulare des Korium liegenden aufgeknäuelten Endstück und einem gerade verlaufenden Ausführungsgang bestehen, weshalb diese Schweißdrüsen auch als Knäueldrüsen bezeichnet werden. Die Schweißdrüsen münden auf der Kuppe der Leisten- und Felderhaut. Eine Beziehung zu Haaren besteht nicht.

Die Schweißdrüsen sind von einer dicken Basalmembran umgeben. Zwischen der Basalmembran und den Drüsenzellen liegen Myoepithelzellen, die die Sekretabgabe beeinflussen.

Die Schweißdrüsen sind an der Stirn, im Handteller und an der Fußsohle besonders häufig vorhanden. Sie fehlen nur im Lippenrot und in der Glans penis. Sie bilden ein saures Sekret (hauptsächlich Milchsäure), das einen Säureschutzmantel um die Haut legt und damit das Bakterienwachstum hemmt. Die Hauptaufgabe der merokrinen Schweißdrüsen ist jedoch die Wärmeregulation (= Abkühlung der Haut durch Verdunstung von Schweiß).

Die **Duftdrüsen** (= apokrine Schweißdrüsen) sind bis 5 mm groß. Sie haben ein weites Lumen und sind zumeist verzweigt. Ihre alveolären Drüsenendstücke liegen in der Subkutis. Zumeist enden sie in einem Haartrichter. Sie sind von vielen Myoepithelzellen umhüllt.

Duftdrüsen kommen in der Achselhöhle, in der Schamgegend, am Warzenhof der Brustdrüse sowie im Analbereich vor.

Die Sekretionsphase beginnt mit der Pubertät. Der erzeugte individuelle und geschlechtsspezifische Geruch wird vom menschlichen Riechorgan jedoch nur noch schwach und unbewußt wahrgenommen.

Da das alkalische Sekret keine Säure zur Abwehr von Keimen enthält, kann es durch Bakterieninfektionen besonders in der Achselhöhle zu Schweißdrüsenabszessen kommen.

Die etwa 1 mm großen **Talgdrüsen** sind holokrine Drüsen. Die Talgdrüsen sind in vielen Läppchen unterteilt, die aus alveolären Einzeldrüsen bestehen. Sie sind im Bereich des Stratum papillare an Haare gebunden, kommen aber auch als freie Talgdrüsen im Lippenrot, an der Brustwarze, der Labia minor, Glans penis sowie im Augenlid als Meibom-Drüse vor.

Ihr Sekret (Talg) besteht u.a. aus freien Fettsäuren und Cholesterin. Es mündet in die Haarfollikel und fettet Haut und Haare ein, wodurch beide geschmeidig gehalten werden. Wird das Sekret z.B. unter Einwirkung von Sexualhormonen (Testosteron) dickflüssig, so verstopft der Talg den Ausführungsgang, was zu entzündlichen Sekretstauungen und damit zu sogenannten „Mitessern" führen kann.

Die Talgdrüsenproduktion wird nerval und hormonell beeinflußt. Androgene und Progesteron fördern, Östrogene hemmen die Talgproduktion.

Die Mamma (= Brustdrüse) zählt ebenfalls zu den Hautdrüsen. Sie wird ausführlich in Kapitel 6.2.7 beschrieben.

3 Obere Extremität

3.1 Entwicklung ! 2/3

In der 3. Entwicklungswoche entstehen aus dem Mesoderm der parietalen Seitenplatten Mesenchymkerne. Aus den beiden, in Höhe der unteren Halssegmente liegenden Mesenchymkernen, entwickeln sich um den 24. Entwicklungstag die **Armknospen,** aus den beiden Mesenchymkernen in Höhe der Lumbal- und oberen Sakralsegmente um den 26. Entwicklungstag die **Beinknospen**. Ab der 5. Entwicklungswoche kann zwischen Ober- und Unterarm sowie Handregion unterschieden werden. In der 7. Woche bilden sich die Finger- bzw. Zehenstrahlen aus.

In der 5. Entwicklungswoche wachsen in die Armknospen die ventralen Äste der 6 unteren Hals- und der 2 oberen Brustspinalnerven, sowie in die Beinknospen die ventralen Äste der 4 Lumbal- und der oberen 3 Sakralspinalnerven hinein (siehe Kapitel 2.8.4 „Dermatome")

In der 7. Entwicklungswoche entstehen die Extremitätenmuskeln.

➤ Gegen Ende der 7. Entwicklungswoche ist das gesamte knorpelige Skelett der oberen und unteren Extremität (mit Ausnahme der Endphalangen) angelegt. Die **Verknöcherung** (= Umbildung des Knorpels in Knochen – s. Kapitel 2.2.6.3) setzt in der 6.–7. Entwicklungswoche mit der desmalen Ossifikation (= Knochenbildung) des Mittelstücks der Clavicula ein (= erste Knochenbildung des Skeletts). Alle anderen Knochen der Extremitäten entstehen durch chondrale Ossifikation (Unterschied s. Kapitel 2.2.6.3), wobei sich in den knorpeligen Diaphysen der Röhrenknochen die ersten Knochenkerne (= Ossifikationskerne) bilden (Aufbau des Röhrenknochens s. Kapitel 2.3.1). Die Apo- und Epiphysen der Knochen verschmelzen zumeist erst zwischen dem 18. und 25. Lebensjahr, wobei die distalen Epiphysenfugen früher als die proximalen verknöchern (z.B. Humerus: distaler Epiphysenfugenschluß etwa 15., proximaler 25. Lebensjahr).

Im Beckengürtel erfolgt die Verknöcherung beim Os ilii (= Darmbein) ab dem 2.–3., bei Os ischii ab dem 4. und beim Os pubis (= Schambein) ab dem 5.–7. Entwicklungsmonat. ◄

In den Handwurzelknochen entstehen die Ossifikationskerne erst nach der Geburt, wobei eine bestimmte zeitliche Reihenfolge eingehalten wird.

➤ Daher kann anhand der in einer Röntgenaufnahme vorgefundenen Ossifikationskerne auf das Skelettalter des Kindes geschlossen werden. Es ist jedoch zu beachten, daß die Skelettentwicklung von Mädchen der von Jungen voraus ist. ◄

Es verknöchern:

- Kopfbein – 3. Monat nach der Geburt,
- Hakenbein – 4. Monat nach der Geburt,
- Dreieckbein – 3. Lebensjahr,
- Mondbein – 4. Lebensjahr,
- Erbsenbein – 10. Lebensjahr.

Die anderen Handwurzelknochen verknöchern etwa im 5. Lebensjahr.

Mißbildungen

Schwere Mißbildungen sind im Bereich der Extremitäten selten. Gehäuft traten bestimmte Mißbildungen um 1960 nach Einnahme des Schlafmittels Thalidomid auf (Contergan-Kinder).

Bei Unterdrückung der Extremitätenanlage entsteht eine:

- Amelie – vollständiges Fehlen einer Extremität.

Durch Chromosomenanomalien können entstehen:

- Brachydaktylie – abnorm kurze Finger (Zehen),
- Polydaktylie – Überzahl an Fingern (Zehen),
- Syndaktylie („Flossenbildung") – Verschmelzung von Fingern (häufig des 2. und 4.).

3.2 Knochen ! 0/1

Einleitung

Die obere Extremität wird in 4 Bereiche unterteilt: Schultergürtel, Ober- und Unterarm, Hand.

Der Schultergürtel ist mit dem Oberarm über das Schultergelenk (Kapitel 3.3.2), der Oberarm über das Ellenbogengelenk mit dem Unterarm (Kapitel 3.3.3) und der Unterarm über das proximale Handgelenk mit der Hand verbunden (Kapitel 3.3.5).

Die obere Extremität besitzt folgende Knochen:
- Schultergürtel – Clavicula und Scapula,
- Oberarm – Humerus,
- Unterarm – Ulna und Radius,
- Hand – Handwurzelknochen, Mittelhand- und Fingerknochen.

Der **Schultergürtel** verbindet den Arm mit dem Rumpf und bildet gleichzeitig die Grenze zwischen Hals und Brust.

Die **Clavicula** (= Schlüsselbein), ist ein 12–15 cm langer, schwach S-förmig gekrümmter Knochen, über die der Arm mit dem Thorax verbunden ist. Die Clavicula dient zwar Muskeln als Ursprung, wird selbst aber nicht von Muskeln umhüllt, weshalb sie in ihrer ganzen Länge unter der Haut zu tasten ist. Nur die Nn. supraclaviculares (Hautnerven) ziehen über die Clavicula hinweg. Die Clavicula besitzt als mediales Ende die Extremitas sternalis, die dem Sternum (= Brustbein) zugekehrt ist, und als laterales Ende die Extremitas acromialis, die dem Acromion (= Schulterhöhe) zugekehrt ist.

An der Clavicula kommen folgende Knochenstrukturen vor:
- Impressio ligamenti costoclavicularis – dient als Anheftstelle des Lig. costoclaviculare,
- Tuberositas ligamenti coracoclavicularis – dient als Anheftstelle des Lig. coracoclaviculare.

Klinik: ➤ Nach dem Radius (siehe weiter unten) ist die Clavicula der Knochen, der am zweithäufigsten bricht (15 % aller Knochenbrüche). Nach einer Fraktur zieht der M. sternocleidomastoideus das mediale Claviculaende nach oben und der M. deltoideus das laterale Ende nach unten. Die Schulter sinkt nach unten. Bei einer Fraktur sind die unter der Clavicula verlaufenden Strukturen: A. und V. subclavia, Plexus brachialis (Nervengeflecht – s. Kapitel 3.5.2) gefährdet. ◄

Eine Fraktur der Clavicula wird zumeist mit Hilfe eines sogenannten Rucksackverbandes behandelt, der der Ruhigstellung dient. Ein Gipsverband ist wegen der Lage ungeeignet.

Die dreieckige **Scapula** (= Schulterblatt) ist ein platter Knochen, der 3 Ränder (= Margo) und 3 Winkel (= Angulus) besitzt. Die zum Brustkorb hin gelegene ventrale Fläche wird Facies costalis (syn.: Facies anterior), die gegen den Rücken weisende dorsale Fläche Facies posterior genannt.

Die Facies costalis ist zur Fossa subscapularis vertieft. Die Facies posterior wird durch einen in das Acromion auslaufenden Knochenkamm, die Spina scapulae, in eine Fossa supraspinata und eine Fossa infraspinata unterteilt. Die Spina scapulae geht in das Acromion über. Acromion und Processus coracoideus dienen zusammen dem Schutz des Schultergelenks.

Das Acromion und die Spina scapulae sind nicht von Muskeln umhüllt, so daß sie getastet werden können.

➤ Am oberen Rand der Scapula liegt als Einkerbung die **Incisura scapulae** (syn.: Incisura scapularis), die durch das manchmal verknöcherte Lig. transversum scapulae superius zu einem Loch verschlossen wird. Durch die Incisura scapulae (= unter dem Lig. transversum scapulae superius) verläuft der N. suprascapularis, über das Lig. transversum scapulae superius verläuft die A. suprascapularis. ◄

Wichtige Knochenstrukturen der Scapula sind:
- **Spina scapulae –** Knochenkamm, der Muskeln als Ansatz und Ursprung dient, selbst jedoch nicht von Muskeln bedeckt ist.
- **Acromion** (Schultereck) – freier Fortsatz der Spina scapulae, an deren Ende als kleine Gelenkfläche die Facies articularis acromii für die Clavicula liegt.
- **Processus coracoideus** (= Rabenschnabelfortsatz) – hakenförmiger Fortsatz, der lateral von der Incisura scapulae liegt und als Ansatzstelle für den M. pectoralis minor und als Ursprung für das Caput breve des M. biceps brachii und des M. coracobrachialis dient.
- **Cavitas glenoidalis** (= Schulterpfanne) – geht in das Collum scapulae über. Die Cavitas dient dem Humeruskopf als Gelenkpfanne.
- **Tuberculum supraglenoidale** – liegt über der Cavitas und dient dem langen Kopf des M. biceps brachii als Ursprung.
- **Tuberculum infraglenoidale** – liegt unterhalb der Cavitas und dient dem langen Kopf des M. triceps brachii als Ursprung.
- Fossa subscapularis – dient dem M. subscapularis als Ursprung.
- Fossa supraspinata (syn.: Fossa supraspinosa) – Ursprungsfeld des M. supraspinatus.
- Fossa infraspinata (syn.: Fossa infraspinosa) – Ursprungsfeld des M. infraspinatus

Die an der Scapula ansetzenden und entspringenden Muskeln entnehmen Sie bitte dem Kapitel 3.4.1.

Der **Humerus** (= Oberarmknochen) gehört wie die anderen Armknochen zu den Röhrenknochen.

Wichtige Knochenstrukturen des Humerus sind:

- **Caput humeri** (syn.: Caput humerale = Kopf) – ist von hyalinem Knorpel überzogen. Er bildet mit der Schaftachse einen Winkel von ca. 130°.
- **Tuberculum majus und minus** – sind selbständige Apophysen (= Auswucherungen) zwischen denen der Sulcus intertubercularis liegt. Im Sulcus verläuft das Caput longum des M. biceps brachii. Von den Tuberculi zieht jeweils eine Leiste (Crista tuberculi majoris und minoris) am Humerusschaft abwärts. Dienen als Ansatzstelle für Muskeln.
- ➤ **Collum chirurgicum** – liegt als leichte Einschnürung unterhalb der Tuberculi. In diesem Bereich ist der Humerus besonders bruchgefährdet, wobei der N. axillaris und die A. circumflexa humeri posterior verletzt werden können. ◄
- **Collum anatomicum** – ringförmige Einschnürung zwischen dem Caput humeri und den Tubercula majus und minus. In diesem Bereich setzt die Gelenkkapsel an.
- **Tuberositas deltoidea** – Rauhigkeit für den Ansatz des M. deltoideus.
- **Sulcus nervi radialis** – Rinne, in der der N. radialis und die A. profunda brachii von hinten oben nach vorn unten verlaufen.
- **Epicondylus medialis** – ist im medialen Bereich des Ellenbogens gut zu tasten und dient den Beugemuskeln des Unterarms als Ursprung. Er ist größer als der Epicondylus lateralis.
- **Epicondylus lateralis** – ist im lateralen Bereich des Ellenbogens zu tasten und dient einigen Streckermuskeln des Unterarms als Ursprung. In Streckstellung des Ellenbogens wird er vom M. brachioradialis und vom M. extensor carpi radialis longus überlagert.
- **Condylus humeri** (= Gelenkfortsatz) – liegt zwischen den beiden Epikondylen und besteht aus der Trochlea humeri und dem Capitulum humeri.
- **Sulcus nervi ulnaris** – liegt auf der Hinterseite des Epicondylus medialis. In ihm verläuft der N. ulnaris direkt unter der Haut („Musikantenknochen").
- **Fossa coronoidea** – liegt auf der ventralen Humerusseite und nimmt den Processus coronoideus der Ulna auf.
- **Fossa radialis** – liegt auf der ventralen Humerusseite und nimmt das Caput des Radius auf.
- **Fossa olecrani** – liegt auf der dorsalen Humerusseite und nimmt das Olecranon der Ulna auf.

Praktische Anatomie

Das Caput humeri kann nur von der Achselhöhle aus getastet werden, was jedoch Schmerzen verursacht, weil dabei die in der Achselhöhle verlaufenden Nerven gereizt werden können.

Klinik: Eine Fraktur des Humerus kommt häufiger am Collum chirurgicum als am Collum anatomicum oder in anderen Bereichen des Humerus vor.

Die am Humerus ansetzenden und entspringenden Muskeln entnehmen Sie bitte dem Kapitel 3.4.3.

Im Unterarm kommen als Knochen die Ulna und der Radius vor.

Die **Ulna** (= Elle) liegt auf der Kleinfingerseite, der Radius auf der Daumenseite.

Die Ulna wird nach distal (= handwärts) dünner, was damit zu erklären ist, dass die Ulna hauptsächlich der Verbindung zum Humerus dient, während der weiter unten beschriebene Radius hauptsächlich der Verbindung zum Handgelenk dient.

Wichtige Knochenstrukturen der Ulna sind:

- **Incisura trochlearis** – Gelenkfläche der Ulna, die in die Trochlea des Humerus paßt. Die Incisura wird dorsal durch das Olecranon und ventral durch den Processus coronoideus der Ulna begrenzt.
- **Processus coronoideus** – am vorderen Ende der Incisura trochlearis gelegener Knochenvorsprung.
- **Olecranon** (= Ellenbogenknochen) – ist stark ausgebildet, bei gestrecktem Arm findet es teilweise in der Fossa olecrani des Humerus Platz. Dient dem M. triceps brachii als Ansatz.
- **Incisura radialis** – bildet die Gelenkpfanne für die Circumferentia articularis des Radius.
- Crista m. supinatoris – Ansatzstelle des M. supinator.
- Tuberositas ulnae – Ansatzstelle des M. brachialis.
- **Processus styloideus ulnae** (= Griffelfortsatz).

Die an der Ulna ansetzenden oder entspringenden Muskeln entnehmen Sie bitte dem Kapitel 3.4.4.

Der **Radius** (= Speiche) ist in seinem distalen Ende (zur Hand hin) stärker ausgebildet als in seinem proximalen (zum Oberarm hin gelegenen) Ende. Er steht mit dem Kahnbein und dem Mondbein (Handwurzelknochen) in Verbindung.

Wichtige Knochenstrukturen des Radius sind:

- **Caput radii** (syn.: Caput radiale) – ist oben zur Fovea articularis abgeplattet. Es bildet mit dem Capitulum des Humerus einen Teil des Ellenbogengelenks. Seine Randfläche, die **Circumferentia articularis** bewegt sich bei Kreiselbewegungen des Unterarms in der Incisura radialis der Ulna, wobei das Caput radii vom Lig. anulare radii gehalten wird.

- Collum radii – Bereich zwischen Caput und Tuberositas radii.
- Tuberositas radii – Ansatzstelle des M. biceps brachii.
- **Processus styloideus radii** – Ausläufer des Radius.

Beachte: Der Radius hat das Caput zum Humerus hin, die Ulna zur Hand hin.

Klinik: ➤ Der häufigste Knochenbruch ist die **Radiusfraktur.** Beim Fall auf die ausgestreckte Hand kommt es etwa 2–3 cm oberhalb des Handgelenks zum Bruch des Radius, manchmal bricht dabei auch der Processus styloideus der Ulna. ◄

Die am Radius ansetzenden oder entspringenden Muskeln entnehmen Sie bitte dem Kapitel 3.4.4.

Im Handbereich werden drei Abschnitte unterschieden: Handwurzelknochen, Mittelhandknochen und Fingerknochen.

Es gibt 7 **Handwurzelknochen** (= Ossa carpi), die in zwei Reihen angeordnet sind:

Proximal liegen:
- Kahnbein = Os scaphoideum (alt: Os naviculare),
- Mondbein = Os lunatum,
- Dreieckbein = Os triquetrum.

➤ Als vierter Knochen kommt das Erbsenbein (Os pisiforme) vor, das jedoch nicht als echter Handwurzelknochen sondern als Sesambein angesehen wird und in der Sehne des M. flexor carpi ulnaris eingebettet ist. ◄

Distal liegen (von radial nach ulnar):
- großes Vieleckbein = Os trapezium,
- kleines Vieleckbein = Os trapezoideum,
- Kopfbein = Os capitatum,
- Hakenbein = Os hamatum.

Das Hakenbein besitzt als Fortsatz den Hamulus ossis hamati.

Merkvers für die Reihenfolge der Handwurzelknochen:

Es fährt ein **Kahn** im **Mond**enschein
dreieckig um das **Erbsenbein.**
Vieleck groß, Vieleck klein,
der **Kopf** muß am **Haken** sein.

Zur Orientierung sollten Sie sich merken, dass das Os trapezium auf der Daumen- und das Os pisiforme auf der Kleinfingerseite liegt.

Klinik: Über die Hälfte aller Frakturen im Handwurzelbereich entfallen auf das Kahnbein.

Die Handwurzelknochen sind konvex angeordnet, wodurch auf der Hohlhandseite eine Längsrinne entsteht, die Sulcus carpi genannt wird.

Die 5 **Mittelhandknochen** (= Ossa metacarpi, syn.: Ossa metacarpalia) sind Röhrenknochen. Sie unterteilen sich von proximal nach distal in:
- Basis (= proximaler Teil),
- Corpus (= Mittelstück),
- Caput (= Kopf).

Über die Basis stehen die Mittelhandknochen mit den Handwurzelknochen in Verbindung.

An den Mittelhandknochen kommen häufig in Sehnen oder Gelenkkapseln eingelagerte knöcherne **Sesambeine** (= Ossa sesamoidea) vor, deren Aufgabe es ist die Reibung der Sehnen zu vermindern und die Drehwirkung der Muskeln auf die Gelenke zu verbessern. Regelmäßig kommen 2 Sesambeine am Daumen vor.
Jeder Finger besitzt 3 (der Daumen 2) **Fingerknochen** (= Ossa digitorum manus = Phalanges), wobei unterschieden wird zwischen:
- Fingergrundglied (= Phalanx proximalis),
- Fingermittelglied (= Phalanx media),
- Fingerendglied (= Phalanx distalis).

Am Daumen fehlt das Fingermittelglied.

Die 5 Finger sind:

Daumen	= Pollex	= 1. Finger
Zeigefinger	= Index	= 2. Finger
Mittelfinger	= Digitus medius	= 3. Finger
Ringfinger	= Digitus anularis	= 4. Finger
Kleinfinger	= Digitus minimus	= 5. Finger.

3.3 Gelenke

Die Knochen der oberen Extremitäten sind durch die nachfolgend aufgeführten Gelenke miteinander verbunden.

3.3.1 Schultergürtel ! 0/0

Im Bereich des Schultergürtels kommen 2 Gelenke vor:
- das innere (mediale) Schlüsselbeingelenk = Sternoclaviculargelenk,

- das äußere (laterale) Schlüsselbeingelenk = Acromioclaviculargelenk

Bitte beachten Sie, dass die Scapula keine gelenkige Verbindung zum Thorax besitzt. Die Scapula ist allein durch die Muskulatur mit dem Rumpf verbunden.

➤ Das **Sternoclaviculargelenk** (= **Articulatio sternoclavicularis**) bildet die einzige gelenkige Verbindung der oberen Extremität mit dem Thorax. ◄ Es liegt zwischen der Extremitas sternalis der Clavicula und der sattelartigen Incisura clavicularis des Sternum. Durch eine faserknorpelige Gelenkscheibe (= Discus articularis) wird die Gelenkhöhle in 2 spaltförmige Kammern unterteilt.

Die Gelenkpfanne ist relativ klein, weshalb die nachfolgend aufgeführten straffen Bänder das Gelenk sichern müssen. An Bändern kommen vor:
- Lig. sternoclaviculare anterius – verstärkt auf der ventralen Seite die Gelenkkapsel und hemmt das Zurückführen der Schulter
- Lig. sternoclaviculare posterius – hemmt das Vorwärtsschieben der Schulter
- Lig. costoclaviculare – zieht von der Unterseite der Extremitas sternalis der Clavicula zur ersten Rippe
- Lig. interclaviculare – liegt zwischen den Extremitates sternales der beiden Claviculae. Es hemmt als straffes Band das Senken der beiden Claviculae.

Das **Acromioclaviculargelenk** (= **Articulatio acromioclavicularis**) liegt zwischen der pfannenartigen Facies articularis des Acromion (Teil der Scapula) und dem lateralen Ende der Clavicula (Extremitas acromialis).

Die Gelenkkapsel wird verstärkt durch folgende Bänder:
- **Lig. acromioclaviculare** – verstärkt die obere Wand der Gelenkkapsel
- ➤ **Lig. coracoclaviculare** – zieht vom Processus coracoideus zur Unterseite der Clavicula. Dieses kräftige Band wird in das medial liegende kegelförmige Lig. conoideum und in das lateral liegende vierseitige Lig. trapezoideum unterteilt. Das Lig. trapezoideum hemmt die Bewegungsmöglichkeiten der Schulter nach vorn, das Lig. conoideum hemmt sie nach hinten. ◄

➤ Das Sterno- und das Acromioclaviculargelenk sind beides Kugelgelenke, die in ihrer Drehbewegung jedoch durch Weichteile sowie straffe Bänder eingeschränkt sind. Die meisten Bewegungen werden im Schultergürtelbereich von beiden Gelenken gemeinsam durchgeführt. Was dadurch zu erklären ist, dass die Clavicula und die Scapula nicht direkt durch Muskeln verbunden sind. ◄

Das Sternoclaviculargelenk kann die Clavicula bei herabhängendem Arm um 50° heben (abduzieren), um 5° senken (adduzieren) und um 20° nach vorn oder hinten bewegen.

Das Acromioclaviculargelenk dient vor allem der Drehung der Scapula.

Der knöcherne Schultergürtel, der von der Clavicula und der Scapula gebildet wird, ist im Gegensatz zum Beckengürtel nur unvollständig geschlossen.

Der Schultergürtel kann in den beiden Gelenken (aus der Mittelstellung heraus)
60° abduziert und 10° adduziert,

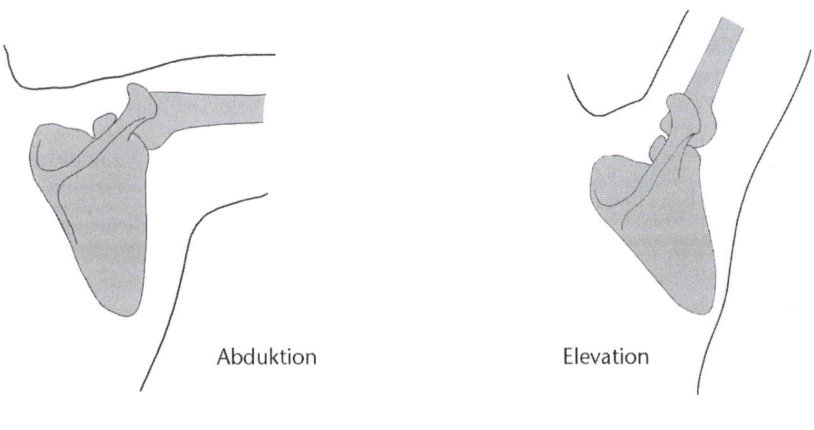

Abb. 3.1 Bewegungsmöglichkeiten im Schultergelenk

20° antevertiert und 20° retrovertiert (= nach vorne bzw. nach hinten bewegt) werden.

Dabei kann sich die Scapula nicht vom Thorax abheben. Die Scapula gleitet vielmehr bei Bewegungen über eine lockere Bindegewebsschicht.

An Bewegungen sind im Schultergelenk beteiligt:

Heben des Schultergürtels (Abduktion)

- Pars descendens des M. trapezius,
- M. levator scapulae,
- Mm. rhomboidei.

Senken des Schultergürtels (Adduktion)

- M. trapezius (Pars ascendens),
- M. pectoralis major.

Drehen der Scapula nach vorne

- M. serratus anterior.

Drehen der Scapula nach hinten

- Mm. rhomboidei,
- M. levator scapulae.

3.3.2 Schultergelenk !! 2/5

➤ Das **Schultergelenk** (= **Articulatio humeri,** syn.: Articulatio glenohumeralis) ist ein Kugelgelenk mit Muskelführung (Begründung siehe weiter unten). Es besitzt die größte Bewegungsmöglichkeit aller Gelenke (3 Freiheitsgrade). ◄

Bei Bewegung des Oberarms sind zumeist neben dem Schultergelenk auch das Sterno- und das Acromioclaviculargelenk beteiligt. Dadurch werden die Bewegungsmöglichkeiten des Armes noch wesentlich erweitert.

Der Gelenkkopf des Schultergelenks wird vom Caput des Humerus gebildet, als Gelenkpfanne dient die mit hyalinem Knorpel überzogene Cavitas glenoidalis der Scapula.

➤ Der Humeruskopf ist etwa 4 mal so groß wie die Gelenkpfanne. Um die Gelenkfläche zu vergrößern, ist die Gelenkpfanne von einer etwa 3–5 mm breiten faserknorpeligen Gelenklippe (= Pfannenlippe = Labrum glenoidale) umgeben, die am Pfannenrand befestigt ist. Trotzdem finden nur etwa 1/3 des Humeruskopfes in der Gelenkpfanne Platz, was der Grund für die sehr große Beweglichkeit des Schultergelenks, gleichzeitig aber auch die Ursache für die große Gefährdung des Gelenks durch Luxationen (= Verrenkungen) ist. ◄

➤ Die **Gelenkkapsel** ist schlaff und relativ weit, sie entspringt an der Gelenklippe (= Labrum glenoidale) und setzt am Collum anatomicum des Humerus an. Die Gelenkkapsel besitzt beim adduzierten Arm Reservefalten, die bei bestimmten Bewegungen verstreichen. ◄ Beim herabhängendem Arm bildet sich die Reservefalte am unteren Rand der Gelenkpfanne.

Die Gelenkkapsel ist im vorderen Wandbereich dünner als im hinteren Teil, daher erfolgen Luxationen zumeist von vorne. Hinzu kommt, daß der Bandapparat nur schwach ausgebildet ist.

➤ Innerhalb der Gelenkkapsel entspringt vom Tuberculum supraglenoidale (der Scapula) die lange Sehne (= Caput longum) des M. biceps brachii. Die Sehne ist von einer durch Ausstülpung der Gelenkinnenhaut entstandenen Sehnenscheide (Vagina tendinis intertubercularis) umhüllt. ◄

Am **Bandapparat** sind beteiligt:

- Lig. coracohumerale – bildet das einzig solide Verstärkungsband des Schultergelenks. Es zieht vom Processus coracoideus (= Rabenschnabelfortsatz) der Scapula zum Tuberculum majus des Humerus und verstärkt den oberen Teil der Kapsel.
- Ligg. glenohumeralia – verstärken die vordere Kapselwand.

Das Acromion (Teil der Scapula) bildet mit dem Proc. coracoideus und dem zwischen ihnen gespannten Lig. coracoacromiale ein das Gelenk überspannendes Schulterdach, das die Bewegungsmöglichkeiten begrenzt.

➤ Wegen des schwach ausgebildeten Bandapparats wird die Sicherung des Schultergelenks vor allem von den folgenden, das Gelenk mantelartig umhüllenden Muskeln übernommen:

- dorsal – M. supraspinatus, M. infraspinatus und M. teres minor,
- ventral – M. subscapularis. ◄

➤ Diese erste Muskelschicht ist lateral und dorsal vom M. deltoideus umhüllt, der ebenfalls der Gelenksicherung dient.

Der Muskelmantel, der auch als **Rotatorenmanschette** bezeichnet wird, bewirkt, daß das Caput humeri (= Humeruskopf) in der Gelenkpfanne gehalten wird, indem die Muskeln einem von außen kommenden Zug auf das Gelenk einen Gegenzug entgegensetzen. Außerdem strahlen von den Sehnen dieser Muskeln Fasern in die Wand der Gelenkkapsel ein, die als Kapselspanner dienen. ◄

Klinik: ➤ Da die Kontaktfläche zwischen Humeruskopf und der Cavitas glenoidalis relativ klein, die Kapsel schlaff und die Bänder schwach sind, kommt es, wenn eine auf das Gelenk wirkende äußere Zugkraft abrupt zu groß wird, relativ häufig zu einer Schulterluxation (Verrenkung). Dabei tritt der

Humeruskopf zumeist nach vorne hin aus der Gelenkpfanne aus (seltener nach hinten und fast nie nach kranial, weil dort das Lig. coracoacromiale eine Luxation verhindert). Die Schultergelenksluxation ist die häufigste Verrenkung. Bei einer Luxation kann das Tuberculum majus abreißen und der N. axillaris geschädigt werden. ◄

Der Humerus kann im Schultergelenk um
90° abduziert und 10° adduziert,
90° antevertiert und 30° retrovertiert,
70° nach innen oder außen rotiert werden.

► Soll der Humerus über 90° (= über die Horizontale) hinaus abduziert werden, so ist die Mithilfe des Schultergürtels notwendig. Durch Drehen der Scapula (Drehen des unteren Scapulawinkels nach außen und damit verbundener Drehung der Cavitas glenoidalis nach schräg oben) wird eine Abduktion des Arms bis 190° möglich. Die Abduktion über 90° hinaus wird als Elevation bezeichnet.

Bei der Elevation wird der Arm im Schultergelenk angehoben, dann die Scapula nach vorne geschwungen und anschließend nach außen gedreht.

Für die Drehung der Scapula ist der M. serratus anterior verantwortlich, dessen unterer Teil (= Pars inferior) den Angulus inferior der Scapula nach lateral-kranial dreht. ◄

► An der Bewegung des Schultergelenks sind besonders beteiligt:

Abduktion (von der Körperachse weg bewegen):
- M. deltoideus (Pars acromialis),
- M. supraspinatus.

Adduktion (zur Körperachse hin bewegen):
- M. pectoralis major,
- M. deltoideus (Pars clavicularis und Pars spinalis),
- M. teres major,
- M. latissimus dorsi,
- M. triceps brachii (Caput breve),
- M. coracobrachialis.

Anteversion (Heben des Arms nach vorne):
- M. deltoideus (Pars clavicularis),
- M. pectoralis major (Pars clavicularis),
- M. coracobrachialis,
- M. biceps brachii.

Retroversion (Heben des Arms nach hinten):
- M. deltoideus (Pars spinalis),
- M. triceps brachii (Caput longum),
- M. latissimus dorsi,
- M. teres major.

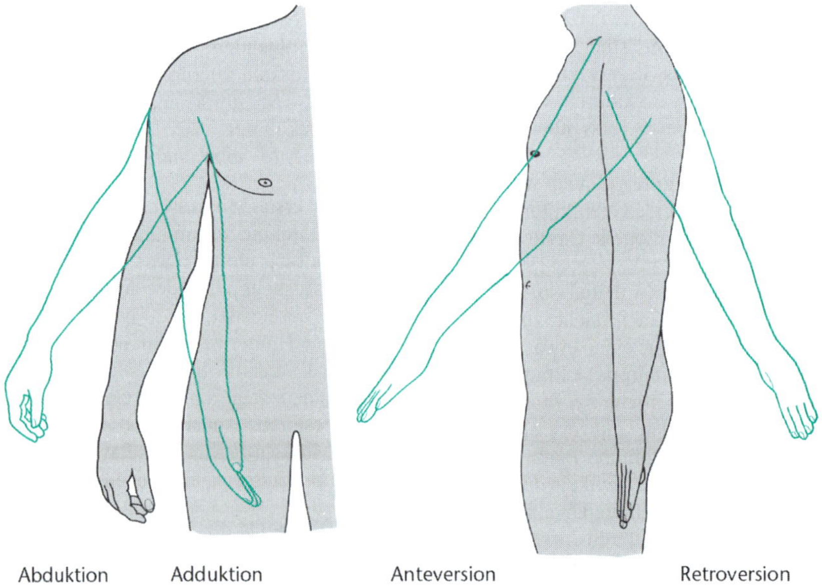

Abb. 3.2 *Bewegungsmöglichkeiten im Oberarmbereich*

Innenrotation:
- M. deltoideus (Pars clavicularis),
- M. subscapularis,
- M. latissimus dorsi,
- M. pectoralis major,
- M. biceps brachii,
- M. coracobrachialis,
- M. teres major.

Außenrotation:
- M. infraspinatus,
- M. deltoideus (Pars spinalis),
- M. teres minor. ◄

Von den im Bereich des Schultergelenks vorkommenden Schleimbeuteln steht die unter der Ansatzsehne des M. subscapularis liegende Bursa subtendinea m. subscapularis mit dem Gelenk in Verbindung. Die beiden nachfolgend aufgeführten Schleimbeutel, die nicht mit dem Schultergelenk kommunizieren, sind gleichzeitig die wichtigsten:
- **Bursa subacromialis** – liegt zwischen dem Acromion und der Schultergelenkskapsel.
- **Bursa subdeltoidea** – liegt zwischen dem M. deltoideus und dem lateralen Teil der Schultergelenkskapsel.

Diese beiden Bursae dienen als Gleitspalt bei Bewegungen im Schultergelenk, sie funktionieren damit wie ein Nebengelenk, weshalb sie als subakromiales Nebengelenk bezeichnet werden.

Klinik: Bei Entzündungen können die Schleimbeutel anschwellen und dadurch Schmerzen verursachen.

3.3.3 Ellenbogengelenk !! 4/9

Das **Ellenbogengelenk** (= **Articulatio cubiti,** syn.: Articulatio cubitalis) ist ein aus drei Teilgelenken zusammengesetztes Gelenk, an dem 3 Knochen (= Humerus, Ulna und Radius) beteiligt sind.

➤ Das Ellenbogengelenk ist jedoch nur von einer einzigen Gelenkkapsel umgeben und besitzt nur eine Gelenkhöhle, daher wird es anatomisch als ein Gelenk angesehen, das als Drehscharniergelenk (= Trochoginglymus) bezeichnet wird. ◄ In der Klinik unterscheidet man noch zwischen zwei Gelenkkammern. Die eine wird vom Humeroulnargelenk, die andere vom Humeroradial- und proximalen Radioulnargelenk gebildet.

Funktionell besteht das Ellenbogengelenk aus dem
- Humero-ulnargelenk,
- Humero-radialgelenk,
- proximalen Radio-ulnargelenk.

Das oberhalb der Hand liegende distale Radio-ulnargelenk wird in Kapitel 3.3.4 beschrieben.

➤ Das **Humeroulnargelenk** (= Articulatio humeroulnaris) ist ein Scharniergelenk (1 Hauptachse) mit einer ausgesprochenen Knochenführung. ◄ Die Trochlea des Humerus dient als Gelenkkopf, die Incisura trochlearis der Ulna als Gelenkpfanne.

Das Humeroulnargelenk kann als Hauptgelenk des Ellenbogengelenks bezeichnet werden, es dient der Beuge- und Streckbewegung.

Das **Humeroradialgelenk** (= **Articulatio humeroradialis**) ist seiner Form nach ein Kugelgelenk (2 Hauptachsen), bei dem das kugelige Capitulum des Humerus den Gelenkkopf und die rundliche Fovea articularis des Radius die Gelenkpfanne bildet.

➤ Das Humeroradialgelenk kann aber nur Scharnierbewegungen ausführen weil
- der Radius über die in Kapitel 3.3.4 beschriebene bindegewebige Membrana interossea antebrachii an der Ulna befestigt ist,
- das an der Ulna entspringende und ansetzende Lig. anulare radii den Radiuskopf an der Ulna fixiert.

Damit sind die Bewegungsmöglichkeiten des Humeroradialgelenks auf die beiden Hauptachsen Beugung und Streckung sowie Pronation und Supination begrenzt, weshalb das Gelenk auch als funktionelles Scharniergelenk bezeichnet wird. ◄

Merke:
Supination = Auswärtsdrehung wie „beim **Supp**e löffeln",
Pronation = Einwärtsdrehung wie „beim **Prot**schneiden mit dem Messer".

➤ Das **proximale Radioulnargelenk** (= **Articulatio radioulnaris proximalis**) ist ein Radgelenk (Drehgelenk), bei dem sich die Circumferentia articularis des Radius in der Incisura radialis der Ulna dreht. Die Circumferentia wird von dem weiter unten beschriebenen Lig. anulare radii umschlossen. Das proximale Radioulnargelenk dient der Supination und Pronation. ◄

Klinik: In leichter Beugestellung des Unterarms ist das Gelenk am meisten entspannt, weshalb bei einem Gelenkerguß diese Schonhaltung eingenommen wird. Muß das Gelenk länger ruhiggestellt werden, so wird es rechtwinklig gebeugt.

➤ Die **Gelenkkapsel** des Ellenbogengelenks ist schlaff. Sie wird an den Seiten durch folgende Bänder verstärkt:

- **Lig. collaterale ulnare** (= Innenband) – entspringt als stärkeres der beiden Ligamenta am Epicondylus medialis des Humerus und zieht fächerartig sich verbreiternd zur Incisura trochlearis der Ulna. Dadurch ist ein Teil der Bänderfasern in jeder Gelenkstellung angespannt.
- **Lig. collaterale radiale** (= Außenband) – es entspringt am Epicondylus lateralis des Humerus, vereinigt sich mit dem Lig. anulare radii und setzt an der Ulna ventral und dorsal an. Dadurch ist eine Abduktion des Unterarms nach medial unmöglich. Würde dieses Ligamentum am Radius ansetzen, so wäre die Kreiselung (= Pro- und Supination) des Unterarms eingeschränkt. Durch die Ligg. collateralia wird eine Abduktion im Ellenbogengelenk verhindert. ◄

➤ Als drittes Band ist das **Lig. anulare radii** (= Ringband) zu beschreiben. Das Lig. anulare radii liegt vollständig in der Kapsel des Ellenbogengelenks. Es entspringt und setzt an der Ulna an. Zusammen mit der Incisura der Ulna bildet es einen osteofibrösen Ring, der das Caput des Radius umschließt und ihn damit an der Ulna fest fixiert, wobei jedoch Pro- und Supinationsbewegungen ungehindert möglich sind. ◄

Klinik: Bei einem Kind umschließt das Lig. anulare radii den Radiuskopf noch nicht so fest, so dass bei einem kräftigen ruckartigen Zug an der Hand des Kindes der Radius aus dem Lig. anulare radii gezogen werden kann (= Verrenkung = Luxation).

➤ Im Ellenbogengelenk kann der Unterarm zum Oberarm beim Mann bis zu 175°, bei der Frau und beim Kind wegen der schwächer ausgebildeten Gelenkkapsel bis zu 180° gestreckt und bei allen bis auf einen Winkel von etwa 30° gebeugt werden, wobei der Winkel für die Beugung u.a. davon abhängt, wie stark z.B. der M. biceps brachii ausgebildet ist.

Aus der Streckstellung ist eine Beugung von etwa 150° möglich. Der Unterarm kann bei rechtwinkelig gebeugtem Ellenbogengelenk 70–90° supiniert und 60–80° proniert werden. Bei gestrecktem Ellenbogengelenk vergrößert sich dieser Winkel, weil das Schultergelenk mit beteiligt wird. ◄

➤ An der Bewegung des Ellenbogengelenks sind sowohl Oberarm- als auch Unterarmmuskeln beteiligt:

Beugung (Flexion):
- M. brachialis,
- M. biceps brachii,
- M. brachioradialis,
- M. pronator teres,
- M. extensor carpi radialis longus.

Streckung (Extension):
- M. triceps brachii,
- M. anconeus. ◄

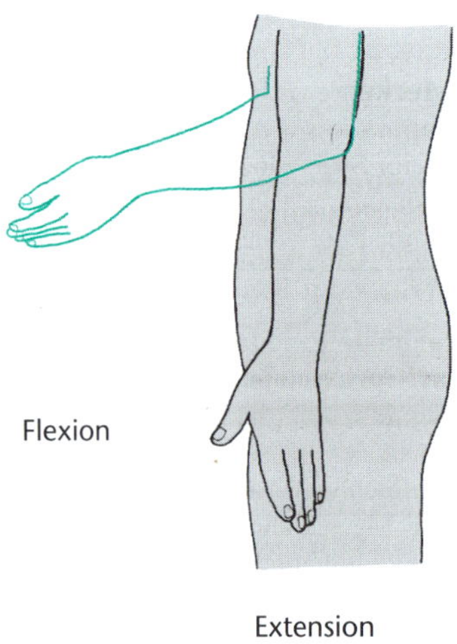

Abb. 3.3 Bewegungsmöglichkeiten im Ellenbogengelenk von lateral

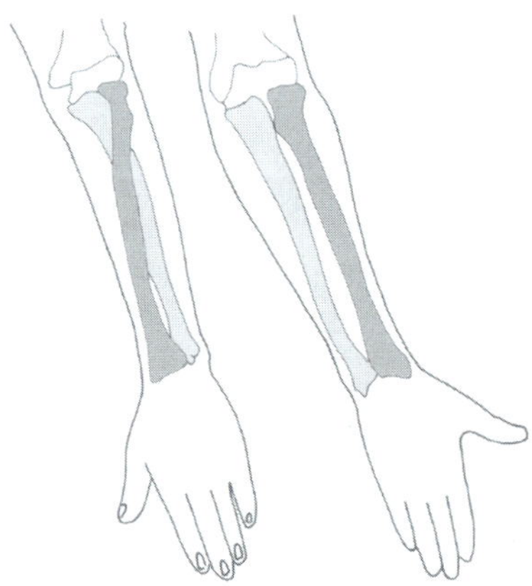

Abb. 3.4 Bewegungsmöglichkeiten im Ellenbogengelenk von ventral

➤ An der Pronations- und Supinationsbewegung des Unterarms sind das proximale und das distale Radio-ulnargelenk immer gemeinsam beteiligt. Beide Gelenke sind funktionell als ein Gelenk anzusehen, das jedoch räumlich getrennt ist. An den Bewegungen sind beteiligt:

Supination (Auswärtsdreher):
- M. biceps brachii,
- M. supinator,
- M. brachioradialis (aus der Pronationsstellung heraus).

Pronation (Einwärtsdreher):
- M. pronator teres,
- M. pronator quadratus,
- M. flexor carpi radialis,
- M. brachioradialis (aus der Supinationsstellung heraus). ◄

Merke:
Die Hand wird nicht in den Handgelenken sondern im Humeroradialgelenk und im proximalen Radioulnargelenk gedreht.

➤ Der M. biceps brachii entfaltet seine maximale Beugekraft in der Supinationsstellung. Weil der M. biceps brachii der kraftvollste Beuger ist, kann das Ellenbogengelenk in Supinationsstellung kraftvoller als in Pronationsstellung gebeugt werden. ◄

Praktische Anatomie

Die gut tastbaren Epikondylen des Humerus und das Olecranon der Ulna bilden bei gestrecktem Arm eine Linie (Hueter-Linie). Bei der Beugung verschiebt sich das Olecranon und es entsteht ein gleichschenkliges Dreieck („Ellenbogendreieck"). Beim Abriß z.B. eines Epikondylus ist dieses Dreieck verschoben.

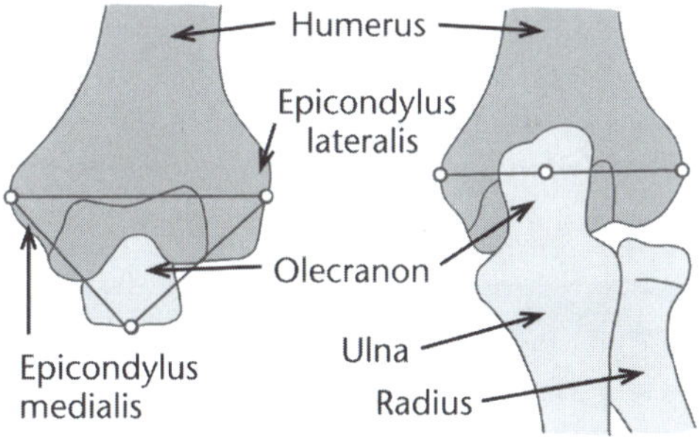

Abb. 3.5 Hueter-Linie

3.3.4 Verbindungen der Unterarmknochen

! 0/0

Die Ulna und der Radius sind verbunden durch:
- das proximale Radio-ulnargelenk (siehe Kapitel 3.3.3),
- das distale Radio-ulnargelenk,
- die Membrana interossea antebrachii.

Das **distale Radioulnargelenk** (= **Articulatio radioulnaris distalis**) ist ein Radgelenk, das vom Caput der Ulna und von der Incisura ulnaris des Radius gebildet wird. Zwischen dem Radius und dem Processus styloideus der Ulna liegt der mit beiden verwachsene dreieckige Discus articularis, der den Spalt zwischen der Ulna und der Handwurzel ausfüllt und damit das distale Radioulnargelenk von dem in Kapitel 3.3.5 beschriebenen Handwurzelgelenk trennt.

Die Gelenkkapsel des distalen Radioulnargelenks ist schlaff. Am Radius bildet sie proximal als Aussakkung den **Recessus sacciformis,** der als Reservefalte für die Pronations- und Supinationsbewegungen dient.

Klinik: Bei einem Bruch wird der Unterarm immer in Supinationsstellung eingegipst, weil dadurch die beiden Unterarmknochen am weitesten voneinander entfernt stehen und sich somit zwischen beiden Knochen keine Kallusbrücke (= Knochenbrücke) ausbilden kann.

Die Fasern der bindegewebigen **Membrana interossea antebrachii** verlaufen vom Radius aus schräg nach unten zur Ansatzstelle an der Ulna.

Die Membran hält die Ulna und den Radius zusammen, verhindert eine zu starke Supination und dient einigen Beuger- und Streckermuskeln als Ursprung.

➤ Im oberen Unterarmdrittel wird die Membrana interossea antebrachii durch die **Chorda obliqua** verstärkt, die als Bandzug von der Tuberositas ulnae schräg abwärts zum Radius verläuft. Proximal von der Chorda befindet sich eine Lücke, durch die die Sehne des M. biceps brachii und die A. und V. interossea posterior hindurchziehen. Bei der Pronation wickelt sich die Sehne des M. biceps brachii durch diese Lücke um den Radius. ◄

Arm

3.3.5 Handwurzelgelenke ! 2/3

Bei den Handgelenken (= Articulationes manus) kann unterschieden werden zwischen einem

- proximalen Handgelenk und einem
- distalen Handgelenk.

➤ Das **proximale Handgelenk** (= **Articulatio radiocarpalis**) ist ein Ellipsoidgelenk (= Eigelenk mit 2 Hauptachsen), bei dem der Radius und der Discus articularis die Gelenkpfanne und die proximalen Handwurzelknochen (= Kahnbein, Mondbein, Dreieckbein) den Gelenkkopf bilden (die Bewegungsmöglichkeiten siehe weiter unten).

Die Ulna ist diesem Gelenk nur über den Discus articularis schmal angelagert. ◄

Zusatz: Das Erbsenbein (Os pisiforme) steht in keiner Beziehung zu den Handgelenken, es bildet mit dem Dreieckbein ein selbständiges Gelenk.

➤ Das **distale Handgelenk** (= **Articulatio mediocarpalis**) ist ein verzahntes Scharniergelenk, das von den proximalen Handwurzelknochen sowie den distalen Handwurzelknochen (= großes und kleines Vieleckbein, Kopfbein, Hakenbein) gebildet wird. Der Gelenkspalt verläuft S-förmig zwischen der proximalen und distalen Knochenreihe. ◄

Die einzelnen Bänder sind nicht prüfungsrelevant, sie verbinden den Radius und die Ulna mit den Handwurzelknochen, die Handwurzelknochen untereinander, sowie die Handwurzelknochen mit den Mittelhandknochen.

➤ Das proximale und das distale Handgelenk können funktionell als ein einheitliches Gelenk angesehen werden, das annähernd Bewegungen wie in einem Kugelgelenk ermöglicht. ◄ In beiden Gelenken kann aus der Mittelstellung heraus die Hand gegenüber dem Unterarm folgende Bewegungen ausführen:

- 1. Randbewegung
  - Radialabduktion von 20° und
  - Ulnarabduktion von 40°,
- 2. Flächenbewegung
  - Palmarflexion (= hohlhandwärts beugend) von 90° und
  - Dorsalflexion (syn.: Extension = handrückenwärts streckend) von 60–90°,
- 3. als Kombination der Rand- und Flächenbewegung eine Kreiselbewegung (= Circumduktion).

Die Palmarflexion erfolgt überwiegend im proximalen, die Dorsalflexion überwiegend im distalen Handgelenk.

➤ An den Bewegungen der Handwurzelgelenke sind beteiligt:

Dorsalflexion:
- M. extensor carpi radialis longus,
- M. extensor carpi radialis brevis,
- M. extensor carpi ulnaris,
- M. extensor digitorum.

Palmarflexion:
- M. flexor digitorum superficialis,
- M. flexor digitorum profundus,
- M. flexor carpi ulnaris,
- M. flexor carpi radialis,
- M. flexor pollicis longus,
- M. palmaris longus.

Ulnarabduktion:
- M. flexor carpi ulnaris,
- M. extensor carpi ulnaris.

Radialabduktion:
- M. extensor carpi radialis longus,

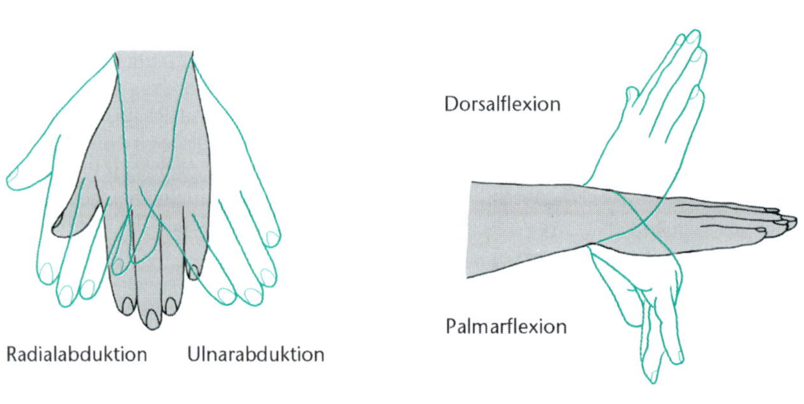

Abb. 3.6 Bewegungsmöglichkeiten im Handbereich

- M. extensor carpi radialis brevis,
- M. extensor pollicis longus,
- M. flexor carpi radialis. ◄

Praktische Anatomie

➤ Wie Sie an Ihrer Hand selber feststellen können, kann die Faust nur dann fest geschlossen werden, wenn die Hand nach rückwärts gestreckt wird (in Dorsalflexion), da nur so die Fingerbeuger (Mm. flexores) ihre volle Kraft entfalten können. Bei gebeugter Hand reicht die Verkürzungsmöglichkeit der Fingerbeuger nicht aus, was als aktive Insuffizienz bezeichnet wird. ◄

3.3.6 Fingergelenke

! 1/2

In diesem Kapitel werden die Handwurzel-Mittelhand-Gelenke und die Fingergelenke behandelt.

Die **Handwurzel-Mittelhandgelenke** (= **Articulationes carpometacarpales**) gehören zu den Amphiarthrosen (= straffe Gelenke), die nur eine minimale Bewegung zulassen. Diese Amphiarthrosen dienen dazu, die Elastizität der Hand zu erhöhen.

Die Finger besitzen mit Ausnahme des Daumens folgende Gelenke:

- Grundgelenk (= Metakarpophalangealgelenk) – liegt zwischen dem Mittelhandknochen und dem Grundglied,
- Mittelgelenk (= proximales Interphalangealgelenk) – liegt zwischen dem Grund- und Mittelglied,
- Endgelenk (= distales Interphalangealgelenk) – liegt zwischen dem Mittel- und Endglied.

Der Daumen besitzt, da ihm das Mittelglied fehlt, kein Mittelgelenk.

➤ Das **Karpometakarpalgelenk I** (= Daumenwurzelgelenk = Articulatio carpometacarpalis pollicis) ist ein Sattelgelenk, das zwischen dem großen Vieleckbein (Os trapezium) und dem 1. Mittelhandknochen (= Os metacarpale I) des Daumens liegt. Das Gelenk ermöglicht die Ab- und Adduktion (Ab- und Anspreizung), die Oppositon (Gegenstellung) und Reposition (Rückstellung) des Daumens. Als Oppositionsbewegung wird eine kombinierte Muskelbewegung aus Abduktion, Flexion und Adduktion verstanden, die maximal etwa 50–60° beträgt. ◄

An den Bewegungen des Daumens sind beteiligt:

Oppositionsbewegung:
- M. opponens pollicis,
- M. adductor pollicis,
- M. flexor pollicis brevis.

Reposition:
- M. abductor pollicis longus.

Beugung:
- M. flexor pollicis longus,
- M. flexor pollicis brevis,
- M. abductor pollicis brevis,
- M. adductor pollicis.

Streckung:
- M. extensor pollicis longus,
- M. extensor pollicis brevis,
- M. abductor pollicis longus.

Abduktion:
- M. abductor pollicis longus,
- M. abductor pollicis brevis,
- M. flexor pollicis brevis.

Adduktion:
- M. adductor pollicis,
- M. opponens pollicis,
- M. extensor pollicis longus,
- M. interosseus dorsalis primus.

Das **Daumengrundgelenk** (= **Articulatio metacarpophalangealis**) – ist im Gegensatz zu den anderen Grundgelenken ein Scharniergelenk, das nur Beugung und Streckung erlaubt.

Die **Fingergrundgelenke** (= **Articulationes metacarpophalangeales II-V**) sind eingeschränkte Kugelgelenke. Die Gelenke ermöglichen an Bewegungen: Beugung, Streckung, Abduktion und Adduktion. Die Spreizbewegung wird durch starke Seitenbänder (Ligg. collateralia) stark eingeschränkt.

➤ Die Finger können nur in Streckstellung maximal gespreizt werden, weil in Beugestellung der Finger die Ligg. collateralia ein Spreizen verhindern. ◄

Die **Mittel- und Endgelenke** (= **Articulationes interphalangeales**) sind Scharniergelenke, in denen nur gebeugt und gestreckt werden kann.

An den Bewegungen der Finger 2–4 sind beteiligt:

Beugung
- M. flexor digitorum superficialis,
- M. flexor digitorum profundus.

Streckung
- M. extensor digitorum,
- Mm. lumbricales,
- Mm. interossei.

Für die kraftvollen Bewegungen der Finger 2.–5. sind die Sehnen der Unterarmmuskeln und für die feinen Bewegungen die kurzen Handmuskeln verantwortlich.

3.4 Muskeln der oberen Extremität

Die Muskeln der oberen Extremität werden eingeteilt in:

- Schultergürtelmuskeln (Kapitel 3.4.1),
- Schultermuskeln (3.4.2),
- Oberarmmuskeln (3.4.3),
- Unterarmmuskeln (3.4.4),
- Handmuskeln (3.4.5).

Bei den unter „Funktion" aufgeführten Bewegungsmöglichkeiten ist zu bedenken, daß an den meisten Bewegungen mehrere Muskeln gleichzeitig beteiligt sind (s. die Auflistungen in Kapitel 3.3.1–3.3.5).

3.4.1 Schultergürtelmuskulatur

! 1/14

Die Schultergürtelmuskeln werden topographisch unterteilt in

- dorsal liegende Rumpf-Schultergürtelmuskeln = **oberflächliche Rückenmuskeln,**
- ventral liegende **Brustmuskeln.**

Die Schultergürtelmuskeln entspringen vom Rumpf bzw. vom Kopf und setzen am Schultergürtel (Scapula oder Clavicula) an.

Die beiden Kopfmuskeln, M. trapezius und M. sternocleidomastoideus, stehen mit dem Schultergürtel in Verbindung.

Oberflächliche Rückenmuskeln (= dorsale Rumpf- und Schultergürtel-Muskeln)

M. latissimus dorsi **Abb. 3.7**	*In.:* N. thoracodorsalis	*An.:* Crista tuberculi minoris des Humerus (zusammen mit dem M. teres major)	*Ur.:* • Pars scapularis: Angulus inferior der Scapula, • Pars vertebralis: Processus spinosi der 7.–12. Brust- und aller Lendenwirbel, Os sacrum, sowie Fascia thoracolumbalis, • Pars costalis: 10.–12. Rippe, • Pars iliaca: Crista iliaca des Os ilii.
	Lage: Der Muskel besteht aus 4 Teilen (s. Ursprung). Er reicht vom Arm/Rücken bis zum Becken. Seine Sehne ist mit der des M. teres major am unteren Rand verwachsen. **Funktion:** Der M. latissimus senkt den Schultergürtel. Im Schultergelenk dient er der Innenrotation, der Adduktion (= zieht den erhobenen Arm heran) und der Retroversion des Arms (= dreht den Arm nach hinten). Außerdem hilft er bei der Seitwärtsbewegung der Wirbelsäule und dient als Atemhilfsmuskel bei der Exspiration, indem er die unteren Rippen hebt. Beide Mm. latissimi ziehen die Schulter nach hinten. **Klinik:** Beim Husten wird jeweils die Vorderwand des Muskels kontrahiert, weshalb sich dieser Muskelteil bei chronischem Husten verdickt („Hustenmuskel").		
M. rhomboideus major **Abb. 3.7**	*In.:* N. dorsalis scapulae	*An.:* Margo medialis der Scapula (unterhalb der Spina scapulae)	*Ur.:* Processus spinosi der 1.–4. Brustwirbel, Lig. nuchae
	Lage: Der kräftige Muskel hat ein rautenförmiges Aussehen. Der Verlauf eines Astes der A. transversa cervicis kennzeichnet zumeist die Grenze zum M. rhomboideus minor. **Funktion:** Er hebt die Scapula und zieht sie nach medial und kranial und fixiert sie am Rumpf. **Klinik:** Bei seiner Lähmung steht der Margo lateralis der Scapula vom Thorax ab.		
M. rhomboideus minor **Abb. 3.7**	*In.:* N. dorsalis scapulae	*An.:* Margo medialis der Scapula (oberhalb der Spina scapulae)	*Ur.:* Processus spinosi des 6. und 7. Halswirbels, Lig. nuchae
	Funktion: Wie der M. rhomboideus major.		
M. levator scapulae **Abb. 3.7**	*In.:* N. dorsalis scapulae	*An.:* Angulus superior und Margo medialis der Scapula	*Ur.:* Tubercula posteriora der Processus transversi der 1.–4. Halswirbel
	Funktion: Er zieht die Scapula nach oben und wirkt bei der Drehung des Angulus inferior (der Scapula) nach medial (zusammen mit den Mm. rhomboidei) mit. **Besonderheit:** Auf seinem lateralen Rand verläuft der N. accessorius.		

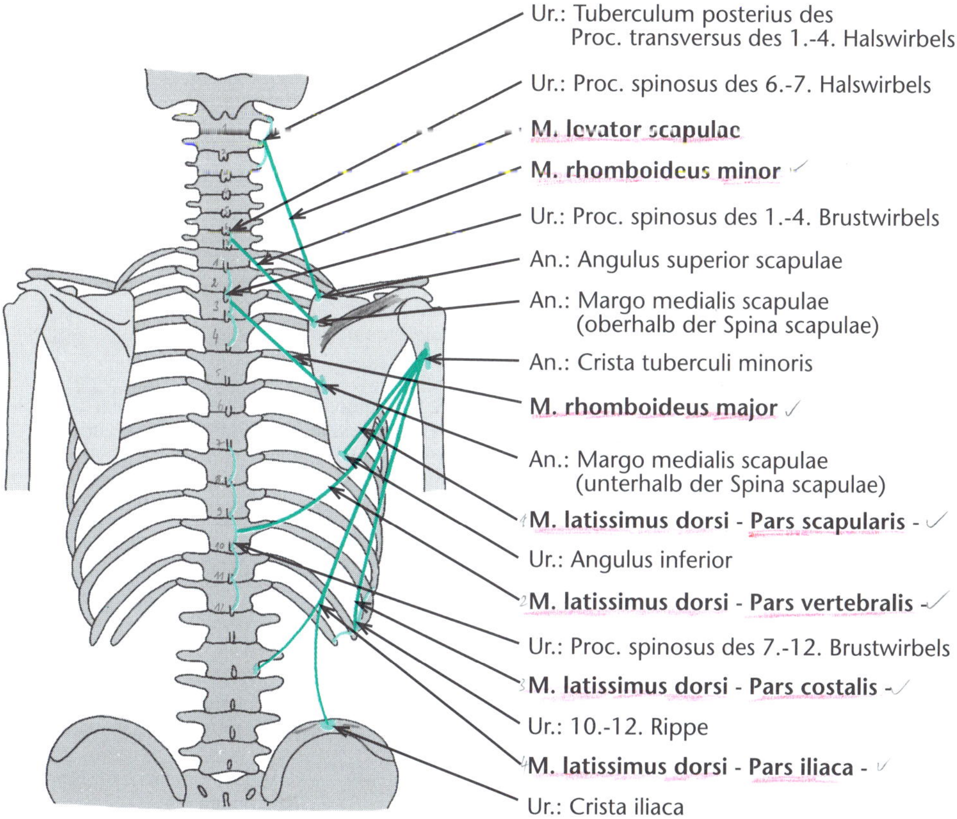

Abb. 3.7 *Rückenmuskeln von dorsal*

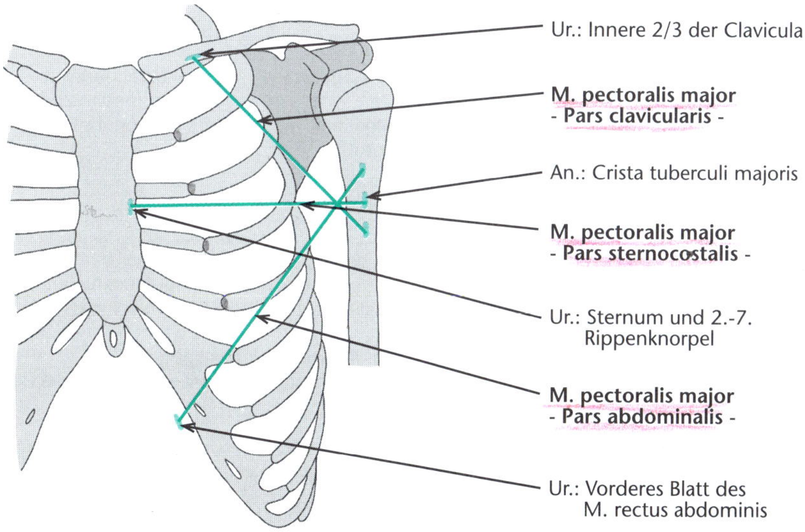

Abb. 3.8 *Brustmuskeln von ventral*

Brustmuskeln (= ventrale Rumpf-Schultergürtel-Muskeln)			
M. pectoralis major **Abb. 3.8**	*In.:* Nn. pectorales medialis u. lateralis	*An.:* Crista tuberculi majoris des Humerus • Die Pars clavicularis setzt weiter distal an als die Pars abdominalis (s. Abbildung).	*Ur.:* • Pars clavicularis: mediale Hälfte der Clavicula, • Pars sternocostalis: Brustbein (Sternum), 2.–5. (7.) Rippenknorpel, • Pars abdominalis: vorderes Blatt der Rektusscheide
	Lage: Der Muskel besteht aus 3 Teilen (siehe Ursprung). Er liegt unter der Fascia pectoralis und auf der Fascia clavipectoralis. Zwischen seiner Pars clavicularis und dem M. deltoideus liegt das Trigonum clavipectorale, in dem die V. cephalica durch die Fascia clavipectoralis tritt. Über dem Trigonum spannt sich die Haut zur Fossa infraclavicularis (= Mohrenheim-Grube). Der laterale Teil des Muskels bildet die vordere Achselfalte. **Funktion:** Die **Pars clavicularis** hebt und die **Pars abdominalis** senkt den Schultergürtel. Die **Pars sternocostalis** zieht den Schultergürtel nach vorne. Beim Arm dient der M. pectoralis major der Adduktion (besonders kraftvoll aus der Elevationsstellung), der Innenrotation u. der Anteversion (= den Arm nach vorne ziehen). Bei aufgestützten Armen unterstützt der Muskel die Inspiration (= Einatmung), indem er die Rippen hebt u. damit den Brustraum erweitert. **Klinik:** Der M. pectoralis major ist mit der Fascia pectoralis (= Brustfaszie) fest verwachsen. Beim Mammakarzinom kann der Tumor auf die Faszie und den Muskel übergreifen, so daß die Brustdrüse nicht mehr gegenüber dem M. pectoralis major verschoben werden kann.		
M. sternalis	*In.:* Nn. pectorales medialis u. lateralis	*An.:* u. Ur.: Liegt längs am Rand des Sternum auf der Fascia pectoralis, ist jedoch in Form u. Ausdehnung sehr variabel.	
	Funktion: Rudiment eines Hautmuskels. Er ist nur bei etwa 5 % der Präparate zu finden.		
M. pectoralis minor **Abb. 3.9**	*In.:* Nn. pectorales medialis u. lateralis	*An.:* Processus coracoideus der Scapula	*Ur.:* 3.–5. Rippe (1–2 cm lateral der Knorpel-Knochen-Grenze)
	Funktion: Er zieht die Scapula nach vorn unten (senkt den Schultergürtel). Bei festgestelltem Schultergürtel hebt er die Rippen und dient damit der Inspiration (= Atemhilfsmuskel).		
M. subclavius **Abb. 3.9**	*In.:* N. subclavius (evtl. N. phrenicus)	*An.:* Unterseite der Clavicula	*Ur.:* obere Fläche der 1. Rippe (Knorpelgrenze)
	Lage: Der gefiederte Muskel ist klein aber kräftig. Er liegt zwischen Clavicula und der 1. Rippe. **Funktion:** Er zieht die Clavicula gegen das Sternum und schützt das Sternoclaviculargelenk gegen Zug. Er kann die Clavicula nur geringfügig senken. Durch seine Lage schützt er die zwischen Clavicula und 1. Rippe verlaufenden Nerven sowie die A. und V. subclavia. Außerdem übt er über die Fascia clavipectoralis einen Zug auf die V. subclavia aus und hält die Vene dadurch offen.		
M. serratus anterior **Abb. 3.10**	*In.:* N. thoracicus longus	*An.:* • Pars superior: Angulus superior der Scapula, • Pars intermedia: Medialer Rand der Scapula (größter Anteil), • Pars inferior: Margo medialis u. Angulus inferior der Scapula	*Ur.:* • Pars superior: 1.–2. Rippe, • Pars intermedia: 2.–3. Rippe, • Pars inferior: 4.–9. Rippe
	Lage: Die Ursprünge der Pars inferior sind bei muskulösen Menschen unter der Haut als sägezahnartige kleine Wülste zu erkennen. Sie vereinigen sich zu einer Muskelplatte. **Funktion:** Der Muskel besteht aus 3 Teilen, die funktionell teilweise verschieden wirken: • die Pars superior hebt die Scapula, • Pars superior und Pars intermedia ziehen die Scapula nach vorn, • die Pars inferior dreht den Angulus inferior nach lateral-kranial, (damit wird die Cavitas glenoidalis schräg nach oben gestellt), was die Voraussetzung für die Elevation (= Heben des Armes über die Horizontale) ist. • Alle drei Anteile fixieren zusammen mit den Mm. rhomboidei die Scapula am Rumpf. Bei aufgestützten Armen dient der M. serratus anterior als kräftiger Rippenheber (Inspirationsmuskel). **Klinik:** Bei einer Lähmung des Muskels ist vor allem das Heben des Arms nach vorne oben über die Horizontale nicht mehr möglich. Eine Abduktion ist also nur bis etwa 90° möglich. Außerdem kommt es zur **Scapula alata** (= „Engelflügelstellung"), bei der der mediale Skapularand flügelartig absteht. **Besonderheit:** Er bildet die mediale Wand der Achselhöhle.		

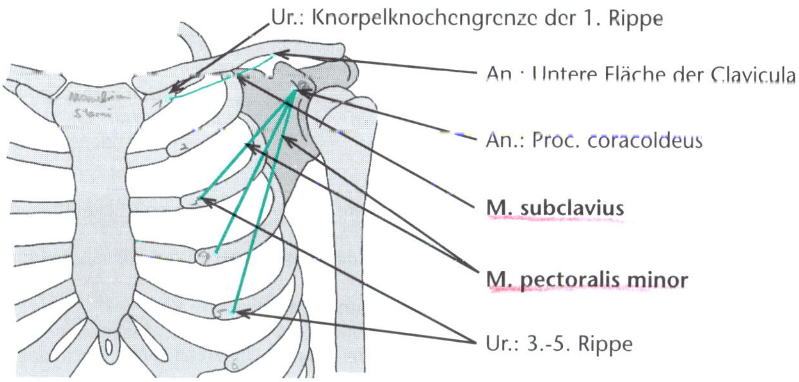

Abb. 3.9 Brustmuskeln von ventral

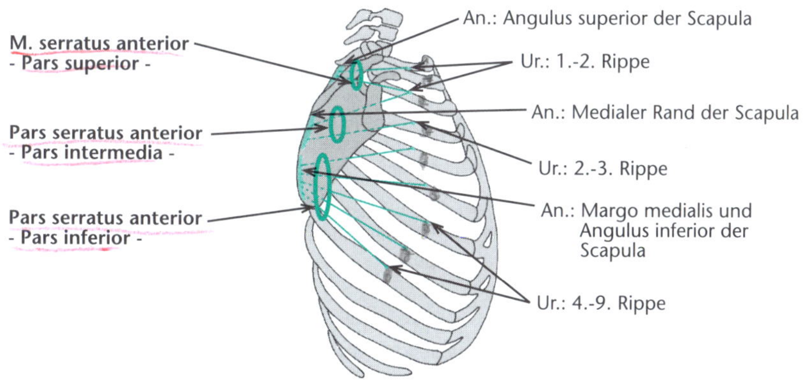

Abb. 3.10 Brustmuskeln von lateral

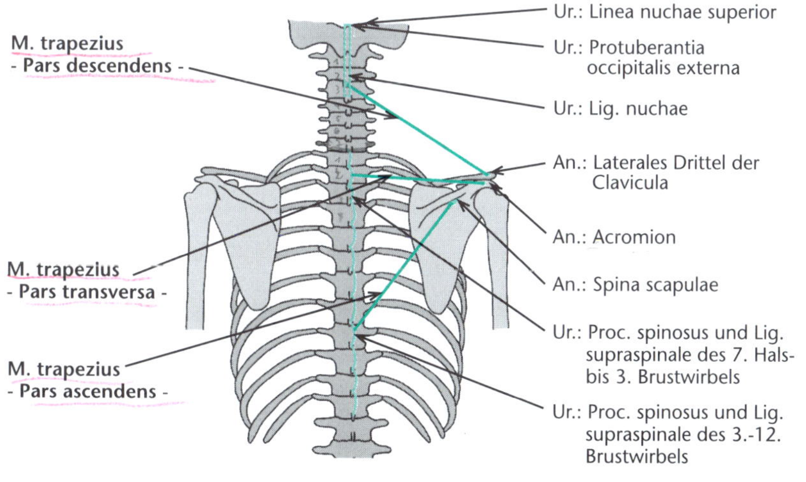

Abb. 3.11 Rückenmuskeln von dorsal

Arm

Die beiden Kopfmuskeln			
M. trapezius **Abb. 3.11**	*In.:* N. accessorius und Plexus cervicalis	*An.:* • Pars descendens: laterales Drittel der Clavicula; • Pars transversa: Acromion; • Pars ascendens: Spina scapulae (Scapula)	*Ur.:* • Pars descendens: Linea nuchae superior, Protuberantia occipitalis externa, Lig. nuchae; • Pars transversa: Processus spinosi des 7. Hals- bis 3. Brustwirbels; • Pars ascendens: Processus spinosi der 3.–12. Brustwirbel
	Lage: Er bildet die oberste Muskelschicht im Nacken- und oberen Rückenbereich. **Funktion:** Der Muskel besteht funktionell aus 3 Teilen: • die Pars descendens **zieht die Schulter nach oben** und wirkt damit einer nach kaudal gerichteten Kraft entgegen; • die Pars transversa **zieht die Schulter nach hinten;** • die Pars ascendens **senkt die Schulter** und dreht mit der Pars descendens zusammen die Scapula so, dass der Angulus inferior nach lateral und die Cavitas glenoidalis nach lateral-kranial zeigen, was eine wichtige Voraussetzung für das Hochheben des Arms über die Horizontale (= Elevation) ist. Aus dieser Beschreibung könnten Sie schließen, dass die Pars descendens und ascendens Antagonisten seien, jedoch arbeiten beide Teile zumeist zusammen, indem z.B. beim Heben des Arms die Pars descendens die Clavicula anhebt und die Pars ascendens die Scapula nach vorne zieht. Die Muskeln beider Körperhälften strecken bei festgestelltem Schultergelenk die Wirbelsäule und ziehen den Kopf nach hinten. Der Muskel einer Körperhälfte dreht den Kopf zur Gegenseite hin („Kopfwender"). **Klinik:** Bei einer Lähmung des Muskels hängt die Schulter auf der gelähmten Seite herab, die Scapula wird gedreht und dadurch das Armheben erschwert. Ein Seitwärtsheben des Arms über die Horizontale hinaus ist deutlich behindert. Die Schulter kann nur noch durch den M. levator scapulae unzureichend gehoben werden. Die Beweglichkeit des Schultergelenks wird dadurch jedoch nicht eingeschränkt.		
M. sternocleidomastoideus Abb. 3.9	*In.:* N. accessorius und Plexus cervicalis	*An.:* Processus mastoideus des Schläfenbeins, Linea nuchalis superior	*Ur.:* Mit zwei unter der Haut deutlich zu erkennenden Sehnen von der Clavicula und dem Manubrium sterni (= Handgriff des Brustbeins)
	Funktion: Bei der Kontraktion des M. sterno-cleido-mastoideus dreht sich der Kopf zur Gegenseite und die Halswirbelsäule (der Kopf) neigt sich zur gleichen Seite hin. Kontrahieren sich beide Mm. sternocleidomastoidei, so können sie den zurücksinkenden Kopf festhalten (= „Kopfhalter"). **Klinik:** Die krankhafte Verkürzung eines Muskels verursacht eine Drehung des Kopfes zur Gegenseite und eine Neigung des Kopfes zur erkrankten Seite hin (= muskulärer Schiefhals).		

3.4.2 Schultermuskeln

! 0/6

➤ *Besonders prüfungsrelevant sind: Innervation, Funktion, Klinik.* ◄

Die Schultermuskeln entspringen am Schultergürtel und setzen im Bereich des Ober- und Unterarms an. Sie können etwas willkürlich in eine dorsale und eine ventrale Muskelgruppe unterteilt werden.

Dorsale Gruppe der Schultermuskeln			
M. infraspinatus Abb. 3.12	*In.:* N. suprascapularis	*An.:* Tuberculum majus des Humerus, Kapsel des Schultergelenks	*Ur.:* Fossa infraspinata, Fascia infraspinata
	Funktion: Stärkster Außenrotator des Arms. Beim zur Seite erhobenen Arm abduziert und beim gesenkten Arm adduziert er. Er spannt die Kapsel des Schultergelenks.		
M. teres major Abb. 3.12	*In.:* N. thoracodorsalis (manchmal N. subscapularis)	*An.:* Crista tuberculi minoris des Humerus	*Ur.:* Angulus inferior der Scapula
	Lage: Seine Endsehne ist mit der des M. latissimus dorsi am unteren Rand verwachsen. **Funktion:** Innenrotation, Adduktion und Retroversion (= Rückwärtsziehen) des Oberarms. **Klinik:** Bei seinem Ausfall ist der Arm nach außen rotiert.		
M. teres minor Abb. 3.12	*In.:* N. axillaris	*An.:* Tuberculum majus des Humerus	*Ur.:* Margo lateralis der Scapula
	Funktion: Er ist ein schwacher Außenrotator und Adduktor. **Besonderheit:** Er bildet die obere Begrenzung der medialen und lateralen Achsellücke.		

Ventrale Gruppe der Schultermuskeln			
M. supraspinatus **Abb. 3.12**	*In.:* N. suprascapularis	*An.:* Tuberculum majus des Humerus, Kapsel des Schultergelenks	*Ur.:* Fossa supraspinata der Scapula, Fascia supraspinata
	Funktion: Er hilft dem M. deltoideus bei der Abduktion. Außerdem ist er ein schwacher Außenrotator und spannt die Kapsel des Schultergelenks. **Klinik:** Bei seiner Lähmung kommt es am Kopf des Humerus zur Subluxation (= Teilversenkung) nach unten (der Humerus steht stark nach einwärts rotiert).		
M. subscapularis **Abb. 3.13**	*In.:* N. subscapularis	*An.:* Tuberculum minus des Humerus, Schultergelenkskapsel	*Ur.:* Fossa subscapularis
	Lage: Er polstert als relativ dicker Muskel die Fossa subscapularis aus. **Funktion:** Stärkster Innenrotator des Oberarms. Er hilft bei der Adduktion und spannt die Kapsel des Schultergelenks.		
M. deltoideus **Abb. 3.12 und Abb. 3.13**	*In.:* N. axillaris	*An.:* Tuberositas deltoidea des Humerus	*Ur.:* • Pars clavicularis: Laterales Drittel der Clavicula, • Pars acromialis: Acromion, • Pars spinalis: Unterrand der Spina scapulae
	Lage: Der Muskel überdeckt als dicker Muskelmantel kappenartig das Schultergelenk. Er besteht aus drei funktionell verschiedenen Teilen (siehe Ursprung). **Funktion:** Der M. deltoideus ist der stärkste Abduktor im Schultergelenk. • Pars clavicularis: Anteversion, Innenrotation, Adduktion (und Abduktion). • Pars acromialis: Abduktion bis 90.° • Pars spinalis: Retroversion, Außenrotation, Adduktion (und Abduktion). **Besonderheit:** Die Pars acromialis zeigt eine komplexe Fiederung. Die hohe Anzahl an Muskelfasern bewirkt einen großen physiologischen Querschnitt. **Klinik:** Bei einer Muskellähmung kommt es zur Subluxation, das heißt, der Arm sinkt im Schultergelenk etwas nach unten und die Schulter wird etwas gehoben. Da der M. deltoideus der stärkste Abduktor ist, kann der Arm bei einer Lähmung des M. deltoideus nur noch durch den M. supraspinatus leicht abduziert werden.		

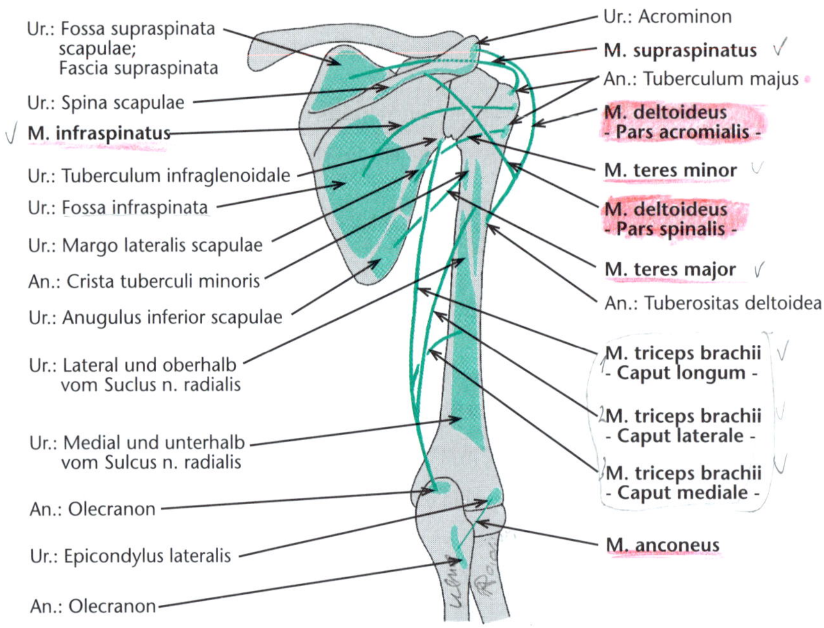

Abb. 3.12 Schulter- und Oberarmmuskeln von dorsal

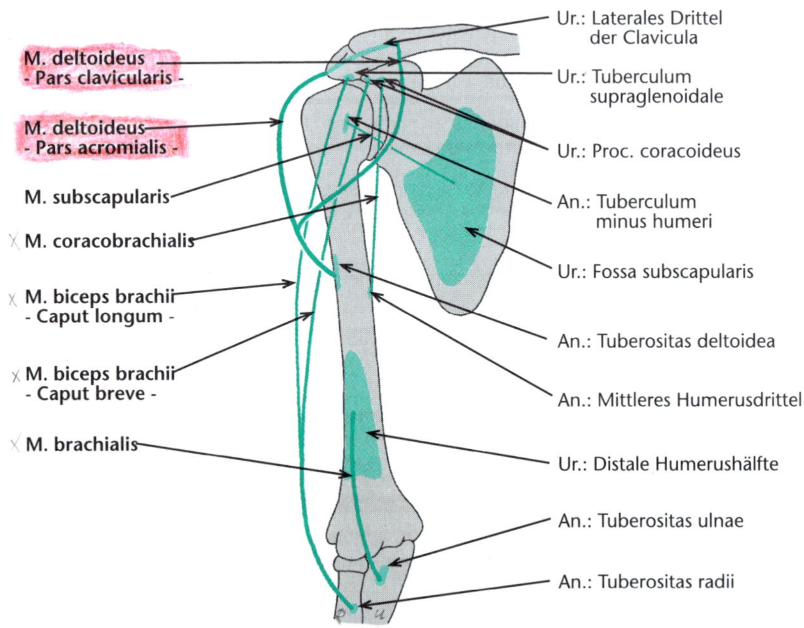

Abb. 3.13 Schulter- und Oberarmmuskeln von ventral

3.4.3 Oberarmmuskeln

! 2/11

➤ *Prüfungsrelevant sind: Innervation, Funktion und Klinik.* ◂

Die Oberarmmuskeln werden durch 2 bindegewebige Scheidewände (Septum intermusculare brachii mediale und laterale) unterteilt in:

- Extensoren (= Strecker) – sie liegen auf der dorsalen Humerusseite,
- Flexoren (= Beuger) – sie liegen auf der ventralen Humerusseite.

Da der physiologische Querschnitt der Beuger etwa 60 % größer als der des Streckers ist, macht auch das Drehmoment des Streckers nur rund 2/3 von dem der Beuger aus.

Beide Muskelgruppen sind jeweils von einer Gruppenfaszie umhüllt.

Merke:
Die Flexoren werden vom N. musculocutaneus, die Extensoren vom N. radialis innerviert.

Flexoren			
M. coracobrachialis **Abb. 3.13**	*In.:* N. musculocutaneus	*An.:* Mitte des Humerus (distal der Crista tuberculi minoris)	*Ur.:* Processus coracoideus der Scapula
	Funktion: Fixiert den Humeruskopf in der Gelenkpfanne und dient der Adduktion, Innenrotation und Anteversion. u. d. A. axillaris aufzusuchen dient er als Leitmuskel **Besonderheit:** Er wird vom N. musculocutaneus durchbohrt (Leitmuskel!).		
M. brachialis **Abb. 3.13**	*In.:* N. musculocutaneus N. radialis (auch) S 190	*An.:* Tuberositas der Ulna	*Ur.:* Humerus (distal der Tuberositas deltoidea)
	Lage: Er liegt unter dem M. biceps brachii und bedeckt etwa 2/3 der Vorderfläche des Humerus. **Funktion:** Der M. brachialis ist der wichtigste Beuger des Ellenbogengelenks. Über einige Fasern ist er mit der Kapsel des Ellenbogengelenks verbunden und verhindert damit, dass die Kapsel bei Beugebewegungen eingeklemmt wird. **Klinik:** Wegen seiner Lage ist der Muskel bei einer Humerusfraktur stark gefährdet. So kann es infolge einer Narbenbildung zur Verkürzung des Muskels kommen, wodurch das Ellenbogengelenk nicht mehr vollständig gestreckt werden kann.		
M. biceps brachii **Abb. 3.13**	*In.:* N. musculocutaneus	*An.:* Hauptsehne an Tuberositas des Radius; Nebensehne (Aponeurosis musculi bicipitis brachii) an Fascia antebrachii	*Ur.:* • Caput longum: Tuberculum supraglenoidale der Scapula, • Caput breve: Processus coracoideus der Scapula.
	Lage: Der M. biceps brachii zieht über das Schulter- und das Ellenbogengelenk hinweg und ist somit zweigelenkig. Er besteht aus 2 Köpfen: Das Caput longum hat eine lange Ursprungssehne, das Caput breve einen längeren Muskelbauch. Die Sehne des Caput longum entspringt innerhalb der Gelenkkapsel des Schultergelenks vom Tuberculum supraglenoidale. Die kräftige Hauptsehne des M. biceps brachii setzt an der Tuberositas des Radius an. Die flächenhafte Nebensehne (= Aponeurosis m. bicipitis brachii) strahlt in die Fascia antebrachii (= Unterarmfaszie) ein. (Beide Ansatzsehnen können getastet werden). **Funktion:** Im Schultergelenk dient das Caput longum der Abduktion, das Caput breve der Adduktion und beide zusammen der Innenrotation und der Anteversion des Arms. Im Ellenbogengelenk dient der gesamte Muskel als Beuger und kräftigster Supinator, wobei er seine volle Kraft nur bei gebeugtem Arm entfalten kann.		

Extensoren			
M. triceps brachii **Abb. 3.12**	*In.:* N. radialis	*An.:* Olecranon der Ulna	*Ur.:* • Caput longum: Tuberculum infraglenoidale der Scapula, • Caput laterale: Humerus (lateral u. oberhalb vom Sulcus n. radialis), • Caput mediale: Humerus (medial u. unterhalb vom Sulcus n. radialis)
	Lage: Der Muskel besteht aus 2 oberflächlichen (Caput laterale und Caput longum) und einem in der Tiefe liegenden Kopf (Caput mediale). Das Caput longum überspringt das Schulter- und Ellenbogengelenk und ist somit zweigelenkig. Die beiden anderen Muskelköpfe ziehen nur über das Ellenbogengelenk. **Funktion:** Im Ellenbogengelenk wirkt der gesamte Muskel als starker Strecker (Antagonist zu den Beugern). Das Caput longum dient im Schultergelenk der Retroversion (= Rückwärtsführung des erhobenen Arms) und wirkt bei der Adduktion des Arms mit. **Besonderheit:** Als **M. articularis cubiti** werden einige vom M. triceps brachii abgrenzbare Fasern bezeichnet, die an der Kapsel des Ellenbogengelenks ansetzen. Das Caput longum trennt die laterale von der medialen Achsellücke. **Klinik:** Bei seiner Lähmung kann das Ellenbogengelenk nur noch mit Hilfe der Schwerkraft gestreckt werden.		
M. anconeus **Abb. 3.12**	*In.:* N. radialis	*An.:* Olecranon der Ulna	*Ur.:* Epicondylus lateralis des Humerus, Kapsel des Ellenbogengelenks
	Funktion: Er ist ein schwacher Strecker im Ellenbogengelenk, wichtig ist er als Spanner der Gelenkkapsel des Ellenbogengelenks (verhindert damit das Einklemmen der Gelenkkapsel).		

3.4.4 Unterarmmuskeln ! 2/8

➤ *Besonders prüfungsrelevant sind: Innervation, Funktion, Klinik, sowie die Kenntnis, welche Sehnen durch welche Sehnenfächer ziehen.* ◄

Die Unterarmmuskeln werden in nachfolgende 3 Gruppen unterteilt, die jeweils in einer gemeinsamen Muskelloge liegen:

- radiale Extensoren (= Streckermuskeln im Bereich des Radius),
- dorsale Extensoren,
- Flexoren (= Beugermuskeln) – liegen palmar und ulnar.

Die Ulna bildet dorsal die Grenze zwischen den Flexoren und den Extensoren.

Es bleibt noch zu erwähnen, dass sich die Einordnung nach Flexoren und Extensoren auf die Wirkung am Handgelenk bezieht, im Ellenbogengelenk wirken einige Extensoren als Beuger (Flexoren).

Merke: Alle Extensoren werden vom N. radialis bzw. seinem Muskelast, dem R. profundus, und alle Flexoren vom N. medianus innerviert.
Ausnahmen: der M. flexor carpi ulnaris wird vom N. ulnaris, der M. flexor digitorum profundus vom N. medianus und vom N. ulnaris innerviert. Beim Muskelursprung am Unterarm gilt: viele Flexoren entspringen u.a. vom Epicondylus medialis, viele Extensoren vom Epicondylus lateralis.

Radiale Extensorengruppe (= Strecker)			
M. brachioradialis **Abb. 3.14**	*In.:* N. radialis	*An.:* Radius (oberhalb der Basis des Processus styloideus)	*Ur.:* Margo lateralis des Humerus (proximal des Epicondylus lateralis)
	Funktion: Der Muskel ist ein wichtiger Beuger des Ellenbogengelenks. Es ist erwähnenswert, dass er von den Beugern im Ellenbogengelenk den längsten und damit günstigsten Hebelarm hat. Außerdem dient er bei proniertem Arm als schwacher Supinator (größte Wirkung bei gestrecktem Unterarm) und bei supiniertem Unterarm als Pronator. **Besonderheit:** 1. Der M. brachioradialis dient der radialen Gefäß-Nervenstraße (A. radialis, R. superficialis des N. radialis) als Leitmuskel. 2. Er bildet den Grenzmuskel zwischen den Extensoren und Flexoren. Seiner Funktion nach gehört er zu den Flexoren, seiner Innervation nach (und genetisch) zu den Extensoren.		

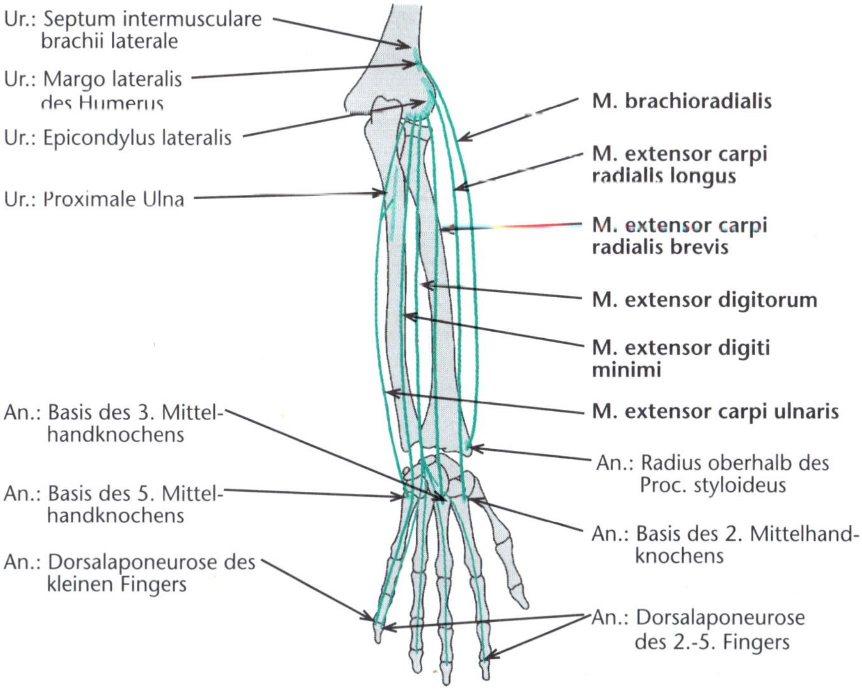

Abb. 3.14 Unterarmmuskeln von dorsal

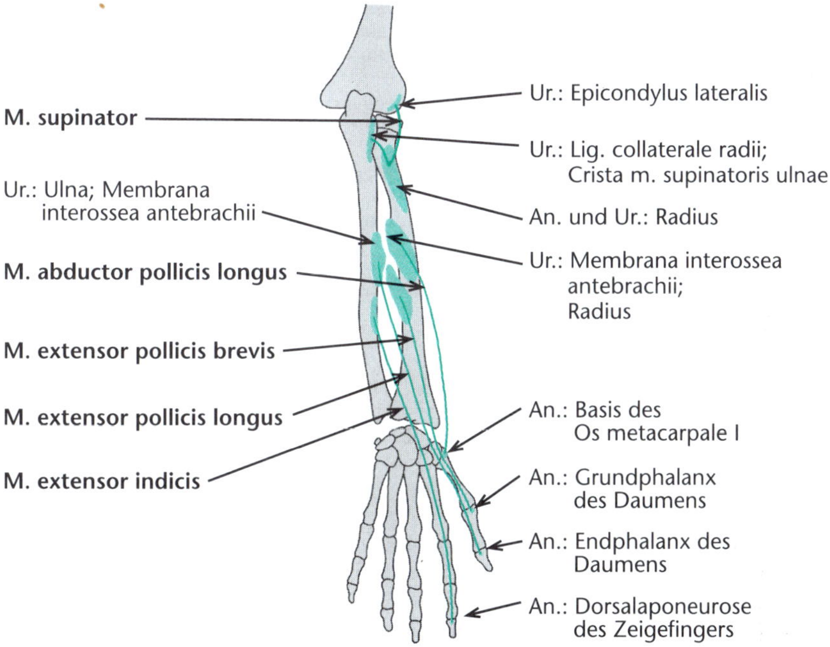

Abb. 3.15 Unterarmmuskeln von dorsal

<table>
<tr><th colspan="4">Radiale Extensorengruppe (= Strecker)</th></tr>
<tr><td rowspan="2">M. extensor carpi radialis longus

Abb. 3.14</td><td>In.: N. radialis</td><td>An.: Basis des II. Mittelhandknochens</td><td>Ur.: Zwischen Margo lateralis u. dem Epicondylus lateralis des Humerus</td></tr>
<tr><td colspan="3">Funktion: Im Ellenbogengelenk hilft er bei der Beugung, im Handgelenk dient er der Dorsalflexion (Extension). Zusammen mit dem M. flexor carpi radialis dient er der Radialabduktion der Hand. Bei gebeugtem Arm proniert er aus der Supinationsstellung heraus.
Besonderheit: Die Sehne zieht mit der Sehne des M. extensor carpi radialis brevis durch das 2. Sehnenfach.</td></tr>
<tr><td rowspan="2">M. extensor carpi radialis brevis

Abb. 3.14</td><td>In.: R. profundus des N. radialis</td><td>An.: Basis des III. Mittelhandknochens</td><td>Ur.: Epicondylus lateralis des Humerus, Lig. anulare radii</td></tr>
<tr><td colspan="3">Funktion: Im Handgelenk dient er zusammen mit dem M. extensor carpi ulnaris und dem M. extensor carpi radialis longus der Dorsalflexion (Extension) sowie einer leichten Radialabduktion. Schwacher Beuger im Ellenbogengelenk.
Besonderheit: Die Sehne zieht mit der Sehne des M. extensor carpi radialis longus durch das 2. Sehnenfach.</td></tr>
</table>

<table>
<tr><th colspan="4">Oberflächliche Schicht der dorsalen Extensorengruppe</th></tr>
<tr><td rowspan="2">M. extensor digitorum

Abb. 3.14</td><td>In.: R. profundus des N. radialis</td><td>An.: geht in die Dorsalaponeurose des 2.–5. Fingers über</td><td>Ur.: Epicondylus lateralis des Humerus, Fascia antebrachii</td></tr>
<tr><td colspan="3">Lage: Aus dem Muskelbauch gehen 4 Sehnen hervor, die durch das unter dem Retinaculum extensorum liegende 4. Sehnenfach zum Handrücken gelangen (siehe weiter unten). Auf dem Handrücken weichen die Sehnen fächerförmig auseinander und ziehen zu den Fingerrücken der Finger 2.–5., wo sie sich zur Dorsalaponeurose (Sehnenplatte) ausbreiten. Bei einer Dorsalflexion der Finger sind die 4 Sehnen auf dem Handrücken sehr gut zu erkennen. Die Sehnen sind im Bereich der Mittelhandknochen durch quere Bandzüge (= Connexus intertendinei) miteinander verbunden.
Funktion: Der Muskel streckt im Handwurzelgelenk und in den Fingergelenken des 2.–5. Fingers, außerdem spreizt er den 2., 3. und 5. Finger und adduziert die gespreizten Finger wieder bis zur Normalstellung.
Besonderheit: Die Sehne zieht mit der Sehne des M. extensor indicis durch das 4. Sehnenfach.</td></tr>
<tr><td rowspan="2">M. extensor digiti minimi

Abb. 3.14</td><td>In.: R. profundus des N. radialis</td><td>An.: Dorsalaponeurose des 5. Fingers</td><td>Ur.: Epicondylus lateralis des Humerus</td></tr>
<tr><td colspan="3">Lage: Er bildet eine Abspaltung des M. extensor digitorum von dem er nur durch ein Sehnenblatt getrennt ist.
Funktion: Er streckt den 5. Finger.
Besonderheit: Die Sehne zieht durch das 5. Sehnenfach. Zum Kleinfinger ziehen eine Sehne des M. extensor digitorum und die des M. extensor digiti minimi!</td></tr>
<tr><td rowspan="2">M. extensor carpi ulnaris

Abb. 3.14</td><td>In.: R. profundus des N. radialis</td><td>An.: Basis des 5. Mittelhandknochens</td><td>Ur.: • Caput humerale: Epicondylus lateralis des Humerus,
• Caput ulnare: dorsale Kante der Ulna, Fascia antebrachii</td></tr>
<tr><td colspan="3">Funktion: Er dient im Handgelenk der Ulnarabduktion und der Dorsalflexion (Extension).
Besonderheit: Die Sehne zieht durch das 6. Sehnenfach.</td></tr>
</table>

Tiefe Schicht der dorsalen Extensorengruppe			
M. supinator Abb. 3.15	*In.:* R. profundus des N. radialis	*An.:* Radius	*Ur.:* Epicondylus lateralis des Humerus, Lig. collaterale radiale, Lig. anulare radii, Crista m. supinatoris der Ulna
	Funktion: Er dient sowohl in Beuge- als auch in Streckstellung des Unterarms als Supinator, wobei er im Unterschied zum M. biceps brachii in jeder Gelenkstellung supinieren kann. Während der Supination wickelt er sich vom Radius ab. Er wirkt nicht auf das Handgelenk. **Klinik:** Bei seiner Lähmung kann ein im Ellenbogengelenk gestreckter Unterarm nicht mehr supiniert werden, weil der M. biceps brachii nur bei gebeugtem Ellenbogengelenk supinieren kann. **Besonderheit:** Er wird vom R. profundus des N. radialis durchbohrt. Neben dem M. supinator und dem M. biceps brachii haben auch der M. pronator teres und der M. pronator quadratus die Funktion, auf die Drehachse des Unterarms einzuwirken. Bei gebeugtem Arm ist die Kraft der Supinatoren größer als die der Pronatoren, bei gestrecktem Arm ist die Kraft der Pronatoren größer.		
M. abductor pollicis longus Abb. 3.15	*In.:* R. profundus des N. radialis	*An.:* Basis des 1. Mittelhandknochens, Os trapezium	*Ur.:* Dorsalseite der Membrana interossea antebrachii, Radius, Ulna
	Funktion: Er dient der Abduktion des Daumens und der Radialabduktion im proximalen Handgelenk. Außerdem hilft er bei der Beugung im Handgelenk und führt den opponierten Daumen in die Grundstellung zurück (= Reposition). **Besonderheit:** Die Sehne zieht mit der Sehne des M. extensor pollicis brevis durch das 1. Sehnenfach.		
M. extensor pollicis longus Abb. 3.15	*In.:* R. profundus des N. radialis	*An.:* Endphalanx des Daumens	*Ur.:* Membrana interossea antebrachii, Ulna
	Funktion: Strecker im Daumengrund- und Daumenendgelenk, außerdem unterstützt er die Reposition des opponierten Daumens. **Besonderheit:** Die Sehne zieht durch das 3. Sehnenfach.		
M. extensor pollicis brevis Abb. 3.15	*In.:* R. profundus des N. radialis	*An.:* Grundphalanx des Daumens	*Ur.:* Membrana interossea antebrachii, Radius
	Funktion: Er streckt im Daumengrundgelenk und hilft bei der Reposition des Daumens. Außerdem abduziert er im Hand- und im Daumengrundgelenk. **Besonderheit:** Die Sehne zieht mit der Sehne des M. abductor pollicis longus durch das 1. Sehnenfach.		
M. extensor indicis Abb. 3.15	*In.:* R. profundus des N. radialis	*An.:* Dorsalaponeurose des Zeigefingers	*Ur.:* Membrana interossea antebrachii, Ulna
	Funktion: Strecker in den Gelenken des Zeigefingers und schwacher Dorsalflektor in den Handgelenken . **Besonderheit:** Die Sehne zieht mit der Sehne des M. extensor digitorum durch das 4. Sehnenfach. Zum Zeigefinger ziehen somit 2 Sehnen (eine des M. extensor digitorum und die des M. extensor indicis).		

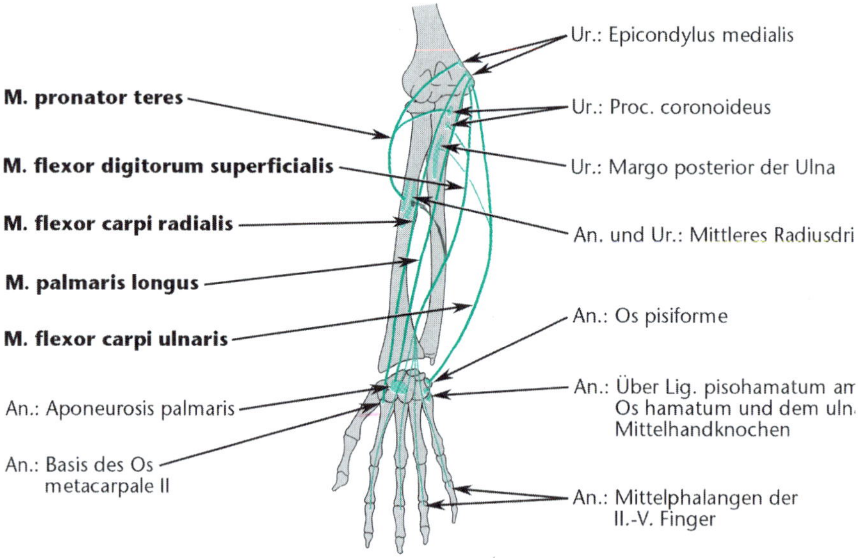

Abb. 3.16 *Unterarmmuskeln von ventral*

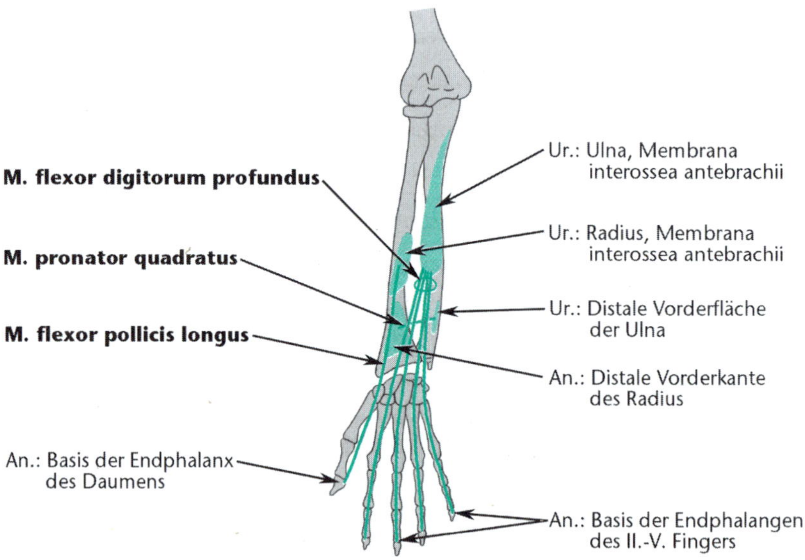

Abb. 3.17 *Unterarmmuskeln von ventral*

<table>
<tr><th colspan="4">Oberflächliche Schicht der Flexorengruppe (= Beuger)</th></tr>
<tr><td rowspan="2">M. pronator teres

Abb. 3.16</td><td>In.: N. medianus (selten zusätzlich N. musculocutaneus oder N. ulnaris)</td><td>An.: Mittleres Drittel des Radius</td><td>Ur.: • Caput humerale: Epicondylus medialis des Humerus,
• Caput ulnare: Proc. coronoideus der Ulna</td></tr>
<tr><td colspan="3">Funktion: Er beugt im Ellenbogengelenk. Bei gebeugtem Arm dient er als Pronator, wobei sich mit zunehmender Beugung seine Pronationskraft vergrößert.
Besonderheit: Zwischen den beiden Köpfen (= Caput humerale und ulnare) verläuft der N. medianus. Unter dem Caput ulnare verläuft die A. ulnaris.</td></tr>
<tr><td rowspan="2">M. flexor carpi radialis

Abb. 3.16</td><td>In.: N. medianus (seltener N. musculocutaneus)</td><td>An.: Basis des 2. (und 3.) Mittelhandknochens</td><td>Ur.: Epicondylus medialis des Humerus</td></tr>
<tr><td colspan="3">Funktion: Er dient der Beugung (= Palmarflexion) und zusammen mit dem M. extensor carpi radialis longus der Radialabduktion im Handgelenk. Bei gestrecktem Ellenbogengelenk dient er auch als Pronator (wobei er bei gestrecktem Ellenbogengelenk seine größte Pronationskraft hat).
Besonderheit: Er ist der Leitmuskel der A. radialis.</td></tr>
<tr><td rowspan="2">M. palmaris longus

Abb. 3.16</td><td>In.: N. medianus</td><td>An.: Palmaraponeurose</td><td>Ur.: Epicondylus medialis des Humerus</td></tr>
<tr><td colspan="3">Lage: Der kurze Muskelbauch geht in eine lange Sehne über, die bei gebeugter Hand unter der Haut sichtbar ist.
Funktion: Er spannt die Palmaraponeurose beim Faustschluß und unterstützt in den Handgelenken die Palmarflexion.
Besonderheit: • Seine Sehne zieht über (!) das Retinaculum flexorum zur Hohlhand, wo sich die Sehne fächerförmig zur Palmaraponeurose (= Aponeurosis palmaris) verbreitert.
• Bei etwa 20 % der Menschen fehlt der Muskel.</td></tr>
<tr><td rowspan="2">M. flexor carpi ulnaris

Abb. 3.16</td><td>In.: N. ulnaris</td><td>An.: Os pisiforme und von dort über:
• das Lig. pisohamatum am Os hamatum, und über
• das Lig. pisometacarpeum am 5. Mittelhandknochen.</td><td>Ur.: • Caput humerale: Epicondylus medialis des Humerus,
• Caput ulnare: Olecranon und Margo posterior der Ulna, Fascia antebrachii.</td></tr>
<tr><td colspan="3">Funktion: Er abduziert die Hand nach ulnar. Zusammen mit dem M. flexor carpi radialis beugt er die Hand nach palmar (Palmarflexion).
Besonderheit: • Seine Sehne zieht nicht durch den Canalis carpi, sondern setzt am Os pisiforme (Erbsenbein) an und setzt sich über die Ligg. pisohamatum und pisometacarpeum fort. Das Erbsenbein dient dem Muskel als Sesambein, wodurch der M. flexor carpi ulnaris ein günstiges Drehmoment für die Palmarflexion erhält.
• Zwischen den beiden Köpfen des Muskels verläuft der N. ulnaris.</td></tr>
</table>

mit M. extensor carpi ulnaris – Ulnarabduktion

Die die Unterarmmuskeln umhüllende Fascia antebrachii (= Körperfaszie – s. Kapitel 3.8.8) ist in Höhe der Handwurzel durch Ringfasern zu folgenden zwei Haltebändern (Retinacula) verstärkt:

- Dorsal liegt das **Retinaculum extensorum,** von dem bindegewebige Septen zur Ulna und zum Radius ziehen und dabei 6 Sehnenfächer bilden.
- Palmar liegt das **Retinaculum flexorum,** das an der radialen und ulnaren Handseite befestigt ist.

➤ Zwischen dem Retinaculum flexorum und dem von den Handwurzelknochen gebildeten Sulcus carpi liegt als U-förmige Knochenrinne der **Canalis carpi** (= Karpaltunnel, syn.: Canalis carpalis). ◄

Die beiden Retinacula dienen dazu, die langen Sehnen der Unterarmmuskeln in ihrer Lage zu halten. Ohne diese Bänder würden sich z.B. bei der Handbeugung die Sehnen unter der Haut vorwölben.

Damit die Sehnen bei einer Muskelkontraktion nicht an den Haltebändern reiben, sind sie in diesem Bereich von Sehnenscheiden (Vaginae synoviales) umgeben (siehe Kapitel 2.3.7.3).

(weiter S. 182 unten)

Mittlere Schicht der Flexorengruppe			
M. flexor digitorum superficialis **Abb. 3.16**	*In.:* N. medianus	*An.:* Mittelphalangen des 2.–5. Fingers	*Ur.:* • Caput humeroulnare: Epicondylus medialis des Humerus, Proc. coronoideus der Ulna, • Caput radiale: Margo anterior des Radius
	Lage: Aus dem Muskelbauch gehen 4 Sehnen hervor, die mit den 4 Sehnen des M. flexor digitorum profundus innerhalb einer gemeinsamen Sehnenscheide durch den Canalis carpi zur Hohlhand ziehen. In der Hohlhand teilen sich die Sehnen des M. flexor digitorum superficialis und ziehen mit der jeweiligen Sehne des M. flexor digitorum profundus zu den Fingern 2.–5. In Höhe der Grundphalanx der Finger teilt sich jede Sehne des M. flexor digitorum superficialis schlitzartig in 2 Schenkeln – dieser Schlitz wird **Hiatus tendineus** genannt. Durch den Hiatus tendineus zieht jeweils eine Sehne des M. flexor digitorum profundus hindurch, deshalb wird er gelegentlich als „M. perforans" bezeichnet. Die beiden Schenkel vereinigen sich anschließend wieder und ziehen zur Mittelphalanx der Finger, wobei sich die Fasern der Sehne teilweise überkreuzen, was als **Chiasma tendinum** bezeichnet wird. **Funktion:** Er beugt in den Handgelenken u. in den Grund- und Mittelgelenken des 2.–5. Fingers. Die Mm. flexores digitorum superficialis u. profundus können sich jedoch nicht soweit verkürzen, dass in allen Gelenken (Hand- u. Fingergelenken) stark gebeugt werden kann (= aktive Muskelinsuffizienz).		

Tiefe Schicht der Flexorengruppe			
M. flexor digitorum profundus **Abb. 3.17**	*In.:* N. medianus für den 2.–3. Finger, N. ulnaris für den 4.–5. Finger	*An.:* Endphalangen des 2.–5. Fingers	*Ur.:* Membrana interossea antebrachii, Ulna, Fascia antebrachii
	Lage: Aus dem Muskelbauch gehen 4 Sehnen hervor (siehe M. flexor superficialis), die durch den Canalis carpi ziehen. **Funktion:** Er beugt in den Handgelenken und in den Mittel- und Grundphalangen des 2.–5. Fingers. **Besonderheit:** Von der radialen Seite der Sehnen entspringen die Mm. lumbricales.		
M. flexor pollicis longus **Abb. 3.17**	*In.:* N. medianus	*An.:* Endphalanx des Daumens	*Ur.:* Membrana interossea antebrachii, Radius
	Funktion: Er beugt im Daumengrund- und Daumenendgelenk sowie in den Handgelenken und wirkt bei der Opposition des Daumens mit.		
M. pronator quadratus **Abb. 3.17**	*In.:* N. medianus	*An.:* Vorderkante des Radius	*Ur.:* Vorderkante der Ulna
	Funktion: Er proniert den Unterarm (unabhängig von der Beugung oder Streckung im Ellenbogengelenk).		

Die **Sehnenscheiden** werden entsprechend den Retinacula unterteilt in:

- dorsale Sehnenscheiden
- palmare Sehnenscheiden – werden unterteilt in:
  - karpale Sehnenscheiden – liegen im Canalis carpi
  - digitale Sehnenscheiden – umhüllen im Fingerbereich die Sehnen der Beugermuskeln.

➤ Unter dem Retinaculum extensorum liegen in den sechs durch Bindegewebe voneinander getrennten Sehnenfächern die Sehnenscheiden für die nachfolgenden Muskeln:

1. Sehnenfach: M. abductor pollicis longus, M. extensor pollicis brevis,
2. Sehnenfach: M. extensor carpi radialis longus, M. extensor carpi radialis brevis,
3. Sehnenfach: M. extensor pollicis longus,
4. Sehnenfach: M. extensor digitorum, M. extensor indicis,

5. Sehnenfach: M. extensor digiti minimi,
6. Sehnenfach: M. extensor carpi ulnaris. ◄

► Die **9 karpalen Sehnenscheiden** liegen unter dem Retinaculum flexorum und ziehen durch den Canalis carpi. ◄

► Sie umhüllen:
- die Sehne des M. flexor pollicis longus,
- die 4 Sehnen des M. flexor digitorum superficialis,
- die 4 Sehnen des M. flexor digitorum profundus. ◄

► Im Canalis carpi verläuft außerdem der N. medianus.
Die radial unter dem Retinaculum flexorum liegende kurze Sehnenscheide für den M. flexor carpi radialis verläuft in einer eigenen, vom Os trapezium gebildeten Rinne – liegt also nicht im Canalis carpi! ◄

Die im Fingerbereich liegenden digitalen Sehnenscheiden umhüllen die jeweils 4 Sehnen des M. flexor digitorum superficialis und die des M. flexor digitorum profundus.

Klinik:
- 1. Sehnenscheiden sind quasi starre Führungsröhren, in denen sich Infektionen rasch ausbreiten können. Während Infektionen der Sehnenscheiden der Finger 2.–4. auf dem betroffenen Finger beschränkt bleiben, kann es durch die Nachbarschaftsbeziehung der Sehnenscheide des Daumens und des Kleinfingers im Canalis carpi zu einem Übergreifen der Entzündung auf die andere Sehnenscheide kommen, wodurch eine V-förmige Phlegmone (= Gewebsentzündung) entsteht.
- ► 2. Der N. medianus zieht, wie zuvor erwähnt, durch den Canalis carpi. Bei einer mechanischen Kompression des N. medianus im Canalis carpi kann das sogenannte **Karpaltunnel-Syndrom** entstehen, bei dem es zur Atrophie der vom N. medianus innervierten Daumenballenmuskeln sowie zu Sensibilitätsstörungen im Bereich der Hohlhand und des 1.–3. Fingers kommen kann. ◄

3.4.5 Handmuskeln

! 1/3

Für die kraftvollen Bewegungen der Finger sind die langen Unterarmmuskeln zuständig. Die Feinabstimmung der Finger erfolgt über die Handmuskeln.

Die kurzen Handmuskeln, die ihren Ansatz und Ursprung im Handbereich haben, werden unterteilt in:
- Hohlhandmuskeln,
- Daumenballenmuskeln (Thenarmuskeln),
- Kleinfingerballenmuskeln (Hypothenarmuskeln).

Muskeln der Hohlhand			
Mm. lumbricales	*In.:* N. medianus für den 2. und 3. Finger, N. ulnaris für den 4. und 5. Finger	*An.:* Dorsalaponeurose des 2.–5. Fingers	*Ur.:* Sehnen des M. flexor digitorum profundus (radiale Seite)
Abb. 3.18	**Funktion:** Beugen in den Grund- und strecken in den Mittel- und Endgelenken des 2.–5. Fingers.		
Mm. interossei dorsales	*In.:* R. profundus des N. ulnaris	*An.:* Dorsalaponeurose des 2.–4. Fingers	*Ur.:* 1.–5. Mittelhandknochen (zweiköpfig, jeweils an den einander gegenüberliegenden Seitenflächen)
	Funktion: Die vier Mm. interossei dorsales beugen in den Grund- u. strecken in den Mittel- und Endgelenken des 2.–4. Fingers. Außerdem spreizen sie die Finger 2–4 von der Mittelfingerachse weg, wobei die spreizende Wirkung mit zunehmender Beugung abnimmt. Die Mm. interossei sind für die Feinabstimmung der Fingerbewegungen besonders wichtig. **Besonderheit:** Sie sind die einzigen am Handrücken befindlichen Muskeln! **Klinik:** Bei einer Lähmung sind die Fingergrundgelenke gestreckt und die Mittel- und Endgelenke gebeugt (es entsteht die Krallenhand).		
Mm. interossei palmares	*In.:* R. profundus des N. ulnaris	*An.:* Dorsalaponeurose des 2., 4. und 5. Fingers	*Ur.:* 2., 4. und 5. Mittelhandknochen
Abb. 3.18	**Funktion:** Die drei Mm. interossei palmares beugen in den Grund- u. strecken in den Mittel- und Endgelenken des 2., 4. und 5. Fingers, außerdem adduzieren sie die Finger in Richtung Mittelfinger (= schließen die gespreizten Finger).		

Kurze Muskeln des Daumenballens (Thenarmuskeln)			
M. abductor pollicis brevis	*In.:* N. medianus	*An.:* Radiales Sesambein des Daumengrundglieds, Dorsalaponeurose des Daumens	*Ur.:* Os scaphoideum, Retinaculum flexorum
Abb. 3.18	**Lage:** Er bildet den größten Muskelanteil des Daumenballens. **Funktion:** Er abduziert im Karpometakarpalgelenk des Daumens. Außerdem kann er im Daumengrundgelenk beugen und hilft bei der Opposition. **Besonderheit:** Der R. palmaris superficialis zieht als Ast der A. radialis durch oder über den Muskel.		
M. opponens pollicis	*In.:* N. medianus	*An.:* 1. Mittelhandknochen	*Ur.:* Os trapezium, Retinaculum flexorum
Abb. 3.18	**Funktion:** Er adduziert und opponiert den Daumen (= stellt ihn den anderen Fingern gegenüber) und hilft bei der Adduktion.		
M. flexor pollicis brevis	Dieser Muskel wird in zwei Köpfe unterteilt:		
Caput superficiale	*In.:* N. medianus	*An.:* Radiales Sesambein am Daumengrundglied.	*Ur.:* Retinaculum flexorum
	Funktion: Er abduziert den Daumen und hilft bei der Oppositionsbewegung .		
Caput profundum	*In.:* R. profundus des N. ulnaris	*An.:* Dorsalaponeurose, mediales Sesambein am Daumengrundglied	*Ur.:* Os trapezoideum, Os trapezium
Abb. 3.18	**Funktion:** Er beugt im Grundgelenk des Daumens. Abhängig von der Ausgangsposition kann das Caput superficiale den Daumen abduzieren und das Caput profundum den Daumen adduzieren.		
M. adductor pollicis **Abb. 3.18**	*In.:* R. profundus des N. ulnaris	*An.:* Ulnares Sesambein, am Daumengrundglied	*Ur.:* Caput obliquum: 2. Mittelhandknochen, Os capitatum. Caput transversum: 3. Mittelhandknochen
	Funktion: Er adduziert den Daumen. Außerdem opponiert er den Daumen. Er ist besonders für das „Zupacken" wesentlich.		

Muskeln des Kleinfingerballens (Hypothenarmuskeln)			
M. palmaris brevis	*In.:* R. superficialis des N. ulnaris	*An.:* Haut über dem Ballen des kleinen Fingers	*Ur.:* Palmaraponeurose
	Funktion: Er hilft bei der Verspannung der Palmaraponeurose. Außerdem schützt er den N. ulnaris und die Vasa ulnaria.		
M. abductor digiti minimi	*In.:* R. profundus des N. ulnaris	*An.:* Basis der Grundphalanx des Kleinfingers	*Ur.:* Retinaculum flexorum, Os pisiforme
Abb. 3.18	**Funktion:** Abduktion im Grundgelenk des Kleinfingers.		
M. flexor digiti minimi brevis	*In.:* R. profundus des N. ulnaris	*An.:* Basis der Grundphalanx des Kleinfingers	*Ur.:* Retinaculum flexorum, Hamulus ossis hamati
Abb. 3.18	**Funktion:** Er beugt im Grundgelenk des kleinen Fingers. **Besonderheit:** Er ist inkonstant.		
M. opponens digiti minimi	*In.:* R. profundus des N. ulnaris	*An.:* 5. Mittelhandknochen	*Ur.:* Retinaculum flexorum, Hamulus ossis hamati
Abb. 3.18	**Funktion:** Er zieht den kleinen Finger palmarwärts (vorne).		

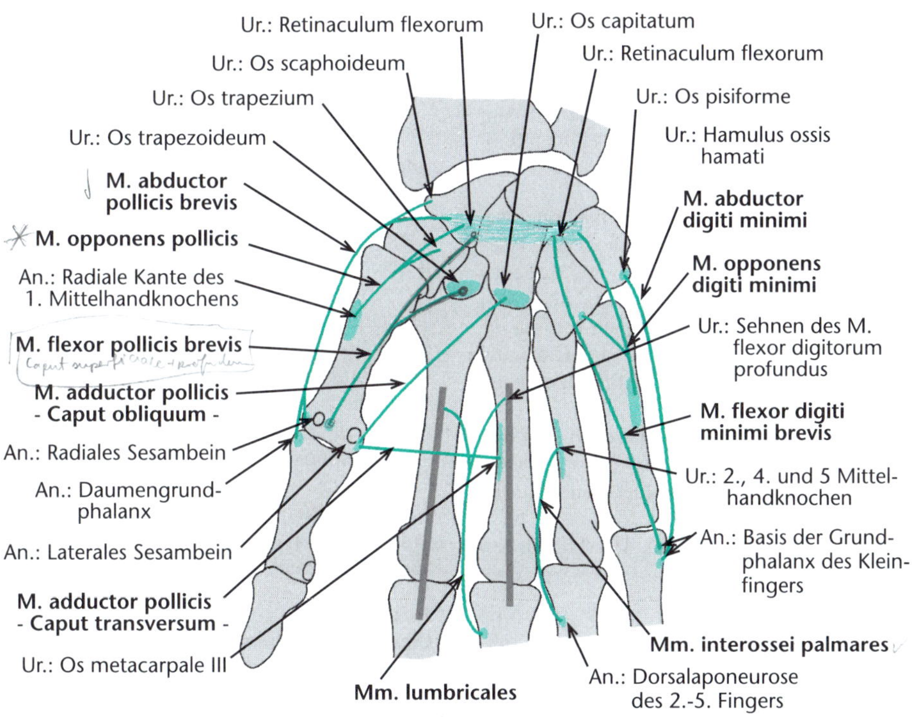

Abb. 3.18 *Handmuskeln von palmar*

3.5 Nerven

Das Erlernen der einzelnen Nerven und ihrer Innervationsorte können Sie sich wesentlich erleichtern, wenn Sie sich zunächst anhand der Winterthur-Verlaufsbeschreibung „Spinalnerven" einen Überblick über die Nerven verschaffen und anschließend den nachfolgenden Text mit Hilfe der Verlaufsbeschreibungen erarbeiten.

3.5.1 Plexus brachialis !! 1/8

Siehe Winterthur-Verlaufsbeschreibung „Spinalnerven".

In Höhe der oberen Extremität vereinigen sich die Radices anteriores der Spinalnerven C_5–Th_1 (= 5.–8. Hals- und 1. Brustnerv) geflechtartig zum Plexus brachialis (= Armgeflecht). Der 7. Halsnerv ist von diesen Nerven am stärksten ausgebildet. Der Aufbau der Spinalnerven wird ausführlich in Kapitel 9.2.1 behandelt.

➤ Die aus dem Plexus brachialis hervorgehenden Nerven innervieren im Bereich der oberen Extremität sensibel die Haut und motorisch die Muskeln. ◀

Im Halsbereich steht der Plexus brachialis mit dem in Kapitel 5.6.2 beschriebenen Plexus cervicalis in Verbindung.

➤ Nach dem Durchtritt durch die Foramina intervertebralia der Wirbelsäule ziehen die Radices anteriores der Spinalnerven zur zwischen dem M. scalenus anterior und M. scalenus medius liegenden Skalenuslücke, durch die sie zusammen mit der A. subclavia verlaufen. Noch oberhalb der Clavicula schließen sie sich zu folgenden 3 Primärsträngen (= Trunci) zusammen: ◀

- die Radices anteriores von C_5 und C_6 bilden den Truncus superior,
- der Radix anterior von C_7 bildet den Truncus medius,
- die Radices anteriores C_8 und Th_1 bilden den Truncus inferior.

Zwischen der Clavicula und der 1. Rippe ziehen die Primärstränge zur Achselhöhle.

Die vorderen Äste der 3 Trunci werden auch als **Divisiones anteriores** bezeichnet, sie innervieren die Beugermuskeln. Die hinteren Äste der 3 Trunci werden als **Divisiones posteriores** zusammengefaßt (identisch mit dem Fasciculus posterior), sie innervieren die Streckermuskeln.

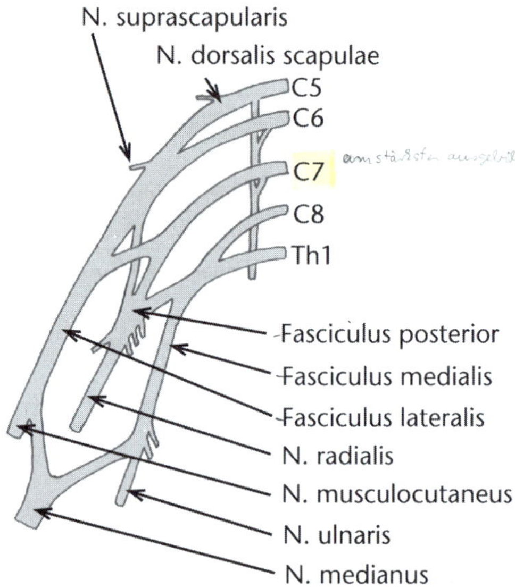

Abb. 3.19 *Schematische Darstellung des Plexus brachialis*

Topographisch-anatomisch unterteilt man in diesem Bereich den Plexus brachialis in eine Pars supraclavicularis (= Nervenäste die oberhalb der Clavicula abgehen) und eine Pars infraclavicularis (= Äste die unterhalb der Clavicula abgehen).

- ➤ **Pars supraclavicularis** – ihre Nerven gehen oberhalb (= supra) der Clavicula ab. ◀ Die Pars supraclavicularis liegt im Halsbereich, sie besitzt nur motorische Nerven, die in Kapitel 3.5.2 beschrieben werden;
- **Pars infraclavicularis** – sie liegt unterhalb (= infra) der Clavicula und reicht bis zur Achselhöhle – ihre Nerven werden in Kapitel 3.5.3 beschrieben.

➤ Die 3 Trunci teilen sich zumeist oberhalb der Clavicula jeweils in einen ventralen und einen dorsalen Ast. Diese Äste verbinden sich als Sekundärstränge hinter dem M. pectoralis minor liegend zu den nachfolgenden Fasciculi. Diese Fasciculi sind so um die A. axillaris (Fortsetzung der A. subclavia) gruppiert, daß sie nach dieser Lage benannt werden:

- **Fasciculus posterior** – wird aus den dorsalen Ästen der 3 Trunci gebildet und liegt hinter der A. axillaris; ◄
- **Fasciculus lateralis** – wird aus dem ventralen Ast des Truncus superior und des Truncus medius gebildet und liegt lateral von der A. axillaris;
- **Fasciculus medialis** – wird aus dem ventralen Ast des Truncus inferior gebildet und liegt medial von der A. axillaris.

Klinik: Bei der Schädigung des Plexus brachialis unterscheidet man zwischen einer oberen und einer unteren Plexuslähmung.

Obere Plexuslähmung (= Erb-Duchenne Lähmung) – hierbei kommt es z.B. infolge einer Luxation im Schultergelenk zur Schädigung der Radices C_5–C_6. Bei dieser Armplexusparese fallen die Abduktoren und Außenrotatoren des Schultergelenks, die Oberarmbeuger und der M. supinator aus.

Untere Plexuslähmung (= Klumpke Lähmung) – hierbei kommt es z.B. infolge eines Drucks (u.a. infolge eines Pancoasttumors = Tumor an der oberen Lungenfurche) zur Schädigung der Radices C_8 und Th_1. Es fallen u.a. die kleinen Handmuskeln und manchmal die langen Fingerbeuger aus – dadurch kommt es zur Krallenhand.

3.5.2 Pars supraclavicularis !! 1/3

Siehe die Winterthur-Verlaufsbeschreibung „Spinalnerven" D_{3-4}.

➤ *Prüfungsrelevant: Gesamtes Kapitel.* ◄

Arm

Zur ventralen (= vorderen) Fläche ziehen:

Nerv	Innervationsort	Verlauf
N. subclavius (C_4–C_6)	*motorisch:* M. subclavius	Verläuft ventral von der A. subclavia auf dem M. scalenus anterior zum M. subclavius. Manchmal gibt er einen Ast an den N. phrenicus ab. Dieser Ast bildet dann den **Nebenphrenikus**.
Nn. pectorales lateralis und medialis (C_5–Th_1)	*motorisch:* M. pectoralis major, M. pectoralis minor, M. sternalis	Verlaufen hinter der Clavicula und vor der A. axillaris abwärts.

Zur dorsalen (= hinteren) und seitlichen Körperfläche ziehen:

Nerv	Innervationsort	Verlauf
N. dorsalis scapulae (C_4–C_5)	*motorisch:* M. levator scapulae, M. rhomboideus major, M. rhomboideus minor.	Durchbohrt den M. scalenus medius.
N. suprascapularis (C_4–C_6)	*motorisch:* M. supraspinatus, M. infraspinatus.	Zieht unter dem Lig. transversum scapulae superius durch die Incisura scapulae.
	Klinik: Beim Ausfall ist die Außenrotation eingeschränkt.	
N. thoracicus longus (C_5–C_7)	*motorisch:* M. serratus anterior	Durchbohrt unterhalb vom N. dorsalis scapulae mit 2 Ästen den M. scalenus medius. Die beiden Äste vereinigen sich wieder und verlaufen hinter dem Plexus brachialis zur Achselhöhle.
	Klinik: Beim Ausfall des N. thoracicus longus kann der Arm nicht mehr über die Horizontale gehoben werden. Die Scapula steht nach dorsal ab.	
N. subscapularis (C_5–C_7)	*motorisch:* M. subscapularis, M. teres major.	
N. thoracodorsalis (C_6–C_8)	*motorisch:* M. latissimus dorsi, M. teres major (manchmal N. subscapularis)	
	Klinik: Beim Ausfall ist die Retroversion behindert.	

Aus der Pars supraclavicularis gehen die zuvor aufgeführten Nerven hervor.

Hinweis: Einige Autoren ordnen aufgrund der internationalen Nomenklatur die Nn. pectorales, den N. subscapularis und den N. thoracodorsalis der Pars infraclavicularis zu. Nach der im deutschsprachigen Raum zumeist vertretenen Lehrmeinung werden alle kurzen Nervenäste zur Pars supraclavicularis gerechnet.

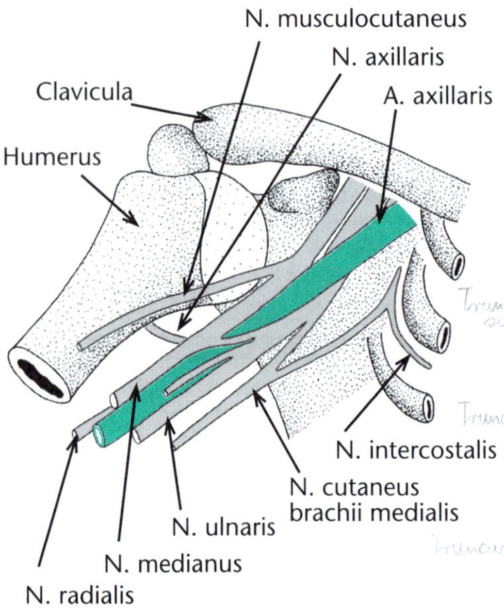

Abb. 3.20 Plexus brachialis (umgezeichnet nach einer Physikumsfrage)

3.5.3 Pars infraclavicularis

!!! 31/77

Siehe Winterthur-Verlaufsbeschreibung „Spinalnerven" A5.

➤ *Absolut prüfungsrelevant sind:*
1. die Kenntnis der 7 Nerven und die Zuordnung der Nervenäste zu diesen Nerven,
2. die Kenntnis der einzelnen motorischen und sensiblen Innervationsgebiete, wobei sich die Zuordnung auf die fett hervorgehobenen Nerven beschränken kann,
3. die Kenntnis über den Verlauf der sieben Nerven und ihrer fett hervorgehobenen Äste,
4. die Klinik. ◄

Aus den in Kapitel 3.5.1 beschriebenen 3 Fasciculi gehen die nachfolgenden 7 Nerven für den Arm hervor. Davon sind für die Greiffunktion der Hand wesentlich: N. medianus, N. ulnaris, N. radialis.

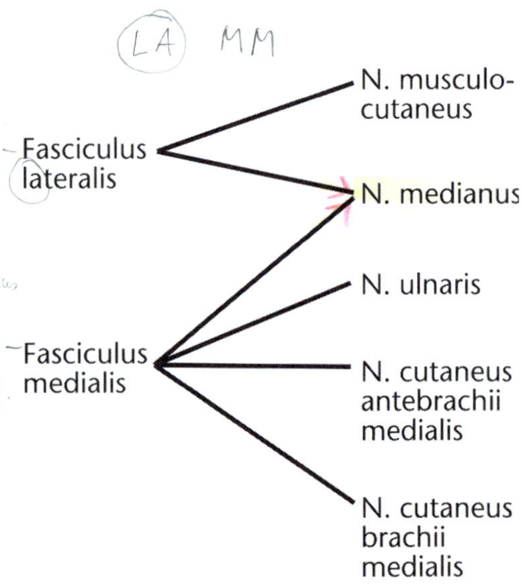

RA P
Fasciculus posterior — N. radialis
N. axillaris

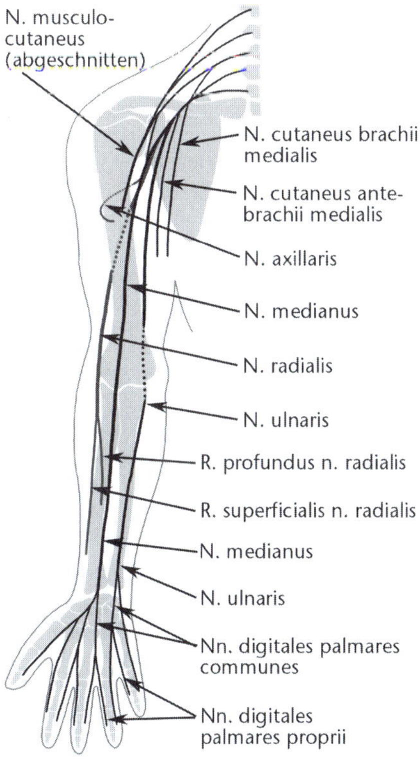

Abb. 3.21 *Nerven des rechten Arms von vorne*

Merkspruch

N. **m**usculocutaneus	**M**arylin
N. **me**dianus	**M**onroe
N. **u**lnaris	**u**nd
N. **c**utaneus brachii medialis	**K**ing
N. **c**utaneus antebrachii medialis	**K**ong
N. **r**adialis	**r**etten die
N. **a**xillaris	**A**natomic

Merke: Als Lernhilfe kann vereinfachend dienen (Ausnahmen beachten!):

- N. musculocutaneus – innerviert die Oberarmbeuger,
- N. medianus – innerviert die Unterarmbeuger,
- N. radialis – innerviert die Ober- und Unterarmstrecker,
- N. ulnaris – innerviert Muskeln des Kleinfingerballens und vom Daumenballen die Muskeln, die nicht vom N. medianus innerviert werden.

Merkspruch: für die charakteristischen Handstellungen beim Ausfall des N. medianus, N. ulnaris und N. radialis:

Ich **schwöre** Dir beim Heiligen **Medianus** (Schwurhand – N. medianus), dass ich Dir die Augen mit der **Ulna** aus**kra**tze (Krallenhand – N. ulnaris), wenn Du vom **Rad fällst** (Fallhand – N. radialis).

Am Präparat können Sie durch die nachfolgende Hilfestellung die einzelnen Nerven gut unterscheiden:

- N. musculocutaneus – dringt in den M. coracobrachialis ein;
- N. medianus – entsteht aus 2 Medianuszinken, die sich auf der Vorderseite der A. axillaris vereinigen;
- N. ulnaris – liegt medial der A. axillaris. Stärkster Ast des Fasciculus medialis;
- N. cutaneus brachii medialis – steht mit dünnen Nervenästen (Nn. intercostobrachiales) in Verbindung;
- N. cutaneus antebrachii – dünner Nerv aus dem Fasciculus medialis;
- N. radialis – liegt dorsal der A. axillaris. Stärkster Ast des Fasciculus posterior;
- N. axillaris – zieht zur lateralen Achsellücke.

Nerv	Innervationsort	Verlauf
N. musculocutaneus (C5–C7)	*motorisch* (alle Beuger des Oberarms): M. coracobrachialis, M. biceps brachii, M. brachialis	Durchbohrt den M. coracobrachialis. Anschließend verläuft er in der Beugerloge des Oberarms zwischen dem M. biceps brachii und dem M. brachialis zur Ellenbeuge, wo er endet.
Ast:		
– **N. cutaneus antebrachii lateralis**	*sensibel:* Haut der radialen Unterarmseite bis zum Daumenballen	Verläuft an der radialen Unterarmseite lateral der V. mediana cubiti zum Handgelenk und zum Daumenballen.
	Klinik: Beim Ausfall des N. musculocutaneus ist u.a. der M. biceps brachii gelähmt, wodurch die Beugung im Ellenbogengelenk stark eingeschränkt wird. Die Beugefähigkeit ist jedoch nicht aufgehoben, weil der M. brachialis auch vom N. radialis innerviert wird und außerdem das Ellenbogengelenk von einigen Unterarmmuskeln gebeugt wird. Die Supinationsbewegung ist eingeschränkt.	
N. medianus (C6–Th1)	*motorisch* (größter Teil der Beuger im Unterarmbereich): M. pronator teres, M. flexor carpi radialis, M. flexor digitorum superficialis, M. palmaris longus.	Er entsteht aus 2 Wurzeln. Die mediale Wurzel (= Radix medialis) geht aus dem Fasciculus medialis, die laterale Wurzel (= Radix lateralis) geht aus dem Fasciculus lateralis hervor. Die beiden Wurzeln (auch Medianuszinken genannt) vereinigen sich auf der Vorderseite der A. axillaris als **Medianusgabel** zum N. medianus. Der N. medianus verläuft zusammen mit der A. brachialis im Sulcus bicipitalis medialis (= mediale Bizepsfurche) nach distal. Zur A. brachialis liegt der N. medianus zunächst lateral, überkreuzt sie im unteren Oberarmteil und liegt in der Ellenbeuge medial. Unter der Aponeurosis m. bicipitis brachii liegend gelangt der N. medianus in die Ellenbeuge. Er verläßt die Ellenbeuge und verläuft zwischen den beiden Köpfen des M. pronator teres. Im Unterarm verläuft der N. medianus unter dem M. flexor digitorum superficialis und über dem M. flexor digitorum profundus. Vor der Handwurzel liegt er zwischen den Sehnen des M. flexor carpi radialis und falls vorhanden des M. palmaris longus. Bei Schnittverletzungen (z.B. nach einem Suizidversuch) wird der Nerv in diesem Bereich leicht geschädigt. Im Handbereich zieht er zusammen mit den Sehnen des M. flexor pollicis longus und des M. flexor digitorum superficialis und profundus durch den unter dem Retinaculum flexorum liegenden Canalis carpi hindurch zur Hohlhand. In der Hohlhand spaltet er sich in seine 3 Endäste, den Nn. digitales palmares communes auf. Im Oberarmbereich gibt er keine Äste ab.
Äste im Unterarmbereich:		
– Rr. articulares	*sensibel:* Ellenbogengelenk	

Nerv	Innervationsort	Verlauf
– N. interosseus antebrachii anterior	*motorisch:* M. pronator quadratus, M. flexor pollicis longus, M. flexor digitorum profundus (medialer Teil)	Zieht mit der gleichnamigen Arterie auf der ventralen Seite der Membrana interossea antebrachii zum M. pronator quadratus.
– R. palmaris	*sensibel:* Haut des Daumenballens und der radialen Hohlhand	Zweigt oberhalb des Handgelenks ab.
Äste des N. medianus im Handbereich:		
– R. communicans cum nervo ulnare	Der Ramus dient als Verbindung des N. medianus mit dem R. superficialis des N. ulnaris.	
– Nn. digitales palmares communes I–III	*motorisch* (über den N. digitalis palmaris I): Mit Ausnahme des M. adductor pollicis und des tiefen Kopfes des M. flexor pollicis brevis alle Muskeln des Daumenballens (= M. abductor pollicis brevis, oberflächlicher Kopf des M. flexor pollicis brevis, M. opponens pollicis) über N. digitales palmaris communens II und III die Mm. lumbricales I und II.	Die Nn. digitales palmares communes teilen sich in Höhe der Fingergrundgelenke in je 2 Nn. digitales palmares proprii die die einander zugekehrten Seitenflächen der benachbarten Finger versorgen.
– – Nn. digitales palmares proprii	*sensibel:* Haut der 3 1/2 radialen Finger.	

Klinik: Der N. medianus ist bei einer Fraktur im Bereich des Ellenbogens gefährdet. Wesentlich häufiger ist der N. medianus jedoch z.B. von einer Sehnenscheidenentzündung oder einem Hämatom im Bereich des Canalis carpi betroffen, was beides den Karpaltunnel einengen und zur Kompression des Nerven führen kann. Bei einer Medianusparese ist die Pronation des Unterarms aufgehoben und die Beugung nur noch bedingt möglich. Weil u.a. der M. flexor digitorum superficialis und der radiale Teil des M. flexor digitorum profundus ausfallen, können die Mittel- und Endgelenke des Zeige- und Mittelfingers nicht mehr gebeugt werden.

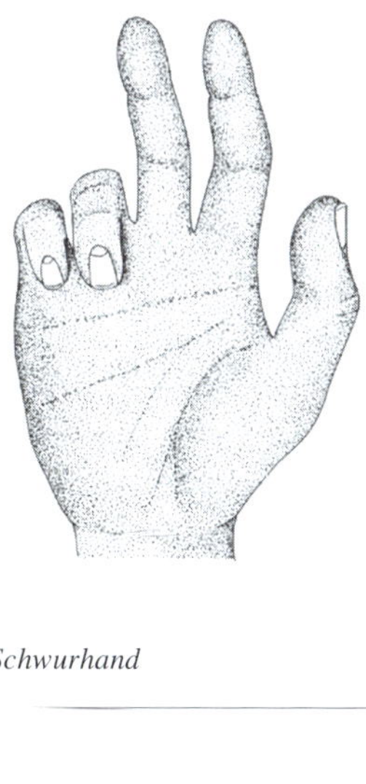

Abb. 3.22 Schwurhand

Weil auch die Abduktoren des Daumens ausfallen, entsteht bei dem Versuch, die Hand zur Faust zu ballen, die für die Medianusparese charakteristische **Schwurhand** („Affenhand"). Da jedoch der M. adductor pollicis vom N. ulnaris innerviert wird, kann noch zwischen Daumen und Zeigefinger z.B. ein Stück Papier festgehalten werden. Andererseits ist durch den Ausfall des M. opponens pollicis auch die „Daumen-Kleinfinger-Probe" (= aktive Annäherung der Daumen- an die Kleinfingerkuppe) eingeschränkt. Aufgrund der fehlenden Betätigung des Muskels wegen der unterbrochenen Innervation atrophiert der Daumenballen.

Nerv	Innervationsort	Verlauf
N. ulnaris (C6–Th1)	*motorisch* im Unterarmbereich: M. flexor carpi ulnaris, ulnarer Teil des M. flexor digitorum profundus	In der Achselhöhle und im oberen Armbereich liegt der N. ulnaris zunächst medial von der A. axillaris (bzw. von der aus der A. axillaris hervorgehenden A. brachialis). Auf der medialen Oberarmseite zieht er hinter dem Septum intermusculare brachii mediale zur Streckseite, wo er zwischen dem Epicondylus medialis des Humerus und dem Olecranon im Sulcus n. ulnaris humeri liegend gut zu tasten ist. Bei einem Stoß (Druck) auf diese Stelle entsteht ein elektrisierender Schmerz („Musikantenknochen"), der bis zur ulnaren Seite der Hand ausstrahlt. Unter den beiden Köpfen des M. flexor carpi ulnaris gelangt er zur Beugeseite (= Vorderseite) des Unterarms. Auf der Beugeseite verläuft er zusammen mit der A. ulnaris unter dem M. flexor carpi ulnaris (Leitmuskel!) liegend zum Handgelenk, wo er über das Retinaculum flexorum hinweg zur Hohlhand gelangt. In der Hohlhand teilt er sich auf dem Retinaculum flexorum in seine beiden Endäste, den R. profundus und den R. superficialis. Im Oberarmbereich gibt er keine Äste ab.
Äste im Unterarmbereich:		
– R. cutaneus palmaris	*sensibel*: ulnare Haut der Hohlhand	Zieht zur Hohlhand.
– R. dorsalis		Zweigt im unteren Unterarmdrittel ab und verläuft zwischen der Ulna und dem M. flexor carpi ulnaris zur dorsalen Seite des Handrückens, wo er sich in 3 Nn. digitales dorsales teilt. Zumeist besteht eine Anastomose zwischen dem R. dorsalis und dem R. superficialis des N. radialis.
– – Nn. digitales dorsales	*sensibel:* Haut der Streckseite der 2 1/2 ulnaren Finger (Kleinfinger bis zur ulnaren Seite des Mittelfingers) im Bereich der Grund- und Mittelglieder.	

Nerv	Innervationsort	Verlauf
Äste im Handbereich:		
– **R. profundus**	*motorisch:* Am Kleinfingerballen alle Muskeln (= Hypothenarmuskeln = M. abductor digiti minimi, M. opponens digiti minimi, M. flexor digiti minimi brevis). Die Mm. interossei palmares und dorsales, die Mm. lumbricales III und IV. Am Daumenballen die Muskeln, die nicht vom N. medianus innerviert werden (M. adductor pollicis, das Caput profundum des M. flexor pollicis brevis).	Zieht in die Tiefe der Hohlhand, wo er mit dem Arcus palmaris profundus (tiefer Arterienbogen – siehe Kapitel 3.6.1) bogenförmig in Richtung Daumen verläuft.
– **R. superficialis**	*motorisch:* M. palmaris brevis	Verläuft unter der Palmaraponeurose und teilt sich in 3 Nn. digitales palmares communes, aus denen die Nn. digitales palmares proprii hervorgehen.
– – – Nn. digitales palmares proprii	*sensibel:* Beugeseite der 1 1/2 ulnaren Finger (= Kleinfinger und Ringfinger)	

Klinik: Zu einer Schädigung des N. ulnaris kann es z.B. infolge einer chronischen Druckeinwirkung oder durch einen Bruch des Humerus im Bereich des Sulcus n. ulnaris in Höhe des Epicondylus medialis kommen. Im Sulcus liegt der N. ulnaris direkt unter der Haut, wo er auch getastet werden kann. Das klinische Bild der Ulnarisparese ist besonders durch die Lähmung der Mm. interossei und der Mm. lumbricales geprägt. Da diese Muskeln in den Grundgelenken der Finger beugen und in den Mittel- und Endgelenken strecken, kommt es bei ihrer Lähmung durch das Übergewicht der Antagonisten zu einer Überstreckung der Finger in den Grundgelenken und gleichzeitig zu einer Beugung in den Mittel- und Endgelenken (besonders des 4.–5. Fingers), dadurch entsteht die sogenannte Krallen- oder Klauenhand.
Da die Mm. interossei palmares I und II außerdem die Finger 2., 4. und 5. in Richtung Mittelfinger adduzieren und die Mm. interossei dorsales I bis IV den 2. bis 4. Finger abspreizen, fallen auch diese Funktionen aus. Außerdem fallen die Kleinfingermuskeln (u.a. M. opponens digiti minimi) und die Adduktoren des Daumens aus. Dadurch wird der Daumen abduziert, er kann sich dem Kleinfinger nicht mehr nähern. Bei der Daumen-Kleinfingerprobe zeigt sich, dass keine Gegenstände mehr zwischen Daumen und Kleinfinger festgehalten werden können.

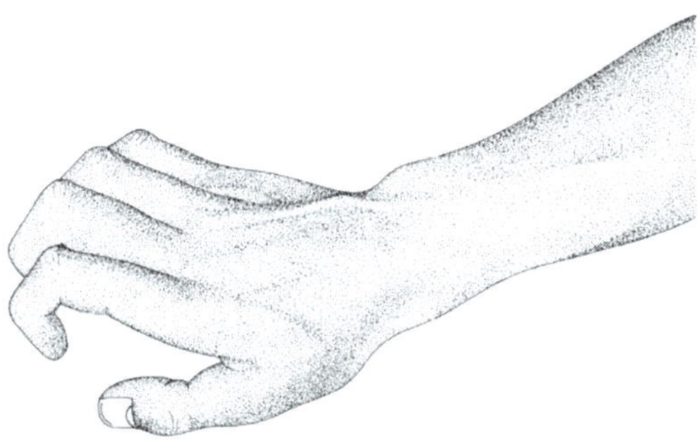

Abb. 3.23 *Krallenhand*

Nerv	Innervationsort	Verlauf
N. cutaneus antebrachii medialis (C_8–Th_1)	*siehe die nachfolgenden Äste*	Liegt in der Achselhöhle medial von der A. axillaris. Er zieht zusammen mit der V. basilica aus der Achselhöhle zum Oberarm, durchbricht in der Mitte des Oberarms die Fascia brachii und spaltet sich am Hiatus basilicus in die folgenden beiden Äste auf:
– R. anterior	*sensibel:* Haut des vorderen Unterarms (= Beugeseite)	
– R. ulnaris	*sensibel:* Haut auf der ulnaren Unterarmseite	
N. cutaneus brachii medialis (C_8–Th_2)	*sensibel:* Haut der medialen Seite des Oberarms zwischen der Achselhöhle und der Ellenbeuge	Anastomosiert mit den beiden Nn. intercostobrachiales, die aus dem 2. und 3. N. intercostalis hervorgehen.
	Klinik: Bei einem Mammakarzinom sind die in der Achselhöhle liegenden Nll. pectorales zumeist vergrößert. Da die Nn. intercostobrachiales bei ihrem Verlauf an den Nll. pectorales vorbeiziehen, können die Nerven durch diese Vergrößerung gereizt werden, was über den N. cutaneus brachii medialis zu Schmerzen im Bereich der Innenseite des Oberarms führt. Solche Schmerzen können somit einen ersten Hinweis auf einen Brustdrüsenkrebs geben.	
N. axillaris (C_5–C_7)	*motorisch:* M. deltoideus, M. teres minor	Zieht zusammen mit der A. circumflexa humeri posterior und den beiden gleichnamigen Venen durch die laterale Achsellücke um das Collum chirurgicum des Humerus herum. Unter dem M. deltoideus liegend gelangt er zur dorsalen Seite des Humerus.
Ast:		
– N. cutaneus brachii lateralis superior	*sensibel:* Haut des seitlichen und dorsalen Oberarms	
	Klinik: Bei einer motorischen Lähmung z.B. infolge einer Schultergelenksluxation (= Verrenkung) oder einer Oberarmhalsfraktur kann der N. axillaris geschädigt werden und daher der M. deltoideus ausfallen. Die Folge ist, daß der Arm nicht mehr gegen einen größeren Widerstand abduziert werden kann. Außerdem ist die Haut über dem M. deltoideus empfindungslos.	

Nerv	Innervationsort	Verlauf
N. radialis (C_5–Th_1)	*motorisch* im Oberarmbereich die Extensoren (die Rr. musculares gehen oberhalb des Sulcus n. radialis ab). M. triceps brachii und M. anconeus; *motorisch* im Unterarmbereich die Extensoren: M. brachioradialis und M. extensor carpi radialis longus	Er ist etwa gleich stark wie der N. medianus. Der N. radialis liegt in der Achselhöhle dorsal von der A. axillaris. Mit der A. profunda brachii (einem Ast der A. axillaris) zieht er zwischen dem Caput mediale und dem Caput laterale des M. triceps brachii liegend zum Sulcus n. radialis, wo er sich auf der dorsalen Seite dem Humerus eng anliegend spiralartig um das mittlere Humerusdrittel zur Beugeseite (= Vorderseite des Humerus) wendet und in der Beugerloge zwischen dem M. brachioradialis und dem M. brachialis zur Ellenbeuge zieht. In der Ellenbeuge teilt er sich im Bereich des Caput radii in seine beiden Endäste R. superficialis und R. profundus auf.
Äste im Oberarmbereich:		
– N. cutaneus brachii posterior	*sensibel:* Haut des dorsalen Oberarms (= Streckseite)	Zweigt in der Achselhöhle ab.
– N. cutaneus brachii lateralis inferior	*sensibel:* Haut des lateralen Oberarms.	Zweigt in der Achselhöhle ab.
Äste im Unterarmbereich:		
– N. cutaneus antebrachii posterior	*sensibel:* Haut der radialen Streckseite des Unterarms bis zum Handgelenk	Geht im Sulcus n. radialis aus dem N. radialis hervor und zieht durch das Septum intermusculare brachii laterale.
– **R. profundus**	*motorisch:* M. supinator, M. extensor carpi radialis brevis, M. extensor digitorum, M. extensor digiti minimi, M. extensor carpi ulnaris, M. abductor pollicis longus, M. extensor pollicis brevis, M. extensor pollicis longus, M. extensor indicis	Er zweigt in der Ellenbeuge als tiefer Endast vom N. radialis ab. Er durchbohrt den M. supinator und verläuft spiralartig um den Radius herum zur Streckseite (= Dorsalseite) des Unterarms. Als Ast gibt er den N. interosseus antebrachii posterior ab.
– – N. interosseus (antebrachii) posterior	*sensibel:* Haut des Handgelenks	Verläuft auf der Membrana interossea antebrachii.

Nerv	Innervationsort	Verlauf
– **R. superficialis**		Verläuft als Hautast des N. radialis mit der A. radialis auf der Beugeseite des Unterarms handwärts. Im unteren Drittel des Unterarms unterkreuzt er die Sehne des M. brachioradialis, zieht zur Streckseite und von dort weiter zum Handrücken. Auf dem Handrücken bildet er über den R. communicans cum n. ulnaris mit dem R.dorsalis des N. ulnaris eine Anastomose und gibt als Endäste die 5 Nn. digitales dorsales ab.
– – Nn. digitales dorsales	*sensibel:* Haut des radialen Handrückens, Grund- und Mittelglieder der radialen 2 1/2 Finger	

Klinik: Der N. radialis kann durch eine Humerusfraktur in Höhe des Sulcus n. radialis sowie durch länger andauernden Druck (z.B. beim längeren Liegen über einer scharfen Kante) im Bereich des Condylus lateralis (Humerus) verletzt bzw. geschädigt werden. Eine weitere Gefährdungsmöglichkeit betrifft den R. profundus, der bei einem proximalen Bruch des Radius verletzt werden kann. Bei einer hohen Radialisparese fallen die Extensoren (Strecker) des Ober- und Unterarms aus,daher kann das Ellenbogengelenk nicht mehr aktiv gestreckt werden, die Beugung und Supination ist abgeschwächt. Im Unterarmbereich erhalten die Beugermuskeln ein Übergewicht, so dass das Handgelenk extrem gebeugt wird, während eine Streckung (= Palmarextension) im Handgelenk und in den Fingergelenken nicht mehr möglich ist. Als Folge hängt die Hand schlaff nach unten, was als **Fallhand** bezeichnet wird. Der Daumen kann nicht mehr abduziert werden. Wie Sie bei sich selber feststellen können, ist ein kraftvoller Faustschluß nur bei gestreckter Hand möglich. Bei gebeugter Hand sind die Beugersehnen dagegen erschlafft.
Da die Muskeläste für den M. triceps brachii oberhalb vom Sulcus n. radialis abgehen, ist dieser Muskel zumeist nicht betroffen.

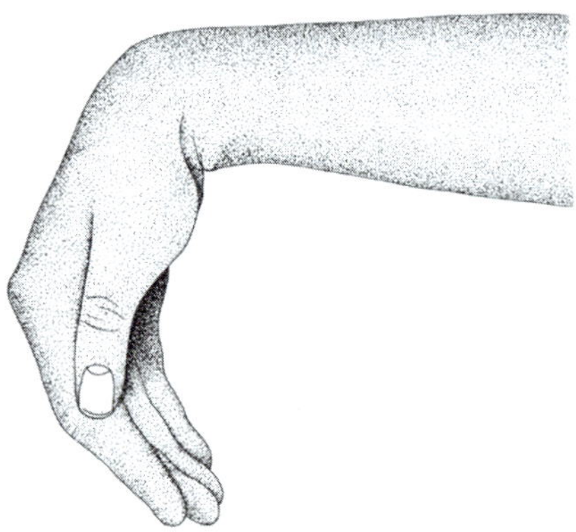

Abb. 3.24 *Fallhand*

Praktische Anatomie: Wichtige Nervenreflexe im Armbereich

Reflexart	Nerv	Auslösung (mit Reflexhammer)	Muskel
Bizepsreflex	N. musculo-cutaneus C5–C6	Bei leicht gebeugtem Arm des Patienten Finger auf Bizepssehne in Ellenbeuge legen, auf Finger schlagen → Beugung im Ellenbogen.	M. biceps brachii
Brachio-radialis-reflex	N. radialis + N. musculocutaneus C5–C6	Bei leicht gebeugtem Arm auf Radiusende schlagen → Flexion im Ellenbogen.	M. brachioradialis (+ M. biceps brachii und M. brachialis)
Trizepsreflex	N. radialis C7–C8	Bei gebeugtem Arm auf Trizepssehne schlagen → Extension im Ellenbogen.	M. triceps brachii
Daumenreflex	N. medianus C6–C8	Schlag auf die Sehne des M. flexor pollicis longus → Beugung des Daumenendgliedes	M. flexor pollicis longus

3.6 Arterien und Venen

3.6.1 Arterien

!!! 8/13

➤ *Prüfungsrelevant ist der Verlauf der fett hervorgehobenen Arterien und die Zuordnung ihrer Äste.* ◄ *Siehe die Winterthur-Verlaufsbeschreibung „Arterien".*

Das sauerstoffreiche Blut gelangt aus der linken Herzkammer über die Aorta ascendens in den Aortenbogen und von dort

- auf der rechten Körperseite durch den Truncus brachiocephalicus zur A. subclavia dextra und
- auf der linken Körperseite direkt in die A. subclavia sinistra.

Die Hauptarterie (Hauptschlagader) ändert bei ihrem Verlauf durch die obere Extremität drei mal ihren Namen. Zunächst wird sie als A. subclavia (Schlüsselbeinarterie) bezeichnet, ab der Clavicula als A. axillaris (Achselarterie) und ab der vorderen Achselfalte als A. brachialis (Oberarmarterie). Die A. subclavia wird ausführlich in Kapitel 5.8.1 beschrieben.

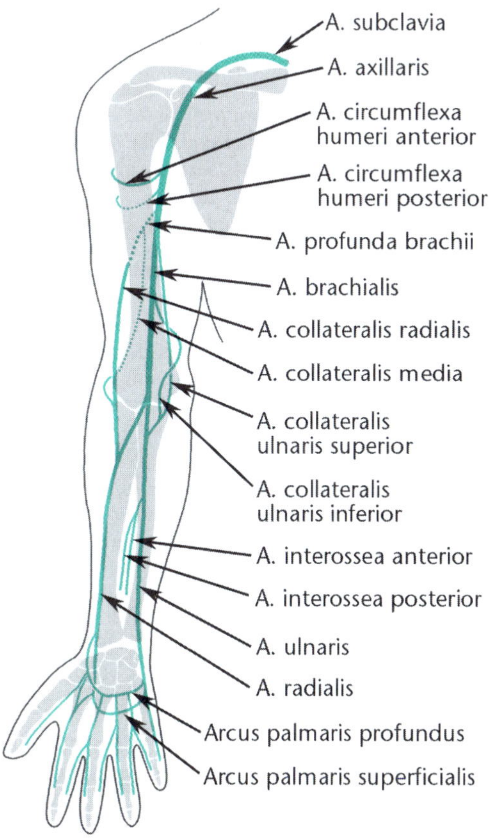

Abb. 3.25 Arterien des rechten Arms von vorne

A. axillaris

Sie geht zwischen dem Unterrand der Clavicula und dem lateralen Rand der 1. Rippe aus der A. subclavia (siehe Kapitel 5.8.1) hervor und reicht bis zum unteren Rand des M. pectoralis major, wo sie in die A. brachialis übergeht. Die A. axillaris verläuft unterhalb der Mm. pectorales major und minor. Um die Arterie sind die Nerven des Plexus brachialis in charakteristischer Weise gruppiert.

Aus der A. axillaris gehen die nachfolgenden 6 Äste ab, von denen die ersten 3 Äste zur Brustwand, die beiden nächsten zur Schulter und der letzte zum Oberarm ziehen (siehe Merkvers):

➜ A. thoracica superior – sie verläuft als kleines Gefäß zum M. subclavius, M. serratus anterior, Mm. pectorales und dem 1. und 2. Interkostalmuskel.

➜ **A. thoracoacromialis** – sie ist relativ kräftig ausgebildet und verläuft im Trigonum clavipectorale (oberhalb des M. pectoralis minor). Durch die Fascia clavipectoralis gelangt sie in die Fossa infraclavicularis (= Mohrenheim-Grube), wo sie sich in kleine Äste verzweigt. Sie versorgt über diese Äste u.a. die Mm. pectorales und Teile des M. deltoideus.

➜ **A. thoracica lateralis** – sie verläßt die A. axillaris hinter dem M. pectoralis minor und zieht ventral vom N. thoracicus longus zum M. serratus anterior, den sie versorgt. Als Äste gibt sie ab:

- Rr. mammarii laterales – ziehen zur Brustdrüse.

➜ **A. subscapularis** – sie geht unterhalb des M. pectoralis minor als kurzer Gefäßstamm aus der A. axillaris hervor und teilt sich in die beiden Äste:

- **A. thoracodorsalis** – verläuft mit dem N. thoracodorsalis zwischen dem M. latissimus dorsi und dem M. serratus anterior.
- **A. circumflexa scapulae** – verläuft durch die mediale Achsellücke zur Fossa infraspinata (= Dorsalseite der Scapula), wo sie die Muskeln versorgt und unter dem M. infraspinatus liegend mit der A. suprascapularis (aus dem Truncus thyrocervicalis) eine Anastomose bildet.

➜ A. circumflexa anterior humeri – sie verläuft vorn um das Collum chirurgicum des Humerus herum und durch den Sulcus intertubercularis zum Schultergelenk und zum M. deltoideus.

➜ A. circumflexa posterior humeri – sie verläuft mit dem N. axillaris und den Vv. circumflexae humeri posteriores durch die laterale Achsellücke, umschlingt dorsal das Collum chirurgicum humeri und versorgt den M. deltoideus, die Oberarmmuskeln und das Schultergelenk. Über einen R. acromialis anastomosiert sie mit der A. suprascapularis.

Merkvers der Äste der A. axillaris (die Lage bzw. den Verlauf der Äste betreffend):

Ganz oben	A. thoracica superior
am Acromion	A. thoracoacromialis
seitlich	A. thoracica lateralis
und am Rücken	A. thoracodorsalis
umgreift sie den Humerus	
von vorn	A. circumflexa humeri anterior
und von hinten	A. circumflexa humeri posterior

Klinik: Die A. axillaris kann relativ leicht in der Achselhöhle aufgesucht werden, indem die ventral liegenden Nerven und die medial liegende V. axillaris zur Seite geschoben werden. Als Leitmuskel dient der M. coracobrachialis.

Eine Unterbindung der A. axillaris sollte vor dem Abgang der A. subscapularis erfolgen, da nur dann ein Kollateralkreislauf möglich ist.

A. subclavia → Truncus thyrocervicalis → A. suprascapularis (oder A. transversa colli) → A. circumflexa scapulae → A. subscapularis → A. axillaris.

Eine Unterbindung des Gefäßes unterhalb des Abgangs der A. subscapularis oder oberhalb der A. profunda brachii, z.B. in Höhe der Sehne des M. latissimus dorsi, darf nicht vorgenommen werden, da hier zuallermeist kein Kollateralkreislauf möglich ist.

A. brachialis

Sie verläuft vom Unterrand des M. pectoralis major durch den Sulcus bicipitalis medialis (= mediale Bizepsfurche) und unter der Aponeurosis m. bicipitis brachii zur Ellenbeuge (= Fossa cubitalis). Im unteren Teil der Ellenbogengrube (etwa in Höhe des Collum radii) teilt sich die A. brachialis in die A. ulnaris und in die A. interossea communis. Aus der A. interossea communis geht die A. radialis hervor. (Die früher vertretene Auffassung, dass sich die A. brachialis in die A. ulnaris und in die A. radialis teilt, ist nach neueren Erkenntnissen von der Entwicklung der Arterien her gesehen nicht richtig).

In ihrem Verlauf wird die A. brachialis von den Vv. brachiales und dem proximal (= oberarmwärts) zunächst lateral und weiter distal (= ellenbogenwärts) medial liegenden N. medianus begleitet.

Varianten der A. brachialis

Entwicklungsgeschichtlich bedingt kann eine **A. brachialis superficialis** erhalten bleiben, die im Bereich der Achselhöhle aus der A. brachialis hervorgeht und oberflächlich verläuft. Aus der A. brachialis superficialis gehen dann die Arterien für den Unterarm (A. radialis und A. ulnaris) ab. Die A. brachialis superficialis bildet sich normalerweise jedoch während der Fetalentwicklung zurück.

Manchmal teilt sich die A. brachialis bereits im Oberarmbereich in die A. ulnaris und in die A. interossea communis.

Bei beiden Varietäten kann versehentlich im Bereich der Ellenbeuge statt einer Vene die A. brachialis superficialis oder ein Ast der A. brachialis punktiert werden. Beachten Sie daher, dass Sie im Ellenbogenbereich nicht ein pulsierendes Gefäß (= Arterie) punktieren, denn dies kann schwerwiegende Folgen haben (bei einer Injektion z.B. einen Gefäßkrampf).

Wichtige Äste der A. brachialis sind:

➜ **A. profunda brachii** – sie entspringt unter der Ansatzsehne des M. latissimus dorsi am Unterrand des M. teres major. Sie verläuft mit dem N. radialis zwischen dem Caput mediale und laterale des M. triceps brachii durch den Sulcus n. radialis spiralartig um den dorsalen Teil des Humerusschaftes herum. An Ästen gibt sie ab:

- Aa. nutriciae humeri – gelangen durch das Foramen nutricium in den Humerus den sie versorgen.
- A. collateralis media – zieht zum Epicondylus lateralis des Humerus.
- A. collateralis radialis – ihr vorderer Ast zieht mit dem N. radialis zur Beugeseite und ihr hinterer Ast zur Streckseite des Ellenbogengelenks.

➜ A. collateralis ulnaris superior – sie verläuft mit dem N. ulnaris hinter dem Epicondylus ulnaris (Rückseite des Ellenbogengelenks) und endet im Rete articulare cubiti.

➜ A. collateralis ulnaris inferior – sie verläuft durch das Septum intermusculare brachii zum Ellenbogengelenk, wo sie im Rete articulare cubiti endet.

➜ Rete articulare cubiti – liegt als arterielles Gefäßnetz vor allem auf der dorsalen Seite des Ellenbogengelenks. Sie erhält Zuflüsse aus:

- A. profunda brachii (über die A. collateralis media und radialis),
- A. brachialis (über die A. collateralis ulnaris superior und inferior),
- A. radialis (über die A. recurrens radialis),
- A. ulnaris (über die A. recurrens ulnaris),
- A. interossea communis (über die A. interossea recurrens).

Klinik: Die A. brachialis kann unterhalb des Abgangs der A. profunda brachii unterbunden werden, da über das Rete articulare cubiti ein ausreichender Kollateralkreislauf möglich ist.

A. ulnaris

Sie ist stärker ausgebildet als die A. radialis. Sie verläuft von der Ellenbeuge unter dem M. pronator teres entlang zur ulnaren Seite des Unterarms, von wo sie zusammen mit dem N. ulnaris an der radialen Seite des M. flexor carpi ulnaris (ihrem Leitmuskel!) zur Handwurzel zieht. Radial vom Os pisiforme (= Erbsenbein) verläuft sie über dem Retinaculum flexorum und unter der Aponeurosis palmaris zur Hohlhand, wo sie im Arcus palmaris superficialis endet. Als wichtigen Ast gibt sie die A. recurrens ulnaris zum Rete articulare cubiti ab.

➜ **Arcus palmaris superficialis** (= oberflächlicher Hohlhandbogen) – er verläuft in der Hohlhand bogenförmig zwischen der Palmaraponeurose und den Sehnen der langen Fingerbeuger. Aus ihm gehen eine A. digitalis palmaris propria für den Kleinfinger und 3 Aa. digitales palmares communes hervor, die sich wiederum in je 2 Aa. digitales palmares propriae teilen und zu den einander zugekehrten Seiten des 2.–5. Fingers ziehen. Die A. ulnaris versorgt damit die 3 1/2 Finger der ulnaren Handseite.

A. interossea communis

Aus ihr geht nach neueren Erkenntnissen die weiter unten beschriebene A. radialis hervor. Weitere Äste der A. interossea communis sind:

➜ A. interossea posterior – sie zieht durch die Lücke zwischen der Chorda obliqua und der Membrana interossea antebrachii zur Streckseite des Unterarms

➜ A. interossea anterior – sie verläuft auf der Membrana interossea antebrachii in Richtung Handgelenk.

➜ A. interossea recurrens – anastomosiert mit der A. collateralis media.

A. radialis

Sie ist schwächer ausgebildet als die A. ulnaris. Die A. radialis verläuft auf der radialen Seite von der Ellenbeuge oberflächlich über die Sehne des M. biceps brachii hinweg. Im proximalen Drittel des Unterarms zieht sie zwischen dem M. pronator teres und dem M. brachioradialis und im unteren Drittel des Unterarms zusammen mit dem R. superficialis des

N. radialis zwischen dem M. flexor carpi radialis und dem M. brachioradialis liegend zum Handgelenk. In diesem Bereich verläuft die A. radialis zwischen den Sehnen des M. brachioradialis und des M. flexor carpi radialis direkt unter der Haut, so dass man in diesem Bereich den Puls fühlen kann.

Um das Os trapezium herum zieht sie zur lateralen Seite des Handrückens, wo sie durch die Tabatiére (s. Kapitel 3.8.11) verläuft. Zwischen dem 1. und 2. Mittelhandknochen gelangt sie zur palmaren Seite der Hohlhand, wo sie im Arcus palmaris profundus endet. Als Äste gibt sie im oberen Unterarmdrittel die A. recurrens radialis zum Rete articulare cubiti ab. Im Handbereich anastomosiert sie über den R. palmaris superficialis mit dem Arcus palmaris superficialis. Ein weiterer Ast, die A. princeps pollicis, zieht zur Beugeseite des Daumens und teilt sich in 2 Aa. digitales palmares.

Zusammen mit einem kleinen Ast aus der A. ulnaris bildet sie den Arcus palmaris profundus.
➜ **Arcus palmaris profundus** (= tiefer Hohlhandbogen) – er verläuft mit dem R. profundus des N. ulnaris unter den Sehnen der Flexoren.

Über den kleinen R. palmaris profundus erhält er Blut aus der A. ulnaris. An Ästen gehen aus dem Arcus 3–4 Aa. metacarpales palmares hervor, die über Rr. perforantes mit den aus der A. ulnaris abgehenden Aa. digitales palmares communens anastomosieren.

Praktische Anatomie: **Arterienpulse im Armbereich:**

- Die A. axillaris kann bei anliegendem Arm im distalen Teil der Achselhöhle getastet werden.
- Die A. brachialis liegt im Oberarmbereich oberflächlich (im Sulcus bicipitalis medialis) und kann daher getastet werden.
- Die A. radialis läßt sich an 2 Stellen tasten:
  - an der ventralen Seite des Unterarms neben der Sehne des M. brachioradialis, indem man die A. radialis gegen den Radius drückt,
  - in der Tabatiére (s. Kapitel 3.8.11).
- Die A. ulnaris liegt an der ventralen Seite des Unterarms neben der Sehne des M. flexor carpi ulnaris ebenfalls oberflächlich, da sie aber nicht gegen einen Knochen abgedrückt werden kann, ist der Puls wesentlich schwieriger zu fühlen.

Bei einer starken Blutung, z.B. im Handgelenk, kann die A. brachialis kurzfristig besonders einfach komprimiert werden, indem man die Manschette eines Blutdruckmeßgerätes bis über den systolischen Blutdruck aufpumpt.

3.6.2 Venen ! 2/3

Siehe die Winterthur-Verlaufsbeschreibung „Venen".

Die Venen der oberen Extremität werden unterteilt in

- oberflächlich liegende Hautvenen und
- tiefe Begleitvenen (für die Arterien).

Oberflächliche (epifasziale) Hautvenen

Im Bereich der Hand liegt je ein ausgedehntes palmares und ein dorsales Venennetz (Rete venosum). Aus dem dorsalen Venennetz fließt das Blut in 2 große Hautvenen – in die ulnar gelegene V. basilica und in die radial gelegene V. cephalica.

➤ **V. cephalica** – sie verläuft an der radialen Seite des Unterarms zur Ellenbeuge, wo sie lateral liegt. Im Unterarmbereich liegt sie nahe vom N. cutaneus antebrachii lateralis (dem Endast des N. musculocutaneus). Im Oberarmbereich zieht sie zunächst durch den Sulcus bicipitalis lateralis (= laterale Bizepsfurche) und weiter proximal durch den Sulcus deltoideopectoralis zum Trigonum clavipectorale, wo sie durch die Fascia clavipectoralis tritt und in die V. axillaris einmündet. ◄

➤ **V. basilica** – sie verläuft vom ulnaren Teil des Handrückens aus zur Ellenbeuge und weiter zum Oberarm, wo sie im Sulcus bicipitalis medialis (= mediale Bizepsfurche) im Gefäß-Nervenstrang des Oberarms liegt. Im Bereich zwischen unterem und mittlerem Teil des Oberarms durchbricht sie am Hiatus basilicus die Fascia brachii und zieht in die Tiefe um schließlich in eine der beiden Vv. brachiales einzumünden. ◄

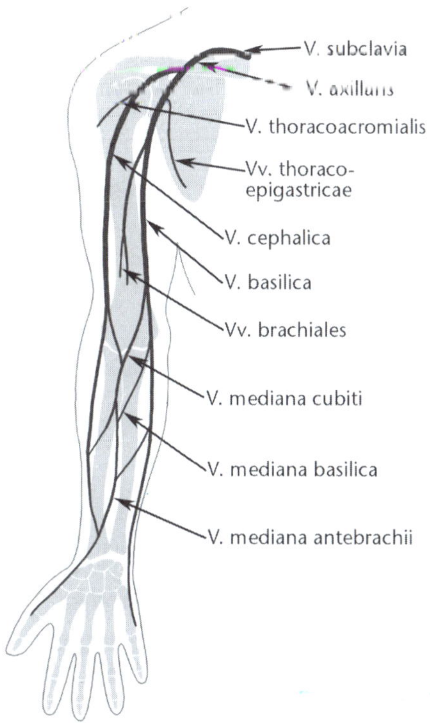

Abb. 3.26 Hautvenen des rechten Arms von vorne

➤ In der Ellenbeuge sind die V. cephalica und die V. basilica durch die auf der Aponeurose des M. biceps brachii liegende **V. mediana cubiti** verbunden. ◄

Anstelle der V. mediana cubiti kann die **V. mediana antebrachii** vorkommen, die sich in der Ellenbeuge V-förmig in die V. mediana cephalica und in die V. mediana basilica teilt.

Tiefe (subfasziale) Begleitvenen (= Vv. comitantes)

Die tiefen Begleitvenen liegen paarig vor. Sie verlaufen mit den gleichnamigen Arterien in einer gemeinsamen Gefäßscheide. Die tiefen Begleitvenen stehen über zahlreiche kleine Äste mit den oberflächlich verlaufenden Hautvenen in Verbindung.

➤ Die beiden Vv. brachiales vereinigen sich kurz vor dem Übergang in die V. axillaris zu einem gemeinsamen Stamm. ◄

Die V. axillaris verläuft medial von der A. axillaris, wobei zwischen Vene und Arterie der N. ulnaris und der N. cutaneus antebrachii medialis liegen. Die V. axillaris nimmt neben den gleichnamigen Ästen der A. axillaris die Vv. thoracoepigastricae auf, die in der Bauchwand mit der V. epigastrica superficialis anastomosieren.

Praktische Anatomie: **Venenpunktion**

Für eine Venenpunktion können Sie sowohl die oberflächlich verlaufenden Venen im Hand-, Unterarm- als auch Oberarmbereich benutzen. In der Praxis werden jedoch für die Blutentnahme oder eine i.v.-Injektion (intravenöse) die relativ großvolumigen Venen der Ellenbeuge bevorzugt, wobei darauf zu achten ist, daß kein pulsierendes Gefäß punktiert wird (s. Kapitel 3.6.1 – A. brachialis). Die Punktion einer Vene auf dem Handrücken ist schmerzhafter, jedoch sind diese Venen bei Infusionen zu bevorzugen, da bei einer Infusion in eine Ellenbogenvene das Ellenbogengelenk ruhiggestellt werden muß.

Die Hautvenen im Beinbereich sollten nicht für eine i.v.-Injektion genutzt werden, weil bei einer verminderten Blutzirkulation durch das injizierte Mittel Schäden an der Gefäßwand verursacht werden können.

3.7 Lymphknoten – Lymphgefäße

! 1/2

Die untereinander in Verbindung stehenden Lymphgefäße werden unterteilt in:

- oberflächliche und
- tiefe Lymphgefäße.

Die **oberflächlichen Lymphgefäße** (Vasa lymphatica superficialia) begleiten die in der Subkutis verlaufenden V. cephalica und V. basilica bis zur Ellenbeuge, wo die Lymphgefäße oberhalb des Ellenbogens von 2 Lymphknoten (= **Nll. cubitales supratrochleares**) durchsetzt werden.

Von diesen Lymphknoten ziehen die Lymphgefäße überwiegend entlang der V. basilica zur Achselhöhle, wo etwa 20–40 **Nll. axillares** netzartig zum Plexus lymphaticus axillaris verbunden sind.
Die tiefen Lymphgefäße verlaufen mit den Arterien und tiefen Venen. Entsprechend dieser Nachbarschaftsbeziehung werden zwischengelagerte Lymphknoten Nll. brachiales oder subscapularis genannt. Es kommen vor:

- Nll. cubitales – liegen in der Ellenbeuge,
- Nll. brachiales – Einzugsgebiet: Lymphe aus dem Arm.
- Nll. axillares pectorales und Nll. axillares interpectorales – liegen am Ober- bzw. Unterrand des M. pectoralis minor Einzugsgebiet u.a.: Mamma sowie Brustwand.
- Nll. subscapulares – liegen entlang der A. subscapularis. Einzugsgebiet: Brust und hintere Schultergegend.

Von den Nll. brachiales, axillares, pectorales und subscapularis gelangt die Lymphe über den Plexus lymphaticus axillaris zu den Nll. axillares apicales, die in der Tiefe der Achselgegend unterhalb der Clavicula liegen. Von den Nll. axillares apicales gelangt die Lymphe über den Truncus lymphaticus subclavius dexter bzw. sinister entlang der V. subclavia.

- rechts zumeist in den Ductus lymphaticus dexter,
- links in den Venenwinkel (zwischen V. jugularis interna und V. subclavia).

Klinik: ➤ Die Achsellymphknoten haben bei der Krebsfrüherkennung (Brustkrebs) große Bedeutung (siehe hierzu unter Kapitel 6.2.7 „Klinik"). Da Verbindungen zwischen den einzelnen Lymphknotengruppen bestehen, können Erkrankungen z.B. Metastasen übertragen werden (s. Verlaufsbeschreibung Tafel „Venen" C_6). Die Achsellymphknoten können nur getastet werden, wenn die Fascia axillaris entspannt ist, d.h. der Arm locker herunterhängt. ◄

3.8 Angewandte und topographische Anatomie

3.8.1 Oberflächenanatomie !! 1/9

➤ *Prüfungsrelevant: Die beiden Abbildungen 3.6 und 3.7 und die sensible Innervation, wobei die Kenntnis der jeweiligen Hauptnerven ausreichen dürfte (z.B. dorsale Oberarmseite – N. radialis).* ◄

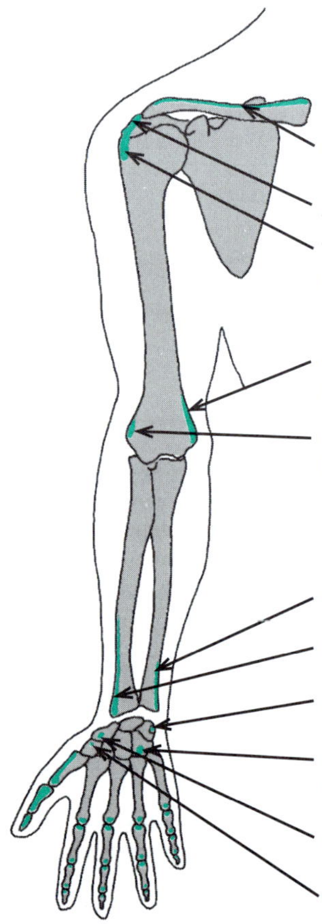

Abb. 3.27 *Darstellung der tastbaren Knochenpunkte von ventral*

Tastbare Knochenstellen

Beim Lebenden können direkt unter der Haut oder einem dünnen Muskelmantel bestimmte Knochenstellen getastet werden, die in den Zeichnungen 3.27 und 3.28 rot hervorgehoben sind (sinnvoll ist es, diese Tastbefunde an sich selbst nachzuvollziehen).

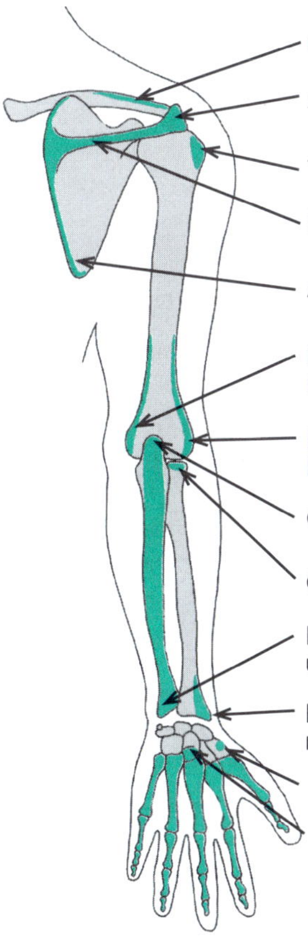

Abb. 3.28 Darstellung der tastbaren Knochenpunkte von dorsal

Sensible Innervation der Haut

Die Kenntnis der Innervationsgebiete auf der Haut kann in der Praxis Aufschluß über den Ausfall eines Nerven geben. Hierbei muß grundsätzlich zwischen 2 Innervationsbereichen unterschieden werden:

- 1. segmentale Hautnervenfelder (= Dermatome)
- 2. Innervationsbereich der Extremitätennerven.

Jedes der 30 Dermatome unseres Körpers kann jeweils einem Spinalnerven zugeordnet werden. Im Armbereich sind das die Spinalnerven C_5–Th_1. Eine Sensibilitätsstörung in einem dieser umgrenzten Bereiche deutet auf eine Rückenmarkserkrankung in Höhe des ermittelten Spinalnerven hin (s. Kapitel 2.8.4 „Dermatome“).

Bei den Innervationsgebieten der aus dem Plexus brachialis hervorgehenden Extremitätennerven ist zu bedenken, dass diese Nerven Anteile mehrerer Segmente enthalten, so dass die Dermatome nicht mit den Innervationsbereichen der Extremitätennerven übereinstimmen. Die Innervationsgebiete der Extremitätennerven überlappen sich und sind daher nicht scharf voneinander abgrenzbar. Die relativ kleinen Hautgebiete, die nur von einem Nerv innerviert werden, nennt man Autonomgebiete.

Die von den Extremitätennerven innervierten Hautgebiete, finden Sie in der nachfolgenden Tabelle „Innervationsgebiete der Extremitätennerven“.

3.8.2 Regio supraclavicularis ! 0/0

Die Regio supraclavicularis liegt oberhalb der Clavicula. In diesem Bereich sind wichtig:

- die Skalenuslücke
- Halsrippen.

Es gibt drei Skalenusmuskeln: den M. scalenus anterior, den M. scalenus medius und den M. scalenus posterior.

➤ Die **Skalenuslücke** liegt zwischen dem M. scalenus anterior und dem M. scalenus medius. Durch die Skalenuslücke verlaufen die A. subclavia und der Plexus brachialis. ◄

➤ Die hinter der Clavicula und vor dem M. scalenus anterior gelegene Lücke wird von einigen Autoren als vordere Skalenuslücke bezeichnet, durch sie zieht die V. subclavia. ◄

Die im Halsbereich angelegten Rippen verschmelzen während der Fetalentwicklung mit den Querfortsätzen der Halswirbeln. Bei etwa 0,5 % der Menschen verschmilzt der Querfortsatz des 7. Halswirbels oder der des 5. oder 6. Halswirbels nicht mit der Rippenanlage, so daß eine oder mehrere **Halsrippen** entstehen.

Innervationsgebiete der Extremitätennerven

Nn. supraclaviculares (aus Plexus cervicalis)
- Schulterbereich – oberer Teil.

Nn. intercostales (Rami cutanei laterales)
- Schulterbereich – unterer Teil.

N. axillaris
- Oberarm (über N. cutaneus brachii lateralis superior) – seitlicher Schulterbereich (über dem M. deltoideus) sowie dorsolaterale Oberarmseite.
- *Autonomgebiet:* Über dem M. deltoideus.

N. cutaneus brachii medialis
- Oberarm – mediale Seite .

N. radialis
- Oberarm (über N. cutaneus brachii posterior) – dorsale Oberarmseite.
- Unterarm (über N. cutaneus antebrachii posterior) – dorsale Unterarmseite.
- Handrücken (über R. superficialis) – laterale Handseite sowie die 2 1/2 radialen Finger (am Zeige- und Mittelfinger bis zum Mittelglied).

N. musculocutaneus
- Unterarm (über N. cutaneus antebrachii lateralis) – radiale (laterale) Unterarmseite.

N. cutaneus antebrachii medialis
- Unterarm – mediale Seite.

N. medianus
- Handrücken (über Nn. digitales palmares proprii) – Mittel- und Endglieder der 3 1/2 radialen Finger.
- Hohlhand (über R. palmaris n. medianus) – laterale Hohlhandseite sowie die 3 1/2 radialen Finger.
- *Autonomgebiet*: Fingerendglied von Zeige- und Mittelfinger.

N. ulnaris
- Handrücken (über R. dorsalis) – mediale Handseite sowie die 2 1/2 ulnaren Finger (bis zum Mittelglied).
- – (über R. superficialis) – Mittel- und Endglieder der 1 1/2 ulnaren Finger.
- Hohlhand (über R. palmaris und R. superficialis) – ulnare Hohlhand sowie die 1 1/2 ulnaren Finger.
- *Autonomgebiet*: Gesamter kleiner Finger.

Klinik: ➤ Halsrippen können von Bedeutung sein, weil über eine voll ausgebildete 7. Halsrippe die A. und V. subclavia und der Plexus brachialis hinweg verlaufen. Bei bestimmten Körperbewegungen hebt sich die Halsrippe und zieht dadurch an dem Nervengeflecht und an den Gefäßen oder klemmt sie zwischen sich und der 1. Rippe ein. Hierdurch kann es zu sensiblen und motorischen Ausfällen sowie zu Durchblutungsstörungen im Armbereich kommen. ◄

3.8.3 Schulter ! 1/1

➤ *Bisher wurde nur eine Bildfrage (Querschnitt) gestellt.* ◄

Topographisch wird die Schulter unterteilt in:
- Trigonum clavipectorale = vordere Schultergegend,
- Regio deltoidea = seitliche Schultergegend,
- Regio scapularis = hintere Schultergegend.

Außerdem gehört die Achselhöhle zur Schulter (Kapitel 3.8.5).

3.8.4 Regio infraclavicularis, Regio deltoidea, Regio scapularis ! 1/3

➤ *Bis her wurden nur Bildfragen gestellt* ◄

Die **Regio infraclavicularis** liegt unterhalb der Clavicula. Sie wird begrenzt:

kranial	– Clavicula,
medial	– M. pectoralis major,
lateral	– M. deltoideus.

Wegen des dreieckigen Aussehens wird diese Region auch als **Trigonum clavipectorale** (früher als Trigonum deltoideopectorale) bezeichnet.

➤ Die Haut über dem Trigonum clavipectorale ist zur **Fossa infraclavicularis** (= **Mohrenheim-Grube**) eingesunken. ◄

➤ Das Trigonum clavipectorale wird durch die Fascia clavipectoralis (= tiefe Brustfaszie) in eine oberflächliche und eine tiefe Schicht unterteilt. Die oberflächliche Schicht liegt oberhalb der Faszie, in ihr verlaufen die V. cephalica, die Nn. pectorales und die Äste der A. thoracoacromialis. ◄

➤ In der tiefen Schicht (= unterhalb der Faszie) verläuft der Gefäß-Nervenstrang. In ihm liegen

ventral	– die V. axillaris,
in der Mitte	– die A. axillaris,
dorsal	– der Plexus brachialis.

Vor der 1. Rippe gehen die A. und V. subclavia in die A. und V. axillaris über. ◄

Klinik: Im Bereich der Regio infraclavicularis kann die V. subclavia punktiert werden um z.B. über einen Vena-subclavia-Katheter einen zentralvenösen Zugang zu legen.

Die **Regio deltoidea** entspricht der Ausdehnung des M. deltoideus. Zwischen dem Muskel und dem Schultergelenk liegen die Bursa subacromialis und die Bursa subdeltoidea.

Die **Regio scapularis** entspricht in der Ausdehnung der Scapula. Die Scapula wird von einer oberflächlichen und einer tiefen Muskelschicht eingehüllt. Zur oberflächlichen Muskelschicht gehören der M. trapezius, der M. latissimus dorsi und der M. teres major. Zur tiefen Muskelschicht gehören die Mm. rhomboidei, der M. supraspinatus, der M. infraspinatus und der M. teres minor.

Zwischen der oberflächlichen und der tiefen Muskelschicht verlaufen der N. accessorius (= 11. Hirnnerv) und der R. superficialis der A. transversa cervicis.

3.8.5 Regio axillaris !! 2/6

➤ *Besonders prüfungsrelevant: Achsellücken (durchtretende Strukturen).* ◄

Bei der Regio axillaris wird unterschieden zwischen der Achselgrube und der Achselhöhle.

Als **Achselgrube** wird die sichtbare, mit Haaren besetzte grubenartige Vertiefung zwischen Oberarm und Brustwand bezeichnet.

Als **Achselhöhle** (= **Fossa axillaris** = Axilla) bezeichnet man den über der Achselgrube zwischen Oberarm und seitlicher Brustwand liegenden Raum der mit Fett- und Bindegewebe angefüllt ist. Die Achselhöhle dient als Durchzugsgebiet für den Gefäß-Nervenstrang des Arms (A. u. V. axillaris, Nerven der Pars infraclavicularis des Plexus brachialis). Außerdem liegen in der Achselhöhle wichtige Lymphknoten. Die mit einer vierseitigen Pyramide vergleichbare Achselhöhle reicht mit ihrer Spitze hinter der Clavicula bis in die seitliche Halsregion.

Äußerlich können Sie zwischen einer die Achselgrube und Achselhöhle umgrenzende vordere und hintere **Achselfalte** unterscheiden.

➤ Die vordere Achselfalte wird vom M. pectoralis major, die hintere Achselfalte vom M. latissimus dorsi und vom M. teres major gebildet. ◄

➤ Die Wände der Achselhöhle werden gebildet von:

Vorderwand	– M. pectoralis major und
	– M. pectoralis minor,
mediale Wand	– M. serratus anterior, Thorax,
laterale Wand	– M. coracobrachialis, Caput breve des M. biceps brachii, Humerus,
Hinterwand	– M. latissimus dorsi, M. subscapularis, Rand der Scapula,
Boden (Basis)	– Fascia axillaris. ◄

Die Achselhöhle hat die Aufgabe, die vom Rumpf zum Arm verlaufenden Nerven und Gefäße vor Zerrung und Druck zu schützen und die große Beweglichkeit des Schultergürtels zu ermöglichen.

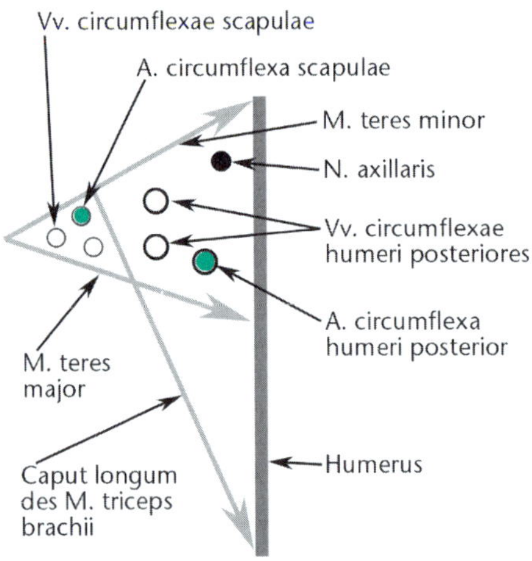

Abb. 3.29 Schematische Darstellung der medialen und lateralen Achsellücke (umgezeichnet nach Voss/Herrlinger)

In der Achselhöhle wird der Gefäß-Nerven-Strang in einen proximalen, mittleren und distalen Abschnitt unterteilt.

➤ Im proximalen Abschnitt, der zwischen der Clavicula und dem M. pectoralis minor liegt, liegen
die V. axillaris – ventral,
die A. axillaris – in der Mitte,
der Plexus brachialis – dorsal.

Der Leitmuskel für den Gefäß-Nerven-Strang ist der M. coracobrachialis. ◄

Im mittleren Abschnitt gehen aus den Trunci des Plexus brachialis die 3 Fasciculi und aus diesen wiederum im distalen Abschnitt die Nerven hervor.

➤ Außerdem ziehen durch die Achselhöhle:

- die Nn. intercostobrachiales,
- der N. thoracicus longus,
- der N. thoracodorsalis. ◄

Mit der Regio scapularis ist die Achselhöhle durch 2 Achsellücken verbunden.

Dabei wird der zwischen M. teres minor und M. teres major sowie dem Humerus gebildete Spalt durch das Caput longum des M. triceps brachii in eine mediale und laterale Achsellücke unterteilt (s. Abb. 3.29).

Achsellücke	Begrenzung	Durchtritt
mediale Achsellücke (= dreieckig)	kranial: M. teres minor kaudal: M. teres major lateral – Caput longum des M. triceps brachii	A. und Vv. circumflexae scapulae
laterale Achsellücke (= viereckig)	kranial: M. teres minor kaudal: M. teres major medial – Caput longum des M. triceps brachii lateral – Humerus	N. axillaris, A. und Vv. circumflexae humeri posteriores

Faszienverhältnisse

Am Boden der Achselhöhle liegt als Körperfaszie die **Fascia axillaris**. Bei abduziertem Arm ist sie gespannt. Um die Achselhöhle auszutasten muß der Arm deshalb adduziert (an den Thorax angelegt) werden. Die Fascia axillaris ist im Bereich der Achselgrube dünn und mit kleinen Öffnungen für Gefäß- und Nervendurchtritte durchsetzt. An der vorderen Achselfalte geht sie in die Fascia pectoralis, an der hinteren Achselfalte in die Rückenfaszie und am Arm in die Fascia brachii über.

3.8.6 Oberarm ! 1/1

Der Muskelmantel des Oberarms ist von der **Fascia brachii** (= Oberarmfaszie – Teil der Körperfaszie) umhüllt. Die Fascia geht vor der Achselhöhle in die Fascia axillaris und an der Ellenbeuge in die Fascia antebrachii über. Von der Fascia brachii gehen 2 Septen (= Septum intermusculare brachii mediale und laterale) ab, die am Humerus befestigt sind. Dadurch entsteht am Oberarm eine Beuger- und eine Streckerloge.

In der Streckerloge liegen: M. triceps brachii, M. anconeus, sowie N. radialis, A. profunda brachii und im unteren Oberarmdrittel N. ulnaris.
Die Beugerloge enthält die Beugermuskeln, wobei der M. biceps brachii dem M. brachialis aufliegt. Entlang den Rändern des M. biceps brachii bildet sich je eine Furche (= Sulcus bicipitalis medialis und lateralis). In der Beugerloge verläuft der Gefäß-Ner-

venstrang des Oberarms in der Tiefe des Sulcus bicipitalis medialis liegend zur Ellenbogengrube.

➤ Im **proximalen Abschnitt** des Oberarms besteht der Gefäß-Nerven-Strang aus:
- N. musculocutaneus,
- N. radialis,
- N. ulnaris,
- N. cutaneus antebrachii medialis,
- N. medianus,
- A. brachialis,
- Vv. brachiales,
- Lymphgefäßen. ➤

➤ Im **Oberarmbereich** verlassen den Gefäß-Nervenstrang:
- noch in der Achselhöhle der N. musculocutaneus,
- am unteren Rand des M. latissimus dorsi der N. radialis und die A. profunda brachii – ziehen in die Streckerloge,
- der N. ulnaris mit der A. collateralis ulnaris – ziehen in die Streckerloge,
- der N. cutaneus antebrachii medialis (durchbricht mit der V. basilica im mittleren Oberarmdrittel die Fascia brachii). ➤

➤ Im **mittleren Oberarmdrittel** ziehen durch den Sulcus bicipitalis medialis:
- A. und V. brachialis,
- N. medianus,
- N. cutaneus antebrachii medialis,
- V. basilica (verläuft epifascial). ➤

➤ Im **unteren Oberarmbereich** enthält der Gefäß-Nerven-Strang somit nur noch den N. medianus, die A. brachialis, die Vv. brachiales und die Lymphgefäße. ➤

3.8.7 Fossa cubitalis (= Ellenbogengrube) ! 2/2

Die Ellenbogengegend wird topographisch in eine vordere (Regio cubitalis anterior) und eine hintere Region (Regio cubitalis posterior) unterteilt. Auf der Vorderseite verlaufen in der Subkutis der Fossa cubitalis (= Ellenbogengrube) die in Kapitel 3.6.2 beschriebenen oberflächlichen Venen.
Unter der Subkutis liegt die **Fascia brachii** (= Oberarmfaszie), die im Bereich des Ellenbogengelenks in die **Fascia antebrachii** (= Unterarmfaszie) übergeht. Unter der Faszie liegen auf der vorderen (= ventralen) Seite 3 Muskelwülste, zwischen denen als Y-förmige Vertiefung die **Ellenbogengrube** liegt. Die beiden oberen Schenkel des Y umschließen dabei die beiden Ränder des M. biceps brachii. Der untere Schenkel des Y wird medial vom M. pronator teres mit den oberflächlichen Flexoren des Unterarms und lateral vom M. brachioradialis umrandet.

Lateral wird die Fossa cubitalis von den radialen Unterarmstreckern begrenzt, die ihren Ursprung am Epicondylus lateralis des Humerus haben. Medial wird sie von den Beugern des Unterarms begrenzt, die vom Epicondylus medialis entspringen.

➤ Lateral liegt zwischen dem M. biceps brachii und dem M. brachialis der **Sulcus bicipitalis lateralis**, in dem der N. radialis mit der A. collateralis radialis zur Ellenbeuge ziehen; medial liegt zwischen beiden Muskeln der **Sulcus bicipitalis medialis** in dem der N. medianus mit der A. brachialis und den Vv. brachiales verlaufen. ➤

➤ Unter der Aponeurose des M. biceps brachii verlaufen der N. medianus, die A. brachialis und die Vv. brachiales. ➤

➤ Auf dem hinteren Ellenbogengelenk verläuft der N. ulnaris hinter dem Epicondylus medialis (im Sulcus n. ulnaris) des Humerus direkt auf der Knochenhaut („Musikantenknochen“). ➤

3.8.8 Unterarm ! 0/0

➤ *Prüfungsrelevant: Tabelle* ➤

Die Unterarmmuskeln werden von der Fascia antebrachii (= Unterarmfaszie = Teil der Körperfaszie) umhüllt.

Von der **Fascia antebrachii** ziehen Septa intermuscularia in die Tiefe zu den Unterarmknochen und bilden dabei folgende 3 Muskellogen:
- Streckerloge – liegt um den Radius gruppiert,
- Beugerloge – liegt um die Ulna gruppiert,
- radiale Streckermuskelloge – hier liegen u.a. der M. brachioradialis und die Mm. extensores carpi radiales.

Zwischen den 3 Muskellogen liegen die nachfolgenden 5 Gefäß-Nerven-Straßen:

Gefäß Nerven-Straße	Leit-struktur	Inhalt
Radiale Gefäß-Nervenstraße	M. brachioradialis	R. superficialis des N. radialis, A. und V. radialis
Ulnare Gefäß-Nervenstraße	M. flexor carpi ulnaris	N., A. und V. ulnaris
Mittlere Gefäß-Nervenstraße	M. flexor carpi radialis	N. medianus, A. comitans n. mediani
Palmare (= volare) Zwischenknochenstraße	keine (auf der Membrana interossea)	N. interosseus antebrachii anterior, A. interossea anterior, Vv. interosseae anteriores
Dorsale Zwischenknochenstraße	M. extensor digitorum	R. profundus des N. radialis, A. interossea posterior, Vv. interosseae posteriores

Von den 5 Gefäß-Nervenstraßen erreichen nur die radiale, die ulnare- und die mittlere Straße die Handwurzel.

3.8.9 Regio carpalis anterior !! 4/6

➤ *Die letzten 4 Fragen waren Bildfragen* ≺

Die Hand wird topographisch unterteilt in:
- Vorderseite (= Beugeseite) der Handwurzel = Regio carpalis anterior,
- Rückseite (= Streckseite) der Handwurzel = Regio carpalis posterior,
- Hohlhand = Palma manus,
- Handrücken = Dorsum manus,
- Finger = Digiti.

Die Hand besteht aus:
- Handwurzel = Carpus,
- Mittelhand = Metacarpus,
- Finger = Digiti manus.

➤ Auf der Beugeseite des Handgelenks treten 2 Sehnen hervor:
- 1. zur Kleinfingerseite hin die Sehne des M. palmaris longus (kann fehlen),
- 2. zur Daumenseite hin die dicke Sehne des M. flexor carpi radialis. ≺

➤ Zwischen beiden Sehnen liegt in der Tiefe der N. medianus. Radial von der Sehne des M. flexor carpi radialis verläuft die A. radialis (Puls). ≺

➤ Über das bereits in Kapitel 3.4.4 beschriebene Retinaculum flexorum verlaufen:
- N. und A. ulnaris,
- R. palmaris superficialis der A. radialis,
- Sehne des M. palmaris longus. ≺

3.8.10 Hohlhand (= Palma manus) 0/0

Die Hohlhand besitzt als Muskelwülste
- den Daumenballen,
- den Kleinfingerballen.

Die oberflächliche Körperfaszie setzt sich von der Fascia antebrachii auf dem Handrücken als Fascia dorsalis manus fort. In der Hohlhand bildet die **Palmaraponeurose (= Aponeurosis palmaris)** die Fortsetzung der Körperfaszie, wobei die Palmaraponeurose durch Fasern aus der Sehne des M. palmaris longus wesentlich verstärkt wird.

➤ Auch wenn der M. palmaris longus fehlt (bei etwa 20 % der Menschen) ist die Palmaraponeurose vorhanden. ≺ Die Palmaraponeurose besitzt Längsfasern, die am Retinaculum flexorum ansetzen und strahlenförmig in 4 Sehnenzügen zu den 2.–5. Fingern ziehen, wo sie an den Köpfen der Mittelhandknochen inserieren. Diese Sehnenzüge werden durch quer verlaufende Faserzüge (= Fasciculi transversi) verspannt.
➤ Die Palmaraponeurose ist durch straffes Bindegewebe fest mit der Haut verbunden. An der Kleinfingerseite entspringt von der Palmaraponeurose der M. palmaris brevis. Von der Palmaraponeurose ziehen 2 Septen zu den Mittelhandknochen, wodurch 3 Logen entstehen: ≺
- Daumenballenloge,
- Mittelloge,
- Kleinfingerballenloge.

Die muskelfreie Mittelloge kann in 3 Schichten unterteilt werden:

- oberflächliche Schicht – in ihr verlaufen der Arcus palmaris superficialis (= oberflächlicher Hohlhandbogen aus der A. ulnaris), der N. medianus und der R. superficialis des N. ulnaris,
- mittlere Schicht – in ihr liegen die Sehnen der langen Fingerbeuger und die Mm. lumbricales;
- tiefe Schicht – hier liegt der Arcus palmaris profundus (= tiefer Hohlhandbogen aus der A. radialis).

➤ Unter der Foveola radialis liegen der Proc. styloideus des Radius, das Os scaphoideum und das Os trapezium.
Durch die Foveola ziehen die A. radialis (deren Puls in diesem Bereich getastet werden kann), sowie die beiden Sehnen des M. extensor carpi radialis longus und brevis. ◄

Auf dem Handrücken (= Dorsum manus) treten die 4 Sehnen des M. extensor digitorum unter der Haut hervor.

3.8.11 Regio carpalis posterior und Dorsum manus 0/0

Wenn Sie den Daumen rotieren lassen, sehen Sie oberhalb des Daumens (auf dem Handrücken) wie sich die Sehne des M. extensor pollicis longus unter der Haut des Handrückens bewegt. Bei abduziertem Daumen sehen Sie in Höhe des Karpometakarpalgelenks des Daumens zwischen der Sehne des M. extensor pollicis longus sowie den beiden Sehnen des M. extensor pollicis brevis und M. abductor pollicis longus eine grubenartige Vertiefung liegen, die **Foveola radialis** (= **Tabatiére** = „Schnupftabaksdose“ – weil hier eine Prise Schnupftabak deponiert wurde) genannt wird.

3.8.12 Finger 0/0

An den Fingern wird zwischen einer Streck- und einer Beugeseite unterschieden. Auf der Streckseite der Finger 2.–5. verbreitern sich die Sehnen der Streckmuskeln zu einer einheitlichen Dorsalaponeurose. Auf der Beugeseite liegen die Sehnen der Beugermuskeln in Sehnenscheiden. Die Sehnenscheiden liegen dabei zusammen mit den Fingerknochen in einem osteofibrösen Kanal.

Jeder Finger besitzt 4 Leitungsbahnen, von denen jeweils 2 auf einer Fingerseite verlaufen. Dorsal verlaufen der N. und die A. digitalis dorsalis, palmar der N. und die A. digitalis palmaris proprii.

4 Untere Extremität

Die untere Extremität ist über den Beckengürtel mit dem Rumpf verbunden. Die topographische Grenze zwischen der unteren Extremität und dem Rumpf verläuft im Bereich des Darmbeinkammes und des Lig. inguinale (= Leistenband).

4.1 Grundkenntnisse über die Entwicklung ! 0/0

Die Entwicklung der oberen und unteren Extremität wird in Kapitel 3.1 beschrieben.

Sie sollten noch wissen,

- dass die in Kapitel 4.2 beschriebene Y-förmige Wachstumsfuge zwischen den drei Hüftbeinen bis etwa zum 14. Lebensjahr verknöchert;
- dass die Ossifikation der Fußknochen im 5.–6. Entwicklungsmonat im Calcaneus (= Fersenbein) beginnt;
- dass das Femur in der Diaphyse ab der 7.–8. Entwicklungswoche verknöchert. In der distalen Epiphyse des Femur bildet sich der Knochenkern zwischen dem 9. Entwicklungsmonat und dem 2. Lebensjahr – da er bei 95 % der Neugeborenen vorhanden ist, dient er dem Reifenachweis.

4.2 Knochen ! 0/2

➤ *Prüfungsrelevant: Bisher wurden nur 2 Bildfragen gestellt.* ◄

Die untere Extremität besteht aus folgenden Knochen:

- Hüftbereich – Os coxae,
- Oberschenkel – Femur,
- Unterschenkel – Tibia und Fibula,
- Fuß – Fußknochen, Mittelfußknochen, Zehenknochen.

Das **Os coxae (= Hüftbein)** ist über das Os ilii mit dem in Kapitel 6.1.2 beschriebenen Os sacrum (Kreuzbein) zu einem straffen Gelenk (Amphiarthrose), der Articulatio sacroiliaca (Kreuz- Darmbeingelenk), verbunden.

Das Os coxae entsteht aus folgenden 3 Knochen, die mittels Synostose zusammenwachsen:

- Darmbein (**= Os ilii**),
- Sitzbein (**= Os ischii**),
- Schambein (**= Os pubis**).

Diese 3 Knochen sind bis zur Pubertät durch eine Y-förmige Wachstumsfuge (aus Knorpel) voneinander getrennt; bis etwa zum 14. Lebensjahr verknöchert sie. Das rechte und linke Hüftbein sind ventral durch die faserknorpelige Symphysis pubica (= Schambeinfuge) und dorsal durch das Os sacrum (= Kreuzbein) miteinander zu einem geschlossenen Knochenring, dem knöchernen Becken, verbunden. Der rechte und linke Schambeinast bilden mit dem Unterrand der Symphyse den Schambeinbogen (= Arcus pubis – s. Kapitel 6.4.2).

Die Rahmenkonstruktion des Hüftbeins wird häufig mit der Form der Zahl 8 verglichen, wobei der obere Teil der 8 vom **Os ilii**, der vordere untere vom **Os pubis** und der hintere untere vom **Os ischii** gebildet wird. Im oberen Teil der 8 umgibt der Knochenrahmen eine dünne Knochenplatte, im unteren Teil der 8 umgibt der Knochenrahmen ein großes Loch das als **Foramen obturatum** bezeichnet wird.

Dort, wo sich die Schleifen der Zahl 8 in der Mitte treffen, liegt auf der lateralen Seite das **Acetabulum** (= Hüftgelenkpfanne).

➤ Im Acetabulum stehen alle 3 Knochen miteinander in Verbindung. Das Acetabulum bildet die Pfanne des Hüftgelenks, in dem der Femurkopf liegt (siehe Kapitel 4.3.1). ◄

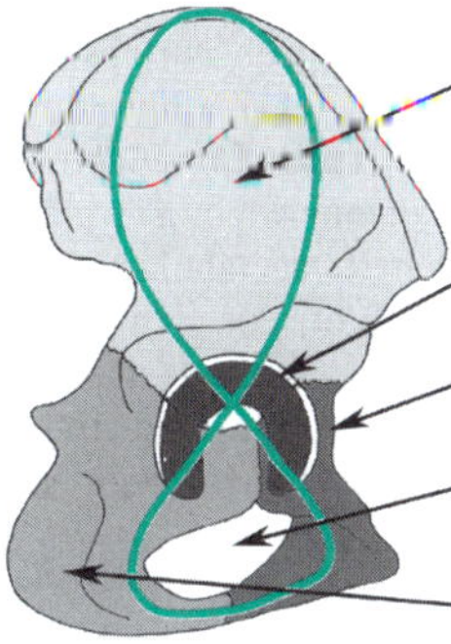

Abb. 4.1 *Os coxae*

Os coxae (= Hüftbein)

- **Acetabulum** (= Hüftgelenkpfanne) – ist eine halbkugelige Aushöhlung, die an der dicksten Stelle des Os coxae liegt. Das Acetabulum wird vom Os ilii, Os ischii und vom Os pubis gebildet. Um das Acetabulum herum verläuft ein kräftiger knöcherner Randwulst (Limbus acetabuli), der kaudal durch die Incisura acetabuli unterbrochen ist. Das Acetabulum nimmt als Gelenkkopf das Caput des Femur auf.
- Fossa acetabuli – ist dünnwandig und bildet den zentralen Boden der Gelenkpfanne. In diesem Bereich ist das Acetabulum mit Fettgewebe ausgefüllt.
- Facies lunata – im Acetabulum liegende, mit Knorpel überzogene Gelenkfläche.
- Incisura acetabuli – zum Foramen obturatum auslaufender Einschnitt des Acetabulum. Die **Incisura acetabuli** wird durch das Lig. transversum acetabuli fast vollständig ausgefüllt.
- ➤ **Foramen obturatum** (syn.: Foramen obturatorium) – großes, vom Os pubis und Os ischii umrandetes Loch, das bis auf den Canalis obturatorius vollständig von der aus straffem Bindegewebe bestehenden Membrana obturatoria verschlossen ist. ◄

Os ilii (alt: Os iliacum, Ilium = Darmbein):

- Corpus ossis ilii – dem Acetabulum zugewandter Teil.
- Ala ossis ilii (= Darmbeinschaufeln) – sie bilden mit dem Corpus ossis ilii das Darmbein.
- Fossa iliaca – muldenartige Vertiefung im Bereich der Ala ossis ilii. Ursprung für den M. iliacus.
- Tuberositas iliaca – rauhe Fläche an der das Lig. sacroiliaca befestigt ist.
- **Linea arcuata** – ist eine kräftig ausgebildete Knochenverstärkung auf der Innenseite, die die Grenze zwischen dem kleinen und großen Becken bildet.
- Facies glutealis – Außenseite der Ala ossis ilii.
- Linea glutealis anterior – liegt zwischen den Ursprungsflächen des M. gluteus medius und des M. gluteus minimus.
- Linea glutealis inferior – liegt zwischen den Ursprungsflächen des M. gluteus minimus und des M. rectus femoris.
- **Crista iliaca** (= Darmbeinkamm) – verdickter kranialer Rand der Darmbeinschaufel, die 3 Knochenlinien aufweist:
  - außen – Labium externum (Ansatz des M. obliquus externus abdominis),
  - Mitte – Linea intermedia (Ursprung für M. obliquus internus abdominis),
  - innen – Labium internum (Ursprung für M. transversus abdominis)
- ➤ **Spina iliaca anterior superior** (= vorderer oberer Darmbeinstachel) – Knochenvorsprung am vorderen Ende der Crista iliaca. Ursprung des M. sartorius und des M. tensor fasciae latae, Ansatz des Lig. inguinale. Wichtiger Orientierungspunkt bei der intramuskulären Injektion in der Glutealgegend.
- **Spina iliaca anterior inferior** (= vorderer unterer Darmbeinstachel) – Knochenvorsprung am Vorderrand des Os ilii. Dient dem M. rectus femoris und dem Lig. iliofemorale als Ursprung.
- **Spina iliaca posterior superior** (= hinterer oberer Darmbeinstachel) – Knochenvorsprung am hinteren Ende der Crista iliaca.
- **Spina iliaca posterior inferior** (= hinterer unterer Darmbeinstachel) – Knochenvorsprung am Hinterrand der Crista iliaca oberhalb der Incisura ischiadica major. ◄
- Lineae gluteales anterior, posterior und inferior – rauhe Knochenlinien, an denen die Mm. glutei entspringen.
- **Tuberculum iliacum** (= Darmbeinhöcker) – liegt als Rauhigkeit im Bereich der Vereinigung der Crista iliaca mit der Linea glutealis anterior.
- Tuberositas iliaca – rauhe Knochenstelle hinter der Fossa iliaca.

Os ischii (alt: Os ischium = Sitzbein):

- **Corpus ossis ischii** – bildet zu fast 2/3 das Acetabulum.
- **Tuber ischiadicum** (= Sitzbeinhöcker) – liegt am unteren Teil der Incisura ischiadica minor. Ursprung der ischiokruralen Muskeln.
- ➤ **Incisura ischiadica major** – Ausbuchtung zwischen der Spina iliaca posterior inferior und der

Spina ischiadica. Wird durch das Lig. sacrospinale zum Foramen sciaticum majus (alt: Foramen ischiadicum majus) verschlossen. Das Foramen wird wiederum durch den M. piriformis in ein Foramen supra- und infrapiriforme unterteilt (diese Unterteilung ist international jedoch nicht mehr gebräuchlich).

- **Incisura ischiadica minor** – kleine Ausbuchtung zwischen der Spina ischiadica und dem Tuber ischiadicum. Wird durch die Ligg. sacrotuberale und sacrospinale zum Foramen sciaticum minor verschlossen. ◄
- **Spina ischiadica** – Knochenvorsprung zwischen der Incisura ischiadica major und der Incisura ischiadica minor. Ansatzstelle des Lig. sacrospinale.

Os pubis (= Schambein):

- Corpus ossis pubis (= Schambeinkörper).
- Facies symphysialis – zur Symphyse (= Schamfuge) hin gelegene Fläche des Os pubis.
- Tuberculum obturatorium anterius – höckerartige Erhebung am Corpus ossis pubis.
- **Tuberculum pubicum** – liegt als kleiner Höcker lateral von der Symphyse (= Schambeinfuge). Ansatzstelle für das Lig. inguinale.
- **Crista pubica** – zieht als Knochenleiste vom Tuberculum pubicum bis zur Symphyse und dient als Ansatzstelle für den M. rectus abdominis.
- **Crista obturatoria** – zieht als Knochenleiste vom Tuberculum pubicum zum Acetabulum. Ursprungsstelle für das Lig. pubofemorale.
- Pecten ossis pubis – scharfer Knochenkamm, bildet die Fortsetzung der Linea arcuata und endet am Tuberculum pubicum. Dient als Ursprungsstelle für den M. pectineus.
- Eminentia iliopubica – liegt an der Grenze vom Os ilii zum Os pubis. Dient als Ansatz für den Arcus iliopectineus (Teil der Fascia iliaca, s. Kapitel 4.8.2).

Beide Ossa pubica sind durch die **Symphyse** (= Schambeinfuge – siehe Kapitel 6.4.1) miteinander verbunden.

Die am Os coxae ansetzenden oder entspringenden Muskeln entnehmen Sie bitte den Kapiteln 4.4.1 bis 4.4.2.

Femur

Das Femur (= Oberschenkelknochen) ist der längste und stärkste Röhrenknochen unseres Körpers. Es besteht aus einem kugeligen Kopf (= Caput), einem schlanken Hals (= Collum), einem kräftigen Schaft und den verbreiterten Gelenkknorren.

Wichtige Knochenstrukturen des **Femur** sind:

- **Caput femoris** (= Kopf des Femur) – ist mit hyalinem Knorpel überzogen.
- ► **Fovea capitis** – ist eine grubenartige Vertiefung im Caput femoris, in der das rundliche Lig. capitis femoris befestigt ist. Dieses Ligamentum ist für die Versorgung des Femur wichtig, weil es in der Wachstumsphase den R. acetabularis, einen Ast der A. obturatoria enthält, der sich im Alter oft zurückbildet. Die Blutversorgung des Femur erfolgt beim Erwachsenen vorwiegend aus Ästen der Aa. circumflexae femoris (siehe auch in Kapitel 4.3.1 die Tabelle „Bänder"). ◄
- **Collum femoris** (= Femurhals) – trennt das Caput vom Knochenschaft; es bildet einen Teil der Diaphyse.
- **Trochanter major** (= großer Rollhügel) – ist eine Apophyse (= Auswucherung). An ihm setzen die Mm. glutea medius und minimus und der M. piriformis an.
- **Trochanter minor** (= kleiner Rollhügel) – ist eine Apophyse. An ihm setzen der M. psoas major und der M. iliacus an.
- Fossa trochanterica – Grube an der Medialseite des Trochanter major. Ansatzstelle des M. obturatorius externus und internus.
- Linea intertrochanterica – verläuft als rauhe Linie zwischen Trochanter major und minor.
- Linea pectinea – verläuft als Knochenleiste vom Trochanter minor abwärts bis zur Linea aspera. Dient dem M. pectineus als Ansatz.
- **Linea aspera** – liegt als rauhe Linie auf der Rückseite des Femur. Sie verstärkt das Femur in dem Bereich, in dem die höchste Biegespannung auftritt. Die Linea aspera teilt sich in 2 Lippen (Labium laterale und mediale), die am oberen und unteren Ende des Femur auseinanderweichen. Sie dient einigen Muskeln als Ansatz- und Ursprungsstelle. Kranial verdichtet sich die Linea zur Tuberositas glutealis.
- Fossa intercondylaris – liegt zwischen den Kondylen.
- **Condylus medialis und lateralis** (= Gelenkknorren) – das Femur verbreitert sich distal zu den beiden, teilweise mit hyalinem Knorpel überzogenen Condyli medialis und lateralis. Auf der Vorderseite der Kondylen (= Gelenkfortsätze) liegt die Gelenkfläche, deren Mitte als **Facies patellaris** bezeichnet wird und dem Gleiten der Patella (= Kniescheibe) dient.
- **Epicondylus medialis** – liegt als Knochenerhebung außen am Condylus medialis.
- **Epicondylus lateralis** – liegt als Knochenerhebung außen am Condylus lateralis.

Die am Femur ansetzenden und entspringenden Muskeln entnehmen Sie bitte den Kapiteln 4.4.1–4.4.3.

➤ In Höhe des Kniegelenks liegt als annähernd dreieckiger Knochen die **Kniescheibe** (= **Patella**). Die Vorderfläche der Patella ist aufgerauht, die Rückseite ist überknorpelt. Die Patella ist das größte Sesambein des menschlichen Körpers, sie liegt innerhalb der Sehne des M. quadriceps femoris. Von ihrer nach unten weisenden Spitze zieht als distales Endstück der Sehne des M. quadriceps femoris das Lig. patellae zur Tibia. Bei gestrecktem Kniegelenk und entspannter Oberschenkelmuskulatur (z.B. im Stehen) ist die Patella verschiebbar. ◄

Unterschenkelbereich

Im Unterschenkelbereich besteht das Skelett aus der
- **Tibia** (= Schienbein) – liegt auf der Innenseite des Beins (= medial) und der
- **Fibula** (= Wadenbein) – liegt auf der Außenseite (= lateral).

Im Gegensatz zum Unterarm, wo Radius und Ulna funktionell als fast gleichwertig angesehen werden können, dominiert im Unterschenkel eindeutig die Tibia.

➤ Die wesentlich dünnere Fibula ist nur für die Malleolengabel (siehe weiter unten) und als Muskelansatzstelle von Bedeutung.

Die Tibia hingegen übernimmt die volle Tragefunktion des Körpers, indem sie einen Teil des Körpergewichts vom Kniegelenk auf das obere Sprunggelenk überträgt. ◄

Wichtige Knochenstrukturen der **Tibia** sind:
- **Condylus medialis und lateralis** (= Gelenkfortsätze) – die beide bedeckende Fläche (= Facies articularis superior) dient als Gelenkfläche des Kniegelenks.
- Eminentia intercondylaris – liegt als Gelenkfläche zwischen den beiden Kondylen.
- Tuberositas tibiae – Rauhigkeit, an der das Lig. patellae ansetzt.
- Corpus tibiae (= Tibiaschaft)
- ➤ **Malleolus medialis** (= innerer Knöchel) – ist ein verdickter Knochenabschnitt der Tibia, der mit dem **Malleolus lateralis** der Fibula die **Malleolengabel** bildet – zwischen dieser Gabel liegt das Sprungbein. ◄
- **Incisura fibularis** – ist eine Aushöhlung, die den entsprechenden Teil der Fibula aufnimmt.
- Facies articularis inferior – bildet die dem Sprunggelenk zugekehrte Fläche.

Wichtige Knochenstrukturen der **Fibula** sind:
- **Caput fibulae** (= Kopf) – steht **nicht** mit dem Femur sondern mit der Tibia in Verbindung! Das Caput läuft in eine kurze Spitze (= Apex capitis) aus.
- Corpus fibulae (= Fibulaschaft)
- **Malleolus lateralis** (= äußerer Knöchel).

Klinik: Der Malleolus lateralis der Fibula ist schwächer ausgebildet aber länger als der Malleolus medialis der Tibia, weshalb der Malleolus lateralis häufiger bricht. Der Malleolus medialis steht beim Tastbefund höher als der Malleolus lateralis.

Fußbereich

Im Fußbereich wird das Skelett wie das der Hand in 3 Teilbereiche untergliedert:
- Fußwurzelknochen = Ossa tarsi,
- Mittelfußknochen = Ossa metatarsi,
- Zehenknochen = Ossa digitorum pedis.

Fußwurzelknochen

Im Fußwurzelbereich kommen 7 Fußwurzelknochen (= **Ossa tarsi** = Tarsalia) vor, die in eine proximale und distale Reihe unterteilt werden.

Die **proximale Reihe** besteht aus:
- Sprungbein = Talus,
- Fersenbein = Calcaneus,
- Kahnbein = Os naviculare.

Die **distale Reihe** besteht aus:
- mediales Keilbein = Os cuneiforme mediale,
- mittleres Keilbein = Os cuneiforme intermedium,
- laterales Keilbein = Os cuneiforme laterale,
- Würfelbein = Os cuboideum.

Merkvers für die Reihenfolge der sieben Fußwurzelknochen:

Das **Sprungbein** und das **Fersenbein**
die wollten in den **Kahn** hinein
und kriegten **drei**mal **Keile**
vom **Würfelbein**.

➤ Der Talus liegt auf dem Calcaneus. Der **Talus** besteht aus einem überknorpelten Kopf (Caput tali), einem Hals (Collum) und dem Körper (Corpus). Der Körper trägt die Gelenkrolle (Trochlea tali), die als Gelenkkopf für das obere Sprunggelenk dient (wird von der Malleolengabel umfaßt). Nach vorne steht der Talus mit dem Os naviculare in Verbindung. An der Unterseite des Corpus liegt die Gelenkpfanne für die hintere Kammer des unteren Sprunggelenks. ◄

► Der **Calcaneus** ist der größte Knochen des Fußes. Sein hinterer Teil ist zum Tuber calcanei (= Fersenhöcker) verdickt, an dem die Achillessehne ansetzt. Das Tuber calcanei bildet beim Stehen den hinteren Teil der Standfläche des Fußes, den vorderen Teil der Standfläche bilden die Köpfe der Ossa metatarsi (= Mittelfußknochen). Der Calcaneus bildet gelenkige Verbindungen mit dem Talus und dem Os cuboideum (Würfelbein). ◄

► Das Os naviculare liegt zwischen dem Talus und den 3 Ossa cuneiformia. Die keilförmige Ossa cuneiformia sind durch ihre Form wesentlich an der Formung des Quergewölbes des Fußes beteiligt (s. Kapitel 4.3.5). Sie liegen vor dem Os naviculare und sind jeweils mit einem Mittelfußknochen verbunden. Das Os cuboideum ist mit 2 Mittelfußknochen verbunden. ◄

Mittelfußknochen (= Ossa metatarsi I-V = Metatarsalia)

Die 5 Mittelfußknochen werden wie die Mittelhandknochen unterteilt in:
- Basis (= proximaler Teil),
- Corpus (= Mittelstück),
- Caput (= Kopf).

Zehenknochen (= Ossa digitorum pedis)

Die 5 Zehenknochen sind den Fingerknochen vergleichbar. Sie bestehen aus 3 Gliedern:
- Grundglied (= Phalanx proximalis),
- Mittelglied (= Phalanx media),
- Endglied (= Phalanx distalis).

Die Großzehe (= Hallux) besteht wie der Daumen aus 2 Gliedern (= Grund- und Endphalanx). Die Großzehe besitzt außerdem noch am Mittelfußknochen ein laterales und ein mediales Sesambein.

4.3 Gelenke

Die Knochen der unteren Extremität sind durch die in den nachfolgenden Kapiteln aufgeführten Gelenke miteinander verbunden.

4.3.1 Hüftgelenke !!! 8/18

► *Absolut prüfungsrelevant: Das gesamte Kapitel.* ◄

Im **Hüftgelenk (= Articulatio coxae,** syn.: Articulatio iliofemoralis) artikulieren das Caput des Femur mit dem Acetabulum des Os coxae (= Hüftbein). Das Hüftgelenk ist ein Nußgelenk (= eine Sonderform des Kugelgelenks). Seine Bewegungsmöglichkeiten sind fast so groß wie die des Schultergelenks, können jedoch beim Stehen und Gehen nicht völlig ausgenutzt werden. (Erklärung siehe weiter unten).

Der Gelenkkopf des Hüftgelenks wird vom Caput des Femur gebildet. Die Gelenkpfanne wird vom Acetabulum und vom Lig. transversus acetabuli gebildet, das die Incisura acetabuli fast vollständig verschließt. Der Rand der Gelenkpfanne ist ringförmig von der faserknorpeligen Gelenklippe, dem **Labrum acetabulare**, umgeben. Da das Labrum acetabulare das Caput des Femur über den Äquator hinaus umschließt, so dass annähernd 2/3 des Caput innerhalb der Gelenkpfanne liegen, hat das Caput femoris einen stabilen Halt im Hüftgelenk, was jedoch die Bewegungsfreiheit einschränkt.

Das Acetabulum besteht aus der sichelförmigen Facies lunata und der von der Facies umgebenen Fossa acetabuli (Pfannenboden).

Die Facies lunata ist mit Knorpel überzogen. In der Fossa acetabuli **fehlt** der Knorpelüberzug, dagegen ist die Fossa mit einem fett- und bindegewebigen Polster ausgefüllt, in dem das in der Tabelle beschriebene Lig. capitis femoris zum Caput femoris zieht. Wichtig zu wissen ist, daß das Caput des Femur nur mit der Facies lunata artikuliert.

Die kräftig ausgebildete **Gelenkkapsel** entspringt nicht am Labrum acetabulare sondern am knöchernen Rand des Acetabulum, dadurch ragt die Gelenklippe frei in den Gelenkraum hinein. Die Kapsel reicht beim Femur auf der Vorderseite bis zur Linea intertrochanterica und auf der Rückseite bis zur Mitte des Schenkelhalses, wodurch das Labrum acetabulare in die Gelenkhöhle hineinragt. Die Gelenkkapsel umschließt den gesamten vorderen und 2/3 des hinteren Schenkelhalses (= Collum femoris).
Beim Erwachsenen wird das Hüftgelenk und der Oberschenkelkopf aus den Aa. circumflexae femoris medialis und lateralis (Äste der A. profunda femoris) mit Blut versorgt.

Klinik: Zu Frakturen im Bereich des Schenkelhalses kommt es besonders bei älteren Menschen, weil sich die Spongiosa des Femur (Kapitel 2.3.1)

u.a. infolge schlechterer Durchblutung so verändert, daß die Brüchigkeit der Knochensubstanz zu- und die Belastungsfähigkeit abnimmt. Zu bedenken ist, daß bei einer Schenkelhalsfraktur die Bruchlinie ventral immer innerhalb, dorsal aber auch außerhalb der Gelenkkapsel verlaufen kann.
Bei **Schenkelhalsbrüchen** können alle Gefäße (Aa. circumflexae femoris medialis und lateralis – und sofern noch vorhanden der R. acetabularis aus der A. obturatoria) zerrissen werden, so daß die arterielle Versorgung des Femur eingeschränkt ist.

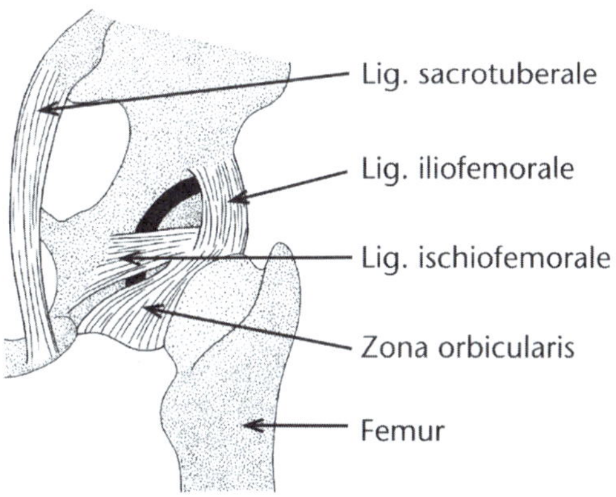

Abb. 4.2 *Bänder im Bereich des Hüftgelenks von dorsal.*

Das Hüftgelenk wird durch einen sehr kräftig ausgebildeten Bandapparat zusammengehalten und durch einen Muskelmantel gesichert.
Zum **Bandapparat** (siehe die Abb. 4.2) gehören:
- Lig. iliofemorale,
- Lig. ischiofemorale,
- Lig. pubofemorale,
- Zona orbicularis.

Diese Bänder verlaufen schraubenartig um das Gelenk herum. Bei gestrecktem Bein ist diese „Bändersch raube“ zugedreht, bei gebeugtem Bein aufgedreht. Sie hemmt damit eine Überstreckung des Beins, sowie ein Abkippen des Rumpfes nach dorsal.

Als Muskeln sind an der Gelenksicherung beteiligt:
- ventral: M. iliopsoas, M. pectineus.
- dorsal: M. obturatorius externus, M. obturatorius internus, M. gluteus maximus, M. quadratus femoris, Mm. gemelli superior und inferior.
- kranial: M. gluteus medius, M. gluteus minimus.
- kaudal: M. adductor magnus, M. adductor longus, M. adductor brevis.

Klinik: Eine **Hüftgelenksluxation** (= Verrenkung) entsteht, wenn auf das Gelenk sehr große Kräfte einwirken, z.B. infolge eines Verkehrsunfalls, bei dem die Knie gegen das Armaturenbrett geschleudert werden. Dabei kann das Femur aus der Gelenkpfanne austreten. Außerdem zerreißt das in der Tabelle beschriebene Lig. capitis femoris häufig. Solche Luxationen treten normalerweise im hinteren Gelenkbereich zwischen Lig. pubofemorale und Lig. ischiofemorale auf, weil die Gelenkkapsel
- vorne durch das starke Lig. iliofemorale,
- medial durch das Lig. pubofemorale und
- lateral durch das Lig. ischiofemorale verstärkt wird.

Bei einer Hüftgelenksluxation ist eine schnelle Reposition nötig, da ansonsten eine Hüftkopfnekrose (Absterben des Gewebes) entstehen kann.

Bei der angeborenen Hüftgelenksluxation ist die Hüftpfanne nur unvollkommen ausgebildet (zu flach), so dass bei den ersten Gehversuchen das Caput des Femur über das Pfannendach rutscht, dadurch sinkt das Becken beim Gehen auf der Spielbeinseite ab (Trendelenburg-Zeichen). Die Therapie besteht in einer Abspreizung der Oberschenkel (Spreizhose), durch die die weitere Ausbildung der Hüftpfanne gefördert wird.

Das Hüftgelenk hat 3 Hauptachsen: Es kann
- bis 15° gestreckt (= Retroversion) und bis 120° gebeugt (= Anteversion),
- bis 10° adduziert und bis 40° abduziert,
- bis 15° nach außen und bis 35° nach innen rotiert werden.

Bis auf die Beugung werden alle Bewegungsmöglichkeiten im Hüftgelenk durch die kräftigen Ligamenta gehemmt. Bei gebeugtem Hüftgelenk sind die Ligamenta entspannt, so dass der Oberschenkel weiter abduziert werden kann.

Bei der Beugung bis 120° ist zu beachten, dass sich der Oberschenkel bei gestecktem Kniegelenk aktiv bis etwa 70–80° beugen läßt, während bei gebeugtem Kniegelenk eine Beugung im Hüftgelenk bis 120° möglich ist. Dies ist dadurch zu erklären, dass bei gestrecktem Kniegelenk die ischiokruralen Muskeln (= Flexoren) vorzeitig insuffizient werden, während bei gebeutem Kniegelenk gleichzeitig die Spannung in den Adduktoren herabgesetzt wird. Wird das Bein mit der Hand passiv angezogen, dann kann der Oberschenkel bis zum Rumpf gebeugt werden.

Bänder im Bereich des Hüftgelenks			
Band	**Lage**	**Funktion**	**Besonderheiten**
Lig. iliofemorale	Zieht von der Spina iliaca anterior inferior des Os ilii (= Darmbein) fächerförmig zum Trochanter major und zur Linea intertrochanterica des Femur Sein medialer Teil liegt unter dem M. iliopsoas.	Es verstärkt die vordere Wand der Gelenkkapsel. Bei der Streckung des Beins spannt es sich und hemmt dadurch im Hüftgelenk die Überstreckung und damit das Zurückkippen des Beckens. Am Standbein hemmt das Band das Absinken des Beckens zur Gegenseite. Der laterale Schenkel (= Pars lateralis) hemmt die Adduktion und Außenrotation des Beins. Der mediale Schenkel (= Pars medialis) hemmt die Streckung des Beins über 15° hinaus und ist damit passiver Antagonist des M. gluteus maximus.	Das Lig. iliofemorale ist das stärkste Band des menschlichen Körpers. Es verbreitert sich nach unten hin fächerförmig.
Lig. ischiofemorale	Zieht vom Os ischii (= Sitzbein) zur Zona orbicularis, sowie zur Fossa trochanterica und zur Linea intertrochanterica des Femur.	Verstärkt als kräftiges Band die dorsale Wand der Gelenkkapsel. Hemmt die Innenrotation und die Streckung der Hüfte.	
Lig. pubofemorale	Zieht vom Os pubis zur Zona orbicularis sowie zum Trochanter minor und zur Linea intertrochanterica des Femur.	Es ist ein schwaches Band, das die mediale Wand der Gelenkkapsel verstärkt. Hemmt in Streckstellung die Außenrotation und in Beugestellung die Abduktion des Beins.	
Lig. capitis femoris	Entspringt als rundes Band in der Nähe der Incisura acetabuli und zieht zur Fovea capitis auf dem Caput des Femur.	Ist mechanisch ohne Bedeutung. Wichtig ist es für die Blutversorgung des kindlichen Femur, weil es in der Wachstumsphase den R. acetabularis (= Ast der A. obturatoria) enthält, der sich im Alter oft zurückbildet.	Liegt innerhalb der Gelenkkapsel, reißt zumeist bei einer Hüftgelenksluxation.
Zona orbicularis	Liegt als Faserring eng dem Schenkelhals des Femur an.	In die Zona strahlen Fasern aller drei oben genannten Ligamenta ein. Die Zona verhindert, daß der Femurkopf aus der Gelenkpfanne austritt.	

An den Bewegungen des Hüftgelenks sind beteiligt:

Beugung (= **Anteversion**):
- M. rectus femoris,
- M. iliopsoas,
- M. tensor fasciae latae,
- M. gluteus medius,
- M. gluteus minimus,
- M. sartorius,
- M. pectineus.

Streckung (= **Retroversion**):
- M. gluteus maximus,
- M. adductor magnus,
- M. biceps femoris (Caput longum),
- M. gluteus medius (dorsaler Teil),
- M. gluteus minimus (dorsaler Teil),
- M. semimembranosus,
- M. semitendinosus.

Abduktion:
- M. gluteus maximus (oberer Teil),
- M. gluteus medius,
- M. gluteus minimus,
- M. tensor fasciae latae (bei gestrecktemKnie),
- M. rectus femoris (bei gebeugtem Knie),
- M. sartorius,
- M. piriformis.

Adduktion:
- M. adductor magnus,
- M. adductor longus,
- M. adductor brevis,
- M. gluteus maximus (unterer Teil),
- M. iliopsoas,
- M. semimembranosus,
- M. quadratus femoris,
- M. pectineus,
- M. gracilis,
- M. biceps femoris (Caput longum).

Innenrotation:
- M. adductor magnus,
- M. tensor fasciae latae,
- M. gluteus minimus und medius (jeweils vorderer Teil).

Außenrotation:
- M. gluteus maximus,
- M. gluteus medius (dorsaler Teil),
- M. gluteus minimus (dorsaler Teil),
- M. quadratus femoris,
- M. iliopsoas,
- M. rectus femoris,
- M. adductor magnus,
- M. adductor longus,
- M. adductor brevis,
- M. obturatorius externus,
- M. obturatorius internus,
- M. piriformis ,
- M. pectineus,
- Mm. gemelli,
- M. sartorius,
- M. biceps femoris (Caput longum).

Zwischen dem Collum (Schenkelhals) und dem Schaft des Femur kann man einen stumpfen Winkel schlagen, der als **Kollodiaphysenwinkel** (= **CCD-Winkel**, Schenkelhalswinkel) bezeichnet wird. Der Kollodiaphysenwinkel gibt über die Belastungsverhältnisse im Hüftgelenk Aufschluß. Bei einer Fehlstellung kann das Hüftgelenk frühzeitig abgenutzt werden.

Der Kollodiaphysenwinkel beträgt:
- beim Neugeborenen ca. 150°,
- in der Pubertät 133°,
- beim Erwachsenen 127° (mittlere Schwankungsbreite 120–133°),
- beim alten Menschen 120°.

Im Alter nimmt der Kollodiaphysenwinkel immer mehr ab (s. Abb. 4.4).

Klinik: Ist der Kollodiaphysenwinkel beim Erwachsenen kleiner als 120°, so wird dieses Krankheitsbild **Coxa vara** genannt. Dabei nähern sich der Trochanter major (Femur) und die Crista iliaca (Os ilii) einander an, so daß die Kraft der Mm. glutei

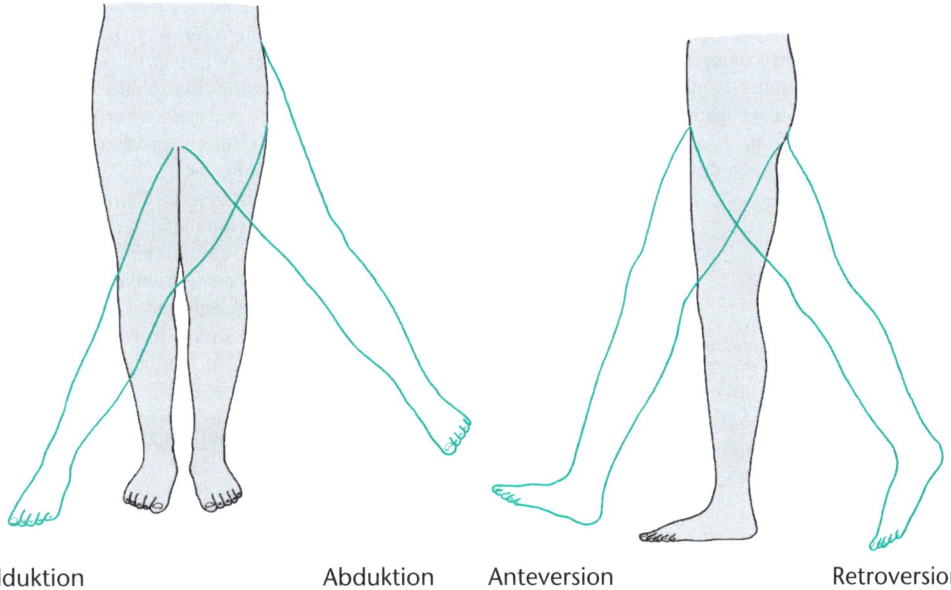

Abb. 4.3 Bewegungsmöglichkeiten im Hüftgelenk

medius und minimus herabgesetzt wird. Ist der Winkel beim Erwachsenen größer als 140°, so spricht man von einer **Coxa valga.**

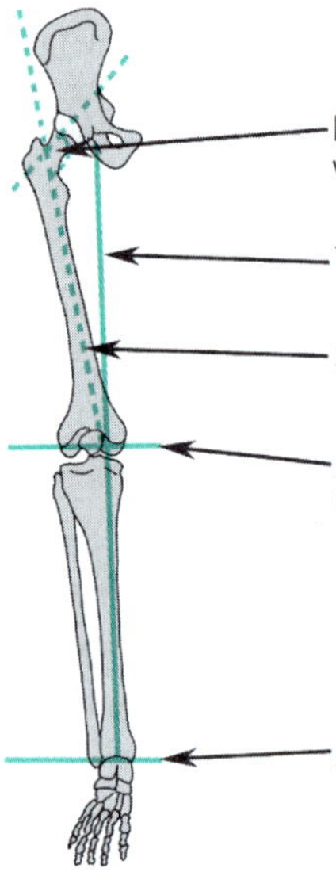

Abb. 4.4 *Darstellung der Achsen und des Kollodiaphysenwinkels*

Als weiteren Winkel sollten Sie den **Antetorsionswinkel** kennen. Hierunter versteht man, dass der Schenkelhals beim Erwachsenen zusätzlich gegenüber der Frontalachse der Kondylen im Kniegelenk (= quere Kondylenachse) nach vorne um etwa 12° verdreht (= Antetorsion) ist. Beim Neugeborenen beträgt dieser Winkel noch etwa 35°.

4.3.2 Kniegelenk !!! 6/17

➤ *Besonders prüfungsrelevant: Tabelle und Bewegungsmöglichkeiten im Kniegelenk.* ◄

➤ Das **Kniegelenk** (= **Articulatio genus**) ist das größte Gelenk des menschlichen Körpers. Es ist ein Drehscharniergelenk = Trochoginglymus und besitzt 2 Freiheitsgrade. ◄

Das Kniegelenk kann unterteilt werden in ein

- Femoro-tibialgelenk – liegt zwischen Femur und Tibia,
- Femoro-patellargelenk – liegt zwischen Femur und Patella.

Im Gegensatz zum Arm sind am Kniegelenk nur das Femur und die Tibia, nicht jedoch die Fibula beteiligt!

Das **Femoropatellargelenk** liegt zwischen der Facies patellaris des Femur und der Facies articularis der Patella. Die Patella kann sich im Kniegelenk zwischen maximaler Beugung und Streckung bis zu 5–7 cm auf dem Femur auf- oder abwärts bewegen. Diese Beweglichkeit wird durch die Bursa suprapatellaris und die Bursa subcutanea praepatellaris ermöglicht, die eine Art Verschiebespalt bilden.

Am **Femorotibialgelenk** sind als Gelenkkopf die Kondylen des Femur und als Gelenkpfanne die Facies articularis der Tibia beteiligt. Das Verhältnis von Gelenkkopf zur Gelenkpfanne beträgt 3:1.

➤ Während die Knochen bei anderen Gelenken zumeist ineinander passen, berühren sich das Femur und die Tibia im Kniegelenk nur punktförmig, so daß die Kondylen des Femur quasi über die Gelenkfläche der Tibia schlittern, was als **Rollgleitbewegung** bezeichnet wird. ◄

Da somit eine knöcherne Gelenkführung fehlt, andererseits aber eine flächenhafte Berührung der beiden Knochen für die Stabilität des Gelenks notwendig ist, gibt es im Kniegelenk die beiden zwischen den Gelenkflächen geschobenen bindegewebigen **Menisci medialis** und **lateralis**, die mit Faserknorpel überzogen sind.

➤ Neben der Gelenkführung dienen die Menisci der Druckverteilung zwischen Femur und Tibia.
Die Menisci haben im Querschnitt ein keilförmiges Aussehen. Ihr äußerer Rand ist verdickt, nach innen verdünnen sie sich. Bei entsprechendem Druck sind die Menisci verformbar. ◄

Die Menisci unterteilen das Femorotibialgelenk in zwei unvollständig voneinander getrennte Gelenke: die Articulatio meniscofemoralis (zwischen Femur und Meniskus) und die Articulatio meniscotibialis (zwischen Tibia und Meniskus). Durch die Ligg. cruciata (siehe weiter unten) werden beide Gelenke jeweils nochmals in ein mediales und ein laterales Gelenk unterteilt.

➤ Der **Meniscus medialis** hat ein C-förmiges Aussehen. Er ist größer als der Meniscus lateralis. Da er fest mit der Gelenkkapsel sowie mit dem Lig. collaterale tibiale (siehe weiter unten) verwachsen ist, kann er nur wenig verschoben werden. Bei der Außenrotation im Kniegelenk wird er am stärksten verlagert, bei der Innenrotation wird er entlastet. ◄

➤ Der **Meniscus lateralis** hat ein fast kreisförmiges Aussehen. Er ist relativ gut verschiebbar, weil er nur punktuell mit der Gelenkkapsel verbunden ist. Dadurch wird er bei verschiedenen Bewegungen insgesamt weniger belastet. Über das Lig. meniscofemorale posterius, das am Condylus medialis des Femur ansetzt, ist der Meniscus lateralis mit dem Lig. cruciatum posterius verbunden.
Beide Menisci sind vorn durch das kleine Lig. transversum genus miteinander verbunden. Durch kurze Fasern sind ihre Enden an der Tibia befestigt. ◄

Bei gestrecktem Bein haben die Kondylen des Femur großflächigen Kontakt zu den Menisci. Wird das Kniegelenk gebeugt, so verlagern sich die Menisci nach dorsal. Dadurch wird der Kontakt zu den Kondylen geringer.

Klinik: ➤ Bei Meniskusverletzungen ist zumeist der Meniscus medialis betroffen, weil er fest mit seiner Umgebung verwachsen ist. Zu einer Meniskusläsion kommt es zumeist durch eine plötzliche passive (= nicht durch Muskeln verursachte) Außenrotation des Unterschenkels. Auf eine Verletzung des Meniscus medialis deuten Schmerzen bei der Außenkreiselung (bei gebeugtem Knie!) hin, bei einer Verletzung des Meniscus lateralis treten Schmerzen bei der Innenkreiselung auf. ◄
Eine weitere Verletzungsmöglichkeit der Menisken liegt darin, dass sie aus der Gelenkkapsel abgerissen und zwischen den Knochenenden eingeklemmt werden können.

Das Femorotibial- und das Femoropatellargelenk liegen in einer gemeinsamen **Gelenkhöhle.** Der vordere Teil der Gelenkhöhle ist von einem keilförmigen Fettkörper gefüllt, der Plica synovialis infrapatellaris genannt wird und sich durch 2 Fettwülste (Plicae alares) in die Gelenkhöhle vorbuchtet.
Die Gelenkhöhle ist relativ weit und durch die vorspringenden Bänder und die Menisci sehr buchtenreich. Die Kreuzbänder (Ligg. cruciata) liegen unter der Synovialmembran der Gelenkkapsel – und damit außerhalb der Gelenkhöhle.

Die Gelenkkapsel setzt bei der Tibia am Knorpelrand und beim Femur vorne 1–2 cm oberhalb des Knorpelrandes und hinten am Knorpelrand der Kondylen an.

Bänder im Bereich des Kniegelenks

Band	Lage	Funktion	Besonderheit
Lig. cruciatum posterius (= hinteres Kreuzband)	Zieht von der lateralen Fläche des Condylus medialis des Femur zur Area intercondylaris posterior der Tibia.	Sichert den Zusammenhalt des gebeugten Knies. Bei gestrecktem Knie wirken die Ligg. cruciata mit den Ligg. collateralia einer Überstreckung entgegen. **Klinik:** Beim Riß des Bandes kommt es zum sogenannten hinteren Schubladenphänomen. Dabei kann der Unterschenkel (wegen der insuffizienten Kollateralbänder) in Beugestellung um 2–3 cm nach hinten geschoben werden.	Verläuft von vorn-oben-innen nach hinten-unten-außen. In jeder Stellung des Kniegelenks ist ein Teil der Sehnenfasern der Ligg. cruciata posterior oder anterior angespannt.
Lig. cruciatum anterius (= vorderes Kreuzband)	Zieht von der medialen Fläche des Condylus lateralis des Femur zur Area intercondylaris anterior der Tibia.	Sichert die Stabilität des gebeugten Knies und wirkt einer Überstreckung entgegen. Der mediale Teil spannt sich bei Streckung und Innenrotation, der laterale Teil spannt sich bei Beugung des Unterschenkels. **Klinik:** Beim Riß des Bandes kommt es zum sogenannten vorderen Schubladenphänomen, wobei beim gebeugten Knie der Unterschenkel von hinten nach vorn geschoben werden kann.	Das Ligamentum besteht aus einem vorderen medialen und einem hinteren lateralen Teil. Es verläuft von hinten-oben-außen nach vorn-unten-innen. Das Lig. cruciatum anterius steht im rechten Winkel zum Lig. cruciatum posterius. Bei der Außenrotation des Knies wickeln sich die beiden Bänder voneinander ab, bei Innenrotation wickeln sie sich auf.

Band	Lage	Funktion	Besonderheit
Lig. patellae	Zieht von der Patella zur Tuberositas der Tibia.	Ist ein kräftiges Band, in dem die Patella eingelagert ist (siehe M. quadriceps femoris, Kapitel 4.4.2). Durch die Einlagerung der Patella besitzt die Sehne des M. quadriceps einen besseren Ansatzwinkel, wodurch der M. quadriceps auch bei gestrecktem Bein voll funktionsfähig ist.	Bildet die Fortsetzung der Sehne des M. quadriceps femoris.
Lig. collaterale fibulare (= laterales Seitenband)	Zieht vom Epicondylus lateralis des Femur zum Caput der Fibula.	Ist ein kräftiges Band, das die Gelenkkapsel verstärkt. In der Streck- und Außenrotationsstellung ist es gespannt, während der Beugung und der Innenrotation im Kniegelenk entspannt.	Ist nicht mit der Gelenkkapsel verwachsen.
Lig. collaterale tibiale (= mediales Seitenband)	Zieht vom Epicondylus medialis des Femur zum Condylus medialis der Tibia.	Verstärkt die Gelenkkapsel. In Streck- und Außenrotationsstellung des Kniegelenks ist es wie das Lig. collaterale fibulare gespannt. Beide Bänder stellen das Knie damit in der Streckstellung fest und machen eine Kreiselung unmöglich.	Ist ein dreieckiges Band, das mit der Membrana fibrosa der Gelenkkapsel und mit dem Meniscus medialis fest verwachsen ist.
Lig. popliteum obliquum	Zieht von der Ansatzstelle des M. semimembranosus schräg nach oben außen zum Tibiakopf.	Verstärkt die dorsale Wand der Gelenkkapsel.	Geht aus Fasern des M. semimembranosus hervor.
Lig. popliteum arcuatum	Zieht von der Ansatzstelle des M. semimembranosus abwärts zum Fibulakopf.	Verstärkt die dorsale Wand der Gelenkkapsel.	Zieht über den M. popliteus hinweg.
Retinaculum patellae laterale und mediale	Ziehen vom Sehnenspiegel des M. quadriceps femoris lateral bzw. medial an der Patella vorbei zur Tuberositas der Tibia.	Retinaculae sind straffe Bandzüge, die als Haltebänder der Patella dienen und die Gelenkkapsel auf der Vorderseite verstärken. Bei einem Querbruch der Patella (und damit einem Funktionsausfall des Lig. patellae) kann über die Retinaculae noch ein Teil der Kraft des M. quadratus femoris auf die Tibia übertragen werden.	In das Retinaculum patellae laterale strahlen noch Fasern des Tractus iliotibialis ein und verstärken es.

➤ Die Epiphysenlinie liegt beim Femur somit vorne innerhalb und hinten außerhalb der Gelenkhöhle. Somit liegen auch der Epicondylus lateralis und medialis außerhalb der Gelenkhöhle. ◄

Klinik: Bei einem Kniegelenkserguß kommt es zur Überdehnung der Gelenkkapsel. Da zwischen den Gelenkflächen nur wenig Platz ist, sammelt sich die Flüssigkeit in der zwischen der Patella und dem Femur liegenden Bursa suprapatellaris (s. weiter unten). Dadurch wird die Patella vom Femur abgehoben. Beim Versuch, die Patella auf das Femur zu drücken, federt die Patella zurück (= „tanzende Patella“).

Bänder und Bewegungsmöglichkeiten

Die Kniegelenkkapsel wird durch folgende innere und äußere Bänder verstärkt:

➤ Die beiden **inneren Bänder** sichern den Zusammenhalt des gebeugten Knies:
- Lig. cruciatum anterius (= vorderes Kreuzband),
- Lig. cruciatum posterius (= hinteres Kreuzband).

An **äußeren Bändern** kommen vor:
- Lig. patellae,
- Lig. collaterale fibulare und tibiale,
- Lig. popliteum obliquum und arcuatum,
- Retinaculum patellae laterale und mediale. ◄

Die Kapsel des Kniegelenks wird verstärkt durch:
- ventral: Lig. patellae, Sehne des M. quadriceps femoris, Retinaculum patellae mediale und laterale,
- lateral: Lig. collaterale fibulare,
- medial: Lig. collaterale tibiale,
- dorsal: Lig. popliteum obliquum, sowie durch Sehnenfasern vom M. semimembranosus, M. popliteus und M. gastrocnemius.

Außerdem liegt auf der Vorderseite als spezieller Spanner der Gelenkkapsel der M. articularis genus.
➤ Das Kniegelenk besitzt 2 Hauptachsen, das heißt, durch das Doppelgelenk (= Drehscharniergelenk) sind folgende Bewegungen möglich:
- Streckung bis 180° und Beugung bis 130°,
- Außenrotation bis 40° und Innenrotation bis 10°.◄

➤ Passiv kann im Knie bis zu 160° gebeugt werden, danach setzt die Weichteilhemmung ein. Wegen der Anspannung des Lig. cruciatum anterius sind die letzten 10° der Streckung nur bei gleichzeitiger unwillkürlicher Außenrotation von 5° möglich, was als **Schlußrotation** bezeichnet wird. Der M. popliteus macht die Schlußrotation wieder rückgängig.

Nur bei gebeugtem Kniegelenk kann der Unterschenkel aktiv gegen den Oberschenkel rotieren, weil nur in der Beugestellung die Ligg. collateralia überwiegend entspannt sind; das bedeutet, daß die Rotationsmöglichkeit mit steigender Beugung zunimmt (selbst nachvollziehen!). ◄

➤ An den Bewegungen des Kniegelenks sind beteiligt:

Extension (= **Streckung**):
- M. quadriceps femoris.

Flexion (= **Beugung**):
- M. semimembranosus,
- M. semitendinosus,
- M. biceps femoris,
- M. sartorius,
- M. gastrocnemius,
- M. gracilis,
- M. popliteus,
- M. plantaris.

Außenrotation:
- M. biceps femoris,
- M. gastrocnemius (Caput mediale),
- M. tensor fasciae latae.

Innenrotation:
- M. semitendinosus,
- M. semimembranosus,
- M. sartorius,
- M. popliteus,
- M. gracilis,
- M. gastrocnemius (Caput laterale). ◄

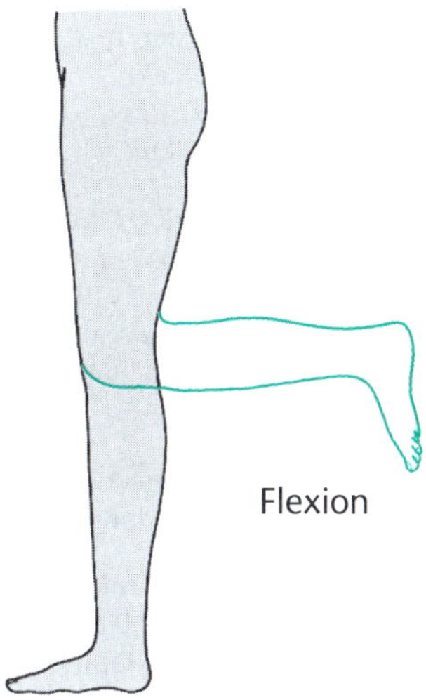

Abb. 4.5 *Bewegungsmöglichkeiten im Kniegelenk*

> **Merke:** Eine Innen- oder Außenrotation ist nur bei gebeugtem Kniegelenk möglich!

➤ Die Innenrotation wird gehemmt durch:
- Ligg. cruciata posterius und anterius.

Die Außenrotation wird gehemmt durch:
- Ligg. collateralia fibulare und tibiale. ◄

Wichtige **Schleimbeutel** im Bereich des Kniegelenks sind:
- **Bursa suprapatellaris** – liegt oberhalb der Patella unter der Sehne des M. quadriceps femoris. Sie

Bein

dient der Gleitbewegung der Patella und steht zumeist mit der Gelenkhöhle in Verbindung.

- **Bursa infrapatellaris** – liegt zwischen dem Lig. patellae und der Tibia.
- **Recessus subpopliteus** (syn.: Bursa m. popliteі) – liegt unterhalb der Ursprungssehne des M. popliteus und steht mit der Gelenkhöhle in Verbindung.
- **Bursa subcutanea praepatellaris** – liegt vor der Patella und dem Lig. patellae.

4.3.3 Verbindungen der Unterschenkelknochen ! 0/0

Die beiden Unterschenkelknochen Tibia und Fibula sind miteinander verbunden durch

- das obere Tibio-fibulargelenk,
- die Membrana interossea cruris,
- das untere Tibio-fibulargelenk.

Das **obere Tibiofibulargelenk** (= **Articulatio tibiofibularis**) ist eine Amphiarthrose (= straffes Gelenk), das zwischen der Facies articularis fibularis der Tibia und der Facies articularis capitis der Fibula liegt. Mit der straffen Gelenkkapsel sind einige Bänder verwachsen.

➤ Zum eist steht die Articulatio tibiofibularis nicht mit dem Kniegelenk in Verbindung. ◄

Die derbe, bindegewebige **Membrana interossea cruris** spannt sich zwischen der Tibia und der Fibula aus. Im proximalen Teil der Membrana liegt eine Öffnung für den Durchtritt der A. tibialis anterior und der Vv. tibiales anteriores; distal liegt eine Öffnung durch die der R. perforans der A. fibularis zieht. Nach distal wird die Membran immer schmaler, um schließlich in das untere Tibiofibulargelenk überzugehen.

➤ Die Membrana interossea cruris dient

- der Abfederung von Druckbelastungen zwischen Tibia und Fibula, ◄
- einigen Muskeln als Ursprung (siehe Kapitel 4.4.3)
- als Trennwand zwischen Beuge- und Streckmuskeln.

Das **untere Tibiofibulargelenk (= Syndesmosis tibiofibularis;** alt: Articulatio tibiofibularis distalis) nimmt unter den Gelenken eine Sonderstellung ein, da zumeist eine Gelenkhöhle und der Knorpelüberzug fehlen. Daher spricht man nur in den wenigen Fällen von einer Articulatio tibiofibularis, in denen sich zwischen dem distalen Teil von Tibia und Fibula ein echtes Gelenk ausgebildet hat, ansonsten wird die Verbindung als **Syndesmosis tibiofibularis** bezeichnet. Die Syndesmose verbindet die Tibia und Fibula zur festen, aber nicht völlig starren **Malleolengabel** (Knöchelgabel). Bei der Syndesmosis sind die einander gegenüberliegenden Flächen der Tibia und Fibula aufgerauht. Die Syndesmosis wird durch das kräftige, über die Vorderseite verlaufende Lig. tibiofibulare anterius und das über die Hinterfläche verlaufende Lig. tibiofibulare posterius fest zusammengehalten.

4.3.4 Fußgelenk !! 5/11

Als **Hauptgelenke** liegen im Fußbereich:

- das obere Sprunggelenk,
- das untere Sprunggelenk, das wiederum unterteilt wird in:
  - ein hinteres unteres Sprunggelenk,
  - ein vorderes unteres Sprunggelenk.

➤ Das obere und das untere Sprunggelenk liegen übereinander, wobei das obere oberhalb und das untere Sprunggelenk unterhalb des Sprungbeins (= Talus) liegt. ◄

Oberes Sprunggelenk

➤ Das **obere Sprunggelenk** (= **Articulatio talocruralis**) ist ein reines Scharniergelenk (= eine Hauptachse), da in ihm nur Bewegungen um eine quere Achse möglich sind. ◄ Die Gelenkpfanne wird von der Malleolengabel gebildet. Als Gelenkkopf dient die Trochlea tali (= Sprungbeinrolle), die über 3 Gelenkflächen mit der Malleolengabel verbunden ist. Die Malleolengabel besteht aus den beiden Enden der Tibia und Fibula, wobei die Gelenkfläche der Fibula etwas tiefer als die der Tibia steht.

➤ Um den walzenartigen Teil des Talus bildet die Malleolengabel eine Art Klammer, die der Knochenführung dient.

Die dünne Gelenkkapsel des oberen Sprunggelenks setzt an der Knorpelknochengrenze von Tibia und Fibula sowie am Collum des Talus an – die beiden Malleolen (= Knöchel) liegen also außerhalb der Gelenkkapsel. ◄

An beiden Seiten wird die Gelenkkapsel durch folgende Bänder verstärkt:
Medial zieht vom Innenknöchel (Malleolus medialis):

- ➤ **Lig. mediale** (syn.: Lig. deltoideum **= Deltaband**) – ist ein starkes, in 4 Teile (= Partes) unterteilbares Band, das vom Malleolus medialis (= Innenknöchel – Teil der Tibia) fächerförmig zu den Fußwurzelknochen (Talus, Calcaneus, Os naviculare) zieht. ◄

► Durch das Lig. mediale wird eine Abduktion (= Wegziehen) des Fußes nach fibular verhindert. ◄

Lateral ziehen vom Außenknöchel (Malleolus lateralis) zu den Fußwurzelknochen (die Knochen gehen aus der Bezeichnung des Bandes hervor):

- Lig. talofibulare anterius – zum Talus,
- Lig. talofibulare posterius – zum Talus,
- Lig. calcaneofibulare – zum Calcaneus.

Klinik: Im Gegensatz zu den Bändern der Hand sind die Bänder der Sprunggelenke klinisch relevant, da diese Bänder infolge einer Sportverletzung häufiger geschädigt werden. Besonders häufig reißt das Lig. talofibulare anterius.

► An Bewegungen sind im oberen Sprunggelenk möglich:

- Dorsalflexion = Heben des Fußes bis 20°,
- Plantarflexion = Senken des Fußes bis 30°.

An den Bewegungen des oberen Sprunggelenks sind beteiligt:

Dorsalflexion (= Extension = Heben der Fußspitze):

- M. tibialis anterior,
- M. extensor hallucis longus,
- M. extensor digitorum longus.

Plantarflexion (= Flexion = Senken der Fußspitze):

- M. soleus,
- M. gastrocnemius,
- M. tibialis posterior,
- M. flexor hallucis longus,
- M. flexor digitorum longus. ◄

Die Bewegungsmöglichkeiten sind dadurch zu erklären, dass die Sehnen der Dorsalflexoren vor der Gelenkkapsel liegen, während die Plantarflexoren hinter der Gelenkkapsel verlaufen.

Bei der Plantarflexion artikuliert der schmalere hintere Teil der Trochlea tali mit der Tibia und dem Malleolus medialis, dadurch vergrößert sich der Spielraum im Gelenkbereich (der Gelenkschluß ist in diesem Bereich weniger fest, so dass seitliche Wackelbewegungen möglich sind).

Unteres Sprunggelenk

► Das **untere Sprunggelenk** wird durch das im Sinus tarsi liegende, starke Lig. talocalcaneum interosseum (= ein Zwischenknochenband), in ein hinteres unteres und ein vorderes unteres Sprunggelenk unterteilt. Anatomisch besitzen beide Gelenke getrennte Gelenkhöhlen, funktionell gehören sie zusammen. Sie dienen als Scharniergelenke (manche Autoren bezeichnen es auch als atypisches Drehgelenk). ◄

► Beim **vorderen unteren Sprunggelenk** (= **Articulatio talocalcaneonavicularis**) bildet der Talus den Gelenkkopf, während die Gelenkpfanne vom Calcaneus, dem Os naviculare und dem überknorpelten Lig. calcaneonaviculare plantare gebildet wird. ◄

► An **Gelenkbändern** kommen im vorderen unteren Sprunggelenk vor:

Lig. calcaneonaviculare plantare (= **Pfannenband**) – zieht als kräftiges Band vom Calcaneus (= Fersenbein) zum Os naviculare. Seine überknorpelte Innenseite ist an der Bildung der Gelenkpfanne des unteren Sprunggelenks beteiligt (daher die Bezeichnung Pfannenband). Außerdem ist das Ligamentum als Stütze für das Längsgewölbe des Fußes von großer Bedeutung (s. Kapitel 4.3.5). ◄

- Lig. talonaviculare – zieht vom Talus zum Os naviculare und verstärkt dorsal die Gelenkkapsel.
- Lig. plantare longum – zieht als breites, derbes Band von der Plantarseite des Calcaneus zum Os

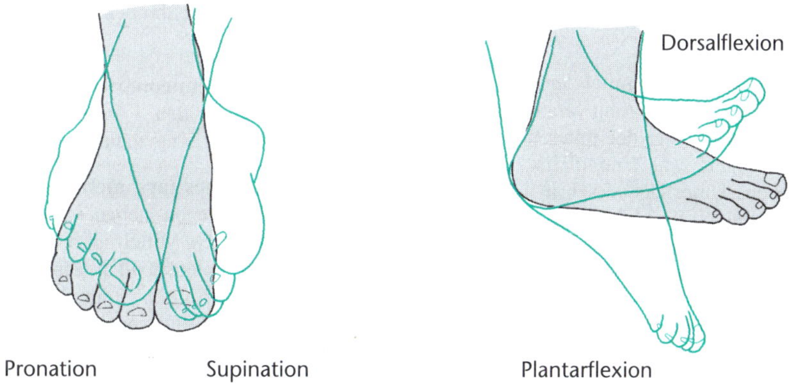

Abb. 4.6 Bewegungsmöglichkeiten im Fußbereich

cuboideum und zu den Mittelfußknochen und verklammert dabei die lateralen Fußwurzelknochen.

➤ Beim **hinteren unteren Sprunggelenk** (= **Articulatio subtalaris**) liegt das Gelenk zwischen der konkaven Seite des Talus und der konvexen Seite des Calcaneus. ◄

Als Gelenkband sei erwähnt:
- Lig. talocalcaneum interosseum – zieht im grubenförmigen Sinus tarsi vom Talus zum Calcaneus. Es trennt das untere Sprunggelenk in zwei Gelenke und hemmt die Supinationsbewegung.

➤ An Bewegungen sind im unteren Sprunggelenk möglich:
- Supination (= Einwärtskanten = Heben des medialen Fußrandes mit gleichzeitiger Adduktion und Plantarflexion) bis 50°.
- Pronation (= Außwärtskanten = Heben des lateralen Fußrandes mit gleichzeitiger Abduktion und Dorsalflexion) bis 30°.

Bitte nicht verwechseln: Bei der Hand bedeutet Supination = Auswärtsdrehung und Pronation = Einwärtsdrehung! ◄

➤ An den Bewegungen im unteren Sprunggelenk sind beteiligt:
Supination (mit Plantarflexion und Adduktion):
- M. soleus,
- M. gastrocnemius,
- M. tibialis posterior,
- M. flexor hallucis longus,
- M. flexor digitorum longus.

Pronation (mit Dorsalflexion und Abduktion):
- M. peroneus longus,
- M. peroneus brevis,
- M. peroneus tertius,
- M. extensor digitorum longus,
- M. tibialis anterior (proniert nur in Supinationsstellung). ◄

Während bei der oberen Extremität der Unterarm für die Pro- und Supinationsbewegung verantwortlich ist, sind diese Bewegungen bei der unteren Extremität auf den Fuß verlagert, was sinnvoll ist, damit wir auch über unebene Unterflächen schrittsicher gehen können. Zusammen besitzen das obere und untere Sprunggelenk die Beweglichkeit eines Kugelgelenks (3 Hauptachsen).

4.3.5 Weitere Gelenke der Fußwurzel und des Mittelfußes ! 1/2

➤ *Prüfungsrelevant: Die am Längs- und Quergewölbe des Fußes beteiligten Muskeln und Ligamenta.* ◄

Die nachfolgend aufgeführten Gelenke im Fuß- und Mittelfußbereich sind nur minimal beweglich.
- die Articulatio calcaneocuboidea (= Fersenbein-Würfelbein-Gelenk),
- die Articulatio tarsi transversa (= queres Fußwurzelgelenk),
- die Articulatio cuneonavicularis (= Keilbein-Kahnbein-Gelenk,
- die Articulationes tarsometatarseae (= Fußwurzelmittelfußgelenke).

Die **Articulatio calcaneocuboidea** ist eine Amphiarthrose, die nur minimale Bewegungen zuläßt. Das Gelenk liegt zwischen dem Calcaneus und dem Os cuboideum. Die Gelenkkapsel wird durch verschiedene kleine Ligamenta verstärkt.

Die **Articulatio tarsi transversa** (= Chopart-Gelenklinie) ist aus der Articulatio calcaneocuboidea (Würfelbein-Fersenbein-Gelenk) und der Articulatio talocalcaneonavicularis (vordere Kammer des unteren Sprunggelenks) zusammengesetzt. Die Articulatio tarsi transversa verläuft als S-förmiger Spalt zwischen den proximal liegenden Talus und Calcaneus und den distal vom Spalt liegenden Os naviculare und Os cuboideum. Dieser Spalt wird als **Articulatio tarsi transversa** (= Chopart-Gelenklinie) bezeichnet. Früher wurde unterhalb dieser Gelenklinie der Vorderfuß amputiert.

Auf der dorsalen Seite der Chopart-Gelenklinie liegt das V-förmige **Lig. bifurcatum**, das am Calcaneus ansetzt. Es teilt sich in 2 Bänder auf, von denen das Lig. calcaneonaviculare zum Os naviculare und das Lig. calcaneocuboideum zum Os cuboideum zieht.

Die **Articulatio cuneonavicularis** liegt als Amphiarthrose zwischen den 3 Ossa cuneiformia (= Keilbeine) und dem Os naviculare.

Die **Articulationes tarsometatarsales** sind Amphiarthrosen. Sie liegen nebeneinander zwischen der Fußwurzel und dem Mittelfußknochen. Proximal vom gemeinsamen Gelenkspalt liegen die 3 Ossa cuneiformia und das Os cuboideum, distal liegen die Ossa metatarsalia (Mittelfußknochen). Dieser Gelenkspalt wird als **Lisfranc-Amputationslinie** bezeichnet, rüher wurde in dieser Gelenklinie der Metatarsus (Mittelfuß) vom Tarsus getrennt.

Gewölbekonstruktion des Fußes
Bei der Aufsicht auf das Fußskelett von seitlich können Sie erkennen, dass nicht alle Knochen den Boden erreichen. In der Mitte des Fußskeletts liegt zwischen den Fußwurzelknochen und den Mittelfußknochen ein Gewölbe, das durch Muskeln und Bänder gesichert wird. Dieses Gewölbe, das für die Stabilität des Fußes wichtig ist, wird in ein Längs- und ein Quergewölbe unterteilt.

➤ Die **Längswölbung** des Fußes wird verspannt

aktiv durch:
Unterschenkelmuskeln:
- Sehne des M. flexor hallucis longus,
- Sehne des M. flexor digitorum longus,
- Sehne des M. tibialis anterior,
- Sehne des M. tibialis posterior;

Fußmuskeln:
- M. flexor digitorum brevis,
- M. quadratus plantae,
- M. abductor hallucis,
- M. flexor hallucis brevis,
- M. abductor digiti minimi,
- M. opponens digiti minimi;

passiv durch:
- Lig. calcaneonaviculare plantare (= Pfannenband),
- Lig. calcaneocuboideum,
- Lig. plantare longum,
- Aponeurosis plantaris (Plantaraponeurose),
- Ligg. tarsi plantaria.

Die **Querwölbung** des Fußes wird verspannt

aktiv durch:
Unterschenkelmuskeln:
- Sehne des M. peroneus longus,
- Sehne des M. tibialis posterior (schwach);

Fußmuskel:
- Caput transversum des M. adductor hallucis.

passiv durch:
- Lig. metatarsale transversum profundum (= Band zwischen den Köpfen der Mittelfußknochen).

Die Sicherung der Querwölbung erfolgt vor allem durch die entgegengesetzt gerichteten Querzüge des M. peroneus longus und des M. tibialis posterior. Der M. tibialis posterior hilft außerdem dabei, den Taluskopf in seiner Lage zu halten, indem seine Sehne unter dem Lig. calcaneonaviculare plantare verläuft und damit dieses Ligamentum stützt. ➤

Klinik: Durch langandauernde Fehlbelastung oder auch infolge einer Lähmung findet man in der Praxis bei vielen Erwachsenen Fußdeformitäten, die auf eine Veränderung der Fußwölbung zurückzuführen sind.
- **Plattfuß** (= Pes planus) – das Längsgewölbe ist abgeflacht. Meist ist der Plattfuß mit einem Knickfuß kombiniert (= Pes valgoplanus).
- **Hohlfuß** (= Pes cavus) – die Längswölbung ist im medialen Fußgewölbe überhöht. Der Fuß kann nicht mehr über den lateralen Fußrand abgerollt werden.
- **Spreizfuß** (= Pes transversoplanus) – die Querwölbung ist besonders im Bereich der Mittelfußknochen abgeflacht. Die Köpfe der Mittelfußknochen sind nicht mehr bogenförmig angeordnet sondern liegen auf gleicher Höhe nebeneinander. Der Vorfuß ist verbreitert.
- **Hackenfuß** (= Pes calcaneus) – entsteht durch Lähmung der Flexoren des Unterschenkels (Ausfall des N. tibialis). Der Fuß ist in Dorsalflexionsstellung fixiert (Ferse zeigt nach unten, Fußspitze nach oben).
- **Klumpfuß** (= Pes varus) – die seitliche Fußkante steht nach unten (= O-Stellung = Varusstellung), der innere Fußrand ist angehoben (Supinationsstellung).
- **Spitzfuß** (= Pes equinus) – entsteht durch Lähmung aller Extensoren des Unterschenkels (Ausfall des N. fibularis profundus). Der Fuß ist nach plantar flektiert. Der Patient setzt nur mit der Fußspitze auf.
- **Knickfuß** (= Pes valgus) – der Talus verschiebt sich auf dem Calcaneus nach medial, dadurch knickt das Fersenbein nach lateral ab (= X-Stellung = Valgusstellung). Beim zweijährigen Kind ist der Knickfuß noch physiologisch.
- **Senkfuß** (= Pes valgoplanus = Knickplattfuß) – Kombination von Knick- und Plattfuß.

4.3.6 Zehengelenke

! 0/0

Im Bereich der Zehen kommen als Gelenke vor:
- Zehengrundgelenke (= Articulationes metatarsophalangeales),
- Mittel- und Endgelenke der Zehen (= Articulationes interphalangeales pedis).

Die **Zehengrundgelenke** sind eingeschränkte Kugelgelenke, die zwischen den Mittelfußknochen und der Basis der Phalanx proximalis (= Zehengrundglied) liegen.

Die schlaffe Gelenkkapsel wird durch seitlich liegende Ligg. collateralia sowie durch die Ligg. plantaria verstärkt. Durch die Bänder ist die Bewegung auf 2 Hauptachsen beschränkt.

An Bewegungen sind möglich:
- Dorsalflexion (= Streckung) bis 50°,
- Plantarflexion (= Beugung) bis 40°,
- sowie in Streckstellung eine geringgradige Ab- und Adduktion der Zehen.

Die **Mittel- und Endgelenke** der Zehen sind Scharniergelenke, die zwischen den Grund- und Mittel- bzw. zwischen den Mittel- und Endgliedern der Zehen liegen. In ihnen sind nur Beugung und Streckung möglich.

Die Großzehe wird im Grundgelenk
- gebeugt – Mm. flexores hallucis longus und brevis,
- gestreckt – Mm. extensores hallucis longus und brevis,

im Endgelenk
- gebeugt – M. flexor hallucis longus,
- gestreckt – M. extensor hallucis longus.

Die Zehen II bis V werden
- gebeugt – Mm. flexores digitorum longus und brevis, Mm. interossei, Mm. lumbricales,
- gestreckt – Mm. extensores digitorum longus und brevis.

4.4 Muskeln

Die Muskeln der unteren Extremität werden unterteilt in:
- Hüftmuskeln – Kapitel 4.4.1,
- Oberschenkelmuskeln – Kapitel 4.4.2,
- Unterschenkelmuskeln – Kapitel 4.4.3,
- Fußmuskeln – Kapitel 4.4.4 (weiter S.191).

Innere Hüftmuskeln			
M. iliopsoas	Oberhalb des Lig. inguinale (= Leistenband) vereinigen sich der M. psoas major mit dem M. iliacus zum M. iliopsoas. Bei etwa der Hälfte der Menschen kommt noch ein M. psoas minor vor, der sich dann ebenfalls am M. iliopsoas beteiligt.		
M. psoas major Abb. 4.7	*In.:* N. femoralis und Äste des Plexus lumbalis	*An.:* Trochanter minor des Femur	*Ur.:* 12. Brust- und 1. bis 4. Lendenwirbelkörper
	Lage: M. psoas major und M. iliacus verlassen das Becken durch die unter dem Lig. inguinale (= Leistenband) liegende Lacuna musculorum und setzen mit einer gemeinsamen Sehne am Trochanter minor an. **Funktion:** Der M. psoas major ist der stärkste Beuger im Hüftgelenk und dient damit dem Gehen und dem Aufrichten des Körpers aus der liegenden Körperlage. Außerdem dient er je nach Ausgangsstellung der Außen- und Innenrotation. Er beteiligt sich an der Adduktion. Da er mit dem M. iliacus das Bein nach vorne zieht, kann er auch als der eigentliche Laufmuskel bezeichnet werden. **Klinik:** Bei seiner Lähmung fällt vor allem der Ausfall der Beugefunktion ins Gewicht, wodurch das Gehen erschwert wird (das raumgreifende Gehen ist nicht mehr möglich). Bei einer beidseitigen Lähmung kann der Körper nicht mehr aus der horizontalen Lage aufgerichtet werden. **Besonderheiten:** 1. Der M. psoas major ist der einzige Hüftmuskel, der über das Becken bis in den Bauchraum reicht. Er besitzt eine große Hubhöhe. 2. Der M. iliopsoas ist von der Fascia iliaca umhüllt, die im Bereich des Lig. inguinale den **Arcus iliopectineus** bildet. Dieser Arcus trennt die Lacuna vasorum von der Lacuna musculorum (siehe Kapitel 4.8.2).		
M. psoas minor Abb. 4.7	*In.:* Äste des Plexus lumbalis	*An.:* Über Fascia iliaca am Arcus iliopectineus	*Ur.:* 12. Brust- und 1. Lendenwirbelkörper,
	Lage: Mit seiner langen Sehne liegt er auf dem M. psoas major. **Funktion:** Er hilft, den Rumpf nach vorne zu beugen. **Besonderheit:** Er kommt nur bei etwa 40–50 % der Menschen vor.		
M. iliacus Abb. 4.7	*In.:* N. femoralis und Äste des Plexus lumbalis	*An.:* Trochanter minor des Femur	*Ur.:* Fossa iliaca, Spina iliaca anterior inferior
	Funktion und **Klinik:** Siehe M. psoas major. **Besonderheit:** Da er aus einer großen Anzahl von Fasern besteht, ist er sehr kraftvoll.		

Wenn Sie die Winterthur anatomischen Tafeln zur Hand haben, ist es effektiver die Muskelinnervationen anhand der Verlaufsbeschreibungen zu erlernen.

4.4.1 Muskeln der Hüfte !! 7/20

➤ Prüfungsrelevant sind in Kapitel 4.4.1: Innervation, Funktion, Klinik und Besonderheiten. *Es wurden wiederholt Fragen zu Bildquerschnitten gestellt.* ◄

Die Hüftmuskeln verbinden das Becken mit dem oberen Ende des Femur. Bei festgestelltem Becken bewegen sie das Bein, bei festgestelltem Bein bewegen sie das Becken.

Äußere hintere Hüftmuskeln			
M. gluteus maximus	*In.:* N. gluteus inferior	*An.:* Tractus iliotibialis, Tuberositas glutealis des Femur	*Ur.:* Ala ossis ilii; dorsale Fläche des Os sacrum und Os coccygis; Lig. sacrotuberale, Fascia thoracolumbalis
Abb. 4.8	**Lage:** Er ist der größte Gesäßmuskel und bedeckt bis auf den oberen Teil des M. gluteus medius alle anderen Gesäßmuskeln. Im Stehen bedeckt er das Tuber ischiadicum (= Sitzbeinhöcker = Teil des Os ischii). Beim Sitzen gleitet er an dem Tuber hinauf und läßt es somit frei – wir sitzen also nicht auf dem M. gluteus maximus sondern auf dem Tuber ischiadicum. Am unteren Rand befindet sich ein starker Faszienstreifen der Sitzhalfter genannt wird. Phylogenetisch war der Muskel für das Aufrichten der Primaten wichtig. **Funktion:** Es ist der stärkste Strecker im Hüftgelenk. Seine größte Kraft entfaltet er beim Aufstehen aus der Hockstellung und beim Treppensteigen. Außerdem rotiert er nach außen. Der obere Teil abduziert, der untere Teil adduziert im Hüftgelenk und spannt mit dem M. tensor fasciae latae den Tractus iliotibialis. Beim aufrechten Gang verhindert er, dass der Körper im Becken nach vorne überkippt. Beim lockeren Stehen ist der Muskel entspannt. **Klinik:** Bei seiner Lähmung ist ein kraftvolles Strecken im Hüftgelenk nicht mehr möglich, so dass sich der Patient nicht mehr aus der Hocke aufrichten oder Treppen steigen kann.		
M. tensor fasciae latae Abb. 4.8 und Abb. 4.10	*In.:* N. gluteus superior	*An.:* Über den Tractus iliotibialis am Condylus lateralis der Tibia; Fascia lata	*Ur.:* Spina iliaca anterior superior
	Funktion: Im Hüftgelenk dient er der Abduktion, der Innenrotation und der Beugung. Im Kniegelenk dient er bei gebeugtem Knie als schwacher Außenrotator. Er spannt den Tractus iliotibialis und preßt den Kopf des Femur in die Hüftpfanne. **Besonderheit:** Abspaltung des M. gluteus medius. **Klinik:** Bei seiner Lähmung wird das Bein beim Gehen nach außen rotiert.		
M. gluteus medius Abb. 4.8	*In.:* N. gluteus superior	*An.:* Trochanter major des Femur	*Ur.:* Os ilii (Ala ossis ilii zwischen Crista iliaca und Linea glutea anterior)
	Funktion: Wichtiger Abduktor des Oberschenkels, bei festgestelltem Bein beugt er das Becken zur Standbeinseite hin, wodurch die gegenüberliegende Seite angehoben wird. Der vordere Muskelteil beugt im Hüftgelenk und rotiert den Oberschenkel nach innen. Der hintere Muskelteil streckt im Hüftgelenk und rotiert den Oberschenkel nach außen. Zusammen mit dem M. gluteus minimus stabilisiert er das Becken auf dem Standbein und verhindert so das Absinken der Hüfte zur Spielbeinseite. Antagonisten sind die Muskeln der Adduktorengruppe **Klinik:** Bei einer einseitigen Lähmung der M. gluteus medius und M. gluteus minimus (siehe weiter unten) auf der Standbeinseite sinkt das Becken beim Gehen auf die Gegenseite (= Spielbein), weil das Becken auf der Standbeinseite nicht mehr gehalten werden kann. Sind beim einbeinigen Stehen beide Muskeln der Standbeinseite gelähmt, so sinkt die nicht gelähmte Gesäßhälfte ab. Bei einer beidseitigen Lähmung kommt es zum sogenannten „Watschelgang", weil das Becken jeweils zur Seite des angehobenen Beins (Spielbein) kippt. In der Klinik bezeichnet man dieses Phänomen auch als Trendelenburg-Zeichen.		

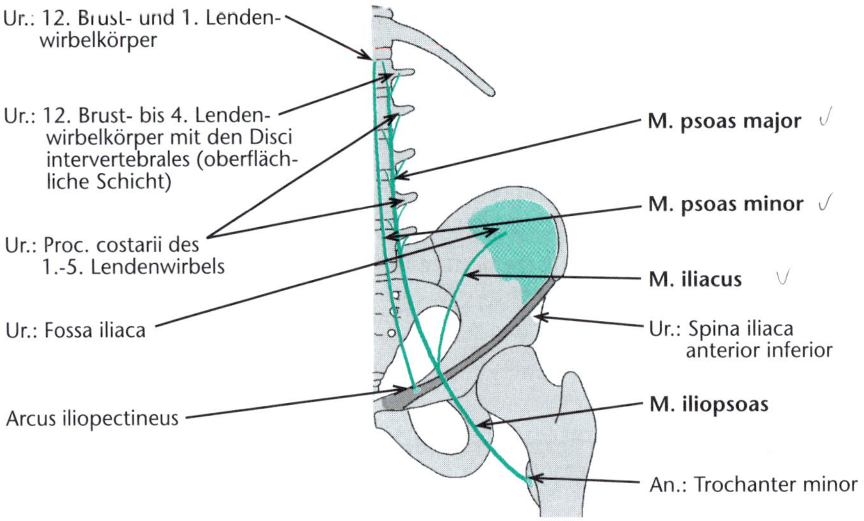

Abb. 4.7 Hüftmuskeln von ventral

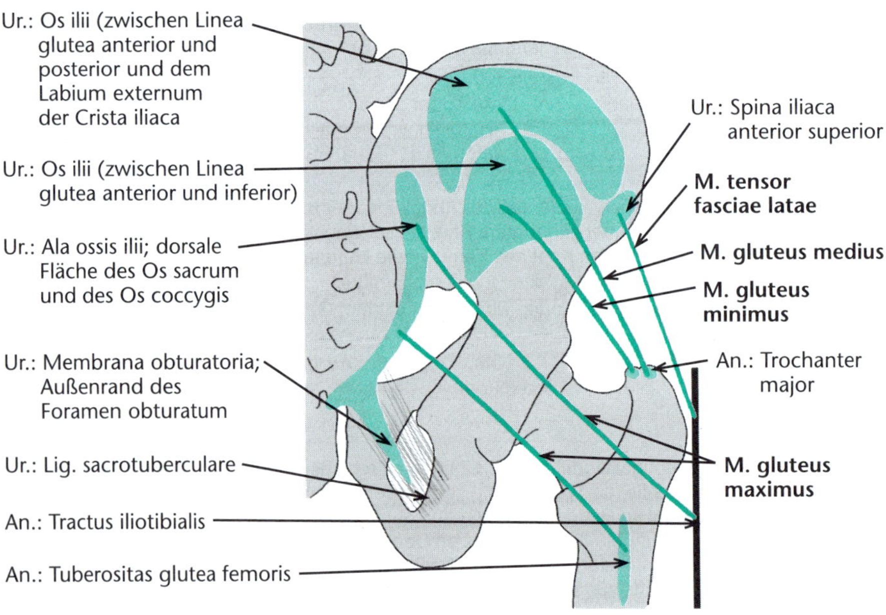

Abb. 4.8 Hüftmuskeln von dorsal

Äußere tiefe Hüftmuskeln			
M. gluteus minimus Abb. 4.8	*In.:* N. gluteus superior	*An.:* Trochanter major des Femur	*Ur.:* Os ilii (Ala ossis ilii zwischen Linea glutea anterior und inferior)
	Funktion und **Klinik:** Wie M. gluteus medius.		
M. piriformis Abb. 4.9	*In.:* Plexus sacralis	*An.:* Trochanter major des Femur	*Ur.:* Kreuzbeinvorderfläche (= Facies pelvina des Os sacrum)
	Funktion: Im Stehen dient er der Abduktion und Außenrotation, beim gebeugten Oberschenkel der Innenrotation. **Besonderheit:** Er zieht durch das Foramen sciaticum majus und unterteilt es damit in ein Foramen suprapiriforme und ein Foramen infrapiriforme (siehe Kapitel 4.8.4).		
M. obturatorius internus Abb. 4.9	*In.:* N. musculi obturatorii interni aus Plexus sacralis	*An.:* Fossa trochanterica des Femur	*Ur.:* Innenfläche der Membrana obturatoria; knöcherner Rand des Foramen obturatum
	Lage: Er zieht von der Innenfläche der Membrana obturatoria zum Foramen sciaticum minus, durch das er das kleine Becken verläßt. Seine Endsehne vereinigt sich mit der des M. gemellus superior und M. gemellus inferior. **Funktion:** Er dient als Außenrotator des Oberschenkels. In Normalstellung dient er als schwacher Adduktor, bei gebeugtem Oberschenkel als Abduktor. **Besonderheiten:** Beim Verlassen des Beckens biegt er am Rand des Foramen sciaticum minus rechtwinklig um und setzt mit seiner Sehne in der Fossa trochanterica an – der überknorpelte Rand des Foramen dient ihm dabei als Hypomochlion (= verändert die Richtung des Muskelzugs).		
Mm. gemelli superior und inferior Abb. 4.9	*In.:* Äste des Plexus sacralis	*An.:* Fossa trochanterica des Femur	*Ur.:* M. gemellus superior: Spina ischiadica; M. gemellus inferior: Tuber ischiadicum
	Funktion: Sie dienen der Außenrotation des Oberschenkels. **Besonderheit:** Sie verbinden sich mit der Endsehne des M. obliquus internus.		
M. quadratus femoris Abb. 4.9	*In.:* N. musculi quadrati femoris (aus Plexus sacralis)	*An.:* Crista intertrochanterica des Femur	*Ur.:* Tuber ischiadicum
	Funktion: Er dient als kräftiger Außenrotator des Hüftgelenks und als Adduktor des Oberschenkels.		
M. obturatorius externus Abb. 4.9	*In.:* N. obturatorius	*An.:* Fossa trochanterica des Femur	*Ur.:* Außenseite der Membrana obturatoria; knöcherner Rand des Foramen obturatum
	Funktion: Er ist Außenrotator und schwacher Adduktor des Oberschenkels.		

4.4.2 Oberschenkelmuskeln !! 2/14

➤ *Besonders prüfungsrelevant sind: Innervation, Funktion und Klinik. Es wurden mehrere Fragen zu Querschnittbildern gestellt.* ◄

Die Oberschenkelmuskulatur wird von der in Kapitel 4.8.3 beschriebenen **Fascia lata** (= Teil der Körperfaszie) umhüllt. An der lateralen Seite wird die Fascia lata durch kräftige, längsverlaufende Sehnenfasern zu einem breiten, derben Faserzug, dem **Tractus iliotibialis**, verstärkt.

➤ Die Sehnenfasern des Tractus iliotibialis stammen vom M. tensor fasciae latae, M. gluteus maximus und von der aponeurotischen Faszie des M. gluteus medius. ◄

➤ Der Tractus iliotibialis reicht von der Crista iliaca (Darmbeinkamm) bis zum Condylus lateralis der Tibia – er zieht somit über das Hüft- und Kniegelenk, wodurch die beiden in ihn einstrahlenden Muskeln zweigelenkig werden. Außerdem ist der Tractus über das Septum intermusculare laterale mit dem Femur und über Fasern mit dem Caput der Fibula verbunden. ◄

Der Tractus erzeugt eine der Auswärtsbiegung des Femur entgegengesetzte Zugspannung, so dass die entstehende innere Druckspannung, die während der Standbeinphase auf dem Femur lastet (durch das Körpergewicht), stark herabgesetzt wird – der Tractus iliotibialis bildet somit eine Zuggurtung des Femur. Durch den M. tensor fasciae latae und den M. gluteus maximus kann die Spannung im Tractus aktiv verändert werden.

Extensoren			
M. sartorius Abb. 4.10	*In.:* N. femoralis	*An.:* Über Pes anserinus an der medialen Tibiafläche	*Ur.:* Spina iliaca anterior superior
	Lage: Er verläuft innerhalb einer von der Fascia lata gebildeten Faszienloge schräg über den vorderen Oberschenkel. **Funktion:** Er ist ein zweigelenkiger Muskel. Im Hüftgelenk dient er als Beuger, außerdem dient er als Abduktor und schwacher Außenrotator des Oberschenkels. Im Kniegelenk dient er bei gebeugtem Knie als Innenrotator. **Besonderheit:** Er ist der längste Muskel bei uns Menschen.		
M. quadriceps femoris	Besteht aus den nachfolgend beschriebenen 4 Köpfen: M. rectus femoris, M. vastus medialis, lateralis und intermedius. Diese 4 Muskeln bilden eine gemeinsame Endsehne (= Quadrizepssehne), in der die Patella eingelagert ist. Dadurch, dass die Patella in der Sehne eingelagert ist, vergrößert sich der Abstand der Sehne von der Beugeachse des Kniegelenks, die Patella wirkt somit bei der Extension als Hypomochlion. **Klinik:** Bei seiner Lähmung ist das Gehen und Stehen erschwert, weil das Kniegelenk nicht mehr aktiv gestreckt werden kann – beim Gehen knickt das Knie ein und die Patienten fallen hin. Der Patellarsehnenreflex ist auf der gelähmten Seite negativ.		
M. rectus femoris Abb. 4.10	*In.:* N. femoralis	*An.:* Patella, über das Lig. patellae an der Tuberositas der Tibia	*Ur.:* Spina iliaca anterior inferior, Oberrand des Acetabulum
	Funktion: Er ist ein zweigelenkiger Muskel. Er beugt im Hüft- und streckt im Kniegelenk.		
M. vastus intermedius Abb. 4.10	*In.:* N. femoralis	*An.:* Wie M. rectus femoris	*Ur.:* Vorderseite des Femur
	Funktion: Er streckt im Kniegelenk.		
M. vastus lateralis Abb. 4.10	*In.:* N. femoralis	*An.:* Wie M. rectus femoris	*Ur.:* Trochanter major des Femur, Labium laterale der Linea aspera femoris
	Lage: Er bildet den größten Kopf des M. quadriceps femoris. **Funktion:** Wie der M. vastus intermedius.		
M. vastus medialis Abb. 4.10	*In.:* N. femoralis	*An.:* Wie M. rectus femoris	*Ur.:* Labium mediale der Linea aspera des Femur
	Funktion: Wie der M. vastus intermedius.		
M. articularis genus Abb. 4.10	*In.:* N. femoralis	*An.:* Vorderseite des Femur	*Ur.:* Abspaltung aus dem M. vastus intermedius
	Funktion: Er spannt die Kniegelenkskapsel und verhindert somit, dass bei einer Streckung des Kniegelenks die Kapsel eingeklemmt wird. **Besonderheit:** Er spaltet sich vom M. vastus intermedius ab.		

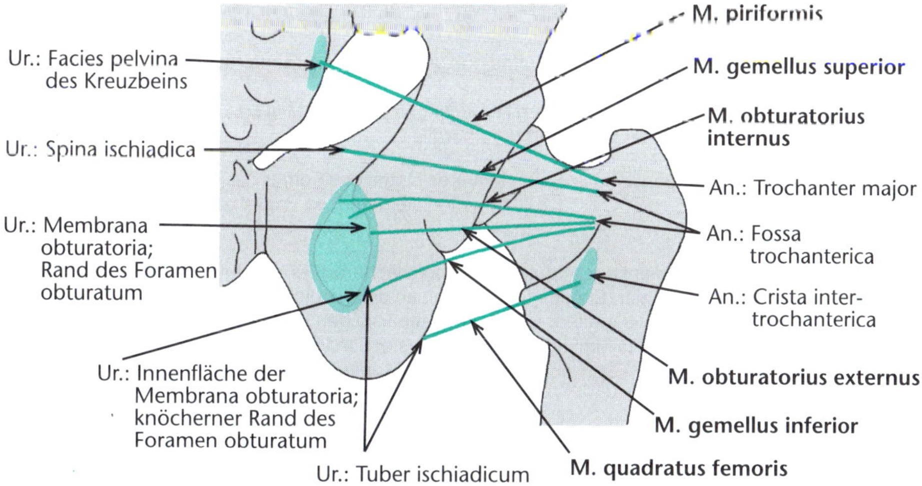

Abb. 4.9 Hüftmuskeln von dorsal

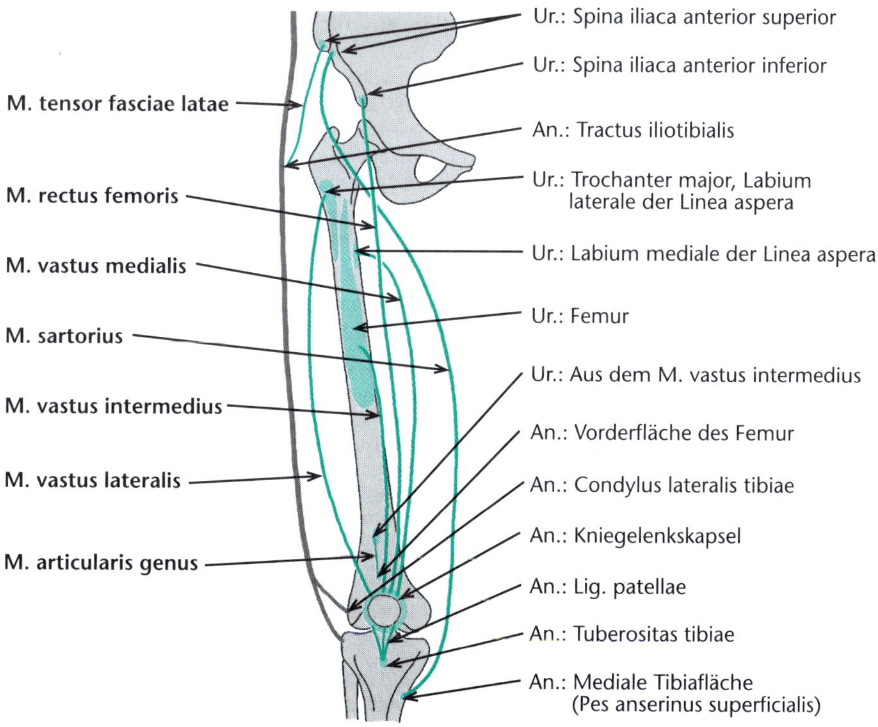

Abb. 4.10 Oberschenkelmuskeln von ventral

<table>
<tr><th colspan="4">Adduktoren (= Anzieher des Beins) – Obere Adduktorenschicht</th></tr>
<tr><td rowspan="2">M. pectineus
Abb. 4.11</td><td>In.: N. femoralis und N. obturatorius</td><td>An.: Linea pectinea des Femur</td><td>Ur.: Pecten ossis pubis</td></tr>
<tr><td colspan="3">Funktion: Er adduziert im Hüftgelenk und dient der Außenrotation und Beugung des Oberschenkels.
Besonderheit: Zwischen dem M. pectineus und dem M. iliopsoas liegt die Fossa iliopectinea, in der die A. und V. femoralis verlaufen.</td></tr>
<tr><td rowspan="2">M. adductor longus
Abb. 4.11</td><td>In.: N. obturatorius</td><td>An.: Mittleres Drittel des Femur (Labium mediale der Linea aspera)</td><td>Ur.: Ramus superior des Os pubis (zwischen Symphyse und Tuberculum pubicum)</td></tr>
<tr><td colspan="3">Funktion: Er dient der Adduktion und schwächerer Außenrotation. Außerdem ist er ein schwacher Beuger. Bei gespreizten Beinen dienen die Adduktoren dazu, dass die Beine nicht zur Seite weggleiten, außerdem halten sie den Rumpf aufrecht.
Besonderheit: Die Mm. adductores longus und magnus sowie der M. vastus medialis begrenzen den Canalis adductorius (siehe Kapitel 4.8.6).</td></tr>
<tr><td rowspan="2">M. gracilis
Abb. 4.11</td><td>In.: N. obturatorius</td><td>An.: Über den Pes anserinus am medialen Tibiarand</td><td>Ur.: Symphyse und Ramus inferior des Os pubis</td></tr>
<tr><td colspan="3">Lage: Er ist der einzige zweigelenkige Muskel der Adduktorengruppe.
Funktion: Im Hüftgelenk dient er als Adduktor und hilft bei der Beugung, im Kniegelenk dient er als Beuger und Innenrotator.
Besonderheit: Die Sehnen des M. sartorius, des M. gracilis und des M. semitendinosus verbreitern sich zum Ansatz hin, weshalb der Ansatzbereich als Pes anserinus (= „Gänsefuß“) bezeichnet wird. Über den Pes setzen die Muskeln am medialen Tibiarand an.</td></tr>
<tr><th colspan="4">Mittlere Adduktorenschicht</th></tr>
<tr><td rowspan="2">M. adductor brevis
Abb. 4.11</td><td>In.: N. obturatorius</td><td>An.: Labium mediale der Linea aspera (Femur)</td><td>Ur.: Ramus inferior des Os pubis</td></tr>
<tr><td colspan="3">Funktion: Er dient der Adduktion und der Außenrotation (schwächer), außerdem ist er ein schwacher Beuger des Hüftgelenks.</td></tr>
<tr><th colspan="4">Tiefe Adduktorenschicht</th></tr>
<tr><td rowspan="2">M. adductor magnus
Abb. 4.11</td><td>In.: N. obturatorius und N. tibialis oder direkt der N. ischiadicus</td><td>An.: Labium mediale der Linea aspera, Epicondylus medialis</td><td>Ur.: Tuber ischiadicum, Ramus ossis ischii</td></tr>
<tr><td colspan="3">Funktion: Er ist der stärkste Muskel der Adduktorengruppe. Er adduziert den Oberschenkel. Wichtiger ist jedoch, dass er im Hüftgelenk streckt, woduch er mit den anderen Adduktoren und den Mm. glutei medius und minimus dazu dient, das Becken beim Gehen und Stehen auszubalancieren. Mit seinem proximalen Muskelteil wirkt er als Außenrotator und mit seinem distalen Muskelteil als Innenrotator des Oberschenkels.
Besonderheit: Zwischen beiden Ansatzsehnen des Muskels liegt als länglicher Spalt der Hiatus tendineus (syn.:Hiatus adductorius). Der Hiatus bildet das Ende des Canalis adductorius (= Adduktorenkanal).</td></tr>
<tr><td rowspan="2">M. adductor minimus
Abb. 4.11</td><td>In.: N. obturatorius</td><td>An.: Labium mediale der Linea aspera (Femur)</td><td>Ur.: M. adductor magnus</td></tr>
<tr><td colspan="3">Funktion: Er ist ein schwacher Adduktor und Außenrotator des Oberschenkels.
Besonderheit: Er spaltet sich vom M. adductor magnus ab.</td></tr>
</table>

Unterteilung der Oberschenkelmuskeln

Die Oberschenkelmuskeln werden topographisch unterteilt in:

- Extensoren (= Strecker),
- Adduktoren (= mittlere Muskelgruppe),
- Flexoren (= Beuger).

Die Extensoren liegen auf der Vorderseite des Oberschenkels, die Flexoren bedecken die Hinterseite und die Adduktoren die mediale Seite des Oberschenkels.

Die Flexoren werden auch als **ischiokrurale Muskeln** bezeichnet, weil sie alle am Tuber ischiadicum entspringen (Ausnahme kurzer Kopf des M. biceps femoris) und zum Unterschenkel ziehen. Alle ischiokruralen Muskeln beugen im Knie und strecken im Hüftgelenk. Bei gestrecktem Hüftgelenk können sich die Muskeln jedoch nicht so stark kontrahieren um das Kniegelenk maximal zu beugen – ab einem bestimmten Beugungsgrad werden die Muskeln insuffizient, was als **aktive Insuffizienz** bezeichnet wird. Umgekehrt ist es nicht möglich, die Muskeln soweit zu dehnen um maximal im Hüftgelenk zu beugen – dies wird **passive Insuffizienz** genannt.

Merke: Alle Extensoren werden vom N. femoralis, alle Adduktoren vom N. obturatorius innerviert.

Flexoren (= ischiokrurale Muskeln)			
M. biceps femoris	***Der M. biceps femoris besteht aus den nachfolgenden Köpfen (Caput longum und breve):***		
Caput longum Abb. 4.12	*In.:* N. tibialis oder direkt aus dem N. ischiadicus	*An.:* Caput der Fibula, mit einigen Fasern am Condylus lateralis der Tibia	*Ur.:* Hinterfläche des Tuber ischiadicum (Os ischii)
	Lage: Der M. biceps femoris setzt als einziger Oberschenkelmuskel an der Fibula an! **Funktion:** Zweigelenkiger Muskel. Im Hüftgelenk dient er der Streckung und Außenrotation, im Kniegelenk der Beugung und Außenrotation. **Klinik:** Bei Lähmung der ischiokruralen Muskeln kann das Kniegelenk nicht mehr kraftvoll gebeugt werden.		
Caput breve	*In.:* N. fibularis communis oder direkt aus dem N. ischiadicus	*An.:* Wie Caput longum	*Ur.:* Labium laterale der Linea aspera des Femur
	Funktion: Eingelenkiger Muskel. Im Kniegelenk dient er der Beugung und Außenrotation (schwächer). **Besonderheit:** Der M. biceps femoris ist im Kniegelenk der einzige Außenrotator, seine Kraft entspricht dabei der Kraft aller Innenrotatoren des Kniegelenks. Er ist Leitmuskel für den N. fibularis communis.		
M. semitendinosus Abb. 4.12	*In.:* N. tibialis oder direkt N. ischiadicus	*An.:* Über den Pes anserinus an der medialen Tibiafläche	*Ur.:* Tuber ischiadicum (Os ischii)
	Lage: Der Muskel erhielt seinen Namen („tendinosus" = Sehne) wegen seiner langen Endsehne. **Funktion:** Zweigelenkiger Muskel. Im Hüftgelenk dient er als Strecker und Adduktor, im Kniegelenk als Beuger und bei gebeugtem Knie als Innenrotator.		
M. semimembranosus Abb. 4.12	*In.:* N. tibialis oder direkt N. ischiadicus	*An.:* Condylus medialis der Tibia; Lig. popliteum obliquum	*Ur.:* Tuber ischiadicum des Os ischii
	Funktion: Zweigelenkiger Muskel. Funktion wie die des M. semitendinosus (kräftigster Beuger des Kniegelenks!). **Besonderheit:** Von seiner Ansatzsehne ziehen einige Fasern als Lig. popliteum obliquum zur hinteren Kapselwand des Kniegelenks, wo sie die Kapsel verstärken.		

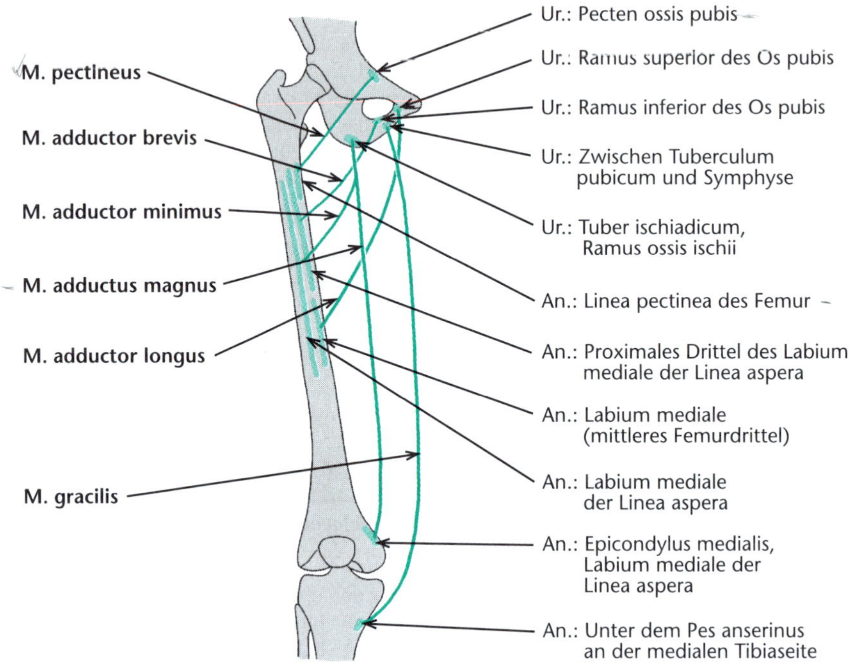

Abb. 4.11 *Oberschenkelmuskeln von ventral*

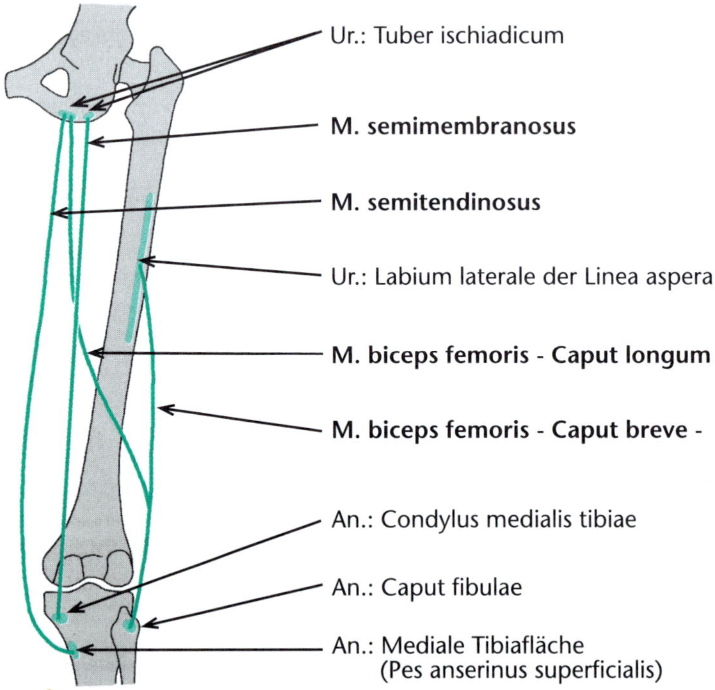

Abb. 4.12 *Oberschenkelmuskeln von dorsal*

4.4.3 Unterschenkelmuskeln

!! 2/9

➤ Prüfungsrelevant sind: Innervation, Funktion, Klinik und Besonderheiten. Es wurden einige Bildfragen gestellt. ◄

Die Unterschenkelmuskeln liegen innerhalb der folgenden drei Muskellogen (s. Kapitel 4.8.9):

- Vorderseite – Extensorengruppe (Strecker),
- laterale Seite – Peroneusgruppe,
- Hinterseite – Flexorengruppe (Beuger).

Die Flexoren werden wiederum unterteilt in:

- oberflächliche Flexoren (= Wadenmuskeln),
- tiefe Flexoren.

Die Wadenmuskeln sind besonders ausgeprägt, was durch den aufrechten Gang bedingt ist.

Wie im Handwurzelbereich, so gibt es auch im Fußbereich Bänder (= Retinacula), die die **Fascia cruris** (= Unterschenkelfaszie) verstärken. Da der Fuß gegenüber dem Unterschenkel abgeknickt ist, sind die Retinacula notwendig um die langen Sehnen der Unterschenkelmuskeln im Fußgelenkbereich in ihrer Lage zu halten (ansonsten würden die Sehnen abstehen oder bei Bewegungen aus ihrer Lage weggleiten).

Unter den Retinacula liegen die Sehnenscheiden, die im Fußbereich in

- tarsale (= zum Fußwurzelgelenk gehörend) und
- digitale Sehnenscheiden unterteilt werden.

➤ Die **tarsalen Sehnenscheiden** liegen auf der Vorderfläche des Fußes unter den Retinacula mm. extensorum superius und inferius. ◄

Die 5 digitalen Sehnenscheiden liegen an der Unterseite des Fußes.

Folgende Retinacula kommen vor:

Retinaculum mm. flexorum – liegt oberhalb der Fußwurzel auf der medialen Seite. Es zieht vom inneren Knöchel (Malleolus medialis) zum Calcaneus und überspannt damit eine Art Kanal (= Canalis malleolus).

➤ Unter diesem Retinaculum verlaufen die Sehnen der tiefen Beugermuskeln (= M. tibialis posterior, M. flexor digitorum longus, M. flexor hallucis longus), sowie der N. tibialis und die A. tibialis posterior. ◄

Retinaculum mm. extensorum superius und **inferius** – ihre Fasern kommen vom lateralen bzw. medialen Fußknöchel und ziehen zum entgegengesetzten (medialen bzw. lateralen) Fußrand. Das Retinaculum extensorum inferius ist kreuz- oder ypsilonförmig. Unter diesen beiden Retinacula verlaufen in Sehnenscheiden (= Vagina tendinis) die Sehnen von: M. tibialis anterior, M. extensor hallucis longus, M. extensor digitorum longus und M. peroneus tertius (ist nicht immer vorhanden). Die jeweilige Vagina tendines wird durch die Hinzufügung der in ihr verlaufenden Muskelsehne benannt (z.B. Vagina tendinis m. tibialis anterioris).

Retinaculum mm. peroneorum superius und **inferius** – befinden sich im Bereich des äußeren Knöchels und setzen am Fersenbein an. Unter ihnen verlaufen die Sehnen der Mm. peronei.

Merke:

- Extensoren – N. fibularis profundus, Sehnen verlaufen auf dem Fußrücken;
- Mm. peronei – N. fibularis superficialis, Sehnen velaufen hinter dem Außenknöchel;
- Wadenmuskeln – N. tibialis, Sehnen enden am Tuber calcanei, stärkste Beuger und Einwärtsdreher des Fußes;
- tiefe Flexoren – N. tibialis, Sehnen verlaufen hinter dem Innenknöchel.

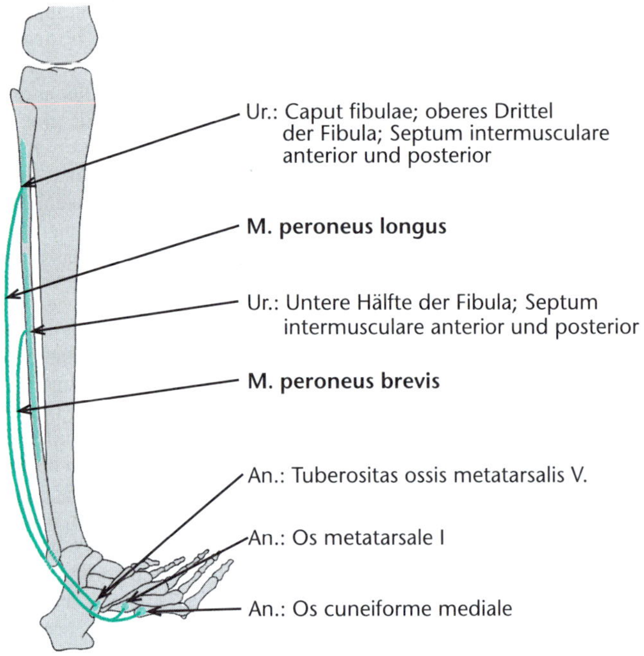

Abb. 4.13 *Unterschenkelmuskeln von lateral*

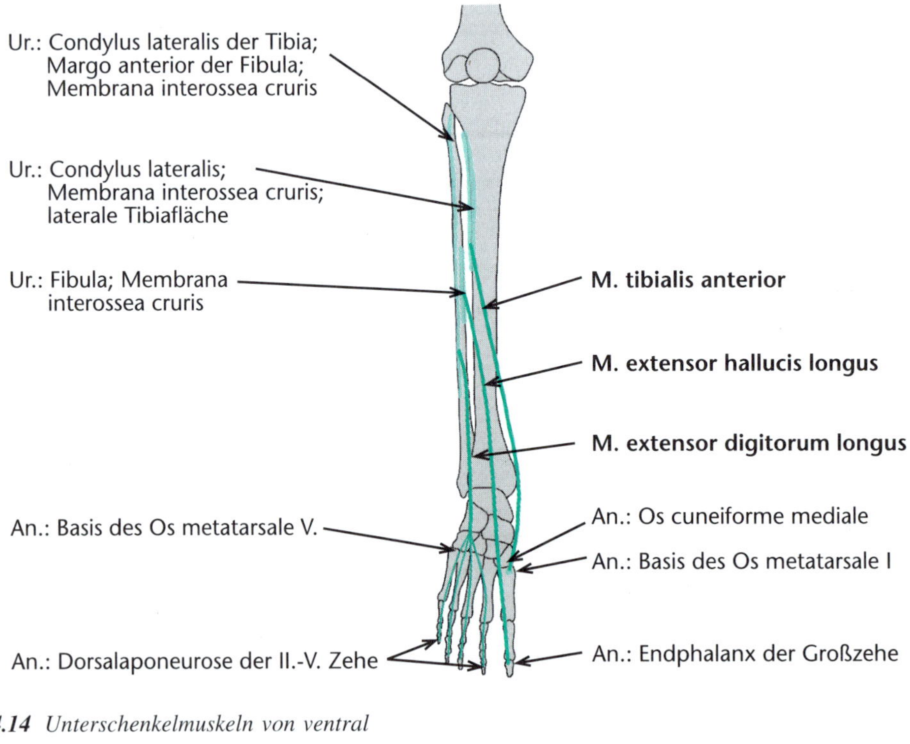

Abb. 4.14 *Unterschenkelmuskeln von ventral*

Peroneusgruppe (seitlich von der Fibula gelegen)			
M. peroneus longus (syn.: **M. fibularis longus**) Abb. 4.13	*In.:* N. fibularis superficialis	*An.:* Os metatarsale I, Os cuneiforme mediale	*Ur.:* Caput fibulae, oberes Drittel der Fibula, Septa intermuscularia anterius und posterius cruris, Fascia cruris
	Lage: Die Sehne des M. peroneus longus verläuft schräg unter dem Fuß, wodurch er als einziger Fußmuskel eine Querkomponente besitzt und damit an der Verspannung der Querwölbung des Fußes beteiligt ist. **Funktion:** Der M. peroneus longus dient der Pronation, Abduktion und der Plantarflexion des Fußes (der M. peroneus longus senkt den inneren, der M. peroneus brevis hebt den äußeren Fußrand). Am Standbein ziehen der M. peroneus longus und der M. peroneus brevis den Unterschenkel nach hinten, wodurch dem Kippen des Körpers nach vorne entgegengewirkt wird. Gemeinsam mit der Sehne des M. tibialis posterior verspannt er die Querwölbung des Mittelfußes (siehe Kapitel 4.3.5).		
M. peroneus brevis (syn. **M. fibularis brevis**) Abb. 4.13	*In.:* N. fibularis superficialis	An.: Tuberositas ossis metatarsalis V	*Ur.:* Untere Hälfte der Fibula, Septa intermuscularia anterius und posterius cruris
	Funktion: Er dient der Pronation, Abduktion und Plantarflexion des Fußes. **Lage:** Er liegt unter dem M. peroneus longus.		

Extensorengruppe (vorn zwischen der Tibia und Fibula gelegen)			
M. tibialis anterior Abb. 4.14	*In.:* N. fibularis profundus	*An.:* Basis des Os metatarsale I, Os cuneiforme mediale	*Ur.:* Condylus lateralis der Tibia, Membrana interossea cruris, Fascia cruris
	Funktion: Er dient im oberen Sprunggelenk der Dorsalflexion (= Extension) des Fußes, außerdem ist er ein schwacher Supinator (= Heber des medialen Fußrandes) im unteren Sprunggelenk. Beim Gehen zieht er am Standbein den Körper nach vorne. Beim Stehen auf einem Bein verhindert er das Umfallen nach hinten. **Besonderheit:** Er ist der Leitmuskel der A. tibialis anterior und des N. fibularis communis.		
M. extensor hallucis longus Abb. 4.14	*In.:* N. fibularis profundus	*An.:* Endphalanx der Großzehe	*Ur.:* Facies medialis der Fibula, Membrana interossea cruris
	Funktion: Er unterstützt die Dorsalflexion (= Extension) im oberen Sprunggelenk und streckt die Großzehe im Grund- und Endgelenk.		
M. extensor digitorum longus Abb. 4.14	*In.:* N. fibularis profundus	*An.:* Dorsalaponeurose der 2.–5. Zehe	*Ur.:* Condylus lateralis der Tibia, Margo anterior der Fibula, Membrana interossea cruris, Fascia cruris
	Funktion: Er dient der Dorsalflexion des Fußes und der Streckung der 2.–5. Zehe. Außerdem proniert er im unteren Sprunggelenk. **Besonderheit:** Er kann eine zusätzliche Sehne besitzen, die als **M. peroneus tertius** bezeichnet wird und zur Basis des Os metatarsale IV. oder V. zieht.		
M. peroneus tertius (syn.: **M. fibularis tertius**)	*In.:* N. fibularis profundus	*An.:* Os metatarsale V.	*Ur.:* Abspaltung des M. extensor digitorum longus
	Funktion: Er dient als schwacher Dorsalflexor. **Besonderheit:** Dieser Muskel spaltet sich, sofern er vorhanden ist, vom M. extensor digitorum longus ab.		

<table>
<tr><th colspan="4">Oberflächliche Flexorenschicht</th></tr>
<tr><td>M. triceps surae</td><td colspan="3">Er besteht aus dem M. gastrocnemius und dem M. soleus und wölbt sich unter der Haut als „Wade“ vor.</td></tr>
<tr><td rowspan="2">M. gastrocnemius

Abb. 4.15</td><td>In.: N. tibialis</td><td>An.: Zusammen mit der Sehne des M. soleus über die Achillessehne am Tuber calcanei (Fersenbeinhöcker)</td><td>Ur.: Caput mediale: Condylus medialis des Femur;
Caput laterale: Condylus lateralis des Femur</td></tr>
<tr><td colspan="3">Funktion: Er dient der Plantarflexion des oberen Sprunggelenks, außerdem ist er der kräftigste Supinator des unteren Sprunggelenks. Eine maximale Plantarflexion oder Supination kann jedoch nur bei gestrecktem Knie erreicht werden, weil durch die Beugung im Kniegelenk der Muskel verkürzt wird. Außerdem beugt der M. gastrocnemius im Kniegelenk.
Besonderheit: Die Endsehnen des M. gastrocnemius und des M. soleus bilden zusammen die Achillessehne (= Tendo calcaneus = Tendo m. tricipitis surae). Funktionell ist interessant, dass die Hebelwirkung des M. triceps surae mit der Länge des Fersenbeinhöckers wächst – ein Mensch mit einem längeren Fersenbein ist somit z.B. ein potentiell besserer Läufer.
Klinik: Nach einem Abriß der Achillessehne kann der hohe Zehenstand nicht mehr ausgeführt werden, weil die Kraft der übrigen Plantarflexoren dafür nicht ausreicht.</td></tr>
<tr><td rowspan="2">M. soleus

Abb. 4.15</td><td>In.: N. tibialis</td><td>An.: Wie der M. gastrocnemius (Tuber calcanei)</td><td>Ur.: Linea m. solei der Tibia, Caput und oberes Drittel der Fibula, Arcus tendineus m. solei (Sehnenarkade zwischen Fibula und Tibia)</td></tr>
<tr><td colspan="3">Lage: Er liegt größtenteils unter dem M. gastrocnemius. Über der Membrana interossea cruris bildet er als Sehnenbogen den Arcus tendineus m. solei durch den der N. tibialis und die A. und V. tibialis posterior ziehen.
Funktion: Er dient als kräftiger Plantarflexor im oberen Sprunggelenk und als Supinator im unteren Sprunggelenk. Indem er den Unterschenkel nach hinten zieht, wirkt er beim Stehen dem Einknicken im Kniegelenk entgegen.</td></tr>
<tr><td rowspan="2">M. plantaris

Abb. 4.15</td><td>In.: N. tibialis</td><td>An.: Tuber calcanei</td><td>Ur.: Condylus lateralis des Femur</td></tr>
<tr><td colspan="3">Lage: Die lange dünne Endsehne verläuft zwischen dem M. gastrocnemius und dem M. soleus. Sie setzt medial von der Achillessehne am Tuber calcanei an. Im Gegensatz zu seinem Pedanten am Arm, dem M. palmaris longus, ist er nicht an der Aponeurose des Fußes beteiligt.
Funktion: Der M. plantaris ist ein sehr dünner Muskel, er dient im Kniegelenk als schwacher Beuger, außerdem hilft er, den Unterschenkel nach innen zu rotieren. Im oberen Sprunggelenk hilft er bei der Plantarflexion, im unteren Sprunggelenk bei der Supination.
Besonderheit: Die lange dünne Endsehne liegt zwischen dem M. gastrocnemius und dem M. soleus. Unter dem Muskel verlaufen die A. und V. tibialis posterior, die er schützt.</td></tr>
</table>

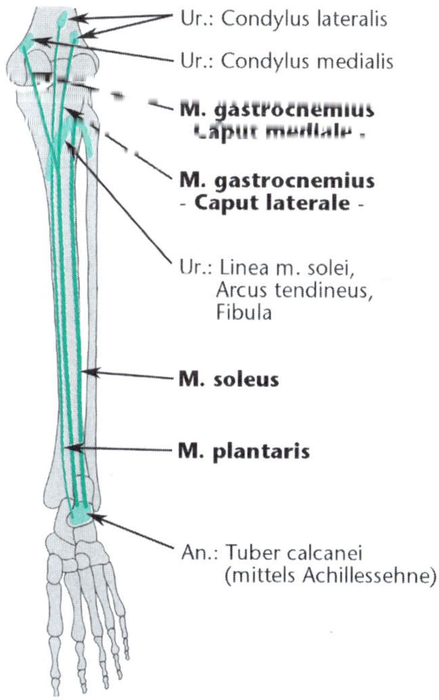

Abb. 4.15 *Unterschenkelmuskeln von dorsal*

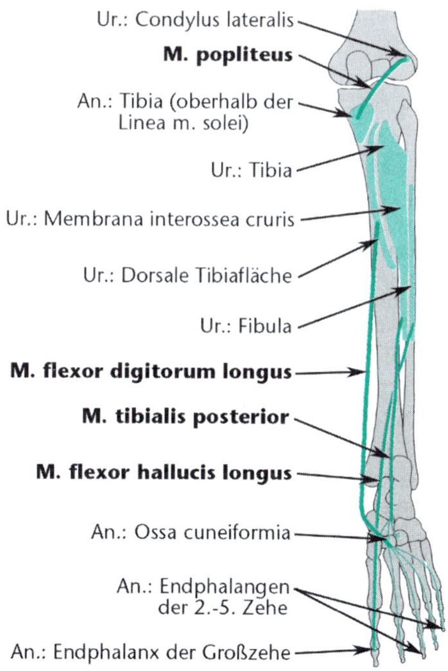

Abb. 4.16 *Unterschenkelmuskeln von dorsal*

Tiefe Flexorenschicht

Muskel	Innervation	Ansatz	Ursprung
M. flexor digitorum longus Abb. 4.16	*In.:* N. tibialis	*An.:* Endphalangen der 2.–5. Zehe	*Ur.:* Dorsale Fläche der Tibia
	Lage: Die Sehne des M. flexor digitorum longus verläuft dorsolateral von der Sehne des M. tibialis posterior durch den Sulcus malleolaris. Die 4 Sehnen des M. flexor digitorum longus ziehen in Höhe der Grundphalangen der Zehen jeweils durch eine Sehnenspalte des M. flexor digitorum brevis (wie im Fingerbereich der M. flexor digitorum profundus durch den Hiatus tendineus des M. flexor digitorum superficialis zieht). **Funktion:** Der M. flexor digitorum longus besitzt 4 Sehnen, die die 2.–5. Zehe beugen. Im oberen Sprunggelenk dient er der Plantarflexion, im unteren Sprunggelenk der Supination. Außerdem verspannt er die Längswölbung des Fußes. **Besonderheit:** • Oberhalb des medialen Fußknöchels überkreuzt die Sehne des M. flexor digitorum longus die Sehne des M. tibialis posterior – diese Stelle wird als **Chiasma crurale** bezeichnet. • Die 4 Sehnen des M. flexor digitorum longus ziehen im Zehenbereich jeweils durch eine Sehnenspalte des M. flexor digitorum brevis (wie im Fingerbereich der M. flexor digitorum profundus durch den Hiatus tendineus des M. flexor digitorum superficialis zieht). • An den Sehnen des M. flexor digitorum longus haben die Mm. lumbricales ihren Ursprung. • Der M. quadratus plantae (häufig als plantarer Kopf des M. flexor digitorum longus bezeichnet) setzt an der Sehne des M. flexor digitorum longus an, dadurch kann er die Zugrichtung der Sehne verändern.		
M. tibialis posterior Abb. 4.16	*In.:* N. tibialis	*An.:* Tuberositas ossis navicularis, Os cuneiforme I und II, Mittelfußknochen	*Ur.:* Membrana interossea cruris, dorsale Fläche der Tibia und mediale Fläche der Fibula
	Funktion: Stärkster Supinator im unteren Sprunggelenk und schwächster Plantarflexor im oberen Sprunggelenk. Er ist an der Verspannung der Längswölbung des Fußes beteiligt (s. Kapitel 4.3.5).		
M. flexor hallucis longus Abb. 4.16	*In.:* N. tibialis	*An.:* Endphalanx der Großzehe	*Ur.:* Fibula, Membrana interossea cruris
	Funktion: Er beugt die Großzehe und dient der Plantarflexion im oberen Sprunggelenk. Im unteren Sprunggelenk ist er ein schwacher Supinator. Außerdem ist er ein wichtiger Muskel für die Verspannung der Längswölbung des Fußes. **Besonderheit:** Auf der Plantarfläche des Fußes unterkreuzt die Sehne des M. flexor hallucis longus die Sehne des M. flexor digitorum longus – diese Stelle wird als **Chiasma plantae** bezeichnet. In diesem Bereich sind die beiden Sehnen durch Sehnenfasern miteinander verbunden. Das Chiasma plantae liegt unter dem M. flexor digitorum brevis.		
M. popliteus Abb. 4.16	*In.:* N. tibialis	*An.:* Tibia (Facies posterior)	*Ur.:* Condylus lateralis des Femur
	Funktion: Er ist ein schwacher Beuger im Kniegelenk, bei gebeugtem Knie dient er als Innenrotator des Unterschenkels. Außerdem spannt er die Gelenkkapsel des Knies.		

4.4.4 Kurze Fußmuskeln ! 0/1

Die kurzen Fußmuskeln werden eingeteilt in:
- Muskeln des Fußrückens, (= Extensoren)
- Muskeln der Fußsohle (= Flexoren), die wiederum unterteilt werden in:
  - Muskeln des Großzehenballens,
  - mittlere Muskelschicht,
  - Muskeln des Kleinzehenballens.

Im Gegensatz zum Handrücken, der keine Muskeln besitzt, liegen auf dem Fußrücken zwei kräftige Muskeln. Die Fußsohlenmuskeln haben vor allem Haltefunktion

Merke: Die Fußsohlenmuskeln werden von Ästen des N. tibialis, die Fußrückenmuskeln vom N. fibularis profundus innerviert.

Muskeln des Fußrückens (= Extensoren)			
M. extensor hallucis brevis Abb. 4.17	*In.:* N. fibularis profundus	*An.:* Grundphalanx der Großzehe	*Ur.:* Calcaneus (Dorsalfläche)
	Funktion: Großzehenstrecker im Grundgelenk.		
M. extensor digitorum brevis Abb. 4.17	*In.:* N. fibualris profundus	*An.:* Dorsalaponeurose der 2.–4. Zehe	*Ur.:* Calcaneus
	Funktion: Zehenstrecker (= Dorsalflektor = Extensor) in den Grundgelenken der 2.–4. Zehe.		
Muskeln des Großzehenballens			
M. abductor hallucis Abb. 4.18	*In.:* N. plantaris medialis	*An.:* Grundphalanx der Großzehe, mediales Sesambein	*Ur.:* Tuber calcanei, Aponeurosis plantaris
	Funktion: Er abduziert die Großzehe im Grundgelenk nach medial und beugt sie im Grundgelenk. Außerdem verspannt er die Längswölbung des Fußes.		
M. flexor hallucis brevis Abb. 4.18	*In.:* Caput mediale: N. plantaris medialis; Caput laterale: N. plantaris lateralis	*An.:* Caput mediale: über medialem Sesambein an der Grundphalanx der Großzehe Caput laterale: über lateralem Sesambein an der Grundphalanx der Großzehe	*Ur.:* Ossa cuneiformia, Lig. plantare longum, Sehne des M. tibialis posterior
	Funktion: Zweiköpfiger Beuger (= Plantarflektor) im Grundgelenk der Großzehe. Außerdem verspannt er die Längswölbung des Fußes.		
M. adductor hallucis Abb. 4.19	*In.:* N. plantaris lateralis	*An.:* Laterales Sesambein in der Kapsel des Grundgelenks der Großzehe	*Ur.:* Caput transversum: Gelenkkapsel des 3.–5. Zehengrundgelenks Caput obliquum: Os cuboideum, Os cuneiforme laterale, 2.–4. Mittelfußknochen
	Funktion: Zweiköpfig (Caput transversum und obliquum). Beide Köpfe dienen als Großzehenanzieher (= Adduktoren). Das Caput transversum ist außerdem an der Verspannung des Quergewölbes des Fußes beteiligt (Kapitel 4.3.5).		

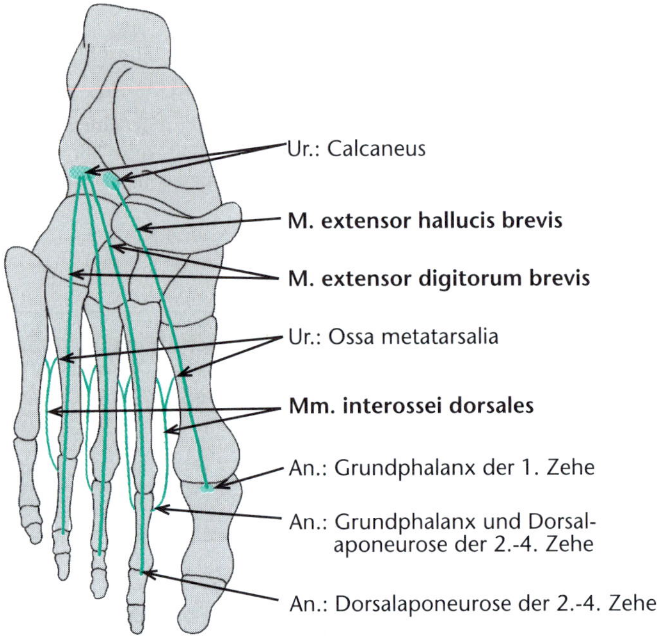

Abb. 4.17 *Fußrückenmuskeln*

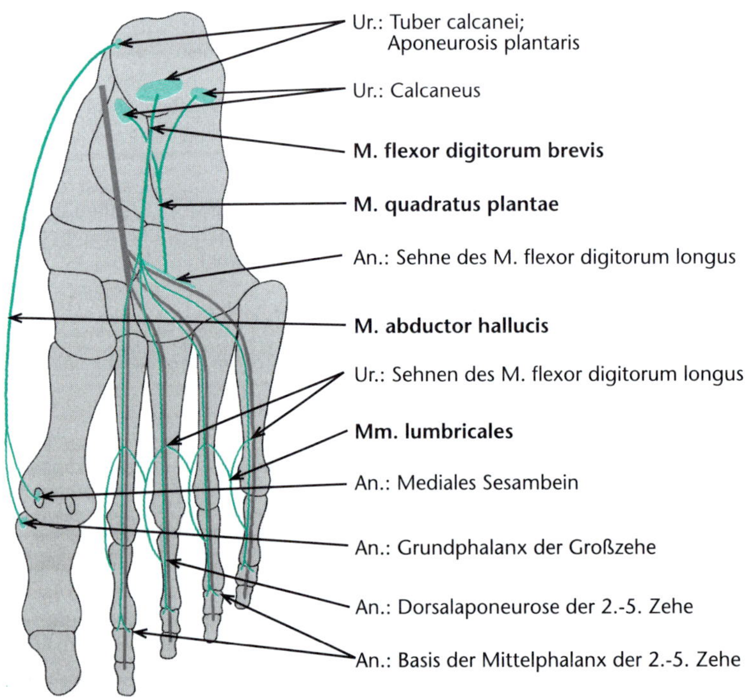

Abb. 4.18 *Fußsohlenmuskeln*

Mittlere Gruppe der Fußsohlenmuskeln

M. flexor digitorum brevis	*In.:* N. plantaris medialis	*An.:* Basis der Mittelphalangen der 2.–5. Zehe	*Ur.:* Tuber calcanei, Aponeurosis plantaris
Abb. 4.18	**Funktion:** Seine 4 Sehnen beugen die Zehen in den Grund- und Mittelgelenken der 2.–5. Zehe. Außerdem verspannen sie die Längswölbung des Fußes. **Besonderheit:** Wie die Sehnen des M. flexor digitorum superficialis an den Fingern, so sind auch die 4 Sehnen des M. flexor digitorum brevis gespalten. Durch diese Sehnenspalte zieht jeweils eine Sehne des M. flexor digitorum longus.		
M. quadratus plantae (syn.: M. flexor accessorius)	*In.:* N. plantaris lateralis	*An.:* Sehne des M. flexor digitorum longus	*Ur.:* Calcaneus
Abb. 4.18	**Funktion** Er unterstützt den M. flexor digitorum longus (= Beugung des Fußes nach plantar), indem er dessen Zugrichtung korrigiert. **Besonderheit:** Er wird als plantarer Kopf des M. flexor digitorum longus aufgefaßt.		
Mm. lumbricales	*In.:* Nn. plantares medialis und lateralis	*An.:* Dorsalaponeurose der 2.–5. Zehe	*Ur.:* Sehne des M. flexor digitorum longus (von den einander zugekehrten Rändern)
Abb. 4.18	**Funktion:** Die 4 Mm. lumbricales beugen im Grund- und strecken im Mittel- und Endgelenk der 2.–5. Zehe.		
Mm. interossei dorsales und plantares	*In.:* N. plantaris lateralis	*An.:* Grundphalangen der 2.–4. Zehe (bzw. 3.–5.), Dorsalaponeurose	*Ur.:* Zweiköpfig an den einander zugewandten Seitenflächen der Ossa metatarsalia
Abb. 4.17 und 4.19	**Lage:** Die 4 Mm. interossei dorsales entspringen im Gegensatz zu den 3 Mm. interossei plantares zweiköpfig. **Funktion:** Alle beugen in den Grund- und strecken in den Mittel- und Endgelenken der Zehen – mit den Mm. lumbricales sind sie die wichtigsten Beuger in den Zehengrundgelenken. **Klinik:** Bei einer Lähmung können die Zehen nicht mehr gespreizt und zusammengeführt werden, die Zehen stehen in Krallenstellung.		

Muskeln des Kleinzehenballens

M. abductor digiti minimi	*In.:* N. plantaris lateralis	*An.:* Grundphalanx der Kleinzehe	*Ur.:* Tuber calcanei, Aponeurosis plantaris
Abb. 4.19	**Funktion:** Er beugt und abduziert als kräftigster Muskel des Kleinzehenballens im Grundgelenk des kleinen Zehs.		
M. flexor digiti minimi brevis	*In.:* N. plantaris lateralis	*An.:* Grundphalanx der Kleinzehe	*Ur.:* Lig. plantare longum, Os metatarsale V.
Abb. 4.19	**Funktion:** Er beugt im Grundgelenk der Kleinzehe. Außerdem kann er bei seiner Kontraktion durch den Ursprung am Lig. plantare longum die Längswölbung des Fußes verspannen.		
M. opponens digiti minimi	*In.:* N. plantaris lateralis	*An.:* Grundphalanx der Kleinzehe	*Ur.:* Lig. plantare longum, Mittelfußknochen
Abb. 4.19	**Funktion:** Er zieht den kleinen Zeh plantarwärts und hilft wie die beiden anderen Muskeln des Kleinzehenballens das Fußgewölbe zu verspannen. **Besonderheit:** Er fehlt häufig.		

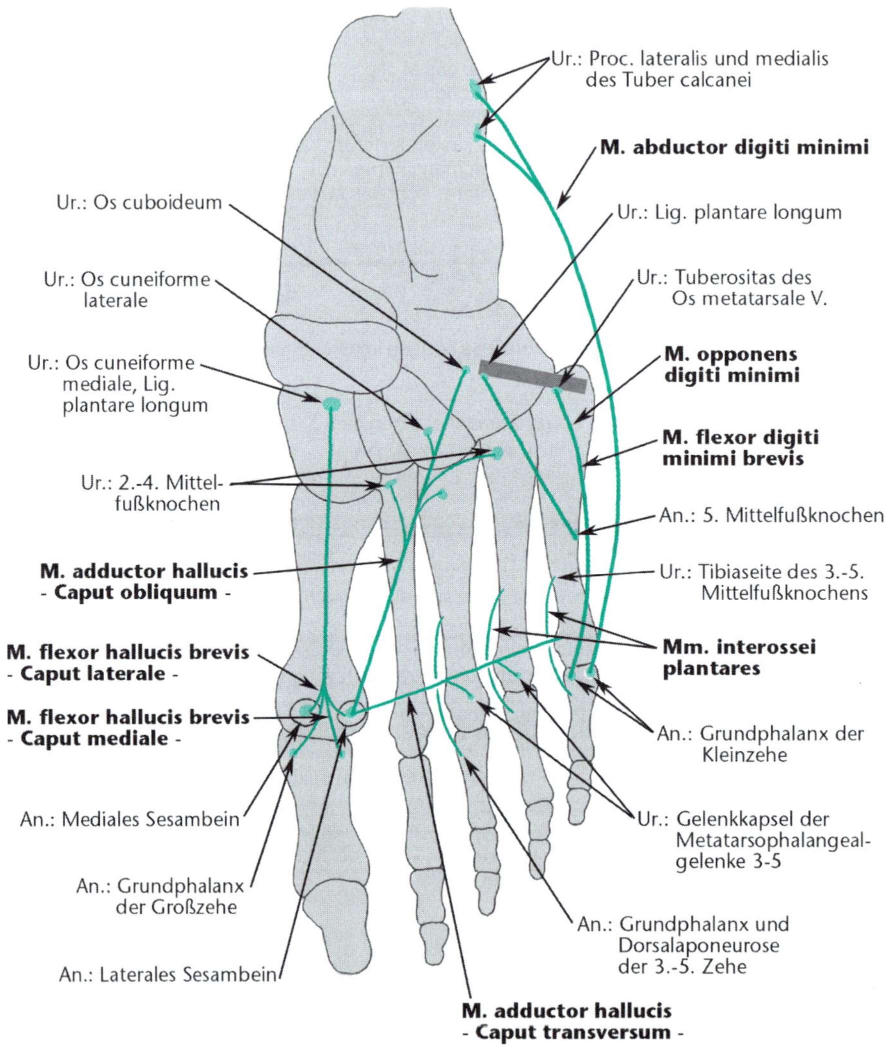

Abb. 4.19 Fußsohlenmuskeln

4.5 Nerven

Das Erlernen der einzelnen Nerven und ihrer Innervationsgebiete können Sie sich wesentlich erleichtern wenn Sie sich zunächst anhand der Winterthur-anatomische Tafel „Spinalnerven" einen Überblick über die Nerven verschaffen und anschließend den nachfolgenden Text mit Hilfe der Verlaufsbeschreibungen erarbeiten.

4.5.1 Plexus lumbosacralis

Siehe Winterthur-anatomische Tafel „Spinalnerven".

Die durch die Foramina intervertebralia der Lumbalwirbel und durch die Foramina sacralia pelvina der Sakralwirbeln (Erklärung s. Kapitel 6.1.2) austretenden Radices anteriores der Spinalnerven werden als Nervi lumbales und Nervi sacrales bezeichnet.

Die Nn. lumbales aus L_1–L_4 (= 1.–4. Lendennerv) bilden mit dem 12. N. thoracicus (= **N. subcostalis**) aus Th_{12} den **Plexus lumbalis** (= obere Abteilung des Plexus lumbosacralis).

Der N. lumbalis aus L_5 bildet mit den Nn. sacrales aus S_1–S_3 den **Plexus sacralis** (= untere Abteilung des Plexus lumbosacralis). Über den Truncus lumbosacralis, der Fasern aus L_4 und L_5 führt und an beide Plexus abgibt, stehen beide Plexus miteinander in Verbindung und werden deshalb zusammen als **Plexus lumbosacralis** bezeichnet.

4.5.2 Plexus lumbalis !! 4/10

Siehe Winterthur-anatomische Tafel „Spinalnerven".

➤ *Prüfungsrelevant: Das gesamte Kapitel. Sie sollten den jeweiligen Hauptnerven die Innervationsgebiete zuordnen können und Kenntnis über den Verlauf der Hauptnerven haben.* ◄

Die Radices anteriores der Spinalnerven bilden innerhalb des M. psoas major den Plexus lumbalis (= Lendengeflecht). Der Plexus lumbalis besteht aus 6 Nervenstämmen, wovon
- 3 kranial (= N. iliohypogastricus, N. ilioinguinalis, N. genitofemoralis) und
- 3 kaudal (= N. cutaneus femoris lateralis, N. femoralis, N. obturatorius)

verlaufen.

Merksatz:

In	– N. **i**liohypogastricus
Indien	– N. **i**lioinguinalis
gibt's	– N. **g**enitofemoralis
kein	– N. **c**utaneus femoris lateralis
frisches	– N. **f**emoralis
Obst	– N. **ob**turatorius.

Äste des Plexus lumbalis

Nerv	Innervationsort	Verlauf
Rr. musculares	*motorisch:* M. quadratus lumborum, M. psoas major, M. psoas minor	
N. iliohypogastricus (Th_{12}– L_1)	*motorisch:* M. obliquus internus abdominis, M. transversus abdominis	Er verläuft nach seinem Austritt aus dem M. psoas major hinter der Niere und über der Vorderfläche des M. quadratus lumborum zur Crista iliaca (= Darmbeinkamm). Zwischen dem M. transversus abdominis und dem M. obliquus internus abdominis liegend zieht er weiter, bis er als R. cutaneus anterior endet.
– R. cutaneus lateralis	*sensibel:* Haut der seitlichen Hüftgegend	Geht oberhalb der Crista iliaca aus dem N. iliohypogastricus hervor.
– R. cutaneus anterior	*sensibel:* Haut der Regio inguinalis und der Regio pubica.	Durchbohrt oberhalb des äußeren Leistenrings (= Anulus inguinalis superficialis) die Aponeurose des M. obliquus externus abdominis.
N. ilioinguinalis (L_1)	*motorisch:* M. obliquus internus abdominis, M. transversus abdominis	Er verläuft unterhalb des N. iliohypogastricus zunächst zwischen der Niere und dem M. quadratus lumborum (also hinter der Niere!) und anschließend zwischen dem M. obliquus internus abdominis und dem M. transversus abdominis liegend zum Canalis inguinalis (= Leistenkanal). Durch den Leistenkanal zieht er beim Mann mit dem Funiculus spermaticus (= Samenstrang) ins Skrotum (= Hodensack). Durch den Leistenkanal der Frau zieht er mit dem Lig. teres uteri zum Labium majus (= große Schamlippe). Oberhalb des Canalis inguinalis gibt er die Rr. musculares für die motorische Innervation ab.
– Nn. scrotales anteriores	*sensibel:* Peniswurzel und oberer Teil des Skrotum	Sie kommen nur beim Mann vor.
– Nn. labiales anteriores	*sensibel:* Labium majus	Sie kommen nur bei der Frau vor.
N. genitofemoralis (L_1–L_2)	Zur Innervation siehe die nachfolgenden Äste.	Nach dem Austritt aus dem M. psoas major verläuft er auf der Vorderfläche des M. psoas major abwärts und teilt sich in 2 Äste. Er, bzw. seine beiden Äste, unterkreuzen den Ureter (= Harnleiter).

Nerv	Innervationsort	Verlauf
Äste des N. genitofemoralis **– R. genitalis**	Beim Mann: *motorisch:* M. cremaster und Tunica dartos (die Tunica liegt als „Fleischhaut“ unter der Skrotalhaut); *sensibel:* Haut des Skrotum und die Haut des dem Skrotum gegenüber liegenden Oberschenkels	Verläuft beim Mann über das Lig. inguinale (Leistenband) und anschließend mit dem Funiculus spermaticus (Samenstrang) durch den Canalis inguinalis (= Leistenkanal) zum Skrotum.
	Bei der Frau: *sensibel:* Labium majus und der entsprechende Hautbereich am Oberschenkel (siehe Mann).	Verläuft bei der Frau mit dem Lig. teres uteri durch den Leistenkanal zum Labium majus.
– R. femoralis	*sensibel:* Haut unterhalb des lig. inguinale	Verläuft lateral von der A. femoralis durch die unter dem Lig. inguinale liegende Lacuna vasorum zum Oberschenkel, wo er im Hiatus saphenus in die Subkutis eindringt.
N. cutaneus femoris lateralis (L2–L3)	*sensibel:* Haut an der lateralen Seite des Oberschenkels	Er tritt am lateralen Rand des M. psoas major aus und zieht zur Fossa iliaca, wo er schräg über den M. iliacus zur Spina iliaca anterior superior zieht. Unter der Spina iliaca anterior superior liegend gelangt er zur Lacuna musculorum, durch die er zum lateralen Teil des Oberschenkels zieht.
N. femoralis (L1–L4)	*motorisch:* M. iliacus, M. psoas major, M. quadriceps femoris (setzt sich zusammen aus M. rectus femoris, M. vastus medialis, lateralis und intermedius), M. sartorius und zusammen mit dem N. obturatorius den M. pectineus	Stärkster Ast des Plexus lumbalis. Er tritt am lateralen Rand des M. psoas major aus. In der Rinne zwischen dem M. psoas major und dem M. iliacus verläuft er abwärts, wobei er noch im kleinen Becken einige Rr. musculares abgibt. Durch die unter dem Lig. inguinale liegende Lacuna musculorum zieht er lateral zum M. iliopsoas, wo er sich fächerförmig in seine Endäste die Rr. cutanei und den N. saphenus aufteilt.
– Rr. cutanei anteriores	*sensibel:* Haut der Vorderseite des Oberschenkels bis zum Knie.	
– N. saphenus (Hautast)	*Siehe die nachfolgenden Äste*	Er ist ein rein sensibler Nerv! Er verläuft zunächst lateral von der A. femoralis durch den Canalis adductorius (= Adduktorenkanal), durchbohrt dann zusammen mit der A. genus descendens die Membrana vasto-adductoria und zieht unter dem M. sartorius liegend zur medialen Seite des Kniegelenks, von wo er mit der V. saphena magna an der medialen Seite des Unterschenkels zum medialen Knöchel zieht.

Nerv	Innervationsort	Verlauf
– – R. infrapatellaris	*sensibel:* mediale Haut unterhalb der Kniescheibe.	
– Rr. cutanei cruris mediales	*sensibel:* Haut im Bereich des medialen und ventralen Unterschenkels und des medialen Fußrandes.	
	Klinik: Beim (wenn auch selten vorkommenden) Ausfall des N. femoralis ist die Beugung im Hüftgelenk abgeschwächt (durch die Lähmung des M. iliopsoas), wodurch das Aufrichten aus dem Liegen (z.B. aus dem Bett) erschwert ist. Im Kniegelenk kann das Bein nicht mehr aktiv gestreckt werden (Lähmung des M. quadriceps femoris), wodurch der Patient beim Treppensteigen und beim Aufstehen aus dem Sitzen stark behindert ist, beim Stehen knickt der Patient im Kniegelenk leicht ein. Durch den Ausfall des M. quadriceps femoris kann außerdem der Patellarsehnenreflex nicht mehr ausgelöst werden.	
N. obturatorius (L_2–L_4) (☞ 93)	*motorisch:* M. obturatorius externus	Er tritt als einziger Nervenstamm am medialen Rand des M. psoas major aus (in Höhe der Articulatio sacroiliaca). An der lateralen Wand des kleinen Beckens verläuft er unterhalb der Linea terminalis nach kaudal, wobei er dorsal von der A. iliaca interna und lateral vom Ureter verläuft. Mit der A. obturatoria zieht er durch den Canalis obturatorius zum Oberschenkel, wobei er sich noch im Kanal in seine beiden Endäste teilt.
– R. anterior	*motorisch:* M. adductor longus, M. adductor brevis, M. gracilis. Zusammen mit dem N. femoralis den M. pectineus. *sensibel:* Haut auf der Innenseite (= medial) des Oberschenkels.	
– R. posterior	*motorisch:* M. adductor magnus, M. adductor minimus	Zieht über oder durch den M. obturatorius externus zum M. adductor magnus.
	Klinik: Infolge eines Beckenbruchs kann der N. obturatorius im Canalis obturatorius geschädigt werden. Außerdem können aufgrund seiner topographischen Lage zum Ovar (= Eierstock) und zum Ureter (= Harnleiter) Entzündungen auf den N. obturatorius übergreifen. Bei einer Lähmung des N. obturatorius fallen die Adduktorenmuskeln aus, wodurch der Oberschenkel nicht mehr adduziert (= herangeführt) werden kann. Dadurch ist ein kraftvoller Schenkelschluß unmöglich und der Gang wirkt breitbeinig („Seemannsgang"). Das betroffene Bein kann nicht mehr aktiv über das andere Bein geschlagen werden. Außerdem ist das Stehen und Gehen stark beeinträchtigt.	

4.5.3 Plexus sacralis !!! 11/28

(☞ 93)
Siehe auch die Anatomische Tafel „Spinalnerven".

➤ *Absolut prüfungsrelevant: Das gesamte Kapitel. Sie sollten*
1. alle wesentlichen Nervenäste den entsprechenden Hauptnerven zuordnen können,
2. die motorischen und sensiblen Innervationsgebiete den jeweiligen Nerven oder den fett hervorgehobenen Nervenästen zuordnen können,
3. Kenntnis über den Verlauf der Hauptnerven und der wichtigsten Nervenäste haben,
4. die Klinik kennen. ◄

Der Plexus sacralis ist das stärkste Nervengeflecht unseres Körpers. Der Plexus liegt im Bereich des vorderen Kreuzbeins (= Os sacrum) auf der Vorderseite des M. piriformis und hinter der A. iliaca interna. Der Plexus besteht aus 4 Nervenstämmen.

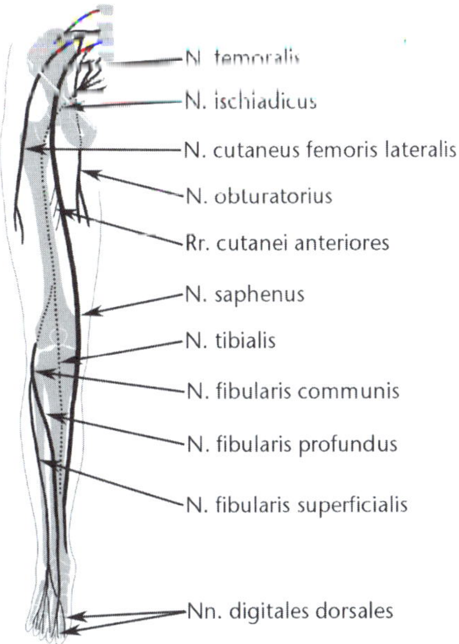

Abb. 4.20 *Nerven des rechten Beins von vorne*

Merksatz:

Gut	– N. **g**luteus superior
geht's	– N. **g**luteus inferior
kaum	– N. **c**utaneus femoris posterior
mit **Ischias**	– N. **ischia**dicus.

Äste des Plexus sacralis

Nerv	Innervationsort	Verlauf
Rr. musculares	motorisch: M. piriformis, Mm. gemelli, M. obturatorius internus, M. quadratus femoris	Die Rr. musculares, die die nebenstehenden Muskeln innervieren, gehen im Beckenbereich ab.
N. gluteus superior (L4–S1)	motorisch: M. gluteus medius, M. gluteus minimus, M. tensor fasciae latae	Er verläuft über dem oberen Rand des M. piriformis zum Foramen suprapiriforme (Teil des Foramen sciaticum majus), durch das er aus dem kleinen Becken zur Gesäßregion zieht.
	Klinik: Infolge einer falsch gesetzten intraglutealen Injektion kann es zum Ausfall des N. gluteus superior kommen, wodurch im Hüftbereich die Abduktoren (= Mm. glutei medius und minimus sowie der M. tensor fasciae latae) gelähmt werden. Dadurch sinkt beim Patienten der auf dem kranken Bein steht (= Standbein) das Becken auf der gesunden Seite (= Spielbein) ab, was als Trendelenburg-Zeichen bezeichnet wird. Der Oberkörper beugt sich dabei wegen des Gewichtausgleichs zur kranken Seite hin.	
N. gluteus inferior (L5–S2)	motorisch: M. gluteus maximus	Er gelangt durch das Foramen infrapiriforme (Teil des Foramen sciaticum majus) vom Becken in die Gesäßregion.
	Klinik: Ebenfalls durch eine falsch gesetzte intragluteale Injektion kann es zum Ausfall des N. gluteus inferior kommen, was zur Lähmung des M. gluteus maximus führt. Dadurch wird der Schwerpunkt des Körpers nach hinten verlagert. Im Hüftgelenk ist die Streckung stark geschwächt, weshalb sich der Patient nicht mehr aus dem Sitzen aufrichten oder Treppen steigen kann. Gehen und Stehen sind nur unwesentlich beeinträchtigt.	

Nerv	Innervationsort	Verlauf
N. cutaneus femoris posterior (S_1–S_3)	*sensibel:* Haut an der Rückseite des Oberschenkels bis zur Kniekehle.	Zusammen mit dem N. ischiadicus und dem N. gluteus inferior verläßt er das kleine Becken durch das Foramen infrapiriforme (Teil des Foramen sciaticum majus). Mit dem N. ischiadicus verläuft er zwischen dem Tuber ischiadicum (Teil des Os ischii = Sitzbein) und dem Trochanter major des Femur abwärts. Unter dem M. gluteus maximus zieht er zur Rückseite des Oberschenkels und unter der Fascia lata (= Körperfaszie) zur Kniekehle weiter.
– Rr. clunium inferiores	*sensibel:* Haut im Gesäßbereich	
– Rr. perineales	*sensibel:* Haut im Damm- und Schambereich	
N. ischiadicus (L_4–S_3) (syn.: **N. sciaticus**)	*motorisch:* M. biceps femoris (Caput longum), M. semimembranosus, M. semitendinosus, M. adductor magnus *manchmal:* M. obturatorius internus, Mm. gemelli, M. quadratus femoris	Er ist mit etwa 1,5 cm Breite der stärkste und längste periphere Nerv im menschlichen Körper. Durch das Foramen infrapiriforme (Teil des Foramen sciaticum majus) verläßt er das kleine Becken. Er verläuft über den M. obturatorius internus, die Mm. gemelli und den M. quadratus femoris, sowie anschließend zwischen dem Tuber ischiadicum und dem Trochanter major des Femur zur Rückseite des Oberschenkels, wo er unter dem M. biceps femoris liegend zur Kniekehle zieht. Der N. ischiadicus teilt sich im Bereich des Oberschenkels, spätestens vor dem Eintritt in die Kniekehle, in seine beiden Endäste (N. tibialis und N. fibularis communis). Die Nervenfasern der beiden Endäste liegen teilweise schon im Foramen infrapiriforme als morphologisch getrennte Faserbündeln vor, die jedoch noch von einer gemeinsamen Bindegewebshülle umgeben sind und so als Nervenstamm erscheinen. In seltenen Fällen liegen beide Endäste bereits im Becken getrennt vor, dann verläuft der N. tibialis durch das Foramen infrapiriforme und der N. fibularis communis durch den M. piriformis.
Äste im Oberschenkelbereich:		
– **N. tibialis**	*motorisch:* • Im Oberschenkelbereich (wenn nicht direkt aus dem N. ischiadicus): M. semimembranosus, M. semitendinosus, M. adductor magnus, manchmal das Caput longum des M. biceps femoris . • Im Unterschenkelbereich die Beuger: M. gastrocnemius, M. soleus, M. plantaris, M. popliteus, M. tibialis posterior, M. flexor hallucis longus, M. flexor digitorum longus	Er ist stärker ausgebildet als der andere Endast (N. fibularis communis). Der N. tibialis zieht unter dem M. gastrocnemius liegend lateral von der V. poplitea durch die Mitte der Kniekehle. Er verläßt die Kniekehle unter dem Sehnenbogen des M. soleus (= Arcus tendineus m. solei) liegend. Lateral von der A. tibialis posterior verläuft er zwischen dem M. flexor hallucis longus und dem M. flexor digitorum longus liegend bis hinter den medialen Knöchel, wo er sich in seine beiden Endäste, den N. plantaris lateralis und den N. plantaris medialis spaltet, die beide unter dem Retinaculum mm. flexorum zur Fußsohle ziehen.

Nerv	Innervationsort	Verlauf
Äste im Unterschenkelbereich:		
– – N. cutaneus surae medialis		Geht in der Kniekehle aus dem N. tibialis hervor. Er verlauft lateral von der V. saphena parva zwischen den Köpfen des M. gastrocnemius und verbindet sich mit dem R. communicans des N. fibularis communis zum N. suralis.
– –N. suralis	*Siehe die nachfolgenden Äste*	Verläuft lateral von der Achillessehne. Um den Malleolus lateralis (= Außenknöchel) herum gelangt er zum lateralen Fußrand.
– – – Rr. calcanei laterales	*sensibel:* Haut der lateralen Fersenseite	
– – – N. cutaneus dorsalis lateralis	*sensibel:* Haut des lateralen Fußrandes	
– – N. interosseus cruris	*sensibel:* Periost der Tibia	Zieht hinter der Membrana interossea cruris liegend zum Sprunggelenk.
Endäste des N. tibialis:		
– – **N. plantaris medialis**	*motorisch:* M. abductor hallucis, M. flexor digitorum brevis, M. flexor hallucis brevis	Ist der stärkere Endast. Er verläuft unter dem M. abductor hallucis zur Fußsohle, wo er sich in einen medialen und einen lateralen Ast teilt. Aus dem lateralen Ast gehen die 3 Nn. digitales plantares communes hervor, die sich in je 2 Nn. digitales plantares proprii teilen.
– – – Nn. digitales plantares communes	*motorisch:* Mm. lumbricales I und II.	
– – – Nn. digitales plantares proprii	*sensibel:* Haut der medialen 3 1/2 Zehen.	
– – **N. plantaris lateralis**	*Siehe die nachfolgenden Äste*	Verläuft mit dem gleichnamigen Gefäß unter dem M. flexor digitorum brevis und teilt sich in einen R. superficialis und einen R. profundus.
– – – R. superficialis		Teilt sich in die Nn. digitales plantares communes, aus denen die Nn. digitales plantares proprii hervorgehen.
– – – – Nn. digitales plantares proprii	*sensibel:* Haut der lateralen 1 1/2 Zehen (Kleinzehe und 4. Zehe).	

Nerv	Innervationsort	Verlauf
– – – R. profundus	*motorisch:* Mm. interossei, die lateralen Mm. lumbricales III und IV, M. adductor hallucis, das Caput laterale des M. flexor hallucis brevis, M. quadratus plantae, M. abductor digiti minimi, M. flexor digiti minimi brevis, M. opponens digiti minimi,	
– **N. fibularis communis** (alt: N. peroneus communis)	Im Oberschenkelbereich motorisch: Caput breve des M. biceps femoris.	Verläuft im Oberschenkel am lateralen Rand des M. biceps femoris entlang zur lateralen Seite der Kniekehle und mit der Sehne des M. biceps femoris zum Caput der Fibula. Anschließend zieht er um das Collum der Fibula (wo er direkt unter der Haut liegt) herum zur Streckseite (= Vorderseite) des Unterschenkels, wo er in den M. peroneus longus eindringt. Im M. peroneus longus teilt er sich in seine beiden Endäste, den oberflächlich verlaufenden N. fibularis superficialis und den in der Tiefe verlaufenden N. fibularis profundus.
Äste im Unterschenkelbereich:		
– – N. cutaneus surae lateralis	*sensibel:* Haut der lateralen Unterschenkelseite bis zum Malleolus lateralis	Zweigt in der Kniekehle ab.
– – R. communicans peroneus		Vereinigt sich mit dem N. cutaneus surae medialis (= Ast des N. tibialis) zum N. suralis.
– – **N. fibularis superficialis** (alt: N. peroneus superficialis)	*motorisch:* M. peroneus longus, M. peroneus brevis	Durchdringt im unteren Teil des Unterschenkels die Fascia cruris und zieht zum Fußrücken, wo er sich in seine beiden Endäste, den N. cutaneus dorsalis und den N. cutaneus intermedius teilt, aus denen wiederum die Nn. digitales dorsales pedis hervorgehen.
– – – Nn. cutanei dorsalis und intermedius	*sensibel:* Haut des Fußrückens.	
– – – – Nn. digitales dorsales pedis	*sensibel:* Haut an der dorsalen Seite der 2.–5. Zehe.	

Nerv	Innervationsort	Verlauf
– – **N. fibularis profundus** (alt: N. peroneus profundus)	*motorisch:* M. extensor digitorum longus und brevis, M. extensor hallucis longus und brevis, M. tibialis anterior; *sensibel:* Haut der einander zugekehrten Seiten der 1. und 2. Zehe.	Zieht durch das Septum intermusculare cruris anterius zur Streckerloge, wo er mit der A. tibialis anterior zwischen den Extensoren zum Fußrücken gelangt. Auf dem Fußrücken verläuft er mit der A. dorsalis pedis.

Klinik: Nachfolgend sind die Krankheitsbilder beim Ausfall der jeweiligen Nervenäste beschrieben.

1. N. ischiadicus – er kann infolge einer Beckenfraktur oder einer Hüftgelenksluxation geschädigt werden. Dadurch kann es zur Lähmung der ischiocruralen Muskeln (Caput longum des M. biceps femoris, M. semitendinosus, M. semimembranosus) und aller Muskeln des Unterschenkels und des Fußes kommen (Ausnahme: Adduktoren und Kniestrecker). Ein davon betroffener Patient kann im Kniegelenk nicht mehr aktiv beugen oder kreiseln. Die Unterschenkelmuskeln sind gelähmt und die Sprunggelenke ohne Halt.

2. N. tibialis – bei seinem Ausfall kommt es zur Lähmung aller Flexoren (= Beuger) des Fußes und der Zehen sowie der Supinatoren. Der Patient kann den Fuß nicht mehr nach plantarwärts bewegen, ein Zehenstand ist nicht mehr möglich. Durch den Ausfall der Mm. interossei befinden sich die Mittel- und Endglieder der Zehen in Plantarflexion, was als Krallen- oder Hackenfuß bezeichnet wird.

3. N. fibularis communis – er verläuft im Bereich des Collum fibulae direkt unter der Haut. Am häufigsten wird er daher in diesem Bereich durch chronischen Druck (z.B. schlecht angepaßtem Gehgips), Stoß oder eine Fraktur des Fibulaköpfchens geschädigt. Beim Ausfall des N. fibularis communis sind die Mm. peronei (Pronatoren) und die Extensoren gelähmt. Eine Dorsalextension (Heben) und Pronation des Fußes ist nicht mehr möglich. Der Fuß ist vielmehr supiniert und plantar flektiert, d.h. der Fuß kann im Sprunggelenk nicht mehr angehoben werden, die Fußspitze (Zehen) schleift beim Gehen über den Boden (ein Hackengang ist unmöglich). Es entwickelt sich ein Spitzfuß. Außerdem können die Zehen nicht mehr gestreckt werden.
Beim Gehen kommt es zum sogenannten Stepper- oder Hahnentrittgang, weil der Patient den Fuß besonders hoch hebt, um so das Schleifen der Fußspitze über dem Fußboden auszugleichen.

4. N. fibularis profundus – bei seiner Schädigung fallen alle Extensoren aus. Eine Dorsalflexion des Fußes ist dann nicht mehr möglich. Das hat zur Folge, dass der Fuß im Sprunggelenk nicht mehr angehoben werden kann. Dadurch ist der Hackengang (= Fersengang) nicht mehr möglich. Die Zehen sind wegen des Ausfalls der Zehenstrecker stark gebeugt. Wie beim Ausfall des N. fibularis communis kommt es zum Stepper- oder Hahnentrittgang.

5. N. fibularis superficialis – bei seinem Ausfall sind die Mm. peronei longus und brevis gelähmt. Dadurch kommt es zur Supinationsstellung des Fußes – der laterale Fußrand hängt herab. Eine Pronation (= Hochheben des lateralen Fußrandes) ist nicht mehr möglich (Klumpfuß).

Nerv	Innervationsort	Verlauf
N. pudendus (S. 2–4)	Siehe Äste. Bitte beachten Sie, daß von einigen Autoren der N. pudendus als unterster Nerv des Plexus sacralis bezeichnet wird.	Der N. pudendus wird nach heutiger Lehrmeinung dem Plexus sacralis zugerechnet, obwohl er aus einem zuordnenbaren Geflecht besteht. Der N. pudendus zieht zusammen mit der A. und V. pudenda interna durch das Foramen infrapiriforme aus dem kleinen Becken heraus zur Regio glutea. Anschließend zieht er um die Spina ischiadica des Os ischii und den unteren Rand des Lig. sacrospinale herum, um durch das Foramen sciaticum minus wieder ins Becken zu gelangen. In der lateralen Wand der Fossa ischiorectalis verläuft er im Canalis pudendalis (= Alcock Kanal), der unter der Fascia obturatoria liegt.
– Nn. rectales inferiores	*motorisch:* M. sphincter ani externus *sensibel:* Haut des Analbereichs	
– Nn. perineales	*motorisch:* M. transversus perinei superficialis, M. bulbospongiosus, M. ischiocavernosus	Er gibt an Ästen die Nn. scrotales bzw. labiales ab
– – Nn. scrotales posteriores (Mann) bzw. Nn. labiales posteriores (Frau)	*sensibel:* Haut des Damms und das Skrotum bzw. die Labia majora	
– N. dorsalis penis (Mann) bzw. N. dorsalis clitoridis (Frau)	*motorisch:* M. transversus perinei profundus *sensibel:* Mann – Vorhaut, Glans penis und Corpus cavernosus penis Frau – Glans clitoridis und Corpus cavernosus clitoridis.	Er zieht beim Mann unter der Symphyse zum Penisrücken.

Praktische Anatomie: Wichtige Nervenreflexe im Beinbereich			
Reflex	**Nerv**	**Auslösung (mit Reflexhammer)**	**Muskel**
Kremasterreflex	N. genitofemoralis L_1–L_2	Auf der Haut der Innenseite des Oberschenkels Richtung Genital streichen → Hoden hebt sich (durch Kontraktion des M. cremaster)	M. cremaster
Patellarsehnenreflex (= Quadricepsfemoris-Reflex)	N. femoralis L_1–L_4	Bei flektiertem (entspanntem) Knie Schlag auf das Lig. patellae (Sehne unterhalb der Patella) → Streckbewegung im Kniegelenk.	M. quadriceps femoris
Achillessehnenreflex (Triceps-surae-Reflex)	N. tibialis S_1–S_2	Bei leicht flektiertem Kniegelenk Schlag auf die Achillessehne → Plantarflexion des Fußes.	M. triceps surae
Fußsohlenreflex	N. tibialis S_1–S_2	Bestreichen des lateralen Fußrandes → Plantarflexion der Großzehe. Patholog.: Dorsalflexion der Großzehe und fächerförmiges Spreizen der anderen Zehen (= Babinski positiv)	M. flexor hallucis longus.

Merke:

- N. obturatorius – innerviert am Oberschenkel alle Adduktoren;
- N. femoralis – innerviert am Oberschenkel alle Extensoren;
- N. tibialis – innerviert am Unterschenkel alle Flexoren und alle Fußsohlenmuskeln;
- N. fibularis profundus – innerviert am Unterschenkel alle Extensoren und alle Fußrückenmuskeln;
- N. fibularis superficialis – innerviert die Muskeln der Peroneusgruppe.

4.6 Arterien und Venen

4.6.1 Arterien

!!! 8/17

➤ *Prüfungsrelevant sind der Verlauf der Hauptstämme (Topographie), die Kenntnis der größeren Arterien sowie die Klinik.* ◄

Siehe auch die anatomische Tafel „Arterien".

Die Aorta abdominalis gibt in Höhe des 4. Lendenwirbels die beiden Aa. iliacae communes ab und endet als A. sacralis mediana. Jede der beiden Aa. iliacae communes teilt sich in eine A. iliaca externa und eine A. iliaca interna (s. Kapitel 8.9.2). Die A. iliaca externa geht in die A. femoralis über.

Die Hauptarterie für die untere Extremität ändert also während ihres Verlaufs dreimal ihre Bezeichnung. Zunächst wird sie als A. iliaca externa, distal vom Lig. inguinale (Leistenband) als A. femoralis und in der Kniekehle als A. poplitea bezeichnet.

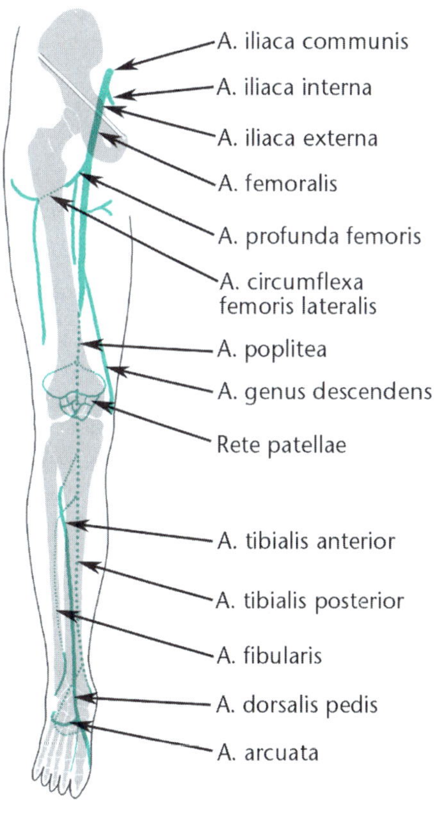

Abb. 4.21 *Arterien des rechten Beins von vorne*

Bein

A. femoralis (= Oberschenkelarterie)

Sie beginnt als Fortsetzung der A. iliaca externa in der unter dem Lig. inguinale (= Leistenband) liegenden Lacuna vasorum, wo sie auf dem Pecten ossis pubis (= Knochenkamm des Schambeins) liegt. Durch die Lacuna vasorum gelangt die A. femoralis in die vom M. iliopsoas und M. pectineus begrenzte Fossa iliopectinea (alt: Fossa subinguinalis). In diesem Bereich ist sie nur von der Haut und der Fascia lata bedeckt und kann daher getastet werden (Puls!). Anschließend verläuft sie in dem unter dem M. sartorius liegenden Canalis adductorius (= Adduktorenkanal), wo sie zu Anfang vom N. saphenus (Ast des N. femoralis) begleitet wird. Im Adduktorenkanal gelangt sie von der ventralen zur dorsalen Oberschenkelseite. Durch den Hiatus tendineus (syn: Hiatus adductorius = Adduktorenschlitz) verläßt sie den Kanal und geht in die A. poplitea über.

Die A. femoralis gibt an Ästen ab:

➜ **A. epigastrica superficialis** – geht etwa 1 cm unterhalb des Lig. inguinale ab und zieht über das Lig. inguinale bis zur Nabelhöhe, wo sie mit Ästen der A. thoracica interna anastomosiert.

➜ **A. circumflexa iliaca superficialis** – zieht unter dem Lig. inguinale liegend zur Haut im Bereich der Spina iliaca anterior superior.

➜ Aa. pudendae externae – ziehen beim Mann zum Skrotum (= Hodensack), bei der Frau zu den Schamlippen.

➜ **A. profunda femoris** – geht als stärkster Ast der A. femoralis etwa 3–6 cm unterhalb des Lig. inguinale aus der lateralen Seite der A. femoralis hervor. Die A. profunda femoris zieht nach medial, wobei sie die A. femoralis unterkreuzt und auf dem M. adductor brevis und M. adductor magnus kniewärts zieht. Zwischen der A. femoralis und der A. profunda femoris liegt der M. adductor longus. An Ästen gehen aus ihr hervor:

- A. circumflexa femoris medialis – geht in der Fossa iliopectinea ab und zieht zwischen dem M. iliopsoas und dem M. pectineus nach hinten zur Fossa trochanterica und versorgt die ischiokruralen Muskeln.
- A. circumflexa femoris lateralis – geht in der Fossa iliopectinea ab und zieht unter dem M. rectus femoris nach lateral. Sie versorgt die Extensoren.
- Aa. perforantes I, II, III – bilden die Endäste der A. profunda femoris und ziehen durch einen Schlitz zwischen den Adduktoren zur Rückseite des Oberschenkels. Sie stehen untereinander in Verbindung.

➜ A. descendens genicularis (alt: A. genus descendens) – geht im Adduktorenkanal aus der A. femoralis hervor und durchbricht zusammen mit dem N. saphenus und der V. descendens genicularis die Membrana vastoadductoria.

Klinik: Im Bereich der Hüfte ist die A. femoralis über Anastomosen mit Ästen der A. iliaca interna verbunden, so dass bei einer Unterbindung der A. femoralis oberhalb des Abgangs der A. profunda femoris ein ausreichender Kollateralkreislauf entsteht. Distal vom Abgang der A. profunda femoris sollte die A. femoralis jedoch nicht unterbunden werden, da ein ausreichender Kollateralkreislauf zwischen der A. profunda femoris und der A. descendens genicularis nur selten möglich ist.

A. poplitea (= Kniekehlenarterie)

Sie erstreckt sich als Fortsetzung der A. femoralis vom Hiatus tendineus (= Ausgang des Adduktorenkanals) bis zum unteren Rand des M. popliteus. Vom Hiatus tendineus aus zieht sie medial vom Femur liegend knochennah in die Fossa poplitea (= Kniekehle), wo sie innerhalb des Gefäß-Nerven-Strangs am tiefsten liegt. Über ihr verläuft die V. poplitea und darüber der N. popliteus.

> **Merkwort:** **Nivea**
>
> (N = Nerv, v = Vene, A = Arterie).

Ober- oder unterhalb vom Arcus tendineus m. solei teilt sich die A. poplitea in ihre beiden Endäste, die A. tibialis posterior und die A. tibialis anterior auf.

An Ästen gibt sie u.a. ab:

- A. inferior medialis genus und lateralis genus – zum Rete articulare genus
- Aa. surales – zu den Wadenmuskeln.

Rete articulare genus – liegt als Arteriengeflecht im Bereich des vorderen Kniegelenks. Es erhält Zuflüße aus dem oberen Teil der A. poplitea, aus der A. tibialis anterior (über A. recurrens tibialis anterior) und aus der A. tibialis posterior.

Klinik: Beim Verschluß der A. poplitea reicht die Kapazität des Rete articulare genus für einen Kollateralkreislauf zumeist nicht aus.

A. tibialis anterior (= vordere Schienbeinarterie)

Sie geht am unteren Rand des M. popliteus ober- oder unterhalb des Arcus tendineus m. solei aus der A. poplitea hervor. Durch einen Schlitz im oberen Teil der Membrana interossea cruris gelangt die A. tibialis anterior zur Vorderseite des Unterschenkels, von wo sie mit dem N. fibularis profundus durch die Extensorenloge bis zum Retinaculum mm. extensorum inferius fußwärts verläuft und in die A. dorsalis pedis übergeht. Sie versorgt die Extensoren mit Blut. An Ästen gibt sie u.a. ab:

- A. malleolaris anterior lateralis – zieht zum äußeren Knöchel, wo sie ins Rete malleolare laterale einmündet.
- A. malleolaris anterior medialis – zieht zum Rete malleolare mediale des inneren Knöchels.

A. dorsalis pedis – zieht als Endast der A. tibialis anterior lateral von der Sehne des M. extensor hallucis longus auf dem Fußrücken. Ihr wichtigster Ast ist die A. arcuata.

➜ A. arcuata – verläuft in Höhe der Lisfranc-Gelenklinie (= Basen der Mittelfußknochen) unter den Sehnen des M. extensor digitorum longus und brevis bogenförmig bis zum lateralen Fußrand. Aus dem Gefäßbogen gehen 4 Aa. tarsales dorsales hervor, die sich wiederum in jeweils 2 Aa. digitales dorsales teilen.

A. tibialis posterior (= hintere Schienbeinarterie)

Sie ist stärker ausgebildet als die A. tibialis anterior und bildet die eigentliche Fortsetzung der A. poplitea. Die A. tibialis posterior beginnt am unteren Rand des M. popliteus ober- oder unterhalb des Arcus tendineus m. solei. Mit dem N. tibialis und den Vv. tibiales posteriores verläuft sie zwischen den tiefen und oberflächlichen Flexoren zum medialen Fußknöchel (= Malleolus medialis). Unter dem Retinaculum mm. flexorum liegend gelangt sie durch den medialen Malleolarkanal (= Gefäß-Nervenstraße am Hinterrand des medialen Knöchels) zur Fußsohle, wo sie sich in die A. plantaris medialis und in die stärkere A. plantaris lateralis teilt. Sie versorgt die Flexoren mit Blut.

An Ästen gibt die A. tibialis posterior u.a. ab:

➜ **A. fibularis (alt: A. peronea)** – verläuft auf der dorsalen Seite der Fibula zwischen der Fibula und dem M. flexor hallucis longus und M. flexor digitorum longus zum lateralen Knöchel. Über einen R. communicans anastomosiert sie im Bereich der Malleolen mit der A. tibialis posterior. Über einen Ramus perforans mündet sie in das Rete malleolare laterale, das auch aus der A. tibialis anterior versorgt wird.

➜ A. plantaris medialis – verläuft am medialen Fußrand zwischen dem M. abductor hallucis und dem M. flexor digitorum brevis.

➜ A. plantaris lateralis – verläuft zwischen dem M. flexor digitorum brevis und dem M. quadratus plantae liegend nach lateral und bildet den bogenförmigen Arcus plantaris profundus. Dieser Arcus erhält außerdem Blut über den R. plantaris profunda aus der A. dorsalis pedis. Aus dem Arcus plantaris gehen 4 Aa. metatarsales plantares hervor, die sich in Aa. digitales plantares communes und diese wiederum in Aa. digitales plantares propriae verzweigen.

➜ Rete malleolare laterale und mediale – liegen als Arteriengeflechte über dem Außen- bzw. Innenknöchel. Sie erhalten Blut aus der A. tibialis posterior und anterior.

Klinik: Arterienpulse: Im Bereich der unteren Extremität kommt der Qualität der Arterienpulse im Hinblick auf Durchblutungsstörungen (z.B. bei starken Rauchern) große Bedeutung zu.

Der Puls der A. femoralis kann kurz unterhalb der Mitte des Lig. inguinale im Bereich der Fossa iliopectinea (= Fossa subinguinalis) getastet werden. In diesem Bereich können Sie die A. femoralis auch bei Blutungen komprimieren, indem Sie die Arterie mit der Faust gegen die Eminentia iliopubica (oberer Schambeinast) drücken.

Den Puls der A. poplitea können Sie bei gebeugtem Knie mit etwas Geduld in der Kniekehle tasten.

Den Puls der A. tibialis posterior können Sie leicht am inneren Fußknöchel (Malleolus medialis), den der A. dorsalis pedis auf dem Fußrücken, lateral von der Sehne des M. extensor hallucis longus, tasten. Die A. dorsalis pedis ist nicht bei jedem Gefäßgesunden zu tasten!

4.6.2 Venen ! 2/3

Siehe auch die anatomische Tafel „Venen".

Die Venen des Beins werden wie die des Arms eingeteilt in oberflächliche Hautvenen (verlaufen in der Subkutis) und tiefe Begleitvenen (verlaufen mit den gleichnamigen Arterien).

Die weiter unten beschriebenen beiden Hauptstämme der oberflächlichen Venen stehen über zahlreiche Äste untereinander und über Vv. perforantes und Vv. communicantes mit den tiefen Begleitvenen in Verbindung. Die Venen besitzen Venenklappen

(s. Kapitel 2.4.4), die den Blutfluß nur in eine Richtung zulassen, wobei das Blut beim Gefäßgesunden von den oberflächlichen zu den tiefen Venen fließt.

Klinik: Besonders die Beinvenen können u.a. durch eine Schwäche der Venenklappen oder einen chronisch erhöhten peripheren Venendruck (Blutstauung) krankhaft erweitert werden. Dadurch werden die Venenklappen insuffizient und das Blut fließt von den tiefen in die oberflächlichen Venen zurück, was zur Blutstauung und damit zu den sichtbaren **Krampfadern** (= **Varizen**) führt. Durch den verzögerten Abfluß des venösen Blutes kann nährstoffreiches arterielles Blut nur bedingt zugeführt werden, wodurch es zu Ödemen (= Schwellung infolge Wassereinlagerung) und zur Geschwürbildung (Ulcera cruris) kommen kann.

Oberflächliche (epifasziale) Hautvenen

Im Bereich des Fußrückens liegt als Venennetz das Rete venosum dorsale pedis. Aus diesem Venennetz fließt das Blut in die lateral verlaufende V. saphena parva. Das venöse Blut der Fußsohle gelangt über das Rete venosum plantare in die V. saphena magna.

V. saphena magna – zieht vom medialen Fußrand kommend vorn am Malleolus medialis (= Innenknöchel) vorbei und an der medialen Seite des Unterschenkels zur Kniekehle hoch.

➤ Zusammen mit dem N. saphenus verläuft sie hinter dem Condylus medialis des Femur weiter zur Innenseite des Oberschenkels, wo sie durch die Fascia cribrosa in den Hiatus saphenus gelangt.

Unterhalb des Lig. inguinale münden im Bereich der Fossa iliopectinea die Vv. pudendae externae, V. epigastrica superficialis und die V. circumflexa iliaca superficialis sternförmig („oberer Venenstern") in die V. saphena oder direkt in die V. femoralis ein. Anschließend mündet die V. saphena magna in die V. femoralis. ◄

Die V. saphena magna besitzt öfter als Seitenast eine V. saphena accessoria, die dann mit der V. saphena parva anastomosiert.

V. saphena parva – verläuft vom lateralen Fußrand um den hinteren Teil des Malleolus lateralis (= Außenknöchel) herum zur Rückseite des Unterschenkels. Etwas unterhalb der Kniekehle durchbricht sie die Fascia cruris (= Unterschenkelfaszie) und zieht zwischen den beiden Ursprungsköpfen des M. gastrocnemius in die Tiefe, wo sie in die V. poplitea mündet.

Merke: ➤ Die V. saphena magna mündet in die V. femoralis, die V. saphena parva in die V. poplitea! ◄

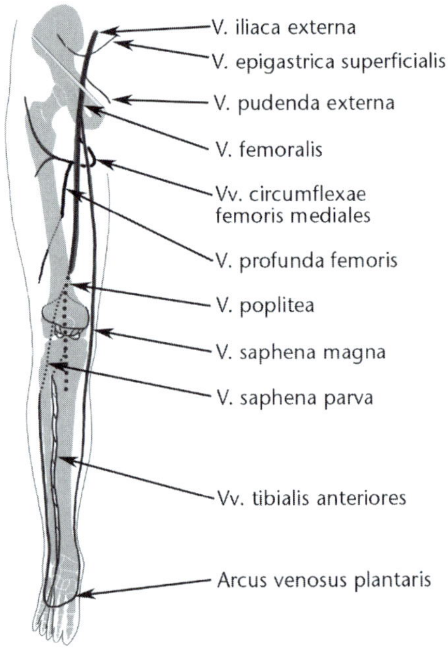

Abb. 4.22 Venen des rechten Beins von vorne

Tiefe (subfasziale) Begleitvenen (= Vv. comitantes)

Die tiefen Begleitvenen liegen bis zum Kniebereich paarig vor. Sie verlaufen mit den gleichnamigen Arterien in einer gemeinsamen Gefäßscheide.

➤ **V. poplitea** – die jeweils doppelt angelegten Vv. tibiales posteriores und anteriores münden in die zunächst ebenfalls doppelt angelegten Vv. popliteae. Im oberen Teil der Kniekehle vereinigen sich die beiden Vv. popliteae zu einem Gefäß.

Im Hiatus tendineus (Adduktorenschlitz) geht die V. poplitea in die V. femoralis über. ◄

➤ **V. femoralis** – ist einfach angelegt und reicht vom Hiatus tendineus bis zur unter dem Lig. inguinale (= Leistenband) liegenden Lacuna vasorum, wo sie sich in der V. iliaca externa fortsetzt. Im Adduktorenkanal liegt die V. femoralis dorsal und in der Lacuna vasorum medial von der A. femoralis. An Ästen nimmt die V. femoralis im Hiatus saphenus die V. saphena magna sowie im oberen Oberschenkelbereich die V. profunda femoris auf. ◄

Klinik: ► Über die V. epigastrica superficialis, die mit den Vv. thoracoepigastricae eine Anastomose bildet, steht die V. femoralis mit der V. axillaris und damit mit der V. cava superior in Verbindung. Diese Verbindung reicht jedoch als Kollateralkreislauf nicht aus, so daß bei einer Unterbindung der V. femoralis in Höhe des Lig. inguinale im Beinbereich eine venöse Stauung auftritt. ◄

4.7 Lymphknoten – Lymphgefäße ! 0/1

Siehe auch die anatomische Tafel „Lymphgefäßsystem".

Wie bei der oberen Extremität, so werden auch bei der unteren Extremität die Lymphgefäße unterteilt in:
- oberflächliche und
- tiefe Lymphgefäße.

Die oberflächlichen Lymphgefäße begleiten die in der Subkutis verlaufenden V. saphena magna und V. saphena parva. In der Leistenbeuge liegen um die V. saphena magna gruppiert (vor dem Hiatus saphenus) die Nll. inguinales superficialis, die die Lymphe der oberflächlichen Lymphgefäße aufnehmen und sie zu den tiefen Lymphknoten (= Nll. inguinales profundi) weiterleiten.
Die tiefen Lymphgefäße verlaufen im Unterschenkel mit den Arterien, in der Kniekehle ziehen sie durch die zumeist 3 Nll. popliteales und münden in die Nll. inguinales profundi.

Von den Nll. inguinales profundi fließt die Lymphe durch den in der Lacuna vasorum liegenden großen Lymphknoten, den **Rosenmüller-** oder **Cloquet-Lymphknoten** (= Nl. anuli femoralis). Von hier gelangt sie durch die entlang der A. iliaca externa und der A. iliaca communis liegenden Nll. iliaci externi und Nll. iliaci communes zu den in der Bauchhöhle liegenden Nll. lumbales (weiterer Verlauf s. Kapitel 7.6.4).

Durch die Nll. inguinales superficialis und profundi fließen neben der Lymphe aus der unteren Extremität die Lymphe aus der unteren Bauchwand, den äußeren Geschlechtsorganen, dem Fundus des Uterus und der Analregion.

Klinik: Die Nll. inguinales (und besonders der Rosenmüller-Lymphknoten) können beim Hoden- oder Gebärmutterkrebs als erste vergrößert sein.

4.8 Angewandte und topographische Anatomie

4.8.1 Oberflächenanatomie !! 3/19

Prüfungsrelevant: Das gesamte Kapitel.

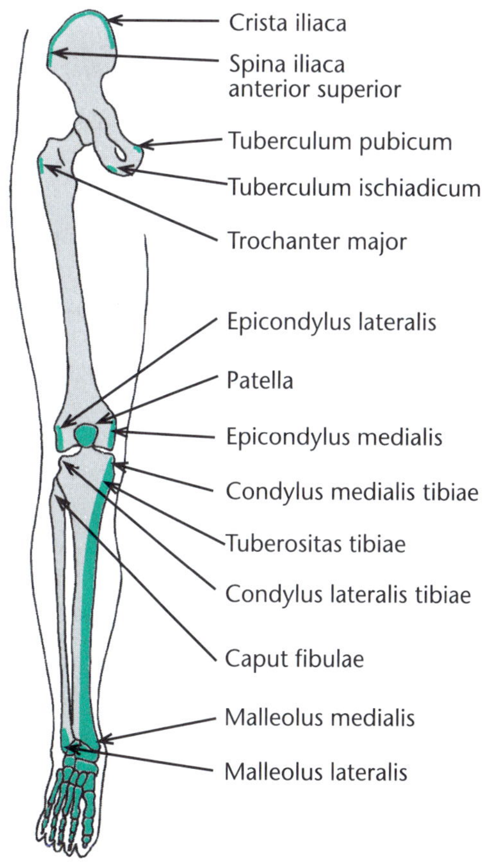

Abb. 4.23 *Tastbare Knochenpunkte im Bereich der unteren Extremität von ventral (die Fußknochen sind nicht einzeln beschriftet)*

Bein

Tastbare Knochenstellen
Beim Lebenden können Sie die in den Zeichnungen 4.23 und 4.24 rot hervorgehobenen Knochenstellen tasten.

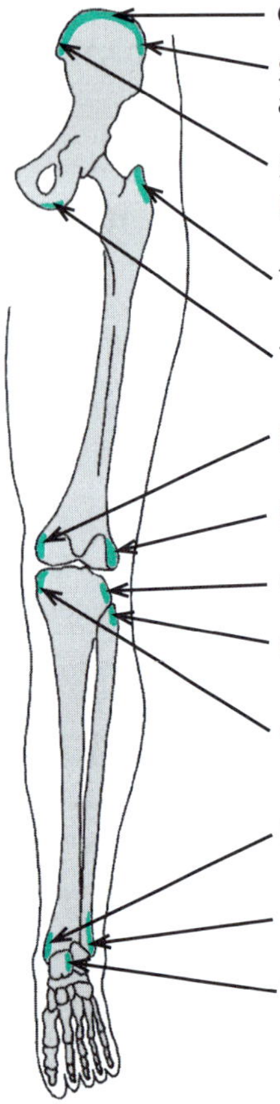

Abb. 4.24 *Tastbare Knochenpunkte im Bereich der unteren Extremität von dorsal*

4.8.2 Regio inguinalis !! 1/10

➤ *Prüfungsrelevant: Das gesamte Kapitel.* ◄

Die Regio inguinalis (= Leistengegend) liegt im Übergangsgebiet vom Unterbauch zum Oberschenkel.

Die Regio inguinalis wird begrenzt:
- kranial – durch eine Verbindungslinie zwischen den beiden Spinae iliacae anteriores superiores;
- medial – durch den lateralen Rand des M. rectus abdominis;
- kaudal – durch das Lig. inguinale.

Das bogenförmige **Lig. inguinale** (= Leistenband) spannt sich zwischen der Spina iliaca anterior superior und dem Tuberculum pubicum (= Schambeinhöcker) aus. Das **Lig. inguinale** wird vom verstärkten unteren Rand der Aponeurosen des M. obliquus externus abdominis, M. obliquus internus abdominis und M. transversus abdominis, sowie von straffen queren Faserzügen aus der Fascia iliaca gebildet. Der untere Rand des Lig. inguinale ist nach innen rinnenartig umgebogen und dient damit dem Leistenkanal als vordere und untere Wand. Unter dem Lig. inguinale liegen die Lacuna vasorum und die Lacuna musculorum (siehe weiter unten).

Der **Leistenkanal** (= **Canalis inguinalis**) ist etwa 4–6 cm lang und etwa 1,5 cm breit. Er verbindet beim Mann die Leibeshöhle mit dem Hodensack. Der Canalis inguinalis verläuft in der Bauchwand schräg von oben hinten nach vorn unten. Der Inguinalkanal beginnt lateral vom Tuberculum pubicum mit dem in der Fossa inguinalis lateralis (oberhalb der Mitte des Lig. inguinale) liegenden Anulus inguinalis profundus (= innerer Leistenring). Er endet mit dem Anulus inguinalis superficialis (= äußerer Leistenring) in der Fossa inguinalis medialis. Der **Anulus inguinalis superficialis** liegt als schlitzförmige Öffnung in der Aponeurose des M. obliquus externus abdominis. Neben zwei Faserschenkeln aus der Aponeurose (Crus laterale und Crus mediale) wird dieser Anulus vom Lig. reflexum begrenzt. Das **Lig. reflexum** zieht vom medialen Rand des Lig. inguinale zur Rektusscheide. Die Fossa inguinalis lateralis liegt lateral von der Plica umbilicalis lateralis. Die Fossa inguinalis medialis liegt zwischen der Plica umbilicalis medialis und der Plica umbilicalis lateralis.

Der Leistenkanal wird begrenzt:
- kranial – M. obliquus internus abdominis, M. transversus abdominis, unterer Rand der Rektusscheide;
- ventral – Aponeurose des M. obliquus externus abdominis, Fascia abdominalis superficialis, Lig. inguinale
- dorsal – Fascia transversalis, Peritoneum;
- kaudal – Lig. inguinale und Lig. reflexum.

Durch den Leistenkanal wandert kurz vor der Geburt der Hoden aus der Bauchhöhle in den Hodensack (siehe Kapitel 8.13).

Sensible Innervation der Haut

Zur Einführung siehe bitte die Erklärung in Kapitel 3.8.1.
Die Dermatome der unteren Extremität sind den Spinalnerven L_1–S_3 zuzuordnen.

N. iliohypogastricus
- Hüftgegend – seitliche Hüftgegend unterhalb der Crista iliaca.

Nn. clunium superiores (direkt aus L_{1-3}), Nn. clunium medii (direkt aus S_{1-3}), und Nn. clunium inferiores (aus N. cutaneus femoris posterior)
- Hüftgegend – Gesäßregion

N. genitofemoralis
- Skrotum bzw. Labium majus und gegenüber liegende Haut (R. genitalis)
- Oberschenkel – unterhalb des Lig. inguinale (R. femoralis)

N. femoralis
- Oberschenkel – vordere und mediale Seite bis zum Kniegelenk.
- Unterschenkel: (über N. saphenus) – mediale Seite des Kniegelenks; (über N. saphenus) – mediale Seite unterhalb des Kniegelenks bis oberhalb des Malleolus medialis.
- Fußrücken (über N. saphenus) – medialer Fußrand.

N. cutaneus femoris lateralis
- Oberschenkel – laterale Seite des Oberschenkels bis zur Kniekehle.

N. cutaneus femoris posterior
- Oberschenkel – dorsale Seite von der Gesäßfläche bis zur Kniekehle.

N. obturatorius
- Oberschenkel – mediale Seite oberhalb des Kniegelenks.

N. fibularis communis
- Unterschenkel (über N. cutaneus surae lateralis) – laterale Seite bis oberhalb des Malleolus lateralis.
- Fußrücken: (über N. fibularis superficialis) – Fußrücken und obere Seite der 1 1/2.–5. Zehe; (über N. fibularis profundus) – einander zugekehrten Seiten der 1. und 2. Zehe.

N. tibialis
- Fußrücken (über N. suralis) – lateraler Knöchel und lateraler Fußrand.
- Fußsohle: (über N. plantaris medialis) – medialer Teil und 3 1/2 medialen Zehen; (über N. plantaris lateralis) – lateraler Teil und 1 1/2 lateralen Zehen.

Der Leistenkanal enthält beim Mann:
- den Funiculus spermaticus (= Samenstrang), in ihm verlaufen:
  - Ductus deferens,
  - A. testicularis,
  - A. ducuts deferentis (Ast der A. vesicalis inferior),
  - A. cremasterica (Ast der A. epigastrica inferior),
  - V. testicularis (geht aus dem Plexus pampiniformis hervor),
  - V. ductus deferentis,
  - M. cremaster,
  - Fascia spermatica interna,
  - Vestigium processus vaginalis (manchmal als Rest des Processus vaginalis peritonei noch vorhanden),
- den N. ilioinguinalis,
- den R. genitalis des N. genitofemoralis.

Der Leistenkanal enthält bei der Frau:
- das Lig. teres uteri,
- die A. ligamenti teretis uteri (Ast der A. epigastrica inferior),
- den N. ilioinguinalis,
- den R. genitalis des N. genitofemoralis.

Zwischen dem unteren Rand des Lig. inguinale und dem Beckenknochen liegt eine Aussparung, die durch den Arcus iliopectineus in eine medial liegende Gefäßpforte (= Lacuna vasorum) und eine lateral liegende Muskelpforte (= Lacuna musculorum) unterteilt wird.

Der **Arcus iliopectineus** ist ein Sehnenbogen, der sich als Teil der Fascia iliaca zwischen dem Lig. inguinale und der Eminentia iliopubica ausspannt.

Die **Lacuna vasorum** wird begrenzt durch:
- ventral – Lig. inguinale,
- dorsal – Os pubis,
- medial – Lig. lacunare,
- lateral – Arcus iliopectineus.

Durch die **Lacuna vasorum** ziehen:
- R. femoralis des N. genitofemoralis,
- A. femoralis,
- V. femoralis,
- Lymphgefäße,
- Rosenmüller-Lymphknoten.

Das **Lig. lacunare** zieht durch den medialen Winkel der Lacuna vasorum. Es reicht vom Lig. inguinale bis zum Os pubis (= Schambein), wo es in das Lig. pectinale einstrahlt.

Der nicht von Gefäßen oder Lymphknoten ausgefüllte Teil der Lacuna vasorum wird durch das Septum femorale verschlossen. Das Septum bildet eine Scheidewand zwischen Becken und Bein. Es verdeckt den im medialen Teil der Lacuna liegenden **Anulus femoralis**, (Schenkelring), der den Eingang in den zwischen dem M. iliopsoas und dem M. pectineus liegenden Canalis femoralis (= Schenkelkanal) bildet (s. Kapitel 4.8.3).

Merkwort für die Lacuna vasorum:

IVAN (von medial nach lateral: **V**ene, **A**rterie, **N**erv).

Die **Lacuna musculorum** wird begrenzt durch:
- ventral – Lig. inguinale,
- dorsal – Os ilium,
- medial – Arcus iliopectineus.

Durch die **Lacuna musculorum** ziehen:
- N. femoralis
- N. cutaneus femoris lateralis
- M. iliopsoas.

4.8.3 Trigonum femorale und Fossa iliopectinea ! 0/0

Unterhalb der Regio inguinalis liegt das dreieckige Trigonum femorale (= Oberschenkeldreieck).

Das **Trigonum femorale** wird begrenzt:
- kranial – Lig. inguinale,
- medial – M. adductor longus,
- lateral – M. sartorius,
- kaudal – M. iliopsoas und M. pectineus.

Im Bereich des Trigonum femorale können getastet werden:
- In der Leistenbeuge die Nll. inguinales superficiales (wenn vergrößert!).
- Unterhalb der Mitte des Lig. inguinale in der Fossa iliopectinea der Puls der A. femoralis.
- Unterhalb des Lig. inguinale mit etwas Mühe das Caput des Femur.

Klinik: ➤ Die A. femoralis wird kurz unterhalb der Mitte des Lig. inguinale zur Blutentnahme punktiert. ◄

Körperfaszie
Zum besseren Verständnis der nachfolgenden topographischen Verhältnisse, werden an dieser Stelle zunächst die Faszienverhältnisse im Hüft- und Oberschenkelbereich behandelt.

Im Hüftbereich werden die Muskeln von verschiedenen Faszien bedeckt. Die zarte **Fascia glutea** umhüllt den M. gluteus maximus.

Die Fascia iliaca bedeckt den M. iliopsoas. Nach ihrem Austritt aus der Bauchhöhle zieht ein Teil der Fascia iliaca zum Lig. inguinale, mit dem sie fest verwachsen ist. Der andere Faszienteil bildet den Arcus iliopectineus, der die Lacuna vasorum von der Lacuna musculorum trennt.

Die Oberschenkelmuskeln werden von der derben **Fascia lata** umhüllt, die u.a. am Lig. inguinale und an der Crista iliaca des Os ilium fest verankert ist und im Kniebereich in die **Fascia poplitea** (= Kniefaszie) übergeht.

An der lateralen Oberschenkelseite ist die Fascia lata zum sehnenartigen **Tractus iliotibialis** verstärkt (s. Kapitel 4.4.2).

Fossa iliopectinea
➤ Im Trigonum femorale liegt kaudal von Lig. inguinale in der Rinne zwischen dem M. iliopsoas und dem M. pectineus die Fossa iliopectinea (syn.: **Fossa subinguinalis** = Unterleistengrube). ◄

Der Boden der Fossa ist von der Fascia pectinea und der Fascia iliaca ausgekleidet, die beide als tiefes Blatt der Fascia lata angesehen werden. Die äußere Begrenzung der Fossa bildet das oberflächliche Blatt der Fascia lata, so dass eine zwischen dem oberflächlichen und dem tiefen Faszienblatt liegende Loge entsteht. Durch diese Gefäßloge verlaufen die aus der Lacuna vasorum kommenden A. und V. femoralis.

➤| Durch eine Schenkelhernie (siehe weiter unten) kann diese Loge zum sogenannten **Schenkelkanal** (= **Canalis femoralis**) erweitert werden. Der obere, an die Lacuna vasorum angrenzende Teil des Schenkelkanals, wird von einer zwischen dem Becken und dem Bein gelegenen, stark durchlöcherten Scheidewand (= Septum femorale) gebildet, deren Rand bei einer Schenkelhernie zum **Anulus femoralis**

(= Schenkelring) verdickt ist. Der Schenkelkanal endet am Hiatus saphenus.

Im Bereich des **Hiatus saphenus** besitzt das oberflächliche Blatt der Fascia lata eine große rundliche Öffnung, die durch die siebartig durchbrochene **Fascia cribrosa** verschlossen und von einem sichelartigen Rand (Margo falciformis) umgeben ist. Durch die Fascia cribrosa zieht neben kleineren Gefäßen und Nervenästen die V. saphena magna, die in die V. femoralis mündet. ◄

Klinik: ► Der Hiatus saphenus hat besondere Bedeutung als Austrittsstelle der **Schenkelhernien** (= Hernia femoralis). Dabei kann Baucheingeweide das den Anulus femoralis verschließende Septum femorale (= innere Bruchpforte) ausbuchten und durch den Schenkelkanal zum Hiatus saphenus (= äußere Bruchpforte) gelangen. Durch den Hiatus saphenus kann Baucheingeweide bis in das subkutane Gewebe des Oberschenkels absteigen. ◄ Während bei der Frau, bedingt durch ein breiteres Becken und eine weitere Lacuna vasorum, die Hernia femoralis besonders in der Schwangerschaft häufiger als beim Mann vorkommt, verhält es sich bei der Hernia inguinalis (= Leistenbruch – siehe Kapitel 6.3.4) umgekehrt. Diese beiden Hernienformen sind dadurch zu unterscheiden, dass die Hernia femoralis weiter lateral als die Hernia inguinalis liegt.
Außerdem erstreckt sich die Femoralhernie auf dem Oberschenkel, während die Inguinalhernie in den Hodensack absteigt.

Infolge einer Entzündung im Becken kann es auch zu einem **Senkungsabszeß** kommen, der am M. psoas major entlang und durch die Lacuna musculorum bis in die Kniehöhle vordringen kann. Im Gegensatz zur Schenkelhernie liegt ein Senkungsabszeß lateral vom Puls der A. femoralis.

4.8.4 Regio glutealis

! 0/0

Die Regio glutealis (= Gesäßregion) wird begrenzt:

- kranial – durch die Crista iliaca,
- medial – durch die Analrinne,
- ventral – durch den M. tensor fasciae latae,
- kaudal – durch die Gesäßfurche.

Die Muskeln der Regio glutealis werden in folgende 2 Schichten unterteilt:

- Zur **oberflächlichen Gesäßmuskelschicht** gehören: M. gluteus maximus, M. gluteus medius und M. tensor fasciae latae.
- Zur **tiefen Gesäßmuskelschicht** gehören: M. gluteus minimus, M. piriformis, M. obturatorius internus, Mm. gemelli superior und inferior, M. quadratus femoris.

Im Bereich der Regio glutealis liegt zwischen der Incisura ischiadica major (im Bereich des Sitzbeins) und dem Os sacrum (Kreuzbein) das **Foramen ischiadicum majus** (wird ausführlich in Kapitel 6.4.5 beschrieben).

Klinik: Für ein Medikament, das intramuskulär injiziert werden soll, wird zumeist der M. gluteus medius bevorzugt (seltener der M. deltoideus oder der M. vastus lateralis).

Wegen der Lage des N. ischiadicus und des N. gluteus superior darf nicht in den M. gluteus maximus injiziert werden, da ansonsten diese Nerven geschädigt werden können (Kunstfehler!).

Für die intragluteale Injektion haben sich folgende Methoden bewährt:

- Bei der einen Methode wird zwischen der Spina iliaca anterior superior und der Spina iliaca posterior superior eine horizontale Linie und von der Mitte der Crista iliaca nach unten eine senkrechte Linie gezogen, wodurch die Gesäßgegend in 4 Quadranten eingeteilt wird. Die Injektion erfolgt in den oberen äußeren Quadranten.
- Bei der zweiten, heute zumeist bevorzugten Methode, wird mit dem Zeige- und Mittelfinger ein Dreieck gebildet, wobei die Spitze des Zeigefingers über der Spina iliaca anterior superior und die Spitze des Mittelfingers auf der Crista iliaca liegt. Die Injektion erfolgt innerhalb dieses Dreiecks.

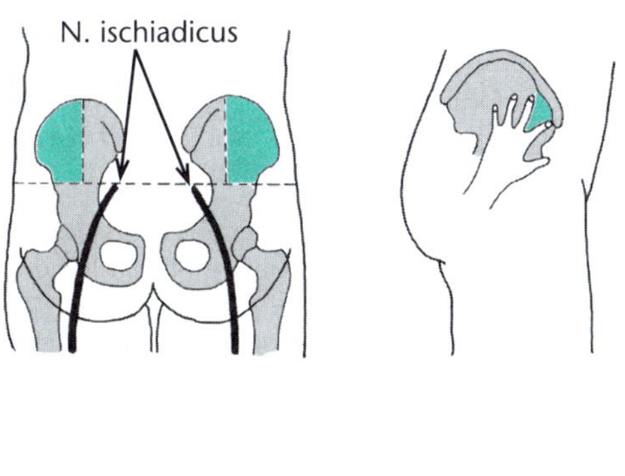

Abb. 4.25 Schematische Darstellung der beiden Injektionsorte für die intragluteale Injektion (Injektionsorte dunkel dargestellt)

Bein

4.8.5 Hüfte

! 1/2

Die im GK aufgeführten Fehlstellungen der Hüfte werden in Kapitel 4.3.1 beschrieben.

Als **Standbein** bezeichnet man das Bein, auf dem man steht, als Spielbein das andere Bein, das beim Gehen hochgehoben wird, wobei beim Gehen das Bein laufend zwischen Stand- und Spielbein wechselt.

Das Spielbein bewegt sich beim Gehen vom Boden weg, dabei wird als letztes die große Zehe angehoben und das Gewicht auf das Standbein verlagert. Das Spielbein setzt zuerst mit der Ferse auf und wird, nachdem der gesamte Fuß aufgesetzt wurde, zum Standbein.

➤ Beim Stand auf einem Bein (= Standbein) neigt sich das Becken etwas zur Standbeinseite, während sich durch die Kontraktion der Abduktoren der Standbeinseite (insbesondere der Mm. glutei medius und minimus) das Becken auf der Spielbeinseite etwas anhebt. ◄

4.8.6 Oberschenkel

! 1/1

Die Oberschenkelmuskulatur ist von der bindegewebigen Fascia lata umhüllt.

Von der **Fascia lata** zieht lateral und medial je eine Scheidewand (= Septum intermusculare laterale bzw. mediale) in die Tiefe zum Labium laterale bzw. mediale der Linea aspera des Femur, wodurch eine ventrale und eine dorsale Muskelloge gebildet wird. In der ventralen Muskelloge liegen die Streckermuskeln, in der dorsalen Muskelloge liegen medial die Adduktorenmuskeln und lateral die Beugermuskeln.
Der M. sartorius und der M. gracilis liegen in jeweils einer eigenen, von der Fascia lata gebildeten Hülle, die beiden Muskeln eine feste Führung gibt.

➤ Bei der Seitenansicht auf das Becken sehen Sie, daß die Membrana obturatoria am oberen Rand des Foramen obturatorium eine kleine Lücke offen läßt, durch die der 2–3 cm lange **Canalis obturatorius** aus dem kleinen Becken in die Oberschenkelregion gelangt.
Der Canalis obturatorius wird kranial durch das Os pubis (= Schambein) und kaudal durch die Membrana obturatoria begrenzt. ◄

Durch den Canalis obturatorius verlaufen der N. obturatorius und die A. und V. obturatoria.

Klinik: Der Canalis obturatorius wird durch einen Fettpfropf ausgefüllt. Wird dieser Fettpfropf abgebaut oder entfernt, so kann sich Baucheingeweide und Peritoneum in den Kanal einstülpen, was als **Hernia obturatoria** bezeichnet wird. Durch eine solche Hernie kann der N. obturatorius gereizt werden, was auf der Innenseite des Oberschenkels zu Parästhesien (= Taubheitsgefühl und Kribbeln) führt.

Im Oberschenkelbereich liegt der **Canalis adductorius** (= Adduktorenkanal), der von der Vorderseite des Oberschenkels in Richtung Kniekehle verläuft.

➤ Der Canalis adductorius ist eine etwa 6 cm lange Furche zwischen dem M. vastus medialis sowie dem M. adductor magnus bzw. M. adductor longus. Diese Furche wird vorne durch die **Membrana vastoadductoria** zum Kanal verschlossen. Die Membrana vastoadductoria ist eine Sehnenplatte, deren Sehnenfasern vom M. adductor longus und magnus stammen und die sich zwischen diesen Muskeln und dem M. vastus medialis ausspannt.

Über den Adduktorenkanal verläuft der M. sartorius. Der Adduktorenkanal endet mit einer schlitzartigen Öffnung in der Ansatzsehne des M. adductor magnus, die Hiatus tendineus (syn.: Hiatus adductorius = Adduktorenschlitz) genannt wird. ◄

➤ Durch den Canalis adductorius ziehen:
- A. und V. femoralis – gelangen durch den Canalis von der ventralen zur dorsalen Oberschenkelseite,
- N. saphenus (Ast des N. femoralis) – verläuft nur eine kurze Wegstrecke mit der A. und V. femoralis und bohrt sich dann zusammen mit der A. genus descendens durch die Membrana vastoadductoria und verläßt damit den Hiatus tendineus. ◄

Im Oberschenkelbereich verlaufen folgende 3 Gefäß-Nerven-Straßen:

Gefäß-Nerven-Straße	Leitmuskeln	Inhalt
Streckerloge	M. iliopsoas und M. pectineus. Beide Gefäße (s. Inhalt) ziehen von der Lacuna vasorum durch den Canalis adductorius zur Kniekehle).	A. und V. femoralis, N. saphenus
Adduktorenloge	ventrale und mediale Muskelgruppen	A. und V. profunda femoris
Ischiokrurale Loge	Caput longum des M. biceps femoris	N. ischiadicus oder seine beiden *Äste:* N. tibialis und N. fibularis communis

4.8.7 Fossa poplitea ! 0/2

Die Kniegegend (= Regio genus) wird unterteilt in
- Regio genus anterior = vordere Kniegegend (s. Kapitel 4.8.8),
- Regio genus posterior (= Regio poplitea) = hintere Kniegegend.

Die rautenförmige Fossa poplitea (= Kniekehle) wird von der **Fascia poplitea** bedeckt. Die Fascia poplitea geht aus der Fascia lata hervor und setzt sich in die Fascia cruris (= Unterschenkelfaszie) fort.

Die Kniekehle wird begrenzt durch:

	lateral	medial
oben	M. biceps femoris	M. semimembranosus M. semitendinosus
unten	M. plantaris, Caput laterale des M. gastrocnemius	Caput mediale des M. gastrocnemius

➤ Die Kniekehle enthält neben Fett- und Bindegewebe die beiden Äste des N. ischiadicus:
- N. fibularis communis (liegt lateral),
- N. tibialis (liegt in der Mitte). ◄

➤ Unter den beiden Nerven verlaufen die A. und V. poplitea, wobei die beiden Nerven am oberflächlichsten liegen, darunter liegt die V. poplitea, am tiefsten (dem Gelenk anliegend) findet man die A. poplitea. ◄

Merkwort:

Nivea (N = Nerv, v = Vene, a = Arterie).

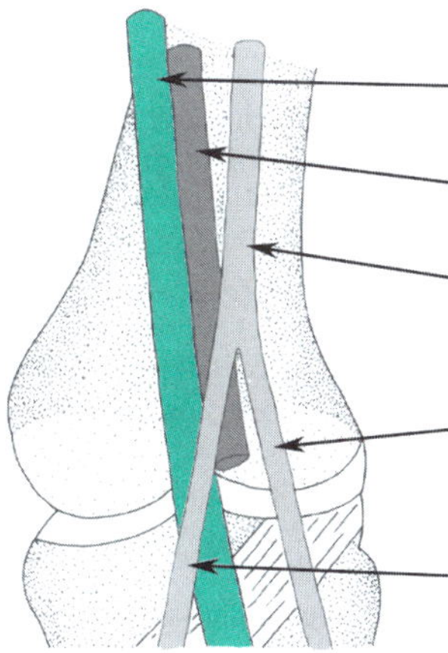

Abb. 4.26 *Leitungsbahn der rechten Kniekehle (umgezeichnet nach einer Physikumsfrage)*

Von den oberflächlich verlaufenden Venen durchbricht die V. saphena parva kurz unterhalb der Kniekehle die Fascia cruris und zieht in die Tiefe. Die V. saphena magna verläuft medial über die Faszie.

Im Bereich der V. saphena parva liegen die Nll. popliteales superficiales. Im Fettgewebe der Kniekehle liegen die nur schlecht zu tastenden Nll. popliteales profundi. Die Lymphe fließt von den Nll. popliteales zu den Nll. inguinales (siehe Kapitel 4.7).

Bein

4.8.8 Regio genus !! 2/3

Die vordere Kniegegend enthält das Skelett des Kniegelenks (= Femur, Tibia und Patella).

➤ Die **Patella** wird vom Lig. patellae, einer Fortsetzung der Quadrizepssehne, umschlossen, die an der Tuberositas der Tibia ansetzt. Seitlich von der Patella ziehen vom M. vastus medialis das Retinaculum patellae mediale und vom M. vastus lateralis das Retinaculum patellae laterale als Aponeurosen zur Tuberositas der Tibia. Diese beiden Retinaculae halten als Seitenbänder die Patella in der Gelenkrinne.◄

Die im Bereich der Patella liegenden Schleimbeutel werden im Kapitel 4.3.2 beschrieben.

Diese Bursae stehen zumeist untereinander in Verbindung, bei tiefen Wunden können sie leicht eröffnet werden.

Klinik: Bei einer Achsenfehlstellung im Bereich des Kniegelenks kann es langfristig zu Deformitäten kommen. Wie Sie in Kaptel 4.3.1 Abb. 4.4 sehen, verläuft die Belastungsachse (rote Linie) im Normalfall durch das Caput des Femur und durch die Mitte des Kniegelenks und des oberen Sprunggelenks.

➤ Im Kniegelenk bildet die Schaftachse des Femur mit der Längsachse der Tibia einen nach lateral offenen Winkel von 175°. Ist dieser Winkel wesentlich kleiner als 175°, so spricht man von einem **Genu valgum** (= X-Bein), ist der Winkel wesentlich größer, von einem Genu varum (= O-Bein). Der Mittelpunkt des Kniegelenks liegt dabei außerhalb der Traglinie (die Traglinie wird dadurch selbst nicht verschoben!). Beim **Genu varum** liegt die Belastungsachse und damit die Hauptbelastung im medialen Kniebereich, beim Genu valgum entsprechend im lateralen Kniebereich. ◄

Das Genu varum ist in leichten Graden im Säuglingsalter, das Genu valgum ebenfalls in leichten Graden zwischen dem 2. und 6. Lebensjahr physiologisch.

Merksatz zum Genu varum:

Oh, warum habe ich O-Beine.

Ist im Kniegelenk eine Überstreckung z.B. bis 200° möglich, so spricht man von einem **Genu recurvatum** (= Knickbein).

4.8.9 Unterschenkel ! 2/4

Prüfungsrelevant: Inhalt der Gefäß-Nerven-Straßen.

Die Muskeln des Unterschenkels werden von der Fascia cruris (Teil der Körperfaszie) umhüllt. Die Fascia cruris ist mit der medialen Fläche der Tibia verwachsen.

Die Muskeln des Unterschenkels werden durch die Tibia, Fibula und die Membrana interossea cruris in eine vorne liegende Streckerloge und eine hinten liegende Beugerloge unterteilt.

Von der Fascia cruris gehen 2 Septa intermuscularia zur Fibula ab, wodurch als dritte Muskelloge die Peroneusloge für die Mm. peronei gebildet wird.

Gefäß-Nerven-Straße	Leitstrukturen	Inhalt
Extensorenloge (= Streckerloge)	M. tibialis anterior	N. fibularis profundus, A. tibialis anterior, Vv. tibiales anteriores
Peroneusloge	—	N. fibularis superficialis
Flexorenloge (= Beugerloge)	zwischen dem M. flexor hallucis longus und dem M. flexor digitorum longus	N. tibialis, A. tibialis posterior, Vv. tibiales posteriores

Außerhalb der Muskellogen verlaufen gemeinsam:

- die V. saphena magna mit dem N. saphenus,
- die V. saphena parva mit dem N. suralis.

4.8.10 Regio malleolaris ! 0/0

Als Regio malleolaris wird der Bereich um den Außen- und Innenknöchel bezeichnet.

➤ Hinter dem Innenknöchel (= Malleolus medialis) ziehen 3 Sehnen zur Fußsohle. Von plantar nach dorsal gesehen sind dies die Sehnen von

- M. flexor hallucis longus,
- M. flexor digitorum longus,
- M. tibialis posterior.

verlaufen der N. plantaris lateralis, der N. plantaris medialis und die A. tibialis posterior um den Innenknöchel herum zur Plantarseite des Fußes.

Hinter dem Außenknöchel (= Malleolus lateralis) verlaufen die beiden Sehnen der Mm. peronei longus und brevis. ➤

4.8.11 Fuß ! 0/1

Der Fuß wird in den Fußrücken und die Fußsohle unterteilt. Auf dem Fußrücken verlaufen unter der Fascia dorsalis pedis (= Teil der Körperfaszie) die Sehnen der langen Extensorenmuskeln (M. extensor hallucis longus, M. extensor digitorum longus, M. tibialis anterior). Außerdem liegen in diesem Bereich die kurzen Extensorenmuskeln (M. extensor hallucis brevis, M. extensor digitorum brevis).

Oberflächlich verlaufen Äste des N. fibularis superficialis. In einer Gefäß-Nerven-Straße ziehen der N. fibularis profundus und die A. dorsalis pedis.

4.8.12 Planta pedis ! 0/0

Die Fußsohle (= Planta pedis) ist subcutan mit einer relativ dicken Schicht aus Baufett abgepolstert. Diese Baufettschicht wird durch Bindegewebslamellen in unverschiebliche Kammern unterteilt. Die Kammerung dient dazu, die beim Gehen oder Stehen auftretenden Drucke aufzunehmen und zu verteilen (Druckpolster).

➤ Unter dem Baufett liegt die **Plantaraponeurose** (= **Aponeurosis plantaris**). Die Plantaraponeurose ist eine derbe, sehnige Bindegewebsplatte, die am Tuber calcanei entspringt und über 5 Längszüge an den Zehengrundgelenken und den digitalen Sehnenscheiden ansetzt. Die Längszüge sind durch quere Faserzüge (Fasciculi transversi) verbunden. Die Plantaraponeurose ist für die Längswölbung des Fußes wichtig, außerdem schützt sie die unter ihr liegenden Muskeln und Nerven. Mit der Haut ist sie über Bindegewebssepten fest verbunden. Im Gegensatz zur Palmaraponeurose ist der M. plantaris (Kapitel 4.4.3) nicht an der Plantaraponeurose beteiligt! ➤

Von der Plantaraponeurose ziehen ein mediales und ein laterales Septum zum Fußskelett, wodurch folgende 3 Logen (= Kammern) entstehen:

- **Mediale Loge** – für die Großzehenmuskeln,
- **Kleinzehenloge** – für die Kleinzehenmuskeln,
- **Mittelloge** – besteht aus 3 Muskelschichten.

Die 3 Schichten der Mittelloge werden gebildet von: (oberflächlich liegt die Aponeurosis plantaris).

- 1. Schicht – M. flexor digitorum brevis,
- 2. Schicht – Sehnenfächer des M. flexor digitorum longus,
- 3. Schicht – M. adductor hallucis. Der Boden dieser Schicht wird vom Lig. plantare longum gebildet.

Die hinter dem medialen Malleolus verlaufende Gefäß-Nerven-Straße zieht in die Mittelloge der Fußsohle, wo sie sich in eine mediale und eine laterale Gefäß-Nerven-Straße teilt.
Die mediale Gefäß-Nerven-Straße liegt zwischen dem M. abductor hallucis brevis und dem M. flexor digitorum brevis. Sie enthält den N. plantaris medialis und die A. plantaris medialis mit den gleichnamigen Venen.
Die laterale Gefäß-Nerven-Straße verläuft zwischen dem M. flexor digitorum brevis und dem M. quadratus plantae. Sie enthält den N. plantaris lateralis, die A. plantaris lateralis und die gleichnamigen Venen.

5 Kopf

Der knöcherne Teil des Kopfes wird **Schädel** (= **Kranium**) genannt. Der Schädel wird unterteilt in einen
- Gehirnschädel = Neurokranium (= Cranium cerebrale), der das Gehirn umhüllt und damit schützt;
- Gesichtsschädel = Viszerokranium (= Cranium faciale).

Das **Neurokranium** besteht aus dem Schädeldach (= **Kalotte** = **Kalvaria**) und der Schädelbasis (= Basis cranii). Das Neurokranium dient als geschlossene Schutzhülle für das Gehirn, es umschließt außerdem das Mittelohr und das Labyrinth (= Innenohr – s. Kapitel 11.4.1).

Als **Viszerokranium** wird der knöcherne Teil des Gesichts bezeichnet, zu dem die Augenhöhlen, die Nasenhöhlen einschließlich der Nasennebenhöhlen und die Mundhöhle gehören.

Nach dem GK werden gesondert behandelt:
- Gehirn – Kapitel 9,
- Auge – Kapitel 10,
- Ohr – Kapitel 11.

5.1 Entstehung und Wachstum

Die Kapitel 5.1.1 und 5.1.2 sollten Sie wegen des besseren Verständnisses erst nach dem Kapitel 5.2 durcharbeiten

5.1.1 Neurokranium   !!! 6/12

➤ *Besonders prüfungsrelevant: Fundierte Kenntnisse über Suturen und Fontanellen.* ◄

➤ Der Schädel (= Kranium) entwickelt sich aus 3 Bereichen:
- dem Kopfmesenchym,
- den beiden oberen Kiemenbögen (s. Kap. 5.1.2),
- den kranialen Somiten (s. Kapitel 1.4.4). ◄

Der Schädel entwickelt sich in der 5. bis 6. Entwicklungswoche aus einer sich verdichteten Mesenchymschicht, die die Gehirnanlage umgibt. Dieses Mesenchym wandelt sich:
a) zu einem späteren Zeitpunkt in desmalen Knochen oder
b) zuerst in Knorpel um, aus dem sich später Knochen bildet.

Deshalb kann das **Neurokranium** (= Gehirnschädel) nach der Art der Verknöcherung in 2 Bereiche unterteilt werden:

➤ **Desmokranium** – seine Knochen entstehen durch direkte Umwandlung aus dem Bindegewebe (= desmale Verknöcherung). Daher werden diese Knochen als **Bindegewebsknochen** oder auch als Deck- oder Belegknochen bezeichnet. ◄

➤ **Chondrokranium** – seine Knochen entstehen indirekt, indem der zunächst angelegte Knorpel enchondral verknöchert. Die so gebildeten Knochen werden als **Ersatzknochen** bezeichnet. ◄

Bei einigen Schädelknochen kommen beide Entwicklungsformen vor, weshalb sie **gemischte Knochen** genannt werden.

Desmokranium

In dem Mesenchymbereich, aus dem sich das **Desmokranium** entwickelt, differenzieren sich die Mesenchymzellen zunächst zu Osteoblasten, die ab der 7. Entwicklungswoche zunächst Knochenkerne bilden. Im Laufe der weiteren Entwicklung wird das Mesenchym durch desmale Ossifikation zu sich flächenhaft ausbreitenden Knochen umgewandelt. Nach Abschluß der Ossifikation liegen zwischen den Knochen als schmale Spalten die bindegewebigen Schädelnähte (= Suturen). An den Kreuzungsstellen der Suturen liegen die Fontanellen (s. weiter unten).

Die fünf Knochenkerne sind am ausgewachsenen Schädel noch als Tubera zu erkennen. Die erste Knochenbildung beginnt in der 6. Entwicklungswoche am Unterkiefer.

➤ Durch **desmale Ossifikation** (= Verknöcherung) entstehen:

- beim Schädeldach: Stirnbein (= Os frontale), Scheitelbein (= Os parietale), sowie die Squama des Hinterhauptbeins (= Squama des Os occipitale) und die Squama der beiden Schläfenbeine (= Squama des Os temporale),
- beim Gesichtsschädel: Nasenbein (= Os nasale), Tränenbein (= Os lacrimale), Pflugscharbein (= Vomer), Gaumenbein (= Os palatinum), Jochbein (= Os zygomaticum), Oberkiefer (= Maxilla), Unterkiefer (= Mandibula).
- ein Teil des Processus pterygoideus des Keilbeins (= Os sphenoidale). ➤

Chondrokranium

Das Mesenchym, aus dem sich das **Chondrokranium** entwickelt, umhüllt den kranialen Teil der Chorda dorsalis (s. hierzu Kapitel 1.4.4). Im 2. Entwicklungsmonat differenziert sich dieses Mesenchym zum Parachordalknorpel.

Aus den oberen vier Sklerotomen wird ebenfalls Knorpel gebildet, der sich mit dem Parachordalknorpel zu einer Knorpelplatte (= Basalplatte) vereinigt, aus der sich später durch enchondrale Ossifikation (= Verknöcherung) die Knochen der Schädelbasis bilden.

➤ Der verbleibende knorpelige Rest zwischen den einzelnen Knochen wird **Synchondrose** (Bindegewebsfuge) genannt, er dient als Wachstumszone (etwa der Epiphyse vergleichbar) und verbindet die Knochen miteinander. Bis zum 20. Lebensjahr ist die letzte Synchondrose zur Synostose (= Knochenfuge) verknöchert.

Ungefähr in der Mitte der Knorpelplatte liegt als Ausstülpung des Mundhöhlendaches die Hypophysentasche (= Rathke-Tasche), aus deren Epithel sich der Hypophysenvorderlappen entwickelt (s. Kapitel 9.1.3).

Durch **enchondrale Ossifikation** (gehören zum Chondrokranium) entstehen:

- Siebbein (= Os ethmoidale),
- untere Nasenmuschel (= Concha nasalis inferior),
- Hinterhauptsbein (= Os occipitale) bis auf den oberen Teil der Squama (= Hinterhauptsschuppe),
- Keilbein (= Os sphenoidale) bis auf die Ala major,
- Pars petrosa des Schläfenbeins (an der Schädelbasis: Felsenbeinpyramide),
- sowie das Zungenbein (= Os hyoideum) und als Gehörknöchelchen der Amboß (= Incus) und der Steigbügel (= Stapes). ➤

Merksatz: Zusammen mit den Knochen des Viszeralschädels sind rein chondralen Ursprungs:

Sie	– **Sie**bbein
nascht	– untere **Na**senmuschel
am	– **Am**boß
Stein und	– **Stei**gbügel
zuckt	– **Zu**ngenbein.

Alle anderen Schädelknochen sind desmalen oder gemischten Ursprungs.

Gemischten Ursprungs sind: Hinterhauptsbein, Schläfenbein, Keilbein, Hammer (Gehörknöchelchen).

➤ Die bei der Geburt relativ weichen Knochen sowie die Suturae und Fontanellen ermöglichen es dem Schädel, sich während der Geburt in begrenztem Maße zu verformen, um sich so dem Geburtskanal besser anzupassen. Außerdem ist diese noch lockere Verbindung zwischen den Knochen notwendig, damit sich das Schädeldach nach der Geburt dem raschen Wachstum des Gehirns (besonders im 1. Lebensjahr) anpassen kann. Im 5. Lebensjahr erreicht das Schädeldach fast seine endgültige Größe. ➤

➤ Folgende Suturen sind wichtig (s. Abb. 5.1 und 5.2):

- **Sutura lambdoidea** (= **Lambdanaht**) – liegt zwischen den Scheitelbeinen und der Hinterhauptsschuppe (= Teil des Hinterhauptsbeins). Sie verknöchert zwischen dem 40. und 50. Lebensjahr.
- **Sutura frontalis** (= **Stirnnaht**) – liegt zwischen den beiden Stirnbeinen. Sie verknöchert zwischen dem 1. und 2. Lebensjahr. Manchmal verknöchert diese Sutura nicht, so dass diese Erwachsenen dann 2 Stirnbeine besitzen.
- **Sutura sagittalis** (= **Pfeilnaht**) – liegt zwischen den beiden Scheitelbeinen. Sie verknöchert zwischen dem 20. und 30. Lebensjahr.
- **Sutura coronalis** (= **Kranznaht**) – liegt zwischen dem Stirn- und dem Scheitelbein. Sie verknöchert zwischen dem 30. und 40. Lebensjahr. ➤

➤ Am Schädel des Neugeborenen kommen sechs Fontanellen vor (s. Abb. 5.1 und 5.2):

- **Stirnfontanelle** (= **Fonticulus anterior**) – sie hat ein rautenförmiges Aussehen und liegt unpaarig (= Einzahl) zwischen den beiden Stirn- und Scheitelbeinen. In der Stirnfontanelle treffen die Stirn-, Pfeil- und Kranznaht aufeinander.
- **Hinterhauptsfontanelle** (= **Fonticulus posterior**) – sie hat ein dreieckiges Aussehen und liegt

unpaarig zwischen den beiden Scheitelbeinen und dem Hinterhauptsbein. In der Hinterhauptsfontanelle treffen die beiden Lambdanähte und die Pfeilnaht aufeinander.

- Vordere Seitenfontanelle (= **Fonticulus sphenoidalis**) – hiervon existieren zwei (= paarig). Sie liegen zwischen dem Scheitelbein, der Ala major des Keilbeins und dem Stirnbein.
- Hintere Seitenfontanelle (= **Fonticulus mastoideus**) – hiervon kommen ebenfalls zwei vor (= paarig). Sie liegen zwischen dem Scheitelbein, dem Warzenfortsatz (= Processus mastoideus) des Schläfenbeins und dem Hinterhauptsbein. (S. Abb. 5.1 und 5.2). ◄

► Die Fontanellen schließen sich in den folgenden Monaten nach der Geburt:
3. Monat – Fonticulus posterior,
6. Monat – Fonticulus sphenoidalis,
18. Monat – Fonticulus mastoideus,
36. Monat – Fonticulus anterior. ◄

Nach der Geburt nimmt das Gehirn sehr schnell an Masse zu, wodurch sich das Volumen des Hirnschädels entsprechend ausweitet. Beim Neugeborenen hat der Schädel ein Volumen von etwa 400 cm^3, Ende des ersten Lebensjahres von etwa 900 cm^3 und um das 18. Lebensjahr von etwa 1.300–1.450 cm^3. Dementsprechend wächst auch der Kopfumfang: Neugeborenes 33–35 cm, Ende des 1. Lebensjahres 45–47 cm. Der Gesichtsschädel wächst wesentlich langsamer, seine endgültige Form erhält er erst nach Durchbruch der bleibenden Zähne.

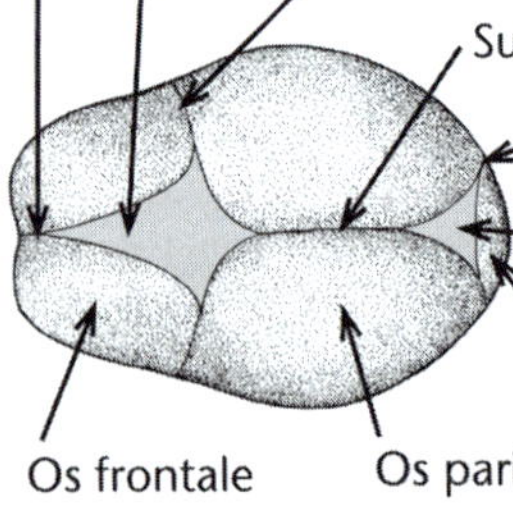

Abb. 5.1 Fontanellen und Nähte beim Schädel eines Neugeborenen mit Aufsicht von kranial

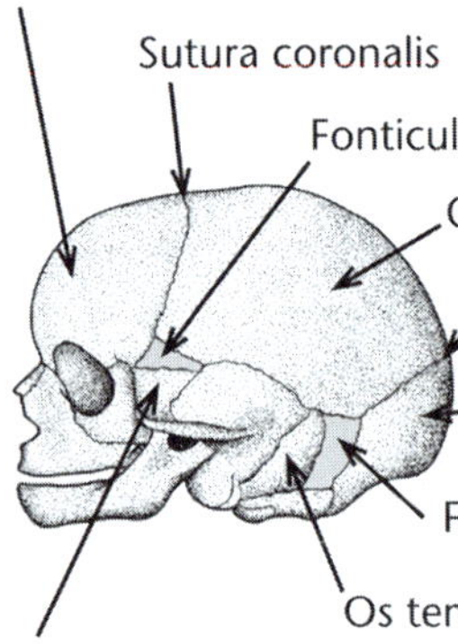

Abb. 5.2 Fontanellen und Nähte beim Schädel eines Neugeborenen mit Aufsicht von lateral

5.1.2 Viszerokranium, Gesicht, Hals !!! 15/28

► *Besonders prüfungsrelevant: Tabelle.* ◄

Infolge des schnellen Wachstums des Keimlings kommt es zur Krümmung der Hirnanlage. Dadurch entsteht zwischen dem Herzwulst und der Hirnanlage die primitive Mundbucht, die durch das Wachstum der weiter unten beschriebenen Gesichtswülste zur primären Mundbucht (= Stomodeum) verengt wird.

Wie in Kapitel 1.4.6 bereits beschrieben, wird der primitive Darm in 4 Abschnitte unterteilt, von denen der obere Teil als Schlunddarm bezeichnet wird.

► Der **Schlunddarm** ist gegenüber dem Stomodeum durch die **Membrana stomatopharyngealis** (= **Rachenmembran**) verschlossen. Die Rachenmembran besteht aus dem Entoderm des Schlunddarms und dem Ektoderm der Mundhöhle. Gegen Ende der 3. Entwicklungswoche reißt die Membran ein, wodurch eine offene Verbindung zwischen der primären Mundhöhle und dem Schlunddarm entsteht. (S. Abb. 5.3).

Aus dem Oberkieferwulst entwickeln sich die seitlichen Teile der Oberlippe und des Oberkiefers, sowie der sekundäre Gaumen. Der sekundäre Gaumen trennt die Mund- von der Nasenhöhle.

In der 9. Entwicklungswoche verschmelzen der primäre und der sekundäre Gaumen miteinander. In der Verschmelzungszone bleibt das Foramen incisivum erhalten, das direkt hinter den oberen Schneidezähnen liegt. ◄

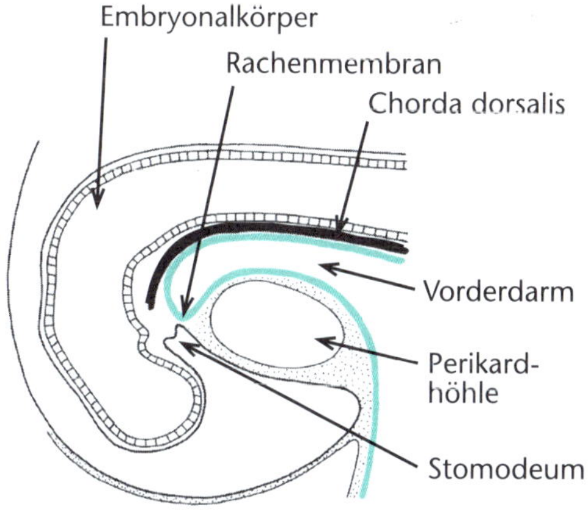

Abb. 5.3 *Sagitalschnitt durch einen 4 Wochen alten Embryo*

Zwischen der 4. und 5. Entwicklungswoche entstehen im Bereich der ektodermalen Mundbucht 5 rundliche Wülste (= eine Stirnwulst sowie zwei Oberkiefer- und zwei Unterkieferwülste).

► An beiden Seiten des Stirnwulstes verdickt sich das Oberflächenektoderm zu 2 Riechplakoden (= Riechplatten). Um die beiden **Riechplakoden** entsteht ein lateraler und ein medialer Nasenwulst, wodurch sich die Riechplakoden zu den Riechgruben vertiefen. Zwischen dem lateralen Nasenwulst und dem Oberkieferwulst liegt die Tränennasenfurche, die später zum Tränennasengang wird.

Die beiden medialen Nasenwülste verschmelzen anschließend. Aus ihnen entstehen der mittlere Teil der Oberlippe und des Oberkiefers, sowie der primäre Gaumen. ◄ In der 6. Entwicklungswoche vereinigen sich die beiden Oberkieferwülste mit dem medialen Nasenwulst. Aus dem Oberkieferwulst entwickelt sich der sekundäre Gaumen, der im vorderen Mundbereich im Bereich des Foramen incisivum mit dem primären Gaumen verschmilzt. Der sekundäre Gaumen trennt die Mund- von der Nasenhöhle.

Aus den lateralen Nasenwülsten entstehen die Nasenflügel. Aus den Schleimhautdivertikeln der lateralen Nasenwand bilden sich die Nasennebenhöhlen.

Aus den beiden Unterkieferwülsten entwickeln sich die Unterlippe und der Unterkiefer. (S. Abb. 5.4).

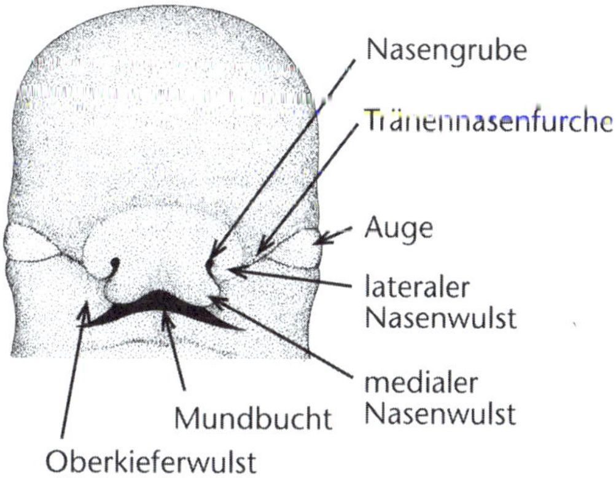

Abb. 5.4 *Darstellung der Nasen- und Oberkieferwülste bei einem sechs Wochen alten Embryo.*

Anfang der 4. Entwicklungswoche entstehen unterhalb der Mundbucht 6 Kiemenbögen (= Branchialbögen = Pharyngealbögen), die den Schlunddarm abstützen. Zwischen diesen Kiemenbögen bilden sich auf der Außenseite des Keimlings Kiemenfurchen und ab Mitte der 4. Woche auf der Innenseite als Aussackungen fünf Schlundtaschen (syn.: Kiementaschen).

Kiemenbögen

Von den insgesamt 6 Kiemenbögen sind der 5. und 6. Kiemenbogen nur undeutlich ausgebildet (s. Abb. 5.6). Jeder Kiemenbogen (Branchialbogen) besteht aus:

- einem mesodermalen Kern,
- einer Knorpelspange,
- einer Muskelanlage,
- einem Nerv,
- einer Arterie.

► Der 1. Kiemenbogen wird auch als Kiefer- oder Mandibularbogen und der 2. Kiemenbogen als Zungenbein- oder Hyoidbogen bezeichnet. Der Knorpel des 1. Kiemenbogens wird **Meckel-Knorpel**, der des 2. Kiemenbogens **Reichert-Knorpel** genannt. ◄

In der Tabelle sind die Strukturen aufgeführt, die sich aus den einzelnen Kiemenbögen entwickeln. Die Kiemenbogennerven versorgen die aus den jeweiligen Kiemenbögen hervorgehenden Muskeln.

Die 6 Kiemenbogenarterien (= embryonale Aortenbögen) gehen aus dem Truncus arteriosus hervor. Sie ziehen auf beiden Seiten um den Schlunddarm herum und münden in die paarig vorliegende dorsale Aorta (s. Kapitel 7.1.3). Die 1., 2. und 5. Kiemenbogenarterie bilden sich zurück.

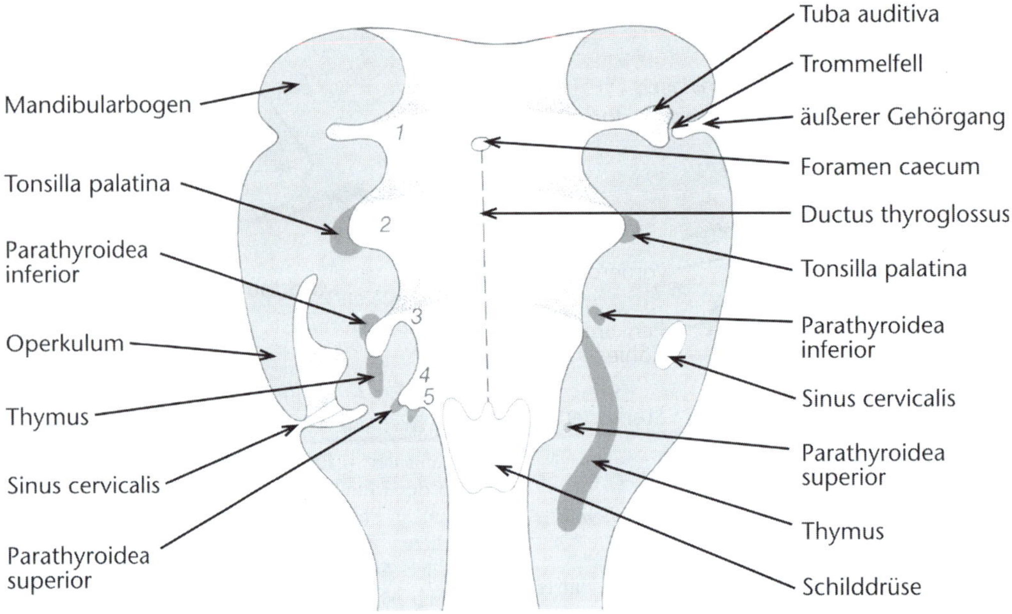

Abb. 5.5 *Schlundtaschen und ihre Derivate*

Kiemenfurchen

Die Kiemenfurchen wachsen den Schlundtaschen entgegen, dabei drängen sie das um den Schlunddarm liegende Mesenchym zur Seite.

➤ Um die 5. Entwicklungswoche proliferiert das Mesoderm des 2. Kiemenbogens zur Operkularfalte und überdeckt dadurch den 3. und 4. Kiemenbogen und die 2., 3. und 4. Kiemenfurche.

Diese 3 Kiemenfurchen bilden vorübergehend eine Höhle, die **Sinus cervicalis** genannt wird. Der Sinus cervicalis ist bis auf einen engen Gang (= Ductus cervicalis) verschlossen. Über weitere Entwikkungsstadien entsteht aus dem Sinus cervicalis eine Vesicula cervicalis (= Halsbläschen), die vollständig abgebaut wird.

Mitte des 2. Entwicklungsmonats bilden sich bis auf die 1. Kiemenfurche die anderen Kiemenfurchen zurück. Aus der 1. Kiemenfurche entwickelt sich der äußere Gehörgang. ◄

Klinik: Bei einer embryonalen Entwicklungsstörung kann der Ductus cervicalis erhalten bleiben, woraus später eine laterale Halsfistel entstehen kann. Eine mediale Halsfistel kann bei einer nicht vollständigen Rückbildung des Ductus thyroglossus bestehen (s. weiter unten bei Schilddrüsenentwicklung).

Schlundtaschen

➤ Von den fünf Schlundtaschen verlängert sich die 1. Schlundtasche zum Recessus pharyngotympanicus, der die Gehörknöchelchen umschließt. ◄

Aus dem Entoderm der **Schlundtaschen** entwickeln sich folgende Organe:

➤ **1. Schlundtasche**:
- Tuba auditiva (Ohrtrompete – Kapitel 11.3.1),
- Cavum tympani (= Paukenhöhle),
- Membrana tympani (= Trommelfell),
- Antrum mastoideum (Kapitel 11.3.1).

2. Schlundtasche:
- Tonsilla palatina (= Gaumenmandel).

3. Schlundtasche:
- Thymusanlage,
- Glandula parathyroidea inferior (= unteres Epithelkörperchen).

4. Schlundtasche:
- Glandula parathyroidea superior (= oberes Epithelkörperchen),
- (Thymusanlage).

5. Schlundtasche:
- Bildet den ultimobranchialen Körper, aus dessen Zellen die C-Zellen (= parafollikuläre Zellen) der Schilddrüse entstehen. (Siehe Abb. 5.5). ◄

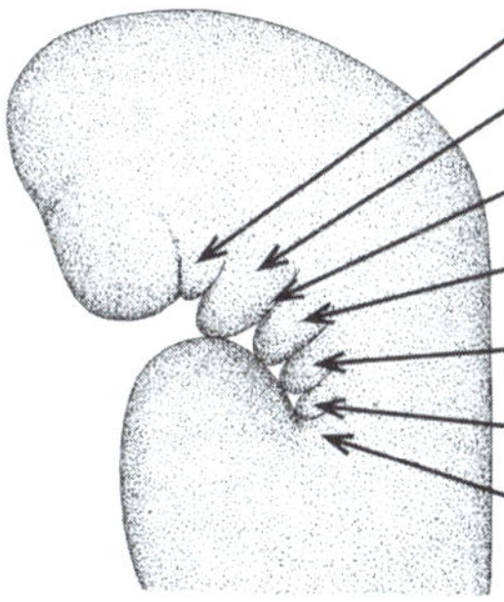

Abb. 5.6 Kiemenbögen bei einem fünf Wochen alten Embryo

Wie Sie aus der Tabelle entnehmen können, entwikkelt sich der größere Teil des Viszerokranium (Mandibula) aus dem 1. Kiemenbogen.

► Die **Schilddrüse** (= Glandula thyroidea) entwickelt sich ab dem 24. Entwicklungstag aus dem Entoderm des Schlunddarms, das sich in diesem Bereich zu einem Epithelstrang verdichtet und sich rasch nach kaudal ausdehnt. Am distalen Ende verdickt sich das Epithel zu 2 Knospen, aus denen sich die beiden Seitenlappen der Schilddrüse entwickeln. Der Epithelstrang entwickelt sich zu einem Schlauch, dem **Ductus thyroglossus**. Durch das Längenwachstum des Embryos kommt es zu einem Descensus der Schilddrüsenanlage, d.h. die Schilddrüsenanlage wandert nach kaudal in die Halsregion. In der 7. Entwicklungswoche erreicht die Schilddrüse die Trachea (= Luftröhre), ab Ende des 3. Entwicklungsmonats ist sie funktionsfähig. Die parafollikulären Zellen (= C-Zellen) werden zu den APUD-Zellen gezählt (s. Kapitel 8.5.3) und stammen aus der 5. Schlundtasche.

Kiemenbogen	Nerv/Gefäß	Muskelanlage	Knorpelspange
I. = Kieferbogen (= Mandibularbogen)	N. mandibularis (= 3. Ast des N. trigeminus – 5. Hirnnerv), Gefäß bildet sich zurück	Kaumuskulatur (= M. temporalis, M. masseter, Mm. pterygoidei), Venter anterior des M. digastricus, M. mylohyoideus, M. tensor tympani, M. tensor veli palatini	Amboß und Hammer (= Gehörknöchelchen), Teil des Unterkiefers (= Mandibula)
II. = Zungenbeinbogen (= Hyoidbogen)	N. facialis (= 7. Hirnnerv), Gefäß bildet sich zurück	M. stapedius, M. stylohyoideus, Venter posterior des M. digastricus, mimische Muskeln	Steigbügel (= Gehörknöchelchen), Proc. styloideus des Schläfenbeins, Lig. stylohyoideum, Cornu minus und oberer Teil des Os hyoideum
III.	N. glossopharyngeus, unterer Teil der A. carotis interna	M. stylopharyngeus, M. constrictor pharyngis superior und medius (= Schlundschnürer)	Cornu majus und unterer Teil des Os hyoideum
IV.	N. laryngeus superior (= Ast des N. vagus – 10. Hirnnerv), Links: Aortenbogen, Rechts: Teil der rechten A. subclavia	Untere Pharynxmuskeln	Am Kehlkopf: oberer Teil des Schildknorpels
V. und VI.	N. laryngeus recurrens (= Ast des N. vagus), N. accessorius, Aa. pulmonales, Ductus arteriosus Botalli	Kehlkopfmuskeln, M. trapezius, M. sternocleidomastoideus	Am Kehlkopf: unterer Teil des Schildknorpels, Ringknorpel und Stellknorpel

Der **Ductus thyroglossus** bildet sich zurück. Als Relikt bleibt am Zungengrund nur das **Foramen caecum linguae** oberhalb des Sulcus terminalis erhalten. Vom Ductus thyroglossus können Teile erhalten bleiben, die sich dann zum Lobus pyramidalis der Schilddrüse entwickeln. ◄

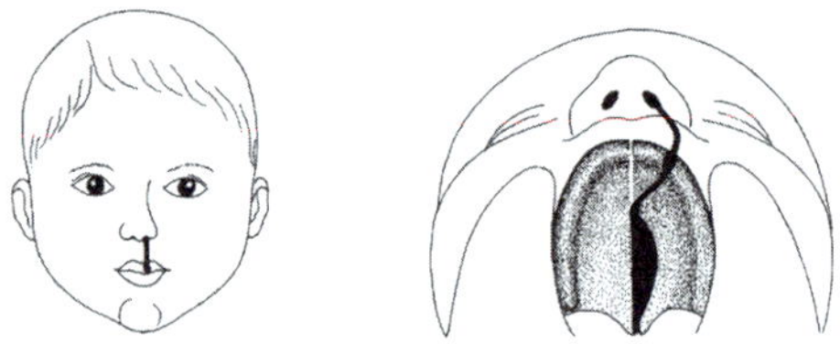

Abb. 5.7 Spaltbildung im Gesichtsbereich (links: laterale Lippenspalte; rechts: einseitige Lippen-, Kiefer- Gaumenspalte).

5.1.3 Mißbildungen ! 0/2

➤ *Prüfungsrelevant: Sie sollten die Mißbildungen, ihre Lage und Ursache kennen.* ◄

Die häufigsten Mißbildungen sind im Gesichtsbereich die Spaltbildungen mit rund einem Fall pro 1.000 Geburten (= 1 : 1.000). Diese Mißbildungen haben genetische oder umweltbedingte Ursachen, durch die das beschriebene Verschmelzen der beiden medialen Nasenwülste und der beiden Oberkieferwülste gestört wird (s. Kapitel 5.1.2).

Bei den Spaltbildungen unterscheidet man zwischen vor und hinter dem Foramen incisivum liegende Spaltbildungen. Zu den vorderen Spaltmißbildungen gehören die Lippen- und Oberkieferspalte. Hinter dem Foramen incisivum liegende Spaltmißbildungen werden Gaumenspalten genannt.

Eine **Lippenspalte** (= Hasenscharte) entsteht im Bereich des Oberkiefers, wenn der mediale Nasenwulst nicht vollständig mit dem Oberkieferwulst verschmilzt. Lippenspalten kommen zumeist als seitliche Lippenspalte, seltener als mediane oder doppelseitige Spalte vor. Sie bilden etwa 15 % aller Mißbildungen bei Neugeborenen.

Die Entstehung einer **Oberkieferspalte** hat die gleiche Ursache wie die Lippenspalte. Die Oberkieferspalte liegt zwischen dem seitlichen Schneidezahn und dem Eckzahn und reicht zumeist bis zum Foramen incisivum.

Die **Lippen-Kiefer-Spalte** ist eine Kombination beider Spalten.

Gaumenspalten können sich ausbilden, wenn die beiden Oberkieferwülste nicht vollständig miteinander verschmelzen. Da die Oberkieferwülste vom Foramen incisivum aus nach hinten verschmelzen, kann die Ausprägung dieser Spalte sehr unterschiedlich sein, so kann nur die Uvula (= Zäpfchen), aber auch der ganze Gaumen gespalten sein.

Die **Lippen-Kiefer-Gaumenspalte** (= Wolfsrachen) ist eine Kombination der 3 Spalten, wobei zu beachten ist, dass die beiden Oberkieferwülste erst eine Woche nach den medialen Nasenwülsten verschmelzen. (S. Abb. 5.7).

Der **Anenzephalus** (= Froschkopf) ist eine schwere Mißbildung des Gehirns. Hierbei fehlt die Schädeldecke. Anstelle des Gehirns liegt an der Oberfläche eine degenerierte Gewebsmasse. Der Anenzephalus kommt relativ häufig vor (1:1000), wobei die weiblichen Feten etwa viermal so häufig wie männliche Feten betroffen sind. Die Neugeborenen versterben zumeist wenige Tage nach der Geburt.

Im Halsbereich kommt als Fehlbildung die **Halsfistel** (syn.: Halszyte) vor. Als Halsfistel wird ein mit Flüssigkeit gefüllter dünner, röhrenförmiger Hohlraum bezeichnet, der mit Epithel ausgekleidet ist und häufig auf der Oberfläche des Halses blind endet. Nach ihrem Entstehungsort werden die Halsfisteln in mediale und laterale Halsfisteln unterteilt.

Die **mediale Halsfistel** entsteht durch eine mangelhafte Rückbildung des Ductus thyroglossus. Sie kann nach außen perforieren (= durchbrechen).

Die **laterale Halsfistel** entsteht infolge einer Entwicklungsstörung im Bereich der 2., 3. oder 4. Kiemenfurche, durch die eine der Furchen (zumeist die 2.) nur unvollständig überdeckt wird und dann am vorderen unteren Rand des M. sternocleidomastoideus an die Halsoberfläche tritt.

Eine Fistel kann sich auch zwischen dem Oesophagus (= Speiseröhre) und der Trachea (= Luftröhre) im Gefolge einer Oesophagusatresie ausbilden. Unter Atresie versteht man einen membran- oder strangartigen Verschluß.

Bei der **Oesophagusatresie** handelt es sich um einen zumeist in Höhe der Bifurcatio tracheae liegenden angeborenen Verschluß des Oesophagus.

Die Folge einer solchen Atresie ist, daß beim Fetus das von ihm geschluckte Fruchtwasser nicht zum Darm transportiert und dort resorbiert werden kann. Damit kann das Fruchtwasser nicht über den Blutweg in den mütterlichen Blutkreislauf zurückgeführt werden, was zu einer Vermehrung des Fruchtwassers führt. Beim Neugeborenen mit einer Oesophagusatresie fließt beim Stillen die Milch durch den Oesophagus in die Lunge – eine frühzeitige Diagnose kann daher lebensrettend sein.

5.2 Kranium

! 2/3

➤ *Prüfungsrelevant: Es wurden bisher nur zwei Fragen zu diesem Kapitel gestellt, jedoch sind Grundkenntnisse im Hinblick auch auf die mündliche Prüfung unverzichtbar.* ◄

Das Knochengerüst des Schädels wird Kranium genannt. Die Knochen können im Kopfbereich eingeteilt werden in (s. auch Einleitung zu Kapitel 5):

- **Neurokranium** (= Hirnschädel) – wird wiederum unterteilt in:
  - Kalvaria (= Schädeldach),
  - Basis cranii (= Schädelbasis),
- **Viszerokranium** (= Gesichtsschädel).

Insgesamt besteht der Schädel aus 21 fest miteinander verbundenen Knochen, sowie dem Unterkieferknochen (= Mandibula), der mit den Schläfenbeinen gelenkig verbunden ist (einziges Gelenk zwischen den Schädelknochen – mit Ausnahme der Gehörknöchelchen).

Zum **Neurokranium** gehören:

- 1 Stirnbein = Os frontale,
- 2 Scheitelbeine = Ossa parietalia,
- 1 Hinterhauptsbein = Os occipitale,
- 2 Schläfenbeine = Ossa temporalia,
- 1 Keilbein = Os sphenoidale.

Zum **Viszerokranium** gehören:

- 1 Siebbein = Os ethmoidale,
- 2 Tränenbeine = Ossa lacrimalia,
- 2 Nasenbeine = Ossa nasalia,
- 1 Pflugscharbein = Vomer,
- 2 untere Nasenmuscheln = Conchae nasales inferiores,
- 2 Gaumenbeine = Ossa palatina,
- 2 Jochbeine = Ossa zygomatica,
- 2 Oberkieferknochen = Maxillae,
- 1 Unterkieferknochen = Mandibula.

Außerdem können zu den Knochen im Schädelbereich noch gezählt werden:

- 1 Zungenbein = Os hyoideum,
- sowie die paarigen Gehörknöchelchen:
- Hammer = Malleus,
- Amboß = Incus,
- Steigbügel = Stapes.

➤ Die **Kalvaria** besteht aus platten Knochen, die unterschiedlich dick sind. So ist die Knochenwand in den Bereichen dünn, die mechanisch wenig beansprucht werden. Wegen ihrer annähernd kugeligen Form bietet sie einen guten Schutz gegen einen Schlag oder Stoß. Die Knochen der Schädelbasis sind dagegen stellenweise sehr dünn und weisen viele Löcher auf, durch die Nerven und Gefäße verlaufen. ◄

Klinik: ➤ Bei einem Bruch der Schädelbasis, dessen Frakturlinien radienförmig verlaufen, können die durch die Schädelbasis ein- oder austretenden Hirnnerven geschädigt werden und ausfallen. Anhand der Ausfallerscheinungen dieser Nerven kann man über die Durchtrittsstellen der Nerven im Bereich der Schädelbasis auf die Frakturlinien schließen und damit das Zentrum des Bruches ermitteln. ◄

Während der Gesichtsschädel in einer gewissen Relation zur Körpergröße steht, ist das für den Hirnschädel nur bedingt möglich, denn der Organismus benötigt ein Nervensystem, das die Lebensfähigkeit sichert – die Gehirnmasse ist also nur sehr beschränkt verkleinerbar. Für die Größe des Gehirnschädels spielen neben genetischen Einfüssen auch Umweltfaktoren eine Rolle.

Nachfolgend werden die einzelnen Knochen des Neurokraniums und des Viszerokraniums mit ihren prüfungsrelevanten Strukturen beschrieben.

Os frontale (= Stirnbein)

Das Stirnbein bildet den vorderen Teil des Schädels. Es bildet die Stirn, den vorderen Teil der Schädelgrube und den größten Teil des Augenhöhlendachs. Bei der Geburt liegen noch 2 Stirnbeine vor, die durch die Stirnnaht (= Sutura frontalis – s. Kapitel 5.1.1) verbunden sind. Während des 2. Lebensjahres verschmelzen die beiden Stirnbeine miteinander zu einer Synostose.

Das Stirnbein besteht aus 3 Teilen:

- Squama frontalis (= Stirnbeinschuppe),
- zwei Partes orbitales (= Orbitateil),
- Pars nasalis (= Nasenteil).

➤ Die Squama frontalis bildet den oberen Rand der Augenhöhle (= Margo supraorbitalis). In diesem Bereich liegt die Incisura frontalis, durch die der R. medialis des N. supraorbitalis zieht, und lateral davon die Incisura supraorbitalis, durch die der R. lateralis des N. supraorbitalis zieht. Über dem oberen Rand der Augenhöhle (= Orbita) wölbt sich der Arcus superciliaris (= Augenbrauenbogen) vor.

Die Pars orbitalis bildet das Dach der Orbita. In ihr befindet sich die Fossa glandulae lacrimalis, die die Tränendrüse aufnimmt.

Zwischen der Pars orbitalis und dem Os ethmoidale liegen das Foramen ethmoidale anterius und das Foramen ethmoidale posterius.

Die zwischen den Partes orbitales liegende Pars nasalis beteiligt sich am Aufbau des Nasenskeletts. Im Bereich der Pars nasalis liegt der **Sinus frontalis** (= Stirnhöhle – s. Kapitel 5.4.2). Unterhalb des Sinus frontalis liegen die Cellulae ethmoidales (= Siebbeinzellen). Die Pars nasalis verbindet die beiden Orbitateile. ◄

Os parietale (= Scheitelbein)

Die beiden annähernd viereckig aussehenden Scheitelbeine liegen in der Mitte des Schädeldaches. Sie sind die einzigen Knochen, die sich ausschließlich an der Bildung des Schädeldaches beteiligen.

An der Außenseite kommen vor:

- Linea temporalis superior als Ansatzstelle der Fascia temporalis und die
- Linea temporalis inferior als Ursprungsstelle des M. temporalis.

An der Innenseite sehen Sie als Vertiefung den Sulcus sinus sagittalis superior und den Sulcus sinus sigmoidei, in denen die gleichnamigen venösen Gehirnblutleiter (= Sinus – s. Kapitel 9.10.1) verlaufen.

Os occipitale (= Hinterhauptsbein)

Das Hinterhauptsbein liegt zwischen dem Keilbein, den Schläfenbeinen und den Scheitelbeinen. Es besteht aus:

- Squama occipitalis (= Hinterhauptsschuppe),
- Pars basilaris,
- zwei Partes laterales.

➤ Alle 3 Teile begrenzen das Foramen magnum, durch das die Schädelhöhle mit dem Wirbelkanal verbunden ist. ◄

Die Pars basilaris bildet den vorderen Rand des Foramen magnum. Die Innenfläche (zerebrale Fläche) bildet mit dem Dorsum sellae des Keilbeins den Clivus (s. Os sphenoidale). Die beiden Partes laterales begrenzen auf beiden Seiten das Foramen magnum. Auf der Außenseite der Pars lateralis liegt der Condylus occipitalis, der den Gelenkkopf für das Atlantooccipitalgelenk bildet (Kapitel 6.1.3). Lateral vom Foramen magnum liegt der Canalis hypoglossi. Hinter dem Condylus occipitalis liegt der Canalis condylaris.

Die Squama occipitalis bildet den hinteren Rand des Foramen magnum.

An der Außenseite der Squama occipitalis liegt als gut tastbarer Knochenvorsprung die **Protuberantia occipitalis externa**, der auf der Schädelinnenseite die Protuberantia occipitalis interna gegenüberliegt.

➤ Im Bereich der **Protuberantia occipitalis interna** treffen der im Sulcus sinus sagittalis superior verlaufende Sinus sagittalis superior und der im Sulcus sinus transversi verlaufende Sinus transversus senkrecht aufeinander.

Im Bereich des Sulcus sinus sagittalis superior ist die Falx cerebri, im Bereich des Sulcus sinus transveri das Tentorium cerebelli am Os occipitale befestigt. ◄ Auf der Außenseite sind noch die Lineae nuchae superior und inferior sowie die Linea nuchae suprema (Ursprungsstelle des M. trapezius) zu erkennen. Oberhalb der Pars basilaris liegt die Medulla oblongata, oberhalb der Squama occipitalis liegen das Kleinhirn und der Okzipitallappen des Großhirns, die durch das Tentorium cerebelli voneinander getrennt sind (Kapitel 9.10.1).

Os temporale (= Schläfenbein)

Das Schläfenbein liegt zwischen dem Keilbein und dem Hinterhauptsbein. Es wird unterteilt in:

- Pars petrosa (= Felsenbein),
- Pars squamosa (= Schläfenbeinschuppe),
- Pars tympanica (= Paukenteil).

Diese 3 Teile sind um den äußeren Gehörgang gruppiert, wobei die Pars squamosa über, die Pars tympanica unter und vor und das Felsenbein medial liegen.

➤ Im **Felsenbein** liegen das Mittelohr mit der Paukenhöhle und der Tuba auditiva sowie das Innenohr mit dem Gehör- und Gleichgewichtsorgan.

Die Vorderseite (Innenseite) des Felsenbeins grenzt an die mittlere Schädelgrube. In diesem Bereich liegt der Sulcus sinus sigmoidei, in dem der Sinus sigmoideus verläuft (s. Kapitel 9.11.2). Die Felsenbeinspitze bildet in der mittleren Schädelgrube als flache Grube die Impressio trigemini, in der das

Ganglion trigeminale des N. trigeminus (Kapitel 5.5) liegt.

Den Außenteil bildet der **Proc. mastoideus** (= Warzenfortsatz), der hinter dem Ohr als Erhebung zu tasten ist. Der Proc. entsteht erst nach der Geburt, er enthält die mit Luft gefüllten und mit Schleimhaut ausgekleideten Cellulae mastoideae, die über das Antrum mastoideum mit der Paukenhöhle (Teil des Mittelohrs) in Verbindung stehen. Außerdem dient der Proc. dem M. sternocleidomastoideus als Ursprung.

Die Hinterseite enthält den **Porus acusticus internus**, der die Öffnung zum Meatus acusticus internus (= innerer Gehörgang) bildet. Der Meatus endet im Bereich der Pars tympanica des Os temporale am Porus acusticus externus. Die Unterseite des Felsenbeins bildet den Boden der Paukenhöhle. Hinter einer Vertiefung (= Fossa jugularis) für die V. jugularis interna, ragt als Fortsatz der **Proc. styloideus** (= Griffelfortsatz) nach unten. ◄

► Der Proc. styloideus ist ein verknöchertes Überbleibsel des Knorpels des 2. Kiemenbogens. Am Proc. haben ihren Ursprung: Lig. stylohyoideum, Lig. stylomandibulare, M. stylohyoideus, M. styloglossus, M. stylopharyngeus. Der Innenteil des Felsenbeins wird zusammen mit der Pars tympanica auch als **Felsenbeinpyramide** bezeichnet. In der Felsenbeinpyramide liegen das Mittel- und das Innenohr. In der Pyramide liegt als Doppelkanal der Canalis musculotubarius, der durch eine dünne Knochenwand in 2 Halbkanäle geteilt ist. Im oberen Halbkanal (= Semicanalis m. tensoris tympani) liegt der M. tensor tympani, der untere Halbkanal (= Semicanalis tubae auditivae) bildet den knöchernen Teil der Tuba auditiva (= Ohrtrompete). ◄

In der Pars petrosa kommen an Öffnungen und Kanälen vor:

- **Hiatus canalis n. petrosi majoris und minoris** – liegen auf der Vorderseite des Felsenbeins.
- **Foramen mastoideum** – liegt hinter dem Proc. mastoideus. Es enthält die V. emissaria mastoidea, die den Sinus sigmoideus mit der V. occipitalis verbindet.
- **Foramen stylomastoideum** – liegt zwischen dem Proc. mastoideus und dem Proc. styloideus
- **Foramen lacerum** – liegt zwischen der Pars petrosa und der Ala major des Os sphenoidale.
- **Foramen jugulare** – liegt zwischen der Pars petrosa und dem Os occipitale.
- **Canalis caroticus** – enthält die A. carotis interna.
- **Canalis facialis** – beginnt am Porus acusticus internus und zieht nach lateral/vorn zum Geniculum canalis facialis, wo er im spitzen Winkel nach lateral/hinten umbiegt und in der medialen Wand der Paukenhöhle verläuft. Er mündet an der äußeren Schädelbasis zwischen Proc. mastoideus und Proc. styloideus am Foramen stylomastoideum.

Die **Pars tympanica** bildet die knöcherne Grundlage für den äußeren Gehörgang (= Meatus acusticus externus), dessen äußere Öffnung **Porus acusticus externus** genannt wird. Der Boden und die Wände des Meatus werden von der Pars tympanica, das Dach von der Pars squamosa gebildet.

► Die **Pars squamosa** liegt zwischen dem Os sphenoidale und dem Os occipitale. Mit ihrer Fossa mandibularis bildet sie die Gelenkpfanne für das Kiefergelenk. ◄ Medial von der Fossa liegt die Fissura petrotympanica.

Os sphenoidale (= Keilbein)

Das Keilbein ähnelt in seinem Aussehen einer fliegenden Wespe. Es steht mit allen Knochen des Gehirnschädels in Verbindung. Kaudal grenzt es an die Maxilla und das Os ethmoidale. Das Keilbein besteht aus einem Corpus (= Keilbeinkörper) und folgenden 3 Fortsätzen:

- zwei Alae majores,
- zwei Alae minores,
- zwei Procc. pterygoidei.

► Der Keilbeinkörper bildet mit der Pars basilaris des Os occipitale den **Clivus**. Auf der Innenseite des Os sphenoidale (zur Schädelhöhle hin) befindet sich die **Sella turcica** (= **Türkensattel**), die vorn vom Tuberculum sellae und hinten vom Dorsum sellae begrenzt wird. Die Vertiefung in die Sella turcica wird **Fossa hypophysialis** genannt, in ihr liegt die Hypophyse. Auf beiden Seiten des Keilbeinkörpers liegt lateral von der Sella als Furche der **Sulcus caroticus**, durch den die A. carotis interna verläuft. Im Keilbeinkörper liegt die paarige Keilbeinhöhe (= Sinus sphenoidalis – s. Kapitel 5.4.2).

Die **Ala major** (= **großer Keilbeinflügel**) ragt flügelartig vom Corpus ab. Die Ala major grenzt an die laterale Wand der Orbita (= Augenhöhle), sowie an die mittlere Schädelgrube und an die Schläfenregion. In der Ala major liegen 3 Öffnungen: Foramen rotundum, Foramen ovale und Foramen spinosum. ◄ Zwischen Ala major und der Pars petrosa des Os temporale liegt das **Foramen lacerum**.

► Die **Ala minor** (= **kleiner Keilbeinflügel**) entspringt mit 2 Wurzeln vom Keilbeinkörper, wobei die Wurzeln den Canalis opticus umschließen. Die Ala minor ist an der Begrenzung der vorderen Schädelgrube und der Orbita beteiligt.

Zwischen Ala major und Ala minor liegt die **Fissura orbitalis superior**. ◄

Als **Processus pterygoideus** wird ein Flügelfortsatz bezeichnet, der sich in eine Lamina medialis und lateralis unterteilen läßt. An der Lamina medialis hat der M. tensor veli palatini, an der Lamina lateralis der M. pterygoideus lateralis seinen Ursprung. An der Basis verläuft der Canalis pterygoideus.

Os ethmoidale (= Siebbein)

Das Os ethmoidale bildet das Kernstück des Gesichtsschädels. Es hat ein T-förmiges Aussehen, wobei der vertikale Teil des „T" von der Lamina perpendiculare und der horizontale Teil von der Lamina cribrosa gebildet wird.
Am Os ethmoidale sind folgende Strukturen zu unterscheiden:

- ► **Lamina cribrosa** (= **Siebplatte**) – liegt zwischen der Nasenhöhle und der vorderen Schädelgrube. Sie ist als einziger Teil des Siebbeins am Aufbau des Schädeldaches beteiligt. Die **Lamina cribrosa** bildet den größten Teil des Nasenhöhlendaches. Durch sie gelangen die Nn. olfactorii (= Riechnerven – Kapitel 5.5) in die Schädelgrube. Von der Lamina cribrosa ragt als **Crista galli** ein kleiner Knochenkamm in die Schädelhöhle, an der die Falx cerebri der Dura mater (Kapitel 9.10.1) befestigt ist.
- **Lamina perpendicularis** – bildet den hinteren oberen Teil des knöchernen Nasenseptums.
- **Lamina orbitalis** – ist häufig papierdünn. Sie grenzt die Siebbeinzellen gegen den medialen Teil der Orbitawand ab. ◄

► Im Siebbein liegen 8 bis 10 Cellulae ethmoidales (= Siebbeinzellen – Kapitel 5.4.2). Als Bulla ethmoidalis wird eine besonders große Siebbeinzelle bezeichnet, die das **Infundibulum ethmoidale** (= Grube, in die der Sinus maxillaris und der Sinus frontalis einmünden – Kapitel 5.4.1) einengen kann.

Das Siebbein bildet außerdem die obere und mittlere Nasenmuschel (= Concha nasalis superior und media), die den oberen bzw. mittleren Nasengang (Meatus nasi superior bzw. medius) überdachen. ◄

Klinik: ► Beim Bruch der Lamina cribrosa entsteht eine Verbindung zwischen der Nasenhöhle und der Schädelgrube, wodurch es bei Infektionen zur Meningitis (= Hirnhautentzündung) kommen kann. ◄

Bei Kopfverletzungen müssen Sie wegen dieses möglichen Bruchs darauf achten, ob besonders dünnflüssiger, klarer Ausfluß aus der Nase fließt (Liquor!).

Os lacrimale (= Tränenbein)

Das Tränenbein trennt die Augenhöhle von der Nasenhöhle.

Os nasale (= Nasenbein)

Das Nasenbein bildet die vordere Wand der Nasenhöhle.

Vomer (= Pflugscharbein)

Der Vomer ist eine dünne Knochenlamelle, die den hinteren unteren Teil der Nasenscheidewand (= Nasenseptum) bildet. Der hintere freie Rand trennt die beiden Choanae (= hintere Nasenöffnungen) voneinander.

Concha nasalis inferior (= untere Nasenmuschel)

Die untere Nasenmuschel bildet einen selbständigen Knochen. Sie liegt an der seitlichen Nasenwand.

Os palatinum (= Gaumenbein)

Das Gaumenbein liegt zwischen der Maxilla (= Oberkieferknochen) und dem Proc. pterygoideus des Keilbeins. Das Os palatinum besteht aus 2 fast rechtwinklig zueinander stehenden Platten (= Laminae). Die Lamina horizontalis bildet den hinteren Teil des **Palatum durum** (= harter Gaumen). Die zweite Platte, die Lamina perpendicularis ist an der Bildung der lateralen Nasenwand beteiligt.

Os zygomaticum (= Jochbein)

Das Jochbein liegt zwischen der Maxilla, dem Schläfen- und dem Stirnbein. Das Os zygomaticum ist an der Bildung des lateralen Teils der Orbita sowie am Jochbogen beteiligt.

Im Corpus des Jochbeinbogens liegen der Canalis zygomaticofacialis und der Canalis zygomaticotemporalis.

Maxilla (= Oberkieferknochen)

Die Maxilla besteht aus einem Corpus (= Körper) und folgenden 4 Fortsätzen:

- Processus frontalis (= Stirnfortsatz) – grenzt an das Stirn-, Tränen- und Nasenbein.
- Processus zygomaticus (= Jochbeinfortsatz) – bildet einen Teil des Jochbogens.
- Processus palatinus (= Gaumenfortsatz) – bildet die vorderen 2/3 des harten Gaumens und gleichzeitig den Boden der Nasenhöhle. Er enthält beiderseits je einen Canalis incisivus, die gemeinsam am Foramen incisivum enden.

- Processus alveolaris (= Fortsatz für die Aufnahme der Zähne).

➤ Das Corpus maxillae ist zur Oberkieferhöhle (= Sinus maxillaris – Kapitel 5.4.2) pneumatisiert. Da der Sinus fast den gesamten Körper ausfüllt, sind die Knochenwände teilweise sehr dünn. ◄

Von den 4 Flächen des Körpers stellt die Facies orbitalis den größten Anteil am Boden der Orbita (= Augenhöhle). Die Facies nasalis ist an der Bildung der lateralen Nasenwand beteiligt. Mit der Facies infratemporalis grenzt der Körper an die Unterschläfengrube (Fossa infratemporalis). Die vierte Fläche weist nach außen, sie enthält das **Foramen infraorbitale**, das den Druckpunkt für den 2. Ast des N. trigeminus bildet.

In der Facies nasalis liegt als große Öffnung der **Hiatus maxillaris**, der die Kieferhöhle mit der Nasenhöhle verbindet. Vor dem Hiatus liegt als Furche der Sulcus lacrimalis, in dem der Tränennasengang liegt.

Im hinteren Bereich der Facies orbitalis beginnt der **Canalis infraorbitalis**, der innerhalb einer dünnen Knochenlamelle zwischen der Orbita und dem Sinus maxillaris liegend zur Vorderseite des Oberkiefers zieht, wo er am Foramen infraorbitale endet.

Klinik: Durch die enge Beziehung zum Sinus maxillaris kann es bei einer Sinusitis (= Entzündung des Sinus maxillaris) zur Reizung des im Canalis infraorbitalis verlaufenden N. infraorbitalis kommen.

Mandibula (= Unterkieferknochen)

Die zunächst angelegten zwei Unterkieferkörper verschmelzen innerhalb der ersten Lebensjahre im Bereich der Protuberantia mentalis (= Kinnmitte) zum Unterkieferknochen. Die Mandibula besteht aus einem Corpus und zwei aus dem Corpus hervorgehenden aufsteigenden Unterkieferästen, die Rami mandibulae genannt werden.

Wichtige Strukturen der Mandibula sind:

Das obere Ende des Unterkiefers läuft in 2 Fortsätzen aus, wobei der vorne liegende **Proc. coronoideus** (= Kronenfortsatz) und der kürzere hintere **Proc. condylaris** (= Gelenkfortsatz) genannt werden. Zwischen beiden Processus liegt als Einbuchtung die **Incisura mandibulae.** Am Proc. coronoideus setzt der M. temporalis an, der Proc. condylaris dient als Gelenkkopf des Kiefergelenks.

An Öffnungen kommen vor:

- ➤ **Foramen mandibulae** – liegt auf der Innenseite der Mandibula etwa 2 cm hinter dem 3. Mahlzahn (= Molar III). Das Foramen bildet den Eingang zum Canalis mandibulae. Der Canalis verläuft als Knochenkanal unterhalb der Zahnwurzeln durch die Spongiosa der Mandibula bis zum Foramen mentale.
- **Foramen mentale** liegt an der Außenseite der Mandibula unterhalb des Zwischenraumens zwischen dem 1. und 2. Backenzahn (= Premolar I und II). Das Foramen mentale bildet den Druckpunkt für den 3. Ast des N. trigeminus. ◄

Geschlechtsbestimmung am Schädel

Anhand eines Schädels kann auf das Geschlecht geschlossen werden. Der Schädel eines Mannes ist größer, die Supraorbitalbögen ausgeprägter und die Knochenleisten, an denen die Muskeln ansetzen, kräftiger ausgebildet. Strukturen die die Geschlechtsbestimmung erleichtern sind: Glabella, Proc. zygomaticus und Os zygomaticum, Proc. mastoideus, Arcus superciliaris, Protuberantia occipitalis externa, Mandibula.

5.2.1 Kalvaria

! 1/2

Am Aufbau des Schädeldaches (= Kalvaria = Kalotte) sind beteiligt:

- Os frontale (= Stirnbein),
- Ossa parietalia (= Scheitelbeine),
- Squama des Os occipitale (= Hinterhauptsschuppe),
- Squama des Os temporale (= Schläfenbeinschuppe),
- Ala major des Os sphenoidale (= Keilbeinflügel).

Am Innenrelief der Kalvaria können Sie flache und tiefe Rinnen erkennen. Durch die tiefen Rinnen (= Sulci arteriosi) verlaufen die Arterien, besonders die A. meningea media. Durch die flachen Rinnen verlaufen die gleichnamigen Sinus durae matris (s. Kapitel 9.11.2).

Das durchschnittlich 1/2 cm dicke Schädeldach ist aus fünf Schichten aufgebaut:

- 1. Perikranium,
- 2. Lamina externa,
- 3. Diploe,
- 4. Lamina interna,
- 5. Dura mater.

➤ Das **Perikranium** bildet die äußere Knochenhaut. Es ist reich vaskularisiert und nur an den Suturen fest mit dem Knochen verbunden, so dass es leicht vom Knochen abgelöst werden kann. ◄

Die **Lamina externa** bildet die äußere, dicke Knochenschicht des Schädelknochens. Sie geht ohne scharfe Grenze in die Diploe über.

Die Diploe ist eine spezielle Form der Spongiosa, in ihren Maschenräumen liegt rotes Knochenmark. Die Diploe besitzt kein Fettgewebe. Durch die Diploe verlaufen in Knochenkanälchen (= Canales diploicae) die Vv. diploicae (= Knochenvenen).

➤ Die 4 Hauptstämme der Vv. diploicae stehen über die weiter unten beschriebenen Emissarien mit den Sinus durae matris (= venöse Blutleiter des Gehirns) sowie mit den Venen der Kopfschwarte in Verbindung. Bei einem Rückstau in den Hirnvenen dienen sie als zusätzliche Abflußwege. ➤

Die **Lamina interna** bildet die innere Schicht der Schädelknochen.
Die **Dura mater** (= harte Hirnhaut) dient auf der Innenseite der Schädelknochen als Periostersatz.
➤ Die Dura mater ist beim Erwachsenen leicht vom Knochen zu lösen, beim Kind dagegen noch fest mit dem Knochen verbunden. ➤ Ihre Gefäße hinterlassen auf der inneren Schädeloberfläche Abdrücke die als Sulci (= Rinnen) bezeichnet werden.

Klinik: ➤ Die Lamina interna ist dünner als die Lamina externa. Bei einer Gewalteinwirkung, z.B. einem Schlag auf den Schädel, kann es zu einer Fraktur des Knochens kommen.

Wenn die Aufschlagoberfläche klein ist, z.B. beim Schlag mit einem Hammer, findet man häufig nur einen Bruch der Lamina interna, was im Röntgenbild übersehen werden kann und manchmal nur anhand der Hirnsymptome (= Ausfallerscheinungen der Hirnnerven) erkannt wird. ➤

➤ Als **Emissarien** werden Knochenkanälchen im Bereich des Schädeldachs bezeichnet, in denen die dünnwandigen Vv. emissariae verlaufen. Die Vv. emissariae leiten das Blut aus den Vv. diploicae weiter. Sie dienen vermutlich dem Druckausgleich in den Sinus durae matris. An Emissarienvenen kommen vor:

- **V. emissaria condylaris** – zieht durch den am Hinterhaupt liegenden Canalis condylaris und verbindet die im Kopfschwartenbereich verlaufende V. occipitalis mit dem Sinus sigmoideus. ➤
- **V. emissaria parietalis** – zieht am Scheitelbein durch das Foramen parietale und verbindet die V. temporalis superficialis mit dem Sinus sagittalis superior.
- **V. emissaria mastoidea** – zieht durch das hinter dem Warzenfortsatz (= Processus mastoideus) liegende Foramen mastoideum und verbindet die V. auricularis posterior mit dem Sinus sigmoideus.
- **V. emissaria occipitalis** – zieht durch die Squama occipitalis und verbindet die V. occipitalis mit dem Confluens sinuum oder dem Sinus transversus.

Klinik: ➤ Da über die Vv. emissariae die äußeren (= extrakraniellen) Kopfschwartenvenen mit den venösen Blutleitern des Gehirns (= Sinus) in Verbindung stehen, können auf diesem Weg Infektionen von außen in die Schädelhöhle gelangen. ➤

Neben diesem Infektionsweg kommen als weitere Infektionspforten (von außen nach innen) vor:

- **V. angularis** (Ast der V. facialis) – sie ist über die V. ophthalmica superior mit dem Sinus cavernosus verbunden.
  Klinik: Beim unsachgemäßen Umgang mit im Nasenbereich vorkommenden Pickeln und kleinen Abszessen („ausdrücken") kann eine Infektion entstehen, die über die V. angularis zum Sinus cavernosus weitergeleitet werden kann.
- V. retromandibularis – steht über den Plexus pterygoideus mit dem Sinus cavernosus in Verbindung.
- **V. jugularis interna** – sie ist im Bereich des Foramen jugulare über den Bulbus superior mit dem Sinus sigmoideus verbunden.

5.2.2 Basis cranii !!! 14/46

➤ *Absolut prüfungsrelevant: Tabellen und Abbildungen im Atlas.* ➤

Die Schädelbasis (= Basis cranii) ist je nach Region unterschiedlich dick. In der Schädelbasis liegen eine Vielzahl von Löchern und Spalten für den Durchtritt von Nerven und Gefäßen.
An der Schädelbasis sind beteiligt: **Sti**rnbein (= Os frontale), **Sieb**bein (= Os ethmoidale), **Keil**bein (= Os sphenoidale), **Hinter**hauptsbein (= Os occipitale) und **Schl**äfenbein (= Os temporale).

Merksatz: **Sti**nes **sieb**en **Keil**er sind **hinter**sinnige **Schl**eimer.

An der **Schädelbasis** wird zwischen einem Außen- und einem Innenrelief unterschieden. Nach Entfernung der Mandibula sieht man auf die **äußere Schädelbasis** (= Basis cranii externa), die aus einem vorderen, mittleren und hinteren Abschnitt besteht.

Der **vordere Abschnitt** der äußeren Schädelbasis wird hauptsächlich vom Os palatinum gebildet. Außerdem sind die Maxilla und das Os zygomaticum am Aufbau beteiligt.

An **Öffnungen** kommen im vorderen Abschnitt vor:
- Foramen incisivum,
- Foramen palatinum majus,
- Foramen palatinum minus.

Der **mittlere Abschnitt** der äußeren Schädelbasis reicht vom hinteren Gaumenrand bis zum Foramen magnum. Der mittlere Abschnitt wird vom Os sphenoidale und den Ossa temporalia gebildet.

An **Öffnungen** kommen vor:
- Choanae,
- Foramen ovale,
- Foramen spinosum,
- Foramen lacerum,
- Fissura orbitalis inferior,
- Fissura petrotympanica,
- Canalis pterygoideus,
- Canalis caroticus,
- Canalis musculotubarius,
- Canaliculus tympanicus.

Der **hintere Abschnitt** der äußeren Schädelbasis reicht vom Foramen magnum bis in den Bereich der oberen Nackenlinie. Dieser Abschnitt wird hauptsächlich vom Os occipitale gebildet.

An **Öffnungen** kommen vor:
- Foramen magnum,
- Foramen stylomastoideum,
- Foramen jugulare,
- Canalis hypoglossalis,
- Canalis condylaris,
- Porus acusticus externus.

Die **innere Schädelbasis** (= Basis cranii interna) ist aufgebaut aus: Os frontale, Os ethmoidale, Os sphenoidale, Ossa temporalia und Ossa occipitalia.

Bei der Aufsicht auf die innere Schädelbasis sehen Sie eine vordere, mittlere und hintere Schädelgrube.

➤ An der **vorderen Schädelgrube** (= Fossa cranii anterior) sind das Os frontale, die Lamina cribrosa des Os ethmoidale und das Os sphenoidale beteiligt. In der Mitte der vorderen Schädelgrube liegt die Crista galli, an der die Falx cerebri befestigt ist (Kapitel 9.10.1).

Die vordere Schädelgrube wird von der mittleren Schädelgrube durch die Alae minores der Ossa sphenoidalia und das Jugum sphenoidale (verbindet die beiden Alae minores miteinander) getrennt. Der Boden der vorderen Schädelgrube liegt am höchsten, der der hinteren Schädelgrube am tiefsten.

Die vordere Schädelgrube bildet das Dach der Orbita (= Augenhöhle) und der Nasenhöhle.

In der vorderen Schädelgrube liegen der Lobus frontalis (= Stirnlappen) des Großhirns sowie Teile des Riechhirns. ◄

➤ An **Öffnungen** kommen vor:
Zur Nasenhöhle hin
- Lamina cribrosa,
- Foramen caecum (endet zumeist blind, selten enthält es eine V. emissaria). ◄

➤ An der **mittleren Schädelgrube** (= Fossa cranii media) sind die Alae majores der Ossa sphenoidalia, die Partes squamosae der Ossa temporalia und die Felsenbeinpyramiden beteiligt.

Die mittlere Schädelgrube wird von der hinteren Schädelgrube durch die Partes petrosae der Ossa temporalia sowie durch das Dorsum sellae (= Sattellehne des Türkensattels) getrennt.

In der mittleren Schädelgrube liegt der Lobus temporalis (= Schläfenlappen) des Großhirns und auf der Sella turcica in der Fossa hypophysialis die Hypophyse. Es besteht eine topographische Beziehung zum Kiefergelenk. ◄

➤ An **Öffnungen** kommen vor:
Zur Orbita hin:
- Canalis opticus,
- Fissura orbitalis superior.

Zur Fossa pterygopalatina (= Flügelgaumengrube) hin:
- Foramen rotundum.

Zur Fossa infratemporalis (= Unterschläfengrube) hin:
- Foramen ovale,
- Foramen spinosum.

Zur äußeren Schädelbasis hin:
- Canalis caroticus,
- Foramen lacerum,
- Hiatus canalis n. petrosi majoris,
- Hiatus canalis n. petrosi minoris. ◄

➤ Die **hintere Schädelgrube** (= Fossa cranii posterior) wird größtenteils vom Os occipitale sowie von der Partes petrosae der Ossa temporalia gebildet. In der hinteren Schädelgrube liegen das Cerebellum (= Kleinhirn) und ein Teil des Hirnstamms.

Der Inhalt der hinteren Schädelgrube wird durch das Kleinhirnzelt (= Tentorium cerebelli – Kapitel 9.10.1) nach oben hin abgeschlossen.

Öffnungen im Bereich der Schädelbasis

Öffnung	**Lage**	**verbindet (zieht von ... nach)**	**Inhalt**
Lamina cribrosa	siebartig durchlöcherte Platte im Os ethmoidale	vordere Schädelgrube mit der Nasenhöhle	Nn. olfactorii, [N., A. und V. ethmoidalis anterior] Foramen ethmoidale anterior +
Canalis opticus	Os sphenoidale	mittlere Schädelgrube mit der Orbita	N. opticus (= 2. Hirnnerv), A. ophthalmica (A. carotis interna)
Foramen ovale	an der Wurzel der Ala major des Os sphenoidale	mittlere Schädelgrube mit der Fossa infratemporalis	N. mandibularis (Ast des 5. Hirnnerven), A. meningea accessoria
Foramen rotundum	an der Wurzel der Ala major des Os sphenoidale	mittlere Schädelgrube mit der Fossa pterygopalatina	N. maxillaris (aus dem 5. Hirnnerv) in die pterygopalatina
Foramen spinosum	zieht durch die Ala major des Os sphenoidale	mittlere Schädelgrube mit der Fossa infratemporalis	A. meningea media (= Ast der A. maxillaris), R. meningeus (= Ast des N. mandibularis)
Fissura orbitalis superior	liegt zwischen der Ala major und der Ala minor des Os sphenoidale	mittlere Schädelgrube mit der Orbita	N. oculomotorius (= 3. Hirnnerv), N. trochlearis (= 4. Hirnnerv). 3 Äste des N. ophthalmicus (= Ast des 5. Hirnnerven) = N. lacrimalis, N. frontalis, N. nasociliaris; N. abducens (= 6. Hirnnerv), V. ophthalmica superior.
Foramen lacerum	Spalte zwischen dem hinteren Rand der Ala major des Os sphenoidale und der Spitze der Felsenbeinpyramide	durch Faserknorpel (Fibrocartilago basilaris) verschlossen – verbindet die mittlere Schädelgrube mit dem Canalis pterygoideus	N. petrosus major N. petrosus minor
Canalis caroticus	liegt an der Spitze der Felsenbeinpyramide	Apertura externa canalis carotici (an der Schädelbasis) mit der Apertura interna (an der Pyramidenspitze)	A. carotis interna, Plexus sympathicus caroticus, Plexus venosus caroticus internus
Caniculi carotici tympanici	Os temporale (in der Wand des Canalis caroticus)	Canalis caroticus mit dem Cavum tympani	Nn. caroticotympanici
Foramen jugulare	Spalt zwischen der Pars petrosa des Os temporale und dem Os occipitale	hintere Schädelgrube mit dem Spatium parapharyngeum	Durch das **kleine vordere Loch** ziehen: N. glossopharyngeus (= 9. Hirnnerv), Sinus petrosus inferior. Durch das **große hintere Loch** ziehen: N. vagus (= 10. Hirnnerv), N. accessorius (= 11. Hirnnerv), V. jugularis interna, A. meningea posterior (= Ast der A. pharyngea ascendens)

Öffnung	Lage	verbindet (zieht von ... nach)	Inhalt
Porus acusticus internus (= Eingang zum Meatus acusticus internus)	Os temporale	hintere Schädelgrube mit dem Innenohr	N. facialis (= 7. Hirnnerv), N. vestibulocochlearis (= 8. Hirnnerv), A. und V. labyrinthi
Canaliculus mastoideus	Os temporale	Fossa jugularis mit Meatus acusticus externus	R. auricularis des N. vagus
Canaliculus tympanicus	Os temporale	Fossula petrosa (Außenseite der Schädelbasis) mit der Paukenhöhle	N. tympanicus (= Ast des N. glossopharyngeus), A. tympanica inferior
Canalis musculotubarius	Os temporale (Pyramide)	Pharynx mit der Paukenhöhle	Tuba auditiva, M. tensor tympani
Canalis hypoglossi	über den Kondylen im Os occipitale	hintere Schädelgrube mit der äußeren Schädelbasis	N. hypoglossus (= 12. Hirnnerv)
Foramen stylomastoideum	Os temporale (zwischen dem Proc. mastoideus und dem Proc. styloideus)	Öffnung des Canalis n. facialis	N. facialis (= 7. Hirnnerv), A. stylomastoidea
Hiatus canalis n. petrosi majoris	Os temporale	steht mit dem Canalis facialis in Verbindung	N. petrosus major
Hiatus canalis n. petrosi minoris	Os temporale	steht mit dem Canalis facialis in Verbindung	N. petrosus minor, A. tympanica superior
Canalis pterygoideus	Os sphenoidale (durch die Wurzel des Proc. pterygoideus)	vom Foramen lacerum zur Fossa pterygopalatina	N. petrosus major, N. petrosus profundus
Foramen magnum (syn.: Foramen occipitale magnum)	Os occipitale	hintere Schädelgrube mit dem Wirbelkanal	Medulla oblongata, Radices spinales des N. accessorius, Aa. vertebrales, A. spinalis anterior, Aa. spinales posteriores, V. spinalis

An **Öffnungen** kommen in der hinteren Schädelgrube vor:

Zum Wirbelkanal hin:
- Foramen magnum.

Zum Innenohr hin:
- Porus acusticus internus.

Zur äußeren Schädelbasis hin:
- Foramen jugulare,
- Canalis hypoglossalis. ◄

Klinik: ➤ Im Bereich der Schädelbasis ist der Knochen unterschiedlich dick. Durch die vielen kleinen Öffnungen wird die Stabilität der Schädelbasis weiter geschwächt, so dass Schädelbasisbr üche nicht selten sind. Die Frakturlinien durchziehen zumeist die schwachen Stellen der Schädelbasis, wobei sie vom Schlagzentrum aus strahlenförmig auseinanderlaufen. ◄

Anhand der Ausfallerscheinungen von Hirnnerven, die durch die Fraktur geschädigt wurden, kann darauf geschlossen werden, welche Öffnungen der Schädelbasis (durch die die entsprechenden Nerven verlaufen) in die Fraktur einbezogen sind und so das Bruchzentrum ermittelt werden.

➤ Bei Frakturen kann es zu folgenden Störungen kommen:

Vordere Schädelgrube
- Sehstörung – durch Fraktur der Ala minor des Keilbeins → Schädigung des N. opticus;
- Geruchsstörung und Blutung aus der Nase – durch Fraktur des Siebbeins → Schädigung der Nn. olfactorii und der A. ethmoidalis anterior.

Mittlere Schädelgrube
- Lähmung der Augenmuskeln – Schädigung des N. trochlearis und des N. oculomotorius,
- Sensibilitätsausfall im Gesicht – Schädigung des N. trigeminus,
- Blutung aus dem Ohr,
- Fazialisparese – Schädigung des N. intermediofacialis,
- Hörstörung – Schädigung des N. vestibulocochlearis.

Hintere Schädelgrube
- Schädigung des N. vagus, N. accessorius und N. hypoglossus. ◄

➤ Bei Austritt von Liquor aus der Nase oder dem Ohr ist infolge einer Schädelbasisfraktur die Dura mater verletzt. ◄

5.2.3 Viszerokranium !! 2/6

➤ *Prüfungsrelevant: Tabellen.* ◄

Als **Viszerokranium (= Gesichtsschädel)** werden die Knochen zusammengefaßt, die am Aufbau des Gesichts beteiligt und in Kapitel 5.2 aufgelistet sind.

Das Viszerokranium umschließt die beiden Augenhöhlen (= Orbitae), die Nasenhöhle mit den Nasennebenhöhlen sowie die Mundhöhle.

Wenn sie von vorne auf den Schädel schauen, sehen Sie zwei verschiedene Höhlen:
- die beiden Orbitae (= Augenhöhlen),
- die Nasenhöhlen.

Wenn Sie von seitlich auf den Schädel schauen, sehen Sie 3 Vertiefungen:
- die Fossa temporalis (= Schläfengrube),
- die Fossa infratemporalis (= Unterschläfengrube),
- die Fossa pterygopalatina (= Flügelgaumengrube).

Orbita (= Augenhöhle)

Die knöchernen Wände und der Inhalt der Orbita werden ausführlich in einem eigenen Kapitel (Kapitel 10.1.1) beschrieben.

Die einzelnen Öffnungen der Orbita sind in der Tabelle am Ende dieses Kapitels aufgelistet.

Nasenhöhlen

Die beiden Nasenhöhlen (= Cavitates nasi) werden durch die Nasenscheidewand (= Septum nasi) voneinander getrennt. Die vordere Öffnung jeder Nasenhöhle wird Apertura piriformis genannt. Über die innere Öffnung, Choanae genannt, steht die Nasenhöhle mit dem Nasenrachenraum in Verbindung.

Die 5 Wände der Nasenhöhle werden gebildet von :
- Dach – Os frontale, Os nasale, Lamina cribrosa des Os ethmoidale,
- mediale Wand (= Nasenscheidewand = Nasenseptum) – Vomer, Lamina perpendicularis des Os ethmoidale,
- laterale Wand – den drei Nasenmuscheln: Concha nasalis superior und media des Os ethmoidale, sowie Concha nasalis inferior (= eigenständiger Knochen!),
- dorsale Wand – Os sphenoidale. In diesem Bereich liegt die Öffnung des Sinus sphenoidalis (Kapitel 5.4.2),
- Boden – Processus palatinus der Maxilla, Lamina horizontalis des Os palatinum (Palatum durum). Der Boden der Nasenhöhle bildet gleichzeitig das Dach des Mundes (Gaumen).

Die weiteren Einzelheiten zur Nasenhöhlen werden ausführlich in Kapitel 5.4.1 beschrieben.

Fossa temporalis (= Schläfengrube)

Die Fossa temporalis gehört ihrer Lage nach zum Gehirnschädel, wird jedoch im GK beim Gesichtsteil abgehandelt.

Die Fossa temporalis ist eine flache ausgedehnte Grube an der seitlichen Schädelwand, die sich bis zum seitlichen Orbitarand erstreckt.

Die Fossa temporalis wird begrenzt:

- kranial und dorsal – von der Linea temporalis superior,
- medial – von der Pars squamosa des Os temporale und der Ala major des Os sphenoidale,
- ventral – vom Os zygomaticum,
- kaudal – von der Crista infratemporalis (einer Knochenleiste des Os sphenoidale) und dem unteren Rand des Arcus zygomaticus (= Jochbogen).

Am knöchernen Aufbau der Fossa temporalis sind das Os frontale, die Ala major des Os sphenoidale, das Os parietale und die Squama des Os temporale beteiligt.

In der Fossa temporalis liegt der M. temporalis, der sich bei älteren Menschen zurückbildet, weshalb bei ihnen die Fossa deutlicher hervortritt.

Fossa infratemporalis (= Unterschläfengrube)

Die Fossa temporalis geht nach unten in die tiefe Fossa infratemporalis über, die in Höhe der Schädelbasis liegt. In die Fossa infratemporalis gelangt man, nachdem der Jochbogen entfernt ist (weiter S. 287).

Öffnungen im Bereich der Orbita

Öffnung	Lage	verbindet die Orbita mit	Inhalt
Canalis opticus	Os sphenoidale	der mittleren Schädelgrube	N. opticus (= 2. Hirnnerv), A. ophthalmica
Canalis nasolacrimalis	Fossa sacci lacrimalis (vom Os lacrimale und dem Proc. frontalis der Maxilla gebildet)	zieht vom Saccus lacrimalis zum Meatus nasi inferior	Ductus nasolacrimalis
Canalis infraorbitalis	Maxilla	der Gesichtsfläche unterhalb des unteren Augenhöhlenrandes	N. und A. infraorbitalis
Fissura orbitalis superior	Liegt zwischen der Ala major und der Ala minor des Os sphenoidale	der mittleren Schädelgrube	N. oculomotorius, N. trochlearis, 3 Äste des N. ophthalmicus (= N. lacrimalis, N. frontalis, N. nasociliaris), N. abducens, V. ophthalmica superior
Fissura orbitalis inferior	zwischen Ala major und Maxilla (durch eine Bindegewebsplatte und den M. orbitalis verschlossen!)	der Fossa infratemporalis und der Fossa pterygopalatina	N., A. und V. infraorbitalis, N. zygomaticus, V. ophthalmica inferior
Foramen supraorbitale	Os frontale	der Kalvaria	N. supraorbitalis lateralis
Foramen frontale	Os frontale	der Kalvaria	N. supraorbitalis medialis
Foramen ethmoidale anterius	zwischen dem Os frontale und dem Os ethmoidale	vordere Schädelgrube	N. und A. ethmoidalis anterior
Foramen ethmoidale posterius	zwischen dem Os frontale und dem Os ethmoidale	Siebbeinzellen	N. und A. ethmoidalis posterior
Foramen zygomatico-orbitale	Os zygomaticum	dem Foramen zygomaticotemporale und dem Foramen zygomaticofaciale	N. zygomaticotemporalis, N. zygomaticofacialis

Öffnungen im Bereich der Fossa infratemporalis

Öffnung	Lage	verbindet die Fossa infratemporalis mit	Inhalt
Fissura orbitalis inferior	zwischen Ala major und Maxilla	Orbita	N., A., V. infraorbitalis, N. zygomaticus, V. ophthalmica inferior
Foramen ovale	an der Wurzel der Ala major des Os sphenoidale	mittlere Schädelgrube	N. mandibularis, A. meningea accessoria
Foramen spinosum	zieht durch die Ala major des Os sphenoidale	mittlere Schädelgrube	A. meningea media (= Ast der A. maxillaris), R. meningeus (= rückläufiger Ast des N. mandibularis)
Fissura pterygo-maxillaris	zwischen der Ala major des Os sphenoidale und der Maxilla	Fossa pterygopalatina	A. maxillaris, Nn. und Aa. alveolares

Öffnungen im Bereich der Fossa pterygopalatina

Öffnung	Lage	verbindet die Fossa pterygopalatina mit	Inhalt
Foramen rotundum	an der Wurzel der Ala major des Os sphenoidale	der mittleren Schädelgrube	N. maxillaris
Canalis pterygoideus	Os sphenoidale	der äußeren Schädelbasis	N. petrosus major, N. petrosus profundus, A. canalis pterygoidei
Fissura orbitalis inferior	zwischen Ala major und Maxilla	der Augenhöhle (Orbita)	N., A., V. infraorbitalis, N. zygomaticus, V. ophthalmica inferior
Foramen sphenopalatinum	zwischen dem Os palatinum und dem Os sphenoidale	Nasenhöhle	Rr. nasales posteriores superiores, A. sphenopalatina
Canalis palatinus major	zwischen dem Os palatinum und der Maxilla	Mundhöhle	N. palatinus major, A. palatina major
Foramina palatina minora (= Öffnungen der Canales palatini minores)	Os palatinum	Mundhöhle	Nn. palatini minores, Aa. palatinae minores
Fissura pterygomaxillaris	zwischen der Ala major des Os sphenoidale und der Maxilla	Fossa infratemporalis	A. maxillaris, Nn. und Aa. alveolares

Die Fossa infratemporalis wird begrenzt:
- kranial – Ala major des Os sphenoidale,
- medial – Processus pterygoideus des Os sphenoidale,
- lateral – Ramus mandibulae,
- ventral – Maxilla,
- dorsal – Ala major des Os sphenoidale und Pars squamosa des Os temporale.

Die Fossa infratemporalis steht in Verbindung mit:
- kranial – der Fossa temporalis,
- medial – der Fossa pterygopalatina,
- dorsal – der Fossa retromandibularis.

➤ In der Fossa infratemporalis liegen:
- oberflächlich – die Fortsetzung des Corpus adiposum buccae (= Bichat-Fettpfropf – s. Kapitel 5.3.1)
- der M. pterygoideus medialis
- der M. pterygoideus lateralis.
- der N. mandibularis – er gelangt mit der Radix motoria (Ast des N. trigeminus – s. Kapitel 5.5) durch das Foramen ovale in die Fossa infratemporalis, wo er sich in seine Äste aufteilt (s. Kapitel 5.5).
- das Ganglion oticum (= parasympathisches Ganglion des N. glossopharyngeus), das medial vom N. mandibularis liegt.
- die A. maxillaris – sie gelangt zwischen dem Collum mandibulae und dem Lig. sphenomandibulare in die Fossa infratemporalis, wo sie zwischen den beiden Köpfen des M. pterygoideus lateralis verläuft und zur Fossa pterygopalatina weiterzieht.
- der Plexus pterygoideus – er liegt als Venengeflecht zwischen dem M. pterygoideus medialis und dem M. pterygoideus lateralis. Der Plexus pterygoideus steht u.a. mit der V. ophthalmica inferior, der V. facialis und der V. retromandibularis in Verbindung und leitet das Blut über die Vv. maxillares in die V. retromandibularis. ◄

Die einzelnen Öffnungen der Fossa infratemporalis sind in der Tabelle am Ende des Kapitels aufgelistet.

Fossa pterygopalatina (= Flügelgaumengrube)

Die Fossa pterygopalatina ist ein kleiner, pyramidenartiger Raum. Sie bildet die mediale Fortsetzung der Fossa infratemporalis. Nach kaudal (unten) verengt sich die Fossa pterygopalatina zum Canalis palatinus major und endet am Foramen palatinum majus medial vom oberen 3. Molaren.

Die Fossa pterygopalatina wird begrenzt:
- kranial – vom Corpus und der Ala major des Os sphenoidale,
- ventral – von der Maxilla,
- dorsal – vom Processus pterygoideus des Os sphenoidale,
- medial – von der Lamina perpendicularis des Os palatinum.

Die Fossa pterygopalatina kann als eine Art Verteilstation angesehen werden, weil sie über Öffnungen mit all ihren Nachbarregionen in Verbindung steht (s. Tabelle).

➤ In der Fossa teilen sich der N. maxillaris und die A. maxillaris in ihre jeweiligen Endäste.

An der Vorderwand der Fossa pterygopalatina liegt medial das parasympathische Ganglion pterygopalatinum (s. Kapitel 5.5 N. petrosus major – Ast des N. facialis). ◄

5.2.4 Kiefergelenk — !! 0/3

Das Kiefergelenk (= Articulatio temporomandibularis) verbindet die Mandibula (= Unterkiefer) gelenkig mit dem Os temporale (= Schläfenbein). Das Gelenk dient der Bewegung des Unterkiefers und ist damit für die Zerkleinerung der Nahrung und das Sprechen von größter Bedeutung.

➤ Der Gelenkkopf des Kiefergelenks wird vom Caput mandibulae gebildet, das sich am Ende des Processus condylaris der Mandibula befindet. Die Gelenkpfanne wird von der Fossa mandibularis und vorne von einem walzenförmigen Höcker, dem Tuberculum articulare des Os temporale gebildet. ◄

Die **Fossa mandibularis** liegt kurz vor der Pars tympanica der Schläfenbeinschuppe (= Pars squamosa des Os temporale), sie ist etwa 2–3 mal größer als die Gelenkfläche des Gelenkkopfes. Das Tuberculum articulare liegt als walzenartige Erhebung vor der Fossa mandibularis.

Die Gelenkflächen des Kiefergelenks sind mit Faserknorpel überzogen.

➤ Das Kiefergelenk wird durch einen faserknorpeligen bikonkaven Discus articularis in ein unter dem Diskus liegendes Scharnier- und ein über dem Diskus liegendes Schiebegelenk unterteilt. ◄ Bei allen Bewegungen im Kiefergelenk wirken beide Teilgelenke zusammen. Der Diskus ist fast vollständig mit der Gelenkkapsel verwachsen. Der Diskus dient dazu, den Größenunterschied zwischen Gelenkpfanne und Gelenkkopf auszugleichen. Bei Bewegungen im Kiefergelenk verschiebt er sich.

Die Gelenkkapsel des Kiefergelenks ist weit und schlaff. Der hintere Teil der Fossa articularis liegt außerhalb der Gelenkkapsel.

Die Gelenkkapsel wird von vielen Ästen des N. mandibularis (N. auriculotemporalis, N. massetericus, N. pterygoideus lateralis) innerviert, was die relativ große Schmerzempfindlichkeit des Kiefergelenks erklärt.

➤ Die Gelenkkapsel wird durch das folgende Band verstärkt:
- **Lig. laterale temporomandibulare** – liegt an der Außenseite des Gelenks und zieht vom Processus zygomaticus zum Collum mandibulae. Es hemmt das Zurückschieben des Unterkiefers in Richtung äußeren Gehörgangs. ◄

An der Innenseite des Kiefergelenks liegen die beiden nachfolgenden Ligamenta, die jedoch nicht mit der Gelenkpfanne verbunden sind.
- **Lig. stylomandibulare** – zieht vom Processus styloideus zum Angulus mandibulae (= Unterkieferwinkel).
- **Lig. sphenomandibulare** – ist ein flaches Band, das von der Spina des Os sphenoidale zur Mandibula zieht, wobei es über dem Foramen mandibulare liegt.

Diese beiden Bänder haben keine Beziehung zur Gelenkkapsel! Sie dienen der Führung des Kiefergelenks.

Das Kiefergelenk ermöglicht folgende 3 Hauptbewegungen:
- Öffnen und Schließen des Mundes (= Ab- und Adduktion = Scharnierbewegung),
- Vor- und Zurückschieben des Unterkiefers (= Pro- und Retrusion = Schlittenbewegung),
- Mahlbewegungen (= Rotation = Seitwärtsschieben des Unterkiefers).

➤ An diesen **Bewegungen des Kiefergelenks** sind beteiligt:

Öffnen des Mundes:
- Venter anterior des M. digastricus,
- M. mylohyoideus,
- M. geniohyoideus,
- bei festgestelltem Os hyoideum auch das Platysma.

Schließen des Mundes (Zubeißen):
- M. temporalis (wichtigster Schließer!),
- M. masseter,
- M. pterygoideus medialis.

Vorschieben des Unterkiefers:
- M. pterygoideus lateralis (= wichtigster Vorschieber),
- vorderer Teil des M. masseter.

Zurückschieben des Unterkiefers:
- hinterer Teil des M. temporalis.

Mahlbewegungen
- M. pterygoideus lateralis (stärkste Wirkung),
- M. masseter.
  Diese beiden Muskeln führen auf der Kauseite den Unterkiefer schräg nach vorne.
- M. temporalis
  Dieser Muskel ist während des Kauaktes auf der Gegenseite aktiv, indem er dort den Gelenkkopf während der Mahlbewegung im Kiefergelenk stabilisiert. ◄

Topographie
➤ Das Kiefergelenk ist durch das Os tympanicum vom hinter ihm liegenden äußeren Gehörgang (= Porus acusticus externus) getrennt. Beim Öffnen des Mundes wird der äußere Gehörgang erweitert.

Zwischen Kiefergelenk und dem Ohr verlaufen der N. auriculotemporalis und die A. temporalis superficialis. ◄

Klinik: ➤ Bei einem sehr starken Schlag auf das Kinn kann der Druck auf den äußeren Gehörgang übertragen und damit die vordere Gehörgangswand geschädigt werden. ◄

Beim ausgiebigen Gähnen kann der Processus condylaris der Mandibula hinter das Tuberculum articulare rutschen, was zur Folge hat, daß der Mund nicht mehr geschlossen werden kann (= Mundsperre).

Kauakt
Bei der Kaubewegung werden die Teilbewegungen im Kiefergelenk kombiniert. Die Kaubewegung wird durch das extrapyramidale System gesteuert, das Koordinationszentrum für die Bewegungen liegt wahrscheinlich im Pons (= Brücke – s. Gehirn).

Begriffsdefinitionen
- **Okklusion** (= Schlußbißstellung) – die obere und untere Zahnreihe liegen bei Kontraktion der Kaumuskeln fest aufeinander.
- **Überbiß** (= Scherenbiß) – die Schneidezähne des Oberkiefers ragen über die Schneidezähne des Unterkiefers hinaus, dadurch gleiten die oberen und unteren Schneidezähne scherenartig aneinander vorbei.

- **Zangenbiß** – die Enden der Schneidezähne stehen zangenartig aufeinander.
- **Artikulation** – Bißbewegung der Zähne. Bei einer guten Artikulation stehen die Kauflächen der gegenüberliegenden [illegible] in engem Kontakt.

5.3 Kopf- und Halsmuskeln, Faszien

Im Kopfbereich werden die Muskeln unterteilt in
- mimische Muskeln (Kapitel 5.3.1),
- Kaumuskeln (Kapitel 5.3.2),
- Zungenbeinmuskeln (Kapitel 5.3.4),
- Zungenmuskeln (Kapitel 5.4.5),
- Gaumenmuskeln (Kapitel 5.4.7).

5.3.1 Gesichtsmuskulatur ! 0/2

Die **mimischen Muskeln** (= Mm. faciales) sind Hautmuskeln, die überwiegend um die Öffnungen des Gesichts (Mund, Nase, Augen, Ohren) herum angeordnet sind. Sie setzen zumeist nicht an einem Knochen an und betätigen somit auch kein Gelenk.

Die mimischen Muskeln spiegeln durch ihre Funktion (Verschieben der Haut, Faltenbildung) nach außen hin (den Mitmenschen gegenüber) den jeweiligen psychischen Zustand wider (Lachen, Freude, Weinen, Sorgen), was als Mimik bezeichnet wird.

➤ Alle mimischen Muskeln werden vom N. facialis innerviert. ◄

Bei den nachfolgend aufgeführten mimischen Muskeln sind Ansatz und Ursprung nicht angegeben, da sie nicht prüfungsrelevant sind.

Die mimischen Muskeln lassen sich anhand der Gesichtsöffnungen, um die sie gruppiert sind, unterteilen in:
- Lidspaltenmuskeln,
- Ohrmuschelmuskeln,
- Nasenmuskeln,
- Mundmuskeln.

Zu den **Lidspaltenmuskeln** gehören:
- **M. orbicularis oculi** – Ringmuskel, dessen Fasern um die Lidspalte herum angeordnet sind. Er dient dem Lidschlag, dem Lidschluß (schließt die Lidspalte) und der Fortbewegung der Tränenflüssigkeit. Mimik: Besorgnis.
- **M. depressor supercilii** – zieht die Augenbraue herab.
- **M. corrugator supercilii** – zieht die Augenbrauen zusammen und dient als Stirnglatzenrunzler. Mimik: [illegible]

Zu den **Ohrmuschelmuskeln** gehören:
- **M. auricularis superior** – zieht die Ohrmuschel nach oben.
- **M. auricularis anterior** – zieht die Ohrmuschel nach vorne.
- **M. auricularis posterior** – zieht die Ohrmuschel nach hinten.

Zu den **Nasenmuskeln** gehören:
- **M. procerus** – zieht die Glabella herab (als Glabella wird der kleine, zumeist haararme Bereich zwischen den beiden Augenbrauenbögen bezeichnet). Mimik: Drohung.
- **M. nasalis** – verengt und erweitert die Nasenlöcher. Mimik: Begehren.
- **M. depressor septi** – zieht die Nasenspitze herunter.
- **M. levator labii superioris alaeque nasi** – zieht die Haut des Nasenflügels und die der Oberlippe nach oben. Mimik: Unzufriedenheit.

Zu den **Mundmuskeln** gehören:
- **M. orbicularis oris** – ist ein Ringmuskel. Er schließt die Mundspalte. Mimik: Verschlossenheit.

Zu den oberflächlichen Mundmuskeln gehören:
- **M. zygomaticus minor** (= kleiner Jochbeinmuskel) – bewegt den Mundwinkel nach oben und zur Seite hin. Mimik: Lachen.
- **M. zygomaticus major** (= großer Jochbeinmuskel) – bewegt die Oberlippe nach oben und zur Seite hin. Mimik: Lachen, Vergnügen.
- **M. levator labii superioris** – hebt die Oberlippe hoch und erweitert die Nasenlöcher.
- **M. depressor anguli oris** – zieht den Mundwinkel herunter. Mimik: Traurigkeit.
- **M. risorius** (= Lachmuskel) – zieht den Mundwinkel zurück. Mimik: Lachen.
- **M. mentalis** (= Kinnmuskel) – zieht die Kinnhaut zum Kinngrübchen ein. Mimik: Zweifel, Unentschlossenheit.

➤ Zu den tiefen Mundmuskeln gehören:
- **M. buccinator** (= Trompetermuskel) – liegt in der tiefen Wangengegend. Zwischen ihm und dem M. masseter (Kap. 5.3.2) liegt der Wangenfettpfropf. In Höhe des 2. Molars (= Mahlzahn) wird er vom Ductus parotideus (= Ausführungsgang der Ohrspeicheldrüse) durchbohrt.

Der M. buccinator dient vorrangig der Nahrungsaufnahme, indem er sich beim Kauen versteift und zusammen mit der Zunge die Nahrung zwischen die Zähne schiebt. Außerdem verkleinert er zusammen mit dem M. orbicularis oris den Vorhof der Mundhöhle, wodurch z.B. Luft ausgeblasen werden kann (Pfeifen). Mimik: „Genugtuung". ◂

- **M. levator anguli oris** – zieht den Mundwinkel hoch.
- **M. depressor labii inferioris** – zieht die Unterlippe nach unten und zur Seite hin.

In diesem Kapitel sind außerdem noch die Galea aponeurotica und der M. epicranius zu beschreiben. Obwohl der M. epicranius nicht um eine Gesichtsöffnung liegt, gehört er zur mimischen Muskulatur.

Die mimische Muskulatur des Schädeldaches wird in ihrer Gesamtheit als **M. epicranius** bezeichnet. Der M. epicranius wird unterteilt in:

- **M. occipitofrontalis** – sein Venter frontalis zieht die Augenbrauen hoch und runzelt die Stirn. Sein Venter occipitalis fixiert die Kopfhaut und glättet die Stirn. Beide Venter spannen die Galea aponeurotica in Längsrichtung. Mimik: Aufmerksamkeit (Augenbrauen hochziehen) und Nachdenklichkeit.
- **M. temporoparietalis** – zieht von der Ohrmuschelwurzel zur Galea und spannt sie in Querrichtung.

➤ Als **Galea aponeurotica** (= Aponeurosis epicranialis) wird eine das Schädeldach bedeckende feste Sehnenhaube bezeichnet. In diese straffe Sehnenplatte strahlen von der Stirn der Venter frontalis und vom Hinterhaupt der Venter occipitalis des zuvor beschriebenen M. occipitofrontalis sowie von den Schläfen der M. temporoparietalis in die Galea aponeurotica ein (s. auch Kapitel 5.10.2). ◂

Klinik: In der Neurologie wird mit Hilfe des Minenspiels des Patienten der N. facialis untersucht, z.B. hängt bei einer einseitigen Fazialislähmung der Mundwinkel auf der betroffenen Seite etwas nach unten (ausführliche Darstellung siehe Kapitel 5.5).

5.3.2 Kaumuskulatur !!! 9/20

➤ *Besonders prüfungsrelevant: Funktionen und Besonderheiten der Muskeln.* ◂

➤ Die Kaumuskeln ziehen vom Schädel zum Unterkiefer. Alle 4 Kaumuskeln werden von Ästen des N. mandibularis (= 3. Hauptast des N. trigeminus = 5. Hirnnerv) innerviert. ◂

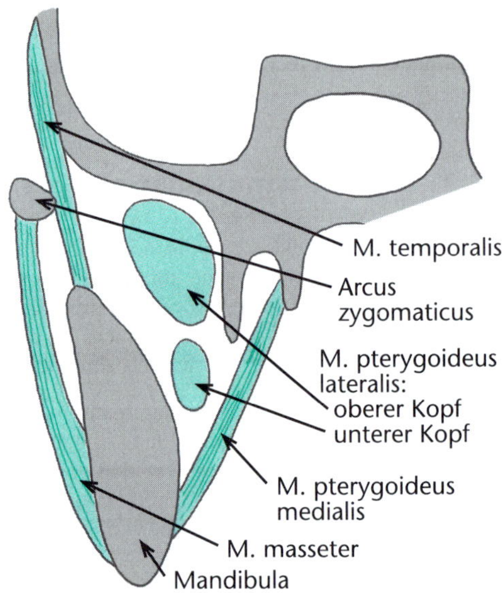

Abb. 5.8 Frontalschnitt durch den Kopf zur Darstellung der Kaumuskeln.

Es gilt Pars profunda + superficialis — **Kaumuskulatur**			
M. masseter	*In.:* N. massetericus	*An.:* Tuberositas masseterica (= Knochenleiste an der Außenseite der Mandibula)	*Ur.:* Jochbogen (Arcus zygomaticus)
	Lage: Er liegt zwischen dem Jochbogen und dem Unterkieferwinkel. **Funktion:** Kieferschließer. Außerdem bewegt er während der Mahlbewegungen auf der Kauseite den Kopf der Mandibula etwas schräg nach vorne. **Besonderheit:** Nach dem Tod wird der M. masseter als erster Muskel von der Leichenstarre befallen.		

Kaumuskulatur			
M. temporalis	*In.:* Nn. temporales profundi	*An.:* Proc. coronoideus der Mandibula	*Ur.:* Linea temporalis inferior, Fossa u. Fascia temporalis
	Lage: Er liegt in der Fossa temporalis und ist der größte und stärkste Kaumuskel. **Funktion:** Stärkster Kieferschließer. Außerdem zieht er den Kopf der vorgeschobenen Mandibula nach hinten.		
M. pterygoideus lateralis	*In.:* N. pterygoideus lateralis	An.: Caput laterale: Fovea pterygoidea (= kleine Grube im Bereich des Proc. condylaris der Mandibula), Caput mediale: Discus articularis und Gelenkkapsel des Kiefergelenks 2-köpfig!	*Ur.:* Caput laterale (= Hauptkopf): Proc. pterygoideus des Os sphenoidale, Caput mediale: Ala major des Os sphenoidale
	Funktion: Das Caput laterale bewegt bei beidseitiger Kontraktion die Mandibula nach vorne und dient damit dem Vorschieben der Mandibula. Bei einer einseitigen Kontraktion (Mahlbewegung) verschiebt sich die Mandibula zur Gegenseite. Das Caput mediale zieht den Diskus nach vorne und leitet damit die Öffnung des Mundes ein. Kontrahiert es sich einseitig, so wird der Kiefer bei Mahlbewegungen auf der Kauseite (= Balanceseite) schräg nach vorne gezogen. **Klinik:** Bei einer Lähmung der Mundbodenmuskulatur ist das Caput laterale in der Lage, den Kiefer alleine zu öffnen.		
M. pterygoideus medialis	*In.:* N. pterygoideus medialis	*An.:* Tuberositas pterygoidea der Mandibula (an der Innenseite des Angulus mandibulae)	*Ur.:* Fossa pterygoidea des Os sphenoidale
	Funktion: Kieferschließer. Bei einseitiger Kontraktion führt er den Unterkiefer auf der Kauseite schräg nach vorne und ist somit an den Mahlbewegungen beteiligt. **Besonderheit:** Bildet mit dem M. masseter eine Muskelschlinge, in der die Mandibula aufgehängt ist.		

5.3.3 Faszien an Kopf und Hals !! 2/6

An Faszien kommen im lateralen Gesichtsbereich die **Fascia temporalis,** die Fascia parotidea, die Fascia masseterica und die Fascia buccopharyngea vor. Der Hals wird von der Fascia cervicalis umhüllt.

Fascia temporalis – ist eine kräftige Faszie, die an der Linea temporalis superior des Os parietale (= Scheitelbein) entspringt und sich in 2 Blätter (= Lamina superficialis und profunda) teilt, die beide am Jochbogen ansetzen. Zwischen den beiden Laminae liegt Fett- und lockeres Bindegewebe.

➤ Zwischen den Laminae verlaufen die A. und V. temporalis media. Unter der Fascia temporalis liegt der M. temporalis. ◄

Fascia parotidea – ist eine kräftige Faszie deren oberflächliches Blatt (= Lamina superficialis) kranial in die Fascia temporalis, ventral in die Fascia masseterica und kaudal in die Fascia cervicalis übergeht. ➤ Das oberflächliche Blatt bedeckt die Glandula parotis (= Ohrspeicheldrüse) und ist oben am Jochbogen, unten an der Mandibula befestigt.

Das tiefe Blatt (= Lamina profunda) bedeckt die Muskeln im Bereich des Processus styloideus (= M. styloglossus, M. stylohyoideus, M. stylopharyngeus).

Fascia masseterica – ist eine kräftige Faszie, deren oberflächliches Blatt (= Lamina superficialis) zwischen der Glandula parotis und dem M. masseter liegt. Das oberflächliche Blatt geht in das tiefe Blatt (= Lamina profunda) über, das den M. pterygoideus medialis bedeckt. ◄

Fascia buccopharyngea – erstreckt sich vom Mundwinkel bis zum M. constrictor pharyngis (= Schlundschnürer). Wie der Name schon sagt, bedeckt sie den M. buccinator (der damit als einziger mimischer Muskel von einer Faszie bedeckt ist), sowie den

Wangenfettpfropf (= Bichat-Fettpfropf) und den Pharynx (= Schlund).

Die **Fascia cervicalis (= Halsfaszie)** wird in 3 Bindegewebsblätter unterteilt:

- Lamina superficialis = oberflächliches Blatt,
- Lamina praetrachealis = mittleres Blatt,
- Lamina praevertebralis = tiefes Blatt.

Lamina superficialis fasciae cervicalis – ist eine kräftige Faszie, die als Teil der oberflächlichen Körperfaszie den Muskelmantel des Halses umhüllt. Die Lamina superficialis ist an der Mandibula sowie an der Clavicula und am Manubrium sterni (Brustbein) befestigt.

➤ Sie liegt unter dem Platysma und umhüllt die gesamte Halsmuskulatur (einschließlich des Teils vom M. trapezius, der im Nackenbereich liegt). Am Mundboden bedeckt sie die Gl. submandibularis. ◄

Dorsal geht sie in die Fascia nuchae, kranial in die Fascia masseterica und in die Fascia parotidea über.

➤ **Lamina praetrachealis fasciae cervicalis** – liegt, wie der Name schon sagt, vor der Trachea (= Luftröhre). Sie hat ein annähernd dreieckiges Aussehen. Der obere Teil setzt am Körper des Os hyoideum (= Zungenbein), der viel breitere untere Teil am Manubrium sterni und an den beiden Claviculae an.

Seitlich ist die Lamina praetrachealis mit der Zwischensehne des rechten bzw. linken M. omohyoideus verwachsen, so daß diese beiden Muskeln als Spanner der Lamina dienen. Als dünnes Blatt geht die Lamina lateral von den Mm. omohyoidei in die Lamina praevertebralis über.

Die Lamina praetrachealis umhüllt vorne die infrahyale Muskulatur und ist in diesem Bereich von besonders fester Konsistenz. Außerdem ist sie mit der Vagina carotica verbunden, die als bindegewebige Hülle den Gefäß-Nerven-Strang des Halses umgibt. In diesem Strang verlaufen die A. carotis communis bzw. die A. carotis interna, die V. jugularis interna und der N. vagus; die Radix superior ansae cervicalis kann ebenfalls in diesem Strang verlaufen.

Indem sich die Mm. omohyoidei kontrahieren, wird die Lamina praetrachealis gestrafft und dadurch über die Vagina carotica ein Zug auf die V. jugularis interna ausgeübt, der die Vene offenhält (in der V. jugularis interna herrscht ein Unterdruck).

In der Lamina praevertebralis verläuft der Truncus sympathicus. Zwischen der Lamina praetrachealis und der nachfolgend beschriebenen Lamina praevertebralis liegen die Eingeweide des Halses: Trachea, Oesophagus, Schilddrüse, Epithelkörperchen (= Glandulae parathyroideae). ◄

➤ **Lamina praevertebralis fasciae cervicalis** – sie liegt hinter dem Eingeweidebereich und vor der Wirbelsäule. Sie bedeckt die tiefen Halsmuskeln (M. longus capitis, M. longus colli, Mm. scaleni). Die Lamina praevertebralis reicht von der Schädelbasis bis zur Höhe des 3. Brustwirbels, wo sie in die Fascia endothoracica übergeht. ◄

Verfolgen Sie am Präparat die Lamina vom Hals aus bis zum Brustkorb, so gelangen Sie in das hintere Mediastinum.

➤ Die Lamina praevertebralis bedeckt den Truncus sympathicus mit den 3 Halsganglien, den Plexus brachialis, die A. subclavia und den N. phrenicus. ◄

5.3.4 Zungenbein und Zungenbeinmuskulatur !! 2/6

➤ *Prüfungsrelevant: Muskeltabelle: Innervation, Funktion, evtl. Besonderheiten.* ◄

Das hufeisenförmig aussehende **Os hyoideum (= Zungenbein)** kann am Übergang vom Mundboden zum Hals getastet werden. Es liegt bei normaler Kopfhaltung in Höhe des 4. Halswirbels. Das Os hyoideum besteht aus einem Körper (= Corpus) sowie auf jeder Seite aus einem großen Horn (= Cornu majus) und einem kleinen Horn (= Cornu minus).

Das Cornu minus stammt vom 2., das Cornu majus vom 3. Kiemenbogen ab (s. Kapitel 5.1.2).

➤ Das Os hyoideum ist ein freier, muskulär zwischen dem Schädel sowie dem Sternum und dem Schildknorpel aufgehängter Knochen, der keine Gelenkverbindung zu anderen Knochen besitzt.

Es wird dem Schädelskelett zugeordnet und dient der Zunge als Stütze. Am Os hyoideum haben die weiter unten beschriebenen Zungenbeinmuskeln ihren Ansatz.

Das Cornu minus steht über das nicht kontraktionsfähige Lig. stylohyoideum mit dem Processus styloideus (= Griffelfortsatz) des Os temporale (= Schläfenbein) in Verbindung. ◄

➤ Durch die flächenhafte Membrana thyrohyoidea ist der Kehlkopf am Os hyoideum aufgehängt; dadurch wird jede Bewegung des Os hyoideum auf den Kehlkopf übertragen. ◄

Klinik: Beim festen Zugreifen kann das Cornu majus brechen. Beim Bruch des Zungenbeinkörpers sinkt das Os hyoideum in Richtung Kehlkopf ab, so dass beim Schluckakt die Mundbodenmuskeln nicht mehr ausreichend nach oben gezogen werden können.

Obere Zungenbeinmuskeln			
M. mylohyoideus	*In.:* N. mylohyoideus (Ast des N. mandibularis)	*An.:* Os hyoideum und Raphe zwischen Mandibula und Os hyoideum	*Ur.:* Linea mylohyoidea der Mandibula
	Lage: Der rechte und linke M. mylohyoideus sind über die bindegewebige Raphe mylohyoidea zu einer Muskelplatte vereinigt, die den Mundboden bildet und Diaphragma oris genannt wird. **Funktion:** Bei fixiertem Os hyoideum dient er als Kieferöffner (er senkt die Mandibula). Außerdem hebt er das Os hyoideum und spannt den Mundboden. **Besonderheit:** Er bildet den Hauptanteil des Mundbodens (s. Kapitel 5.10.6)		
M. geniohyoideus	*In.:* Plexus cervicalis (N. hypoglossus)	*An.:* Os hyoideum	*Ur.:* Spina mentalis der Mandibula
	Funktion: Er zieht das Os hyoideum nach vorn.		
M. digastricus Venter anterior Abb. 5.9	*In.:* N. mylohyoideus (Ast des N. mandibularis)	*An.:* Os hyoideum	*Ur.:* Fossa digastrica der Mandibula
	Lage: Der M. digastricus besitzt 2 Muskelbäuche (Venter). Der vordere Bauch (Venter anterior) liegt unter dem M. mylohyoideus. Im Bereich des Os hyoideum geht der Venter anterior in eine Zwischensehne über und setzt sich in den hinteren Muskelbauch (Venter posterior) fort. Die Zwischensehne ist über eine Sehnenschlaufe fest mit dem Os hyoideum verbunden. **Funktion:** Bei fixiertem Os hyoideum dient er als Kieferöffner. **Besonderheit:** Zwischen dem Venter anterior und dem Rand der Mandibula liegt das Trigonum submandibulare.		
Venter posterior	*In.:* N. facialis (R. digastricus)	*An.:* Os hyoideum	*Ur.:* Incisura mastoidea des Os temporale (medial vom Warzenfortsatz)
	Funktion: Er zieht das Os hyoideum nach hinten oben (beim Schluckakt).		
M. stylohyoideus Abb. 5.9	*In.:* N. facialis (R. stylohyoideus)	*An.:* zwischen dem Corpus und dem Cornu majus des Os hyoideum	*Ur.:* Proc. styloideus des Os temporale
	Funktion: Er zieht das Os hyoideum nach hinten oben (beim Schluckakt). **Besonderheit:** Der Muskelbauch teilt sich kurz hinter dem Ansatz in zwei Muskelzüge, die die Zwischensehne des M. digastricus umschließen.		

Zungenbeinmuskulatur

Die Zungenbeinmuskeln werden in obere und untere Zungenbeinmuskeln unterteilt. Die oberen Zungenbeinmuskeln (= Mm. suprahyoidei) ziehen von der Mandibula zum Os hyoideum. Einige dieser Muskeln bilden den Mundboden (s. Kapitel 5.10.6).

Die unteren Zungenbeinmuskeln (= Mm. infrahyoidei), auch infrahyale Muskeln genannt, liegen unterhalb des Os hyoideum. Sie sind als kraniale Fortsetzung der Muskeln der vorderen Bauchwand aufzufassen. Ihre Muskelbäuche sind von Intersectiones tendineae (= sehnige Unterbrechungen) durchsetzt (ähnlich den Muskeln der vorderen Bauchwand). Sie sind von der Lamina praetrachealis der Fascia cervicalis eingeschlossen.

Untere Zungenbeinmuskeln			
M. sternohyoideus Abb. 5.10	*In.:* Ansa cervicalis	*An.:* Os hyoideum	*Ur.:* Manubrium sterni, sternales Ende der Clavicula, Gelenkkapsel des Sternoclaviculargelenks
	Funktion: Er zieht das Os hyoideum nach unten. **Funktion für alle unteren Zungenbeinmuskeln:** Sie stellen das Os hyoideum fest, ziehen es zum Sternum (= Brustbein) hin und dienen als Hilfsmuskeln beim Schluckakt.		
M. sterno-thyroideus Abb. 5.10	*In.:* Ansa cervicalis	*An.:* Linea obliqua des Schildknorpels	*Ur.:* Manubrium sterni und 1. Rippe
	Funktion: Er senkt den Schildknorpel und damit den Kehlkopf. Gemeinsam mit dem M. thyrohyoideus reguliert er den Abstand zwischen dem Schildknorpel und dem Os hyoideum.		
M. thyrohyoideus Abb. 5.10	*In.:* Ansa cervicalis	*An.:* Cornu majus und Corpus des Os hyoideum	*Ur.:* Linea obliqua des Schildknorpels
	Funktion: Er senkt das Os hyoideum und hebt den Schildknorpel und damit den Kehlkopf.		
M. omohyoideus	*In.:* Ansa cervicalis	*An.:* Corpus des Os hyoideum	*Ur.:* Margo superior der Scapula (Oberrand des Schulterblatts), Lig. transversum scapulae
	Funktion: (Zweibäuchig!) Er senkt das Os hyoideum und spannt die Lamina praetrachealis (= mittlere Halsfaszie), dadurch wird ein Zug auf die V. jugularis interna ausgeübt, der die Vene offenhält und damit dem Blutabfluß dient s. Kapitel 5.3.3)		

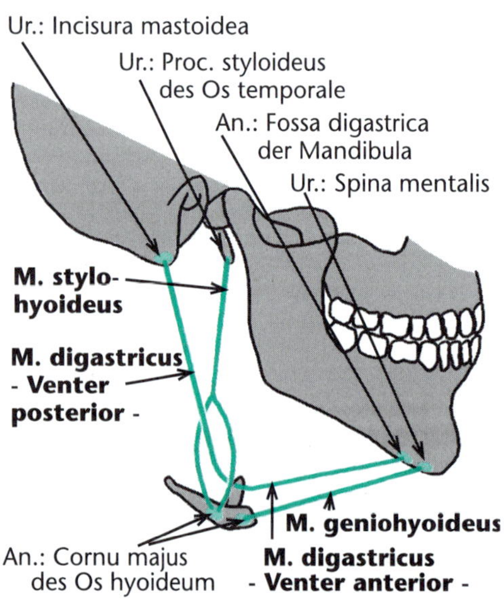

Abb. 5.9 Obere Zungenbeinmuskeln

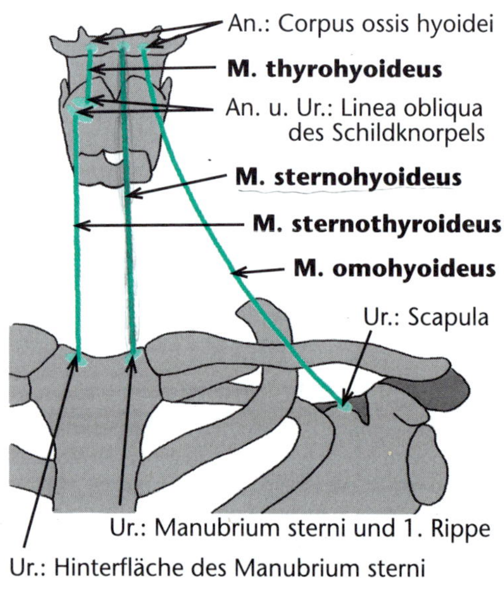

Abb. 5.10 Untere Zungenbeinmuskeln

5.3.5 Halsmuskulatur ! 1/3

➤ *Prüfungsrelevant: Platysma, evtl. Mm. scaleni (Funktion, Besonderheiten).* ◄

Zur Halsmuskulatur werden neben den in diesem Kapitel abgehandelten Muskeln noch die Zungenbeinmuskeln (Kapitel 5.3.4), die Kehlkopfmuskeln (Kapitel 5.4.11) und die Muskeln des Pharynx (Kapitel 5.4.9) gezählt.

Nachfolgend werden von den Halsmuskeln

- 1. die oberflächliche Schicht = Platysma und Kopfwendermuskeln,
- 2. die tiefe Halsmuskelschicht = Skalenusmuskeln und prävertebralen Muskeln

besprochen.

Oberflächliche Halsmuskelschicht			
Platysma	*In.:* N. facialis	*An.:* Haut im Brustbereich (in Höhe der 2. Rippe)	*Ur.:* Mandibula, Fascia parotidea
	Funktion: Das Platysma spannt als Hautmuskel die Haut des Halses und zieht die Mandibula herab = Kieferöffner. Als mimischer Hilfsmuskel zieht das Platysma den Mundwinkel herab und wirkt beim Breitziehen des Mundes (= Zähnefletschen) mit. **Besonderheit:** Das Platysma ist eine sehr dünne Muskelplatte, die fest mit der Haut verbunden ist. Unter dem Platysma liegt die Lamina superficialis der Fascia cervicalis.		
M. sternocleidomastoideus	*Siehe Kapitel 3.4.1, wo er ausführlich beschrieben wird.*		
M. trapezius	*Siehe Kapitel 3.4.1, wo er ausführlich beschrieben wird.*		

Skalenusmuskeln der tiefen Halsmuskelschicht			
M. scalenus anterior	*In.:* Rr. ventrales der 5.–7. (8.) Zervikalnerven	*An.:* Tuberculum m.scaleni anterioris auf der 1. Rippe	*Ur.:* 3.–6. Halswirbelquerfortsatz
	Funktion: Er hebt bei fixierter HWS (= Halswirbelsäule) die 1. Rippe und erweitert somit den Thorax (= Inspirationsmuskel). Bei fixierten Rippen und einseitiger Kontraktion kann er die Halswirbelsäule nach lateral neigen und drehen. **Besonderheit:** Die Mm. scaleni anterior und medius bilden die dreieckige Skalenuslücke, durch die die A. subclavia und der Plexus brachialis verlaufen. Durch die Lücke zwischen dem M. scalenus anterior und der Clavicula zieht die V. subclavia.		
M. scalenus medius	*In.:* Rr. ventrales der 4.–8. Zervikalnerven	*An.:* Hinter dem Sulcus a. subclaviae der 1. Rippe	*Ur.:* 1.–7. Halswirbelquerfortsatz
	Funktion: Siehe M. scalenus anterior.		
M. scalenus posterior	*In.:* Rr. ventrales des 7. (8.). Zervikalnerven	*An.:* oberer Rand der 2. Rippe	*Ur.:* 6.–7. Halswirbelquerfortsatz
	Funktion: *Siehe M. scalenus anterior.*		

Prävertebrale Muskelgruppe der tiefen Halsmuskelschicht			
M. longus colli Pars recta	*In.:* Rr. ventrales der Zervikalnerven (C_2–C_6)	*An.:* oberer Halswirbelkörper	*Ur.:* erster Brust- und letzter Halswirbelkörper
Pars obliqua superior	*In.:* Rr. ventrales (C_2–C_6)	*An.:* Tuberculum anterius des Atlas	*Ur.:* Tuberculum anterius des 3.–5. Halswirbelfortsatzes
Pars obliqua inferior	*In.:* Rr. ventrales(C_2–C_6)	*An.:* 5.-6. Halswirbelquerfortsatz	*Ur.:* die oberen Brustwirbelkörper
M. longus capitis	*In.:* Rr. ventrales (C_1–C_6)	*An.:* Os occipitale	*Ur.:* Tubercula anteriora der 3.–6. Halswirbelquerfortsätze
M. rectus capitis anterior und lateralis	*In.:* R. ventralis (C_1)	*An.:* Os occipitale	*Ur.:* Massa lateralis des Atlas
	Funktion: Für alle Muskeln der prävertebralen Muskelgruppe gilt: Bei einseitiger Kontraktion: Neigung von Kopf und Wirbelsäule zur Seite hin, bei beidseitiger Kontraktion: Beugung von Kopf und Wirbelsäule.		

5.4 Kopf- und Halseingeweide

5.4.1 Nasenhöhle !!! 8/22

Die Nase hat folgende Aufgaben:

- Sie reinigt durch ihre Haare die eingeatmete Luft von Staubteilchen und von kleineren Insekten.
- Sie erwärmt die Luft durch ein Venengeflecht.
- Sie feuchtet durch Abgabe von Schleim und dünnflüssigem Sekret die Luft an.
- Sie dient zur Bildung der Nasallaute unserer Stimme.
- Sie enthält das Riechorgan.

Die **Nase** wird durch das Nasenseptum (= Nasenscheidewand = Septum nasi) in 2 annähernd gleich große Höhlen getrennt. Die beiden Höhlen werden unterteilt in:

- Nasenvorhof (= Vestibulum nasi),
- Nasenhöhle (= Cavitas nasi).

Als **Nasenvorhof** wird der an den Nasenlöchern beginnende Teil der Nase bezeichnet, der im Bereich der lateralen Nasenwand bis zu dem von außen gut zu erkennenden Wulst der Nase reicht.

An der Seitenwand liegt eine bogenförmig verlaufende Schleimhautleiste (= Limen nasi), die die Grenze zwischen Nasenvorhof und Nasenhöhle bildet.

➤ Das **Septum nasi (= Nasenscheidewand**) besteht dorsal aus einem knöchernen Teil (= Pars ossea), der von der Lamina perpendicularis des Siebbeins (Os ethmoidale) und dem Vomer gebildet wird, sowie einem ventral liegenden Teil (Pars membranacea), der aus Knorpel (= Cartilago septi nasi – s. weiter unten) und straffem Bindegewebe aufgebaut ist. ◄

Die Nase besitzt zwei Öffnungen. Die beiden vorderen Nasenöffnungen (= Nasenlöcher = Aperturae piriformes) verbinden die beiden Nasenhöhlen mit der Außenwelt. Über die inneren Öffnungen, **Choanae** genannt, stehen die beiden Nasenhöhlen mit dem Nasenrachenraum in Verbindung.

Die Nase ist aus Knochen und Knorpel aufgebaut. Die am Aufbau des Nasenskeletts beteiligten Knochen werden in Kapitel 5.2.3 beschrieben.

Der aus hyalinem Knorpel bestehende vordere Teil der Nase ist aufgebaut aus:

- **Cartilago alaris major** (= Nasenspitzenknorpel) – umgibt die äußere Nasenöffnung und bestimmt somit die Form des Nasenloches.
- **Cartilago nasi lateralis** (= Dreiecksknorpel) – liegt auf beiden Nasenseiten oberhalb des Nasenspitzenknorpels und ist mit dem knöchernen Nasenteil und dem knorpeligen Septum nasi verbunden.
- **Cartilago septi nasi** – bildet den vorderen Teil der Nasenscheidewand.

- **Cartilagines nasales accessoriae** – sie liegen als kleine Knorpelstückchen im Bereich der Nasenflügel

Klinik: 1. Der Knorpelaufbau des vorderen Nasenteils vermindert die Bruchgefahr der Nase.
2. Durch eine starke Abweichung der Nasenscheidewand von der Medianebene kann die Nasenatmung beeinträchtigt werden.

Öffnungen der lateralen Nasenwand

Von den beiden lateralen Nasenwänden ragen hakenartig drei dünne Knochenplatten in die Nasenhöhle hinein. Diese, mit Schleimhautepithel überzogenen Knochenplatten werden **Nasenmuscheln (= Conchae nasales)** genannt.
➤ In den Nasenmuscheln liegen die Öffnungen zu den Nasennebenhöhlen, sowie die Mündung des Tränennasenganges. Die Oberfläche der Nasenhöhle wird durch die Conchae wesentlich vergrößert. ◄

➤ Die **untere Nasenmuschel (= Concha nasalis inferior)** ist ein selbständiger Knochen, der hinter dem Nasenvorhof beginnt und am Meatus nasopharyngeus (= Nasenrachengang) endet. Die untere Nasenmuschel hat von den 3 Nasenmuscheln die größte Ausdehnung.
Die **mittlere Nasenmuschel (= Concha nasalis media)** gehört zum Siebbein (= Os ethmoidale).
Die **obere Nasenmuschel (= Concha nasalis superior)** gehört ebenfalls zum Os ethmoidale, sie hat die geringste Ausdehnung. ◄

Bei manchen Individuen findet man oberhalb der oberen Nasenmuschel noch Nebenmuscheln (= Conchae intermediae).

Unter dem bogenartigen Rand der 3 Nasenmuscheln verläuft jeweils einer der nachfolgend aufgeführten **Nasengänge**, die zu den in Kapitel 5.4.2 behandelten Nasennebenhöhlen führen:
- ➤ **Meatus nasalis superior** – liegt unterhalb der oberen Nasenmuschel. In ihn münden die hinteren Siebbeinzellen (= Cellulae ethmoidales posteriores).
- **Meatus nasalis medius** – ist klinisch besonders wichtig. Unter der mittleren Nasenmuschel liegt als halbmondförmiger Spalt der Hiatus semilunaris, der vorn vom Processus uncinatus und hinten von der Bulla ethmoidalis (Kapitel 5.4.2, Cellulae ethmoidales) begrenzt wird. Der Hiatus verengt sich zum Infundibulum ethmoidale, in das die vorderen Siebbeinzellen sowie die Stirn- und Kieferhöhle münden. Das Infundibulum ethmoidale liegt vor der Bulla ethmoidalis.
- **Meatus nasalis inferior** – liegt unterhalb der unteren Nasenmuschel. In ihm endet hinter der Plica lacrimalis der Tränennasengang (= Ductus nasolacrimalis). ◄

➤ Die Hinterränder der 3 Nasenmuscheln grenzen im dorsalen Teil der Nasenhöhle an den kurzen **Meatus nasopharyngeus** (= Nasenrachengang), der bis zu den Choanen reicht.

Oberhalb vom Hinterrand des Meatus nasi superior liegt als Nische der **Recessus sphenoethmoidalis**. Der Recessus sphenoethmoidalis ist durch das Os sphenoidale (= Keilbein) verschlossen. ◄ Im Bereich des Recessus sphenoethmoidalis öffnet sich die Keilbeinhöhle. Außerdem liegt in diesem Bereich das Foramen sphenopalatinum, das eine Verbindung zur Fossa pterygopalatina herstellt.

➤ Die beiden trichterförmigen **Choanae** bilden die Grenze zwischen der Nasenhöhle und dem Nasenrachenraum. ◄ Die beiden Choanae sind jeweils 3 cm hoch und 1 cm breit. Mit Hilfe eines in der Hals-Nasen-Ohren-Heilkunde benutzten Kehlkopfspiegels können die Choanen betrachtet werden. (S. Abb. 5.11).

Topographie

➤ Der Recessus sphenoethmoidalis ist nur durch die Lamina cribrosa (= Siebplatte) des Os ethmoidale von der vorderen Schädelgrube und damit vom Stirnlappen des Großhirns getrennt.
Der obere Teil der Nasenhöhle grenzt an die Stirnhöhle (= Sinus frontalis), der hintere Teil an die Keilbeinhöhle (= Sinus sphenoidalis), der laterale Teil an die Oberkieferhöhle (Sinus maxillaris) und der untere Teil an die Mundhöhle. ◄

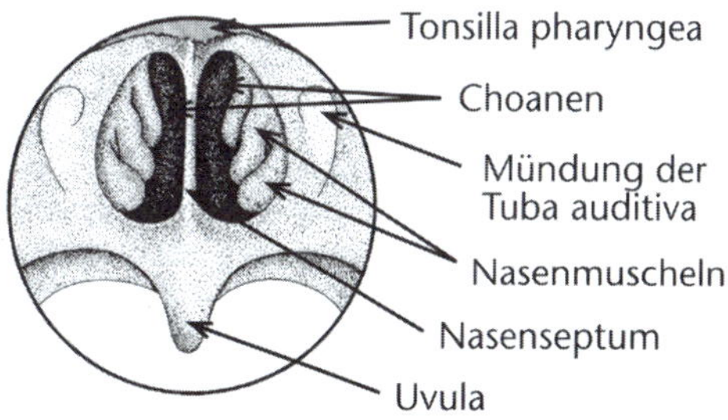

Abb. 5.11 Darstellung der Choanen bei der Untersuchung des Nasenraums vom Rachen aus (mittels Kehlkopfspiegel)

Mikroskopische Anatomie

Der Nasenvorhof (= Vestibulum nasi) besteht mikroskopisch aus mehrschichtigem, verhornten Plattenepithel, das von Talg- und Schweißdrüsen sowie apokrinen Knäueldrüsen durchsetzt ist. Außerdem kommen Borstenhaare (= Vibrissen) vor, die die in der Luft enthaltenen Verunreinigungen herausfiltern.

➤ Im Bereich des Limen nasi, in dem das mehrschichtige Plattenepithel in das mehrreihige Zylinderepithel übergeht, liegt ein von vielen Kapillaren durchzogener kleiner Streifen, der Locus Kieselbachii genannt wird. Die Kapillaren sondern Flüssigkeit zur Befeuchtung der Schleimhaut ab. ➤

Klinik: Beim starken Nasenbluten ist zumeist der Locus Kieselbachii betroffen.

Das **Cavitas nasi** weist mikroskopisch folgende unterschiedliche Schleimhautbereiche auf:

- Regio respiratoria,
- Regio olfactoria.

➤ Die **Regio respiratoria** umfaßt den Bereich der unteren und mittleren Nasenmuscheln (also den größten Teil der Nasenhöhle). Sie besteht aus mehrreihigem Zylinderepithel, das mit Kinozilien besetzt ist, deren Flimmerschlag rachenwärts gerichtet ist. In der Schleimhaut der Regio respiratoria sind viele Becherzellen eingelagert.

Außerdem kommen mehrzellige endoepitheliale Schleimdrüsen (= Gll. nasales) vor, deren dünnflüssiges, schleimhaltiges Sekret der Befeuchtung der Nasenschleimhaut dient.

In der Schleimhaut der unteren und mittleren Nasenmuschel sind Venengeflechte (= Plexus cavernosi concharum) eingelagert, die zu den Drosselvenen gerechnet werden und der Erwärmung der Atemluft dienen. ➤

Klinik: Beim Schnupfen (= Rhinitis) geben die Gll. nasales vermehrt Sekret ab, außerdem verursachen die Drosselvenen eine Schwellung der Schleimhaut, was Ihnen als „verstopfte Nase" bekannt ist.

➤ Die **Regio olfactoria** (olfacere = riechen) bedeckt die obere Nasenmuschel, das Nasendach und den oberen Teil des Nasenseptums. Die Schleimhaut dieser Region hat ein gelb-braunes Aussehen, sie wird Riechschleimhaut genannt. Die Riechschleimhaut besteht aus mehrreihigem Zylinderepithel, das keine Kinozilien mehr besitzt und frei von Becherzellen ist. Es ist durch folgende 3 Zelltypen gekennzeichnet:

- **Riechzellen** (= Sinneszellen) – sind bipolare Nervenzellen, die das 1. Neuron der Riechleitung darstellen. Ihre basalen Fortsätze bilden die Axone der Nn. olfactorii (s. Kapitel 9.8.1). Die Riechzellen ragen mit ihrer zum Riechkolben verdickten Spitze etwas über die epitheliale Oberfläche der Schleimhaut hinaus. Die Riechkolben sind mit jeweils 10 Kinozilien besetzt in deren Anfangsteil die Mikrotubuli im 9 + 2 Muster angeordnet sind. Die Kinozilien bilden die eigentlichen Rezeptoren für das Riechen.
- **Stützzellen** – liegen zwischen den spindelförmigen Riechzellen. Die Zellkerne der Stützzellen liegen weiter distal von der Basalmembran als die der Riechzellen.
- **Basal-** oder **Ersatzzellen** – sind kleine, rundliche Zellen, die einschichtig auf der Basalmembran liegen und die Schleimhautoberfläche nicht erreichen. Ihre Fortsätze verzweigen sich zwischen den anderen Zellen. Sie dienen wahrscheinlich der Regeneration der Stützzellen. ➤

Unter der Riechschleimhaut liegt als subepitheliales Bindegewebe die Lamina propria, in der neben vielen Nervenbündeln die Glandulae olfactoriae liegen. Die tubuloalveolären **Gll. olfactoriae (= Bowman-Drüsen)** bilden ein dünnflüssiges Sekret, das die alten Riechstoffe von den Kinozilien wegspült. Außerdem kommen in der Lamina propria noch viele Blut- und Lymphgefäße vor. (s. Abb. 5.12).

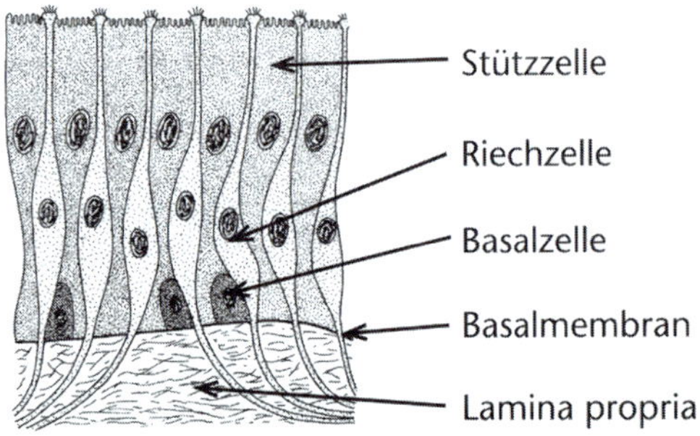

Abb. 5.12 Schematischer Schnitt durch die Riechschleimhaut

Innervation und Gefäßversorgung

➤ Bei der Nasenhöhle kann zwischen einem vorderen und einem hinteren Versorgungsbereich unterschieden werden. Die Nasenhöhlen werden

- **sensibel** innerviert:
  im vorderen Teil vom N. ethmoidalis anterior (einem Ast des N. ophthalmicus);
  im hinteren Teil von den Nn. nasales aus dem Ganglion pterygopalatinum (Äste des N. maxillaris).

- **sekretorisch** für die Gll. nasales innerviert: parasympathisch über den N. petrosus major (wirkt fördernd auf die Sekretion), sympathisch über den N. petrosus profundus (wirkt hemmend auf die Sekretion).
- **sensorisch** (Regio olfactoria): Nn. olfactorii. ◄

➤ Die Nase erhält Blut
- im vorderen Teil aus Ästen der A. ophthalmica (geht aus der A. carotis interna hervor),
- im hinteren Teil aus Ästen der A. maxillaris (geht aus der A. carotis externa hervor).

Diese beiden Arterienstämme bilden im Bereich der Nasenhöhlen Anastomosen. ◄

Das Blut fließt ab über: V. maxillaris, V. ophthalmica inferior, V. facialis, Plexus pterygoideus. Über diese Abflüsse bestehen Verbindungen zu den venösen Blutleitern der Dura mater.

5.4.2 Nasennebenhöhlen !! 2/6

➤ *Prüfungsrelevant: Das gesamte Kapitel.* ◄

Als **Nasennebenhöhlen** (= Sinus paranasales) werden luftgefüllte Hohlräume bezeichnet, die sich in den der Nasenhöhle benachbarten Knochen ausbilden und über Öffnungen mit der Nasenhöhle in Verbindung stehen. Die Entwicklung der Nasennebenhöhlen erfolgt aus der Nasenhöhle, indem mehrreihiges Zylinderepithel der Regio respiratoria in die Markräume der entsprechenden Gesichtsknochen vordringt und sie pneumatisiert (= aushöhlt). Dabei entspricht die Öffnung der Nasennebenhöhle jeweils dem Ort, von wo aus ihre Entwicklung begann.
Die Nasennebenhöhlen sind beim Neugeborenen zwar schon angelegt, entwickeln sich aber erst nach der Geburt. Die Ausbildung der einzelnen Nasennebenhöhlen umfaßt einen längeren Zeitraum; so bildet sich die Keilbeinhöhle vom 3. bis etwa zum 20. Lebensjahr und die Kieferhöhle vom 6. bis etwa 18. Lebensjahr voll aus.

Die Entfaltung der Nasennebenhöhlen steht darüber hinaus in enger Beziehung zur Ausbildung des Gesichtsschädels.

Neben einer gewissen Gewichtsersparnis dienen die Nasennebenhöhlen vor allem der Vergrößerung der Nasenhöhlen. Dadurch kann mehr Atemluft angewärmt werden, außerdem wird der Resonanzraum für die Stimme vergrößert.

An Nasennebenhöhlen kommen vor:
- Sinus maxillaris,
- Sinus frontalis,
- Sinus sphenoidalis,
- Cellulae ethmoidales.

Sinus maxillaris (= Oberkieferhöhle)

Er ist paarig angelegt. Er bildet die größte Nasennebenhöhle und breitet sich fast in der gesamten Maxilla (= Oberkieferknochen) aus. Der Sinus maxillaris mündet in das trichterförmige **Infundibulum ethmoidale,** das am **Hiatus maxillaris** (= Eingang zur Kieferhöhle) endet. Der sichelförmig aussehende Hiatus maxillaris liegt unter der mittleren Nasenmuschel (= Meatus nasi medius).

Topographie

Der Sinus maxillaris grenzt
- kranial – über ein dünnes Dach an die Orbita (= Augenhöhle), im Dach verläuft der Canalis infraorbitalis,
- medial – liegt sie in Höhe des unteren und mittleren Nasengangs (= Meatus nasi inferior und medius) – hier liegt auch das Infundibulum ethmoidale,
- dorsal – an die Fossa pterygopalatina (= Flügelgaumengrube),
- ventral – bildet die Gesichtsfläche der Maxilla,
- kaudal – über eine dünne Knochenlamelle an die hinteren oberen Zahnwurzeln.

Die tiefste Stelle des Sinus maxillaris befindet sich normalerweise über den Wurzeln des zweiten Prämolaren (= 2. Backenzahn) und des ersten Molaren (= 1. Mahlzahn).

Klinik:

- Da der Hiatus maxillaris nicht in Höhe der tiefsten Stelle des Sinus maxillaris liegt, kann im Bereich des Sinus maxillaris ein Sekretstau entstehen, weil der Abfluß erschwert ist.
- Der Sinus maxillaris kann bei den hinteren oberen Zähnen bis in den Alveolarfortsatz hineinreichen, so dass er nur durch eine dünne Knochenwand von den Zahnwurzeln getrennt ist. Daher kann z.B. ein Wurzelgranulom (= durch Entzündung verursachte Geschwulst im Zahnbereich) auf den Sinus maxillaris übergreifen und zur Sinusitis maxillaris (= Oberkieferentzündung) führen. Eine Zahnextraktion kann dabei zu einer offenen Verbindung zwischen Sinus maxillaris und Mundhöhle führen.
- Da der Sinus frontalis (= Stirnhöhle) direkt oberhalb des Sinus maxillaris in die Nasenhöhle mündet, kann sich eine Stirnhöhlenvereiterung in die Kieferhöhle fortsetzen.

Sinus frontalis (= Stirnhöhle)

Er ist paarig angelegt. Er höhlt das Os frontale (= Stirnbein) teilweise aus, wobei er in Form und Größe variabel ist. Die beiden Sinus frontales sind durch ein Septum interfrontale voneinander getrennt. Das Septum liegt nur selten in der Kopfmitte, weshalb beide Höhlen zumeist unterschiedlich groß sind. Der Sinus frontalis mündet über die am Boden der Stirnhöhle liegende Apertura sinus frontalis unter der mittleren Nasenmuschel (= Meatus nasalis medius) in den Hiatus semilunaris.

- Ductus nasofrontalis

Topographie

Der Boden grenzt an die Augenhöhle (= Orbita), die Hinterwand grenzt an die vordere Schädelgrube.

Apertura sinus sphenoidalis →

Sinus sphenoidalis (= Keilbeinhöhle)

Er ist paarig angelegt, zumeist wird er durch ein Septum unvollständig unterteilt. Der Sinus sphenoidalis höhlt den Körper des Os sphenoidale (= Keilbeinkörper) fast vollständig aus. Der Sinus sphenoidalis mündet hinter der oberen Nasenmuschel (= Meatus nasi superior) in den **Recessus sphenoethmoidalis.**

Topographie

Der Sinus sphenoidalis grenzt

- kranial – an die Sella turcica mit der Hypophyse (operativer Zugang zur Hypophyse durch die Nasen- und Keilbeinhöhle!) sowie an die vordere und mittlere Schädelgrube – hier bestehen Nachbarschaftsbeziehungen zum N. opticus (Canalis opticus) und zum Chiasma opticum (= Sehnervenkreuzung),
- lateral – steht sie in Beziehung zur A. carotis interna und zum Sinus cavernosus,
- kaudal – bildet sie das Dach des Pharynx (= Schlundes) und das Dach der Choanen (= Öffnungen zwischen der Nasenhöhle und dem Nasenrachenraum).

Cellulae ethmoidales (=Siebbeinzellen)

Die 8 bis 10 Siebbeinzellen liegen als erbsengroße, pneumatisierte Knochenkapseln im Os ethmoidale (= Siebbein). Die gesamten Siebbeinzellen werden **Sinus ethmoidalis** (= Siebbeinzellen) genannt. Die hinteren Siebbeinzellen (= Cellulae ethmoidales posteriores) münden in den oberen Nasengang, die vorderen Siebbeinzellen (= Cellulae ethmoidales anteriores) münden im Bereich des Infundibulum ethmoidale in den mittleren Nasengang. Eine vordere, besonders große Siebbeinzelle, wird als **Bulla ethmoidalis** bezeichnet, sie kann das Infundibulum ethmoidale einengen (s. Kapitel 5.2 – Os ethmoidale).

Topographie

Die Cellulae ethmoidales grenzen

- kranial – an den Sinus frontalis (= Stirnhöhle) und an die vordere Schädelgrube, in der der Stirnlappen des Großhirns liegt,
- lateral – an die Orbita (Augenhöhle),
- dorsal – an den Sinus sphenoidalis,
- kaudal – an den Sinus maxillaris.

Abschließend läßt sich feststellen:

- alle Nasennebenhöhlen stehen in topographischer Beziehung zur Orbita,
- mit Ausnahme des Sinus maxillaris stehen die Nasennebenhöhlen in enger Nachbarschaft zu den Wänden der Schädelhöhle und damit zu den Hirnhäuten.

Mikroskopische Anatomie

Die Nasennebenhöhlen werden wie in Kapitel 5.4.1 erwähnt, von einem mehrreihigen Zylinderepithel ausgekleidet, das jedoch nur von wenigen Becherzellen durchsetzt ist. Ein Venenplexus fehlt.

5.4.3 Mundhöhle

!! 3/6

Die **Mundhöhle** wird unterteilt in

- **Vestibulum oris** (= Vorhof) – Raum zwischen Lippe (und Wange) und der Zahnreihe,
- **Cavitas oris propria,** das die eigentliche Mundhöhle bildet und den Raum von der Zahnreihe bis zur Schlundenge (= Isthmus faucium) umfaßt.

➤ In das Vestibulum oris münden als Speicheldrüsen die Glandula parotis sowie die Glandulae buccales und labiales (s. Kapitel 5.4.6). ◄

Die Grenzen der eigentlichen Mundhöhle (= Cavitas oris) werden gebildet:

- Dach – Palatum durum und molle (= harter und weicher Gaumen) (s. Kapitel 5.4.7),
- ventral und lateral – von den Zähnen und den Alveolarfortsätzen,
- dorsal – hier geht die Mundhöhle im Bereich des vorderen Gaumenbogens in den Schlund (= Pharynx) über,
- Boden – Diaphragma oris (vom M. mylohyoideus).

Die muskulöse Grundlage der **Wange** bildet der M. buccinator, der für den Saugakt beim Säugling wichtig ist. Zwischen dem M. buccinator und dem M. masseter liegt der Wangenfettpfropf (= Corpus adiposum buccae). Auf einem kleinen Schleimhauthöcker der Wange mündet gegenüber dem 2. Molar (Mahlzahn) der Ductus parotideus (Ohrspeicheldrüsengang).

Innervation der Mundhöhle

Die Mundschleimhaut wird sensibel innerviert

- im Oberkieferbereich von Ästen des N. maxillaris,
- im Unterkiefer- und Wangenbereich von Ästen des N. mandibularis,
- im Gaumenbogen- und Zungenwurzelbereich vom N. glossopharyngeus.

Lippen (= Labia oris)

Die Lippen werden in eine Oberlippe (= Labium superius) und eine Unterlippe (= Labium inferius) unterteilt.

Innerhalb der Lippen liegt als quergestreifter Muskel der ringförmig verlaufende M. orbicularis oris, der u.a. für das Saugen, Sprechen und Kauen von großer Bedeutung ist.

Innervation und Gefäßversorgung

Die **Lippen** werden sensibel aus Ästen des N. maxillaris (Oberlippe) und des N. mandibularis (Unterlippe) und motorisch vom N. facialis innerviert. Im Lippenrot liegen zahlreiche Tast-, Schmerz- und Temperaturrezeptoren.

➤ Äste aus der A. facialis bilden im Bereich der Lippen einen Gefäßkranz. Wegen dieses Gefäßkranzes muß bei einer Verletzung im Lippenbereich doppelt unterbunden werden. Die rote Farbe der Lippen wird von den durchschimmernden Kapillaren verursacht. ◄

Mikroskopische Anatomie

(s. auch Kapitel 5.4.7) Die Wange ist außen von einer Kutis und Subkutis, innen von der aus mehrschichtigem unverhornten Plattenepithel bestehenden Mundschleimhaut ausgekleidet, die sehr schnell (8–10 Tage) regenerieren kann. In der Submukosa liegen als seromuköse Drüsen (Speicheldrüsen) kleine Glandulae buccales.

Die Lippen werden in einen außerhalb (= Pars cutanea) und einen innerhalb der Mundhöhle liegenden Bereich (= Pars mucosa)) unterteilt, die beide am Lippenrot (= Pars intermedia) ineinander übergehen.

➤ Der äußere Bereich der Lippen besteht aus mehrschichtig verhorntem Plattenepithel, das pigmentiert ist und von Talg- und Schweißdrüsen sowie Haaren durchsetzt ist.

Das Lippenrot beginnt mit einer sichtbaren Grenze. Es ist von einem mehrschichtig schwach verhornten Plattenepithel bedeckt und pigmentarm. In der Lamina propria mucosae kommen hohe Bindegewebspapillen vor, die sehr kapillarreich sind und damit die Farbe des Blutes durchscheinen lassen. In den ersten Lebenswochen besitzen die Säuglinge am Lippenrot einen Zottensaum, der beim Saugen den Mund um die Saugstelle abdichtet.

Der innere Bereich der Lippen ist pigmentlos und reich kapillarisiert. Er besteht aus mehrschichtig unverhorntem Plattenepithel. In der Submukosa liegen die seromukösen Glandulae labiales. Unter der Submukosa liegen die quergestreiften Muskelfasern des M. orbicularis oris. ◄

5.4.4 Zähne

!!! 11/30

➤ *Prüfungsrelevant: Gesamtes Kapitel.* ◄

Zu Anfang dieses Kapitels wird die Entwicklung der Zähne beschrieben, weil Sie dadurch den mikroskopischen Aufbau der Zähne leichter verstehen werden. Die Entwicklung der Zähne beginnt durchschnittlich Anfang der 6. Entwicklungswoche und endet um das 16. Lebensjahr mit dem Durchbruch der Weisheitszähne.

Anfang der 6. Entwicklungswoche verdickt sich im oberen und unteren Bereich der Mundbucht ein Teil des Ektoderm zu je einer U-förmigen Epithelleiste, die **Zahnleiste** genannt wird. Die Zahnleiste wächst in die mesenchymale Anlage des Ober- bzw. Unterkiefers hinein.

Zu Beginn der 8. Entwicklungswoche bilden sich am seitlichen Rand jeder Zahnleiste 10 kolbenartige Epithelverdickungen, die **Zahnknospen** genannt werden. Diese in das jeweils umliegende Mesenchym vorwachsenden oberen und unteren Zahnknospen bilden die Anlage der Milchzähne.

Das im Bereich der Zahnknospe liegende Mesenchym entstammt der Neuralleiste. Ein Teil dieses Mesenchyms dringt in die Zahnknospen ein und dellt sie glockenförmig aus. Den Bereich, der vom vorgedrungen Mesenchym ausgefüllt wird, nennt man **Zahnpapille.**

Ab dem Zeitpunkt der Eindellung wird die ehemalige Zahnknospe **Schmelzorgan** genannt, weil aus ihr die Zahnschmelzbildner hervorgehen. Die außen liegenden kubischen Zellen bilden das äußere, einschichtige Schmelzepithel, die innen liegenden zylindrischen Zellen bilden das innere, einschichtige Schmelzepithel. Das dazwischenliegende Gewebe bezeichnet man als **Schmelzpulpa.** Das um das Schmelzorgan liegende Mesenchym verdichtet sich zum **Zahnsäckchen.** (S. Abb. 5.13 und 5.14).

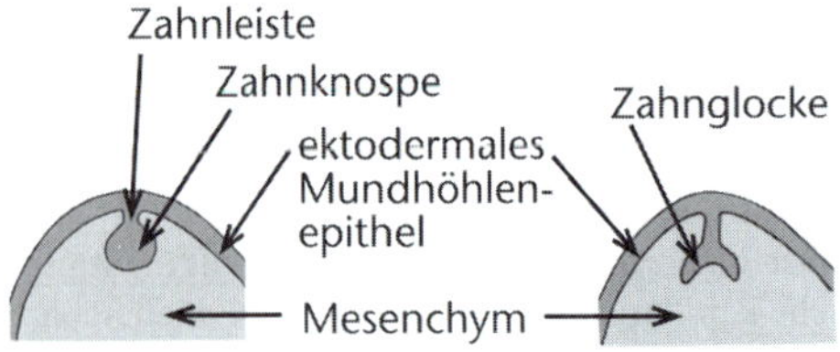

Abb. 5.13 Schematische Darstellung der Zahnentwicklung

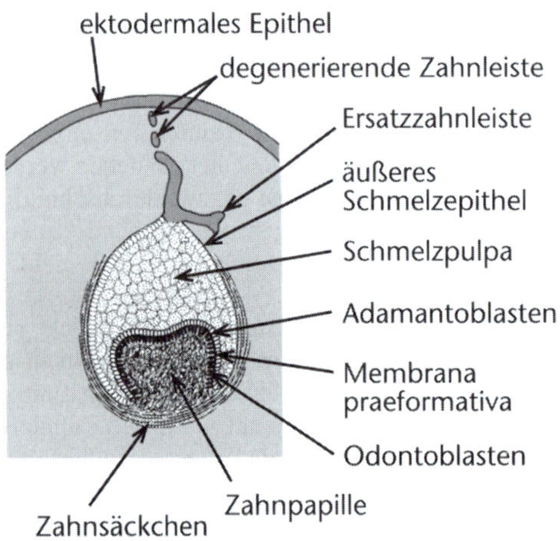

Abb. 5.14 Zahnentwicklung im 4. Entwicklungsmonat.

Die Zellen des inneren Schmelzepithels entwickeln sich zu **Adamantoblasten** (s. weiter unten). Die Mesenchymzellen der Zahnpapille, die dem inneren Schmelzepithel direkt anliegen, wandeln sich zu **Odontoblasten** um (s. weiter unten). Zwischen dem inneren Schmelzepithel und der Oberfläche der mesenchymalen Zahnpulpa entwickelt sich als dicke Basalmembran die **Membrana praeformativa.** Die übrigen Zellen der Zahnpapille bilden die **Zahnpulpa** und das Dentin (= Zahnbein). In die Zahnpulpa wachsen Gefäße und Nervenfasern vor.

Die **Odontoblasten (= Zahnbildner)** liegen palisadenartig nebeneinander. Sie sind reich an Mitochondrien (Zeichen für einen aktiven Stoffwechsel) sowie an Kalium, Kalzium und Phosphaten. Die Odontoblasten sind wie die weiter unten beschriebenen Adamantoblasten sekretorische Zellen.

Die Odontoblasten geben unverkalktes Prädentin sowie Tropokollagen ab, das sich zu Kollagenfibrillen zusammenlagert. Das aus Knochengrundsubstanz (= Osteoid) und Kollagenfasern bestehende Prädentin mineralisiert durch Einlagerung von anorganischen Substanzen zu **Dentin** (= Zahnbein). Zwischen der Dentin- und der Osteoblastenschicht bleibt, solange der Zahn lebt, eine dünne Schicht **Prädentin** erhalten, das wiederum in rhythmischen Zeitintervallen zu Dentin umgebildet wird, so daß am ausgebildeten Zahn Dentinlamellen zu erkennen sind.

Im Gegensatz zu den Osteoblasten (= Knochenzellen – s. Kapitel 2.2.6.3) mauern sich die Odontoblasten nicht ein sondern ziehen sich aus der sich verdickenden Prädentinschicht zurück, wobei sie einen Zytoplasmafortsatz, **Tomes-Faser** genannt, in der Prädentinschicht zurücklassen. Diese Tomes-Fasern versorgen das Prädentin mit Mineralstoffen, später bilden sich um sie herum die Dentinkanälchen (= Zahnbeinkanälchen).

Aus dem inneren Schmelzepithel entwickeln sich die **Adamantoblasten** (syn.: Ameloblasten = Schmelzbildner). Die Adamantoblasten sind nicht mehr teilungsfähig. Sie enthalten viele Mitochondrien. Die Adamantoblasten produzieren Schmelzproteine (= nichtkollagene Proteine), die sie abgeben. Durch Einlagerung von Kalzium entstehen aus den Schmelzproteinen Apatitkristalle. Anschließend bilden die Adamantoblasten je einen Tomes-Fortsatz, der in Richtung Dentin vorwächst (nicht mit der Tomes Faser der Odontoblasten verwechseln!). Im Bereich dieses Fortsatzes ordnen sich die Apatitkristalle zu Schmelzprismen, die den **Zahnschmelz** bilden. Der Zahnschmelz ist das härteste menschliche Gewebe. Er ist frei von Nerven und Gefäßen.

Sobald der Zahnschmelz eine bestimmte Dicke erreicht hat, bilden sich die Tomes-Fortsätze zurück. Die Adamantoblasten wandeln sich zu Saumepithelzellen um, die das besonders widerstandsfähige **Schmelzoberhäutchen (= Cuticula dentis)** bilden. Nach dem Zahndurchbruch wird das Schmelzoberhäutchen (und damit die ehemaligen Adamantoblasten) durch Kauen abgerieben. Weil keine Adamantoblasten mehr vorhanden sind, kann sich der Zahnschmelz bei Schäden nicht mehr regenerieren (z.B. Karies). (s. Abb. 5.15).

Nachdem die **Hartsubstanzen** der Zahnkrone (Dentin und Zahnschmelz) gebildet sind, bilden Odontoblasten die **Zahnwurzel,** die ebenfalls aus Dentin besteht.

Anschließend differenzieren sich aus den Mesenchymzellen des Zahnsäckchens **Zementoblasten,** die sich im Bereich der Zahnwurzel dem Dentin anlagern. Sie bilden die Vorstufe des Zements.

Das Zement steht im Bereich des Zahnhalses (s. weiter unten) mit dem Zahnschmelz in Berührung.

Wie das Dentin, so kann auch das Zement solange der Zahn lebt, neu gebildet werden.

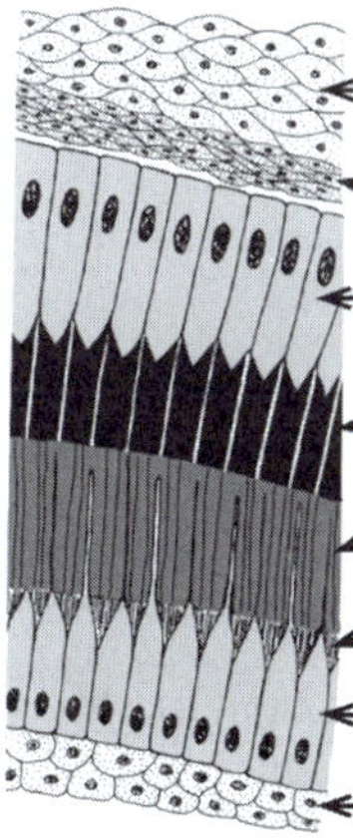

Abb. 5.15 *Schematisierter Schnitt durch einen fetalen Zahn.*

Merke: Odontoblasten und Zementoblasten bleiben erhalten, Adamantoblasten bilden sich zum Saumepithel zurück und werden beim Kauen abgerieben.

Nach Bildung der Zahnwurzel bilden die Zellen des Zahnsäckchens den Alveolarknochen (Teil der Maxilla und der Mandibula), sowie das **Periodontium** (= Wurzelhaut des Zahns). Die Wurzelhaut liegt zwischen dem Alveolarknochen und dem Zahnzement. Die kollagenen Fasern der Wurzelhaut (= Sharpey Fasern = Fibrae alveolodentales) sind fest im Alveolarknochen sowie im Zement verankert, so dass der Zahn federnd aufgehängt ist. Dadurch kann der Druck beim Kauen abgefangen werden. Wären die Sharpey Fasern nicht vorhanden, würde auf Dauer durch den Kaudruck, der Alveolarknochen resorbiert (= abgebaut).

Mit dem Längenwachstum der Zahnwurzel wird die Zahnkrone gegen die Mundschleimhaut gedrückt, schließlich durchstößt sie das Oberflächenepithel, wobei keine Wunde entsteht. Der vom Zahn abgewendete Teil des Oberflächenepithels wird zum Zahnfleisch (= Gingiva).

	Zahnschmelz	**Dentin (Zahnbein)**	**Zement**
Zellen	Adamantoblasten	Odontoblasten	Zementoblasten
Fasern	fehlen	kollagene Fasern	kollagene Fasern
Gefäße/ Nerven	fehlen	Nervenfasern	fehlen

Wie die Milchzähne, so bilden sich in der 10. Entwicklungswoche im Bereich der weiterwachsenden Zahnleiste (nun **Ersatzzahnleiste** genannt) erneut Zahnknospen, aus denen sich die bleibenden Zähne entwickeln. Gleichzeitig wird der verbleibende Teil der Zahnleiste durch einwachsendes Mesenchym abgebaut.

Reste der Zahnleiste können als Serres-Körperchen erhalten bleiben. Aus der weiter unten beschriebenen Bildung der Zahn-Wurzel-Scheide können Malassez-Epithelreste übrig bleiben. Beide können die Ursache von Zysten (= von einer Kapsel umschlossene Flüssigkeitsansammlung) sein.

Während insgesamt 20 **Milchzähne** gebildet werden, entwickeln sich bei den bleibenden Zähnen (= Ersatzzähne) auf jeder Seite zusätzlich 3 Mahlzähne (= Zuwachszähne), von denen der 2. Mahlzahn erst etwa 4 Monate nach der Geburt und der 3. Mahlzahn erst 5 Jahre nach der Geburt angelegt werden.

Bei den Milchzähnen bricht um den 6.–8. Monat nach der Geburt zuerst der 1. Schneidezahn des Unterkiefers durch. Bis zum 24. Monat sind zumeist alle 20 Milchzähne durchgebrochen.

Von den bleibenden 32 Zähnen bricht zwischen dem 6. und 7. Lebensjahr zuerst der 1. Mahlzahn des Unterkiefers durch. Es folgen zwischen dem 7.–9. Lebensjahr der 1. und 2. Schneidezahn, dann die Eck-, Backen- und Mahlzähne. Um das 14. Lebensjahr sind bis auf den 3. Mahlzahn alle Ersatzzähne vorhanden. Der 3. Mahlzahn (= Weisheitszahn) bricht zumeist nach dem 16. Lebensjahr durch, ein Durchbruch kann jedoch auch unterbleiben.

Der **Zahn** besteht aus:

- Zahnkrone (= Corona dentis),
- Zahnhals (= Collum dentis),
- Zahnwurzel (= Radix dentis).

Die Zahnkrone ragt über das **Zahnfleisch (= Gingiva)** hinaus und bildet somit den sichtbaren Teil des Zahnes. Das Zahnfleisch ist am Zahnhals befestigt, die Zahnwurzel in der Alveolarwand verankert. Als **Cavitas dentis** wird die zentrale Zahnhöhle (= **Pulpahöhle**) bezeichnet. Die Pulpahöhle geht in den Wurzelkanal (= Canalis radicis dentis) über. An der Spitze des Wurzelkanals liegt als Öffnung das **Foramen apicis radicis dentis,** durch das Nerven und Gefäße in die Pulpa gelangen. Die Pulpahöhle enthält die **Zahnpulpa** (= Pulpa dentis), die aus lockerem Bindegewebe besteht, das von retikulären und kollagenen Fasern durchsetzt ist.

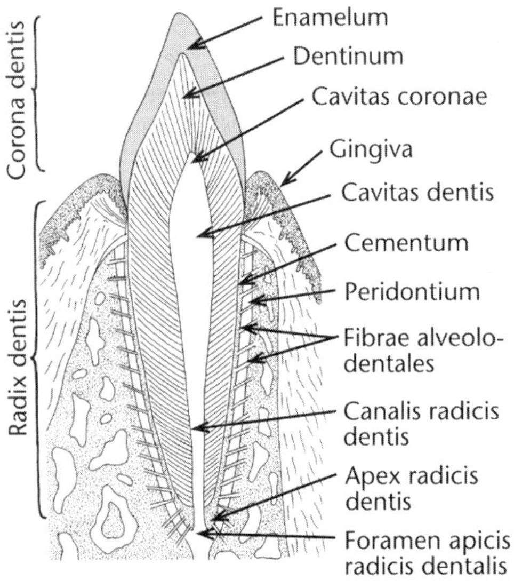

Abb. 5.16 *Längsschnitt durch einen Schneidezahn.*

An den Zähnen können 3 mineralisierte Bereiche unterschieden werden:

- Zahnschmelz (= Enamelum),
- Zahnbein (= Dentinum),
- Zement (= Cementum).

Der Zahnschmelz überzieht mantelartig die Zahnkrone. Der Zahnschmelz enthält weniger Wasser und mehr anorganische Substanzen als der Knochen. Zusammen mit dem Schmelzoberhäutchen bildet er die härteste Substanz unseres Körpers. Der Zahnschmelz besitzt weder Nerven- noch Kollagenfasern. Nach dem Zahndurchbruch kann der Zahnschmelz bei Verletzungen nicht regeneriert (= neu aufgebaut) werden.

Das **Dentin (= Zahnbein)** bildet die Hauptmasse des Zahns. Es besteht aus anorganischen Substanzen sowie aus einem organischen Anteil, der sich vor allem aus kollagenen Fasern zusammensetzt.

Als **Zement** bezeichnet man eine dem Geflechtknochen ähnliche Substanz, die den Zahn an der Schmelzgrenze umgibt.

Von der zwischen dem Zement und der Alveolarwand liegenden **Wurzelhaut (= Periodontium)** verbinden Kollagenfaserbündel (auch Sharpey-Fasern genannt) die Grundsubstanz des Zements mit dem Alveolarknochen, in dem sie fest verankert sind. Das Periodontium besitzt Nerven und Gefäße, an Zellen kommen vor allem Fibroblasten (für den Kollagenaufbau) vor. Neben der Verankerung der Zähne dient das Periodontium dazu, den beim Kauen entstehenden Druck, der von den Zähnen auf den Knochen übertragen wird, abzufangen, da es ansonsten zur Knochenresorption kommen würde.

Die Alveolarwand wird zusammen mit der Wurzelhaut als **Zahnhalteapparat** bezeichnet. Zahnhalteapparat und das Zement werden unter dem Begriff **Parodontium** zusammengefaßt.

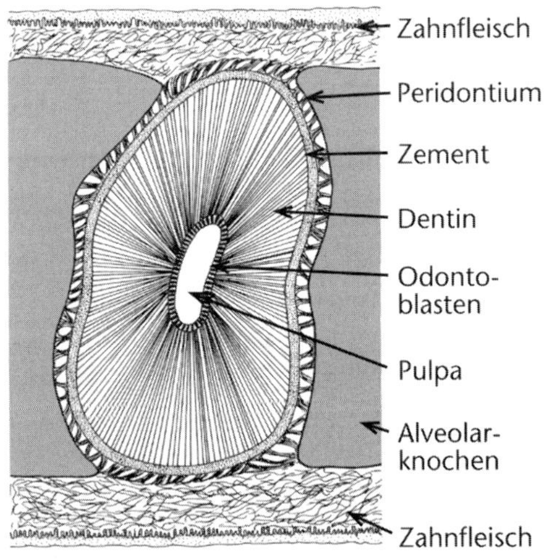

Abb. 5.17 *Querschnitt durch eine Zahnwurzel und den Zahnhalteapparat.*

Zahnfleisch

Das Zahnfleisch **(= Gingiva)** ist durch straffe Faserzüge fest mit dem Zement des Zahnhalses und mit den Alveolarknochen verwachsen. Das den Zahnhals umsäumende Zahnfleisch wird auch Saumepithel genannt.

Mikroskopische Anatomie

Das äußere Saumepithel des **Zahnfleisches** besteht aus einem mehrschichtigen unverhornten Plattenepithel, das mit seiner Lamina propria am Kieferperiost (= Knochenhaut der Maxilla und der Mandibula) befestigt ist. Das innere Saumepithel liegt dem Zahnhals direkt an.

Zahnformel

Die Zähne sind in 2 Zahnbögen angeordnet, wobei der obere Zahnbogen von der Maxilla und der untere von der Mandibula getragen wird.
Das Milchgebiß besteht aus 2 x 10 = 20 Milchzähnen, das bleibende Gebiß aus 2 x 16 = 32 Zähnen.

Davon liegen in jeweils einer Kieferhälfte:
Milchgebiß:
- 2 Milchschneidezähne,
- 1 Milcheckzahn,
- 2 Milchmahlzähne.

Bleibendes Gebiß:
- 2 Schneidezähne (= Dentes incisivi),
- 1 Eckzahn (= Dens caninus),
- 2 Backenzähne (= Dentes praemolares = Prämolare),
- 3 Mahlzähne (= Dentes molares = Molare).

Zur Kennzeichnung werden die Zähne mit Zahlen versehen. Dazu wird zwischen den beiden mittleren Schneidezähnen sowie zwischen dem unteren und oberen Teil des Gebisses eine gedachte Trennlinie gezogen, so dass das Gebiß in 4 Teile (= 4 Quadranten) unterteilt ist. Der obere rechte Quadrant erhält die Ziffer 1, der untere rechte die Ziffer 4. Alle Zähne erhalten ebenfalls vom ersten Schneidezahn ausgehend, fortlaufende Ziffern (erster Schneidezahn = Ziffer 1, zweiter Schneidezahn = Ziffer 2, dritter Mahlzahn = Ziffer 8). Die Ziffer des Quadranten wird vorangesetzt, es folgt die Ziffer des Zahns, so hat z.B. der dritte Mahlzahn rechts oben die Zahl 18 (gelesen: eins, acht).

rechts oben 18 17 16 15 14 13 12 11	**links oben** 21 22 23 24 25 26 27 28
rechts unten 48 47 46 45 44 43 42 41	**links unten** 31 32 33 34 35 36 37 38

Innervation und Gefäßversorgung

Die Zähne und das Zahnfleisch werden ausschließlich von Ästen des N. trigeminus (= 5. Hirnnerv) innerviert. Im Oberkieferbereich vom N. maxillaris (= 2. Hauptast) und im Unterkieferbereich vom N. mandibularis (= 3. Hauptast).

Zähne:
- Oberkiefer – Nn. alveolares superiores aus dem N. infraorbitalis (Ast des N. maxillaris),
- Unterkiefer – N. alveolaris inferior (Ast des N. mandibularis).

Zahnfleisch:
- Oberkiefer
  - Nn. palatini majores – im Bereich der Backen- und Mahlzähne,
  - N. nasopalatinus – im Bereich der Schneidezähne und des Eckzahns.
- Unterkiefer
  - N. lingualis – Innenseite der Zähne (zur Mundhöhle hin),
  - N. mentalis – Außenseite der Zähne im Bereich des/der Schneidezähne und des Eckzahns,
  - N. buccalis – 2. Backen- und 1. Mahlzahn,
  - N. alveolaris inferior – 2. und 3. Mahlzahn.

Die Blutversorgung erfolgt im Oberkieferbereich durch die A. alveolaris superior posterior, im Unterkieferbereich durch die A. alveolaris inferior (beides Äste der A. maxillaris).

Die Lymphe fließt von den Zähnen des Oberkiefers zu den Nll. submandibulares, von denen des Unterkiefers zu den Nll. submentales und zu den Nll. submandibulares.

Klinik: Bei der Anästhesie der Zähne des Unterkiefers wird die Nadel der Spritze oberhalb des 3. Mahlzahns (Molar) eingestochen und nach hinten in Richtung der Lingula mandibulae vorgeschoben, um so den N. alveolaris inferior kurz vor seinem Eintritt in den Canalis mandibulae (durch das Foramen mandibulae) zu betäuben.

Bei den Zähnen des Oberkiefers wird die Wurzel des zu betäubenden Zahns umspritzt.

5.4.5 Zunge — !!! 5/16

➤ *Prüfungsrelevant: Muskeltabelle (Funktion und Klinik).* ➤

Die **Zunge (= Lingua)** dient neben der Beförderung von Speise als Geschmacksorgan (= Sinnesorgan) sowie der Artikulation beim Sprechen. Beim Säugling hilft sie beim Saugen, indem sie einen Unterdruck erzeugt.

Die Zunge wird in eine Zungenspitze, einen Zungenrücken (= Dorsum linguae = Zungenoberseite) und eine Zungenwurzel (= Radix linguae = Zungengrund) unterteilt.

➤ Der Zungenrücken und der Zungengrund sind durch den V-förmigen Sulcus terminalis voneinander getrennt. ◄

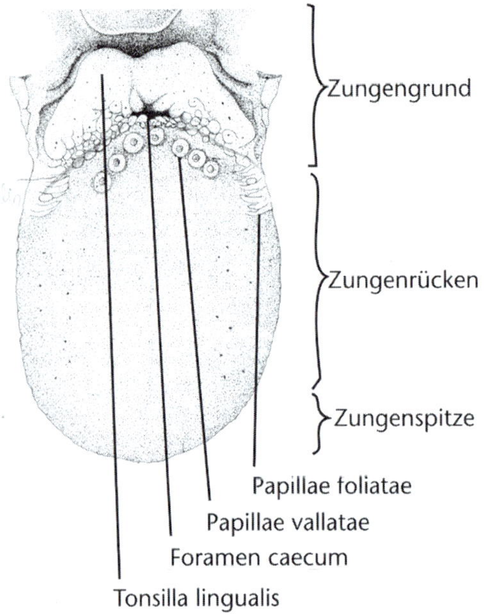

Abb. 5.18 *Unterteilung der Zunge und Darstellung der Papillen*

Auf dem Zungenrücken kommen vor:

- Sulcus medianus – er verläuft als seichte Furche in der Mitte des Zungenrückens in Längsrichtung.
- Sulcus terminalis – s. oben.
- ➤ **Foramen caecum** (s. Kapitel 5.1.2) – liegt grubenartig an der Spitze des Sulcus terminalis. Das Foramen bildet als Rest des Ductus thyroglossus die Stelle des embryonalen Mundbodens, aus dem sich die Schilddrüse entwickelt hat. ◄

Die **Zungenwurzel** reicht bis zum Kehldeckel. Sie ist durch zahlreiche Vorwölbungen gekennzeichnet, die durch lymphatisches Gewebe hervorgerufen werden.

➤ Das lymphatische Gewebe des Zungengrunds wird zusammengefaßt als **Tonsilla lingualis** (= Zungentonsille = Zungenmandel) bezeichnet. Die Tonsilla lingualis wird zum lymphatischen Rachenring gezählt (s. Kapitel 5.4.8). ◄

➤ Von der Zungenwurzel ziehen zwei laterale und eine mediane Schleimhautfalte (= Plica glossoepiglottica mediana und lateralis) zum Kehldeckel. Zwischen der medianen und lateralen Falte liegt jeweils als Vertiefung die **Vallecula epiglottica.**

Die Unterseite der Zunge hat ein glänzendes Aussehen. Unter der Schleimhaut ist zumeist die V. sublingualis (Ast der V. lingualis) zu erkennen. In der Mitte liegt das Zungenbändchen (= Frenulum linguae).

Auf beiden Seiten der Basis des Zungenbändchens ist als Verdickung (Caruncula sublingualis) die Mündungsstelle des Ductus submandibularis und des Ductus sublingualis major (Gänge der gleichnamigen Glandulae) zu erkennen. Hinter der Caruncula erhebt sich ein Schleimhautwulst unter dem die Gl. sublingualis liegt. Die Zungendrüsen werden in Kapitel 5.4.6 beschrieben. ◄

Zungenmuskeln

Die Zunge besteht überwiegend aus Muskulatur, die durch das Septum linguae in 2 Hälften geteilt wird. Es wird unterschieden zwischen

- inneren Zungenmuskeln (= Zungenbinnenmuskeln – bilden das Innere der Zunge),
- äußeren Zungenmuskeln.

Die inneren Muskeln ermöglichen die größere Verformbarkeit der Zunge, die äußeren Muskeln können die Zunge nach vorne oder hinten ziehen.

Die Kenntnis der **inneren Zungenmuskeln** (= Binnenmuskeln) kann sich auf ihre Namen beschränken. Die inneren Zungenmuskeln sind nicht am Skelett befestigt, sie haben ihren Ursprung und Ansatz in der Zunge. An Zungenbinnenmuskeln kommen vor:

- M. longitudinalis superior (= Längsmuskel) – verläuft vom Zungengrund zur Zungenspitze.
- M. longitudinalis inferior (= tiefer Längsmuskel) – verläuft vom Zungengrund zur Zungenspitze.
- M. transversus linguae (= quer verlaufender Muskel) – seine Fasern strahlen teilweise in das Septum linguae, in den seitlichen Zungenrand und in die Dorsalaponeurose ein.
- M. verticalis linguae (= senkrecht verlaufender Muskel) – durchsetzt die anderen inneren Zungenmuskeln.

➤ Die inneren Zungenmuskeln werden von der derben **Aponeurosis lingualis** umhüllt. Die Aponeurose trennt somit die Schleimhaut der Zunge von der Muskelschicht.

Alle inneren und äußeren Zungenmuskeln werden vom N. hypoglossus innerviert. ◄

Mikroskopische Anatomie

Zungenrücken

➤ Die Schleimhaut des Zungenrückens besteht aus dem für die Mundhöhle charakteristischen mehrschichtigen unverhornten Plattenepithel, das unverschieblich mit der unter ihm liegenden Aponeurosis linguae verbunden ist. Auf der Zungenunterseite ist die Zungenschleimhaut locker mit der Zunge verbunden.
Die Schleimhaut des Zungenrückens weist kleine, teils makroskopisch sichtbare Erhebungen auf, die als **Zungenpapillen** (= Papillae linguales) bezeichnet werden. Die Papillen dienen der Geschmacks- bzw. Tastempfindung. In ihrem bindegewebigen Kern liegen zahlreiche sensible Nervenendigungen.
Diese Papillen fehlen auf dem restlichen Teil der Zunge (= Zungenunterseite und Zungengrund). ◄

➤ Die Zungenpapillen werden in folgende 4 Gruppen unterteilt:
Papillae vallatae (= Wallpapillen) – sind die größten Zungenpapillen. Sie liegen entlang des V-förmigen Sulcus terminalis, womit sie die hintere Grenze des Zungenrückens bilden. Bei herausgestreckter Zunge können Sie die Papillae vallatae gut erkennen. Die 7–12 Wallpapillen sind von einem ringförmigen Graben umgeben, in dessen Seitenwände zahlreiche Geschmacksknospen (siehe weiter unten) liegen und an dessen Boden die Ausführungsgänge der serösen Spüldrüsen (= von Ebner-Spüldrüsen) münden. Das dünnflüssige Sekret dieser Spüldrüsen reinigt die Geschmacksknospen von den Geschmacksstoffen. ◄

➤ **Papillae fungiformes (= Pilzpapillen)** – kommen verstreut auf dem ganzen Zungenrücken, vor allem an der Zungenspitze und an den Zungenrändern vor (wenn auch weniger häufig als die Papillae filiformes). Makroskopisch sind sie als kleine rote Punkte auf der Zunge zu erkennen. Die Papillae besitzen nur wenige Geschmacksknospen und dienen vor allem als Thermorezeptoren (= Temperaturfühler). ◄

➤ **Papillae filiformes (= Fadenpapillen)** – sie sind sehr zahlreich und bedecken den ganzen Zungenrücken. Sie haben ein fadenförmiges Aussehen und sind häufig verhornt. Beim Tier sind sie stärker ausgebildet und lassen daher deren Zunge rauh erscheinen. Sie dienen dem Festhalten der Nahrung (= Mechanorezeptoren) und der Tastempfindung. Innerhalb der Papillae filiformes kommen zahlreiche sensible Nervenendigungen vor. Sie besitzen keine Geschmacksknospen. ◄

➤ **Papillae foliatae (= Blätterpapillen)** – liegen am hinteren seitlichen Zungenrand, wo sie mehrere parallelstehende Schleimhautfalten bilden. In die Falten münden die Ausführungsgänge der serösen von Ebner-Spüldrüsen. In den Wänden kommen vereinzelt Geschmacksknospen vor. ◄

Äußere Zungenmuskeln			
M. genioglossus	*In.:* N. hypoglossus (12)	*An.:* Aponeurosis linguae (von der Zungenspitze bis zum Zungengrund)	*Ur.:* paariger Ursprung von der Spina mentalis der Mandibula (oberhalb des M. geniohyoideus)
	Funktion: Er zieht die Zunge nach vorne und unten. Er hebt den Mundboden und das Zungenbein (= Os hyoideum), zieht das Os hyoideum nach vorne und senkt die Mandibula. **Klinik:** Wenn der M. genioglossus z.B. bei Bewußtlosigkeit erschlafft, kann die Zunge bei Rückenlage in den Mesopharynx (= Teil des Schlundes, der hinter dem Mund beginnt) zurückfallen und so mit dazu beitragen, daß Erbrochenes nicht herausfließen kann und der Patient daran erstickt – darum Bewußtlose immer auf die Seite lagern und ihren Kopf um etwa 45° überstrecken!		
M. hyoglossus	*In.:* N. hypoglossus	*An.:* Aponeurosis linguae	*Ur.:* Cornu majus des Os hyoideum
	Funktion: Zieht die Zunge nach hinten unten, bei einseitiger Kontraktion senkt er den Zungengrund.		
M. styloglossus	*In.:* N. hypoglossus	*An.:* zieht im Zungenrand nach vorn bis zur Zungenspitze	*Ur.:* Proc. styloideus des Os temporale
	Funktion: Zieht die Zunge nach hinten oben.		

Zungengrund

Das lymphatische Zungengewebe (= Tonsilla lingualis) ist von einem mehrschichtigen unverhornten Plattenepithel bedeckt. Zwischen den Vorwölbungen liegen flache Krypten, in die als muköse Drüsen die Glandulae linguales posteriores münden, die Gleitspeichel für die Nahrung produzieren.

Geschmacksknospen

➤ Die **Geschmacksknospen** haben ein zwiebelschalenartiges Aussehen. Sie münden im Zungenrükkenbereich in die Papillae vallatae und vereinzelt in die Papillae fungiformes und foliatae. Außerdem findet man Geschmacksknospen beim Kleinkind vereinzelt im Bereich des weichen Gaumens, in der hinteren Wand des Schlundes und an der Epiglottis (= in der Umgebung des Kehlkopfeingangs). Beim Jugendlichen findet man bis zu 9.000 Geschmacksknospen, beim alten Menschen nur noch etwa die Hälfte, wobei besonders die Geschmacksempfindung „süß" vermindert ist.

Die Geschmacksknospen bestehen aus drei Zellarten:
- Sinneszellen (= Geschmackszellen),
- Stützzellen – liegen zwischen den Sinneszellen,
- Basalzellen – erreichen die Oberfläche nicht. ◄

➤ Die Geschmacks- und Stützzellen besitzen auf ihrer Oberfläche lange Mikrovilli, die als Geschmacksstiftchen bezeichnet werden. Die Mikrovilli erreichen nicht ganz die Epitheloberfläche, sie grenzen vielmehr an eine kleine zur Mundhöhle gerichtete Grube, die als Geschmacksporus (Porus gustatorius) bezeichnet wird.

Die Geschmackszellen sind sekundäre Sinneszellen, jede dieser Zellen ist mit mehreren Nervenfasern verbunden. (S. Abb. 5.19). ◄

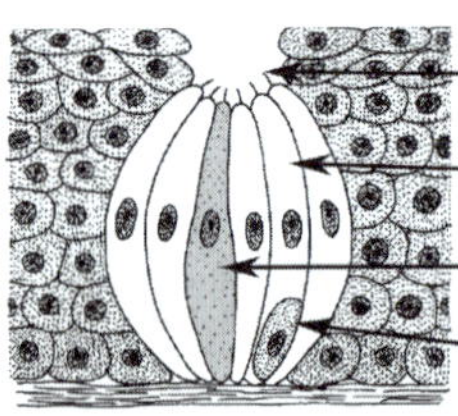

Abb. 5.19 *Geschmacksknospen*

➤ Die Lebensdauer der Geschmackszellen beträgt nur etwa 5 bis 20 Stunden. Neue Geschmackszellen werden durch eine Induktion der mit ihnen verbundenen Nervenfasern aus den Epithelzellen der Mundschleimhaut gebildet.

Die Geschmacksempfindungen (= gustatorische Empfindungen) werden weitergeleitet über (die Geschmacksbahn wird ausführlich in Kapitel 9.8.1 beschrieben):
- Chorda tympani (Ast des N. facialis) – von den Papillae fungiformes aus den vorderen 2/3 der Zunge.
- N. glossopharyngeus – von den Papillae vallatae und den Papillae foliatae.
- Plexus tympanicus (leitet die Impulse zum N. glossopharyngeus weiter) – aus dem hinteren Zungendrittel, dem weichen Gaumen und der hinteren Schlundwand.
- N. vagus – von den Geschmacksknospen zwischen dem Zungengrund und dem Kehlkopf.

Wir können vier Geschmacksqualitäten unterscheiden: süß, sauer, bitter und salzig. Einige Geschmacksknospen reagieren nur auf eine, andere auf mehrere Geschmacksqualitäten. ◄

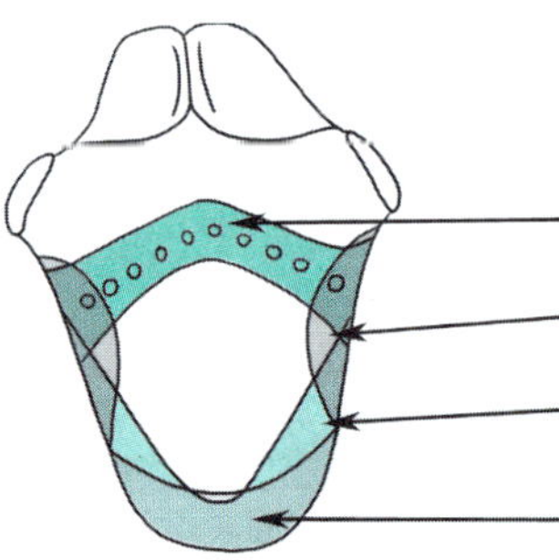

Abb. 5.20 *Auf die Zungenoberfläche projezierter Bereich von Geschmacksempfindungen*

Innervation und Gefäßversorgung

Die sensorische (= gustatorische) Innervation wurde zuvor beschrieben.

➤ Die Zunge wird sensibel innerviert (Abb. 5.21):
- N. lingualis – vordere 2/3 des Zungenrückens,
- N. glossopharyngeus – hinteres 1/3,
- N. vagus – Übergangsbereich von Zungenwurzel zur Epiglottis.

Die von den Geschmacksknospen kommenden Fasern schließen sich den Nerven an. ◄

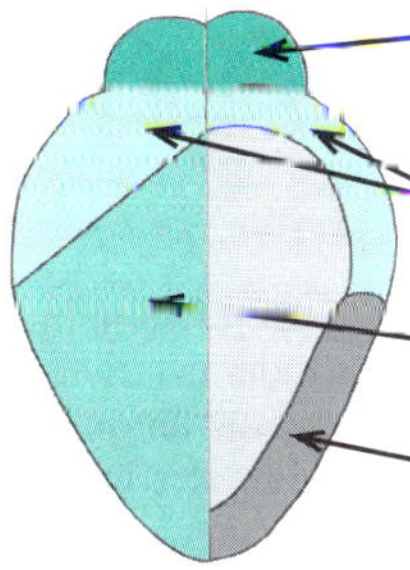

Abb. 5.21 *Innervation der Zunge*

➤ Die Zunge wird mit Blut aus der A. lingualis (= Ast der A. carotis externa) versorgt. Die A. lingualis tritt medial vom N. hypoglossus in die Zunge ein. Sie gibt als Hauptast die A. profunda linguae ab, die zur Zungenspitze zieht und dort mit der gleichnamigen Arterie der Gegenseite anastomosiert. ◄

Das venöse Blut wird über die V. lingualis zur V. jugularis interna geleitet.

Die Lymphe aus der Zunge gelangt

- aus der Zungenspitze zu den Nll. submentales,
- aus den Zungenrändern zu den Nll. submandibulares,
- vom Zungengrund zu den Nll. cervicales laterales profundi.

5.4.6 Speicheldrüsen !!! 6/16

➤ *Prüfungsrelevant: Das gesamte Kapitel.* ◄

Der Mensch besitzt auf jeder Körperseite je 3 große und mehrere kleine Speicheldrüsen. Diese Drüsen sondern täglich etwa 1–1,5 l Speichel ab, der vor allem aus Schleim besteht. Im Speichel kommen als Enzyme Amylase (spaltet Stärke) und Lysozym (wirkt antibakteriell) vor, außerdem enthält er Abwehrzellen (besonders Lymphozyten) und Antikörper (= Immunglobulin).

Als große Speicheldrüsen kommen vor: Glandula parotis, Glandula submandibularis, Glandula sublingualis.

Alle drei Drüsen sind durch lange Ausführungsgänge mit der Mundschleimhaut verbunden.

Differentialdiagnose der großen Speicheldrüsen sowie des Pankreas und der Tränendrüse (= Glandula lacrimalis)

Drüse	Endstück	Ausführungsgangsystem	Besonderheiten
Glandula parotis	rein serös, Lumen sehr eng	gut ausgebildete Schaltstücke, viele Streifenstücke (= Sekretrohre → DD zum exokrinen Teil des Pankreas), Ausführungsgänge vorhanden	zumeist viele Fettzellen im Stroma
Glandula submandibularis	***sero***mukös (= gemischt)	Schaltstücke, Streifenstücke und Ausführungsgänge gut ausgebildet	Endstücke überwiegend serös (von Ebner-Halbmonde)
Glandula sublingualis	sero***mukös*** (= gemischt)	Schaltstücke selten (Tubuli weitgehend mit Schleim gefüllt), Streifenstücke selten, Ausführungsgänge vorhanden	Endstücke überwiegend mukös
Glandula lacrimalis	rein serös, Lumen weit	keine Schalt- und Streifenstücke, Ausführungsgänge gut ausgebildet	im Stroma viele freie Zellen (Plasmazellen, Lymphozyten)
Pankreas (exokriner Teil)	rein serös	Schaltstücke sehr gut ausgebildet, sie sind in Azini eingestülpt (= zentroazinäre Zellen), Streifenstücke fehlen, Ausführungsgänge gut ausgebildet	Langerhans-Inseln

Glandula parotis (= Ohrspeicheldrüse = Parotis)

Die Glandula parotis ist eine rein seröse Drüse. Sie liegt zum größten Teil in der Fossa retromandibularis.

Die Glandula parotis wird begrenzt:

- kranial – vom äußeren Gehörgang (= Meatus acusticus externus),
- ventral – von der Mandibula und dem M. masseter,
- dorsal – vom Processus mastoideus und vom M. sternocleidomastoideus,
- kaudal – vom Processus styloideus und vom M. digastricus,
- außen – von der Fascia parotidea.

In der Nähe der Parotisloge verlaufen die Hirnnerven N. glossopharyngeus, N. vagus und N. accessorius. Außerdem verlaufen in der Nähe die A. carotis interna und die V. jugularis interna.

Die derbe **Fascia parotidea** (s. Kapitel 5.3.3) bildet mit ihrem oberflächlichen und tiefen Blatt eine Loge (= Parotisloge), in der die Glandula parotis liegt. Mit dem oberflächlichen Blatt dieser Faszie ist die Glandula parotis fest verwachsen.

Durch die **Parotisloge** und durch die Glandula parotis verlaufen: A. carotis externa, V. retromandibularis, N. auriculotemporalis (Ast des N. mandibularis) und N. facialis.

Der N. facialis teilt sich zwischen dem oberflächlichen und tiefen Teil der Drüse in den Plexus parotideus auf.

Vom vorderen Rand der Glandula parotis zieht als Ausführungsgang der etwa 4 cm lange **Ductus parotideus** mundwärts. Der Ductus verläuft unterhalb des Jochbogens, über den M. masseter und durch den M. buccinator zur Papilla ductus parotidei (liegt gegenüber dem 2. Mahlzahn = Molar), wo der Ductus in das Vestibulum oris (= Raum zwischen Wange und Zähne) mündet.

Klinik: Bei der Parotitis (= Entzündung der Glandula parotis, z.B. bei Mumps = Ziegenpeter) hat die Drüse, da sie fest mit der Fascia parotidea verwachsen ist, keine ausreichende Ausdehnungsmöglichkeit in der Parotisloge, so dass durch die Schwellung eine äußerst schmerzhafte Spannung entsteht (bei Bewegungen des Mundes wird ein Teil der Drüse jeweils mitbewegt!). Als Komplikation einer Parotitis kann die Entzündung auch auf andere drüsige Organe übergreifen. Besonders gefährdet ist hierbei der Hoden, was bei einer Infektion nach der Pubertät zur Zeugungsunfähigkeit (= Infertilität) führen kann.

Bei einer massiven Entzündung kann auch der N. facialis in Mitleidenschaft gezogen werden, was eine Gesichtslähmung mit Ausfall der mimischen Muskeln zur Folge haben kann.

Mikroskopische Anatomie

Die **Glandula parotis** ist in Läppchen unterteilt, die durch Bindegewebssepten voneinander getrennt sind. In diesen Septen verlaufen Nerven, Ausführungsgänge sowie die Blut- und Lymphgefäße der Drüse. In die Parotis ist häufig Fettgewebe eingelagert. Das Ausführungsgangsystem besteht aus Endstücken, Schaltstücken, Streifenstücken und Ausführungsgängen.

Von den serösen Endstücken gelangt das Sekret über die Schaltstücke in die Streifenstücke und von dort in die zumeist extralobulär (= außerhalb der Läppchen in den Septen) liegenden Ausführungsgänge.

Die Endstücke der Gl. parotis sind von Myoepithelzellen umgeben. Wenn sich diese Zellen kontrahieren, drücken sie das Sekret der Drüsenendstücke in das Gangsystem. Im histologischen Schnitt ist die Gl. parotis durch das reichliche Vorkommen von Streifenstücken gekennzeichnet. Siehe hierzu auch die Tabelle weiter unten. Das Sekret der Glandula parotis ist dünnflüssig und enzymhaltig.

Innervation und Blutversorgung

Die parasympathische (= sekretorische) Innervation der Gl. parotis erfolgt vom N. glossopharyngeus über den N. tympanicus zum Plexus tympanicus und von hier über den N. petrosus minor zum Ganglion oticum. Im Ganglion oticum werden die präganglionären auf die postganglionären Fasern umgeschaltet, die über den N. auriculotemporalis zur Glandula parotis ziehen. Der N. auriculotemporalis leitet auch sympathische Fasern aus dem Sympathikusgeflecht der A. meningea media zur Gl. parotis weiter.

Merke: *N. glossopharyngeus →* N. tympanicus → Ganglion oticum.

Die Gl. parotis wird aus der A. transversa faciei (Ast der A. temporalis superficialis) mit Blut versorgt.

Glandula submandibularis (= Unterkieferdrüse)

Die Glandula submandibularis ist eine seromuköse (= gemischte, überwiegend seröse) Speicheldrüse. Sie liegt im Trigonum submandibulare auf dem M. mylohyoideus und zwischen den beiden Bäuchen des M. digastricus. Der Ausführungsgang der Drüse, Ductus submandibularis genannt, schlingt sich um den Hinterrand des M. mylohyoideus und verläuft oberhalb des Diaphragma oris nach vorn. Er mündet neben dem Frenulum linguae (= Zungenbändchen an der Zungenunterseite) auf der warzenförmigen Caruncula sublingualis (neben dem Ductus sublingualis major).

Mikroskopische Anatomie

Die gemischte **Gl. submandibularis** besitzt mehr seröse als muköse Endstücke. Die serösen Endstücke liegen als von Ebner-Halbmonde vor. Die Schaltstücke sind etwas kürzer als die der Gl. parotis.

Glandula sublingualis (= Unterzungendrüse)

Die Glandula sublingualis ist eine seromuköse (= gemischte, überwiegend muköse) Speicheldrüse. Sie liegt im oberen Teil der Regio sublingualis (s. Kapitel 5.10.6) zwischen dem M. mylohyoideus und dem M. hyoglossus. Oberhalb der Gl. sublingualis liegen der N. lingualis und das Ganglion submandibulare. Da die Unterzungendrüse direkt unter der Schleimhaut liegt, wirft sie bei hochgehobener Zunge die Plica sublingualis auf.

Die Gl. sublingualis besteht aus einem vorderen und einem hinteren Teil. Das Sekret des hinteren Drüsenteils fließt in zahlreiche kurze Gänge (= Ductus sublinguales minores) die neben der Zunge auf der Plica sublingualis münden. Das Sekret des vorderen Drüsenteils fließt durch den Ductus sublingualis major, der neben dem Ductus submandibularis auf der Caruncula sublingualis mündet.

Mikroskopische Anatomie

Die gemischte **Gl. sublingualis** ist vorwiegend mukös. Die serösen Anteile der Endstücke liegen teilweise einzeln, zumeist jedoch in Form der serösen Halbmonde (= von Ebner-Halbmonde) vor. Das Ausführungsgangsystem ist nicht so stark differenziert wie das der Gl. submandibularis. Die wenigen Schaltstücke sind nur kurz, Streifenstücke nur selten vorhanden.

Merksatz für die serösen Drüsen:
Papageientränen sind serös.

Pa	– Gl. **pa**rotis
pa	– **Pa**nkreas
tränen	– Gl. lacrimalis (= **Tränen**drüse)

Innervation

Die parasympathische Innervation der Gl. sublingualis und der Gl. submandibularis erfolgt vom Nucleus salivatorius superior über den N. intermedius zur Chorda tympani, weiter zum N. lingualis und von dort zum Ganglion submandibulare.

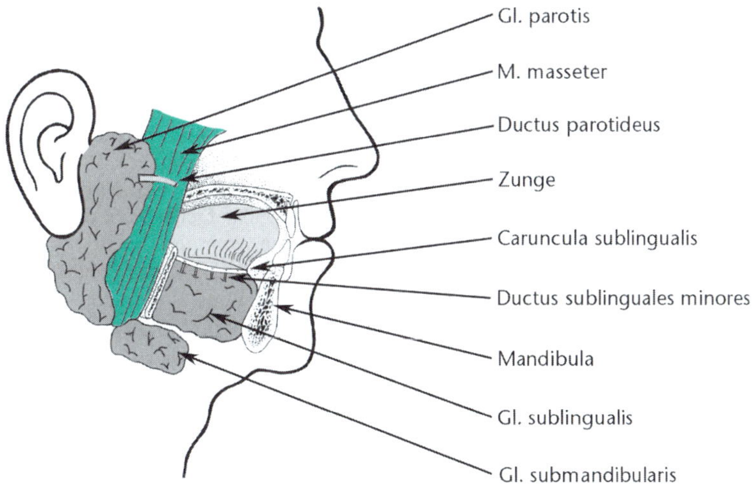

Abb. 5.22 Große Speicheldrüsen

Merke: N. intermedius
→ Chorda tympani → Gl. submandibulare.

Kleine Speicheldrüsen

Die Gl. submandibularis ist seromukös,
die Gl. sublingualis ist seromukös.

Die kleinen Speicheldrüsen liegen in der Lamina propria des entsprechenden Bereichs. Ihr Sekret besteht hauptsächlich aus Schleim und Amylase, wobei der Anteil an Schleim und Amylase vom Speicheldrüsentyp abhängt. Die Amylase wird von den serösen Endstücken, der Schleim von den mukösen Endstücken produziert.
Die meisten der nachfolgend aufgeführten kleinen Speicheldrüsen sind Mischdrüsen (= seromuköse Drüsen).

- **Glandulae buccales** – liegen als seromuköse Drüsen in der Schleimhaut der inneren Wangenseite.
- **Glandulae linguales** – liegen als seröse, muköse und gemischte Drüsen an der Seiten- und Hinterfläche der Zunge. Ihre Ausführungsgänge münden in die Krypten der Folliculi linguales. Als Gl. lingualis anterior (= Nuhn-Drüse) liegt eine dieser Drüsen unter der Zungenspitze. Als Glandulae linguales posteriores liegen sie im Bereich der Papillae foliatae und vallatae.
- **Glandulae palatinae** – liegen als muköse Drüsen in der Schleimhaut des Gaumens.
- **Glandulae labiales** – liegen als seromuköse Drüsen in der inneren Schleimhaut der Lippen.

5.4.7 Gaumen !! 2/4

➤ *Prüfungsrelevant sind die Muskeln (Innervation, Funktion, Besonderheit).* ➤

Der **Gaumen** (= Palatum) trennt die beiden Nasenhöhlen von der Mundhöhle und bildet das Dach der Mundhöhle.

Der Gaumen wird in einen harten Gaumen (= Palatum durum) und einen weichen Gaumen (= Palatum molle) unterteilt.

Das **Palatum durum** umfaßt die vorderen 2/3 des Gaumens. Es besteht aus dem Processus palatinus der Maxilla (= Oberkieferknochen) und der Lamina horizontalis des Os palatinum (= Gaumenbein). Im vorderen Gaumenbereich liegen einige quer verlaufende Schleimhautkämme (= Plicae palatinae transversae), gegen die die Zunge die weiche Nahrung preßt und sie so zerreibt.

Das **Palatum molle** bildet den weichen Teil des Gaumens und füllt das hintere 1/3 des Gaumens aus.

Die Grundlage des weichen Gaumens bildet die Gaumenaponeurose (= Aponeurosis palatina), in die die Gaumenmuskeln einstrahlen. Der weiche Gaumen bildet die beiden **Gaumensegel** (= Velum palatinum), die am Gaumenzäpfchen (= Uvula) miteinander in Verbindung stehen.

➤ Das Gaumensegel wird vom M. tensor veli palatini gespannt und vom M. levator veli palatini gehoben. ➤

Mikroskopische Anatomie

Die Schleimhaut des weichen Gaumens wird in einen oralen (= mundwärts) und einen nasalen (= nasenwärts) gerichteten Bereich unterteilt

Zur nasalen Seite hin liegt mehrreihiges Flimmerepithel, das mit vielen Becherzellen durchsetzt ist. In der Lamina propria liegen seromuköse Drüsen.

Zur oralen Seite hin liegt mehrschichtiges unverhorntes Plattenepithel, das mit vielen mukösen Drüsen durchsetzt ist.

Die Schleimhaut im Bereich des harten Gaumens besteht aus mehrschichtig unverhorntem Plattenepithel. Die Schleimhaut ist mit dem Periost unverschieblich verbunden.

Innervation

Der weiche Gaumen wird sensibel von den Nn. palatini minores, der harte Gaumen sensibel vom N. palatinus major (alles Äste des N. maxillaris) innerviert.

5.4.8 Isthmus faucium !! 2/7

Als **Isthmus faucium** wird die Schlund- oder Rachenenge bezeichnet, die die Mundhöhle vom Rachen trennt.

Der Isthmus faucium wird kranial vom Gaumensegel, lateral auf jeder Seite von einem Gaumenbogen und unten von der Zunge begrenzt. Im vorderen Gaumenbogen (= Arcus palatoglossus) liegt der M. palatoglossus, im hinteren Gaumenbogen (= Arcus palatopharyngeus) liegt der M. palatopharyngeus. Zwischen den beiden Gaumenbögen liegt in einer Nische (= **Tonsillarbucht** = Fossa tonsillaris) die **Tonsilla palatina** (= Gaumenmandel). Medial grenzt die Tonsilla somit an den Isthmus faucium. Die Tonsilla palatina liegt auf dem M. constrictor pharyngis superior.

➤ Die Tonsilla palatina gehört zum **lymphatischen Rachenring (= Waldeyer Rachenring),** der im Bereich des Übergangs von der Mund- und Nasenhöhle in den Schlund (= Pharynx) angesiedelt ist ◄

Der lymphatische Rachenring besteht aus:

- Tonsilla palatina (= Gaumenmandel),
- Tonsilla lingualis (= Zungenmandel – s. Kapitel 5.4.5),
- Tonsilla pharyngea (= Rachenmandel – s. Kapitel 5.4.9),
- Tonsilla tubaria (= Tubenmandel – Kapitel 5.4.9).

Diese 4 Tonsillen werden auch als lymphoepitheliale Organe bezeichnet, in Bau und Funktion unterscheiden sie sich jedoch erheblich.

Mikroskopische Anatomie

Die **Tonsilla palatina** ist vom mehrschichtigen unverhornten Plattenepithel der Mundhöhle überzogen. Dort, wo das Epithel in die Tonsille eindringt, entstehen epitheliale Taschen, die als Krypten bezeichnet werden.

Durch eine deutlich erkennbare bindegewebige Kapsel wird die Tonsille vom umgebenden Gewebe abgegrenzt. Von dieser Kapsel aus ziehen Trabekel ins Innere der Tonsille, wodurch sie läppchenartig unterteilt wird.

Muskeln des weichen Gaumens

M. levator veli palatini	*In.:* Plexus pharyngeus (N. glossopharyngeus und N. vagus)	*An.:* verbindet sich mit dem gleichnamigen gegenüberliegenden Muskel	*Ur.:* Unterfläche der Felsenbeinpyramide (vor Canalis caroticus), Cartilago tubae auditivae (Unterrand)
	Funktion: Er hebt das Gaumensegel. Daneben dient er der Ventilation des Mittelohrs, indem er das Lumen der Ohrtrompete (= Tuba auditiva) weitet.		
M. tensor veli palatini	*In.:* N. tensoris veli palatini (= Ast des N. mandibularis)	An.: Aponeurosis palatina	*Ur.:* Unterseite der Ala major des Os sphenoidale (= Keilbein), Tuba auditiva
	Funktion: Er hebt das Gaumensegel bis zur Höhe des Hamulus pterygoideus und spannt es. Außerdem dient er der Ventilation des Mittelohrs, indem er das Lumen der Tuba auditiva weitet. **Besonderheit:** Die Sehne des Muskels verläuft um den Hamulus pterygoideus (= Flügelfortsatz des Os sphenoidale) und wird dadurch in ihrer Verlaufsrichtung so umgelenkt, dass sie horizontal von der Seite in das Gaumensegel einstrahlt und das Gaumensegel damit quer verspannt. Der Hamulus dient somit als Hypomochlion.		
M. uvulae (☞ 128)	*In.:* Plexus pharyngeus des N. glossopharyngeus	*An.:* Spitze des Gaumenzäpfchens (= Uvula)	*Ur.:* Aponeurosis palatina
	Funktion: Er verkürzt und verdickt das Zäpfchen und dient damit dem vollständigen Verschluß des Isthmus faucium bei Kontraktion der Gaumensegel.		
M. palatoglossus	*In.:* N. glossopharyngeus	*An.:* M. transversus linguae	*Ur.:* Aponeurosis palatina (= Gaumenaponeurose)
	Funktion: Er zieht das Gaumensegel nach unten oder hebt den Zungengrund an und verengt dadurch den Isthmus faucium. **Besonderheit:** Er wirft den vorderen Gaumenbogen auf s. Kapitel 5.4.8) und umgibt ringförmig den Schlund. Zusammen mit dem M. transversus linguae bilden die Mm. palatoglossi beider Seiten einen Muskelring, der durch Verengung des Isthmus faucium beim Schlucken portionsgerechte Bissen abkneifen kann.		
M. palatopharyngeus	*In.:* Plexus pharyngeus (N. glossopharyngeus)	*An.:* dorsale Pharynxwand, Hinterrand des Schildknorpels (Kehlkopf)	*Ur.:* Aponeurosis palatina, Hamulus pterygoideus (Keilbein)
	Funktion: Er verengt den Isthmus faucium, senkt das Gaumensegel und hebt den Kehlkopf, wobei er die Rachenwand verkürzt. **Besonderheit:** Er wirft den hinteren Gaumenbogen auf.		

Kopf, Hals

Die Tonsilla palatina besteht aus lymphoretikulärem Bindegewebe, das Folliculi lymphatici (= Lymphknötchen = Ansammlung von Lymphozyten) enthält. Die Lymphknötchen kommen sowohl als Primär- als auch als Sekundärfollikel (= mit Reaktionszentrum) vor. Die Lymphozyten wandern besonders im Bereich der Krypten, aber auch durch das andere Plattenepithel, in die Tonsilla palatina ein, dabei lockern sie das Epithel auf.

Innervation und Gefäßversorgung

➤ Die Tonsilla palatina wird vom N. glossopharyngeus (= 9. Hirnnerv) sensibel innerviert und aus der A. palatina ascendens (= Ast der A. facialis) sowie aus der A. pharyngea ascendens und der A. lingualis mit Blut versorgt (alle aufgeführten Arterien gehen aus der A. carotis externa hervor). ◄

Die Lymphe fließt zu den Nll. cervicales profundi.

Klinik: Bei einer Tonsillektomie („Mandeloperation") kann es zu starken Blutungen kommen, die es, wenn auch selten, notwendig machen können, die A. facialis oder die A. carotis externa zu unterbinden.

5.4.9 Pharynx !!! 7/18

Als **Schlund (= Pharynx** = Rachen) wird der Raum bezeichnet, der hinter dem Mund und der Nase liegt. Der Pharynx wird kranial von der Schädelbasis (in diesem Bereich gebildet vom Os sphenoidale, Os occipitale und der Felsenbeinpyramide) und dorsal von der Halswirbelsäule begrenzt.

➤ Der Pharynx reicht bis zum Oesophagus (= Speiseröhre). Von der Nasenhöhle ist er durch die Choanen, von der Mundhöhle durch den Isthmus faucium und vom Kehlkopf durch den Aditus laryngis getrennt. Der Pharynx ist etwa 12–14 cm lang, er stellt ein gemeinsames Stück des Speise- und Luftweges dar. ◄

➤ Der Rachen wird unterteilt in

- Epipharynx (= **Pars nasalis** = oberer Teil) – liegt oberhalb des Palatum molle (= weicher Gaumen),
- Mesopharynx (= **Pars oralis** = mittlerer Teil) – liegt zwischen dem Gaumen und dem Kehlkopfeingang,
- Hypopharynx (= **Pars laryngea** = unterer Teil) – liegt hinter dem Kehlkopf. ◄

➤ Die Pars nasalis reicht von der Schädelbasis bis zum freien Rand des Gaumensegels. Er steht durch die Choanen (= hintere Nasenöffnung) mit der Nasenhöhle in Verbindung.

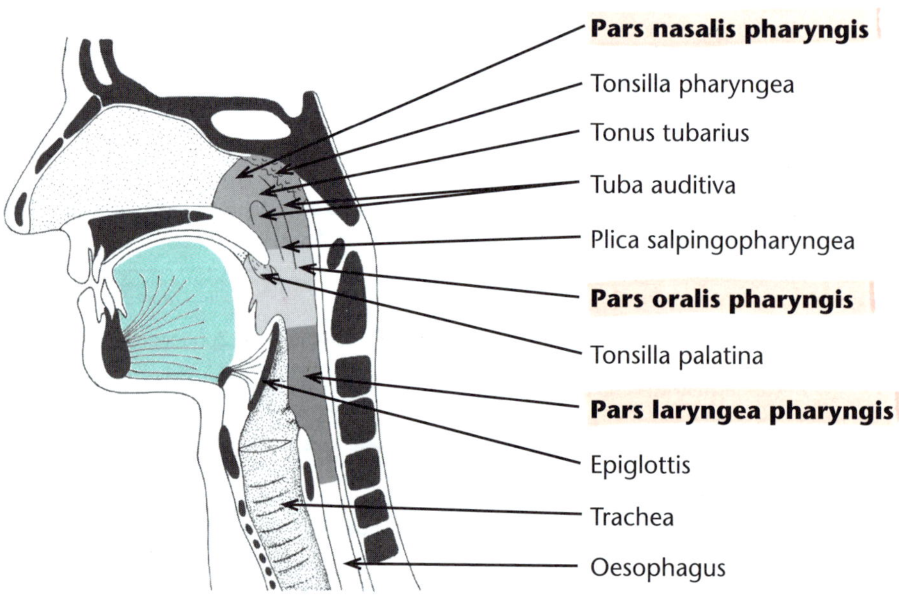

Abb. 5.23 Gliederung des Pharynx

An der lateralen Vorderwand des Epipharynx liegt die Öffnung der Tuba auditiva (= Ohrtrompete), die als Ostium pharyngeum tubae auditivae bezeichnet wird, und den Schlund mit dem Mittelohrraum verbindet. Die Tubenöffnung ist z.T. von einem Tubenwulst (= Torus tubarius) und einem darunterliegenden Tubenknorpel umgeben.

Hinter der Tuba auditiva liegt als grubenartige Vertiefung des Nasenrachenraums der **Recessus pharyngeus,** der kranial bis zum Fornix pharyngis (= Dach des Pharynx) reicht. Vom Tubenknorpel zieht eine auf dem M. salpingopharyngeus liegende Falte, **Plica salpingopharyngea** genannt, schräg abwärts zur seitlichen Pharynxwand. Von unten zieht als vom M. levator veli palatini aufgeworfener Wulst der **Torus levatorius** zur Tubenöffnung.

Am Rand der Tubenöffnung liegt unter der Schleimhaut die **Tonsilla tubaria** (= Tubenmandel). Die Tonsilla tubaria besitzt keine eigene Organkapsel. Sie kann bei Entzündungen anschwellen und dadurch die Tuba auditiva verschließen. ◄

Die Pars oralis reicht von der Uvula (= Gaumenzäpfchen) bis zur Epiglottis (= Kehldeckel). Er steht durch den Isthmus faucium mit der Mundhöhle in Verbindung. An der Seitenwand des Mesopharynx liegen die in Kapitel 5.4.8 beschriebenen Gaumenbögen.

Zwischen dem Zungengrund und der Epiglottis liegen zwei kleine Grübchen, die **Valleculae epiglotticae** genannt werden. Jede Vallecula epiglottica liegt zwischen zwei Schleimhautfalten, die als Plica glossoepiglottica lateralis bzw. mediana bezeichnet werden.

Die Pars laryngea beginnt am oberen Rand der Epiglottis und reicht bis zum Oesophagus (= Speiseröhre) in Höhe des Unterrandes des Ringknorpels (Kehlkopf).

➤ Zwischen der Epiglottis und einer Schleimhautfalte, Plica aryepiglottica genannt, liegt der **Aditus laryngis (= Kehlkopfeingang).** Lateral von der Plica aryepiglottica liegt als paarige Schleimhauttasche der Recessus piriformis. In der Wand des **Recessus piriformis** verläuft der R. internus des N. laryngeus superior. ◄

Im Bereich des Schlundes kommen als quergestreifte Muskelgruppen vor:

- Schlundschnürer (= Konstriktoren) und
- Schlundheber (= Levatoren).

Die Schlundschnürer bilden einen nicht ganz geschlossenen Muskelring um den Schlund.
Folgende Schlundschnürer kommen vor:

- **M. constrictor pharyngis superior** (= oberer Schlundschnürer) – entspringt u.a. vom Hamulus pterygoideus (Teil des Os sphenoidale – Keilbein), von der Linea mylohyoidea der Mandibula, sowie von der Pars petrosa des Os temporale (= Schläfenbein).
- **M. constrictor pharyngis medius** (= mittlerer Schlundschnürer) – entspringt vom Cornu minus und majus des Zungenbeins (= Os hyoideum).
- **M. constrictor pharyngis inferior** (= unterer Schlundschnürer) – entspringt vom Schild- und Ringknorpel des Kehlkopfes.

Alle 3 Schlundschnürer setzen dorsal an der in der Medianebene des Schlundes liegenden **Raphe pharyngis** (= „Rachennaht“) an. Diese Raphe ist ein Sehnenstreifen, der am Os occipitale (= Hinterhauptsbein) dicht vor dem Foramen magnum ansetzt, wodurch der Schlund an der Schädelbasis aufgehängt ist.

➤ Die Schlundschnürer können den Rachenraum einengen sowie den Kehlkopf und das Zungenbein anheben.

Die Schlundschnürer werden motorisch vom Plexus pharyngeus innerviert, der Fasern aus dem N. glossopharyngeus (= 9. Hirnnerv), aus dem N. vagus (= 10. Hirnnerv) und vom Sympathikus erhält. ◄

Zu den **Schlundhebern** zählen (prüfungsrelevant sind Innervation und Funktion):

- **M. stylopharyngeus** – zieht vom Processus styloideus des Os temporale zur lateralen Schlundwand. Er wird vom N. glossopharyngeus innerviert und hebt und erweitert den Schlund.
- **M. salpingopharyngeus** – zieht vom Knorpel der Tuba auditiva zur lateralen Pharynxwand. Er wird von Rr. tonsillares des N. glossopharyngeus innerviert und hebt den Schlund.
- **M. palatopharyngeus** – s. die Tabelle in Kapitel 5.4.9.

Mikroskopische Anatomie

Der Schlund wird mikroskopisch in einen oberen Teil (= Pars nasalis) und einen unteren Teil (= Pars oralis und Pars laryngea) unterteilt.

➤ Im oberen Teil (Epipharynx) kommt der Schlund nur mit der Luft in Berührung, daher ist dieser Teil größtenteils mit mehrreihigem Flimmerepithel (= respiratorisches Epithel) ausgekleidet, das Becherzellen enthält. In der Lamina propria liegen seromuköse Gll. pharyngeae.

Im unteren Teil (Meso- und Hypopharynx) kommt der Schlund mit Nahrung in Berührung, daher ist dieser Teil mit unverhorntem mehrschichtigem Plattenepithel ausgekleidet. In der Lamina propria liegen muköse Gll. pharyngeae. ◄

Eine Lamina muscularis mucosae fehlt bei beiden Teilen.

Die unter der Schleimhaut liegende Tela submucosa ist zur Fascia pharyngobasilaris hin verstärkt. Die Faszie setzt an der Schädelbasis an. Sie ist oberhalb der Schlundschnürer im muskelfreien Bereich gut zu sehen.

Die **Tonsilla pharyngea** (= Rachenmandel) ist eine unpaarige Tonsille, die am Pharynxdach liegt. Sie ist wie die Nasenhöhle und der obere Schlundteil von einem mehrreihigen hochprismatischen Flimmerepithel umgeben, das Becherzellen enthält.

➤ Die Oberfläche der Tonsilla pharyngea ist anstelle von Krypten durch flache Buchten gekennzeichnet. In diese Buchten münden die Ausführgänge der seromukösen Drüsen. ◄

Klinik: ➤ Bei Kindern kann eine krankhaft vergrößerte Tonsilla pharyngea die Choanen verlegen und damit die Nasenatmung erschweren. ◄ Die Vergrößerung (= Hyperplasie) der Rachenmandeln wird umgangssprachlich als „Polypen" bezeichnet. Die davon betroffenen Kinder erkennen Sie daran, daß sie durch den stets offenen Mund atmen. Dadurch kann es zu einer Minderversorgung mit Sauerstoff kommen, weshalb diese Kinder in der Schule wegen Unaufmerksamkeit manchmal auffällig werden.

Schluckakt

➤ *Nachfolgend wird der Schluckakt beschrieben, der zwar lernintensiv ist, zu dem aber wiederholt Prüfungsfragen gestellt wurden.* ◄

➤ Der **Schluckakt** erfolgt reflektorisch, indem die Schleimhaut des Schlundes gereizt und dieser Reiz über den N. glossopharyngeus, den N. vagus und den N. trigeminus zum Schluckzentrum, das in der Medulla oblongata (= verlängertes Mark) liegt, geleitet wird. Vom Schluckzentrum aus erfolgt reflektorisch der nachfolgend beschriebene koordinierte Ablauf des Schluckaktes, der über den N. vagus und den N. glossopharyngeus ausgelöst wird.

- Zuerst kontrahieren sich die beiden Mundbodenmuskeln (M. mylohyoideus und M. stylohyoideus). Dabei ziehen sie das Os hyoideum (= Zungenbein) nach vorn oben und drücken die Zunge mit dem Bissen gegen den Gaumen. Dadurch wird der Speisebrei in Richtung Schlund gedrückt. Dieser Vorgang wird willkürlich (!) eingeleitet, alle nachfolgenden Schritte sind hingegen reflektorisch (= unwillkürlich) und werden über die Rezeptoren der Gaumenschleimhaut ausgelöst.
- Durch die Kontraktion der Mundbodenmuskeln und das Hochziehen des Zungenbeins (durch den M. stylohyoideus) wird der Larynx (= Kehlkopf) ebenfalls nach vorn oben gezogen, dadurch wird ein lateral und dorsal von der Epiglottis (Kehldekkel) liegender Fettkörper (Corpus adiposum praeepiglotticum) zusammengepreßt, der so auf die Epiglottis drückt, dass sich die Epiglottis auf den Kehlkopfeingang (= Aditus laryngis) legt und damit den Luftweg unvollständig verschließt.
- Um den Rückfluß des Speisebreis zur Mundhöhle zurück zu verhindern, kontrahieren sich im Bereich des Isthmus faucium die Mm. palatoglossi und der M. transversus linguae.
- Damit der Speisebrei nicht in den Nasenrachenraum fließt, kontrahiert sich der M. constrictor pharyngis superior (= oberer Schlundschnürer) und bildet dabei den **Passavant-Ringwulst.** Gleichzeitig kontrahieren sich der M. levator veli palatini und der M. tensor veli palatini, wodurch das hintere Gaumensegel gehoben und gegen den Passavant-Ringwulst gepreßt wird – damit ist der Epipharynx (Kapitel 5.4.9) verschlossen.
- Nun kontrahieren sich die Mm. styloglossi und die Mm. hyoglossi und ziehen die Zunge nach hinten, wodurch der Speisebrei zum Schlund und weiter zur Speiseröhre (= Oesophagus) transportiert wird.
- Im Oesophagus wird der Speisebrei mittels peristaltischer Bewegungen (= fortlaufende Muskelkontraktionen) zum Magen transportiert (auch gegen die Schwerkraft!). ◄

5.4.10 Halsteil des Oesophagus

Siehe Kapitel 7.3.

5.4.11 Larynx **!!! 6/32**

➤ *Besonders prüfungsrelevant: Gesamtes Kapitel.* ◄

Der **Kehlkopf (= Larynx)** verbindet den Schlund (= Pharynx) mit der Luftröhre (= Trachea). Der Kehlkopf liegt unterhalb des Zungenbeins (= Os hyoideum). Beim Mann tritt der Kehlkopf als Prominentia laryngea (= „Adamsapfel") deutlich hervor. Der Kehlkopf dient der Stimmbildung und dem Verschluß der Luftwege.

Kehlkopf-Skelett

Das Skelett des Kehlkopfs setzt sich aus den nachfolgend beschriebenen 4 größeren sowie einigen kleineren Knorpeln zusammen.

Schildknorpel (= Cartilago thyroidea) – besteht aus 2 Platten, die in der vorderen Mitte miteinander verbunden sind. Im oberen Bereich liegt zwischen den beiden Schildknorpeln als Einkerbung die **Incisura thyroidea superior,** die von außen getastet werden kann. Beim Mann wird der Schildknorpel nach der Pubertät stärker gewinkelt.
Am Schildknorpel entspringen bzw. setzen an: M. thyrohyoideus, M. sternothyroideus, M. constrictor pharyngis inferior (= unterer Schlundschnürer).

Ringknorpel (= Cartilago cricoidea) – sieht einem Siegelring ähnlich. Der vorne gelegene Bogen verbreitert sich nach hinten hin zur Ringknorpelplatte (= Lamina cartilaginis cricoideae).
Der Ringknorpel besitzt 2 Gelenkflächen, wovon die Seitenfläche gelenkig mit dem Schildknorpel und der Oberrand gelenkig mit dem Stellknorpel verbunden ist.

Stellknorpel (= Gießbecken = Cartilago arytenoidea) – ist paarig und sitzt dem Ringknorpel auf. Der Stellknorpel besitzt zwei Processus. Am Processus muscularis setzen der M. cricoarytenoideus posterior und der M. cricoarytenoideus lateralis an, am Processus vocalis setzt das Stimmband (= Lig. vocale) an.

Kehldeckel (= Cartilago epiglottica = Epiglottis) – besteht aus elastischem Knorpel. Die Epiglottis ist über das breite Lig. hyoepiglotticum mit dem Zungenbein (= Os hyoideum) und mit seinem unteren Ende über das Lig. thyroepiglotticum mit dem Schildknorpel verbunden. Somit ist nur der obere Teil der Epiglottis frei beweglich. Die Epiglottis kann nach dorsal geklappt werden um so den Kehlkopfeingang beim Schlucken zu verschließen.

Die Schild-, Ring- und Stellknorpel bestehen ganz oder überwiegend aus hyalinem Knorpel. Nur die Epiglottis besteht aus elastischem Knorpel und ist somit der biegsamste Teil des Kehlkopfskeletts. Die hyalinen Knorpelteile können ab etwa dem 20. Lebensjahr verknöchern und daher im fortgeschrittenen Alter brechen.

An kleinen, paarigen Knorpeln kommen vor:

- **Keilknorpel (= Cartilago cuneiformis)** – wirft das Tuberculum cuneiforme (Höckerchen unter der Plica aryepiglottica) auf.
- **Weizenknorpel (= Cartilago triticea)** – liegt im Lig. thyrohyoideum laterale.
- **Hörnchenknorpel (= Cartilago corniculata)** – liegt an der Spitze des Stellknorpels und bildet am unteren Ende der Plica aryepiglottica die Grundlage des Tuberculum corniculatum.

Gelenke

Folgende Gelenke kommen am Kehlkopf vor:
Articulatio cricothyroidea – liegt als Scharniergelenk zwischen dem Schild- und dem Ringknorpel. Sie dient dem Nähern und Entfernen der beiden Knorpel voneinander. Durch das Kippen des Schildknorpels wird das Lig. vocale (= Stimmband) gespannt bzw. erschlafft.

Articulatio cricoarytenoidea – liegt als Drehgelenk zwischen dem Ring- und dem Stellknorpel. Sie ermöglicht eine Drehung und Verschiebung der beiden Knorpel gegeneinander, wodurch die Stimmritze erweitert oder verengt und damit das Stimmband verlagert werden kann.

Bänder

An Bändern kommen im Kehlkopfbereich vor:

- **Membrana thyrohyoidea** – spannt sich zwischen dem Zungenbein und dem oberen Rand des Schildknorpels aus. Die Membrana thyrohyoidea wird durch das medial liegende Lig. thyrohyoideum medianum und das lateral liegende Lig. thyrohyoideum laterale verstärkt. Die Membrana enthält zahlreiche elastische Fasern. Ungefähr in der Mitte der Membran liegt das Foramen n. laryngei superioris durch das der Ramus internus des N. laryngeus superior und die A. laryngea superior ziehen.
- **Lig. cricothyroideum** – verbindet als kräftiges Band den Schild- mit dem Ringknorpel.
- **Lig. cricotrachealis** – verbindet den Ringknorpel, und damit den Kehlkopf, mit der Luftröhre (= Trachea).
- **Lig. vestibulare (= Taschenband)** – bildet den unteren Rand der dünnen Membrana quadrangularis, die sich zwischen der Epiglottis und dem Stellknorpel ausspannt. Das Lig. vestibulare liegt oberhalb des Lig. vocale.
- **Lig. vocale (= Stimmband)** – besteht aus kollagenen und elastischen Fasern. Das Lig. vocale spannt sich zwischen dem Processus vocalis des Stellknorpels und der Innenfläche des Schildknorpels aus. Es bildet den oberen Rand des Conus elasticus.
- Als **Conus elasticus** wird die unter der Kehlkopfschleimhaut liegende Membrana fibroelastica laryngis bezeichnet, die das Spatium subepiglotticum (= den subglottischen Raum) umschließt. Der Conus elasticus zieht rohrartig von der Innenseite des Ringknorpels zur Plica vocalis. (s. Abb. 5.24–5.26).

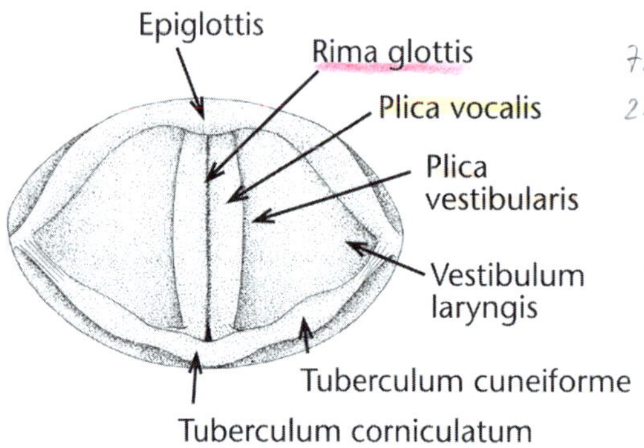

Abb. 5.24 *Blick auf den Kehlkopfeingang im Stadium des Glottisschluß (bei der Kehlkopfspiegelung)*

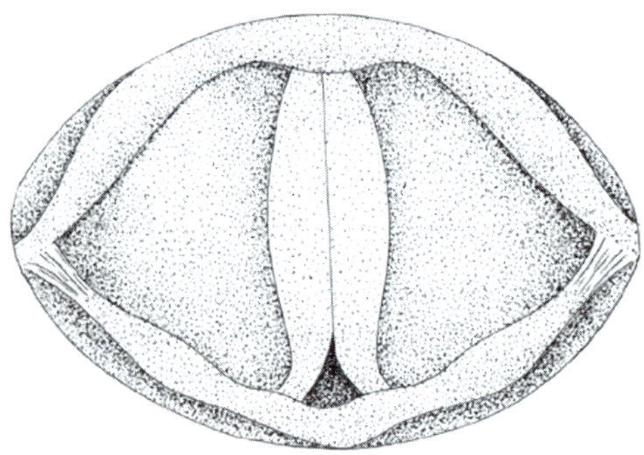

Abb. 5.25 *Blick auf den Kehlkopfeingang bei Flüstersprache*

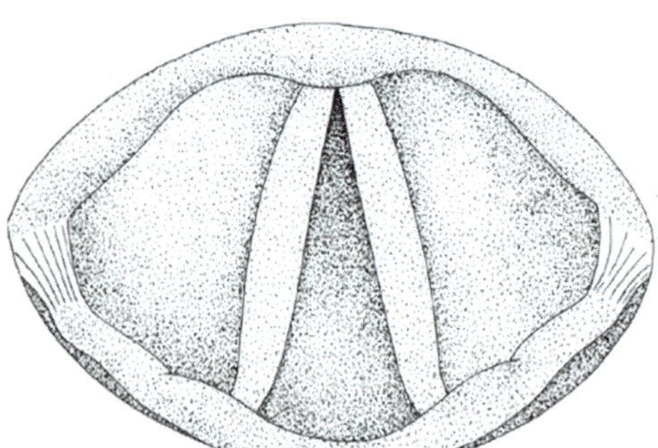

Abb. 5.26 *Blick auf den Kehlkopfeingang bei mittlerer Atemstellung*

Die Kehlkopfmuskulatur, die aus Skelettmuskulatur besteht, wird unterteilt in:

- Stellmuskeln – verändern die Weite der Stimmritze
- Spannmuskeln – verändern die Spannung des Stimmbandes.

(Der Ursprung und Ansatz jedes Muskels geht aus seinem Namen hervor!).

Öffner der Stimmritze ist:

- M. cricoarytenoideus posterior.

Schließer der Stimmritze sind:

- M. cricoarytenoideus lateralis,
- M. thyroarytenoideus,
- M. arytenoideus transversus,
- M. arytenoideus obliquus.

Stimmbandspanner sind:

- M. cricothyroideus (für Grobeinstellung),
- M. vocalis (für Feineinstellung).

Schleimhautrelief des Kehlkopfs

Bei der Kehlkopfspiegelung sieht man auf den Kehlkopfeingang (= Aditus laryngis), der ventral durch die Epiglottis (= Kehldeckel), lateral durch die Plicae aryepiglotticae und dorsal durch den Stellknorpel begrenzt wird (beachten Sie bitte, dass der Spiegel die Kehlkopfverhältnisse spiegelbildlich = seitenverkehrt wiedergibt!).

Die **Plica aryepiglottica** ist eine Schleimhautfalte, die über dem M. aryepiglotticus liegt und vom Seitenrand der Epiglottis zur Cartilago arytenoidea zieht. Unter der Plica aryepiglottica liegen:

- die Cartilagines corniculatae, die bei der Kehlkopfspiegelung als Vorwölbung (= Tubercula corniculata) erscheinen,
- die Cartilagines cuneiformes, die als Tubercula cuneiformia erscheinen.

Lateral von der Plica aryepiglottica liegt der **Recessus piriformis.** Die Schleimhaut des Recessus wird durch den unter ihr verlaufenden R. internus des N. laryngeus superior und die A. laryngea superior zur **Plica n. laryngei** aufgeworfen.

Unterhalb der Epiglottis liegen auf beiden Kehlkopfseiten je zwei Schleimhautfalten. Das obere Paar wird Plicae vestibulares (= „falsche Stimmlippen"), das untere Paar Plicae vocales genannt.

Die **Plica vestibularis (= Taschenfalte)** wird durch das Lig. vestibulare aufgeworfen. Sie reicht von der Cartilago thyroidea bis zur Cartilago arytenoidea.

<table>
<tr><th colspan="4">Stellmuskeln</th></tr>
<tr><td rowspan="2">M. cricoarytenoideus posterior
Abb. 5.27 und 5.28</td><td>In.: N. laryngeus inferior</td><td>An.: Processus muscularis des Stellknorpels</td><td>Ur.: Ringknorpel</td></tr>
<tr><td colspan="3">Funktion: Er zieht den Proc. muscularis des Stellknorpels nach hinten und dadurch den Proc. vocalis des Stellknorpels zur Seite. Dadurch wird die Stimmritze (= Rima glottidis) zur Respirationsstellung erweitert und das Stimmband (= Lig. vocale) gespannt.
Klinik: Bei einer einseitigen Lähmung kann die Stimmritze nicht geöffnet werden. Eine Lähmung beider Mm. cricoarytenoidei posteriores bewirkt starke Atemnot.
Besonderheiten: Der M. cricoarytenoideus posterior ist der einzige Stimmritzenöffner. Er ist der Antagonist des M. cricoarytenoideus lateralis.</td></tr>
<tr><td rowspan="2">M. cricoarytenoideus lateralis
Abb. 5.27</td><td>In.: N. laryngeus inferior</td><td>An.: Processus muscularis des Aryknorpels</td><td>Ur.: Ringknorpel</td></tr>
<tr><td colspan="3">Funktion: Er zieht den Proc. muscularis des Stellknorpels nach vorne und damit den Proc. vocalis zur Mitte hin, wodurch die Stimmritze bis auf einen kleinen Spalt zwischen den beiden Stellknorpeln verschlossen und das Stimmband entspannt wird. Der kleine Spalt ermöglicht nur noch Flüstersprache. Durch den M. arytenoideus transversus wird auch der kleine Spalt verschlossen.
Im Unterschied zum M. cricoarytenoideus posterior, der den Aryknorpel (= Stellknorpel) nach hinten seitlich zieht, zieht der M. cricoarytenoideus lateralis beide Stellknorpel gleichzeitig auseinander.
Klinik: Bei einer einseitigen Lähmung kann die Stimmritze nicht mehr verschlossen werden.
Bei einer beidseitigen Lähmung zeigt die Stimmritze während der Phonation (= Stimmbildung) eine rhombusähnliche Öffnung. Darüber hinaus kann trotz einer Kontraktion des M. cricoarytenoideus posterior die Stimmritze nur etwa bis zur Hälfte (= bis zur Intermediärstellung der Stimmbänder) geöffnet werden.
Besonderheit: Der M. cricoarytenoideus lateralis ist der Antagonist (= Gegenspieler) des M. cricoarytenoideus posterior.</td></tr>
<tr><td rowspan="2">M. thyroarytenoideus
Abb. 5.27</td><td>In.: N. laryngeus inferior</td><td>An.: Processus muscularis des Aryknorpels</td><td>Ur.: Schildknorpelplatte (innen)</td></tr>
<tr><td colspan="3">Funktion: Der M. thyroarytenoideus verengt die Stimmritze.
Besonderheiten: 1. Der M. thyroarytenoideus ist der Antagonist des M. cricothyroideus posterior.
2. Einige Fasern des M. thyroarytenoideus ziehen als M. thyroepiglotticus zur Epiglottis.
3. Der M. thyroarytenoideus entspringt zusammen mit dem M. vocalis.</td></tr>
<tr><td rowspan="2">M. thyroepiglotticus
Abb. 5.27</td><td>In.: N. laryngeus inferior</td><td>An.: Seitenrand der Epiglottis</td><td>Ur.: Innenseite der Schildknorpelleiste</td></tr>
<tr><td colspan="3">Funktion: Er ist ein sehr dünner Muskel, der bei der Verengung des Kehlkopfeingangs (= Aditus laryngis) hilft.
Besonderheit: Er ist eine Abspaltung aus dem M. thyroarytenoideus.</td></tr>
<tr><td rowspan="2">M. arytenoideus transversus
Abb. 5.27</td><td>In.: N. laryngeus inferior</td><td>An.: Aryknorpel (gegenüberliegende Seite)</td><td>Ur.: Aryknorpel (seitlich)</td></tr>
<tr><td colspan="3">Funktion: Er nähert die beiden Stellknorpel einander an und dient damit dem Verschluß des hinteren Drittels der Stimmritze.
Klinik: Bei seiner Lähmung bleibt während der Phonation (= Stimmbildung) ein dreieckiger Spalt offen.
Besonderheit: Er ist im Gegensatz zu den anderen Kehlkopfmuskeln unpaarig.</td></tr>
</table>

Stellmuskeln (Fortsetzung)			
M. arytenoideus obliquus Abb. 5.28	*In.:* N. laryngeus inferior	*An.:* Spitze des Aryknorpels	*Ur.:* Processus muscularis des Aryknorpels
	Funktion: Er nähert wie der M. arytenoideus transversus die beiden Stellknorpel einander an und dient damit dem Verschluß der Stimmritze. **Besonderheit:** Einige Fasern ziehen als M. aryepiglotticus zur Epiglottis.		
M. aryepiglotticus Abb. 5.27 und 5.28	*In.:* N. laryngeus inferior	*An.:* Seitenrand der Epiglottis	*Ur.:* Stellknorpelspitze
	Funktion: Er ist ein sehr dünner Muskel, der bei der Verengung des Kehlkopfeingangs (= Aditus laryngis) hilft. Außerdem hilft er die Epiglottis nach hinten zu ziehen. **Besonderheit:** • Er liegt in der Plica aryepiglottica. • Er ist eine Abspaltung aus dem M. arytenoideus obliquus.		

Spannmuskeln			
M. cricothyroideus Abb. 5.27	*In.:* N. laryngeus superior (Ramus externus)	*An.:* Unterhorn des Schildknorpels	*Ur.:* Ringknorpelbogen (außen)
	Lage: Er ist der einzige äußere Kehlkopfmuskel. Alle anderen Kehlkopfmuskeln gehören zu den inneren Kehlkopfmuskeln. **Funktion:** Bei festgestelltem Schildknorpel kippt er den Ringknorpel nach hinten. Dadurch wird das Lig. vocale (= Stimmband) gespannt. **Klinik:** Bei seiner Lähmung kann das betroffene Stimmband nicht mehr vollständig gespannt werden, wodurch hohe Töne nicht mehr möglich sind. Die Stimme ist heiser und wirkt kraftlos. **Besonderheit:** Er wird als einziger Kehlkopfmuskel vom R. externus des N. laryngeus superior innerviert.		
M. vocalis Abb. 5.27	*In.:* N. laryngeus inferior	*An.:* Processus vocalis des Stellknorpels	*Ur.:* Schildknorpel
	Lage: Liegt in der Stimmfalte. **Funktion:** Er reguliert durch seine Spannung die Eigenschwingung des Stimmbandes (= Lig. vocale) und dient der Feinregulierung des Tons. Außerdem hilft er bei der Verengung der Stimmritze (= Rima glottis) mit. **Klinik:** Bei einer einseitigen Lähmung bleibt das betroffene Stimmband schlaff. Bei einer beidseitigen Lähmung bleibt bei der Phonation (= Stimmbildung) zwischen den beiden Stimmbändern ein ovaler Spalt offen.		

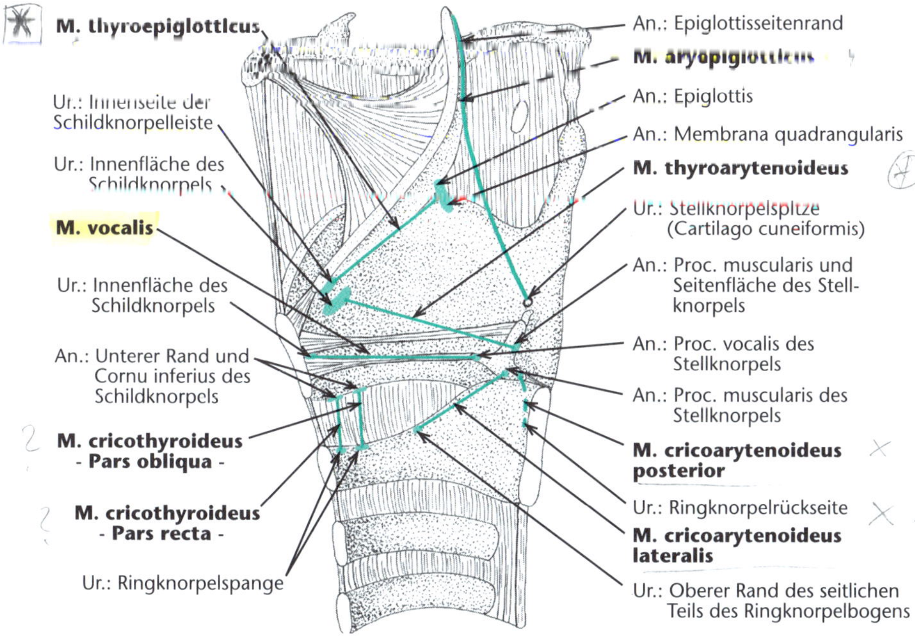

Abb. 5.27 *Kehlkopfmuskeln von medial*

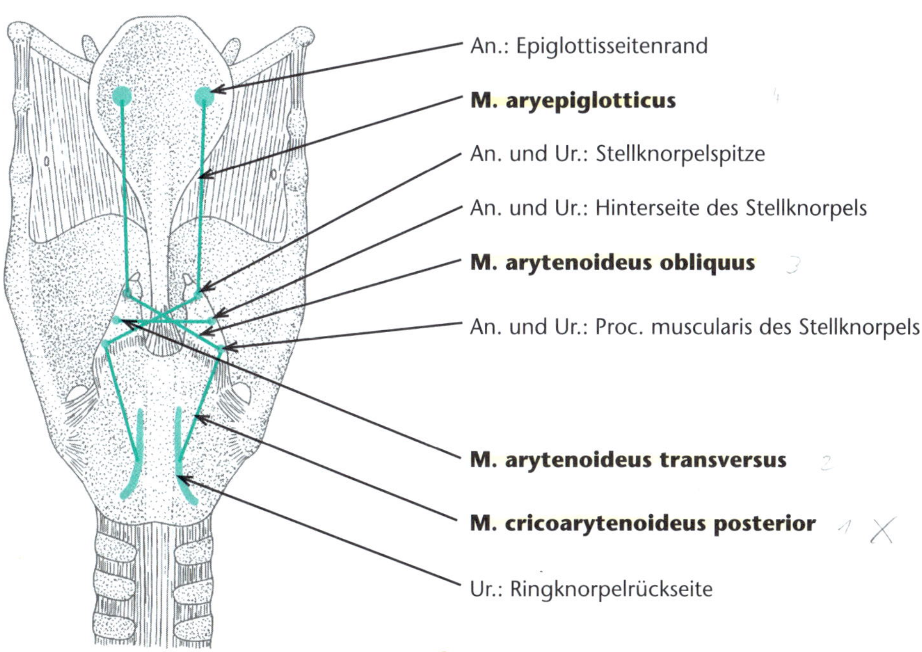

Abb. 5.28 *Kehlkopfmuskeln von dorsal*

Die **Plica vocalis** wird durch das Lig. vocale aufgeworfen und vom M. vocalis seitlich abgestützt. Zwischen beiden Plicae vocales liegt die **Rima glottidis (= Stimmritze).**

Die Rima glottidis besteht aus der
- Pars intermembranacea (= muskulärer Teil), die vom M. vocalis gebildet wird und von der Rückseite des Schildknorpels bis zur Vorderseite des Stellknorpels reicht,
- Pars intercartilaginea (= knorpelreicher Teil), die zwischen dem knorpeligen Processus vocalis des Stellknorpels liegt. Beim muskulären Verschluß der Rima bleibt die Pars intercartilaginea soweit offen, dass eine Flüstersprache möglich ist (s. Abb. 5.25).

> Durch die Plicae vestibulares und vocales kann der Kehlkopf in 3 Etagen unterteilt werden
>
> obere Etage = Vestibulum laryngis
>
> Plica vestibuli
>
> mittlere Etage = Ventriculus laryngis
>
> Plica vocalis
>
> untere Etage = Cavum infraglotticum

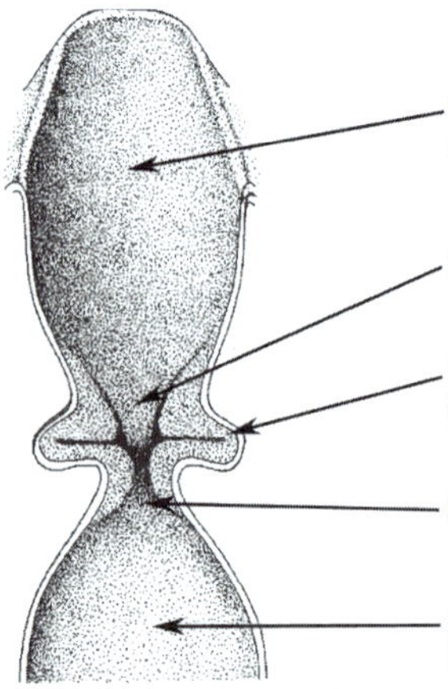

Abb. 5.29 *Etagen des Kehlkopfes*

Das Vestibulum laryngis verjüngt sich zur **Rima vestibuli.**

Topographie

Der Kehlkopf liegt unterhalb des Os hyoideum (= Zungenbein) direkt unter der Haut und der Fascia cervicalis. Vorne kann der Lobus pyramidalis der Schilddrüse einen Teil des Kehlkopfs bedecken. Seitlich liegen die Schilddrüsenlappen dem Kehlkopf an. Dorsal vom Kehlkopf liegt der Schlund (= Pharynx), kaudal geht der Kehlkopf in die Trachea (= Luftröhre) über. Bei Neugeborenen liegt der Kehlkopf in Höhe des 3.–4. Halswirbels, bei Erwachsenen liegt er zwischen dem 4.–6. Halswirbel.

Mikroskopische Anatomie

Die Kehlkopfhöhle ist mit Ausnahme der beiden Stimmfalten und der Oberfläche der Epiglottis mit dem in den Luftwegen üblichen mehrreihigen respiratorischen Flimmerepithel ausgekleidet, dessen Flimmerschlag schlundwärts gerichtet ist. Das Epithel ist mit Becherzellen durchsetzt.

Die Stimmfalten und die Oberfläche der Epiglottis sind mit mehrschichtigem unverhorntem Plattenepithel ausgekleidet. Die Epiglottisunterfläche trägt mehrschichtiges Flimmerepithel.

Die zwischen dem Epithel und dem knorpeligen Grundgerüst liegende Lamina propria enthält viele elastische Fasern, sowie Lymphozyten und Endstücke der gemischten Glandulae laryngeae, deren Sekret die Stimmfalten befeuchtet.

Innervation und Gefäßversorgung

Motorisch werden alle Kehlkopfmuskeln mit Ausnahme des M. cricothyroideus (R. externus des N. laryngeus superior) vom N. laryngeus inferior (Ast des N. laryngeus recurrens) innerviert.

Die Schleimhaut im oberen Kehlkopfbereich bis zur Rima glottidis (= Stimmritze) wird sensibel vom R. internus des N. laryngeus superior, die Schleimhaut unterhalb der Stimmritze (= subglottischer Raum) wird sensibel vom N. laryngeus inferior innerviert.

Die Blutversorgung des Kehlkopfes erfolgt über Äste aus den Schilddrüsengefäßen. Die obere Kehlkopfhälfte wird aus der A. laryngea superior und dem R. cricothyroideus (beides Äste der A. thyroidea superior), die untere Kehlkopfhälfte wird aus der A. laryngea inferior (Ast der A. thyroidea inferior) mit Blut versorgt. Die A. laryngea superior durchbricht mit dem R. internus des N. laryngeus superior die Membrana thyrohyoidea. A. laryngea superior und inferior bilden untereinander eine Anastomose.

Das venöse Blut fließt über die V. laryngea superior und über ein Venenpolster zum Plexus venosus pharyngeus und von dort zur V. jugularis interna.

Klinik: Es ist wichtig, die nachfolgenden Zugangswege zum Larynx (= Kehlkopf) und zur Trachea (= Luftröhre) zu kennen.

Bei einer Operation am Kehlkopf wird die **Laryngotomie** angewandt, bei der der Ringknorpel des Kehlkopfs bis zum oberen Trachealring (= Knorpelring der Luftröhre) gespalten und die beiden Teile aufgeklappt werden, wodurch man einen guten Überblick über das Kehlkopfinnere erhält.

Bei einer Verlegung des Luftwegs z.B. infolge einer Schwellung im Rachen- oder Kehlkopfbereich (der berühmte Wespenstich) kann eine Koniotomie oder Tracheotomie notwendig werden.

Bei der **Koniotomie** wird das zwischen dem Ring- und dem Schildknorpel liegende Lig. crico-thyroideum quer durchtrennt und ein stabiles Röhrchen eingesetzt um den geschaffenen Luftweg offen zu halten. Dieser Notfalleingriff ist relativ gefahrlos für das Leben des Patienten, weil dieser Bereich gut tastbar ist und keine größeren Gefäße verletzt werden können, jedoch können bleibende Schäden im Kehlkopfbereich entstehen. Daher wird in der Klinik die **Tracheotomie** durchgeführt.

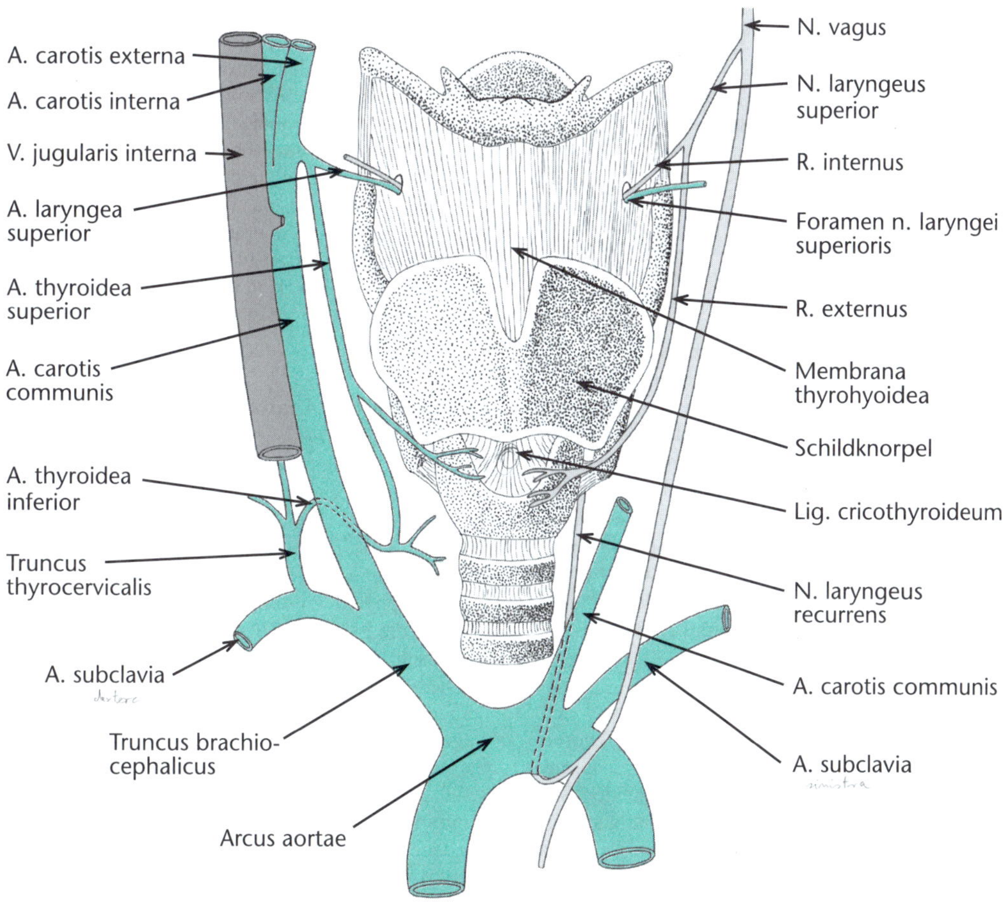

__Abb. 5.30__ Gefäß- und Nervenversorgung des Kehlkopfes

Bei der **oberen Tracheotomie** (= Tracheotomia superior) werden der 2.–4. Trachealknorpel (= Luftröhrenknorpel), die oberhalb des Isthmus der Schilddrüse liegen, durchtrennt.

Bei der **unteren Tracheotomie** (= Tracheotomia inferior) werden der 6.–7. Trachealknorpel, die kurz oberhalb des Sternum (= Brustbein) und unterhalb des Isthmus der Schilddrüse liegen, längs durchtrennt. Hierbei ist zu beachten, daß die Trachea in diesem Bereich nicht mehr direkt unter der Haut sondern weiter dorsal liegt. Auf eine evtl. vorkommende V. thyroidea ima ist zu achten, außerdem kann der Truncus brachiocephalicus verletzt werden. Die untere Tracheotomie wird vorwiegend bei Kleinkindern durchgeführt.

5.4.12 Halsteil der Trachea

Die Luftröhre (= Trachea) wird ausführlich in Kapitel 7.2.1 beschrieben (siehe bitte dort).

5.4.13 Schilddrüse !!! 6/21

➤ *Prüfungsrelevant: Das gesamte Kapitel.* ◄

Die **Schilddrüse (= Glandula thyroidea)** ist eine rotbraune, endokrine Hormondrüse, die ein U-förmiges Aussehen hat. Die Schenkel des U werden von den beiden Seitenlappen (= Lobus dexter und sinister) gebildet, die durch ein fingerbreites Querstück (= Isthmus glandulae thyroidea) miteinander verbunden sind.

Vom Isthmus zieht häufig ein schmaler Fortsatz, **Lobus pyramidalis** genannt, nach kranial, der unterschiedlich ausgeprägt sein kann. Der Lobus pyramidalis bildet den Rest des Ductus thyroglossus (s. Kapitel 5.1.2).

Topographie

Die Schilddrüse liegt unterhalb vom Schildknorpel des Kehlkopfes (= Cartilago thyroidea), den sie mit ihren beiden Seitenlappen erreicht. Die beiden Seitenlappen liegen lateral dem Kehlkopf sowie dem Schlund (= Pharynx) und der Speiseröhre (= Oesophagus) an. Nach oben reichen die beiden Seitenlappen bis ans Trigonum caroticum, nach unten können sie bis zum 6. Trachealring (Lüftröhre) reichen. Die Schilddrüse wird vorne von der Lamina praetrachealis der Fascia cervicalis (= mittleres Blatt der Halsfaszie) und seitlich vom M. sternohyoideus und vom M. sternothyroideus bedeckt. Lateral dieser Muskeln liegt der M. sternocleidomastoideus. In einer Rinne zwischen der Schilddrüse, der Trachea und dem Oesophagus verläuft als wichtige topographische Beziehung der N. laryngeus recurrens, der jedoch außerhalb der weiter unten beschriebenen Capsula fibrosa liegt. Dorsolateral von der Schilddrüse verläuft der Gefäß-Nervenstrang des Halses mit der A. carotis communis, der V. jugularis interna und dem N. vagus.

Die Schilddrüse ist von einer doppelten Kapsel umgeben, die aus der Organkapsel (= Capsula interna) und der äußeren Kapsel (= Capsula fibrosa = Capsula externa) besteht. Die Capsula fibrosa ist, wie der Name schon aussagt, aus straffem Bindegewebe aufgebaut. Sie geht aus der Lamina praetrachealis der mittleren Halsfaszie hervor.

Die Capsula fibrosa ist fest mit der Trachea (= Luftröhre) und dem Kehlkopf und locker mit der sonstigen Umgebung verbunden, so daß die Schilddrüse allen Bewegungen des Kehlkopfes folgen muß. Innerhalb der Capsula fibrosa liegen die in Kapitel 5.4.14 beschriebenen Epithelkörperchen, außerhalb der Kapsel liegt, wie erwähnt, der N. laryngeus recurrens.

Zwischen der Casula fibrosa und der Capsula interna liegen ein Venenplexus und Arterien.

Von der dünnen Capsula interna ziehen Bindegewebszüge (= Trabekel) in die Schilddrüse und unterteilen sie damit in unregelmäßig große Läppchen (= Lobuli) auf.

Mikroskopische Anatomie

Die Schilddrüse besteht aus Parenchym (= Drüsengewebe) und dem, das Parenchym umgebenden Stroma (= bindegewebiges Stützgewebe). Das Parenchym ist in unterschiedlich große Bläschen (= Follikel) unterteilt, die durch Bindegewebe voneinander getrennt liegen. Das Bindegewebe ist von vielen Blut- und Lymphgefäßen durchsetzt. Bei den Blutkapillaren sind die Endothelzellen gefenstert, was den Stoffaustausch fördert.

Die **Schilddrüsenfollikel** bestehen aus einem einschichtigen Epithel, das auf einer Basalmembran liegt. Nach innen umgrenzt das Epithel einen Raum, der mit einer homogen aussehenden jodhaltigen Masse ausgefüllt ist, die als **Kolloid** bezeichnet wird. Das Kolloid besteht aus Thyreoglobulin (Glykoproteine), an denen die jodhaltigen Hormone der Schilddrüse (Thyroxin und Trijodthyronin) gebunden sind.

Die Zellen des Epithels (= Follikelzellen) enthalten viele Lysosomen. Ihre Oberfläche ist mit einigen Mikrovilli besetzt. Die **Follikelzellen** nehmen Stoffe, u.a. Jodid (= eine Form des Jods) aus dem Blut auf und produzieren die beiden Hormone Thyroxin

(= T4) und Trijodthyronin (= T3). Diese Hormone werden entweder direkt in die Blutbahn oder in den Follikel abgegeben. Im Follikel werden die Hormone an das Thyreoglobulin gebunden und als Kolloid gespeichert. Bei Bedarf kann das **Thyreoglobulin** von den Follikelzellen aus dem Follikel wieder resorbiert und die Hormone an die Blutbahn abgegeben werden. Trijodthyronin wirkt etwa 4 mal so stark wie Thyroxin, beide Hormone beeinflussen die Mitochondrien und die Enzymsysteme anderer Zellen und steigern deren Stoffwechsel, außerdem wirken sie wachstumsfördernd.

Das Besondere der Follikelzellen besteht darin, daß sie je nach ihrem Funktionszustand unterschiedlich ausgebildet sind. Die inaktiven Follikelzellen (die viel Kolloid gestapelt haben) besitzen ein plattes Epithel, während gleichzeitig der Follikel groß ist. Die aktiven Follikelzellen besitzen ein kubisches bis zylindrisches Epithel, während gleichzeitig der Follikel klein ist (s. Abb. 5.31).

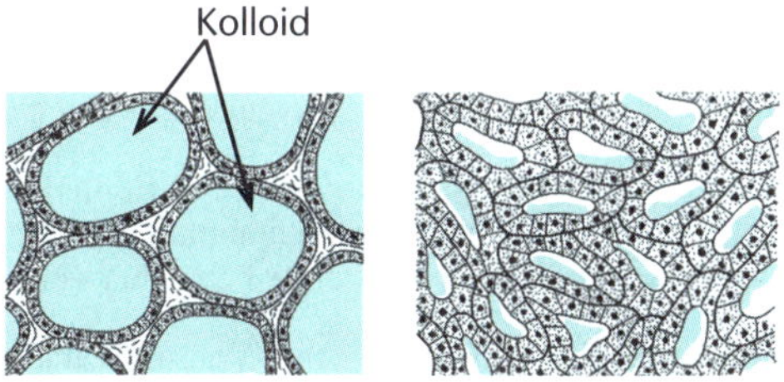

Abb. 5.31 *Schnitt durch die Schilddrüse (links inaktive Drüse mit viel Kolloid, rechts aktive Drüse)*

Die Hormonproduktion wird über das thyreotrope Hormon (= TSH) der Adenohypophyse (= Hypophysenvorderlappen) gesteuert. Sind zuwenig Schilddrüsenhormone im Blut, regt der Hypothalamus durch das Releasing-Hormon TRH die Adenohypophyse zur Abgabe von TSH an, was wiederum die Schilddrüse zur Hormonproduktion stimuliert. Bei einer Hypophysektomie (= Entfernung der Hypophyse) werden daher die Follikelzellen inaktiv (das Follikelepithel flacht ab).

Im Follikelepithel kommen einzelne oder in Gruppen beieinanderliegende große helle Zellen vor, die als **parafollikuläre Zellen (= C-Zellen)** bezeichnet werden. Die C-Zellen entwickeln sich aus dem ultimobranchialen Körper. Die C-Zellen gehören zu den APUD-Zellen, worunter man alle endokrinen und neuroendokrinen Zellen zusammenfaßt, die u.a. in der Lage sind, Peptide mit Hormoneigenschaften sowie Amine zu produzieren und/oder aufzunehmen. Die C-Zellen bilden das Hormon **Kalzitonin,** das sie direkt in die Blutbahn abgeben. Kalzitonin senkt den Kalziumspiegel im Blut, indem es auf die Osteoklasten hemmend wirkt und damit die Knochenresorption vermindert. Kalzitonin ist der Antagonist (= Gegenspieler) des Parathormons, das in den Epithelkörperchen gebildet wird.

Mikroskopierhilfe: Bei schwacher Vergößerung erkennen Sie die Schilddrüse an den mit homogenem Kolloid gefüllten Follikeln, die an den Rändern teilweise Aussparungen haben. Bei stärkerer Vergrößerung können Sie zwischen aktiven (= kubischen bis zylindrischen) und inaktiven (= flachen) Zellen unterscheiden.

Klinik: Bei einer Unterfunktion der Schilddrüse wird von der Adenohypophyse vermehrt TSH abgegeben, was über längere Zeit eine Vergrößerung der Schilddrüse (= Kropf = Struma) bewirkt. Ein Kropf wurde früher häufig in jodarmen Gegenden beobachtet. Ein solcher Kropf kann die V. cava superior einengen und damit zur oberen Einflußstauung (= Stauung der zum Herzen führenden Venen) führen. Bei einer Thyreoid-ektomie (= Entfernung der Schilddrüse) dürfen die Epithelkörperchen (Kapitel 13.4.14) nicht mit entfernt werden. Die beiden Nn. laryngei recurrentes sind unbedingt zu schonen, da eine Recurrensparese einseitig Heiserkeit und beidseitig völlige Stummheit zur Folge hat.

Innervation und Gefäßversorgung

Die Schilddrüse wird sensibel und parasympathisch aus dem N. laryngeus superior und inferior (Äste des N. vagus) innerviert.

Die Schilddrüse wird mit Blut versorgt:

- im oberen Schilddrüsenteil aus der paarigen A. thyroidea superior (Ast der A. carotis externa),
- im unteren Schilddrüsenteil aus der paarigen A. thyroidea inferior (Ast des Truncus thyrocervicalis).

Bei etwa 10 % aller Menschen findet man eine A. thyroidea ima, die aus der Aorta oder dem Truncus brachiocephalicus hervorgeht und zum unteren Schilddrüsenpol zieht.

Bedingt durch die Schluckverschieblichkeit (s. oben, Anheftung an den Kehlkopf) besitzen die Arterien eine große Reservelänge und liegen zumeist gekrümmt vor.

Das venöse Blut fließt ab:

- aus dem oberen Teil über die V. thyroidea superior (in die V. jugularis interna),
- aus dem mittleren Teil über die Vv. thyroideae mediae (in die V. jugularis interna),
- aus dem unteren Teil (Isthmus) über den Plexus thyroideus impar (in die V. brachiocephalica sinistra).

In die Arterien und Venen der Schilddrüse sind muskulöse Sperrwülste eingebaut, die die Blutzufuhr dem Blutbedarf anpassen.

5.4.14 Epithelkörperchen !! 2/15

➤ *Besonders prüfungsrelevant: Gesamtes Kapitel.* ◄

An der Rückseite der Schilddrüse liegen zwischen der Organkapsel (= Capsula interna) und der Capsula fibrosa auf jeder Seite oben und unten je ein linsengroßes, gelbliches Körperchen, das als **Epithelkörperchen (= Glandula parathyroidea** = Nebenschilddrüse) bezeichnet wird. Die Lage und Anzahl der Epithelkörperchen ist variabel, meist kommen 4 Stück vor.

Die kranialen Epithelkörperchen sind Abkömmlinge der dorsalen Zellen der 4. Schlundtasche, die kaudalen Epithelkörperchen sind Abkömmlinge der dorsalen Zellen der 3. Schlundtasche.

Mikroskopische Anatomie

Die Epithelkörperchen liegen in einer eigenen Organkapsel, von der bindegewebige Septen in das Innere des Epithelkörperchens ziehen. Die Zellen des Parenchyms (= Drüsengewebe) liegen nestartig beieinander. Das zwischen den Zellnestern liegende Bindegewebe enthält viele Gefäße.

Bei den Parenchymzellen kann zwischen hellen und dunklen Hauptzellen sowie oxyphilen Zellen unterschieden werden.

- Die **hellen Hauptzellen** enthalten Glykogen, das bei den Schnitten herausgelöst ist (darum erscheinen diese Zellen hell). Die Zellgrenzen sind dagegen angefärbt. Die hellen Hauptzellen treten besonders in der Jugend zahlreich auf.
- Die **dunklen Hauptzellen** besitzen weniger Glykogen als die hellen Hauptzellen, dafür aber mehr Ergastoplasma und Mitochondrien. Man nimmt an, daß die hellen und dunklen Hauptzellen nur unterschiedliche Funktionszustände wiederspiegeln und die dunklen Hauptzellen die aktiveren Zellen sind. Mit dem Alter nehmen die dunkleren Hauptzellen an Zahl zu.
- Die **oxyphilen Zellen** sind größer als die Hauptzellen. Sie besitzen kein Glykogen, dafür aber sehr viele Mitochondrien, außerdem sind sie stark azidophil. Ihr Anteil an der gesamten Zellmasse liegt bei etwa 2–5 %. Ihre Aufgabe ist noch unbekannt.

Die Hauptzellen produzieren das Parathormon (= Parathyrin), das den Kalzium- und Phosphatspiegel im Blut reguliert und die Osteoklasten zum Knochenabbau stimuliert. Die Abgabe von Parathormon wird nicht über Steuerhormone aus dem Hypothalamus sondern über das vegetative Nervensystem geregelt.

Zwischen den Zellnestern kommen bei Epithelkörperchen, die nach der Pubertät entnommen wurden, viele, teils strangartig vorliegende Fettzellen vor.

Mikroskopierhilfe: Bei schwacher Vergrößerung sehen Sie Zellnester, zwischen denen viele Gefäße verlaufen, sowie zumeist viele Fettzellen. Bei starker Vergrößerung können Sie zwischen hellen und dunklen Hauptzellen unterscheiden.

Klinik: Bei einer Unterfunktion der Epithelkörperchen sinkt der Kalziumspiegel im Blut ab, was zu einer Übererregbarkeit der Muskulatur (= Tetanie) führen kann.

Gefäßversorgung

Die Epithelkörperchen werden aus der A. thyroidea superior und der A. thyroidea inferior mit Blut versorgt.

5.5 Hirnnerven !!! 31/89

Siehe Winterthur-Tafel „Hirnnerven".

➤ *Prüfungsrelevant: Die in der Tabelle aufgelisteten Hirnnerven mit ihren Ästen und Verläufen sowie die Innervationsorte sind wegen der vielen Fakten sehr lernaufwendig. Wie Sie aus der Anzahl der gestellten Physikumsfragen ersehen, sind die Hirnnerven absolut prüfungsrelevant. Kleine Äste (Rami), die nicht prüfungsrelevant und für die Praxis nicht wissensnotwendig sind, habe ich nicht aufgenommen, ihre Innervationsgebiete wurden dem jeweiligen Hauptast zugerechnet.*

Sie sollten alle 12 Hirnnerven und deren Äste kennen, sowie diese Äste den Hauptstämmen zuordnen können. Außerdem sollten Sie die Innervationsgebiete (motorisch, sensibel, parasympathisch), den Verlauf der Hauptstämme und der fett hervorgehobenen Äste, die Durchtrittsstellen der kleineren Äste und die Klinik kennen. ◄

Aus didaktischen Gründen wäre es zu empfehlen, sich anhand der anatomischen Tafel einen globalen Überblick zu verschaffen und den Text gleichzeitig mit den Verlaufsbeschreibungen zu erarbeiten.

Merksatz

Hirnnerv		
I	Nn. olfactorii	Onkel
II	N. opticus	Otto
III	N. oculomotorius	orgelt
IV	N. trochlearis	tag
V	N. trigeminus	täglich
VI	N. abducens	aber
VII	N. facialis	Freitags
VIII	N. vestibulo-cochlearis	verspeist
IX	N. glosso-pharyngeus	er gerne
X	N. vagus	viele
XI	N. accessorius	alte
XII	N. hypo-glossus	Hamburger

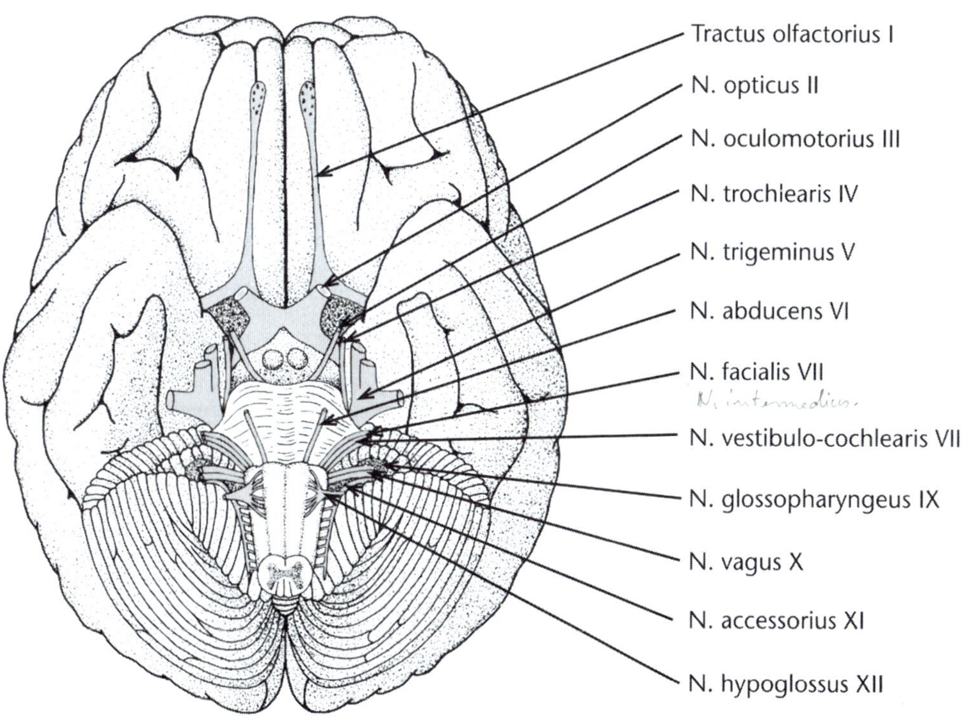

Abb. 5.32 *Hirnnerven*

Als **Hirnnerven** (= **Nn. craniales**) werden die aus dem Gehirn austretenden 12 Nerven bezeichnet. Die Differenzierung zwischen den Hirnnerven und den Spinalnerven des Rückenmarks wird in Kapitel 2.8.1 beschrieben. Im Gegensatz zu den Spinalnerven besitzen einige Hirnnerven nur eine Faserqualität (rein sensorisch oder rein motorisch usw.), was dadurch bedingt ist, daß sie nur von wenigen Hirnkernen entspringen oder an ihnen enden. So haben viele Hirnnerven Spezialfunktionen, die aus den nachfolgenden Beschreibungen hervorgehen.

Es gibt 12 Hirnnerven, die jeweils paarig (= auf jeder Körperhälfte) vorkommen:

- Bis auf den N. trochlearis, der an der dorsalen Seite des Gehirns austritt, verlassen alle Hirnnerven das Gehirn an der Hirnbasis.
- **Rein sensorische** Hirnnerven sind: Nn. olfactorii, N. opticus, N. vestibulocochlearis.

Nerv	Innervationsort	Verlauf
I. Nn. olfactorii (= syn. N. olfactorius = Riechnerv) rein sensorisch	*sensorisch:* Sie leiten die Riechempfindungen von der Riechschleimhaut im Nasenbereich zum Endhirn.	**Extrakranieller Verlauf:** In der oberen Nasenmuschel und im oberen Teil des Nasenseptums liegt die Regio olfactoria (= Riechschleimhaut), in der als primäre Sinneszellen die Riechzellen liegen. Diese Riechzellen sind bipolare Ganglienzellen, deren marklose Neuriten (Filia olfactoria) sich zu etwa 20 Nn. olfactorii zusammenlagern (die Nervi sind von Schwannschen Zellen umhüllt). Durch die Lamina cribrosa des Os ethmoidale (= Siebbein) gelangen die Nerven in die Schädelhöhle. **Intrakranieller Verlauf:** Nach dem Durchtritt durch die Lamina cribrosa durchbrechen die Nn. olfactorii die Dura mater und ziehen zum **Bulbus olfactorius** (= **Riechkolben** – siehe Kapitel 9.8.1), der in der Cavitas subarachnoidea liegt. Die Riechzellen bilden das 1. Neuron, die im Bereich des Bulbus olfactorius (= primäres Riechzentrum) auf das 2. Neuron umgeschaltet werden.
	Klinik: Beim Ausfall der Nn. olfactorii kommt es zu Geruchsstörungen.	
II. N. opticus (= Sehnerv) rein sensorisch	*sensorisch:* Er leitet die Lichtreize von der Netzhaut (= Retina) zum Zwischenhirn.	Der etwa 4 mm dicke N. opticus entsteht, indem sich etwa eine Million Axone der 3. Neurone der Retina im Discus nervi optici (Sehnervenpapille) vereinigen (s. Kapitel 10.2.4). Durch den Fettgewebskörper des Auges gelangt der N. opticus zur Schädelbasis und durch den Canalis opticus in die Schädelhöhle, wo er sich im Bereich der Sella turcica, meist auf, seltener vor der Sella turcica (enthält die Hypophyse) mit dem N. opticus der Gegenseite zum **Chiasma opticum** (= Sehnervenkreuzung) vereinigt (siehe auch Kapitel 9.8.1). Im Chiasma opticum kreuzen die aus dem nasalen (medialen) Teil der Netzhaut (= Retina) kommenden Fasern zur Gegenseite, während die aus dem temporalen (lateralen) Retinateil kommenden Fasern nicht kreuzen. Aus dem Chiasma geht auf jeder Seite ein nach dorsal verlaufender **Tractus opticus** (= Sehstrang) hervor. Jeder Tractus zieht um den Pedunculus cerebri (Hirnschenkel) herum zu den drei primären Sehzentren, wobei die beiden Corpora geniculata lateralia als die „eigentlichen" Sehzentren angesehen werden. Der N. opticus ist entwicklungsgeschichtlich gesehen eine Ausstülpung des Zwischenhirns (weiße Substanz), er ist deshalb von den drei Hirnhäuten: Dura mater, Arachnoidea und Pia mater umhüllt (wird ausführlich in Kapitel 10.2.4 beschrieben).
	Klinik: Beim Ausfall des N. opticus kommt es zu Sehstörungen bis zur Erblindung (Amaurosis). Dies hängt davon ab, wieviele und welche Nervenfasern betroffen sind.	

Nerv	Innervationsort	Verlauf
III **N. oculomotorius** (= Augenmuskelnerv) motorisch und parasympathisch	*motorisch:* Seine Äste innervieren mit Ausnahme des M. obliquus superior (wird vom N. trochlearis innerviert) und des M. rectus lateralis (wird vom N. abducens innerviert) alle äußeren Augenmuskeln (siehe Rami).	**Intrakranieller Verlauf:** Der N. oculomotorius verläßt den Hirnstamm im Bereich der Fossa interpeduncularis, die vor dem Pons (= Brücke) liegt. Lateral von der Sella turcica (= Türkensattel) zieht er durch die Wand des Sinus cavernosus und anschließend zwischen der A. cerebri posterior und der A. cerebelli superior weiter. Durch die Fissura orbitalis superior gelangt er von der Schädelhöhle in die Augenhöhle (= Orbita). **Extrakranieller Verlauf:** In der Orbita teilt sich der N. oculomotorius in 2 Rami.
– **R. superior**	*motorisch:* M. levator palpebrae superioris, M. rectus superior.	
– **R. inferior**	*motorisch:* M. rectus medialis, M. rectus inferior, M. obliquus inferior.	Er gibt als Ast die Radix oculomotoria ab.
– – Radix parasympathetica (Radix oculomotoria		Leitet praeganglionäre parasympathische Nervenfasern zum Ganglion ciliare, wo sie auf die Nn. ciliares breves umgeschaltet werden.
– – – Nn. ciliares breves	*parasympathisch:* M. ciliaris, M. sphincter pupillae	
	Klinik: Beim Ausfall des N. oculomotorius kommt es zur: • Ptosis (= das obere Augenlid hängt herunter) – durch den Ausfall des M. levator palpebrae superioris, • Mydriasis (= geweitete Pupille) – durch den Ausfall des M. sphincter pupillae und des M. ciliaris, ist eine Akkommodation (= Naheinstellung des Auges) nicht mehr möglich, • Auswärtsschielen (= zum Blick nach unten außen), weil die oben aufgeführten Augenmuskeln ausfallen und nun der M. obliquus superior und der M. rectus lateralis überwiegen – dadurch ist das betroffene Auge nur noch wenig beweglich. Der Patient sieht Doppelbilder, weil das erkrankte Auge dem gesunden Auge nicht folgen kann.	

- **Rein motorische** Hirnnerven sind:
  N. trochlearis, N. abducens, N. accessorius, N. hypoglossus.
- **Gemischte Hirnnerven sind:**
  N. oculomotorius, N. trigeminus, N. facialis, N. glossopharyngeus, N. vagus.

Entwicklungsgeschichtlich gesehen, sind die Nn. olfactorii und der N. opticus keine Hirnnerven im eigentlichen Sinne sondern Hirnbahnen, die zum Zwischenhirn (N. opticus) bzw. zum Endhirn (Nn. olfactorii) zu zählen sind und im Laufe der Entwicklung „ausgestülpt" wurden.

Aus den Kiemenbögen gehen folgende 5 Hirnnerven hervor: N. trigeminus, N. facialis, N. glossopharyngeus, N. vagus und N. accessorius (siehe die Tabelle in Kapitel 5.1.2).

Der N. hypoglossus (= 12. Hirnnerv) geht aus dem Rückenmark hervor, er ist ein nur in das Schädelinnere verlagerter Nerv.

Nerv	Innervationsort	Verlauf
IV. N. trochlearis (= Augenrollnerv) rein motorisch	*motorisch:* M. obliquus superior	**Intrakranieller Verlauf:** Er verläßt den Hirnstamm unterhalb der Lamina tectalis (alt: Lamina quadrigemina) der Colliculi inferiores (= untere beiden Hügel der Vierhügelplatte). Damit ist der N. trochlearis der einzige Hirnnerv, der im dorsalen Bereich aus dem Hirnstamm austritt. Innerhalb der **Cisterna ambiens** liegend, zieht er um die Pedunculi cerebri herum zur Basalseite, wo er in der Seitenwand des Sinus cavernosus nach ventral zieht. Er ist der dünnste Hirnnerv. Durch die Fissura orbitalis superior gelangt er von der Schädelhöhle in die Orbita (= Augenhöhle). **Extrakranieller Verlauf:** In der Orbita verläuft er oberhalb des M. levator palpebrae superioris.
	Klinik: Bei seinem Ausfall kommt es durch die Lähmung des M. obliquus superior zu einer geringen Fehlstellung des Auges nach innen/oben.	
V. N. trigeminus (= Drillingsnerv) sensibel (Radix sensoria) motorisch (Radix motoria) s. Abb. 5.33	*motorisch:* Kaumuskulatur – s. Äste: *sensibel:* gesamtes Gesicht und Hirnhäute.	Der N. trigeminus ist der wichtigste sensible Nerv im Kopfbereich! Er entstammt dem 1. Kiemenbogen. **Intrakranieller Verlauf:** Der N. trigeminus verläßt den Hirnstamm an der lateralen Seite des Pons (= Brücke). Er besteht aus einer Radix sensoria, die sensible Nervenfasern führt, und einer Radix motoria, die motorische Nervenfasern führt. In der mittleren Schädelgrube liegt an der Spitze der Felsenbeinpyramide (oberhalb des Foramen lacerum) eine taschenartige Aussackung der Dura mater, die Cavitas trigeminalis (alt: Cavum trigeminale) genannt wird. In diesem Cavum trigeminale bildet die Radix sensoria des N. trigeminus das etwa 1,5 cm breite sensible **Ganglion trigeminale** (Gasseri). Das Ganglion trigeminale ist von einer Fortsetzung der Arachnoidea umhüllt, liegt jedoch außerhalb des Arachnoidalraums. Im Ganglion liegen die Perikaryen der pseudounipolaren Ganglienzellen, deren zentrale Fasern zu den Hirnkernen ziehen und aus deren peripheren Fasern sich folgende 3 Hauptäste bilden: • N. ophthalmicus (= Augenast), • N. maxillaris (= Oberkieferast), • N. mandibularis (= Unterkieferast). **Merksatz** für die Reihenfolge der 3 Hauptäste: **O**ft ißt **Max Mand**eln. Die Radix motoria verläuft unterhalb des Ganglion und schließt sich dem N. mandibularis an.
– N. ophthalmicus		**Intrakranieller Verlauf:** Der N. ophthalmicus verläuft in der Seitenwand des Sinus cavernosus. Als Ast gibt er noch im Schädelbereich den rückläufigen R. tentorii ab, der zum Sinus rectus, Sinus cavernosus und zur Dura mater zieht. Normalerweise teilt sich der N. ophthalmicus noch in der Schädelhöhle in seine 3 Endäste: N. lacrimalis, N. frontalis und N. nasociliaris, die gemeinsam durch die Fissura orbitalis superior von der Schädelhöhle in die Orbita (= Augenhöhle) gelangen.

Alle Hirnnerven gelangen nach ihrem Austritt aus dem Gehirn durch die Dura mater und Arachnoidea in den Subarachnoidealraum, wobei der N. abducens von allen Hirnnerven am längsten extradural (= außerhalb der Dura mater in der Schädelhöhle) und der N. trochlearis am längsten intradural verlaufen.

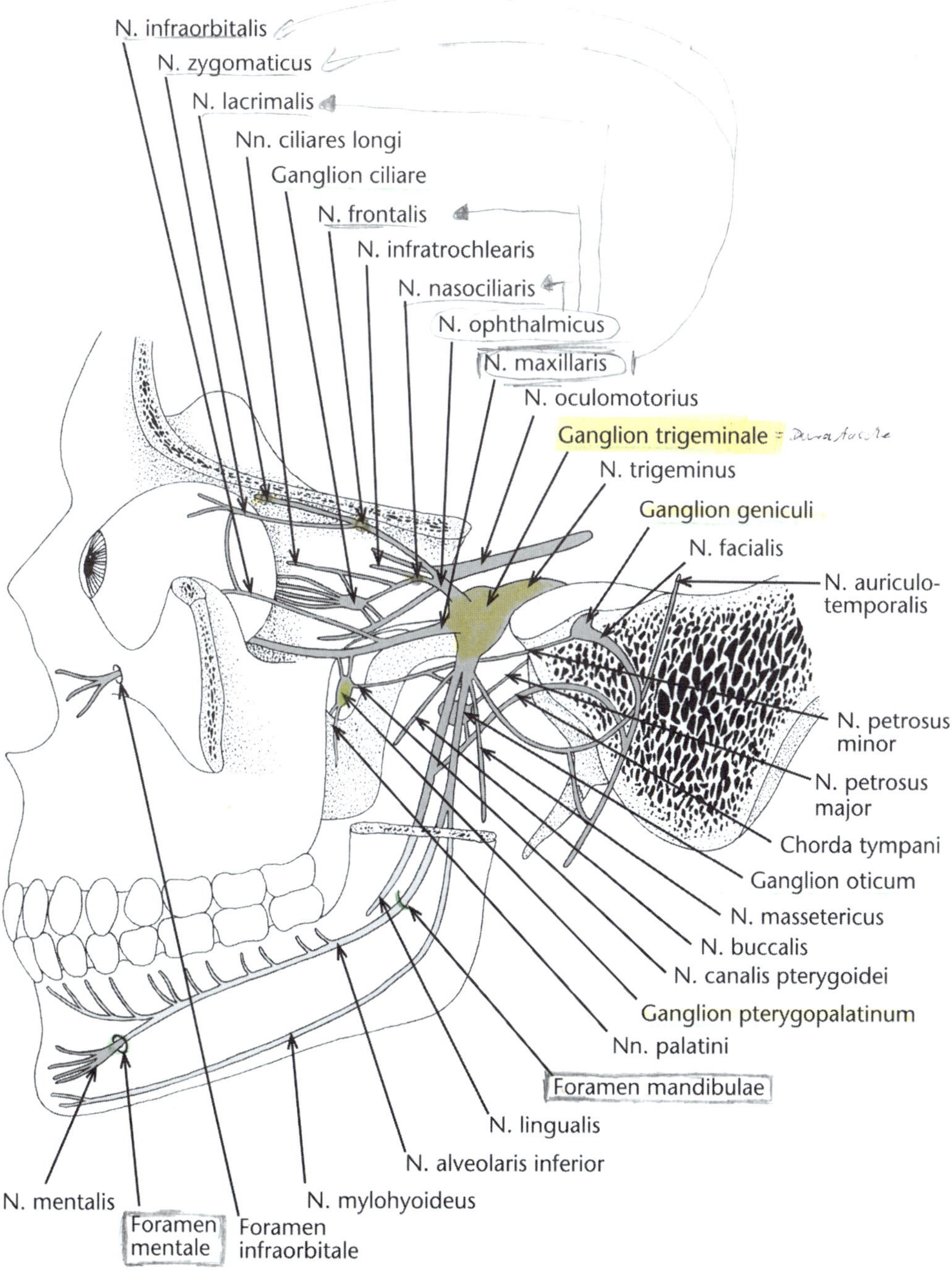

Abb. 5.33 *Lage des N. trigeminus*

Nerv	Innervationsort	Verlauf
– – **N. frontalis** (= Stirnnerv)		Der N. frontalis ist der stärkste Ast des N. ophthalmicus. Er verläuft unter dem Dach der Augenhöhle auf dem M. levator palpebrae superioris liegend zum vorderen Augenhöhlendach. An Ästen gibt er ab:
– – – N. supra-trochlearis	*sensibel:* Haut im Bereich des medialen Augenwinkels.	Er verläuft über die Trochlea des M. obliquus superior.
– – – N. supra-orbitalis	*sensibel:* Stirnhaut, Bindehaut des oberen Augenlids.	Er teilt sich in 2 Rami, von denen der R. lateralis durch die Incisura supraorbitalis und der R. medialis durch die Incisura frontalis aus dem Schädel austreten.
– – **N. lacrimalis** (= Tränennerv)	*sensibel:* Tränendrüse, Konjunktiven, Haut des lateralen Augenwinkels.	Der N. lacrimalis verläuft im oberen Teil der Augenhöhle über den M. rectus lateralis zur Tränendrüse. In seinem Verlauf erhält der N. lacrimalis vom N. zygomaticus (= Ast des N. maxillaris) postganglionäre parasympathische Fasern aus dem Ganglion pterygopalatinum für die Innervation der Tränendrüse.
– – **N. nasociliaris** (= Nasenaugennerv)		Er verläuft in der Augenhöhle zwischen dem N. opticus und dem M. rectus superior und durch dem Anulus tendineus communis zum medialen Augenwinkel. An Ästen gibt er ab:
– – – N. ethmoidalis posterior	*sensibel:* Schleimhaut der hinteren Cellulae ethmoidales und des Sinus sphenoidalis	Er zieht durch das Foramen ethmoidale posterius.
– – – N. ethmoidalis anterior	*sensibel:* vordere Cellulae ethmoidales, Nasenhöhle und Nasenrückenhaut.	Er zieht durch das Foramen ethmoidale anterius in die vordere Schädelgrube, wo er extradural verläuft. Durch die Lamina cribrosa zieht er zur Nasenhöhle.
– – – N. infra-trochlearis	*sensibel:* innerer Augenwinkel.	Er zieht unterhalb der Trochlea des M. obliquus superior zum inneren Augenwinkel.
– – – Nn. ciliares longi	*sensibel:* Hornhaut, Iris, Corpus ciliare *sympathisch:* M. dilatator pupillae	Sie lagern sich dem N. opticus an.
– – – Radix sensoria		Führt sensible Fasern vom Ganglion ciliare für das Auge.
2 – **N. maxillaris**		**Extrakranieller Verlauf:** Er gelangt aus der mittleren Schädelgrube durch das Foramen rotundum in die Fossa pterygopalatina (= Flügelgaumengrube), wo er oberhalb des Ganglion pterygopalatinum liegt. In der Fossa pterygopalatina teilt er sich in seine Äste auf (= N. zygomaticus, N. infraorbitalis, Rr. ganglionici). **Merksatz** für die Austrittsstelle: **ro**ter **Max** (Foramen **rot**undum – N. **max**illaris.

Nerv	Innervationsort	Verlauf
– – **N. zygomaticus** (= Jochbeinnerv)	*parasympathisch:* Tränendrüse *sensibel:* Haut über der Schläfe und dem Jochbein	Er zieht von der Fossa pterygopalatina durch die Fissura orbitalis inferior zur lateralen Augenhöhlenwand, schickt einen Ast über den N. lacrimalis zur Tränendrüse und zieht durch das Foramen zygomaticoorbitale ins Os zygomaticum (= Jochbein).
– – **N. infraorbitalis**	*sensibel:* unteres Augenlid, seitliche Nase, Oberlippe	Er ist der Hauptast des N. maxillaris. Wie der N. zygomaticus, gelangt er durch die Fissura orbitalis inferior in die Augenhöhle. Durch den am Boden der Orbita liegenden Canalis infraorbitalis verläßt er die Augenhöhle und gelangt durch das Foramen infraorbitale (= Mündung des Canalis infraorbitalis) auf die Vorderseite des Gesichts. Als Äste gehen bereits im Canalis infraorbitalis die Rr. alveolares superiores anteriores und posteriores sowie der R. alveolaris superior medius ab.
– – – Rr. alveolares superiores anteriores	*sensibel:* Backen-, Eck- und Schneidezähne des Oberkiefers und das entsprechende Zahnfleisch	
– – – Rr. alveolares superiores posteriores	*sensibel:* obere Mahlzähne (= Molare) und das entsprechende Zahnfleisch.	Sie ziehen durch die Foramina alveolaria in die hintere Kieferhöhle. Bilden zusammen mit dem R. alveolaris superior medius den **Plexus dentalis superior**.
– – Rr. ganglionici (= Nn. pterygopalatini)		Die sensiblen Fasern der Rr. ganglionici ziehen in das parasympathische Ganglion pterygopalatinum. Im Ganglion teilen sie sich ohne umgeschaltet zu werden, in ihre Äste (Nn. palatini, Nn. nasales). Im Ganglion schließen sich den Ästen sympathische und parasympathische Fasern an.
– – – N. palatinus major	*sensibel:* Gaumenschleimhaut	Er verläßt den Canalis palatinum majus durch das Foramen palatinum majus.
– – – Nn. palatini minores	*sensibel:* Tonsilla palatina, Uvula; *parasympathisch:* Glandulae palatinae	Sie verlassen den Canalis palatinum majus durch das Foramen palatinum minus.
– – – Rr. nasales posteriores superiores laterales	*sensibel:* Nasenmuschel	Sie ziehen durch das Foramen sphenopalatinum.

Nerv	Innervationsort	Verlauf
– – – Rr. nasales posteriores superiores mediales	*sensibel:* Nasenseptum	
– – – – N. nasopalatinus	*sensibel:* vorderer Teil der Gaumenschleimhaut, Zahnfleisch der oberen Schneidezähne	Es ist ein langer Ast der Rr. nasales posteriores superiores. Er zieht durch den Canalis incisivus.
– **N. mandibularis**	*motorisch:* Alle Kaumuskeln sowie die Mundbodenmuskeln.	**Extrakranieller Verlauf:** Er gelangt mit der Radix motoria (= Portio minor des N. trigeminus) aus der Schädelhöhle durch das Foramen ovale in die Fossa infratemporalis. **Merksatz** für die Durchtrittsstelle: **Ovale Mand**eln (= N. **mand**ibularis = Foramen **ovale**). Unterhalb vom Foramen ovale liegt medial vom N. mandibularis das autonome **Ganglion oticum**. (s. Kapitel 5.7.2). In der Fossa infratemporalis teilt sich der N. mandibularis in einen vorderen Stamm (= N. masticatorius) und einen hinteren Stamm. In der Fossa gibt er direkt den rückläufigen R. menigeus ab, der zusammen mit der A. meningea media durch das Foramen spinosum in die mittlere Schädelgrube eintritt.
Vorderer Stamm = N.masticatorius (vorwiegend motorisch) Aus ihm gehen hervor:		
– – **N. massetericus**	*motorisch:* M. masseter	Er zieht durch die Incisura mandibulae.
– – **N. buccalis**	*sensibel:* Wangenschleimhaut, Zahnfleisch, 2. Backenzahn und 1. Mahlzahn des Unterkiefers	Er verläuft zwischen den beiden Köpfen des M. pterygoideus lateralis und auf dem M. buccinator liegend zur oberflächlichen Gesichtsgegend.

Nerv	Innervationsort	Verlauf
– – **Nn. temporales profundi**	*motorisch:* M. temporalis	
– – **N. pterygoideus lateralis**	*motorisch:* M. pterygoideus lateralis	
– – **N. pterygoideus medialis**	*motorisch:* M. pterygoideus medialis, M. tensor veli palatini, M. tensor tympani	
hinterer Stamm (vorwiegend sensibel) Aus ihm gehen die nachfolgenden Äste hervor:		
– – **N. auriculo-temporalis**	*sensibel:* Haut der Schläfengegend, des äußeren Gehörgangs sowie des Trommelfells parasympathisch: Glandula parotis	Dem N. auriculotemporalis schließen sich aus dem Ganglion oticum kommende postganglionäre parasympathische Fasern des N. glossopharyngeus an, die zur Glandula parotis ziehen. Der N. auriculotemporalis umschlingt die A. meningea media, zieht nach dorsal zum Collum mandibulae, von wo er mit der A. temporalis superficialis zur Schläfengegend zieht.
– – **N. lingualis** (Zungennerv)	*sensibel:* vordere 2/3 des Zungenrückens sekretorisch: Gl. submandibularis und Gl. sublingualis	Er zieht zwischen dem M. pterygoideus medialis und lateralis in Richtung Mundboden, wo er oberhalb der Gl. submandibularis verläuft. Zwischen M. hyoglossus und M. genioglossus liegend zieht er in die Zunge. Im Bereich der Mm. pterygoidei lagert sich dem N. lingualis die Chorda tympani an, von der er die Geschmacksfasern empfängt (siehe N. intermediofacialis). An Ästen gibt er u.a. den N. sublingualis ab.
– – – N. sublingualis	*sensibel:* Gl. sublingualis und Mundschleimhaut	

Nerv	Innervationsort	Verlauf
-- **N. alveolaris inferior**	*sensibel:* Äste für die Schneide- bis Eckzähne des Unterkiefers, Zahnfleisch	Er zieht zwischen den Mm. pterygoidei liegend zum Foramen mandibulae, durch das er in den Canalis mandibulae gelangt. Kurz vor dem Eintritt in den Canalis mandibulae gibt er den N. mylohyoideus ab. Als Hauptast des N. alveolaris inferior verläßt der N. mentalis den Canalis mandibulae durch das Foramen mentale. Äste:
--- N. mentalis	*sensibel:* Kinn, Unterlippe	
--- N. mylohyoideus	*motorisch:* M. mylohyoideus, Venter anterior des M. digastricus.	**Merksatz:** Alle 3 Hauptäste des N. trigeminus geben 3 Äste ab: • N. ophthalmicus = N. **fr**ontalis, N. **la**crimalis, N. **n**asociliaris = **Fr**itz **la**cht **n**iemals; • N. maxillaris = Nn. **p**terygopalatini, N. **z**ygomaticus, N. **i**nfraorbitalis = **P**eter **z**ieht **i**mmer; • N. mandibularis = N. **au**riculotemporalis, N. **li**ngualis, N. **al**veolaris inferior = **Au**gust **li**ebt **al**le.
	Klinik: Bei einem Ausfall des N. trigeminus kommt es u.a. zum Sensibilitätsverlust im Gesichtsbereich, zur Hörstörung (durch den Ausfall des M. tensor tympani) und zur Abschwächung des Kornealreflexes (Nn. ciliares), sowie zum Ausfall der Kaumuskeln. Häufiger kommt es jedoch zu einer Trigeminusneuralgie (= eine Überempfindlichkeit des Nerven auf einer Gesichtsseite), wobei die Schmerzen blitzartig auftreten.	
VI. N. abducens (= Augenmuskelnerv) rein motorisch	*motorisch:* M. rectus lateralis	**Intrakranieller Verlauf:** Er verläßt den Hirnstamm zwischen der Brücke (= Pons) und der Pyramide. Im Bereich des Clivus (= Knochenstück zwischen dem Foramen magnum und dem Türkensattel) durchbricht er die Dura mater und verläuft lateral von der A. carotis interna durch den Sinus cavernosus. Der N. abducens hat von allen Hirnnerven den längsten intradural verlaufenden Weg. Durch die Fissura orbitalis superior gelangt er von der Schädelhöhle in die Augenhöhle (= Orbita).
	Klinik: Bei seinem Ausfall kann das betroffene Auge nur noch wenig bewegt werden. Es kommt zum Einwärtsschielen (Doppelbilder).	

Nerv	Innervationsort	Verlauf
VII. N. facialis (syn.: N. intermediofacialis) (= Gesichtsnerv) motorisch, sensorisch, sekretorisch, sensibel		**Intrakranieller Verlauf:** Der N. facialis verläßt gemeinsam mit dem N. intermedius und dem N. vestibulo-cochlearis den Hirnstamm am Kleinhirnbrückenwinkel zwischen der Medulla oblongata (= verlängertes Mark) und der Brücke (= Pons). Diese 3 Nerven werden auch als **Fazialisgruppe** bezeichnet. Sie ziehen zusammen durch den Porus acusticus internus in den Meatus acusticus internus und verlassen damit die Schädelhöhle. **Extrakranieller Verlauf:** Der Meatus acusticus internus (= innerer Gehörgang) liegt im Felsenbein (= Teil des Os temporale = Schläfenbein). Der N. facialis und der N. intermedius verlassen durch den Canalis facialis den Meatus acusticus internus. Der Canalis facialis verläuft zunächst nach vorn/seitlich bis zum Hiatus canalis n. petrosi majoris, wo er fast rechtwinklig nach hinten/seitlich umbiegt und dabei das äußere **Fazialisknie** (= **Geniculum canalis facialis**) bildet. Anschließend verläuft der Canalis facialis unterhalb des lateralen Bogengangs (gehört zum Gleichgewichts-organ, Kapitel 11.4.2) und oberhalb vom ovalen Fenster (Kapitel 11.4.3) weiter und endet am Foramen stylomastoideum. Der N. facialis und der N. intermedius ziehen durch den gesamten Canalis facialis. Seitlich vom N. intermedius liegt im äußeren Fazialisknie das sensible **Ganglion geniculi.** In diesem Ganglion erfolgt keine Umschaltung, es ist vielmehr funktionell einem Spinalganglion vergleichbar. In ihm liegen die Zellkörper (= Perikaryen) der sensorischen Geschmacksfasern aus den vorderen 2/3 der Zunge, deren Axone in der Chorda tympani zu ihrem Zielgebiete im Rautenhirn gelangen. – Im unteren Teil des Kanals vereinigen sich der N. facialis und der N. intermedius zum N. intermediofacialis, der durch das Foramen stylomastoideum den Kanal verläßt und zur Glandula parotis (= Ohrspeicheldrüse) zieht, wo er als Plexus intraparotideus endet. Innerhalb des Canalis facialis gehen 3 Äste ab: N. petrosus major, N. stapedius, Chorda tympani. – Unterhalb des Foramen stylomastoideum gehen aus dem N. intermediofacialis der N. auricularis posterior, der R. stylohyoideus und der R. digastricus ab.
– **N. petrosus major**	*parasympathisch:* Gl. lacrimalis (= Tränendrüse), Gll. palatinae (= Gaumendrüsen), Gll. nasales (= Nasendrüsen).	Der N. petrosus major geht am äußeren Fazialisknie aus dem N. intermedius hervor. Er besteht aus präganglionären parasympathischen Nervenfasern. Durch den Hiatus canalis n. petrosi majoris verläßt er an der Vorderseite der Felsenbeinpyramide den Canalis facialis und gelangt in die mittlere Schädelgrube. Nach kurzem Verlauf unter der Dura mater verläßt der N. petrosus major die Schädelgrube durch das Foramen lacerum, hinter dem er sich mit einem Ast des N. petrosus profundus (führt sympathische Fasern) vereinigt. Gemeinsam gelangen sie durch den Canalis pterygoideus in die Fossa pterygopalatina (= Flügelgaumengrube), wo die präganglionären Fasern im **Ganglion pterygopalatinum** auf die postganglionären Fasern umgeschaltet werden.

Nerv	Innervationsort	Verlauf
– N. stapedius	*motorisch:* M. stapedius	Er verläßt den N. facialis innerhalb des Canalis facialis.
– **Chorda tympani** (= **Paukensaite**)	*parasympathisch (sekretorisch):* Gl. submandibularis, Gl. sublingualis sensorisch: Geschmacksfasern aus den vorderen 2/3 der Zunge.	Die präganglionären Fasern des N. intermedius ziehen seitlich am **Ganglion geniculi** vorbei. Aus den sensiblen Fasern des Ganglion geniculi und den parasympathischen Fasern des N. intermedius bildet sich die **Chorda tympani**, die kurz oberhalb des Foramen stylomastoideum den N. intermedius verläßt. Die Chorda tympani verläuft zur Paukenhöhle (Teil des Ohrs, siehe Kapitel 11.3.1), wo sie zwischen dem Hammer und dem Amboß (beides Gehörknöchelchen) zur Fissura petrotympanica zieht und durch diese Fissura die Paukenhöhle verläßt. Anschließend legt sich die Chorda tympani dem N. lingualis an und zieht durch die Fossa infratemporalis zum **Ganglion submandibulare**, wo die Nervenfasern von prä- auf postganglionär umgeschaltet werden.
– N. auricularis posterior	*motorisch:* M. occipitofrontalis, Ohrmuschelmuskeln	
– R. stylohyoideus	*motorisch:* M. stylohyoideus	
– R. digastricus	*motorisch:* Venter posterior des M. digastricus	
Plexus intraparotideus	*motorisch:* mimische Gesichtsmuskulatur, Platysma	Der Plexus intraparotideus besteht aus folgenden Ästen, deren Namen bereits auf das motorische Zielgebiet hindeutet: Rr. temporales, Rr. zygomatici, Rr. buccales, R. marginalis mandibulae, R. colli. Der R. colli anastomosiert mit dem aus dem Plexus cervicalis kommenden N. transversus colli.

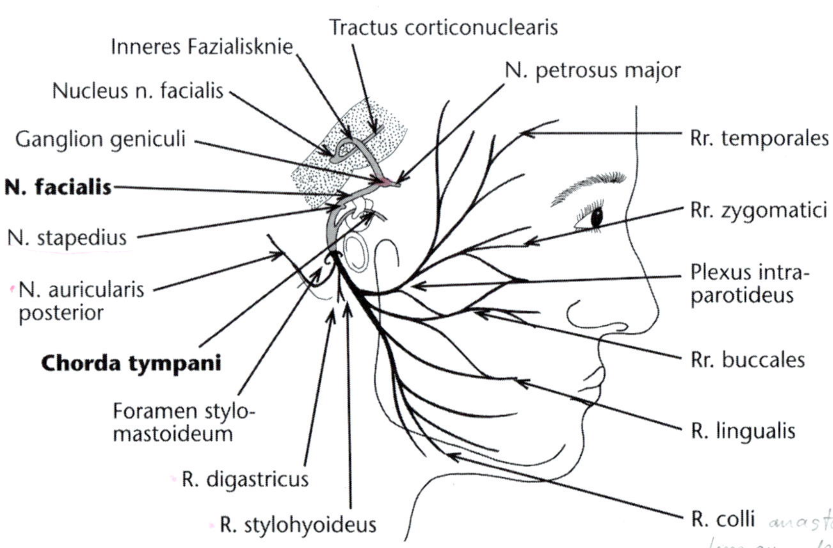

anastomosiert mit dem aus dem Plexus cervicalis kommenden N. transversus colli

Abb. 5.34 *N. facialis*

N. facialis (Fortsetzung)

Klinik: Ein Ausfall des N. facialis (= Fazialisparese) kann durch eine intrakranielle (= zentrale) oder eine extrakranielle (= periphere) Schädigung verursacht sein.
Die zentrale einseite Fazialisparese unterscheidet sich von der peripheren Fazialisparese dadurch, dass die motorische Versorgung der Stirn bei der zentralen Fazialisparese erhalten bleibt, da die Nervenfasern zwischen den Kerngebieten ausgetauscht werden (= Doppelversorgung der Stirnmuskulatur). Bei einer zentralen einseitigen Fazialisparese z.B. der rechten Gesichtshälfte, hängen alle mimischen Muskeln der rechten Seite schlaff herunter. Die Stirn kann auf der rechten Seite jedoch trotzdem noch gerunzelt und die Lidspalte geschlossen werden.
Symptome peripherer Lähmungen sind:
- Hyperakusis (= krankhafte Feinhörigkeit – N. stapedius),
- verminderte Tränen- und Speichelsekretion,
- Störung der Geschmacksempfindung im vorderen 2/3 der Zunge (Chorda tympani),
- Motorische Paresen (= Ausfälle) wie die Unfähigkeit, auf der gelähmten Seite die Stirn zu runzeln, oder das Auge oder den Mund auf der betreffenden Seite zu schließen (Lähmung der mimischen Muskeln).
- Die Lidspalte kann nicht mehr geschlossen werden. Dadurch kann die Tränenflüssigkeit nicht mehr auf dem Auge verteilt werden, was zur Austrocknung der Binde- und Hornhaut, und damit langfristig zur Schädigung des Auges führen kann.
- Mundwinkel hängt herab.

Bei einer peripheren Schädigung hängen die Lähmungserscheinungen vom Ort des Ausfalls ab:

Symptome	Ort der Schädigung 1	2	3	4
verminderte Tränen- und Speichelsekretion	+	–	–	–
zusätzlich: Hyperakusis (= akustische Überempfindlichkeit) – weil M. stapedius ausfällt	+	+	–	–
zusätzlich: Geschmacksempfindung in den vorderen 2/3 der Zunge gestört	+	+	+	–
zusätzlich: Schlaffe Lähmung der mimischen Muskulatur der betroffenen Gesichtsseite	+	+	+	+

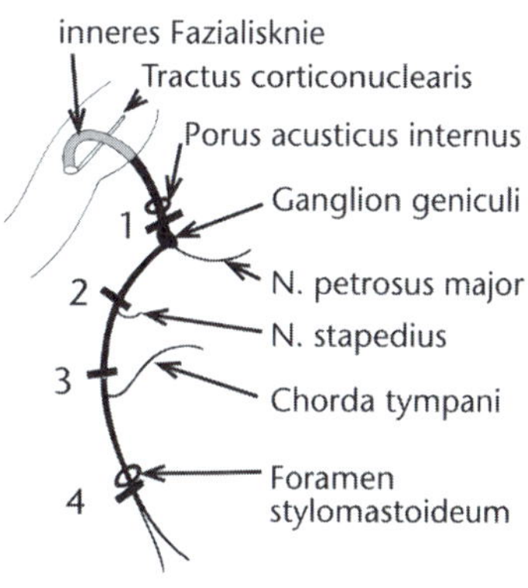

Abb 5.35 Schematischer Verlauf des N. intermediofacialis mit eingezeichneten Schädigungsorten

Kopf, Hals

Nerv	Innervationsort	Verlauf
VIII. N. vestibulocochlearis (= Hörgleichgewichtsnerv) rein sensorisch		**Intrakranieller Verlauf:** Er verläßt mit dem N. facialis und dem N. intermedius den Hirnstamm am Kleinhirnbrückenwinkel. Der N. vestibulo-cochlearis besteht aus dem N. vestibularis (= Radix vestibularis) und dem N. cochlearis (= Radix cochlearis). Mit dem N. facialis und dem N. intermedius zieht der N. vestibulo-cochlearis durch den Porus acusticus internus in den Meatus acusticus internus (= innerer Gehörgang) und verläßt hierdurch die Schädelhöhle.
– **N. vestibularis** (= Gleichgewichtsnerv)	*sensorisch:* Sinneszellen der Cristae ampullares der Bogengänge sowie die der Maculae sacculi und utriculi (Gleichgewichtsorgan – s. Kapitel 11.4.2).	**Extrakranieller Verlauf:** Der N. vestibularis bildet noch im Meatus acusticus internus (innerer Gehörgang) das **Ganglion vestibulare** und teilt sich in die Äste auf, die zum Sacculus, zum Utriculus und zur Ampulle des Bogengangs ziehen (siehe Gleichgewichtsorgan, Kapitel 11.4.2).
– **N. cochlearis** (= Hörnerv)	*sensorisch:* Sinneszellen des Corti'schen Organs	Der N. cochlearis bildet das an der Schnecke liegende **Ganglion cochleare** (syn. Ganglion spirale cochleae) seinen Anfang hat er an den Sinneszellen des Corti-Organs (siehe Hörorgan, Kapitel 11.4.3).
	Klinik: Bei einer Schädigung der Pars vestibularis kommt es zu Gleichgewichtsstörungen mit Fallneigung zur gelähmten Seite hin, sowie zu Übelkeit; bei einer Schädigung der Pars cochlearis kommt es zu Hörstörungen (bis zur Taubheit).	
IX. N. glossopharyngeus (= Zungenschlundnerv – Innerviert im Zungen- „glosso-" und Schlundbereich „-pharyngeus") sensibel, sensorisch, motorisch, parasympathisch		**Intrakranieller Verlauf:** Der N. glosso-pharyngeus tritt zusammen mit dem N. vagus und dem N. accessorius im Sulcus lateralis posterior (dorsal von der Olive) aus dem Hirnstamm aus. Durch den vorderen Teil des Foramen jugulare verläßt er die Schädelhöhle im Bereich der hinteren Schädelgrube und zieht zur äußeren Schädelbasis. Noch innerhalb des Foramen jugulare bildet er das kleine, rein sensible **Ganglion superius** und direkt unterhalb des Foramen das größere, sensible und parasympathische **Ganglion inferius**. **Extrakranieller Verlauf:** Der N. glossopharyngeus liegt zuerst zwischen der A. carotis interna und der V. jugularis interna und später hinter der V. jugularis interna. Zwischen dem M. stylopharyngeus und dem M. styloglossus verlaufend gelangt er über die laterale Schlundwand zur Zungenwurzel.
– **N. tympanicus** (= Paukenhöhlennerv) parasympathisch	*sensibel:* Schleimhaut der Paukenhöhle, (Tuba auditiva), Trommelfell.	Im Ganglion inferius zweigt der N. tympanicus vom N. glossopharyngeus ab. Der N. tympanicus gelangt durch den Canaliculus tympanicus in die Paukenhöhle, wo er mit den Nn. caroticotympanici (führen sympathische Fasern aus dem Plexus caroticus internus) den **Plexus tympanicus** bildet. Aus dem Plexus tympanicus geht der N. petrosus minor hervor, der durch ein Knochenkanälchen (den Hiatus canalis n. petrosi minoris) erneut in die Schädelhöhle gelangt, wo er in der mittleren Schädelgrube auf der vorderen Fläche der Felsenbeinpyramide und unter der Dura mater liegt. Durch das Foramen lacerum verläßt er die Schädelhöhle wieder und gelangt in die Fossa infratemporalis, wo seine Fasern im **Ganglion oticum** von prä- auf postganglionär umgeschaltet werden (s. Kapitel 5.7.2). Diese Fasern gelangen nach Aufnahme in den N. auriculotemporalis zur Gl. parotis.

Nerv	Innervationsort	Verlauf
– – **N. petrosus minor**	*parasympathisch* (= sekretorisch): Gl. parotis	
– Rr. pharyngeales	Siehe N. vagus	Sie bilden zusammen mit den Ästen aus dem N. vagus und dem Sympathikus den Plexus pharyngeus.
– **R. sinus carotici**	*parasympathisch:* Glomus caroticum und Sinus caroticus (Kapitel 5.8.1)	Dieser Ramus leitet über afferente Fasern Informationen über den Blutdruck von den Mechanorezeptoren aus dem Sinus caroticus und über die Sauerstoff-Blutkonzentration von den Chemorezeptoren aus dem Glomus caroticum zur Medulla oblongata und zum Nucleus dorsalis des N. vagus, über den dann der Blutdruck und die Schlagfrequenz des Herzens reguliert wird.
– R. m. stylopharyngei	*motorisch:* M. stylopharyngeus	
– Rr. tonsillares	*sensibel:* Tonsilla palatina, Palatum molle (= weicher Gaumen) *motorisch:* M. palatoglossus, M. palatopharyngeus, M. salpingopharyngeus	} weiche Gaumen – Binnenmuskeln
– Rr. linguales	*sensibel und sensorisch:* hinteres Zungendrittel mit Geschmacksfasern.	
1/3	**Klinik:** Beim Ausfall des N. glossopharyngeus kommt es u.a. zum Geschmacksverlust im hinteren Zungendrittel (Rr. linguales) und zur Tachykardie (= beschleunigter Herzschlag – R. sinus carotici). Das Gaumenzäpfchen ist zur gesunden Seite hin verschoben.	

2/3 N facialis

N vagus zwischen Zungengrund + Epiglottis

Nerv	Innervationsort	Verlauf
X. N. vagus (= umherschweifender Nerv) sensibel, sensorisch, motorisch, parasympathisch		**Intrakranieller Verlauf:** Der N. vagus tritt zusammen mit dem N. accessorius im Sulcus lateralis posterior der Medulla oblongata aus. Gemeinsam mit dem N. accessorius verläuft er in der Schädelhöhle innerhalb einer Durascheide. Durch das Foramen jugulare gelangt der N. vagus aus der Schädelhöhle zur Schädelbasis. **Extrakranieller Verlauf:** Innerhalb des Foramen jugulare bildet der N. vagus das Ganglion superius und kurz unterhalb des Foramen das Ganglion inferius. Beide Ganglien sind vorwiegend sensibel. Der N. vagus besitzt von den Hirnnerven das größte Innervationsgebiet. Er zieht als einziger Hirnnerv bis in den Bauchraum. Im Halsbereich verläuft der N. vagus mit dem N. accessorius und dem N. hypoglossus in der Vagina carotica zwischen der V. jugularis interna und der A. carotis interna liegend abwärts. Der weitere Verlauf des rechten und linken N. vagus ist unterschiedlich. Der rechte N. vagus verläuft vor der A. subclavia dextra und anschließend zwischen der V. brachiocephalica und dem Truncus brachiocephalicus liegend zur rechten Seite der Trachea (= Luftröhre). Hinter dem Bronchus principalis dexter verlaufend gelangt er zur dorsalen Seite des Oesophagus (= Speiseröhre), wo er Nervenfasern an den Plexus oesophageus abgibt und Fasern von dort erhält. Als Truncus vagalis posterior zieht er durch den Hiatus oesophageus des Zwerchfells zur Rückseite des Magens, wo er im Plexus gastricus posterior endet. Der linke N. vagus verläuft, nachdem er den Brustkorb erreicht hat, zwischen der A. carotis communis und der A. subclavia sinistra. Anschließend zieht er über die vordere Seite des Arcus aortae und hinter dem Bronchus principalis sinister (= hinter dem linken Lungenhilus) liegend zur Vorderseite des Oesophagus, wo er mit Fasern des rechten N. vagus den Plexus oesophageus bildet. Aus diesem Plexus zieht der linke N. vagus, jetzt Truncus vagalis anterior genannt, abwärts. Durch den Hiatus oesophageus des Zwerchfells gelangt er von der Brust- in die Bauchhöhle, wo er auf der Vorderseite des Magens im Plexus gastricus anterior endet. Äste des N. vagus sind:
– R. auricularis	*sensibel:* Äußerer Gehörgang, Trommelfell	Er geht innerhalb des Ganglion superius aus dem N. vagus ab. Durch den Canaliculus mastoideus gelangt er in die Schädelhöhle zurück und durch die Fissura tympanomastoidea zum hinteren Ohrbereich.

Nerv	Innervationsort	Verlauf
– **Rr. pharyngeales**	Aus Plexus pharyngeus: *motorisch:* Pharynxmuskeln (M. constrictor pharyngis superior und medius), M. palatoglossus, M. palatopharyngeus, M. levator veli palatini, M. uvulae parasympathisch (= sekretorisch): Glandulae pharyngei sensibel: Pharynxschleimhaut	Die Äste des N. vagus bilden mit Ästen aus dem N. glossopharyngeus und dem Sympathikus den Plexus pharyngeus.
– **N. laryngeus superior** (= oberer Kehlkopfnerv)		Er entstammt dem 4. Kiemenbogen. Unterhalb vom Ganglion inferius geht er aus dem N. vagus ab. Der N. laryngeus superior zieht zunächst medial von der A. carotis interna liegend zum Cornu majus des Os hyoideum (= großes Horn des Zungenbeins), wo er sich in den R. internus und den R. externus teilt.
– – **R. internus**	*sensibel:* Kehlkopfschleimhaut oberhalb der Rima glottidis.	Der R. internus gelangt zusammen mit der A. laryngea superior durch die Membrana thyrohyoidea ins Kehlkopfinnere.
– – **R. externus**	*motorisch:* M. constrictor pharyngis inferior (= Schlundschnürer), M. cricothyroideus (= Kehlkopfmuskel)	
– **Rr. cardiaci cervicales superiores und inferiores** (= N. depressor)	*parasympathisch:* Er wirkt am Herzen hemmend auf die Schlagfrequenz (= negativ chromotrop) und die Erregungsleitungsgeschwindigkeit (= negativ dromotrop).	Die Rr. cardiaci gelangen entlang der A. carotis communis zum Herzen, wo sie den Plexus cardiacus bilden.
– **N. laryngeus recurrens** (= rückläufiger Nerv)	*parasympathisch:* Herz, Oesophagus, Trachea *motorisch:* M. constrictor pharyngis inferior	Er entstammt dem 5. und 6. Kiemenbogen. Der rechte N. laryngeus recurrens geht vor der A. subclavia dextra aus dem N. vagus ab und umschlingt die A. subclavia. Der linke N. laryngeus recurrens geht auf dem Arcus aortae (= Aortenbogen) aus dem N. vagus sinister ab und zieht um des Lig. arteriosum. Rechts bzw. links zwischen der Trachea und dem Oesophagus liegend ziehen beide Nerven wieder nach oben, wo sie dorsal der Schilddrüse verlaufen und nach Abgabe kleinerer Äste als N. laryngeus inferior enden.

Nerv	Innervationsort	Verlauf
– – **N. laryngeus inferior**	*sensibel:* Kehlkopfschleimhaut unterhalb der Rima glottidis, motorisch: alle Kehlkopfmuskeln bis auf den M. cricothyroideus	
– Rr. thymici	*parasympathisch:* Thymus	
– Rr. bronchiales	*parasympathisch:* Bronchien	
– Rr. cardiaci inferiores	*parasympathisch:* Herz	
– Rr. pericardiaci	*parasympathisch:* Herzbeutel	
– **Plexus gastricus posterior**	*parasympathisch:* Magenrückseite	Er wird aus dem Truncus vagalis posterior gebildet und gibt Äste zum Plexus coeliacus ab.
– – Plexus coeliacus	*parasympathisch:* Milz, Niere, Pankreas, Leber, Gallenwege sowie den Darm bis zum Cannon-Böhm'schen Punkt (= letztes Drittel des Colon transversum)	Er erhält Nervenfasern aus dem Truncus vagalis posterior (rechter N. vagus) und dem Truncus vagalis anterior (linker N. vagus), sowie aus dem N. phrenicus, den Nn. splanchnici und dem Truncus sympathicus. Er sendet Fasern zum Plexus mesentericus superior.
– – – Plexus mesentericus superior	Er wird aus Fasern des Plexus coeliacus gebildet.	
– **Plexus gastricus anterior**	*parasympathisch:* Magenvorderseite, Leber	Er wird vom Truncus vagalis anterior gebildet.
	Klinik: Beim Ausfall des N. laryngeus superior ist der M. cricothyroideus gelähmt und damit das Lig. vocale schlaff. Beim Ausfall des N. laryngeus recurrens (= Rekurrensparese) z.B. infolge eines Aneurysmas des Arcus aortae spannt der nicht gelähmte M. cricothyroideus das Lig. vocale und zieht es in Mittelstellung. Es kommt zur Heiserkeit und bei doppelseitigem Ausfall zu starker Atemnot. Beim Ausfall des gesamten N. vagus kommt es außerdem u.a. zur Tachykardie (= erhöhte Herzschlagfrequenz – Rr. pericardiaci), sowie zu Spasmen (= „Krämpfe") im Oesophagus und im Magenbereich. Über den R. auricularis kann man den N. vagus reizen (kaltes Wasser in den äußeren Gehörgang schütten), was zu reflektorischen Reaktionen (Husten, Erbrechen) führen kann.	

<table>
<tr><th>Nerv</th><th>Innervationsort</th><th>Verlauf</th></tr>
<tr><td rowspan="2">XI. N. accessorius
(= Bei-nerv)
rein motorisch</td><td>motorisch (R. externus):
M. trapezius,
M. sternocleidomastoideus</td><td>Der N. accessorius geht aus 2 verschiedenen Ursprüngen (= Radices spinales und Radices craniales) hervor.
Die Radices spinales bestehen aus Wurzelfäden, die aus dem Halsteil des Rückenmarks hervorgehen.

Intrakranieller Verlauf: Durch das Foramen magnum gelangen die Radices spinales in die Schädelhöhle. Die Wurzelfäden der Radix cranialis (= Radices craniales) treten zusammen mit dem N. glossopharyngeus und dem N. vagus im Sulcus lateralis posterior (dorsal von der Olive) aus der Medulla oblongata aus. Die Radices spinales und craniales vereinigen sich in der Schädelhöhle zum N. accessorius.
Durch das Foramen jugulare verläßt der N. accessorius (zusammen mit dem N. vagus) die Schädelhöhle.

Extrakranieller Verlauf: Kurz unterhalb des Foramen jugulare teilt sich der N. accessorius in einen R. internus und einen R. externus. Der R. internus führt dem N. vagus motorische Fasern der Radices craniales für die Kehlkopfmuskulatur zu.</td></tr>
<tr><td colspan="2">Klinik: Beim Ausfall des R. externus kann der Patient seinen Kopf nicht mehr zur gesunden Seite hin wenden (Ausfall des M. sternocleidomastoideus). Außerdem ist das Seitwärtsheben des Arms über die Horizontale deutlich behindert (Ausfall des M. trapezius). Die Schulter hängt herab.</td></tr>
<tr><td rowspan="2">XII. N. hypoglossus
(= Unterzungennerv)
rein motorisch</td><td>motorisch: innere Zungenmuskeln sowie äußere Zungenmuskeln (= M. genioglossus, M. hyoglossus, M. styloglossus)</td><td>Der N. hypoglossus ist entwicklungsgeschichtlich gesehen aus 3 Spinalganglien entstanden.

Intrakranieller Verlauf: Er tritt mit mehreren Wurzeln im Sulcus lateralis anterior aus der Medulla oblongata aus (zwischen Pyramide und Olive).
Durch den Canalis hypoglossi verläßt er die Schädelhöhle.

Extrakranieller Verlauf: Unterhalb vom Canalis hypoglossi lagern sich dem N. hypoglossus Fasern aus dem Plexus cervicalis an. Gemeinsam verlaufen sie, neben dem N. vagus liegend, zur V. jugularis interna. Im Halsbereich verläuft der N. hypoglossus im Gefäß-Nerven-Strang zwischen der V. jugularis interna und der A. carotis interna liegend abwärts. Weiter kaudal überkreuzt der N. hypoglossus bogenförmig (= Arcus hypoglossi) die A. carotis externa und zieht auf dem M. hyoglossus liegend in die Zunge (Kapitel 5.6). Der N. hypoglossus gibt Fasern an den N. vagus und an den Sympathikus ab.
Die Fasern C_1–C_2 aus dem Plexus cervicalis bilden die Radix superior, die sich mit Fasern aus C_2–C_3 des Plexus cervicalis zur Ansa cervicalis vereinigen.</td></tr>
<tr><td colspan="2">Klinik: Beim Ausfall des N. hypoglossus kommt es zu Sprech- und Schluckstörungen. Bei einer einseitigen Lähmung weicht die Zunge beim Herausstrecken zur gelähmten Seite hin ab (Ausfall des M. genioglossus).</td></tr>
</table>

5.6 Halsnerven !!! 12/28

Siehe die anatomische Tafel „Spinalnerven".

➤ *Prüfungsrelevant: Sie sollten wissen, welcher Nerv zum Punctum nervosum gehört. Besonders prüfungsrelevant: Kenntnisse über den N. phrenicus.* ◄

Aus den Nn. spinales (= Rückenmarksnerven) geht je eine Radix posterior und eine Radix anterior hervor. Im Halsbereich werden die Rami dorsales der Halsnerven aus C_1–C_3 mit einem Eigennamen belegt (s. S. 556). Die Rami ventrales aus C_1–C_4 bilden den Plexus cervicalis. Die Rami ventrales aus C_5–Th_1 bilden den in Kapitel 3.5 beschriebenen Plexus brachialis.

Der 1. Halsnerv (= 1. Spinalnerv = C_1) verläßt den Wirbelkanal durch ein **Foramen intervertebrale** das in diesem Bereich zwischen dem Os occipitale (= Hinterhauptsbein) und dem Atlas (= 1. Halswirbel) liegt. Der 2. Halsnerv verläßt den Wirbelkanal durch ein vom Atlas und der Axis (= 2. Halswirbel) gebildetes Foramen intervertebrale (siehe Kapitel 6.1.2).

Rami dorsales der Halsnerven

Der Ramus dorsalis des 1. Halsnerven wird N. subocccipitalis, der des 2. Halsnerven N. occipitalis major und der des 3. Halsnerven N. occipitalis tertius genannt.

N. suboccipitalis – ist vorwiegend motorisch. Unter der A. vertebralis verlaufend gelangt er in das Trigonum suboccipitale.
Motorisch innerviert er die tiefe Nackenmuskulatur.

N. occipitalis major – ist ein vorwiegend sensibler Nerv. Er durchbohrt die Nackenmuskulatur und teilt sich in einen motorischen R. medialis und einen sensiblen R. lateralis.
Sensibel innerviert er die mediale Haut des Hinterkopfes bis zum Scheitel.
Motorisch innerviert er den M. semispinalis capitis und den M. longissimus capitis.

N. occipitalis tertius – innerviert sensibel die Haut des medianen Hinterkopfes.

Rami ventrales der Halsnerven

Die Rami ventrales der ersten vier zervikalen Spinalnerven (= 1.–4. Halsnerv) bilden den **Plexus cervicalis**. Die Nervenstämme sind dabei durch Ansae (= Schlingen) miteinander verbunden. Aus diesem Plexus gehen Haut- und Muskeläste hervor.

Die Hautäste des Plexus cervicalis (= N. auricularis magnus, N. occipitalis minor, N. transversus colli, Nn. supraclaviculares) gelangen am hinteren Rand des M. sternocleidomastoideus durch die Lamina superficialis der Fascia cervicalis zum **Punctum nervosum** (= **Erb-Punkt**), das etwa 3 cm oberhalb der Clavicula liegt. Der Erb-Punkt dient in der Neurologie dazu, den Plexus cervicalis elektrisch zu stimulieren.
Vom Punctum nervosum aus ziehen die nachfolgend aufgeführten Hautnerven fächerförmig zu ihren Hautgebieten:

- **N. auricularis magnus** – innerviert sensibel die Haut des unteren Teils der Ohrmuschel und die des hinteren Wangenteils.
- **N. occipitalis minor** – innerviert sensibel die Haut hinter der oberen Ohrmuschel und des seitlichen Hinterkopfes.
- **N. transversus colli** – verläuft unter dem Platysma liegend zum vorderen Halsteil. Mit dem Ramus colli des N. facialis bildet er eine Anastomose, die früher Ansa cervicalis superficialis genannt wurde. Er innerviert sensibel die Haut des vorderen Halsteils.
- **Nn. supraclaviculares** – ziehen unter dem Platysma liegend nach kaudal. Sie innervieren sensibel die Haut der oberen Schulter- und Brustregion (siehe Abb. 5.36).

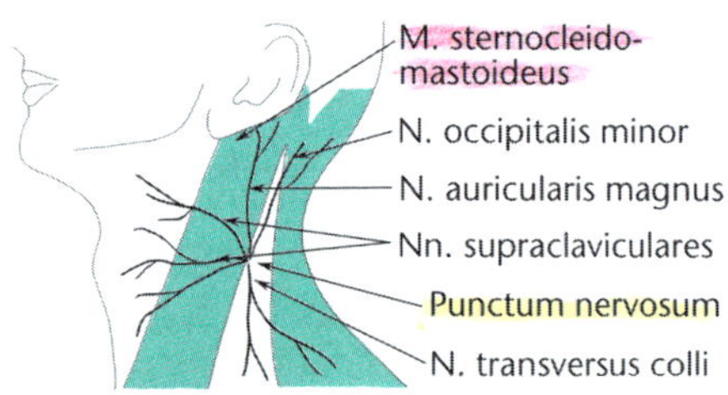

Abb. 5.36 *Hautäste des Plexus cervicalis*

Merksatz für die Nerven des Punctum nervosum:

Ob mich	– N. **o**ccipitalis **mi**nor
Aurora	– N. **au**ricularis magnus
trotzdem	– N. **tr**ansversus colli
sucht?	– Nn. **su**praclaviculares.

Die Muskeläste des Plexus cervicalis bilden den N. phrenicus und die Rr. musculares.

Die Rr. musculares innervieren motorisch:
- M. longus capitis und colli,
- M. rectus capitis anterior und lateralis,
- M. scalenus anterior, medius und posterior,
- Mm. intertransversarii cervicales,
- M. levator scapulae (zusammen mit dem N. dorsalis scapulae).

N. phrenicus (= Zwerchfellnerv)

Der N. phrenicus ist ein motorischer Nerv, der auch einige sensible Fasern führt. Er geht hauptsächlich aus C_4 her (außerdem erhält er Äste von C_3 und C_5). Der N. phrenicus zieht auf dem M. scalenus anterior liegend durch die obere Thoraxapertur nach kaudal. Zwischen der A. und V. subclavia liegend gelangt er in den Brustkorb, wo er über die Vorderfläche der Pleurakuppel verläuft. Zwischen Perikard und Pleura mediastinalis gelangen der rechte und linke N. phrenicus mit der A. pericardiacophrenica (Ast der A. thoracica interna) zum Zwerchfell, dabei liegt der rechte N. phrenicus lateral von der V. cava superior und dem rechten Vorhof des Herzens, der linke N. phrenicus zieht über den N. vagus hinweg über die linke Herzkammer und ventral von der linken Lungenwurzel zum Zwerchfell.
Jeder N. phrenicus gibt als Endast einen **R. phrenicoabdominalis** ab, der auf der rechten Körperseite durch das Foramen venae cavae und links durch den Hiatus oesophageus durch das Zwerchfell in den Bauchraum gelangt. In der Bauchhöhle beteiligen sich beide Rami am Plexus coeliacus (siehe N. vagus).
Der N. phrenicus innerviert:
- *sensibel:* Perikard, Pleura mediastinalis, Pleura diaphragmatica, Peritoneum;
- *motorisch:* Zwerchfell (= Diaphragma).

Als **Nebenphrenikus** (= Nn. phrenici accessorii) können Äste des N. subclavius (aus dem Plexus brachialis) auftreten, die wie der N. phrenicus aus dem 3.–5. Zervikalsegment (= Halsmark) stammen. Der Nebenphrenikus verbindet sich zumeist in Höhe der oberen Brustkorböffnung (Apertura thoracis superior), selten oberhalb des Zwerchfells mit dem N. phrenicus.

Klinik: Beim Ausfall eines N. phrenicus kommt es auf der entsprechenden Seite zum Zwerchfellhochstand.

Aus Fasern von C_1 und C_2 bildet sich die Radix superior, die sich dem N. hypoglossus anschließt, ohne jedoch mit ihm Fasern zu tauschen. Aus Fasern von C_2 und C_3 bildet sich die Radix inferior. Die Radix superior und inferior bilden zusammen die **Ansa cervicalis**.
Die Radix superior innerviert motorisch: M. geniohyoideus, M. thyrohyoideus.
Die Ansa cervicalis innerviert motorisch: M. sternohyoideus, M. sternothyroideus, M. omohyoideus.

5.7 Vegetative Innervation am Kopf und Hals

Siehe auch Kapitel 2.8.1

5.7.1 Parssympathica !! 4/11

➤ *Prüfungsrelevant: Gesamtes Kapitel.* ◄

Zur Einführung siehe Kapitel 2.8.3.

Im Halsbereich verläuft der Truncus sympathicus (= Grenzstrang) in der Fascia praevertebralis (= tiefe Halsfaszie), wobei er dorsal von der A. carotis communis und medial vom N. vagus liegt.

Der Halsteil des Sympathikus erhält präganglionäre Fasern aus den Rückenmarkssegmenten C_8–Th_4. Auf beiden Körperseiten bildet er die nachfolgend beschriebenen 3 Ganglien.

Ganglion cervicale superius

Es liegt als etwa 2 cm langes dünnes Knötchen kurz unterhalb der Schädelbasis in Höhe des 2–4. Halswirbels hinter der A. carotis interna und dem N. vagus. Im Ganglion cervicale superius werden die prae- auf die postganglionären Neurone umgeschaltet, die sympathisch den Kopf und die obere Halsregion versorgen. Die sympathischen Fasern verbinden sich zu nachfolgenden Ästen:
➜ N. jugularis – zieht zum Ganglion inferius des N. glossopharyngeus und zum Ganglion superius des N. vagus,
➜ N. caroticus internus – bildet auf der A. carotis interna den geflechtartigen **Plexus caroticus internus**. Vom Plexus ziehen Fasern zum
- **Ganglion ciliare** – für die Innervation des M. dilatator pupillae und des M. tarsalis superior (beides Augenmuskeln),
- über den N. petrosus profundus zum **Ganglion pterygopalatinum** für die Innervation der Gl. lacrimalis (= Tränendrüse), sowie für die Nasen- und Mundschleimhaut,

➜ Nn. carotici externi – bilden auf der A. carotis externa den **Plexus caroticus externus**, von dem Fasern zu folgenden Ganglien ziehen:

- **Ganglion submandibulare** – für die Gl. sublingualis (= Unterzungendrüse) und Gl. submandibularis (= Unterkieferdrüse),
- **Ganglion oticum** – von hier gelangen die Fasern mit dem N. auriculotemporalis zur Gl. parotis (Ohrspeicheldrüse).

➜ N. cardiacus cervicalis superior – zieht zum Plexus cardiacus für die Innervation des Herzens.

Ganglion cervicale medium

Es liegt in Höhe des 6. Halswirbels hinter der A. thyroidea inferior. Das Ganglion gibt an Fasern ab:

- N. cardiacus cervicalis medius – zieht zum Plexus cardiacus des Herzens,
- unbenannte Fasern – innervieren u.a. die Schilddrüse und die Nebenschilddrüse.

Ganglion cervicale inferius

Es verschmilzt zumeist vor dem 1. Rippenkopf (hinter der A. subclavia) in Höhe der oberen Thoraxapertur mit dem 1. Brustganglion zum großen **Ganglion stellatum** (= Sternganglion, = **Ganglion cervicothoracicum**), das präganglionäre Fasern aus Th_{3-7} erhält. Es versorgt den unteren Halsbereich, den Arm, das Herz und zum Teil die Lunge. Seine Fasern verbinden sich zu folgenden Ästen:

- N. cardiacus cervicalis inferior – zieht zum Plexus cardiacus des Herzens,
- N. vertebralis – bildet um die A. vertebralis den Plexus vertebralis,
- Plexus subclavius – ist um die A. subclavia angeordnet.

Klinik: Beim Ausfall des Sympathikus kommt es zur Horner-Trias mit:

- Miosis (= Verengung der Pupille durch den Ausfall des M. dilatator pupillae),
- Ptosis (= das Oberlid kann nicht mehr gehoben werden, weil der M. tarsalis superior gelähmt ist),
- Enophthalmus (= der Augenbulbus ist eingesunken).

5.7.2 Pars parasympathica !! 1/2

Im Kopfbereich kommen 4 vegetativ versorgte Ganglien vor:

- Ganglion ciliare – N. oculomotorius,
- Ganglion pterygopalatinum – N. trigeminus,
- Ganglion submandibulare – N. facialis
- Ganglion oticum – N. glossopharyngeus.

Ganglion ciliare

➤ Das etwa 2 mm große Ganglion ciliare liegt innerhalb der Augenhöhle etwa 2 cm hinter dem Augapfel und lateral vom N. opticus. Im Ganglion ciliare werden die parasympathischen Fasern umgeschaltet (prä- auf postganglionär).

Das Ganglion ciliare erhält Fasern über

- Radix parasympathetica (oculomotoria) – führt präganglionäre parasympathische Fasern aus dem N. oculomotorius;
- Radix sympathica – führt postganglionäre sympathische Fasern aus dem Plexus caroticus internus, die im sympathischen Ganglion cervicale superius umgeschaltet wurden und das Ganglion ciliare nur durchziehen um zum M. dilatator pupillae zu gelangen.

Das Ganglion ciliare verlassen:

- Radix sensoria (nasociliaris) – leitet die sensiblen Fasern der Nn. ciliares breves, die im Ganglion nicht umgeschaltet werden, zum N. nasociliaris (Ast des N. ophthalmicus).
- 10–20 Nn. ciliares breves – führen die postganglionären parasympathischen Fasern der Radix oculomotoria sowie die Fasern der Radix sympathica und der Radix nasociliaris zum Augapfel. ◄

Ganglion pterygopalatinum

Die parasympathischen Fasern des N. facialis ziehen zum Ganglion pterygopalatinum und zum Ganglion submandibulare.

➤ Das etwa 4 mm große Ganglion pterygopalatinum liegt in der Fossa pterygopalatina.
Es erhält Fasern über:

- Rr. ganglionares – an ihnen hängt das Ganglion am N. maxillaris. Sie führen sensible Fasern aus der Nasen-, Gaumen- und Rachenschleimhaut;

- **N. canalis pterygoidei** – zieht durch den Canalis pterygoideus und besteht aus
  - **N. petrosus major** – führt parasympathische Fasern des N. facialis,
  - **N. petrosus profundus** – führt sympathische Fasern aus dem Plexus caroticus internus vom Ganglion cervicalis superius.

Das Ganglion pterygopalatinum verlassen:
- Rr. orbitales – ziehen durch das Foramen ethmoidale posterius und innervieren die Schleimhaut der hinteren Siebbeinzellen und der Keilbeinhöhle.
- Rr. nasales posteriores superiores – innervieren die Schleimhaut der hinteren Nasenhöhlen. Aus ihnen geht der N. nasopalatinus hervor, der durch den Canalis incisivus zur Gaumenschleimhaut zieht.
- **N. palatinus major** – zieht durch den Canalis palatinus major zur Nasenschleimhaut und weiter durch das Foramen palatinum majus zur Schleimhaut des Palatum durum.
- **Nn. palatini minores** – ziehen durch den Canalis palatinus minor zum Palatum molle. ◄

Das **Ganglion submandibulare** liegt im Trigonum submandibulare über der Glandula submandibulare (= Unterkieferdrüse). Es erhält präganglionäre parasympathische Fasern von der Chorda tympani (N. facialis), die sich oberhalb des Ganglion dem N. lingualis anlagern. Während die präganglionären parasympathischen Fasern im Ganglion umgeschaltet werden, ziehen die sensiblen Fasern des N. lingualis nur durch das Ganglion durch. Das Ganglion submandibulare erhält außerdem postganglionäre sympathische Fasern aus dem Plexus der A. carotis externa (die bereits im Ganglion cervicale superius umgeschaltet wurden). Die parasympathischen Fasern dienen der sekretorischen Innervation der Gl. submandibularis, der Gl. sublingualis und der vorderen 2/3 der Zunge.

Die parasympathischen Fasern des N. glossopharyngeus ziehen zum **Ganglion oticum**. Das Ganglion oticum liegt in der Fossa infratemporalis direkt unterhalb vom Foramen ovale und medial vom N. mandibularis. Im Ganglion oticum werden die präganglionären parasympathischen Fasern des N. petrosus minor (kommt aus dem N. glossopharyngeus) auf die postganglionären Fasern umgeschaltet. Über eine Anastomose gelangen die postganglionären parasympathischen Fasern zum N. auriculotemporalis (Ast des N. mandibularis), dem sie sich anschließen. Sie innervieren sekretorisch die Gl. parotis. Durch das Ganglion oticum ziehen (ohne umgeschaltet zu werden) sensible und motorische Fasern des N. mandibularis sowie bereits im Ganglion cervicale superius umgeschaltete postganglionäre sympathische Nervenfasern aus dem Plexus caroticus externus.

Die parasympathischen Fasern des N. vagus ziehen in den Bauchbereich, wo sie die beiden Plexus gastrici und den Plexus coeliacus bilden. Im Halsbereich gehen parasympathische Fasern für das Herz, die Lunge, den Oesophagus und die Trachea ab.

5.8 Arterien

Siehe die anatomische Tafel „Arterien".

Das sauerstoffreiche Blut gelangt aus der linken Herzkammer über die Aorta ascendens in den Arcus aortae (= Aortenbogen). Aus dem Arcus aortae gehen auf der linken Seite direkt die A. carotis communis sinistra und die A. subclavica sinistra hervor.

➤ Auf der rechten Körperseite geht aus dem Arcus der Truncus brachiocephalicus hervor, der sich hinter dem Sternoclaviculargelenk in die A. carotis communis dextra und in die A. subclavia dextra teilt, die in den nachfolgenden Kapiteln beschrieben werden. ◄

5.8.1 A. subclavia — !! 3/5

➤ *Prüfungsrelevant: Gesamtes Kapitel (von den kleineren Ästen sollten Sie die Namen kennen).* ◄

A. subclavia (= Schlüsselbeinarterie)

Die A. subclavia sinistra geht direkt aus dem Arcus aortae, die A. subclavia dextra im Bereich des Sternoclaviculargelenks aus dem Truncus brachiocephalicus hervor. Zuerst verläuft jede der beiden Aa. subclaviae nach kranial und in einem konvexen Bogen über die Pleurakuppel hinweg, wobei sie auf der rechten und linken Lungenspitze jeweils einen Sulcus a. subclaviae hinterlassen. Anschließend zieht die A. subclavia (für die rechte und linke A. subclavia gleich) mit dem Plexus brachialis durch die Skalenuslücke, die vom M. scalenus anterior und vom M. scalenus medius gebildet wird. Zwischen der Clavicula und der 1. Rippe gelangt die A. subclavia zur Achselhöhle, wo sie in die A. axillaris übergeht. Auf der 1. Rippe hinterläßt die A. subclavia einen Abdruck, der ebenfalls Sulcus a. subclaviae genannt wird.

Die A. subclavia versorgt über kleinere Äste die Halsorgane.

An Ästen gibt die A. subclavia ab: A. vertebralis, A. thoracica interna, Truncus thyrocervicalis, Truncus costocervicalis.

➜ **A. vertebralis** (= Wirbelschlagader) – geht als 1. Ast aus der A. subclavia hervor. Ab dem 6. Halswirbel zieht sie durch die Foramina transversaria des 6.–1. Halswirbels nach kranial. Auf dem dorsalen Atlasbogen zieht sie nach medial und gelangt im Sulcus a. vertebralis zur Membrana atlantooccipitalis posterior. Durch diese Membrana, sowie die Dura mater spinalis und die Arachnoidea spinalis gelangt sie in den Subarachnoidealraum des Wirbelkanals (Kapitel 9.10.2), in dem sie durch das Foramen magnum in die Schädelhöhle zieht. In der Schädelhöhle vereinigen sich auf dem Clivus (am unteren Rand des Pons) die rechte und linke A. vertebralis zur A. basilaris. Die A. basilaris bildet mit der rechten und linken A. carotis interna den Circulus arteriosus cerebri (Kapitel 9.11.1).

An Ästen gibt die A. vertebralis ab:

- A. spinalis posterior – zieht bis zur Cauda equina (Rückenmark) und versorgt das Rückenmark,
- A. spinalis anterior – zieht ebenfalls bis zur Cauda equina und versorgt das Rückenmark,
- A. cerebelli inferior – versorgt die Unterseite des Kleinhirns.

➜ **A. thoracica interna** (= innere Brustarterie) – geht gegenüber der A. vertebralis aus dem unteren Teil der A. subclavia hervor. Etwa 1 cm neben dem Rand des Sternum (= Brustbein) liegend zieht sie in der Fascia endothoracica nach kaudal. Etwa in Höhe der 6. Rippe teilt sie sich in ihre beiden Endäste: A. epigastrica superior und A. musculophrenica. Über kleinere Äste (= Rami) versorgt die A. thoracica interna den Thymus, das Mediastinum, die Trachea, die Bronchien, das Sternum sowie die Brustdrüse (= Mamma).

An wichtigen Ästen gibt die A. thoracica interna ab:

- **A. pericardiacophrenica** – verläuft mit dem N. phrenicus zwischen Pleura mediastinalis und Perikard zum Zwerchfell. Sie versorgt den Herzbeutel und das Zwerchfell (= Diaphragma).
- **A. musculophrenica** – verläuft als lateraler Endast an den Rippenursprüngen des Zwerchfells entlang nach lateral. Sie versorgt den 7.–10. Interkostalraum und das Zwerchfell.
- **A. epigastrica superior** – zieht als medialer Endast durch die Larrey-Spalte des Zwerchfells in Richtung Nabel, wobei sie hinter dem M. rectus abdominis liegt. Mit der A. epigastrica inferior (Ast der A. iliaca externa) bildet sie eine Anastomose, wodurch ein Kollateralkreislauf zur Aorta besteht.

➜ **Truncus thyrocervicalis** – geht medial des M. scalenus anterior aus der A. subclavia hervor und verzweigt sich gleich in seine Äste:

- **A. thyroidea inferior** (= untere Schilddrüsenarterie) – zieht nach oben bis zum 6. Halswirbel, wo sie hinter der A. carotis communis zur Rückseite der Schilddrüse gelangt. Über Äste (= Rami) versorgt sie den Pharynx, den Oesophagus und die Trachea. Als Ast gibt sie die **A. laryngea inferior** zum Kehlkopf ab.
- **A. cervicalis ascendens** – zieht medial vom N. phrenicus auf dem M. scalenus anterior liegend zur Schädelbasis. Über Rr. spinales versorgt sie das Rückenmark, außerdem die Hals- und Rükkenmuskulatur.
- **A. suprascapularis** – verläuft oberhalb der Clavicula über den M. scalenus anterior, zieht dann unter die Clavicula, um über das Lig. transversum scapulae in die Fossa supraspinata und von hier in die Fossa infraspinata zu gelangen, wo sie mit der A. circumflexa scapulae eine Anastomose (= „Schulterblattanastomose") bildet. Sie versorgt den M. infraspinatus sowie teilweise das Schultergelenk.
- **A. transversa cervicis** (= **A. transversa colli**) – verläuft über die Mm. scaleni und zwischen dem Geflecht des Plexus brachialis. Häufig geht sie direkt aus der A. subclavia hervor.

➜ **Truncus costocervicalis** – entspringt hinter dem M. scalenus anterior aus der Hinterwand der A. subclavia. Er teilt sich in 2 Äste:

- **A. cervicalis profunda** – verläuft zwischen dem Querfortsatz des 7. Halswirbels und der 1. Rippe nach dorsal. Sie versorgt die Nackenmuskeln.
- **A. intercostalis suprema** – verläuft hinter der Pleura costalis nach kaudal. Sie versorgt die Hals- und Nackenmuskeln und über Rr. spinales das Rückenmark. Als Äste gibt sie zwei **Aa. intercostales posteriores** für den 1. und 2. Interkostalraum ab.

5.8.2 A. carotis communis !! 2/4

➤ *Prüfungsrelevant: Das gesamte Kapitel.* ◄

Die rechte A. carotis communis entspringt aus dem Truncus brachiocephalicus, die linke aus dem Aortenbogen.

Auf jeder Körperseite zieht eine **A. carotis communis** (= Halsschlagader) ohne sich zu verzweigen durch den Halsbereich. Die A. carotis communis verläuft lateral von der Trachea (Luftröhre) bis ins Trigonum caroticum, wo sie sich in Höhe des oberen Schildknorpelbereichs (Oberrand des 4. Halswirbels) zum Sinus caroticus erweitert und in die A. carotis externa und interna teilt. Dabei liegt die A. carotis externa vorne medial und die A. carotis interna hinten lateral.

Die A. carotis communis liegt zusammen mit der lateral von ihr verlaufenden V. jugularis interna und dem dorsal von ihr liegenden N. vagus in der **Vagina carotica** (einer Bindegewebsscheide). Im unteren Halsbereich wird dieser Gefäß-Nerven-Strang vom M. sternocleidomastoideus bedeckt.

Im Trigonum caroticum (= Karotisdreieck) ist die A. carotis communis nur vom Platysma und der Fascia cervicalis (= Halsfaszie) bedeckt, so daß in diesem Bereich der Puls der A. carotis communis (= Karotispuls) gefühlt werden kann. Im Bereich des Trigonum caroticum kann die A. carotis communis gegen den 6. Halswirbel gedrückt und dadurch komprimiert werden (bei einem längerdauernden Verschluß führt die dadurch bedingte arterielle Unterversorgung im Gehirn zu schweren Schädigungen!).

Pressorezeptoren

In der Wand des Sinus caroticus (= Erweiterung in der Wand der A. carotis communis, zumeist jedoch in der Wand der A. carotis interna) liegen Pressorezeptoren (= druckempfindliche Dehnungsrezeptoren), die durch Änderung der Gefäßwandspannung infolge von Blutdruckänderungen (Blutdrucksteigerung) erregt werden. Sie leiten den Impuls (afferent!) über einen Ast des N. glossopharyngeus zum Kreislaufzentrum weiter, das in der Medulla oblongata liegt. Dabei kann es zu folgenden zwei Reaktionen kommen:

- der Parasympathikus wird erregt, dadurch wird die Herztätigkeit gehemmt (= verlangsamter Herzschlag);
- der Sympathikus wird gehemmt, dadurch werden die Gefäße erweitert und der Blutdruck fällt ab.

Ein Schlag auf den Sinus caroticus, z.B. beim Boxen oder bei Karate kann zum knock out führen.

Chemorezeptoren

Auf jeder Seite liegt in der Karotisgabel (= Teilungsstelle der A. carotis communis) als Paraganglion ein etwa 3 mm großes **Glomus caroticum**.
Das Glomus caroticum ist ein peripherer Chemorezeptor, der den O_2-Gehalt des Blutes kontrolliert. Von den Rezeptoren werden afferente Impulse über den N. glossopharyngeus zum Atemzentrum weitergeleitet. Diese Rezeptoren werden erregt, wenn im arteriellen Blut

- der pO_2 (= Sauerstoffpartialdruck) sinkt,
- der pCO_2 (= Kohlendioxydpartialdruck) steigt,
- der pH abfällt (das Blut sauer wird).

Die Presso- und Chemorezeptoren stehen über den N. glossopharyngeus mit dem N. vagus und dem Truncus sympathicus (entsendet efferente Nervenfasern zu den Rezeptoren) in Verbindung.

An dieser Stelle sei als weiterer Chemorezeptor das **Glomus aorticum** erwähnt, das am Aortenbogen liegt und ebenfalls den O_2-Gehalt des Blutes kontrolliert. Seine Impulse werden über den N. vagus geleitet.

5.8.3 A. carotis interna !! 0/3

➤ *Prüfungsrelevant: A. carotis interna und A. ophthalmica (von den kleinen Ästen sollten Sie die Namen kennen).* ◄

Die **A. carotis interna** geht im Bereich des Sinus caroticus, als hinterer Ast aus der A. carotis communis hervor. Ohne Astabgabe gelangt die A. carotis interna durch das Spatium parapharyngeum (neben der Rachenwand liegend) bis zur Schädelbasis, wo sie durch den Canalis caroticus des Felsenbeins in die Schädelhöhle gelangt. In der Schädelhöhle verläuft sie zunächst innerhalb des Sinus cavernosus. Die A. carotis interna macht dann eine S-förmige Schleife (= Karotissiphon) und zieht zur mittleren Schädelgrube, wo sie im Sulcus caroticus des Os sphenoidale (= Keilbein) liegt. Im Bereich der S-förmigen Schleife gibt sie die A. ophthalmica ab, die nachfolgend beschrieben wird. Die anderen Äste: A. cerebri media (stärkster Endast), A. cerebri anterior, A. choroidea und A. communicans posterior werden in Kapitel 9.11.1 ausführlich beschrieben.

➜ **A. ophthalmica** (= Augenarterie) – zieht mit dem N. opticus durch den Canalis opticus in die Augenhöhle, wo sie über dem N. opticus liegt. Unterhalb des M. obliquus superior gelangt sie zum inneren (medialen) Augenwinkel, wo sie sich in ihre

Endäste, die A. supratrochlearis und die A. supraorbitalis aufteilt.

An Ästen gibt die A. ophthalmica ab:

- **A. centralis retinae** (= Netzhautarterie) – verläuft innerhalb des N. opticus zur Retina (= Netzhaut) deren 2. und 3. Neuron sie versorgt.
- A. lacrimalis (= Tränendrüsenarterie) – verläuft mit dem N. lacrimalis zur Tränendrüse. Über die Aa. palpebrales versorgt sie die Augenlider.
- Aa. ciliares posteriores breves – versorgen die Choroidea (= Aderhaut) des Auges und das 1. Neuron der Retina.
- Aa. ciliares posteriores longae – versorgen die Iris und das Corpus ciliare. Mit den Aa. ciliares posteriores breves bilden sie einen Circulus.
- A. supraorbitalis – ihr Endast gelangt durch die Incisura supraorbitalis (manchmal als Foramen ausgebildet) zur Stirn.
- A. ethmoidalis posterior – zieht mit dem gleichnamigen Nerv durch das Foramen ethmoidale posterius zu den hinteren Siebbeinzellen und zur Nasen- und Stirnhöhle.
- A. ethmoidalis anterior – zieht mit dem gleichnamigen Nerv durch das Foramen ethmoidale anterius zu den vorderen Siebbeinzellen.
- Aa. palpebrales mediales – versorgen den medialen Augenwinkel und die Augenlider.
- A. supratrochlearis – versorgt die Stirnhaut.
- A. dorsalis nasi – bildet den Endast der A. ophthalmica. Sie anastomosiert mit der A. angularis (Ast der A. facialis).

5.8.4 A. carotis externa !! 2/9

➤ *Prüfungsrelevant: Sie sollten den Verlauf aller fett hervorgehobenen Arterien, sowie die „Klinik" kennen und die Arterienäste den jeweiligen Hauptästen zuordnen können.* ➤

Die **A. carotis externa** (= äußere Kopfschlagader) geht im Trigonum caroticum ventral von der A. carotis interna aus dem Sinus caroticus der A. carotis communis hervor. Unter dem Venter posterior des M. digastricus und dem M. stylohyoideus zieht sie zur Fossa retromandibularis, wo sie durch die Gl. parotis verläuft. In Höhe des Collum mandibulae teilt sie sich in ihre beiden Endäste, die A. maxillaris und die A. temporalis superficialis teilt.

An Ästen gibt die A. carotis externa ab:

1. nach ventral:

➜ **A. thyroidea superior** – geht kurz oberhalb der Karotisgabel im Bereich des Trigonum caroticum aus der A. carotis externa hervor und zieht nach kaudal zum oberen Teil der Schilddrüse. Als Äste gibt sie ab:

- R. infrahyoideus – anastomosiert vor dem Os hyoideum (Zungenbein) mit der gleichnamigen Arterie der Gegenseite.
- A. laryngea superior – gelangt mit dem R. internus des N. laryngeus superior durch die Membrana thyrohyoidea ins Kehlkopfinnere, wo sie die obere Hälfte der Kehlkopfschleimhaut versorgt.
- R. cricothyroideus – anastomosiert mit der gleichnamigen Arterie der Gegenseite (kann bei einer Koniotomie verletzt werden – Kapitel 5.4.11).

➜ **A. lingualis** (= Zungenarterie) – geht als 2. Ast in Höhe des Cornu majus des Os hyoideum (= großes Zungenbeinhorn) aus der A. carotis externa ab. Bei etwa 10 % der Präparate geht die A. lingualis zusammen mit der A. facialis über einen Truncus linguofacialis aus der A. carotis externa ab. Unter dem M. hyoglossus und zwischen dem M. genioglossus und dem M. longitudinalis inferior verlaufend gelangt sie zur Zungenspitze. Als Äste gibt sie ab:

- A. sublingualis – versorgt die Gl. sublingualis und die Gll. labiales, sowie die Zungenschleimhaut und das Zahnfleisch des Unterkiefers.
- **A. profunda linguae** – zieht als Endast an der Zungenunterseite entlang zur Zungenspitze, wo sie mit dem gleichnamigen Ast der Gegenseite anastomosiert.

➜ **A. facialis** (= Gesichtsschlagader) – entspringt im Bereich des Trigonum caroticum. Unter dem Venter posterior des M. digastricus verlaufend gelangt sie in das Trigonum submandibulare, wo sie hinter der Gl. submandibularis liegt. Über den ventralen Rand der Mandibula zieht sie vor dem Ansatz des M. masseter liegend in die Gesichtsregion. Sie endet am medialen Augenwinkel als A. angularis. Als Äste gibt sie ab:

- A. palatina ascendens – versorgt u.a. die Tonsilla palatina, das Gaumensegel und den Gaumen.
- A. submentalis – zieht zum Kinn.
- Aa. labiales – bilden im Bereich der Lippen den Circulus arteriosus oris und versorgen die Ober- und Unterlippe.
- A. angularis – zieht zum medialen Augenwinkel, wo sie mit der A. dorsalis nasi (Ast der A. ophthalmica) anastomosiert.

Klinik: Der Puls der A. facialis ist am Rand der Mandibula kurz vor dem M. masseter tastbar. Da die rechte und linke A. facialis in ihrem Versorgungsgebiet durch zahlreiche Anastomosen miteinander verbunden sind, kann ein plötzlicher Verschluß einer A. facialis kompensiert werden.

2. nach medial und dorsal gibt die A. carotis externa ab:

➜ **A. pharyngea ascendens** (= aufsteigende Schlundschlagader) – geht oberhalb der Karotisteilung im Trigonum caroticum aus der A. carotis externa hervor. Sie zieht zwischen der A. carotis externa und der A. carotis interna hindurch zur Schädelbasis. Sie gibt an Ästen u.a. ab:

- A. tympanica inferior – zieht mit dem N. tympanicus durch den Canaliculus tympanicus zur Paukenhöhle.
- A. meningea posterior – zieht durch das Foramen jugulare in die hintere Schädelgrube.

➜ R. sternocleidomastoideus – zieht zum gleichnamigen Muskel. Er geht häufig als Ast aus der A. thyroidea superior hervor.

➜ **A. occipitalis** (= Hinterhauptsarterie) – entspringt in Höhe der A. facialis. Unter dem M. digastricus zieht sie medial vom Warzenfortsatz und unter dem M. sternocleidomastoideus liegend nach dorsal, wo sie den M. trapezius durchbohrt und zum Hinterhaupt zieht.

➜ **A. auricularis posterior** (= hintere Ohrschlagader) – versorgt u.a. die Ohrmuschel, die Cellulae mastoideae und die Paukenhöhle.

3. An Endästen gehen aus der A. carotis externa hervor:

➜ **A. maxillaris** (= Oberkieferschlagader) – sie geht als stärkster Endast dorsal vom Collum der Mandibula aus der A. carotis externa hervor. Sie zieht durch die Fossa infratemporalis und erreicht zwischen dem M. pterygoideus medialis und dem M. pterygoideus lateralis die Fossa pterygopalatina (= Flügelgaumengrube), wo sie sich in ihre Endäste spaltet. An Ästen gibt sie u.a. ab:

- A. auricularis profunda – versorgt das Kiefergelenk und den äußeren Gehörgang.
- A. tympanica anterior – verläuft mit der Chorda tympani (Ast des N. facialis) und versorgt die Paukenhöhle.
- **A. meningea media** – ist die größte Hirnhautarterie. Sie geht in der Fossa infratemporalis aus der A. maxillaris hervor und gelangt durch das Foramen spinosum in die mittlere Schädelgrube, wo sie zwischen Dura mater und Schädelknochen verläuft, die sie beide versorgt.
- **A. alveolaris inferior** – gelangt durch das Foramen mandibulae in den Canalis mandibulae, den sie durch das Foramen mentale als R. mentalis wieder verläßt. Sie versorgt die Zähne und das Zahnfleisch im Unterkieferbereich sowie das Kinn (R. mentalis).
- A. buccalis – versorgt die Mundschleimhaut.
- **A. alveolaris superior posterior** – versorgt die Backenzähne der Maxilla (= Oberkiefer).
- **A. infraorbitalis** – zieht als Endast durch die Fissura orbitalis inferior in die Orbita (Augenhöhle) und durch den Canalis infraorbitalis zum Gesicht. Als Äste gibt sie die Aa. alveolares superiores anteriores für die vorderen Zähne der Maxilla ab.
- **A. palatina descendens** – versorgt den Gaumen.
- **A. sphenopalatina** – versorgt über die Aa. nasales die Nasenhöhle.

➜ **A. temporalis superficialis** (= oberflächliche Schläfenarterie) – verläuft vor dem äußeren Gehörgang liegend zur Schläfengegend, wo sie sich in den R. frontalis für die Stirnhaut und den R. parietalis für den Schläfenbereich teilt. Über kleinere Äste versorgt sie die Gl. parotis, den äußeren Gehörgang und den M. temporalis. An Ästen gibt sie u.a. ab:

- A. transversa faciei – versorgt die Gesichtsmuskeln.
- A. zygomaticoorbitalis – versorgt den lateralen Augenwinkel.

Merksatz für die Äste der A. carotis externa:

Theo	– A. **th**yroidea superior
Lingen	– A. **lin**gualis
fabriziert	– A. **fa**cialis
phantastisch	– A. **pha**ryngea ascendens
starke	– R. **st**ernocleidomastoideus
Ochsenschwanz-suppe	– A. **oc**cipitalis
aus	– A. **au**ricularis posterior
toten	– A. **t**emporalis superficialis
Mäusen	– A. **m**axillaris.

5.8.5 Venen **!! 1/8**

➤ *Prüfungsrelevant: Gesamtes Kapitel.* ◄

Die in der Schädelhöhle liegenden Venen (Sinus durae matris) werden in Kapitel 9.11.2 beschrieben.

Im Kopf- und Halsbereich begleiten die Venen zumeist die gleichnamigen Arterien. Die Venen sind durch zahlreiche Anastomosen untereinander verbunden, in einigen Bereichen bilden sie Venengeflechte (= Plexus venosi).

Im Kopf- und Halsbereich kommen folgende wichtige Venen vor:

V. subclavia (= Schlüsselbeinvene)

Die V. subclavia beginnt in Höhe der 1. Rippe im Armbereich als Fortsetzung der V. axillaris (Kapitel 3.6.2). Die V. subclavia zieht hinter der Clavicula und vor dem M. scalenus anterior in den Brustraum, wo sie sich hinter dem Sternoklaviculargelenk mit der V. jugularis interna zur V. brachiocephalica (s. Kapitel 7.6.2) vereinigt.

V. jugularis interna (= innere Drosselvene)

Sie beginnt im Foramen jugulare der Schädelbasis mit einer Erweiterung, die **Bulbus superior venae jugularis** genannt wird. Die V. jugularis interna bildet die Fortsetzung des Sinus sigmoideus (siehe Kapitel 9.11.2). Zusammen mit der A. carotis interna (bzw. mit der A. carotis communis) und dem N. vagus wird die V. jugularis interna als Gefäß-Nerven-Strang von der Vagina carotica umhüllt. In diesem Gefäß-Nerven-Strang verläuft die V. jugularis interna zunächst durch das Spatium parapharyngeum und dann durch das Trigonum caroticum. Kranial liegt sie zuerst hinter und kaudal dann seitlich von der A. carotis interna (bzw. der A. carotis communis).

Im kaudalen Teil erweitert sich die V. jugularis interna zum **Bulbus inferior venae jugularis** und mündet mit der V. subclavia in den hinter dem Sternoclaviculargelenk liegenden **Venenwinkel** (= **Angulus venosus**) aus dem die V. brachiocephalica hervorgeht. Im Bulbus inferior venae jugularis befindet sich am oberen Ende eine Venenklappe.

Die V. jugularis interna führt das venöse Blut aus dem Versorgungsbereich der A. carotis communis (Gehirn, Gesicht).

Die zuvor erwähnte Vagina carotica ist mit der Lamina praetrachealis der Fascia cervicalis (= mittleres Blatt der Halsfaszie) verbunden. Indem der M. omohyoideus die mittlere Halsfaszie spannt, wird die V. jugularis interna offengehalten (siehe M. omohyoideus).

In die V. jugularis interna münden als wichtige Äste:

➜ **Sinus petrosus inferior** – führt das Blut aus dem Sinus cavernosus. Der Sinus zieht durch das Foramen jugulare und mündet kurz unterhalb des Bulbus venae jugularis superior in die V. jugularis interna.

➜ **V. facialis** – geht am medialen Augenwinkel als V. angularis aus dem Zusammenfluß der V. ophthalmica superior und der V. supraorbitalis hervor. Die V. facialis verläuft unter den mimischen Gesichtsmuskeln zum vorderen Rand des M. masseter und durch das Trigonum submandibulare zum Trigonum caroticum, wo sie in die V. jugularis interna mündet. In die V. facialis oder direkt in die V. jugularis interna mündet die V. retromandibularis.

- **V. retromandibularis** – geht vor der Ohrmuschel aus der Vereinigung der Vv. temporales superficiales hervor. Sie verläuft durch die Parotisloge. In die V. retromandibularis münden die Vv. maxillares (aus dem Plexus venosus pterygoideus).
  - **Plexus venosus pterygoideus** – liegt in der Fossa infratemporalis (= Unterschläfengrube) zwischen dem M. pterygoideus medialis und dem M. pterygoideus lateralis. Er erhält venöses Blut u.a. aus den Vv. temporales profundae, den Vv. meningeae mediae und aus der V. ophthalmica inferior. Er gibt das Blut über die Vv. maxillares zur V. retromandibularis bzw. direkt zur V. jugularis interna und über die V. profunda faciei zur V. facialis ab.

➜ **V. lingualis** – führt das Blut aus der Zunge.

➜ **V. thyroidea superior** – erhält über ihren Ast, die V. laryngea superior, Blut aus der Schilddrüse.

➜ **Vv. thyroideae mediae** – führen Blut aus der Schilddrüse.

V. jugularis externa (= äußere Drosselvene)

Sie entsteht aus dem Zusammenfluß der V. occipitalis und der V. auricularis posterior. Die V. jugularis externa verläuft unter der Lamina superficialis der Fascia cervicalis (= oberflächliches Blatt der Halsfaszie) und über dem Platysma. Sie mündet in die V. subclavia (manchmal auch in die V. jugularis interna oder in die V. brachiocephalica).

V. jugularis anterior

Sie verläuft unter dem Platysma am Vorderrand des M. sternocleidomastoideus entlang und mündet in die V. jugularis externa oder mit der V. jugularis externa in die V. subclavia. Mit der V. jugularis anterior der Gegenseite steht sie über den Arcus venosus jugularis in Verbindung.

Im Kopf- und Halsbereich liegen neben dem Plexus venosus pterygoideus noch folgende wichtige Plexus:

- **Plexus venosus suboccipitalis** – erhält Blut aus der V. occipitalis und leitet es über die V. cervicalis

profunda und die V. vertebralis weiter, die direkt in die V. brachiocephalica mündet.
- **Plexus thyroideus impar** – liegt vor der Trachea (= Luftröhre) unter dem kaudalen Rand der Schilddrüse. Der Plexus thyroideus impar leitet das Blut aus der Schilddrüse zur V. thyroidea inferior, von wo es zur V. brachiocephalica sinistra fließt.

An dieser Stelle sollen in Analogie zu Kapitel 5.8.3 noch die Vv. ophthalmicae beschrieben werden:
- **V. ophthalmica superior** – leitet das venöse Blut aus dem oberen Teil der Augenhöhle ab. Sie wird aus einem Venennetz gespeist, das über die V. nasofrontalis mit der V. angularis in Verbindung steht. Die V. ophthalmica superior gelangt durch die Fissura orbitalis superior in die Schädelhöhle und mündet in den Sinus cavernosus.
- **V. ophthalmica inferior** – leitet das Blut aus dem unteren Teil der Augenhöhle ab. Sie mündet entweder in die V. ophthalmica superior oder in den Sinus cavernosus.

5.9 Lymphknoten und Lymphgefäße !! 3/7

➤ *Prüfungsrelevant: Gesamtes Kapitel.* ◄
Siehe auch die anatomische Tafel „Lymphbahnen".

Im Kopf- und Halsbereich liegen die nachfolgend aufgeführten Lymphknoten.

Die Lymphe aus dem Kopf- und Halsbereich fließt zunächst zu den oberflächlichen Lymphknoten, die die Lymphe jeweils einer bestimmten Region filtern. Von den regionären Lymphknoten fließt die Lymphe zu den etwa 20–30 Nll. cervicales laterales profundi inferiores, die im hinteren Teil des Spatium parapharyngeum kettenartig entlang der V. jugularis interna liegen. Von diesen Lymphknoten fließt die Lymphe zum paarig vorliegenden **Truncus lymphaticus jugularis**, der auf der rechten Körperseite in den etwa 1 cm langen Ductus lymphaticus dexter und auf der linken Körperseite in den Ductus thoracicus mündet.

In den Ductus lymphaticus dexter bzw. Ductus thoracicus münden zumeist:
- Truncus lymphaticus jugularis (Lymphe aus Kopf- und Halsbereich),
- Truncus lymphaticus subclavius (Arm),
- Truncus bronchomediastinalis (Lunge und Zwerchfell).

Der Ductus lymphaticus dexter und der Ductus thoracicus münden in den **Venenwinkel** (= **Angulus venosus**), der von der V. jugularis interna und der V. subclavia gebildet wird und aus dem die V. brachiocephalica hervorgeht.

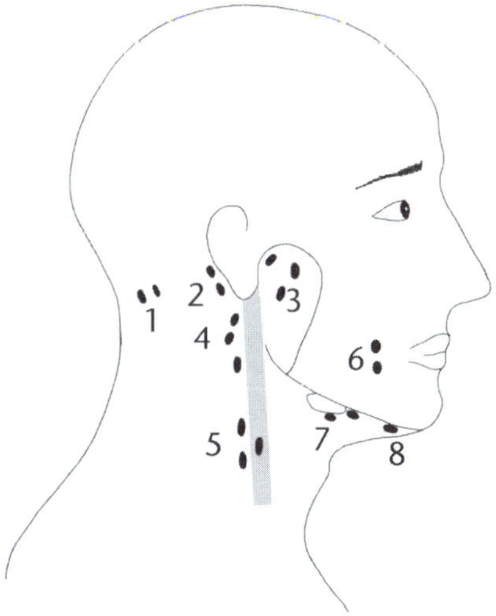

Abb. 5.37 *Lymphknoten (s. Tabelle S. 320)*

5.10 Angewandte und topographische Anatomie

5.10.1 Oberflächenanatomie von Kopf und Hals !! 2/14

Der Halsbereich wird kranial durch eine gedachte Linie zwischen dem Unterrand der Mandibula, dem Processus mastoideus und der gut tastbaren Protuberantia occipitalis externa (des Os occipitale) vom Kopf und kaudal durch eine gedachte Linie zwischen Sternum (= Brustbein) und der Clavicula (= Schlüsselbein) vom Rumpf getrennt.

Im Kopfbereich ist der gesamte Gesichtsschädel zu tasten. Durch den Mund können außerdem die Ossa palatinae (= Gaumenbeine) getastet werden.

➤ Im Halsbereich ist das zwischen dem Mundboden und dem Hals liegende Os hyoideum (= Zungenbein) in seiner gesamten Länge zu tasten, wobei darauf zu achten ist, dass das Cornu majus des Zungenbeins bei großem Druck relativ leicht abbrechen kann. ◄

Lymphknoten im Kopf- und Halsbereich (die Zahlen beziehen sich auf Abbildung 5.37)

Nodi lymphatici	Topographie	Zuflußgebiet	Abflußgebiet
Nll. occipitales (1)	Im Bereich der Linea nuchae superior	Kopfschwarte des Hinterhaupts, Nacken	Nll. cervicales laterales superiores
Nll. mastoidei (2)	Auf Proc. mastoideus	Ohrmuschel, Cellulae mastoideae	
Nll. parotidei profundi (3)	Unter der Fascia parotidea	Gl. parotis, Paukenhöhle, Augenlider	
Nll. faciales (6)	Entlang der A. facialis	Augenlider, Gesicht	Über Nll. submandibulares in Nll. cervicales laterales profundi inferiores
Nll. linguales	Auf dem M. hyoglossus	Zunge	
Nll. submentales (8)	Zwischen Kinn und Os hyoideum	Zungenspitze, Mundboden, untere Schneidezähne	
Nll. submandibulares (7)	Zwischen Mandibula und Gl. submandibularis	medialer Augenwinkel, Mundhöhle, Zähne	Nll. cervicales laterales profundi inferiores
Nll. cervicales anteriores profundi	V. jugularis interna	Pharynx, Tonsillen, Kehlkopf, Schilddrüse, Trachea	
Nll. cervicales laterales profundi superiores (4)	V. jugularis interna	Zunge, Mundboden. Hals	
Nll. cervicales laterales profundi inferiores (5)	V. jugularis interna	Zunge, Mamma, Schilddrüse, Trachea, Oesophagus	Truncus lymphaticus jugularis

➤ Außerdem sind im Halsbereich zu tasten:

- Schildknorpel („Adamsapfel") mit der Incisura thyroidea superior (= Einschnitt zwischen den beiden Schildknorpelplatten),
- Ringknorpel,
- Schilddrüse – ihr Isthmus kann getastet werden, wenn der Patient schluckt. Die beiden Schilddrüsenlappen sind dagegen schlecht zu tasten,
- M. sternocleidomastoideus – tritt besonders bei schlanken Menschen deutlich hervor, wenn der Kopf gegen einen Widerstand zur Gegenseite gedreht wird. ➤

Die sensible Innervation der Haut erfolgt im Gesichtsbereich fast ausschließlich durch die Äste des N. trigeminus, dessen Innervationsgebiet bis zur „Scheitel-Ohr-Kinn-Linie" reicht. Der restliche Bereich wird sensibel von Nerven des Plexus cervicalis innerviert.

➤ Die Haut wird sensibel innerviert von:

- N. ophthalmicus – Stirn, Oberlid, Nasenrücken,
- N. maxillaris – Bereich zwischen Unterlid und Oberlippe, seitlich bis zur Stirngegend,
- N. mandibularis – Bereich zwischen Unterlippe und Kinn, seitlich bis zur Schläfengegend,
- N. occipitalis major – Bereich des Hinterkopfes und als dünner Streifen den seitlichen hinteren Halsbereich,
- N. occipitalis minor – Bereich zwischen dem hinteren Teil der Schläfengegend und dem hinteren Teil des Ohrs bis zum hinteren Teil der Mandibula,
- N. auricularis magnus – Bereich zwischen dem unteren Teil des Ohrs bis zur hinteren Hälfte der Mandibula,
- N. occipitalis tertius – hinterer Nackenbereich,
- N. transversus colli – vorderer und seitlicher Halsbereich. ➤

Klinik: Im Gesichtsbereich treten 3 Äste des N. trigeminus aus den Gesichtsknochen aus. Bei Erkrankungen z.B. der Nasennebenhöhlen oder bei Hirnhautentzündungen können bestimmte Äste des N. trigeminus gereizt sein. Wenn Sie bei einer solchen Erkrankung auf eine der nachfolgend beschriebenen Austrittsstellen des jeweiligen Nervenastes drücken (= Trigeminusdruckpunkte), verspürt der Patient Schmerzen.

➤ Als **Trigeminusdruckpunkte** kommen vor:

- **Foramen supraorbitale** (= Incisura supraorbitalis) – Austrittsstelle des N. supraorbitalis (= Ast des N. ophthalmicus) = 1. Trigeminusdruckpunkt;
- **Foramen infraorbitale** – Austrittsstelle des N. infraorbitalis (= Ast des N. maxillaris) = 2. Trigeminusdruckpunkt;
- **Foramen mentale** – Austrittsstelle des N. mentalis (geht aus dem N. alveolaris inferior, einem Ast des N. mandibularis hervor) = 3. Trigeminusdruckpunkt. ◄

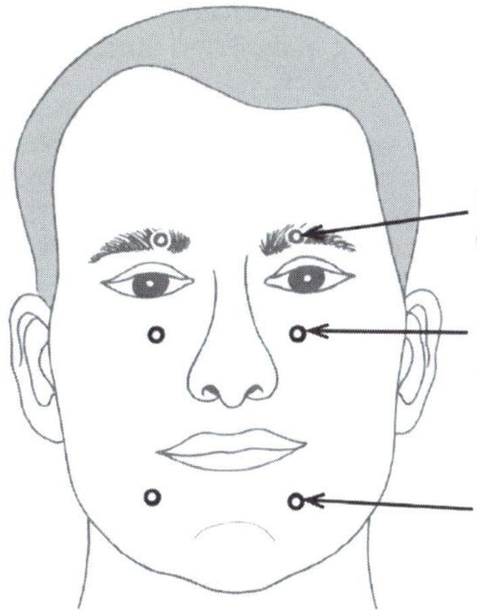

Abb. 5.38 *Trigeminusdruckpunkte.*

5.10.2 Kopfregion

! 0/1

Die Weichteile des Schädeldaches sind bis auf den Bereich des in der Schläfengegend liegenden M. temporalis so dünn, daß das Schädeldach gut getastet werden kann.

➤ Über das Schädeldach spannt sich als flächenhafte **Sehnenhaube**, die **Galea aponeurotica** (= Aponeurose). Die Galea aponeurotica und der in Kapitel 5.3.1 beschriebene M. epicranius sind fest mit der über ihr liegenden Kopfhaut zur Kopfschwarte (= Skalp) verwachsen. Die Kopfschwarte ist mit dem Perikranium (= Knochenhaut), das die Schädelknochen umhüllt, durch lockeres Bindegewebe verbunden. Nur im Bereich der Knochennähte ist das Perikranium fest mit den Schädelknochen verwachsen, daher kann die Kopfschwarte mit dem Perikranium recht leicht über dem Schädeldach verschoben und von ihm abgetrennt werden (= „skalpieren"). Der zwischen dem Perikranium und dem Schädeldach liegende Verschiebespalt reicht vorne bis zum Oberrand der Orbita (Margo supraorbitalis) und hinten bis zur Linea nuchae suprema. ◄

Klinik: Bedingt durch die lockere Verbindung kann es zu Blutungen ober- oder unterhalb des Perikranium (= Knochenhaut) kommen.

➤ Beim **subaponeurotischen Hämatom** (= Bluterguß, der unter der Galea aponeurotica liegt) sammelt sich das Blut zwischen dem Perikranium und der Galea aponeurotica. ◄ Subaponeurotische Hämatome entstehen z.B. während der Geburt (infolge einer Vakuumextraktion, bei der das Kind mittels einer Saugglocke geboren wird) – diese subaponeurotischen Hämatome bilden sich meist innerhalb weniger Stunden wieder zurück. Durch die Galea wird eine Ausbreitung in die Subkutis verhindert. Nur wenn die Galea aponeurotica bei einer Kopfverletzung mit durchtrennt wird, kommt es zu einer klaffenden Wunde.

➤ Beim **subperiostalen Hämatom (Kephalhämatom)** sammelt sich das Blut zwischen den Schädelknochen und der Knochenhaut. Da die Knochenhaut im Bereich der Knochennähte fest mit den Knochen verbunden ist, bleiben solche Hämatome immer regional begrenzt, während sich subaponeurotische Hämatome über den gesamten Schädel bis dorsal zur Linea nuchae und lateral bis zur Linea temporalis ausdehnen können. ◄

Gefäßversorgung

Die Kopfschwarte ist sehr gefäßreich. Sie wird aus Ästen der A. carotis externa (= A. occipitalis, A. temporalis superficialis und A. auricularis posterior) sowie über die A. supraorbitalis aus der A. ophthalmica mit Blut versorgt.

5.10.3 Oberflächliche Gesichtsregion ! 0/0

Im Kopfbereich werden im Gk nachfolgende Regionen hervorgehoben:

Im Bereich des von der Galea aponeurotica bedeckten Schädelbereichs:

- **Regio frontalis** (= Stirngegend) – in dieser Region verläuft der N. supraorbitalis (Ast des N. frontalis).
- **Regio temporalis** (= Feld über der Schläfenbeinschuppe) – diese Region entspricht in ihrer Ausdehnung der Fossa temporalis (s. Kapitel 5.2.3).
- **Regio infratemporalis** (= Gegend unterhalb der Regio temporalis) – enthält die Fossa infratemporalis (s. Kapitel 5.2.3).

Im Gesichtsbereich kommen als Regionen vor:

- **Regio orbitalis** (= Augengegend) – die Orbita (= Augenhöhle) wird ausführlich in den Kapiteln 5.2.3 und 10.1.1 beschrieben.
- ➤ **Regio buccalis** (= Wangengegend) – ihr Boden wird vom M. buccinator gebildet. Zwischen dem hinteren Teil des M. buccinator und dem M. masseter (s. Kapitel 5.3.2) liegt der **Bichat-Fettpfropf** (= Corpus adiposum buccae = Wangenfettpfropf), der aus Baufett besteht. Durch eine Bindegewebskapsel ist er vom anderen Fettgewebe abgegrenzt. Er gibt der Wange begrenzten Halt. Beim Säugling ist der Wangenfettpfropf stark ausgebildet, hier dient er dazu, den für das Saugen notwendigen Unterdruck in der Mundhöhle zu erzeugen. In der Regio buccalis verläuft neben der A. und V. facialis der Ductus parotideus (= Ausführungsgang der Gl. parotis). ➤
- **Regio parotideo-masseterica** – ist klinisch von besonderer Bedeutung, weil in diesem Bereich die Gl. parotis (innerhalb der Parotisloge) liegt (s. Kapitel 5.4.6).

5.10.4 Tiefe Gesichtsregion !! 3/4

Bildfragen (Horizontalschnitte).

Betrachten Sie den Schädel von der Seite, so sehen Sie von kranial nach kaudal auf folgende 3 Vertiefungen:

- Fossa temporalis (= Schläfengrube),
- Fossa infratemporalis (= Unterschläfengrube),
- Fossa pterygopalatina (= Flügelgaumengrube).

Alle 3 Fossae werden ausführlich in Kapitel 5.2.3 besprochen.

Als weitere Grube ist die **Fossa retromandibularis** abzuhandeln.
Die Fossa retromandibularis liegt in dem Bereich, in dem die Kopf- in die Halsregion übergeht.

Die Fossa retromandibularis wird begrenzt:

- kranial – durch den äußeren Gehörgang,
- ventral – durch den hinteren Rand des Ramus der Mandibula,
- dorsal – durch den Vorderrand des M. sternocleidomastoideus,
- medial – durch die laterale Wand des Pharynx,
- kaudal – durch den M. digastricus und den M. stylohyoideus.

➤ In der Fossa retromandibularis liegt der hintere Teil der Glandula parotis, die in diesem Bereich an das Spatium parapharyngeum (siehe Kapitel 5.10.5) angrenzt.

Durch die Fossa retromandibularis verlaufen:
N. facialis, N. accessorius, N. hypoglossus, N. glossopharyngeus, N. auriculotemporalis (Ast des N. mandibularis - kommt aus der Fossa infratemporalis), A. maxillaris (zieht in die Fossa infratemporalis). ➤

5.10.5 Spatium peripharyngeum !! 5/6

Bildfragen (Horizontalschnitte).

Im Halsbereich liegt zwischen der Lamina praevertebralis der Fascia cervicalis (= hinteres Blatt der Halsfaszie) und dem Pharynx (= Schlund) ein Bindegewebsraum, der als **Spatium peripharyngeum** (= Peripharyngealraum) bezeichnet wird. Das Spatium peripharyngeum reicht kranial bis zur Schädelbasis, kaudal setzt es sich in das Trigonum caroticum fort und endet im hinteren Mediastinum (= Mittelfell im Brustkorb).

Das Spatium peripharyngeum wird durch ein derbes Septum sagittale in ein Spatium retropharyngeum und ein Spatium lateropharyngeum unterteilt.

➤ Das **Spatium lateropharyngeum** (syn.: Spatium parapharyngeum = Parapharyngealraum) ist ein Bindegewebsraum, der medial vom Schlund (= Pharynx), lateral von der Gl. parotis und dorsal von der Lamina praevertebralis der Fascia cervicalis begrenzt wird. Kranial reicht das Spatium parapharyngeum bis zur Fossa infratemporalis und kaudal bis an das Trigonum caroticum. ➤ Durch die derbe, vom Processus styloideus zur seitlichen Schlundwand ziehenden bindegewebigen Aponeurosis stylopharyngea wird dieses Spatium in einen ventralen und einen dorsalen Abschnitt unterteilt.

➤ Der vordere Abschnitt ist mit Fett gefüllt. Durch einen Teil dieses Abschnitts ziehen der N. lingualis, der N. alveolaris inferior und der N. auriculotemporalis.

Der hintere Abschnitt reicht kranial bis zur Schädelbasis mit den Öffnungen Foramen jugulare, Canalis caroticus und Canalis hypoglossi. Durch den hinteren Abschnitt des Spatium lateropharyngeum verlaufen:
N. vagus, N. glossopharyngeus, N. hypoglossus, N. accessorius, Truncus sympathicus, A. carotis interna, V. jugularis interna. ◄

Klinik: Im Spatium parapharyngeum können sich leicht Ergüsse ausbreiten, die lateral in die Parotisloge und dorsal in das Spatium retropharyngeum (= Retropharyngealraum) einbrechen können.

Das **Spatium retropharyngeum** (syn.: Spatium retroviscerale) ist ein dünner Spaltraum, der zwischen der hinteren Wand des Pharynx und der Lamina praevertebralis der Fascia cervicalis liegt. Dieses Spatium enthält keine wesentlichen Strukturen.

5.10.6 Mundboden

! 1/2

➤ Der **Mundboden** (= Mundhöhlenboden) wird von oben nach unten durch die nachfolgenden Muskeln gebildet:
- M. geniohyoideus,
- M. mylohyoideus,
- Venter anterior des M. digastricus. ◄

➤ Der Boden der Mundhöhle wird von einer Muskelplatte (= Diaphragma oris) gebildet, die aus den beiden medial durch eine Raphe verbundenen Mm. mylohyoidei besteht. Auf dem Diaphragma oris liegt u.a. die Zunge.

Die Muskelfasern der Mm. mylohyoidei verlaufen quer, während die Fasern der anderen Muskeln längs verlaufen. Im dorsalen Bereich des Mundbodens fehlt der M. mylohyoideus, da er bereits am Os hyoideum (= Zungenbein) ansetzt. ◄

Auf dem M. mylohyoideus liegt der M. geniohyoideus, unter dem M. mylohyoideus liegt der Venter anterior des M. digastricus. Beide Muskeln verspannen den Mundboden in Längsrichtung.

Ist das Os hyoideum durch die unteren sowie die hinteren oberen Zungenbeinmuskeln (Venter posterior des M. digastricus und M. stylohyoideus) fixiert, so können die Mundbodenmuskeln als Kieferöffner dienen.

Klinik: Bei Mundbodenphlegmonen handelt es sich um Infektionen, die z.B. von Zähnen im Bereich der Mandibula ausgehen und die sich in die Loge der Gl. submandibularis, in den Parapharyngealraum, ins Mediastinum, sowie bis zu den Meningen (= Hirnhäuten) und zum Sinus cavernosus (= venöser Blutleiter im Hirnbereich) fortsetzen können.

Bei der Mundbodenphlegmone fühlt sich der Mundboden hart an, der Patient klagt über Schluckbeschwerden und spricht undeutlich.

Das im GK aufgeführte Trigonum submandibulare wird zur vorderen Halsregion gezählt und im nachfolgenden Kapitel 5.10.7 beschrieben.

5.10.7 Halsregion

!!! 6/24

Der Hals wird vom Kopf definitionsgemäß durch eine Verbindungslinie getrennt, die vom Unterrand der Mandibula zum Proc. mastoideus und längst der Linea nuchae superior zur Protuberantia occipitalis externa verläuft. Vom Rumpf wird der Hals durch eine Verbindungslinie getrennt, die am Oberrand des Sternum durch die Clavicula und das Acromion bis dorsal zum Proc. spinosus des 7. Halswirbels zieht.

Der Halsbereich wird in folgende 4 Regionen unterteilt:
- Regio cervicalis anterior,
- Regio sternocleidomastoidea,
- Regio cervicalis lateralis,
- Regio cervicalis posterior.

Regio cervicalis anterior

Die **Regio cervicalis anterior** (syn.: Trigonum cervicale anterius = vordere Halsgegend) – ist dreieckig. Sie wird oben durch den Unterrand der Mandibula und seitlich durch den M. sternocleidomastoideus begrenzt. Die Regio cervicalis anterior wird in ein Trigonum submandibulare und in ein Trigonum caroticum unterteilt.

➤ **Trigonum submandibulare** (= Unterkieferdreieck) – liegt unter der Lamina superficialis der Fascia cervicalis (= oberflächliches Blatt der Halsfaszie).

Das dreieckige Trigonum submandibulare wird begrenzt:
- kranial – Rand der Mandibula,
- dorsal – Venter posterior des M. digastricus und M. stylohyoideus,
- ventral – Venter anterior des M. digastricus,
- medial – M. mylohyoideus,
- kaudal – Os hyoideum. ➤

➤ Der Boden des Trigonum submandibulare wird im vorderen Teil vom M. mylohyoideus gebildet, im hinteren Bereich bleibt eine kleine Lücke zur Mundhöhle hin offen, die teilweise vom M. hyoglossus gefüllt wird, und durch die der Ausführungsgang der Gl. submandibularis zur Mundhöhle zieht. ➤

➤ Im Trigonum submandibulare liegen:
- Gl. submandibularis,
- N. hypoglossus,
- N. glossopharyngeus,
- N. lingualis (Ast des N. mandibularis) – verläuft oberhalb der Gl. submandibularis,
- Ganglion submandibulare – liegt unterhalb des N. lingualis,
- N. mylohyoideus (Ast des N. alveolaris inferior der aus dem N. mandibularis hervorgeht) – verläuft an der Medialseite der Mandibula,
- A. facialis – verläuft hinter der Gl. submandibularis,
- V. facialis – verläuft vor der Gl. submandibularis,
- A. lingualis. ➤

➤ **Trigonum caroticum** (= Karotisdreieck) – wird als Dreieck begrenzt von:
- kranial – Venter posterior des M. digastricus,
- ventral – Venter superior des M. omohyoideus,
- dorsal – vom vorderen Rand des M. sternocleidomastoideus. ➤

➤ Im Bereich des Trigonum caroticum teilt sich die A. carotis communis in die A. carotis externa und in die A. carotis interna. An der Teilungsstelle liegt das Glomus caroticum. Die A. carotis externa liegt vorn-medial, die A. carotis interna hinten-lateral.

Innerhalb des Trigonum caroticum gehen aus der A. carotis externa die folgenden 5 Äste ab: A. thyroidea superior, A. lingualis, A. facialis, sowie die A. pharyngea ascendens und der R. sternocleidomastoideus. ➤

➤ Daneben verlaufen im Trigonum caroticum:
- N. vagus und V. jugularis interna, die beide mit der A. carotis communis bzw. der A. carotis interna von der Vagina carotica umhüllt sind,
- N. laryngeus superior – zweigt bereits unterhalb der Schädelbasis vom N. vagus ab,
- N. accessorius,
- N. glossopharyngeus,
- N. hypoglossus,
- Radix superior der Ansa cervicalis (verläuft mit dem N. hypoglossus),
- Radix inferior – vereinigt sich im Bereich des Trigonum caroticum mit der Radix superior,
- Truncus sympathicus,
- Ganglion cervicale superior (= Halsstrangganglion),
- V. jugularis externa,
- V. jugularis anterior. ➤

Klinik: ➤ Im Trigonum caroticum ist der Puls der A. carotis externa zu fühlen und manchmal auch als pulsierender Gefäßbereich zu sehen. ➤

Trigonum submentale (syn.: Regio suprahyoidea) wird begrenzt:
- kranial – vorderer Teil der Mandibula (Kinn),
- lateral – Venter anterior des M. digastricus,
- kaudal – Os hyoideum (= Zungenbein).

Trigonum musculare (syn.: Regio colli anterior) wird begrenzt:
- kranial – Os hyoideum,
- lateral – Vorderrand des M. sternocleidomastoideus,
- kaudal – Manubrium sterni (Brustbein).

➤ Im Trigonum musculare liegen:
- Larynx (= Kehlkopf),
- Schilddrüse (= Gl. thyroidea),
- Epithelkörperchen (= Gll. parathyroideae),
- Halsteil der Trachea (= Luftröhre),
- Halsteil des Oesophagus (= Speiseröhre). ➤

Regio sternocleidomastoidea

Sie umfaßt den Bereich des gleichnamigen Muskels und reicht hinten von der Wirbelsäule bis unten zur Pleurakuppel.

➤ Durch die Regio sternocleidomastoidea zieht die Vagina carotica (A. carotis communis, V. jugularis interna, N. vagus) zum Trigonum caroticum. ➤

Regio cervicalis lateralis

Die Regio cervicalis lateralis (syn.: Trigonum cervicale posterius = seitliche Halsgegend) – umfaßt den Bereich, der zwischen dem hinteren Rand des M. sternocleidomastoideus und dem vorderen Rand des M. trapezius sowie der Clavicula liegt.

Die Regio cervicalis lateralis wird zusätzlich unterteilt in:

- Regio colli lateralis – in dieser Region liegt am Hinterrand des M. sternocleidomastoideus das Punctum nervosum des Plexus cervicalis mit den sensiblen Nerven: N. occipitalis minor, N. auricularis magnus, N. transversus colli, Nn. supraclaviculares (s. Kapitel 5.6).
- **Trigonum omoclaviculare** – liegt als Dreieck zwischen dem M. sternocleidomastoideus, dem M. omohyoideus und der Clavicula. Das Trigonum omoclaviculare entspricht der Fossa supraclavicularis major. Durch die Fascia omoclavicularis (= mittlere Halsfaszie) wird das Trigonum in eine oberflächliche und eine tiefe Schicht unterteilt.

➤ Die tiefe Schicht grenzt unten an die Mm. scaleni, die oberhalb der Pleurakuppel liegen. Die Pleurakuppel überragt die Clavicula um etwa 2–3 cm. Zur Pleurakuppel liegen:

- ventral: N. phrenicus, A. und V. thoracica interna, sowie V. subclavia,
- kranial: Plexus brachialis,
- medial: A. subclavia,
- dorsal: Ductus thoracicus und Ganglion stellatum.

In der oberflächlichen Schicht des Trigonum omoclaviculare verlaufen: V. jugularis externa und die Nn. supraclaviculares.
In der tiefen Schicht verlaufen: A. subclavia, A. und V. cervicalis superficialis, N. phrenicus und am Rand der Plexus brachialis. ◄

Regio cervicalis posterior

Die Regio cervicalis posterior (= hintere Halsgegend) – umfaßt den Bereich des Nackens. Sie enthält den N. occipitalis major, die A. und V. occipitalis und den N. suboccipitalis. Außerdem ziehen durch diese Region der N. occipitalis minor und der N. occipitalis tertius.

6 Leibeswand

Die Leibeswand wird in 3 Bereiche unterteilt:

- Rücken = hintere Leibeswand,
- Brustwand = vordere obere Leibeswand,
- Bauchwand = vordere untere Leibeswand.

Als Grenze zwischen Brust- und Bauchwand gilt die untere Thoraxapertur (= Apertura thoracis inferior – s. Kapitel 6.2.3).

6.1 Rücken

Im Rückenbereich liegt die Wirbelsäule, die folgende Aufgaben hat:

- Sie dient als Stützgerüst für den Rumpf. Da die Körperlast vom Hals- zum Lendenbereich zunimmt, sind auch die Wirbelkörper (siehe Kapitel 6.1.2) im unteren Teil der Wirbelsäule breiter und dicker.
- Die zwischen den Wirbelkörpern liegenden Bandscheiben (= Zwischenwirbelscheiben) gleichen den auf ihnen lastenden Druck der Körperlast aus.
- Die Wirbelsäule ermöglicht es in ihrer Gesamtheit, den Rumpf in verschiedene Richtungen zu bewegen.
- Innerhalb der Wirbelsäule liegt ein Kanal (= Wirbelkanal), der das Rückenmark enthält, das dadurch vor äußeren Gefahren geschützt liegt.

6.1.1 Entwicklung der Wirbelsäule, Entstehung der Metamerie ! 0/2

Wie in Kapitel 1.4.4 schon beschrieben, gehen aus dem paraxialen Mesoderm Somiten hervor, aus denen sich die Sklerotome, Myotome und Dermatome entwickeln.

➤ Von den Sklerotomen wandern in der 4. Entwicklungswoche Mesenchymzellen zur Chorda dorsalis und umhüllen sie säulenartig. Diese Mesenchymsäule, aus der die spätere Wirbelsäule entsteht, zeigt einen segmentalen Aufbau. Der kaudale Abschnitt jedes Segments besteht aus vielen, eng beieinander liegenden Zellen. Der kraniale Abschnitt besteht aus locker angeordneten Zellen. Zwischen den Segmenten liegen die Intersegmentalspalten, in denen jeweils eine Arterie verläuft. Aus den lateral von den Segmenten liegenden Myotomen entwickelt sich die Rückenmuskulatur (siehe Abb. 6.1). ➤

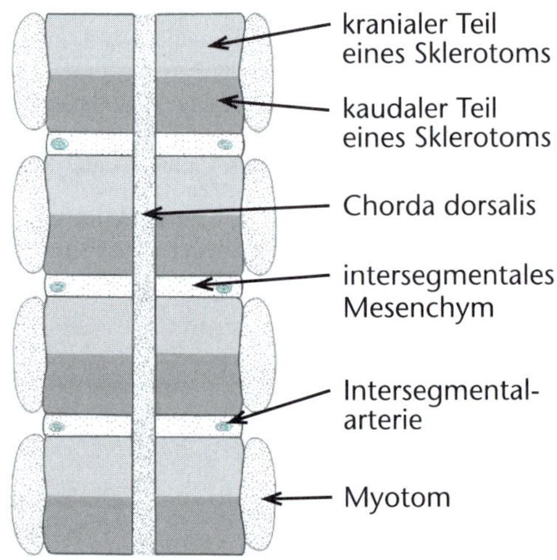

***Abb. 6.1** Frontalschnitt durch die Wirbelsäulenanlage eines vier Wochen alten Embryos*

Im weiteren Verlauf der Entwicklung verschmilzt der kaudale Abschnitt eines Segments mit dem kranialen Abschnitt des nachfolgenden Segments zur **Anlage des Wirbelkörpers**. In der 6. Entwicklungswoche beginnt die Verknorpelung der Wirbelanlagen. Zwischen den verknorpelten Wirbelkörpern entwickelt sich aus Zellen des kranialen Abschnitts des Segments die Anlage der **Zwischenwirbelscheibe** (= **Discus intervertebralis**). Durch diese Verbindung zwischen 2 Segmenten verschieben sich die Wirbelkörper um die Hälfte eines Segments, wodurch die Muskelanlage, die vorher auf Höhe eines Segments lag, nun an 2 Wirbelanlagen ansetzt und sie damit muskulär verbindet.

➤ Die **Chorda dorsalis** bildet sich anschließend im Bereich des Vorknorpels der Wirbelkörper vollständig zurück, während sie im Bereich der Zwischenwirbelscheibe zum **Nucleus pulposus** wird, der später zusammen mit den Fasern des Anulus fibrosus (siehe Kapitel 6.1.3) die Zwischenwirbelscheibe bildet. (Siehe Abb. 6.2). ◄

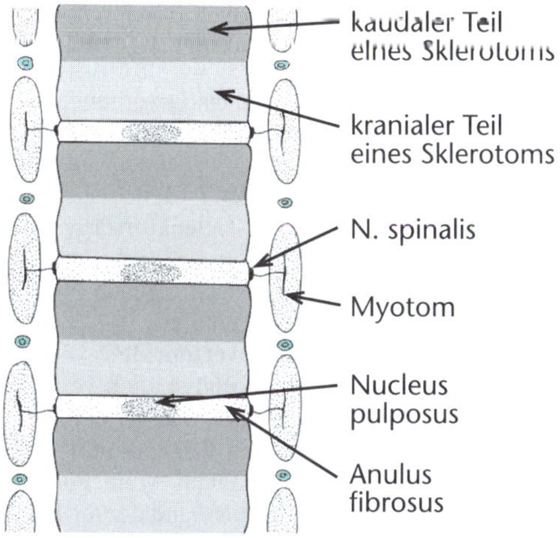

Abb. 6.2 *Frontalschnitt durch die Wirbelsäulenanlage eines fünf Wochen alten Embryos*

➤ Die Verknöcherung der hyalinen Wirbel beginnt bereits gegen Ende des 3. Entwicklungsmonats und endet erst um das 25. Lebensjahr. Gegen Ende der Fetalperiode besitzt jeder Wirbel 3 Knochenkerne (= Verknöcherungszonen), wovon einer im Wirbelkörper und zwei in den Wirbelbögen liegen (siehe Abb. 6.3). ◄

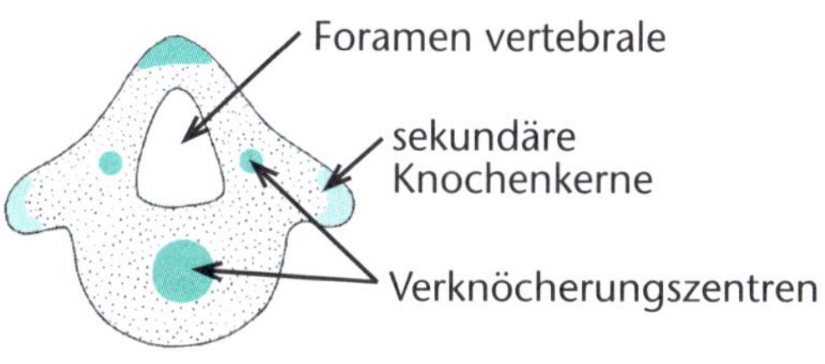

Abb. 6.3 *Wirbelbildung*

➤ Während des 1. Lebensjahres verschmelzen die beiden Knochenkerne der Wirbelbögen miteinander. Die knorpelige Verbindung zwischen den Wirbelbögen und dem Wirbelkörper verknöchert erst zwischen dem 3. und 6. Lebensjahr, was den Vorteil hat, daß die Wirbelsäule sich dem vergrößernden Rückenmark anpassen kann. Die Epiphysen an den Wirbelkörpern verknöchern erst um das 25. Lebensjahr. ◄

Die Rumpfmuskulatur entwickelt sich aus den Myotomen, aus denen im 2. Entwicklungsmonat Myoblasten auswandern und dorsal das **Epimer** und ventral das **Hypomer** bilden. Aus dem Epimer entwickeln sich die autochtonen Rücken- und Nackenmuskeln, aus dem Hypomer die vorderen Hals-, Brust- und Bauchmuskeln.

Variabilität

Es sind zumeist 33 Wirbel angelegt, es können jedoch auch 32 oder 34 Wirbel vorkommen, wobei am häufigsten ein sechster Lendenwirbel auftritt (anstatt fünf).

➤ Verschmilzt der 5. Lendenwirbel mit dem Os sacrum (= Kreuzbeinknochen), so spricht man von einer „**Sakralisation des 5. Lendenwirbels**".

Verschmilzt der erste Kreuzbeinwirbel nicht mit den anderen Kreuzbeinwirbeln, so spricht man von einer **Lumbalisation**. ◄

Spaltbildungen

Um das Rückenmark wachsen die beiden Wirbelbögen und der Wirbelkörper herum und bilden damit den Wirbelkanal. Die Wirbelbögen vereinigen sich dabei zum Dornfortsatz (siehe Kapitel 6.1.2). Vereinigen sich die beiden Wirbelbögen nicht, so bleibt der Wirbelkanal im dorsalen Teil der Wirbel offen. Diese Entwicklungsstörung wird **Spina bifida** (= Spaltbildung) genannt. Spaltbildungen kommen zumeist im Lumbosakralbereich (= Lenden- und Kreuzbeinbereich) vor.

➤ An Spaltbildungen kommen im Bereich der Wirbelsäule vor:

- **Spina bifida occulta** – kommt relativ häufig vor, hat jedoch keine schwerwiegenden Störungen zur Folge. Der Spalt ist von der Haut bedeckt, das Rückenmark tritt nicht hervor.
- **Spina bifida cystica aperta** – hierbei tritt das Rückenmark als offene **Myelozele** (= Bruchsack mit Vorfall des Rückenmarks) hervor. Es fehlt eine bedeckende Haut. Bei Myelozelen kommt es zu neurologischen Ausfällen wie schlaffen Lähmungen beider Beine (= Paraplegien), Sensibilitätsstörungen, Sphinkterlähmungen (M. sphincter ani, M. sphincter urethrae). ◄

6.1.2 Skelettelemente der Wirbelsäule

! 2/4

➤ Die **Wirbelsäule** (= **Columna vertebralis** = Rückgrad) bildet das Achsenskelett des Menschen. Sie mißt etwa 2/5 der gesamten Körperlänge und ist aus knöchernen und bindegewebigen Einzelelementen (Wirbeln und Bandscheiben) aufgebaut.

Bei etwa 50 % der Menschen besteht die Wirbelsäule aus 33 Wirbeln (= Vertebrae), seltener aus 32 oder 34 Wirbeln. ◄

Die Wirbel werden aufgeteilt in:
- 7 Halswirbel (= Vertebrae cervicales),
- 12 Brustwirbel (= Vertebrae thoracicae),
- 5 Lendenwirbel (= Vertebrae lumbales),
- 5 Kreuzwirbel (= Vertebrae sacrales),
- 4 Steißwirbel (= Vertebrae coccygeae).

Die oberen 24 Wirbel (= Hals-, Brust- und Lendenwirbel) bleiben zeitlebens beweglich und werden deshalb auch als „wahre Wirbel" bezeichnet.

➤ Die Kreuzwirbel verschmelzen bis zum 20. Lebensjahr vollständig zum Os sacrum (= Kreuzbein), die Steißwirbel verschmelzen zum Os coccygis (= Steißbein). Diese Wirbel werden, da sie verschmelzen, auch als „falsche Wirbel" bezeichnet. ◄

Die Form der 33 Wirbel hängt von der jeweiligen Region ab, in der der Wirbel eingebaut ist. Grundsätzlich kann gesagt werden, daß die Größe der Wirbelkörper wegen der immer höheren Belastung vom Hals zum Kreuzbein hin zunimmt.

Jeder Wirbel besteht aus 2 Hauptteilen, dem Wirbelkörper und dem Wirbelbogen. Vom Wirbelbogen gehen 7 Fortsätze ab (1 Dornfortsatz, 2 Querfortsätze, 2 Paar Gelenkfortsätze).

An den Wirbeln kann unterschieden werden:
- **Wirbelkörper** (= Corpus vertebrae) – ist von einer dünnen Substantia compacta umgeben. Im Innern liegt die Substantia spongiosa (= Spongiosa) mit dem roten Knochenmark. Der Wirbelkörper dient dazu, die Körperlast zu tragen. Die Endflächen benachbarter Wirbelkörper sind durch Disci intervertebrales (= Bandscheiben) miteinander verbunden.
- **Wirbelbogen** (= Arcus vertebralis) – hat ein bogenförmiges Aussehen. Untereinander sind die Wirbelbögen durch Ligamenta (= Bänder) verbunden. Die Wirbelbögen schützen das Rückenmark. Am oberen Rand sind sie schwach eingeschnürt (= **Incisura vertebralis superior**) am unteren Rand sind sie stärker eingeschnürt (= **Incisura vertebralis inferior**).
- **Dornfortsatz** (= **Processus spinosus**) – ist als hinterster Teil der Wirbelsäule durch die Haut zu tasten. Er dient als Ansatzstelle für Muskeln.
- Zwei **Querfortsätze** (= **Processus transversi**) – dienen Muskeln als Ansatzstelle. Im Brustbereich sind sie mit den Rippen gelenkig verbunden.
- Vier **Gelenkfortsätze** (= **Processus articulares**) – werden in 2 nach oben (= Processus articulares superiores) und 2 nach unten (= Processus articulares inferiores) weisende Gelenkfortsätze unterteilt. Der untere Gelenkfortsatz bildet mit dem oberen Gelenkfortsatz des nachfolgenden Wirbels jeweils eine gelenkige Verbindung.
- **Wirbelloch** (= **Foramen vertebrale**) – ist vorn vom Wirbelkörper, hinten und seitlich vom Wirbelbogen umgeben. Die Foramina vertebralia bilden in ihrer Gesamtheit den **Wirbelkanal** (= **Canalis vertebralis**), der kranial vom **Foramen magnum** (Os occipitale) bis kaudal zum **Hiatus sacralis** reicht.
- Zwei **Zwischenwirbellöcher** (= **Foramina intervertebralia**) – werden auf beiden Seiten des Wirbels jeweils von der Incisura vertebralis inferior des oberen und der Incisura vertebralis superior des nachfolgenden Wirbels gebildet. Die Zwischenwirbellöcher sind im Bereich der Halswirbelsäule relativ klein, nach kaudal werden sie größer. Durch das Foramen intervertebrale ziehen jeweils ein N. spinalis und kleinere Gefäße.

Nachfolgend sind die Unterschiede zwischen den jeweiligen Wirbeln aufgeführt.

Halswirbel

➤ Die Halswirbel können Sie an zwei Löchern erkennen, die auf beiden Seiten vom Wirbelkörper liegen. Dieses Loch wird **Foramen transversarium** (alt: Foramen processus transversi) genannt. Die Foramina des 1.–7. Halswirbels bilden zusammen den Querfortsatzkanal, durch den die A. und V. vertebralis verlaufen. Die A. vertebralis gelangt durch das Foramen transversarium des 6. Halswirbels in den Kanal, die V. vertebralis verläßt den Kanal durch das Foramen des 7. Halswirbels. ◄
Die ersten beiden Halswirbel besitzen einen Eigennamen, weil sie sich deutlich von den übrigen Halswirbeln unterscheiden.

➤ Der erste Halswirbel wird **Atlas** genannt. Der Atlas besitzt keinen Wirbelkörper, er ist vielmehr auf beiden Seiten zu einer Massa lateralis verdickt, die sich in den Processus transversus (= Querfortsatz) fortsetzt. ◄ Im Bereich der Massa lateralis liegt als obere Gelenkfläche eine Gelenkpfanne für die Kondylen des Os occipitale (= Hinterhauptsbein) die Fovea articularis superior. Über die untere Gelenkfläche (Facies articularis inferior) ist der Atlas mit dem Axis verbunden. Der Processus spinosus (= Dornfortsatz) ist zu einem kleinen Höckerchen (= Tuberculum posterius) zurückgebildet.

➤ Die **Fovea dentis** dient als überknorpelte Gelenkgrube für den Axiszahn (= Zahn des 2. Halswirbels). Durch den Sulcus a. vertebralis, der auf beiden Seiten liegt, verlaufen die A. und V. vertebralis.

Der Atlas ist durch das Atlanto-occipitalgelenk mit dem Schädel und durch 3 Atlanto-axialgelenke mit dem 2. Halswirbel verbunden (siehe Kapitel 6.1.3). ◂

➤ Der zweite Halswirbel wird **Axis** genannt. Der Axis besteht aus einem Wirbelkörper, einem Wirbelbogen und dem Dens axis. Der Axis trägt auf seiner Oberfläche als zapfenartigen Fortsatz den **Dens axis** (= Zahn), der entwicklungsgeschichtlich gesehen ein Teil des Atlas ist.

Die Vorderseite des Dens (= Facies articularis anterior) artikuliert in der Fovea dentis des Atlas, die Rückseite des Dens (= Facies articularis posterior) artikuliert am überknorpelten Lig. transversum atlantis (siehe Kapitel 6.1.3). Der Axis ermöglicht eine große Drehbewegung gegen den Atlas und damit gegen den Kopf. ◂

Entwicklungsgeschichtlich betrachtet, hat der Atlas seinen Wirbelkörper an den Axis abgegeben, wobei sich der Wirbelkörper zum Dens axis umgebildet hat.

➤ Beim dritten bis sechsten Halswirbel ist der Proc. spinosus (= Dornfortsatz) meist gabelförmig gespalten. Der 7. Halswirbel ist nicht gabelförmig gespalten, er besitzt jedoch einen besonders weit vorspringenden Dornfortsatz und wird deshalb **Vertebra prominens** genannt. Der 7. Halswirbel besitzt nur ein kleines Foramen transversarium, durch das nur die V. vertebralis verläuft. ◂

Die Vertebra prominens dient als Ausgangspunkt für das Abzählen der Brustwirbel.

Die Processus transversi (= Querfortsätze) der Halswirbel besitzen an ihrem Ende Höckerchen (= Tuberculum anterius und posterius), die als Rippenrudimente aufzufassen sind.
Im Bereich des 6. Halswirbels wird das Tuberculum anterius wegen seiner Lage zur A. carotis communis (die Arterie zieht vor dem Höckerchen nach oben) als **Tuberculum caroticum** bezeichnet.

Brustwirbel

Die Brustwirbel sind mit den Rippen verbunden. Der 1. Brustwirbel bildet die Gelenkfläche für die 1. Rippe und den oberen Teil der 2. Rippe. Die Brustwirbel 2 bis 9 besitzen je eine Fovea costalis superior und inferior. Die Fovea costalis inferior bildet mit der Zwischenwirbelscheibe und der Fovea costalis superior des nachfolgenden Wirbels die Gelenkfläche für jeweils einen Rippenkopf.
Der 11. und 12. Brustwirbel besitzt wiederum jeweils nur eine Gelenkfläche für die 11. bzw. 12. Rippe.

Lendenwirbel

Die Lendenwirbel besitzen drei von den anderen Wirbeln abweichende Processus:

- Processus costalis – ist als Rippenrudiment anzusehen,
- Processus accessorius – entspricht dem Proc. transversus,

➤ Processus mamillaris – stellt einen rudimentären Fortsatz dar, an dem einige kleine Rückenmuskeln ansetzen. ◂

Os sacrum (= Kreuzbein)

Das Kreuzbein besteht aus 5 Kreuzbeinwirbeln, die bis zum 20. Lebensjahr miteinander verschmelzen, wobei die Zwischenwirbelscheiben verknöchern. Das Os sacrum besitzt auf der dem Becken zugekehrten Vorderseite 4 **Lineae transversae**, die die Begrenzung der ursprünglichen Wirbelkörper zeigen. In gleicher Höhe von den Lineae liegen die **Foramina sacralia pelvina**, durch die die Nervenäste des Plexus sacralis austreten.

Das Os sacrum enthält als Fortsetzung des Wirbelkanals den **Canalis sacralis** (= Kreuzbeinkanal), der durch die Verknöcherung aus den Foramina vertebrales entsteht. Der Canalis sacralis endet am **Hiatus sacralis**, der seinerseits meist durch Bänder verschlossen ist (siehe Abb. 6.4).
Das Os sacrum des Mannes ist länger, schmäler und stärker gekrümmt als das der Frau.

An wichtigen Knochenpunkten kommen vor:

- Basis ossis – bildet als oberes Ende des Kreuzbeins die Verbindungsfläche zur Zwischenwirbelscheibe (= Bandscheibe) der Wirbelsäule.
- ➤ **Promontorium** – bildet den in den Beckenraum vorspringenden Vorderrand des ersten Kreuzbeinwirbelkörpers. ◂
- Processus articularis superior – bildet den oberen Gelenkfortsatz.
- Crista sacralis mediana – Rudiment des Proc. spinosus (= Dornfortsatz).

Unterscheidungsmerkmale der einzelnen Wirbel				
Wirbel	**Wirbelkörper**	**Foramen vertebrale**	**Processus spinosus**	**Sonstiges**
Halswirbel (= HW) III – VII	klein, rechteckig	dreieckig	kurz, gespalten beim 7. HW lang	Foramen transversarium
Brustwirbel	klein, dreieckig bis herzförmig	rund	dreikantig	
Lendenwirbel	mächtig, queroval	klein, dreieckig	kräftig, seitlich abgeplattet	Procc. costarii, Procc. accessorii
Kreuzbein-wirbel	miteinander verschmolzen	Canalis sacralis		

- **Lineae transversae** – durch die Verschmelzung der 5 Kreuzbeinwirbelkörper entstandene Synostosen.
- **Foramina sacralia pelvina** – vordere Öffnungen für den Austritt der Rr. ventrales der Nn. spinales.
- **Foramina intervertebralia** – entstehen jeweils durch die Verschmelzung der Incisura superior mit der Insicura inferior. Sie dienen als Durchtrittsstelle der Nn. spinales.
- **Canalis sacralis** – Kreuzbeinkanal (= unterer Teil des Wirbelkanals).
- **Hiatus sacralis** – untere Öffnung des Canalis sacralis in Höhe des 3. oder 4. Kreuzbeinwirbels.
- Facies pelvina – bildet die dem Becken zugekehrte Fläche des Kreuzbeins.
- Facies dorsalis – bildet die Hinterfläche des Kreuzbeins.

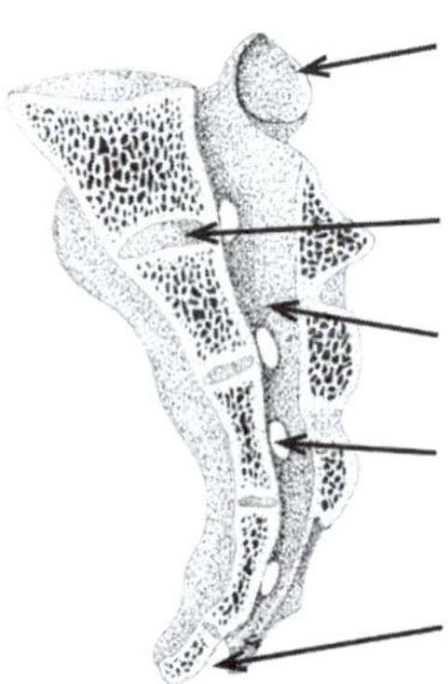

Abb. 6.4 *Medianschnitt durch das Os sacrum*

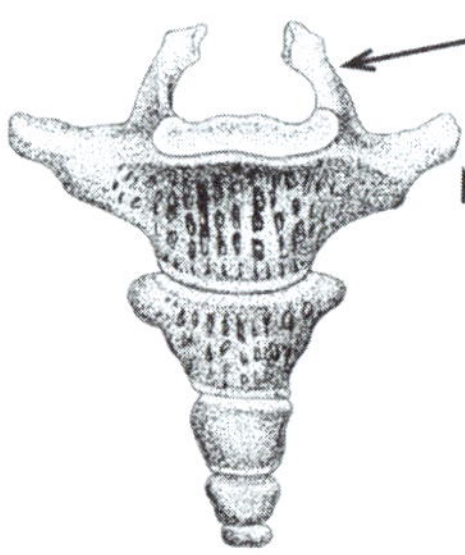

Abb. 6.5 *Os coccygis von ventral*

Os coccygis (= Steißbein)

Das Steißbein entsteht aus 4, manchmal aus 3 oder 5 Wirbelrudimenten, die synostotisch zum Os coccygis verschmolzen sind. Nur der 1. Steißbeinwirbel besitzt noch einen Körper und einen Proc. transversus. Die anderen Wirbel sind rundlich. Sie sind gelenkig oder knöchern miteinander verbunden.

6.1.3 Verbindungen der Wirbel !! 4/8

➤ *Prüfungsrelevant: Sie sollten die Lage der Ligg. in Abb. 6.6 kennen. Bei den Kopfgelenken sollten Sie die Bänder den jeweiligen Gelenken zuordnen können, die Funktion, sowie bei den Gelenken die Art (z.B. Radgelenk) und die beteiligten Knochen kennen.* ◄

Im Bereich des beweglichen Wirbelsäulenteils (= Hals-, Brust- und Lendenwirbel) stehen die einzelnen Wirbel in Verbindung über:

- Wirbelkörper
  - syndesmotisch durch Disci intervertebrales (= Zwischenwirbelscheiben = Bandscheiben)
  - sowie durch Bänder (die zwischen den Wirbelbögen liegen),
- Wirbelbögen
  - diarthrotisch durch Wirbelbogengelenke.

Gelenke der Wirbelsäule und deren Bänder

Wie in Kapitel 6.1.2 bereits erwähnt, besitzen die Wirbel 2 obere und 2 untere Gelenkfortsätze (= Procc. articulares superiores und inferiores). Der untere Gelenkfortsatz des oberen Wirbels bildet mit dem oberen Gelenkfortsatz des nachfolgenden Wirbels ein Zwischenwirbelgelenk (= Articulatio zygapophysialis, syn.: Articulatio intervertebralis). Die so gebildeten 23 Gelenke sind synarthrotisch.

Außer durch die weiter unten beschriebenen Disci intervertebrales sind die Wirbel untereinander durch die nachfolgenden Bänder miteinander verbunden:

- **Lig. longitudinale anterius** – zieht als breites Band vom Os occipitale und dem Atlas ventral über die Wirbelkörper hinweg bis zum 1. Kreuzbeinwirbel und verbindet dabei die Wirbelkörper miteinander. Es hemmt die Streckung.
- **Lig. longitudinale posterius** – zieht dorsal über die Wirbelkörper hinweg und ist vor allem mit den Zwischenwirbelscheiben fest verwachsen. Es hemmt die Beugung und sichert die Zwischenwirbelscheiben.
- ➤ **Lig. flavum** (= Zwischenbogenband) – spannt sich auf beiden Seiten der Wirbel zwischen den benachbarten Wirbelbögen aus. Es besteht aus elastischen Fasern und hat ein gelbes Aussehen. Das **Lig. flavum** ist bereits in der Ruhestellung der Wirbelsäule gespannt. Bei einer Beugung erhöht sich die Spannung, wodurch das Aufrichten aus der Beugung unterstützt wird. ◂
- **Lig. intertransversarium** – spannt sich als rundes Band zwischen den Processus transversi (= Querfortsätze) benachbarter Wirbel aus. Im Halsbereich können diese Ligamenta fehlen. Es hemmt eine übermäßige Seitwärtsbeugung zur Gegenseite.
- **Lig. interspinale** – spannt sich zwischen den Processus spinosi (= Dornfortsätzen) benachbarter Wirbel aus. Es hemmt die Beugung.
- **Lig. supraspinale** – zieht vom 7. Halswirbel über die Spitzen der Processus spinosi (= Dornfortsätze) hinweg zum Kreuzbein. Mit den Dornfortsätzen ist es verbunden. Es hemmt die Beugung.
- ➤ **Lig. nuchae** (= **Nackenband**) – ist eine dünne Bindegewebsplatte, die sich an der Protuberantia occipitalis externa (= Os occipitale) und den Processus spinosi (= Dornfortsätze) der Halswirbel ausspannt. Es dient als Muskelseptum (an ihm sind Muskel verwachsen) und hemmt die Beugung. ◂
- **Ligg. sacro-coccygeum dorsale superficiale und profundum** – verbinden das Kreuzbein mit dem Steißbein.

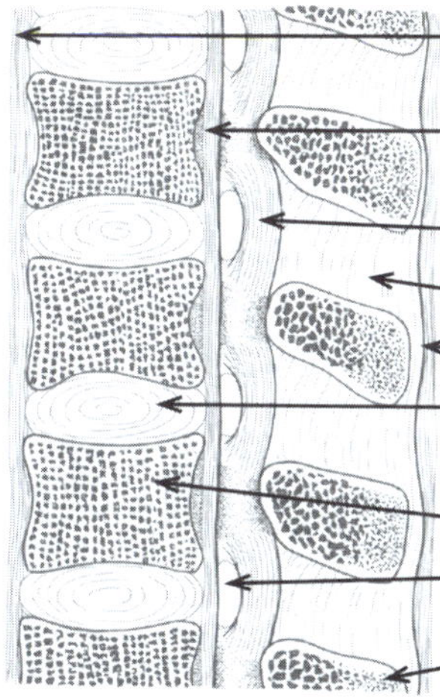

Abb. 6.6 *Schnitt durch die Medianebene der Wirbelsäule*

Kopfgelenke

Mit dem Kopf sind die beiden oberen Halswirbel (= Atlas und Axis) durch ein oberes und ein unteres Kopfgelenk beweglich verbunden. Beide Gelenke ermöglichen zusammen Bewegungen wie in einem Kugelgelenk.

➤ Das obere Kopfgelenk wird **Atlantooccipitalgelenk (= Articulatio atlantooccipitalis)** genannt, es ist ein Ellipsoidgelenk, das aus 2 getrennten Gelenken besteht, die funktionell eine Einheit bilden. Die Gelenkflächen werden vom Condylus des Os occipitale (= Hinterhauptsbein) sowie von den oberen Gelenkflächen (= Foveae articulares superiores) des Atlas (= 1. Halswirbel) gebildet. Die Gelenkkapsel ist schlaff. ◂

➤ Die beiden Atlantooccipitalgelenke sind durch die nachfolgenden Bänder besonders gesichert:

- **Membrana atlantooccipitalis anterior** (= vorderes Längsband) – ist zwischen dem vorderen Rand des Foramen magnum (Os occipitale) und dem

vorderen Teil des Wirbelbogens des Atlas ausgespannt.
- **Membrana atlantooccipitalis posterior** (= Zwischenbogenband) – ist zwischen dem hinteren Rand des Foramen magnum (Os occipitale) und dem hinteren Teil des Wirbelbogens des Atlas ausgespannt. Diese Membrana entspricht dem Lig. flavum. Sie wird von den Aa. vertebrales und den beiden 1. Spinalnerven durchbohrt. ◄

► Das Atlantooccipitalgelenk ermöglicht an Bewegungen:
- Vorwärtsbeugung des Kopfes bis 20°,
- Rückwärtsbeugung des Kopfes (= Streckung) bis 30°,
- Seitwärtsneigung des Kopfes bis 15°. ◄

► Das untere Kopfgelenk wird **Atlantoaxialgelenk** (= **Articulatio atlantoaxialis**) genannt. Es besteht aus 3 voneinander getrennten Gelenken, die aber funktionell eine Einheit bilden. Das Atlantoaxialgelenk ist ein Drehgelenk, das um einen feststehenden Zapfen (= Dens axis) dreht und deshalb ein Radgelenk bildet. Im Atlantoaxialgelenk dreht sich der Atlas (zusammen mit dem Kopf) um den Dens axis, das heißt, der Kopf dreht sich mitsamt dem Atlas um den Dens. Die Gelenkkapsel ist schlaff. ◄

Das Atlantoaxialgelenk wird unterteilt in:
- eine **Articulatio atlantoaxialis mediana** (= mittleres Gelenk) – liegt zwischen dem vorderen Atlasbogen, dem Dens axis und dem Lig. transversum atlantis;
- zwei **Articulationes atlantoaxiales laterales** (= seitliche Gelenke) – liegen rechts und links zwischen den Gelenkflächen von Atlas und Axis.

► Das Atlantoaxialgelenk wird durch folgende Bänder gesichert:
- **Ligg. alaria** (= Flügelbänder) – diese beiden kräftigen Bänder ziehen vom Dens zum seitlichen Rand des Foramen magnum (Os occipitale). Sie hemmen die Drehbewegung des Kopfes über 30° hinaus.
- **Lig. cruciforme atlantis** (= Kreuzband) – das kreuzförmig verlaufende Band kann in ein quer verlaufendes Lig. transversum atlantis und in zwei längs verlaufende Fasciculi longitudinales unterteilt werden. Die **Fasciculi longitudinales** ziehen vom 2. Halswirbelkörper zum vorderen Rand des Foramen magnum. Das **Lig. transversum atlantis** setzt an der rechten bzw. linken Massa lateralis des Atlas an und bildet mit der Facies articularis posterior des Dens das mittlere untere Kopfgelenk. Das Lig. cruciforme atlantis hemmt die Streckung im Atlantoaxialgelenk. Das Lig. transversum atlantis schützt außerdem die Medulla oblongata (= verlängertes Mark) vor dem Dens des Axis.
- **Lig. apicis dentis** (= Spitzenband) – ist schwach ausgebildet. Es verbindet das Foramen magnum mit der Spitze des Dens axis.
- **Membrana tectoria** (= hinteres Längsband) – umhüllt als kräftig ausgebildete Membran die zuvor beschriebenen Bänder. ◄

Disci intervertebrales (= Zwischenwirbelscheiben = Bandscheiben)

► Zwischen den einzelnen Wirbelkörpern liegen die Disci intervertebrales, die die Wirbelkörper seitlich überragen. Die Disci bestehen aus einem äußeren Faserring, dem **Anulus fibrosus**, der aus Faserknorpel (besteht überwiegend aus Kollagenfasern) aufgebaut ist, sowie einem innerhalb des Anulus liegenden wasserreichen Gallertkern, der als **Nucleus pulposus** bezeichnet wird (siehe auch Kapitel 6.1.1). Der Nucleus wirkt wie ein Wasserkissen, das für eine gleichmäßige Druckverteilung sorgt und durch seinen Quelldruck den umgebenden Faserring in Spannung hält. Dorsal sind die Disci intervertebrales mit dem Lig. longitudinale posterius verwachsen und werden durch dieses Ligamentum von den Rückenmarkshäuten getrennt. Ventral werden die Disci durch das Lig. longitudinale anterius gesichert. ◄

► Von kranial nach kaudal nehmen die Disci intervertebrales an Höhe und Umfang zu. ◄ Die Disci haben ein keilförmiges Aussehen, wobei sie im Hals- und Lendenbereich ventral und im Brustbereich dorsal höher sind. Die gesamte, zusammenaddierte Länge der einzelnen Bandscheiben beträgt 1/4 der Wirbelsäulenlänge. Durch den Druck, der tagsüber auf den Disci lastet, verlieren sie Wasser und platten damit ab, so daß gegen Abend eine kleinere Körpergröße (bis zu 3 cm Unterschied) gemessen wird.

► Beim Erwachsenen enthalten die Zwischenwirbelscheiben keine Blutgefäße mehr und sind praktisch nervenfrei. Die Ernährung erfolgt daher mittels Diffusion (ist störanfällig!). ◄

Jede Zwischenwirbelscheibe begrenzt zusammen mit den beiden übereinanderliegenden Incisurae (Incisura vertebralis inferior und superior) und dem jeweiligen Wirbelkörper das Foramen intervertebrale (= Wirbelloch), durch das u.a. der N. spinalis zieht (siehe Kapitel 6.1.6).

Klinik: ► Bei einer Überbeanspruchung kann der Gallertkern durch den Anulus fibrosus hindurch in das Foramen intervertebrale oder in den Wirbelkanal gedrückt werden, was als Bandscheibenprolaps (= Bandscheibenvorfall) bezeichnet wird und starke Schmerzen verursachen kann. Liegt der Prolaps im

Bereich des Foramen intervertebrale der unteren Lendenwirbelsäule ($L_{4,5}$), so kommt es durch den Druck der prolabierten Bandscheibe auf die Nervenwurzel des N. spinalis zur **Ischialgie** (= „Ischias"). ◄

Merksatz: Im **Hal**s- und **L**endenbereich findet man eine **L**ordose (also **hohl**).

Klinik: Krankhafte Verbiegungen der Wirbelsäule werden Skoliosen genannt.

6.1.4 Die Wirbelsäule als Ganzes !! 2/5

Physiologische Krümmungen der Wirbelsäule

Während beim Neugeborenen die Wirbelsäule noch wenig gekrümmt ist, entwickelt sie im Laufe der ersten Lebensjahre durch Beanspruchung ihre charakteristische Form (siehe Abb. 6.7).

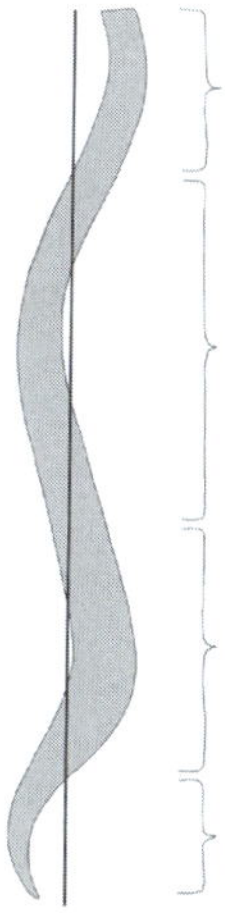

Abb. 6.7 *Krümmungen der Wirbelsäule*

➤ Die gesunde Wirbelsäule ist doppelt S-förmig gekrümmt. Diese Krümmungen sind im Bereich der Hals- und Lendenwirbel nach vorn konvex (= nach außen gewölbt) und werden **Lordose** genannt. Im Bereich der Brust- und Kreuzwirbel sind sie nach hinten konvex und werden **Kyphose** genannt. ◄

Die Krümmungen liegen im Bereich:

- Halslordose – 1.–6. Halswirbel,
- Brustkyphose – 6. Hals- bis 9. Brustwirbel,
- Lendenlordose – 9. Brust- bis 5. Lendenwirbel,
- Sakralkyphose – Kreuz- und Steißbeinbereich.

Bewegungsmöglichkeiten der Wirbelsäule

Die Bewegungsmöglichkeiten zwischen 2 benachbarten Wirbeln ist relativ gering. Bei den 24 beweglichen Wirbeln addieren sich jedoch die Bewegungsmöglichkeiten, so dass die möglichen Bewegungen auf die gesamte Wirbelsäule bezogen annähernd denen eines Kugelgelenks entsprechen.

➤ Dabei nimmt die Beweglichkeit der Wirbelsäule von kranial nach kaudal ab. ◄

➤ Die Hauptrichtungen der Bewegungen sind:

- Beugen und Strecken (= Vor- und Rückwärtsbeugen) – besonders gut im Hals- und Lendenwirbelbereich,
- Seitwärtsneigen – besonders gut möglich im Hals- und Brustwirbelbereich,
- Drehung – im Atlantoaxialgelenk und im Hals- und Brustwirbelbereich.

Im Lendenwirbelbereich ist nur eine geringgradige Rotation möglich, weil die Stellung der Gelenkfortsätze größere Drehungen verhindert. ◄

Bewegungsmöglichkeiten der Wirbelsäule

	HWS	BWS	LWS
Beugung	40°	35°	70°
Streckung	70°	20°	70°
Seitwärts-neigung	45°	30°	25°
Drehung	60–80°	45°	2°

(HWS = Halswirbelsäule, BWS = Brustwirbelsäule, LWS = Lendenwirbelsäule)

Wirbelkanal (= Canalis vertebralis)

➤ Die Wirbelsäule enthält den Wirbelkanal, der vom Foramen occipitale magnum bis zum Hiatus sacralis (dem Ende des Kreuzbeins) reicht. ◄

Ventral wird der Wirbelkanal von den Wirbelkörpern und den Zwischenwirbelscheiben, lateral und dorsal von den Wirbelbögen mit den sie verbindenden Ligg. flava begrenzt. Bis auf die Foramina intervertebralia ist der Wirbelkanal vollständig verschlossen.

Im Wirbelkanal liegen das Rückenmark mit seinen Hüllen sowie die Wurzeln der Nn. spinales (= Spinalnerven) und als Venengeflechte die Plexus venosus vertebrales interni

➤ Jedes **Foramen intervertebrale** (= **Zwischenwirbelloch)** wird im Wesentlichen begrenzt von der Incisura vertebralis inferior und superior (siehe Kapitel 6.1.2) sowie von der Zwischenwirbelscheibe und dem Lig. flavum.

Durch jedes Foramen intervertebrale ziehen:
- ein N. spinalis – somit durch alle Foramina insgesamt 31 Spinalnervenpaare (Paar, weil auf beiden Körperseiten),
- ein R. meningeus (Nervenast) für die sensible Versorgung der Rückenmarkshäute,
- ein R. spinalis (Arterienast).

Im Foramen intervertebrale liegt jeweils ein Ganglion spinale. Der Rest des Foramens ist mit Fettgewebe ausgefüllt. Die Nn. spinales werden ausführlich in Kapitel 9.2.1 beschrieben. ◄

6.1.5 Autochthone Rückenmuskulatur ! 2/2

Die Muskulatur des Rückens wird in eine oberflächliche (= sekundäre) und eine tiefe (= autochthone) Muskelschicht unterteilt. Als autochthone (= primäre) Rückenmuskeln werden die nachfolgenden Muskeln bezeichnet, die auch „ortsständig" genannt werden, weil sie sich im Rückenbereich entwickelt haben und teilweise noch ihre Segmentation besitzen. Demgegenüber entwickeln sich die im Kapitel 3.4.1 beschriebenen sekundären Rückenmuskeln aus den Extremitätenknospen.

Die **autochthonen Muskeln** verlaufen in 2 getrennten Strängen (für rechte und linke Körperseite) innerhalb jeweils eines Führungskanals, der vom Os occipitale (= Hinterhauptsbein) bis zum Os sacrum (= Kreuzbein) reicht. Der Führungskanal wird medial von den Processus spinosi (= Dornfortsätze der Wirbel) und ventral von den Processus transversi gebildet.

Dorsal werden die Muskeln im Nackenbereich von der Fascia nuchae und im Brust- und Lendenbereich von der **Fascia thoracolumbalis** bedeckt.

➤ Da die autochthonen Muskeln die Wirbelsäule strecken (= aufrichten), werden sie in ihrer Gesamtheit als **M. erector spinae** (alt: M. erector trunci) bezeichnet. Weil der M. erector spinae einen großen physiologischen Querschnitt besitzt, sind die autochthonen Rückenmuskeln in ihrer Gesamtheit sehr kräftig. ◄

Nach der Verlaufsrichtung werden die autochthonen Rückenmuskeln in einen medial und einen lateral verlaufenden Strang unterteilt. Die Muskeln werden innerhalb dieser Stränge wiederum unterteilt in:
- medialer Muskelstrang
  - spinales (= interspinales) System,
  - transversospinales System,
- lateraler Muskelstrang
  - sakrospinales System,
  - spinotransversales System,
  - intertransversales System.

Die einzelnen Muskeln des M. erector spinae sind teilweise sehr kurz (erstrecken sich z.B. nur zwischen 2 Wirbeln) oder relativ lang (z.B. der M. longissimus).

Wegen der Vielzahl an Ursprüngen und Ansätzen ist es nicht sinnvoll und nicht prüfungsrelevant, diese detailliert zu lernen.

Die autochthonen Rückenmuskeln werden von den Radices posteriores der Nn. spinales innerviert.

Interspinales System

Die Muskeln des interspinalen Systems liegen zwischen den Processus spinosi (= Dornfortsätzen). Zu ihnen gehören:

Mm. spinales – liegen als M. spinalis capitis cervicis im Halsbereich und als M. spinalis thoracis im Brustbereich.
Funktion: Bei einer einseitigen Kontraktion neigen sie die Wirbelsäule zur Seite, bei einer doppelseitigen Kontraktion kommt es zur Dorsalflexion der Wirbelsäule.

Mm. interspinales – liegen im Hals-, Brust- und Lendenbereich.
Funktion: Dorsalflexion der Hals-, Brust- oder Lendenwirbelsäule.

M. rectus capitis – wird weiter unten bei den kleinen Nackenmuskeln beschrieben.

Transversospinales System

Die Muskeln des transversospinalen Systems ziehen von den Quer- zu den Dornfortsätzen der einzelnen Wirbel. Zu ihnen gehören:

Mm. semispinales – werden unterteilt in:

- **M. semispinalis capitis** – setzt am Os occipitale (= Hinterhauptsbein) an
  Funktion: Einseitig: Drehung des Kopfes zur entgegengesetzten Seite und Neigung des Kopfes; doppelseitig: Streckung der Halswirbelsäule.
- **M. semispinalis cervicis** – liegt im Halsbereich.
  Funktion: Einseitig: Drehung der Wirbelsäule zur entgegengesetzten Seite; doppelseitig: Streckung der Wirbelsäule.
- **M. semispinalis thoracis** – liegt im Brustbereich.
  Funktion: Siehe M. semispinalis cervicis.

Mm. multifidi – liegen im Hals-, Brust- und Lendenbereich. Im Lendenbereich sind sie besonders kräftig ausgebildet.
Funktion: Einseitig: Drehung der Wirbelsäule zur entgegengesetzten Seite; doppelseitig: Streckung und Fixierung der Wirbelsäule.

Mm. rotatores – liegen im Hals-, Brust- und Lendenbereich.
Funktion: Einseitig: Drehung der Wirbelsäule; doppelseitig: Fixierung (Streckung) der Wirbelsäule.

Sakrospinales System

Die Muskeln des sakrospinalen Systems werden zum **M. erector spinae** zusammengefaßt. Zu ihnen gehören:

Mm. iliocostales – liegen als lange Muskeln im Hals-, Brust- und Lendenbereich.
Funktion: Einseitig: Seitwärtsneigung der Wirbelsäule, doppelseitig: Dorsalflexion der Wirbelsäule.

Mm. longissimi – bilden lange Muskeln, die im Halsbereich als M. longissimus capitis und M. longissimus cervicis und im Brust- und Lendenbereich als M. longissimus thoracis liegen.
Funktion: Einseitig: Seitwärtsneigung der Wirbelsäule (und des Kopfes); doppelseitig: Dorsalflexion der Wirbelsäule.

Spinotransversales System

Die Muskeln des spinotransversalen Systems ziehen von den Dorn- zu den Querfortsätzen der Wirbel. Zu ihnen gehören:

M. splenius capitis und **M. splenius cervicis** – liegen im Hals- und oberen Brustbereich (der M. splenius capitis setzt am Proc. mastoideus des Os temporale an).
Funktion: Einseitig: Rückwärtsneigung und Drehung der Kopf- und Halswirbelsäule zur gleichen Seite hin; doppelseitig: Dorsalflexion von Kopf und Hals.

M. obliquus capitis inferior – wird bei den kleinen Nackenmuskeln beschrieben.

Intertransversales System

Die Muskeln des intertransversalen Systems erstrecken sich zwischen den einzelnen Querfortsätzen. Zu ihnen gehören:

Mm. intertransversarii – liegen im Hals- und Lendenbereich.
Funktion: Einseitig: Seitwärtsneigung der Wirbelsäule; doppelseitig: Dorsalflexion der Wirbelsäule.

Kurze tiefe Nackenmuskeln

➤ Diese 4 kurzen tiefen Nackenmuskeln werden vom N. suboccipitalis innerviert.
M. rectus capitis posterior minor - einseitig: neigt den Kopf zur gleichen Seite. Beidseitig: streckt den Kopf im Atlantooccipitalgelenk.
M. rectus capitis posterior major – einseitig: dreht und neigt den Kopf zur gleichen Seite. Beidseitig: streckt den Kopf im Atlantooccipitalgelenk.
M. obliquus capitis superior – einseitig: neigt den Kopf zur gleichen Seite und dreht ihn zur Gegenseite. Beidseitig: streckt den Kopf im Atlantooccipitalgelenk.
M. obliquus capitis inferior – dreht den Kopf im Atlantoaxialgelenk (setzt am Atlas an!) ➤

Faszien

Im Rückenbereich sind folgende zwei Faszien zu behandeln:

- **Fascia nuchae** (= **Nackenfaszie**) – umhüllt im Nackenbereich als Fortsetzung der Lamina superficialis (= oberflächliches Blatt) der Fascia cervicalis die beiden Anteile des M. trapezius und läuft medial am Lig. nuchae zusammen. Unter dem M. trapezius und dem M. rhomboideus umhüllt sie mit ihrem tiefen Blatt die autochthone Rükkenmuskulatur.
- **Fascia thoracolumbalis** – besteht aus einem oberflächlichen und einem tiefen Faszienblatt. Zwischen den Blättern liegt die Faszienloge, die im Brust- und Lendenbereich die autochthone Rükkenmuskeln umschließen. Das oberflächliche Blatt ist an den Procc. spinosi der Wirbeln und an der

Crista iliaca; das tiefe Blatt an den Procc. costales, den unteren Rippen und der Crista iliaca befestigt. Die Faszie dient dem M. latissimus dorsi und dem M. serratus posterior inferior als Ursprung.

➤ Im Lendenbereich bildet das tiefe Blatt der Fascia thoracolumbalis die Aponeurosis lumbalis. Diese Aponeurose dient dem M. obliquus internus abdominis und dem M. transversus abdominis als Ursprung. ◄

6.1.6 Nerven und Gefäße im Rückenbereich ! 0/0

Wie in Kapitel 9.2.1 ausführlich beschrieben, teilen sich die Nn. spinales (= Spinalnerven) in eine Radix anterior (= vorderer Ast) und eine Radix posterior (= hinterer Ast). Die meisten Radices posteriores teilen sich wiederum in einen medialen und einen lateralen Ast. Die Rr. mediales (= medialer Ast) innervieren motorisch die autochthonen Rückenmuskeln, die Rr. laterales versorgen sensibel die Haut des Rückens.

Die Radices posteriores der ersten drei Spinalnerven (C_{1-3}) haben Eigennamen (siehe Kapitel 5.6).

Die aus den Radices posteriores von L_1 bis S_3 (= Lenden- und Kreuzbeinnerven) hervorgehenden Rr. laterales vereinigen sich zu den Nn. clunium superiores und medii, die die Haut der Gesäßregion sensibel innervieren.

➤ Die Wirbelsäule und das Rückenmark erhalten ihr Blut aus Ästen der nachfolgenden Arterien:
A. vertebralis (siehe Kapitel 5.8.1), A. cervicalis profunda, A. cervicalis ascendens, Aa. intercostales posteriores, Aa. lumbales, A. iliolumbalis, A. sacralis lateralis. ◄

Das venöse Blut fließt ab über:
- **Plexus venosus vertebralis internus** – liegt innerhalb des Wirbelkanals zwischen der Dura mater und dem Periost (= Knochenhaut). Er steht im Schädelbereich mit dem Sinus occipitalis (Kapitel 9.11.2) in Verbindung.
- **Plexus venosus vertebralis externus posterior** – liegt auf der Dorsalseite zwischen den Dorn- und Querfortsätzen der Wirbelsäule.
- **Plexus venosus vertebralis externus anterior** – liegt auf der Ventralseite der Wirbelsäule vor den Wirbelkörpern und steht mit dem vorhergehenden Plexus in Verbindung.

Klinik: ➤ Wenn die V. cava superior oder die V. cava inferior verschlossen sind, bilden die 3 Venenplexus zusammen mit der V. azygos und der V. hemiazygos einen Kollateralkreislauf. ◄

6.1.7 Angewandte und topographische Anatomie ! 0/2

Auf der Körperoberfläche sind im Rückenbereich oberhalb der Analspalte 3 grübchenartige Einziehungen der Haut zu erkennen, die gedanklich untereinander und mit dem Anfang der Analspalte verbunden eine Raute bilden, die als **Michaelis-Raute** bezeichnet wird. Die Michaelis-Raute entsteht dadurch, daß die Haut über dem Processus spinosus des 5. Lendenwirbels und über den beiden Spinae iliacae posteriores superiores am Knochen stärker fixiert und dadurch jeweils in Form eines Grübchens eingesunken ist.

➤ Die Michaelis-Raute wird begrenzt durch:
- kranial – den tiefsten Punkt der Lendenlordose in Höhe des 5. Lendenwirbels,
- lateral – die beiden Spinae iliacae posteriores superiores,
- kaudal – den Beginn der Analspalte (= Crena ani).

Die Breite der Michaelis-Raute gibt dem Gynäkologen Anhaltspunkte über die Form und die Weite des Beckens, was für den Geburtsvorgang wichtig ist. Die normale Distanz zwischen den beiden Spinae iliacae beträgt 8–10 cm. (Siehe Abb. 6.8). ◄

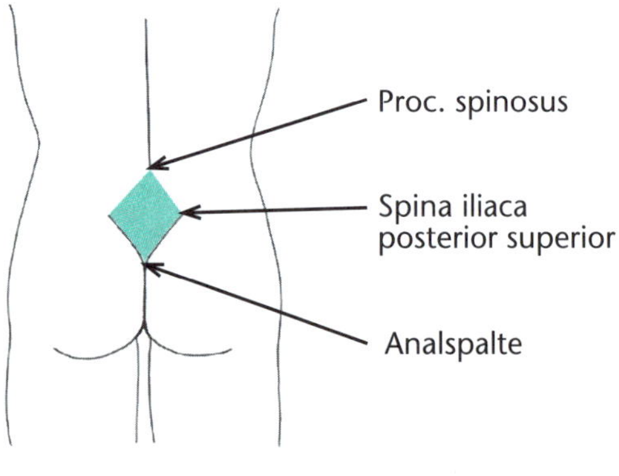

Abb. 6.8 Michaelisraute

➤ Im Rückenbereich können Sie folgende Skelettanteile tasten:

- 1. fast alle Dornfortsätze (= Procc. spinosi), wobei zu beachten ist, daß der Atlas (= 1. Halswirbel) keinen Dornfortsatz besitzt.
- 2. besonders gut ist der Dornfortsatz des Vertebra prominens (= 7. Halswirbels) zu tasten, der die Übergangsstelle von der Halslordose zur Brustkyphose markiert.
- 3. den Proc. spinosus von L_4, der in Höhe der Cristae iliacae der beiden Darmbeine liegt. Diese Kenntnis ist für die Lumbalpunktion wichtig. ◄

Klinik: Epiduralanästhesie

Bei der Epiduralanästhesie wird ein Anästhetikum in den Epiduralraum injiziert, wodurch die vom Anästhetikum umspülten Spinalnerven betäubt werden. Bei der Epiduralanästhesie unterscheidet man zwischen einer Peridural- und einer Sakralanästhesie.

Klinik: Bei der **Periduralanästhesie** (= PDA) dringt man mit einer Hohlnadel im thorakalen oder lumbalen Bereich in den Epiduralraum ein. Bei der Sakralanästhesie gelangt man durch den von außen gut tastbaren Hiatus sacralis in den Epiduralraum. Bei der Epiduralanästhesie ist darauf zu achten, daß die Hohlnadel nicht zu weit vorgeschoben wird, da sonst die Dura mater durchstoßen und das Anästhetikum in den Subarachnoidalraum injiziert werden kann (Gefahr der Atemlähmung!). Die Lumbalpunktion wird ausführlich in Kapitel 9.10.2 beschrieben.

6.2 Brustwand

6.2.1 Grundzüge der Entwicklung des Thorax

! 0/1

Der **Thorax** (= **Brustkorb**) besteht aus der Wirbelsäule, den Rippen und dem Sternum (= Brustbein).

Die **Rippen** entstehen unabhängig von den Wirbeln aus einer strangförmig neben der Wirbelsäule liegenden Mesenchymverdickung (nach einigen Autoren entwickeln sich die Rippen aus den Processus costales der Brustwirbeln, die zunächst aus Mesenchym bestehen – eine endgültige Klärung war auch anhand von Primärliteratur nicht möglich).

Die Rippen verknorpeln und wachsen nach ventral vor. Die freien Enden der sieben oberen Rippen vereinigen sich auf beiden Körperhälften zu je einer Sternalleiste. Die beiden Sternalleisten verschmelzen Anfang des 3. Entwicklungsmonats miteinander zur knorpeligen Anlage des Sternum (= Brustbein).

Mitte des 3. Entwicklungsmonats treten im wirbelnahen Bereich der Rippen und Anfang des 5. Entwicklungsmonats im Sternum die ersten Ossifikationszentren (= Verknöcherungskerne) auf.

➤ Der vordere Teil der 2.–7. Rippe bleibt knorpelig erhalten. Er besteht aus hyalinem Knorpel. Die fünf unteren Rippenpaare erreichen das Sternum nicht, wobei sich die vorderen hyalinen Anteile der 8.–10. Rippe (manchmal auch nur der 8. und 9.) zum **Rippenbogen** vereinigen. Die 11. und 12. Rippe enden frei in der Bauchwand. Der hyaline Knorpel der Rippen verknöchert nach der Pubertät. ◄

Im Hals-, Lenden- und Kreuzbeinbereich sind ebenfalls Rippen angelegt, deren Anlagen jedoch rudimentär bleiben und z.B. als Processus costarius der Lendenwirbel erhalten bleiben.

➤ Das **Zwerchfell**, das die Brusthöhle von der Bauchhöhle trennt, entwickelt sich aus den nachfolgend genannten 4 Anlagen (prüfungsrelevant: nur die Anlagen benennen können): ◄

- **Septum transversum** – entsteht als quere Falte im Bereich der oberen Bauchwand und trennt ab Anfang des 2. Entwicklungsmonats die Herzanlage unvollständig von der Peritonealhöhle (= Bauchfellhöhle). Aus dem Septum entsteht das Centrum tendineum des Zwerchfells.
- **Mesenterium des Oesophagus** – bildet den mittleren Teil des Zwerchfells um den Oesophagus (= Speiseröhre) herum.
- **Membranae pleuroperitoneales** – wachsen von der oberen hinteren Bauchwand nach vorn und verwachsen mit dem Septum transversum. Damit schließen sie den noch offenen Raum zwischen der Brust- und der Bauchhöhle. Kommt es zu keinem vollständigen Zusammenwachsen, so wird die dadurch offene Verbindung zwischen Brust- und Bauchhöhle Foramen phrenicum genannt.
- **Parietales Mesoderm** – geht aus der Körperwand hervor und bildet den peripheren Teil des Zwerchfells.

Die Muskulatur des Zwerchfells entwickelt sich aus den zervikalen Myotomen.

➤ Anfang des 2. Entwicklungsmonats wachsen Nervenfasern aus C_3–C_5 in das Septum transversum ein und vereinigen sich zum N. phrenicus. Bis Ende des 2. Entwicklungsmonats wird das Zwerchfell aus der Hals- in die untere Brustregion verlagert (= Descensus – „Abstieg"). Dabei werden die beiden Nn. phrenici ebenfalls nach kaudal verlagert. ◄

6.2.2 Skelettelemente und Verbindungen !! 1/5

Der knöcherne Brustkorb (= Thorax) besteht aus:
- dem Brustbein (= Sternum),
- den 12 Rippenpaaren (= Costae),
- 12 Brustwirbeln (s. Kapitel 6.1.2).

Sternum (= Brustbein)

Das Sternum ist ein platter Knochen, der auch beim Erwachsenen noch rotes Knochenmark enthält. Das Sternum besteht aus dem
- Manubrium sterni (= Brustbeinhandgriff),
- Corpus sterni (= Brustbeinkörper),
- Processus xiphoideus (= Schwertfortsatz).

Diese drei Anteile des Sternum sind beim Erwachsenen miteinander verknöchert, beim Kind werden sie durch folgende zwei Knorpelzonen voneinander getrennt:
- Symphysis manubriosternalis – liegt zwischen dem Manubrium und dem Corpus sterni,
- Symphysis xiphosternalis – liegt zwischen dem Corpus sterni und dem Processus xiphoideus.

➤ Das **Manubrium sterni** besitzt auf beiden Seiten eine Incisura clavicularis für den Ansatz der Clavicula sowie Insicurae costales für den Ansatz der oberen 11/2 Rippen. Am kranialen Rand liegt als Einziehung die Incisura jugularis (= Drosselgrube).

Am Übergang vom Manubrium zum Corpus ist das Brustbein leicht zum **Angulus sterni** (= **Brustbeinwinkel**) abgeknickt, der durch die Haut zu tasten ist. Der Angulus ist zur Orientierung wichtig, da in seiner Höhe (Übergang vom Manubrium zum Corpus) die 2. Rippe am Sternum ansetzt. ◄

Am Processus xiphoideus ist häufig eine rundliche oder spaltförmige Aussparung zu sehen, die jedoch ohne Bedeutung ist.

Klinik: Sternalpunktion

Bei Bluterkrankungen (z.B. Leukämie) kann die mikroskopische Untersuchung des Knochenmarks notwendig sein. Dazu kann man das Sternum punktieren und das Knochenmark entnehmen. Die Sternalpunktion hat den Vorteil, daß das Sternum direkt unter der Haut liegt und somit am besten zugänglich ist. Der Nachteil besteht für den Ungeübten in der Gefahr, daß die Kanüle abrutscht und man so bis in den Herzbeutel oder die Lunge vordringt. Daher wird heute die Beckenkammpunktion bevorzugt.

Costae (= Rippen)

Wir Menschen besitzen 12 Rippenpaare. Die Rippen bestehen beim Erwachsenen aus einem knöchernen und einem aus hyalinem Knorpel bestehenden Rippenteil.

Die ersten 7 Rippenpaare stehen mit dem Sternum in Verbindung und werden deshalb Costae verae (= „wahre Rippen“) genannt. Die 8.–10. Rippe werden Costae spuriae (= „falsche Rippen“) genannt, weil sie nicht mit dem Sternum in Verbindung stehen. Die 8.-10. Rippe sind an ihrem knorpeligen Ende mit der 7. Rippe zum **Rippenbogen** (= **Arcus costalis**) verbunden. Die 11. und 12. Rippe sind nur noch rudimentär (= in Ansätzen) vorhanden und enden frei in der Brustwand. Sie werden Costae fluctuantes genannt.

➤ **Besonderheiten:** Die 1. Rippe ist relativ kurz und breit. Sie liegt unter der Clavicula und kann daher nur an ihrem sternalen Ende (kurz vor dem Ansatz am Sternum) getastet werden. Die erste Rippe besitzt wie die 2. Rippe ein Tuberculum m. scaleni anterioris, an dem der M. scalenus anterior seinen Ansatz hat.

Die erste Rippe weist außerdem rechts und links vom Tuberculum je eine Delle auf, die als Sulcus arteriae subclaviae von der A. subclavia und als Sulcus venae subclaviae von der V. subclavia verursacht wird. Bei einer Fraktur der 1. Rippe kann die A. subclavia wegen der engen Nachbarschaft verletzt werden.

Die 7. Rippe ist am längsten, die erste und letzte Rippe sind die kürzesten. ◄

Rippenvariabilitäten: Im Halsbereich werden ebenfalls Rippen angelegt, die jedoch mit den Querfortsätzen der Halswirbel verschmelzen. Kommt es zu keiner Verschmelzung, so entstehen **Halsrippen**, die in Kapitel 3.8.2 ausführlich beschrieben werden.

Im Brustbereich endet neben der 11. und der 12. Rippe manchmal auch die 10. und selten auch die 9. Rippe frei (= enden nicht am knorpeligen Rippenbogen).

Am 1. Lendenwirbel kann eine Lendenrippe ausgebildet sein. Normalerweise sind die im Lendenbereich angelegten Rippen jedoch zu Querfortsätzen, die in diesem Fall Proc. costarius genannt werden, zurückgebildet. Die eigentlichen Querfortsätze der Lendenwirbel sind zu Procc. accessorii zurückgebildet.

Gelenkverbindungen der Rippen: Die Rippen sind mit dem Sternum, den Wirbeln und untereinander gelenkig verbunden.

➤ Die 1. Rippe ist mit dem Manubrium sterni häufig synchondrotisch (= knorpelhaft) verbunden (= Synchondrosis sternocostalis costae I).

Die 2.–7. Rippe bilden mit dem Sternum echte Gelenke (= **Sternokostalgelenke** = **Articulationes sternocostales**). Diese Gelenke sind Drehgelenke, deren Gelenkhöhlen spaltförmig sind und deren Gelenkkapseln mit Bändern verwachsen sind. ◄

Zwischen der 6. und 9. Rippe ist im sternalen (= vorderen) Bereich häufig ein Gelenk (= Articulatio interchondralis) ausgebildet.

An Bändern kommen zwischen dem Sternum und den Rippen vor:

- Ligg. sternocostalia radiata – ziehen vom Rippenknorpel zur Vorderseite des Sternum.
- Lig. sternocostale intraarticulare – unterteilt die Gelenkhöhle in 2 Abteilungen.

Mit den Wirbeln sind die Rippen über folgende beide Gelenke verbunden:

- **Articulatio capitis costae** (= Rippenköpfchengelenk) – liegt als Kugelgelenk zwischen dem jeweiligen Rippenkopf (= Caput costae) und dem Wirbelkörper. Außer bei der 1., 11. und 12. Rippe sind die Rippen mit ihrer Facies articularis mit je 2 Wirbeln gelenkig verbunden, wobei der Rippenkopf in Höhe der jeweiligen Zwischenwirbelscheibe liegt. Die Rippenköpfe der 11. und 12. Rippe liegen in Höhe der Wirbelkörper. Über das innerhalb der Gelenkkapsel liegende Lig. capitis costae intraarticulare ist der Rippenkopf mit der Zwischenwirbelscheibe und über das außerhalb liegende Lig. capitis costae radiatum mit dem Wirbelkörper verbunden.
- **Articulatio costotransversaria** (= Querfortsatzgelenk) – liegt als Radgelenk zwischen der Facies articularis tuberculi costae und dem Querfortsatz des Wirbels.

Die Gelenkkapsel des Wirbel-Rippen-Gelenks wird durch das vom Rippenhals zum Wirbel ziehende Lig. costotransversarium verstärkt.

➤ Die Rippengelenke ermöglichen ein Heben und Senken der Rippen. Da die Rippen gekrümmt sind, werden sie bei Bewegungen besonders seitlich gehoben oder gesenkt, wodurch sich das Volumen des Brustkorbs vergrößert oder verkleinert, was der Ein- bzw. Ausatmung dient.
Beim Neugeborenen verlaufen die Rippen noch nahezu horizontal, so daß bei ihm keine Veränderung des Brustkorbvolumens über Rippenbewegungen möglich ist. Daher überwiegt beim Neugeborenen und Kleinkind die Bauchatmung. ◄

6.2.3 Der Thorax als Ganzes ! 1/2

Die Form des **Thorax** (= **Brustkorb**) hängt beim Erwachsenen vom Typ des Körperbaus ab (3 Konstitutionstypen nach Kretschmer). Siehe Kapitel 2.1.3.

➤ Beim faßförmigen Thorax des Neugeborenen ist der sagittale Durchmesser relativ größer als beim Erwachsenen. ◄

Der Thorax besitzt als obere enge Brustkorböffnung die Apertura thoracis superior, und eine untere weite Öffnung, die Apertura thoracis inferior.

➤ Die **Apertura thoracis superior** wird von der 1. Rippe, dem Manubrium sterni und dem 1. Brustwirbelkörper gebildet.

Die **Apertura thoracis inferior** wird von der 10. bis 12. Rippe, dem Rippenbogen, dem Proc. xiphoideus und dem 12. Brustwirbelkörper gebildet. ◄
Die Apertura thoracis inferior ist durch das Zwerchfell verschlossen und trennt damit die Brust- von der Bauchhöhle.
Die beiden Rippenbögen setzen im Bereich des Proc. xiphoideus an, wobei sie einen nach unten offenen Winkel, den **Rippenbogenwinkel** (= **Angulus infrasternalis**) bilden.
Die Räume, die zwischen den Rippen liegen, sind vorne weiter als hinten und zwischen den oberen Rippen größer als zwischen den unteren Rippen.

Besonderheiten

➤ Die Rippen stehen beim Kind fast horizontal, beim Erwachsenen sind sie „abgesenkt", wodurch sich der Brustkorb abflacht.
Im Alter ist neben einer weiteren Abflachung des Brustkorbs eine sich verkleinernde Apertura thoracis inferior zu beobachten. ◄

6.2.4 Interkostalmuskeln ! 0/1

Zwischen 2 Rippen liegt jeweils ein **Zwischenrippenraum** (= **Spatium intercostale** = **Interkostalraum**), in dem die Zwischenrippenmuskeln (= Interkostalmuskeln) mit den im Kapitel 6.2.6 beschriebenen Nerven und Gefäßen liegen.
Die **Interkostalmuskeln** (= **Mm. intercostales**) werden motorisch von den Rami ventrales der Nn. intercostales innerviert (die Mm. intercostales sind in der nachfolgenden Tabelle aufgeführt).

<table>
<tr><th colspan="3">Interkostalmuskeln</th></tr>
<tr><td rowspan="2">Mm. intercostales externi
(= äußere Zwischenrippenmuskeln)</td><td>An.: Oberrand der darunterliegenden Rippe</td><td>Ur.: Äußerer Unterrand einer Rippe</td></tr>
<tr><td colspan="2">Lage: Sie bilden die oberflächliche Schicht der Mm. intercostales und reichen im Interkostalraum von hinten (Tubercula costarum) bis zur Knorpel-Knochengrenze der Rippen, wo sie sich in die Membrana intercostalis externa fortsetzen, die zum Sternum zieht.
Verlauf: Sie ziehen schräg von hinten oben nach vorn unten.
Funktion: Sie heben die Rippen und dienen damit der Inspiration (= Einatmung).</td></tr>
<tr><td rowspan="2">Mm. intercostales interni
(= innere Zwischenrippenmuskeln)</td><td>An.: Sulcus costac</td><td>Ur.: Innerer Oberrand einer Rippe</td></tr>
<tr><td colspan="2">Lage: Sie reichen im Interkostalraum vom Sternum bis zum Angulus costae, wo sie in die Membrana intercostalis interna übergehen, die bis zu den Wirbeln zieht.
Verlauf: Entgegengesetzt (rechtwinklig) zu den Mm. intercostales externi.
Funktion: Sie senken die Rippen und dienen damit der Exspiration (= Ausatmung).</td></tr>
<tr><td rowspan="2">Mm. intercostales intimi</td><td>An.: Sulcus costae</td><td>Ur.: Innerer Oberrand einer Rippe</td></tr>
<tr><td colspan="2">Besonderheit: Sie stellen eine Abspaltung von den Mm. intercostales interni dar. Zwischen ihnen und den Mm. intercostales interni verlaufen die Gefäße und Nerven des Interkostalraums.
Funktion: Exspiration und Verspannung der Interkostalräume.</td></tr>
<tr><td rowspan="2">Mm. subcostales</td><td>An.: dorsale Seite der übernächsten Rippe</td><td>Ur.: sehnig am oberen Rand der unteren Rippe</td></tr>
<tr><td colspan="2">Besonderheit: Sie kommen an der Innenfläche der dorsalen Thoraxwand vor, wo sie als Fasern der Mm. intercostales interni von der Innenfläche der Rippen (meist 12) über mehrere Rippen hinwegziehen.
Funktion: Exspiration und Verspannung der Brustwand.</td></tr>
<tr><td rowspan="2">M. transversus thoracis</td><td>An.: Unterrand des 2.–6. Rippenknorpels</td><td>Ur.: Innenseite des Corpus sterni und des Proc. xiphoideus</td></tr>
<tr><td colspan="2">Verlauf: Laterokranial.
Funktion: Exspiration und Verspannung der Brustwand.</td></tr>
</table>

Der Brustkorb ist von einer äußeren und einer inneren Brustkorbfaszie umhüllt.

- ➤ **Fascia thoracica** (= äußere Brustkorbfaszie) – liegt den Rippen und den Mm. intercostales externi außen direkt auf.
- **Fascia endothoracica** (= innere Brustkorbfaszie) – liegt innen unmittelbar den Rippen und den Mm. intercostales intimi an. Die Fascia endothoracica besteht stellenweise nur aus einer Schicht lockeren Bindegewebes, durch das die Pleura parietalis verschieblich mit der Brustwand verbunden ist. Der Teil der Fascia endothoracica, der an der Pleurakuppel anliegt, wird **Membrana suprapleuralis** (= Gibson-Faszie), der Teil, der auf dem Zwerchfell liegt, **Fascia phrenicopleuralis** genannt. ➤

In der Fascia endothoracica verlaufen ventral die A. und V. thoracica interna und dorsal die Nn. intercostales.

6.2.5 Zwerchfell !!! 8/23

➤ *Besonders prüfungsrelevant: Tabelle.* ➤

Das **Zwerchfell** (= **Diaphragma**) trennt als muskulös-sehnige Trennwand die Brust- von der Bauchhöhle. Bei einem Frontalschnitt können Sie erkennen, daß das Zwerchfell kuppelförmig gestaltet ist.

Zwerchfell-Öffnungen			
Öffnung	**es ziehen durch**	**Lage**	**Besonderheit**
Hiatus aorticus	Aorta descendens, Ductus thoracicus (manchmal auch die V. azygos und die V. hemiazygos)	liegt zwischen den beiden Crura medialia der Pars lumbalis	Der Hiatus liegt vor dem 1. Lendenwirbelkörper. Er wird durch das Lig. arcuatum medianum verstärkt.
Hiatus oesophageus	Oesophagus, R. phrenicoabdominalis des linken N. phrenicus, Truncus vagalis anterior und posterior (gehen aus dem rechten bzw. linken N. vagus hervor)	liegt in der Pars lumbalis	Der Hiatus liegt in Höhe des 10. Brustwirbels. Er ist vollständig von Muskulatur umgeben. Daher kann durch eine Kontraktion des Zwerchfells der Oesophagus verschlossen werden.
Foramen v. cavae	V. cava inferior, R. phrenicoabdominalis des rechten N. phrenicus	liegt im Centrum tendineum	Das Foramen liegt in Höhe des 9. Brustwirbels. Die V. cava inferior ist mit dem Centrum tendineum bindegewebig so verbunden, daß die Vene nicht kollabieren kann.
medialer Lumbalspalt	N. splanchnicus major, durch den rechten Spalt außerdem die V. azygos, durch den linken Spalt die V. hemiazygos	liegt zwischen Crus mediale und Crus intermedium der Pars lumbalis	Dieser Spalt liegt in Höhe des 1. Lendenwirbelkörpers.
lateraler Lumbalspalt	Truncus sympathicus, häufig auch N. splanchnicus minor	liegt zwischen Crus intermedium und Crus laterale	Der laterale Spalt liegt in Höhe des 2. Lendenwirbelkörpers.
Lücke zwischen medialem und lateralem Zwerchfellbereich	N. splanchnicus minor	Der Nerv liegt zwischen medialem und lateralem Schenkel	Zieht häufig durch den lateralen Lumbalspalt.
Larrey-Spalte (= **Trigonum sternocostale**)	A. und V. epigastrica superior (Endäste der A. bzw. V. thoracica interna)	liegt zwischen Pars sternalis und Pars costalis	Liegt in Höhe des 9. Brustwirbelkörpers als dreieckige Spalte.

Am Zwerchfell werden 3 Bereiche unterschieden:

- Pars lumbalis – entspringt von der Lendenwirbelsäule,
- Pars costalis – entspringt von den Rippen,
- Pars sternalis – entspringt vom Sternum.

Die kräftige **Pars lumbalis** besteht aus 2 Schenkeln, dem Crus dextrum und dem Crus sinistrum, an denen wiederum jeweils ein medialer und ein lateraler Schenkel (Crus mediale und Crus laterale) unterschieden werden kann.

Das Crus mediale entspringt rechts im Bereich des 1.–4. Lendenwirbels (links 1.–3. Lendenwirbel) vom Lig. longitudinale anterius. Das Crus laterale entspringt vom 1. und 2. Lendenwirbelkörper und von folgenden 2 Sehnenbögen (auch Haller-Sehnenbögen genannt):

- **Lig. arcuatum laterale** (= **Arcus lumbocostalis lateralis**), das zwischen dem Querfortsatz des 1. Lendenwirbelkörpers und der 12. Rippe liegt und dabei bogenförmig den M. quadratus lumborum überspannt (= Quadratusarkade),
- **Lig. arcuatum mediale** (= **Arcus lumbocostalis medialis**), das zwischen dem Körper und dem Querfortsatz des 1. Lendenwirbels liegt und dabei den M. psoas major bogenförmig überspannt (= **Psoasarkade**).

Die Muskelfasern der Pars lumbalis ziehen zum Centrum tendineum.

➤ Die Pars lumbalis besitzt an Öffnungen:

- Hiatus aorticus,
- Hiatus oesophageus. ◄

Pars costalis – entspringt von den sechs unteren Rippen (alternierend mit den Zacken des M. transversus abdominis). Die Muskelfasern ziehen zum Centrum tendineum.

Pars sternalis – entspringt an der Rückseite des Processus xiphoideus (= Schwertfortsatz des Brustbeins) und dem hinteren Blatt der Rektusscheide. Die Muskelfasern ziehen zum Centrum tendineum.

➤ Als **Centrum tendineum** wird die kleeblattförmige Zentralsehne des Zwerchfells bezeichnet, zu der alle Muskelfasern des Zwerchfells hin verlaufen. Das Centrum tendineum begrenzt das Foramen venae cavae. Auf dem Centrum tendineum ruht das Herz. ◄

Muskelschwache Zwerchfellstellen

➤ Das Zwerchfell besitzt 2 muskelfreie Stellen:

- **Bochdalek-Dreieck** (= Trigonum lumbocostale) – liegt als meist dreieckige Stelle zwischen der Pars lumbalis und der Pars costalis.
- **Larrey-Spalte** – liegt als kleine dreieckige Stelle zwischen der Pars costalis und der Pars sternalis.

Beide Stellen sind durch Faszien (Fascia phrenicopleuralis und Fascia transversalis) sowie durch die Pleura (Brustfell) und das Peritoneum (Bauchfell) verschlossen, wobei Pleura und Peritoneum an diesen beiden Stellen eng beieinander liegen. ◄

Klinik: Durch die Spalten des Zwerchfells kann sich Baucheingeweide in den Brustraum verlagern. Diese Brüche werden **Zwerchfellhernien** (= Hernia diaphragmatica) genannt. Im Bereich der Hernie besteht das Zwerchfell nur aus der Pleuraperitonealmembran, während die Muskelschicht fehlt. Die in die Brusthöhle eingedrungenen Baucheingeweide sind von den serösen Faszien umgeben.

Im Zwerchfell kommen angeborene und erworbene Hernien vor.

Bei einer **angeborenen Hernie** verschließt sich beim Neugeborenen die Pleuraperitonealmembran nicht, so daß Baucheingeweide in die Pleurahöhle eindringen kann.

➤ Die häufigste angeborene Zwerchfellhernie entsteht dadurch, daß das Bochdalek-Dreieck erweitert ist. ◄

Bei einer **erworbenen Zwerchfellhernie** kann die Larrey-Spalte oder der Hiatus oesophageus (durch den der Oesophagus zieht) als Bruchpforte dienen. Dabei werden Teile von Bauchorganen in die Brusthöhle verlagert.

➤ Zwerchfellhernien sind auf der linken Seite häufiger als auf der rechten, weil rechts die Leber direkt unter dem Zwerchfell liegt. Zwerchfellhernien kommen zuallermeist im Bereich des Hiatus oesophageus als **Hiatushernien** vor. Andere, durch Zwerchfellücken ziehende Hernien, sind selten. ◄

➤ **Hiatushernie** (= Hernia paraoesophagea) – hierbei buchtet sich das Zwerchfell im Bereich des Hiatus oesophageus in die Brusthöhle vor. Je nach Lage und Größe enthalten die Hiatushernien Teile vom Magen, Kolon, Milz, Leber oder Omentum majus. ◄

Topographie

➤ Die Zwerchfellkuppel liegt bei Ruhelage rechts im 4. Zwischenrippenraum, links einen halben Interkostalraum (= 1 bis 2 cm) tiefer. Bei maximaler Exspiration liegt die Zwerchfellkuppel in Höhe der 4. Rippe, bei maximaler Inspiration in Höhe der 7. Rippe. Diese Maximallagen sind jedoch vom Alter, Geschlecht und der Konstitution abhängig. Im Bereich des Foramen v. cavae ist das Centrum tendineum zum sogenannten **Herzsattel** eingedellt, so daß auf beiden Seiten Kuppeln entstehen. Auf dem Herzsattel liegt das Herz. Über das Pericardium fibrosum ist der Herzbeutel mit dem Centrum tendineum verwachsen. Auf der rechten bzw. linken Zwerchfellkuppel liegt der Lobus inferior der rechten bzw. linken Lunge.

Unter der rechten Zwerchfellkuppel liegt die Leber, die über ihre Area nuda mit dem Zwerchfell verbunden ist. Am Rand der Area nuda liegt das Lig. coronarium hepatis, in dem das Peritoneum viscerale der Leber auf das Peritoneum parietale des Zwerchfells umschlägt. Unter der linken Zwerchfellkuppel liegen hinter dem linken Leberlappen der Magen und die Milz.

Im Bochdalek-Dreieck treten die Pleurahöhle und das Nierenlager in enge topographische Beziehung zueinander. ◄

Funktion

➤ Das Zwerchfell ist der wichtigste Atemmuskel. Bei der Kontraktion des Zwerchfells wird die Brusthöhle vergrößert, wodurch es zur Inspiration kommt. ◄

Innervation und Gefäßversorgung

➤ Das Zwerchfell wird motorisch von den Nn. phrenici (C_3–C_5) innerviert. Es kann auch ein sog. **Nebenphrenikus** vorkommen, der aus dem N. subclavius oder einem anderen Zervikalnerven hervorgeht.

Mit Blut wird das Zwerchfell aus den Aa. phrenicae superiores und den Aa. phrenicae inferiores (alle sind Äste der Aorta) sowie der A. pericardiacophrenica und der A. musculophrenica (aus der A. thoracica interna) versorgt. ◄

6.2.6 Nerven und Gefäße ! 0/2

➤ Die Nn. intercostales und die Aa. und Vv. intercostales verlaufen in einem Zwischenrippenraum, wobei sie am Unterrand der Rippen im Sulcus costae liegen. ◄ Im hinteren Teil verlaufen sie in der Fascia endothoracica bis zum Rippenwinkel – also subpleural.

Klinik: Aus diesem Grund muß eine Pleurapunktion immer am Oberrand einer Rippe dorsal von der hinteren Axillarlinie durchgeführt werden.

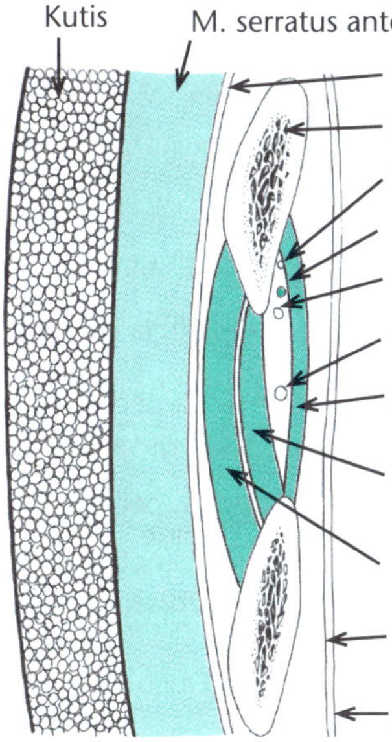

***Abb. 6.9** Längsschnitt durch den Zwischenrippenraum*

Merke: Anordnung von oben nach unten: schwarz-rot-gold.
Schwarz = Vene, rot = Arterie, gold = Nerv.

Die 12 thorakalen Spinalnerven (= Nn. thoracici) spalten sich jeweils in einen R. anterior und einen R. posterior.

Die Rr. posteriores spalten sich wiederum in jeweils einen R. medialis und einen R. lateralis. Die Rr. mediales versorgen die autochthone Rückenmuskulatur, die Rr. laterales die Haut im Rückenbereich.

➤ Die Rr. anteriores der Nn. thoracici werden, da sie zwischen den Rippen verlaufen, als **Nn. intercostales** bezeichnet. Die Nn. intercostales verlaufen bis zum Angulus costae zwischen dem M. intercostalis externus und der Membrana intercostalis interna. Anschließend liegen die Nerven zwischen dem M. intercostalis intimus und dem M. intercostalis internus. ◄

Die Nn. intercostales versorgen motorisch alle auf ihrem Weg liegenden Muskeln und sensibel die Brust- und Bauchhaut, die Brustdrüse (= Mamma) sowie die Pleura parietalis und das Peritoneum parietale.

Besonderheiten

Der R. anterior des 1. Thorakalnerven entsendet einen Teil seiner Fasern zum Plexus brachialis.

➤ Aus dem 2. und 3. N. intercostalis gehen als Äste die Nn. intercostobrachiales ab, die sich zumeist mit dem N. cutaneus brachii medialis verbinden (siehe Kapitel 3.5.2). ◄

Die ersten sechs Nn. intercostales verlaufen jeweils bis zum Rand des Sternum.

➤ Die Nn. intercostales 6–12 ziehen durch das Zwerchfell. Anschließend verlaufen sie zwischen dem M. obliquus internus und dem M. transversus abdominis abwärts und gelangen durch die Rektusscheide in den M. rectus abdominis. ◄
Der 12. N. intercostalis verläuft unterhalb der Rippe und wird deshalb auch **N. subcostalis** genannt.

Gefäße

Die beiden ersten **Aa. intercostales posteriores** gehen aus dem Truncus costocervicalis (Ast der A. subclavia) hervor. Die 3.–11. A. intercostalis posterior geht aus der Aorta thoracica hervor. Durch Anastomosen mit den Rr. intercostales anteriores, die aus der A. thoracica interna hervorgehen, bilden sie arterielle Ringe. Die Arterien versorgen neben dem Rippenbereich das Rückenmark und teilweise die Brustdrüse.

➤ Hinter der Axillarlinie verlaufen die Aa. intercostales im Sulcus costae, wo sie geschützt liegen. Anschließend verlassen die Arterien den Schutz der Rippen. Als Ast geben sie jeweils einen R. collateralis ab, der am Oberrand der folgenden Rippe verläuft. ◄

Besonderheit: Die 12. A. intercostalis posterior verläuft als **A. subcostalis** unterhalb der 12. Rippe.

Das Blut fließt über die Vv. intercostales posteriores auf der rechten Körperseite zur V. azygos und auf der linken Körperseite zur V. hemiazygos sowie von den Vv. intercostales anteriores in die Vv. thoracicae internae, wobei die Interkostalvenen ebenfalls ringförmige Anastomosen bilden.

6.2.7 Mamma !!! 6/14

Die beiden **Mammae** (= **Brustdrüsen**) liegen in Höhe der 3.–6. Rippe innerhalb des subkutanen Gewebes (= Unterhautgewebe). Der Busen trennt die beiden Brüste voneinander.

Entwicklung der Brustdrüse

Auf beiden Körperseiten entsteht in der 7. Entwicklungswoche eine Verdickung der Epidermis, die von der Achselhöhle bis zur Leistenbeuge reicht und **Milchleiste** genannt wird.

Während sich der abdominale Teil (= Bauchteil) der Milchleisten zurückbildet, dringt der thorakale Teil (= Brustteil) in das darunterliegende Mesenchym ein, wo etwa 16 bis 24 Aussprossungen entstehen. Aus jeder dieser Aussprossungen entwickeln sich Knospen.

➤ Von der Milchleiste bildet sich zumeist nur das 4. Drüsenpaar aus. Gegen Ende der intrauterinen Entwicklung ist das Gangsystem der Brustdrüse soweit ausgebildet, dass zwischen Milchgängen, Milchsäckchen und kurzen Ausführungsgängen unterschieden werden kann.
Im ersten Monat nach der Geburt wird unter dem Einfluß der noch von der Mutter stammenden Östrogene in der kindlichen Brustdrüse eine sogenannte **Hexenmilch** gebildet. ◄

Bei Fehlentwicklungen kommt es zu überzähligen Brüsten oder Brustwarzen.

➤ Bis zur Pubertät entwickeln sich beim Jungen die Brustdrüsen wie beim Mädchen. Jedoch endet beim Jungen die Entwicklung in einem frühen Stadium. Beim Mädchen beginnen die Drüsen mit der Pubertät zu sprossen und bilden mit dem von Fettgewebe durchsetzten Bindegewebskörper die Brust. ◄

Aufbau der Brustdrüse

Die Brustdrüse gehört zu den Hautdrüsen. Sie ist aus Drüsen-, Fett- und Bindegewebe aufgebaut. Das Drüsengewebe besteht bei der erwachsenen Frau aus 15–25 sich zur Brustwarze hin verjüngenden Drüsenlappen (= Lobi), die jeweils eine tubulo-alveoläre Drüse mit einem Ausführungsgang bilden. Die Lappen sind durch Binde- und Fettgewebe voneinander getrennt. Durch bindegewebige Septa interlobularia können die Drüsenlappen noch in Drüsenläppchen (= Lobuli) unterteilt werden.

Die **Brustwarze** (= Papilla mammaria = Mamille) ist vom Warzenhof (= Areola mammae) umgeben. Die Areola ist von 10–15 apokrinen Glandulae areolares durchsetzt, die als kleine Höckerchen zu erkennen sind. Während der Laktation (= Stillzeit) sezernieren sie ein Sekret, das die Brustwarze einfettet und anfeuchtet, wodurch die Lippen des Säuglings beim Saugen luftdicht an der Brust saugen können. Außerdem kommen in der Areola freie Talg- und Schweißdrüsen vor.

➤ Durch straffe Kollagenfaserbündel, **Retinaculae** genannt, ist die Brustdrüse mit der unter ihr liegenden **Fascia pectoralis** verbunden. Unter der Fascia pectoralis liegt der M. pectoralis major. ◄

Klinik: ➤ Normalerweise läßt sich die Brustdrüse auf der Fascia pectoralis verschieben. Greift ein Brustkrebs auf die Fascia pectoralis über, so kann die Mamma nicht mehr verschoben werden (wichtiges diagnostisches Zeichen für ein Mamma-Karzinom). ◄

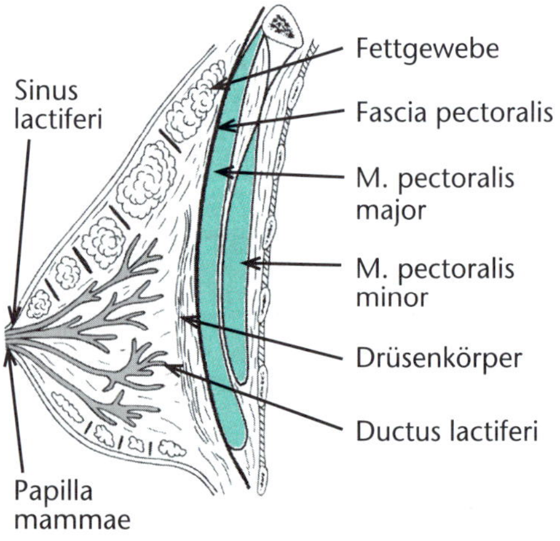

Abb . 6.10 Medialer Schnitt durch die Brustdrüse

Mikroskopische Anatomie

➤ Jeder Drüsenlappen besitzt, wie bereits erwähnt, einen eigenen Milchgang (= **Ductus lactiferus**). Kurz vor der Brustwarze erweitert sich der Milchgang zu einem Milchsäckchen (= **Sinus lactiferus**), das jeweils über einen kurzen Ausführungsgang an der Spitze der Brustwarze mündet. ◄

Bei der ruhenden (= nichtlaktierenden) Brustdrüse sind die Milchgänge verzweigt und am Ende der Verzweigung etwas verdickt. Die Milchgänge besitzen ein ein- bis zweischichtiges kubisches bis hochprismatisches Epithel. Bei der nichtlaktierenden Brustdrüse sind die Endstücke nur schwach ausgebildet. Die ruhende Brust zeigt abhängig vom Zeitpunkt des Zyklus kleine Unterschiede, was auf die Östrogene zurückzuführen ist. Bei der Ovulation (Eisprung) kommt es zum Östrogenanstieg, was dazu führt, daß sich die Milchgänge etwas vergrößern und sich das Bindegewebe auflockert. Nach der Menstruation bilden sich die Milchgänge wieder zurück.

➤ Mit der Schwangerschaft wird die Brustdrüse zur **Mamma lactans** (= Milchdrüse). Die Brustdrüse wird nun stärker durchblutet und die Milchgänge bilden weitere Verzweigungen aus. An den Enden dieser Verzweigungen bilden sich tubulo-alveoläre Endstücke (= Alveolen), die ein einschichtiges isoprismatisches Epithel besitzen. Diese Alveolen sind von einer Schicht Myoepithelzellen umgeben, die bei Kontraktion die Milch aus den Alveolen in die Milchgänge pressen.

Die Abgabe der Milch erfolgt im Bereich der Alveolen der laktierenden Mamma überwiegend nach dem apokrinen Drüsentyp. Die Milchgänge sind bei der Schwangeren mit kubischem bis flachem Epithel ausgekleidet. ◄

Laktation (= Stillperiode)

Die Milchproduktion tritt in den Brüsten mit der Ablösung der Nachgeburt (Plazenta) ein. Das ist dadurch zu erklären, dass die Laktation hormonell gesteuert wird.

➤ Während der Schwangerschaft bewirken die von der Plazenta gebildeten Östrogene und Progesteron (Hormone) das Wachstum des Drüsengewebes der Brustdrüse. Die Milchgänge bilden unter Östrogeneinfluß viele Sproßen. Durch Progesteroneinfluß entstehen aus den knospenartig verdickten Enden der Gänge Alveolen, die Brust vergrößert sich dadurch. Gleichzeitig unterdrücken Östrogen und Progesteron die Milchproduktion. Gegen Ende des 8. Schwangerschaftsmonats kommt es unter dem Einfluß des von der Adenohypophyse abgegebenen Hormons Prolaktin zur Bildung der Vormilch (= **Kolostrum** – s. weiter unten).

Nach Ablösung der Plazenta fallen der Östrogen- und Progesteronspiegel stark ab, wodurch die Adenohypophyse vermehrt Prolaktin abgibt.

Bei der Milchabgabe kommt dem von dem Hinterlappen der Hypophyse gebildeten Oxytocin eine besondere Rolle zu. Oxytocin veranlaßt die Myoepithelzellen, die die Endstücke der Milchgänge umschließen, zur Kontraktion, wodurch die Milch in die Milchgänge gedrückt und zur Brustwarze transportiert wird. ◄

Die Milch, die vor und einige Tage nach der Geburt abgegeben wird, wird **Vormilch** (= **Kolostrum**) genannt. Die Vormilch ist fettarm aber proteinreich. Sie enthält viele Immunglobuline (= IgA), die der passiven Immunität des Neugeborenen dienen.

Die „reife Muttermilch" enthält Fett, Kohlenhydrate, Proteine sowie Lysozyme, Komplementfaktoren und Immunglobuline (IgA). Ihre weiße Farbe erhält die Milch durch kleine Fetttröpfchen. Täglich werden etwa 500 ml Milch sezerniert.

Die laktierende Brustdrüse weist stark erweiterte Endstücke auf. Gegen Ende der Stillzeit wird die Milch in den Endstücken aufgestaut. Dadurch zerreißen die Endstücke und bilden sich zurück, wobei die Rückbildung jedoch nicht vollständig ist (einige Alveolen können erhalten bleiben).

Nach dem Klimakterium (= „Wechseljahre" = Menopause) kommt es zu einem starken Abfall von Östrogenen und Progesteron. Das Drüsenparenchym der Brustdrüse bildet sich bis auf einige Reste zurück.

Mikroskopierhilfe: Bei der ruhenden Brustdrüse liegen vereinzelt stern- bis schlauchartige Lumina zwischen dem Bindegewebe.

Bei der laktierenden Brustdrüse kommen zahlreiche alveoläre Drüsenendstücke vor. Im Zylinderepithel liegen Fettvakuolen (zumeist als leere Löcher vorliegend).

DD: Prostata (besitzt keine Fettvakuolen aber manchmal Prostatasteine).

Nerven- und Gefäßversorgung sowie Lymphabfluß

Die Brustdrüse wird sensibel von den oberen 6 Nn. intercostales und von den Nn. supraclaviculares innerviert.

Mit Blut wird die Brustdrüse versorgt über:

- Rr. mammarii mediales – aus der A. thoracica interna,
- Rr. mammarii laterales – aus der A. thoracica lateralis (Ast der A. axillaris),
- Aa. intercostales.

Das venöse Blut wird über die den Arterien gleichnamigen tiefen Venen weitergeleitet.

➤ Der Kenntnis des Lymphabflusses kommt wegen des Mamma-Karzinoms besondere Bedeutung zu.

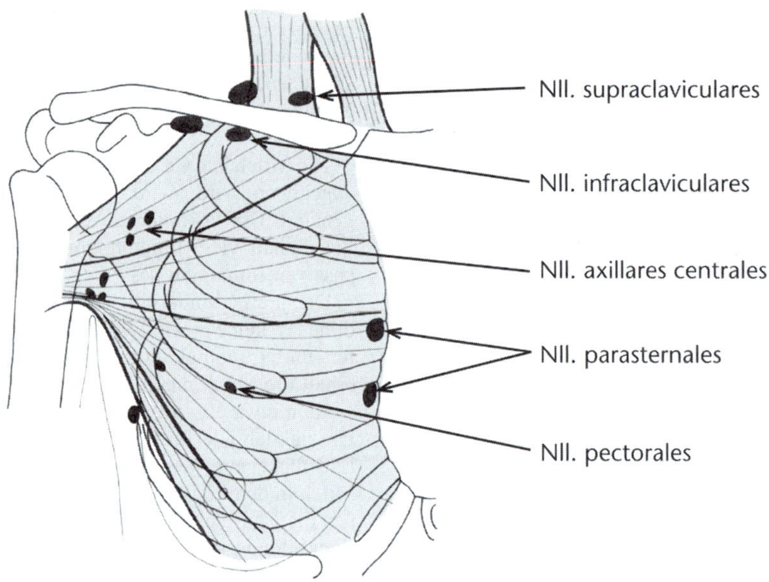

Abb 6.11 Lymphknoten auf die Brustwand projiziert

Von der Mamma fließt die Lymphe über 3 Hauptabflußwege ab:

- axillärer Abfluß (zur Achselhöhle hin) – transportiert etwa 70 % der Lymphe von der Mamma zu den **Nll. axillares pectorales**, die am Unterrand des M. pectoralis minor liegen. Von den Nll. axillares pectorales fließt die Lymphe zu den an der Unterseite des M. subscapularis liegenden Nll. axillares centrales und von dort zu den Nll. axillares apicales.
- parasternaler Abfluß – zu den Nll. parasternales, die entlang der A. und V. thoracica interna neben dem Sternum liegen. Von den **Nll. parasternales** gelangt die Lymphe zu den Nll. supraclaviculares oder direkt zum Truncus jugularis (Venenwinkel).
- interpektoraler Abfluß – hierbei verlaufen die Lymphgefäße zwischen den Mm. pectorales zu den axillären oder infraklavikulären Lymphknoten.

Klinik: ➤ Beim Brustkrebs verhärten sich zumeist zuerst die Nll. pectorales, die am unteren Rand des M. pectoralis major liegen. Dadurch kann der in der Nähe austretende N. intercostobrachialis gereizt werden, was Schmerzen im medialen Bereich des Oberarms zur Folge hat (Diagnosezeichen für Mamma-Karzinom). ➤

6.3 Bauchwand

6.3.1 Grundzüge der Entwicklung und Nabelbildung 0/0

Die Entwicklung des Nabelstrangs wird in Kapitel 1.4.3 beschrieben.

Kommt es nach dem physiologischen Nabelbruch (siehe Kapitel 8.1.1) bei dem sich Darmteile in den Nabelstrang verlagern, nicht zu einer Rückverlagerung des Darms, so entsteht eine Omphalozele (= Nabelschnurbruch – siehe Kapitel 6.3.4).

6.3.2 Bauchmuskulatur und Bauchwand !!! 11/23

➤ *Prüfungsrelevant: Gesamtes Kapitel.* ➤

Die Bauchwand besteht aus 4 relativ platten Muskeln, die den Bauchraum umschließen. Die Fasern der jeweiligen Muskeln haben verschiedene Verlaufsrichtungen.

Als gerader (vorderer) Bauchmuskel kommt vor:
- M. rectus abdominis.

Als schräg verlaufende Bauchmuskeln kommen vor:
- M. obliquus externus abdominis,
- M. obliquus internus abdominis.

Als querer Bauchmuskel kommt vor:
- M. transversus abdominis.

Die dorsale Bauchwand wird vor allem vom M. quadratus lumborum gebildet.
Die direkt aufeinanderliegenden Muskelfasern der Mm. obliquus externus und internus abdominis und des M. transversus abdominis verlaufen oberhalb der Spina iliaca anterior superior in unterschiedlichen, sich überkreuzenden Richtungen. Unterhalb der Spina iliaca anterior superior verlaufen die Muskelfasern des M. obliquus internus abdominis und des M. transversus abdominis annähernd parallel.

M. obliquus externus abdominis, M. obliquus internus abdominis und M. transversus abdominis gehen vorne in großflächige Sehnenplatten (= Aponeurosen) über, die zusammen den M. rectus abdominis umscheiden (= Rektusscheide) und deren Fasern sich in der Medianlinie untereinander sowie mit den Fasern der gleichnamigen Muskeln der Gegenseite zur Linea alba verflechten (s. weiter unten).

Die derbe aponeurotische **Rektusscheide** (= **Vagina m. recti abdominis**) besteht aus einem vorderen und

Bauchmuskeln			
M. obliquus externus abdominis	*In.:* 5.–12. N. intercostalis	*An.:* Linea alba, Labium externum der Crista iliaca, Lig. inguinale	*Ur.:* Außenseite der 5.–12. Rippe
Abb. 6.12 und 6.13	**Lage:** Die Ursprungszacken des M. obliquus externus abdominis alternieren an der 5.–9. Rippe mit den Ursprungszacken des M. serratus anterior und an der 10.–12. Rippe mit den Ursprungszacken des M. latissimus dorsi. **Funktion:** Bei einseitiger Kontraktion neigt er den Körper zur Seite, dreht den Rumpf zur Gegenseite und hebt das Becken. Bei beidseitiger Kontraktion beugt er den Rumpf nach vorn, dient der Bauchpresse und der Exspiration (= Ausatmung). **Besonderheiten:** 1. Der Unterrand der Aponeurose des M. obliquus externus abdominis ist bandartig zum Lig. inguinale verdickt. 2. Oberhalb des Lig. inguinale liegt in der Aponeurose des M. obliquus externus abdominis als schlitzartige Öffnung der Anulus inguinalis superficialis (= äußerer Leistenring).		
M. obliquus internus abdominis	*In.:* 8.–12. N. intercostalis, N. iliohypogastricus, N. ilioinguinalis	*An.:* Linea alba, 9.–12. Rippe	*Ur.:* Fascia thoracolumbalis, Linea intermedia der Crista iliaca, Spina iliaca anterior superior, laterale Hälfte des Lig. inguinale
Abb. 6.14	**Funktion:** Bei einseitiger Kontraktion neigt er den Körper zur gleichen Seite. Bei beidseitiger Kontraktion beugt er den Rumpf nach vorn, außerdem dient er der Bauchpresse und der Exspiration. **Besonderheiten:** Aus Muskelfasern des M. obliquus internus abdominis und des M. transversus abdominis geht der M. cremaster hervor.		
M. transversus abdominis	*In.:* 7.–12. N. intercostalis, N. iliohypogastricus, N. ilioinguinalis	*An.:* Oberhalb der Linea arcuata in das hintere Blatt der Rektusscheide, unterhalb der Linea arcuata in das vordere Blatt der Rektusscheide.	*Ur.:* Innenseite der 7.–12. Rippe, Fascia thoracolumbalis, Labium internum der Crista iliaca, laterales Drittel des Lig. inguinale
Abb. 6.15	**Funktion:** Er zieht die vordere Bauchwand ein und verkleinert damit den intraabdominalen Raum und dient damit der Bauchpresse. **Besonderheit:** Siehe M. obliquus internus abdominis.		

Bauchmuskeln (Fortsetzung)			
M. rectus abdominis Abb. 6.12	*In.:* 5.–12. N. intercostalis	*An.:* Symphyse, Tuberculum pubicum	*Ur.:* Außenseite des sternalen Endes der 5.–7. Rippe, Proc. xiphoideus des Sternum
	Funktion: Er verspannt die Bauchwand, beugt den Rumpf nach vorn und hebt das Becken. Außerdem dient er der Bauchpresse und der Exspiration. **Besonderheit:** Der M. rectus abdominis liegt in der Rektusscheide. Durch 3–4 Intersectiones tendineae wird er in mehrere funktionell unabhängige Abschnitte unterteilt.		
M. pyramidalis Abb. 6.12	*In.:* N. subcostalis	*An.:* Linea alba	*Ur.:* Symphyse, Crista pubica
	Funktion: Er spannt die Linea alba (fehlt bei etwa 20% der Menschen). **Besonderheit:** Er liegt in einer Verdoppelung der vorderen Rektusscheide.		
M. cremaster Abb. 6.14 und 6.15	• *In.:* R. genitalis des N. genitofemoralis	*An.:* Er umhüllt den Hoden	*Ur.:* Abspaltung aus dem M. obliquus internus abdominis und dem M. transversus abdominis
	Funktion: Er hebt den Hoden und dient zusammen mit der Tunica dartos der Temperaturregulierung im Hodensack. **Besonderheit:** Durch den M. cremaster kann der Hoden angehoben werden, indem ein Hautreiz an der Innenseite des Oberschenkels gesetzt wird (= Kremasterreflex). Reflektorisch hebt der Muskel den Hoden z.B. bei Kälte an, um so einen Wärmeausgleich zu schaffen (wichtig für die Spermien).		
M. quadratus lumborum	*In.:* N. subcostalis, Plexus lumbalis	*An.:* 12. Rippe, Proc. costalis des 1.–4. Lendenwirbels	*Ur.:* Labium internum der Crista iliaca, Lig. iliolumbale
	Lage: Er verläuft vorn unter der Fascia transversalis. **Funktion:** Bei einseitiger Kontraktion Seitwärtsbeugung des Körpers. Bei beidseitiger Kontraktion wird die 12. Rippe herabgezogen, was der Exspiration dient.		

einem hinteren Blatt. Das hintere Blatt endet unterhalb des Nabels mit der **Linea arcuata** (Douglas).

Oberhalb der Linea arcuata wird das vordere Blatt der Rektusscheide von der Aponeurose des M. obliquus externus abdominis und der Lamina anterior der Aponeurose des M. obliquus internus abdominis gebildet. Das hintere Blatt wird aus der Aponeurose des M. transversus abdominis und der Lamina posterior der Aponeurose des M. obliquus internus abdominis gebildet.

Unterhalb der Linea arcuata wird die Rektusscheide hinten nur noch von der Fascia transversalis und dem Peritoneum gebildet. Das vordere Blatt wird in diesem Bereich von den Aponeurosen aller 3 Bauchmuskeln gebildet.

Innerhalb der Rektusscheide liegen: M. rectus abdominis, M. pyramidalis, A. und V. epigastrica superior und inferior, 5.–11. N. intercostalis, N. subcostalis.

Als **Linea alba** wird ein etwa 1 cm breiter Streifen bezeichnet, in dem sich die Aponeurosen der 3 Bauchmuskeln einer Seite (= Mm. obliqui externus und internus abdominis und die des M. transversus) mit den Aponeurosen der 3 Bauchmuskeln der Gegenseite verflechten. Die Linea alba reicht vom Proc. xiphoideus (Teil des Brustbeins) bis zur Symphyse. Im Bereich des Nabels bilden die ringförmig angeordneten Fasern der Linea alba den **Nabelring** (= Anulus umbilicalis).

Als **Linea semilunaris** wird der Bereich bezeichnet, in dem die tiefen lateralen Bauchmuskeln in einer halbmondförmigen Linie in ihre Aponeurosen übergehen, um sich an der Bildung der Rektusscheide zu beteiligen.

Die Bauchmuskeln sind außen von der **Fascia abdominalis superficialis** (= Teil der äußeren Körperfaszie) umhüllt. Die Fascia abdominalis superficialis ist mit der Linea alba und dem Lig. inguinale fest

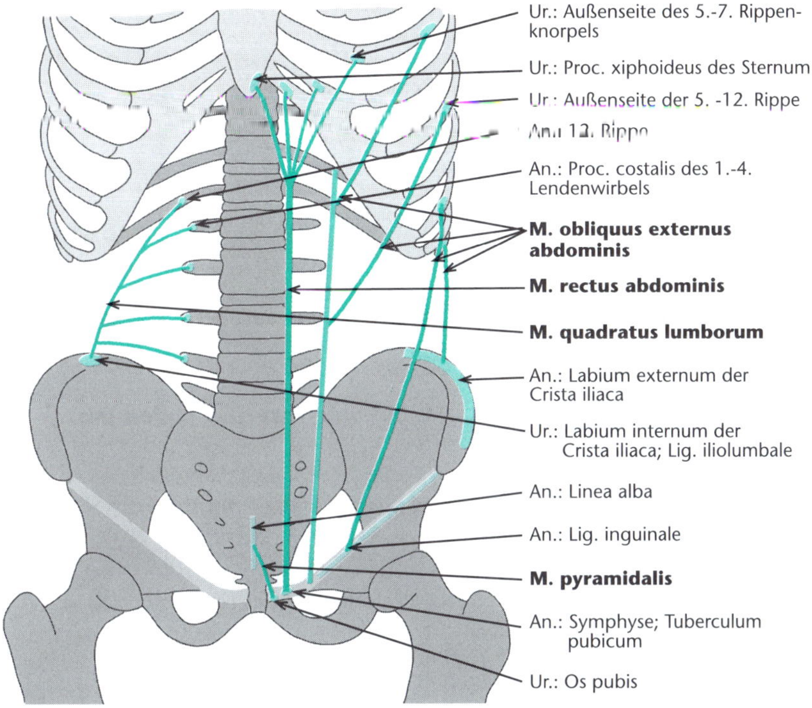

Abb. 6.12 *Bauchmuskeln von ventral*

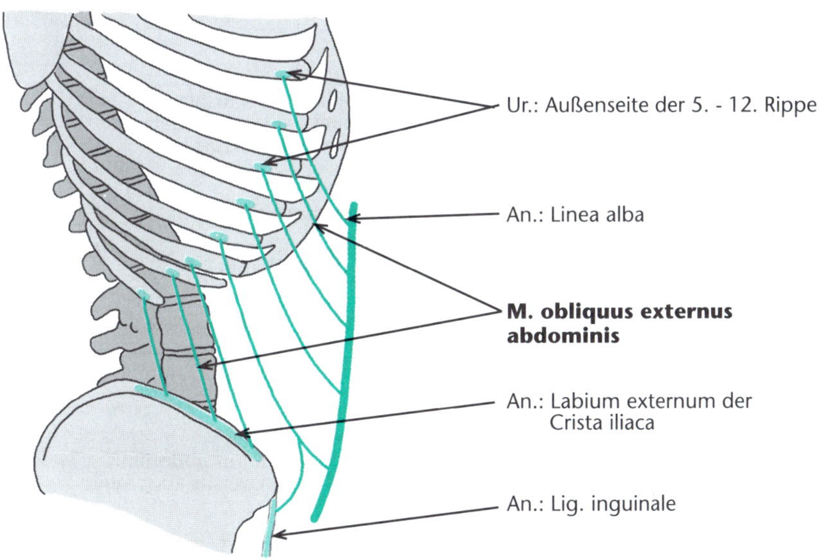

Abb. 6.13 *Bauchmuskeln von lateral*

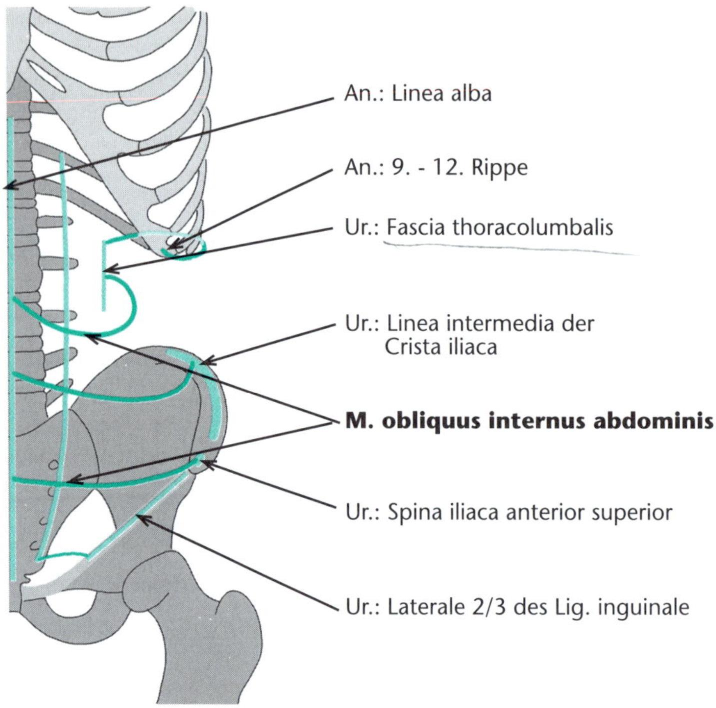

Abb. 6.14 Bauchmuskeln von ventral

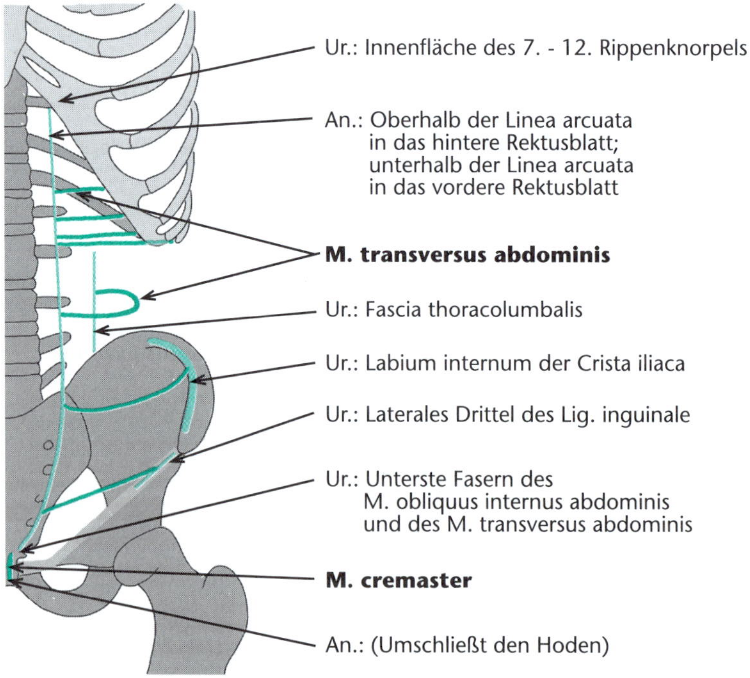

Abb. 6.15 Bauchmuskeln von ventral

verbunden. Beim Mann bildet sie mit der Aponeurose des M. obliquus externus abdominis die Fascia spermatica externa des Samenstrangs. Die Innenfläche der Bauchmuskeln (zur Bauchhöhle hin) ist von der **Fascia transversalis** bedeckt. Auf der Fascia transversalis liegt das mit ihr fest verbundene Peritoneum parietale. Die Fascia transversalis ist vorn mit der Linea alba und unten mit dem Lig. inguinale (= Leistenband) verwachsen.

Am Anulus inguinalis profundus (= innerer Leistenring) geht die Fascia transversalis in die Fascia spermatica interna des Samenstrangs über.

Innenrelief der vorderen Bauchwand

Auf der Innenseite der Bauchwand ist das Peritoneum an 5 Stellen zu einer Bauchfellfalte (= Peritonealfalte) aufgeworfen. Als **Peritonealfalten** (syn.: Nabelfalten) kommen vor:

- eine Plica umbilicalis mediana,
- zwei Plicae umbilicales medialis,
- zwei Plicae umbilicales lateralis.

Die **Plica umbilicalis mediana** zieht von der Harnblase zum Nabel. In der Plica umbilicalis mediana liegt als Rest der Allantois der Urachus, der sich zum Lig. umbilicale medianum (= medianes Nabelband) zurückgebildet hat.

Unter der **Plica umbilicalis medialis** liegt die obliterierte A. umbilicalis (= Nabelarterie), deren Bauchteil nach der Geburt zum Lig. umbilicale mediale (= mediales Nabelband) verödet.
In der **Plica umbilicalis lateralis** verlaufen die A. und V. epigastrica inferior.

Neben den Peritonealfalten liegen 3 Gruben. Die Fossa supravesicalis liegt zwischen der Plica umbilicalis mediana und der Plica umbilicalis medialis. Diese Fossa liegt über der Harnblase.

Die Fossa inguinalis medialis liegt zwischen der Plica umbilicalis medialis und der Plica umbilicalis lateralis. Diese Fossa liegt dem Anulus inguinalis superficialis (= äußerer Leistenring) gegenüber. Die Bauchwand ist in diesem Bereich muskelarm und bildet damit die schwächste Stelle der Bauchwand, weshalb sie bei erhöhtem intraabdominalem Druck zur Bruchpforte werden kann (medialer Leistenbruch).

Die Fossa inguinalis lateralis liegt lateral von der Plica umbilicalis lateralis, die mit ihrem Rand dem Anulus inguinalis profundus (= innerer Leistenring) entspricht.

Canalis inguinalis (= Leistenkanal)

Das Lig. inguinale (= Leistenband) und der Canalis inguinalis werden ausführlich in Kapitel 4.8.2 beschrieben.

Durch den Canalis inguinalis steigt im 8. Entwicklungsmonat der Hoden von der Bauchhöhle in den Hodensack ab, was als Descensus (= Abstieg) bezeichnet wird.

Der Canalis inguinalis beginnt in der Fossa inguinalis lateralis mit dem **Anulus inguinalis profundus** (= innerer Leistenring). Der Anulus wird lateral von 2 Faserschenkeln des M. obliquus externus und kaudal vom Lig. reflexum begrenzt, das vom Lig. inguinale aufsteigt.
Der Canalis inguinalis zieht schräg von oben hinten nach vorn unten und endet oberhalb des Tuberculum pubicum am **Anulus inguinalis superficialis** (= äußerer Leistenring).

Der Anulus inguinalis profundus wird medial von der A. und V. epigastrica inferior begrenzt.

Beim Descensus des Hodens werden gleichzeitig die Schichten der Bauchwand mit in den Hodensack verlagert, daher leiten sich die Schichten des Funiculus spermaticus (= Samenstrang) und des Hodensacks von denen der Bauchwand ab.

Gegenüberstellung der Schichten der Bauchwand und des Funiculus spermaticus

Bauchwand	Funiculus spermaticus und Hodensack
Bauchhaut (= Kutis)	Skrotalhaut
Subkutis	Tunica dartos
Fascia abdominalis superficialis und Aponeurose des M. obliquus externus abdominis	Fascia spermatica externa
M. transversus abdominis und M. obliquus internus abdominis	M. cremaster und Fascia cremasterica
Fascia transversalis	Fascia spermatica interna
Peritoneum parietale	Tunica vaginalis – besteht aus: • Lamina parietalis (= Periorchium) • Lamina visceralis (= Epiorchium)

Die Tunica vaginalis testis bildet den Rest des Peritoneum parietale (= Bauchfell), das sich als **Proc. vaginalis peritonei** beim Descensus des Hodens mit dem Hoden in den Canalis inguinalis vorstülpt. Die Tunica vaginalis besteht aus einer innen liegenden Lamina visceralis (= Epiorchium) und einer außen liegenden Lamina parietalis (= Periorchium).

Nach dem Descensus bildet sich der Proc. vaginalis peritonei im Bereich des Leistenkanals zurück. Bei der Frau kommt ebenfalls ein Proc. vaginalis vor, der jedoch vollständig verklebt.

Kommt es zu keiner Rückbildung, so kann der Processus zum Kanal für Leistenhernien werden (siehe Kapitel 6.3.4).

Bauchpresse

Die Bauchpresse entsteht, indem sich die Bauchmuskeln (besonders der M. transversus abdominis, sowie die Mm. obliquus externus und internus abdominis) kontrahieren. Das Zwerchfell und die Beckenmuskeln haben nur eine untergeordnete Bedeutung, weil im Vergleich zu den Bauchmuskeln das Zwerchfell ein relativ schwacher Muskel ist. Bei der Bauchpresse wird der intraabdominale Raum (= Raum innerhalb der Bauchhöhle) verkleinert und damit der Druck innerhalb der Bauchhöhle erhöht.

Bei der Bauchpresse spielt auch der N. laryngeus recurrens eine Rolle, denn der Austreibungsdruck, z.B. bei der Geburt, ist nur möglich, wenn die Stimmritze (= Rima glottidis) durch Kontraktion der inneren Kehlkopfmuskeln verschlossen wird, um so den sich erhöhenden intraabdominalen Druck nicht entweichen zu lassen. Da sich dadurch das Zwerchfell nicht zum Brustraum hin verlagern kann, bleibt der Druck im Bauchraum erhalten.

Die Bauchpresse dient der Darmentleerung, dem Erbrechen und während der Geburt dem Austreiben des Kindes.

Bei der Bauchatmung (siehe Kapitel 7.8.4) sind die Bauchmuskeln (= Exspiratoren) Antagonisten des Zwerchfells (= Inspirator).

6.3.3 Nerven und Gefäße der Bauchwand ! 1/2

➤ Die Bauchwand wird sensibel versorgt von:
- Nn. intercostales (u. N. subcostalis),
- N. iliohypogastricus,
- N. ilioinguinalis,
- N. genitofemoralis. ◄

Die Bauchwand erhält Blut aus:
- Aa. intercostales posteriores (aus Aorta thoracica),
- Aa. lumbales (aus Aorta abdominalis),
- A. epigastrica superior (über A. thoracica interna aus der A. subclavia),
- A. epigastrica inferior (aus A. iliaca externa),
- Aa. epigastricae superficiales (aus A. femoralis),
- Aa. circumflexae ilii superficiales (aus A. femoralis),
- Aa. pudendae externae (aus A. femoralis).

Das Blut fließt ab über:
- Vv. epigastricae inferiores und superficiales,
- Vv. epigastricae superiores,
- Vv. thoracoepigastricae,
- Vv. lumbales.

➤ Die Bauchwandvenen bilden als **interkavale Anastomosen** Verbindungen zwischen der V. cava inferior und der V. cava superior aus.

Bei Stauungen im Pfortadersystem (V. portae) sind die Venen der Bauchwand als Umgehungskreisläufe wichtig. Dabei erweitern sich die Bauchdeckenvenen zum **Caput medusae** (siehe Kapitel 8.10.4). ◄

6.3.4 Schwache Stellen der Bauchwand

!! 6/8

Im Bereich schwacher Stellen der Bauchwand kann Baucheingeweide durch die Bauchwand austreten, was als **Hernie** (= **Eingeweidebruch**) bezeichnet wird. Der Bruchsack ist mit dem die Bauchwand überziehenden parietalen Peritoneum (= Bauchfell) ausgekleidet.

➤ Als Hernie wird eine nichtphysiologische Ausstülpung des Peritoneum (mit oder ohne Baucheingeweide) bezeichnet, wobei der dadurch entstehende Hohlraum als Bruchsack und der Bereich, durch den der Bruchsack hindurchtritt, als Bruchpforte bezeichnet wird. ◄

Während der Entwicklungszeit kommen in der Bauchwand physiologisch 3 Öffnungen vor, die später als Bruchpforte dienen können:

- der Nabel für die Nabelschnur → Nabelbruch,
- zwei Leistenkanäle (Canales inguinales) für den Descensus des Hodens → Leistenbruch.

Wölbt sich der Bruchsack nach außen, so wird dies als äußere Hernie bezeichnet, dringt der Bruchsack im Innern des Körpers in einen anderen Bereich ein, so spricht man von einer inneren Hernie.

➤ Zu den **äußeren Hernien** gehören:

- Inguinalhernie (= Leistenhernie),
- Femoralhernie (= Schenkelhernie),
- Umbilikalhernie (= Nabelhernie),
- epigastrische Hernie.

Als innere Hernie bezeichnet man die:

- Zwerchfellhernie. ◄

Inguinalhernien (= **Hernia inguinalis** = **Leistenbrüche**) haben als äußere Bruchpforte den Anulus inguinalis superficialis (= äußerer Leistenring) gemeinsam.

➤ Inguinalhernien kommen in 2 verschiedenen Formen vor:

- mediale (= direkte) Inguinalhernie – sie ist immer erworben und bricht in der Fossa inguinalis medialis (= mediale Leistengrube) medial von der Plica umbilicalis lateralis durch die Bauchwand durch (in diesem Bereich ist die Bauchwand muskelfrei). Die mediale Inguinalhernie wölbt das Peritoneum und die Fascia transversalis in den Bruchsack vor. Sie verläuft in gerader Richtung durch die Bauchwand – liegt also nicht im Leistenkanal! Sie reicht nur selten bis ins Skrotum.
- laterale (= indirekte) Inguinalhernie – sie kommt häufiger als die mediale vor und ist meist angeboren, seltener erworben. Als Bruchpforte benutzt sie den inneren Leistenring (= Anulus inguinalis profundus), der in der Fossa inguinalis lateralis, lateral von der Plica umbilicalis lateralis (mit der A. und V. epigastrica inferior) liegt. Durch die Bruchpforte gelangt sie in den Leistenkanal (= Canalis inguinalis). Sie durchsetzt die Bauchwand in schräger Richtung. Der Bruchsack liegt innerhalb des Funiculus spermaticus (= Samenstrang) und kann bis in das Skrotum reichen. ◄

Merke: 1. Direkte Inguinalhernien = medial, indirekte = lateral von der Plica umbilicalis lateralis. 2. Bei Inguinalhernien liegt die Bruchpforte immer oberhalb des Lig. inguinale, bei Femoralhernien immer unterhalb des Lig. inguinale.

➤ Bei den **angeborenen indirekten Inguinalhernien** bleibt der Proc. vaginalis peritonei nach dem Descensus des Hodens offen (siehe Kapitel 6.3.2), so daß sich beim Mann Darmschlingen bis in den Hodensack vorstülpen können. ◄ Bei der Frau kann ebenfalls, wenn auch sehr selten, der Proc. vaginalis peritonei erhalten bleiben, dann können sich durch den wesentlich engeren Leistenkanal der Frau Darmschlingen bis in die großen Schamlippen (= Labia majora) vorstülpen.

Die **erworbenen indirekten Inguinalhernien** entstehen durch nachträgliche Öffnung des Proc. vaginalis z.B. durch Einreißen.

Etwa 5–10 % der Bevölkerung leidet an einer Leistenhernie, wovon etwa 90 % Männer sind. Von den Hernien entfallen etwa 75 % auf die indirekten Inguinalhernien.

➤ Bei den **Femoralhernien** (= **Schenkelhernien)** stülpt sich der Peritonealsack unterhalb vom Lig. inguinale durch den vom Septum femorale verschlossenen Teil der Lacuna vasorum in den Oberschenkel vor. ◄

➤ Eine **Umbilikalhernie** (= Nabelbruch) kann angeboren oder erworben sein. Eine angeborene Umbilikalhernie (= Omphalozele) entsteht, wenn sich der physiologische Nabelbruch (siehe Kapitel 8.1.2) nur ungenügend zurückbildet. Der Bruchsack wird dann vom Amnionepithel gebildet. ◄

Eine erworbene Umbilikalhernie entsteht

- wenn beim Neugeborenen der Nabelring (= Anulus umbilicalis) nach der Geburt nur ungenügend verklebt oder
- beim Erwachsenen, wenn der intraabdominale Druck so ansteigt, daß sich der Nabelring erweitert, z.B. bei sehr adipösen Menschen.

➤ Bei **epigastrischen Hernien** kommt es oberhalb des Nabels zu einem Bruch durch die Linea alba. ◄

Die Zwerchfellhernien werden ausführlich in Kapitel 6.2.5 beschrieben.

6.4 Becken, Beckenwände

6.4.1 Skelettelemente, Verbindungen !! 3/4

Das **Becken** (= **Pelvis**) bildet die Verbindung zwischen dem Bein und dem Rumpf. Das knöcherne Gerüst des Beckens besteht aus einem Knochenring, der aus folgenden 3 Knochen besteht:

- einem Kreuzbein (= Os sacrum),
- zwei Hüftbeinen (= Ossa coxae).

Durch den Knochenring sind das Femur (= Oberschenkelknochen) und die Wirbelsäule miteinander verbunden.

Das Os coxae wird ausführlich in Kapitel 4.2, das Os sacrum und das Os coccygis in Kapitel 6.1.2 beschrieben.

Verbindungen des Beckengürtels

Das Becken wird vorne durch die zwischen den beiden Schambeinen liegende **Schamfuge** (= **Symphyse** = Symphysis pubica) und hinten durch die beiden Articulationes sacro-iliacales (= Kreuzbein-Darmbein-Gelenke) geschlossen.

Die beiden Ossa pubica sind auf ihrer Facies symphysialis (= der Symphyse zugewandte Fläche) mit einer dünnen hyalinen Knorpelschicht überzogen.

Bei der Symphyse handelt es sich um eine Synchondrose. Sie besteht aus einem aus Faserknorpel aufgebaute **Discus interpubicus**, der im Innern einen mit Synovia gefüllten großen Hohlraum (= Cavum symphyseos) enthält.

Am oberen Rand ist die Symphyse fest mit dem Lig. pubicum superius verwachsen.

Am unteren Symphysenrand verläuft bogenförmig zwischen dem rechten und linken Os pubis das Lig. arcuatum pubis.

➤ Die **Articulatio sacroiliaca** (= Kreuzbein-Darmbein-Gelenk = Sakroiliakalgelenk) bildet die größte Amphiarthrose (= straffes Gelenk) des Körpers. Sie verankert die Wirbelsäule im Beckenring. Durch die nachfolgenden Bänder ist sie in ihrem Bewegungsspielraum stark eingeschränkt. ◄

An Bändern kommen vor:

- ➤ **Lig. iliolumbale** – spannt sich als starkes Band zwischen dem Processus costarius des 4. und 5. Lendenwirbels und dem Os ilii aus. ◄
- Ligg. sacroiliaca ventralia – ziehen als dünne Bänderschicht vom Os sacrum (= Kreuzbein) zum Os ilium.
- Ligg. sacroiliaca dorsalia – spannen sich zwischen dem Os sacrum und dem Os ilium aus.
- Ligg. sacroiliaca interossea – spannen sich als kräftige Bänderschicht zwischen der Tuberositas des Os sacrum und der Tuberositas des Os ilium aus.
- ➤ **Lig. sacrospinale** – zieht als kräftiges Band von der Spina ischiadica zum Os sacrum und zum Os coccygis.
- **Lig. sacrotuberale** – zieht als kräftiges Band vom Tuber ischiadicum zum Os sacrum und zum Os ilium. Es überdeckt dabei einen Teil des Lig. sacrospinale. Das Lig. sacrotuberale dient als Ursprung des M. gluteus maximus. ◄

➤ Das vom Lig. sacrotuberale begrenzte **Foramen sciaticum** wird vom Lig. sacrospinale in ein **Foramen sciaticum majus** und in ein **Foramen sciaticum minus** unterteilt.

Das vom Os pubis (= Schambein) und Os ischii (= Sitzbein) umrahmte **Foramen obturatum** wird durch die Membrana obturatoria bis auf den **Canalis obturatorius** verschlossen. ◄

6.4.2 Das Becken als Ganzes !! 3/16

➤ *Besonders prüfungsrelevant: Tabelle mit den Beckenmaßen.* ◄

Das **Becken** (= **Pelvis**) wird in ein großes und ein kleines Becken unterteilt. Das große Becken reicht bis zur Linea terminalis und wird überwiegend von der Beckenschaufel gebildet. Das kleine Becken beginnt unterhalb der Linea terminalis und reicht bis zum Beckenboden. Der Beckenboden besteht aus dem in Kapitel 6.4.4 beschriebenen Diaphragma pelvis und dem Diaphragma urogenitale.

Die **Linea terminalis** läuft vom Promontorium (des Os sacrum) entlang der Linea arcuata und dann als Pecten ossis (des Os pubis) zum Oberrand der Symphyse, wo sie endet.

Das große Becken ist nur seitlich und hinten von Knochen begrenzt, eine vordere knöcherne Begrenzung fehlt. Das kleine Becken ist vollständig von Knochen und Bändern umschlossen.

Das kleine Becken ist mit dem Beckenkanal (= Canalis pelvis) identisch. Der Beckenkanal beginnt kranial mit dem Beckeneingang (= **Apertura pelvis minoris superior** = Übergang vom großen ins kleine Becken) und endet kaudal im Beckenausgang (= **Apertura pelvis minoris inferior**).

Der längsovale Beckenausgang wird begrenzt

- vorne – Arcus pubis und Symphysis pubica,
- lateral – Tubera ischiadica (= Sitzbeinhöcker) und Ligg. sacrotuberalia,
- dorsal – Os coccygis (= Steißbein).

Auf dem großen Becken liegen die Baucheingeweide. Das kleine Becken enthält die Beckeneingeweide und dient als Geburtsweg.

Beckenmaße (s.S. 393)

Im Anschluß an den Beckeneingang folgt als geräumiger Teil die Beckenhöhle. Der Geburtskanal wird vom knöchernen Becken und den Weichteilen (u.a. Beckenbodenmuskulatur) gebildet. Das früher in der Gynäkologie übliche Ausmessen der Beckenmaße mit einem Beckenzirkel zur Beurteilung des Geburtskanals wird heute nur noch selten angewandt. Zu den in der Tabelle aufgeführten Maßen wurden jedoch vor einigen Jahren 2 Fragen gestellt. Wichtig zu wissen ist für Sie vor allem die Conjugata vera!

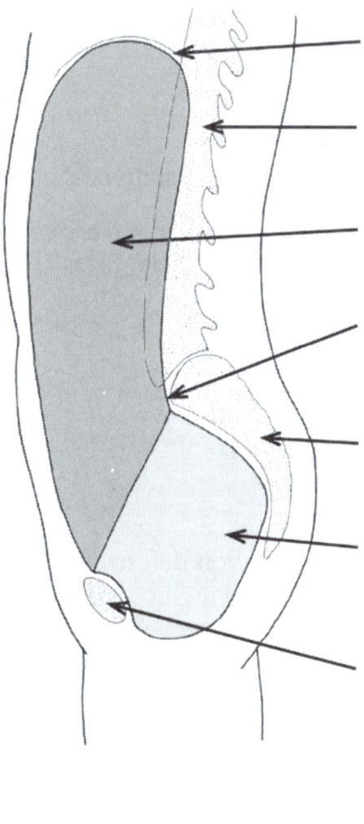

Abb 6.16 *Bauch- und Beckenhöhle von lateral*

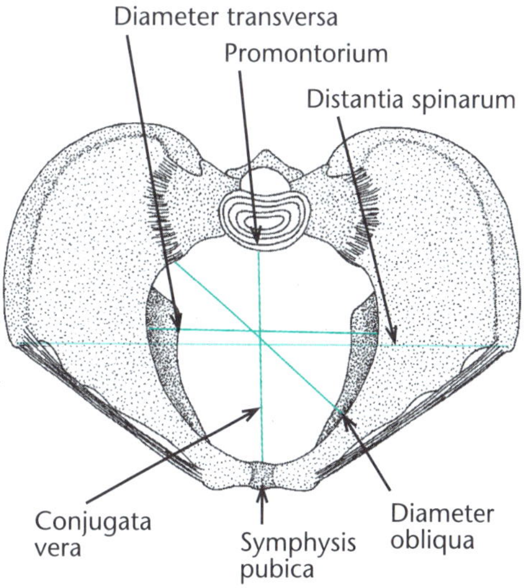

Abb 6.17 *Beckenmaße*

Leibeswand

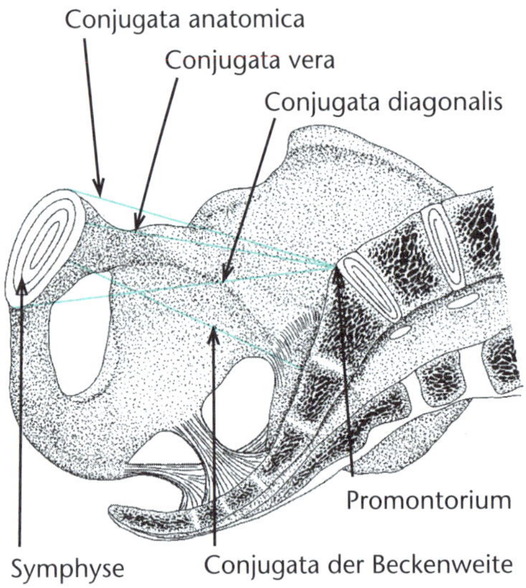

Abb 6.18 *Beckenmaße im Medianschnitt*

Geschlechtsspezifische Unterschiede des Beckens

Die geschlechtsspezifischen Unterschiede zwischen dem weiblichen und männlichen Becken bilden sich erst nach der Pubertät im vollen Umfang aus.

➤ Die Frau besitzt ein niedrigeres, breites und geräumiges Becken, der Mann ein hohes, schmales und engeres Becken. Durch das vorspringende Promontorium hat das Becken des Mannes ein annähernd herzkartenförmiges Aussehen.

Der Winkel, der zwischen den beiden Schambeinen geschlagen werden kann, beträgt beim weiblichen Becken 90–100°, beim männlichen Becken 75°. Beim Mann wird dieser Winkel **Angulus subpubicus** (= **Schambeinwinkel**), bei der Frau **Arcus pubis** (= **Schambeinbogen**) genannt. Anhand dieses Winkels läßt sich bei einem Skelett das frühere Geschlecht bestimmen. ➤

Geschlechtsunterschiede des knöchernen Beckens

	Frau	Mann
Beckeneingang	queroval	herzförmig
Os sacrum (= Kreuzbein)	kurz, breit	lang, schmal
Beckenausgang (= Abstand zwischen den Sitzbeinhöckern)	größer (weit)	kleiner (eng)
Becken als Ganzes	niedrig, breit und weit	hoch, schmal und eng
Foramen obturatum	dreieckig (niedrig)	oval (eng)
Arcus pubis (Frau)	90–100° (= stumpfwinklig)	
Angulus subpubicus (Mann)		70–75° (= spitzwinklig)
Promontorium	springt nicht so sehr vor	springt mehr vor als bei der Frau

6.4.3 Innere Beckenmuskulatur 0/0

Das kleine Becken ist innen von den nachfolgenden Muskeln überzogen, die entwicklungsgeschichtlich gesehen, vom Bein in das Becken verlagert wurden:

- M. piriformis,
- M. obturatorius internus,
- M. iliacus.

Diese Muskeln werden ausführlich in Kapitel 4.4.1. beschrieben.

Innere Beckenmaße		
Beckenmaß	**Größe**	**Orientierungspunkte**
Conjugata diagonalis	12,5 cm	Reicht vom Unterrand der Symphyse bis zum Promontorium.
Conjugata vera = Diameter conjugata	11 cm	➤ Die Conjugata vera ist für die Geburtshilfe sehr wichtig: Sie bildet den kürzesten Abstand zwischen der Hinterfläche der Symphyse (= Eminentia rectopubica) und dem Promontorium. Mit 11 cm bildet die Conjugata vera die engste Stelle des Beckeneingangs. Unter 11 cm spricht man von einer relativen, unter 6 cm von einer absoluten Beckenverengung. Klinik: Die Conjugata vera kann nur indirekt ermittelt werden, indem man von der direkt meßbaren Conjugata diagonalis (= unterer Symphysenrand bis Promontorium) 1,5–2 cm abzieht. ➤
Conjugata anatomica	12 cm	Vom Promontorium zum Oberrand der Symphyse (klinisch ohne Bedeutung).
Diameter transversa	13,5 cm	Größter Abstand zwischen den beiden Lineae terminales. Die größte Weite besitzt der Beckeneingang im queren Durchmesser (Beckeneingangsebene).
Diameter obliqua	12,5 cm	Reicht vom Sakroiliakalgelenk (Articulatio sacroiliaca) bis zur gegenüberliegenden Eminentia iliopubica.
Diameter transversa	11 cm	Distanz zwischen dem linken und rechten Tuber ischiadicum (Beckenausgangsebene).
Äußere Beckenmaße		
Distantia spinarum	24–26 cm	Distanz zwischen der linken und rechten Spina iliaca anterior superior.
Distantia (inter-)trochanterica	31–32 cm	Distanz zwischen dem rechten und linken Trochanter major des Femur (= Oberschenkelknochen).
Conjugata externa	18–21 cm	Reicht vom Oberrand der Symphyse bis zum Processus spinosus des 5. Lendenwirbels. Aus ihr läßt sich durch Abzug von 9 cm die Conjugata vera errechnen.

6.4.4 Beckenboden und Beckenbodenmuskulatur

!!! 12/24

➤ *Prüfungsrelevant: Tabelle „Innere Beckenmaße", sowie bei der Muskeltabelle Innervation und Funktion.* ➤

Der Beckenboden bildet die untere Begrenzung des Beckens. Er schließt den aus den Ossa coxae (= Hüftbeinen) und dem Os sacrum (= Kreuzbein) gebildeten knöchernen Beckenring nach unten hin ab.

Der **Beckenboden** wird von folgenden zwei Muskelplatten und den sie umhüllenden Faszien gebildet:

- Diaphragma pelvis,
- Diaphragma urogenitale.

Diaphragma pelvis

➤ Das Diaphragma pelvis bildet die innere Muskelschicht. Das Diaphragma pelvis ist trichterförmig gebaut, es besteht überwiegend aus dem großflächigsten Beckenbodenmuskel, dem M. levator ani. Dorsal vom M. levator ani liegt der ebenfalls paarig angelegte M. coccygeus, der das Diaphragma pelvis vervollständigt.

Die beiden Muskeln dienen in erster Linie dem unteren Verschluß des Beckens und erst in zweiter Linie dem Heben (Levator = Heber) des Anus.

Die Fasern des M. levator ani umschlingen das Ende des Rektum (dienen damit als Schließmuskel des Rektum) und bilden mit ihrem medialen Teil einen Spalt, der als **Levatortor** (= Levatorspalt) bezeichnet wird (weiter S. 395).

Zum Diaphragma pelvis gehören:			
M. levator ani	*In.:* Plexus sacralis	*An.:* Os coccygis	*Ur.:* Os pubis, Fascia obturatoria
	Lage: Er besteht aus 4 Muskeln: • M. puborectalis – der rechte und linke M. puborectalis bilden hinter dem Rektum eine Schlinge. Der M. puborectalis begrenzt mit Faserteilen als Levatorschenkel das Levatortor. • M. pubococcygeus • M. pubovaginalis (kommt nur bei der Frau vor) • M. levator prostatae (kommt nur beim Mann vor) • M. iliococcygeus. **Gesamtfunktion des M. levator ani:** Er verschließt den Beckenausgang. Über den M. puborectalis kann er den Anus und über den M. pubovaginalis die Vagina verengen. **Klinik:** Bei einer Lähmung des M. levator ani können sich Rektum sowie Uterus und Vagina nach außen vorstülpen, was als Prolaps bezeichnet wird.		
M. coccygeus	*In.:* Plexus sacralis	*An.:* Os sacrum und Os coccygis	*Ur.:* Spina ischiadica, Lig. sacrospinale
	Funktion: Verschließt den Beckenausgang (häufig rudimentär).		

Zum Diaphragma urogenitale gehören:			
M. transversus perinei profundus	*In.:* N. pudendus	*An.:* Tuber ischiadicum	*Ur.:* Symphyse, untere Äste des Os pubis
	Funktion: Er ist ein willkürlicher Schließer der Urethra, weil durch ihn die weibliche bzw. männliche Urethra (= Harnröhre) hindurchzieht.		
M. transversus perinei superficialis	*In.:* N. pudendus	*An.:* Centrum tendineum perinei	*Ur.:* Abspaltung aus M. transversus perinei profundus
	Funktion: Er kann den M. transversus perinei profundus vom Os ischii (= Sitzbein) kommend verstärken.		
M. sphincter urethrae	*In.:* N. pudendus	—	*Ur.:* Lig. transversum perinei
	Lage: Beim Mann umgibt er als Pars membranacea des M. transversus perinei profundus die Urethra. **Funktion:** Er kann willkürlich die Urethra (= Harnröhre) verschließen.		

Weitere Muskeln im Beckenbodenbereich			
M. bulbospongiosus	*In.:* N. pudendus	*An.:* Frau: Corpus cavernosum clitoridis Mann: Corpus spongiosum penis	*Ur.:* Frau: Trigonum urogenitale, M. sphincter ani externus Mann: Diaphragma urogenitale, M. sphincter ani externus
	Lage: Er liegt unter dem Diaphragma urogenitale. Bei der Frau zieht er über die Glandula vestibularis major und befestigt die Venenplexus des Bulbus vestibuli am Diaphragma urogenitale. Beim Mann zieht er zum Penis und umschlingt den Bulbus penis, den er am Diaphragma urogenitale befestigt. **Funktion:** Bei der Frau kontrahiert er sich beim Orgasmus und verengt dabei den Scheidenausgang. Beim Mann verengt er willkürlich oder reflektorisch die Urethra (= Harnröhre) und entleert sie stoßweise (Urin und Ejakulat).		
M. ischiocavernosus	*In.:* N. pudendus	*An.:* Tunica albuginea	*Ur.:* Ramus ossis ischii
	Lage: Umhüllt das Corpus cavernosum clitoridis bzw. penis (= Schwellkörper) **Funktion:** Beim Mann drückt er durch eine Kompression der Crura penis das Blut in den Schwellkörper, wodurch die Erektion willkürlich verstärkt wird.		
M. sphincter ani externus	*In.:* N. pudendus	*An.:* Lig. anococcygeum	*Ur.:* Centrum tendineum perinei
	Lage: Liegt ringförmig um das untere Ende des Rektum. **Funktion:** Verschließt als quergestreifter Muskel willkürlich den Anus.		

Durch das Levatortor verlaufen
- bei der Frau: Urethra und Vagina,
- beim Mann: Urethra.

Auf den Schenkeln des Levatortors liegen die Harnblase und das Rektum, sowie beim Mann die Prostata und bei der Frau der Uterus. ◄

Diaphragma urogenitale

➤ Als Diaphragma urogenitale wird eine etwa 1 cm dicke Muskelplatte bezeichnet, die sich zwischen den unteren Ästen des Os pubis und dem Tuber ischiadicum ausspannt.

Das Diaphragma urogenitale wird vom M. transversus perinei profundus und vom kleineren, dorsal liegenden M. transversus perinei superficialis aufgebaut.

Das Diaphragma urogenitale läßt im Levatorspalt zwischen dem M. transversus perinei profundus und dem Rektum einen kleinen Spalt frei, der mit Bindegewebe und glatten Muskelzellen ausgefüllt ist und Centrum tendineum perinei genannt wird. Das **Centrum tendineum perinei** liegt als sehnige Verbindung der nachfolgenden Muskeln in der Mitte des Damms (= Perineum):
- M. levator ani,
- M. transversus perinei profundus,
- M. transversus perinei superficialis,
- M. bulbospongiosus,
- M. sphincter ani externus.

Das Centrum tendineum bildet den mechanischen Mittelpunkt des muskulären Beckenbodens.

Im Diaphragma urogenitale liegen beim Mann die beiden Glandulae bulbo-urethrales (= Cowper-Drüsen – Kapitel 8.8.6) und bei der Frau die beiden Glandulae vestibulares majores (= Bartholini-Drüsen – Kapitel 8.7.5). ◄

Die beiden Diaphragmen sowie die Organe und die Beckenwand werden von folgenden Faszien umhüllt (s. Abb. 6.18):
- **Fascia pelvis** – bildet die Fortsetzung der Fascia transversalis. Sie spaltet sich in die Fascia pelvis parietalis und in die Fascia pelvis visceralis. Starke Faserzüge der Faszie bilden beim Mann das Lig. puboprostaticum und bei der Frau das Lig. pubovesicale.
- Fascia pelvis parietalis – bedeckt als stellenweise sehr derbe Faszie die Wand des Beckens.
- Fascia pelvis visceralis – bedeckt die Beckeneingeweide und bildet folgende Trennwände:
  - Septum rectovesicale – liegt beim Mann zwischen Rektum und Prostata (und Harnblase),
  - Septum retrovaginale – liegt bei der Frau zwischen Rektum und Vagina.
- Fascia diaphragmatis pelvis superior – sie bedeckt die obere Fläche des M. levator ani.
- ➤ Fascia diaphragmatis pelvis inferior – bedeckt den äußeren Teil des M. levator ani und bildet gleichzeitig die mediale Wand der Fossa ischiorectalis.
- **Fascia obturatoria** – bedeckt die innere Seite des M. obturatorius internus. In ihr verläuft der **Canalis pudendalis** (= **Alcock Kanal**), in dem der N. pudendus und die A. und V. pudenda interna verlaufen. ◄
- Fascia diaphragmatis urogenitalis superior – bedeckt die innere Fläche des M. transversus perinei profundus und grenzt an die Fascia diaphragmatis pelvis inferior und an die Fascia obturatoria.
- Fascia diaphragmatis urogenitalis inferior – bedeckt die äußere Fläche des M. transversus perinei profundus.
- **Fascia perinei superficialis** – ist Teil der oberflächlichen Körperfaszie. Sie überzieht mit Ausnahme der Fossa ischiorectalis den Beckenboden.

Räume im Beckenbodenbereich

Durch die einzelnen Schichten entstehen im Beckenboden von kranial nach kaudal drei abgeschlossene Räume: Cavum peritonealis, Spatium extraperitoneale, Fossa ischioanalis.

Cavum peritonealis

Das **Cavum peritonealis** bildet den Bereich des Beckenraums, der vom Peritoneum ausgekleidet ist.

➤ Im Cavum peritonealis liegen die vom Peritoneum überzogene Harnblase, das Rektum, der Uterus und beim Mann die Excavatio recto-vesicalis, bei der Frau die Excavatio vesico-uterina und die Excavatio recto-uterina. Außerdem das Colon sigmoideum, Schlingen des Ileum und manchmal die Appendix vermiformis.

Klinik: Die Excavatio rectouterina (= Douglas-Raum) bildet den tiefsten Punkt der Peritonealhöhle, weshalb sich in ihr Eiter ansammeln kann. Die Excavatio rectouterina kann rektal in Höhe der Kohlrausch-Falte getastet werden (s. auch Kapitel 8.7.3). ◄

Spatium extraperitoneale

➤ Das **Spatium extraperitoneale** (alt: Spatium subperitoneale) wird kranial durch das Peritoneum, kaudal durch das Diaphragma pelvis, ventral durch die Symphyse und dorsal durch das Os sacrum (Kreuzbein) begrenzt. Durch den M. levator ani wird das

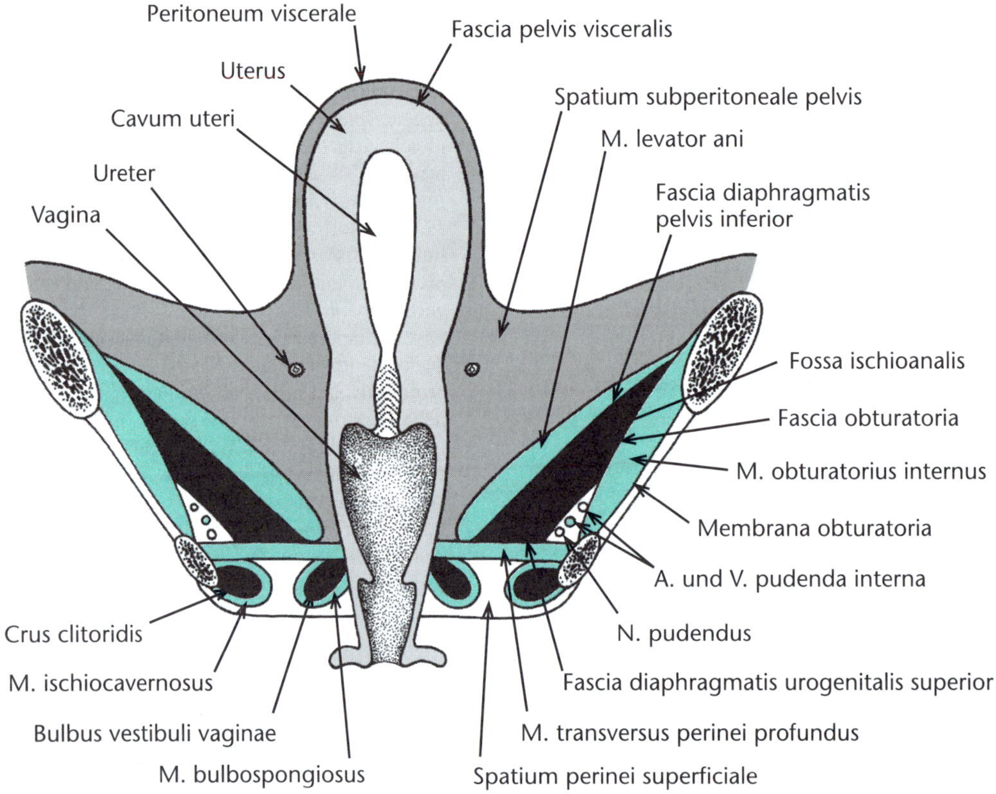

Abb. 6.19 *Frontalschnitt durch das weibliche Becken*

Spatium von der Fossa ischioanalis getrennt. Das Spatium extraperitoneale enthält die Harnblase mit dem Anfangsteil der Harnröhre (Urethra) und das Rektum. Beim Mann liegen im Spatium noch die Prostata und die Samenbläschen, bei der Frau der Uterus und die Vagina. Der Raum zwischen den Organen ist mit lockerem Bindegewebe ausgefüllt, das mit glatten Muskelfaserzügen durchsetzt ist.

Im Spatium extraperitoneale verlaufen: A. und V. iliaca interna, A. und V. obturatoria, N. obturatorius, Plexus sacralis, Plexus hypogastricus inferior. ➤

Fossa ischioanalis

➤ Die **Fossa ischioanalis** (alt: Fossa ischiorectalis) entsteht durch die Trichterform des Diaphragma pelvis, sie liegt als keilförmiger Spalt zwischen dem M. levator ani und der Seitenwand des kleinen Beckens. Die Fossa ischioanalis wird begrenzt von

- ventral – Diaphragma urogenitale,
  - dorsal – M. gluteus maximus (und dem Lig. sacrotuberale),
- lateral – M. obturatorius internus und von der Fascia obturatoria,
- medial – M. levator ani und von der Fascia diaphragmatis pelvis inferior
- kaudal – M. transversus perinei profundus und Fascia diaphragmatis urogenitalis superior. ➤

➤ Die Fossa enthält hauptsächlich Fettgewebe und lockeres Bindegewebe, wodurch sie gut verformbar ist und damit das Öffnen von Ausgängen beim Stuhlgang und bei der Geburt wesentlich erleichtert. Außerdem ziehen die A. und V. pudenda interna und der N. pudendus durch sie hindurch. ➤

In die Fossa ischioanalis ragt von ventral das Diaphragma urogenitale hinein und unterteilt die Fossa in das
- Spatium perinei profundum und in das
- Spatium perinei superficiale.

Das Spatium perinei profundum liegt zwischen dem Diaphragma urogenitale und dem Diaphragma pelvis und enthält: M. transversus perinei profundus, M. sphincter urethrae, Gll. bulbourethrales, N. pudendus und A. und V. pudenda interna.

Das Spatium perinei superficiale liegt zwischen dem Diaphragma urogenitale und der in diesem Bereich als Fascia perinei superficialis bezeichneten Körperfaszie, sie enthält die Peniswurzel.

6.4.5 Nerven und Gefäße !! 2/8

In der Wand des kleinen Beckens kommen an Öffnungen vor: Canalis obturatorius, Foramen sciaticum majus und Foramen sciaticum minus.

Canalis obturatorius

➤ Bei der Seitenansicht auf das Becken sehen Sie, daß die Membrana obturatoria am oberen Rand des Foramen obturatum eine kleine Lücke offen läßt, durch die der 2–3 cm lange Canalis obturatorius aus dem kleinen Becken in die Oberschenkelregion gelangt. Der Canalis obturatorius wird von der Membrana obturatoria und dem Os pubis sowie vom M. obturatorius internus und vom M. obturatorius externus begrenzt.
Durch den Canalis obturatorius ziehen der N. obturatorius und die A. und V. obturatoria. ➤

Wird der im Canalis liegende Fettpfropf abgebaut oder entfernt, so kann sich Baucheingeweide und Peritoneum in den Kanal einstülpen, was als Hernia obturatoria bezeichnet wird.

Foramen sciaticum majus

➤ Das Foramen sciaticum majus (alt: Foramen ischiadicum majus) liegt zwischen der Incisura ischiadica major (Os ischii) sowie dem Lig. sacrotuberale und dem Lig. sacrospinale. Durch das Foramen sciaticum majus zieht der M. piriformis hindurch und unterteilt damit dieses Foramen in ein **Foramen suprapiriforme** und ein **Foramen infrapiriforme** (diese Unterteilung wird in der internationalen Nomenklatur nicht mehr vorgenommen). ➤

➤ Durch diese beiden Foramina ziehen die nachfolgend aufgeführten Nerven und Gefäße für den Gesäßbereich und das Bein aus dem kleinen Becken in die Glutealregion (= Gesäßregion):
- durch das Foramen suprapiriforme ziehen:
  - N. gluteus superior,
  - A. und V. glutea superior.
- durch das Foramen infrapiriforme ziehen:
  - N. ischiadicus,
  - N. pudendus,
  - N. gluteus inferior,
  - N. cutaneus femoris posterior,
  - A. und V. pudenda interna,
  - A. und V. glutea inferior. ➤

Der Verlauf der A. pudenda interna (Ast der A. iliaca interna) wird in Kapitel 8.9.2 beschrieben.

Foramen sciaticum minus

➤ Das Foramen sciaticum minus (alt: Foramen ischiadicum minus) wird von der Incisura ischiadica minor, vom Lig. sacrospinale und vom Lig. sacrotuberale begrenzt. Durch das Foramen sciaticum minus ziehen:
- M. obturatorius internus,
- N. pudendus,
- A. und V. pudenda interna. ➤

Am unteren Rand des M. piriformis liegt der **Plexus pudendus**, der aus Nervenfasern von S_3 bis S_5 gebildet wird. Auf dem M. coccygeus liegt der Plexus coccygeus, der aus Fasern aus S_5 und Co_1 gebildet wird.

Zum Plexus coccygeus gehören:

Nerv	Innervationsort	Verlauf
Nn. anococcygei	*motorisch:* M. coccygeus, dorsaler Teil des M. levator ani *sensibel:* Haut über dem Steißbein bis zum Anus.	Der N. coccygeus tritt als letzter Spinalnerv zwischen Os sacrum und Os coccygis aus. Sein ventraler Ast bildet mit dem 4. und 5. Sakralnerv den Plexus coccygeus.

7 Brusteingeweide

7.1 Entwicklung

7.1.1 Grundzüge der Entwicklung der serösen Höhlen und der Organe ! 0/0

Das in Kapitel 1.4.4 beschriebene intraembryonale Zölom hat in der 4. Entwicklungswoche ein hufeisenförmiges Aussehen. Es unterteilt die beiden Seitenplatten in ein:

- **parietales Mesoderm** – aus dem sich die Rumpfwand mit der serösen Auskleidung (Mesothelzellen) entwickelt;
- **viszerales Mesoderm** – aus dem sich das Organstroma (Bindegewebe, Muskulatur, Gefäße usw.) mit dem umgebenden serösen Blatt (Mesothelzellen) entwickelt.

Die in den beiden Seitenplatten entstehenden Hohlräume wachsen aufeinander zu und verschmelzen zur primitiven Leibeshöhle.

Ende des 2. Entwicklungsmonats entsteht das Zwerchfell (s. Kapitel 6.2.1) und trennt damit die Brust- von der Bauchhöhle. Etwa gleichzeitig entsteht die **Membrana pleuro-peri-cardiale** (= Pleuraperikardialmembran), die die Brusthöhle in eine Perikardhöhle für das Herz und in zwei Pleurahöhlen für die beiden Lungen unterteilt.

Aus der Pleuraperikardialmembran geht das Pericardium fibrosum (= Teil des Herzbeutels – s. Kapitel 7.5.3) hervor.

7.1.2 Grundkenntnisse der Herzentwicklung und ihrer Bedeutung für die Entstehung von Fehlbildungen !!! 8/16

➤ *Prüfungsrelevant: Gesamtes Kapitel.* ◄

Die Herzanlage entsteht gegen Ende der 3. Entwicklungswoche auf beiden Seiten zwischen Entoderm und Mesoderm als schlauchartige Gebilde, die als **primitive Herzschläuche** (= Endokardschläuche) bezeichnet werden.

Die beiden Schläuche bestehen aus einer dünnen Schicht Endothel. Sie werden vom viszeralen Mesoderm umhüllt, aus dem später das Herzmuskelgewebe und das Epikard (= viszerales Blatt des Herzbeutels – s. Kapitel 7.5) entstehen.

Seitlich von der Herzanlage entsteht im mesodermalen Gewebe durch Spaltung die paarige primäre Herzbeutelhöhle.

Infolge der lateralen Abfaltung wachsen beide Herzschläuche aufeinander zu und verschmelzen in der Mittellinie miteinander zu dem unpaarigen Herzschlauch. Gleichzeitig kommt es zum schnellen Längenwachstum und dadurch bedingt zur Ausbildung der S-förmigen Herzschleife. Der Herzschlauch ist zunächst über ein dorsales Mesokard an der dorsalen Rumpfwand der Herzbeutelhöhle (= Perikardhöhle) aufgehängt.

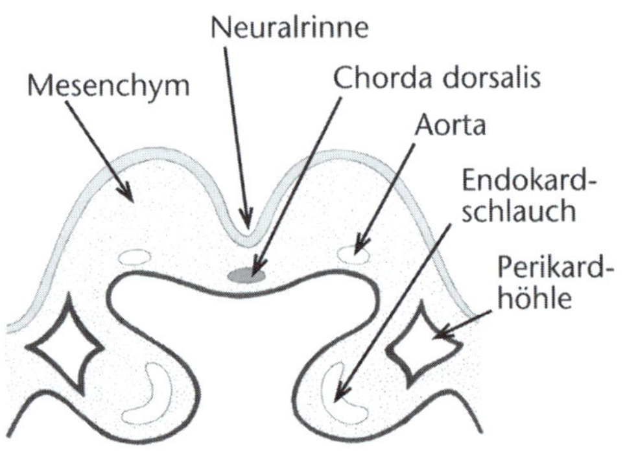

Abb. 7.1 *Querschnitt durch einen 20 Tage alten Embryo in Höhe der Herzanlage*

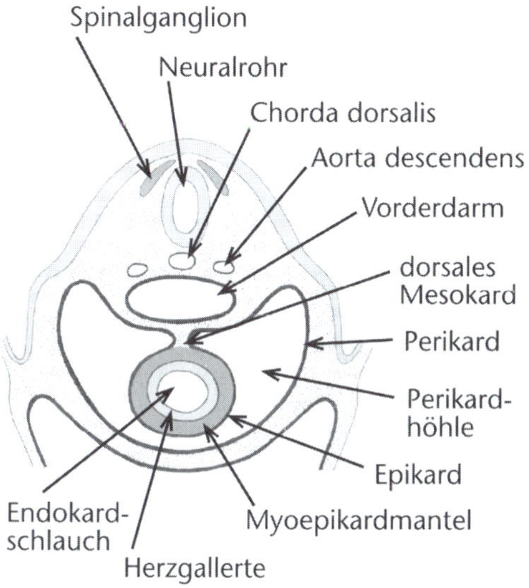

Abb. 7.2 Querschnitt durch einen 22 Tage alten Embryo in Höhe der Herzanlage

Am Herzschlauch können am 22. Entwicklungstag 5 Bereiche unterschieden werden:

- erster primitiv (einfach) angelegter Vorhof (= Atrium primitivus),
- erste primitiv angelegte Kammer (= Ventriculus primitivus),
- Sinus venosus (= Zuflußstraße zum Herzen),
- Bulbus cordis primitivus (= Abflußstraße),
- Truncus arteriosus.

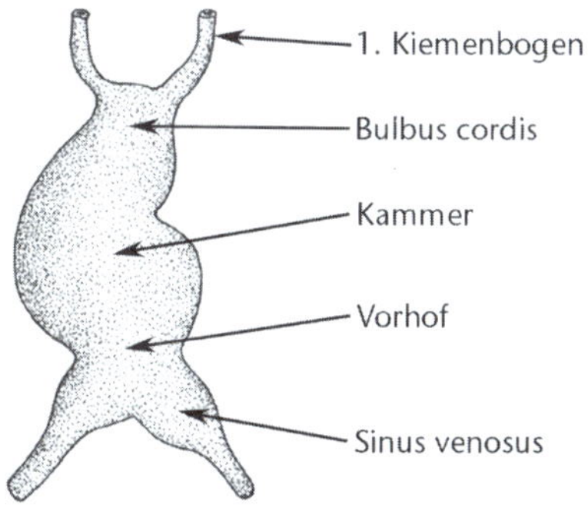

Abb. 7.3 Entwicklung der Herzschleife (umgezeichnet nach Moor)

Etwa um den 22. Entwicklungstag kommt es am primitiven Herzen zu ersten rhythmischen Kontraktionen. Ab dem 28. Tag pumpt das Herz das Blut in Richtung Bulbus cordis → Truncus arteriosus → Kiemenbogenarterien → Aorta dorsalis.

Durch den **Sinus venosus** gelangt das Blut (venöses) zum primitiven Herzen. Der Sinus venosus hat ein H-förmiges Aussehen. Seine parallel zueinander verlaufenden „Straßen" werden **Sinushörner** genannt. In die Sinushörner münden die Dottersackvenen (Vv. vitellinae), die Nabelvenen (Vv. umbilicales) und die paarig angelegten Herzvenen (Vv. cardinales).

In der 5. Entwicklungswoche bilden sich die links verlaufenden Venen des Sinushorns bis auf einen kleinen proximal liegenden Rest, aus dem der Sinus coronarius (Kapitel 7.5.1. „Herzvenen") entsteht, zurück. Aus dem rechten Sinushorn gehen die V. cava superior und die V. cava inferior hervor. Der Endbereich der V. cava inferior entwickelt sich wie auch die Vv. hepaticae aus der rechten Dottersackvene. Der Sinus venosus wird im weiteren Verlauf in den rechten Vorhof mit eingebaut.

Beim Erwachsenen ist die Grenze zwischen dem Sinus venosus (bildet im Herzinneren den glattwandigen Teil) und dem Vorhof, außen durch den Sulcus terminalis und im Herzinneren durch die Crista terminalis zu erkennen. Im Bereich des rechten Sinushorns entwickelt sich aus dem viszeralen Mesoderm der zum Erregungsleitungssystem gehörende spätere Sinusknoten (s. Kapitel 7.5.2)

Die Kontraktionen des Herzens werden von Wandzellen im Sinus venosus ausgelöst. Mit der Umgestaltung des Sinus venosus verlagern sich die meisten dieser Zellen in den rechten Vorhof, wo sie das Schrittmacherzentrum (= Sinusknoten) bilden. Zusammen mit Zellen des Atrioventrikularkanals bilden Zellen aus dem Sinus venosus im Vorhofseptum die Zellen des AV-Knotens (s. Kapitel 7.5.2).

Durch das in der 5. Entwicklungswoche vorwachsende **Septum aorticopulmonale** wird der Truncus arteriosus und der obere Teil des Bulbus cordis in die Aorta und den Truncus pulmonalis unterteilt. Zu einem späteren Zeitpunkt dreht sich das Septum aorticopulmonale spiralförmig um 180°, so daß die Aorta aus der linken und der Truncus pulmonalis aus der rechten Herzkammer entspringen.

Aus dem überwiegenden Teil des Bulbus cordis entsteht die rechte Herzkammer, aus der primitiven Kammer entsteht hauptsächlich die linke Herzkammer.

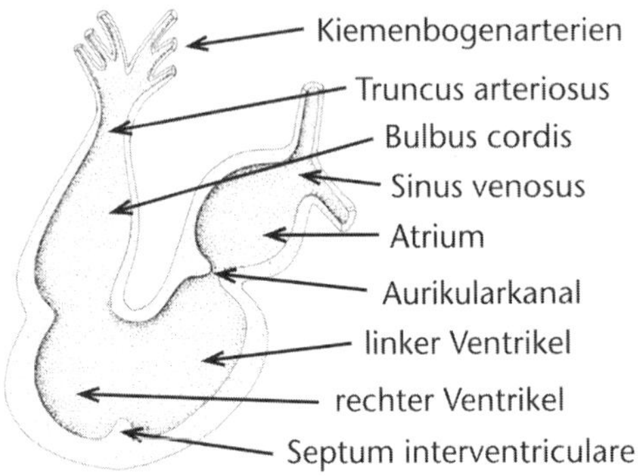

Abb. 7.4 *Sagittalschnitt durch das Herz in der 5. Entwicklungswoche*

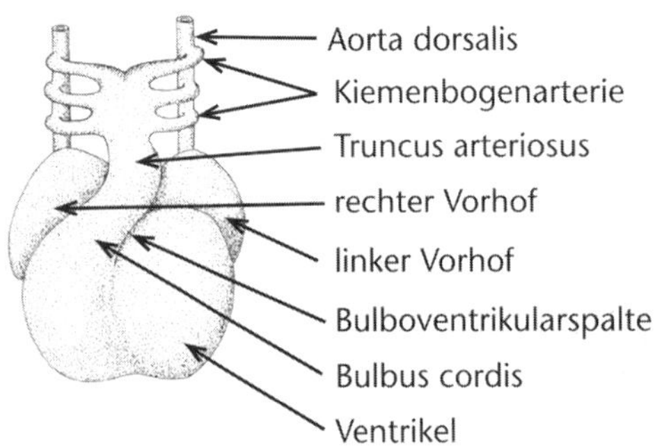

Abb. 7.5 *Abfaltung der Herzschläuche*

Ausbildung der Trennwände des Herzens

Zu Anfang der 5. Woche verdichtet sich an der ventralen und dorsalen Wand des Atrioventrikularkanals (besteht aus Vorhof = Atrium, und Kammer = Ventrikel) das subendokardiale Gewebe zu Endokardkissen.

Die **Endokardkissen** wachsen aufeinander zu und verschmelzen. Dadurch entsteht ein rechter und ein linker Bereich (jeweils Vorhof und Kammer). Auf beiden Seiten bleibt eine Öffnung (= Ostium) bestehen. In diesem Bereich bilden sich später die Segelklappen (Herzklappen), die Ventilfunktion haben und über Sehnenfäden mit dem Endokardpolster verbunden sind. Die Vorhöfe werden dabei durch das Septum primum (= primäre Scheidewand) getrennt.

Das zunächst noch vorhandene **Foramen primum** (= Zwischenvorhofloch), das die beiden Vorhöfe miteinander verbindet, wächst zu. Dafür entsteht etwas oberhalb des Foramen primum das **Foramen secundum**, das die Grundlage für den rechts-links-Shunt (Kurzschluß) des fetalen Kreislaufs bildet (s. Abb. 7.5).

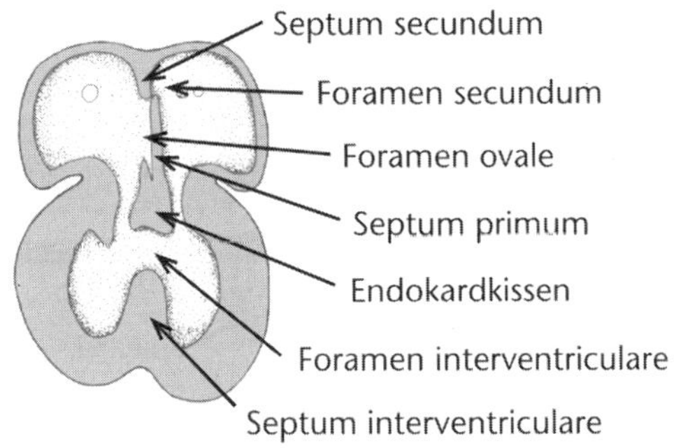

Abb. 7.6 *Herzsepten zu Beginn der 6. Entwicklungswoche*

Als zweite Scheidewand wächst das **Septum secundum** rechts vom Septum primum von hinten oben nach vorne unten, wobei das Septum secundum das Foramen secundum bis auf einen unteren, sichelförmigen Rand (= **Foramen ovale**) verschließt. Während der Fetalzeit ist der Blutdruck im rechten Vorhof größer als im linken (der fetale Blutkreislauf wird ausführlich auf S. 111 beschrieben). Nach der Geburt steigt der Blutdruck im linken Vorhof (nach dem Einsetzen der Lungenatmung) an, dadurch wird das Septum primum auf das Septum secundum gepreßt und das Foramen ovale verschlossen.

Die Kammern werden in der 6. Entwicklungswoche durch das **Septum interventriculare** (= **Kammerscheidewand**) voneinander getrennt. Das Septum besteht aus einem muskulösen und einem membranösen (Pars membranacea) Teil. Am oberen Rand des Septums bleibt ein **Foramen interventriculare** (= Zwischenkammerloch) frei, über das beide Kammern miteinander kommunizieren.

In der 8. Entwicklungswoche schließt sich das Foramen interventriculare, indem sich der membranöse Teil der Kammerscheidewand bildet.
Die am Beginn der Aorta und des Truncus pulmonalis liegenden Taschenklappen (**Herzklappen**) entwickeln sich aus sekundären Endothelwülsten.

In der 7. Entwicklungswoche steigt das Herz aus dem Hals- in den Brustbereich ab.

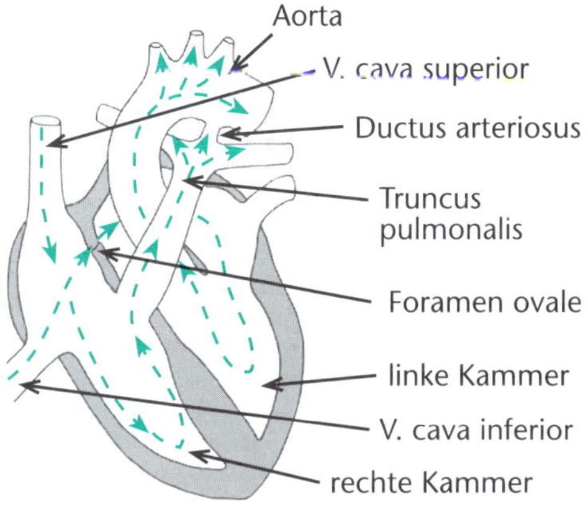

Abb. 7.7 Fetales Herz mit Fließrichtung des Blutes

Begriffsdefinitionen

Klappen-Stenosen = sind Verengungen der Herzklappen (Aorten- oder Pulmonalstenose). Hierbei sind durch Entzündungen die Taschenklappen verwachsen oder durch Kalkeinlagerung nicht mehr richtig zu öffnen.

Klappen-Insuffizienz = die Herzklappe kann nicht mehr richtig verschlossen werden.

Mißbildungen des Herzens

Herzfehler entstehen zumeist zwischen dem 20.–50. Entwicklungstag, wobei neben genetischen Faktoren auch exogene Einflüsse z.B. Rötelinfektion eine Rolle spielen.

- **Ventrikelseptumdefekt** – bei diesem Herzfehler, der etwa 12 % aller angeborenen Herzfehler ausmacht, ist zumeist das Foramen interventriculare offen, was einen Links-Rechts-Shunt (= sauerstoffreiches Blut fließt von der linken in die rechte Kammer zurück) zur Folge hat.
- **Vorhofseptumdefekt** – bei etwa 25 % aller Erwachsenen findet sich ein anatomisch offenes, funktionell aber geschlossenes Foramen ovale. Weil die Funktion des Herzens hierdurch nicht eingeschränkt ist, wird ein offenes Foramen ovale nicht als Fehlbildung angesehen.
- **Ostium-secundum-Defekt** – hierbei liegt im oberen Teil der Vorhofscheidewand des Herzens zwischen dem rechten und linken Vorhof eine große Öffnung, die zumeist durch eine unvollständige Entwicklung des Septum secundum verursacht wird.
- **Trikuspidalatresie** hierbei besteht keine Verbindung zwischen dem rechten Vorhof und der rechten Herzkammer, was zwangsläufig zur Folge hat, dass vom rechten Vorhof kein Blut in die rechte Kammer fließen kann und sich darum die Herzkammer allmählich verkleinert. Neugeborene mit dieser Mißbildung sind nur lebensfähig, wenn eine zweite „Mißbildung", z.B. ein Vorhof-Septum-Defekt, hinzukommt, bei dem z.B. das Foramen ovale offen ist und somit den Blutfluß ermöglicht.
- **Komplette Transposition** der großen Gefäße – unterbleibt die Drehung des Septum aorticopulmonale, so entspringt die Aorta statt aus der linken aus der rechten Kammer und der Truncus pulmonalis aus der linken Kammer. Dadurch transportiert die Aorta O_2-armes Blut zu den Organen. Ein Kind mit einer solchen Mißbildung kann nur überleben, wenn ein Septumdefekt hinzukommt und dadurch eine Verbindung zwischen rechter und linker Kammer mit entsprechendem Blutaustausch (Mischblut) entsteht.

Neben diesen einzelnen Mißbildungen treten kombinierte Mißbildungen auf, von denen die bekannteste die **Fallot-Tetralogie** ist. Die Fallot-Tetralogie zeigt 4 Hauptsymptome:

- Ventrikelseptumdefekt,
- Pulmonalstenose,
- auf Ventrikelseptum reitende Aorta,
- Hypertrophie der rechten Kammer.

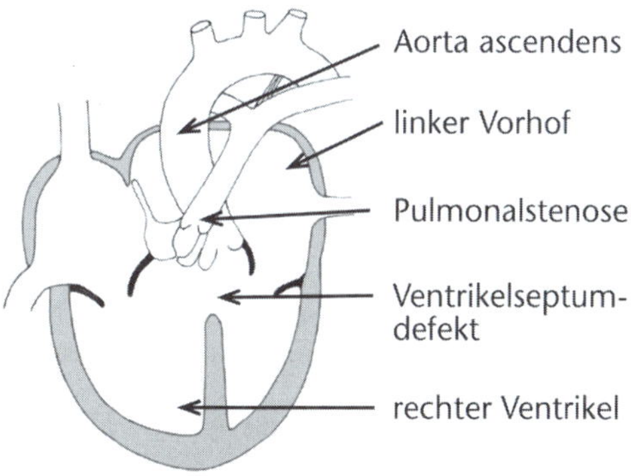

Abb. 7.8 Fallotsche Tetralogie

7.1.3 Ableitung des Aortenbogens und des Truncus pulmonalis aus embryonalen Aortenbögen !!! 4/13

➤ *Prüfungsrelevant: Gesamtes Kapitel.* ◄

Der arterielle Teil des embryonalen Kreislaufs beginnt mit dem vom Herzen kommenden **Truncus arteriosus**. Dieser Truncus teilt sich in die ventralen Aorten, aus denen auf beiden Seiten 6 Kiemenbogenarterien (= embryonale Aortenbögen) um den Schlunddarm (= Kiemendarm) herum zu den paarig vorliegenden dorsalen Aorten ziehen.
Die embryonalen Aortenbögen werden gleichzeitig mit den Kiemenbögen (siehe Kapitel 5.1.2) ausgebildet, wobei zu jedem Kiemenbogen ein Aortenbogen als Kiemenbogenarterie gehört.

Die 6 **Aortenbögen** werden zu unterschiedlichen Zeiten angelegt – der 1. und 2. Aortenbogen bilden sich bereits wieder zurück, während die unteren erst entstehen. Der 5. Aortenbogen existiert nur etwa einen Tag.

Von den 6 angelegten Aortenbögen entwickelt sich der 4. Bogen links zum endgültigen Aortenbogen, rechts zum Truncus brachiocephalicus.

Aus dem 6. Aortenbogen (= Pulmonalbogen) entwickelt sich rechts der Truncus pulmonalis und links der Ductus arteriosus. Durch den **Ductus arteriosus (Botalli)** wird das Blut bis zur Geburt über eine Art Kurzschluß an den Lungen vorbeigeführt. Kurz nach der Geburt schließt sich der Ductus arteriosus, indem sich seine Wandmuskeln kontrahieren. Anschließend entsteht an seiner Öffnung durch Intimaproliferation ein endgültiger Verschluß, was etwa 3 Monate dauert.

Der Ductus arteriosus bildet sich anschließend zum **Lig. arteriosum** zurück (= obliteriert).

Entwicklung der Aortenbögen

Zusammenfassung

- 1., 2. und 5 Aortenbogen bilden sich zurück,
- 3. Aortenbogen und dorsale Aorta – bilden die A. carotis interna,
- 3. Aortenbogen und ventrale Aorta – bilden die A. carotis externa,
- 4. Aortenbogen – bildet links den definitiven Aortenbogen (Arcus aortae) und rechts den Truncus brachiocephalicus,
- 6. Aortenbogen – bildet rechts und links den Truncus pulmonalis und links den Ductus arteriosus, der die linke A. pulmonalis mit dem Aortenbogen verbindet.

Merkwort: KARL

K =	3	– **K**arotiden
A =	4	– **A**orta und Truncus brachiocephalicus
R =	5	– **R**udiment
L =	6	– **L**ungenarterie

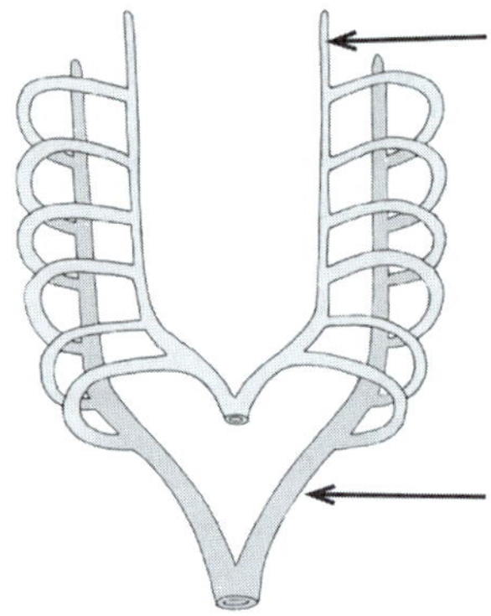

Abb. 7.9 *Aortenbögen (umgezeichnet nach Langman)*

Die dorsalen Arterien geben als Äste Segmentarterien ab, von denen die 5 oberen die A. vertebralis bilden und sich anschließend zurückbilden.

Die 7. Segmentarterie entwickelt sich zur linken A. subclavia. Die rechte A. subclavia entsteht aus der sechsten Segmentarterie sowie dem 4. Aortenbogen und einem Teil der Aorta dorsalis.

Unterhalb der 7. Segmentarterie entwickeln sich aus einer Anastomose die A. thoracica interna und der Truncus costocervicalis.

Mißbildungen

Eine der häufigsten Mißbildungen der großen Blutgefäße besteht darin, daß sich der **Ductus arteriosus** nach der Geburt nicht verschließt, was häufig im Gefolge einer Rötelinfektion der Mutter auftritt. Durch das Offenbleiben kann es zu einem Links-Rechts-Shunt kommen, bei dem die Lungen mit Blut überflutet werden.

Bei einer **„reitenden“ Aorta** entspringt die Aorta nicht aus der linken Kammer, der Aortenabgang „reitet“ vielmehr auf dem Kammerseptum, so daß die Aorta sowohl Blut aus der rechten als auch aus der linken Kammer erhält – eine reitende Aorta kommt zumeist als Teil der Fallot-Tetralogie vor.

7.1.4 Übersicht über die Entwicklung der unteren Atemwege !! 0/5

➤ *Prüfungsrelevant: Gesamtes Kapitel.* ◄

Die unteren Atemwege entwickeln sich ab der 3. Entwicklungswoche aus der ventralen Seite des Vorderdarms, wobei das Epithel aus dem Entoderm des Vorderdarms entsteht, während das Binde- und Muskelgewebe sowie der Knorpel mesodermaler Herkunft sind.

Zunächst proliferieren Entodermzellen des Vorderdarms und bilden die Laryngotrachealrinne, die sich zu einem Divertikel entwickelt. Der Divertikel (Lungenknospe) wächst in das umgebende viszerale Mesoderm vor und wird durch das **Septum oesophageotracheale** vom Vorderdarm (aus dem später der Oesophagus entsteht) getrennt. Nur im Bereich des späteren Kehlkopfs bleibt eine Verbindung erhalten.

Der Divertikel verlängert sich rohrartig, wobei sich das untere Ende jeden Rohrs (Laryngotrachealrohr) dichotom (in 2 Teile) teilt und zu den Lungenknospen aussackt. Rechts teilt sich die Lungenknospe in 3 und links in 2 Tochterknospen, so daß sich rechts 3 und links 2 Hauptbronchien und Lungenlappen entwickeln. Aus dem Rohr entstehen der Kehlkopf (Larynx) und die Luftröhre (Trachea).

In den folgenden Entwicklungsmonaten teilen sich die Knospen dichotom zu dem in Kapitel 7.2.2 beschriebenen Bronchialbaum.

Bis Ende des 4. Entwicklungsmonats sind die Lungen bis hin zu den **Bronchioli terminales** ausgebildet. Ab der 24. Woche bildet jeder Bronchiolus terminalis 2 Bronchioli respiratorii, von denen sich wiederum primitive Alveolen (Sacculi alveolares) ausbilden.

Die Sacculi sind zunächst von einem kubischen Epithel ausgekleidet, das sich abplattet und zu den Alveolarepithelzellen vom Typ I differenziert. Den **Alveolarepithelzellen vom Typ I** sind Kapillaren angelagert, was für die Luft-Blut-Schranke wichtig ist (s. Kapitel 7.2.2). Aus den kubischen Epithelzellen entwickeln sich die Alveolarepithelzellen vom Typ II, die später Phospholipide synthetisieren (s. „Surfactant").

Da erst zwischen der 25.–28. Entwicklungswoche genügend **Alveolen** ausgebildet sind, ist ein Frühgeborenes erst ab der 28. Woche lebensfähig, wobei auch Frühgeborene ab der 24./25. Woche, abhängig von den ausgebildeten Alveolarepithelzellen, eine Überlebenschance haben.

Bis zur Geburt vermehren sich die primitiven, undifferenzierten Alveolen. Bei der Geburt sind die Lungen jedoch noch unreif. In der Zeit zwischen Geburt und dem 8. Lebensjahr werden die primitiven Alveolen teilweise zum alveolarfreien Teil des Bronchialbaums umgebaut, während sich viele ausdifferenzierten Alveolen durch Unterteilung der Sacculi neu bilden.

Die Bronchioli respiratorii zweigen sich in Ductuli alveolares auf, die nur noch aus Alveolen bestehen. Das blind endende Teil des Ductulus wird Sacculus alveolaris genannt. Um das 8. Lebensjahr enthält die Lunge etwa 400 Millionen Alveolaren.

Die ausdifferenzierten Alveolen sind im Gegensatz zu den primitiven Alveolen nicht mehr in der Lage neue Alveolen zu bilden.

Bei der Geburt sind die Lungen mit Flüssigkeit (Fruchtwasser) gefüllt, das innerhalb von 2 Tagen nach der Geburt teilweise resorbiert wird, teils beim Durchtritt durch den Geburtskanal ausgepreßt wird.

Klinik: Anhand der Lunge eines Neugeborenen kann man feststellen, ob es eine Todgeburt war oder ob das Kind nach der Geburt noch gelebt hat. Bei einer Todgeburt hat die Lunge nicht geatmet, daher ist sie kompakt und sinkt, wenn man sie ins Wasser legt, ab. Eine beatmete Lunge enthält hingegen Luft und wenig oder keine Flüssigkeit. Sie hat ein spezifisches Gewicht zwischen 0,15–0,75 und schwimmt auf dem Wasser.

Surfactant

Ab der 24. Entwicklungswoche bilden die Alveolarepithelzellen vom Typ II einen Lipopolysaccharidfilm, der als Surfactant bezeichnet wird. Dieser Film überzieht die Alveolarepithelzellen und setzt dabei die Oberflächenspannung herab (Surfactant = Antiatelektasefaktor). Mit Atembeginn wird der Surfactant auf der Oberfläche der Alveolen verteilt. Fehlt der Surfactant, so können sich die Lungen nicht entfalten, es kommt beim Neugeborenen zum Atemnotsyndrom (ein Teil der Lunge ist überbläht, ein Teil entfaltet sich nicht).

7.2 Atmungsorgane

Der Atmungsapparat besteht aus den Luftwegen und den Lungen (= Alveolarsystem). Die luftleitenden Organe säubern die Atemluft, wärmen und feuchten sie an.

In der Lunge erfolgt der Gasaustausch zwischen Atemluft und Blut (O_2 gegen CO_2).

Die Luftwege bestehen aus
- Nasenhöhle,
- Rachen (Pharynx),
- Kehlkopf,
- Luftröhre (Trachea),
- Bronchialbaum.

7.2.1 Trachea !!! 7/11

Die **Luftröhre** (= **Trachea**) verbindet als elastisches Rohr den Kehlkopf mit den Hauptbronchien. Die Trachea ist beim Erwachsenen 10–12 cm lang und etwa 1,2–1,5 cm breit. Bei tiefer Einatmung oder beim Husten kann sich die Trachea bis zu etwa 25 % in der Länge ausdehnen.

Lage

➤ Beim Erwachsenen beginnt die Trachea unterhalb des Ringknorpels (Teil des Kehlkopfs) in Höhe des 6.–7. Halswirbels, beim Neugeborenen in Höhe des 4. Halswirbels.

Die Trachea folgt dem Verlauf der Wirbelsäule. Sie endet an der Bifurcatio tracheae (= Luftröhrengabelung) in Höhe des 4.–5. Brustwirbels und ventral des Sternalansatzes der 3. Rippe.

Beim Neugeborenen endet die Trachea in Höhe des 2. Brustwirbels, beim alten Menschen in Höhe des 7. Brustwirbels. ◄

An der **Bifurcatio tracheae** wird die Trachea in die beiden Hauptbronchien (= Bronchi principales dexter und sinister) geteilt. Der Aortenbogen drängt dabei die Bifurkatio etwas nach rechts. Beim Erwachsenen bildet die Bifurcatio einen Winkel von 55–65° und beim Kind von 70–80°. Dieser Winkel verkleinert sich bei der Inspiration (Lungen dehnen sich nach kaudal hin aus und ziehen dabei die Trachea nach kaudal) und vergrößert sich bei der Exspiration.

➤ Von der Bifurkatio aus verläuft der rechte Hauptbronchus senkrecht, der bis zu 1,5 cm längere linke Hauptbronchus mehr bogenförmig. Im Innern der Bifurkatio liegt als sagittaler Sporn die **Carina tracheae,** durch die die eingeatmete Luft auf die beiden Hauptbronchien verteilt wird. ◄ Bei der Ein- und Ausatmung kommt es an der Carina tracheae zu Luftschwingungen, die man über dem Sternum (Brustbein) als Atemgeräusch hören kann.

Aufbau

Die Trachea ist aus 16–20 hufeisenförmigen, nach dorsal offenen hyalinen Knorpelspangen (= **Cartilagines tracheales**) aufgebaut, die die Vorderwand der Trachea bilden. Die Knorpelspangen sind untereinander durch **Ligg. anularia** (= Ringbänder) verbunden, die der Trachea eine gewisse Elastizität verleihen.

➤ Die knorpelfreie Rückwand (Hinterwand) der Trachea wird **Paries membranaceus** genannt. Sie enthält viele glatte Muskelzellen, die zusammen als M. trachealis bezeichnet werden, sowie elastisches Bindegewebe. Der **M. trachealis** kann die Knorpelspangen aktiv einander annähern und damit die Trachea verengen. Außerdem ermöglicht es der Paries membranaceus, dem an den Paries angrenzenden Oesophagus, sich beim Schluckakt auszudehnen. ◄

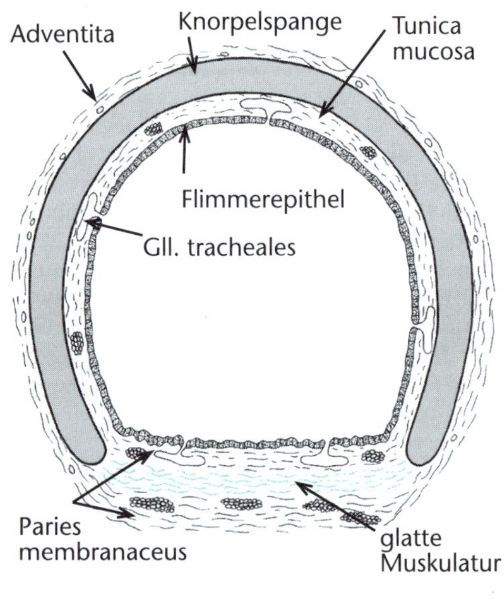

Abb. 7.10 *Querschnitt durch die Trachea*

Befestigung

Von der Bifurkatio und dem Anfangsteil der Hauptbronchien entspringt die Membrana bronchopericardiaca, die am hinteren Perikard ansetzt und damit die Trachea indirekt mit der Zwerchfellfaszie verbindet.

Topographie

➤ Im Halsbereich liegt die Trachea hinter der Schilddrüse (dem Isthmus der Schilddrüse). Im Brustbereich liegt die Trachea hinter dem Thymus. Oberhalb der Bifurkatio wird die Trachea ventral vom Aortenbogen überkreuzt. Vorne rechts von der Trachea liegt der Truncus brachiocephalicus, vorne links die A. carotis communis sinistra. Der rechte N. vagus verläuft an der rechten Seite der Trachea entlang. Der Aortenbogen drängt die Bifurcatio etwas nach rechts.

Dorsal liegt der Trachea der Oesophagus (= Speiseröhre) an. In der Rinne zwischen Trachea und Oesophagus verläuft auf beiden Seiten je ein N. laryngeus recurrens. ◄

Klinik: Die Trachea kann kaudal von der Schilddrüse in der Drosselgrube getastet werden.

Innervation und Gefäßversorgung
(siehe auch die Winterthur-Verlaufsbeschreibungen)

► Die Trachea und der M. trachealis werden aus Ästen des N. laryngeus recurrens innerviert und von Ästen der A. thyroidea inferior mit Blut versorgt. ◄

Mikroskopische Anatomie

Die Wand der Trachea besteht von innen nach außen aus 3 Schichten:

- Tunica mucosa (= Schleimhaut)
- Tunica fibromusculocartilaginea (= Stützgewebe)
- Tunica adventitia (= äußere Bindegewebsschicht).

► Die **Tunica mucosa** (= Schleimhaut) der Trachea ist mit respiratorischem Flimmerepithel ausgekleidet, das mit Kinozilien besetzt ist und Becherzellen enthält. Die Carina tracheae besitzt ein mehrschichtiges unverhorntes Plattenepithel. Der Schlag der Kinozilien ist kehlkopfwärts gerichtet (= Flimmerstrom), dabei wird der Schleim, der von den Gll. tracheales gebildet wird, auf der Schleimhaut verteilt. ◄

Die **Gll. tracheales** liegen im Propriabindegewebe (= Tunica propria mucosae). Der von den Gll. tracheales gebildete dünnflüssige Schleim überzieht die Tunica mucosa. Er dient dazu, die in der Atemluft enthaltenen Staub- und sonstigen Partikel zu binden und mittels eines Flimmerstroms oder eines Hustenstoßes Richtung Mund (nach außen) zu befördern, sowie die Atemluft anzufeuchten.

Die **Tunica fibromusculocartilaginea** besteht aus den bereits zuvor beschriebenen C-förmigen hyalinen Knorpelspangen sowie den Ligg. anularia. Im Bereich der Paries membranaceus setzen die glatten Muskelzellen des M. trachealis am Perichondrium der Knorpelspangen an.

Die Tunica adventitia besteht aus lockerem Bindegewebe. Sie verbindet die Trachea verschieblich mit den umgebenden Organen (Oesophagus).

Mikroskopierhilfe: Die Trachea ist wegen den hufeisenförmigen hyalinen Knorpelspangen unverwechselbar.
DD: Keine.

7.2.2 Lunge

!!! 30/72

Die beiden **Lungen** (= Pulmo) haben die Aufgabe, über die Lungenbläschen (= Alveolen) O_2 (Sauerstoff) aus der Atemluft aufzunehmen und CO_2 (= Kohlendioxid) abzugeben.

Die Gesamtoberfläche der Lungenbläschen beträgt beim Erwachsenen die imposante Fläche von etwa 60–100 m^2.

Beim Kind hat die Lungenoberfläche noch ein blaßrotes Aussehen. Beim alten Menschen ist sie durch die abgelagerten Staubpartikel fleckig mittelgrau.

Auf der Oberfläche der Lunge können Sie unregelmäßige, 1–2 cm große Felder erkennen, die die Begrenzung der Lungenläppchen markieren und durch Bindegewebssepten verursacht werden.

Lage

Die **Lungen** liegen in der Brusthöhle (= Thorax). Sie haben annähernd die Form einer Pyramide.

Die beiden Lungen besitzen nicht wie z.B. das Herz eine eigene Form, sie füllen vielmehr im Brustkorb den Raum aus, der nicht von den anderen Organen (besonders dem Herzen) eingenommen wird. Da die beiden Lungen relativ weich sind, hinterlassen die Nachbarorgane auf der Lungenoberfläche Abdrücke (= Impressionen), die weiter unten beschrieben werden.

Die beiden Lungen liegen in jeweils einer **Brustfellhöhle** (= Cavitas pleuralis = **Pleurahöhle**). Sie sind von der Pleura pulmonalis umhüllt (s. Kapitel 7.2.3).

Durch einen kleinen kapillären Spalt ist die Pleura pulmonalis (syn.: Pleura visceralis) von der Pleura parietalis getrennt (s. Kapitel 7.2.3).

Form der Lunge

► Eine Lunge ist etwa 400 g schwer und hat ein Volumen von ca. 2 Litern. Die linke Lunge hat ein etwa 10 % kleineres Gesamtvolumen als die rechte Lunge, was dadurch bedingt ist, dass der überwiegende Teil des Herzens im Bereich der linken Lunge liegt. Andererseits wird die rechte Lunge durch die Leber nach oben gedrückt, während die linke Lunge weiter nach unten reicht. ◄

Bei der Lunge unterscheidet man drei Außenflächen:

- ► **Facies diaphragmatica** (= Zwerchfellseite) – mit dieser Fazie liegt die konkave Lungenbasis auf dem Zwerchfell auf. In diesem Bereich ist die linke Lunge durch das Zwerchfell vom Magen und der

Milz und die rechte Lunge von der Leber getrennt. ◄

- **Facies costalis** (= Rippenseite) – grenzt die äußere konvexe Lungenseite von dem mit der Pleura parietalis überzogenen Brustkorb (mit seinen Rippen) ab. Bei der Leiche weißt sie Eindrücke entsprechend den Interkostalräumen auf, die wahrscheinlich durch Erschlaffung der Interkostalmuskeln nach dem Tod verursacht werden.
- **Facies medialis** (= Medialseite) – grenzt dorsal an die Wirbelsäule und medial an das Mediastinum.

➤ Die **Lungenspitze** (= **Apex pulmonis**) ist abgerundet. Sie füllt die von der Pleura gebildete Kuppel aus und ragt über die obere Brustkorböffnung (= Thorax-Appertur) hinaus bis in den Hals hinein. Bei der Atmung liegt die Lungenspitze unverschieblich in der Cupula pleurae (= Pleurakuppel). ◄

➤ Im Zentrum der Facies medialis liegt bei beiden Lungen ventral in Höhe des 3. Interkostalraums und dorsal in Höhe des 5. Brustwirbels der **Lungenhilus** (= **Hilus pulmonis**). Im Bereich des Hilus pulmonis treten

- in die Lunge ein:
  - Hauptbronchus (liegt am weitesten dorsal),
  - A. pulmonalis (liegt vorne oben),
  - Rr. bronchiales der Aorta thoracica,
  - Nerven
- aus der Lunge aus:
  - Vv. pulmonales (liegen vorne unten),
  - venöse Rr. bronchiales,
  - Lymphgefäße.

Rechter Lungenhilus

Arterie	Bronchus
Venen	

Linker Lungenhilus

Arterie
Bronchus
Vene

Nur im Bereich des Hilus pulmonis treten Gefäße und Nerven in die Lunge ein bzw. aus! Dieser Gefäß- und Nervenstrang wird als **Lungenwurzel** (= **Radix pulmonis**) bezeichnet. ◄

➤ Vom Hilus pulmonis zieht als zarte Pleuraduplikatur das **Lig. pulmonale** zum Zwerchfell. Hier geht die viszerale Pleura in die parietale Pleura über. Das Lig. pulmonale (auch „Meso-pneumonium" genannt) unterteilt den unteren paramediastinalen Anteil der Pleurahöhle in eine vordere und hintere Hälfte. ◄

Impressionen (Abdrücke)

➤ Die im Bereich des Mediastinum (= Mittelfell) in der Nachbarschaft der Lungen liegenden Organe hinterlassen auf der Seite der Facies medialis der beiden Lungen Eindrücke (= Impressionen).

Impressionen auf der Facies medialis der **linken Lunge** hinterlassen:

- linke Herzkammer,
- Oesophagus,
- Auriculum sinistrum (= linkes Herzohr),
- Arcus aortae,
- Truncus pulmonalis,
- A. subclavia sinistra (auf der Lungenspitze).

Impressionen auf der Facies medialis (mediastinalis) der **rechten Lunge** hinterlassen:

- Oesophagus,
- rechter Vorhof des Herzens,
- V. cava superior,
- V. azygos,
- A. subclavia dextra. ◄

Lungenaufbau

➤ Die Lunge ist aus **Lungenlappen** (= Lobi) aufgebaut, die durch Spalten (= Fissurae interlobulares) voneinander getrennt sind. Diese Fissuren dienen als Verschiebe- und Gleitspalten.

An Fissurae kommen vor:

- **linke Lunge**
  - **Fissura obliqua** – verläuft schräg von dorsal in Höhe der 4. Rippe (3.–5. Brustwirbel) nach ventral, wo sie in Höhe der 6. Rippe endet. Sie unterteilt die Lunge in einen Ober- und Unterlappen. Der Oberlappen liegt mehr ventral, der Unterlappen mehr dorsal, so dass vorne der untere Lungenrand vom Oberlappen gebildet wird.
- **rechte Lunge**
  - Fissura horizontalis – verläuft parallel zur 4. Rippe und erreicht an ihrem sternalen Ende das Niveau des 4. Sternokostalgelenks. Sie trennt den Ober- vom Mittellappen (rechte Lunge hat 3 Lungenlappen!)
  - **Fissura obliqua** – trennt den Mittel- vom Unterlappen. Verlauf s. linke Lunge. ◄

Merke: Die linke Lunge besteht aus 2, die rechte Lunge aus 3 Lungenlappen.

➤ Die rechte Lunge kann in 10, die linke Lunge in 9 pyramiden- bis keilförmige Segmente (= **Segmenta bronchopulmonalia**) unterteilt werden. Bei der linken Lunge fehlt das 7. Lungensegment.

Jedes Lungensegment besteht aus Subsegmenten, die wiederum aus **Lungenläppchen** (= **Lobuli pulmonales**) aufgebaut sind. Die Lungenläppchen sind gegeneinander durch Septen abgegrenzt. Die Septen bestehen aus lockerem Bindegewebe, sind beim Erwachsenen aber nur noch unvollständig zu erkennen (beim Fetus sind die Septen hingegen deutlich ausgeprägt). Jedes dieser Lungensegmente bildet eine selbständige funktionstüchtige Atmungseinheit.

Die Septen sind nur auf der Lungenoberfläche als polygonale Felder mit einer Kantenlänge von 1–2 cm sichtbar. Die Lungenläppchen bestehen aus Acini. Ein **Acinus** umfaßt das Verzweigungsgebiet mehrerer Bronchioli terminales, die wiederum aus Alveolen aufgebaut sind).

Jedes Lungensegment wird von einem Segmentbronchus (s. weiter unten) und einem Ast der A. pulmonalis versorgt, die innerhalb eines jeweils im Lungensegment zentral liegenden Gewebestrangs verlaufen.

Segmentbronchus und Arterie bilden quasi eine **bronchoarterielle Einheit.** Demgegenüber verlaufen die Äste der Vv. pulmonales zwischen den Segmenten (= intersegmental) und kennzeichnen damit die Grenze der einzelnen Lungensegmente. ➤

Klinik: Bei einer notwendigen Resektion (= Entfernung) eines Teils einer Lunge, richtet man sich nach den Lungensegmenten, die einzeln, ohne allzugroße Blutungsgefahr, entfernt werden können. Da das Bindegewebe stellenweise jedoch fehlt, bilden die zwischen den Segmenten verlaufenden Venen wichtige Orientierungshilfen.

Bronchialbaum

Der Bronchialbaum gliedert sich entsprechend dem Aufbau der Lunge.

Wie in Kapitel 7.2.1 (Trachea) bereits beschrieben, teilt sich die Luftröhre (Trachea) in Höhe des 4. Brustwirbels in der Bifurcatio tracheae in die beiden Hauptbronchien.

Die Aufteilung des Bronchialbaums entnehmen Sie bitte dem nachfolgenden Schema.

Bronchialbaum

rechts	links
Trachea ↙	↘
Hauptbronchus (= Bronchus principalis dexter)	Hauptbronchus (= Bronchus principalis sinister)
↓	↓
3 Lappenbronchien (Bronchus lobaris)	2 Lappenbronchien
↓	↓
10 Segmentbronchien	9 Segmentbronchien
↓	↓
Bronchus lobularis	(weiter siehe rechter Bronchus)
↓	
Bronchioli terminales	
↓	
Bronchioli respiratorii I, II, III (alveolares)	
↓	
Ductus alveolaris	
↓	
Sacculus alveolaris	

Die beiden **Hauptbronchien** (= **Bronchi principales dexter** und **sinister** = Stammbronchien) bilden den Anfangsteil jedes Bronchialbaums. Nachdem der rechte bzw. linke Bronchus principalis in die Lunge gelangt ist, teilt er sich entsprechend den Lungenlappen in **Lappenbronchien** (= **Bronchi lobares**).

Der rechte Hauptbronchus ist etwa 3 cm lang und hat einen Durchmesser von 0,9 cm, der linke Hauptbronchus ist etwa 4,5 cm lang und hat einen Durchmesser von 0,7 cm.

Entsprechend den 3 Lungenlappen teilt sich der rechte Hauptbronchus in 3 Bronchi lobares (Bronchus lobaris superior, medius und inferior) und der linke Hauptbronchus entsprechend den 2 Lungenlappen in 2 Bronchi lobares (Bronchus lobaris superior und inferior).

➤ Der linke Hauptbronchus unterscheidet sich in drei Punkten vom rechten Hauptbronchus:
1. der linke Hauptbronchus ist länger,
2. er verläuft weniger steil,
3. sein Lumen ist kleiner.

Klinik: Durch den steileren Verlauf des rechten Hauptbronchus gelangen aspirierte (= „eingeatmete") Fremdkörper zumeist in den rechten Hauptbronchus. ◄

Aus den drei Lappenbronchien der rechten Lunge gehen entsprechend den Lungensegmenten 10 Segmentbronchien hervor:
- Bronchus lobaris superior = 3 Segmentbronchien für das 1.–3. Lungensegment,
- Bronchus lobaris medius = 2 Segmentbronchien für das 4. und 5. Lungensegment,
- Bronchus lobaris inferior = 5 Segmentbronchien für das 6.–10. Lungensegment.

Aus den 2 Bronchi lobares der linken Lunge gehen neun Segmentbronchien hervor:
- Bronchus lobaris superior = 5 Segmentbronchien für das 1.–5. Lungensegment,
- Bronchus lobaris inferior = 4 Segmentbronchien für das 6.–10. Lungensegment (der 7. Segmentbronchus fehlt links).

Jeder Lungenlappen wird also aus einem Bronchus lobaris (= Lappenbronchus), jedes Lungensegment aus einem Bronchus segmentalis (= Segmentbronchus) versorgt.

Die nächst kleinere Einheit der Lunge, die **Lobuli pulmonales** (= **Lungenläppchen**) werden aus je einem **Bronchus lobularis** (= **Bronchiolus**) versorgt.

Im Inneren der Lobuli erfolgen weitere Teilungsschritte durch die Bildung von **Bronchioli terminales,** aus denen 2 oder mehrere **Bronchioli respiratorii** hervorgehen (siehe weiter unten). Die Bronchioli respiratorii teilen sich bis zu 3 mal, so daß zwischen Bronchioli respiratorii I. bis III. Ordnung unterschieden wird. Die Bronchioli respiratorii teilen sich in die **Ductus alveolares**, die die Mündung der Alveolen bilden, und die mit den **Sacculi alveolares** enden.

➤ In den Wänden der Bronchioli respiratorii liegen nur wenige Alveolen. ◄

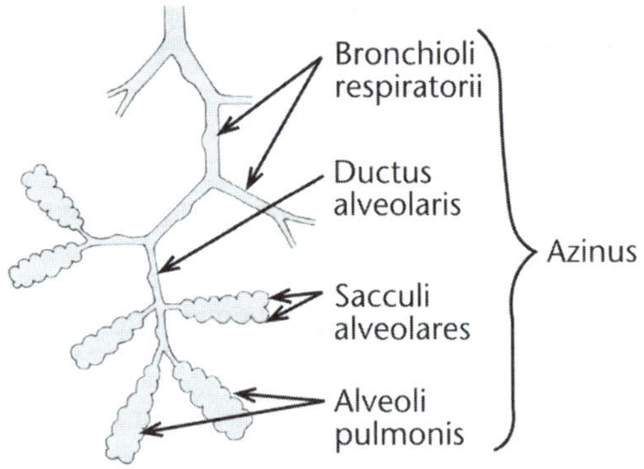

Abb. 7.11 Schematisierte Darstellung der Endverzweigungen des Bronchialbaums

Topographie

➤ Die **Lungenspitze** (= **Apex pulmonis**) liegt in Höhe des 7. Halswirbels und überragt die ventral liegende Clavicula (= Schlüsselbein) um etwa 3 cm, sowie die ebenfalls ventral liegende 1. Rippe.

Die Lungenspitze wird von den Mm. scaleni zeltartig überspannt. Über die Lungenspitze ziehen die A. und V. subclavia (s. auch Kapitel 7.2.3 „Topographie").

Ventral ziehen im Bereich der Lungenspitze nach kaudal: N. phrenicus und A. und V. thoracica interna. ◄

Klinik: Durch diese topographische Nähe kann ein Tumor im Bereich der Lungenspitze (z.B. Pancost-Tumor) die Gefäße komprimieren und damit die Blutversorgung behindern und die Nerven des Plexus brachialis irritieren.

➤ Medial grenzen die beiden Lungen mit ihrer Facies medialis an das Mediastinum.

Kaudal ist die linke Lunge nur durch das Zwerchfell von der Milz und dem Magen, und die rechte Lunge von der Leber getrennt. ◄

➤ Die **Facies medialis der linken Lunge** grenzt an:
- ventral – den linken Vorhof und die linke Kammer des Herzens, sowie den N. phrenicus,
- medial – die Aorta thoracica,
- kranial – A. und V. subclavia sinistra.

Die **Facies medialis der rechten Lunge** grenzt an:
- ventral – den rechten Vorhof des Herzens und an den Thymus, sowie den rechten N. phrenicus,
- medial – den Oesophagus (= Speiseröhre), N. vagus, V. azygos und den Ductus thoracicus,
- kranial – die V. cava superior. ◂

Innervation und Gefäßversorgung
(siehe auch die Winterthur-Verlaufsbeschreibungen)

Die Lungen werden von den ventral und dorsal des Lungenhilus liegenden Plexus pulmonales anterior und posterior innerviert. Der Plexus pulmonalis wird gebildet aus:
- parasympathischen Fasern vom N. vagus,
- sympathischen Fasern vom oberen Brustganglion des Grenzstrangs.

Vom Plexus pulmonalis ziehen Fasern zu den in der Lunge liegenden
- Plexus peribronchialis,
- Plexus intramuralis.

Der Parasympathikus bewirkt über viszeromotorische Fasern eine Bronchokonstriktion und Vasodilatation. Der Sympathikus wirkt antagonistisch.

▸ Die afferenten Fasern leiten die Impulse von Presso-, Chemo- und Dehnungsrezeptoren weiter. Impulse von den Dehnungsrezeptoren werden zum Atemzentrum geleitet, das in der Medulla oblongata liegt.

Innerhalb der Lungen unterscheidet man zwei Gefäßsysteme:
- **Vasa publica** (= „Arbeitsgefäße“ = funktionelle Gefäße) – sie dienen dazu, das sauerstoffarme Blut den Lungen zuzuführen (= A. pulmonalis) und das sauerstoffreiche Blut zum Herzen zu transportieren (= Vv. pulmonales).
- **Vasa privata** (= „ernährendes Gefäß für die Lunge“) – sie dienen der Eigenversorgung der Lunge.

Zu den Vasa publica zählen: A. pulmonalis, Vv. pulmonales.
Zu den Vasa privata zählen: die arteriellen und venösen Rr. bronchiales.
Die arteriellen Rr. bronchiales entspringen überwiegend aus der Aorta thoracica.

A. pulmonalis
Die A. pulmonalis transportiert sauerstoffarmes Blut vom Herzen zur Lunge.

▸ Sie verläuft mit dem Bronchus und teilt sich dementsprechend in Äste auf, die im peribronchialen Bindegewebe verlaufen. Beim Bronchiolus respiratorius liegen als Äste die Arteriolen, bei den Alveolen als Äste die Kapillaren vor. ◂

Die größeren Äste der A. pulmonalis sind vom elastischen Typ, die kleineren vom muskulären Typ (letztere dienen der Durchblutungsregulation).

Vv. pulmonales
▸ Die Vv. pulmonales superiores und inferiores transportieren das in der Lunge mit Sauerstoff angereicherte Blut zum Herzen zurück. Im Gegensatz zu den Arterien verlaufen die Venenäste intersegmental (= zwischen den Lungensegmenten in den Septa interlobularia und intersegmentalia). ◂

▸ Die zu den Vasa privata gehörenden arteriellen Rr. bronchiales entspringen als Äste aus der Aorta thoracica und den oberen Aa. intercostales. Die Rr. bronchiales treten am Lungenhilus ein und verlaufen im peribronchialen Bindegewebe. Im Bereich der Bronchioli respiratorii bilden sie mit den Ästen der A. pulmonalis Anastomosen in Form von Sperrarterien.

Die venösen Rr. bronchiales leiten das Blut zur V. azygos und zur V. hemiazygos. ◂

Klinik: Infolge eines Embolus (= Blutpfropf) kann eine A. pulmonalis oder einer ihrer Äste verschlossen werden, was als **Lungenembolie** bezeichnet wird. Wird ein großes Gefäß verstopft, so erhöht sich schlagartig der Strömungswiderstand im kleinen Kreislauf, wodurch die rechte Herzkammer überlastet werden kann, was zum Rechtsherzversagen führen kann.

Bei einer Linksherzinsuffizienz kann sich Blut in der Lunge rückstauen und damit ein **Lungenödem** verursachen. Beim Lungenödem tritt Flüssigkeit in die Lungenbläschen über, wodurch in diesem Bezirk kein Gasaustausch mehr möglich ist.

Lymphknoten
Die Lunge besitzt ein weitmaschiges oberflächliches (= subpleurales) Lymphgefäßnetz, sowie ein tiefes, die Bronchien begleitendes Lymphgefäßnetz.

Die Lymphe fließt aus der Lunge zum Hilus pulmonis hin und durchströmt dabei die nachfolgenden Lymphknoten:
- Nll. pulmonales – liegen im Bereich der Segmentbronchien an den Bronchialästen,
- Nll. bronchopulmonales (= „Hilusdrüsen“) – liegen im Bereich des Lungenhilus,

- Nll. tracheobronchiales – liegen außerhalb der Lunge im Bereich der Bifurcatio tracheae,
- Nll. paratracheales – liegen auf beiden Seiten der Trachea.

Von diesen Lymphknoten fließt die Lymphe entweder direkt oder auf der linken Körperseite über den Ductus thoracicus und auf der rechten Körperseite über den Ductus lymphaticus dexter in den Venenwinkel.

Mikroskopische Anatomie

In allen luftableitenden Bereichen gibt es im Wandaufbau gleiche Strukturen:

➤ **Tunica mucosa** (Schleimhaut)

- Lamina epithelialis – besitzt ein respiratorisches Epithel (= mehrreihiges Flimmerepithel), das von vielen Becherzellen sowie mukösen und serösen Drüsen durchsetzt ist. Im Epithelverband können an Zellen unterschieden werden:
  - hochprismatische, kinozilientragende Zellen – deren Flimmerschlag rachenwärts gerichtet ist;
  - Bürstensaumzellen (= apikal mit Mikrovilli besetzte Zellen) – treten in verschiedenen Funktionszuständen auf. Ein Teil ist unreif, einige dienen wahrscheinlich als Sinneszellen (Mechano- oder Chemorezeptoren);
  - Becherzellen – dienen der Schleimbildung. Beim starken Raucher treten sie vermehrt auf (Flimmerepithelzellen sind beim Raucher hingegen vermindert!);
  - sekretorische Zellen (alt: Clara-Zellen) – sind helle, kinozilienfreie Zellen, die in das Lumen hineinragen. Ihr Sekret enthält proteolytische Enzyme, die Schleim und Zelldetritus auflösen und dadurch eine Verlegung der Luftwege verhindern können (evtl. auch Surfactant auf- oder abbauen können).
  - endokrine Zellen – kommen im gesamten luftableitenden Bereich einzeln oder in Gruppen als neuroepitheliale Körperchen vor. Sie gehören zum disseminierten neuroendokrinen System. Die endokrinen Zellen bilden u.a. Serotonin und Bombesin (wirkt wachstumsfördernd). Sie sollen an der Steuerung der Lungendurchblutung beteiligt sein.
- Lamina propria – enthält viele elastische Fasern, deren Anzahl prozentual von den Bronchi zu den Bronchioli ansteigt. Sie dienen dazu, vor allem die Bronchioli offen zu halten.

Tunica fibrocartilaginea

Bildet das Stützgewebe und enthält in der Trachea und in den Hauptbronchien noch hufeisenförmige hyaline Knorpelspangen. In diesem Bereich liegen auch die seromukösen Gll. bronchiales.

Tunica muscularis

Ab den Bronchi lobares findet man statt der Knorpelringe eine Tunica muscularis, der außen Knorpel-

➤ Differentialdiagnose des Bronchialbaums ◄

	Epithel	Tunica fibrocartilaginea
Hauptbronchus	mehrreihiges, mit Kinozilien besetztes Zylinderepithel (= Flimmerepithel) + Becherzellen	hufeisenförmige hyaline Knorpelspangen mit glatter Muskulatur im Bereich des Paries membranaceus + seromuköse Gll. bronchiales
Lappenbronchus (Bronchus lobaris) und Segmentbronchien	mehrreihiges, mit Kinozilien besetztes Zylinderepithel (= Flimmerepithel) + Becherzellen	Knorpelplättchen mit konzentrisch angeordneter Muskulatur + Gll. bronchiales in der Tunica fibrocartilaginea
Bronchus lobularis	einschichtiges hochprismatisches Flimmerepithel + einige Becherzellen	scherengitterartig vorliegende Muskulatur (M. spiralis), einige Knorpelplättchen Drüsen fehlen
Bronchioli terminales	einschichtiges hochprismatisches Flimmerepithel **keine** Becherzellen	konzentrisch angeordnete glatte Muskulatur, elastische Fasern, **kein** Knorpel, keine Drüsen
Bronchioli respiratorii	einschichtiges kubisches Epithel ohne Kinozilien **keine** Becherzellen	scherengitterartige Muskulatur aus glatten Muskelzellen, Bronchioli sind kontraktil (siehe weiter unten).
Ductus alveolares	plattes Epithel	–

plättchen anliegen. Durch die Knorpelplättchen wird die Wand passiv offen gehalten, so dass die Bronchien bei der Atmung nicht kollabieren. Die Tunica muscularis besteht aus glatten Muskelzellen, die bei den Ductus alveolares ringförmig vorliegen. ◄

Als Bronchioli werden die ableitenden Luftwege mit einem kleineren Durchmesser als 1 mm bezeichnet. Die Bronchioli respiratorii werden von den Bronchioli terminales durch die in der Wand der Bronchioli respiratorii vereinzelt vorkommenden alveolaren Aussackungen unterschieden.

➤ Die **Bronchioli respiratorii** gehen in die aus einer dünnen Wand bestehenden **Ductuli alveolares** (= Alveolargänge) über, die aus plattem Epithel und Spiralmuskeln (M. spiralis) aufgebaut sind.

Die Weite der Alveoleneingänge kann durch die in den Basalringen gelegenen glatten Spiralmuskeln reguliert werden.

Von den Ductuli alveolares gehen die becherartig aussehenden **Alveolen** (= **Lungenbläschen**) ab, die sich traubenartig um einen Ductus alveolaris herum gruppieren und zusammen als **Sacculus alveolaris** bezeichnet werden. Die Alveolen haben gegen Ende der Ausatmung einen Durchmesser von 0,1–0,2 mm und gegen Ende der Einatmung bis 0,5 mm.

Die einander benachbart liegenden Alveolen sind nur durch ein interalveoläres Septum voneinander getrennt. Dieses dünne **Septum interalveolare** ist auf beiden Seiten von einem flachen einschichtigen Alveolarepithel überzogen. Im bindegewebigen Septum liegt ein dichtes, die Alveolen umhüllendes Kapillarnetz. Außerdem kommen im Septum Fibrozyten, Alveolarmakrophagen, Leukozyten und Mastzellen sowie einige Nervenfasern vor. Über kleine Poren im Interalveolarseptum stehen benachbarte Alveolen miteinander in Verbindung. ◄

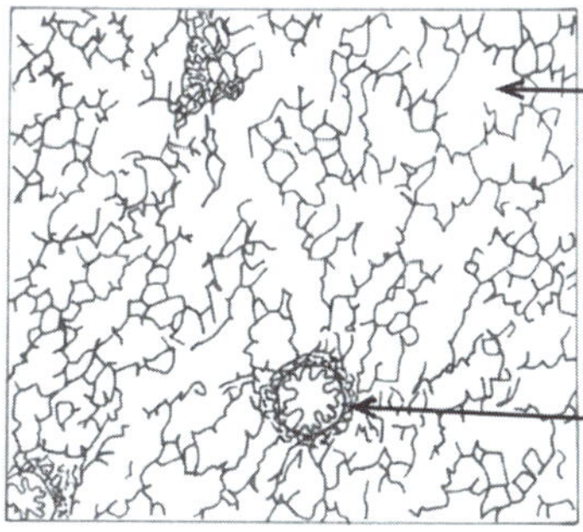

Abb. 7.12 *Schnitt durch die Lunge*

Alveolen

➤ Die Weite der Alveolen (= **Lungenbläschen** = **Alveoli pulmonis**) wird durch glatte Muskelzellen reguliert. Zwischen dem Alveolarepithel und den Kapillarwanden liegt ein bindegewebiges Stützgewebe, das aus vielen miteinander vernetzten elastischen und kollagenen Fasern besteht.

An Alveolarepithelzellen kommen 2 Arten vor:

- 1. die kleinen Alveolarepithelzellen Typ I (alt = Pneumozyten I = Deckzellen),
- 2. die großen Alveolarepithelzellen Typ II (alt = Pneumozyten II = Nischenzellen).

Die **Alveolarepithelzellen Typ I** bedecken als nur 0,1 µm dicke Zellen den größten Teil der Alveolarwände. Sie entstehen aus Alveolarepithelzellen Typ II und dienen dem Gasaustausch. Außerdem können sie das nachfolgend beschriebene Surfactant mittels Pinozytose aufnehmen.

Die **Alveolarepithelzellen Typ II** sind dicker sowie fortsatzlos. Sie ragen zwischen den Deckzellen heraus. Die großen Alveolarepithelzellen speichern in Sekretgranula das **Surfactant** und sezernieren es. Surfactant überzieht als feiner Proteinphospholipidfilm das Alveolarlumen und setzt die Oberflächenspannung der Alveolarwand herab. Ohne dieses Surfaktant würden die Alveolen kollabieren (= zusammenfallen).

Im Alveolarlumen kommen aus der Blutbahn ausgewanderte Monozyten vor, die sich zu **Alveolarmakrophagen** differenziert haben. Neben Antigen und Surfactant können die Alveolarmakrophagen auch anorganische Stoffe wie Ruß und Staub phagozytieren. Alveolarmakrophagen, die Staub phagozytiert haben, werden **Staubzellen** genannt. Bei einer Blutung können Alveolarmakrophagen Erythrozyten phagozytieren und werden dann **Herzfehlerzellen** genannt, weil sie die Abbauprodukte des Hämoglobins und Hämosiderins enthalten. ◄

Alte Alveolarmakrophagen können nicht mehr in die Blutbahn zurückwandern, sie werden ausgehustet.

Klinik: Der Zustand, bei dem die Wände der Alveolen zusammenfallen (= kollabieren) bezeichnet man als **Atelektase.**

Als **Emphysem** wird eine Überblähung der Lungenbläschen bezeichnet.

Blut-Luft-Schranke

➤ Die Blut-Luft-Schranke der Lunge besteht aus:

- Oberflächenfilm = Surfactant,
- Alveolarepithelzellen,
- die miteinander verschmolzenen Basalmembranen von
  - Alveolarepithelzellen,
  - Kapillaren,
- Endothelzellen der Kapillaren. ◄

Mikroskopierhilfe: Bereits bei der Lupenvergrößerung erkennen Sie das für die Lunge typische weitmaschige Netz, das von vielen großen „Gängen" (= Bronchien) durchzogen wird.

7.2.3 Pleura

!!! 9/17

Die **Pleura** (= **Brustfell**) kleidet die beiden unterschiedlich großen serösen Pleurahöhlen (= Brustfellhöhlen) aus. In den beiden durch das Mediastinum voneinander getrennten Pleurahöhlen liegen die Lungen. Die Wand der Pleurahöhle wird vollständig von der Pleura parietalis ausgekleidet.

Am **Lungenhilus** (= **Hilum pulmonis**) und am **Lig. pulmonale** schlägt die Pleura parietalis auf die Pleura visceralis um.

➤ Die **Pleura visceralis** (= Pleura pulmonalis = **Lungenfell**) überzieht die Lungen. Im Gegensatz zur derben Pleura parietalis, die durch ein kollagenes Bindegewebe fest mit der Fascia endothoracica verbunden ist, kann die Pleura visceralis relativ leicht von der Lunge abgezogen werden. ◄

Pleura parietalis (= Brustfell)

Die Pleura parietalis kleidet die beiden Brusthöhlen sackförmig zu Pleurahöhlen aus.

Die Pleura parietalis wird unterteilt in die

- **Pleura mediastinalis** – überzieht das Mediastinum mit Ausnahme des Hilum pulmonis. Als Teil der Pleura mediastinalis überzieht die **Pleura pericardiaca** den Herzbeutel.
- **Pleura costalis** – überzieht von hinten nach vorne die Wirbelkörper, die Rippen und die hintere Sternumhälfte (= Brustbein), mit denen sie über die Fascia endothoracica mit der Brustwand fest verbunden ist.
- **Pleura diaphragmatica** – überzieht mit Ausnahme des Mediastinumbereichs die obere Zwerchfellfläche und ist mit der Fascia phrenicopleuralis des Zwerchfells fest verwachsen.

➤ Zwischen der Pleura parietalis und visceralis liegt als kapillärer Spalt der **Pleuraspalt** (Cavitas pleuralis). Der Pleuraspalt enthält etwa 5 ml Flüssigkeit. Beim Versuch, beide Pleurablätter voneinander weg zu ziehen, werden durch die Flüssigkeit Adhäsionskräfte freigesetzt, so dass beide Pleurae verschieblich aber fest miteinander verbunden sind (vergleichbar zweier Glas- oder Akrylplatten zwischen die Wasser geträufelt wurde).

Der Pleuraspalt ermöglicht es der Lunge, sich bei der Einatmung entsprechend auszudehnen und dabei über die Pleura parietalis zu gleiten. Im Pleuraspalt herrscht ein Unterdruck (= **Donder-Druck**), der sich bei der Inspiration von –3 bis auf –6 cm H_2O erniedrigt und bei der Exspiration wieder auf –3 cm H_20 erhöht. Dieser Negativdruck entsteht durch die elastische Gewebsspannung (elastische Fasern versuchen die Lunge zusammenzuziehen), die andererseits dafür verantwortlich ist, daß die Alveolarräume nicht kollabieren. Die Lunge ist durch den Negativdruck gezwungen, den Atembewegungen von Brustkorb und Zwerchfell zu folgen. Außerdem wird durch den Unterdruck die zum „Gleiten" der Lunge über die Pleura parietalis benötigte Flüssigkeit aus der Lunge in den Pleuraspalt gesogen. Staubteilchen bleiben dabei unter der Pleura visceralis hängen und verfärben die Lungenoberfläche.

Die Pleura parietalis ist im Gegensatz zur Pleura visceralis in der Lage, Flüssigkeit, Luft und sonstige Teile aus dem Pleuraspalt zu resorbieren. ◄

Klinik: Zu einem **Pleuraerguß** (= Flüssigkeitsansammlung im Pleuraspalt) kommt es z.B. infolge einer Entzündung, wenn vermehrt Sekret gebildet und in den Spalt abgegeben wird oder Flüssigkeit vermindert resorbiert wird, z.B. infolge einer Herzinsuffizienz. Beim Pleuraerguß kann die Ausdehnung der Lunge bei der Inspiration behindert oder unmöglich sein.

Bei einer Eröffnung des Pleuraspalts von außen (z.B. infolge einer Stichverletzung) oder innen (z.B. indem Lungengewebe zerreißt) dringt Luft in den Spalt ein, was als **Pneumothorax** (kurz **„Pneu"** = nichtphysiologische Luftansammlung) bezeichnet wird. Durch einen Pneu wird der Unterdruck im Pleuraspalt aufgehoben. Die Folge ist, daß die Lunge zusammenfällt und den Atembewegungen (von Brustkorb und Zwerchfell) nicht mehr folgen kann.

Komplementärräume

Wegen der unterschiedlichen Größenverhältnisse der Lunge bei der Ein- und Ausatmung benötigt die Pleurahöhle Reserveräume, in die sich die Lungen bei der Inspiration (Einatmung) ausdehnen können.

Diese Reserveräume (= Komplementärräume) besitzt die Pleurahöhle in Form von taschenförmigen Aussackungen, die Recessus pleurales genannt werden.

➤ Die **Recessus pleurales** werden von der Pleura parietalis gebildet. Sie liegen in den Bereichen, in denen die einzelnen Pleurabezirke ineinander übergehen. Die Rezessus entfalten sich bei der Einatmung. ◄

➤ An Recessus pleurales kommen vor:

- **Recessus costodiaphragmaticus** – hier gehen die Pleura costalis und die Pleura diaphragmatica ineinander über. Er bildet den wichtigsten und größten Recessus. Der Recessus liegt zwischen den Rippen und dem Zwerchfell. Er reicht dorsal bis zu den Oberbauchorganen (rechts: Leber, Niere; links: Milz, Niere).
- **Recessus costomediastinalis** – hier gehen die Pleura costalis und die Pleura mediastinalis ineinander über. Der Recessus liegt hinter dem Sternum zwischen den Rippen und dem Mediastinum.
- **Recessus phrenicomediastinalis** – liegt zwischen dem Zwerchfell und dem Mediastinum. ◄

➤ Während sich die Lungen bei der Einatmung in die Recessus und nach kaudal zum Zwerchfell ausdehnen können, bietet die die Lungenspitze überziehende **Pleurakuppel** nur minimale Ausdehnungsmöglichkeiten. Dies hängt damit zusammen, daß die, die Pleurakuppel überziehende **Membrana suprapleuralis** (= Fortsetzung der Fascia endothoracica über der Pleurakuppel), fest mit der 1. Rippe, der Clavicula und der Lamina praevertebralis der Fascia cervicalis (= tiefes Blatt der Halsfaszie) sowie mit Fasern des inkonstanten M. scalenus minimus verwachsen ist. ◄

Topographie

➤ Der Pleuraspalt liegt der Lungenspitze unmittelbar an. Die Pleurakuppel ragt über die Clavicula und die 1. Rippe hinaus bis in die Halsregion hinein.

Die A. subclavia verläuft in einem konvexen Bogen über den höchsten Punkt der Pleurakuppel hinweg, wobei die Arterie auf der Lungenspitze als Abdruck den Sulcus a. subclaviae hinterläßt. Über die Pleurakuppel verlaufen vorne außerdem die V. subclavia sowie medial der N. phrenicus und die A. und V. thoracica interna. Ventral steht der Plexus brachialis, dorsal die Ansa subclavia und das sympathische Ganglion cervico-thoracicum (stellatum) in direkter topographischer Beziehung zur Pleurakuppel.

Zur linken Pleurakuppel hat der Ductus thoracicus topographische Beziehung, der in den linken Venenwinkel mündet.

Die Kenntnis der in Kapitel 7.8.2 beschriebenen Pleuragrenzen ist für die Diagnostik wichtig. ◄

Innervation

(siehe auch die Winterthur-Verlaufsbeschreibungen)

➤ Die Pleura visceralis wird aus dem Plexus pulmonalis (geht aus dem N. vagus hervor) innerviert, besitzt jedoch keine sensible Innervation (keine Schmerzempfindungen!).

Die Pleura costalis wird sensibel von den Nn. intercostales, die Pleura mediastinalis und die Pleura diaphragmatica werden sensibel vom N. phrenicus und N. vagus innerviert.

Klinik: Bei einer Rippenfellentzündung wird der Schmerz, der dadurch entsteht, daß die beiden Pleurae gegeneinander reiben, von den Nn. intercostales weitergeleitet. ◄

Mikroskopische Anatomie

➤ Die beiden Pleura besitzen auf den einander zugekehrten Flächen ein mit Mikrovilli besetztes einschichtiges Plattenepithel (= Mesothel), das auf einer mit kollagenen und elastischen Fasern durchsetzten Bindegewebsschicht (= Lamina propria) liegt. Das Mesothel ist zur Resorption und Transsudation befähigt.

Die sich anschließende Subpleura wird von Blut- und Lymphgefäßen durchzogen. ◄

7.3 Oesophagus !!! 11/25

Der **Oesophagus** (= **Speiseröhre**) ist ein etwa 25–30 cm langes elastisches Muskelrohr, das dazu dient, den Nahrungsbrei vom Schlund (= Pharynx) zum Magen zu befördern.

Lage und Unterteilung

➤ Der Oesophagus beginnt in Höhe des 6.–7. Halswirbels am unteren Ende des Ringknorpels (Kehlkopf) mit dem **Oesophagusmund.** Er endet in Höhe des 10.–11. Brustwirbels an der Kardia des Magens (= **Magenmund**).

Der Oesophagus wird in 3 Bereiche unterteilt:

- Pars cervicalis (= Halsteil) – ist etwa 8 cm lang und reicht vom Oesophagusmund bis zum oberen Sternumrand.
- Pars thoracica (= Brustteil) – ist etwa 16 cm lang und reicht bis zum Zwerchfell.

- Pars abdominalis (= Bauchteil) – bildet den unterhalb des Zwerchfells gelegenen Teil. Die Länge schwankt je nach Füllungszustand des Magens zwischen 0 und 4 cm. Die Pars abdominalis fehlt, wenn der Mageneingang bis zum Hilum oesophageus hochgezogen ist.

Der Oesophagus steht unter einer hohen Längsspannung. Trennt man den Oesophagus beim Lebenden oberhalb des Magens ab, so verkürzt er sich bis auf etwa 10 cm. Diese Längsspannung ist für den Transport des Nahrungsbreis entscheidend, weil der Brei oder auch die Flüssigkeit durch Kontraktionswellen zum Magen befördert werden (daher können Sie auch im Handstand Flüssigkeit „runterschlucken"). ◂

Bei größeren Nahrungsstücken kann sich der Oesophagus bis zu 3,5 cm ausdehnen, wobei die 3 nachfolgend aufgeführten physiologisch vorkommenden Engen am Oesophagus für besonders große Nahrungsbrocken ein natürliches Hindernis darstellen:

- ▸ **1. Enge = Oesophagusmund** – liegt 15 cm von den Schneidezähnen entfernt dorsal vom Unterrand des Ringknorpels (= Cartilago cricoidea des Kehlkopfs – liegt hinter der Trachea). Sie bildet die Übergangsstelle vom Pharynx in den Oesophagus. Mit dem Ringknorpel ist der Oesophagus über Bindegewebe und Muskelfasern fest verwachsen. Mit einer Breite von 14 mm bildet sie die engste Stelle des Oesophagus.

- **2. Enge = Aortenenge** – liegt 25 cm von den Schneidezähnen entfernt in Höhe des 4. Brustwirbels. Sie wird durch den Aortenbogen und den linken Hauptbronchus verursacht.

- **3. Enge = Zwerchfellenge** – liegt etwa 1–4 cm oberhalb der Kardia des Magens im Hiatus oesophageus (= Durchtrittsstelle durch das Zwerchfell). Das Ausmaß der Zwerchfellenge ist durch den Muskeltonus des Zwerchfells bedingt. ◂

Klinik: Aus der Längenangabe ergibt sich, daß Sie eine Magensonde nur etwa 40–45 cm vorschieben müssen um in den Magen zu gelangen.

Kurz oberhalb des Hiatus oesophageus erweitert sich der Oesophagus zur etwa 3 cm langen Ampulla epiphrenica.

▸ Im Hiatus oesophageus ist der Oesophagus über zeltartige Faserzüge locker mit dem Zwerchfell verbunden (1–2 cm verschiebbar).

Der Oesophagus mündet spitzwinklig in Höhe des 10.–11. Brustwirbels in die Pars cardiaca des Magens ein. Dieser Winkel wird als **Incisura cardiaca** (**Hiss-Winkel**) bezeichnet. Er beträgt beim Erwachsenen 50–60° und beim Neugeborenen 80°. ◂

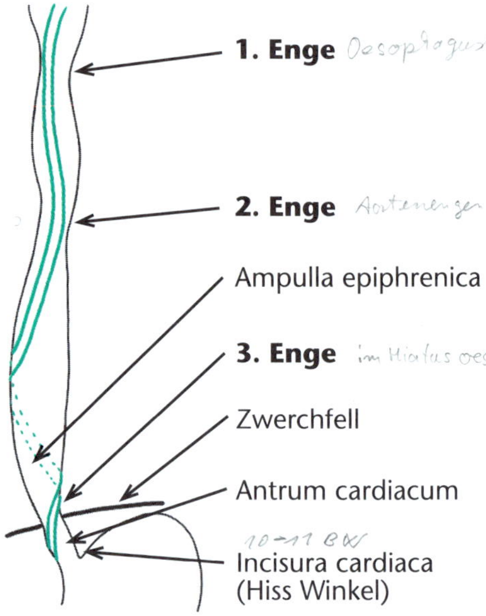

Abb. 7.13 Darstellung der Engen und Weiten des Oesophagus

Klinik: ▸ Durch den lockeren Einbau des Oesophagus in den Hiatus oesophageus können **Hiatushernien** entstehen (s. Kapitel 6.2.5). ◂

Mit dem Hauptbronchus ist der Oesophagus über den kleinen M. bronchooesophageus und mit der Pleura mediastinalis über den M. pleurooesophageus verbunden, die beide aus glatter Muskulatur bestehen.

Oesophagusverschluß

▸ Kurz oberhalb des Übergangs zum Magen besitzt der Oesophagus funktionell einen Spinkter, der anatomisch jedoch nicht nachgewiesen ist. Durch diesen „Spinkter" wird der Übertritt sauren Magensaftes in den Oesophagus verhindert. Der Verschluß beruht wahrscheinlich

- auf der kurz oberhalb der Einmündung schraubenartig verlaufenden Längsmuskulatur der Tunica muscularis des Oesophagus,
- der Längsspannung der Muskulatur,
- dem intraabdominalen Druck. ◂

Topographie

▸ Im Halsbereich liegt der Oesophagus hinter der Trachea (Luftröhre). In den Räumen zwischen Trachea und Oesophagus verläuft auf jeder Seite ein N. laryngeus recurrens. Die Wände des Oesophagus werden in diesem Bereich teilweise von der Schilddrüse bedeckt. Dorsal vom Oesophagus liegt die Wirbelsäule.

Im Brustbereich zieht der Oesophagus im hinteren Mediastinum liegend zwischen der Bifurcatio tracheae und der Aorta descendens zur linken Körperseite. Im unteren Teil der Pars thoracica verläuft der Oesophagus dorsal von der Hinterwand des linken Vorhofs (und damit hinter dem Herzbeutel) und vor der Wirbelsäule. Rechts liegt die rechte Lunge, links die Aorta thoracica. Zusammen mit dem vorderen und hinteren Truncus vagalis (= Fortsetzung des N. vagus) zieht der Oesophagus durch den Hiatus oesophageus des Zwerchfells von der Brust- in die Bauchhöhle.

Im Bauchbereich verläuft der Oesophagus über dem linken Leberlappen, auf dem er als Abdruck die Impressio oesophagea hinterläßt. ◄

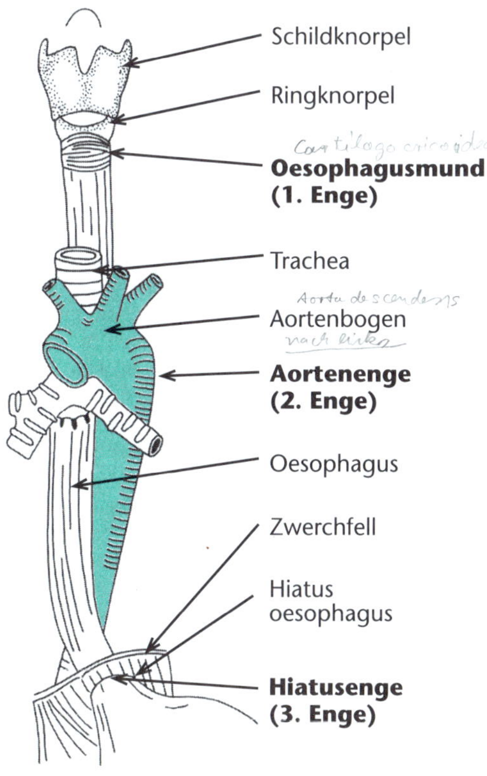

Abb. 7.14 *Topographische Beziehung des Oesophagus*

Klinik: Durch die Lage zum linken Vorhof kann eine Vergrößerung des linken Vorhofs indirekt durch eine röntgenologische Darstellung des Oesophagus nachgewiesen werden, weil dabei der Oesophagus nach dorsal verlagert ist.

Innervation und Gefäßversorgung
(siehe auch die Winterthur-Verlaufsbeschreibungen)

Der N. laryngeus recurrens innerviert über Rr. oesophagei den Halsteil des Oesophagus.

Der Oesophagus wird über den Plexus oesophagealis vom N. vagus und Truncus sympathicus innerviert, wobei die sympathischen Nervenfasern vom Ganglion cervicothoracicum (stellatum) stammen. ➤ Der N. vagus fördert, der Sympathikus hemmt die peristaltischen Bewegungen. ◄

Der Oesophagus erhält Blut für die:

- Pars cervicalis aus: A. subclavia, A. thyroidea inferior,
- Pars thoracica aus: Rr. oesophagei (Äste der Aorta thoracica),
- Pars abdominalis aus: A. phrenica inferior, A. gastrica sinistra.

Das venöse Blut fließt ab aus:

- Pars cervicalis: Vv. thyroideae inferiores,
- Pars thoracica: V. azygos und V. hemiazygos,
- Pars abdominalis: V. gastrica sinistra.

Klinik: ➤ Zu **Oesophagusvarizen** kommt es durch eine Stauung der V. portae (Pfortaderstauung – siehe portokavale Anastomosen in Kapitel 8.10.4). Dabei erweitern sich die Oesophagusvenen zu Oesophagusvarizen („Krampfadern"). Die Varizen können ruptieren (reißen), was zu lebensbedrohlichen Blutungen führen kann. ◄

Mikroskopische Anatomie

Die Wand des Oesophagus ist in Ruhe 3 mm und gedehnt 1 mm dick. Sie besteht aus folgenden Schichten:

- Tunica mucosa,
- Tela submucosa (= Submukosa),
- Tunica muscularis (= Muskelwand),
- Tunica adventitia bzw. Tunica serosa.

Die **Tunica mucosa** besteht aus:

- ➤ **Lamina epithelialis** (= Schleimhaut) – ist mit mehrschichtigem unverhornten Plattenepithel ausgekleidet, das durch die in der Submukosa liegenden mukösen Glandulae oesophageae befeuchtet wird. Das Plattenepithel geht ohne Übergang in das einschichtige Magenepithel über. ◄
- **Lamina propria** – besteht aus lockerem Bindegewebe.
- **Lamina muscularis mucosae** – ihre schraubenförmig angeordnete Ringmuskulatur dient dazu, die Schleimhaut der zu transportierenden Nahrung anzupassen. Es kann so z.B. eine Fischgräte wei-

terbefördert werden, ohne die Schleimhaut aufzuspießen.

➤ Wenn keine Nahrung transportiert wird, liegt die Tunica mucosa stark gefaltet vor.

In der **Tela submucosa** verlaufen Nerven und Blutgefäße. In dieser Schicht liegen auch die **Gll. oesophageae**, die zum Magen hin zahlenmäßig zunehmen.

Die **Tunica muscularis** besteht aus einer innen liegenden Ringmuskelschicht und einer außen liegenden Längsmuskelschicht.

Im oberen Drittel des Oesophagus ist die Muskulatur quergestreift (jedoch ohne willkürlich kontrahierbar zu sein). Im mittleren Oesophagusdrittel geht die Muskulatur in die glatte Eingeweidemuskulatur über, aus der das untere Oesophagusdrittel vollständig besteht. ➤

Über die bindegewebige **Tunica adventitia** (= Adventitia) ist der Oesophagus mit den umgebenden Organen verbunden. Ein Serosaüberzug (= Tunica serosa) ist nur an einigen Stellen zu finden.

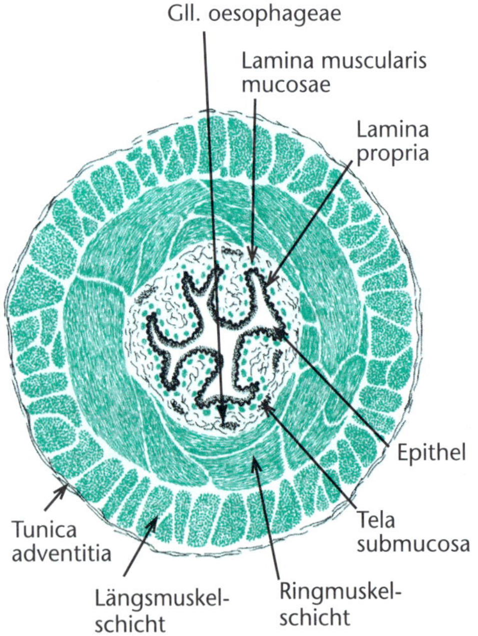

Abb. 7.15 *Querschnitt durch das untere Drittel des Oesophagus*

Mikroskopierhilfe: Zumeist liegt das Präparat als Querschnitt vor (beim Querschnitt stellt sich die innere Ringmuskulatur kreisförmig verlaufend dar). Am Präparat erkennen Sie eine 4-schichtige Wand und ein sternförmiges Lumen. Das Epithel ist ein mehrschichtig unverhorntes Plattenepithel.

Bei einer Schnitthöhe, in der der Oesophagus in den Magen übergeht, können Sie deutlich den Epithelwechsel vom mehrschichtigen unverhornten Plattenepithel zum einschichtigen hochprismatischen Epithel des Magens erkennen.

DD: Evtl. Ureter (3-schichtig), Urethra (mehrreihiges hochprismatisches Epithel), Ductus deferens, Tuba uterina – der Oesophagus ist im Querschnitt wesentlich breiter als die aufgeführten Strukturen.

7.4 Thymus !!! 5/13

➤ *Prüfungsrelevant: Gesamtes Kapitel.* ➤

Der **Thymus** (= **Bries**) ist ein primäres lymphoepitheliales Organ, in dem T-Lymphozyten für die zellgebundene Immunreaktion sowie bestimmte Hormone gebildet werden.

Entwicklung

Aus der 3. und teilweise 4. Schlundtasche des Entoderm, das das Epithel des Magen-Darm-Trakts liefert, entwickeln sich zwei Thymusanlagen, die miteinander verschmelzen und vom Halsbereich in das Mediastinum (Brustbereich) deszendieren. Um die 10. Entwicklungswoche wandern die ersten Stammzellen der Lymphozyten aus den Blutinseln des Dottersacks in die Thymusanlage ein. Die Stammzellen proliferieren zu **Lymphozyten,** die ins Blut übertreten und zu den **sekundären lymphatischen Organen** (Milz, Lymphknoten und Peyer-Plaques) wandern, wo sie die T-Zell-Region bilden.

Während der Fetalzeit sowie nach der Geburt wandern auch aus dem Knochemark Stammzellen der Lymphozyten in den Thymus ein und proliferieren sich bis kurz vor der Pubertät. Daher vergrößert sich der Thymus beim Kind stetig, bis er zu Beginn der Pubertät bei einem Gewicht von etwa 40 g seine maximale Größe erreicht hat.

Nach der Pubertät kommt es beim Thymus zur **Involution,** das heißt, das Thymusparenchym bildet sich bis auf einige Reste, die auch noch bei sehr alten Menschen nachweisbar sind, zurück und wird durch Fettgewebe ersetzt. Die Proliferation von T-Lymphozyten verringert sich auf Null, so dass die sekundären lymphatischen Organe diese Aufgabe übernehmen.

Innerhalb des Fettgewebes liegen zystenartige, mit Zelltrümmern angefüllte Räume, die den Hasallschen Körperchen (siehe weiter unten) ähnlich sehen. Die

Rückbildung wird u.a. wahrscheinlich durch die Erhöhung der Geschlechtshormonproduktion bewirkt, während das Wachstumshormon STH die Thymusentwicklung stimuliert.

Auf entsprechende Reize hin soll das Thymusrestgewebe in der Lage sein, erneut T-Lymphozyten zu produzieren.

Neben der durch die Geschlechtsreife bedingten normalen Rückbildung (Involution) gibt es noch die „zufällige" (= akzidentelle) Involution, die nach Infektionen, hoher Strahlenbelastung oder durch Ernährungsstörungen verursacht werden kann.

Klinik: Wird der Thymus bei einem neugeborenen Säugetier experimentell entfernt, so kommt es neben einer mangelhaften Entwicklung der peripheren Lymphorgane zu einer gestörten körperlichen Entwicklung (Kümmerwachstum), weil das Immunsystem gestört und damit das Tier besonders infektionsanfällig ist – vergleichbares gilt für Kinder.

Form

Beim Neugeborenen ist der Thymus etwa 5 cm lang, 1 cm breit und 10–15 g schwer. Er besteht aus 2 miteinander verbundenen asymmetrischen Lappen (= Lobi)

Topographie

Der Thymus liegt im oberen Mediastinum hinter dem Manubrium sterni (= Brustbein), das er zumeist nach oben hin nicht überragt. Der Thymus reicht beim Kind kranial bis zur Schilddrüse und kaudal bis zur 4. Rippe. Zwischen dem Thymus und dem Sternum liegt lockeres Bindegewebe.

Der Thymus liegt vor der V. brachiocephalica sinistra, V. cava superior und dem Aortenbogen, sowie über dem Herzbeutel. Lateral ist der Thymus auf beiden Seiten von der Pleura mediastinalis (= Brustfell) bedeckt, hier verläuft auch der N. phrenicus.

Aufgaben

Der Thymus ist ein primär lymphatisches Organ, d.h. er ist nicht direkt in die immunologische Abwehr einbezogen. In der Rinde proliferieren aus Stammzellen die T-Lymphozyten die in die Gefäße übertreten und die sekundären lymphatischen Organe besiedeln.

Innerhalb des lymphatischen Systems besitzt der Thymus eine Sonderstellung, denn

- da fast nur T-Lymphozyten vorkommen, fehlen ihm die charakteristischen Lymphfollikel,
- das retikuläre Grundgerüst ist epithelialer Herkunft.

Darüber hinaus verhindert die weiter unten beschriebene Blut-Thymus-Schranke, dass Antigene in den Thymus gelangen.

Innervation und Gefäßversorgung
(siehe auch die Winterthur-Verlaufsbeschreibungen)

Der Thymus wird von Ästen des N. vagus und des Sympathikus innerviert.
Mit Blut wird der Thymus aus Ästen der A. thoracica interna oder direkt aus der Aorta thoracica versorgt. Das venöse Blut fließt direkt zur V. brachiocephalica.

Mikroskopische Anatomie

Der Thymus ist von einer bindegewebigen, kollagenhaltigen Organkapsel umgeben. Bei einem Längsschnitt erkennt man eine dunkel gefärbte Rinde und ein heller gefärbtes Mark.

Das Mark zeigt eine baumartige Verzweigung, wobei von der Kapsel aus septenartige Ausläufer ins Thymusinnere vordrängen und das Thymusparenchym unvollständig (läppchenartig) unterteilen. Dieser gemeinsame Markstrang wird von den Gefäßen begleitet. Am Markstrang hängen die unvollständig voneinander getrennten Läppchen (Lobuli thymi), die aus einer äußeren Rindenzone (Kortex) und einer Markzone (Medulla) bestehen. Auf Querschnitten hingegen erscheint der Thymus in Läppchen unterteilt zu sein, was mit der Schnittebene zu erklären ist.

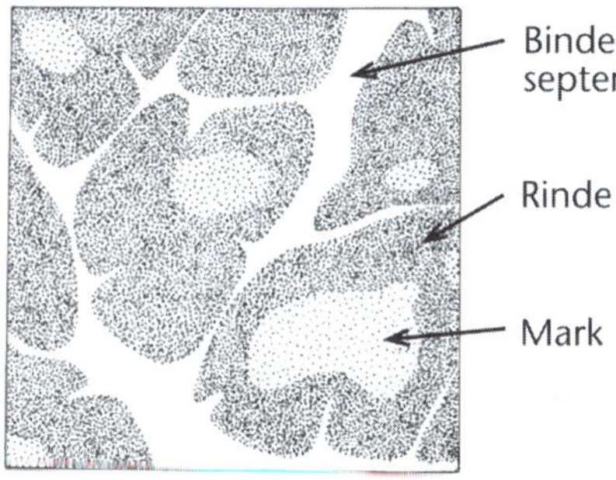

Abb. 7.16 Schnitt durch den Thymus eines Kleinkindes

Mark und Rinde bestehen aus retikulärem Bindegewebe, das epithelialen (und nicht bindegewebigen) Ursprungs ist. Das Bindegewebe bildet ein dreidimensionales Maschenwerk. Im Gegensatz zu den mesenchymalen Retikulumzellen kommen bei den **epithelialen Retikulumzellen** keine retikulären Fasern vor. Zwischen den Retikulumzellen liegen in der

Rinde sehr viele und im Mark sehr wenige T-Lymphozyten (Thymozyten), daher erscheint die Rinde im Schnitt dunkler.

In der helleren Markzone findet man hingegen viele **Hasall Körperchen** (= **Corpuscula thymica**), die zwiebelschalenartig aufgebaut sind und aus konzentrisch geschichteten epithelialen Retikulumzellen bestehen. Im Innern sind die Hasall-Körperchen häufig verkalkt oder enthalten eine mit Flüssigkeit gefüllte Zyste. Die Funktion der Hasall-Körperchen ist noch nicht geklärt, jedoch entstehen sie vermehrt bei Immunvorgängen, so dass die Vermutung naheliegt, daß sie bei Abwehrvorgängen eine Rolle spielen.

Blut-Thymus-Schranke

Die in der Rinde verlaufenden Kapillaren sind mit einem porenlosen Epithel ausgekleidet und von einer Basalmembran umgeben. Um die Basalmembran sind die umgebenden Retikulumzellen mantelartig verdichtet. Dadurch können Antigene nicht aus den Kapillaren ins umgebende Rindenparenchym vordringen. Diese Schranke, die dem Schutz der sich proliferierenden T-Lymphozyten dient, gibt es im Thymusmark nicht. Daher ist eine Immunreaktion im Thymus gegenüber dem Restorganismus abgeschwächt.

Hormone

Die Retikulumzellen des Thymus bilden wahrscheinlich verschiedene Hormone; u.a. Thymopoetin, das die Vermehrung und Entwicklung der T-Lymphozyten zu immunologisch kompetenten Zellen (T-Helferzellen, T-Suppressor-Zellen) beeinflußt.

7.5 Herz

!!! 7/36

Das Herz ist ein muskuläres Hohlorgan, das quasi den „Motor" unseres Körpers bildet.

Das Herz hat die Aufgabe, das Blut über den kleinen Kreislauf zu den Lungen und über den großen Kreislauf zu den einzelnen Organen zu pumpen und den Organismus so mit lebensnotwendigem Sauerstoff und Nährstoffen zu versorgen.

➤ Das **Herz** (= **Cor**) liegt im Thorax (= Brusthöhle) zwischen den beiden Lungen. Rund 2/3 des Herzens liegen in der linken, 1/3 in der rechten Körperhälfte. ➤

Das Herz ist durchschnittlich 12–14,5 cm lang und 10 cm breit. Die Größe des Herzens hängt davon ab, wie stark das Herz belastet wurde, z.B. durch Sport oder infolge einer Krankheit wie Bluthochdruck (= Hypertonie). Das normale Herz wiegt beim Mann zwischen 250 und 300 g und bei der Frau etwa 200–250 g. Das Gewicht sollte etwa 1/200 des normalen Körpergewichts betragen. Das durchschnittliche Herzvolumen beträgt 500–900 ml. Der früher gebräuchliche Vergleich, dass das Herz so groß wie eine geschlossene Faust sei, ist sehr ungenau, diese Regel gilt höchstens für Arbeiter, die viel ihre Hand einsetzen z.B. Bauarbeiter.

Lage des Herzens

➤ Nach Eröffnung des Thorax sehen Sie, dass ein großer Teil des Herzens von den beiden Lungen überlagert ist. Nachdem Sie die das Herz überlagernden Lungenteile beiseite geschoben oder entfernt haben, sehen Sie, dass das Herz von vorne betrachtet annähernd die Form eines Kegels hat, wobei die **Herzspitze** (= **Apex cordis**) nach vorn unten links und die Herzbasis nach oben rechts zeigt. Die **Herzachse** verläuft von hinten oben rechts nach vorn unten links. Somit nimmt das Herz im Mediastinum medium eine schräge Lage (etwa 45°) ein (s. Kapitel 7.8.3).

Beim Blick auf das in situ liegende Herz schauen Sie auf die rechte Herzkammer, die zum größten Teil die dorsal liegende linke Herzkammer verdeckt. Die rechte Herzgrenze wird vom rechten Vorhof gebildet. Die Herzspitze wird von der linken Herzkammer, die **Herzbasis** zum überwiegenden Teil von der Hinterwand des linken Vorhofs und zu einem kleinen Teil vom rechten Vorhof gebildet. Die Herzbasis ist vor allem am Venenkreuz (besteht aus den Vv. cavae superior und inferior und den Vv. pulmonales) fixiert. ➤

Gliederung

Wie Sie aus der Abb. Nr. 7.17 des von ventral eröffneten Herzens sehen können, ist das Herz ein Hohlmuskel, der aus 4 Hohlräumen besteht. Durch die Herzscheidewand wird das Herz in eine linke und rechte Herzhälfte unterteilt. Die beiden Herzhälften wiederum bestehen aus einem Vorhof und einer Herzkammer.

- **rechter Vorhof** (= **Atrium dextrum**) – erhält das sauerstoffarme Blut aus der/den
  - V. cava superior,
  - V. cava inferior,
  - Herzvenen (= Sinus coronarius).

Vom rechten Vorhof fließt das sauerstoffarme Blut durch die
- Trikuspidalklappe (= Herzklappe) in die rechte Herzkammer.

- **rechte Herzkammer** (= **Ventriculus dexter**) – pumpt das Blut durch die
  - Pulmonalisklappe (Herzklappe) in den Truncus pulmonalis. Vom Truncus pulmonalis fließt das Blut über die beiden Aa. pulmonales dextra und sinistra zur rechten bzw. linken Lunge, wo das Blut mit Sauerstoff angereichert wird.
- **linker Vorhof** (= **Atrium sinistrum**) – erhält das sauerstoffreiche Blut über die beiden paarigen Vv. pulmonales superiores und inferiores aus den Lungen. Vom linken Vorhof gelangt das Blut durch die
  - Mitralklappe (Herzklappe) in die linke Kammer.
- **linke Kammer** (= **Ventriculus sinister**) – pumpt das Blut durch die
  - Aortenklappe in die Aorta ascendens.

➤ Zwischen den beiden Vorhöfen und Kammern liegen somit 2 **Herzklappen,** die als Segelklappen bezeichnet werden (s. „Herzklappen" weiter unten).
- **Trikuspidalklappe** – zwischen rechtem Vorhof und rechter Kammer,
- **Mitralklappe** – zwischen linkem Vorhof und linker Kammer.

An den Ausflußbahnen der Kammern liegen ebenfalls 2 Herzklappen, die als Taschenklappen bezeichnet werden (Begründung siehe wiederum „Herzklappen"):
- **Pulmonalisklappe** – zwischen rechter Kammer und Truncus pulmonalis,
- **Aortenklappe** – zwischen linker Kammer und Aorta ascendens. ◄

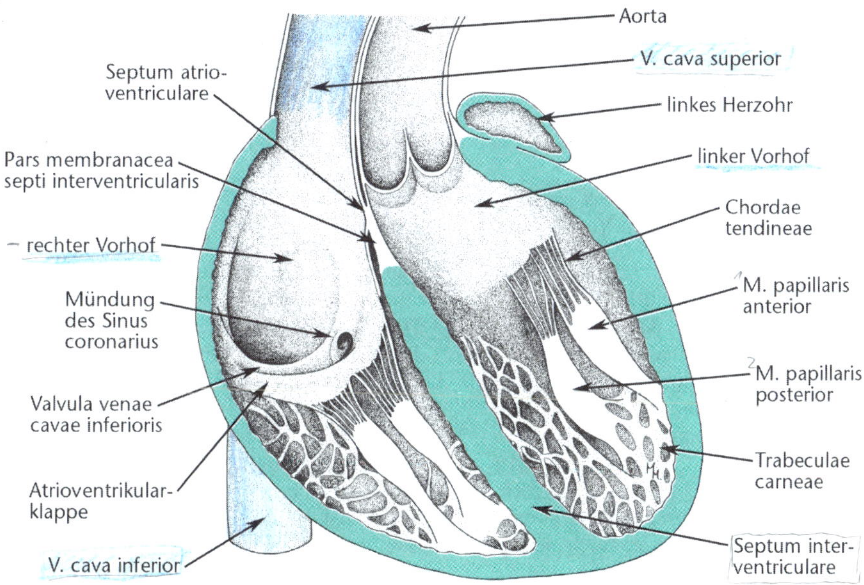

***Abb. 7.17** Herz von ventral eröffnet*

Herzgrenzen

➤ Bei der Aufsicht auf das Herz wird

- die Grenze zwischen den Herzkammern und den Vorhöfen durch den **Sulcus coronarius** (= **Kranzfurche**),
- die Grenze zwischen der linken und rechten Herzkammer auf der ventralen Seite (= Herz von vorn) durch den **Sulcus interventricularis anterior** (= vordere **Zwischenkammerfurche**),
- die Grenze zwischen der linken und rechten Herzkammer auf der dorsalen Seite durch den **Sulcus interventricularis posterior** (= hintere Zwischenkammerfurche)

gekennzeichnet. ◄

➤ Der **Sulcus coronarius** zieht zwischen Vorhöfen und Kammern liegend um das Herz herum. Im Sulcus coronarius verlaufen die Aa. coronariae dextra und sinistra, der R. circumflexus der A. coronaria sinistra und der Sinus coronarius.

Im **Sulcus interventricularis anterior** verlaufen der R. interventricularis anterior der A. coronaria sinistra und die V. cordis magna.

Der **Sulcus interventricularis posterior** liegt teilweise auf dem Zwerchfell. In ihm verlaufen der R. interventricularis posterior der A. coronaria dextra und die V. interventricularis posterior. ◄

Etwas rechts von der Herzspitze, wo die beiden Sulci interventriculares anterior und posterior ineinander übergehen, bildet sich als kleine Delle die Incisura apicis cordis.

Herzscheidewände

➤ Das Herz wird, wie weiter oben bereits erwähnt, durch Herzscheidewände in die beiden Vorhöfe und Kammern unterteilt.

An Herzscheidewänden kommen vor:

- **Septum interventriculare** (= **Kammerscheidewand**) – trennt die rechte und linke Kammer voneinander. Sie besteht aus einer Pars muscularis und einer in der Ventilebene (s. weiter unten) liegenden dünnen Pars membranacea.
- **Septum atrioventriculare** – bildet oberhalb der Pars membranacea die Grenze zwischen dem rechten Vorhof und der linken Kammer. Da die Grenze zwischen rechter und linker Kammer nicht seitengleich verläuft, grenzen der rechte Vorhof und die linke Kammer in diesem kleinen Bereich aneinander.
- **Septum interatriale** (= **Vorhofscheidewand**) – ist so dünn wie die Pars membranacea des Septum interventriculare und trennt die beiden Vorhöfe voneinander. Im Septum interatriale liegt die ovale Grube (= Fossa ovalis), in deren Bereich das Foramen ovale liegt. ◄

Herzohren (= Auriculae cordis)

Als Herzohren werden die nach außen verlagerten sackartigen Ausstülpungen der beiden Vorhöfe bezeichnet.

Das rechte Herzohr (= Auricula dextra) ist dreieckig und umschließt den Anfangsteil der Aorta ascendens.

Das linke Herzohr (= Auricula sinistra) ist bei einer Aufsicht von ventral gerade noch sichtbar. Es liegt links vom Truncus pulmonalis.

Innenrelief der Herzräume

➤ Der Innenraum des rechten Vorhofs ist im Bereich zwischen den Herzohren und den Vv. cavae glattwandig. Der andere Teil des rechten Vorhofs ist durch die zur Spitze der Herzohren hin kammartig angeordneten **Mm. pectinati** geprägt.

Im Bereich der Einmündung der V. cava inferior in den rechten Vorhof liegt als halbmondförmige Leiste die **Valvula v. cavae inferioris** (= **Valvula Eustachii**). Diese Valvula ist ein Rest der embryonalen Sinus-Vorhof-Klappe, die beim Fetus dazu dient, das Blut zum Foramen ovale zu leiten (s. Kapitel 2.4.1).

Ebenfalls im rechten Vorhof liegt im Bereich der Einmündung des Sinus coronarius die **Valvula sinus coronarii** (= **Valvula Thebesii**), die ein Relikt des Fetalkreislaufs ist (s. Kapitel 2.4.1).

Im Septum interatriale liegt als ovale Grube (= **Fossa ovalis**) das zurückgebildete **Foramen ovale**, das während der Fetalzeit die beiden Vorhöfe miteinander verbindet (s. Kapitel 7.1.2).

Die Innenfläche der rechten Herzkammer besitzt **Trabeculae carneae** (= Muskelbälkchen) sowie 3 **Mm. papillares.**

Die Pulmonalisklappe wird von der Trikuspidalklappe durch eine Muskelleiste getrennt, die **Crista supraventricularis** genannt wird. Dadurch entsteht in der rechten Kammer ein U-förmiger Blutfluß, wodurch die Einstrombahn (Trikuspidalklappe – Blut aus dem rechten Vorhof) von der Ausstrombahn (Pulmonalisklappe – Blut zur Lunge) getrennt wird. Zusammen mit der Crista supraventricularis bildet ein kräftiger Muskelbalken (= Trabecula septomarginalis) ein Tor (= Moderatortor), durch das das Blut in die Ausstrombahn gelenkt wird. Vor der Mündungsstelle des Truncus pulmonalis liegt als glattwandige Ausströmungsbahn der trichterförmige **Conus arteriosus,** der entwicklungsgeschichtlich aus dem Bulbus cordis hervorgeht.

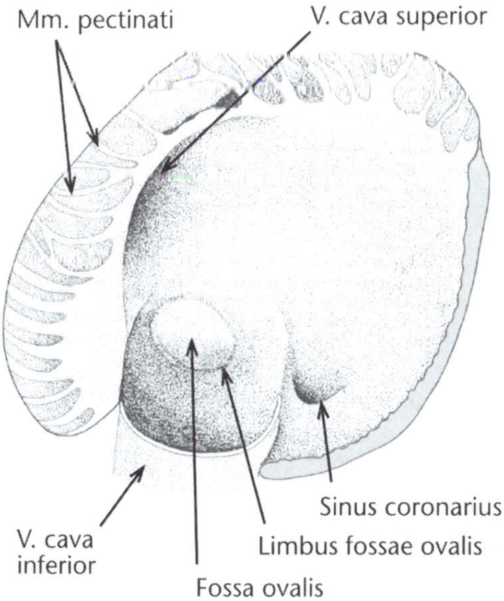

Abb. 7.18 Schnitt durch den rechten Vorhof

Die Innenfläche des linken Vorhofs ist bis auf das Herzohr glattwandig. Im Bereich des linken Herzohrs liegen kammartig die Mm. pectinati.

Die Innenfläche der linken Kammer ist durch **Trabeculae carneae** (= Muskelbälkchen) und 2 **Mm. papillares** geprägt. In dem Bereich, der in die Aorta übergeht, ist die Innenfläche glattwandig. Von den Mm. papillares ziehen als Sehnenfäden die Chordae tendineae zu den freien Enden der Segelklappen. ◄

Blutkreislauf

Anhand des Blutflusses kann man unterteilen zwischen

- 1. einem kleinen Herz-Lungen-Kreislauf, für den der rechte Herzteil,
- 2. einem großen Körper-Kreislauf, für den der linke Herzteil zuständig ist (s. Kapitel 2.4.1).

Herzventile

➤ Die weiter oben erwähnten 4 Herzklappen bilden Ventile (= Herzventile) die in einer Ebene (= Ventilebene) liegen. Die **Ventilebene** liegt an der Vorhof-Kammer-Grenze etwa in Höhe des Sulcus coronarius. Die Herzventile (Herzklappen) haben die Aufgabe, für einen gleichbleibenden Blutstrom zu sorgen und das Blut bei einer Herzmuskelkontraktion am Zurückfließen zu hindern.

Als Ostium wird die Mündung (= Öffnung) der Herzklappen bezeichnet.

Durch eine Kammerkontraktion wird die Ventilebene zur Herzspitze hin verlagert, was eine Vergrößerung der Vorhöfe und damit ein Ansaugen des Blutes aus den Venen zur Folge hat. Am weitesten ventral in der Ventilebene liegt die Valva trunci pulmonalis (= Pulmonalklappe).

Die **Herzklappen** verhindern den Rückfluß des Blutes. Nach der Form unterscheidet man zwischen Segel- und Taschenklappen. ◄

➤ Die **Segelklappen** liegen zwischen dem jeweiligen Vorhof und der Kammer. Die Segel entspringen am Herzskelett (s. weiter unten) von einem aus kollagenem Bindegewebe bestehenden Faserring, der **Anulus fibrosus** genannt wird. Das derbe, kollagene Bindegewebe der Anuli ist zwischen Aorten- und Mitralklappe zum Trigonum fibrosum dextrum und sinistrum verbreitert. Die Segel sind Endokardduplikaturen, deren freier Rand durch Sehnenfäden (= **Chordae tendineae**) mit den Mm. papillares (s. weiter unten) verbunden ist (jedes Segel ist somit mit 2 Mm. papillares verbunden). Bedingt durch den Halt der Sehnenfäden über die Mm. papillares können die Segel bei der Kammerkontraktion nicht in den Vorhof hinein umschlagen. Die Mm. papillares dienen jedoch nicht dem Öffnen der Segelklappen – dieser Vorgang erfolgt passiv durch den Druckanstieg des Blutes zwischen Vorhof und Kammer. ◄

➤ An Segelklappen kommen vor:

- **Trikuspidalklappe** (= **Valva atrioventricularis dextra** = rechte Atrioventrikularklappe) – besteht aus bindegewebigen Segelklappen, die Duplikaturen des Endokards darstellen und Cuspes posterior, anterior und septalis genannt werden.
- **Mitralklappe** (syn.: Bikuspidalklappe = **Valva atrioventricularis sinistra** = linke Atrioventrikularklappe) – besteht aus 2 Segeln, die Cuspes anterior und posterior genannt werden.

Die **Taschenklappen** liegen an den Ausflußbahnen der Kammern. Sie sind ebenfalls Endokardduplikaturen und bestehen aus je 3 Taschen. Die Taschenklappen sind mit der umgebenden Herzwand so verwachsen, dass sie nicht durchschlagen können. Im Gegensatz zu den Segelklappen besteht keine Beziehung zu Muskeln. Am freien Rand der Taschen liegt je ein Knötchen, das als **Nodulus valvulae semilunaris** bezeichnet wird. Seitlich des Knötchens ist die Tasche halbmondförmig verdünnt, dieser Bereich wird Lunula valvulae semilunaris genannt.

Die Taschen werden vom zurückfließenden Blut gefüllt und lagern sich dabei aneinander. Die 3 Noduli valvulae dichten die Taschenklappen dabei an der gegenseitigen Anlagerungsstelle ab.

An Taschenklappen kommen vor *(prüfungsrelevant: Benennen der beiden Klappen):*

- **Pulmonalisklappe** (syn.: Semilunarklappe = **Valva trunci pulmonalis**) – besteht aus 3 halbmondförmigen Segeln, die Valvulae semilunares genannt werden.
- **Aortenklappe** (= **Valva aortae**) – besteht aus 3 halbmondförmigen Segeln, die Valvulae semilunares posterior, dextra und sinistra genannt werden. Direkt über der Aortenklappe buchtet sich die Aortenwand zum **Sinus aortae** aus. Aus der rechten und linken Aortentasche gehen die A. coronaria dextra bzw. sinistra hervor. ≺

➤ Die Herzklappen sind beim gesunden Herzen immer kapillarfrei! ≺

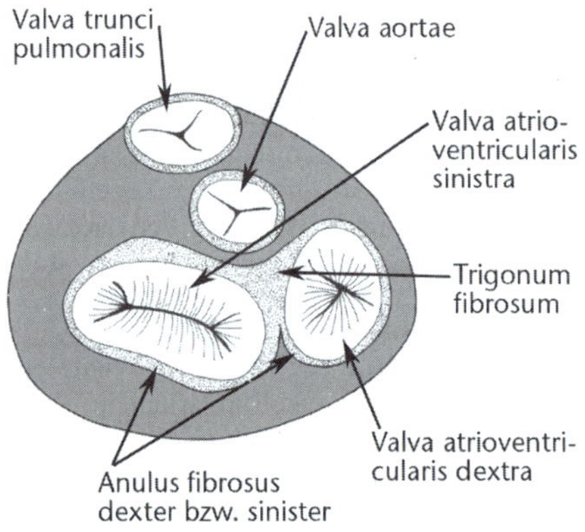

Abb. 7.19 *Herzklappen in der Ventilebene*

Klappenmechanik

Die Segelklappen liegen zwischen Vorhof und Kammer. Sie dienen dazu, die Kammer während der **Systole** (= Anspannungsphase des Herzens) gegen den Vorhof abzudichten.

Die Taschenklappen liegen zwischen Kammer und dem Anfangsteil der großen Arterien (Truncus). Sie verhindern, dass während der **Diastole** (= Erschlaffung des Herzens) Blut in die Kammer zurückfließt.

Die Stellung der Klappen (offen oder geschlossen) wird im wesentlichen durch den Druck in den Herzhöhlen und in den Gefäßen bestimmt.

Bei der Herzaktion unterscheidet man 4 Phasen:

- In der Systole (= Austreibungsphase):
  - **Anspannungsphase** – zu Beginn der Kammersystole steigt der intraventrikuläre Druck (= Druck innerhalb der Kammer) an, wodurch die Segelklappen sofort verschlossen werden. In dieser Phase sind die Taschenklappen noch verschlossen.
  - **Austreibungsphase** – sobald der intraventrikuläre Druck den diastolischen Aortendruck von 80 mmHg übersteigt, öffnen sich die Taschenklappen und das Blut wird in die Arterien gepumpt. Zum Ende der Systole schließen sich die Taschenklappen wieder.
- In der Diastole (= Erschlaffungsphase):
  - **Entspannungsphase** – der intraventrikuläre Druck fällt unter den Druck des Vorhofs.
  - **Füllungsphase** – die Segelklappen öffnen sich und die Kammer füllt sich mit Blut

➤		Vorhof-Kammer-Klappe	Arterien-Klappe
Systole	Anspannungsphase	geschlossen	geschlossen
	Austreibungsphase	geschlossen	offen
Diastole	Entspannungsphase	geschlossen	geschlossen
	Füllungsphase	offen	geschlossen ≺

➤ Bei der Kammersystole bläht das Blut die Segelklappen der Atrioventrikularklappen (= Vorhof-Kammer-Klappen) auf, wodurch sich die Ränder der Segel dicht aneinanderlagern. Damit die Klappensegel nicht in den Vorhof zurückschlagen, kontrahieren sich während der Kammersystole die Mm. papillares, die über die Chordae tendineae (Sehnenfäden) mit den Klappensegeln verbunden sind. Bei ihrer Kontraktion ziehen die Mm. papillares über die Chordae tendineae an den Klappensegeln und verhindern damit, dass die Klappensegel in den Vorhof des Herzens zurückschlagen. Das Blut kann daher trotz des während der Systole in der Kammer ansteigenden Drucks, nicht wieder durch die dicht verschlossenen Klappen in die Vorhöfe zurückgedrückt werden.

Die Segelklappen bilden einen aktiven Spannungsapparat, da sie bei der Kammersystole so aneinandergelagert sind, dass sie nicht in den Vorhof umschlagen können.

Die Taschenklappen bilden einen passiven Spannungsapparat, denn sobald das Blut aus der Arterie zurückfließt, füllen sich die Taschen mit Blut und bewirken damit einen Selbstschluß der Klappen. ◄

Die Projektion der Herzklappen wird in Kapitel 7.8.2 beschrieben.

Klinik: Bei einem **Herzklappenfehler**, der angeboren oder z.B. durch Verkalkung, Endokarditis (Entzündung des Endokards – siehe „Schichtenaufbau des Herzens“) oder als Folge eines Herzinfarkts verursacht sein kann, kommt es zu nachfolgenden Krankheitsbildern:

- **Klappenstenose** (= Verengung des Lumens) – die Klappe kann nicht mehr richtig geöffnet werden, so dass das Blut bei normalem Kraftaufwand der Herzmuskulatur nicht mehr in ausreichendem Maße hindurchgepumpt werden kann,
- **Klappeninsuffizienz** (= Schlußunfähigkeit der Klappe) – die Folge ist, dass auch bei geschlossener Klappe Blut durch die Klappe hindurchfließen kann.

Bei einer Mitralklappenstenose kann das Blut nur langsam vom Vorhof in die Kammer gepumpt werden. Das Blut staut sich deshalb im linken Vorhof, was zur Hypertrophie (= Verdickung der Wand) und zur Dilatation (= Ausweitung) des linken Vorhofs führt. Infolge der Druckerhöhung im linken Vorhof staut sich das Blut bis in die Lungen.

Bei einer Mitralklappeninsuffizienz, die vermehrt nach einem Herzinfarkt auftritt (wenn der M. papillaris in das Infarktgebiet einbezogen ist), wird während der Systole das Blut von der linken Kammer in den linken Vorhof zurück gedrückt. Dadurch kommt es zu einer Volumen-Belastung der linken Kammer und des linken Vorhofs.

Bei einer Insuffizienz kommt es im betroffenen Herzbereich zur Volumen-Belastung, bei einer Stenose zur Druck-Belastung.

Eine Klappeninsuffizienz hat zur Folge:
- Pulmonalisklappeninsuffizienz – Vergrößerung der rechten Herzkammer,
- Mitralklappeninsuffizienz – Vergrößerung des linken Vorhofs und der linken Kammer,
- Aortenklappeninsuffizienz – Vergrößerung der linken Herzkammer.

Eine Klappenstenose hat zur Folge:
- Mitralklappenstenose – Vergrößerung des linken Vorhofs,
- Aortenklappenstenose – Vergrößerung der linken Herzkammer.

Herzskelett

➤ Das Herzskelett liegt in der Ventilebene. Es besteht aus straffem Bindegewebe. Das Herzskelett trennt die Vorhofmuskulatur von der Kammermuskulatur. Nur die Fasern des Erregungsleitungssystems (siehe Kapitel 7.5.2) überbrücken diesen Bereich. ◄

➤ An den beiden Vorhof-Kammer-Grenzen bildet das Herzskelett je einen Faserring, der aus derbem, kollagenem Bindegewebe besteht und **Anulus fibrosus dexter** bzw. **sinister** genannt wird. Außerdem bildet das Herzskelett je einen Faserring für die Wurzel der Aorta und des Truncus pulmonalis. ◄

➤ Zum Herzskelett gehören außerdem:
- das zwischen der Aorta und dem rechten und linken Anulus fibrosus liegende Trigonum fibrosum dextrum (einem Bindegewebszwickel),
- das links von der Aorta und dem Anulus fibrosus liegende Trigonum fibrosum sinistrum,
- die Pars membranacea als oberster membranöser Teil der Kammerscheidewand. ◄

Topographie

➤ Das Herz liegt im Mediastinum (s. Kapitel 7.8.3), zwischen der Lunge und dem Zwerchfell. Man unterscheidet dabei drei Flächen: Facies sternocostalis, Facies posterior, Facies diaphragmatica.

Die **Facies sternocostalis** (= Vorderseite des Herzens) wird zum größten Teil von der rechten Herzkammer gebildet. Des weiteren kann man auf der Vorderfläche rechts neben der Kammer einen Teil des rechten Vorhofs mit der V. cava superior und der V. cava inferior und links einen Teil der linken Kammer sehen. Weiter sind beteiligt: die beiden Herzohren, die Aorta ascendens und der Truncus pulmonalis.

Die Facies sternocostalis ist auf beiden Seiten größtenteils von den beiden Lungen überlagert.

Der kleine Bereich, in dem der Herzbeutel direkt dem Sternum und der knorpeligen Ansatzstelle der 4.–7. Rippe anliegt, wird Trigonum pericardiacum genannt.

Klinik: Im Bereich des Trigonum pericardiacum ist es möglich zum Herzen vorzudringen ohne die Lungen zu verletzen.

Bei einer intrathorakalen Injektion führen Sie eine etwa 10 cm lange Kanüle im linken 4. ICR (kurz oberhalb der 5. Rippe) parasternal ein und führen sie unter ständiger Aspiration etwa 4–5 cm bis zum Herzen vor.

Die **Facies posterior** (= Hinterseite des Herzens) wird vom linken Vorhof und von der linken Kammer gebildet. Sie ist nur durch den Herzbeutel vom Oesophagus (= Speiseröhre) getrennt.

Die **Facies diaphragmatica** (= Unterseite) des Herzens liegt zum größten Teil dem Zwerchfell breit auf. Die Unterseite wird von der linken Kammer und zum Teil von der rechten Kammer gebildet. Der Herzbeutel (nicht das Herz!) ist mit dem Centrum tendineum des Zwerchfells verwachsen. Dadurch macht das Herz die Atembewegungen des Zwerchfells mit.

In **topographischer Beziehung** stehen:

- rechter Vorhof – zum Mittel- und Unterlappen der rechten Lunge,
- rechte Kammer – zum Sternum (= Brustbein) und zum Zwerchfell,
- linker Vorhof – zum Oesophagus und zur Aorta thoracica,
- linke Kammer – zum Unterlappen der linken Lunge und zum Zwerchfell. ◄

Schichtenbau des Herzens und mikroskopische Anatomie

Das Herz ist von innen nach außen aus folgenden 3 Schichten aufgebaut:

- Endokard,
- Myokard,
- Epikard.

Endokard

Das Endokard überzieht die Herzinnenräume mit einer glatten Innenfläche, wodurch der Blutstrom einem geringeren Reibungswiderstand ausgesetzt ist. Das Endokard geht übergangslos in die Tunica intima der zu- und abführenden Gefäße über.

➤ Das Endokard besteht aus einem einschichtigen Plattenepithel, das als Endothel bezeichnet wird. ◄

Das Endokard besitzt außerdem ein bindegewebiges Stratum subendotheliale und ein aus elastischem Bindegewebe und glatten Muskelzellen aufgebautes Stratum myoelasticum. Beide Strata dienen als Verschiebeschicht des Endothel.

➤ Das Endokard besitzt keine Gefäße. Es wird vom subendokardialen Kapillarnetz und im linken Herzen vom durchströmenden arteriellen Blut versorgt. ◄

Zwischen dem Endokard und dem Myokard liegt die subendokardiale Schicht, die aus lockerem Bindegewebe besteht, in dem Nerven und Blutgefäße verlaufen.

Myokard

Das Myokard bildet den dicksten Wandteil des Herzens. Seine Schichtdicke paßt sich den bestehenden Druckverhältnissen an.

➤ Das Myokard der Vorhöfe ist daher dünner als das der Kammern und das der linken Kammer dicker als das der rechten Kammer. Die Herzkammern besitzen eine dreischichtige Muskulatur (= äußere, mittlere und innere Muskelschicht). Die äußere Muskelschicht entspringt am Herzskelett, zieht spiralartig zur Herzspitze, wo sie im **Vortex cordis** (= einer wirbelartigen Anordnung der Herzmuskelzellen im Bereich der Herzspitze) in die mittlere Muskelschicht eintritt und in der inneren Muskelschicht als Mm. papillares und als Trabeculae carneae wieder zum Herzskelett zieht.

Die Vorhofmuskulatur besteht aus einer äußeren, quer verlaufenden, und einer inneren Muskelschicht.

Nur am Herzen des Neugeborenen findet man, bedingt durch die anderen Druckverhältnisse während des Fetalkreislaufs, eine stark ausgebildete rechte Herzwand. ◄

Bei 2 bis 3jährigen Kindern ist die Wand der linken Kammer bereits durch die Mehrarbeit doppelt so dick und beim Erwachsenen etwa dreimal so dick wie die der rechten Kammerwand.

Die Muskelzellen sind im Myokard zu Strängen angeordnet, die untereinander geflechtartig verbunden sind. Diese geflechtartigen Bündel leiten die Impulse vom Erregungszentrum aus weiter (die Muskulatur übernimmt im Herzen die Reizleitung – s. Kapitel 7.5.2).

➤ Jede Muskelzelle wird von einer Blutkapillare versorgt. Da die Zahl der Muskelzellen sich im Erwachsenenalter nicht mehr vermehren kann (Herzmuskelgewebe kann sich nicht regenerieren!), kann eine vermehrte Herztätigkeit nur durch Hypertrophie der Zellen ausgeglichen werden. Ab einer bestimmten Zellgröße ist eine ausreichende Blutzufuhr nicht mehr gewährleistet, was zur Leistungsminderung des Herzens (= Herzinsuffizienz) führt. ◄

Klinik: Nach einem Herzinfarkt kann das zugrunde gegangene Muskelgewebe nicht erneuert werden, es entsteht daher eine bindegewebige Narbe.

Zwischen dem Myokard und dem Epikard liegt die subepikardiale Schicht, die aus Fettgewebe (Baufett) besteht. In diesem Fettgewebe verlaufen die Herzkranzgefäße. An bestimmten Stellen rundet das Fettgewebe das Herzen ab.

Epikard

Das Epikard liegt als viszerales Blatt (= Lamina visceralis) des Herzbeutels (s. Kapitel 7.5.3) dem Myokard auf. Außerdem umschließt das Epikard das in der subepikardialen Schicht liegende Fettgewebe.

Das Epikard besitzt ein einschichtiges plattes bis kubisches Epithel, das manchmal als Mesothel bezeichnet wird. Dieses Epithel dient dem reibungslosen Gleiten.

7.5.1 Gefäße und Nerven

!!! 14/24

➤ *Prüfungsrelevant: Gesamtes Kapitel.* ◄

Herzarterien

Die Blutversorgung des Herzens erfolgt über die beiden Herzkranzgefäße Aa. coronariae cordis. Die Aa. coronariae sind Vasa privata, das heißt, sie dienen nur der Eigenversorgung des Herzens.

Die beiden Aa. coronariae sind Arterien vom muskulären Typ. Sie entspringen im rechten bzw. linken Sinus aortae unmittelbar oberhalb der Aortenklappe aus der Aorta ascendens. Die Zweige der Koronararterien sind funktionelle Endarterien.

Die **A. coronaria sinistra** (= linke Herzkranzarterie) zieht vom Sinus aortae zwischen dem linken Herzohr und dem Truncus pulmonalis liegend zur Facies sternocostalis, wo sie sich in einen R. circumflexus und einen R. interventricularis anterior teilt. Der R. circumflexus zieht im Sulcus coronarius sinister liegend nach links zur Facies diaphragmatica. Der R. interventricularis anterior verläuft im Sulcus interventricularis anterior zur Herzspitze.

Die A. coronaria sinistra versorgt beim „ausgeglichenen Versorgungstyp" (siehe weiter unten) den linken Vorhof, die linke und einen Teil der rechten Kammerwand.

Die **A. coronaria dextra** (= rechte Herzkranzarterie) zieht vom Sinus aortae unter dem rechten Herzohr liegend durch den Sulcus coronarius dexter nach rechts bis zum Sulcus interventricularis posterior, durch den sie als R. interventricularis posterior auf der Facies diaphragmatica zur Herzspitze verläuft.

Die A. coronaria dextra versorgt beim „ausgeglichenen Versorgungstyp" den rechten Vorhof, die rechte Kammer, einen kleinen Teil der linken Herzkammer, den Sinus-Knoten sowie den hinteren Teil der Kammerscheidewand und der AV-Knoten.

Da die Grenzen, innerhalb der die Koronararterien das Herz mit Blut versorgen, sehr stark schwanken, werden drei Versorgungstypen unterschieden (siehe auch Abb. 7.20):

- ausgeglichener (= „normaler") Versorgungstyp,
- Rechtsversorgungstyp,
- Linksversorgungstyp.

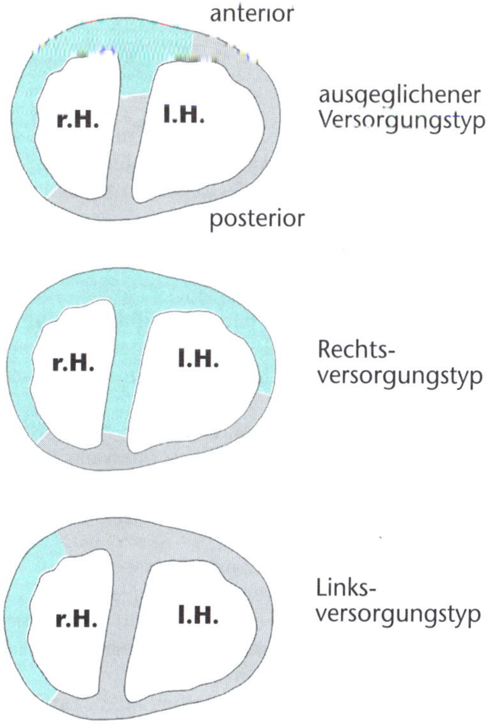

Abb. 7.20 *Querschnitt durch das Herz zur Darstellung der verschiedenen Versorgungstypen*

Die Herzkranzgefäße ziehen von außen in die Herzmuskulatur. Dabei bilden sie untereinander zahlreiche Anastomosen. Im peripheren Stromgebiet bilden die Äste der Koronararterien funktionelle Endarterien.

Klinik: Die Anastomosen zwischen den Koronararterien reichen wegen ihres kleinen Durchmessers bei einem Gefäßverschluß nicht aus, um die entstehende Unterversorgung zu decken. Deshalb kommt es bei einem Verschluß eines der Gefäße zum **Herzinfarkt**, das heißt, nach einem Gefäßverschluß kommt es im Versorgungsbereich zur Minderversorgung des Herzmuskelgewebes mit anschließendem

Gewebsuntergang (= Nekrose) und späterer Vernarbung des Infarktbereichs.

Der Ort des Gewebsuntergangs hängt von der Arterie ab, die verschlossen ist. Es wird unterschieden:

- Vorderwandinfarkt – beim Verschluß des R. interventricularis anterior (A. coronaria sinistra),
- Seitenwandinfarkt – beim Verschluß des R. circumflexus (A. coronaria sinistra),
- Hinterwandinfarkt – beim Verschluß des R. interventricularis posterior (A. coronaria dextra).

Herzvenen

Die Herzvenen verlaufen gemeinsam mit den Koronararterien. Auf der Rückseite des rechten und linken Vorhofs vereinigen sich die Venen im **Sinus coronarius,** der im Sulcus coronarius cordis verläuft und in den rechten Vorhof mündet.

In den Sinus coronarius münden:

- **V. coronaria sinistra** (alt: **V. cardiaca magna**) – liegt im Sulcus coronarius und mündet in den Sinus coronarius. Sie bildet die Fortsetzung der V. interventricularis anterior.
- **V. interventricularis anterior** (alt: **V. cardiaca magna**) – verläuft im Sulcus interventricularis anterior und sammelt das Blut aus der Vorderwand der beiden Kammern, sowie aus der Seitenwand der linken Kammer.
- Vv. ventriculi sinistri posteriores – münden zumeist in die V. interventricularis anterior.
- **V. coronaria dextra** (inkonstant, alt: **V. cardiaca parva**) – leitet das Blut aus der V. interventricularis posterior zum Sinus coronarius.
- **V. interventricularis posterior** (alt: **V. cardiaca media**) – verläuft im Sulcus interventricularis posterior und führt Blut aus der Hinterwand.
- **V. cardiaca parva** – verläuft im rechten Teil des Sulcus coronarius und mündet in den Sinus coronarius. Sie sammelt Blut aus der ventralen Wand des rechten Ventrikels und des rechten Vorhofs.
- Vv. ventriculi dextri anterior – münden entweder in die V. cardiaca parva oder direkt in den rechten Vorhof.
- Vv. cardiacae minimae – münden direkt in die Herzräume, besonders in den rechten Vorhof.

Nervenversorgung

Das Herz wird aus dem **Plexus cardiacus** innerviert, der um den Aortenbogen herum gruppiert liegt. Der Plexus cardiacus hat die Aufgabe, die Herztätigkeit der körperlichen Belastung anzupassen.

Der Plexus cardiacus erhält

- über die Nn. cardiaci postganglionäre sympathische Fasern aus
  - Grenzstrangganglion des Halssympathikus,
  - Grenzstrangganglion des thorakalen Sympathikus,
- über die Rr. cardiaci präganglionäre parasympathische Fasern aus
  - N. vagus,
  - Nn. laryngei recurrentes.

Vom Plexus ziehen Nervenäste zum Sinus- und AV-Knoten und auch zur Arbeitsmuskulatur des Herzens.

In den Vorhöfen liegen Zellen vom Typ A, die als Spannungsrezeptoren und vom Typ B, die als Dehnungsrezeptoren dienen und parasympathisch innerviert werden.

Die Nn. cardiaci enthalten auch afferente Bahnen, die den Herzschmerz weiterleiten.

Der **Sympathikus** wirkt auf das Herz

- positiv inotrop (= er erhöht die Kontraktionskraft),
- positiv chronotrop (= er erhöht die Schlagfrequenz),
- positiv dromotrop (= er beschleunigt die Erregungsleitung).

Der Parasympathikus wirkt als Antagonist, das heißt, er wirkt dem Sympathikus entgegen (= negativ).

7.5.2 Erregungsleitungssystem !!! 4/16

Die „Grunderregung" des Herzens erfolgt im Herzen selbst, was in Notfallsituationen sinnvoll ist, weil eine längere Unterbrechung der Erregungsleitung z.B. vom ZNS ansonsten zum Tod führen würde. ➤ Das vegetative Nervensystem kann jedoch die Herzfunktion wie in Kapitel 7.5.1 beschrieben, beeinflussen. ◄

Die Erregung zur Kontraktion der Herzmuskulatur wird im Herzen von spezifischen Muskelzellen selbst gebildet. Dazu verfügt das Herz über ein Erregungszentrum sowie über Leitungsbahnen in Form von schmalen Muskelbrücken, die histologisch von der sonstigen Muskulatur unterschieden werden können. Die Erregungsausbreitung zwischen den einzelnen Herzmuskelzellen erfolgt über gap junctions (siehe Kapitel 2.2.2).

➤ Die spezialisierten Zellen sind zur spontanen rhythmischen Erregungsbildung fähig. Im Gegensatz zu den Zellen der umgebenden Arbeitsmuskulatur besitzen sie viel Sarkoplasma und Glykogen, weniger Mitochondrien und wenig Myofibrillen. Außerdem benötigen sie weniger Sauerstoff. ◄

Das herzeigene Erregungsleitungssystem besteht aus nachfolgenden Faserbündeln und an 2 Stellen aus knotenförmigen Verdickungen:

- Sinusknoten,
- Atrio-ventrikularknoten (= AV-Knoten),
- His-Bündel,
- Kammerschenkel, Crus dextrum/Crus sinistrum
- Purkinje'sche Fasern.

Diese Reihenfolge gibt gleichzeitig den Ablauf der Erregungsleitung wieder, die vom Sinusknoten ausgeht und bis zu den Purkinjefasern reicht.

Sinusknoten (= Keith-Flack- Knoten = Nodus sinuatrialis)

➤ Der Sinusknoten liegt während der Embryonalzeit zunächst in der Wand des Sinus venosus. Durch die weitere Herzentwicklung zum vierkammerigen Herzen, gelangt der Sinusknoten in die Wand des rechten Vorhofs, wo er neben der Einmündungsstelle der V. cava superior liegt.

Die Erregungsimpulse gehen vom Sinusknoten aus, weshalb er auch als Pacemaker (= Schrittmacher) der Herzbewegungen bezeichnet wird. Der Sinusknoten besteht aus einem etwa 2,5 cm langen und 0,2 cm breiten Geflecht von spezialisierten Herzmuskelzellen, das an der Einmündungsstelle der V. cava superior in den rechten Vorhof liegt. Die Muskelzellen des Geflechts verfügen (wie auch die Muskelzellen der anderen Erregungszentren) über ein instabiles Membranpotential, das nach jedem Reiz wieder vom Ruhepotential bis zur initialen Spitze umgeladen wird.

Vom Sinusknoten wird ein autonomer myogener Kontraktionsrhythmus erzeugt. Der Sinusknoten hat einen Eigenrhythmus von 100–120 Erregungen pro Minute; er wird jedoch parasympathisch gehemmt, so dass er 60–80 gleichmäßige Erregungen pro Minute erzeugt. Diese autonome Erregungsbildung wird vom Sympathikus (Nn. cardiaci) und vom Parasympathikus (Rr. cardiaci) beeinflußt (s. Kapitel 7.5.1).

Die Zellen des Sinusknotens leiten die Erregung mittels gap junction an die Muskelzellen der Arbeitsmuskulatur des Vorhofs weiter. Da die Vorhofmuskulatur von der Kammermuskulatur durch das Herzskelett getrennt ist, kann die Erregungsübertragung vom Sinusknoten zum AV-Knoten nur im Bereich des Trigonum fibrosum dextrum (einem kleinen Faserdreieck) erfolgen. Diese Erregungen werden nicht durch spezifische Fasern, sondern durch die Arbeitsmuskulatur des Vorhofs übertragen. ◄

Atrioventrikularknoten (= Aschoff Tawara Knoten = AV-Knoten = Nodus atrioventricularis)

➤ Der AV-Knoten liegt etwas oberhalb des Trigonum fibrosum dextrum in der Wand der Vorhofscheidewand zwischen der Trikuspidalklappe und der Einmündung des Sinus coronarius.

Der AV-Knoten erhält die Erregung vom Sinusknoten und leitet sie zum Fasciculus atrioventricularis weiter, der aus dem His Bündel und den Crura dextrum und sinistrum besteht (siehe weiter unten). Dabei verzögert der AV-Knoten die Weiterleitung der Erregung zur Herzkammer hin um etwa 1/10 Sekunde.

Der AV-Knoten selbst hat eine Eigenerregung mit einer Frequenz von 40 Schlägen pro Minute. Fällt der Sinusknoten aus, so übernimmt der AV-Knoten die Erregungsbildung. Die Autorhythmie (= Eigenrhythmus) des Herzens ist also nicht auf die Funktionsfähigkeit des Sinusknotens beschränkt. Die anderen Strukturen des Erregungsleitungssystems sind ebenfalls zur automatischen Erregungsbildung befähigt, ihre Erregungsfrequenz sinkt jedoch mit der Entfernung vom Sinusknoten. ◄

His-Bündel (= Truncus fasciculi atrioventricularis)

➤ Der Stamm des His-Bündels zieht durch das Herzskelett und stellt damit die Verbindung zwischen dem Vorhof- und dem Kammermyokard dar. ◄

Kammerschenkel (= Crura dextrum et sinistrum fasciculi atrioventricularis)

➤ Das Crus dextrum verläuft in der rechten Kammerwand. Das Crus sinistrum durchbohrt das Septum interventriculare und verläuft anschließend in der linken Kammerwand. Beide Crura ziehen zur Herzspitze.

Die Ausläufer der beiden Kammerschenkel werden **Purkinje-Fasern** genannt, sie innervieren die Arbeitsmuskulatur der Herzkammer (besonders die Mm. papillares).

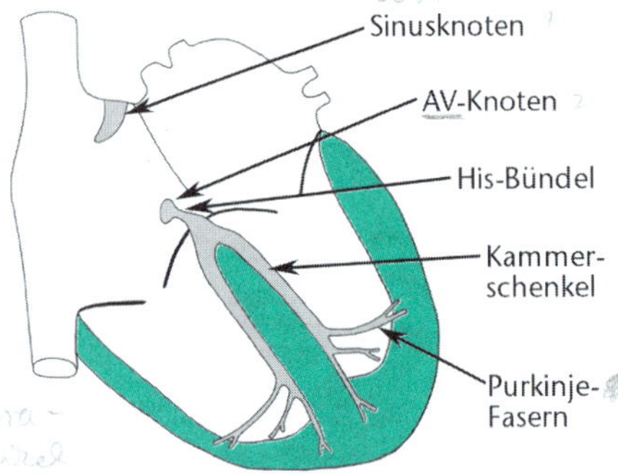

Abb. 7.21 Erregungszentren des Herzens

7.5.3 Perikardhöhle !! 5/12

Das Herz wird vom **Herzbeutel** (= **Pericardium**) faltenlos umhüllt. Der Herzbeutel hat die Aufgabe, dem Herzen bei seiner Kontraktion den benötigten Platz für die Ausdehnung zu ermöglichen und andererseits einer Überdehnung der Herzmuskulatur entgegenzuwirken.

Der Herzbeutel besteht aus einem

- serösen Anteil = **Pericardium serosum** – besteht wie alle serösen Häute aus einem
  - viszeralen Blatt (Lamina visceralis) – wird beim Herzbeutel **Epikard** genannt. Es ist fest mit dem Myokard des Herzens verbunden;
  - parietalen Blatt (Lamina parietalis) – wird beim Herzbeutel als **Perikard** bezeichnet. Es überzieht das Pericardium fibrosum;
- fibrösen Anteil = **Pericardium fibrosum** – bildet die äußere Schicht des Herzbeutels. Es besteht aus einer straffen und derben Kollagenfaserplatte, deren Fasern scherengitterartig angeordnet sind.

➤ Das Pericardium fibrosum ist nur wenig dehnbar und wirkt damit einer Überdehnung des Herzens entgegen.

Das Pericardium fibrosum kann im Bereich des Mediastinum gegenüber der Pleura parietalis verschoben werden während es mit dem Centrum tendineum des Zwerchfells fest verwachsen ist. Mit der Trachea (= Luftröhre), dem Sternum (= Brustbein) und der Wirbelsäule ist sie über Bindegewebszüge (teils Ligamenta) relativ fest verbunden.

Umschlagverhältnisse

Im Bereich der großen Gefäßstämme (Aorta, Vv. cavae, Vv. pulmonales und Truncus pulmonalis) schlägt die Lamina parietalis (Perikard) auf die Lamina visceralis (Epikard) um. Damit entsteht zwischen Epikard und Perikard eine **Herzbeutelhöhle** (= **Cavitas pericardialis**).

Das Pericardium serosum sondert als seröse Haut eine Flüssigkeit in die Herzbeutelhöhle ab. Diese Flüssigkeit dient dem reibungslosen Gleiten zwischen den beiden Laminae.

Klinik: Bei einer **Perikarditis** (= Entzündung des Perikards) kann sich im schmalen Gleitspalt vermehrt Flüssigkeit ansammeln (Herzbeutelerguß). Dadurch wird die für die Herzarbeit notwendige Ausdehnungsmöglichkeit eingeschränkt.

Andererseits kann es infolge einer fibrinösen Entzündung zur Verkalkung der beiden Laminae kommen („Panzerherz"), wodurch die Ausdehnung des Herzens ebenfalls begrenzt wird.

➤ Am Herzbeutel kommen insgesamt zwei Umschlagfalten vor:

- Porta arteriosa,
- Porta venosa.

➤ Die **Porta arteriosa** bildet die erste Umschlagfalte. Sie umgibt die Aorta ascendens und den Truncus pulmonalis, wobei die Umschlagfalte an der Aorta ascendens etwa 2 Querfinger oberhalb der Aortenklappe (bis fast an den Abgang des Truncus brachiocephalicus) und beim Truncus pulmonalis bis nahe an die Teilungsstelle zu den Aa. pulmonales reicht.

Die **Porta venosa** bildet die zweite Umschlagfalte. Sie umgibt die V. cava inferior, die V. cava superior und die Vv. pulmonales. Die Porta venosa hat die Form eines quergestellten T, wobei die senkrechte Linie von der V. cava inferior und die waagerechte Linie von der V. cava superior und den Vv. pulmonales gebildet wird.

Im Bereich der Umschlagfalten bilden sich Erweiterungen, die als Sinus und Recessus bezeichnet werden.

Durch die Porta venosa wird der nachfolgend beschriebene Sinus transversus vom Sinus obliquus pericardii getrennt.

Zwischen der Porta arteriosa und der Porta venosa, sowie der dorsalen Perikardwand bildet die Perikardhöhle als Spaltraum den **Sinus transversus pericardii.** Beim eröffneten Herzen kann man im Bereich des Sinus transversus pericardii den Finger durchschieben und so die Aorta und den Truncus pulmonalis von den Herzvenen mit dem Vorhof trennen (und so voneinander unterscheiden).

Als **Sinus obliquus pericardii** bezeichnet man eine durch den Umschlag der Lamina parietalis auf die Lamina visceralis hervorgerufene Nische, die zwischen den Vv. pulmonales sinistra und den Vv. pulmonales dextra mit der V. cava inferior liegt und nur nach hinten unten offen ist. Der Sinus obliquus pericardii bildet beim liegenden Patienten die tiefste Stelle des Herzbeutels, weshalb sich Ergüsse besonders in diesem Sinus ansammeln.

Die Umschlagfalten reichen etwa bis zum Lig. arteriosum. Somit liegen noch innerhalb des Herzbeutels:

- Aorta ascendens (in ganzer Länge),
- Truncus pulmonalis (in ganzer Länge),
- Anfangsteil der Vv. cavae superior und inferior,
- Vv. pulmonales (bis zum Hilus pulmonalis). ◄

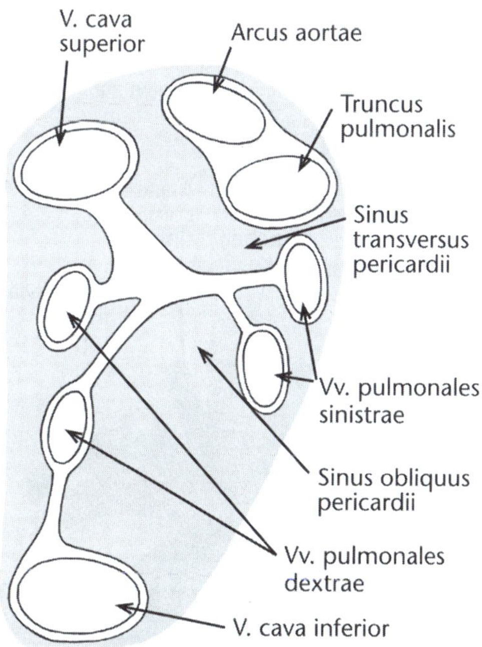

Abb. 7.22 *Schematische Darstellung der Umschlagverhältnisse*

Topographie

➤ Der Herzbeutel reicht,

- kranial bis zum Ansatz der 2. Rippe an das Sternum (Brustbein);
- kaudal bis zum Zwerchfell, mit dem er am Centrum tendineum fest verwachsen ist. Der freie Bereich zwischen Herzbeutel und Zwerchfell ist mit einem Fettkörper ausgefüllt;
- lateral verlaufen auf beiden Seiten des Herzbeutels zwischen Perikard und Pleura der N. phrenicus und die A. und V. pericardiaco-phrenica,
- dorsal grenzt der Herzbeutel an den Oesophagus. ◄

Klinik: Da der Herzbeutel kaum dehnbar ist, erhöht das bei einer Blutung innerhalb des Herzbeutels austretende Blut den Druck innerhalb des Herzbeutels, was als **Herzbeuteltamponade** bezeichnet wird. Dadurch können die Vv. cavae superior und inferior komprimiert (= zusammengedrückt) werden, was zur Folge hat, dass kein venöses Blut mehr in den Vorhof gelangen kann. Die Punktion des Herzbeutels kann in einem solchen Fall lebensrettend sein.

Innervation und Gefäßversorgung
(siehe auch die Winterthur-Verlaufsbeschreibungen)

➤ Der Herzbeutel wird von Ästen des N. phrenicus, N. vagus und des Sympathikus innerviert.

Die Lamina parietalis des Herzbeutels wird mit Blut über Rr. pericardiaci aus der Aorta thoracica und über die A. pericardiaco-phrenica aus der A. thoracica interna versorgt. ◄

Über die Vv. pericardiales fließt das Blut zur V. brachiocephalica ab.

Mikroskopische Anatomie

Die Schleimhaut (Mesothel) des Epikards besteht aus platten Epithelzellen. In der unter dem Epithel liegenden Tela subserosa kommen in bestimmten Bereichen gehäuft Fettzellen vor, die dazu dienen, das Herz abzurunden und zu polstern.

Das Pericardium serosum besteht ebenfalls aus platten Epithelzellen.

7.6 Arterien, Venen und Lymphgefäße der Thoraxhöhle

Aus dem Herzen gehen 2 Arterien hervor:

- die Aorta (= Hauptschlagader) – s. Kapitel 7.6.1,
- der Truncus pulmonalis, der sich in die beiden Aa. pulmonales teilt.

Zum Herzen ziehen 6 Venen:

- die V. cava superior – s. Kapitel 7.6.2,

- die V. cava inferior – s. Kapitel 7.6.2,
- jeweils zwei Vv. pulmonales dextrae und sinistrae – s. Kapitel 7.6.3.

7.6.1 Aorta im Thorax !!! 2/9

Siehe die Winterthur-Verlaufsbeschreibung „Arterien"

Das in der Lunge mit Sauerstoff angereicherte Blut wird von der linken Herzkammer in die Aorta gepumpt. Die Aorta wird unterteilt in:

- Aorta ascendens (= aufsteigender Teil),
- Arcus aortae (= Aortenbogen),
- Aorta descendens (= absteigender Teil), der nochmals unterteilt wird in
  - Aorta thoracica (= im Brustbereich liegender Aortenteil),
  - Aorta abdominalis (= im Bauchbereich liegender Aortenteil).

Aorta ascendens

➤ Die etwa 6 cm lange Aorta ascendens entspringt aus der linken Herzkammer. Das Anfangsteil der Aorta ascendens ist zwiebelförmig zum **Bulbus aortae** erweitert. Der Bulbus entsteht durch die Ausbuchtung der drei **Sinus aortae** im Bereich der 3 Taschenklappen der Aorta (s. Kapitel 7.5). Aus den beiden ventral liegenden Sinus aortae gehen die Aa. coronariae dextra und sinistra ab.

Die Aorta ascendens zieht hinter dem Truncus pulmonalis liegend nach rechts oben bis zum 2. Rippenansatz, wo sie etwas oberhalb der Umschlagstelle des Herzbeutels in den Arcus aortae (= Aortenbogen) übergeht. Die Aorta ascendens liegt fast vollständig intraperikardial (= innerhalb des Herzbeutels).

Topographie

Der Anfangsteil der Aorta ascendens liegt unter dem rechten Herzohr (= Auriculum dextra). Rechts grenzt die Aorta ascendens an die V. cava superior, links an den Truncus pulmonalis. ➤

Arcus aortae

➤ Der Arcus aortae (= Aortenbogen) geht in Höhe des 2. Rippenansatzes aus der Aorta ascendens hervor. Der Arcus verläuft von anterio-medial nach dorso-lateral. In Höhe des 4. Brustwirbelkörpers bildet der Arcus eine angedeutete **Aortenenge** (= **Isthmus aortae**) und geht in die Aorta thoracica über. Diese Aortenenge entsteht zwischen dem Abgang der linken A. subclavia und der Einmündungsstelle des obliterierten Ductus arteriosus BOTALLI, der nach der Geburt zum Lig. arteriosum obliteriert.

Von der konvexen (= oberen) Seite des Aortenbogens gehen nacheinander folgende 3 Arterien ab:

- Truncus brachiocephalicus,
- A. carotis communis sinistra,
- A. subclavia sinistra. ➤

Topographie

➤ Der Arcus aortae gelangt über die rechte A. pulmonalis zur linken Körperseite, wo der Arcus über den linken Bronchus principalis (= Hauptbronchus) verläuft und auf der linken Lunge den Sulcus arcus aortae hinterläßt.

Der Aortenbogen liegt ventral von der Trachea (= Luftröhre) und vom Oesophagus (= Speiseröhre). Auf dem Oesophagus verursacht der Aortenbogen zusammen mit dem linken Hauptbronchus die 2. Oesophagusenge (= Aortenenge).

Der linke N. vagus zieht etwa in Höhe des 3.–4. Brustwirbelkörpers ventral (vorne) über den Aortenbogen hinweg und gibt dabei den N. laryngeus recurrens sinister ab, der sich um den Aortenbogen schlingt und hinter dem Aortenbogen zum Kehlkopf hochsteigt. ➤

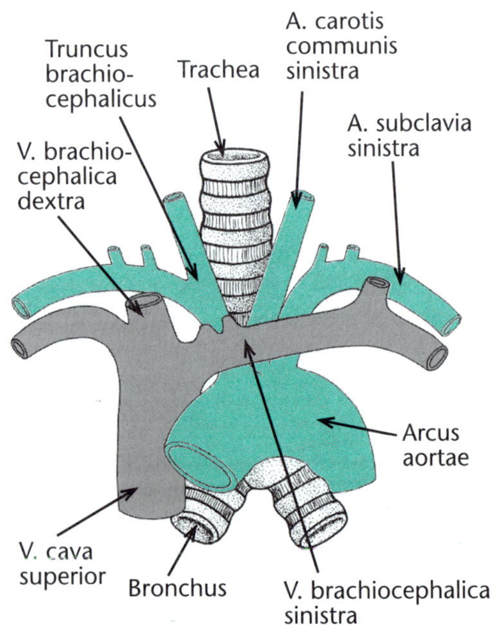

Abb. 7.23 Lage des Arcus aortae zur V. cava superior und zur Trachea

Klinik: ➤ Bei einer Verengung der Aorta im Isthmusbereich (= Aortenisthmusstenose) ist die Blutversorgung der unteren Körperhälfte beeinträchtigt. Der Kollateralweg (A. subclavia → A. thoracica interna) reicht für eine ausreichende Blutversorgung nicht aus. ◄ Eine Minderversorgung zeigt sich in der unteren Extremität durch einen erniedrigten Blutdruck im Beinbereich, manchmal auch bereits am linken Arm, sofern die Stenose vor dem Abgang der A. subclavia (A. axillaris) liegt.

Aorta thoracica

Die Aorta descendens wird während ihres Verlaufs durch die Thoraxhöhle als Aorta thoracica bezeichnet.

➤ Die Aorta thoracica zieht in Höhe des 3. Brustwirbelkörpers zunächst etwas nach links und dann vor der Wirbelsäule liegend zum Hiatus aorticus des Zwerchfells, durch den sie in Höhe des 12. Brustwirbels von der Brust- in die Bauchhöhle zieht. Auf ihrem Weg hinterläßt sie auf der linken Lunge als Abdruck den Sulcus aorticus. ◄

Die Aorta thoracica gibt viszerale und parietale Äste ab.

- **Viszerale Äste:**
  - Rr. bronchiales – gehen in Höhe der Bifurcatio tracheae für die Luftwege und die Lungen ab.
  - Rr. oesophagei – versorgen den Oesophagus.
  - Rr. pericardiaci – ziehen zur Hinterwand des Herzbeutels (= Perikard).
  - Rr. mediastinales – versorgen die Lymphknoten und das hintere Mediastinum.
- **Parietale Äste:**
  - 9 Aa. intercostales posteriores (III – XI) – dienen als hintere Zuflüsse für die Interkostalräume.
  - A. subcostalis (= 12. A. intercostalis posterior) – liegt unterhalb der 12. Rippe.

Klinik: ➤ Bei einer Stenose im Bereich der Aorta thoracica können sich folgende Kollateralkreisläufe ausbilden:

- Auf der rechten Körperseite: Truncus brachiocephalicus → A. subclavia → A. thoracica interna → A. epigastrica superior → A. iliaca externa.
- Auf der linken Körperseite fließt das Blut aus dem Aortenbogen direkt in die A. subclavia sinistra. ◄

7.6.2 V. cava superior und inferior — !!! 6/19

Siehe auch die anatomische Tafel „Venen“

➤ *Prüfungsrelevant: Gesamtes Kapitel.* ◄

Dem Herzen wird über 6 Venen Blut zugeführt:

- von den beiden Vv. cavae superior und inferior,
- von den 4 Vv. pulmonales (s. Kapitel 7.6.3).

Die Vv. cavae superior und inferior münden in den rechten Vorhof des Herzens.

Vv. brachiocephalicae

Hinter dem Sternoclaviculargelenk vereinigen sich jeweils drei Gefäße zu je einem **Venenwinkel** (= **Angulus venosus**), aus dem auf jeder Körperseite eine V. brachiocephalica hervorgeht.

In den rechten Venenwinkel münden:

- V. subclavia dextra,
- V. jugularis interna,
- Ductus lymphaticus dexter.

In den linken Venenwinkel münden:

- V. subclavia sinistra,
- V. jugularis interna,
- Ductus thoracicus.

In die V. brachiocephalica münden von kranial nach kaudal:

- **Vv. thyroideae inferior und ima** – gehen aus dem Plexus thyroideus impar hervor, der das Blut aus dem unteren Teil der Schilddrüse sammelt.
- **V. vertebralis** – begleitet die A. vertebralis.
- **V. cervicalis profunda**
- **V. thoracica interna** – ist über die V. epigastrica superior mit der V. iliaca externa und damit mit der V. cava inferior verbunden (siehe kavokavale Anastomosen – Kapitel 8.10.4).
- Außerdem münden in die V. brachiocephalica: Vv. thymicae, Vv. pericardiacae, Vv. mediastinales, Vv. bronchiales, Vv. tracheales, Vv. oesophageae.

Topographie

Die etwa 6 cm lange V. brachiocephalica sinistra verläuft vor dem Arcus aortae und liegt vor den 3 Ästen des Aortenbogens (Truncus brachiocephalicus, A. carotis communis sinistra, A. subclavia sinistra). Die V. brachiocephalica sinistra liegt dorsal vom Thymus.

Die etwa 3 cm lange V. brachiocephalica dextra liegt unterhalb der Vereinigung der A. subclavia dextra mit der A. carotis communis. Hinter der V. brachiocephalica dextra verläuft der N. vagus.

V. cava superior (= obere Hohlvene)

Die V. cava superior entsteht auf der rechten Körperseite in Höhe des ersten Interkostalraums durch die Vereinigung der V. brachiocephalica dextra mit der V. brachiocephalica sinistra.

Die V. cava superior ist etwa 5 cm lang. Sie liegt im oberen Mediastinum. Hinter dem rechten Sternalrand und rechts von der Aorta ascendens liegend zieht die V. cava superior zum Herzen. Kurz bevor sie in den Herzbeutel eintritt, nimmt sie die V. azygos auf.

In Höhe des 3. Rippenknorpels mündet die V. cava superior durch das klappenlose Ostium venae cavae superioris in den rechten Vorhof.

Topographie

Die V. cava superior liegt mit den Vv. pulmonales rechts vom Sinus transversus pericardii. Der Sinus transversus trennt die V. cava superior von der Aorta ascendens und dem Truncus pulmonalis.

Die V. cava superior wird begrenzt:
- links – Aorta ascendens,
- rechts – Pleura mediastinalis (mit rechtem Oberlappen der Lunge), rechter N. phrenicus, A. und V. pericardiacophrenica,
- dorsal – rechter Hauptbronchus, rechte A. pulmonalis, rechte Vv. pulmonales.

V. azygos und V. hemiazygos

Die Vv. azygos und hemiazygos beginnen im Bereich des Abdomen als Vv. lumbales ascendentes, die mit der V. iliaca communis in Verbindung stehen. Die **Vv. lumbales ascendentes** verlaufen hinter dem M. psoas major auf den Querfortsätzen der Wirbel zum Zwerchfell, wobei sie bei ihrem Verlauf die Vv. lumbales aufnehmen.

Die V. azygos verläuft rechts, die V. hemiazygos links von der Wirbelsäule liegend. Mit den rechten bzw. linken Nn. splanchnici gelangen sie durch die medialen Zwerchfellschenkel vom Bauch- in den Brustraum.

Die schwächer ausgebildete V. hemiazygos nimmt die auf der linken Körperseite verlaufenden Vv. intercostales posteriores auf, kreuzt im Bereich des 7.–9. Brustwirbels über die Wirbelsäule zur rechten Körperseite und mündet in die V. azygos. Nach kranial zieht die V. hemiazygos auf der linken Körperseite als V. hemiazygos accessoria weiter.

Im Brustraum zieht die V. azygos bis zum 4. Brustwirbelkörper hoch, dann bogenförmig über den rechten Lungenhilus hinweg, um noch außerhalb des Herzbeutels von dorsal in die V. cava superior einzumünden. In die V. azygos münden u.a. die Vv. bronchiales, die Vv. intercostales posteriores, die Vv. oesophageae und die V. hemiazygos.

Klinik: Die V. azygos und die V. hemiazygos können über die Vv. lumbales ascendentes, die in die V. iliaca communis münden, einen Kollateralkreislauf zwischen der V. cava superior und der V. cava inferior bilden.

Beachten Sie, dass die herznahen Venen und die Venen im Bereich des Gehirns, des Halses und des Oberbauchs keine Klappen besitzen, da bei ihnen die Sogwirkung des Herzens ausreicht, um das Blut nicht in die Peripherie zurückfließen zu lassen.

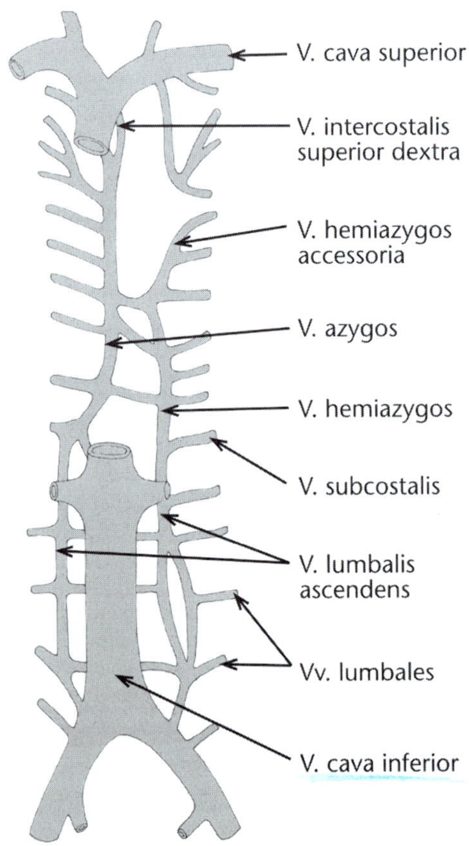

Abb. 7.24 *V. azygos*

7.6.3 Pulmonalgefäße !! 2/5

Siehe die Winterthur-Verlaufsbeschreibungen.

➤ *Prüfungsrelevant: Gesamtes Kapitel.* ◄

Das sauerstoffarme Blut gelangt aus der rechten Herzkammer in den Truncus pulmonalis, der sich in je eine A. pulmonalis dextra und sinistra teilt. Die Aa. pulmonales leiten das sauerstoffarme Blut zur Lunge, wo es mit Sauerstoff angereichert und über jeweils zwei Vv. pulmonales dextrae und sinistrae in den linken Vorhof des Herzens geleitet wird.

Alle Pulmonalgefäße treten im Hilus pulmonalis in die Lunge ein oder aus.

Der etwa 5 cm lange **Truncus pulmonalis** geht aus der rechten Herzkammer hervor und verläuft fast vollständig im Herzbeutel liegend (s. Kapitel 7.5.3). Unterhalb des Arcus aortae und der Bifurcatio tracheae teilt sich der Truncus in die Aa. pulmonales dextra und sinistra.

Die A. pulmonalis dextra ist etwas größer und länger als die A. pulmonalis sinistra. Die A. pulmonalis dextra zieht hinter der Aorta ascendens und der V. cava superior liegend zum Lungenhilus.

Die A. pulmonalis sinistra zieht über den linken Bronchus principalis (= Hauptbronchus) zum linken Lungenhilus.

Zwischen der Teilungsstelle des Truncus pulmonalis oder zwischen der A. pulmonalis sinistra und dem Arcus aortae liegt als bindegewebiger Rest des Ductus arteriosus BOTALLI das Lig. arteriosum.

Bitte beachten Sie, dass entgegen den anderen Arterien die Aa. pulmonales sauerstoffarmes Blut und die Vv. pulmonales sauerstoffreiches Blut transportieren.

7.6.4 Lymphgefäße !! 5/10

Siehe die Winterthur-Verlaufsbeschreibung „Lymphsystem"

➤ *Prüfungsrelevant: Gesamtes Kapitel.* ◄

Im Bereich der Bauchhöhle vereinigen sich in Höhe des 1. bis 2. Lendenwirbels folgende 3 Lymphstämme zur **Cisterna chyli:**

- die beiden Trunci lumbales,
- der Truncus intestinalis.

Von der Cisterna chyli wird die Lymphe durch den **Ductus thoracicus** (= zentraler Lymphstamm) weitergeleitet.

Der Ductus thoracicus gelangt mit der Aorta abdominalis durch den Hiatus aorticus des Zwerchfells von der Bauch- in die Brusthöhle, wo er zunächst dorsal vom Oesophagus zwischen der Aorta thoracica und der Wirbelsäule verläuft. In Höhe des 4. Brustwirbels verläßt der Ductus thoracicus die Aorta und zieht, nachdem er den Truncus jugularis sinister und den Truncus subclavius sinister aufgenommen hat, zwischen der A. subclavia sinistra und der A. carotis communis zum **linken Venenwinkel** (= **Angulus venosus**). Der Venenwinkel wird von der V. subclavia sinistra und der V. jugularis interna gebildet. Die Einmündungsstelle des Ductus thoracicus in den Venenwinkel wird durch eine Klappe verschlossen, die den Blutübertritt in den Ductus verhindert.

In den **rechten Venenwinkel** mündet der **Ductus lymphaticus dexter.**

Der Ductus thoracicus führt die Lymphe aus der gesamten linken Körperhälfte sowie aus den beiden unteren Extremitäten und den Baucheingeweiden.

Der Ductus lymphaticus dexter hat ein wesentlich kleineres Zuflußgebiet. Er führt nur die Lymphe aus dem oberen Teil der rechten Körperhälfte (Truncus jugularis dextra bis Truncus bronchomediastinalis dextra – siehe nachfolgende Auflistung).

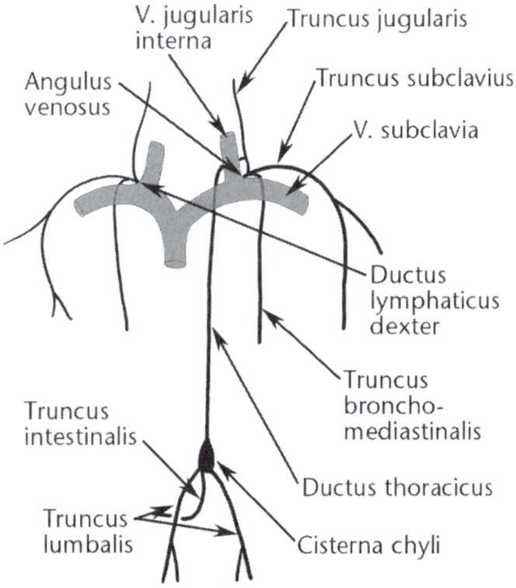

Abb. 7.25 *Schematische Darstellung der Hauptlymphgefäße*

Die Lymphe wird aus den Organen über die nachfolgenden großen Lymphstämme transportiert:

- Truncus jugularis – aus Kopf- und Halsbereich,

- Truncus subclavius – aus der oberen Extremität und der seitlichen Brustwand,
- Truncus parasternalis – aus Brustdrüse und vorderer Brustwand,
- Truncus mediastinalis – aus Herz, Herzbeutel und Thymus,
- Truncus bronchomediastinalis – aus Lunge, Oesophagus, Perikard, Zwerchfell und Leber,
- Truncus intestinalis – aus den Baucheingeweiden, die von der A. mesenterica superior versorgt werden,
- Truncus lumbalis – aus der unteren Extremität, den Beckenorganen und der Bauchwand.

7.7 Nerven ! 0/1

Siehe auch die Winterthur-Verlaufsbeschreibung „Vegetatives Nervensystem"

Zur Einführung siehe Kapitel 2.8.1. Die im Brustbereich zu besprechenden Nn. phrenici und Nn. vagi werden ausführlich in Kapitel 5.5 beschrieben.

Sympathikus

Der Brustteil des Sympathikus besitzt 10 bis 12 Ganglien (= Ganglia thoracica), die in Höhe der zugehörigen Nn. spinales auf den Rippenköpfchen liegen.

➤ Die beiden Trunci sympathici (= Grenzstränge) verlaufen beiderseits der Wirbelsäule in der Fascia endothoracica.

Die Ganglien sind untereinander durch Rr. interganglionares und mit dem jeweiligen N. spinalis über Rr. communicantes albi und grisei verbunden.

Das 1. Brustganglion verbindet sich zumeist mit dem unteren Halsganglion zum **Ganglion cervicothoracicum** (syn.: **Ganglion stellatum**). Das Ganglion cervicothoracicum ist klinisch sehr wichtig, da es den Kopf, die Organe des Halses, die obere Extremität, das Herz und zum Teil die Lunge sympathisch innerviert. Es liegt hinter der Pleurakuppel, zwischen der A. carotis communis und der A. vertebralis auf dem 1. Rippenköpfchen. ➤

Klinik: Bei Migräne wird manchmal eine Stellatumblockade durchgeführt, indem das Ganglion cervicothoracicum auf einer oder auf beiden Körperseiten ausgeschaltet wird. Dabei ist zu beachten, dass damit auch die gesamte sympathische Innervation des Hals- und Kopfbereiches ausgeschaltet wird. Bei einer erfolgreichen Ausschaltung kommt es zum Horner-Syndrom (= Miosis, Ptosis, Enophthalmus).

➤ Aus den Brustganglien gehen Äste ab, die sich zu den nachfolgenden Nerven vereinigen:

- **Nn. cardiaci thoracici** – ziehen als postganglionäre Fasern zum Plexus cardiacus (= Herzgeflecht).
- Rr. pulmonales – ziehen als postganglionäre Fasern zum Plexus pulmonalis (= Lungengeflecht).
- **N. splanchnicus major** (= großer Eingeweidenerv) – geht aus dem 6.–9. Brustganglion hervor. Seine präganglionären Fasern ziehen mit der V. azygos (rechte Körperseite) bzw. der V. hemiazygos (linke Körperseite) und dem jeweiligen N. splanchnicus minor zum Zwerchfell. Zwischen dem Crus mediale und Crus intermedium des Zwerchfells gelangen sie von der Brust- in die Bauchhöhle. In der Bauchhöhle ziehen die Nn. splanchnici major und minor zum Ganglion coeliacum und zum Ganglion mesentericum superius.
- **N. splanchnicus minor** (= kleiner Eingeweidenerv) – geht aus dem 10. und 11. Brustganglion hervor. Seine präganglionären Fasern verlaufen mit denen des N. splanchnicus major.

Die Nn. splanchnici führen efferente und afferente Fasern. Diese Fasern werden nicht in den paravertebralen Ganglien (= Ganglien des Sympathikus) sondern erst im Ganglion coeliacum und im Ganglion mesentericum superius auf die postganglionären Fasern umgeschaltet. Die efferenten Fasern innervieren die glatte Muskulatur des Magen-Darm-Kanals und die Gefäße im Darmbereich. Die afferenten Fasern leiten die Schmerzempfindungen aus dem Darmbereich weiter. ➤

Unbenannte postganglionäre Fasern ziehen zum Plexus aorticus, der auf der Aorta liegt (parasympathische Fasern erhält der Plexus aorticus aus dem N. vagus).

7.8 Angewandte und topographische Anatomie

7.8.1 Oberflächenanatomie ! 0/0

Im Brustbereich können getastet werden (siehe auch Kapitel 6.2.2): Clavicula (= Schlüsselbein), Sternum (= Brustbein), Angulus sterni mit der zweiten Rippe, unterer Rippenbogen (epigastrischer Winkel).

Im Rückenbereich können getastet werden (siehe auch Kapitel 6.1.2): Spina scapulae (Knochenkamm des Schulterblattes), Processus spinosi (= Dornfortsätze). Von den Dornfortsätzen tritt die Vertebra prominens (Kapitel 6.1.2) besonders deutlich hervor.

Zur Orientierung sind in der Klinik die nachfolgenden Linien wichtig.

- Medioklavikularlinie – wird von der Mitte der Clavicula senkrecht nach unten gezogen,
- vordere Axillarlinie – wird von der vorderen Achselfalte nach unten gezogen,
- hintere Axillarlinie – wird von der hinteren Achselfalte nach unten gezogen,
- Skapularlinie – wird durch den Angulus inferior der Skapula (= Schulterblatt) nach unten gezogen.

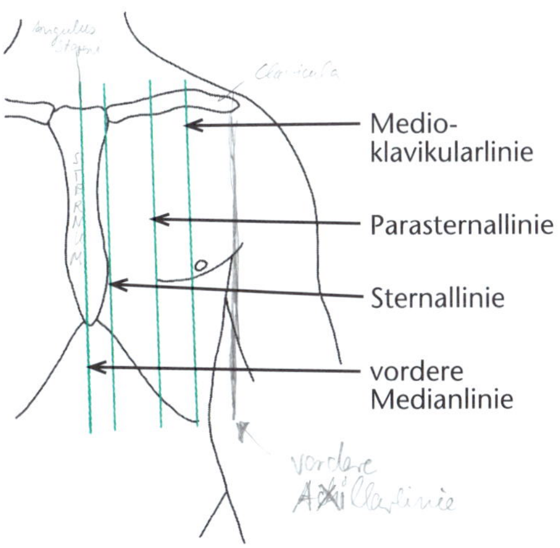

Abb. 7.26 *Orientierungslinien von ventral*

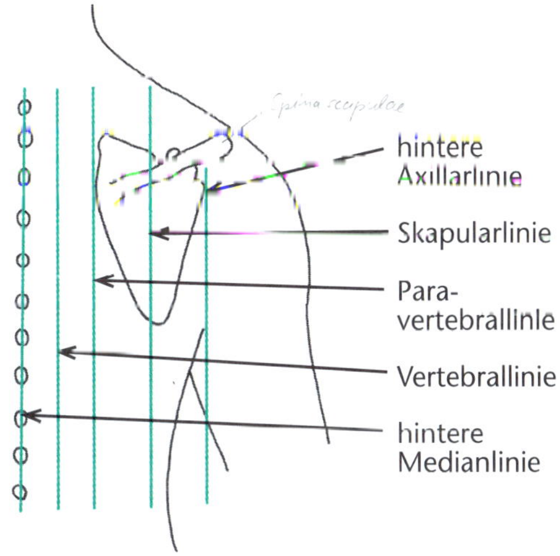

Abb. 7.27 *Orientierungslinien von dorsal*

Sensible Innervation

Die Brustwand wird im oberen Bereich (oberhalb der Brustdrüsen) von den Nn. supraclaviculares und darunter von den Rr. cutanei der Nn. intercostales sensibel innerviert.

7.8.2 Projektion der Thoraxorgane auf die Thoraxwand (Skeletotopik) !!! 5/24

➤ *Prüfungsrelevant: Das gesamte Kapitel.* ◄

In diesem Kapitel werden die für die Diagnostik wichtigen, auf die Brustwand projizierten Grenzen der Lunge, der Pleura und des Herzens beschrieben.

Lungengrenzen

Durch Perkutieren (= Beklopfen – dient zur Abgrenzung von Organen und zur Beurteilung von Schallphänomenen) kann man beim Lebenden die Lungengrenzen ermitteln.

Die rechte Lungenspitze liegt in Höhe des 1. Brustwirbels. In der Sternallinie reicht die Lungengrenze bis zur 6. Rippe, in der Axillarlinie bis zur 8. Rippe, in der Skapularlinie bis zur 10. und in der Paravertebrallinie bis zur 11. Rippe.

Die linke Lunge verläuft wie die rechte Lunge mit der Ausnahme, daß die Grenze in der Sternallinie nur bis zur 4. Rippe reicht.

Pleuragrenzen

Die vordere Pleuragrenze verläuft gleich der Lungengrenze. Die vordere Pleuragrenze beginnt hinter dem Sternoklavikulargelenk.

Die beiden Pleurahöhlen sind durch das Mediastinum voneinander getrennt, etwas oberhalb des Herzens liegen sie am nächsten beieinander.

Lungen- und Pleuragrenzen		
	Lungengrenze	**Pleuragrenze**
Sternallinie	6. Rippe rechts 4. Rippe links	6. Rippe
Medioklavikularlinie	6. Rippe	7. Rippe
mittlere Axillarlinie	8. Rippe	9. Rippe
Skapularlinie	10. Rippe	11. Rippe
Paravertebrallinie	11. Rippe	12. Rippe

Die Grenzen der einzelnen Lungenlappen sind durch die Fissurae markiert. Die Fissura obliqua reicht oben-hinten bis zum 3.–5. Brustwirbel und zieht schräg nach unten vorn bis zum Vorderrand der 6. Rippe. Die Fissura horizontalis liegt in Höhe der 4. Rippe.

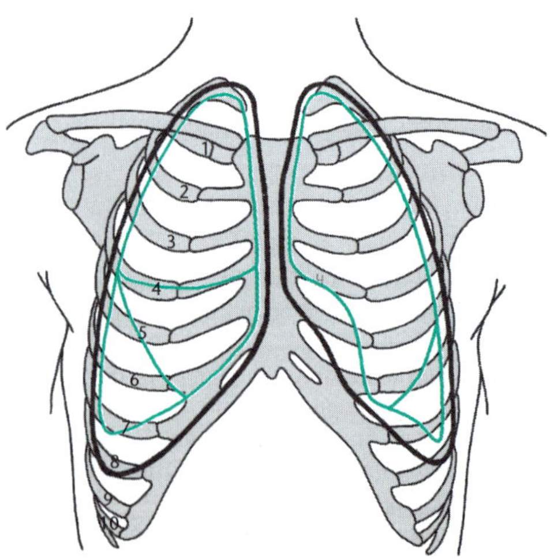

Abb. 7.28 Lungen- und Pleuragrenzen von ventral

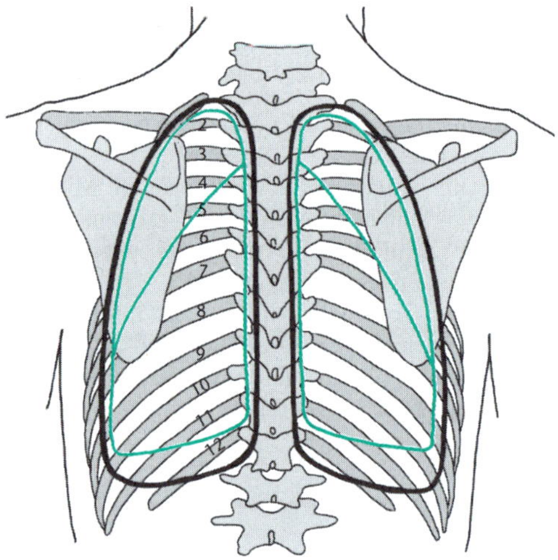

Abb. 7.29 Lungen- und Pleuragrenzen von dorsal

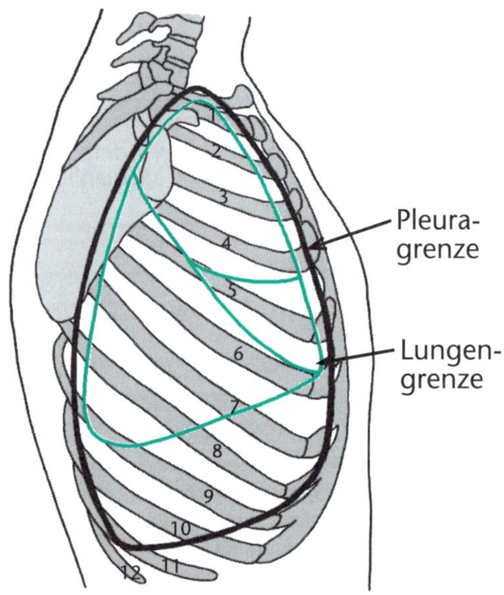

Abb. 7.30 Lungen- und Pleuragrenzen von rechts/lateral

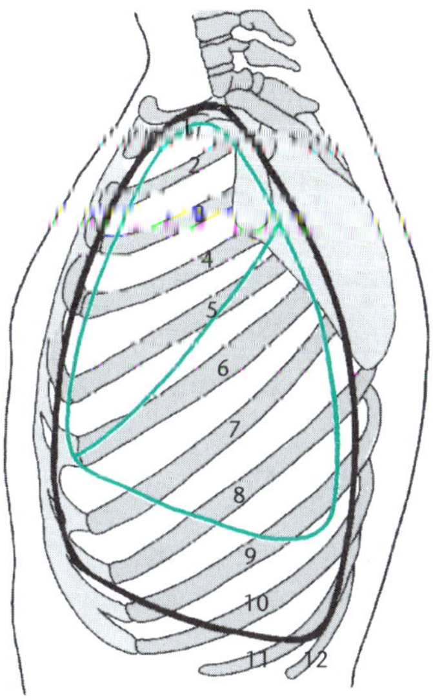

Abb. 7.31 *Lungen- und Pleuragrenzen von links/lateral*

Herzgrenzen, Auskultationsstellen und Projektion des Herzens auf die vordere Brustwand

Beim Perkutieren des Herzens wird zwischen einer absoluten und einer relativen Herzdämpfung unterschieden. Mit der Herzdämpfung kann die Größe des Herzens bestimmt werden.

Die **absolute Herzdämpfung** umfaßt das Herzgebiet, das nicht von der Lunge überlagert ist – es reicht links von der 4. Rippe bis zum 6. Rippenknorpel und rechts von der Medianlinie bis links zur Parasternallinie. Kaudal schließen sich das Zwerchfell und die Leber an, so dass die absolute Herzdämpfung nach kaudal in die Leberdämpfung übergeht.

Die **relative Herzdämpfung** vermittelt einen Eindruck von der ungefähren Form des ganzen Herzens – sie reicht vom 3. Interkostalraum bis zum Oberrand der 6. Rippe.

Im Bereich des 5. Interkostalraums können Sie zu Beginn der Systole den **Herzspitzenstoß** tasten, was dadurch zu erklären ist, daß sich beim Herzspitzenstoß die Herzkammer zusammenzieht und die Herzspitze unterhalb der 5. Rippe gegen die Brustwand drückt.

Bei der Auskultation werden die Herztöne mit dem Stethoskop abgehört. Den 1. Herzton hören Sie zu Beginn der Systole, den 2. Herzton zu Beginn der Diastole.

Der längere und sich dumpf anhörende 1. Herzton entsteht dadurch, dass sich die Kammermuskulatur beim Schluß der beiden Atrioventrikularklappen um den inkompressiblen Inhalt (= Blut in der Kammer) anspannt, wodurch sowohl die Ventrikelwand als auch die Mitral- und Trikuspidalklappe in Schwingung geraten (= Myokardanspannungs- und Atrioventrikularklappenschlußton).

Der kürzere und hellere 2. Herzton wird durch den Verschluß der Pulmonalis- und Aortenklappe verursacht (= Semilunarklappenschlußton).

Die Art des Herztons gibt z.B. darüber Auskunft, ob eine Herzklappe pathologisch verändert ist.

Projektionsorte der Herzklappen

Herzklappe	Auskultationsstelle	Projektion auf vordere Brustwand
Aortenklappe	2. ICR rechts vom Sternum (= parasternal)	Hinter dem linken Rand des Sternum in Höhe des 3. ICR
Pulmonalisklappe	2. ICR links parasternal (Herzbasis)	linker Rand des Sternum am Ansatz der 3. linken Rippe
Rechte Atrioventrikularklappe (= Trikuspidalklappe)	5. ICR (= Interkostalraum) rechts parasternal (= rechter Brustbeinrand) und links 4.ICR	Sternum im Bereich des 5. rechten Rippenknorpels
Linke Atrioventrikularklappe (= Mitralklappe)	5. ICR links medioclavicular (Herzspitze)	Sternalinsertion (= Ansatz am Sternum) der linken 4. Rippe
Erb'scher Punkt (= Punctum quintum)	3. ICR links parasternal (der Erb'sche Punkt bildet die zentrale Auskultationsstelle für alle Geräuschphänomene des Herzens)	(nicht mit dem Punctum nervosum verwechseln!)

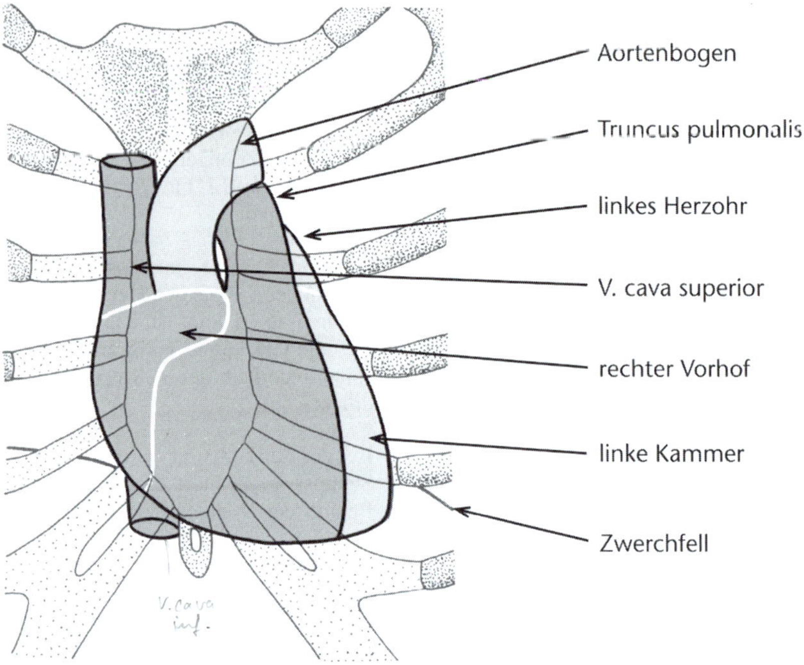

Abb. 7.32 *Röntgenbild vom Herzen*

Merksatz für die Reihenfolge und Lage der Auskultationsstellen:

Anton	– **A**ortenklappe	–2
Pulmonalis	– **Pulmonal**isklappe	–2
trinkt	– **Tri**kuspidalklappe	–5
Milch	– **Mi**tralklappe	–5
um 22.55 Uhr		

Klinik: Bei einer intrakardialen Injektion führen Sie, um den Pleuraraum nicht zu punktieren, die Nadel links vom Sternum zwischen der Ansatzstelle der 4.–6. Rippe (= Interkostalraum) vor.

Darstellung des Herzens im Röntgenbild

Die Standard-Aufnahme der Thoraxorgane (also auch des Herzens) erfolgt im sagittalen und im frontalen Strahlengang. Sagittal = a.p.-Aufnahme (= Strahlengang von anterior = vorn, nach posterior = hinten). Frontal = Strahlengang von der linken zur rechten Seite (oder umgekehrt).

Bei der a.p.-Aufnahme wird die rechte Herzkammer von der linken Herzkammer überschattet. Die Abb. 7.32 sollten Sie sich gut einprägen.

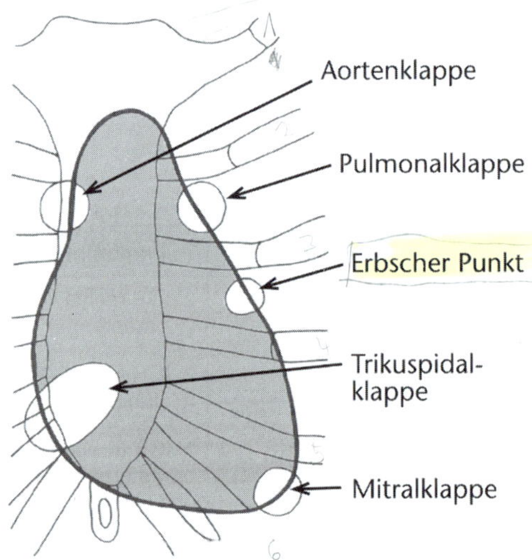

Abb. 7.33 *Auskultationsstellen des Herzens auf die vordere Brustwand projiziert*

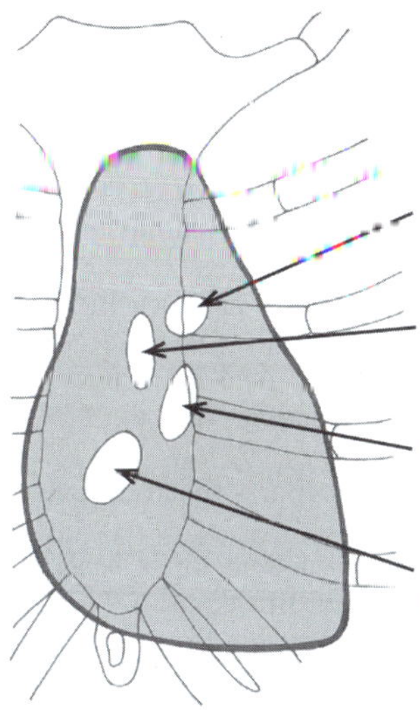

Abb. 7.34 Herzklappen auf die vordere Brustwand projiziert

7.8.3 Gliederung der Thoraxhöhle

!! 6/13

➤ *Prüfungsrelevant: Sie sollten die Lage des jeweiligen Mediastinum kennen und wissen, welche Strukturen in welchem Mediastinum liegen.* ◄

Die Thoraxhöhle (= Brustkorbhöhle) wird in die beiden Pleurahöhlen und in das Mediastinum unterteilt. In den beiden Pleurahöhlen liegen die in Kapitel 7.2.2 beschriebenen Lungen.

Das **Mediastinum** (= **Mittelfellraum**) bildet die Fortsetzung des zwischen dem mittleren und tiefen Blatt der Halsfaszie (= Lamina praetrachealis und Lamina praevertebralis der Fascia cervicalis) gelegenen Eingeweideraums des Halses. Das Mediastinum reicht dorsal von der Wirbelsäule bis ventral zur Innenfläche des Sternum, kranial von der **Apertura thoracis superior** (= obere Brustkorböffnung) bis kaudal zum Zwerchfell. Auf beiden Seiten wird das Mediastinum durch die Pleura mediastinalis begrenzt.

Das Mediastinum (= Mittelfellraum) wird unterteilt in:
- Mediastinum superius,
- Mediastinum inferius,
  - Mediastinum anterius,
  - Mediastinum posterius,
  - Mediastinum medium.

Mediastinum superius

Es reicht von der oberen Thoraxapertur (Apertura thoracica) bis zur Ebene oberhalb des Herzens.

Das Mediastinum superius enthält:
- Thymus (beim Erwachsenen den Thymusfettkörper),
- Oesophagus,
- Trachea,
- N. vagus, N. phrenicus, N. laryngeus recurrens, Nn. cardiaci, Ganglion cervicothoracicum (liegt im Bereich der Apertura thoracica),
- Aorta ascendens, Arcus aortae, Truncus brachiocephalicus, Anfangsteil der A. carotis communis sinistra und der A. subclavia sinistra, A. thoracica interna,
- V. cava superior, Vv. brachiocephalicae,
- Ductus thoracicus.

Mediastinum anterius

Es besteht aus einem spaltförmigen Bindegewebsraum, der vor dem Herzen zwischen Herzbeutel und Brustwand liegt.

Das Mediastinum anterius enthält:
- Lymphgefäße,
- evtl. den N. phrenicus.

Mediastinum posterius (= hinterer Mittelfellraum)

Es liegt zwischen der Wirbelsäule und der Hinterwand des Herzbeutels.

Das Mediastinum posterius enthält:
- Oesophagus,
- Nn. vagi, Truncus sympathicus, Nn. splanchnici major und minor,
- Aorta thoracica,
- Vv. azygos und hemiazygos,
- Ductus thoracicus.

Mediastinum medium

Es liegt vor der Bifurcatio tracheae zwischen dem Mediastinum anterius und dem Mediastinum posterius.

Das Mediastinum medium enthält:
- Herz und Herzbeutel,
- N. phrenicus,
- Truncus pulmonalis,
- V. cava superior, V. azygos, Vv. pulmonales, Vasa pericardiacophrenicae.

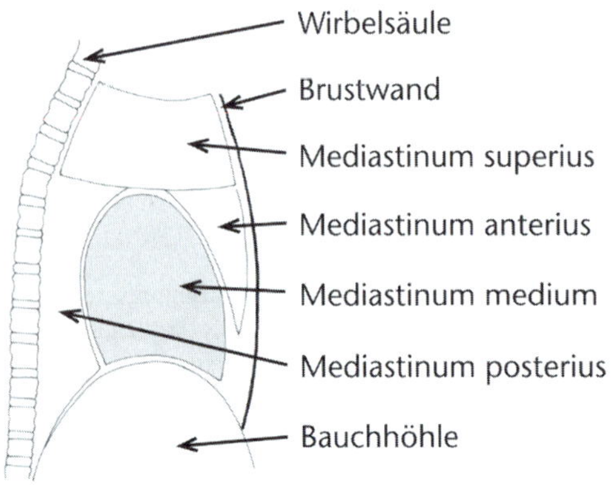

Abb. 7.35 Schematisierter Medianschnitt durch die Brusthöhle

7.8.4 Atemmechanik !!! 5/12

Die Atmung wechselt zwischen 2 Phasen:
- 1. Einatmung (= Inspiration),
- 2. Ausatmung (= Exspiration).

Bei der Atmung unterscheidet man zwischen
- „Brustatmung" = Rippenatmung und
- „Bauchatmung" = Zwerchfellatmung.

➤ Diese beiden Atmungstypen sind zumeist kombiniert. Nur beim Neugeborenen, bei dem die Rippen noch horizontal stehen (s. Kapitel 6.2.2) ist die Brustatmung noch nicht möglich. ◄

Bei der Inspiration und der Exspiration muß zwischen normaler, vertiefter und tiefer In- bzw. Exspiration unterschieden werden.

Inspiration (= Einatmung)

➤ Bei der normalen (= ruhigen) Inspiration kontrahiert sich das Zwerchfell (= Diaphragma), das sich dadurch abflacht und so den unteren Teil des Thorax erweitert. Damit wird der in Kapitel 7.2.3 beschriebene Recessus costo-diaphragmaticus erweitert, wodurch es dem Unterlappen der Lunge möglich wird, sich bauchwärts auszudehnen. Die Brustatmung ist an der normalen Inspiration nur unwesentlich beteiligt.

Bei vertiefter Inspiration kontrahieren sich außerdem die Mm. intercostales externi. Dadurch werden die Rippenenden nach oben gehoben und die Rippen annähernd horizontal gestellt, wodurch sich die Brustkorbhöhle verbreitert. Dies ermöglicht besonders dem Oberlappen der Lunge sich zur Seite hin auszudehnen.

Bei einer tiefen Inspiration (z.B. bei größerer körperlicher Anstrengung) treten zusätzlich die Atemhilfsmuskel in Aktion. ◄

➤ Bei der Inspiration wirken als **Atemhilfsmuskeln** mit:
- M. sternocleidomastoideus – hebt den Brustkorb (= Thorax).
- Mm. scaleni – heben die 1. und 2. Rippe.
- M. serratus posterior superior – hebt die 2.–5. Rippe.
- M. serratus posterior inferior – fixiert die unteren 4 Rippen.
- Mm. pectorales major und minor – heben bei aufgestützten Armen den Brustkorb.
- M. erector spinae – streckt die Brustwirbelsäule. Damit werden gleichzeitig die Rippen etwas auseinander gezogen. ◄

Merksatz der Inspiratoren:

Die	– **Di**aphragma
äußeren	– M. intercostales **externi**
Sterne	– M. **stern**ocleidomastoideus
singen	– Mm. **s**caleni
selten	– Mm. **se**rrati
mit **Pe**p	– Mm. **pe**ctorales
und **Er**otik	– M. **er**ector spinae.

➤ Bei der Inspiration kommt es im Bereich der Lungenspitze nur zu minimalen Ausdehnungen, weil die Lungenspitze (= Apex pulmonalis) der Pleurakuppel unmittelbar anliegt. Der Oberlappen der Lunge dehnt sich bei der Inspiration vor allem nach vorn hin aus (Brustatmung). Der Vorderrand der Lunge dehnt sich in den kleinen Recessus costomediastinalis, der Unterlappen der Lunge in den Recessus costodiaphragmaticus aus.

Die Inspiration fällt im Stehen leichter als im Liegen, weil die Bauchorgane bei aufrechter Körperhaltung nicht auf das Zwerchfell drücken und sich daher die Lungen bei der Inspiration leichter entfalten können. Bei einer sehr tiefen Inspiration kann z.B. die Niere bis etwa 3 cm nach kaudal (= unten) verlagert werden. ◄

Exspiration (= Ausatmung)

➤ Die Erweiterung der Brusthöhle während der Inspiration erfolgt gegen den elastischen Widerstand der Lunge. Auf dem Höhepunkt der Inspiration zieht sich die Brusthöhle

- durch den elastischen Zug der Lunge und
- durch die Erschlaffung der inspiratorisch wirkenden Muskeln

wieder in seine Ausgangslage zurück.

Bei vertiefter Exspiration kontrahieren sich als **Atemhilfsmuskeln**

- die Mm. intercostales interni,
- die Mm. intercostales intimi und
- der M. transversus thoracis,

die alle die Rippen senken und damit die Brusthöhle verkleinern.

Durch Kontraktion der Bauchmuskeln wird zusätzlich der Brustkorb gesenkt, der intraabdominale Raum verkleinert und damit der Druck im Bauchraum erhöht. Dadurch wird das Zwerchfell gegen die Brusthöhle gedrückt und der Raum der Brusthöhle verkleinert.

Die nachfolgend aufgeführten Bauchmuskeln sind somit die wichtigsten **Hilfsmuskeln der Exspiration:**

- M. transversus abdominis,
- Mm. obliqui externus und internus abdominis,
- M. rectus abdominis,
- M. iliocostalis lumborum.

Bei festgestellten Armen unterstützt auch der M. latissimus dorsi die Exspiration. ◄

Merksatz der Exspiratoren:

Im **In**nern **In**diens	– Mm. **in**tercostales **in**terni und **in**timi
transportieren	– **M. trans**versus **th**oracis
Träger	
lauter	– M. **la**tissimus dorsi
Bananen	– **Ba**uchmuskeln.

Regulierung der Atmung

➤ Wenn wir einatmen, so dehnt sich die Lunge, bis die im Lungenparenchym liegenden Dehnungsrezeptoren gereizt werden und über eine Reflexbahn die Ausatmung auslösen. Diese Reflexbahn wird **Hering-Breuer-Reflex** genannt (siehe Physiologie).

Die afferenten Fasern des Lungendehnungsreflexes ziehen im N. vagus zum Atemzentrum, das in der Formatio reticularis liegt (siehe Kapitel 9.3.2 und 9.4.2). Die efferenten (= motorischen) Fasern verlaufen in den Nerven, die die Atemmuskeln innervieren (u.a. N. phrenicus für das Zwerchfell, Nn. intercostales für die Interkostalmuskeln). ◄

8 Bauch- und Beckeneingeweide

8.1 Entwicklung der Organe und Entstehung der Situsverhältnisse

8.1.1 Grundkenntnisse der Entwicklung der Verdauungsorgane !! 7/16

➤ Durch die Krümmung (= Abfaltung) des Embryos (siehe Kapitel 1.4.6) wird der Raum, der vom Entoderm umgeben ist, in einen intra- und einen extraembryonalen Raum unterteilt. Der primitive Darmkanal bildet den intraembryonalen Raum, die Allantois und der Dottersack den extraembryonalen Raum ◄

➤ Der **primitive Darmkanal** ist zunächst ein fast gerade angelegtes Entodermrohr, aus dem sich das Epithel des Magen-Darm-Kanals und das Parenchym von Pankreas und Leber entwickeln. Durch Einstülpung des Ektoderm entwickelt sich am Darmrohr kranial die Mundbucht (Stomodaeum) und kaudal die Kloake (= Proktodaeum). Aus dem viszeralen Mesoderm entwickeln sich die Darmmuskulatur und das viszerale Blatt des Peritoneum. ◄

➤ Der primitive Darmkanal unterteilt sich in 3 Abschnitte:
Vorderdarm – ist kranial durch die Rachenmembran (Membrana buccopharyngea) verschlossen, die sich ab dem 24. Entwicklungstag zurückbildet. Aus dem Vorderdarm entwickeln sich der Schlunddarm und die Kiemenbögen (s. Kapitel 5.1.3). Im einzelnen gehen aus dem Vorderdarm hervor: Pharynx (= Schlund), Oesophagus (= Speiseröhre), die unteren Luftwege, der Magen und der obere Teil des Duodenum bis zur Einmündung des Gallengangs, das Pankreas (= Bauchspeicheldrüse), die Leber und die extrahepatischen Gallengänge. ◄

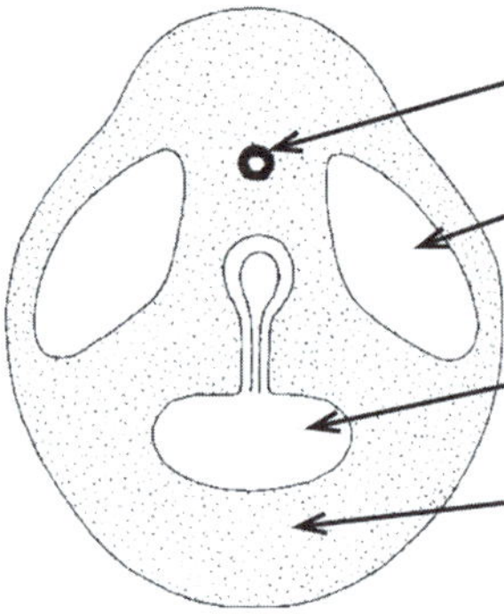

Abb. 8.1 *Querschnitt durch ein Embryo in Höhe der Leber*

➤ **Mitteldarm** – steht in der Anfangsphase über den Ductus omphaloentericus (Dottergang) mit dem Dottersack in Verbindung. Der Mitteldarm beginnt direkt unterhalb der Stelle, in die der Ductus choledochus (= Gallengang) auf die Papilla duodeni major ins Duodenum mündet (s. Kapitel 8.3.3). ◄

Aus dem Mitteldarm gehen der untere Teil des Duodenum (bildet beim Embryo die vordere Darmpforte, Jejunum, Ileum, Caecum, Appendix vermiformis, Colon ascendens und die proximalen 2/3 des Colon transversum hervor.

➤ **Enddarm** – wird kaudal zunächst zur Kloake erweitert und durch die Kloakenmembran verschlossen. Durch das Vorwachsen eines **Septum urorectale** wird die Kloake in das Rektum und den Sinus urogenitalis (s. Harnblasenentwicklung Kapitel 8.1.2) unterteilt. Die Kloakenmembran unterteilt sich in eine Anal- und Urogenitalmembran. ◄
Aus dem Enddarm entwickelt sich der Darmteil zwischen dem letzten Drittel des Colon transversum und den oberen 2/3 des Analkanals (hinter der Darmpforte bis zur Kloakenmembran.

Die einzelnen Darmabschnitte werden aus der Aorta mit Blut versorgt über

- Vorderdarm – A. coeliaca (außer Pharynx, Oesophagus und untere Luftwege),
- Mitteldarm – A. mesenterica superior,
- Enddarm – A. mesenterica inferior,
- Das untere Drittel des Analkanals, das sich nicht aus dem primitiven Darm entwickelt, wird von der A. pudenda interna versorgt.

Der primitive Darmkanal ist vom Mesoderm der Seitenplatten umgeben, in dem durch Spaltbildung die Zölomhöhle entsteht. Nach Abtrennung des intra- vom extraembryonalen Zölom (s. Kapitel 1.4.6) verbleibt eine vordere und hintere Scheidenwand, über die der primitive Darm mit der vorderen und hinteren Leibeswand verbunden ist. Die vordere Scheidenwand wird **Mesenterium ventrale**, die hintere Mesenterium dorsale genannt. ➤ Während das **Mesenterium dorsale** das gesamte Darmrohr mit der dorsalen Leibeswand verbindet, reicht das Mesenterium ventrale nur bis oberhalb der V. umbilicalis. ◄

Die beiden Mesenterien bilden einen stielartigen Aufhängeapparat für die Baucheingeweide. In den Mesenterien verlaufen die Blut- und Lymphgefäße sowie die Nerven für die jeweiligen Darmabschnitte.

➤ Das **Mesenterium ventrale** (= vorderes Gekröse) liegt im Bereich des Vorderdarms. Es reicht vom unteren Oesophagusteil über den Magen bis zum oberen Duodenum. Aus dem Mesenterium ventrale entwickelt sich über das Mesogastrium ventrale und Mesoduodenum ventrale das Omentum minus, das die Vorderseite der Bursa omentalis bildet. Das Omentum minus unterteilt sich später in 2 Bänder:

- Lig. hepatoduodenale,
- Lig. hepatogastricum.

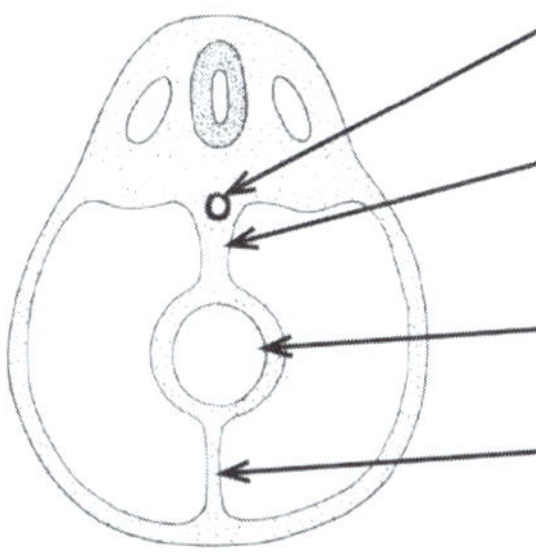

Abb. 8.3 *Querschnitt durch einen Embryo zur Darstellung der Mesenterialentwicklung*

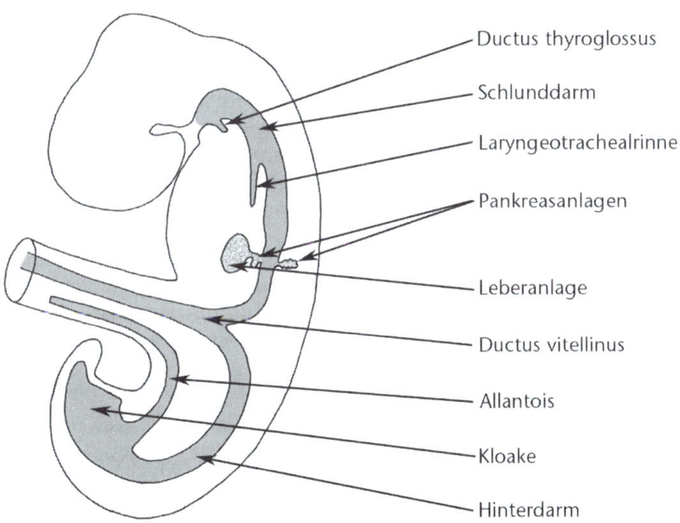

Abb. 8.2 *Entwicklung des Magen-Darm-Kanals bei einem 6 Wochen alten Embryo*

➤ Mesohepaticum ventrale – verbindet die vordere Bauchwand mit der Leber. Es bildet den unteren Rand des **Lig. falciforme hepatis**, in dem die V. umbilicalis liegt (obliteriert zum Lig. teres hepatis). ◄
Das **Mesenterium dorsale** (= hinteres Gekröse) reicht vom unteren Oesophagusteil bis zum Enddarm im Bereich der Kloake (s. Kapitel 8.1.3). ◄
Mit dem weiteren Wachstum unterteilt sich das dorsale Mesenterium in:

- Mesogastrium dorsale (liegt im Magenbereich),
- Mesoduodenum dorsale (liegt im Duodenalbereich),
- Mesenterium (als eigentliches Mesenterium wird nur das im Jejunum- und Ileum-Bereich liegende Mesenterium dorsale bezeichnet),
- Mesokolon (liegt im Kolonbereich),
- Mesorektum (liegt im Rektumbereich).

➤ Mesenterium, Mesokolon und Mesorektum verschmelzen zum Mesenterium dorsale commune (= Gekröse der Nabelschleife). Vom gesamten dorsalen Mesenterium verbleiben: eigentliches Mesenterium, Mesoappendix, Mesocolon transversum, Mesocolon sigmoideum sowie das Omentum majus (siehe nachfolgende „Magenentwicklung"). ◄

Aus dem zuvor Beschriebenen ist auch die Lage der einzelnen Organe zum Peritoneum zu erklären. Ein Teil der Organe liegt zunächst intraperitoneal (= vom Peritoneum = Bauchfell umgeben – z.B. gesamter Magen-Darmbereich) oder außerhalb des Peritonealraums = extraperitoneal (z.B. Nieren). Verklebt in bestimmten Bereichen das Mesenterium mit dem Peritoneum der dorsalen Bauchwand und bildet sich anschließend zurück, so liegen diese Organbereiche nun retroperitoneal (= hinter dem Bauchfell).

Entwicklungsanomalien des Mesenterium

Normalerweise ist das Colon ascendens mit der hinteren Körperwand verwachsen und vorn und seitlich von Peritoneum (= Bauchfell) überzogen. Es kann jedoch vorkommen, daß ein Teil des Mesokolon bestehen bleibt oder nicht mit der hinteren Körperwand verwächst. Durch diese Fehlentwicklung sind später abnorme Bewegungen des Darms möglich.

➤ Beim **Situs inversus viscerum** dreht sich der Darm im Uhrzeigersinn, so dass die Organe im Bauchraum spiegelbildlich zur normalen Lage angeordnet sind (also jeweils auf der anderen Seite liegen). Das Duodenum liegt dann vor und das Colon transversum hinter der A. mesenterica superior. ◄

Oesophagusentwicklung

➤ Oesophagus und Trachea gehen gemeinsam aus dem Vorderdarm hervor. Später werden sie durch das **Septum oesophagotracheale** voneinander getrennt. Die quergestreifte Muskulatur der oberen Hälfte des Oesophagus entstammt dem 3.–6. Kiemenbogen und wird deshalb von Ästen des N. vagus innerviert. ◄

Klinik: ➤ Bei einer unvollständigen Trennung zwischen Trachea und Oesophagus kann eine Fistel entstehen. ◄

Magenentwicklung

➤ Der Magen entsteht in der 5. Entwicklungswoche aus dem unteren Teil des Vorderdarms, der sich in diesem Bereich spindelförmig ausweitet. Während des weiteren Wachstums kommt es zu unterschiedlichen Wachstumsgeschwindigkeiten innerhalb der einzelnen Magenwandbereiche, wobei die hintere Magenwand wesentlich schneller als die vordere Magenwand wächst. Der Magen dreht sich dann im Uhrzeigersinn um 90° um seine Längsachse, so dass sich die hintere Magenwand nach links dreht und nun große Magenkurvatur (Magenkrümmung = Curvatura major) genannt wird, während sich die vordere Magenwand nach rechts wendet und kleine Magenkurvatur (= Curvatura minor) genannt wird. Bei der Drehung werden die Äste des N. vagus, die über den Magen verlaufen, mitgedreht, so dass der Ast des linken N. vagus (= Truncus vagalis anterior – s. Kapitel 5.5) über die vordere und der Ast des rechten N. vagus (= Truncus vagalis posterior) über die hintere Magenwand verläuft. ◄

Der Magen ist durch ein dorsales und ein ventrales Mesenterium (= Mesogastrium) mit der vorderen bzw. hinteren Körperwand verbunden. ➤ Im **Mesogastrium dorsale** entstehen Spalten, die sich zur Anlage der Bursa omentalis (= Netzbeutel) vereinigen. ◄

➤ Aus dem dorsalen Mesogastrium entwickeln sich außerdem das Omentum majus, die Milz und der dorsale Teil des Pankreas, der aus dem Duodenum ins Mesogastrium aussproßt. ◄

➤ Durch die Drehung des Magens verlängert sich das Mesogastrium dorsale und unterteilt sich in:

- **Lig. gastrosplenicum** (syn.: **Lig. gastrolienale**) – verbindet den Magen mit der Milz;
- **Lig. splenorenale** (syn.: **Lig. phrenicolienale**) – verbindet die Milz mit der hinteren Bauchwand;
- **Omentum majus** – wächst von der großen Magenkurvatur schürzenartig nach unten vor und über die Darmschlingen hinweg. ◄

➤ Die Bursa omentalis liegt nun hinter dem Omentum majus, ist aber über das schmale **Foramen omentale** (syn.: **Foramen epiploicum**) zur Bauchhöhle hin offen. ◄

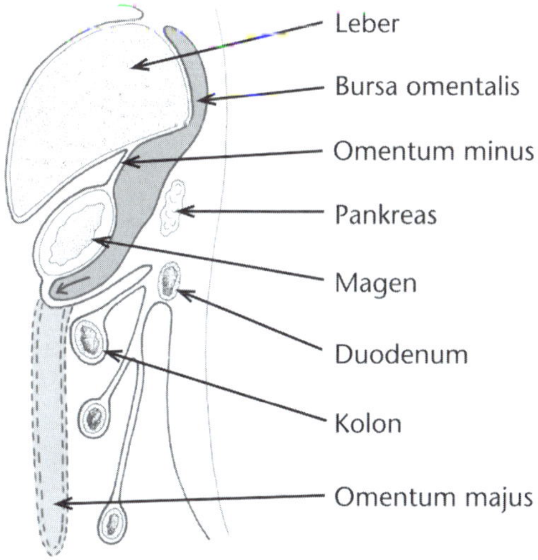

Abb. 8.4 *Paramedianschnitt durch den Bauchraum zur Darstellung der Entwicklung des Omentum majus*

Entwicklungsanomalien

Pylorusstenosen (Pylorus = Magenausgang) – kommen mit 1 : 200 bei männlichen Neugeborenen relativ häufig vor. Sie entstehen durch Hypertrophie der Muskulatur im Pylorusbereich.

Darmentwicklung

➤ Der Mitteldarm wächst sehr schnell in die Länge, wodurch sich die U-förmige **Nabelschleife** ausbildet. Die Grenze zwischen dem oberen und unteren Teil der Schleife wird durch die Abgangsstelle des Dottergangs gebildet.

Zwischen der U-förmigen Schleife verlaufen die A. und V. mesenterica superior. ◄

Aus dem kranialen Teil der Nabelschleife entwickeln sich der distale Teil des Duodenum, das Jejunum und der obere Teil des Ileum. Aus dem kaudalen Teil der Nabelschleife geht der untere Teil des Ileum, das Caecum mit der Appendix und ein Teil des Kolon (bis zum Colon transversum) hervor.

➤ Bei etwa 2 % aller Erwachsenen bleibt als Rest des Ductus omphaloentericus am Scheitelpunkt der Nabelschleife das sogenannte **Meckel-Divertikel** erhalten. Das Meckel-Divertikel ist eine etwa 6 cm große, handschuhfingerförmige Ausstülpung im Bereich des Ileum, die etwa 60–90 cm proximal von der Valva ileocaecalis (= Bauhin-Klappe) endet (die Valva ileocaecalis liegt als Klappe an der Mündungsstelle des Dünndarms in den Dickdarm). ◄

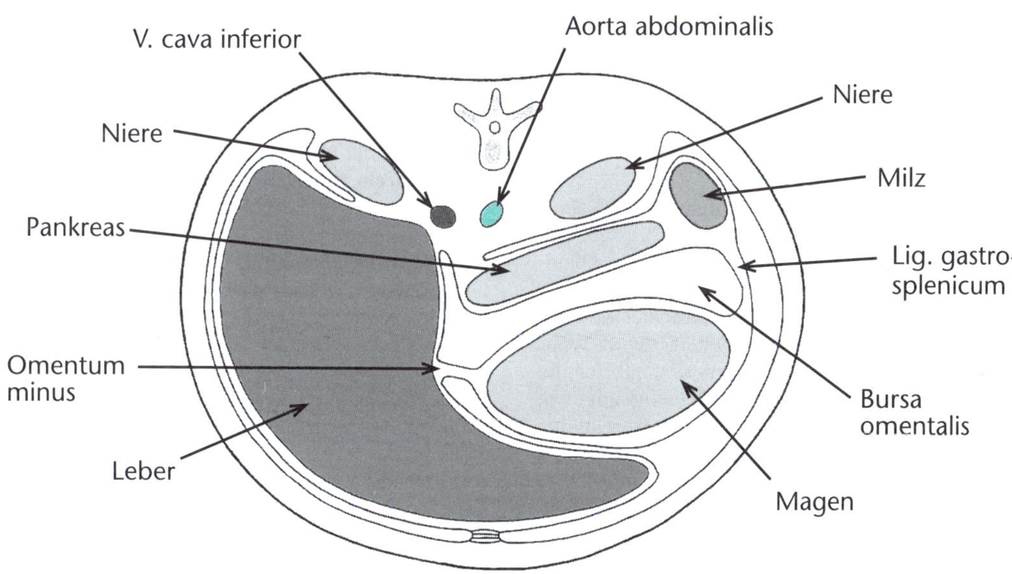

Abb. 8.5 *Entwicklung der Bursa omentalis (Querschnitt)*

Klinik: Bei einer Entzündung des Meckel-Divertikels kann es ähnlich wie bei der Entzündung der Appendix vermiformis (= „Blinddarmentzündung“) zur Perforation der Darmwand kommen. Außerdem wurden durch das Meckel-Divertikel verursachte Strangulationen des Darms beschrieben.

Das enorme Längenwachstum des Darms im Bereich der Nabelschleife führt dazu, dass der Platz in der Leibeshöhle nicht mehr für alle Darmschlingen ausreicht.

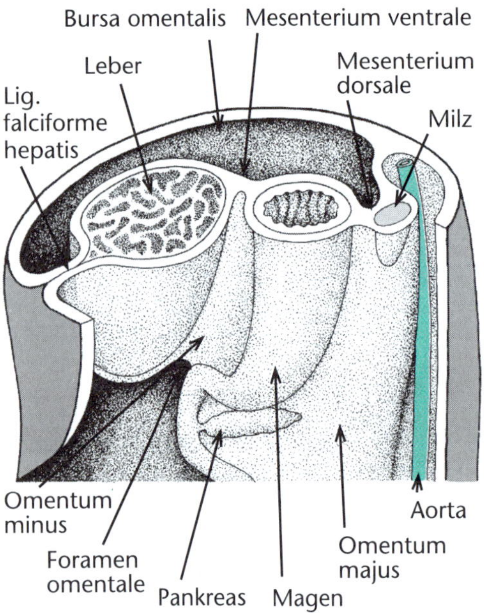

Abb. 8.6 Schematische Darstellung der Darmdrehung

➤ Da sich die Bauchwand im Bereich des Nabels zu diesem Zeitpunkt noch nicht geschlossen hat, verlagern sich in der 6. Entwicklungswoche Dünndarm- und Kolonanteile (Darmschleifen) in das extraembryonale Zölom der Nabelschnur, was als **physiologischer Nabelbruch** bezeichnet wird. Während des physiologischen Nabelbruchs dreht sich die Nabelschleife entgegen dem Uhrzeigersinn um etwa 270°, wobei die Achse von der A. mesenterica superior gebildet wird. Durch die Drehung wird der untere Schenkel der Nabelschleife nach kranial hochgehoben, wodurch die Anlage des Caecum unter die Leber zu liegen kommt.

In der 10.–12. Entwicklungswoche wird der Darm wieder in die Bauchhöhle reponiert (= „zurückgelegt“). ◀

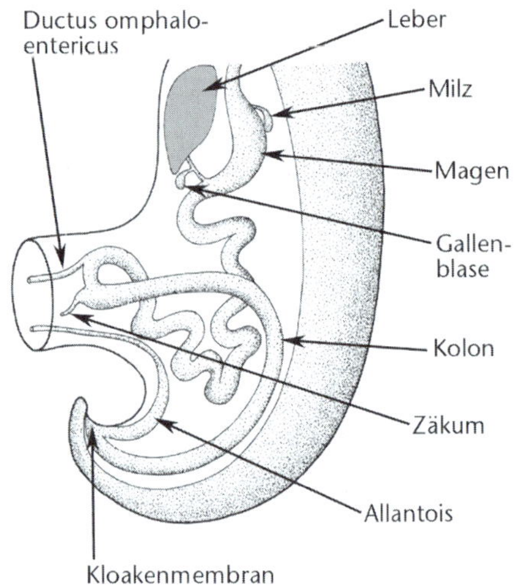

Abb. 8.7 Physiologischer Nabelbruch (teilweise nach Moor umgezeichnet)

Entwicklungsanomalien

Infolge Entwicklungsstörungen kommt es im Darmbereich zu einer Reihe von Entwicklungsanomalien, von denen die wichtigsten nachfolgend aufgeführt sind:

Hernia umbilicalis congenita (= angeborener Nabelbruch) – wird beim physiologischen Nabelbruch der Dünndarm nicht in die Bauchhöhle zurückverlagert, so kommt es zum angeborenen Nabelbruch.

Omphalozele (= Nabelschnurbruch) – hierbei handelt es sich um eine Hemmungsfehlbildung, bei der sich Baucheingeweide in die Nabelschnur verlagern.

Hirschsprung-Krankheit – hierbei sind in einem umschriebenen Darmabschnitt die Ganglienzellen des Plexus myentericus (s. Kapitel 8.2, „Tunica muscularis“) nicht ausgebildet, so daß in diesem Darmabschnitt die Tunica muscularis nicht innerviert wird. In der Klinik fallen diese Kinder auf, weil sich u.a. ihr Bauch immer mehr aufbläht. Dies ist dadurch zu erklären, dass durch die fehlende Innervation in dem betroffenen Darmabschnitt keine Peristaltik (= fortführende Bewegung) stattfindet und dieser Darmteil verengt ist, so dass die Fäzes (Kot) in diesem Bereich nicht weitertransportiert wird und sich aufstaut.

Divertikel (= angeborene oder erworbene nichtphysiologische Ausstülpung eines Hohlorgans) – kommen besonders im Verdauungstrakt vor, z.B. Meckel-Divertikel, Oesophagusdivertikel, Dünndarm- und Kolondivertikel.

Bei einer Entzündung eines Divertikels (= Divertikulitis) kommt es z.B. beim Kolondivertikel zu anfallsartig auftretenden Schmerzen, häufig im linken Unterbauch, wobei die Symptome einer Appendizitis („Blinddarmentzündung") ähneln. Wenn auch sehr selten, nämlich beim Situs inversus, können linksseitige Unterbauchschmerzen durch eine Appendizitis verursacht sein.

Leberentwicklung

Die Leber stülpt sich in der 3. Entwicklungswoche aus dem Entoderm des unteren Vorderdarms als Leberknospe in das **Septum transversum** (= mesodermale Platte zwischen Perikardhöhle und Dottersack, gehört zum ventralen Mesenterium) vor. Die Leberknospe (syn.: Leberdivertikel) teilt sich in einen größeren und kleineren Teil. ➤ Aus dem größeren Teil entwickelt sich die Leber, aus dem kleineren die Gallenblase, wobei der Stiel zur Gallenblase zum Ductus cysticus und der Stiel zur Leber zum Ductus hepaticus communis wird. Wie Sie aus der Abbildung Nr. 8.8 entnehmen können, geht aus dieser Ausknospung auch die ventrale Pankreasanlage hervor, deren Ausführungsgang deshalb später ebenfalls in den gemeinsamen Gang einmündet (s. Kapitel 8.3.3). ➤

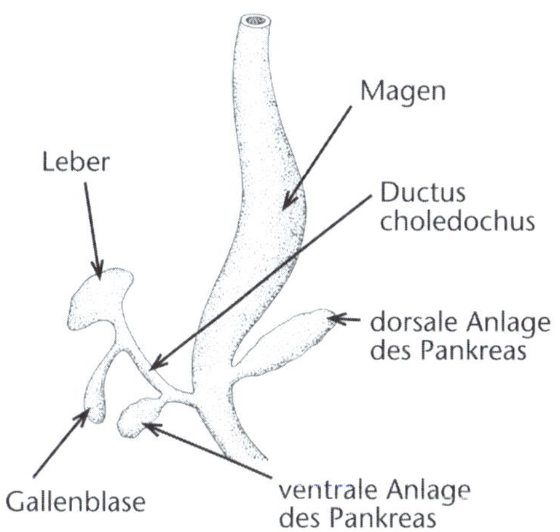

Abb. 8.8 Entwicklung der Leber und des Pankreas

Aus der Leberknospe dringen Leberbälkchen in das Septum transversum vor, dabei eröffnen sie die im Septum verlaufende Nabelvene (V. umbilicalis) und die Dottersackvenen (= Vv. omphalomesentericae), die später zu Lebersinusoiden umgebaut werden.

➤ Aus dem Mesenchym des **Septum transversum** entwickeln sich das Bindegewebe der Leber, das blutbildende Gewebe, sowie die Kupfferschen Sternzellen (zur Blutbildung s. Kapitel 2.5.2).

Aus dem Septum transversum gehen das Mesohepaticum ventrale und das Mesohepaticum dorsale hervor. Außerdem entsteht aus dem Septum transversum ein Teil des Zwerchfells.

Das Mesohepaticum ventrale verbindet die Leber mit der vorderen Bauchwand, das Mesohepaticum dorsale die Leber mit dem Magen.

Das Mesohepaticum ventrale wird zum **Lig. falciforme hepatis**, das zwischen der ventralen Leibeswand und der Leber liegt. Im freien Rand des Lig. falciforme hepatis verläuft die V. umbilicalis, die nach der Geburt zum **Lig. teres hepatis** obliteriert. ➤

➤ Das **Mesohepaticum dorsale** wird zum:

- **Lig. hepato-gastricum**, das zwischen der Leberpforte und dem Magen liegt,
- **Lig. hepato-duodenale**, das zwischen der Leberpforte und dem Duodenum liegt.

Beide Ligamenta zusammen bilden das **Omentum minus** (= kleines Netz). ➤

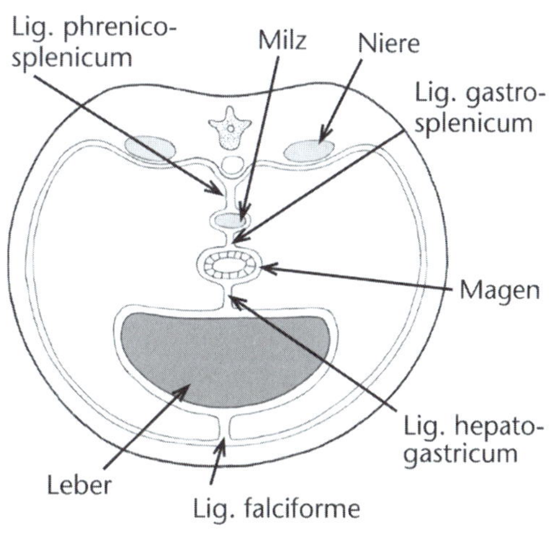

Abb. 8.9 Entwicklung von Magen, Leber und Milz

Pankreasentwicklung

Das Pankreas (= Bauchspeicheldrüse) entsteht in der 5.–8. Entwicklungswoche aus einer ventralen und einer dorsalen Knospe des unteren Vorderdarms (im Bereich des späteren Duodenum). Die ventrale Knospe entwickelt sich am unteren Rand der Leberknospe, die dorsale Knospe entspringt auf der gegenüberlie-

Bauch, Becken

genden Seite der Leberknospe und wächst schnell in das dorsale Mesenterium hinein.

Durch die Darmdrehung gelangt die ventrale Pankreasknospe nach medial und verschmilzt mit der dorsalen Knospe. Aus der ventralen Knospe entsteht der Pankreaskopf, aus der dorsalen entstehen der Pankreaskörper und der Schwanz.

➤ Der Ausführungsgang des aus der ventralen Knospe hervorgegangenen Teils wird zum Ductus pancreaticus (= Hauptgang). Der Ausführungsgang des dorsalen Teils wird zum Ductus pancreaticus accessorius, der zumeist obliteriert (= verödet).

Die zuvor skizzierten Entwicklungsvorgänge erklären, warum der Ductus hepaticus communis (= Lebergang) zusammen mit dem Ductus cysticus (= Gallenblasengang) den Ductus choledochus bildet, der zusammen mit dem Ductus pancreaticus (= Bauchspeicheldrüsengang) auf einer Papille ins Duodenum mündet (siehe auch Kapitel 8.3.3).

Aus dem Epithel der Ausführungsgänge entwickeln sich die Langerhans-Inseln, die ab der 20. Entwicklungswoche das Hormon Insulin bilden (s. Kapitel 8.5.2). ◄

Milzentwicklung

➤ Die Milz entwickelt sich ab der 5. Entwicklungswoche aus dem dorsalen Mesogastrium; aus dem gehen hervor:

- **Lig. spleno-renale** (syn.: **Lig. phrenicosplenicum**) – verbindet den Milzhilus mit der dorsalen Bauchwand (verbindet später den Milzhilus mit dem Zwerchfell, der Niere und dem Pankreas).
- **Lig. gastro-splenicum** (syn.: **Lig. gastrolienale**) – verbindet den Milzhilus mit der großen Magenkurvatur. ◄

8.1.2 Grundkenntnisse der Entwicklung der Organe im Retroperitonealraum !! 4/10

Als Retroperitonealraum wird der Raum bezeichnet, der zwischen dem Peritoneum und der hinteren Bauchwand liegt. In diesem Raum liegen die Nieren, Nebennieren und die Ureter (= Harnleiter).

Nierenentwicklung

➤ In der 3. Entwicklungswoche bildet sich aus dem intermediären Mesoderm (mittleres Keimblatt) die „exkretorische Einheit des Nierensystems (= Nephrotom)", aus der in einem zeitlichen Ablauf nacheinander drei Nierenanlagen hervorgehen: ◄

- Vorniere,
- Urniere,
- Nachniere.

Vorniere

Zunächst bildet sich in der 3. bis 4. Entwicklungswoche im Kopf- und Halsbereich aus den Ursegmentstielen die **Vorniere** (s. Kapitel 1.4.4). Die Vorniere steht über einen einheitlichen Strang (= Vornierengang) mit der Kloake in Verbindung. Die Vorniere bleibt funktionslos. Gegen Ende der 5. Entwicklungswoche hat sie sich bereits wieder zurückgebildet.

➤ Nur der Vornierengang bleibt erhalten, er wird später zum Urnierengang (= Wolff-Gang). ◄

Urniere

Während sich die Vorniere noch zurückbildet, entsteht in der 4. bis 5. Entwicklungswoche im Brust- und Lendenbereich die **Urniere**. Dabei bildet sich zunächst eine Urnierenkugel, die sich zum Urnierenbläschen weiterentwickelt. Das Bläschen streckt sich S-förmig, wobei das eine Ende in den Vornierengang (= Wolff-Gang) mündet, während sich das andere Ende durch Einsprossung von Kapillaren zum **Urnierenkörperchen** weiterentwickelt. Das Urnierenkörperchen besteht aus einem **Glomerulum** (= Kapillarknäuel, aus dem später harnpflichtige Substanzen aus dem Blut filtriert werden). Das Glomerulum ist von einer Bowman-Kapsel umgeben.

➤ Gegen Ende des 2. Entwicklungsmonats bildet sich der größte Teil der Urniere zurück. Einige Urnierenkanälchen verlieren ihre Glomeruli und bilden sich zu den Ductuli efferentes des Hodens um. Der **Wolff-Gang** bleibt beim Mann erhalten, aus ihm entwickelt sich der Ductus deferens (= Samenleiter). Bei der Frau bildet sich der Wolff-Gang zurück. ◄

Nachniere

Die Nachniere entwickelt sich aus der nachfolgend beschriebenen Ureterknospe, sowie aus dem metanephrogenen Blastem. Gegen Ende des 2. Entwicklungsmonats liegen vor:

- der Urnierengang (= ehemaliger Vornierengang) und
- ein metanephrogenes Blastem (Blastem = der Keim, metanephrogen = die Nachniere betreffend).

➤ Der **Urnierengang** mündet in die Kloake. In der Nähe der Kloake geht auf jeder Seite aus dem Urnierengang eine Ureterknospe hervor, die im metanephrogenen Blastem die Bildung der Nachniere induziert. ◄ Die Ureterknospe teilt sich dichotom (= in jeweils 2 neue Knospen), wobei die Knospen teilweise miteinander verschmelzen.

Auf dem sich zur Nachniere ausbildenden Teil entsteht eine Blase, die zum Propelvis (= primäres Nierenbecken) wird. Aus dem Propelvis wird später das endgültige Nierenbecken.

Im Propelvis entsteht ein Kanälchensystem, das sich zu den Nierenkelchen und zu den Sammelrohren weiterentwickelt.

➤ Aus der Ureterknospe gehen insgesamt hervor: Ureter, Nierenbecken, Nierenkelche, Papillengänge und die Sammelrohre mit ihren Verbindungsstücken.

Aus dem metanephrogenen Blastem, das dem Propelvis aufsitzt, bilden sich die **Nephrone**.

Aus dem proximalen Teil des Nephron bildet sich die Bowman-Kapsel des Glomerulum. Der distale Teil des Nephron wird zum Nierenkanälchen, das in ein Sammelrohr mündet. Beachten Sie, daß das Sammelrohr aus der Ureterknospe hervorgeht!

Bei der Geburt sind etwa 2 Millionen Nephrone angelegt, die nach einem Gewebsuntergang der Niere nicht mehr regeneriert werden können. Erst etwa 6 Wochen nach der Geburt sind die Glomeruli voll funktionsfähig.

Die Niere liegt zunächst im Sakralbereich. Durch einen Aszensus (= Aufstieg) gelangt sie in den Oberbauch. Dieser Aszensus wird durch die Harnwegsanlage verursacht, die die Niere nach oben drückt. ➤

Beim Neugeborenen ist die Niere zunächst noch gelappt, was auf der Oberfläche deutlich anhand von Furchen zu sehen ist. Die Lappengliederung bildet sich in den ersten Lebensjahren zurück.

Fehlbildungen

An Fehlbildungen kommen vor:

- Beckenniere – hierbei bleibt während des Aszensus die Nierenanlage in der Gefäßgabel der Nabelarterien stecken und entwickelt sich darum im Becken,
- Hufeisenniere – hierbei verschmelzen die beiden Nieren am unteren Pol miteinander,
- Agenesie – auf einer Seite ist die Niere nicht ausgebildet (fehlt),
- Ureterverdoppelung – durch eine partielle oder totale Verdoppelung der Ureterknospen kommt es bei etwa 2 % der Menschen zu einem gespaltenen Ureter oder zu einer Ureterverdoppelung (Ureter duplex).

Harnblasenentwicklung

Wie in Kapitel 1.4.6 bereits beschrieben, wird der Hinterdarm durch eine Kloakenmembran verschlossen. Als **Kloake** wird der Bereich bezeichnet, der das Ende des Hinterdarms und die Mündung der Allantois umfaßt.

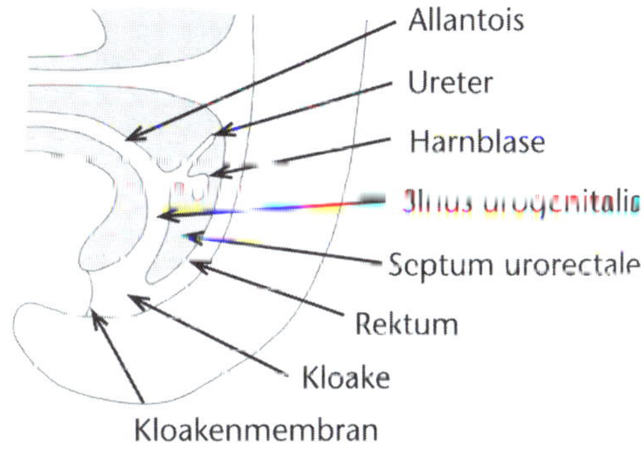

Abb. 8.10 Entwicklung der Kloake

➤ Um den 30. Entwicklungstag entwickelt sich zwischen dem Hinterdarm und der Allantois das **Septum urorectale**, das anschließend zur **Kloakenmembran** vorwächst. Damit trennt das Septum die Kloake in einen dorsalen und einen ventralen Teil. Die Kloakenmembran unterteilt sich dementsprechend in eine

- Membrana urogenitalis (= Urogenitalmembran) und eine
- Membrana analis (= Aftermembran). ➤

➤ Von der Kloake entwickelt sich der

- dorsale Teil zum Anorektalkanal und der
- ventrale Teil zum Sinus urogenitalis.

Der **Sinus urogenitalis** unterteilt sich wiederum in einen oberen und unteren Teil. Aus dem oberen Teil entwickelt sich der größte Teil der Harnblase. Das Trigonum vesicae der Harnblase wird von den Urnierengängen gebildet. ➤

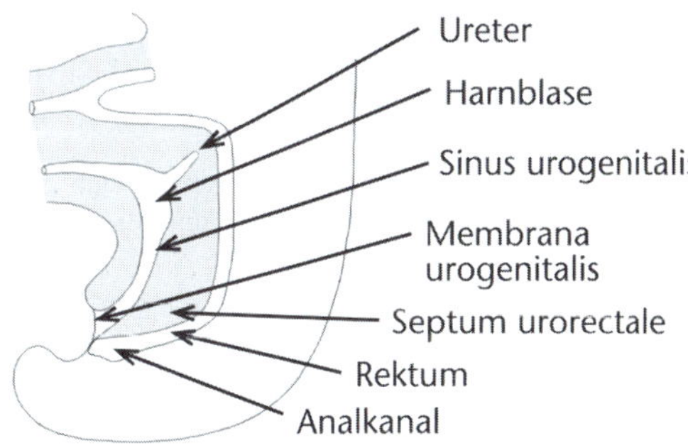

Abb. 8.11 Aufteilung der Kloake durch das Septum urorectale

➤ Vom kranialen Teil der Harnblase zieht der Allantoisgang zum Nabel. Die Allantois wird bei der sich vergrößernden Harnblase zum **Urachus**, der nach der Geburt zur Chorda urachi degeneriert. Aus dem unteren Teil des Sinus urogenitalis entstehen

- beim Mann
  - Epithel der Urethra (Harnröhre),
  - Prostata,
  - Cowper-Drüsen.
- bei der Frau
  - Urethra,
  - unterer Teil der Vagina,
  - Bartholinische Drüsen. ◄

► Aus dem Anorektalkanal gehen das Rektum und die oberen 2/3 des Analkanals hervor. Aus dem Septum urorectale entsteht der Damm. ◄

Entwicklung der Nebenniere

Die Nebenniere besteht aus 2 entwicklungsgeschichtlich verschiedenen Anteilen:

- der Nebennierenrinde (= NNR),
- dem Nebennierenmark (= NNM).

► Die **Nebennierenrinde** geht in der 5.–7. Entwicklungswoche aus dem Mesoderm hervor, indem Zoelomepithelzellen in das Mesenchym eindringen und die fetale Anlage der NNR bilden. Die NNR besteht aus 3 Schichten (s. Kapitel 8.5.1 „Mikroskopische Anatomie"). Von diesen 3 Schichten werden in der Fetalzeit nur 2 angelegt (Zona glomerulosa und Zona fasciculata). Die dritte Schicht (Zona reticularis) wird erst um das 3. Lebensjahr angelegt. Bis zur Pubertät werden diese Schichten umgebaut, wobei sich besonders die Grenze der Zona fasciculata verschiebt. ◄
► In der NNR kommt es während des Lebens zu großen Anpassungsvorgängen, die sich in Form von **Transformationen** (= Umformungen) in den Grenzbereichen zwischen den 3 Schichten äußern. ◄ So unterscheidet man zwischen einem

- äußeren Transformationsfeld – umfaßt den Grenzbereich zwischen Zona glomerulosa und Zona fasciculata, sowie einem
- inneren Transformationsfeld – Grenzbereich zwischen Zona fasciculata und Zona reticularis.

► Während des Klimakteriums kommt es zur sogenannten **regressiven Transformation**, dabei verschmälern sich die Zonae glomerulosa und reticularis. ◄

Klinik: Bei permanentem Streß kann es in relativ kurzer Zeit zur progressiven Transformation kommen, bei der sich die Zona fasciculata stark verbreitert.

► Das **Nebennierenmark** geht in der 7. Entwicklungswoche aus dem Ektoderm der Neuralleiste hervor, indem Chromaffinoblasten aus dem Sympathikus in die Nebennierenrinde eindringen. Das NNM ist somit als ein Teil des Sympathikus anzusehen. Die Zellen des NNM bilden jedoch keine Zellfortsätze. ◄
Im Verlauf der intrauterinen Entwicklung steigt die Niere zur Nebenniere hoch.

Beim Neugeborenen ist die Nebenniere relativ groß – ihr Größenverhältnis zur Niere beträgt kurz nach der Geburt 1 : 3, im Erwachsenenalter nur noch 1 : 30.

► Nach der Geburt bilden sich die beiden Zonae der NNR relativ stark zurück (auf etwa die Hälfte). Nach der Pubertät zeigt die Nebenniere deutlich die charakteristische Dreiteilung. ◄

Entwicklungsanomalien

Durch eine partielle oder totale Verdoppelung der Ureterknospe kommt es bei etwa 2 % der Bevölkerung zu einem gespaltenen Ureter oder zu einer Ureterverdoppelung (Ureter duplex).

8.1.3 Grundkenntnisse der Entwicklung der Geschlechtsorgane und des Anorektalkanals in ihrer Bedeutung für die Entstehung von Fehlbildungen !!! 6/18

Besonders prüfungsrelevant: Tabelle.

Die Geschlechtsorgane können unterteilt werden in

- Keimdrüsen – Ovar (= Eierstock) und Hoden,
- ableitende Teile.

Zu den Geschlechtsorganen zählen:

- bei der Frau: Ovar, Tuba uterina (= Eileiter), Uterus, Vagina und Labien (= Schamlippen);
- beim Mann: Hoden, Nebenhoden, Ductus deferens (= Samenleiter), Samenblase, Prostata und Penis.

Die spezifische Geschlechtsentwicklung kann in 3 Stadien unterteilt werden:
1. Stadium = Indifferenzstadium,
2. Stadium = Festlegung des gonadalen (= keimdrüsenbedingten) Geschlechts,
3. Stadium = Ausbildung der inneren und äußeren Geschlechtsteile.

1. Stadium

Das **Indifferenzstadium** reicht etwa bis zum Ende der 6. Entwicklungswoche. Das genetische Geschlecht wird bei der Befruchtung durch das X- oder Y-Chromosom determiniert (festgelegt). Die ersten Keimzellen sind ab der 3. Entwicklungswoche in der Wand des Dottersacks nachweisbar. Diese Keimzellen entwickeln sich zu den Urgeschlechtszellen.

Ab der 5. Woche verdickt sich an der medialen Seite der Urogenitalfalte das Zölomepithel zum Keimepithel, aus dem sich medial von der Urniere die Genitalleiste (syn.: Keimleiste) entwickelt (der Name „Keimepithel" ist irreführend, aus diesem Epithel entwickeln sich **keine** Keimzellen). ➤ Bis etwa zur 7. Entwicklungswoche kann man ein Embryo morphologisch nicht einem bestimmten Geschlecht zuordnen, das Embryo ist bis zu diesem Zeitpunkt potentiell bisexuell (daher Indifferenzstadium).

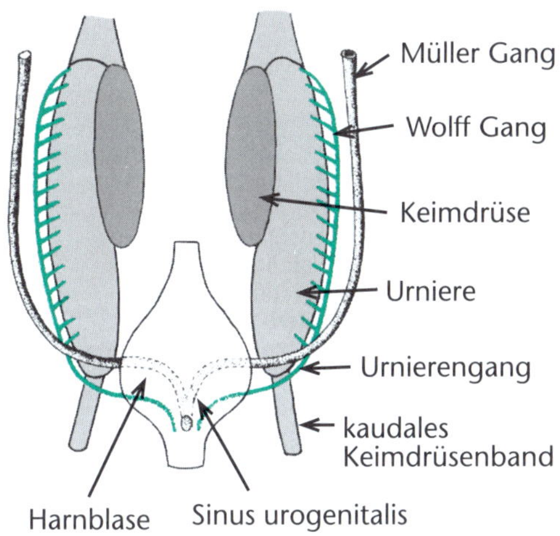

Abb. 8.12 *Geschlechtsentwicklung bei einem etwa 7 Wochen alten Embryo (Indifferenzstadium)*

Aus dem mittleren Teil der Genitalleiste entwickeln sich die Keimdrüsen (beim Vorliegen eines Y-Chromosoms werden Hoden angelegt, fehlt das Y-Chromosom, so werden bei Vorliegen von 2 X-Chromosomen die Ovarien angelegt). In die Genitalleiste wächst das umgebende Mesenchym vor und bildet dadurch primäre Keimstränge.

Ab der 4. Woche wandern die Urgeschlechtszellen vom Dottersack entlang des an der dorsalen Bauchwand liegenden Mesenterium des Kolons (= Dickdarmgekröse) zur Anlage der Keimdrüsen, die die Urgeschlechtszellen in der 6. Woche erreichen und sich in den primären Keimsträngen einnisten.

In der 6. Woche sind auf beiden Körperseiten 2 Kanäle angelegt:

- **Urnierengang** (= **Wolff-Gang**) – (s. Kapitel 8.1.2.)
- **Müller-Gang** – entsteht im Bereich der Urogenitalfalte aus dem Zölomepithel. Beide Müller-Gänge vereinigen sich und münden in den Sinus urogenitalis (weiter s. „Entwicklung der Geschlechtsorgane"). ➤

2. Stadium

Das 2. Stadium beginnt mit der Ausdifferenzierung der angelegten Keimdrüsen zum Hoden bzw. Ovar.

3. Stadium

➤ Die Keimdrüsen induzieren die weitere Entwicklung der inneren und äußeren Geschlechtsorgane (die Hoden induzieren die Weiterentwicklung über das von ihnen gebildete Hormon Testosteron). ➤

Entwicklung des männlichen Keims

In der 7. Entwicklungswoche ziehen die primären Keimstränge in die Gonadenanlage, wo sie die Hodenstränge bilden. Die Hodenstränge anastomosieren miteinander zum Rete testis, treten mit den **Urnierenkanälchen** in Beziehung und differenzieren sich zu den Tubuli seminiferi (= Hodengängen) und den Tubuli recti. ➤ In den **Tubuli seminiferi** entstehen aus den Zellen des Keimepithels die **Sertoli-Stützzellen** und aus den Urgeschlechtszellen die Spermatogonien (weiter s. Kapitel 1.1.3). ➤

➤ Die Urnierenkanälchen entwickeln sich zu den ableitenden Hodengängen (= Ductuli efferentes). Die **Ductuli efferentes** münden in den Urnierengang (= Wolff-Gang), aus ihm entwickeln sich der **Ductus epididymidis** und der **Ductus deferens**.

Aus dem benachbarten Mesenchym entwickeln sich neben den Leydig-Zellen, die schon im 4. Entwicklungsmonat das Hormon Testosteron produzieren, die Tunica albuginea (= bindegewebige Hodensackhülle).

Die Spermatogonien benötigen um zu befruchtungsfähigen Spermien heranzureifen, eine um etwa 1,5 Grad niedrigere Temperatur als sie in der Bauchhöhle herrscht. Daher kommt es nach dem 7. Entwicklungsmonat zum langsamen **Descensus** (= Herabsteigen) des Hodens in Richtung Hodensack. Mit oder kurz nach der Geburt sollten die beiden Hoden die Bauchhöhle durch den Processus vaginalis peritonei des Leistenkanals verlassen haben und im Hodensack liegen.

Der Descensus wird wahrscheinlich durch Gonadotropine und Androgene (Hormone) gesteuert. Das **Gumbernaculum testis** (= mesenchymaler Strang zwischen Hoden und Genitalwulst) wird dabei zur Leitstruktur. ◄

Entwicklung des weiblichen Keims

Beim weiblichen Embryo dringt Mesenchym in die primären Keimstränge ein und löst sie auf. Die Reste liegen als sekundäre Keimstränge im Rindenbereich des Ovars. In diesen Resten kommt es bis zum 4. Entwicklungsmonat zur raschen Vermehrung der Urgeschlechtszellen. ► Die sekundären Keimstränge zerfallen zu Eiballen, die 2 Zellarten enthalten:

- Ovogonien – gehen aus den Urgeschlechtszellen hervor,
- Follikelzellen – gehen aus dem sekundären Keimstrang hervor. ◄

► Beim weiblichen Fetus findet wie beim männlichen ein, wenn auch viel weniger ausgeprägter Deszensus statt. Der Abstieg bis ins kleine Becken wird durch das kaudale Keimdrüsenband verursacht, das beim männlichen Embryo einen Teil des Gubernaculum testis bildet. Dieses **Keimdrüsenband** wird beim weiblichen Fetus zum Lig. ovarii proprium (liegt zwischen Ovar und Uterus) und zum Lig. teres uteri (= rundes Mutterband). Aus dem kranialen Teil des Keimdrüsenbandes entsteht das Lig. suspensorium ovarii. ◄

Entwicklung der Geschlechtsgänge

Aus den Gängen entwickeln sich die in der Tabelle gegenübergestellten Strukturen.

► Beim männlichen Keim degeneriert der Müller-Gang. In der Prostata kann er als **Utriculus prostaticus** und am Hoden als **Appendix testis** (= bläschenförmiger Anhang) teilweise erhalten bleiben. Beim weiblichen Keim degeneriert der Wolff-Gang zum Epoophoron. Er kann als **Gartner-Gang** teilweise erhalten bleiben und liegt dann neben der Vagina. ◄

Embryonale Anlage	Mann	Frau
Indifferente Gonaden	Hoden	Ovar
Untere Gonadenfalte (Genitalbänder)	– – Gubernaculum testis	Lig. suspensorium ovarii Lig. latum uteri Lig. ovarii proprium und Lig. teres uteri
Urnierenkörperchen	Rete testis	Rete ovarii (rudimentär)
Wolff-Gang (Urnierengang)	Ductus epididymidis Ductus deferens Vesicula seminalis Trigonum vesicae (Harnblasendreieck) Appendix epididymidis	Gartnerscher Gang (rudimentär) Trigonum vesicae –
Müller-Gang	Appendix testis (rudimentär) Utriculus prostaticus	Tuba uterina Uterus Vagina
Ureterknospe	Ureter, Nierenbecken und Sammelrohre der Niere	wie beim Mann
Genitalhöcker	Glans penis Fossa navicularis der Urethra	Klitoris (Kitzler)
Sinus urogenitalis	Harnblase Prostata Anfangsstück der Urethra Pars spongiosa des Penis	Harnblase Gll. paraurethrales Urethra (Harnröhre) Scheidenvorhof
Urogenitalfalten	Schwellkörper der Urethra Penis mit Corpus cavernosum und spongiosum	Labia minora
Genitalwülste	Skrotum	Labia majora

➤ Als Reste der zuvor erwähnten Strukturen (= Residualstrukturen) können erhalten bleiben:

Beim Mann:
- **Appendix testis** – liegt am oberen Hodenpol als Rest des Müller-Gangs
- **Appendix epididymidis** – liegt am Kopf des Nebenhodens als Rest des Wolff-Gangs. ◄

➤ Bei der Frau:
- Epoophoron (= Nebeneierstock) – liegt als Rest des Wolff-Gangs in der Mesosalpinx (= Eileitergekröse).
- **Appendices vesiculosae** – liegen als kleines bläschenförmiges Ende des Wolff-Ganges in der Nähe des Infundibulum tubae uterinae. ◄

Merksatz:
Lieschen Müller und Herr Wolfgang
Lieschen Müller (bei der Frau bleibt der Müller-Gang erhalten).
Herr Wolfgang (beim Mann bleibt der Wolff-Gang erhalten).

Entwicklung des äußeren Geschlechts und des Anorektalkanals

Auf beiden Seiten der in Kapitel 8.1.2 beschriebenen Kloakenmembran bildet sich je eine Kloakenfalte, die sich an der Spitze vereinigen. Aus dieser Spitze entsteht der Genitalhöcker. Aus den Resten der Kloakenmembran entstehen die Anal- und Urogenitalmembran und damit zwei Urethral- und Analfalten. Im Bereich der Urethralfalten entstehen die Genitalwülste.

Entwicklungsanomalien

Beim **Hermaphroditismus** (= echtes Zwittertum) besitzt der betroffene Mensch infolge eines Defekts des Y-Chromosoms sowohl Hoden als auch Eierstöcke.

Beim **Pseudohermaphroditismus** (= unechtes Zwittertum) besitzt der betroffene Mensch die Keimdrüse (= Hoden oder Ovar) des einen und die Geschlechtsmerkmale des anderen Geschlechts. Es wird zwischen männlichem und weiblichem Pseudohermaphroditismus unterschieden.

Beim männlichen Pseudohermaphroditismus bleiben infolge eines Hormondefekts (kein oder fehlerhaftes Testosteron) die Müller-Gänge erhalten während der Wolff-Gang zugrunde geht. Der betroffene Mensch hat ein weibliches Aussehen und besitzt Hoden.

Beim weiblichen Pseudohermaphroditismus wird von der weiblichen Nebennierenrinde zuviel Androgen produziert, so daß ein männliches Aussehen entsteht, aber Eierstöcke (= Ovarien) vorhanden sind. Die Klitoris ist penisartig entwickelt, die großen Schamlippen sind hodensackartig vergrößert.

Als **Kryptorchismus** (= „verborgene" Bauchhöhlenhoden) bezeichnet man den fehlenden Deszensus der Hoden. Wenn der Krytorchismus nicht rechtzeitig durch Hormongaben behandelt wird, kommt es zur Sterilität (die Spermien werden nur bei einer Temperatur von etwa 35 Grad gebildet, und die herrscht nur im Hodensack).

Als **Hypospadie** wird eine untere Harnröhrenspalte bezeichnet, bei der die Harnröhre nicht an der Eichel sondern an der Unterseite des Penis mündet.

Als **Epispadie** wird eine obere Harnröhrenspalte bezeichnet, bei der die Harnröhre auf der Oberseite des Penis mündet.

8.2 Organe des Magen-Darm-Kanals !! 4/9

Die Nahrung wird im Mund zerkleinert und mit Speichel durchmischt, wodurch die Nahrung u.a. gleitfähig wird. Im Magen wird die Nahrung vorübergehend gespeichert und in einen Speisebrei umgewandelt. Im Dünndarm erfolgt die chemische Spaltung und Resorption der Nahrung. Der verbleibende Rest wird über den Dickdarm ausgeschieden.

Die Nahrung nimmt folgenden Weg:
- Mund (Kapitel 5.4.3),
- Pharynx (= Schlund – Kapitel 5.4.9),
- Oesophagus (= Speiseröhre – Kapitel 7.3),
- Ventrikel (= Magen – Kapitel 8.2.1),
- Dünndarm (= Intestinum tenue) – wird unterteilt in:
  - Duodenum (= Zwölffingerdarm – Kapitel 8.2.2),
  - Jejunum (= Leerdarm – Kapitel 8.2.3),
  - Ileum (= Krummdarm – Kapitel 8.2.3),
- Dickdarm – wird unterteilt in:
  - Caecum (= Blinddarm – Kapitel 8.2.4),
  - Appendix vermiformis (= Wurmfortsatz – Kapitel 8.2.4),
  - Kolon (= Grimmdarm – Kapitel 8.2.5),
  - Rektum (= Mastdarm – Kapitel 8.2.6),
- Anus.

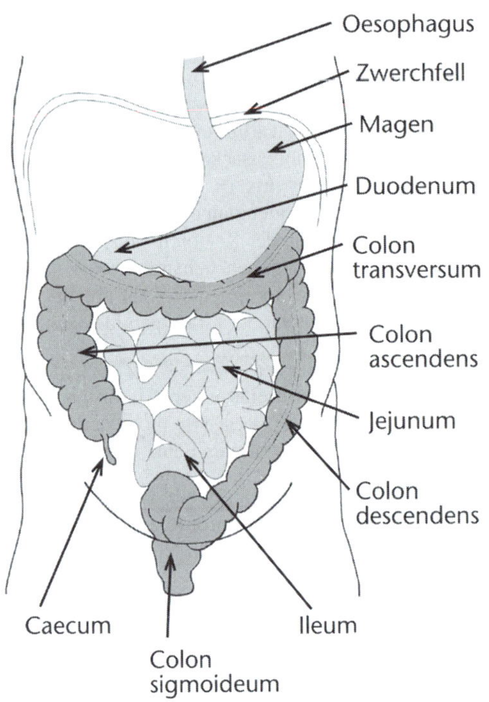

Abb. 8.13 *Darmbauch von ventral*

Mikroskopische Anatomie der Darmwand

Die einzelnen Abschnitte des Verdauungskanals (vom Oesophagus bis zum Rektum) sind nach einem einheitlichen Bauprinzip aufgebaut, das in den einzelnen Abschnitten jedoch variieren kann.

Von innen nach außen bestehen die einzelnen Abschnitte des Verdauungskanals aus folgenden Schichten:

- **Tunica mucosa** (= Schleimhaut) wird unterteilt in:
  - Epithelium mucosae (= Epithelschicht),
  - Lamina propria mucosae (= Schleimhautbindegewebe),
  - Lamina muscularis mucosae (= Schleimhautmuskelschicht),
- **Tela submucosa** (= submuköse Bindegewebsschicht),
- **Tunica muscularis** (= Muskelhaut) – wird unterteilt in:
  - Stratum circulare (= Ringmuskelschicht),
  - Stratum longitudinale (= Längsmuskelschicht),
- **Tunica adventitia** bzw. **Tela subserosa**,
- **Tunica serosa** (= Peritoneum viscerale) – wird unterteilt in:
  - Lamina propria serosae,
  - Lamina epithelialis serosae (= Mesothel).

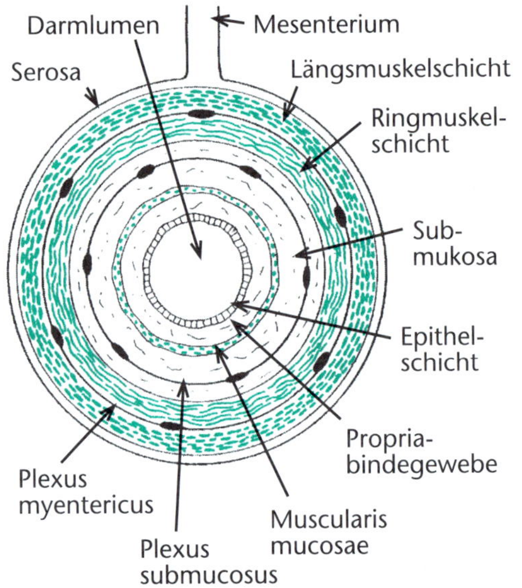

Abb. 8.14 *Schematisierter Querschnitt durch den Magen-Darm-Kanal*

Tunica mucosa (= Schleimhaut = Mukosa)

Die Tunica mucosa kleidet das Darmlumen aus. Wie die Bezeichnung schon sagt, ist die Schleimhaut von Schleim überzogen. Der Schleim wird von exokrinen Drüsenzellen gebildet, die in der Tunica mucosa liegen. In der Magen- und Dünndarmschleimhaut kommen enteroendokrine Zellen vor, deren Hormone u.a. regulierend auf die Darmwand und das Pankreas wirken (s. auch Kapitel 8.2.2).

Im Epithel des gesamten Magen-Darm-Kanals kommen einzeln vorliegende gastrointestinale endokrine Zellen vor. Laut meinen Unterlagen konnten bisher 19 verschiedene Zellarten im Magen-Darm-Bereich sowie im Pankreas differenziert werden, die zusammen das gastro-entero-pankreatische System bilden. Die Zellen besitzen basal liegende Sekretgranula, die parakrin abgegeben wird.

Differential-Diagnose des Verdauungs-Traktes							
	Oesophagus	**Magen**	**Duodenum**	**Jejunum**	**Ileum**	**Appendix vermiformis**	**Kolon**
Epithel	mehrschichtig unverhorntes Plattenepithel	einschichtig hochprismatisches Epithel	einschichtig hochprismatisches Epithel	wie Duodenum	wie Duodenum	wie Duodenum	wie Duodenum
Becherzellen (exokrin)	–	–	+	+	+	+	+++
Paneth Körnerzellen (exokrin)	–	–	+ (im Fundus der Krypten)	+	+	–	–
basalgekörnte Zellen (endokrin)	–	+ (Pars pylorica)	+	+	+	+	+
Falten	Längsfalten	–	++ dicht stehende Plicae circulares	+ hohe Plicae circulares	+ niedrigere oder keine Plicae circulares	–	–
Zotten	–	–	Villi intestinales	Zotten lang und fingerförmig	Zotten kürzer	–	–
Krypten	–	(Foveolae)	Gll. intestinales (Kryptentiefe nimmt von oben nach unten zu) flach	+ flach	+ tiefer	+ flach	+ (besonders tief)
muköse Drüsen	–	Gll. gastricae (mit Haupt-, Beleg- u. Nebenzellen); Gll. cardiacae (mukoid); Gll. pyloricae (mukoid)	–	–	–	–	–
submuköse Drüsen	Gll. oesophageae (mukös)	–	Gll. duodenales (mukoid). Für Duodenum charakteristisch - unterscheidet sich dadurch vom Jejunum und Ileum	–	–	–	–
Muskularis	In den oberen 2/3 quergestreifet, im unteren Drittel glatte Muskulatur innen: Stratum circulare, außen: Stratum longitudinale	3 Schichten: außen: Stratum longitudinale, Mitte: Stratum circulare, innen: Fibrae obliquae	2 Schichten: innen: Stratum circulare, außen: Stratum longitudinale	wie Duodenum	wie Duodenum	wie Duodenum	wie Duodenum (besitzt Taeniae libra, mesocolica und omentalis)
Folliculi lymphatici	+	+	+ (Peyer'sche Plaques)	+	++ (Peyer'sche Plaques)	+++	++ (Solitärfollikel)
Serosa	–	+	(+)	+	+	+	(+)
Adventitia	+	–	+	–	–	–	–

+ = vorhanden
++ = viele
+++ = sehr viele
– = fehlen
Die rot unterlegten Felder sind charakteristisch für diesen Darmabschnitt

Die Tunica mucosa besteht aus folgenden 3 Schichten:

- **Epithelium mucosae** (= **Epithelschicht**)

Sie besteht im Bereich des Oesophagus (= Speiseröhre) aus unverhorntem, mehrschichtigem Plattenepithel und vom Magen an aus einschichtigem, hochprismatischem Epithel (= Zylinderepithel). Bis auf den Oesophagusbereich ist die Tunica mucosa von vielen Drüsenzellen durchsetzt.

- **Lamina propria mucosae** (= Schleimhautbindegewebe = **Propriabindegewebe**)

Das Propriabindegewebe ist durch eine Basalmembran (= Basallamina) von der Epithelschicht getrennt. Das Propriabindegewebe besteht aus lockerem, zumeist retikulärem Bindegewebe, das von Nerven und kleinen Gefäßen durchzogen wird. In dieser Schicht kommen vereinzelt glatte Muskelzellen vor (im Dünndarmbereich). Daher wirkt die Lamina propria mucosae bei Veränderungen der Darmwand (Gewebeverschiebung) mit. Wichtig ist diese Schicht für die Abwehr. Bei Entzündungen findet man außerdem freie Zellen, z.B. Plasmazellen, Granulozyten, Mastzellen und Lymphozyten. Die der Abwehr dienenden Lymphozyten bilden an zahlreichen Stellen Lymphfollikel (u.a. im Ileum als Peyer-Plaques), weshalb die Lamina propria mucosae auch als wichtiges Immunorgan betrachtet wird.

- **Lamina muscularis mucosae** (= Schleimhautmuskelschicht = Muscularis mucosae).

Sie besteht aus einer dünnen Schicht glatter Muskelzellen, die spiralartig verlaufen und der Motorik (= Eigenbeweglichkeit) der Tunica mucosa und der Dehnung des Darms dienen.

Tela submucosa (= submuköse Bindegewebsschicht = Submukosa)

➤ Die Submukosa besteht aus locker angeordneten Kollagenfasern und elastischen Netzen. Sie ist die wichtigste Verschiebeschicht der Darmwand, indem sie Verschiebungen zwischen der Tunica mucosa gegen die Tunica muscularis zuläßt. ◄

➤ In der Submukosa liegen Nerven und Nervenzellgruppen, die als vegetativer **Plexus submucosus** (= **Meissner-Plexus**) bezeichnet werden. Der Plexus submucosus innerviert die Muscularis mucosae und die Drüsen. ◄

Außerdem verlaufen in der Submukosa größere Gefäße für die Versorgung der Tunica mucosa. Im Bereich des Duodenum liegen in der Submukosa größere Drüsen.

Die Gefäße dienen der Versorgung der Darmwand sowie dem Abtransport der resorbierten Stoffe (über Venen und Lymphgefäße).

Tunica muscularis (= Muskularis)

➤ Die Muskularis besteht im oberen Drittel des Oesophagus und am Anus aus quergestreifter Muskulatur. Im ganzen übrigen Bereich des Rumpfdarms (= von den unteren 2/3 des Oesophagus bis zum Rektum) besteht die Muskularis aus glatten Muskelzellen, die aus ◄

- einer inneren (= zur Submukosa hin gelegenen) Ringmuskelschicht = Stratum circulare und
- einer äußeren Längsmuskelschicht = Stratum longitudinale besteht.

Die Muskelbündel des Stratum circulare verlaufen um den Darm herum, die des Stratum longitudinale parallel zum Darm.

➤ Zwischen beiden Muskelschichten liegt eine dünne Bindegewebsschicht, in der neben Blutgefäßen als Nervengeflecht der **Plexus myentericus** (= **Plexus Auerbach**) liegt, der die Muskularis innerviert. ◄

Die Muskelschicht in der Lamina muscularis mucosae und der Tunica muscularis dienen der **peristaltischen Bewegung** des Darms. Dabei verlaufen die peristaltischen Kontraktionswellen regelmäßig in Richtung Rektum.

Daneben gibt es

- **Segmentbewegungen**, wodurch sich in einem bestimmten Darmbereich die Darmweite ändert, sowie
- **Pendelbewegungen**, bei der sich die Lage eines Darmbereich ändert.

Die peristaltische Kontraktion dient dem Transport, Segment- und Pendelbewegungen dienen der Durchmischung des Nahrungsbreis.

Tunica adventitia (= Adventitia)

Die Adventitia umhüllt die Muskularis im Bereich des Darmrohrs überall dort, wo der Rumpfdarm außerhalb des Peritoneum (= Bauchfell) liegt – ein Peritonealüberzug (= Tunica serosa) also fehlt.

➤ Die Adventitia findet man somit

- bei extraperitonealen Rumpfdarmbereichen (Oesophagus),
- bei retroperitoneal liegenden Rumpfdarmbereichen (Teilen des Duodenum, Colon ascendens, Colon descendens, Teil des Rektum). ◄

Die Adventitia bildet in diesen Bereichen eine lockere und gefäßführende Bindegewebsschicht, die dazu dient, den Darmbereich mit der Umgebung zu verbinden.

Tela subserosa

Sie bildet eine Bindegewebsschicht, die die Muskularis mit der Tunica serosa verbindet.

Tunica serosa (= Peritoneum viscerale = Serosa)

Die Serosa bildet eine glänzende Haut, die als Peritoneum viscerale (= viszerales Bauchfell) die Oberfläche der innerhalb der Bauch- und Beckenhöhle liegenden Organe (und Darmbereiche) überzieht – die Serosa kommt somit in den Darmbereichen vor, die in die Bauchhöhle hineinragen.

Die Serosa besteht aus 2 Schichten:

- Lamina propria serosae – sie besteht aus einer dünnen Schicht längs- und querverlaufender elastischer Fasern,
- Lamina epithelialis – bildet die oberflächliche Schicht. Sie besteht aus einem einschichtigen Plattenepithel, das sich aus dem Mesenchym entwikkelt hat und Mesothel genannt wird.

Die charakteristischen Merkmale der einzelnen Abschnitte des Verdauungstraktes sind in der **Tabelle** zusammengefaßt.

8.2.1 Magen

!!! 17/34

Der **Magen** (= Gaster, syn.: Ventriculus) erfüllt im wesentlichen 3 Aufgaben:

- Er speichert für eine begrenzte Zeit die aufgenommene Nahrung.
- Er bildet Salzsäure (= HCl), deren saurer pH die mit der Nahrung aufgenommenen Bakterien abtötet und die proteolytischen Enzyme aktiviert.
- In ihm wird die Nahrung durch Magensaft in einen Speisebrei (= Chymus) umgewandelt. Mittels Verdauungsenzymen werden Proteine abgebaut sowie Fette durch Hydrolyse verflüssigt.

Unterteilung des Magens

Der Magen wird in 4 Abschnitte unterteilt:

- Pars cardiaca = Einmündung des Oesophagus (Speiseröhre) in den Magen,
- Fundus gastricus (ventriculi) = Magenkuppel,
- Corpus gastricum (ventriculare) = Magenkörper,
- Pars pylorica = Magenausgang

➤ Der Oesophagus mündet nicht in die höchstgelegene Magenstelle sondern rechts in die Kardia (= Ostium cardiacum) der **Pars cardiaca**. Ein Schließmuskel fehlt in diesem Bereich. Die Pars cardiaca ist etwa 1 cm lang.

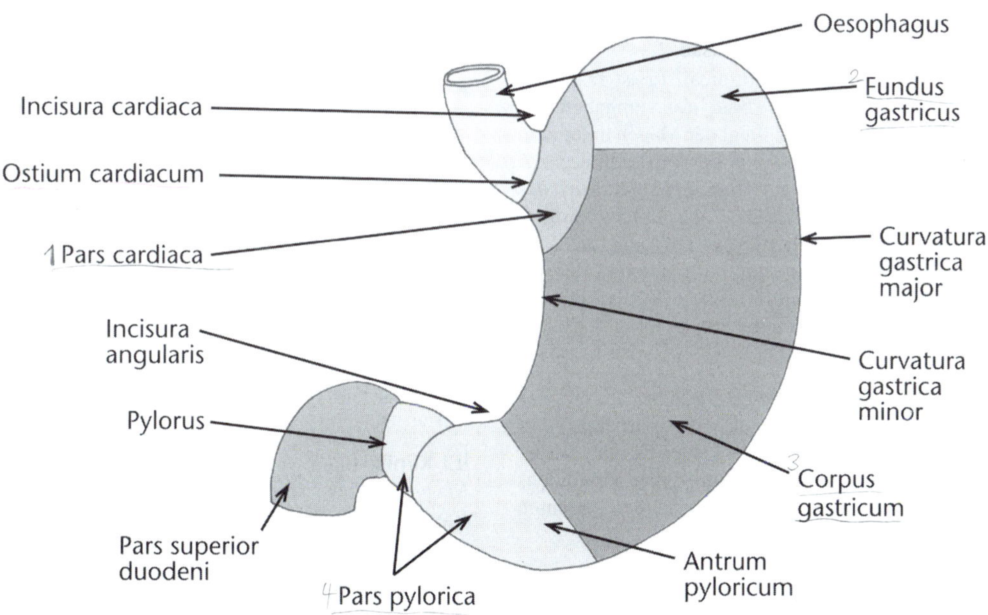

Abb. 8.15 *Magen (schematisiert)*

Der am höchsten gelegene Teil des Magens wird **Fundus** (= **Magenkuppel**) genannt. Der Fundus wird durch die spitzwinklige **Incisura cardiaca** von der Pars cardiaca getrennt. Beim stehenden Menschen ist der Fundus meist mit einer Luftblase (= Magenblase) gefüllt, so dass der Fundus der linken Zwerchfellkuppel direkt anliegt. ◄

Am Magen wird eine kleine **Magenkrümmung** (= **Curvatura minor**) und eine große **Magenkrümmung** (= **Curvatura major**) unterschieden. Die Curvatura major und die Curvatura minor umschließen den Hauptteil des Magens, der Corpus gastricum (= Magenkörper) genannt wird.

Durch das Corpus gastricum gelangt der Nahrungsbrei in die horizontal liegende **Pars pylorica** und weiter zum Magenausgang, der **Pylorus** (= Pförtner) genannt wird. Die Pars pylorica umfaßt den Bereich vom Antrum pyloricum über den etwa 3 cm langen Canalis pyloricus bis zum Pylorus (= Magenpförtner).➤ Im Röntgenbild ist der Beginn der Pars pylorica durch die **Incisura angularis** zu erkennen, die an der tiefsten Stelle der Curvatura minor liegt und dort einen Knick macht. ◄

Mit dem Magenpylorus endet der Magen und geht in den Bulbus des Duodenum (= Bulbus duodeni) über. ➤ Im Pylorus ist die innere Ringmuskulatur des Magens zum **M. sphincter pylori** verdickt. Der M. sphincter pylori bildet den stärksten Verschluß des Magen-Darm-Trakts. ◄

Lage und Peritonealverhältnisse

➤ Der Magen liegt intraperitoneal. Er ist fast vollständig von Peritoneum (= Bauchfell) umgeben.

Mit seinem größten Teil liegt der Magen unter dem linken Rippenbogen links von der Wirbelsäule.

Da der Oesophagus im Hiatus oesophageus des Zwerchfells befestigt ist, ist die Lage der Pars cardiaca konstant. Ebenfalls relativ konstant liegt die Pars pylorica, weil das Duodenum im unteren Bereich retroperitoneal und damit fest fixiert liegt, so dass die Bewegungsmöglichkeiten der Pars pylorica stark eingegrenzt sind. ◄

➤ Auf die Wirbelsäule bezogen liegen:

- Ostium cardiacum – 11.–12. Brustwirbel.
- Magenknie (= unterster Punkt der Curvatura major) – in der Mitte zwischen Proc. xiphoideus (Brustbein) und Nabel. Beim stehenden Patienten mit gefülltem Magen bis unterhalb des Nabels – 4.–5. Lendenwirbel.
- Pars pylorica – 1.–3. Lendenwirbel. In Rückenlage liegt er zwischen dem 12. Brust- und 1. Lendenwirbel. ◄

➤ Zwischen der Curvatura minor und der Leber sowie der Pars superior des Duodenum spannt sich als Peritonealplatte das Omentum minus. An der Curvatura major ist das Omentum majus befestigt, das schürzenartig den Darm bedeckt. ◄

➤ Die **Curvatura minor** ist mit der Leber verbunden durch das:

- Omentum minus (= kleines Netz),
- Lig. hepatogastricum. ◄

➤ Die Curvatura major ist verbunden durch nachfolgende Teile des Omentum majus:

- Lig. gastrosplenicum mit der Milz,
- Lig. gastrocolicum mit dem Colon transversum,
- Lig. gastrophrenicum mit dem Zwerchfell. ◄

Topographie

➤ Mit seinem größten Teil liegt der Magen unter dem linken Rippenbogen links von der Wirbelsäule.

- Der Fundus grenzt kranial an die Pars costalis der linken Zwerchfellkuppel und ventral an den Recessus costodiaphragmaticus. So ist der Magen nur durch das Zwerchfell von der Lunge getrennt.
- Die Pars cardiaca und Teile des Fundus und des Magenkörpers (Curvatur minor) liegen hinter dem linken Leberlappen.
- Im epigastrischen Winkel kann die Vorderwand des Magens der Bauchwand direkt anliegen. Zum größten Teil liegt die Vorderwand jedoch hinter dem Zwerchfell und den Rippen sowie der Leber.
- Die Curvatura major (und der Fundus) grenzt dorsal/lateral an die Milz.
- Der Magenkörper (Corpus) ist dorsal nur durch die Bursa omentalis (Netzbeutel) vom Schwanz des Pankreas und der linken Niere und Nebenniere getrennt.
- Am Unterrand des Magenkörpers (Curvatura major und Pars pylorica) verläuft das Colon transversum. ◄

Klinik: Bei Zwerchfellhernien können Teile des Magens durch den Hiatus oesophageus aus der Bauch- in die Brusthöhle gelangen (s. Kapitel 6.2.5).

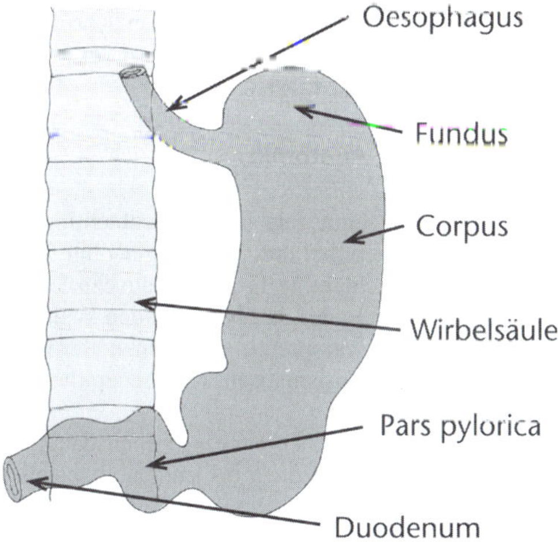

Abb. 8.16 Lage des Magens zur Wirbelsäule

Funktion

Der leere Magen ist mit Ausnahme des Fundus schlauchförmig verengt. Nach einer Nahrungsaufnahme legt sich die Magenwand immer dem Inhalt an. Die aufgenommene Nahrung verweilt etwa 2–4 Stunden im Magen. Von Schrittmacherzellen in der Mitte des Corpus wird die Muskulatur reflektorisch zu peristaltischen Kontraktionen im unteren Magenabschnitt angeregt. Die dadurch entstehenden Kontraktionswellen dienen der Entleerung. Der Nahrungsbrei wird portionsweise durch Kontraktion der Ringmuskulatur durch den Pyloruskanal in das Duodenum gedrückt.

Innervation und Gefäßversorgung

(siehe auch die Winterthur-Verlaufsbeschreibungen).
➤ Der Magen wird sympathisch und parasympathisch innerviert.
Die sympathischen Nervenfasern gelangen vom Grenzstrang (= Truncus sympathicus) zu den Nn. splanchnici, in denen sie zum Ganglion coeliacum gelangen. Im Ganglion coeliacum werden die Nervenfasern von prä- auf postganglionär umgeschaltet und ziehen zum Magen weiter.
Die parasympathische Innervation erfolgt über die beiden Nn. vagi. Der linke N. vagus versorgt als Truncus vagalis anterior die vordere Magenfläche, der rechte N. vagus als Truncus vagalis posterior die hintere Magenfläche (s. auch Kapitel 5.5). ◄

➤ Durch den Sympathikus werden
- die peristaltischen Bewegungen des Magens gehemmt,
- und die Gefäße verengt.

Durch den Parasympathikus wird/werden
- die Magenmotorik erhöht,
- die Sekretion von HCL und Magensaft erhöht,
- die G-Zellen zur Gastrinabgabe stimuliert und
- die Gefäße erweitert. ◄

➤ Der Magen ist sehr gut mit blutzuführenden Gefäßen versorgt. Er erhält sein Blut aus Ästen der nachfolgend aufgeführten Arterien, die aus dem Truncus coeliacus hervorgehen: A. hepatica communis, A. splenica, A. gastrica sinistra (s. auch Kapitel 8.9.2).

Die den Magen versorgenden Arterien bilden je einen Arterienbogen im Bereich der Curvatura major und der Curvatura minor (große und kleine Magenkurvatur).

Der Arterienbogen an der Curvatura minor liegt im Omentum minus und wird gebildet von:
- A. gastrica sinistra – direkt aus Truncus coeliacus.
- A. gastrica dextra – geht aus der A. hepatica propria, manchmal direkt aus der A. hepatica communis hervor.

Der Arterienbogen an der Curvatura major liegt im Omentum majus und im Lig. gastrosplenicum. Er wird gebildet von:
- A. gastroomentalis dextra (Ast der A. gastroduodenalis),
- A. gastroomentalis sinistra (Ast der A. splenica),
- Aa. gastricae breves (Äste der A. splenica) – versorgen den Magenfundus. ◄

➤ Den beiden Arterienbögen entsprechen 2 Venenbögen, die parallel zu den Arterien verlaufen. An Venen kommen vor:
von der Curvatura minor:
- V. gastrica dextra (direkt zur V. portae),
- V. gastrica sinistra (direkt zur V. portae),
- V. praepylorica (in die V. gastrica dextra).

von der Curvatura major:
- V. gastroomentalis dextra (zur V. mesenterica superior),
- V. gastroomentalis sinistra (zur V. splenica),
- Vv. gastricae breves (zur V. splenica). ◄

Bauch, Becken

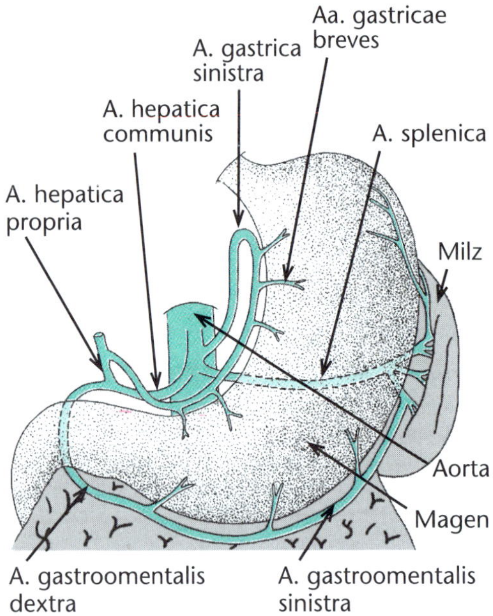

Abb. 8.17 *Gefäßversorgung im Magenbereich*

➤ Der weitere venöse Abfluß erfolgt bei den aufgeführten Venen direkt oder indirekt über die V. portae zur Leber und von dort in die V. cava inferior. Venen im Bereich der Kardia des Magens bilden Anastomosen mit Ösophagusvenen und stehen somit mit der V. azygos bzw. hemiazygos in Verbindung. ◄

Klinik: ➤ Ist der Abfluß zur V. portae behindert, so entstehen u.a. über die Oesophagusvenen portokavale Anastomosen (siehe Kapitel 8.10.4). ◄

Die Lymphe gelangt in der Magenschleimhaut zunächst zum zarten Plexus mucosus, von dort zum ebenfalls noch in der Schleimhaut liegenden Plexus submucosus und von hier zu den nachfolgend aufgelisteten regionalen Lymphknoten:

- aus Curvatura minor – entlang der A. gastrica sinistra zu den Nll. gastrici dextri und sinistri und weiter zu den Nll. coeliaci
- aus milznahem Bereich – entlang der A. splenica zu den Nll. splenici und weiter zu den Nll. coeliaci
- aus Curvatura major – entlang der Aa. gastroomentalis zu den Nll. gastroomentalis dextri und sinistri und rechts weiter zu den Nll. hepatici, links zu den Nll. pancreatici.
- aus Pylorus – zu den Nll. pylorici und weiter zu den Nll. coeliaci.

➤ Aus allen aufgeführten Lymphknoten fließt die Lymphe durch die Nll. coeliaci zum Ductus thoracicus (= Brustmilchgang). ◄

Klinik: ➤ Beim Magenkarzinom kann es im fortgeschrittenen Stadium (Metastasierung) über die Lymphwege zum Befall des **Virchow-Lymphknotens** kommen, der dann auf der linken Körperseite oberhalb der Clavicula hinter dem Ansatz des M. sternocleidomastoideus zu tasten ist. ◄

Mikroskopische Anatomie

(Zum Aufbau s. Kapitel 8.2)
Im Ostium cardiacum geht das mehrschichtige, unverhornte Plattenepithel des Oesophagus ohne Übergang in das einschichtige hochprismatische Epithel des Magens über. In der darüberliegenden Wand des Oesophagus kann versprengt auf kleinen Bereichen einschichtiges hochprismatisches Magenepithel vorkommen.

Die Epithelzellen haben nur eine Lebensdauer von 3–5 Tagen und werden dann ins Lumen abgestoßen. Sie werden von Zellen, die den Nebenzellen im Drüsenhals entstammen (s. weiter unten), ersetzt.

Die die Mageninnenfläche überziehende Tunica mucosa (Schleimhaut) ist 0,5–1 mm dick. Ihr Aufbau wird in Kapitel 8.2 beschrieben. Die Besonderheiten sind nachfolgend aufgeführt.

Die **Lamina epithelialis** besteht aus einem einschichtigen hochprismatischen Epithel, dessen Zellen PAS-positiv sind.

Bei der Oberfläche der Magenschleimhaut kann zwischen einem Hoch- und einem Flachrelief unterschieden werden. Das Hochrelief besteht vor allem aus längs verlaufenden groben Schleimhautfalten, die **Plicae gastricae** genannt werden. ➤ Sie stellen Reservefalten dar, damit sich der Magen bei Bedarf dehnen kann.

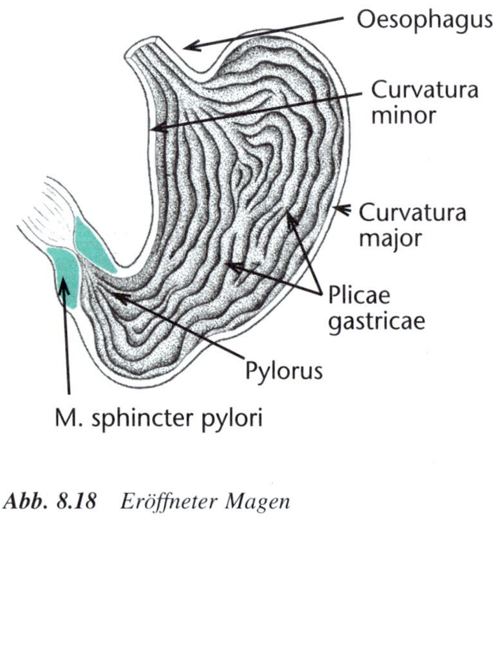

Abb. 8.18 *Eröffneter Magen*

Diese Plicae verlaufen an der kleinen Magenkurvatur in Längsrichtung und bilden dort die Magenstraße, die für den Durchlauf von Flüssigkeit frei bleibt. Auf der Oberfläche der Plicae liegen als Flachreliefs pflastersteinartige **Magenfelder (= Areae gastricae)**, auf denen punktförmig Foveolae gastricae (= Magengrübchen) münden. In die Magengrübchen münden im Corpus- und Fundusbereich die vereinigten Ausführgänge der tubulösen Glandulae gastricae (Magendrüsen). Die Schleimhautzellen des Oberflächenepithels sezernieren einen Schleim, der die Mageninnenwand überzieht und sie vor Selbstverdauung schützt. Dieser Schleim kann wegen seines hohen Proteinanteils von HCL (Salzsäure) nicht aufgelöst werden. Über diesen hochviskösen Schleim legt sich eine von den Nebenzellen und Isthmuszellen (s. mikroskopische Anatomie weiter unten) gebildete Schleimschicht. ◂

➤ Die Sekretion von Magensaft wird gesteuert:

- nerval – stimulierend wirkt der N. vagus (seine parasympathischen Fasern), hemmend der Sympathikus.
- hormonal – über das Hormon Gastrin, das über den Blutweg in die Belegzellen gelangt und dort die HCl-Sekretion erhöht. Die Freisetzung von Gastrin wird durch Somatostatin gehemmt, das von den den G-Zellen benachbart liegenden D-Zellen gebildet wird.

Bei Neugeborenen liegt der ph des Magensafts noch bei etwa 7,0, was für die Immunabwehr von Vorteil ist, weil dadurch die in der Muttermilch enthaltenen IgM-Antikörper im Magen nicht zersetzt werden. ◂

Klinik: Ist die Schleimproduktion gestört (z.B. durch Medikamente) und die Magenwand durch fehlenden Schleimüberzug stellenweise nicht vor HCl geschützt, so kann es an diesen Stellen zu Magengeschwüren kommen.

Die bereits erwähnten tubulösen **Gll. gastricae** (Magendrüsen) liegen in der Lamina propria mucosae, sie können bis zur Lamina muscularis mucosae reichen.

➤ Die **Tunica muscularis** besteht im Gegensatz zum übrigen Verdauungskanal aus 3 Schichten glatter Muskelfasern: ◂

- Stratum obliquum (= innere schräge Schicht) – in ihr laufen die Muskelfasern schräg (kommt im übrigen Verdauungstrakt nicht vor).
- Stratum circulare (= innere Ringmuskelschicht) – in ihr verlaufen die Muskelfasern ringförmig.
- Stratum longitudinale (= äußere Längsmuskelschicht) – in ihr verlaufen die Muskelfasern in Längsrichtung.

➤ Beim Übergang vom Oesophagus zum Magen zeigt die Tunica muscularis im Gegensatz zum Epithel keine scharfe Grenze; die Muskelschichten gehen ineinander über. Ein besonderer Schließmuskel zum Oesophagus ist nicht vorhanden. Die im unteren Oesophagusteil „verdrehte" Tunica muscularis dient als funktioneller Verschluß („funktioneller Kardiasphinkter"), indem sie bei Längsspannung einen Dehnungsverschluß verursacht und somit verhindert, das Magensaft in den Oesophagus zurückfließt. ◂

Klinik: Ein Reflux des Mageninhalts in den Oesophagus verursacht das „Sodbrennen".

Im Bereich der Pars pylorica ist die Tunica muscularis nur noch zweischichtig. Die Ringmuskelschicht verdickt sich am Pylorus zum M. sphincter pyloricus.

➤ Zwischen der Ring- und der Längsmuskelschicht liegt der **Plexus myentericus** (= Plexus Auerbach), der die motorische Funktion der Tunica muscularis steuert. ◂

Außen ist der Magen von **Mesothel** umgeben.

Magendrüsen

➤ In der Lamina propria mucosae können drei Bereiche mit den für sie jeweils typischen Magendrüsen unterschieden werden. ◂

Fundusdrüsen

➤ Die Fundusdrüsen kommen im Fundus und im Korpus des Magens vor. Für diese Bereiche sind die **Glandulae gastricae propriae** (Hauptdrüsen) charakteristisch. Unter dem Mikroskop erkennen Sie viele eng beieinander liegende, lang gestreckte Tubuli, die ein enges Lumen haben. Die Tubuli sind selten verzweigt und am Ende etwas gewunden. Häufig münden mehrere Drüsen in jeweils eine der etwa 1–2 mm tiefen **Foveolae gastricae**. Die Drüsenschläuche enthalten verschiedene Zellarten: Im Drüsengrund liegen Hauptzellen, im mittleren Teil des Drüsenschlauchs liegen Beleg- und Hauptzellen, die den Tubuli außen aufsitzen. Im Drüsenhals (= Schlauchende, kurz vor der Mündung in die Foveolae) liegen Neben- und Belegzellen. Am Drüsenausgang (Isthmus) liegen Isthmuszellen, die einen neutralen Schleim bilden. ◂

- ➤ **Nebenzellen** – bilden einen sauren, leicht löslichen Schleim, der aus sauren Mukopolysacchariden besteht und dem Magensaft beigegeben wird. Die Nebenzellen sind PAS-positv. Die Zellkerne liegen basal. Die Regeneration des Oberflächenepithels sowie die Bildung neuer Hauptzellen erfolgt von den Nebenzellen her.

- **Hauptzellen** – produzieren Pepsinogen sowie Kathepsin. Pepsinogen wird im Magen zu Pepsin umgebildet, das seinerseits der Proteinspaltung dient. Da die Hauptzellen viel Protein spalten (mittels Pepsinogen), cnthalten sie viel Ergastoplasma (= mit Ribosomen besetztes endoplasmatisches Retikulum) und sind daher stark basophil. Hauptzellen enthalten lysosomähnliche Granula. Die Hauptzellen stellen etwa 50 % der gesamten Schleimhaut.
- **Belegzellen** – besitzen als apikale Einstülpungen intrazelluläre Canaliculi, die die Oberfläche der Belegzellen erheblich vergrößern. Die Belegzellen enthalten das Enzym Carboanhydrase, das der Katalyse von CO_2 und H_2O zu H_2CO_3 dient. Von der Kohlensäure spaltet sich H^+ ab. Die H^+ Ionen werden durch die H^+/K^+-ATPase im Austausch mit K+ in das Drüsenlumen abgegeben. HCO_3^- wird im Austausch mit CL^- an der basalen Zellseite abgegeben. H^+ und Cl^- Ionen bilden Salzsäure (HCl). HCl tötet die mit der Nahrung aufgenommenen Bakterien ab. Außerdem wird in den Belegzellen der „**intrinsic factor**“ gebildet, der die Resorption von Vitamin B_{12} durch Enterozyten im Ileum ermöglicht. Belegzellen besitzen ein stark anfärbbares eosinophiles Zytoplasma und sind reich an Mitochondrien vom Cristatyp. ◄

Klinik: ➤ Vitamin B_{12} ist für die Erythropoese wichtig.
Wird infolge einer **Gastritis** (= Magenschleimhautentzündung) der Intrinsic factor nicht oder nicht ausreichend produziert, so kommt es zur verminderten Resorption von B_{12} und damit zur verminderten Bildung von Erythrozyten (dieses Krankheitsbild wird als perniziöse Anämie bezeichnet). ◄

Drüsen der Pars pylorica

In der Pars pylorica sind die Foveolae gastricae besonders tief. In die Foveolae münden weitlumige **Glandulae pyloricae**, die etwas auseinander liegen und relativ kurz sind. Sie verzweigen sich erst im tiefen Teil der Lamina propria. Die Glandulae pyloricae produzieren als mukoide Drüsen ein dickflüssiges, schleimiges Sekret.

➤ An Zellen kommen vor:
- G-Zellen – sie sind endokrine Zellen und gehören zum APUD-Zellsystem. Sie kommen besonders in der Pars pylorica vor und produzieren das Hormon Gastrin. Gastrin gelangt über den Blutweg zu den Fundusdrüsen, wo es die Belegzellen zur HCl-Bildung stimuliert.
- Entero-endokrine Zellen – liegen in den Drüsentubuli. Sie gehören zu den parakrinen Zellen und bilden Hormone wie Somatostatin. ◄

➤ Die Sekretion der Drüsen wird
- angeregt: parasympathisch durch den N. vagus und humoral durch Gastrin und Histamin;
- gehemmt: durch den Sympathikus. ◄

Klinik: Zu einem Ulcus ventriculi (**Magengeschwür**) kommt es, wenn entweder zuwenig des schützenden Schleims gebildet oder zuviel HCl sezerniert wird. Im fortgeschrittenen Stadium kann ein Ulcus eine Magenperforation (Durchbruch) verursachen, wodurch Mageninhalt in die Bauchhöhle gelangt und dort u.a. eine Peritonitis (Bauchfellentzündung) auslösen kann.

Magendrüsen

Magenbereich	Drüsen	Drüsenzelle	Produkt	Drüsenform
Pars cardiaca	Gll. cardiacae (= Kardiadrüsen)	mukoide Drüsen	Schleim	Tubuli sind stark verzweigt, weitlumig und liegen locker beieinander
Korpus und Fundus	Gll. gastricae	enthalten immer 3 Zellarten: Nebenzellen, Hauptzellen, Belegzellen, endokrine Zellen	Schleim Pepsinogen, Kathepsin Wasserstoffionen, Lipase intrinsic factor	Tubuli sind lang, gerade, englumig und liegen eng beieinander
Pars pylorica	Gll. pyloricae (= Pylorusdrüsen)	mukoide Drüsen	Gastrin	Tubuli sind kürzer und besitzen ein weites Lumen, liegen locker beieinander und verzweigen sich erst in der Tiefe

Um die Säurebildung zu vermindern gibt es 3 Wege:
- Medikamentation (Histamin H_2-Antagonisten – wirken hemmend),
- Magenteilresektion,
  Vagotomie – dabei werden die Fasern der Nn. vagi, die die Belegzellen im Fundus und Korpusbereich stimulieren, durchtrennt.

Mikroskopierhilfe: Den Magen erkennen Sie in der Übersichtsvergrößerung an dem typischen vierschichtigen Aufbau.
Charakteristisch sind:
- das hohe Zylinderepithel, das keine Becherzellen enthält,
- die Foveolae.

Anhand der Magendrüsen können Sie bestimmen, zu welchem der 3 Hauptbereiche des Magens der Schnitt gehört.
- Pars cardiaca – die Gll. cardiacae erscheinen hell. Zumeist scharfer Übergang vom Plattenepithel (Oesophagus) zum Zylinderepithel (Magen).
- Korpus/Fundus – die Gll. gastricae besitzen immer 3 Zelltypen. Die Foveolae sind etwa 1/3 der Schleimhaut lang.
- Pars pylorica – die Gll. pyloricae erscheinen hell und sind teils geknäuelt. Die Foveolae sind etwa 2/3 der Schleimhaut lang.

8.2.2 Duodenum

!!! 15/43

Zu Anfang dieses Kapitels wird zunächst der Dünndarm als Ganzes besprochen.
Am Pylorus geht der Magen in den beim Lebenden etwa 4 m langen Dünndarm (= Intestinum tenue) über.
Der Dünndarm besteht aus:
- Duodenum (= Zwölffingerdarm),
- Jejunum (= Leerdarm),
- Ileum (= Krummdarm).

Dünndarm

Im Dünndarm wird der Nahrungsbrei (= Chymus) in seine molekularen Bestandteile gespalten, die durch die Darmschleimhaut resorbiert werden. Im oberen Teil des Dünndarms (Duodenum und oberen Teil des Jejunum) wird die Nahrung chemisch gespalten und resorbiert. Durch die nachfolgend beschriebene Oberflächenvergrößerung erhöht sich die Resorptionsfläche beträchtlich.

Für den Abbau der Nahrung werden Sekrete abgegeben:
- von den im Darmbereich liegenden Lieberkühn Drüsen,
- vom Pankreas (= Bauchspeicheldrüse),
- von der Leber.

Mikroskopische Besonderheiten des Dünndarms

(zum Aufbau der Darmwand s. Kapitel 8.2)

Die Resorption wird im Dünndarm dadurch wesentlich erhöht, indem die Schleimhautoberfläche vergrößert wird durch
- ➤ Schleimhautfalten,
- Darmzotten,
- Mikrovilli. ◄

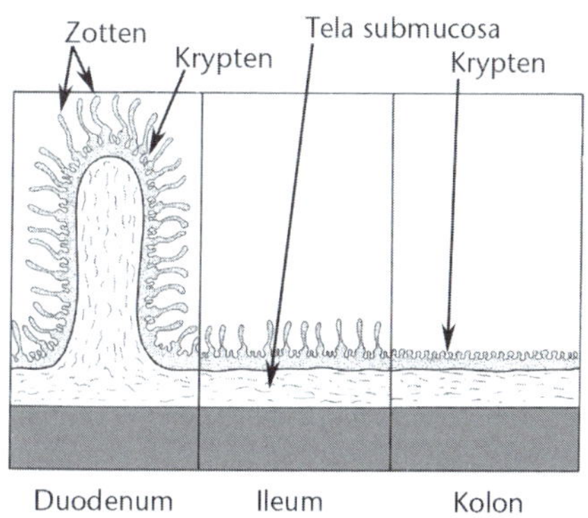

Abb. 8.19 Oberflächenbildung im Darmbereich

➤ Im Bereich der Pars descendens des Duodenum (etwa 5 cm hinter dem Pylorus beginnend) kommen als etwa 8–10 mm hohe Schleimhautfalten die **Plicae circulares** (= **Kerckring-Falten**) vor, die bis zur Mitte des Ileum – wenn auch in sich stetig verringernder Anzahl – vorkommen. Im unteren Ileum können sie fehlen. Die Plicae circulares ragen in die Darmlichtung hinein und vergrößern damit die Dünndarmoberfläche um etwa 30 %. Sie entstehen, indem sich die Tunica mucosa mit der Tela submucosa entsprechend auffaltet. Auch bei Dehnung des Darms verstreichen die Plicae circulares niemals vollständig.

Auf den Plicae circulares sitzen fingerförmige, etwa 1 mm lange **Darmzotten** (= **Villi intestinales**). Darmzotten sind Aufwerfungen der Lamina propria mucosae. Im Gegensatz zu den Falten ist bei den Zotten die Tela submucosa nicht beteiligt. Die Darmzotten kommen in allen Bereichen des Dünndarms vor. Ihre Höhe und ihre Anzahl nimmt jedoch nach distal (zum Kolon hin) ab. Jede **Zotte** ist reich kapillarisiert; in ihr bilden die Gefäße arteriovenöse Anastomosen. In jeder Zotte kommt ein Lymphgefäß (= **Chylusgefäß**) vor, über das die aus dem Darm resorbierte Fettsäure abgeleitet wird. Im Zottenstroma kommen glatte Muskelzellen vor, die die Zotten verkürzen und dadurch der Entleerung der Lymphgefäße dienen (Zottenpumpe).

Zwischen den einzelnen Darmzotten liegen als bis zu 0,4 mm tiefe tubulöse Schläuche die **Glandulae intestinales** (= **Lieberkühn-Krypten**). Die Glandulae intestinales reichen bis in die Lamina propria. Die Gll. intestinales haben ein enges Lumen und sind mit einem einschichtigen Zylinderepithel ausgekleidet, das aus **Enterozyten** (**Saumzellen**) und Becherzellen, sowie am Kryptenfundus aus Panethschen Körnerzellen besteht. Die freie Oberfläche der resorbierenden Darmepithelzellen (= Saumzellen, Enterozyten) ist mit Mikrovilli besetzt, die in ihrer Gesamtheit als Bürstensaum bezeichnet wird. Die Saumzellen haben eine Lebensdauer von etwa 2 Tagen, in den Krypten werden sie ständig erneuert und zur Oberfläche geschoben. ➤

Klinik: Wegen der hohen Regeneration sind die Saumzellen sehr strahlenempfindlich.

➤ Der Bürstensaum ist von einer **Glykokalix** überzogen, die viele Enzyme (u.a. Peptidasen, Disaccharidasen, Phosphatasen) enthält. Die Glykokalix ist PAS-positiv, sie dient dem Schutz der Darmwand. ➤

Die Mikrovilli sind nur elektronenmikroskopisch als haarförmige Zytoplasmaausstülpungen der Epithelzellen zu erkennen. Die Mikrovilli vergrößern die Resorptionsfläche um mehr als das 30fache. Mikrovilli enthalten Aktin- und Myosinfilamente und sind so zur Kontraktion (Verkürzung) fähig.

➤ Im Bereich des Duodenum münden die Ausführungsgänge der **Glandulae duodenales** (syn.: Gll. submucosae = **Brunner-Drüsen**) in die Gll. intestinales. Die Gll. duodenales kommen nur im Duodenum vor. Es sind mukoide Drüsen mit verzweigten tubulo-alveolären Drüsenschläuchen. Der Drüsenkörper liegt in der Tela submucosa. Sie sezernieren einen glykoproteinhaltigen Schleim, der dazu dient, den sauren Nahrungsbrei zu neutralisieren. Daneben enthält der Schleim proteolytische Enzyme z.B. Enterokinase. ➤

Klinik: Ist der Enzymgehalt in der Glykokalix erniedrigt, so verringert sich entsprechend die Resorption der davon abhängigen Nahrungsbestandteile. Dies kann zu einer schweren Malabsorption (= Mangelerscheinung) führen.

➤ Außer den der Resorption dienenden Saumzellen kommen in der Dünndarmschleimhaut noch an sezernierenden Zellen vor:
- exokrine Becherzellen,
- exokrine Panethsche Körnerzellen,
- enterochromaffine Zellen. ➤

➤ Die **Becherzellen** findet man zwischen den Saumzellen liegend besonders in den Krypten aber auch in den Zotten. Der von den Becherzellen sezernierte Schleim überzieht die gesamte Schleimhaut und schützt sie damit. Außerdem dient er der Gleitfähigkeit des Darminhalts.

Die **Paneth-Körnerzellen** findet man an der Basis der Lieberkühn-Krypten (= Gll. intestinales) von Jejunum und Ileum. Besonders zahlreich kommen sie in den Krypten des Ileum und der Appendix vermiformis vor. Die Paneth-Körnerzellen enthalten in ihrem apikalen Teil viele azidophile Sekretgranula. Ihr basaler Teil ist durch das Ergastoplasma stark basophil.
Die Paneth-Körnerzellen produzieren Lysozyme, die bakterienauflösend wirken, sowie Peptidasen, die Proteine abbauen.

Die **enterochromaffinen Zellen** (syn.: **basalgekörnte Zellen**) liegen einzeln (= disseminiert) am Grund der Krypten. Sie sind endokrine Zellen, die mit den Langerhans-Inseln (im Pankreas) und mit bestimmten Zellen des Magens das gastro-entero-pankreatische endokrine System bilden. Über dieses System werden Verdauungsvorgänge gesteuert, dazu arbeitet es mit dem intramuralen Nervensystem des Magen-Darmtraktes zusammen. ➤

➤ Im Dünndarm kommen an endokrinen Zellen u.a. vor:
- **G-Zellen** (**Gastrinzellen**) – liegen in der Pars pylorica des Magens, im Duodenum und im Pankreas. Sie sezernieren Gastrin, das die Magensaftsekretion fördert und die H_2O-Resorption im Dünndarm hemmt.
- **D-Zellen** – kommen im Magen, Dünndarm und Pankreas vor. Sie bilden Somatostatin, das auf alle gastrointestinalen Hormone inhibitorisch wirkt.
- **Serotoninzellen** – kommen im Magen und besonders in den Krypten des Duodenum vor. Serotonin bewirkt eine Kontraktion der glatten Darmmuskulatur und der Blutgefäße.
- **S-Zellen** (**Sekretinzellen**) – kommen im Duodenum vor. Sekretin stimuliert u.a. die Pankreas- und Gallensekretion und dient der Abgabe von Pepsin.
- **A-Zellen** (= **Entero-Glukagon-Zellen**) – kommen im gesamten Magen-Darm-Trakt vor. Sie bilden Glukagon, das als Antagonist des Insulins blutzuckersteigernd wirkt.

- **I-Zellen** (**cholezystokininbildende Zellen**) – bilden im Duodenum und Jejunum Cholezystokinin (= CCK), das dem vom Pankreas gebildeten Pankreozymin gleicht. Diese Hormone stimulieren die Gallenblasenkontraktion.
- **K-Zellen** – kommen im gesamten Dünndarm vor und bilden das gastroinhibitorische Peptid (= GIP), das die Sekretion und Motilität (= Bewegungsvermögen) des Magens hemmt. ◄

► Die aufgeführten endokrinen Zellen werden über das vegetative Nervensystem, den Blutweg und durch den Darminhalt stimuliert. ◄

Funktion

Beim Chymustransport durch den Dünndarm muß unterschieden werden zwischen:

- Peristaltik (= wandernde Kontraktionswellen) – wird durch die Tunica muscularis bewirkt und dient dem Weitertransport des Nahrungsbreis,
- Pendel- und Segmentierungsbewegungen – durchmischen den Nahrungsbrei,
- Zottenbewegungen – werden durch die glatten Muskelzellen und Myofibrillen in der Lamina propria mucosa hervorgerufen. Sie unterstützen die Resorption (Nahrung wird durchmischt), und entleeren außerdem das Lymphgefäß.

Immunsystem

Nicht alle Keime und Antigene können durch den sauren Magensaft unschädlich gemacht werden. ► Daher enthalten die Wände des Verdauungskanals sogenanntes **darmassoziiertes lymphatisches Gewebe** (**GALT**). Dazu gehören in der

- Lamina propria – Lymphozyten, Enterozyten, Plasmazellen und Makrophagen. Die von den Plasmazellen produzierten IgA-Antikörper werden auf die Darmschleimhaut ausgeschieden, wo sie Antigene binden und eine Kolonisation von Bakterien verhindern sollen.
- Tela submucosa – Peyer-Plaques (= aggregierte Lymphfollikel) – hierbei sind viele Lymphknötchen zu mehreren cm langen Plaques zusammengeschlossen, die über die Lamina muscularis mucosae hinausreichen. ◄

Gefäß- und Nervenversorgung
(*siehe auch Winterthur-Verlaufsbeschreibungen*)

► Der Dünndarm wird innerviert über das

- extrinsische Nervensystem,
- intrinsische Nervensystem. ◄

► Zum **extrinsischen Nervensystem** gehören die parasympathischen Nervenfasern aus dem Truncus vagalis posterior (aus N. vagus) und sympathische Nervenfasern aus den Nn. splanchnici thoraci. Die Nervenfasern erreichen den Dünndarm über den Plexus coeliacus und den Plexus mesentericus superior. Der Sympathikus hemmt den Plexus myentericus, wodurch die Darmmuskulatur erschlafft. Der Parasympathikus wirkt fördernd auf den Plexus myentericus.

Zum **intrinsischen Nervensystem** gehören die im Magen-Darmkanal liegenden Plexus submucosus und myentericus. ◄

Zur Gefäßversorgung siehe bitte das Kapitel zum jeweiligen Darmabschnitt.

Mikroskopische Besonderheiten des Dünndarms

Lamina epithelialis mucosae (= Schleimhautepithel) – die Oberfläche der Zotten ist mit einem einschichtigen hochprismatischen Resorptionsepithel bedeckt, das mit Mikrovilli (Bürstensaum) besetzt ist.

Duodenum (= Zwölffingerdarm)

Vom Magen gelangt der Nahrungsbrei portionsweise durch den Pylorus in das am Magen anschließende Duodenum.► Das Duodenum ist etwa 30 cm lang. Es verläuft C-förmig bis zur Flexura duodenojejunalis, wo es ins Jejunum übergeht. Im Duodenum wird der saure Nahrungsbrei durch Zugabe von Sekreten aus Leber und Pankreas neutralisiert. ◄

► Das Duodenum ist etwa 25–30 cm lang. Es wird unterteilt in:

- Pars superior,
- Pars descendens,
- Pars horizontalis,
- Pars ascendens. ◄

Lage

► Der Übergang des Magens in die etwa 5 cm lange Pars superior des **Duodenum** liegt in Höhe des 1. Lendenwirbels. Die Pars superior beginnt mit einer Auftreibung, die Ampulla duodeni genannt wird (in der Klinik: Bulbus duodeni).

Die **Pars superior** liegt intraperitoneal, alle nachfolgenden Duodenalabschnitte liegen retroperitoneal und sind damit an der hinteren Bauchwand befestigt. Die Pars superior mündet an der **Flexura duodeni superior** in die absteigende Pars descendens.

Die **Pars descendens** verläuft zum Unterbauch, wo sie an der **Flexura duodeni inferior** in die Pars horizontalis übergeht. In der Mitte der Pars descendens liegt als Schleimhautfalte die **Plica longitudinalis duodeni**, die durch den hier verlaufenden Ductus choledochus aufgeworfen wird. Die Plica trägt als warzenartige Erhebung die **Papilla duodeni major**, auf der der Ductus choledochus und der Ductus pancreaticus ins Duodenum münden. Bei einigen Präparaten kann auch eine **Papilla duodeni minor** vorkommen, auf der dann der Ductus pancreaticus accessorius (= Nebengang des Pankreas) mündet. ◄

Klinik: Durch die Papilla duodeni major lassen sich endoskopisch der Ductus choledochus bzw. der Ductus pancreaticus retrograd (rückläufig) mit Kontrastmittel füllen und so röntgenologisch darstellen.

➤ Die **Pars horizontalis** zieht in Höhe des 3. Lendenwirbels über die Wirbelsäule hinweg zur linken Körperseite und mündet in die Pars ascendens.

Die **Pars ascendens** steigt zum 1. oder 2. Lendenwirbel hoch und geht an der Flexura duodeno-jejunalis in das Jejunum über (oberhalb des Nabels!). Im Bereich der Flexura tritt das Duodenum vom retroperitonealen Raum wieder in die freie Bauchhöhle ein. ◄ In der Wand der Pars ascendens (bis zur Flexura duodenojejunalis) setzt der **M. suspensorius duodeni** an, der aus glatten Muskelzellen besteht und von der A. mesenterica superior entspringt. Quergestreifte Muskelfasern, die im Bereich des Hiatus aorticus vom Zwerchfell entspringen und ebenfalls am Duodenum ansetzen, werden ebenfalls zu diesem Muskel gezählt. Der Muskel fixiert die Flexura duodeno-jejunalis.

Topographie

➤ Die **Pars superior** des Duodenum wird vom rechten Leberlappen mit der Gallenblase überlagert. Hinter der Pars superior verlaufen die V. portae und der Ductus choledochus.

Über das **Lig. hepatoduodenale** steht die Pars superior mit der Leber und über ein kurzes dorsales Meso mit dem **Lig. gastrocolicum** in Verbindung.
Die **Pars descendens** liegt vor der rechten Niere und grenzt an die rechte Kolonflexur (= Flexura coli dextra). Die Pars descendens wird von der Radix des Mesocolon transversum überkreuzt. Da diese Radix gleichzeitig die Grenze zwischen Ober- und Unterbauch bildet, liegt das Duodenum teils im Ober-, teils im Unterbauch.
Die **Pars horizontalis** liegt unter dem Pankreaskopf. Ventral von der Pars horizontalis verlaufen die A. und V. mesenterica superior, dorsal liegen die Aorta abdominalis und die V. cava inferior.
Die **Pars ascendens** liegt vor der Wirbelsäule. ◄

Links von der Flexura duodenojejunalis liegt der taschenförmige **Recessus duodenalis superior**, der rechts vom Duodenum und links von der Plica duodenalis superior begrenzt wird. Die Plica duodenalis superior enthält die V. mesenterica inferior. ◄

Klinik: Durch die besonderen topographischen Beziehungen gibt es für die einzelnen Abschnitte jeweils spezifische Erkrankungen. In der Pars superior kann u.a. durch den sauren Nahrungsbrei das **Ulcus duodeni** (Zwölffingerdarmgeschwür) entstehen. Gallenblasenerkrankungen können auf das Duodenum übergreifen – bei einer Entzündung können Gallenblase und Duodenum verkleben, dadurch kann sich eine Fistel bilden, über die Gallensteine ins Duodenum wandern können.

Die Pars descendens und das Pankreas sind so eng miteinander verbunden, daß ein Tumor vom Pankreas auf das Duodenum übergreifen kann.

Gefäßversorgung

(siehe auch die Winterthur-Verlaufsbeschreibungen)
➤ Der obere Teil des Duodenum wird aus den Aa. supraduodenales superiores versorgt, die aus der A. gastroduodenalis (Ast der A. hepatica communis) hervorgehen.
Der untere Teil des Duodenum wird aus den Aa. pancreaticoduodenales versorgt, die aus der A. mesenterica superior hervorgehen. ◄

Das venöse Blut fließt ab über die Vv. pancreaticoduodenales und die Vv. duodenales, die alle in die V. mesenterica superior einmünden.

Zur ***mikroskopischen Anatomie*** *des Duodenum siehe den Abschnitt Dünndarm weiter oben, sowie die Tabelle in Kapitel 8.2.*

Mikroskopierhilfe: Charakteristisch für das Duodenum sind die hohen Plicae circulares, die dicht beieinanderstehenden breiten Zotten und die in der Submukosa liegenden hell erscheinenden Gll. duodenales (= Brunner-Drüsen).

8.2.3 Jejunum, Ileum

!! 2/4

➤ In Höhe des 2. Lendenwirbels geht an der Flexura duodenojejunalis die retroperitoneal liegende Pars ascendens des Duodenum in das intraperitoneal liegende Jejunum über. ◄ Das Jejunum geht ohne besondere Grenze ins Ileum über. Beim Lebenden ist das Jejunum etwa 1,2 m und das Ileum etwa 1,8 m lang. Per definitionem gehören von den im Bauchraum liegenden Dünndarmschlingen

- zum Jejunum – die oben links liegenden 2/5 der Dünndarmschlingen,
- zum Ileum – die unten rechts liegenden 3/5.

➤ Das Ileum mündet an der **Valva ileocaecalis** (= **Bauhin-Klappe**) ins Kolon. Die Valva ileocaecalis liegt rechts vom M. psoas major im Bereich der Fossa iliaca dextra (im rechten Unterbauch). Diese Valva erlaubt nur eine Nahrungsbreipassage vom Dünndarm (Ileum) zum Kolon. Dadurch wird verhindert, dass der mit vielen Bakterien durchsetzte Inhalt des Kolon ins bakteriumfreie Ileum zurückfließt und die Bakterien so im Dünndarm aufsteigen können. ➤

Im Gegensatz zum Duodenum sind das Jejunum und Ileum am 10–20 cm breiten und etwa 15–17 cm langen Mesenterium aufgehängt. Die Wurzel des Mesenterium (Radix mesenterii) zieht von der links von der Wirbelsäule liegenden Flexura duodenojejunalis nach kaudal zur rechten Fossa iliaca (Darmbeingrube). Zwischen den Blättern des Mesenterium liegen die Blut- und Lymphgefäße sowie die Nerven.

Lage

Bis auf den Ansatz des Mesenterium sind das Jejunum und das Ileum vollständig von Peritoneum überzogen, liegen also intraperitoneal.

Klinik: Zu einer Störung der Darmpassage des Nahrungsbreis (= Darmverschluß = Ileus) kann es kommen

- mechanisch (= **mechanischer Ileus**) – u.a. durch Verlegung der Darmlichtung infolge einer Stenose, Kompression durch Tumore oder einer Abschnürung infolge Durchblutungsstörung,
- nerval (= **paralytischer Ileus**).

Beim Ileus besteht die große Gefahr, daß der betroffene Darmabschnitt abstirbt und ein Darmdurchbruch entsteht.

Topographie

Jejunum und Ileum liegen vom Kolon umrahmt hinter dem Omentum majus, das schürzenartig vom Colon transversum herunterhängt. Die Radix mesenterii überkreuzt: die Pars ascendens des Duodenum, die Aorta abdominalis, die V. cava inferior und den rechten Ureter.

Links von der Flexura liegen als Bauchfellnischen die **Recessus duodenales superior** und **inferior**, in die hinein sich Dünndarmschlingen verlagern können (= **„innere Hernien"**).

Gefäßversorgung

(siehe auch die Winterthur-Verlaufsbeschreibungen)
➤ Das Jejunum wird aus den Aa. jejunales, das Ileum aus den Aa. ilei (beides Äste der A. mesenterica superior) versorgt. Die Aa. jejunales und die Aa. ilei anastomosieren untereinander und bilden Gefäßarkaden (= Bögen). ➤

Das Blut fließt über die Vv. jejunales und die Vv. ilei zur V. mesenterica superior ab.

Mikroskopische Anatomie

Der Schichtenbau des Jejunum und des Ileum gleicht dem des Duodenum (siehe auch Kapitel 8.2.2 und die Tabelle in Kapitel 8.2).
➤ Die **Plicae circulares** (= **Kerckring-Falten**) sind zwischen der Pars descendens des Duodenum und der Mitte des Jejunum voll entfaltet, nehmen danach an Höhe ab und fehlen im Ileum ganz.
Die **Lieberkühn-Krypten** werden nach distal (= analwärts) länger. ➤

➤ Analwärts nehmen ebenfalls an Zahl zu:
- die **Peyer-Plaques** (= Folliculi lymphatici aggregati), die aus Ansammlungen vieler Lymphfollikeln bestehen,
- die Becher- und Drüsenzellen. ➤

Mikroskopierhilfe (siehe die Tabelle in Kapitel 8.2):
- Jejunum: hohe Kerckring-Falten und lange Darmzotten.
- Ileum: keine Falten, aber Zotten, viele Becherzellen, charakteristisch sind Peyer-Plaques.

8.2.4 Caecum und Appendix vermiformis !! 0/6

Der **Dickdarm** (= **Kolon**) hat die Aufgabe, aus dem verbliebenen Nahrungsbrei die Elektrolyte und das Wasser zu resorbieren, dadurch wird der Brei auf etwa 30 % seines Volumens eingedickt. Außerdem werden z.B. Abbauprodukte von Medikamenten von der Kolonschleimhaut ins Darmlumen ausgeschieden bzw. resorbiert (z.B. Medikamente, die rektal verabreicht werden, „Zäpfchen"). Die im Kolon vorkommenden Bakterien (u.a. Coli-Bakterien) spalten Proteine und Kohlenhydrate auf. Durch Gärung werden Gase gebildet, und durch bestimmte Proteinabbauprodukte erhält der Kot (= Fäzes) seinen spezifischen Geruch.
➤ Im Bereich der Valva ileocaecalis geht das Ileum in das Kolon über. Die Ileocaecalklappe liegt in Höhe des Mc-Burney-Punkts (s. weiter unten). ➤

Der Dickdarm ist etwa 1,1 m lang (Leiche bis 1,40 m). Er wird unterteilt in

- Caecum (= Blinddarm),
- Kolon (= Grimmdarm – Kapitel 8.2.5),
- Rektum (= Mastdarm – Kapitel 8.2.6).

Caecum (= Zäkum = Blinddarm)

Das Ileum mündet in den medialen Dickdarmteil, dadurch entsteht unter der Einmündungsstelle als „blindes" Ende der etwa 7 cm lange Blinddarm.

➤ Das Caecum liegt intraperitoneal, das heißt, es ist auf allen Seiten vom Peritoneum umgeben. Häufig ist das Caecum mit der hinteren Bauchwand verwachsen, manchmal jedoch ist es frei beweglich und wird dann als Caecum mobile bezeichnet. ◄

Topographie

Das Caecum liegt im Bereich der Fossa iliaca dextra auf dem M. iliacus. Am Übergang vom Ileum zum Dickdarm bildet das Peritoneum 2 Falten, die dadurch taschenartige Räume (Recessus) umschließen.

➤ Oberhalb der Ileocaecalklappe liegt der **Recessus ileocaecalis superior**, der von der Plica caecalis vascularis überdeckt ist. In dieser Plica verläuft die A. caecalis anterior. ◄ Unterhalb der Ileocaecalklappe liegt der **Recessus ileocaecalis inferior**, der von der Plica ileocaecalis überdeckt ist. In der Fossa iliaca ist zwischen dem Caecum und dem Peritoneum parietale der **Recessus retrocaecalis** ausgebildet.

Appendix vermiformis (= Wurmfortsatz)

➤ Am distalen Ende des Caecum mündet als Wurmfortsatz die Appendix vermiformis in das Caecum ein. Die Appendix ist ein rudimentäres Stück des Blinddarms. ◄ Die Länge der Appendix schwankt zwischen 2 und 15 cm (normal 8–10 cm), der Durchmesser beträgt etwa 0,5–1 cm.

Die Appendix ist wie das Caecum ganz von Peritoneum umgeben. Die Appendix besitzt eine Mesoappendix, die eine Fortsetzung des Dünndarmmesenteriums darstellt. In der Mesoappendix verlaufen die A. und V. appendicularis.

Am Abgang der Appendix ins Caecum laufen die beim Kolon beschriebenen 3 Taenien sternförmig zusammen und bilden eine geschlossene Längsmuskelschicht.

Klinik: ➤ Die Taenien sind für das Aufsuchen der Appendix wichtig. Wenn Sie während einer Operation die Taenien bis zu dem Punkt verfolgen, an dem sie zusammenlaufen, finden Sie die Appendix, auch wenn sie verborgen liegt. ◄

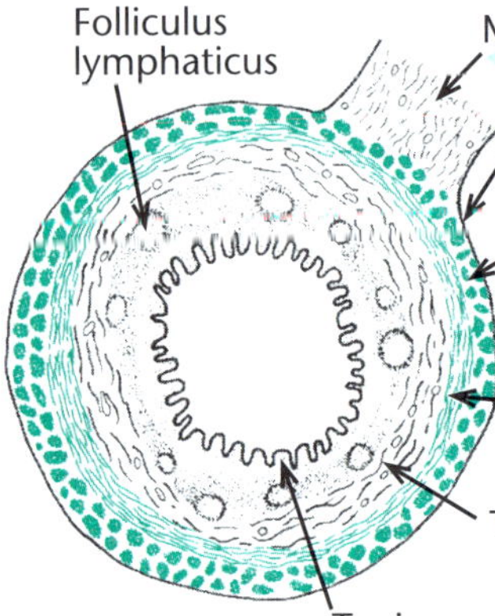

Abb. 8.20 Querschnitt durch die Appendix vermiformis

Lage

➤ Die Lage der Appendix ist sehr variabel. Sie hängt eng mit der Lage des Caecum zusammen. Es ist jedoch sehr wichtig wegen der Appendizitis die verschiedenen Lagetypen zu kennen.

- Zu etwa 65 % liegt die Appendix retrozäkal (= hinter dem hochgeschlagenen Caecum) im Recessus retrocaecalis.
- Zu etwa 30 % reicht die Appendix bis ins kleine Becken hinein, wobei sie in Nachbarschaft zum Ovar, zur Tuba uterina (= Eileiter) und zum N. obturatorius liegt.
- Selten liegt die Appendix medial vor oder hinter dem Ende des Ileum.
- Beim Hochstand des Caecum kann die Appendix bis an das Duodenum vor dem unteren Pol der rechten Niere reichen. ◄

➤ Für die Diagnose einer **Appendizitis** (= „**Blinddarmentzündung**") sind zwei Projektionspunkte wichtig, auf die sich die Schmerzen häufig projizieren:

McBurney-Punkt

Der Abgang der Appendix aus dem Caecum kann bei normaler Lage des Caecum auf die Bauchwand projiziert werden. Der McBurney Punkt liegt etwa in der Mitte einer gedachten Linie zwischen der Spina iliaca anterior superior und dem Nabel.

Lanz Punkt

Die Spitze der Appendix vermiformis kann beim absteigenden Appendix-Typ mit Hilfe des Lanz-Punktes auf die Bauchwand projiziert werden. Der Punkt liegt im Bereich des Übergangs vom rechten ins mittlere Drittel einer gedachten Linie zwischen beiden Spinae iliacae anteriores superiores. ◄

Bei beiden Punkten ist allerdings der Hinweis angebracht, dass Lagevarietäten und die Länge der Appendix bei der Bestimmung einen großen Unsicherheitsfaktor bilden.

Klinik: Da der Hohlraum der Appendix nur wenige Millimeter weit ist, kann sich die Wand bei einer **Appendizitis** (= „**Blinddarmentzündung**") nur wenig ausdehnen, dadurch kann es zum Blutstau mit anschließendem O_2-Mangel und am 3. oder 4. Tag der Erkrankung zur Perforation (Durchbruch) mit nachfolgender Peritonitis (= Bauchfellentzündung) kommen.

Die Appendizitis ist die häufigste Indikation für einen Eingriff im Bereich des Abdomens. Für die Diagnose ist die Palpation wichtig. Dabei drücken Sie im rechten Unterbauchbereich die Bauchdecke mit zwei Fingern langsam ein und ziehen die Finger schnell zurück – bei einer Appendizitis kommt es zum Loslaßschmerz mit einem Maximum im Bereich des McBurney-Punktes. Häufig ist die rektale Körpertemperatur 1° höher als die axilläre, außerdem ist die Leukozytenzahl erhöht.

Gefäßversorgung

(siehe auch die Winterthur-Verlaufsbeschreibungen)

➤ Caecum und Appendix vermiformis werden von der A. ileocolica versorgt, die aus der A. mesenterica superior hervorgeht. Die A. ileocolica gibt für die Appendix die A. appendicularis und für das Caecum die Aa. caecales anterior und posterior ab. ◄

Das Blut fließt über die V. appendicularis zur V. ileocolica, die in die V. mesenterica superior mündet.

Mikroskopische Anatomie (siehe auch Kapitel 8.2)

➤ Die **Appendix** besitzt keine Zotten, jedoch Krypten. In der Lamina propria mucosae haben sich viele B-und T-Lymphozyten zu Folliculi lymphatici appendicis vermiformis zusammengeschlossen, die bis in die Submucosa vordringen können. Die Folliculi bilden einen Teil des spezifischen Abwehrsystems, weshalb die Appendix auch als „Darmmandel" bezeichnet wird. In den ersten Lebensjahren kommt der Appendix bei der Ausbildung des Immunsystems wahrscheinlich große Bedeutung zu. ◄ Die manchmal gehörte Äußerung, den Wurmfortsatz bei Erwachsenen profilaktisch zu entfernen, sollte daher differenziert betrachtet werden.

Mikroskopierhilfe: Zumeist sehen Sie einen Querschnitt durch die ganze Appendix. Bei stärkerer Vergrößerung können Sie einen 4-schichtigen Aufbau erkennen. Um das relativ kleine Lumen sind viele Reaktionszentren (= Folliculi lymphatici aggregati) gruppiert.

8.2.5 Kolon

!!! 9/23

Das Caecum geht in das Kolon (= Grimmdarm) über. Das Kolon wiederum mündet ins Rektum (= Mastdarm – s. Kapitel 8.2.6).

Das Kolon besteht aus 4 Abschnitten:

- Colon ascendens (= aufsteigender Teil),
- Colon transversum (= querverlaufender Teil),
- Colon descendens (= absteigender Teil),
- Colon sigmoideum (= S-bogenförmiger Teil).

Lage

➤ Das etwa 25 cm lange **Colon ascendens** steigt auf der rechten Körperseite auf. Es liegt retroperitoneal. In Höhe des 12. Brust- bis 3. Lendenwirbels geht es an der **Flexura coli dextra** (= rechte Kolonflexur) ins Colon transversum über.

Das etwa 50 cm lange **Colon transversum** verläuft quer von der rechten zur linken Körperseite. Es liegt intraperitoneal. Das Colon transversum hängt am Mesocolon transversum und ist deshalb relativ frei beweglich. Im Extremfall kann das Colon transversum bis ins kleine Becken herabhängen.

Die Radix des Mesocolon sigmoideum zieht über den Ureter hinweg. Die Taenia mesocolica (siehe „Mikroskopische Anatomie") des Colon transversum ist mit dem Mesokolon, die Taenia omentalis mit dem Omentum majus verwachsen. Der Teil des Omentum majus, der zwischen der Kurvatur des Magens und dem Colon transversum liegt, verwächst mit dem Mesocolon transversum und wird zum **Lig. gastrocolicum**. In Höhe des 12. Brust- bis 2. Lendenwirbels geht das Colon transversum an der **Flexura coli sinistra** (= linke Kolonflexur) in das Colon descendens über. ◄

➤ Die Flexura coli sinistra liegt höher als die Flexura coli dextra und ist spitzwinkliger.

Das **Colon descendens** steigt auf der linken Körperseite ab. Es liegt retroperitoneal. Auf der Vorderseite ist es oft von Dünndarmschlingen bedeckt. In Höhe der linken Crista iliaca geht das Colon descendens in das Colon sigmoideum über.

Das **Colon sigmoideum** liegt intraperitoneal. In Höhe des 2.–3. Kreuzbeinwirbels geht es in das Rektum über. Das Colon sigmoideum besitzt ein verschieden langes Mesocolon sigmoideum, wodurch ein S-förmiger Verlauf entsteht.

Colon ascendens und descendens sind mit der dorsalen Bauchwand verwachsen, während das Colon transversum und sigmoideum am Mesocolon transversum bzw. sigmoideum aufgehängt sind. ◄

Topographie

➤ Das **Colon ascendens** grenzt dorsal an den M. psoas major und den M. quadratus lumborum. Das Colon ascendens reicht bis unter den rechten Leberlappen. Die **Flexura coli dextra** liegt vor der rechten Niere und hinter dem rechten Leberlappen. Auf der Leber bildet sie zusammen mit dem Colon transversum die Impressio colica.
Das **Colon transversum** zieht über die Facies visceralis des rechten Leberlappens und an der Curvatura major des Magens entlang zur Milz. Mit der Gallenblase ist das Colon transversum häufig durch Serosastränge verbunden. Außerdem steht das Colon transversum zumeist mit dem Duodenum, der Bursa omentalis und dem Pankreaskopf in topographischer Beziehung.
Die Radix des **Mesocolon transversum** zieht in Höhe des rechten Nierenhilus über die Pars descendens des Duodenum und über den Pankreaskopf bis zur Höhe des linken Nierenhilus. In diesem Meso verlaufen die A. und V. colica media.

Zwischen der großen Kurvatur des Magens und dem Colon transversum spannt sich als Teil des **Omentum majus** das Lig. gastrocolicum aus. Das Omentum majus (und das Lig. gastrocolicum) bildet seinerseits Duplikaturen des Peritoneum, die Fettgewebe enthalten.

Mit seinem vorderen Rand grenzt das Colon transversum an die dorsal vom Magen liegende Bursa omentalis. ◄

Klinik: ➤ Um zur Bursa omentalis und von dort z.B. zum Pankreas (= Bauchspeicheldrüse) oder zu den retroperitoneal liegenden Organen zu gelangen, durchtrennt man zumeist das Lig. gastrocolicum.

Die **Flexura coli sinistra** und der obere Teil des Colon descendens sind durch das Lig. phrenicocolicum mit dem Zwerchfell verwachsen.

Das **Colon descendens** liegt ventral von der linken Niere. Häufig wird das Colon descendens von Dünndarmschlingen überlagert. ◄

Funktion

Im Dickdarm kommen unregelmäßige peristaltische und im Gegensatz zum Dünndarm auch antiperistaltische Bewegungen vor, bei der der Darminhalt zurückbefördert werden kann.

Innervation und Gefäßversorgung

(siehe auch die Winterthur-Verlaufsbeschreibungen)
➤ Der Darm wird bis zum **Cannon-Böhm-Punkt**, der im Bereich der Flexura coli sinistra liegt, aus dem Plexus mesentericus superior und unterhalb des Cannon-Böhm-Punktes (Colon descendens und sigmoideum) aus dem Plexus mesentericus inferior und aus den Nn. splanchnici pelvici innerviert. ◄

Der Plexus mesentericus superior erhält parasympathische Fasern über den Truncus vagalis posterior aus dem N. vagus und sympathische Fasern aus den Nn. splanchnici thoracici. Die parasympathischen Fasern der Nn. splanchnici pelvici kommen aus dem sakralen Parasympathikus und verlaufen über den Plexus hypogastricus inferior. Die sympathischen Fasern kommen aus dem Plexus aorticus abdominalis.

➤ Der Parasympathikus fördert die Darmmotorik und die Drüsensekretion, der Sympathikus hemmt sie.

Das Kolon wird aus den Ästen der Aa. mesentericae superior und inferior mit Blut versorgt.

Aus der A. mesenterica superior gehen hervor und versorgen:
- A. ileocolica – Caecum und unterer Teil des Colon ascendens,
- A. colica dextra – Colon ascendens bis zur Flexura coli dextra,
- A. colica media – 2/3 des Colon transversum, anastomosiert mit der A. colica sinistra.

Aus der A. mesenterica inferior gehen hervor und versorgen:
- A. colica sinistra – versorgt 1/3 des Colon transversum und das Colon descendens.
- Aa. sigmoideae – versorgen das Colon sigmoideum.
- A. rectalis superior – versorgt das Rektum bis zum M. sphincter ani internus. ◄

Der venöse Abfluß des Blutes erfolgt über die den Arterien gleichnamigen Venen. Aus dem Caecum, dem Colon ascendens und transversum fließt das Blut über die V. mesenterica superior in die V. portae. Aus dem Colon descendens, sigmoideum und dem oberen Teil des Rektum fließt das Blut über die V. mesenterica inferior in die V. portae.

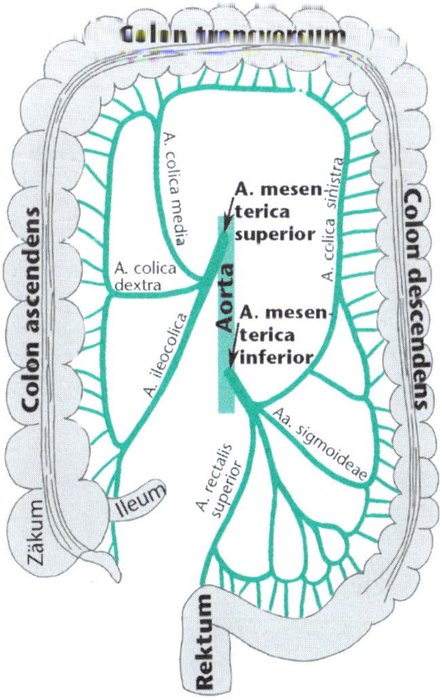

Abb. 8.21 *Blutversorgung des Kolon*

➤ Das Kolon unterscheidet sich vom Dünndarm durch den Besitz von Taenien, Haustren, Plicae semilunares und Appendices epiploicae.
Die **Taenien** (= Längsmuskelbänder) sind etwa 1 cm breite Streifen, auf die die äußere Längsmuskulatur der Kolonwand zusammengedrängt ist, wobei zwischen den Taenien jedoch eine sehr dünne Muskulatur erhalten bleibt.
Die Funktion der Taenien besteht in einem Weiterstellen der Darmwand.

An Taenien kommen vor:

- **Taenia libra** – kommt freiliegend am ganzen Kolon vor.
- **Taenia mesocolica** – kommt am Colon transversum vor und ist mit dem Mesokolon verwachsen.
- **Taenia omentalis** – ist mit dem Omentum majus (= großes Netz) verwachsen. ◄

➤ Die drei Taenien laufen an der Appendix vermiformis zusammen.
Die Taeniae mesocolica und omentalis werden vom Mesocolon transversum und vom Omentum majus verdeckt.

Die **Haustren (Haustra coli**) sind halbkugelige Aussackungen zwischen den Taenien, die durch Einschnürungen voneinander getrennt sind. Diese Einschnürungen entstehen bei der Kontraktion der Ringmuskulatur des Darms, wobei Schleimhautfalten entstehen, die ins Darmlumen hineinragen – diese halbmondförmigen Falten nennt man **Plicae semilunares coli**. An ihrer Bildung sind alle Wandschichten beteiligt. Haustren sind also erschlaffte Muskelbereiche, die zwischen den Plicae liegen. Die Plicae semilunares verändern je nach Füllungszustand ihre Lage (im Dünndarm sind die Plicae circulares konstant- und auf die Mukosa beschränkt!).

Die **Appendices epiploicae** (= Fettanhängsel) sind zipfelförmige Serosaläppchen, besonders entlang der Taenia libera, die in der Tela submucosa und in der Tela subserosa am Colon transversum, Colon ascendens und am Colon descendens vorkommen und beim Erwachsenen Fett enthalten. ◄

Mikroskopische Anatomie

➤ Das Kolon besitzt keine Falten und Zotten mehr, dafür aber dicht beieinander stehende unverzweigte tiefe Krypten (Gll. intestinales) sowie ein schleimproduzierendes sowie wasser- und salzresorbierendes Epithel (mit Mikrovilli besetzt), das von vielen Becherzellen durchsetzt ist. Außerdem kommen noch einfache Lymphknötchen (= Folliculi lymphatici solitarii) vor. ◄

Mikroskopierhilfe: Das Kolon besitzt keine Zotten; die Krypten sind besonders tief und zahlreich.

Klinik: Bei zumeist männlichen Neugeborenen muß manchmal ein **Morbus Hirschsprung (Megacolon congenitum**) diagnostiziert werden. Dabei fehlt in einem bestimmten Kolonabschnitt die Darmmotalität, was dadurch verursacht wird, daß in diesem Bereich die Ganglienzellen des intramuralen Nervensystems (Plexus submucosus und Plexus myentericus) nicht angelegt sind.

8.2.6 Rektum

!!! 5/16

Das etwa 15 cm lange **Rektum (= Mastdarm)** wird unterteilt in

- **Ampulla recti** – liegt kranial und beginnt am Colon sigmoideum,
- **Canalis analis** (Analkanal) – liegt kaudal und endet am Anus.

Das Rektum zeigt in der Sagittalebene 2 Krümmungen:

- **Flexura sacralis** (= Kreuzbeinkrümmung – bildet den oberen Teil) – verläuft wie die Beckenkrümmung des Os sacrum nach vorne konkav. Dieser Teil des Rektum wird, da er im Becken liegt, Pars pelvina genannt.
- **Flexura perinealis** (= Dammkrümmung – bildet den unteren Teil) – krümmt sich beim Durchtritt durch das Diaphragma pelvis nach vorne konvex und endet mit dem Anus. Dieser untere Teil wird Pars perinealis genannt.

➤ Die Flexura sacralis liegt retroperitoneal, ihre Vorderfläche ist vom Peritoneum bedeckt, die Flexura perinealis liegt extraperitoneal. ◄

Ampulla recti

➤ Die etwa 10–12 cm lange **Ampulla recti** geht in Höhe des 3. Kreuzbeinwirbels aus dem Colon sigmoideum hervor. Die Ampulle zieht am Os sacrum (= Kreuzbein) entlang, wobei sie sich trichterförmig verengt. Oberhalb des Diaphragma pelvis zieht sie unter Bildung der Flexura sacralis nach vorne und geht anschließend in den Canalis analis über. ◄ Die Ampulla recti kann stark erweitert werden. Wird die Ampulle gefüllt, so kommt es zum Stuhldrang

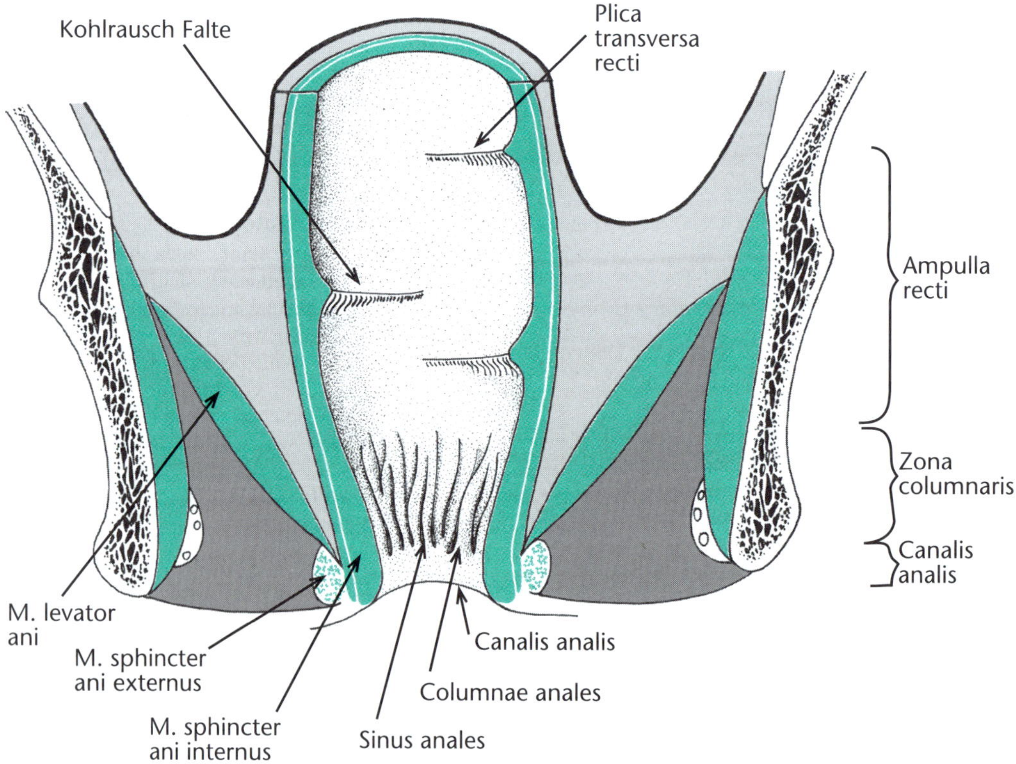

Abb. 8.22 Frontalschnitt durch das Becken im Bereich des Rektum

(s. weiter unten). In der Ampulla recti liegen innen als 2–3 halbmondförmige Querfalten die **Plicae transversales recti**. Diese Plicae werden aus Schleimhaut gebildet und sind durch Muskelanteile verstärkt. Als echte Schleimhautfalten sind sie ortsständig (verändern also nicht ihre Lage bei einer Kontraktion).

➤ Die größte dieser Querfalten wird **Kohlrausch-Falte** genannt. Die Kohlrausch-Falte liegt auf der rechten Seite in Höhe der am äußeren Darm sichtbaren Einknickung, etwa 7 cm über dem Anus, in Höhe des Douglas-Raums, was dem tiefsten Punkt der mit Peritoneum ausgekleideten Bauchhöhle entspricht (Frau = Excavatio rectouterina; Mann: Excavatio rectovesicalis) – s.a. „Topographie".

Bei der Kontraktion der Ringmuskulatur werden die Querfalten einander angenähert und wirken damit wie ein Verschluß (= „**rektoanaler Pylorus**"). ◄

Klinik: ➤ Bei der Rektaluntersuchung bildet die Kohlrausch-Falte den Orientierungspunkt. Unterhalb dieser Falte kann man beim Mann die Rückseite der Prostata (s.a. Kapitel 8.8.5) und bei der Frau die Rückseite des Uterus tasten (s.a. „Topographie"). ◄

Canalis analis

➤ Der etwa 3–4 cm lange Canalis analis zieht, nachdem er durch das Diaphragma pelvis (Beckenboden) hindurchgezogen ist, nach dorsal und kaudal, wobei er die Flexura perinealis bildet. Der Canalis analis endet am Anus (= After). ◄

Der Canalis analis wird in 3 Zonen unterteilt, die durch 2 Grenzlinen voneinander getrennt sind:

(Ampulla recti)

Linea anorectalis

Zona columnaris

Linea mucocutanea

Zona intermedia

Linea anocutanea

Zona cutanea

Die **Linea anorectalis** liegt in Höhe der Levatorschlinge (vom M. puborectalis gebildet) kurz über den nachfolgend beschriebenen Columnae anales. Die Linea anorectalis trennt die Ampulla recti vom Canalis analis.

Die Grenze zwischen Zona columnaris und Zona intermedia wird manchmal als Linea mucocutanea bezeichnet.

➤ Die weiße **Linea anocutanea** (Linea alba) liegt in Höhe des unteren Randes des M. sphincter ani internus, hier geht das unverhornte in das verhornte Plattenepithel über. ◄

Zona columnaris

➤ In der etwa 1,5 cm langen Zona columnaris (alt: Zona hämorrhoidalis) liegen als Längsfalten 6–10 **Columnae anales** (= **Aftersäulen**), die u.a. aus glatten Muskelzellen und Gefäßen (vor allen aus der A. rectalis superior) bestehen. Die jeweils benachbarten Columnae sind kaudal durch Querbrücken miteinander verbunden. Dadurch entstehen als Vertiefungen zwischen den Columnae die **Sinus anales** (**Afterbucht**).

In den Columnae anales liegt als starkes Venenpolster das Corpus cavernosum recti, das aus dem submukös liegenden Plexus venosus rectalis und dessen arteriovenösen Anastomosen mit Ästen der A. rectalis superior besteht (**Plexus hämorrhoidalis**). ◄

Klinik: ➤ Die Corpora cavernosa recti können sich in den Columnae anales knotenartig ausweiten, dadurch entstehen die inneren **Hämorrhoiden**. Innere Hämorrhoiden liegen oberhalb des M. sphincter ani. ◄ Es kommen zumeist 3 Knoten vor. Innere Hämorrhoiden werden in verschiedene Stadien eingeteilt (von innerhalb des Canalis analis liegenden = 1. Stadium bis ständig prolabierten (vorgefallen) = 3. Stadium).

Demgegenüber sind äußere Hämorrhoiden Ausweitungen der Venen unter der Perianalhaut. Hierbei handelt es sich um Hämatome der Vv. rectales inferiores (Ursache kann z.B. ein Zerreißen der Venenästchen bei der Bauchpresse sein).

Beide Formen der Hämorrhoiden können neben der Begutachtung auch durch die Blutablagerungen auf dem Stuhl anhand der Blutfarbe unterschieden werden:

- innere Hämorrhoiden – hellrotes (arterielles) Blut,
- äußere Hämorrhoiden – dunkleres (venöses) Blut.

Innere Hämorrhoiden sind von rötlicher Schleimhaut oder weißer Haut, äußere Hämorrhoiden von pigmentierter Haut bedeckt.

Bei Blutablagerungen **auf** dem Stuhl muß besonders bei älteren Patienten differentialdiagnostisch auch immer an ein **Rektumkarzinom** gedacht werden (solche Tumore können mit der Rektoskopie nachgewiesen und teilweise getastet werden).

Die Zonae intermedia und cutanea werden in der „Mikroskopischen Anatomie“ beschrieben.

Muskeln im Bereich des Anus

➤ *Prüfungsrelevant: Die 3 Muskeln als Afterverschließer und ihre Innervation kennen.* ➤

An Muskeln umschließen den unteren Bereich des Canalis:

- **M. sphincter ani internus** – ist eine etwa 2 cm lange Verdickung des Stratum circulare (Ringmuskelschicht der Tunica muscularis – glatte Muskelzellen). Er wird unwillkürlich vom Sympathikus (Nn. splanchnici sacrales) innerviert.
- **M. sphincter ani externus** – er liegt außen dem M. sphincter ani internus manschettenartig an. Er besteht aus quergestreifter Muskulatur und wird willkürlich über den N. pudendus innerviert.

Diese beiden Muskeln liegen ringförmig um das distale Ende des Analkanals herum.

Außerdem ist beteiligt:

- **M. puborectalis** – bildet den vorderen Teil des M. levator ani. Der rechte und linke M. puborectalis umfassen schlingenartig das Rektum.

Sie verschließen den oberen Teil des Analkanals und ziehen die Flexura perinealis nach vorne. Der Tonus des M. puborectalis ist normalerweise sehr hoch und verschwindet nur bei der Defäkation. Er wird aus dem Plexus sacralis innerviert.

Klinik: Beim Ausfall des M. puborectalis kann es zum Prolaps (= Vorfall) des Darms oder zur Inkontinenz kommen.

Topographie

➤ Das Rektum liegt ventral dem Os sacrum (= Kreuzbein) und dem Os coccygis (= Steißbein) an. Auf der rechten Körperseite liegen der Ureter (= Harnleiter) und die A. und V. iliaca interna in enger Nachbarschaft zur Ampulla recti. ➤

Unterschiede zwischen den Geschlechtern

➤ Beim Mann liegt das Rektum dem Blasengrund, der Samenblase, dem Ductus deferens, dem Ureter und der Prostata an. Zwischen Rektum und Os sacrum liegt das mit lockerem Bindegewebe ausgefüllte Spatium retrorectale – im Spatium verlaufen der Grenzstrang, Äste des Plexus sacralis, die Vasa rectalia superiora und die Vasa sacralia medialia und lateralia.

Die Excavatio rectovesicalis liegt in Höhe der Kohlrausch-Falte, sie trennt das Rektum von der Harnblase.

Bei der Frau ist das Rektum durch das Septum rectovaginale und die Excavatio rectouterina (= Douglas-Raum) von der Vagina und der Zervix des Uterus getrennt. Zwischen dem Rektum und dem Os sacrum verlaufen: A. sacralis medialis, Aa. sacrales laterales, Äste der A. rectalis superior und die entsprechenden Venen.
Ein gefülltes Rektum kann rechts bis an das Ovar und an die Tuba uterina reichen, wobei das Ovar und die Tuba normalerweise vom Rektum aus nicht getastet werden können. ➤

Innervation und Gefäßversorgung

(siehe auch die Winterthur-Verlaufsbeschreibungen)
➤ Das Rektum wird sympathisch aus dem Plexus hypogastricus und parasympathisch von den Nn. pelvici splanchnici innerviert.

Das Rektum erhält Blut aus:

- A. rectalis superior (Ast der A. mesenterica inferior) – ist unpaarig angelegt und versorgt den oberen Teil des Rektum.
- A. rectalis media (Ast der A. iliaca interna) – ist paarig angelegt und versorgt den mittleren Teil des Rektum.
- A. rectalis inferior (Ast der A. pudenda interna) – ist paarig angelegt und versorgt den restlichen Teil des Rektum.

Diese Arterien bilden untereinander Anastomosen, wobei jedoch ein Verschluß der A. rectalis superior nicht kompensiert werden kann. ➤

➤ Das venöse Blut sammelt sich im Plexus venosus rectalis und fließt ab über die:

- Vv. rectales superiores zur V. mesenterica inferior, die in die V. portae mündet.
- Vv. rectales mediae und inferiores zur V. pudenda interna und weiter zur V. iliaca interna, die in die V. cava inferior mündet. ➤

Die Lymphgefäße ziehen vom:

- oberen Teil des Rektum zu den Nll. mesenterici inferiores,
- mittleren Teil zu den Nll. iliaci interni,
- unteren Teil zu den Nll. inguinales superficiales.

Mikroskopische Anatomie

➤ Die Schleimhaut des Rektum ist mit einem einschichtigen Zylinderepithel ausgekleidet. Die Krypten sind im Rektum länger als im Kolon.

Die 3 Längsmuskelstränge (= Taenien) des Kolon vereinigen sich im Bereich des Canalis analis zu einer geschlossenen Längsmuskellage.
Haustren und Plicae semilunares fehlen!

Der Canalis analis wird, wie zuvor erwähnt, in 3 Zonen unterteilt:
Zona columnaris – in diesem Bereich liegen die Columnae anales (= Aftersäulen). Die Schleimhaut ist wie die übrige Rektumschleimhaut aus einem einschichtigen Zylinderepithel aufgebaut, während die Columnae anales mit unverhorntem Plattenepithel überzogen sind. In die zwischen den Columnae anales liegenden Sinus anales münden sogenannte **Proktodealdrüsen**, die Schleim produzieren und deren Endstücke zwischen den Mm. sphincter ani externus und internus liegen.

Zona intermedia (syn.: Zona alba, Pecten analis) – bildet einen hellen Bereich in Höhe des unteren Randes des M. sphincter ani internus. In diesem Bereich geht das Zylinderepithel des Darms in das nicht verhornte geschichtete Plattenepithel der Außenhaut über.

Zona cutanea (= Hautzone) – die Schleimhaut entspricht in diesem Bereich der Außenhaut. Sie besteht aus einem pigmentierten, verhornten mehrschichtigen Plattenepithel, das mit apokrinen Schweißdrüsen (= Gll. circumanales) und Talgdrüsen durchsetzt ist. Dieser Bereich ist stark sensibel innerviert. ◄

Defäkation

➤ Durch eine Füllung der Ampulla recti werden Dehnungsrezeptoren gereizt, die den Impuls zum Reflexzentrum im Rückenmark leiten. Das Reflexzentrum steht ab etwa dem Ende des 2. Lebensjahres unter Kontrolle des Großhirns. Durch den **anorektalen Reflex** wird unwillkürlich der M. sphincter ani internus entspannt und die übrige Darmwandmuskulatur kontrahiert. Außerdem werden willkürlich der M. sphincter ani externus und der M. levator ani entspannt, sowie die Bauchpresse betätigt.

Afterverschluß

Am Verschluß des Anus sind beteiligt:

- Muskeln (alle 3 Muskeln stehen unter Dauerkontraktion)
  - M. sphincter ani internus – seine Dauerkontraktion bildet die Grundlage des Afterverschlusses,
  - M. sphincter ani externus,
  - M. puborectalis,
- S-förmiger Verlauf des Rektum – dadurch drückt die Fäzes nicht auf den Analkanal. Erst kurz vor der Defäkation erfolgt die Füllung der Ampulla.

Der Feinverschluß erfolgt über die Columnae anales. ◄

8.3 Leber, Gallenblase, Pankreas

8.3.1 Leber

!!! 22/55

Die **Leber (=Hepar)** kann als die größte Drüse und das größte Stoffwechselorgan unseres Körpers bezeichnet werden. Die Leber hat vielfältige Aufgaben, von denen die wichtigsten nachfolgend aufgeführt sind.
In der Fetalzeit werden in der Leber während einer bestimmten Periode die Blutzellen gebildet (s. Kapitel 2.5.2), daher beträgt ihr Gewicht um den 6. Entwicklungsmonat etwa 1/10 des Körpergewichts.
Die Leber erhält über die weiter unten beschriebene V. portae die nachfolgend aufgeführten, aus dem Darm resorbierten Stoffe zur weiteren Verarbeitung:

- Proteine – werden zu Aminosäuren abgebaut. Aus Ammoniak synthetisiert sie Harnstoff,
- Kohlenhydrate – synthetisiert sie zu Glykogen,
- Fettsäuren – baut sie unter Bildung von Galle um.

Außerdem

- speichert sie Vitamin B_{12},
- dient als Entgiftungsorgan,
- produziert als exokrine Drüse Galle (siehe weiter unten),
- ist am Abbau der Erythrozyten beteiligt,
- dient als Blutspeicher.

Die Leber hat ein Gewicht von 1,5–2 kg. Beim Lebenden hat die gesunde Leber ein rotbraunes Aussehen und eine glatte, spiegelnde Oberfläche. Sie ist weich, druckunempfindlich und relativ schwer zu tasten.

Klinik: Bei krankhaften Prozessen, z.B. einer **Leberzirrhose** (= teilweiser Parenchymuntergang mit bindegewebiger Narbenbildung) fühlt sich die Oberfläche derb und je nach Stadium knotig an.

➤ Während die Leber beim Erwachsenen etwa 1/50 des Körpergewichts ausmacht, wiegt sie beim Säugling etwa 1/20 des Körpergewichts (6. Entwicklungsmonat 1/10). Beim Säugling ist die Leber also relativ größer. ◄

Die Leberoberfläche wird unterteilt in eine
- konvexe, unter dem Zwerchfell liegende Facies diaphragmatica (Oberfläche),
- konkave, zur Eingeweideseite hin liegende Facies visceralis (Unterfläche).

Facies diaphragmatica

➤ Die Facies diaphragmatica ist über die dreieckige **Area nuda** mit dem Zwerchfell verwachsen (die Area ist also nicht vom Peritoneum überzogen!). Im dorsalen Bereich der Area nuda verläuft als Rinne der Sulcus v. cavae für die V. cava inferior.
Auf der Leberoberfläche sind verschiedene Ligamenta zu unterscheiden.
Am Rande der Area nuda schlägt das parietale Peritoneum der Bauchwand und des Zwerchfells auf das viszerale Blatt der Leber um. Dadurch entsteht das **Lig. coronarium,** das zwei Schenkel besitzt. Diese beiden Schenkel laufen am rechten und linken Rand der Area nuda entlang und enden mit je einer dreieckigen Peritonealfalte, dem **Lig. triangulare dextrum** bzw. **sinistrum** (s. auch „Befestigung der Leber" weiter unten).
Die beiden Ligg. coronariae vereinigen sich im Bereich der Facies diaphragmatica der Leber zum **Lig. falciforme hepatis.**
Das Lig. falciforme hepatis ist ebenfalls als Fortsetzung der oben erwähnten Bauchfellduplikatur entstanden. Es befestigt über die Facies diaphragmatica die Leber an der vorderen Bauchwand.
Das Lig. falciforme hepatis verläuft über die ventrale Leberseite und teilt dabei die Leber in einen rechten und linken Leberlappen. Der freie Unterrand des Lig. falciforme hepatis wird durch das bei der Facies visceralis beschriebene Lig. teres hepatis verstärkt.
Eine Eindellung, die als **Impressio cardiaca** bezeichnet wird, wird durch das in diesem Bereich mit dem Zwerchfell verwachsene Perikard verursacht (in diesem Bereich liegt das Herz dem Zwerchfell auf). ◄
Die Impressionen (= Abdrücke durch Nachbarorgane) auf der Leberoberfläche entstehen dadurch, dass das Leberparenchym relativ weich ist.

Facies visceralis

Die Facies visceralis besitzt ein H-förmiges Aussehen, das die Unterseite der Leber in 4 Teile aufteilt:

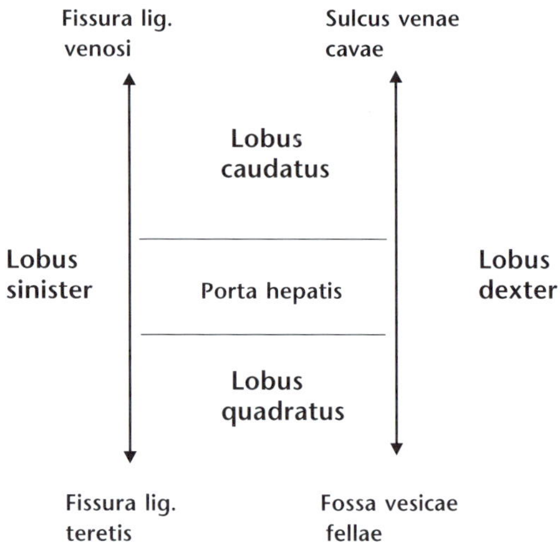

Fast in der Mitte der Facies visceralis liegt die **Portae hepatis** (= Leberpforte).

➤ Die **Fissura lig. venosi** zieht dorsal zur Facies diaphragmatica hoch zum Sulcus v. cavae. Während der Fetalzeit verläuft in dieser Fissura der Ductus venosus (Kurzschluß zwischen Plazenta und V. cava inferior unter Umgehung der Leber – s. Kapitel 2.4.1 „Fetaler Blutkreislauf"). Der Ductus venosus obliteriert zum **Lig. venosum**.

Die **Fissura lig. teretis** enthält das Lig. teres hepatis.

Das **Lig. teres hepatis** ist der obliterierte Strang der ehemaligen V. umbilicalis (= Nabelvene), die im fetalen Blutkreislauf das Blut von der mütterlichen Plazenta zur kindlichen Leber und zum Herz leitet.

Im **Sulcus venae cavae** verläuft die V. cava inferior.

In der eingedellten **Fossa vesicae felleae** liegt die Gallenblase. ◄

Auf der Oberfläche der Facies visceralis hinterlassen die in der Nachbarschaft zur Leber liegenden Organe folgende **Impressionen** (= Abdrücke):

➤ auf dem Lobus dexter (die Einteilung der Leber in Lappen wird nachfolgend beschrieben):
- **Impressio suprarenalis** – Nebenniere,
- **Impressio renalis** – rechte Niere,
- **Impressio duodenalis** – Pars superior des Duodenum,

- **Impressio colica** – Flexura coli dextra und Colon transversum.

auf dem Lobus sinister:
- **Impressio gastrica** – Magen,
- **Impressio oesophagea** – Oesophagus. ◂

Leberlappen und Lebersegmente

Bei der Unterteilung der Leber in 2 Hauptlappen muß zwischen einer makroskopischen (äußeren) Gliederung und einer Binnengliederung unterschieden werden.

Makroskopisch wird der rechte Leberlappen (Lobus dexter) vom Lobus sinister getrennt, wobei der linke Leberlappen kleiner als der rechte ist. Die Trennlinie wird gebildet
- auf der konvexen oberen Seite durch das Lig. falciforme hepatis,
- auf der konkaven unteren Seite durch eine Linie zwischen der Fissura lig. teretis und der Fissura lig. venosi.

Zum Lobus dexter werden noch die in der Mitte liegenden Lobi quadratus und caudatus gerechnet.

➤ Die Binnengliederung der Leber in Segmente erfolgt wie bei der Lunge anhand der Verzweigungen der Blutgefäße (Äste der V. portae, A. hepatica propria und Ductus hepaticus), die im Zentrum der Segmente liegen. Ähnlich wie bei den Lungen, so verlaufen auch die Vv. hepaticae entlang der Segmentgrenzen. ◂
Da die Segmente jedoch nicht durch Bindegewebe voneinander getrennt sind, ist die Abgrenzung in einzelne Segmente sehr schwierig. Die an den Segmentgrenzen entlanglaufenden Vv. hepaticae dienen dem Chirurgen daher als Orientierungspunkt. Vollständig voneinander abgrenzen kann man die Segmentgrenzen nur mittels eines Röntgenbildes (Kontrastmittel) oder eines Korrosionspräparates.

Auch bei der Binnengliederung können 2 Leberlappen unterschieden werden. Auf die Außenseite projeziert, gehören bei der Binnengliederung der Lobus quadratus und der größte Teil des Lobus caudatus jedoch zum linken Leberlappen.

Peritonealverhältnisse

➤ Die Leber liegt intraperitoneal. Sie ist mit Ausnahme der mit dem Zwerchfell verwachsenen Area nuda vollständig vom Peritoneum umhüllt. ◂ Der vom Peritoneum bedeckte Teil der Facies diaphragmatica wird als Pars libera bezeichnet.
An der Grenze zur Area nuda geht das Peritoneum viscerale als Lig. coronarium in das Peritoneum parietale über.

Befestigung der Leber

➤ Die Leber ist über die dreieckige Area nuda am Zwerchfell befestigt.

Das **Lig. triangulare sinistrum** verbindet den linken Leberlappen mit der linken Zwerchfellkuppel. Durch dieses Ligamentum wird verhindert, dass sich beim aufrecht stehenden Menschen die Leber vom Zwerchfell löst und sich so Darmteile zwischen Leber und Zwerchfell legen können.

Das Lig. coronarium verbindet die Leber mit dem Zwerchfell und über das **Lig. hepatorenale** mit der rechten Niere.
Ventral verbinden das Lig. falciforme hepatis als Duplikatur des Peritoneum sowie das Lig. teres hepatis die Leber mit der Bauchwand.

An der Fissura lig. venosi setzt das Omentum minus an und verbindet
- die Leber über das **Lig. hepatogastricum** mit der Curvatura minor des Magens,
- die Leber über das **Lig. hepatoduodenale** mit der Pars superior des Duodenum.

Das Lig. hepatoduodenale begrenzt ventral das Foramen omentale, das den Eingang zur Bursa omentalis bildet. ◂

➤ Im Lig. hepatoduodenale verlaufen:
- ventral – Ductus choledochus (= Gallengang),
- in der Mitte – A. hepatica propria,
- dorsal – V. portae (= Pfortader). ◂

> **Merksatz:**
> **Chole**riker (= Ducuts **chole**dochus)
> **he**lfen (= A. **he**patica propria)
> **Port**ugal (= V. **port**ae).

Die aufgeführten Ligamenta dienen jedoch weniger als Halte- sondern vielmehr als Führungsbänder. Die Leber wird durch den thorakalen Sog (über Area nuda) sowie durch Nachbarorgane (Därme) und die Bauchpresse in ihrer Lage gehalten.

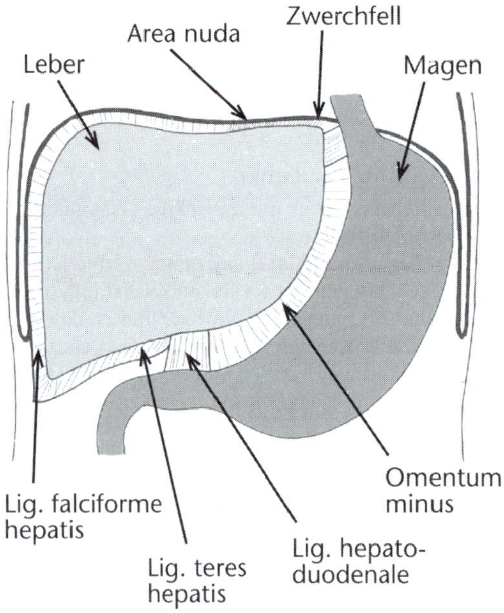

Abb. 8.23 *Schematische Darstellung der Bänder zu den Oberbauchorganen (umgezeichnet nach Faller)*

Topographie

➤ Die Lage der Leber hängt vom Zwerchfellstand und der Körperlage ab. Die Leber liegt zu etwa 3/4 in der rechten und zu 1/4 in der linken Oberbauchregion. Der rechte Leberlappen liegt zum größten Teil unter dem rechten Rippenbogen und reicht bis in die Regio epigastrica. Der untere Teil des linken Leberlappens reicht von der Regio epigastrica bis in die Regio hypochondriaca sinistra; er liegt oberhalb des Magenfeldes.

Auf die Rumpfwand projiziert, reicht die Leber kranial bis zur linken 5. Rippe (beim Mann etwas unterhalb der Brustwarze) und kaudal rechts bis zur 10. Rippe und links bis zur 7. Rippe.

Mit der Atmung verschiebt sich die Leber, was palpatorisch (= tastend) und perkutorisch (= abklopfend) untersucht wird.

Der kaudale Teil des linken Leberlappens liegt der vorderen Bauchwand an.

Die topographischen Beziehungen zu den Nachbarorganen sind durch die Impressionen dieser Organe auf der Leber eindeutig nachzuvollziehen (s. Facies visceralis und diaphragmatica). ◄

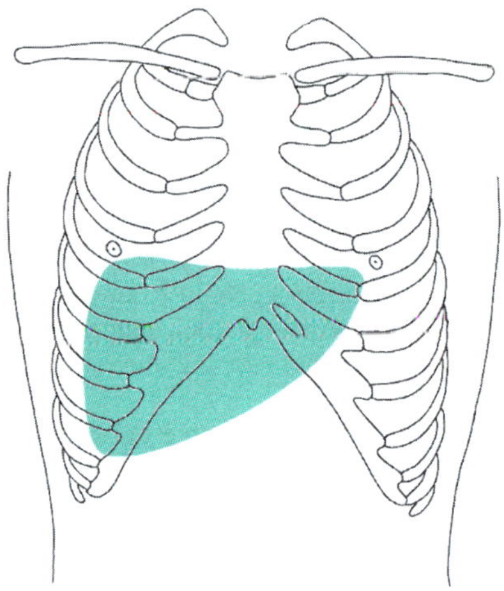

Abb. 8.24 *Lage der Leber auf die ventrale Bauchwand projiziert*

Gefäßversorgung und Innervation

(siehe auch die Winterthur-Verlaufsbeschreibungen) Sympathisch wird die Leber aus dem Plexus coeliacus, parasympathisch aus dem Truncus vagalis anterior und posterior innerviert.

Das die Leber und die Gallenblase überziehende Peritoneum wird sensibel von Fasern des N. phrenicus versorgt.

➤ Die Leber erhält aus 2 Gefäßen Blut:

Die A. hepatica propria führt als nutritives (= die Leber versorgendes Gefäß = Vas privatum) O_2-reiches Blut zur Leber. Sie teilt sich in der Leberpforte in die Rr. dexter und sinister.

Die V. portae führt als funktionelles Gefäß (= Vas publicum) O_2-armes, aber nährstoffreiches Blut aus dem Darm zur Leber. Sie teilt sich ebenfalls in 2 Hauptäste.

Während diese beiden Gefäße durch die Leberpforte in die Leber gelangen, treten die zumeist 3 Vv. hepaticae als ableitende Gefäße im Bereich der Facies diaphragmatica aus, sie münden in die V. cava inferior. ◄

Die Lymphe wird über interlobulär (= zwischen den Leberläppchen) verlaufende Lymphgefäße zu den Nll. hepatici und von dort über die Nll. coeliaci zu den oberhalb des Zwerchfells liegenden Nll. mediastinales anteriores transportiert.

Mikroskopische Anatomie

Die Leber ist vom viszeralen Blatt des Peritoneum (= Tunica serosa) überzogen. Unter dem Peritoneum viscerale liegt als straffe, bindegewebige Kapsel die

Tunica fibrosa (alt: Capsula fibrosa oder **Glissonsche Kapsel**).

➤ Die Tunica fibrosa bildet die eigentliche Leberkapsel, sie ist nur wenig dehnbar und dient dazu, die Leber in ihrer Form zu halten. ◄

Im Bereich der Leberpforte zieht von der Tunica fibrosa als dünne, die großen Lebergefäße umgebende Bindegewebsschicht, die Capsula fibrosa perivascularis (= Gefäßscheide) ins Innere der Leber und unterteilt dabei die Leber in 1–2 mm große **Leberläppchen** (= **Lobuli hepatis**), wobei darauf hinzuweisen ist, daß die Endausläufer dieses interlobularen Bindegewebes bei der menschlichen Leber mikroskopisch kaum zu sehen ist, weil es nur noch aus wenigen Retikulinfasern besteht. ➤ Das Bindegewebe beschränkt sich auf die periportalen Felder (= Canales portales oder Glisson-Dreieck).

Da die Läppchen hexagonal (= sechseckig) bis polygonal (= vieleckig) sind, entsteht im Winkel zwischen mehreren, zumeist 3 Läppchen, ein großer dreieckiger Bindegewebsspalt, der als **periportales Feld** (= **Glisson-Dreieck**) bezeichnet wird. In diesem Dreieck liegen als Glisson-Trias die

- A. und V. interlobularis (Äste der A. u. V. arcuata) und der
- Ductulus interlobularis (= ableitender Gallengang).

Im Innern der Leberläppchen liegt die V. centralis. ◄

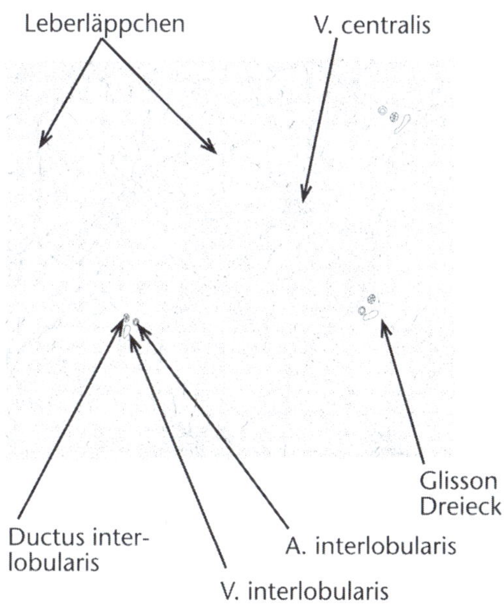

Abb. 8.25 *Schnitt durch mehrere Leberläppchen*

Die Leberläppchen bieten 3 verschiedene Möglichkeiten sie zu gliedern:

- **klassisches Leberläppchen** – hierbei liegt die V. centralis im Mittelpunkt und die Periportalfelder bilden die peripheren Ecken.
- **Periportalläppchen** – hierbei wird die Funktion in den Vordergrund gestellt. Das Periportalfeld liegt im Mittelpunkt und die Vv. centrales bilden die Ecken, wobei im Idealfall die Venen ein Dreieck bilden. Durch das Periportalläppchen wird der Drüsencharakter der Leber betont, weil dadurch die Gallengänge in den Mittelpunkt gestellt werden.
- **Leberazini** – stellt die Gefäßversorgung in den Mittelpunkt. Bei dieser Einteilung stehen die Stoffwechselprozesse im Vordergrund. Der rhombenartige Leberazinus besteht aus je einem Teilbezirk von 2 Leberläppchen, wobei die Ecken jeweils von 2 gegenüberliegenden Vv. centrales sowie 2 Periportalfeldern gebildet werden. Das Blut fließt von der Peripherie durch 3 metabolische Zonen zur V. centralis, wobei das Blut durch zahlreiche Stoffwechselprozesse verändert wird. Die aeroben Stoffwechselprozesse laufen in der Peripherie, die anaeroben in der Innenzone ab. Diese Einteilung bildet für das Verständnis pathologischer Befunde große Vorteile.

Merke: ➤ Im Mittelpunkt stehen beim klassischen Leberläppchen – V. centralis, Periportalläppchen – periportales Feld (Drüsencharakter), Leberazinus – metabolische Zonen (Stoffwechselprozesse). ◄

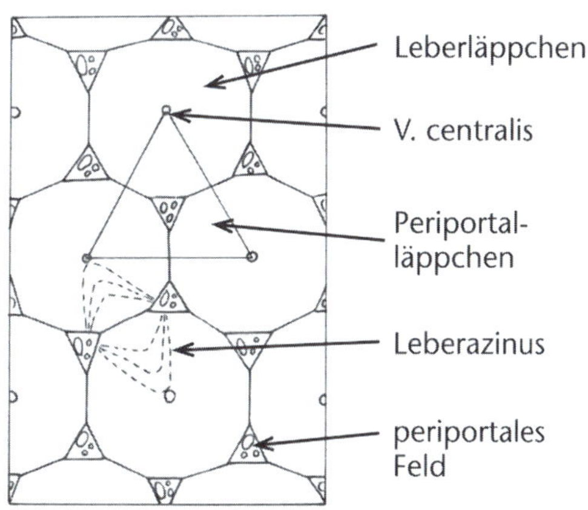

Abb. 8.26 *Leberläppchen schematisiert*

Bauch, Becken

Jedes der etwa 1 Million **Leberläppchen** besteht aus
- Leberzellen,
- Blutsinusoide,
- Perisinusoideale Räume,
- Gallenkapillaren.

Leberzellen (= Hepatozyten)

➤ Die Leberläppchen bestehen aus radiär zur V. centralis (als Läppchenmitte) ausgerichteten Leberzellplatten oder -balken, die zusammen ein dreidimensionales Netz bilden. Diese Platten und Balken bestehen wiederum aus einschichtig angeordneten Leberzellen (= Hepatozyten).

Die Hepatozyten enthalten einen, in etwa 20 % der Zellen auch zwei Kerne, in denen die Nukleoli gut zu erkennen sind. Die Kerne sind häufig unterschiedlich groß. Außerdem kommen in den Hepatozyten viele Mitochondrien vom Crista-Typ, viele Lysosome und Peroxisome (für Stoffwechselprozesse) sowie viel glattes und rauhes endoplasmatisches Retikulum vor. ◄

Die Hepatozyten nehmen die der Leber aus der Nahrungsaufnahme zugeführten Proteine, Fette und Kohlenhydrate auf und verstoffwechseln sie. Als Sekret geben sie die Galle ab.

➤ Die Lebensdauer der Hepatozyten beträgt etwa 150–180 Tage.

Hepatozyten sind jedoch sehr regenerationsfreudig, so kann z.B. die Leber nach einer Teilresektion innerhalb etwa eines Jahres wieder zu ihrer vollen Größe heranwachsen.

Die Regeneration der Hepatozyten erfolgt in der Peripherie, während die alten Zellen im Zentrum zugrunde gehen. ◄

Klinik: ➤ Wird die Leber kontinuierlich z.B. durch Alkoholabusus oder infolge einer Entzündung oder Infektion (Hepatitis) geschädigt, so können Leberzellen zugrunde gehen und durch Bindegewebe ersetzt werden, so dass nach einem längeren Zeitraum eine **Leberzirrhose** entsteht (die Leber ist durch Narbengewebe geschrumpft, deshalb kann weniger Blut durch die Leber fließen; der dadurch entstehende Blutrückstau verursacht eine portokavale Anastomose). ◄

In ihrer Gesamtheit bilden die Hepatozyten das Leberparenchym.

Lebersinusoide (= sinusoide Kapillare = Vasa sinusoidea)

Das den Hepatozyten zugeführte nährstoffreiche Blut gelangt von der V. portae über kleinere Venen zu den Lebersinusoiden (= „weiträumige" Kapillaren), die zwischen den aus Leberzellen aufgebauten Zellsträngen liegen und das Blut von der Läppchenperipherie zur V. centralis weiterleiten.

➤ Die Lebersinusoide sind etwa 0,3–0,5 mm lang (Leberläppchen etwa 1–2 mm) und 15 μm breit. Durch die Lebersinusoide wird die Strombahn verbreitert und der Blutstrom verlangsamt, so dass ein besserer Stoffaustausch erfolgt.

Die sehr dünne Wand der Lebersinusoide besteht aus:
- Endothelzellen,
- Kupferschen Sternzellen,
- ITO-Zellen. ◄

Endothelzellen (auch **Uferzellen** genannt) verbinden sich wegen ihrer verzweigten Form nur unter Bildung von Poren (= Lücken), deshalb bezeichnet man die Lebersinusoide auch als Kapillaren vom gefensterten Typ (fenestriertes Endothel).

➤ Die **Kupffer-Sternzellen** liegen in den Poren der Endothelzellen. Kupffer-Sternzellen sind modifizierte Monozyten und zählen zu den Makrophagen. Sie werden zum RES (= Retikulo-endothelialen System) gerechnet. Die Kupffer-Sternzellen entstammen dem Knochenmark, können sich aber auch mitotisch teilen. Sie enthalten Lysosome und Phagosome. Kupffer-Sternzellen sind amöboid beweglich und können sich somit aus dem Endothelverband lösen. Ihre Aufgabe ist es, Bakterien und Zelltrümmer aus dem von der V. portae kommenden Blut zu phagozytieren. Außerdem können sie vor allem nach Entfernung der Milz Erythrozyten phagozytieren und Fette und Hämosiderin speichern.

Die **ITO-Zellen** speichern als interstitielle Leberzellen Fett und Vitamin A. ◄

Perisinusoideale Räume

➤ Zwischen der aus Endothelzellen aufgebauten Wand der Sinusoide und den Hepatozyten liegt als perikapillärer, 0,5–2 μm breiter Spalt der perisinusoideale Raum (= Spatium perisinusoideum oder **Disse-Raum**). Die Hepatozyten sind zum Perisinusoidealraum hin mit im Blutplasma flottierenden Mikrovilli besetzt. Der Perisinusoidealraum steht über die Poren mit dem Innenraum der Sinusoide in Verbindung. Durch die Endothelporen gelangt Blutplasma, aber keine Blutzellen in den Perisinusoidealraum. Er dient dem Stoffaustausch zwischen Sinusoid und Hepatozyten. ◄

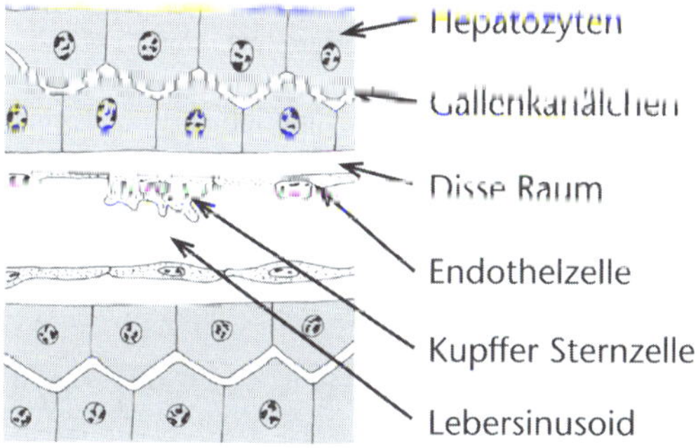

Abb. 8.27 Perisinusoidaler Raum

Gallenkapillaren (= **Canaliculi biliares**)

➤ Zwischen den einander zugekehrten Hepatozyten liegen als rinnenartige Vertiefungen die Gallenkapillaren (= Canaliculi biliares). Die Gallenkapillaren besitzen keine eigene Gefäßwand. Ihre Wand wird vielmehr vom Plasmalemm der Hepatozyten gebildet, die die Gallenkapillare umgeben (es liegt also keine Basalmembran zwischen dem Plasmalemm der Hepatozyten und den Gallenkapillaren). Durch Zonulae occludentes werden die Gallenkapillaren abgedichtet. Zur Gallenkapillare hin sind die Hepatozyten mit Mikrovilli besetzt, die dadurch die Oberfläche der Hepatozyten vergrößern. In die Gallenkapillaren hinein sezernieren die Hepatozyten die Galle, die von den Kapillaren vom Läppchenzentrum zur Peripherie geleitet wird – also entgegengesetzt zum Blutstrom der von der Peripherie zur V. centralis fließt.

Die Gallenkapillaren münden über **Herringer-Kanälchen** in die zwischen den Leberläppchen liegenden **Ductuli interlobulares**, die zum periportalen Feld gehören und mit einem einschichtigen isoprismatischen (= kubischen) Epithel ausgekleidet sind (eine Muskelschicht fehlt!). Von den Ductuli interlobulares gelangt die Galle zu den **Ductuli biliferi**, die zusammen mit den Blutgefäßen verlaufen und in den Ductus hepaticus dexter bzw. sinister einmünden. ◄

Intrahepatischer Gefäßverlauf

Die A. hepatica propria und die V. portae führen der Leber Blut zu, die Gallengefäße leiten die Galle ab.

Innerhalb der Leber liegen die venösen und arteriellen Äste immer in enger Nachbarschaft zueinander.

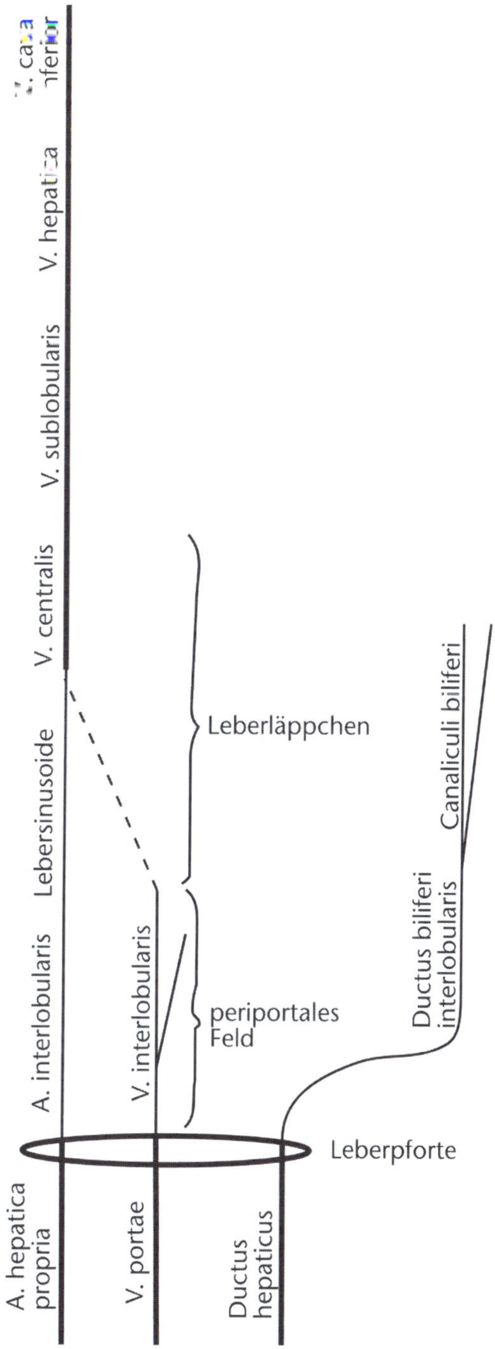

Abb. 8.28 Intrahepatischer Gefäßverlauf

Galle

➤ In der Leber wird täglich etwa 1 l Galle gebildet. Die Galle besteht aus

- Gallensäure – dient der Verdauung von Fetten im Darm. Im unteren Ileum wird die Gallensäure rückresorbiert und der Leber wieder zugeführt.
- Gallenfarbstoff – entsteht aus Bilirubin, das wiederum ein Abbauprodukt des Hämoglobins (= roter Blutfarbstoff der Erythrozyten) ist. Der Gallenfarbstoff liefert über weitere Umbauprodukte (Urobilinogen und Urobilin) den Farbstoff für den Stuhl und Harn.
- Cholesterin,
- Mineralien. ➤

Klinik: Ist der Abfluß von Galle z.B. infolge eines Steinverschlusses unterbrochen, so kommt es zum **Stauungsikterus** mit den Symptomen

- Gelbfärbung der Skleren (Lederhaut) der Augen und später der Haut,
- Ausscheidung eines lehmfarbenen Stuhls (wegen fehlendem Fettabbau und fehlender Farbstoffe).

Mikroskopierhilfe: Bei einer Übersichtsvergrößerung sehen Sie sechs- bis vieleckige Felder (= Leberläppchen), derer Zellbalken auf die in der Mitte liegende V. centralis ausgerichtet sind. Zwischen zumeist drei Läppchen liegt als Dreieck das Portalfeld, das eine V. und A. interlobularis und einen Gallengang enthält.

8.3.2 Gallenblase !! 6/8

Die in der Leber gebildete Galle gelangt über den Ductus hepaticus dexter und sinister in den Ductus hepaticus communis, der zusammen mit dem Ductus cysticus den Ductus choledochus bildet. Der Ductus choledochus mündet ins Duodenum, wobei die Mündungsstelle durch den M. sphincter ampullae hepatopancreaticae verschlossen werden kann (s. Abbildung Nr.8.30 in in Kapitel 8.3.3).

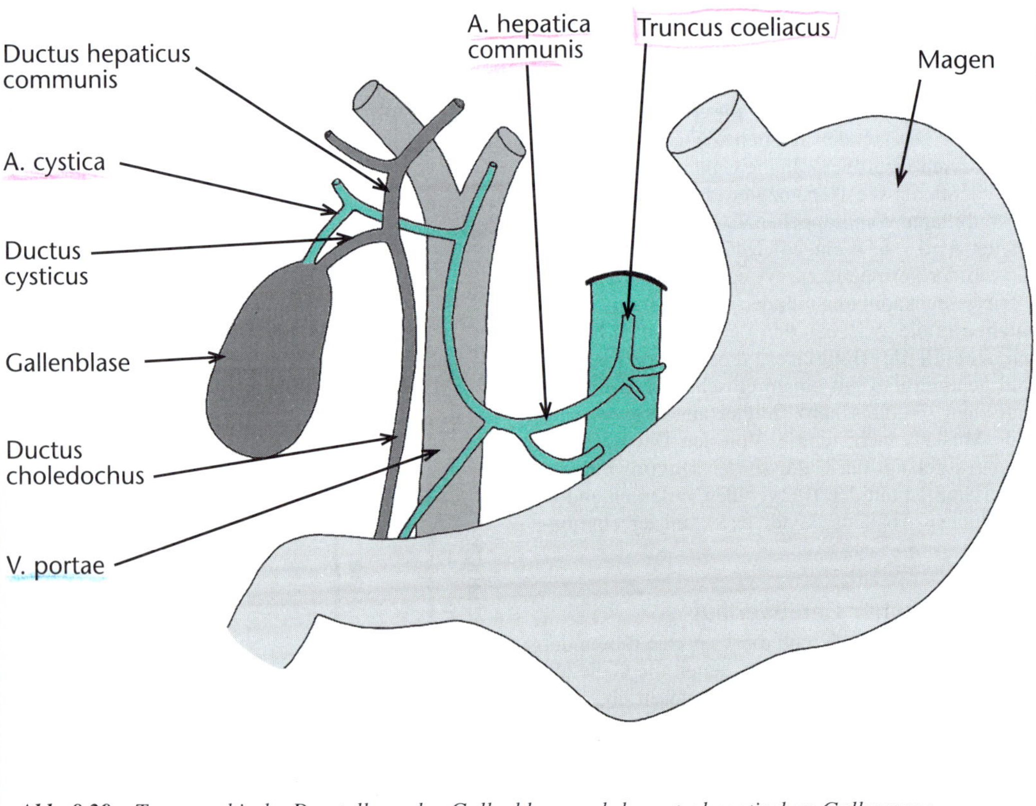

Abb. 8.29 Topographische Darstellung der Gallenblase und der extrahepatischen Gallenwege

➤ Während der sogenannten Verdauungsruhe (im Dünndarm muß kein Fett emulgiert und resorbiert werden) ist die Mündung verschlossen, so dass sich die abfließende Galle im Ductus choledochus retrograd (rückwärts) staut und durch den Ductus cysticus, der quasi einen Nebenschluß darstellt, in die Gallenblase gelangt. Die Gallenblase dient als Reservebehälter, in dem die Galle durch Wasserentzug auf etwa 10–20 % eingedickt wird.

Soll die Galle aus der Gallenblase wieder freigesetzt werden, so kontrahiert sich auf nachfolgende Reize hin die glatte Muskulatur der Gallenblasenwand:

- durch das Hormon Cholezystokinin, das im Dünndarm bei Kontakt mit fetthaltigem Nahrungsbrei gebildet wird,
- durch N. vagus.

Gleichzeitig erschlafft der M. sphincter ampullae hepatopancreaticae. ◄

Die birnenförmige **Gallenblase** (= **Vesica biliaris**, alt: Vesica fellea) liegt an der Facies visceralis der Leber. Die Gallenblase ist etwa 8–12 cm lang 4–5 cm breit und hat ein Volumen von 30–80 ml.

Die Gallenblase wird unterteilt in:

- Gallenblasengrund (= Fundus vesicae biliaris) – ist vom Peritoneum überzogen,
- ➤ Gallenblasenkörper (= Corpus vesicae biliaris) – ist in der Fossa vesicae biliaris der Leber (liegt zwischen dem Lobus quadratus und dem Lobus dexter der Leber) breitflächig mit der Leber verwachsen, ◄
- Gallenblasenhals (= Collum vesicae biliaris) – ist nicht mit der Leber verwachsen. Er geht in den Ductus cysticus über, der der Gallenblase als Ein- und Ausgang dient.

➤ Im Gallenblasenhals und im Ductus cysticus liegt als spiralförmig angeordnete Schleimhautfalte die **Plica spiralis** (= **Heister-Klappe**), die als Verschlußapparat dient. Die Plica spiralis behindert den Gallenfluß und verhindert bei erhöhtem intraabdominalem Druck (z.B. durch die Bauchpresse hervorgerufen) eine spontane Entleerung der Gallenblase. ◄

Topographie

➤ Die Gallenblase liegt an der Unterseite der Leber (= Facies visceralis) in der Fossa vesicae biliaris (Gallenblasengrube).

Der Gallenblasenhals steht in topographischer Beziehung zur Pars superior des Duodenum.

Der Gallenblasengrund (Fundus) liegt rechts vom Lig. falciforme (der Leber) auf oder vor der Flexura coli dextra und dem Colon transversum. Bei voll gefüllter Gallenblase ragt der Fundus etwa 1–2 cm unter dem unteren Rand der Leber hervor und liegt in Höhe der Spitze der 9. Rippe der vorderen Bauchwand an. ◄

Klinik: ➤ Die gesunde Gallenblase kann nicht getastet werden. Durch die topographische Beziehung zum Duodenum und zur rechten Kolonflexur kann die Gallenblase bei einer Entzündung mit dem jeweiligen Darmabschnitt verwachsen. Durch eine Fistel (= ein nichtphysiologischer röhrenartiger Gang) kann es zu einer offenen Verbindung zwischen der Gallenblase und dem Kolon oder dem Duodenum kommen, durch die Gallensteine aus der Gallenblase in den Darm gelangen und dort (meist an der Bauhin-Klappe) zu einem Darmverschluß führen können. ◄

Die häufigste Erkrankung der Gallenblase bildet das **Gallensteinleiden** (= **Cholelithiasis**), wobei es zur Steinbildung u.a. infolge Stoffwechselstörungen des Cholesterinstoffwechsels kommen kann. Liegen die Steine im Ductus choledochus, so spricht man von einer **Choledocholithiasis**, durch die die Galle gestaut und ein **Stauungsikterus** verursacht werden kann.

Steine können eine Gallenkolik verursachen, wobei die starken Schmerzen bis unter den rechten Rippenbogen und in die rechte Schulter (Head-Zone der Gallenblase) ausstrahlen können.

Innervation und Gefäßversorgung

(siehe auch die Winterthur-Verlaufsbeschreibungen)
Die Gallenblase wird wie die Leber aus dem Plexus hepaticus (Fortsetzung des Plexus coeliacus) innerviert. Die Serosa wird vom rechten N. phrenicus versorgt.

Die Gallenblase wird aus der A. cystica, einem Ast des R. dexter der A. hepatica propria mit Blut versorgt, das über die V. cystica in die V. portae abfließt.

Mikroskopische Anatomie

Die Gallenblasenwand ist etwa 1 mm dick.

➤ Die Tunica mucosa besitzt ein einschichtiges, hochprismatisches Epithel, das mit Mikrovilli besetzt ist. In den Epithelzellen wird ein glykoproteinhaltiger Schleim gebildet, der die Mukosa vor der mazerierenden (= zersetzenden) Wirkung der Galle schützt. Eine Lamina muscularis mucosae und eine Tela submucosa fehlen.

Die Schleimhaut ist besonders bei leerer Blase zu unregelmäßigen, zottenartig aussehenden Falten aufgeworfen, die sich an den Spitzen berühren und dort miteinander verwachsen können (= Bildung von Schleimhautbrücken). Außerdem kommen Schleimhautkrypten vor. ◄

➤ Die Tunica muscularis besteht aus scherengitterartig angeordneten glatten Muskelzellen, die im Schnitt relativ ungeordnet erscheinen.
Die Tunica serosa bedeckt die Bereiche der Gallenblase, die nicht mit der Leber verwachsen sind. ◄

Mikroskopierhilfe: Der Aufbau der Gallenblase ist dem des Magen-Darm-Trakts ähnlich. Es besteht ein 3-schichtiger Aufbau aus: einschichtigem Zylinderepithel, lockerem Bindegewebe und einer Schicht glatter Muskelzellen. Charakteristisch sind Schleimhautbrücken.

DD: Vesicula seminalis = Samenbläschen (einschichtiges bis mehrreihiges iso- bis hochprismatisches Epithel).

8.3.3 Extrahepatische Gallenwege !! 2/8

Die dünnflüssige Galle wird aus dem rechten Leberlappen über den Ductus hepaticus dexter und aus dem linken Leberlappen über den Ductus hepaticus sinister zum gemeinsamen Ductus hepaticus communis geleitet.

Als **extra-hepatische Gallenwege** werden nachfolgende, die Galle aus der Leber und der Gallenblase zum Duodenum ableitenden Ductus (= Gänge) bezeichnet:
- Ductus hepaticus communis,
- Ductus cysticus,
- Ductus choledochus.

➤ Der **Ductus hepaticus communis** vereinigt sich mit dem aus der Gallenblase kommenden **Ductus cysticus** zum **Ductus choledochus**. In rund 80 % des Sektionsgutes vereinigen sich der Ductus choledochus und der Ductus pancreaticus (aus dem Pankreas) und münden schräg auf der Papilla duodeni major in die Hinterwand der Pars descendens des Duodenum, wobei sie
- als gemeinsame Erweiterung die **Ampulla hepato-pancreatica** bilden (50 %) oder
- sich ohne Ampullenbildung vereinigen. ◄

Selten ist, daß die beiden Ductus getrennt ins Duodenum münden.

Kurz vor dem Übergang in den gemeinsamen Endgang besitzen beide Ductus je einen glatten Schließmuskel (aus glatten Muskelzellen):
- Ductus choledochus – M. sphincter ductus choledochi,
- Ductus pancreaticus – M. sphincter ductus pancreatici.

➤ In der Wand der Ampulla liegt ebenfalls ein glatter Schließmuskel, der **M. sphincter ampullae hepatopancreaticae** (kurz **Sphincter Oddi**). ◄

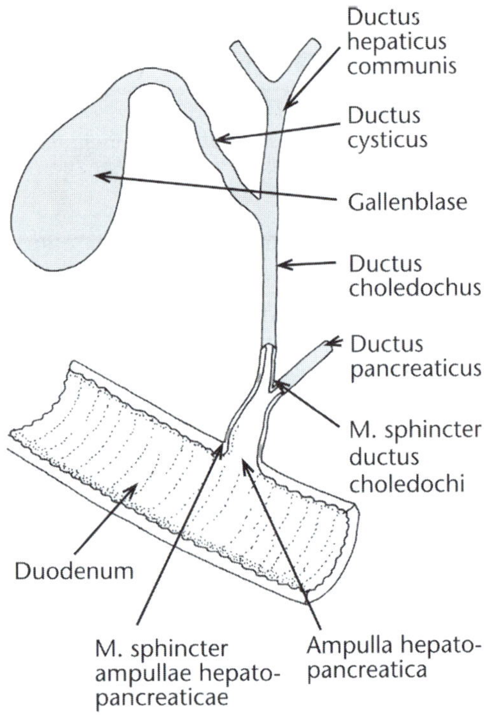

Abb. 8.30 *Extrahepatische Gallengänge*

Topographie

Der 3–10 cm lange Ductus choledochus verläuft zusammen mit der A. hepatica propria und der V. portae im freien Rand des Lig. hepatoduodenale. Extraperitoneal verläuft der Ductus choledochus hinter dem Duodenum und dem Pankreaskopf bis kurz vor die Pars descendes duodeni.

Mikroskopische Anatomie

Die Ductus sind mit einem einschichtigen hochprismatischen Epithel ausgekleidet. In die Ductus münden mukoide Gll. biliares.

8.3.4 Pankreas

!!! 9/17

Das **Pankreas** (= **Bauchspeicheldrüse**) gehört zu den Speicheldrüsen. Es kann in zwei, von ihrer Funktion her sehr unterschiedliche Organbereiche unterteilt werden:
- exokriner Teil,
- endokriner Teil.

➤ Mit seinem exokrinen Teil stellt das Pankreas die wichtigste Verdauungsdrüse unseres Körpers. Täglich werden 1–2 l eines an Bikarbonaten reichen dünnflüssigen Pankreassaftes gebildet. Bikarbonat trägt wesentlich dazu bei, den sauren Chymus (Nahrungsbrei) aus dem Magen zu neutralisieren. Außerdem enthält der Pankreassaft Enzyme für die Verdauung von Proteinen (z.B. Trypsinogen), Fetten (z.B. Pankreaslipase) und Kohlenhydraten (z.B. Amylasen). Diese Enzyme werden erst im Darm aktiviert.

Die Pankreassekretion ins Duodenum erfolgt erst nachdem der Nahrungsbrei ins Duodenum gelangt ist. ◄

➤ Die Sekretion des Pankreassaftes wird gefördert durch:
- nerval
  - Parasympathikus,
- hormonell durch im Duodenum sezernierte Hormone
  - Sekretin – fördert die Abgabe des alkalischen bikarbonatreichen Pankreassaftes,
  - Cholezystokinin – fördert die Enzymsekretion,
  - außerdem durch im Magen sezernierte Hormone (Gastrin).

Die Sekretion wird gehemmt durch die in den Langerhans-Inseln gebildeten Hormone Glukagon und Somatostatin. ◄

Der endokrine Teil, der nur etwa 2 % am Gesamtgewicht des Pankreas ausmacht, wird bei den endokrinen Organen (Kapitel 8.5.2) besprochen.

Das Pankreas ist etwa 15 cm lang, 3–4 cm breit, 2–3 cm dick und 60–80 g schwer. Es liegt S-förmig gekrümmt im Oberbauch und besteht aus dem Kopf (= Caput pancreatis), Körper (= Corpus pancreatis) und Schwanz (= Cauda pancreatis).

Der Pankreaskopf besitzt einen nach unten hakenförmig gebogenen Fortsatz, der **Processus uncinatus** genannt wird. Zwischen Pankreaskopf und Proc. uncinatus liegt als Rinne die **Incisura pancreatis**. Am Kopf schließt der im Querschnitt annähernd dreieckig aussehende Pankreaskörper an. Als **Tuber omentale** bezeichnet man den (bedingt durch die Lage zur Wirbelsäule) am weitesten nach vorn stehenden Teil des Pankreaskörpers.

➤ Der Pankreaskörper geht ohne scharfe Grenze in den Pankreasschwanz über, der bis ins Lig. splenorenale (syn.: **Lig.** lienorenale) reicht.

Das Pankreas liegt sekundär retroperitoneal der hinteren Bauchwand an, die Vorderseite ist mit Peritoneum überzogen. ◄

Ausführungsgangsystem

Das Pankreas wird in seiner ganzen Länge vom 2–3 mm dicken Hauptausführungsgang, dem **Ductus pancreaticus** (= Bauchspeicheldrüsengang, in der Klinik **Wirsung-Gang** genannt) durchzogen. In den Ductus pancreaticus münden viele kleine Drüsengangsäste.

➤ Der Ductus pancreaticus vereinigt sich mit dem Ductus choledochus und mündet auf der Papilla duodeni major in die Pars descendens des Duodenum (s. auch Kapitel 8.3.3). Der Ductus pancreaticus kann im Bereich der Ampulle durch den M. sphincter ductus pancreatici verschlossen werden, dadurch wird verhindert, daß Darminhalt oder Galle in den Ductus pancreaticus gelangen. ◄

In etwa 40 % des Sektionsgutes ist als Nebenausführungsgang, der **Ductus pancreaticus accessorius** (Klinik: **Santorini-Gang**), angelegt, der dann auf der Papilla duodeni minor in das Duodenum mündet (s. Kapitel 8.1.1 „Pankreasentwicklung“).

Klinik: Bei einem Verschluß der Papilla duodeni major, z.B. infolge eines Steinverschlusses, stauen sich die Galle sowie das Pankreassekret vor dem Hindernis. Durch den Rückstau erweitern sich die Gallengänge und Galle und Pankreassekret können in den Ductus pancreaticus fließen, wodurch es zu einer Entzündung (= **Pankreatitis**) kommen kann.

Topographie

➤ Das Pankreas reicht vom Duodenum quer über die dorsale Wand der Bursa omentalis bis zum Milzhilus. Es liegt hinter der Bursa omentalis.

Der Pankreaskopf liegt in der C-förmigen Krümmung der Duodenalschlinge in Höhe des 1. bis 3. Lendenwirbelkörpers. Dorsal vom Pankreaskopf mündet die V. mesenterica inferior in die V. splenica, die sich mit der V. mesenterica superior zur V. portae vereinigt. Direkt hinter dem Pankreaskopf verläuft der Ductus choledochus.

Der Proc. uncinatus liegt über der Pars horizontalis des Duodenum. In der Incisura pancreatis verlaufen die A. und V. mesenterica superior.

Der Pankreaskörper kreuzt mit seinem **Tuber omentale** in Höhe des 1. bis 2. Lendenwirbelkörpers die Wirbelsäule, wobei er vor der Aorta abdominalis und der V. cava inferior sowie der linken Nebenniere liegt. Das Tuber omentale ragt dorsal in die Bursa omentalis hinein. Oberhalb vom Tuber omentale geht der Truncus coeliacus aus der Aorta abdominalis hervor. Die aus dem Truncus abgehende A. hepatica communis verläuft am oberen Pankreasrand nach rechts, die ebenfalls aus dem Truncus hervorgehende A. splenica verläuft am oberen Pankreasrand zur Milz. ◄

Klinik: ► Bei einem Karzinom im Bereich des Pankreaskopfes kann der Ductus choledochus zugedrückt werden, wodurch es zum Stauungsikterus kommt (häufig erstes Symptom eines Tumors!).
Der **Pankreasschwanz** ist in seiner Form und Lage variabel. Er überlagert den Hilus der linken Niere und reicht zumeist bis zum Hilus der Milz.

Ein operativer Zugang zum Pankreas kann geschaffen werden:
- durch das Omentum minus,
- durch das Lig. gastrocolicum – entlang der Curvatura major des Magens,
- vom Unterbauch her durch das Mesocolon transversum. ◄

Innervation und Gefäßversorgung

(siehe auch die Winterthur-Verlaufsbeschreibungen)
Das Pankreas wird sympathisch vom Plexus coeliacus aus über die linken Nn. splanchnici major und minor und parasympathisch über den rechten N. vagus innerviert.
► Das Pankreas wird mit Blut aus Ästen des Truncus coeliacus und der A. mesenterica superior versorgt, wobei alle Äste untereinander Anastomosen bilden (*prüfungsrelevant: Kenntnis der Hauptäste*) – s. auch Winterthur-Verlaufsbeschreibungen „Arterien":

Pankreaskopf:
- A. hepatica communis über Aa. supraduodenales superiores,
- A. gastroduodenalis (aus A. hepatica communis) über A. pancreaticoduodenalis superior,
- A. mesenterica superior über Aa. pancreaticoduodenales inferiores.

Pankreaskörper:
- A. splenica über A. pancreatica dorsalis.

Pankreasschwanz:
- A. splenica über A. pancreatica magna.

Über die Vv. pancreaticae fließt das Blut in die V. splenica und in die V. mesenterica superior und von dort weiter in die V. portae. ◄

Mikroskopische Anatomie

Das Pankreas besteht aus einer Vielzahl von 1–3 mm großen Läppchen, die von lockerem Bindegewebe umgeben sind. In diesem interlobulären (= zwischen den Läppchen liegenden) Bindegewebe verlaufen Blut- und Lymphgefäße sowie Nerven.

Wie bereits erwähnt, besteht das Pankreas aus einem exokrinen und endokrinen Teil (endokriner Teil s. Kapitel 8.5.2).

Exokriner Pankreasteil

► Das exokrine Parenchym des Pankreas ist eine rein seröse Drüse vom tubuloazinösen Bau. Die **Azini** (= traubige Drüsenendstücke) bestehen aus bis zu 100 Drüsenzellen (= Azinuszellen), deren Sekret über lange Schaltstücke direkt in das Ausführungsgangsystem gelangt.

Die Drüsenzellen der Endstücke enthalten viel rauhes endoplasmatisches Retikulum. In den Spitzen der Zellen liegt Zymogengranula.

Streifenstücke fehlen. Die langen, eng beieinanderliegenden Schaltstücke enthalten ein plattes bis kubisches, einschichtiges Epithel. Charakteristisch für das Pankreas ist, daß die Schaltstücke im Querschnitt häufig als in die Azini eingestülpt erscheinen (= **zentroazinäre Zellen**). Die Ausführungsgänge besitzen ein hochprismatisches Epithel, das mit Mikrovilli besetzt ist. ◄

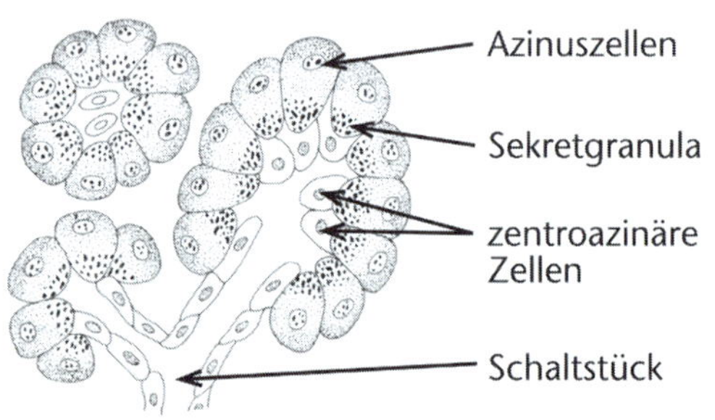

Abb. 8.31 *Azini (= exokrine Drüsenendstücke) aus dem Pankreas*

► Die Zellen der Azini werden durch das im Dünndarm gebildete Cholezystokinin stimuliert. Sie produzieren Proenzyme, die im Dünndarm durch Enteropeptidasen aktiviert werden:
- Trypsin für die Proteinspaltung,
- Amylase und Maltase für die Kohlenhydratspaltung,
- Lipase für die Fettspaltung.

Bikarbonat und der restliche Teil des Pankreassaftes werden von den Epithelzellen der Schaltstücke und der Ausführungsgänge produziert. ◂

Mikroskopierhilfe: Bei einer Übersichtsvergrößerung erkennen Sie innerhalb des Parenchym als hellere Bezirke die Langerhans-Inseln. Häufig können Sie das Pankreas auch an den hellen zentroazinären Zellen erkennen.
DD: Gl. parotis – besitzt Streifenstücke (s. Tabelle in Kapitel 5.4.6).

8.4 Milz

!!! 18/36

➤ *Prüfungsrelevant: Gesamtes Kapitel.* ◂

Die **Milz** gehört zu den lymphatischen Organen. Im Gegensatz zu den Lymphknoten dient die Milz jedoch nicht der Reinigung der Lymphbahn sondern hat große Bedeutung bei der Reinigung des Blutes von Antigenen (z.B. Bakterien) sowie überalterten Erythrozyten (roten Blutkörperchen).

Die Milz hat u.a. nachfolgende Aufgaben:
- **Lymphozytenbildung** und Immunabwehr – in der weißen Pulpa der Milz (Erklärung s. „Mikroskopische Anatomie") werden zeitlebens (auch in der Fetalzeit) Lymphozyten gebildet. Die in der weißen Pulpa liegenden B-Lymphozyten bilden bei entsprechendem Reiz Antikörper.
- **Erythrozytenbildung** – während der hepatolienalen Phase werden beim Feten in der Milz Erythrozyten gebildet (s. Kapitel 2.5.2).
- **Blutmauserung** (= Erythrozytenabbau = Erythrozytensequestrierung) – durch den Milzsinus gelangen die Erythrozyten in die rote Milzpulpa, in der die alten und deformierten Erythrozyten zurückgehalten und von Makrophagen phagozytiert und durch Lysosome abgebaut werden. Dabei entstehen aus dem **Hämoglobin** das Häm und die Aminosäure Globin. Globin wird dem Stoffwechsel wieder zugeführt. Vom Häm wird das Eisen abgespalten und im Hämosiderin gespeichert. Der Rest des Häm wird zu Bilirubin abgebaut, das in der Leber weiterverarbeitet wird.

Klinik: 1. Bei extrem erhöhtem Erythrozytenabbau kann Eisen in der Leber abgelagert werden und es kommt zur Hämosiderose. Außer den Erythrozyten können auch die Leukozyten abgebaut werden.
2. Bei bestimmten Erkrankungen (z.B. Leukämie) kann in der Milz die Produktion von Erythrozyten und Leukozyten wieder aufgenommen werden.

- **Thrombozytenspeicherung** – in der Milz werden etwa 30 % aller Thrombozyten gespeichert. Durch Adrenalin werden sie freigesetzt.

Im Gegensatz zur Milz mancher Tiere kann die menschliche Milz mit 150–200 ml nur wenig Blut speichern – bei uns Menschen dient die Milz daher vor allem der Abwehr.

Äußere Form

Die Form der **Milz** (= **Splen** = **Lien**) hängt von ihrer Lage ab. Sie hat zumeist ein kaffeebohnenförmiges Aussehen, ist 4 cm dick, 7 cm breit und 11 cm lang (Merke: 4711), sowie, wenn sie vollständig ausgeblutet ist, ein Gewicht von etwa 170 g.

Bei der Milz werden zwei Fazien unterschieden:
- die konvexe Facies diaphragmatica (Zwerchfellfläche) liegt unter der linken Zwerchfellkuppel
- die konkave Facies visceralis (Eingeweidefläche) grenzt die Milz gegenüber der Eingeweideseite ab und wird aufgrund der Eindellung durch die Nachbarorgane unterteilt in
  - Facies gastrica – liegt vorn oben und grenzt an den Magen,
  - Facies colica – liegt vorne unten und grenzt an die linke Kolonflexur,
  - Facies renalis – liegt hinten unten und grenzt an die linke Niere.

An der Grenze zwischen der Facies gastrica und der Facies renalis liegt der Milzhilus, in dem die Gefäße und Nerven ein- bzw. austreten.

Im **Milzhilus** liegt die A. splenica kranial von der V. splenica.

Bis auf den Milzhilus ist die Milz von Peritoneum bedeckt – liegt also intraperitoneal.

Befestigung

Die Milz wird über die beiden nachfolgenden Ligamenta fixiert:

- **Lig. gastrosplenicum** (syn.: **Lig. gastrolienale**) – bildet die kraniale Fortsetzung des Omentum majus. Es zieht als Bauchfellplatte vom Milzhilus zur Curvatura major des Magens. In ihm verlaufen die A. und V. gastrica brevis und die A. gastroomentalis sinistra.
- **Lig. splenorenale** (syn.: **Lig. lienorenale** = **Lig. phrenicosplenicum**) – verbindet den Milzhilus mit der dorsalen Bauchwand, dem Zwerchfell (vor der linken Niere) und dem Pankreasschwanz. In ihm verlaufen die A. und V. splenica.

Zwischen dem **Lig. gastrophrenicum** und dem Lig. splenorenale liegt als spitzwinklige Tasche der

Recessus splenicus (Recessus lienalis) der Bursa omentalis, der bis zum Milzhilus reicht.

Im Milzbereich kommt außerdem das Lig. phrenicocolicum vor, das als derbe Peritonealfalte (Gekröseplatte), von der Flexura coli sinistra (= linke Kolonflexur) zum Zwerchfell zieht. Das Lig. phrenicocolicum bildet den Boden der **Milznische**. Lateral und dorsal wird die Milznische vom Zwerchfell begrenzt.

Nebenmilze

In etwa 20 % des Sektionsgutes findet man eine oder mehrere, zumeist kirschgroße Nebenmilze, die häufig im Lig. gastrosplenicum, seltener im Omentum majus, im Bereich des Milzhilus oder im Skrotum (Hodensack) liegen.

Topographie

Die Milz liegt in der sogenannten Milznische (= Milzbucht)

- hinter dem linken Rippenbogen in Höhe der 9.–11. Rippe. Der hintere obere Pol der Milz wird dorsal vom Recessus costodiaphragmaticus (= hinterer Komplementärraum der Pleura) und vom unteren Teil des linken Lungenlappens überlagert.
- unter der linken Zwerchfellkuppel. Da die Milz dem Zwerchfell anliegt, macht sie die Atembewegungen (2–4 cm) mit.
- hinter dem Magenfundus. Der vordere Milzpol liegt auf der Flexura coli sinistra. Die Milz steht in Beziehung zum oberen Pol der linken Niere.
- mit ihrem Hilum der Bursa omentalis an.
- sie ist atemverschieblich und kann bei tiefer Inspiration bis in die Regio hypochondriaca sinistra hineinreichen.

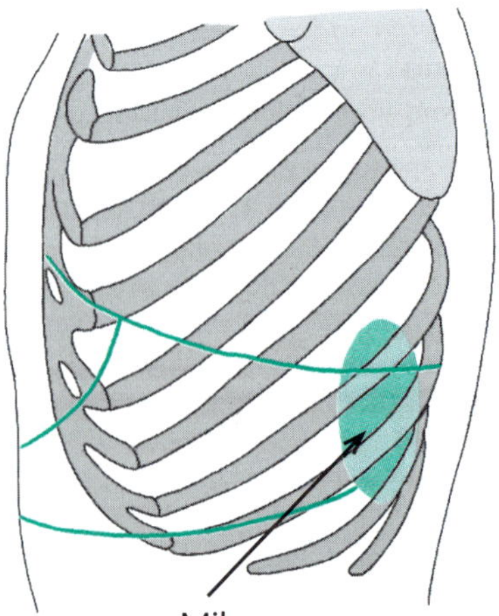

Abb. 8.32 *Milz auf die laterale Brustwand projiziert*

Klinik: 1. Die normale Milz kann nicht getastet werden. Erst bei einer beträchtlichen Vergrößerung (= **Splenomegalie**) kann sie getastet werden. Da der obere Teil der Milz von der Lunge überlagert ist, kann dieser Teil der Milz nicht perkutiert (durch beklopfen abgegrenzt) werden.
2. Durch ein stumpfes Abdominaltrauma (z.B. infolge eines Unfalls) kann es zu einer Milzruptur mit einer massiven, zumeist letalen (tötlichen) Blutung kommen. Da die Milzkapsel sehr dünn ist und eine Naht schnell einreißen kann, wurde die Milz in solchen Fällen total entfernt (= Splenektomie), was verantwortbar schien, weil die Milz beim Erwachsenen nicht lebensnotwendig ist, da ihre Aufgaben von der Leber mit übernommen werden können. Die Sepsisgefahr („Blutvergiftung") ist jedoch nach einer Splenektomie erhöht. Beim Kind kommt es hingegen bei einer Totalentfernung zu schwerwiegenden Immundefekten.

In den letzten Jahren werden Kapseleinrisse mittels Koagulation (Proteinfällung) oder Fibrinklebern verschlossen.

Innervation und Gefäßversorgung

(siehe Winterthur-Verlaufsbeschreibungen)
Die Milz wird nur sympathisch aus dem Ganglion coeliacum innerviert (sie wird nicht parasympathisch innerviert).
Mit Blut wird die Milz aus der A. splenica versorgt, die als stärkster Ast aus dem Truncus coeliacus hervorgeht.
Das venöse Blut fließt über die V. splenica zur V. portae und damit zur Leber.
Die Blutgefäße sind stark geschlängelt, so dass sie Volumenänderungen der Milz sowie Atemverschiebungen ermöglichen.

Mikroskopische Anatomie

Unter der die Milz umhüllenden Tunica serosa (Peritoneum) liegt als derbe, bindegewebige Kapsel die nur etwa 0,1 mm dicke Milzkapsel (= Tunica fibrosa). Die Tunica fibrosa besteht aus Kollagenfasern und netzartig verflochtenen elastischen Fasern. Außerdem kommen Myofibroblasten (= kontraktile Fibroblasten) und glatte Muskelzellen vor.

Vom Milzhilus ziehen als bindegewebige Balken die **Milztrabekel** (= **Trabeculae splenici**) ins Innere der Milz, wo sie sich baumartig verzweigen und miteinander anastomosieren, so daß ein dreidimensionales Gerüst entsteht, das das Stroma der Milz bildet.

Die Räume zwischen den Trabekeln sind mit retikulärem Bindegewebe ausgefüllt, das als **Milz-**

pulpa (**Pulpa splenica**) bezeichnet wird und das Parenchym der Milz bildet.

Bei einem Schnitt durch die Milz kann man makroskopisch zwischen einer roten Pulpa und darin verstreut liegenden stecknadelkopfgroßen weißen Knötchen unterscheiden, die zusammen die weiße Pulpa bilden. Die rote Pulpa hat einen Anteil von etwa 77 % an der gesamten Milz.

Rote Milzpulpa

Die rote Milzpulpa besteht aus:

- Retikulumzellen und Retikulumfasern, die zu **Pulpasträngen** (**Chordae splenicae**) angeordnet sind und miteinander ein Netzwerk bilden,
- den Milzsinus (Sinus splenici),
- vielen Erythrozyten (dadurch die rote Farbe), sowie Leukozyten, Plasmazellen und Makrophagen, die in den Maschen der Pulpastränge liegen.

Innerhalb des retikulären Bindegewebes liegen die netzartig verbundenen Milzsinus. Die Lumina der Milzsinus sind unterschiedlich weit, so daß in ihnen die Strömungsgeschwindigkeit des Blutes vermindert wird. Die Sinuswand besteht aus Endothelzellen und Ringfasern (= zirkulären Retikulumfasern) zwischen denen Lücken (Poren) bestehen. Durch die Poren gelangt das Blut in die Pulpastränge, in deren Netzwerk sich die alten, wenig verformbaren Erythrozyten, sowie z.B. Bakterien verfangen und von Makrophagen phagozytiert werden.

Weiße Milzpulpa

Die innerhalb der roten Pulpa verstreut liegende weiße Milzpulpa besteht aus

- jeweils mit Lymphscheiden umgebenen Arterien,
- Milzfollikeln.

Die **peri-arteriolären Lymphscheiden** umhüllen die beim Milzkreislauf beschriebenen Pulpaarterien. Die Lymphscheiden bestehen vor allem aus T-Lymphozyten (Helferzellen und Suppressorzellen). In ihnen kommt es nach Antigenkontakt zur Proliferation von Immunoblasten.

Im Anschluß an diese Lymphscheiden umscheiden die Pulpaarterie 0,2–2 mm große **Milzfollikel** (= Folliculi splenici = **Milzknötchen** oder **Malpighi-Körperchen**). Die Milzfollikel sind typische Lymphknötchen, die aus netzartig zusammenliegenden Retikulumzellen sowie Bindegewebsfasern aufgebaut sind. Zwischen den Maschen dieses Netzes liegen vor allem B-Lymphozyten. Bei den Milzfollikeln kann zwischen einer peripher liegenden dunklen Marginalzone und einem zentral liegenden helleren Keim- oder Reaktionszentrum unterschieden werden. Die Marginalzone enthält vor allem T-Lymphozyten und Makrophagen, sie ist für die Immunreaktion wichtig. Das Reaktionszentrum enthält überwiegend B-Lymphozyten.

Mikroskopierhilfe: Bei der HE-Färbung sehen Sie ein ungeordnet erscheinendes rötliches Parenchym (= rote Pulpa) in dem viele violette Punkte (= weiße Pulpa) liegen. Innerhalb einiger dieser violetten Punkte können Sie manchmal in der Mitte (meistens am Rand der Punkte) als Gefäß die Zentralarterie erkennen.

Milzkreislauf

Prüfungsrelevant: Siehe „Merke" und „Zusammenfassung".

Die A. splenica führt der Milz das Blut zu. Kurz vor dem Milzhilus, also noch außerhalb der Milz, teilt sie sich in zumeist 2 Hauptäste, aus denen innerhalb der Milz 5–10 Balkenarterien entstehen.

- **Balkenarterien** (syn.: **Trabekel**- oder **Segmentarterien**) – verlaufen innerhalb der Trabekel. Funktionell sind alle Milzarterien Endarterien. Die Trabekelarterien verzweigen sich zu Pulpaarterien, die aus den Trabekeln in die rote Pulpa ziehen.
- **Pulpaarterien** – sie werden in der roten Milzpulpa an ihren Enden von einer periarteriellen Lymphscheide umhüllt. Der nachfolgende Bereich, in dem sich die Lymphscheide verdickt und vom Gefäß mit Kapillaren versorgt wird, wird als Milzfollikel bezeichnet. Der im Milzfollikel verlaufende Gefäßteil wird Zentralarterie genannt.
- **Zentralarterien** (= **Follikelarterie**n) – teilen sich noch innerhalb der Milzfollikel in
- **Pinselarteriolen** (Penicilli), die in das retikuläre Bindegewebe der Milz ziehen und dort in Kapillaren münden.
- **Kapillaren** (**Hülsenkapillaren** oder **Marginalzonenkapillaren**) – sind über eine kurze Strecke von spindelförmigen **Schweigger-Seidel-Hülsen** umgeben, die aus phagozytierenden Zellen (Makrophagen, Histiozyten) bestehen. Von den Kapillaren fließt das Blut entweder
- trichterförmig durch die gefensterten Sinuswände in die **Milzsinus** (= geschlossene Strombahn) oder
- ohne Abgrenzung direkt ins Retikulum der roten Pulpa (= offene Strombahn) und von dort in die Sinus.

Von den Milzsinus gelangt das Blut über die Pulpavenen zu den Balkenvenen und von dort zur V. splenica (syn.: V. lienalis).

Merke: Balkenarterien liegen in Trabekeln, Pulpaarterien sind am Ende von periarteriellen Lymphscheiden umhüllt. Im Bereich der Milzfollikel wird das Gefäß Zentralarterie genannt. Die Kapillaren sind von Makrophagen und Histiozyten umgeben.

Zusammenfassung des Gefäßaufbaus innerhalb der Milz:

↓

Milzarterie (A. splenica) – teilt sich vor dem Milzhilus in

↓

Balkenarterien (liegen in den Milztrabekeln)

↓

Pulpaarterien (liegen in der roten Milzpulpa)

↓

Zentralarterie (= Follikelarterie) – liegt im Milzknötchen (= Malpighi-Körperchen)

↓

Pinselarteriole (= Endarterie) – liegt im retikulären Bindegewebe

↓

Kapillaren – liegen im retikulären Bindegewebe

↓

Milzsinus – liegen in der roten Milzpulpa

↓

Pulpavenen – liegen in der roten Pulpa

↓

Balkenvenen – liegen in den Milztrabekeln

↓

Milzvene (V.splenica).

8.5 Endokrine Organe

Das endokrine System dient neben dem Nervensystem der Regulierung funktioneller Abläufe. Während über das Nervensystem eine sehr schnelle Reaktion auf einen Reiz erfolgt, arbeitet das endokrine System relativ langsam. Als Botenstoff dienen ihm die Hormone, die von den Zellen der endokrinen Organe synthetisiert und über die Blutbahn zu spezifischen Rezeptoren in den Empfängerorganen geleitet werden.

Nervensystem und endokrines System können sich gegenseitig beeinflussen, z.B. kann das Nervensystem endokrine Organe stimulieren oder hemmen.

Zu den endokrinen Organen gehören
- Kopfbereich:
  - Hypophyse,
  - Epiphyse (= Zirbeldrüse),
  - bestimmte Zellen des Hypothalamus,
- Halsbereich:
  - Schilddrüse,
  - Nebenschilddrüsen,
- Bauchbereich:
  - Nebennieren,
  - endokriner Teil des Pankreas (Langerhans-Inseln),
  - Paraganglien,
  - Hoden (Leydig-Zwischenzellen),
  - Ovar (Follikelepithelzellen und Zellen des Corpus luteum).

Die endokrinen Organe (= Drüsen) unterscheiden sich von den exokrinen Drüsen dadurch, daß sie
1. keine Ausführungsgänge besitzen,
2. sehr kapillarreich sind,
3. die von ihnen gebildeten Hormone direkt ins Blut abgeben.

8.5.1 Nebennieren !!! 10/21

Über jede der beiden Nieren liegt kappenartig je eine **Nebenniere (= Glandula suprarenalis)**. Niere und Nebenniere sind dabei nur durch eine dünne Fettschicht voneinander getrennt, haben jedoch entgegen ihrer Bezeichnung „Neben-" außer der topographischen Nähe keine engere Beziehung. Die rechte Nebenniere hat ein dreieckiges, die linke ein halbmondförmiges Aussehen.
Als Hormondrüsen sind die beiden Nebennieren lebensnotwendige Organe. Sie haben die Aufgabe, Hormone zu produzieren (s. „Histophysiologie" weiter unten).

Lage und Topographie

Die beiden Nebennieren sind jeweils etwa 3 cm lang, 2,5 cm breit und 5–10 g schwer. Sie liegen innerhalb des Fasziensacks der Niere.

➤ Die Nebennieren liegen in Höhe des 11. bis 12. Brustwirbels, wobei die rechte Nebenniere etwas tiefer liegt. Zwischen der 12. Rippe und der Nebenniere liegen der Recessus costodiaphragmaticus der Pleura sowie das Zwerchfell.

Die **linke Nebenniere** liegt im Winkel zwischen der Leber und Niere

- über der Niere,
- unter dem Zwerchfell (Pars lumbalis),
- hinter der Bursa omentalis (durch die sie vom Magen getrennt wird),
- lateral von der Aorta abdominalis,
- über dem Pankreas.

Die **rechte Nebenniere** liegt:

- unter dem Zwerchfell,
- hinter der Leber (mit der Facies anterior),
- lateral von der V. cava inferior,
- über dem Duodenum.

Während die Vorderseite der linken Nebenniere vollständig vom Peritoneum (der Hinterwand der Bursa omentalis) bedeckt ist und damit retroperitoneal liegt, wird die Vorderseite der rechten Nebenniere nur im unteren Teil vom Peritoneum überzogen, damit liegt die rechte Nebenniere primär retroperitoneal. ◄

Innervation und Gefäßversorgung

(siehe auch die Winterthur-Verlaufsbeschreibungen)
Die Nebennieren werden in Relation zu ihrer Größe von sehr vielen Nervenfasern versorgt. Sie erhalten Nervenfasern aus:

- parasympathisch – Plexus suprarenalis (vom Truncus vagalis posterior) sowie über Äste aus N. phrenicus und N. vagus
- sympathisch – aus Plexus suprarenalis vom N. splanchnicus.

➤ Die Nebennieren gehören zu den am besten durchbluteten Organen.
(*Prüfungsrelevant*: Kenntnis der Hauptäste).

- A. suprarenalis superior (Ast der A. phrenica inferior),
- A. suprarenalis media (Ast der Aorta abdominalis),
- A. suprarenalis inferior (Ast der A. renalis).

Das Blut fließt über die V. suprarenalis ab, die auf der linken Seite in die V. renalis und auf der rechten Seite direkt in die V. cava inferior mündet. ◄

Mikroskopische Anatomie

Bei einem Schnitt durch die Nebenniere eines frisch Verstorbenen kann man makroskopisch sehr deutlich zwischen der

- gelblichen Nebennierenrinde (NNR) und dem
- rötlich-braunen Nebennierenmark (NNM) unterscheiden.

Das NNM zersetzt sich nach dem Tod sehr schnell (= Autolyse) und erscheint dann schwarz. Etwa 80–90 % der Nebenniere entfallen auf die NNR, wobei Größe und Gewicht in Beziehung zum Funktionszustand und Patientenalter stehen.

Die Nebennierenrinde ist von einer bindegewebigen Kapsel umhüllt, in der neben glatten Muskelzellen kollagene Fasern eingelagert sind. In der Kapsel verlaufen zuführende Arterien. Von der Kapsel aus dringen Bindegewebssepten in das Parenchym der NNR ein. Das Parenchym besteht aus endokrinen Zellen.

➤ Die drei bei der Gefäßversorgung aufgeführten Arterien münden zum großen Teil in weitlumige Kapillaren (Sinusoide) zwischen den Zellbalken der NNR (s. weiter unten). Ein Teil zieht unverzweigt ins NNM. Diese Zweiteilung hat den großen Vorteil, daß die von der NNR gebildeten Hormone ins NNM gelangen und dort möglicherweise die Sekretion beeinflussen. ◄

Nebennierenrinde (= Kortex)

➤ Die Nebennierenrinde wird von außen nach innen in folgende 3 Zonen unterteilt:

- **Zona glomerulosa** (= Außenschicht)
  Die Zona glomerulosa ist schmal und liegt direkt unter der Kapsel. Die Zellen sind zu Ballen oder eiförmigen Gruppen angeordnet. Die Zellkerne sind groß und rund. Diese Schicht ist sehr kernreich.
- **Zona fasciculata** (= Mittelschicht) ◄
  Die Zona fasciculata bildet die breiteste Schicht. In ihr sind die Zellen strangförmig zu 2–3 Zellen breiten Säulen angeordnet. Die Zellen sind größer als in der Zona glomerulosa, weshalb diese Schicht weniger kernreich erscheint. Im Zytoplasma der Zellen liegen Lipidtröpfchen (= Fetttröpfchen), die der Rinde ihr gelbliches Aussehen geben. Zwischen den Zellsträngen verlaufen die weitlumigen Kapillaren (Sinusoide).
- **Zona reticularis** (= Innen- oder Netzschicht)
  Die Zona reticularis grenzt ans Nebennierenmark. In dieser Schicht sind die Zellen relativ klein sowie azidophil. Die Zellen sind untereinander vernetzt und besitzen viele Pigmente (im Alter enthalten sie zumeist Lipofuszingranula). In dieser Schicht sind die Kapillaren stark erweitert, weshalb sie als Sinusoide bezeichnet werden. ◄

Merksatz für die 3 NNR-Schichten:

glomeruläre	– Zona **g**lomerulosa (rundliche Zellen)
Filtrations-	– Zona **f**asciculata (längliche Zellanordnung)
Rate	– Zona **r**eticularis (netzförmige Zellhaufen).

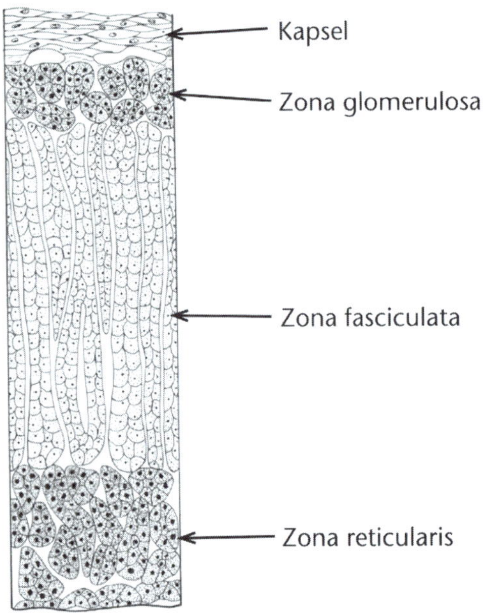

Abb. 8.33 *Schnitt durch die Nebennierenrinde*

➤ In der Nebennierenrinde werden aus Cholesterin Kortikosteroide (= Steroidhormone) produziert, die in drei Hauptwirkungsgruppen unterteilt werden können:

- Mineralokortikoide,
- Glukokortikoide,
- Geschlechtshormone. ◄

➤ In der Zona glomerulosa werden vor allem als **Mineralokortikoide** das Aldosteron sowie das Desoxykortikosteron gebildet, die die Ausscheidung von Kalium- und Wasserstoffionen und die Reabsorption von Natrium- und Chlorionen steuern und damit den Salz- und Wasserhaushalt (= Elektrolythaushalt) beeinflussen.

In der Zona fasciculata werden bevorzugt Glukokortikoide, vor allem Kortison, synthetisiert.

Glukokortikoide katalysieren die Glukoneogenese und erhöhen die Proteolyse und Lipolyse. Sie setzen den Zuckerverbrauch in den Zellen herab. Am Knochen wirken sie demineralisierend. ◄

Klinik: In der Klinik wird Kortison zur Entzündungshemmung eingesetzt, weil es die Phagozytose der Monozyten hemmt und die Lymphozytenzahl senkt.

➤ In den Zonae fasciculata und reticularis werden die Geschlechtshormone (Androgene) gebildet, aus denen die Vorstufen des Testosteron und der Östrogene entstehen. Da Testosteron jedoch hauptsächlich in den Hoden synthetisiert wird, kommt der Produktion von Geschlechtshormonen in der NNR physiologischerweise nur eine geringere Bedeutung zu.

Bei Bedarf kann die NNR kurzfristig größere Hormonmengen synthetisieren, speichert aber nur relativ wenig Hormone.

Die Steuerung der Hormonsekretion erfolgt

- in der Zona glomerulosa für die Mineralokortikoide vor allem über das Renin-Angiotensin-System, aber auch über das von dem Hypophysenvorderlappen (= Adenohypophyse) ausgeschüttete Hormon ACTH, sowie über Serotonin und Prostaglandin;
- in den Zonae fasciculata und reticularis für die Glukokortikoide und Androgene über ACTH. ◄

Klinik: Bei einer Hypophysektomie (Entfernung der Hypophyse) atrophieren die Zonae fasciculata und reticularis, was einen Glukokortikoidmangel zur Folge hat.

Durch Über- oder Unterfunktion der NNR kommt es zu einer Reihe von Erkrankungen:
Eine erhöhte Produktion und Sekretion z.B. infolge eines Tumors führt bei:

- **Aldosteron** – zum **Aldosteronismus** (= **Conn-Syndrom**) u.a. mit Hypertonie, tetanischen Anfällen (Muskelkrämpfen) und Muskelschwund.
- Glukokortikoiden (besonders Kortison) – zum **Cushing-Syndrom** u.a. mit Stammfettsucht (Extremitäten bleiben dünn), Vollmondgesicht, Diabetes mellitus (Zuckererkrankung), Hypertonie, Impotenz.
- Androgenen – zum **androgenitalen Syndrom** mit Vermännlichung der Genitalen.

Bei einer Unterfunktion infolge einer NNR-Atrophie kommt es zum

- **Morbus Addison** – u.a. mit Hypotonie (durch erniedrigte Konzentration von Mineralokortikoiden), verstärkter Hautpigmentierung und Libidoverlust.

Nebennierenmark (= Medulla glandulae suprarenalis)

Das NNM besteht aus gruppenförmig oder strangförmig zusammenliegenden großen hellen Zellen, die sich mit chromhaltigen Fixationsmitteln braun anfärben lassen und deshalb chromaffine (oder phäochrome) Zellen genannt werden (die Zellen der Rinde sind azidophil). Bei den chromaffinen Zellen lassen sich 2 Zellarten unterscheiden, von denen die einen das Hormon **Adrenalin** (80 %) und die anderen das Hormon **Nor-adrenalin** (20 %) synthetisieren und anders als die Zellen der NNR in Sekretgranula speichern. Beide Hormone werden als **Katecholamine** bezeichnet. Alle Zellen des NNM stehen in enger Beziehung zu den im Mark liegenden erweiterten Venen und sinusartigen Kapillaren.

Im NNM liegen zwischen den Zellen einzelne sympathische Ganglienzellen, die vom N. splanchnicus abstammen und die Ausschüttung der Katecholamine stimulieren. Im Hinblick auf die Entwicklung können die Zellen des NNM als „modifizierte postganglionäre Neurone" aufgefaßt werden.

Klinik: Der klassische Tumor des NNM ist das **Phäochromozytom**, durch das u.a. der Blutdruck stark erhöht wird. Häufig kommt es zu Blutdruckkrisen (anfallsweise starke Erhöhung des Blutdrucks).

Mikroskopierhilfe: Bei einem Schnitt durch die ganze Nebenniere zeigt die Übersichtsvergrößerung zwei verschiedene Bereiche (Rindenzone und Mark).

Die NNR zeigt einen 3-schichtigen Aufbau: Unter der Kapsel liegt eine dünne Schicht mit dunkeln Zellen (= Zona glomerulosa). Darunter liegt eine breite Schicht mit zum NNM ausgerichteten Zellsträngen (= Zona fasciculata). Darunter liegt die relativ ungeordnet erscheinende Zona reticularis. (Die NNR ist sehr gut an der Zona fasciculata zu erkennen!).

Das NNM erkennen Sie an den großen Ganglienzellen.

8.5.2 Inselorgan (endokrines Pankreas) !! 1/8

Das endokrine Parenchym des Pankreas können Sie bei einem Schnitt mit HE-Färbung als helle Inseln innerhalb der dunklen Drüsenzellen gut erkennen.

➤ Die Inseln werden **Langerhans-Inseln** (= **Insulae pancreaticae**) genannt, sie verteilen sich im exkretorischen Parenchym des Pankreas. Die von vielen Blutgefäßen durchsetzten Inseln bestehen aus zu Strängen angeordneten Zellen. Diese Zellen (auch **Langerhans-Zellen** genannt) sind relativ klein und besitzen einen ovalen Kern. ➤

Die Anzahl der Inseln ist sehr unterschiedlich. Sie schwankt je nach Individuum zwischen 500 000 und 2 Millionen. Die 0,1–0,3 mm großen Langerhans-Inseln treten besonders häufig im Schwanzteil des Pankreas auf. ➤ Zusammen sind sie etwa 1–2 g schwer und bilden 1–2 % des Pankreasparenchyms. In den Langerhans-Inseln konnten bisher folgende Zellarten unterschieden werden:

- **A-Zellen** – stellen etwa 15–20 % des Inselorgans. Sie bilden **Glukagon**, das die Enzyme, die dem Glykogenabbau (= Glykogenolyse) dienen, stimuliert (Glukagon ist die Speicherform des Kohlenhydrats). Dadurch steigert das Glukagon den Blutzuckerspiegel und ist damit Antagonist (= Gegenspieler) des nachfolgend beschriebenen Insulins.
- **B-Zellen** – stellen etwa 70–80 % der Zellen des Inselorgans. Sie bilden **Insulin**. Insulin fördert die Glukoseaufnahme der Zellen aus dem Blut und damit die Glykogenbildung in den Muskel- und Leberzellen und senkt damit den Blutzuckerspiegel. Insulin wird in den β-Granula als Zinkkomplex gespeichert. Bei einer Erhöhung des Zuckers im Blut wird Insulin in die Blutbahn abgegeben. Außerdem kann die Insulinabgabe stimuliert werden durch: Glykagon, STH, ACTH, Sekretin und bestimmte Aminosäuren. Die Insulinsekretion wird gehemmt durch Katecholamine.
- **D-Zellen** – bilden u.a. **Somatostatin**, das über den Hypothalamus die Insulin- und Glukagonsekretion hemmt.
- **PP-Zellen** (= pankreatisches Polypeptid bildende Zellen) – bilden das pankreatische Polypeptid, das die durch Sekretin stimulierte Sekretion im Pankreas hemmt. ➤

Klinik: ➤ Eine Unterfunktion des Inselorgans oder eine Schädigung der B-Zellen führt zum **Diabetes mellitus** (**Zuckerkrankheit**). Bei Insulinmangel erhöht sich die Glukosekonzentration im Blut (= Hyperglykämie). ➤

Ab einem bestimmten Grenzwert kommt es zur Glukoseausscheidung über den Harn (= Glukosurie). Ein unbehandelter Diabetes führt zu Organschäden (u.a. an der Niere).

Innervation

(siehe auch die Winterthur-Verlaufsbeschreibungen)

➤ Das vegetative Nervensystem wirkt über den

- Sympathikus
  - hemmend auf die Insulinsekretion,
  - fördernd auf die Glukagonsekretion.

- Parasympathikus (N. vagus)
  - fördernd auf die Insulinsekretion. ◄

8.5.3 Gastroentero-pancreatico-endokrines Zellsystem ! 0/2

Unter dem „**Gastro-entero-pancreatico-endokrinen Zellsystem**" (syn. verwandt: Gastrointestinales endokrines System) sind die endokrinen Zellen zusammengefaßt, die im gastrointestinalen Trakt liegen und darauf einwirken.
Endokrine Zellen kommen in allen Organen mit epithelialen Strukturen vor. In ihrer Gesamtheit werden sie unter dem Begriff **APUD-Zellen** systematisiert.

➤ APUD-Zellen kommen u.a. vor in/im
- Epithel der Schleimhaut des Magen-Darm-Kanals (u.a. als Gastrin- und Serotoninzellen),
- als Langerhans-Inseln im Pankreas,
- Epithel der Gallenblase und der Gallengänge,
- als parafollikuläre Zellen (= C-Zellen) in der Schilddrüse,
- als chromaffine Zellen des Nebennierenmarks,
- als ACTH-bildende Zellen in der Hypophyse.

Die APUD-Zellen haben als gemeinsames Charakteristikum, dass sie
- endokrine Zellen sind,
- von der Neuralleiste abstammen,
- und Hormone abgeben. ◄

Von den gastrointestinalen endokrinen Zellen bilden nur die Zellen der Langerhans-Inseln (Kapitel 8.5.2) Zellansammlungen. Die anderen Zellen liegen jeweils einzeln vor.

8.5.4 Paraganglien !! 0/3

Als **Paraganglien** werden etwa erbsengroße Zellansammlungen in der Nähe von sympathischen Ganglien bezeichnet, die besonders im Brust- und Bauchraum vorkommen. ➤ Paraganglien gehen aus dem Neuroektoderm hervor. ◄

Man unterscheidet zwischen chromaffinen und nichtchromaffinen Paraganglien.

➤ Die chromaffinen (sympathischen) Paraganglien gehen aus den Sympathikoblasten der Neuralleiste hervor und kommen besonders bei Kleinkindern im Retroperitonealraum vor. Da sie Noradrenalin sowie Dopamin bilden, werden sie auch als kleine endokrine Drüsen bezeichnet. Zwischen dem 2. Lebensjahr und der Pubertät bilden sich die meisten chromaffinen Paraganglien zurück. ◄

Da Ursprung und Funktion dem Nebennierenmark vergleichbar sind, werden sie auch als „extramedulläre chromaffine Zellgruppe" bezeichnet. Das bekannteste chromaffine Paraganglion ist das am Ursprung der A. mesenterica inferior liegende Paraganglion aorticum abdominale (= **Zuckerkandl-Organ**).

➤ Nichtchromaffine (parasympathische) Paraganglien sind parasympathischen Ursprungs und gehen aus der Anlage der Hirnnerven IX (= N. glossopharyngeus) und X (= N. vagus) hervor. Hierzu zählen das Glomus caroticum und das Glomus aorticum, die als Chemorezeptoren dienen. ◄

Mikroskopische Anatomie

Die Paraganglien bestehen aus Haupt- und aus Hüllzellen. Die Hüllzellen umgeben mit ihren Fortsätzen die Hauptzellen und sind mit den Schwann-Zellen vergleichbar.

8.6 Harnorgane

Die Harnorgane werden in harnbildende und harnableitende Organe unterteilt.

Als harnbildendes Organ kommt vor:
- Niere (Kapitel 8.6.1).

Als harnableitende Organe kommen vor:
- Nierenbecken (Kapitel 8.6.2),
- Harnleiter (Kapitel 8.6.3),
- Harnblase (Kapitel 8.6.4),
- Harnröhre (Kapitel 8.6.5).

8.6.1 Niere !!! 17/47

Funktion

➤ Die **Niere** (= **Ren**) hat die Aufgabe, Endprodukte des Stoffwechsels als harnpflichtige Substanzen aus dem Blut zu entfernen und auszuscheiden, sowie den Flüssigkeits- und Salzhaushalt zu regulieren und damit das innere Milieu aufrecht zu erhalten.
Außerdem bildet die Niere die Hormone:
- Renin – das den Blutdruck beeinflußt,
- Erythropoetin – für die Blutbildung. ◄

Form

Die **Niere** (= **Ren**) hat beim Lebenden eine braunrote Farbe. Sie hat ein bohnenförmiges Aussehen und ist etwa 12 cm lang, 6 cm breit, 3 cm dick und 100 g schwer.

Die Niere wird unterteilt in:
- die gewölbte Vorderfläche (= Facies anterior),
- die platte Hinterfläche (= Facies posterior),
- einen oberen und unteren Nierenpol (= Extremitas),
- einen lateralen und einen medialen Margo.

Der Margo medialis (= Medialrand) ist zum **Sinus renalis** eingebuchtet, in dem die Nierenpforte (= Hilum renale) liegt.

Hilum renale (= Nierenhilus)

Durch das Hilum renale treten die A. und V. renalis, der Ureter (= Harnleiter) und die Nerven ein- bzw. aus.
➤ Im Nierenhilus liegen:

- kranial – die A. renalis,
- in der Mitte – die V. renalis,
- dorsal – der Ureter (= Harnleiter). ➤

> **Merkwort** der Gefäßlage von oben nach unten:
> **Avus** (= **A**rterie, **V**ene, **U**reter).

Hüllen

Die Niere ist von innen nach außen von folgenden 3 Hüllen umgeben:
- Organkapsel,
- Fettkapsel,
- Fasziensack.

➤ Die **Organkapsel** (**Capsula fibrosa**) liegt als derbe kollagenfaserhaltige Kapsel um die Niere herum. Mit dem Nierenparenchym ist sie locker verbunden, so dass sich die Nierenkapsel bei der gesunden Niere leicht bis zum Nierenhilus vom Nierenparenchym abziehen läßt.
Die **Fettkapsel** (= **Capsula adiposa**) bildet das Nierenlager, in dem die Niere und die auf ihrem oberen Pol liegende Nebenniere eingebettet liegen. Das Speicherfettgewebe ist überwiegend dorsal um Niere und Nebenniere angeordnet, die Vorderseite ist nur von wenig Fettgewebe umgeben. Das Fett ist beim lebenden Menschen in einem halbflüssigen Zustand, so daß die Niere quasi in dem Fett „schwimmt".

Der **Fasziensack** (= **Fascia renalis**) umschließt die Niere und Nebenniere mit der umhüllenden Fettkapsel nach außen hin. Die Fascia renalis besteht aus einer prä- und einer retrorenalen Faszie. Diese beiden Faszien vereinigen sich kranial (durch die Zwerchfellfaszie) und nach lateral (in die Lamina propria des Peritoneum).

Der Fasziensack ist nach medial (Durchtritt der Gefäße) und nach unten hin spaltförmig offen. ➤

Klinik: ➤ Innerhalb der Hüllen sind die Nieren relativ beweglich. ➤ Infolge z.B. einer langdauernden niederkalorischen Diät kann es zum Einschmelzen des Fettgewebes der Capsula adiposa kommen, was wiederum zu einer Wanderniere führen kann, die durch den kaudal offenen Fasziensack hindurchrutschen und ins kleine Becken gelangen kann.

➤ Die Niere wird in ihrer Lage gehalten durch
- den Fasziensack,
- die Capsula adiposa und
- den Blutdruck, der im Gefäßstiel herrscht. ➤

Hohlsystem der Niere

Schneidet man die Niere von lateral nach medial in 2 symmetrische Hälften auf, so können Sie deutlich 2 Bereiche unterscheiden
- Hohlraumsystem der Niere,
- Nierenparenchym.

Das Hohlraumsystem der Niere besteht aus:
- Nierenbecken (siehe Kapitel 8.6.3) und
- Nierenkelchen (= Calices renales).

Die **Nierenkelche** werden in 2 bis 3 Haupt- und etwa 10 Endkelche unterteilt. Die Hauptkelche (= Calices renales majores) gehen in die Endkelche über.

➤ In die Endkelche (= Calices renales minores) ragen napfartig jeweils eine, manchmal auch bis zu 3 **Nierenpapillen** (= **Papillae renales**) hinein. Auf der Oberfläche der Nierenpapille (= der Teil, der in die Endkelche mündet) münden etwa 10–25 **Papillengänge** (= **Ductus papillares**), durch die tröpfchenweise der Harn über die Nierenkelche ins Nierenbecken fließt.

Die im Fett eingebetteten Nierenkelche sowie die Gefäße und Nerven liegen in einem Hohlraum, der **Sinus renalis** genannt wird und die Fortsetzung vom Hilum renale bildet. ➤

Nierenparenchym

Das unter der Capsula fibrosa liegende Nierenparenchym kann in die rot-bräunliche, etwa 1 cm breite, körnig erscheinende **Nierenrinde** (= **Cortex renalis**) und in ein weißes, streifenförmiges **Nierenmark** (= Medulla renalis) unterteilt werden.

➤ Es besteht jedoch keine scharfe Grenze zwischen Nierenrinde und Mark, so dass die Rinde stellenweise säulenartig bis ans Nierenbecken reicht. Diese Nierensäulen werden **Columnae renales** genannt.

Das Nierenmark wird durch die Columnae in 10–20 keilförmige Bereiche, die **Pyramiden** (= **Pyramides renales**) unterteilt. ◄ Jeweils eine Pyramide bildet mit der sie umgebenden Rindensubstanz (Columnae renales) einen **Nierenlappen** (Reniculus). Entsprechend den Pyramiden, besteht eine Niere aus 10–20 Nierenlappen, deren Grenze bei der neugeborenen Niere noch auf der Nierenoberfläche als Furchen zu erkennen sind.

➤ Die Pyramiden ragen warzenartig in die Kelche des Nierenbeckens hinein, weshalb diese Pyramidenbereiche als **Nierenpapillen** (= **Papillae renales**) bezeichnet werden. Unter schwacher Vergrößerung erkennen Sie, dass die Papillae renales eine siebartig durchlöcherte Oberfläche, die **Area cribrosa**, besitzen, auf der die **Ductus papillares** (= **Papillengänge**) durch die Foramina papillaria münden. Die Papillengänge entstehen durch den Zusammenfluß mehrerer Sammelrohre (s. bitte „Mikroskopische Anatomie“). ◄

Nierengefäße

➤ Die Niere wird besonders gut durchblutet, was mit ihrer Filtrationsfunktion zusammenhängt. Die Niere erhält ihr Blut über die A. renalis, die sich über einen R. anterior und posterior in

- **5 Aa. segmenti** teilt. Die Aa. segmenti sind Endarterien. Sie versorgen jeweils ein Nierensegment, das heißt, sie versorgen die benachbart liegenden Nierenlappen jeweils bis zur Hälfte (Nierensegment und Lappen sind also nicht identisch). Aus den Aa. segmenti gehen die
- **Aa. interlobares** hervor, die in den Columnae renales zwischen den Pyramiden verlaufen. Sie teilen sich in
- **Aa. arcuatae**, die von der Rinde ins Mark ziehen und sich in
- **Aa. interlobulares** teilen, die wiederum zwischen zwei Markstrahlen in die Rinde ziehen. Aus ihnen gehen die
- **Vasa afferentes** (= **Arteriola glomerularis afferens**) hervor. Das Vas afferens tritt durch den Gefäßpol in das Nierenkörperchen ein und bildet den Glomerulus (= „Kapillar-netz“). Aus dem Glomerulus gelangt das Blut über die
- **Vas efferens** (= **Arteriola glomerularis efferens**) entweder ins venöse Gefäßnetz (gleichnamig den Arterien) oder über Arteriolae medullares rectae ins Nierenmark. ◄

Topographie

➤ Die Nieren liegen retroperitoneal. Sie reichen rechts vom 12. Brust- bis zum 3. Lendenwirbelkörper, links vom 11. Brust- bis zum 2. Lendenwirbelkörper.

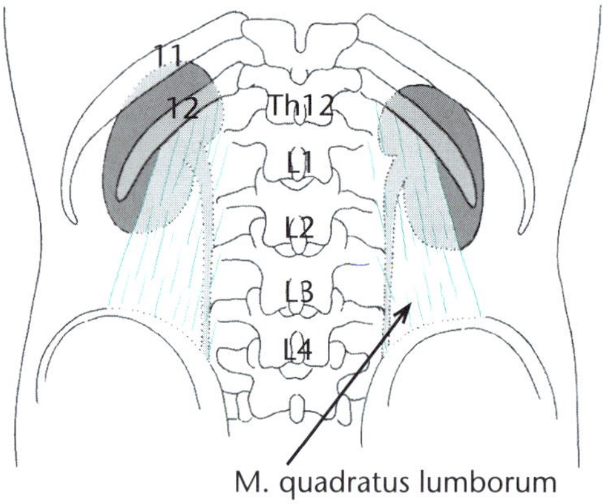

Abb. 8.34 *Lage der Niere von dorsal auf die Rumpfwand projiziert*

Die rechte Niere liegt wegen der Leber zumeist 1/2 Wirbelkörper tiefer als die linke Niere. Der Nierenhilus liegt in Höhe des 2. Lendenwirbels.

Der Unterrand der Nieren liegt etwa 5–6 cm oberhalb der Crista iliaca des Os ilii (Darmbein). Bei tiefer Inspiration sinkt die Niere im Stehen um bis zu 3 cm – die Nieren sind also atemverschieblich.

Mit ihrer Facies posterior (= Hinterfläche) liegt die Niere vor der dorsalen Rumpfwand auf dem M. psoas major, dem M. quadratus lumborum und dem M. transversus abdominis. Über die Facies posterior verlaufen der N. subcostalis, der N. iliohypogastricus und der N. ilioinguinalis, sowie bei tiefer Exspiration der 11. N. intercostalis. ◄

Klinik: ➤ Bei einer **Nephritis** (**Nierenentzündung**) können diese Nerven gereizt werden, was zu Schmerzen bis in die Leisten- und Genitalgegend führen kann.

Die Facies anterior (= Vorderfläche) der Nieren stehen in folgenden topographischen Beziehungen:

Rechte Niere
- kranial: Nebenniere,
- ventral/lateral: Lobus dexter der Leber,
- medial (vor Nierenhilus): Pars descendens des Duodenum,
- kaudal: Mesocolon transversum und rechte Kolonflexur.

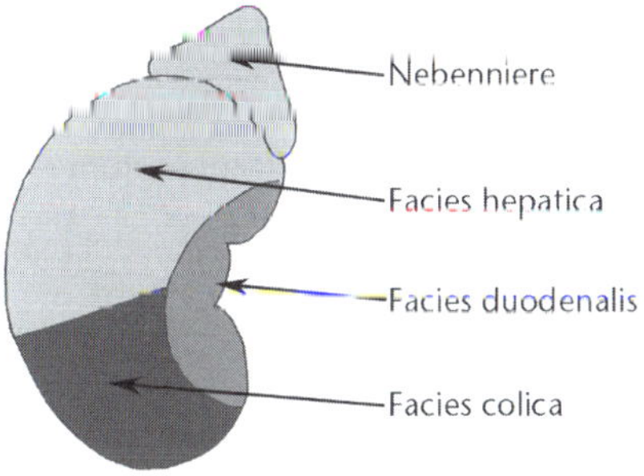

Abb. 8.35 Topographische Beziehungen der rechten Niere

- Linke Niere
  - kranial: Nebenniere,
  - oben/ventral: Rückseite des Magens,
  - oben/lateral: Milz,
  - medial (vor Nierenhilus): Pankreasschwanz und Bursa omentalis,
  - unten/ventral: Mesocolon transversum und linke Kolonflexur. ◄

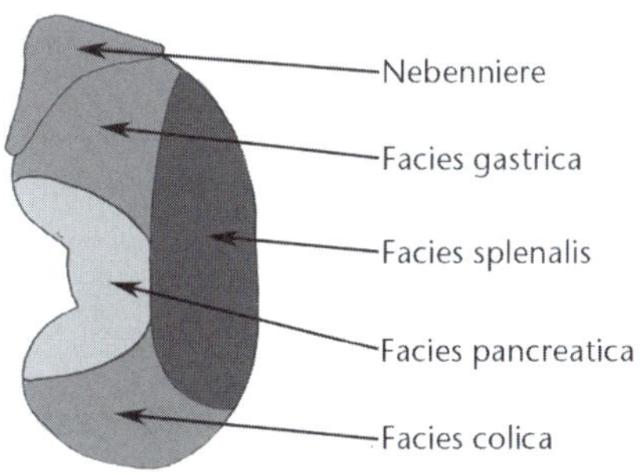

Abb. 8.36 Topographische Beziehungen der linken Niere

Innervation und Gefäßversorgung

(siehe auch die Winterthur-Verlaufsbeschreibungen)
➤ Die Niere wird parasympathisch und sympathisch aus dem Plexus coeliacus, dem Plexus aorticus und vom N. splanchnicus minor innerviert.

Das Blut erhält die Niere aus der A. renalis (Ast der Aorta abdominalis). Die rechte A. renalis verläuft hinter der V. cava inferior und dem Pankreaskopf, die linke A. renalis verläuft hinter dem Pankreaskörper zur Niere.

Das Blut fließt über die V. renalis in die V. cava inferior. Die rechte V. renalis ist in der Regel kürzer als die linke V. renalis. Die linke V. renalis verläuft direkt unter der A. mesenterica superior, sie nimmt die linke V. suprarenalis, sowie beim Mann die linke V. testicularis und bei der Frau die linke V. ovarica auf. ◄

Klinik: Bei einer Nierenoperation muß sich der Chirurg für einen der drei Zugangswege entscheiden:

- Flankenschnitt – ist der klassische Weg, der zumeist bei organerhaltenden Operationen gewählt wird;
- von ventral – hierbei muß die Bauchhöhle eröffnet und am Darm vorbeigearbeitet werden;
- von dorsal – hierbei muß zunächst lateral vom M. erector spinae die Fascia thoracolumbalis und der untere Teil des M. latissimus dorsi und dann die darunterliegende Aponeurosis lumbalis durchtrennt werden. Nachdem der M. quadratus lumborum etwas nach medial gezogen ist, arbeitet man sich durch das retrorenale Fettgewebe zur Fascia renalis vor.

Bei einer **Nierenbiopsie**, die von dorsal durchgeführt wird, beträgt der Abstand Hautoberfläche/Niere etwa 6–8 cm.

Mikroskopische Anatomie

Wie bereits beschrieben, kann das unter der Capsula fibrosa liegende Nierenparenchym in Rinde und Mark unterteilt werden.

Nierenrinde

Bereits unter kleiner Vergrößerung können Sie in der Rinde Nierenkörperchen und Kanälchen erkennen. Die Nierenkörperchen gehören zu jeweils einem Nephron, die Kanälchen sind Sammelrohre.

Nephron

➤ Das Nephron bildet die funktionelle Baueinheit der Niere. Ein Nephron besteht aus:

- einem Nierenkörperchen (Corpusculum renale),
- Harnkanälchen (Tuberculus renales).

Mehrere Nephrone münden in ein **Sammelrohr**. Die zu Bündeln angeordneten Sammelrohre bilden die **Markstrahlen.** Bündel von Markstrahlen setzen sich in eine Pyramide fort. Neben den Sammelrohren bestehen die Markstrahlen aus den Partes rectae der proximalen und distalen Tubuli (s. weiter unten). Die Sammelrohre transportieren den Endharn (s. weiter unten). Über jeweils einen Ductus papillaris münden mehrere Sammelrohre über eines der Foramina papillaria auf der Nierenpapille (Papillae renales) in einen Nierenkelch des Nierenbeckens. ◄

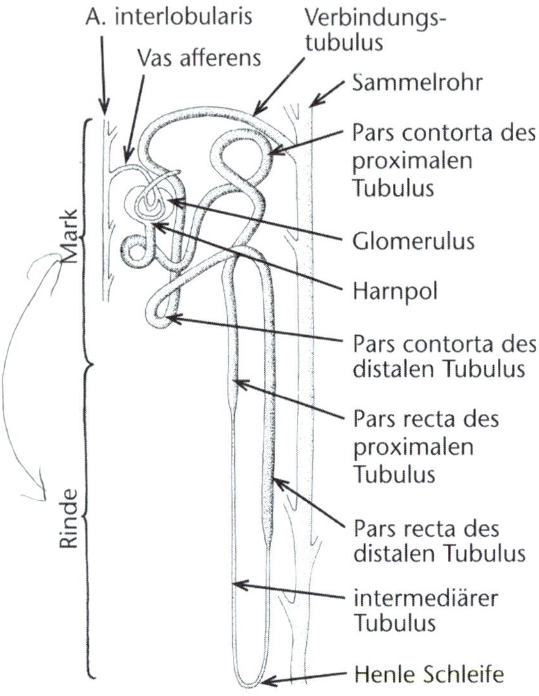

Abb. 8.37 Nephron

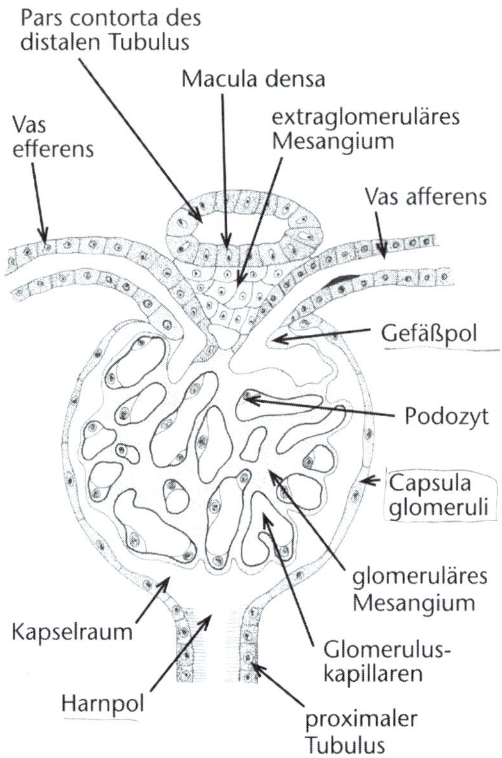

Abb. 8.38 Schnitt durch ein Glomerulus

Nierenkörperchen

➤ Die Nierenkörperchen (= **Corpuscula renales** = **Malpighi Körperchen**) sind die eigentlichen Filterorgane der Niere. Sie bilden den Primärharn. Die zumeist kugeligen Nierenkörperchen haben einen Durchmesser von etwa 0,2 mm.

Sie bestehen aus:
- Glomerulus,
- Capsula glomeruli,
- Gefäßpol,
- Harnpol.

Die **Capsula glomeruli** (= **Bowman Kapsel**) bildet die Wand der Nierenkörperchen. Die Capsula glomeruli besteht aus 2 Blättern, einem
- äußeren (parietalen) Blatt, das aus platten Epithelzellen besteht,
- inneren (viszeralen) Blatt, das den Kapillaren des nachfolgend beschriebenen Glomerulus aufliegt. Das innere Blatt besteht aus **Podozyten** (**Deckzellen**), die gleichzeitig die äußere Schicht der Glomeruluskapillaren bilden. ◄

➤ Zwischen beiden Blättern liegt ein spaltförmiger Kapselraum (Lumen capsulae).
Das innere und äußere Blatt der Capsula glomeruli gehen am **Gefäßpol** ineinander über. Am Gefäßpol gelangt das Blut durch eine kleine Arteriole, das Vas afferens, ins Glomerulus. Nach der weiter unten beschriebenen Filtration verläßt das Blut das Nierenkörperchen wieder durch das Vas efferens (s. auch „Nierengefäße"). ◄
Dem Gefäßpol gegenüber liegt der **Harnpol**.

➤ Als wichtigsten Bestandteil des Nierenkörperchens ist das **Glomerulus** anzusehen, das aus etwa 30 knäuelartig zusammenliegenden Kapillarschlingen besteht. Das Glomerulus füllt bis auf den Kapselraumspalt fast das gesamte Nierenkörperchen aus. Die Wände der Glomeruluskapillaren, die eine Filterbarriere darstellen, bestehen von innen nach außen aus
- **gefensterter Endothelzellschicht** – sie ist etwa 70–90 nm dick und enthält viele offene Poren (echte Poren), durch die größere Moleküle, jedoch keine Blutzellen hindurchtreten können. Durch eine negativ geladene Glykokalix soll ein Verstopfen der Poren verhindert werden;

- **Basalmembran** – sie ist mit 100–200 nm relativ dick und läßt Moleküle bis zu einem Molekulargewicht von etwa 400.000 passieren;
- **Podozyten (Deckzellen)** – bilden als viszerales Blatt der Kapsel gleichzeitig die äußere Kapillarschicht des Glomerulus. Die Podozyten liegen der Basalmembran nicht in voller Fläche auf, sondern erreichen sie nur mit ihren fußförmigen Zytoplasmaausläufern. Zwischen den „Füßchen" der Podozyten spannt sich als Diaphragma die **Schlitzmembran**, die etwa 25 nm große Schlitzporen (Filtrationsschlitze) besitzt, durch die nur Teilchen bis zu einem Molekulargewicht von 70.000 hindurch gelangen können.

Zwischen den Kapillarschlingen des Gefäßknäuels liegen sternförmige **Mesangiumzellen**, die phagozytieren können und Stützfunktion haben. Die Mesangiumzellen sind mesenchymaler Herkunft. ◄

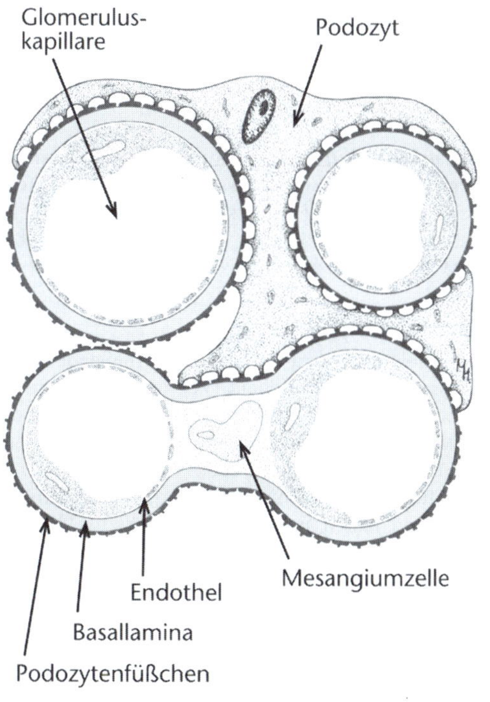

Abb. 8.39 *Schnitt durch Glomeruluskapillaren (schematisiert)*

Tubuli renales (Harnkanälchen)

► Am Harnpol fließt der Primärharn in das Tubulussystem, das etwa 4 cm lang ist.

Das Tubulussystem wird in 4 Bereiche unterteilt:

- **proximaler Tubulus** (Hauptstück) – besteht aus
  - Pars contorta – verläuft gewunden innerhalb der Nierenrinde und geht über in die
  - Pars recta – verläuft als gerader Teil im Rindenmark.
- **intermediärer Tubulus** (Überleitungsstück) – verläuft zunächst gerade weiter im Mark, biegt dann U-förmig um (= **Henle-Schleife**) und zieht in Richtung Rinde. Er geht über in den
- **distalen Tubulus** (Mittelstück) – besteht aus
  - Pars recta – zieht innerhalb der Markstrahlen Richtung Rinde und mündet in die
  - Pars contorta – verläuft gewunden in der Rinde, wo sie mit der Pars contorta des proximalen Tubulus den größten Teil des Rindenlabyrinths bildet. An der Stelle, an der die Pars contorta den Gefäßpol berüht, bildet der distale Tubulus als Epithelplatte die **Macula densa** (s. „Juxtaglomerulärer Apparat").
- **Verbindungstubulus** (Verbindungsstück = Tubulus reuniens) – leitet den Harn zum Sammelrohr weiter.

Zusammenfassung:

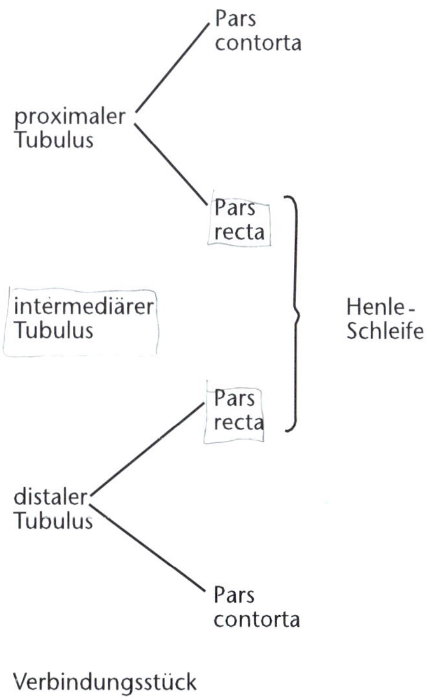

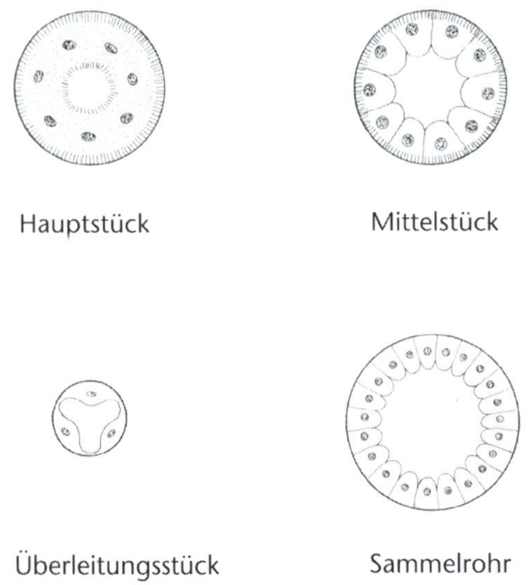

Abb. 8.40 Schnitt durch ein Nephron in verschiedenen Höhen

Der Bereich zwischen der Pars recta des proximalen und des distalen Tubulus gehört zur Henle-Schleife.

Besonderheiten der einzelnen Abschnitte eines Nierenkanälchens:

- Proximaler Tubulus – besitzt ein hochzylindrisches Epithel, das mit einem Bürstensaum (Mikrovilli) besetzt ist.
- Intermediärer Tubulus – besitzt ein hell aussehendes flaches Epithel.
- Distaler Tubulus – besitzt ein niedrigeres und helleres Epithel als das Hauptstück.
- Sammelrohr – besitzt ein kubisches bis hochprismatisches einschichtiges Epithel. ◀

Juxtaglomerulärer Apparat

➤ Im Bereich des Gefäßpols der Glomeruli liegen endokrine Zellen, die alle Sekretgranula enthalten. Zusammen bilden sie den juxtaglomerulären Apparat, der aus nachfolgenden Einzelstrukturen besteht:

- **Macula densa** – liegt als Epithelzellplatte in dem Bereich, in dem die Pars contorta des distalen Tubulus den Gefäßpol berüht. Die Macula densa dient als Chemorezeptor und reguliert die Osmolalität (Na-Gradient zwischen Blutplasma und Tubulusharn).
- **Polkissenzellen** – liegen als epitheloide granulierte Zellen in der Wand des Vas afferens;
- **extraglomeruläre Mesangiumzellen** (Goormaghtigh-Zellen).

Die beiden letztgenannten Zellgruppen sind modifizierte glatte Muskelzellen, die möglicherweise das Hormon Erythropoetin sezernieren, das der Erythrozytenbildung dient.

Alle Zellen des juxtaglomerulären Apparates bilden das Hormon **Renin**, das im Blutplasma über mehrere Schritte das Angiotensinogen zu Angiotensin spaltet (s. Physiologie) und über das Angiotensin-Aldosteron-System den Blutdruck (wirkt vasokonstriktorisch) und den Natriumspiegel beeinflußt.

Der juxtaglomeruläre Apparat wird vegetativ innerviert. ◀

Nierenmark

Im Nierenmark liegen die geraden Teilchen der Nierenkanälchen, die in 12–18 Markpyramiden (= Pyramides renales) einmünden. Die Spitzen der Markpyramiden (= Papillae renales) ragen in die Kelche des Nierenbeckens hinein.

Mikroskopierhilfe: Die Niere ist in der Übersichtsvergrößerung leicht anhand der in der Rinde vorkommenden Glomeruli zu erkennen. Im Markbereich kommen keine Glomeruli vor, hier sind die Tubuli je nach Schnittebene längs oder quer dargestellt.

Harnbildung

Im Glomerulus wird aus dem durchfließenden Blutplasma auf physikalischem Weg der Primärharn filtriert (was dadurch verursacht wird, weil in den Glomeruli der hämodynamische Druck größer ist als der kolloidosmotische Druck). Dabei dienen die 3 Schichten der Glomeruluskapillaren jeweils als Filter und halten im Normalfall größere Moleküle zurück.

Der **Primärharn** gelangt durch den Kapselraum (= Capsula glomeruli) zum Harnpol und von dort in den Tubulus.

➤ Die **glomeruläre Filtrationsrate** (GFR) beträgt etwa 120–130 ml/min, das heißt, täglich werden etwa 170 l Primärharn gebildet. Da nicht 170 l ausgeschieden werden können, wird der größte Teil im Bereich der Harnkanälchen (= Tubuli) wieder rückresorbiert (wieder aufgenommen) und dadurch der Primär- zum Sekundärharn (= **Endharn**).

Für die Rückresorption ist das sogenannte **Haarnadel-Gegenstromprinzip** wesentlich (Haarnadel wegen der U-Form der Henle-Schleife). Das Gegenstromsystem besteht aus

- den eng beieinander liegenden, auf- und absteigenden Teilen der Henle-Schleife,
- den Sammelrohren und
- Blutgefäßen, die die Tubuli netzartig umgeben. ◄

Aus dem aufsteigenden Teil wird Kochsalz (NaCl) aktiv ins umgebende Interstitium transportiert, dadurch wird der Harn hypoosmotisch. Da dadurch das Interstitium hyperosmotisch wird, tritt aus der absteigenden Schleife Wasser ins umgebende Interstitium über (die aufsteigende Schleife ist nur wenig permeabel für Wasser!). Im distalen Tubulus kommt es unter Einfluß des Hormons ADH zu einem weiteren Wasserausstrom.

In den Sammelrohren erfolgt die endgültige Harnkonzentration unter aktivem Na^+-Auswärtstransport und anschließendem Wasseraustritt (weiter s. Physiologie).

Klinik: Neben Steinerkrankungen ist das Nierenkörperchen Ausgangspunkt vieler Nierenerkrankungen.

Entzündungen im Bereich der Nierenkörperchen z.B. infolge einer Streptokokkeninfektion (Bakterien, die Angina, Scharlach usw. verursachen) werden als **Glomerulonephritis** bezeichnet. Die Nierenfunktion ist dabei eingeschränkt. Es kann zur Proteinurie (Proteinausscheidung durch den Urin), Oligurie (erniedrigte Harnausscheidung) bis hin zur Niereninsuffizienz kommen.

Niereninsuffizienz – hierbei ist die Fähigkeit der Niere, harnpflichtige Substanzen auszuscheiden, eingeschränkt. Ursache kann z.B. ein akutes Nierenversagen oder eine chronische Entzündung der Nierenkörperchen oder des Nierenbeckens sein.

Glomerulosklerose – die Glomerulikapillaren sind hierbei knötchenartig verdickt und ihre Lumina sind eingeengt. Es kommt zur massiven Proteinurie. Ursache kann ein langjähriger Diabetes mellitus („Zukkererkrankung") sein, der schlecht eingestellt ist.

Akutes Nierenversagen – infolge eines Schocks oder einer entzündlichen Nierenerkrankung kann es zur akuten Niereninsuffizienz kommen. Im Schock sinkt der Blutdruck ab, dadurch kann kein Primärharn mehr filtriert werden, es kommt zur Anurie (= Urinverhalten).

8.6.2 Nierenbecken

! 0/0

► **Das Nierenbecken (= Pelvis renalis)** liegt in der **Nierenbucht** (= **Sinus renalis**) hinter der A. und V. renalis etwa in Höhe des 2. Lendenwirbels. ◄ Das Nierenbecken entsteht durch die Vereinigung der Nierenkelche (= Calices renales). Es wird zwischen großen und kleinen Nierenkelchen unterschieden. Die kleinen Nierenkelche umschließen die Papillenspitze, sie münden über 2–3 große Kelche ins Nierenbecken.

Der in Kapitel 8.6.1 beschriebene Sinus renalis ist ein mit Fett- und Bindegewebe gefüllter Raum, in dem das Nierenbecken und die Nierengefäße liegen. Der Sinus renalis ist vom Hilus her zugänglich.

Nach der Form des Nierenbeckens unterscheidet man zwischen einem

- trichterförmigen, zumeist kleinen Nierenbecken mit guter Harnentleerung;
- ampullären (= kolbenförmigen), geräumigen Nierenbecken mit schlechter Entleerung;
- dendritischen (= baumartig verzweigten) Nierenbecken, das jedoch sehr selten vorkommt.

Das Nierenbecken hat eine Kapazität von etwa 5–10 ml.

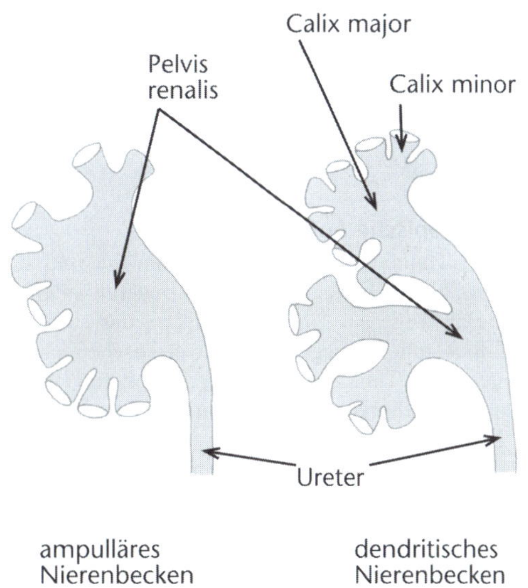

Abb. 8.41 *Verschiedene Formen eines Nierenbekkens*

Innervation und Gefäßversorgung

(siehe auch die Winterthur-Verlaufsbeschreibungen) Das Nierenbecken wird sympathisch und parasympathisch aus dem Plexus renalis innerviert. Sensible Fasern verlaufen in den Nn. splanchnici thoracici.

➤ Mit Blut wird das Nierenbecken aus Ästen der Nierengefäße (A. und V. renalis) versorgt, wobei der Nierenbeckenkreislauf vom Nierenkreislauf jedoch weitgehend unabhängig ist. ◄

Klinik: Zu einer **Nierenbeckenentzündung** (= **Pyelonephritis**) kommt es durch aufsteigende Keime (Bakterien) aus der Harnblase, wobei die Entzündung zuallermeist auf die Niere übergreift. Die Gefahr besteht in der Vernarbung und einer nachfolgenden Schrumpfung der Niere mit entsprechender Leistungseinschränkung.

➤ F rauen erkranken häufiger an einer Harnblasen- oder Nierenbeckenentzündung, weil durch die kürzere Urethra (= Harnröhre) Bakterien leichter aufsteigen können. ◄

Eine **Nierensteinerkrankung** (= **Nephrolithiasis**) entsteht z.B. infolge einer Stoffwechselstörung oder einer einseitigen Ernährung, wobei es zur Konkrementbildung kommt. Diese Steine können den Eingang zum Ureter (= Harnleiter) verstopfen oder sich im Ureter festsetzen, so daß es zum Harnstau mit Nierenbeckenvergrößerung kommen kann.

Therapie: Stoßwellenlithotripsie (Steinzerstörung durch Stoßwellen) oder Schlingenextraktion (Stein wird mit der Schlinge gefangen und über einen längeren Zeitraum langsam Richtung Urethra gezogen) oder Operation.

Mikroskopische Anatomie

➤ Die Tunica mucosa der Nierenkelche und des Nierenbeckens besteht wie die der anderen ableitenden Harnwege aus Übergangsepithel, das auf einer aus lockerem Bindegewebe und elastischen Fasern bestehenden Tunica propria liegt. Die Nierenpapillen sind mit hochprismatischem Epithel überzogen. ◄

In der Tunica muscularis des Nierenbeckens sind glatte Muskelzellen locker miteinander verbunden. An der Grenze zwischen Nierenkelchen und Nierenbecken sowie am Anfangsteil des Ureters ist die Muskularis sphinkterartig verdickt.

8.6.3 Harnleiter

!! 2/11

Bei den ableitenden Harnwegen müssen Sie zwischen dem Harnleiter (Ureter) und der Harnröhre (Urethra) unterscheiden. Die beiden Ureter dienen dazu, den Harn von den beiden Nieren zur Harnblase zu leiten. Durch peristaltische Bewegungen (Kontraktionswellen) wird der Harn befördert.

Die Harnröhre (Urethra) leitet den Harn von der Harnblase nach außen.

Der **Harnleiter** (= **Ureter**) ist etwa 25–30 cm lang und hat einen Durchmesser von 2–7 mm.

➤ Der Ureter liegt retroperitoneal. ◄

Er wird unterteilt in eine

- Pars abdominalis (= Bauchteil) und eine
- Pars pelvina (= Beckenteil).

Die Pars abdominalis reicht vom Nierenbecken bis zur Linea terminalis des Beckens (= Bekkeneingangsebene). Die Pars pelvina reicht von der Linea terminalis bis zum Ostium ureteris (= Mündung in die Harnblase).

Verlauf des Ureter

Der Ureter beginnt am Nierenhilus. Zuerst verläuft er im Retroperitonealraum dicht unter dem Peritoneum auf dem M. psoas major. ➤ Weiter kaudal unterkreuzt der Ureter beim Mann die A. und V. testicularia und bei der Frau die A. und V.ovarica. Kurz bevor der Ureter die Teilungsstelle der A. und V. iliaca communis überkreuzt, geht die Pars abdominalis in die Pars pelvina über. Der Ureter verläuft nun leicht medianwärts, unterkreuzt beim Mann den Ductus deferens und bei der Frau die A. uterina und durchbohrt schräg von hinten die Wand der Harnblase. ◄

➤ Der untere Teil des Ureter ist bis auf ein kurzes Stück leicht vom Peritonealraum zugänglich.

Bei der Frau tritt er, kurz bevor er die A. uterina unterkreuzt, in das Lig. latum uteri ein. Anschließend verläuft er lateral vom Scheidengewölbe (Vagina), weshalb er an der vorderen Scheidenwand getastet werden kann. ◄

Merke: Der Ureter
- unterkreuzt die Vasa testicularia (Mann) bzw. die Vasa ovaricae (Frau),
- überkreuzt die Teilungsstelle der A. und V. iliaca communis,
- unterkreuzt den Ductus deferens (Mann) bzw. die A. uterina (Frau).

➤ Der Ureter besitzt drei physiologische Engen:
- Die 1. Enge liegt beim Austritt aus dem Nierenbekken (am Beginn des Ureter).
- Die 2. Enge wird durch die A. und V. iliaca communis verursacht, die der Ureter überkreuzt.
- Die 3. Enge ist durch die Wand der Harnblase bedingt, durch die der Ureter in die Harnblase mündet. ➤

Klinik: Diese Engen bilden ein natürliches Hindernis beim Abgang von Nierensteinen. Über verstärkte peristaltische Bewegungen sucht der Ureter die Steine weiterzutransportieren, was zur schmerzhaften (krampfartigen) Harnleiterkolik führt.

Innervation und Gefäßversorgung

(siehe auch die Winterthur-Verlaufsbeschreibungen)
➤ Der Ureter wird auf seinem Verlauf von vielen Nerven und Gefäßen versorgt, weshalb Entzündungen oder Steinleiden sehr schmerzhaft sind.
Die Innervation erfolgt u.a. aus dem Plexus renalis.

Mit Blut wird der Ureter versorgt:
- oberes Drittel – A. renalis,
- mittleres Drittel – A. testicularis (Mann) bzw. A. ovarica (Frau),
- unteres Drittel – A. rectalis media, A. vesicalis inferior, A. ductus deferentis (Mann) bzw. A. uterina (Frau) ➤.

Mikroskopische Anatomie

Der Ureter besteht aus folgenden Schichten:
- ➤ **Tunica mucosa**
  Die Schleimhaut des Ureter besteht (wie die aller ableitenden Harnwege) aus dehnbarem Übergangsepithel, das beim Ureter typische Längsfalten zeigt, wodurch das Lumen des Ureter bei einem Schnitt sternförmig erscheint. Durch die Längsfalten wird das Lumen weitgehend abgedichtet. Das Übergangsepithel ist im eigentlichen Sinn ein mehrschichtiges Epithel, bei dem alle Zellen der Basallamina aufsitzen. Zum Lumen hin ist die Oberfläche der entsprechenden Epithelzellen verdickt und stärker anfärbbar, weshalb dieser Teil „Crusta" genannt wird.
  Das Übergangsepithel und die die einzelnen Epithelzellen verbindenden tight junctions verhindern einen Flüssigkeitsaustausch zwischen Ureter und dem umgebenden Gewebe. ➤
- **Lamina propria** (Tela submucosa)
  Sie besteht aus lockerem Bindegewebe und ist gut kapillarisiert. Sie dient als Verschiebeschicht.
- ➤ **Tunica muscularis**
  Sie ist im Bauchbereich aus 2 Schichten aufgebaut: Innen liegt als Längsmuskelschicht das Stratum longitudinale, außen als Ringmuskelschicht das Stratum circulare (umgekehrt wie beim Magen-Darm-Kanal!). Im Beckenbereich erhält die Muskularis noch ein außen liegendes Stratum longitudinale.
  Bei der Betrachtung des Ureter in mehreren Schnittebenen fällt auf, dass die Muskularis spiralig angeordnet ist. Dies bewirkt, dass der Harn durch peristaltische Wellen zur Harnblase hin ausgetrieben werden kann.
- **Tunica adventitia**
  Sie dient als bindegewebige Verschiebeschicht und enthält Blutgefäße und Nerven. ➤

Mikroskopierhilfe: Im Querschnitt erkennen Sie ein sternförmiges Lumen, das mit dem typischen Übergangsepithel ausgekleidet ist. Übergangsepithel besitzt große, kernhaltige Deckzellen, deren Membran an ihrem apikalen Teil (= lumenwärts) zur „Crusta" verdickt ist!
DD: Übergangsepithel kommt in den ableitenden Harnorganen (= Ureter, Harnblase, proximaler Teil der Urethra = Harnröhre) vor.

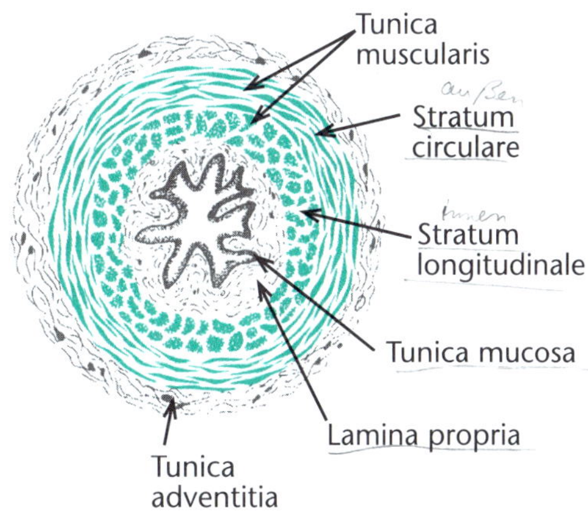

Abb. 8.42 *Querschnitt durch den Ureter*

Bauch, Becken

8.6.4 Harnblase

!! 3/7

Die **Harnblase** (= **Vesica urinaria**) ist ein muskulöses Hohlorgan, das im kleinen Becken liegt. Die Harnblase hat ein normales Fassungsvermögen von 300–500 ml, danach tritt der Drang zur Entleerung ein – willkürlich können bis zu 1,5 l zurückgehalten werden (was jedoch sehr schmerzhaft ist). Je nach Füllungszustand schwanken Lage, Form und Größe der Harnblase.

An der Harnblase unterscheidet man:
- Blasenscheitel (= Apex vesicae = Blasenspitze),
- Blasenkörper (= Corpus vesicae) – er bildet den größten Teil der Blasenwand,
- Blasengrund (= Fundus vesicae) er bildet den Boden der Harnblase.

➤ Vom Blasenscheitel zieht als Rest des obliterierten Allantoisgangs (= Rest des embryonalen Urachus) das Lig. umbilicale medianum zum Nabel. Ebenfalls zum Nabel ziehen von beiden Seiten des Blasenkörpers die Ligg. umbilicalia medialia (= Reste der Nabelarterien).

Auf der Innenseite des Blasengrundes (= Fundus vesicae) liegt als dreieckiges Feld das **Trigonum vesicae**. Die drei Eckpunkte des Trigonum vesicae werden von den beiden Einmündungsstellen der beiden Harnleiter (= Ureter) und der Austrittsstelle der Harnröhre (= Urethra) gebildet. Das Trigonum vesicae geht aus der Wand des Urnierengangs hervor (ist mesodermaler Herkunft). Im Bereich des Trigonum vesicae ist die Schleimhaut straff gespannt und auch bei leerer Blase faltenlos. Im übrigen Blasenbereich liegt die Schleimhaut bei leerer Harnblase in Falten. Mit der Blasenmuskulatur ist sie locker verbunden.

Die beiden Ureter durchbohren die Blasenwand in einem schrägen Winkel und münden mit je einem Ostium ureteris (= Harnleitermündung) seitlich in die Harnblase. Die beiden Ostia ureterum sind durch eine Schleimhautfalte, die Plica interureterica genannt wird, miteinander verbunden.

Die **Urethra** (= Harnröhre) beginnt im Bereich des Blasenhalses sichelförmig am Ostium urethrae internum (= Harnröhrenmund). In das Ostium urethrae internum ragt von dorsal her die **Uvula vesicae** (= Blasenzäpfchen) hinein, die die Blase abdichtet (= keinen Urin hindurchläßt).

Die Harnblase ist oben vom Harnblasenscheitel bis hinten und seitlich zum Blasenkörper im Bereich der Uretereinmündung vom Peritoneum überzogen, die Harnblase liegt also retroperitoneal.

An der Hinterseite der Blasenwand zieht das Peritoneum beim Mann bis zum Scheitel der Samenblase (= Vesicula seminalis), wo es auf das Rektum umschlägt – dabei bildet es als Peritonealtasche (= Bauchfelltasche) die **Excavatio rectovesicalis**. Bei der Frau schlägt das Peritoneum von der Harnblase auf die Vorderwand des Uterus um, wobei es die **Excavatio vesicouterina** bildet. ◄

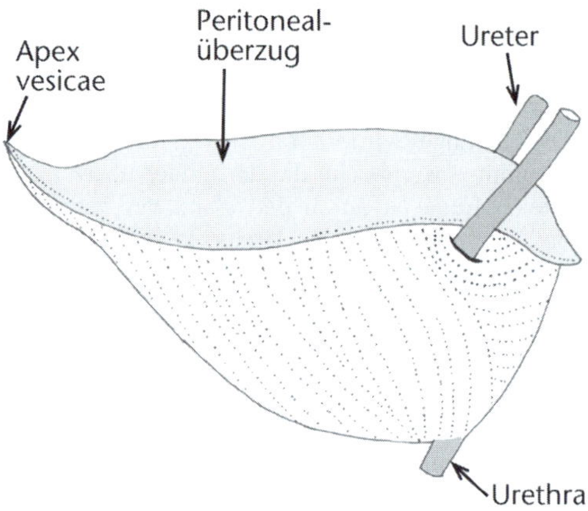

Abb. 8.43 *Blase von lateral*

Topographie

➤ Vorn liegt die Harnblase der Symphyse (= Schambeinfuge) und der Bauchwand an. Zwischen der Symphyse und der vorderen Blasenwand liegt das mit lockerem Bindegewebe ausgefüllte **Spatium retropubicum** (= syn.: Spatium praevesicale = Retzius-Raum), durch das die Ausdehnung der Blase nach nabelwärts ermöglicht wird. ◄ Das Spatium liegt zwischen der Fascia prostatae und der Fascia vesicalis, die beide die Fortsetzung der Fascia vesicoumbilicalis (zieht vom Nabel an der vorderen Bauchwand entlang zum Diaphragma urogenitale) bilden.
➤ Nach unten reicht die Harnblase bis zum Levatorspalt. ◄

Geschlechtsspezifische topographische Beziehungen

➤ Beim Mann liegt der Blasengrund der Prostata auf, weshalb die Harnblase beim Mann etwas höher steht als bei der Frau. Die Samenblase (= Vesicula seminalis) und die Ampulle des Ductus deferens liegen der Harnblase dorsolateral an.

Die Excavatio recto-vesicalis trennt die Harnblase vom Rektum.

Bei der Frau legt sich der Uterus (= Gebärmutter), nur durch die Excavatio vesico-uterina getrennt, der leeren Harnblase an.

Füllt sich die Harnblase, so drückt sie den Uterus nach kranial. Durch dieses Nachbarschaftsverhältnis läßt sich der häufigere Harndrang einer Schwangeren erklären, denn durch die Größenzunahme des Uterus kann sich die Harnblase nicht mehr so stark entfalten. ◄

Als Paracystium bezeichnet man das seitlich von der Harnblase liegende lockere Bindegewebe.

➤ Mit zunehmender Füllung dehnt sich die Harnblase nach oben über die Symphyse hinaus aus, erreicht aber nicht ganz die Höhe des Nabels. ◄

Klinik: Vor einer Ultraschalluntersuchung des Uterus wird die Harnblase durch Trinken gefüllt, damit sich der Uterus in aufrechter Stellung darstellen läßt.

➤ Während beim Mann die Harnblase vom Rektum aus zu tasten ist, kann die Harnblase bei der Frau von rektal nicht getastet werden, weil zwischen Harnblase und Rektum der Uterus bzw. die Vagina liegen. Die hintere Wand der Harnblase kann vom Cavum peritonei aus getastet werden (Excavatio vesico-uterina und Excavatio recto-vesicalis) ◄

Die Punktion der Harnblase zur Urinentnahme erfolgt etwa 2 Querfinger oberhalb der Symphyse (= suprapubische Blasenpunktion). Nur die volle Harnblase darf punktiert werden, weil sonst das Peritoneum verletzt werden könnte. Die volle Blase drückt dagegen das Peritoneum nach oben.

Befestigung der Harnblase

➤ Da sich die Lage der Harnblase je nach Füllung verändert, ist sie nur im Bereich des Blasengrundes (= Fundus) und am Blasenhals (Cervix) befestigt.

Beim Mann ist der Blasengrund fest mit der Prostata (= Vorsteherdrüse) verbunden und dadurch am Diaphragma urogenitale (siehe Kapitel 6.4.4) fixiert.

An Haltebändern für die Harnblase kommen vor:

- **Lig. pubovesicale** – verbindet die Symphyse mit dem Blasengrund.
- **Ligg. puboprostatica** – verbinden die Symphyse mit der Prostata. ◄
- **Septa rectovesicalia** (Frau) – ziehen als bindegewebige Faserzüge vom Os sacrum (= Kreuzbein) und vom Rektum zur Harnblase (bilden einen Teil der Fascia vesicalis).
- **Septa rectoprostatica** (Mann) – ziehen als bindegewebige Faserzüge vom Os sacrum und vom Rektum zur Prostata (bilden einen Teil der Fascia prostatica).

Verschlußapparat der Harnblase

Entgegen früherer Lehrmeinung liegt am Übergang von der Blase zur Harnröhre kein eigenständiger „innerer Blasensphincter" (M. sphincter internus), vielmehr verbinden sich die Muskelfasern der 3 Schichten der Tunica muscularis im Bereich des Ostium urethrae internum zu einer funktionellen Einheit, die **M. detrusor vesicae** genannt wird. ➤ Der M. detrusor vesicae erweitert bei der Miktion das Ostium und ist somit für die Entleerung wichtig. Der Verschluß erfolgt durch elastische Fasern. Willkürlich kann nur die Urethra durch den M. sphincter urethrae verschlossen werden, der im Bereich des Diaphragma urogenitale die Urethra umschließt und vom N. pudendus innerviert wird. ◄

Klinik: Bei einer Lähmung des M. sphincter urethrae kommt es zum Harnträufeln und zur Inkontinenz (Harn fließt unwillkürlich ab).

Innervation und Gefäßversorgung

(siehe auch die Winterthur-Verlaufsbeschreibungen)

➤ Die Harnblase wird innerviert:

- sympathisch – über Plexus vesicalis aus dem sympathischen Blasenzentrum (Reflexzentrum) des Rückenmarks in Höhe von Th_{12}–L_1 (Thorakal- und Lendenmark). Über den Sympathikus wird die Blasenfüllung reguliert.
- parasympathisch – über Plexus hypogastricus inferior aus dem parasympathischen Blasenzentrum des Rückenmarks in Höhe von S_{2-4} (Sakralmark). Der Parasympathikus bewirkt die Blasenentleerung.

Der M. detrusor vesicae wird sympathisch gehemmt und parasympathisch aktiviert.

Die Harnblase erhält Blut aus:

- A. vesicalis superior (Ast der A. umbilicalis) – für Blasenkörper und Apex vesicae.
- A. vesicalis inferior (Ast der A. iliaca interna) – für Blasengrund.
- A. rectalis media (Ast der A. iliaca interna) – für die dorsale Seite der Harnblase. ◄

Das venöse Blut gelangt in den Plexus venosus vesicalis und beim Mann in den Plexus venosus vesicoprostaticus, die beide in die Vv. iliacae internae münden. Die Plexus liegen als starke Venengeflechte zwischen der Harnblase und der Symphyse bzw. beim Mann vor der Prostata.

Mikroskopische Anatomie

Die Harnblase besteht wie die Magen-Darm-Wand von innen nach außen aus:

- Tunica mucosa,
- Lamina propria,

- Tunica muscularis,
- Tela subserosa,
- Tunica serosa.

Tunica mucosa (= Schleimhaut)

➤ Die Harnblase ist mit einem mehrreihigen Übergangsepithel ausgekleidet, bei dem alle Epithelzellen mit der Basalmembran in Verbindung stehen. Die Höhe des Übergangsepithels hängt von dem jeweiligen Dehnungszustand der Harnblase ab. Die Schleimhaut bildet bei der leeren Blase reliefartige Falten. Bei der vollen Blase sind diese Falten verstrichen. Im Bereich des Trigonum vesicae liegen kleine Schleimdrüsen (= Glandulae trigonales). ➤

Lamina propria

➤ Sie bildet eine lockere Bindegewebsschicht. Im Bereich des Trigonum vesicae fehlt die Lamina propria. Dadurch ist die Schleimhaut im Trigonum fest mit der nachfolgenden Muskelschicht verwachsen, was auch bei einer leeren Blase eine Faltenbildung verhindert. ➤

Tunica muscularis

Sie besteht aus glatten Muskelzellen, die in 3 verschiedenen Schichten angeordnet sind (die Schichten sind mikroskopisch nur schwer zu unterscheiden!):

- Stratum longitudinale internum (= innere Längsmuskelschicht),
- Stratum circulare (= Ringmuskelschicht),
- Stratum longitudinale externum (= äußere Längsmuskelschicht).

Mikroskopierhilfe: Sie erkennen Übergangsepithel an den großen kernhaltigen Deckzellen mit der verdickten Membran (= „Crusta"). Da kein Lumen vorliegt, kann es sich nur um die Harnblase handeln. Die Abgrenzung des Epithels gegen die Tela submucosa ist undeutlich, die glatte Muskulatur ist kräftig ausgebildet.

Harnblasenentleerung (= Miktion)

➤ Zur Miktion kontrahiert sich die Blasenmuskulatur (= M. detrusor vesicae). Dadurch werden/wird

- 1. die Ureteröffnungen verschlossen,
- 2. auf den Blaseninhalt Druck ausgeübt,
- 3. der Blasenhals geöffnet.

Dorsal vom Austritt der Harnröhre liegt als sagittaler Wulst die Uvula vesicae. ➤

➤ Das Blut, das sich im Venengeflecht der Uvula vesicae befindet (verschließt die Urethra), wird entleert. Dadurch verkleinert sich die Uvula und kann somit die Urethra (= Harnröhre) nicht mehr verschließen. ➤

Beim Mann wird noch die Öffnung der Samenwege im Bereich des Colliculus seminalis verschlossen (siehe Kapitel 8.8.5).

Parallel zur Kontraktion des M. detrusor vesicae erschlafft der M. sphincter urethrae, der die Urethra willkürlich verschließen kann.

➤ Bei der Harnentleerung wirkt die Bauchpresse unterstützend mit. ➤

8.6.5 Weibliche Harnröhre

! 1/3

➤ Die **weibliche Harnröhre** (= **Urethra feminina**) ist etwa 3–5 cm lang. Sie beginnt in der Harnblasenwand am Ostium urethrae internum (= innerer Harnröhrenmund). Zwischen der Symphyse und der vorderen Wand der Vagina zieht sie zum Vestibulum vaginae (= Scheidenvorhof), wo sie hinter der Glans clitoridis in das schlitzförmige Ostium urethrae externum (= äußerer Harnröhrenmund) mündet.

Das **Ostium urethrae externum** bildet die engste Stelle der weiblichen Urethra, in den übrigen Teilen hat die Urethra feminina einen Durchmesser von 8–12 mm.

Die Urethra ist mit der Vorderwand der Vagina durch das Septum urethrovaginale bindegewebig verbunden.

Das Ostium urethrae internum wird vom glatten M. sphincter vesicae verschlossen. Im Bereich des Diaphragma urogenitale wird die Urethra vom quergestreiften **M. sphincter urethrae** verschlossen, der aus dem M. transversus perinei profundus hervorgeht. ➤

Klinik: Die weibliche Urethra ist mit 3–5 cm wesentlich kürzer als die 20–25 cm lange männliche Urethra. Die kurze Urethra ist der Grund dafür, dass Frauen wesentlich häufiger als Männer an einer aufsteigenden Harnwegsinfektion erkranken.

Mikroskopische Anatomie

Die Urethra ist aus folgenden Schichten aufgebaut:

Tunica mucosa (= Schleimhaut)

➤ Das Lumen der weiblichen Urethra ist durch Längsfalten schlitzförmig verengt. Die Schleimhaut besteht im Anfangsteil aus Übergangsepithel. Der mittlere Urethrateil ist mit mehrreihigem Zylinderepithel und der untere Teil mit mehrschichtigem, unverhorntem Plattenepithel ausgekleidet. ➤

Tunica propria
Im Propriabindegewebe liegt ein Venennetz (= Corpus spongiosum urethrae). Im unteren Teil des Propriabindegewebes liegen tubuläre Gll. urethrales (= Schleimdrüsen), die mit ihren Drüsenschläuchen (= Ductus paraurethrales = Skene-Gänge) auf beiden Seiten des Ostium urethrae externum münden.

Tunica muscularis
Die Muskelschicht besteht aus einer inneren Längs- und einer äußeren Ringmuskelschicht.

Mikroskopierhilfe: Mehrreihiges hochprismatisches Epithel, Schichtenaufbau „verwaschen".
DD: Ureter (Übergangsepithel), Ductus deferens (ausgeprägte Muskularis), Tuba uterina (Lumen durch viele Falten fast verschlossen).

8.7 Weibliche Geschlechtsorgane

Die weiblichen Geschlechtsorgane werden in innere und äußere Geschlechtsorgane unterteilt.

Zu den inneren Geschlechtsorganen zählen:
- die beiden Eierstöcke (= Ovarien) – in ihnen reifen die Eier heran,
- die beiden Eileiter (= Tubae uterinae) – in ihnen wird das Ei vom Ovar zur Gebärmutter transportiert,
- Gebärmutter (= Uterus) – dient als Ernährungs- und am Ende der Schwangerschaft als Austreibungsorgan,
- Scheide (= Vagina) – dient als Begattungsorgan und als Geburtsweg.

Die äußeren Geschlechtsorgane werden durch das Jungfernhäutchen (= Hymen) von den inneren Geschlechtsorganen getrennt. An äußeren Geschlechtsorganen kommen vor:
- Schamlippen (= Labien),
- Kitzler (= Clitoris),
- Glandulae vestibulares majores.

Außerdem sind die Brustdrüsen (= Mammae) aufzuführen (s. Kapitel 6.2.7), die zu den sekundären Geschlechtsmerkmalen gerechnet werden.

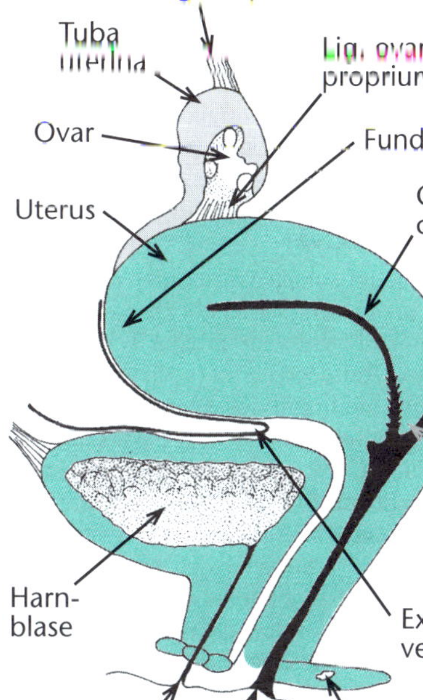

Abb. 8.44 Darstellung der weiblichen Geschlechtsorgane

8.7.1 Ovar

!! 4/12

Das **Ovar** (= **Eierstock**) ist die weibliche Keimdrüse. In ihm entwickeln sich die Eizellen bis zum sprungreifen Graff-Follikel. Außerdem produziert das Ovar als endokrine Drüse die Geschlechtshormone Östrogen und Progesteron. Diese Hormone haben nach der Pubertät die Aufgabe
- die sekundären weiblichen Geschlechtsorgane auszubilden,
- die primären weiblichen Geschlechtsorgane ausreifen zu lassen,
- den weiblichen Zyklus zu steuern.

Zur Rolle des Ovar bei der Ovogenese (= Eientwicklung) s. Kapitel 1.1.2.

Das Ovar hat eine ovale Form. Es ist etwa 3 cm lang, 1 cm breit und 5–10 g schwer. Während das noch kleine kindliche Ovar an seiner Oberfläche glatt ist, zeigt das Ovar der Frau eine durch die in Kapitel 1.1.2 beschriebenen Follikeln verursachte höckerige und von Narben überzogene Oberfläche.

➤ Das Ovar entwickelt sich als Keimdrüse im Retroperitonealraum. Durch seinen Descensus tritt es ins kleine Becken ein, wo es intraperitoneal in einer Duplikatur des Peritoneum liegt. ◄

Befestigung des Ovar

➤ Das Ovar ist an folgenden 3 Strukturen aufgehängt:

- **Lig. ovarii proprium** (= Eierstockband) – ist etwa 3–4 cm lang und zieht vom unteren Teil des Ovar zum Tubenwinkel des Uterus (= dem Bereich, in dem die Tuba uterina in den Uterus eintritt). Das Lig. ovarii proprium enthält glatte Muskelzellen. In ihm verläuft der R. ovaricus der A. uterina.
- **Lig. suspensorium ovarii** – setzt am oberen Teil des Ovar an und fixiert es an der lateralen Beckenwand. In ihm verlaufen die A. und V. ovarica, sowie Nerven und Lymphbahnen. Es dient dazu, das Ovar in seiner vertikalen Lage zu halten.
- **Mesovarium** (= Eierstockgekröse) – ist nur einige Millimeter breit und dient dazu, das Ovar am Lig. latum uteri (= Mutterband) zu befestigen. Dadurch erhält das Ovar eine gewisse Beweglichkeit. Topographisch liegt das Ovar dorsal vom Lig. latum uteri. ◄

Topographie

➤ Das Ovar liegt im Bereich der Seitenwand des kleinen Beckens innerhalb der **Fossa ovarica**, die sich zwischen der Teilungsstelle der A. iliaca communis in die Aa. iliacae externa und interna ausbreitet. Die Fossa ovarica wird begrenzt:

- lateral – M. obturatorius internus,
- ventral – V. iliaca externa,
- dorsal – Ureter, A. und V. iliaca interna, A. umbilicalis, N. obturatorius und A. obturatoria. ◄

➤ Vorn/oben gleiten die Fimbrien der Tuba uterina (s. nächstes Kapitel) über das Ovar.

Bei einer pelvinen Lage (= Beckenlage) der Appendix vermiformis kann das Ovar in Nachbarschaft zur Appendix vermiformis liegen. ◄

Klinik: ➤ Eine Entzündung des rechten Ovar kann bei einer pelvinen Lage des Appendix vermiformis leicht mit einer Appendizitis (= „Blinddarmentzündung") verwechselt werden – oder umgekehrt.

Bei einer Entzündung des Ovars kann der N. obturatorius gereizt werden, wodurch es zu Schmerzempfindungen an der inneren Oberschenkelseite kommen kann. ◄

Innervation und Gefäßversorgung

(siehe auch die Winterthur-Verlaufsbeschreibungen) Die Gefäße und Nerven treten am Hilum (Hilum ovarii) in das Ovar ein bzw. aus.

Die sympathische und parasympathische Innervation des Ovar erfolgt aus dem Plexus mesentericus superior und aus dem Plexus renalis.

➤ Blut erhält das Ovar aus der A. ovarica und aus dem R. ovaricus.

Die A. ovarica (= Eierstockschlagader) geht aus der Aorta abdominalis hervor und zieht durch das Lig. suspensorium ovarii zum Hilus des Ovar.

Der R. ovaricus geht aus der A. uterina hervor (einem Ast der A. iliaca interna) und zieht durch das Lig. ovarii proprium zum Ovar.

Die Äste der A. ovarica anastomosieren mit den Endästen des R. ovaricus, wobei sie 2 Gefäßarkaden (= Bögen) bilden, aus denen kleine Äste ins Ovar ziehen. ◄

➤ Das venöse Blut fließt zum Plexus pampiniformis ovarii und von dort über die V. ovarica dextra zur V. cava inferior bzw. über die V. ovarica sinistra zur V. renalis sinistra. Beide Vv. ovaricae verlaufen im Lig. suspensorium ovarii. ◄

Die Lymphe fließt vom Ovar entlang des Lig. suspensorium zu den Nll. lumbales und entlang der A. uterina zu den Nll. iliaci interni.

Mikroskopische Anatomie

Bei einem Schnitt durch das Ovar können Sie zumeist zwischen einer außen liegenden Rinde mit darunterliegenden Follikeln sowie dem Mark unterscheiden.

Die **Rinde** (**Cortex ovarii**) besteht von außen nach innen aus:

- **Ovarialepithel** (syn.: „Keimepithel"- die Keimzellen gehen entgegen früherer Lehrmeinung aus der Dottersackwand hervor!) – besteht aus einem einschichtigen, kubischen bis zylindrischen Epithel, das am Rand des Ovar ins Peritonealepithel übergeht;
- **Tunica albuginea** – liegt als straffe, kollagenreiche Bindegewebsschicht unter dem Ovarialepithel;
- **Stroma ovarii** (= Rindenstroma) – ist eine Parenchymschicht die Follikeln in verschiedenen Reifungsstadien mit den sie umgebenden Thecae interna und externa sowie Corpora lutea (= Gelbkörperchen) enthält (nähere Erklärungen entnehmen Sie bitte dem Kapitel 1.1.2). Außerdem kommen Myofibrozyten vor.

Das **Mark** (**Medulla ovarii**) besteht aus lockerem Bindegewebe, das glatte Muskelzellen und elastische

Fasern enthält und in dem die Blut- und Lymphgefäße und Nerven liegen.
Am Hilum ovarii (Ein- und Austrittsstelle der Gefäße) liegen sogenannte **Hiluszwischenzellen**, die Androgene produzieren (ähnlich den Leydigschen Zwischenzellen des Hodens).

Mikroskopierhilfe: Das Ovar können Sie leicht an den in der Rindenzone liegenden Follikeln erkennen.

8.7.2 Tube

! 1/3

Der etwa 12–15 cm lange, schlauchförmige **Eileiter** (= **Tuba uterina**, kurz Tube) dient als Verbindung zwischen dem Ovar und dem Uterus (Gebärmutter).

Zum Ovar hin ist die Tuba uterina mit **Fimbrien** (fransenartigen Fortsätzen) besetzt. Während der Ovulation (Eisprung) streifen diese Fimbrien über das Ovar und fangen das Ei auf. In der Tube wird das Ei zum Uterus geleitet.

Die Tuba uterina wird in 4 Abschnitte unterteilt:

- ➤ **Infundibulum tubae uterinae** (= Trichter) – dieser zur Bauchfellhöhle hin offene Anfangsteil der Tube ist trichterförmig erweitert. Der Rand des Infundibulum ist mit Fimbrien (Fimbriae tubae) besetzt, die über das Ovar streifen.
  Eine Fimbrie, die **Fimbria ovarica**, ist besonders lang und am Ovar befestigt. Dadurch bleibt die bewegliche Tube im Kontakt zum Ovar. ◄
- **Ampulla tubae uterinae** (weiter Tubenteil) – ist etwa 7 cm lang und bildet somit etwa 2/3 der Tube. Sie hat einen Durchmesser von 4–10 mm. Die Schleimhaut zeigt in diesem Bereich eine starke Faltenbildung.
- ➤ **Isthmus tubae** – ist etwa 3 cm lang und bildet mit einem Durchmesser von 2–3 mm die engste Stelle der Tube. Der Isthmus liegt vor der Einmündung der Tube in den Uterus.
- **Pars uterina tubae** (= Gebärmutterteil) – liegt innerhalb der Uteruswand und mündet mit dem Ostium uterinum tubae am Übergang zwischen dem Fundus und dem Corpus des Uterus in die obere Ecke des Cavum uteri (= Uterushöhle). ◄

An beiden Enden der Tube kommt je ein Sphinkter vor:

- Sphincter infundibuli – liegt im Bereich der trichterförmigen Erweiterung des Infundibulum;
- Sphinkter im Bereich der Uteruswand, der nach der Geburt ein Vordringen von Bakterien vom Uterus in die Bauchhöhle verhindern soll.

Lage

➤ Die Tube liegt intraperitoneal. Sie verläuft im oberen freien Rand des Lig. latum uteri (= Mutterband), das als Bauchfellduplikatur vom Uterus zur seitlichen Beckenwand zieht. Der Teil des Lig. latum uteri, an dem die Tube aufgehängt ist, wird **Mesosalpinx** (= Eileitergekröse) genannt. Die Mesosalpinx ermöglicht der Tube eine, wenn auch begrenzte Bewegungsmöglichkeit. ◄

Durch die Mesosalpinx ist es den Fimbrien und der Ampulle möglich, sich auf dem Ovar zu bewegen, was für die Eiaufnahme bei der Ovulation wichtig ist (siehe Kapitel 1.1.2).

➤ Die Tube ist somit fixiert über:

- Mesosalpinx,
- Fimbria ovarica – am Ovar,
- Pars uterina - am Uterus. ◄

Topographie

➤ Die Tube liegt in enger Nachbarschaft zur Harnblase, weshalb eine Tubenentzündung (= Salpingitis) auf die Harnblase übergreifen kann.
Die Appendix vermiformis kann auf der rechten Körperseite bis zur Tube reichen, was bei einer Entzündung die Diagnose erschwert. Außerdem steht die Tube in topographischer Beziehung zum Dünndarm (Ileum).
Das Infundibulum ist die einzige Öffnung, über die die Bauchfellhöhle physiologisch mit der Außenwelt in Verbindung steht (Infundibulum, Tube → Uterus → Vagina). ◄

Gefäßversorgung

(siehe auch die Winterthur-Verlaufsbeschreibungen)
Die Tube wird arteriell versorgt über die A. ovarica (nur Ampulla) und den R. tubarius der A. uterina.

Das venöse Blut fließt zum Plexus pampiniformis ovarii oder zum Plexus venosus uterinus.

Mikroskopische Anatomie

Die Tube ist aus folgenden Schichten aufgebaut:
Tunica mucosa (= Schleimhaut)
➤ Die Schleimhaut der Tube zeigt eine starke, kleinformatig verzweigte Faltenbildung, durch die das Lumen der Tube zu schmalen Spalten verengt wird. Diese längsverlaufenden Falten (= Plicae tubariae) nehmen in Richtung des Uterus an Zahl und Höhe ab. Die Schleimhaut besteht aus einem einschichtigen Zylinderepithel, das je nach dem Stadium des Zyklus vermehrt aus Flimmer- oder Drüsenzellen besteht (die Zylinderepithelzellen befinden sich entweder im Flimmer- oder im Sekretionsstadium).

In der Zyklusmitte findet man vermehrt Flimmerepithelzellen – diese Zellen besitzen Kinozilien, deren Flimmerschlag uteruswärts gerichtet ist.

Nach der Ovulation findet man vermehrt Drüsenzellen (sezernierende Zellen), die einen schwach sauren Schleim bilden, der u.a. verschiedene Zucker und Aminosäuren enthält. Der Schleim erleichtert die Eiwanderung. Außerdem findet man noch sogenannte **Stiftchenzellen**, die wahrscheinlich zurückgebildete Drüsenzellen darstellen.

Die in der Lamina propria mucosae liegenden Bindegewebszellen können sich ähnlich zum Uterus in Deziduazellen umwandeln. ◄

Tunica muscularis (= Muskelschicht)
Sie besteht aus 3 Schichten glatter Muskelzellen (auch als autochtone Tubenmuskulatur bezeichnet)

- eine innere, sehr dünne Längsmuskelschicht,
- eine mittlere Ringmuskelschicht,
- eine äußere Längsmuskelschicht.

Die gegenläufig zueinander verlaufende Ring- und äußere Längsmuskelschicht gehen ineinander über. Die Muskularis verursacht eine uteruswärts gerichtete Peristaltik (für den Ei- und Sekrettransport) und eine Antiperistaltik (für den Samentransport).

Tunica serosa
Sie bedeckt die Tube.

Klinik: Infolge einer Entzündung können die Falten der Tunica mucosa miteinander verkleben und dadurch für Spermien oder/und eine befruchtete Eizelle undurchdringlich werden. Dadurch kann es zur Tubenschwangerschaft kommen.

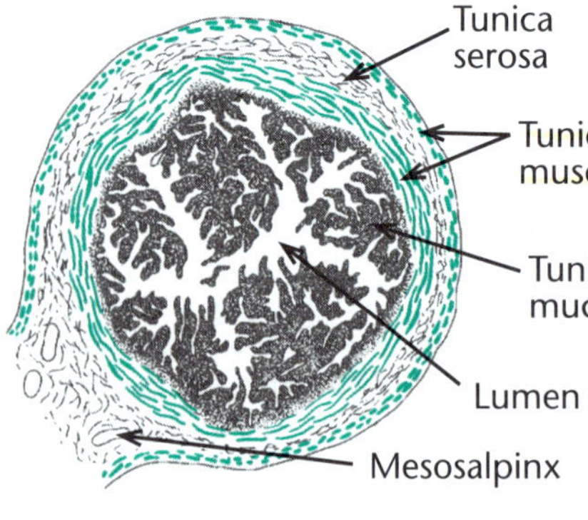

Abb. 8.45 Querschnitt durch die Tuba uterina in Höhe der Ampulle

Mikroskopierhilfe: Charakteristisch für die Tube ist, daß das Lumen durch viele Schleimhautfalten fast vollständig ausgefüllt ist.

Eitransport

Die Tube unterliegt wie bereits erwähnt, zyklischen Veränderung, die durch Hormone gesteuert werden.

Für den Eitransport zum Uterus besitzt die Tube 3 Mechanismen:

- Flimmerschlag der Kinozilien, wobei deren Anteil am Transport wegen der relativ kurzen Kinozilien umstritten ist;
- uteruswärts gerichteter Flüssigkeitsstrom;
- Tubenperistaltik.

8.7.3 Uterus !!! 11/30

Das noch in der Tuba uterina befruchtete Ei gelangt durch die Tube in die **Gebärmutter** (= **Uterus**), wo sich der Keimling in die Schleimhaut des Uterus einnistet (= implantiert) und über den Uterus ernährt wird. Am Ende der Schwangerschaft hat die Muskulatur des Uterus die Aufgabe, die reife Frucht auszutreiben.

Der Uterus hat ein birnenförmiges Aussehen, wobei das dicke Ende oben liegt. Im nichtgraviden (nichtschwangeren) Zustand ist der Uterus etwa 8 cm lang, 4 cm breit, 2–3 cm dick und 50–80 g schwer. ➤ Gegen Ende der Schwangerschaft erreicht der Uterus ein Gewicht von 1.000–1.200 g (hinzu kommen der Fetus mit etwa 3–3,5 kg, die Plazenta mit 500 g und Fruchtwasser mit 1.000 g). ◄

Der Uterus besteht aus dem:

- Corpus uteri (= Körper) – umfaßt die oberen 2/3 des Uterus,
- Cervix uteri (= Zervix = Hals) – umfaßt das untere 1/3 des Uterus.

Das **Corpus uteri** wird unterteilt in:

- Fundus,
- Corpus,
- Isthmus.

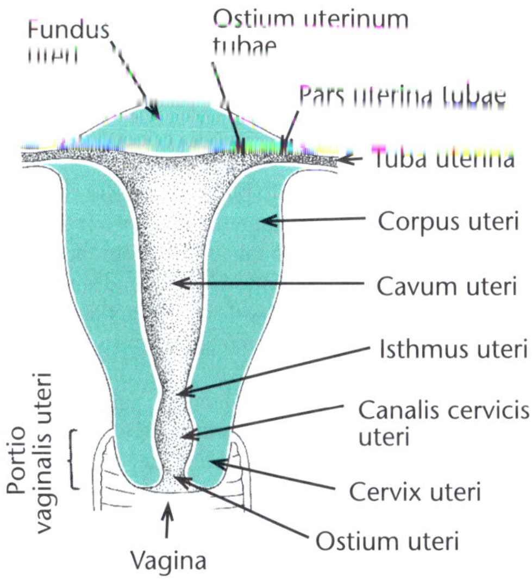

Abb. 8.46 *Uterus von ventral*

Als **Fundus uteri** wird der obere Teil des Corpus uteri bezeichnet, der bei der geschlechtsreifen Frau oberhalb der Mündung der Tuba uterina liegt. Die beiden Tuben münden seitlich oben im Tubenwinkel in das Cavum uteri (= Uterushöhle).

➤ Am Tubenwinkel stehen die Tuba uterina und der Uterus in einem fast rechten Winkel zueinander. ◄

Das **Corpus** bildet den größten Teil des Uterus. Es wird durch den etwa 1 cm langen **Isthmus uteri** (= Uterusenge) vom Cervix uteri getrennt. ➤ Den Isthmus kann man funktionell zum Corpus zählen, da er bei der Schwangerschaft mit zum „Brutraum" gehört und sich daher auch an den Schleimhautveränderungen während des Zyklus beteiligt (siehe weiter unten) ◄. Der Isthmus wird von den Gynäkologen daher auch als **unteres Uterussegment** bezeichnet.

Das etwa 2,5 cm lange **Cervix uteri** wird in 2 Bereiche unterteilt

- Portio supravaginalis,
- Portio vaginalis.

Die **Portio supravaginalis** liegt als etwa 2 cm langer Halsteil oberhalb der Vagina zwischen Isthmus und Portio vaginalis. Die Portio supravaginalis ist lediglich dorsal vom Peritoneum überzogen.

➤ Die **Portio vaginalis** (vom Kliniker Portio genannt) ragt als unterer Zervixteil in die Vagina (= Scheide) hinein. Die Portio ist vom Vaginalepithel überzogen. ◄

Innerhalb des Uterus liegt die spaltförmige **Gebärmutterhöhle** (= **Cavitas uteri**), die von frontal einem auf die Spitze gestellten Dreieck gleicht. Die beiden oberen Eckpunkte bilden die Mündungsstellen der beiden Tuben, die untere Spitze geht am **inneren Muttermund** in den Canalis cervicis uteri über.

Der innere Muttermund liegt am Beginn des Zervikalkanals am Isthmus uteri. Als äußerer Muttermund (= Ostium uteri) wird die Öffnung des Canalis cervicis auf das äußere freie Ende der Portio vaginalis bezeichnet. Der **äußere Muttermund** wird von einer ventral und einer dorsal liegenden Portiolippe begrenzt.

➤ Im **Canalis cervicis** liegt ein Schleimpfropf, der verhindert, daß aus der Vagina Keime (Bakterien) durch den Uterus und die Tube in die Bauchfellhöhle aufsteigen. ◄

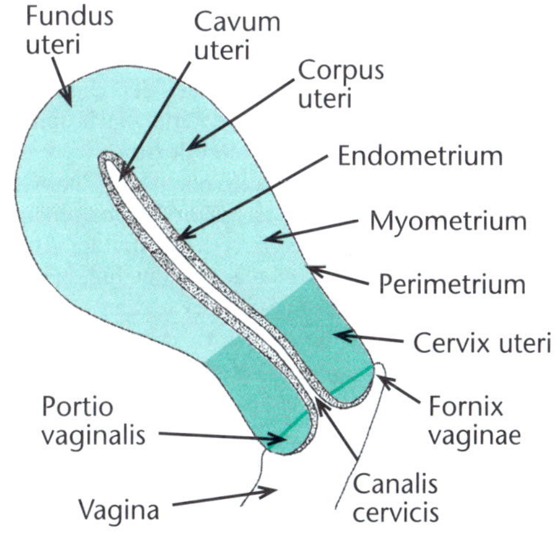

Abb. 8.47 *Uterus im Sagittalschnitt*

Peritonealverhältnisse

➤ Das Corpus uteri liegt intraperitoneal, die Cervix uteri zum größten Teil primär und zu einem kleinen Teil sekundär retroperitoneal.

Im Bereich des Uterus gibt es zwei Vertiefungen (= Excavationes). Die vordere Uterusfläche ist bis zum Isthmus vom Peritoneum umhüllt. Unterhalb des Isthmus ändert das Peritoneum seinen Verlauf und zieht über die Harnblase wieder nach oben, dabei bildet sich die **Excavatio vesicouterina**.

Auf der hinteren Uterusfläche umhüllt das Peritoneum einen großen Teil des Uterus, bevor er unter Bildung der **Excavatio rectouterina** (= **Douglas-Raum**) über das Rektum wieder nach oben zieht. ◄

➤ Die Excavatio rectouterina wird begrenzt
- ventral – Uterus und Fornix vaginae (Scheidengewölbe),
- dorsal – Rektum,
- lateral – Plica rectouterina. ◄

Begriffserläuterungen

- Flexio (= Beugung) – hierunter versteht man den Knick zwischen dem Corpus und der Zervix des Uterus.
- Versio (= Neigung) – hierunter versteht man die Größe des Winkels zwischen dem Uterus und der Vagina.
- Positio – der Uterus liegt normalerweise in der Körpermitte. Wenn er nach rechts abweicht nennt man dies Dextropositio, nach links Sinistropositio.

➤ Das Corpus uteri ist normalerweise gegen die Cervix uteri nach vorn in einem Winkel von 70–90° abgeknickt – dies nennt man **Anteflexio**. Dieser Winkel hängt vom Füllungszustand der Harnblase und des Rektum ab. Ist der Uterus nach hinten geknickt, so nennt man das **Retroflexio**.
Die Zervixachse ist außerdem noch nach vorn in einem Winkel von etwa 90° gegen die Vagina geneigt, was als **Anteversio** bezeichnet wird. Bei der Anteversio liegt die Portio vaginalis der hinteren, bei der **Retroversio** der vorderen Scheidewand an. ◄
Die Anteversio und die Anteflexio ermöglichen es, den Uterus durch die Bauchdecke zu tasten. Die Anteversio/Anteflexio kommt bei etwa 90 % der Frauen vor.
Adnexe (= Anhänge) – hierunter faßt der Gynäkologe die dem Uterus „anhängenden" Tube und Ovar zusammen.

Lage des Uterus

Der normalerweise nach vorn abgeknickte Uterus steht ventral mit der Harnblase und dorsal mit dem Rektum in topographischer Beziehung.
➤ Die Lage des Uterus hängt daher
1. vom Füllungsgrad der Harnblase und des Rektum,
2. von der Funktionsfähigkeit des Halteapparates (s. weiter unten) ab. ◄

Der Uterus richtet sich proportional zur Füllung der Harnblase immer mehr auf.

Halteapparat

Zum Halteapparat des Uterus gehören:
- Haltebänder (Ligamenta),
- Beckenbodenmuskulatur,
- Parametrium.

Der Uterus ist durch **Haltebänder** federnd (beweglich) im kleinen Becken aufgehängt. Diese Haltebänder (Ligamenta) bestehen aus elastischen und kollagenen Fasern mit glatten Muskelzellen und sind daher selber elastisch und kontraktil. Die Haltebänder sind sowohl nerval als auch hormonell beeinflußbar.
Während der Schwangerschaft vermehrt sich die glatte Muskulatur in den Bändern um den sich vergrößernden und schwerer werdenden Uterus halten zu können.
➤ Der Uterus wird in seiner Lage gehalten:
- ventral – durch das Lig. teres uteri,
- lateral – durch das Lig. latum uteri und das Lig. cardinale,
- dorsal – durch das Lig. sacro-uterinum. ◄

➤ Das **Lig. latum uteri** (= **breites Mutterband**) ist eine quere Bauchfellduplikatur, die vom Corpus und Zervix des Uterus zur lateralen Beckenwand zieht und dabei die Excavatio vesicouterina von der Excavatio rectouterina trennt. Das Lig. latum uteri bildet damit die laterale Fixation des Uterus. Es besteht aus dem Parametrium (= gefäßreiches Bindegewebe) und dem darüberliegenden Peritoneum.

Das Lig. latum uteri enthält im oberen Rand die Tuba uterina. Vorne oben verläuft im Lig. latum uteri das Lig. teres uteri. Unterhalb der Tuba uterina enthält das Lig. latum uteri das Lig. ovarii proprium und das Ovar.

Im Lig. latum uteri verlaufen die A. und V. uterina, sowie nahe der Hinterfläche der Uterus. ◄

Das Lig. latum uteri besitzt als Organgekröse:
- Mesovarium (= Eierstockgekröse),
- Mesosalpinx (= Eileitergekröse),
- Mesometrium (= Gebärmuttergeköse).

Über das Mesovarium ist das Ovar an der dorsalen Seite des Lig. latum uteri befestigt.

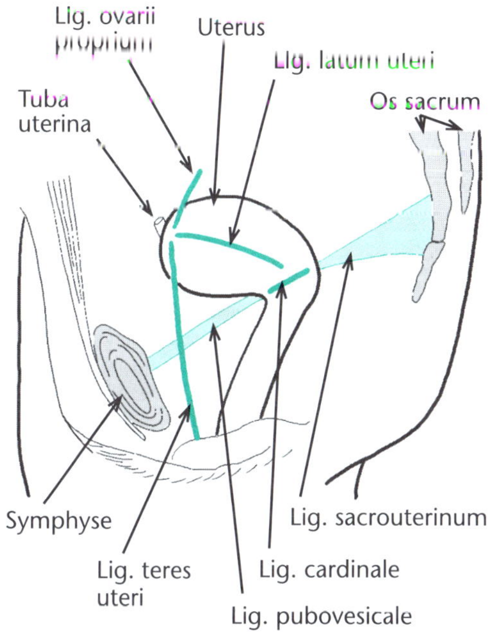

Abb. 8.48 *Halteapparat des Uterus von lateral*

➤ Das **Lig. teres uteri** (= **rundes Mutterband**) zieht als etwa 10 cm langes rundes Band unter dem Peritoneum vom Tubenwinkel zum inneren Leistenring. Durch den Canalis inguinalis (= Leistenkanal) gelangt es zu den großen Schamlippen und zur Symphyse. Das Lig. teres uteri tritt von vorn an die Uteruswand. Es bedingt die Anteversio (= neigt den Uterus nach vorn).

Lig. ovarii proprium zieht vom Tubenwinkel zum Ovar und dient als Halteapparat des Ovar. Lig. teres uteri und Lig. ovarii proprium bilden die obere Fixation des Uterus. Sie sind Überreste des unteren Keimdrüsenbandes.

Das **Lig. sacrouterinum** verbindet die Cervix des Uterus mit der Wand des Os sacrum (Kreuzbein). Es hält den Uterus von hinten in seiner Lage.

➤ Unter **Lig. cardinale** werden die von der Cervix fächerförmig zur Wand des kleinen Beckens ziehenden Kollagenfasern und elastischen Netze zusammengefaßt. Das Lig. cardinale hält zusammen mit dem M. levator ani den Uterus in einen Schwebezustand und verhindert eine starke Seitwärtsneigung.

An weiteren Bändern kommen das Lig. recto-uterinum und das Lig. pubovesicale vor.

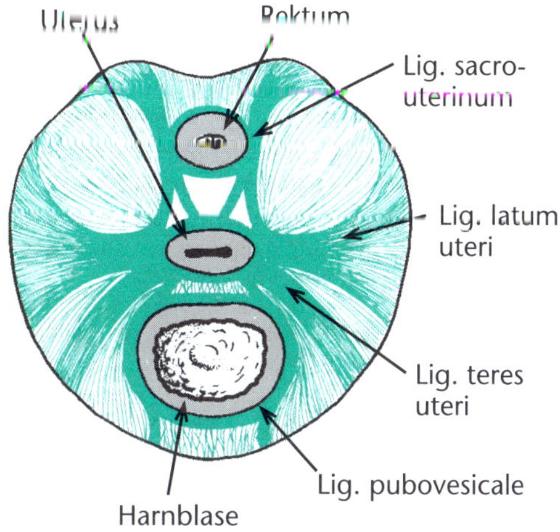

Abb. 8.49 *Halteapparat des Uterus von kranial*

Wesentlich dafür, daß der Uterus nicht absinkt sind jedoch das Diaphragma pelvis und das Diaphragma urogenitale, wobei der kräftige M. levator ani den wesentlichsten Anteil stellt (s. Kapitel 6.4.4), weil der M. levator ani den größten Teil des Beckenbodens bildet und damit den Uterus trägt. ◄

➤ Das den Uterus umgebende **Parametrium** dient dazu, den Uterus in seiner Lage zu halten. Das Parametrium liegt als Bindegewebsspalte lateral vom Uterus zwischen Uterus und der Beckenwand. Das Parametrium bildet, wie bereits beschrieben, mit dem über ihm liegenden Peritoneum das Lig. latum uteri. Im Parametrium liegen nachfolgende straffe Bindegewebszüge:

- Lig. cardinale (s. oben),
- M. recto-uterinus – verläuft hinter dem Rektum zum Os sacrum und wirft dabei die Plica recto-uterina auf, die die Excavatio rectouterina begrenzt,
- Lig. vesicouterinum,
- Lig. sacrouterinum. ◄

Klinik: Bei einer operativen Entfernung des Uterus (= Hysterektomie) kann man von vaginal oder durch die Bauchwand vorgehen.

Der Vorteil von vaginal vorzugehen liegt vor allem darin, dass das Peritoneum nicht durchtrennt werden muß und damit der Darm nicht irritiert wird. Außerdem läuft die Erholungsphase wegen des relativ kleineren Eingriffs schneller ab, und die Narben sind nicht sichtbar. Der Nachteil liegt vor allem im kleineren und damit unübersichtlicheren Operationsfeld.

Topographie

➤ Der Uterus liegt im kleinen Becken. Die vordere Uterusfläche liegt auf der leeren Harnblase. Die Hinterfläche reicht kranial an den Dünndarm und dorsal an das Rektum. Lateral von der Cervix überkreuzen sich der Ureter und die A. uterina. Je nach Füllung der Harnblase und des Rektum, hat der Uterus eine unterschiedliche Lage. Bei gefüllter Blase und gefülltem Rektum ist der Uterus aufgerichtet, bei leerer Blase liegt der Uterus nach vorne gebeugt über der Harnblase. ◄

Gefäßversorgung

(siehe auch die Winterthur-Verlaufsbeschreibungen)
➤ Der Uterus wird mit Blut aus der A. uterina (= Ast der A. iliaca interna) versorgt. Die A. uterina verläuft im Lig. latum uteri zuerst lateral vom Ureter und überkreuzt ihn anschließend seitlich vom Uterus. Die A. uterina anastomosiert mit der A. ovarica. ◄

Klinik: Bei einer Operation am Uterus, die von vaginal aus durchgeführt wird, muß bei der Unterbindung der A. uterina unbedingt darauf geachtet werden, dass irrtümlich nicht auch der Ureter abgeklemmt wird und damit ein Harnstau in Richtung Niere verursacht wird.

Das Blut fließt ab zum Plexus uterovaginalis, der in die V. iliaca interna mündet.

Die Lymphe des Uterus fließt ab aus:
- Fundus — durch Lig. suspensorium ovarii zu Nll. lumbales (am unteren Nierenpol);
- Corpus des Uterus — durch Lig. teres uteri zu Nll. inguinales superficiales;
- Cervix uteri — Nll. parauterini.

Diese Lymphknoten haben auch bei der Ausbreitung von Metastasen große Bedeutung.

Mikroskopische Anatomie

Der Uterus ist ein muskulöses Hohlorgan, an dem bei der geschlechtsreifen Frau von innen nach außen folgende Schichten unterschieden werden können, wobei diese Schichten Eigennamen haben:
- Schleimhaut = Endometrium (= Tunica mucosa),
- Muskelschicht = Myometrium (= Tunica muscularis),
- Bindegewebsschicht = Tela subserosa (= Tunica adventitia),
- Bauchfellüberzug = Perimetrium (= Tunica serosa).

Endometrium

Das Endometrium (Schleimhaut) unterteilt sich im Bereich des Canalis cervicis in 3 Schichten:
- Epithel,
- Stratum functionale,
- Stratum basale.

Das einschichtige hochprismatische Oberflächenepithel wird durch Mikrovilli vergrößert. Kurz vor der Menstruation sind die Zellen teilweise mit Kinozilien besetzt.

➤ Das **Stratum functionale** (veraltet: Lamina functionalis) wird während des Zyklus zunächst bis auf etwa 8 mm Dicke aufgebaut und bei der Menstruation wieder abgestoßen (s. „Menstruationszyklus"). Das Stratum functionale besteht aus sternförmig verzweigten Bindegewebszellen, zwischen denen tubuläre Drüsen (Gll. uterinae), Gefäße und vereinzelt Nerven liegen. Die **Gll. uterinae** reichen bis ins Stratum basale. Je nach Stadium des Zyklus sind diese Drüsen gerade bis spiralig. Die Drüsenzellen sezernieren Schleim und Glykogen. ◄

In der zweiten Hälfte des Zyklus können am Stratum functionale die beiden nachfolgenden Schichten unterschieden werden die im „Menstruationszyklus" (s. weiter unten) beschriebenen werden
- Stratum compactum,
- Stratum spongiosum.

➤ Das **Stratum basale** (= **Basalschicht**, Basalis) ist etwa 1 mm hoch und liegt dem Myometrium direkt an. Die Basalis dringt stellenweise bis ins Myometrium vor. Das Stratum basale wird bei der Menstruation nicht mit abgestoßen sondern bildet während des neuen Zyklus das Ausgangsgewebe für den erneuten Aufbau des Stratum functionale. ◄

In der Basalschicht verzweigen sich die Gll. uterinae.

Das Stratum basale wird über netzartig in der Basalschicht verzweigte Aa. basales, das Stratum functionale über gewunden verlaufende Aa. spirales versorgt.

Im Isthmus des Uterus liegt auf der Basalschicht die Epithelschicht, die bei der Menstruation abgestoßen wird. Der Übergang zur Schleimhaut des Cervix uteri erfolgt übergangslos.

Im Bereich des Canalis cervicis (Cervix uteri) ist die Schleimhaut zu Falten, den **Plicae palmatae**, aufgeworfen, auf die stark verzweigte Gll. cervicales uteri münden.

➤ Die **Gll. cervicales** sezernieren einen alkalischen Schleim, der zu einem Schleimpfropf zusammenfließt und so den Canalis cervicis verschließt.

Der Schleimpfropf verhindert, daß Bakterien von der Vagina in den Uterus und weiter in die Bauchfellhöhle aufsteigen. Je nach Zyklusstadium verändert sich die Viskosität des Schleims. Zu Zyklusbeginn ist er zähflüssig, ab dem 8.–15. Zyklustag erhöht sich die Sekretion der Gll. cervicales erheblich und der Schleim wird dünnflüssig und damit für die Spermien durchlässig. Das Sekret kristallisiert sich in der Art von „**Farnkrautfiguren**". ◄

Klinik: Wenn man gegen Zyklusmitte den Schleim zwischen den Fingern reibt und die Finger auseinanderzieht, so ist der Schleim fadenziehend (spinnbar). Dieser Test wird zur Schwangerschaftsverhütung (Ovulations-bestimmung) benutzt.

➤ Am äußeren Muttermund geht das einschichtige hochprismatische Epithel des Uterus in das mehrschichtig unverhornte Plattenepithel der Vagina über – dieser Übergang ist an der Farbänderung bereits makroskopisch zu erkennen. ◄

Myometrium

Das Myometrium stellt mit 1 cm den größten Anteil der Uteruswand. Das Myometrium besteht aus glatter Muskulatur und dazwischenliegendem Bindegewebe. Im Bindegewebe kommen Myofibroblasten (= kontraktile Zellen) vor.

Bei der Muskulatur können 3 Schichten unterschieden werden, eine mittlere, dicke und gefäßreiche Schicht, sowie eine innere und äußere, zirkulär verlaufende Schicht.

In das Myometrium dringt die Muskulatur aus den Lig. latum uteri, Lig. teres uteri und Lig. ovarii proprium ein.

➤ Die 50–90 µm langen glatten Muskelzellen hypertrophieren während der Schwangerschaft auf 600–800 µm. Die Größenzunahme des Uterus während der Schwangerschaft resultiert vor allem aus dieser Hypertrophie. Daneben kommt es auch zur Zellvermehrung (= Hyperplasie).

Bei der Geburt kann der Uterus bis zu 1.200 g schwer sein (sonst etwa 50–100 g). Nach der Geburt bildet sich das Myometrium wieder zurück.

Unter Östrogeneinfluß kontrahiert sich das Myometrium, Gestagene wirken dagegen hemmend. ◄

Tela subserosa

Sie bildet eine dünne Bindegewebsschicht

Perimetrium

Das den Uterus ventral und dorsal überziehende Peritoneum wird Perimetrium genannt. Es ist fest mit dem Myometrium verwachsen.

Menstruationszyklus

Vom Beginn der Menarche (= Beginn des Menstruationszyklus zwischen dem 10.–14. Lebensjahr) bis zur Menopause (= Beginn des Klimakteriums um das 45.–50. Lebensjahr) kommt es zunächst zu unregelmäßigen, an-ovulatorischen Zyklen (= Menstruation ohne Ovulation) und bei der erwachsenen Frau zu ziemlich gleichmäßigen Zyklen.

➤ Als Menstruationszyklus ist eine Zeitspanne definiert, die vom 1. Tag der Regelblutung bis zum letzten Tag vor der Menstruation reicht. ◄ Der Zyklus dauert bei einer erwachsenen Frau etwa 28 Tage. In dieser Zeit kommt es zu zyklischen Veränderungen, die sich auf das Stratum functionale beziehen. Im Zervix-Bereich kommt es in den Gll. cervicales zur Veränderung der Schleimzusammensetzung (s. oben).

➤ Diese Veränderungen werden über Hormone aus dem Ovar gesteuert. ◄ Sie dienen dazu, bei Befruchtung der Eizelle den Uterus auf die Implantation des Keimlings möglichst optimal vorzubereiten. Unterbleibt die Befruchtung und damit die Implantation, so wird am Ende des Zyklus das Stratum functinale abgestoßen.

➤ Beim Menstruationszyklus können am Endometrium 3 (4) Phasen unterschieden werden:

- Desquamationsphase (Zeit der Menstruation) – vom 1.–4. Zyklustag,
- Proliferationsphase (endet mit der Ovulation) – etwa vom 5.–14. Zyklustag (Dauer etwa 10 Tage),
- Sekretionsphase (beginnt mit dem Follikelsprung) – vom 15.–28. Zyklustag (Dauer relativ konstant 14 Tage),
- ischämische Phase – dauert nur wenige Stunden. ◄

Die Desquamationsphase wird aus didaktischen Gründen im Anschluß an die Sekretionsphase beschrieben.

Proliferationsphase (östrogene Phase)

➤ Die Theca interna des heranreifenden Follikels (s. Kapitel 1.1.2) bildet Östrogen. Östrogen bewirkt im Uterus die Regeneration (Wiederaufbau) des Stratum functionale vom Stratum basale aus. Das Stratum functionale verbreitert sich während des Zyklus stetig. Kapillaren (Aa. spirales) sproßen vom Myometrium ein und Drüsen verlängern sich vom Stratum basale aus in die Funktionalis (Statum funcionale).

Um den 14.–15. Zyklustag erreicht die Abgabe der Hormone FSH und LH aus der Hypophyse ihren Höhepunkt. FSH stimuliert im Ovar die Reifung des Follikels, LH stimuliert die Östrogenproduktion. Im Anschluß an den LH-Gipfel kommt es zur Ovulation.

Das Stratum functionale wird ödematös. ◄

Sekretionsphase (= gestagene Phase)

➤ Bei der Ovulation entsteht unter Einfluß von LH aus der leeren Follikelhöhle das Corpus luteum, das Gestagene (Progesteron) bildet.

Das Stratum functionale verbreitert sich weiter. Die Gll. uterinae vergrößern sich und schlängeln sich dabei, wobei sie ihr Lumen mit Schleim füllen. Die Aa. spirales verlängern sich ebenfalls. ◄

➤ Am **Stratum functionale** können nun 2 Schichten unterschieden werden:

- **Stratum compactum** – liegt unter dem Epithel und besteht aus Bindegewebszellen, die sich durch Einlagerung von Glykogen und Lipoiden zu blasigen **Pseudodeziduazellen** umbilden, die den Deziduazellen des schwangeren Uterus ähneln;
- **Stratum spongiosum** – liegt vor dem Stratum basale und enthält viele Drüsen. ◄

➤ Um den 22. Zyklustag bildet sich – wenn keine Befruchtung erfolgte – das Corpus luteum zurück, der Progesteronspiegel fällt ab. ◄

➤ Um den 25. Zyklustag kommt es zur **ischämischen Phase**, die jedoch nur wenige Stunden umfaßt und zeitlich nicht genau zu fixieren ist. Infolge des Abfalls des Progesteron kontrahieren sich die Aa. spirales. Dadurch entsteht eine Ischämie (= Blutleere) mit einer mangelhaften O_2-Versorgung des umgebenden Gewebes, was zu Gewebsschäden führt. Infolge des damit verbundenen Zellzerfalls werden proteolytische Enzyme freigesetzt und Leukozyten wandern ein. Die ödematöse Auflockerung des Stratum functionale bildet sich zurück. Die Drüsen sezernieren keinen Schleim mehr. Durch erneute Erweiterung der Blutgefäße kommt es zur Blutung und Abstoßung (= Desquamation) des Stratum functionale, was als Menstruationsblutung bezeichnet wird. ◄

Desquamationsphase

➤ Durch die Abstoßung des Stratum functionale entsteht eine große Wundfläche. Durch eine starke Erniedrigung der Thrombozytenzahlen wird die Blutgerinnung gehemmt. So verliert eine Frau etwa 40–60 ml Blut.

Vom Stratum basale aus wird mit dem neuen Zyklus das Stratum functionale erneut aufgebaut.

Während des Zyklus verändern sich die **Gll. uterinae** wie folgt:

- frühe Proliferationsphase – Drüsen sind gestreckt, viele Zellteilungen kommen vor;
- späte Proliferationsphase – Drüsen geschlängelt;
- frühe Sekretionsphase – Drüsen spiralisieren sich (bilden Sekret);
- späte Sekretionsphase – Drüsen stark spiralisiert, keine Zellteilung mehr;
- Desquamationsphase (= Menstruation). ◄

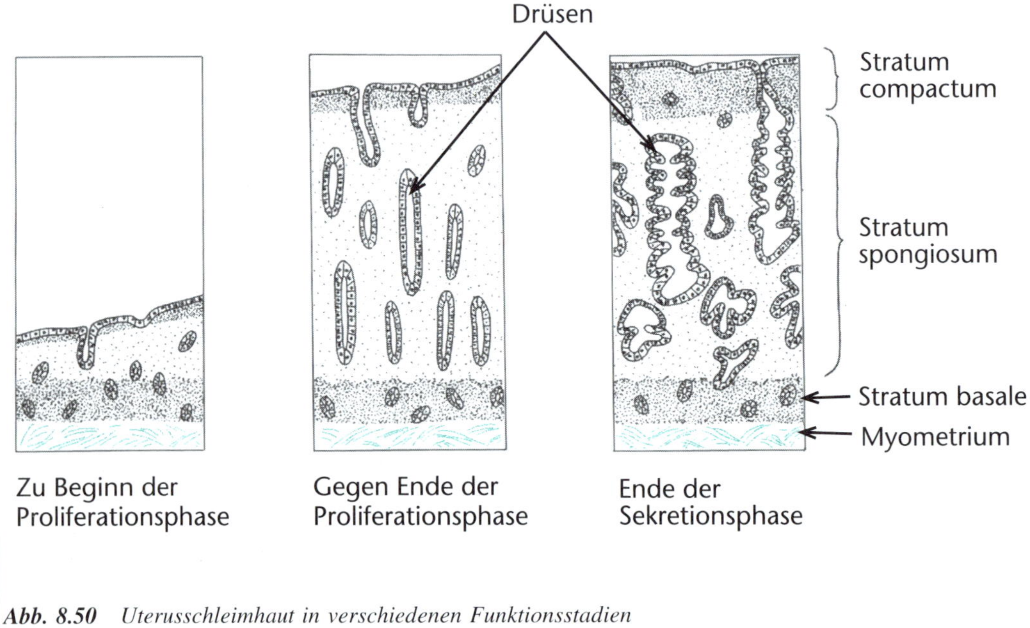

Abb. 8.50 *Uterusschleimhaut in verschiedenen Funktionsstadien*

8.7.4 Vagina !! 3/7

Die **Scheide** (= **Vagina**) bildet den unteren Abschnitt des weiblichen Genitaltraktes. Die Vagina ist ein etwa 10 cm langer, ventral-dorsal abgeplatteter Muskelschlauch, der zur Kohabitation (= Beischlaf) sowie als Geburtskanal dient. Bei der Entbindung kann sich die Vagina sehr stark erweitern.

➤ Die Vagina beginnt am Uterus mit der **Fornix vaginae** (= **Scheidengewölbe**), in die die Portio vaginalis der Cervix uteri hineinragt. ◄
Die Vagina endet mit dem Ostium vaginae (= Scheideneingang), an dem das Jungfernhäutchen (= Hymen) liegt.
Die Vagina ist mit dem umgebenden Bindegewebe, dem Parakolpium, fest verwachsen.

➤ Im mittleren Drittel umgeben die Schenkel des M. levator ani zangenartig die Vagina. Vom M. levator ziehen Muskelfasern als **M. levator prostatae** (alte Bezeichnung: M. pubovaginalis) zur Vaginawand.

Im unteren Drittel wird die Vagina vom Diaphragma urogenitale umschlossen mit der sie fest (unverschieblich) verbunden ist. ◄

Topographie

➤ Vorn/oben grenzt die Vagina an die Harnblase, vorne an die Urethra (Harnröhre). Mit der Urethra ist die Vagina durch das umgebende Parakolpium (Bindegewebe) fest verwachsen.

Lateral zieht der Ureter (Harnleiter) am oberen Teil der Vagina vorbei.

Das hintere Vaginagewölbe reicht mit seiner Spitze bis zur Excavatio rectouterina und ist somit in diesem kleinen Teilbereich vom Peritoneum überzogen – in diesem Bereich kann die Bauchhöhle von der Vagina aus punktiert und palpiert werden.

Kaudal davon ist die hintere Wand der Vagina durch das Septum rectovaginale vom Rektum getrennt. Zum Rektum besteht nur eine lockere Verbindung. ◄

Klinik: Bei der Geburt kann die Vagina einreißen (= Dammriß), wobei sich der Riß im ungünstigsten Fall über den M. levator ani bis zum Anus erstrecken kann. Vorbeugend wird deshalb häufig ein Dammschnitt gelegt, der viel besser ausheilt als ein unkontrollierter Riß.

Innervation und Gefäßversorgung

(siehe auch die Winterthur-Verlaufsbeschreibungen)
Die Vagina wird aus dem Plexus uterovaginalis und vom N. pudendus innerviert.

➤ Die Blutversorgung erfolgt im oberen Teil aus der A. vaginalis (Ast der A. uterina) und im unteren Teil aus der A. vaginalis inferior. ◄
Über den Plexus venosus vaginalis fließt das Blut ab.

Mikroskopische Anatomie

Die Wand der Vagina ist etwa 0,3 cm dick. Sie besteht aus folgenden Schichten:

Tunica mucosa (Schleimhaut)
➤ Die Tunica mucosa besteht aus mehrschichtigem unverhorntem Plattenepithel, wobei die Epithelzellen von der Basalmembran zur Oberfläche wandern und sich dabei verändern. ◄ Von außen nach innen besteht die Epithelschicht aus:

- Superfizialzellen – sind abgeflacht, die Kerne klein;
- Intermediärzellen – in dieser Schicht enthalten die polygonalen Intermediärzellen Glykogen;
- Parabasalzellen – bilden die Stachelzellschicht (Stratum interspinosum), es kommen Mitosen vor.
- Basalzellen – bilden die Keimzellschicht (Germinativschicht) und liegen auf der Basalmembran. Es kommen Mitosen vor.

Drüsen sind in der Tunica mucosa nicht vorhanden.

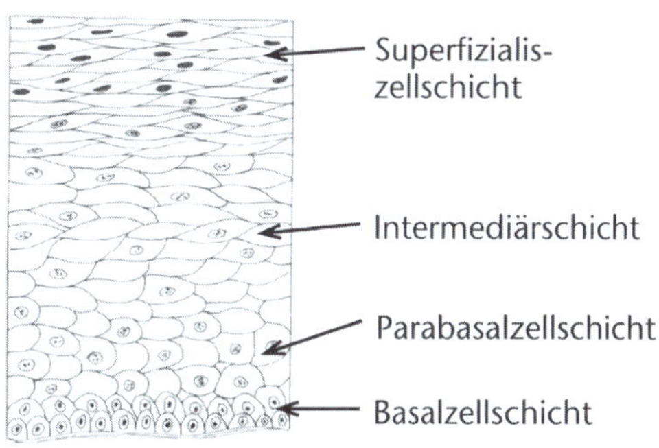

Abb. 8.51 Schnitt durch das Vaginalepithel

Klinik: In der Vagina schilfern vom Epithel die oberen Zellen ab, was im sogenannten **Abstrich** kontrolliert werden kann. Bei einer Veränderung der Sexualhormonproduktion findet man im Abstrich Zellen eines jüngeren Reifungsgrades. So läßt sich mit dem Abstrich auf die Proliferationshöhe der Schleimhaut schließen.

Vor allem jedoch dient der Abstrich der Krebsfrüherkennung im Bereich von Cervix uteri, Portio und Vagina.

➤ Im Bereich der Vagina kommen physiologisch sogenannte **Döderlein-Bakterien** vor, die das aus den Zellen freigesetzte Glykogen zu Milchsäure abbauen und damit das spezifisch saure Scheidenmilieu von ph 4–5 bilden, das dem Infektionsschutz dient. ◄

Lamina propria mucosae
In ihr liegen die Blutgefäße.

Tunica muscularis (= Muskelschicht)
Die Muskularis ist dünn und besteht aus längs- und ringförmig verlaufenden glatten Muskelzellen.

Tunica adventitia

Mikroskopierhilfe: Mehrschichtig unverhorntes Plattenepithel.
DD: Mehrschichtig unverhorntes Plattenepithel kleidet die mechanisch beanspruchten Oberflächen im Körperinnern aus, wie: Mundhöhle, Oesophagus, Anus und Vagina.

8.7.5 Äußere Genitalien ! 2/5

➤ *Prüfungsrelevant: Bisher wurden zu diesem Kapitel nur Bildfragen gestellt.* ◄

Die äußeren weiblichen Genitalien (= Geschlechtsorgane) liegen hinter der Symphyse (= Schambein). Sie bestehen aus:
- Labia majora und minora (= große und kleine Schamlippen),
- Klitoris (= Kitzler),
- Bartholini Drüsen.

Die **Labia majora** (= große Schamlippen) sind 2 große Hautfalten, die die Schamspalte begrenzen. Die Haut der Labia majora besitzt Haare, sowie Talg- und Schweißdrüsen, die nach innen hin an Zahl abnehmen.

Die **Labia minora** (= kleine Schamlippen) sind zwei dünne Hautfalten, die den Scheidenvorhof (= Vestibulum vaginae) umschließen und von den Labia majora umgeben sind. Die Labia minora besitzen zahlreiche Talgdrüsen. Im Scheidenvorhof liegt als Eingang der Vagina das Ostium vaginae, das dorsal vom Jungfernhäutchen (= Hymen) eingeengt ist. Die Labia minora umschließen das als Glans clitoridis bezeichnete Ende der Klitoris.

Die **Klitoris** (= Kitzler) entspringt an den unteren Ästen des Os pubis (= Schambein) und ragt als rundes Knöpfchen zwischen den großen Schamlippen hervor. Die Klitoris ist von einer kleinen Hautfalte, dem Präputium, umhüllt. Die Schleimhaut der Klitoris besitzt zahlreiche sensible Nervenendkörperchen.

➤ In der Innenseite der Labia minora münden auf der Schleimhaut neben zahlreichen Talgdrüsen die Ausführungsgänge der paarig vorliegenden, etwa erbsengroßen **Bartholini-Drüsen** (= **Glandulae vestibulares majores**). Die Gl. vestibularis major liegt unter dem M. transversus perinei profundus und mündet mit ihrem etwa 1,5 cm langen Ausführungsgang zu beiden Seiten der Vaginamündung in das Vestibulum. Die Gl. vestibularis major sondert ein schleimiges alkalisches Sekret ab, das bei der Begattung das Einführen des Penis erleichtert. ◄

8.8 Männliche Geschlechtsorgane

Zu den männlichen Geschlechtsorganen zählen:
- Hoden (= Testis) – in ihnen werden in den Samenkanälchen die Samenzellen gebildet und zum Nebenhodengang geleitet.
- Nebenhoden (= Epididymis) – speichert die Spermien und leitet sie über den Nebenhodengang (Ductus epididymidis) zum Samenleiter weiter.
- Samenleiter (= Ductus deferens) – zieht zur Prostata, wo er in die Harnröhre (Urethra) mündet.
- Samenbläschen (= Vesicula seminalis),
- Vorsteherdrüse (= Prostata),
- Glied (= Penis).

8.8.1 Hoden !!! 13/23

➤ *Prüfungsrelevant: Bisher wurden zu diesem Kapitel viele Bildfragen gestellt.* ◄

Die beiden **Hoden** (= **Testes** = „Keimdrüsen") liegen mit den ihnen aufsitzenden Nebenhoden (s. Kapitel 8.8.2) im Hodensack (= Skrotum). (Der Begriff „Keimdrüsen" ist irreführend, weil die Keimzellen in der Dottersackwand entstehen).

Im Hoden werden Geschlechtshormone (Testosteron) und mit Beginn der Geschlechtsreife Spermien (Samenzellen) gebildet.

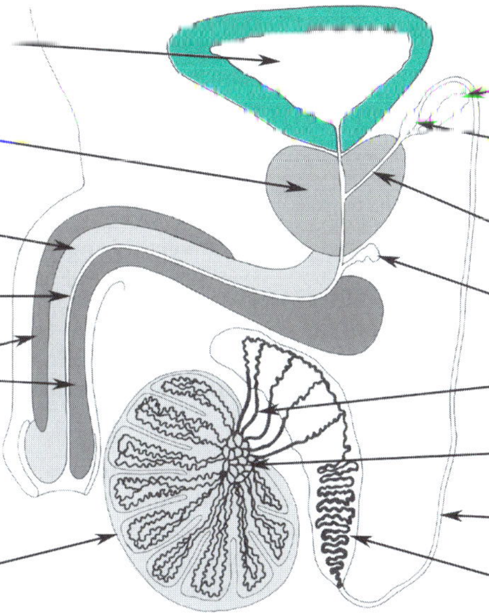

Abb. 8.52 *Darstellung der männlichen Geschlechtsorgane*

Hodensack

Der **Hodensack** (= **Skrotum**) besteht aus 2 Hälften, die durch das bindegewebige Septum scroti voneinander getrennt sind. Nach außen hin ist diese Zweiteilung durch eine mediane Hautnaht (= Raphe scroti) erkennbar.

Von außen nach innen besteht das Skrotum aus
- Skrotalhaut,
- Tunica dartos,
- Fascia spermatica externa,
- M. cremaster,
- Fascia spermatica interna,
- Tunica vaginalis testis.

Die äußere Hülle des Skrotum bildet die dunkel pigmentierte **Hodensackhaut** (= **Skrotalhaut**), die fettlos ist. Sie enthält viele Talgdrüsen, die häufig als kleine weiße Knötchen sichtbar sind.

➤ Unter der Skrotalhaut liegt die Tunica dartos (= Fleischhaut), die aus einem mit vielen Myofibroblasten (= gering differenzierten glatten Muskelzellen) durchsetzten subkutanen Bindegewebe besteht.

Bei thermischen oder mechanischen Reizen kann die Tunica dartos die Hodensackhaut runzelartig zusammenziehen, wodurch sich die Oberfläche des Hodensacks verkleinert. Die Tunica dartos dient damit der Wärmeregulierung des Hodens, wobei die Temperatur im Hodensack bis zu 2° unter der Körpertemperatur liegt. ◄

Unter der Tunica dartos liegt die Fascia spermatica externa, die den M. cremaster umhüllt. Die Tunica dartos bildet die Fortsetzung der Fascia superficialis und der Aponeurose des M. obliquus externus abdominis.

➤ Die Fasern des **M. cremaste**r setzen an der darunterliegenden derben Fascia spermatica interna an. Der M. cremaster hebt zusammen mit der Tunica dartos den Hoden an und dient damit der Temperaturregulierung im Hoden.

Durch Bestreichen der Innenseite des Oberschenkels wird der **Kremasterreflex** (L1–L2) ausgelöst (der M. cremaster kontrahiert sich reflektorisch). Die Leitung erfolgt afferent über R. femoralis des N. genitofemoralis, efferent über R. genitalis des N. genitofemoralis).

Innen ist das Skrotum von der **Tunica vaginalis** testis ausgekleidet, die als Duplikatur des Peritoneum beim **Hodenabstieg** (= **Descensus**) in den Hodensack gelangt und den Rest des Processus vaginalis peritonei bildet. Der **Proc. vaginalis peritonei** bildet beim Fetus die Verbindung zur Peritonealhöhle. Nach dem Descensus des Hodens obliteriert der Processus. ◄

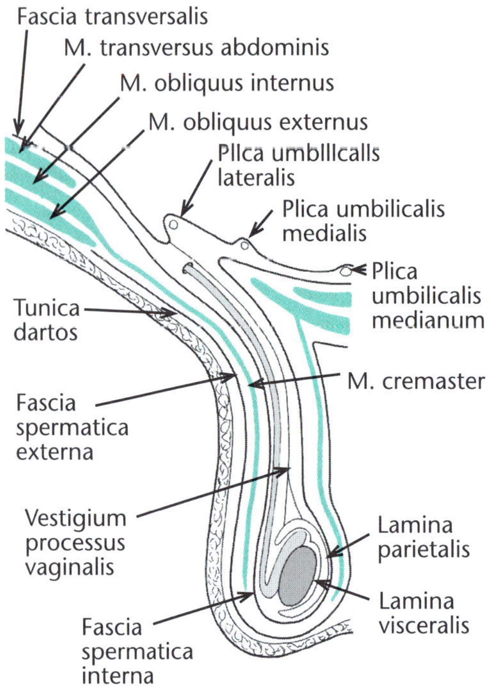

Abb. 8.53 Schematische Darstellung der Hodenhüllen

➤ Die Tunica vaginalis testis besteht aus 2 Blättern:

- **Lamina parietalis** (= **Periorchium** = parietales Blatt) – bildet das äußere Blatt. Die Lamina parietalis schlängt am Mediastinum testis (im Bereich der Abgangsstelle des Samenstrangs) in die Lamina visceralis um.
- **Lamina visceralis** (= **Epiorchium** = viszerales Blatt) – bildet das innere Blatt und liegt als glatte seröse Haut der Tunica albuginea des Hodens (s. weiter unten) an. Sie überzieht den größten Teil des Nebenhodens. ◄

Zwischen beiden Lamina liegt als seröse Höhle das **Cavum serosum testis** (syn.: Cavum scroti), in dem sich physiologisch eine geringe Flüssigkeitsmenge befindet, so dass beide Lamina etwas gegeneinander beweglich sind.

Die aufgeführten Hüllen des Skrotum entsprechen den Schichten der Bauchwand (s. hierzu die Tabelle in Kapitel 6.3.2).

Klinik: Kommt es zu einer erheblichen Vermehrung der Flüssigkeit im Cavum serosum testis, so wird dies als **Hydrozele** (= **Wasserbruch**) bezeichnet. Mit Hilfe einer Taschenlampe, die hinter das Skrotum gehalten wird, kann eine Hydrozele diagnostiziert werden (leuchtet rot auf).

➤ Verklebt der kraniale Teil des Proc. vaginalis peritonei nach dem Deszensus nicht, so können sich Darmschlingen oder das Omentum majus durch den Proc. bis zum Hoden in das Cavum serosum testis vorstülpen, was als **indirekte Leistenhernie** bezeichnet wird. Bei Darmvorstülpungen kann man die Darmgeräusche hören. ◄

Gefäßversorgung:
Das Skrotum wird aus der A. cremasterica (Ast der A. epigastrica inferior) versorgt.

➤ Im Bereich des Hodens können Sie zwei **Residualstrukturen** (= zurückgebildete Strukturen) erkennen:

- **Appendix testis** – liegt am oberen Pol des Hodens und bildet einen Rest des Müller-Gangs
- **Appendix epididymidis** – bildet den Rest der Urniere und liegt als bläschenförmiger Rest dem Nebenhodenkopf an. ◄

Hoden

Der Hoden (= Testis) ist 4–5 cm lang, 2–3 cm breit und 3 cm dick. Er wiegt etwa 20 g.

➤ Die beiden Hoden hängen im Skrotum jeweils an einem Samenstrang (= Funiculus spermaticus), der am hinteren Hodenrand (= Mediastinum testis) den Hoden verläßt. ◄

Der linke Hoden steht zumeist etwas tiefer als der rechte, wodurch beide zwischen den Oberschenkeln mehr Platz haben. Die Ursache liegt wahrscheinlich darin, dass der linke Hoden früher absteigt als der rechte (Descensus).

Gefäß- und Nervenversorgung

(siehe auch die Winterthur-Verlaufsbeschreibungen)
Die Hoden werden über den Plexus renalis aus dem Plexus coeliacus vegetativ innerviert.

➤ Der Hoden wird aus der A. testicularis (Ast der Aorta abdominalis) versorgt. Die A. testicularis anastomosiert mit der A. ductus deferentis.

Das venöse Blut fließt über den Plexus pampiniformis und die Vv. testiculares auf der rechten Körperseite in die V. cava inferior und links in die V. renalis.

Die Lymphe fließt zu den Nll. lumbales. ◄

Klinik: Sind die Venenklappen in einer V. testicularis insuffizient, so bildet sich im Hodensack ein erweitertes Venengeflecht, das als **Varikozele** bezeichnet wird. Eine Varikozele ist zu etwa 80 %

im linken Hodensack anzutreffen, weil links die V. testicularis nicht direkt in die V. cava inferior sondern in die V. renalis einmündet. Eine Varikozele kann zur Infertilität (= Unfruchtbarkeit) führen.

Mikroskopische Anatomie

➤ Der Hoden ist von einer 1 mm dicken, derben Kapsel, der **Tunica albuginea**, umgeben, die aus faserigem Bindegewebe mit vielen glatten Muskelzellen besteht. Die Tunica albuginea umschließt das Hodenparenchym so straff, daß bei einer Eröffnung des Hodens die Samenkanälchen (s. weiter unten) hervorquellen. ◄

Von der Tunica albuginea strahlen Bindegewebssepten (= Septula testis) radiär in das zum hinteren Hodenrand hin gelegene Mediastinum testis aus, wodurch der Hoden unvollständig in etwa 200–300 pyramidenförmige Läppchen (= Lobuli testis) unterteilt wird. Die Septula testis stellen das Hodenparenchym.

In den Lobuli testis liegen ein oder mehrere aufgeknäuelte **Samenkanälchen** (syn.: **Hodenkanälchen = Tubuli seminiferi contorti**), die jeweils etwa 50 cm lang sind.

Mehrere Tubuli seminiferi contorti vereinigen sich zu den gestreckt verlaufenden **Tubuli seminiferi recti**, die im Bereich des Mediastinum in das Rete testis (= Hodennetz) münden.

➤ Das **Rete testis** besteht aus untereinander in Verbindung stehenden Spalträumen, die mit einem einschichtigen isoprismatischen Epithel ausgekleidet sind. Aus dem Rete ziehen 10–20 **Ductuli efferentes testis** (ableitende Samenwege) zum Nebenhoden. Die Ductuli efferentes sind mit einem mehrreihigen Epithel ausgekleidet, das von unterschiedlicher Höhe ist.

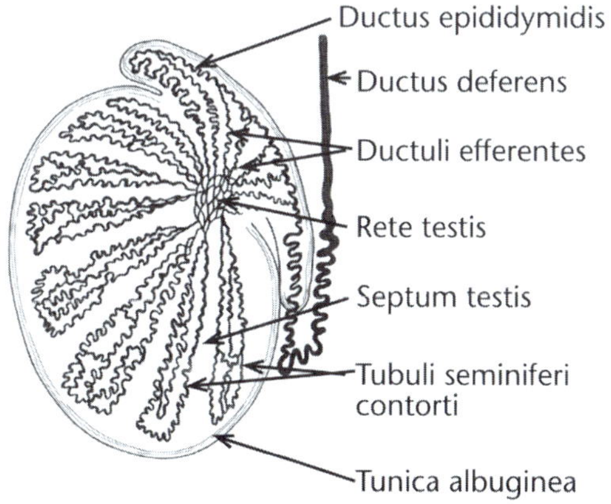

Abb. 8.54 *Schnitt durch den Hoden und den Nebenhoden*

Die Samenkanälchen sind von lockerem Bindegewebe umgeben, das neben Nerven und Gefäßen die **interstitiellen Zellen (= Leydig Zwischenzellen)** enthält. Die interstitiellen Zellen sind in Gruppen um Kapillaren angeordnet. Sie besitzen viel glattes endoplasmatisches Retikulum und viele Mitochondrien vom Tubulustyp – beides für steroidbildende (= Keimdrüsenhormone bildende) Zellen charakteristisch! Außerdem enthalten die Leydig Zwischenzellen als Zelleinschlüsse zum Teil stabförmige Eiweißkristalle.

Nach Stimulierung durch das Hormon LH (vom Hypophysenvorderlappen) produzieren die Leydig Zwischenzellen das Androgen Testosteron.

Zwischen dem 3. und 4. Entwicklungsmonat nehmen die Leydig Zwischenzellen die Androgenproduktion bereits auf und dienen damit beim männlichen Keim der Ausbildung der männlichen Genitale. Nach der Geburt stellen die Zellen die Androgenproduktion bis zum Beginn der Pubertät ein. ◄

Samenkanälchen (Tubuli seminiferi contorti)

➤ Die einzelnen Samenkanälchen (syn.: Hodenkanälchen) bestehen aus Samenepithel (= „Keimepithel"), das einer Basalmembran aufsitzt. Der Basalmembran liegt außen eine Bindegewebsschicht an, die mit vielen Myofibroblasten durchsetzt ist. Die kontraktilen Myofibroblasten verursachen eine peristaltische Bewegung, durch die Samenzellen in Richtung Rete testis befördert werden. ◄

Im Samenepithel findet die Spermiogenese statt. Dabei läßt sich der jeweilige Reifungszustand der Samenzellen von der Schichtung ablesen: basalständig (= in der Nähe der Basalmembran) liegen die Spermatogonien, weiter lumenwärts liegen die Spermatozyten, dann folgen die Spermatiden und am Lumen des Hodenkanälchens liegen die Spermien.

➤ In der Wand der Hodenkanälchen findet man außerdem langgestreckte, vom Lumen bis zur Basalmembran reichende **Sertolizellen**.

Die Sertolizellen haben folgende Aufgaben:

- sie dienen als Stützzellen für die Vorstufen der Spermien, wobei die Samenzellen von der Peripherie langsam zum Tubuluslumen befördert werden
- sie ernähren die Vorstufen der Spermien (sind „Ammenzellen")

- sie stehen untereinander durch Zellkontakte in Verbindung und bilden dadurch die **Blut-Hoden-Schranke**, die weder Proteine noch Cholesterin durchläßt,
- sie phagozytieren degenerierte Spermatogonien und Spermatozyten,
- sie verändern das Hormon Testosteron in das stärker wirkende Dehydro-testosteron,
- sie bilden das Protein ABP (= Androgen-bindendes Protein), das dem Transport von Testosteron zu den Keimzellen dient und steuern damit die Spermatogenese,
- sie bilden das Hormon Inhibin, das über den Hypothalamus den FSH-Spiegel kontrolliert. ◄

Mikroskopierhilfe: Bei der Übersichtsvergrößerung sehen Sie viele beieinander liegende rundliche Tubuli, die durch Bindegewebe voneinander getrennt sind. Im Bindegewebe liegen als dunkle Zellen die Leydig-Zwischenzellen.

Hormonelle Beeinflussung

➤ Der Hypothalamus stimuliert über Gonadotropin-Releasing-Hormone die Adenohypophyse zur Produktion von LH (luteinisierendes Hormon) und FSH (follikelstimulierendes Hormon);

- LH stimuliert die Leydig-Zellen zur Synthese von Testosteron,

FSH stimuliert über Sertoli-Zellen die Samenzellbildung. ◄

8.8.2 Nebenhoden !! 3/11

Prüfungsrelevant: Bisher wurden nur Bildfragen gestellt.

Im Nebenhoden reifen die Samenzellen zu den Spermien heran. Vor allem dient der Nebenhoden jedoch als Samenspeicher.

Die zumeist noch unreifen Samenzellen gelangen aus dem Rete testis über die Ductuli efferentes in den Ductus epididymidis (= Nebenhodengang).

Der **Nebenhoden** (= **Epididymis**) ist etwa 5 cm lang und 4 g schwer. Er liegt schweifartig dem oberen/hinteren Hodenteil an. Da der Nebenhoden in seiner Konsistenz weicher ist als der Hoden, kann er durch den Hodensack hindurch getastet und vom Hoden abgegrenzt werden.

Der Nebenhoden unterteilt sich in

- Caput (= Nebenhodenkopf) – liegt dem Hoden hinten oben an.
- Corpus (= Nebenhodenkörper) – liegt dem Hoden hinten an.
- Cauda (= Nebenhodenschwanz) – geht hinten unten in den Ductus deferens über.

➤ Im Caput des Nebenhodens liegen die Ductuli efferentes, im Corpus und in der Cauda der Ductus epididymidis.
Über die Ligg. epididymidis ist der Nebenhoden mit der Tunica albuginea des Hodens fest verbunden. ◄

Ductuli efferentes

Über die etwa 10–20 Ductuli efferentes gelangen die noch unreifen Samenzellen aus dem Hoden in den Nebenhoden.

Jeder Ductulus efferentis ist etwa 10–20 cm lang und knäuelt sich zu einem kegelartig aussehenden Läppchen, dem Lobulus epididymidis, auf. Alle Ductuli münden in den Ductus epididymidis.

Ductus epididymidis

➤ Der ausgestreckt etwa 5 m lange Ductus epididymidis (= Nebenhodengang) liegt ebenfalls knäuelartig vor. In ihm reifen die Samenzellen zu befruchtungsfähigen Spermien heran und werden in ihm gespeichert. Dabei werden die Samenzellen durch peristaltische Bewegungen des Ductus in etwa 8–17 Tagen zum Samenleiter (s. Kapitel 8.8.3) befördert. ◄
In der Kapsel des Nebenhodens können Ductuli aberrantes vorkommen, die wahrscheinlich Reste der Tubuli des Mesonephrons darstellen.

Mikroskopische Anatomie

➤ Die Ductuli efferentes weisen im Schnitt ein unregelmäßig geformtes, wellenförmiges Lumen auf, das durch ein unregelmäßiges Epithel hervorgerufen wird.

Das Epithel wechselt zwischen einschichtig kubischen Zellen und mehrreihig hochprismatischen Zellen, die an ihrer Spitze mit Kinozilien oder einem Bürstensaum (Mikrovilli) besetzt sind.

Der Ductus epididymidis wird von einem zweireihigen hochprismatischen Epithel ausgekleidet, das Stereozilien trägt. In ihm wird wahrscheinlich die Samenflüssigkeit verändert und ihr Wasser entzogen. ◄

Mikroskopierhilfe:
Ductuli efferentes – um ein unregelmäßig geformtes Lumen gruppieren sich unterschiedlich hohe Epithelzellen (kubisch und mit Kinozilien besetzte Zylinderepithelzellen). Normalerweise sehen Sie im Schnitt mehrere Ductuli.
Ductus epididymidis – regelmäßige Lumina die mit stereozilientragendem, zweireihigem, hochprismatischem Epithel ausgekleidet sind.

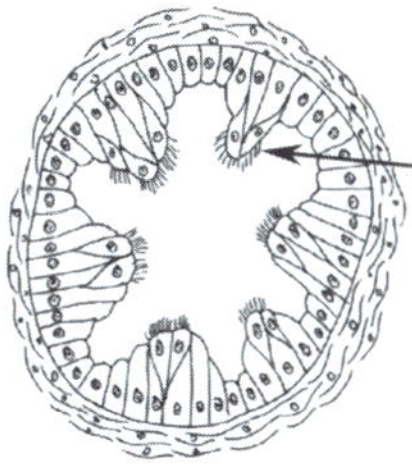

Abb. 8.55 Querschnitt durch den Ductulus efferens

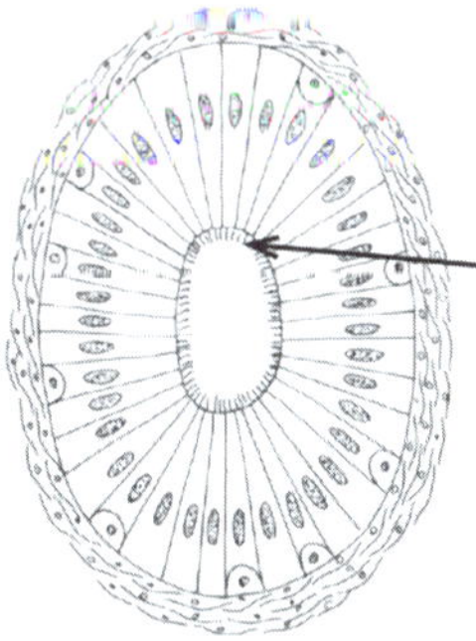

Abb. 8.56 Querschnitt durch den Ductus epididymidis

8.8.3 Ductus deferens !! 3/6

Der Ductus epididymidis geht ohne scharfe Grenze in den Samenleiter (= Ductus deferens) über. Der Ductus deferens verbindet den Nebenhoden mit der Harnröhre (= Urethra).

Die wichtigsten mikroskopischen Merkmale der einzelnen Gänge

	Schleimhaut	Zilien	Muskelschicht	Funktion
Rete testis	flaches bis kubisches Epithel (Plattenepithel)	teilweise		anastomosierende Gänge
Ductuli efferentes	besitzen ein unregelmäßiges Epithel, das das Lumen wellenförmig begrenzt. Es besteht 1. aus hochprismatischen, mehrreihigen Epithelzellen mit Kinozilien, 2. aus niedrigen, ein- bis zweireihigen, kubischen Epithelzellen ohne Kinozilien.	hochprismatische Epithelzellen mit Kinozilien		Kinozilien dienen dem Transport der Spermien zum Nebenhoden, niedriges Epithel dient der Resorption.
Ductus epididymidis (= Nebenhodengang)	zweireihiges hochprismatisches Epithel (Zylinderepithel)	Stereozilien	ringförmig angeordnete glatte Muskelschicht	dient der Aufbewahrung und der Ausreifung der Spermien
Ductus deferens	zweireihiges hochprismatisches Epithel (Zylinderepithel). Die Schleimhaut bildet einige Längsfalten, die bei Dehnung verstreichen	zu Beginn mit Stereozilien besetzt	Tunica muscularis ist 3-schichtig	Saug- und Druckwirkung

Der Ductus deferens ist ein etwa 50–60 cm langer, 3 mm breiter muskulärer Gang mit einem Lumen von 0,5 mm.

Lage und Verlauf

➤ Der Ductus deferens verläuft dorso-medial am Nebenhoden hoch. Im Samenstrang (= Funiculus spermaticus – s. Kapitel 4.8.2) liegend verläßt er den Hodensack durch den Canalis inguinalis (= Leistenkanal) und gelangt in die Beckenhöhle.

An der Wand des kleinen Beckens zieht der Ductus deferens im Retroperitonealraum liegend weiter abwärts, überkreuzt den Ureter (= Harnleiter) und gelangt zur Dorsalfläche der Harnblase.

In diesem Bereich erweitert sich der Ductus deferens zur Ampulla ductus deferentis. Die beiden Ampullae (vom rechten und linken Ductus) nehmen jeweils den Ausführungsgang einer Samenblase (s. Kapitel 8.8.4) auf und treten in die Prostata ein, in der sie als jeweils etwa 2 cm langer Ductus ejaculatorius (= Spritzkanal) verlaufen. Die beiden Ductus ejaculatorii münden innerhalb der Prostata auf dem Samenhügel (= Colliculus seminalis) in die Pars prostatica der Harnröhre (= Urethra). ◄

Die Ductus ejaculatorii vereinigen sich also in diesem Bereich mit der Urethra und bilden die Harnsamenröhre (= Urethra masculina).

Topographie

➤ Der Ampulla ductus deferentis liegt kaudal die Samenblase an. Der Ductus deferens liegt vom Leistenring (= Anulus inguinalis profundus) bis zur Ampulla direkt unter dem Peritoneum, wodurch er mit den intraperitoneal liegenden Darmteilen in topographischer Beziehung steht. Da der Ductus deferens an der Dorsalseite der Harnblase entlangzieht, liegt er wie die Harnblase der Excavatio rectovesicalis an, durch die er vom Rektum getrennt ist. ◄

Innervation und Gefäßversorgung

(siehe auch die Winterthur-Verlaufsbeschreibungen)
Der Ductus deferens ist vom Plexus deferentialis (aus Plexus hypogastricus inferior) geflechtartig umgeben.

- Parasympathische Fasern erhält der Plexus deferentialis über die Nn. splanchnici pelvici aus dem Plexus hypogastricus inferior,
- sympathische Fasern erhält der Plexus über die Nn. splanchnici lumbales.

Mit Blut wird der Ductus deferens über die A. ductus deferentis aus der A. umbilicalis versorgt.
Über den Plexus pampiniformis wird das venöse Blut abgeleitet.

Klinik: Bei der Vasoresektion (Sterilisation) wird ein etwa 2 cm langes Stück des Ductus deferens entfernt. Besteht erneut der Wunsch nach Fertilität, so kann man die durchtrennten Ductus-Enden wieder zusammenfügen. Da das den Ductus deferens umgebende Nervengewebe jedoch ebenfalls durchtrennt wurde, unterbleibt häufig das Wiederingangsetzen der peristaltischen Bewegung im Ductus und damit der Samenweitertransport.

Mikroskopische Anatomie

Bei einem Schnitt durch den Ductus deferens sehen Sie ein sehr kleines, sternförmiges Lumen, das von einer dicken 3-schichtigen Muskulatur umgeben ist. Die Schleimhaut (Tunica mucosa) besteht im Hodenbereich aus einem zweireihigen hochprismatischen Epithel, das mit kurzen Stereozilien besetzt ist. Im Bereich des Bauches fehlen dem Ductus deferens die Stereozilien und die Zellen werden niedriger. In der Ampulla ductus deferentis ist das Epithel einschichtig hochprismatisch.
Die breite, 3-schichtige Muskularis (Tunica muscularis) besteht aus einer inneren Längs-, einer mittleren Ring- und einer äußeren Längsmuskelschicht. Durch peristaltische Bewegungen wird der Samen weitergeleitet.

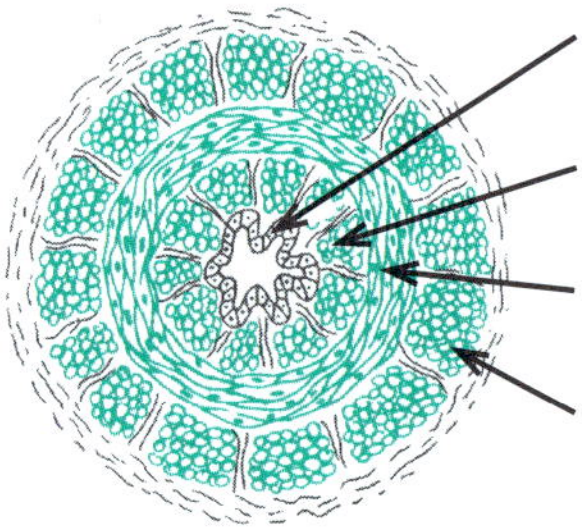

Abb. 8.57 *Querschnitt durch den Ductus deferens*

Klinik: Da sich der Ductus deferens, bedingt durch die dicke Muskelschicht, hart anfühlt, kann er im Samenstrang getastet werden.

Ejakulation

Bei der Ejakulation (= Samenerguß) wird durch Innervation der Tunica muscularis zunächst der Ductus deferens verkürzt und das Lumen erweitert. Durch Kontraktion mit Verengung des Lumens wird aus dem prostatischen Bereich des Ductus das Ejakulat ruckartig in die Harnröhre gedrückt. Anschließend kommt es zur eigentlichen Ejakulation (s. Kapitel 8.8.6).

Mikroskopierhilfe: Sie sehen ein sternförmiges Lumen, das mit zweireihigem Zylinderepithel besetzt ist. Charakteristisch ist auch die dicke Muskularis.
DD: Ureter (Übergangsepithel), Tuba uterina (Lumen fast vollständig mit Falten ausgefüllt).

8.8.4 Vesicula seminalis (= Samenblase) !! 1/5

Der größte Teil des Ejakulats besteht aus den von den akzessorischen (= „zusätzlichen") Geschlechtsdrüsen produzierten Sekreten. Zu den akzessorischen Geschlechtsdrüsen gehören:

- Samenblase (= Vesicula seminalis),
- Prostata,
- Glandula bulbourethralis (= Cowper-Drüse).

Die Geschlechtsdrüsen sind nicht an der Spermienproduktion und -aufbewahrung beteiligt, sondern produzieren Sekrete, die die Hauptmasse des Spermas bilden. Die akzessorischen Drüsen werden durch das im Hoden produzierte Hormon Testosteron beeinflußt.

Im Gegensatz zu ihrer Bezeichnung kommen in der Samenblase (= Vesicula seminalis) keine Samenzellen vor. ➤ Die Samenblase ist vielmehr eine Drüse, die ein an Fruktose, Prostaglandinen und Vitamin C reiches, schwach alkalisches Sekret (pH 7,3) produziert, das ein gelbliches Aussehen hat. Aus der Fruktose gewinnen die Spermien Energie zur Fortbewegung. ◄

Die Samenblase ist in der gewunden (S-förmig) vorliegenden Form etwa 5 cm lang und jeweils 1 cm dick und breit. Ausgestreckt erreicht sie eine Länge von 15–20 cm. Durch die Windung erscheint die Oberfläche der Samenblase von außen buckelig und von innen faltig. Mit ihrem Ausführungsgang (= Ductus excretorius) mündet die Samenblase in die Ampulle des Ductus deferens.

Topographie

➤ Die Samenblase liegtl an der Rückseite der Harnblase (im Bereich des Blasenfundus), lateral von der Ampulla des Ductus deferens und unterhalb der Einmündung der Ureteren. Mit der Harnblase ist die Samenblase fest verwachsen. An ihrem Scheitel ist sie vom Peritoneum der Excavatio rectovesicalis bedeckt. Kaudal grenzt sie an die Prostata. Nach dorsal steht sie in Beziehung zum Rektum, von dem sie aus auch abgetastet werden kann. ◄

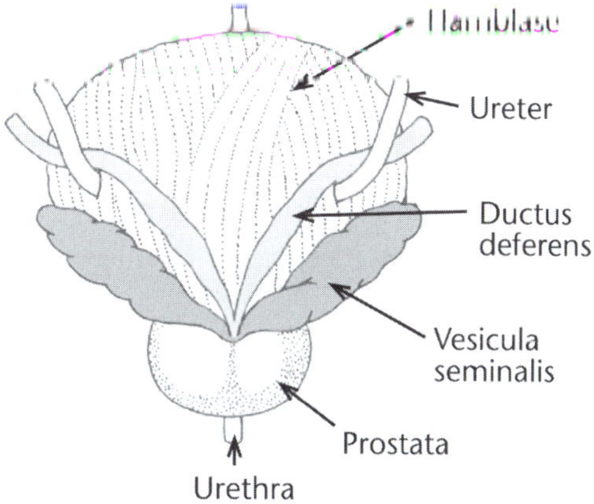

Abb. 8.58 *Harnblase, Samenbläschen und Prostata von dorsal*

Gefäßversorgung

(siehe auch die Winterthur-Verlaufsbeschreibungen)
Die Samenblase erhält Blut aus der A. ductus deferentis (Ast der A. umbilicalis) und aus der A. vesicalis inferior (Ast der A. iliaca interna).
Das Blut fließt über den Plexus vesicoprostaticus ab.

Mikroskopische Anatomie

Die Samenblase besitzt ein einschichtiges, stellenweise zweireihiges, iso- bis hochprismatisches Epithel, das sezerniert (Sekretgranula sind erkennbar!). Die Schleimhautoberfläche ist durch Schleimhautleisten in Kammern und Nischen unterteilt.

Die Tunica muscularis ist relativ dick und besteht aus glatter Muskulatur, die sich aus einer inneren Längs-, mittleren Ring- und einer äußeren Längsmuskelschicht zusammensetzt. Die einzelnen Gangabschnitte sind durch lockeres Bindegewebe voneinander getrennt.

Mikroskopierhilfe: Charakteristisch ist, daß

- im Schnitt die Samenblase jeweils mehrmals angeschnitten ist,
- das Lumen weit ist,
- die Schleimhaut stark gefaltet ist,
- sie ein ein- bis zweireihiges Zylinderepithel trägt.

DD: Gallenblase.

8.8.5 Prostata !! 3/12

Die kastaniengroße Prostata ist die größte der akzessorischen Drüsen (s. Kapitel 8.8.4).

➤ Die Prostata produziert als exokrine Drüse ein trübes, saures (pH 6,45) Sekret von dünnflüssiger Konsistenz, das u.a. saure Phosphate enthält und bei der Ejakulation ausgeschleudert wird. ◄

Die Prostata ist etwa 3 cm hoch, 4 cm breit, 2 cm dick und 20 g schwer.
Die Prostata wird von einer festen, bindegewebigen Capsula prostatae umhüllt, die viele glatte Muskelzellen enthält. Diese Organkapsel liegt unter der Fascia prostatae, die aus der viszeralen Beckenfaszie hervorgeht. Zwischen der Faszie und der Prostatakapsel legt sich hufeisenförmig der Plexus venosus prostaticus (= Santorini-Venenplexus) herum.
Von der Capsula prostatae ziehen bindegewebige Septen ins Organinnere, die Kollagen und glatte Muskelzellen enthalten.

Einteilung

Nach einer alten Einteilung wird die Prostata anatomisch in 3 Lappen unterteilt:
- Lobus dexter und sinister (= Seitenlappen),
- Lobus medius (= Mittellappen = Isthmus prostatae).

Der Lobus medius liegt zwischen der Urethra (= Harnröhre) und den beiden Ductuli ejaculatorii. Die Seitenlappen sollen auf männliche Geschlechtshormone (= Testosteron), der Mittellappen auf weibliche Geschlechtshormone (= Östrogen) reagieren, was jedoch bisher nicht schlüssig nachgewiesen werden konnte.

Seit einigen Jahren wird die Prostata nach pathologisch, topographischen Gesichtspunkten eingeteilt in
- peri-urethrale Mantelzone,
- zentrale Zone (Innenzone),
- periphere Zone (Außenzone).

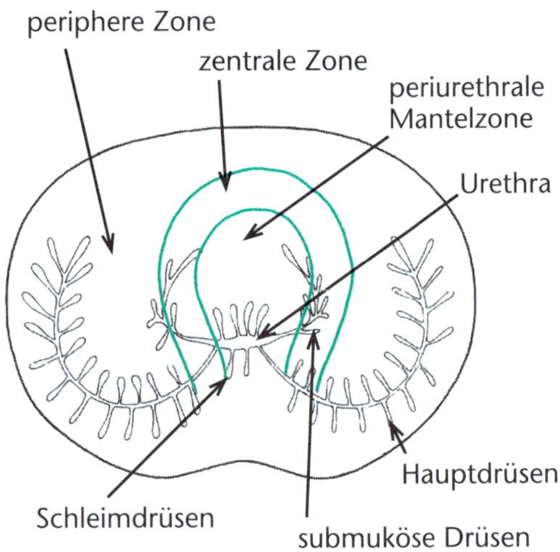

Abb. 8.59 *Querschnitt durch die Prostata*

➤ Die schmale periurethrale Mantelzone umhüllt die Urethra (Harnröhre). Sie besteht aus Mukosazellen. Entwicklungsgeschichtlich geht sie aus der primären Harnröhre hervor und ist damit anderen Ursprungs als der Rest der Prostata.
Die zentrale Zone umschließt die periurethrale Mantelzone. In ihr liegen deutlich verzweigte submuköse Drüsen mit sackförmigen Ausstülpungen. Die zentrale Zone entspricht annähernd dem Lobus medialis. ◄
Die periphere Zone entspricht etwa dem Lobus dexter und sinister.
➤ Durch die Prostata zieht die Pars prostatica der Urethra (Harnröhre). Dieser Teil ist ausführlich im nachfolgenden Kapitel unter „Harnröhre" beschrieben. ◄

Lage

Die Prostata ist verbunden
- kranial – mit dem Blasengrund,
- ventral – über die Ligg. puboprostatica mit dem M. puboprostaticus sowie dem Os pubis (Schambein),
- dorsal – über das Lig. rectoprostaticum mit dem Rektum.

Topographie

➤ Die Prostata liegt extraperitoneal zwischen dem Hals der Harnblase und dem Diaphragma urogenitale. Lateral wird sie von den Levatorschenkeln umgeben.

Ventral liegt die Prostata etwa 2 cm hinter der Symphyse. Dorsal ist die Prostata durch das derbe Septum rectoprostaticum vom Rektum getrennt. ◄

Klinik: ➤ Die zentrale Zone der Prostata kann vom Rektum aus etwa 4 cm oberhalb des Anus getastet (= palpiert) werden. ◄ Bei einem normalen Tastbefund hat die Prostata eine glatte Oberfläche.

Bei den meisten Männern kommt es nach dem 45.–50. Lebensjahr zu einer gutartigen Vergrößerung der zentralen Zone, was als Prostatahypertrophie (besser wegen des Drüsencharakters als Prostataadenom) bezeichnet wird. Durch die Hyperthrophie wird das Lumen der Urethra immer mehr eingeengt. Dadurch kann es zur Harnstauung in der Harnblase und zur Miktionsstörung kommen.

Therapie der Wahl ist die Abtragung des Adenoms mit einer elektrischen Schlinge, wobei man durch die Harnröhre vorgeht.

In der peripheren Zone entstehen bevorzugt Prostatakarzinome. Bei der Palpation ist ein einzelner harter Knoten daher immer tumorverdächtig!

Operativer Zugang zur Prostata:

- Trans-peritonealer Weg – hierbei dringen Sie zwischen dem Anus und dem Bulbus penis durch das Centrum tendineum (Damm) zur Prostata vor. In diesem Bereich kann der N. pudendus verletzt werden, was zur Impotenz führen kann.
- Trans-urethraler Weg – hierbei dringen Sie durch die Urethra (= Harnröhre) zur Prostata vor.
- Supra-pubischer (= transvesikaler) Weg – hierbei gelangen Sie etwas oberhalb der Symphyse durch die Bauchwand und dann durch das Trigonum vesicae der Harnblase zur Prostata.

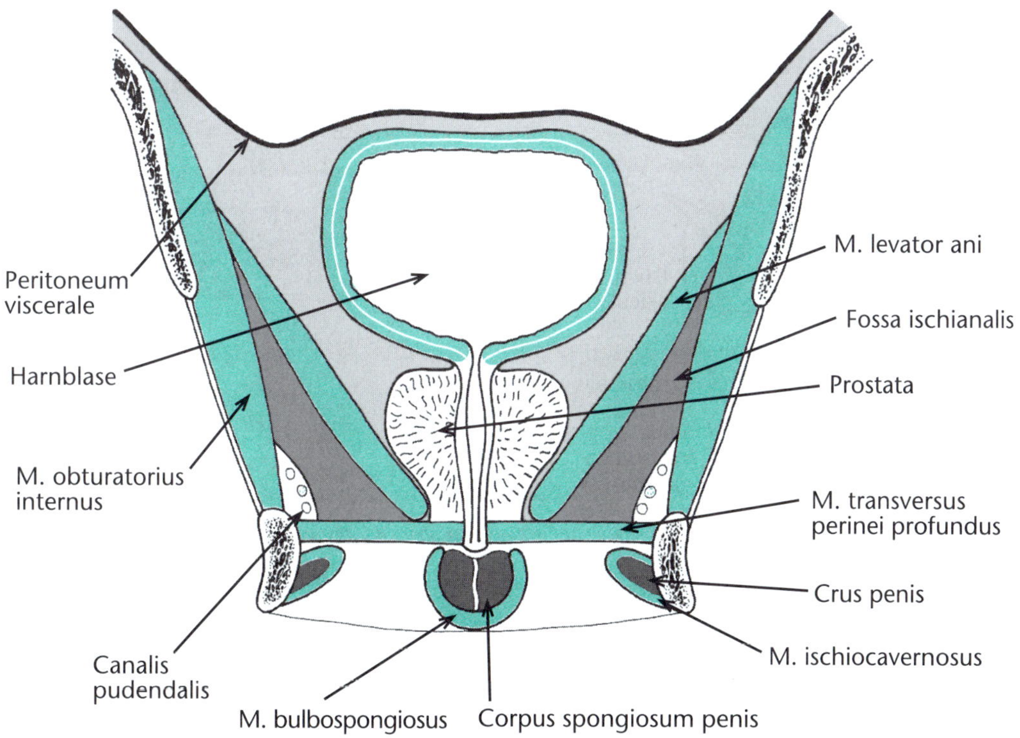

Abb. 8.60 Frontalschnitt durch den männlichen Beckenboden

Innervation und Gefäßversorgung

(siehe auch die Winterthur-Verlaufsbeschreibungen) Sympathisch wird die Prostata über den Plexus prostaticus aus dem Plexus hypogastricus inferior, parasympathisch aus den Nn. splanchnici pelvici innerviert.

➤ Die Prostata wird aus Ästen der A. vesicalis inferior und der A. rectalis media (beides Äste der A. iliaca interna) versorgt.
Das Blut fließt über den Plexus venosus prostaticus zur V. iliaca interna. ◄

Die Lymphe fließt ab zu den Nll. iliaci externi und interni und zu den Nll. sacrales laterales.

Mikroskopische Anatomie

➤ Die fibroelastische Capsula prostatica ist mit glatten Muskelfasern durchsetzt.
Die Prostata besitzt 30–50 tubulo-alveoläre Drüsenläppchen (= **Glandulae prostaticae**), deren Sekret in etwa 15–30 Ausführungsgängen (= **Ductuli prostatici**) zur Pars prostatica der Urethra geleitet wird, wo die Ausführungsgänge um den Colliculus seminalis (= Samenhügel) in die Pars prostatica münden.

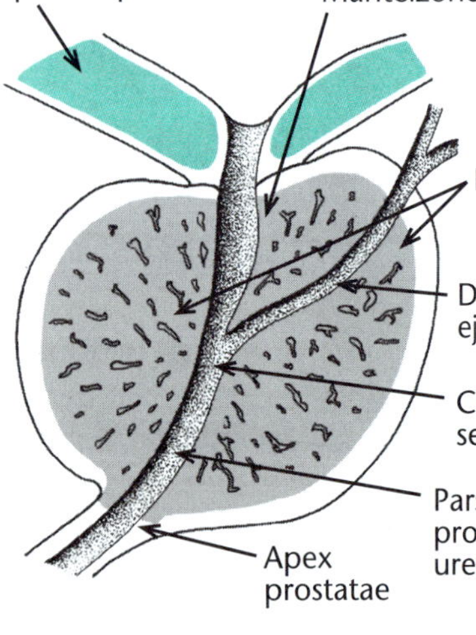

Abb. 8.61 *Sagittalschnitt durch die Prostata*

Das Stroma der Prostata, in dem die Drüsenläppchen liegen, besteht aus elastischen und kollagenen Fasern, die mit bündelartig angeordneten glatten Muskelzellen durchsetzt sind – charakteristisch für die Prostata ist, daß die Drüsenläppchen von Gewebe mit glatten Muskelzellen umschlossen sind!

Die Drüsen besitzen ein einschichtiges bis mehrreihiges Zylinderepithel. Die tubuloalveolären Drüsenendstücke produzieren das Prostatasekret. Die Sekretion ist durch Testosteron und durch parasympathische Reize stimulierbar. Durch die Kontraktion der glatten Muskelzellen ist eine rasche Sekretentleerung bei der Ejakulation möglich. ◄

Klinik: Konzentriertes (= eingedicktes) Sekret kann bei älteren Männern in den Drüsenlumina liegen, es wird dann als sogenannte Prostatasteine bezeichnet.

Mikroskopierhilfe: Die Prostata besteht aus Läppchen mit bizarr aussehenden, unterschiedlich weiten Lumina und verschieden hohen Epithelzellen. Die Läppchen sind voneinander durch geflechtartig angeordnete glatte Muskelzellen getrennt zwischen denen Bindegewebe liegt.

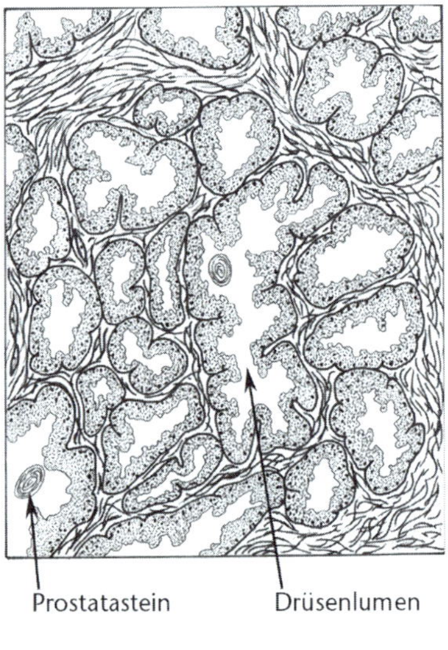

Abb. 8.62 *Schnitt durch die Prostata*

8.8.6 Äußere Geschlechtsorgane !! 9/15

Die äußeren männlichen Geschlechtsorgane bestehen aus dem Penis und dem Skrotum (= Hodensack – s. Kapitel 8.8.1).

Der Penis wird in 3 Bereiche unterteilt:
- Radix (= Peniswurzel),
- Corpus (= Penisschaft),
- Glans (= Eichel).

Die **Glans penis** wird von einem **Praeputium** (= **Vorhaut**) bedeckt, das als Reservefalte ein Doppelblatt der Haut darstellt. Vom inneren Blatt des Praeputium zieht auf der Unterseite das Vorhautbändchen (= Frenulum praeputii) zur Glans. Wird die Vorhaut ganz zurückgezogen, so sehen Sie auf die **Corona glandis** (= Eichelkranz), die vom Penisschaft durch eine tiefe Furche getrennt wird.

Penis

➤ Im Innern besitzt der Penis mit dem Corpus spongiosum penis (= Harnröhrenschwellkörper) und den paarigen Corpora cavernosa (= Penisschwellkörper) zwei Schwellkörper.

Das **Corpus spongiosum** umschließt die Urethra (= Harnröhre). Es entspricht den beiden Bulbi vestibuli bei der Frau. Das Corpus spongiosum besteht aus dem hinteren Bulbus, dem Corpus (= Schaft) und der Glans (= Eichel).

Der Bulbus ist von dem paarigen M. bulbospongiosus umhüllt, der die Urethra verengen und sie stoßweise entleeren kann (Spermatransport!). Der Bulbus spongiosus erhält sein Blut über die A. bulbi penis aus der A. pudenda interna und aus der A. dorsalis penis.

Die paarigen **Corpora cavernosa** bilden das Corpus penis. Sie haben ihren Ursprung an den unteren Ästen des Os pubis. Das Schwammgewebe der Corpora cavernosa ist aus glatten Muskelzellen, netzartig verbundenen Bindegewebsbalken und aus mit Endothel ausgekleideten Lakunen (= Bluträumen) aufgebaut. In die Lakunen münden sogenannte Rankenarterien, die ihr Blut aus den Aa. profundae penis erhalten. Außerdem sind noch einige andere kleine Arterien vorhanden, die untereinander anastomosieren.

Das Blut fließt u.a. über die V. dorsalis penis profunda wieder ab.

Das Corpus cavernosum ist von einer Tunica umgeben, die kollagene Fasern enthält. ◄

Erektion

(= durch Blutstau verursachte Versteifung)

➤ Bei der Erektion werden die Rankenarterien geöffnet. Dadurch füllen sich die Lakunen der Corpora cavernosa penis mit Blut. ◄ Durch das eingeflossene Blut wird die umgebende Tunica albuginea gespannt, wodurch dieser Teil des Penis hart wird. Durch die Ausweitung der Lakunen werden die blutabführenden Venen komprimiert, so dass weniger Blut abfließt. Am Ende der Erektion schließen sich die Rankenarterien wieder, und das Blut fließt über die Venen ab.

➤ Das Corpus spongiosum füllt sich während der Erektion mit weit weniger Blut und bleibt somit weich, was den Vorteil hat, dass die in ihm liegende Urethra (= Harnsamenröhre) für den Samentransport gut durchgängig bleibt.

Die Erektion wird psychisch oder mechanisch ausgelöst. Der Reflex wird parasympathisch zum Reflexzentrum im Sakralmark weitergeleitet, das in Höhe von S_2-S_4 liegt. Vom Erektionszentrum aus verlaufen die Impulse über die Nn. splanchnici pelvici (= Nn. erigentes). ◄

Ejakulation

(= Samenerguß)

➤ Die Ejakulation wird durch einen sympathischen Reflex auf die glatten Muskeln ausgelöst. Das Reflexzentrum liegt im Lumbalmark in Höhe von L_2-L_3. Die efferenten Fasern verlaufen über den Plexus hypogastricus. Die Ejakulation wird durch den M. bulbospongiosus unterstützt, der den Bulbus penis auf der aufgetriebenen proximalen Seite des Corpus spongiosum umhüllt. ◄

Männliche Harnröhre (= Urethra masculina)

Die männliche Urethra reicht von der Öffnung in der Harnblase (= Ostium urethrae internum) bis zur Mündung an der Spitze der Glans (= Ostium urethra externum). Mit etwa 20–25 cm ist die männliche Urethra wesentlich länger als die weibliche.

Die männliche Urethra gliedert sich in 3 Bereiche:

- Pars prostatica,
- Pars membranacea (= Pars diaphragmatica),
- Pars spongiosa.

Die **Pars prostatica** ist etwa 4 cm lang und reicht vom Ostium urethrae internum bis zum unteren Teil der Prostata. Die Pars prostatica ist der Teil der Urethra, der innerhalb der Prostata verläuft. Die hintere Innenwand der Urethra zeigt in diesem Bereich eine von der Uvula vesicae ausgehende leistenartige Vorwölbung, die **Crista urethralis** genannt wird.

➤ Die Crista urethralis bildet den Colliculus seminalis (= Samenhügel), auf dessen Spitze der Utriculus prostaticus (= obliterierter Rest des Müller'schen Gangs) mündet. Auf beiden Seiten des Colliculus münden die Ductus ejaculatorii. Seitlich vom Colliculus liegen rinnenartig die **Sinus prostatici**, in die die Ausführungsgänge der Prostatadrüsen münden.

Die **Pars membranacea** ist etwa 2 cm lang und reicht vom unteren Teil der Prostata bis zum Bulbus penis. Die Pars membranacea zieht durch das Diaphragma urogenitale. Oberhalb des Diaphragma liegt der quergestreifte **M. sphincter urethrae**, der aus dem M. transversus perinei profundus hervorgeht und die Urethra umschließt – in diesem Bereich ist die Urethra besonders gut fixiert! Unterhalb des Diaphragma urogenitale ist die Wand der Urethra dünn und ausgeweitet – dieser Teil der Urethra wird Ampulla urethrae genannt. In die Ampulla münden die Cowper Drüsen (siehe weiter unten). ◄

Die **Pars spongiosa** ist etwa 10–20 cm lang und reicht bis zum Ostium urethrae externum auf der Glans penis (= Eichel).

➤ Die Pars spongiosa verläuft im Corpus spongiosum penis. Kurz vor der Mündung ins Ostium erweitert sich die Urethra zur etwa 2 cm langen **Fossa navicularis**. Am Ostium urethrae externum mündet die Urethra.

Die Urethra besitzt die nachfolgenden physiologischen Engen und Weiten.
Das Ostium urethrae internum bildet als Abgangsstelle der Urethra aus der Harnblase die 1. Enge.
Die Pars prostatica bildet die 1. Weite.
Hierauf folgt als 2. Enge die Pars membranacea, die die engste Stelle der männlichen Urethra bildet. Diese Enge ist durch den quergestreiften M. sphincter urethrae bedingt.
Die Ampulla urethrae bildet die 2. Weite.
Kurz hinter dem Ostium urethrae externum liegt als weite Stelle die Fossa navicularis, in der sich bei einer Entzündung der Glans Sekret ansammelt – sie bildet die 3. Weite der Urethra.
Das Ostium urethrae externum bildet die Mündung der männlichen Harnröhre und stellt die 3. Enge der Urethra dar. ◄

Zusammenfassung:

Ostium urethrae internum (M. sphincter vesicae)	1. Enge
Pars prostatica	1. Weite
Pars membranacea (M. sphincter urethrae)	2. Enge
Ampulla urethrae	2. Weite
Fossa navicularis	3. Weite
Ostium urethrae externum	3. Enge

Klinik: Eine Katheterisierung ist wegen der erwähnten Engen und der S-förmigen Krümmung der Urethra beim Mann schwieriger als bei der Frau.

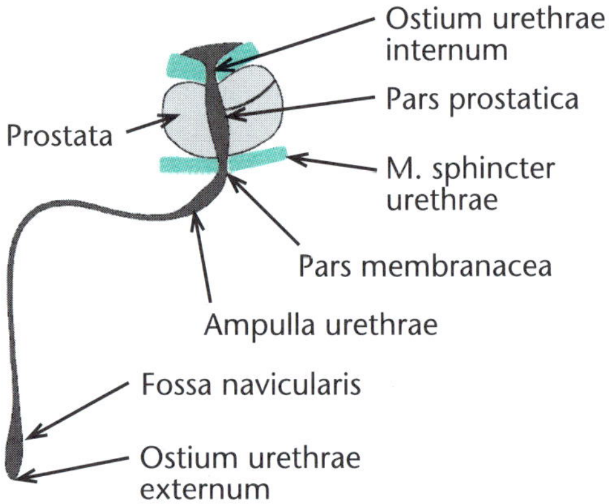

Abb. 8.63 Schematisierte Darstellung der Engen und Weiten der männlichen Urethra

Mikroskopische Anatomie

Die männliche **Urethra** besteht aus folgenden Schichten:

Tunica mucosa
➤ Im Anfangsteil ist die Urethra mit Übergangsepithel ausgekleidet. Ab der Pars prostatica findet man zunächst mehrschichtiges und weiter distal mehrreihiges Zylinderepithel. Ab der Fossa navicularis kommt mehrschichtiges unverhorntes Plattenepithel vor. ◄

Tunica propria
Im Propriabindegewebe liegt ein Venenplexus, der ebenfalls dem Verschluß der Urethra dient. Für die Miktion muß der Venenplexus zuvor entleert werden.

Tunica muscularis
Die Muskelschicht besteht wie bei der Frau aus einer inneren Längs- und einer äußeren Ringmuskelschicht.

Faszien

Das Corpus cavernosum und das Corpus spongiosum werden gemeinsam von der Fascia penis profunda (= tiefe Gliedfaszie) umhüllt. Innerhalb der Faszie liegen die A. und V. dorsalis penis und der N. dorsalis penis, oberhalb der Faszie verlaufen die Vv. dorsales penis superficiales.

Unmittelbar unter der Haut liegt die Fascia penis superficialis (= oberflächliche Gliedfaszie).

Beide Faszien dienen bei der Erektion als Verschiebeschicht zwischen den Schwellkörpern und der Außenhaut.

Bänder

Der Penis ist mit 2 Bändern an der vorderen Bekkenwand befestigt:

- **Lig. suspensorium penis** – bildet die Fortsetzung der Fascia abdominalis superficialis und zieht von der Symphyse zum Dorsum penis.
- **Lig. fundiforme penis** – bildet die Fortsetzung der Fascia penis profunda und zieht von der Linea alba (vorderes Blatt der Rektusscheide) zur Peniswurzel.

Drüsen

➤ An Drüsen kommen vor:

- **Cowper-Drüsen** (= **Glandulae bulbourethrales**) – die beiden etwa erbsengroßen Cowper Drüsen liegen innerhalb des Beckenbodens im M. transversus perinei profundus (im Diaphragma urogenitale). Mit ihren 4–5 cm langen Ausführungsgängen münden sie in die Ampulla urethrae. Die Cowper-Drüsen bilden ein schleimartiges alkalisches Sekret, das kurz vor der Ejakulation durch die umgebenden Muskeln ausgedrückt wird. ◄
- **Gll. urethrales** (= **Littre-Drüsen**) – liegen als kleine Schleimdrüsen im Bereich der Pars spongiosa und der Pars membranacea.
- **Gll. praeputiales** – liegen auf der Innenseite der Vorhaut und bilden Talg (Smegma praeputii).

Klinik: Die Urethra besitzt physiologischerweise keine Klappen in der Harnröhre. Harnröhrenklappen stellen eine angeborene Fehlbildung dar, die einen schweren Harnrückstau verursachen können, was zur verzögerten Miktion (= „Wasserlassen") führt.

8.8.7 Sperma ! 0/2

Das Sperma (= Ejakulat) ist mit einem pH von 7,20–7,50 schwach alkalisch, was die Voraussetzung für die Spermienbewegung ist.

Das Sperma besteht

- aus etwa 60–120 Millionen Spermien pro ml Spermaflussigkeit, wobei die Spermien einen Anteil von etwa 10 % am Ejakulat haben;
- aus Sekreten der
  - Prostata – 15–30 % des Spermas,
  - Samenblasen – 50–70 % des Spermas,
  - Gll. bulbourethrales – 1–3 % des Spermas.

An den in der Spermaflüssigkeit vorkommenden Sekreten sind u.a. wichtig:

- Fruktose und Lipide aus der Samenblase, die den Spermien als Energiequelle dienen,
- Fibrolysin aus der Prostata, das das Sperma verflüssigt.

Bei der Ejakulation (Samenerguß) entleeren sich die akzessorischen Drüsen fraktionsweise, zunächst die Gll. bulbourethrales, dann die Prostata mit den nachfolgenden Spermien aus dem Ductus deferens und zum Schluß die Samenbläschen.
Bei einer Ejakulation werden etwa 3 ml Sperma ausgeschieden.

8.9 Arterien

8.9.1 Aorta abdominalis !!! 20/50

Siehe auch Winterthur-Verlaufsbeschreibung „Arterien".

➤ *Absolut prüfungsrelevant: Gesamtes Kapitel, besonders die Kenntnis, welche Äste aus welchem Arterienstamm hervorgehen.* ◄

Die Aorta descendens verläßt als Aorta thoracica in Höhe des 12. Brustwirbels die Brusthöhle und gelangt durch den Hiatus aorticus des Zerchfells in die Bauchhöhle, wo sie Aorta abdominalis genannt wird. Die Aorta abdominalis zieht im Retroperitonealraum direkt vor der Wirbelsäule liegend nach kaudal zum 4. Lendenwirbel in Höhe des Nabels, wo sie sich in die beiden Aa. iliacae communes teilt. Rechts von der Aorta descendens verläuft die V. cava inferior und dorsal von der Aorta der Ductus thoracicus. In Höhe des 1. Lendenwirbels wird die Aorta vom Pankreas überlagert.

Aus der Aorta abdominalis gehen folgende Äste hervor:

- A. phrenica inferior,
- Truncus coeliacus,
- A. suprarenalis media,
- A. mesenterica superior,
- A. renalis,
- A. ovarica (Frau) bzw. A. testicularis (Mann),

- A. mesenterica inferior,
- Aa. lumbales.

Merksatz für die Äste der Aorta abdominalis:

Phreni	A. **phreni**ca inferior
zögert,	Truncus **coe**liacus
sich **m**it	A. suprarenalis **m**edialis
dem **M**esser	A. **m**esenterica superior
am **re**chten	A. **re**nalis
Ohr	A. **o**varica (A. testicularis)
zu **m**assakrieren	A. **m**esenterica inferior.

Die Äste der Aorta abdominalis werden in paarig und unpaarig vorliegende Äste unterteilt.

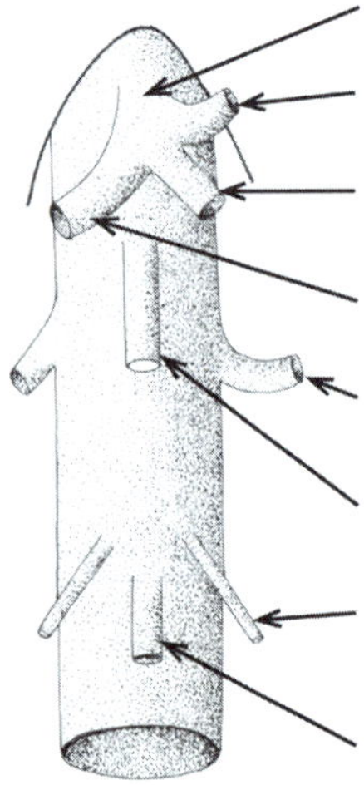

Abb. 8.64 *Äste der Aorta abdominalis*

Als paarige Äste der Aorta abdominalis kommen vor:

➜ **A. phrenica inferior** – geht in Höhe des Truncus coeliacus aus der Aorta hervor und zieht zum Zwerchfell.

➜ **A. suprarenalis media** – geht kurz unterhalb der A. phrenica inferior ab und zieht zur rechten bzw. linken Nebenniere. Die rechte A. suprarenalis media verläuft hinter der V. cava inferior.

➜ **A. renalis** – geht im Bereich des 1. bis 2. Lendenwirbels, in Höhe des Nierenhilus aus der Aorta ab. Die 1–3 cm lange linke A. renalis zieht hinter dem Körper des Pankreas zur Niere, die 3–5 cm lange rechte A. renalis zieht hinter der V. cava inferior und dem Kopf des Pankreas liegend zur rechten Niere.

➜ **A. testicularis** – (kommt nur beim Mann vor) bzw. A. ovarica (kommt nur bei der Frau vor) – gehen dicht unterhalb der A. renalis aus der Aorta hervor. Sie verlaufen über den M. psoas major abwärts und überkreuzen die Pars abdominalis des Ureter (= Harnleiter).
Die A. testicularis gelangt mit dem Ductus deferens durch den Anulus inguinalis profundus (= innerer Leistenring) in den Canalis inguinalis (= Leistenkanal), durch den sie zum Hoden zieht.
Die A. ovarica zieht von der Beckenwand im Lig. suspensorium ovarii zum Ovar, wobei sie einen Ast zur Ampulle der Tuba uterina (= Eileiter) und mehrere kleine Äste zum Ureter abgibt. Über den R. ovaricus ist sie mit der A. splenica anastomotisch verbunden.

Als unpaarige Äste der Aorta abdominalis kommen vor:

➜ **Truncus coeliacus** – verläßt in Höhe des 12. Brustwirbels kurz unterhalb des Hiatus aorticus die Aorta abdominalis, um sich nach etwa 1 cm am oberen Rand des Pankreas in seine 3 Äste (= A. hepatica communis, A.splenica, A. gastrica sinistra) zu teilen.

- **A. hepatica communis** (= Leberarterie) – zieht in der rechten Plica gastro-pancreatica zur rechten Körperseite, wo sie sich in die A. hepatica propria und in die A. gastroduodenalis teilt. An Ästen gibt sie ab:
  - **A. hepatica propria** – zieht mit dem Ductus choledochus und der V. portae durch das Lig. hepatoduodenale zur Leberpforte. Sie gibt als Äste die A. cystica, die die Gallenblase mit Blut versorgt, und die A. gastrica dextra ab.
    - **A. gastrica dextra** – zieht im Omentum minus zum Pylorus des Magens und weiter an der Curvatura minor des Magens entlang. Mit der A. gastrica sinistra bildet sie eine Anastomose.
  - **A. gastroduodenalis** – verläuft im Omentum minus. Hinter dem Pylorus des Magens teilt sie sich in ihre Endäste:
    - **A. gastroomentalis dextra** – verläuft im Omentum majus zur Curvatura major (= große Kurvatur) des Magens. Sie versorgt den Magen und das Omentum majus.
    - **A. pancreaticoduodenalis superior** – zieht zum Duodenum und zum Pankreaskopf.
- **A. splenica** (syn.: A. lienalis = Milzarterie) – verläuft im Hinterteil der Bursa omentalis, oberhalb vom Pankreas und der V. splenica entlang. Durch

das Lig. phrenicosplenicum gelangt sie zur Milz. An wichtigen Ästen gibt sie ab:

- **A. gastroomentalis sinistra** (alt: A. gastroepiploica sinistra)– zieht im Lig. gastrolienale und anschließend im Omentum majus zur Curvatura major des Magens, wo sie mit der A. gastroomentalis dextra anastomosiert.
- **Aa. gastricae breves** – versorgen den Fundus des Magens.

- **A. gastrica sinistra** – zieht in der linken Plica gastropancreatica zur Curvatura minor des Magens, wo sie Äste zum Oesophagus (= Rr. oesophageales) und zum Magen abgibt. Mit der A. gastrica dextra bildet sie eine Anastomose.

➜ **A. mesenterica superior** (s. auch Abb. 8.7) – geht direkt unterhalb des Truncus coeliacus im Bereich des 1. Lendenwirbels aus der Aorta abdominalis hervor und tritt unter dem Pankreas zum Vorschein. An wichtigen Ästen gibt sie ab:

- **A. pancreaticoduodenalis inferior** – zieht zum Pankreas und zum Duodenum. Bildet mit der A. pancreaticoduodenalis superior eine Anastomose.
- **Aa. jejunales und Aa. ilei** – verlaufen im Mesenterium zum Jejunum bzw. zum Ileum. Dabei bilden sie untereinander Anastomosen, die als Arterienarkaden bezeichnet werden.
- **A. ileocolica** – versorgt das Caecum und mit einem Ast, der A. appendicularis, die Appendix vermiformis.
- **A. colica dextra** – zieht über die V. cava inferior, die rechte A. testicularis und den rechten Ureter hinweg zum Colon ascendens.
- **A. colica media** – zieht im Mesocolon zum Colon transversum, wo sie mit der A. colica dextra und mit der A. colica sinistra jeweils eine Anastomose bildet.

➜ **A. mesenterica inferior** – geht in Höhe des 3. Lendenwirbels aus der Aorta abdominalis hervor. An wichtigen Ästen gibt sie ab:

- **A. colica sinistra** – verläuft retroperitoneal zum Colon descendens.
- **Aa. sigmoideae** – ziehen zum Colon sigmoideum.
- **A. rectalis superior** – zieht zum kleinen Becken und versorgt die oberen 2/3 des Rektum.

Anastomosen

Alle drei unpaarigen Darmarterien (= Truncus coeliacus, A. mesenterica superior und A. mesenterica inferior) sind über ihre Äste durch arkadenartige Anastomosen miteinander verbunden.

Die A. pancreaticoduodenalis superior (Ast der A. hepatica communis – aus Truncus coeliacus) bildet zwischen Pankreas und Duodenum mit der A. pancreaticoduodenalis inferior (Ast der A. mesenterica superior) eine Anastomose.

Im Bereich der linken Kolonflexur ist die A. mesenterica superior über Anastomosen mit der A. mesenterica inferior verbunden (Anastomosis Riolani).

Klinik: Durch die Anastomosen ist gesichert, dass auch bei ausgeprägten Bewegungen der Darm ausreichend mit Blut versorgt wird. Nur bei Unterbrechung eines größeren Versorgungsbereichs kommt es zu einer Schädigung des entsprechenden Darmabschnitts, wodurch die Darmbakterien in die Bauchhöhle austreten und dort eine Peritonitis (= Bauchfellentzündung) verursachen können.

8.9.2 Aa. iliacae communes !! 3/9

Siehe auch die Winterthur-Verlaufsbeschreibung „Arterien".

➤ *Prüfungsrelevant: Verlauf der beiden Aa. iliacae, Zuordnung der Äste und Kenntnis wichtiger Durchtrittsstellen.* ◄

➤ In Höhe des 4. Lendenwirbelkörpers teilt sich die Aorta abdominalis in die rechte und linke A. iliaca communis. ◄ Die beiden Aa. iliacae communes geben keine Äste ab. Vor dem rechten bzw. linken Sakro-iliakalgelenk (= Kreuzbein-Darmbein-Gelenk) teilt sich jede A. iliaca communis in eine A. iliaca externa und eine A. iliaca interna.

A. iliaca interna (= innere Hüftschlagader)

Die A. iliaca interna zieht am Sakroiliakalgelenk entlang ins kleine Becken, wobei sie die nachfolgenden parietalen und viszeralen Äste abgibt.

Parietale Äste:

➜ **A. iliolumbalis** – versorgt den M. psoas major, den M. quadratus lumborum und den Wirbelkanal.

➜ **A. sacralis lateralis** (geht manchmal aus der A. glutea superior hervor) – verläuft seitlich am Os sacrum entlang und gibt Rr. spinales in den Canalis sacralis (= Wirbelkanal im Kreuzbeinbereich) ab.

➜ **A. glutealis superior** – gelangt mit dem N. gluteus superior durch das Foramen suprapiriforme aus dem Becken heraus und verzweigt sich zwischen dem M. gluteus maximus und dem M. gluteus medius (bzw. zwischen den Mm. glutei medius und minimus) in kleine Äste. Sie versorgt die Mm. glutei.

➜ **A. glutealis inferior** – verläuft zusammen mit dem N. gluteus inferior, dem N. ischiadicus, N. cutaneus femoris posterior, der A. und V. pudenda interna und dem N. pudendus durch das Foramen infrapiriforme. Sie versorgt hauptsächlich den M. gluteus maximus. Mit der A. glutealis superior bildet sie eine Anastomose.

➜ ➤ **A. obturatoria** – verläuft unterhalb der Linea terminalis durch den Canalis obturatorius zur Adduktorenloge. Sie gibt einen R. acetabularis für das Caput des Femur ab und teilt sich in einen R. anterior und einen R. posterior für die medialen Oberschenkelmuskeln. ◄

Viszerale Äste:

➜ ➤ **A. umbilicalis** – verödet nach der Geburt zum Lig. umbilicale mediale. Oberhalb der Stelle, an der sie obliteriert, gehen aus ihr die Aa. vesicales superiores ab, die zur Harnblase ziehen. ◄

➜ **A. vesicalis inferior** – zieht zum Blasengrund, zur Prostata und zur Samenblase bzw. zur Vagina.

➜ **A. ductus deferentis** (Mann) – geht aus der A. iliaca interna oder der A. umbilicalis oder der A. vesicalis inferior hervor. Sie versorgt beim Mann die Samenblase und den Ductus deferens. Durch den Canalis inguinalis (= Leistenkanal) gelangt ein Ast von ihr zum Nebenhoden. Mit der A. testicularis bildet sie eine Anastomose.

➜ ➤ **A. uterina** (= Gebärmutterarterie) – zieht zum Isthmus uteri und im Lig. latum liegend zur Zervix des Uterus weiter, wobei sie den Ureter überkreuzt. Im Bereich des Fundus uteri anastomosiert sie mit der A. uterina der Gegenseite. ◄

An Ästen gibt sie ab:
- A. vaginalis (geht manchmal direkt aus der A. iliaca interna hervor) – versorgt den oberen Teil der Vagina (= Scheide).
- **R. ovaricus** – verläuft im Lig. ovarii proprium zum Ovar, wo sie mit der A. ovarica eine Anastomose bildet.

➜ **R. tubarius** – zieht zur Tuba uterina.

➜ **A. rectalis media** – zieht zum Rektum.

➜ ➤ **A. pudenda interna** (= innere Schamarterie) – zieht durch das Foramen infrapiriforme aus dem Becken heraus, kehrt anschließend zusammen mit dem N. pudendus durch das Foramen sciaticum minus ins Becken zurück und verläuft im lateralen Teil der Fossa ischioanalis im Canalis pudendalis (= Alcock-Kanal) nach vorn. Sie versorgt die Perianalgegend, die Urethra und den Penis bzw. die Klitoris. ◄

A. iliaca externa (= äußere Hüftschlagader)

Die A. iliaca externa verläuft am medialen Rand des M. psoas major über die Linea terminalis nach kaudal. In der unter dem Lig. inguinale liegenden Lacuna vasorum geht sie in die A. femoralis über (s. Kapitel 4.6.1).

8.10 Venen

!! 1/2

8.10.1 Vena cava inferior

Siehe auch die Winterthur-Verlaufsbeschreibung „Venen".

➤ Die rechte und linke V. iliaca communis vereinigen sich in Höhe des 5. Lendenwirbelkörpers (= oberhalb des Promontorium) hinter der rechten A. iliaca communis zur V. cava inferior. Die V. cava inferior verläuft rechts von der Aorta abdominalis und vor der Wirbelsäule liegend aufwärts. Durch den Sulcus venae cavae der Leber gelangt sie zum Zwerchfell, durch dessen Foramen venae cavae sie von der Bauch- in die Brusthöhle gelangt. Etwa 1–2 cm oberhalb des Foramen venae cavae mündet die V. cava inferior in den rechten Vorhof des Herzens (s. Kapitel 7.6.2). ◄

➤ Die V. cava inferior leitet das venöse Blut aus den unteren Körperteilen zum Herzen. Sie ist mit einem Durchmesser von etwa 3 cm das weiteste Gefäß unseres Körpers. ◄

Die V. cava inferior erhält Blut aus folgenden Ästen:

➜ **Vv. phrenicae inferiores** – aus dem Zwerchfell.

➜ **Vv. hepaticae** – münden direkt unterhalb des Zwerchfells in die V. cava inferior. Sie führen das Blut aus der Leber.

➜ **V. suprarenalis dextra** – ist sehr kurz und führt das Blut aus der rechten Nebenniere.

➜ ➤ **Vv. renales** – münden in Höhe des Abgangs der A. mesenterica superior aus der Aorta abdominalis in die V. cava inferior. Der Stamm der rechten V. renalis ist kurz und liegt unter der Pars descendens duodeni. Der Stamm der linken V. renalis ist länger. Beide Vv. renales liegen ventral von den Aa. renales. Die linke V.renalis liegt vor der Aorta abdominalis und hinter dem Pankreas. In die V. renalis sinistra mündet die V. suprarenalis sinistra, sowie beim Mann die V. testicularis sinistra und bei der Frau die V. ovarica sinistra.

➜ **Vv. testiculares** (kommen nur beim Mann vor) – führen das Blut aus dem Plexus pampiniformis, das als Venengeflecht dem Hoden anliegt. Die rechte V. testicularis mündet direkt in die V. cava inferior, die linke V. testicularis verläuft unter dem Colon sigmoideum und mündet in die linke V. renalis.

➜ **Vv. ovaricae** (kommen nur bei der Frau vor) – verlaufen im jeweiligen Lig. suspensorium ovarii. Sie führen das Blut aus den Ovarien. Die rechte V. ovarica mündet in die V. cava inferior, die linke in die V. renalis sinistra.

➜ **Vv. lumbales** – verlaufen im Lendenwirbelbereich vor den Rippenfortsätzen, wo sie über die V. lumbalis ascendens mit der V. iliaca communis in Verbindung stehen. Die V. lumbalis ascendens mündet auf der rechten Körperseite in die V. azygos, von der das Blut in die V. cava superior fließt. Die linke V. lumbalis ascendens mündet in die V. hemiazygos, die ihrerseits in die V. azygos mündet. ➤

➜ **V. sacralis mediana** – bildet entwicklungsgeschichtlich die Fortsetzung der V. cava inferior, die beiden Vv. iliacae communes stellen nur Seitenäste dar.

8.10.2 Vv. iliacae ! 0/2

Siehe auch die Winterthur-Verlaufsbeschreibung „Venen“.

Die Vv. iliacae liegen hinter den Aa. iliacae auf dem M. psoas major. Die V. iliaca externa und die V. iliaca interna verlaufen entsprechend den gleichnamigen Aa. iliacae.

Die V. iliaca interna nimmt das Blut aus der Beckenmuskulatur und den Beckenorganen über die nachfolgenden Äste auf:

➜ **Vv. gluteales superiores** – gelangen durch das Foramen suprapiriforme ins Becken. In die Vv. gluteales superiores münden die Vv. sacrales laterales, die das Blut vom Plexus venosus sacralis führen.

➜ **Vv. obturatoriae** – gelangen durch das Foramen obturatum ins Becken.

➜ **Vv. vesicales** – führen das Blut aus dem Plexus venosus vesicalis (Harnblase).

➜ **Vv. gluteales inferiores** – gelangen durch das Foramen infrapiriforme ins Becken.

➜ **Vv. rectales mediae** – führen das Blut aus dem Plexus venosus rectalis. Über den Plexus anastomosieren sie mit der V. rectalis superior und den Vv. rectales inferiores.

➜ **Vv. uterinae** (kommen nur bei der Frau vor) – führen das Blut aus dem Plexus venosus uterinus.

➜ **V. pudenda interna** – hat den gleichen Verlauf wie die A. pudenda interna. Durch das Foramen infrapiriforme gelangt sie ins Becken. Über die Vv. rectales inferiores erhält sie Blut aus dem Plexus venosus rectalis. Weitere Äste führen ihr das Blut aus den äußeren Geschlechtsteilen zu.

Die V. iliaca interna erhält das venöse Blut u.a. aus folgenden wichtigen Plexus:

- **Plexus venosus vesicalis** (= Harnblasen-Venengeflecht) – bildet um die Harnblase ein weitmaschiges Gefäßnetz und steht mit dem Plexus venosus rectalis und beim Mann außerdem mit dem Plexus venosus prostaticus in Verbindung. Der Abfluß erfolgt über die Vv. vesicales.
- **Plexus venosus uterinus** (= Gebärmutter-Venengeflecht) – bildet zu beiden Seiten des Uterus ein weitmaschiges Gefäßnetz und nimmt das venöse Blut aus dem Plexus venosus vaginalis auf, der um die Vagina liegt. Der Abfluß erfolgt über die Vv. uterinae.
- **Plexus venosus prostaticus** (= Vorsteherdrüsen-Venengeflecht) – bildet ein starkes Gefäßnetz um die Prostata. Er nimmt das Blut aus dem Penis auf. Der Abfluß erfolgt über die V. pudenda interna.
- ➤ **Plexus venosus rectali**s (= Rektum-Venengeflecht) – liegt um das Rektum herum. Das Blut fließt aus ihm über die:
  - V. rectalis superior zur V. mesenterica inferior,
  - Vv. rectales mediae zur V. iliaca interna,
  - Vv. rectales inferiores zur V. pudenda interna und von dort zur V. iliaca interna. ➤

Siehe auch die portokavalen Anastomosen in Kapitel 8.10.4.

8.10.3 Kavokavale Anastomosen !! 2/3

Siehe auch die Winterthur-Verlaufsbescheibung „Venen".

Als kavokavale Anastomose bezeichnet man eine Verbindung zwischen der V. cava superior und der V. cava inferior, wobei die beiden Venen nicht direkt sondern über Äste miteinander in Verbindung stehen. Bei einer Abflußbehinderung innerhalb einer der beiden Vv. cavae kann eine solche Anastomose lebenswichtige Bedeutung erlangen.

➤ Die kavokavalen Anastomosen können sich ausbilden zwischen:
- V. cava inferior → Vv. lumbales → V. lumbalis ascendens → V. azygos bzw. V. hemiazygos → V. cava superior.
- V. cava inferior → Vv. lumbales → Vv. intervertebrales → Plexus venosus vertebralis internus (für Rückenmark) → Vv. cervicales profundae bzw. Vv. vertebrales → V. brachiocephalica.
- V. cava inferior → V. iliaca communis → V. iliaca externa → Vv. epigastricae inferiores → V. epigastrica superior → V. thoracica interna → V. brachiocephalica → V. cava superior.
- Über die Hautvenen → V. cava inferior → V. iliaca communis → V. femoralis → V. epigastrica superficialis → V. thoracoepigastrica → V. axillaris → V. subclavia → V. cava superior. ➤

8.10.4 V. portae !!! 6/19

Siehe auch die Winterthur-Verlaufsbeschreibung „Venen".

➤ *Prüfungsrelevant: Gesamtes Kapitel.* ➤

Die V. portae (= Pfortader) geht hinter dem Kopf des Pankreas aus dem Zusammenfluß der V. mesenterica superior und der V. splenica hervor. Die etwa 6 cm lange V. portae verläuft zunächst hinter dem oberen Rand des Duodenum entlang, um dann mit der A. hepatica propria und dem Ductus choledochus zusammen im Lig. hepatoduodenale liegend zur Leberpforte zu ziehen, wo sich die V. portae in einen rechten und einen linken Hauptast teilt (weiter s. Kapitel 8.3.1 Lebersinusoide).

Durch das Foramen omentale (alt: epiploicum) ist die V. portae von der V. cava inferior getrennt.

An Ästen nimmt die V. portae auf:

➜ **V. mesenterica superior** – verläuft intraperitoneal und überkreuzt die Pars ascendens duodeni. Sie erhält das Blut über:
- Vv. pancreaticae – aus dem Pankreas.
- **V. gastroomentalis dextra** (alt: V. gastroepiploica dextra) – von der Curvatura major des Magens, sowie über deren Äste, die Vv. pancreaticoduodenales, aus dem Pankreas und Duodenum.
- **V. colica media** – aus dem Colon transversum.
- **Vv. jejunales** – aus dem Jejunum.
- **Vv. ilei** – vom Ileum.
- **V. ileocolica** – aus dem Caecum und der Appendix vermiformis.
- **V. colica dextra** – aus dem Colon ascendens.

➜ **V. splenica** (syn.: V. lienalis) – verläuft im Lig. splenorenale und liegt dorsal vom Magen und vom Pankreas. Sie leitet das Blut aus der Milz zur V. portae. Außerdem erhält sie Blut über:
- **Vv. gastricae breves** – verlaufen im Lig. splenorenale und führen das Blut aus der Curvatura major des Magens.
- **V. gastroomentalis sinistra** – (alt: V. gastroepiploica sinistra) anastomosiert mit der V. gastroomentalis dextra.
- **V. gastrica sinistra** – aus der Curvatura minor des Magens. Über den Plexus venosus oesophageus besteht eine Anastomose zu den Vv. oesophageales.
- **V. gastrica dextra** – aus der Curvatura minor des Magens
- **V. prae-pylorica** – aus dem Pylorus des Magens zur V. portae oder zur V. gastrica dextra.
- **V. mesenterica inferior** (manchmal mündet die V. mesenterica inferior direkt in die V. portae) – erhält Zufluß über folgende Äste:
  - **V. colica sinistra** – aus dem Colon descendens.
  - **Vv. sigmoideae** – aus dem Colon sigmoideum.
  - **V. rectalis superior** – über den Plexus rectalis aus dem Rektum.

➜ **V. cystica** – leitet das Blut aus der Gallenblase direkt in die V. portae.

Vereinfacht kann festgehalten werden, daß die V. portae das venöse Blut aus den unpaarigen Bauchorganen (Milz, Pankreas, Magen-Darm-Kanal) und die V. cava inferior das Blut aus den paarigen Bauchorganen (Niere usw.) erhalten.

Portokavale Anastomosen

Bei einer Erhöhung des portalen Venendrucks (= portale Hypertension) von normalerweise 10 auf über 20 mmHg, z.B. aufgrund einer Leberzirrhose, kommt es zu einer Pfortaderstauung vor der Leber. Wegen dieser Stauung bildet sich ein Kollateralkreislauf (= portokavale Anastomose), die ein Teil des venösen Bluts an der Leber vorbei in den allgemeinen venösen Blutkreislauf leitet. Außerdem kann es zu einem Blutrückstau bis zur Milz kommen, was zu einer Milzvergrößerung (= Splenomegalie) führt.

An portokavalen Anastomosen (= Verbindungen zur V. cava superior oder V. cava inferior) kommen vor:
1. Über den Plexus venosus rectalis, bei dem es zu inneren Hämorrhoiden kommen kann
Abfluß: V. portae → V. splenica → V. mesenterica inferior → V. rectalis superior → Plexus venosus rectalis → Vv. rectales mediae bzw. Vv. rectales inferiores → V. pudenda interna → V. iliaca interna → V. iliaca communis → V. cava inferior.

2. Über die submukösen Venen des Oesophagus. Diese Venen werden dabei zu Oesophagusvarizen (= Krampfadern des Oesophagus) ausgeweitet, was zu lebensbedrohlichen Blutungen führen kann, weil
- bei jeder Speiseaufnahme die Gefahr besteht, dass die Varizen durch die vorbeigleitenden Nahrungsbissen ruptiert werden,
- z.B. bei einer Leberzirrhose (durch Alkohol oder Hepatitis bedingt) die Gerinnungsfaktoren für das Blut in der Leber nur noch unzureichend gebildet werden.

Abfluß: V. portae → V. gastrica sinistra → Plexus oesophagus → Vv. oesophageae → Vv. intercostales → Vv. azygos bzw. hemiazygos → V. cava superior.

3. Über die Bauchdeckenvenen, die dabei stark anschwellen und als **Caput medusae** (= Venenzeichnungen auf der Bauchwand) imponieren.
Abfluß: V. portae → Vv. paraumbilicales → V. epigastrica inferior und V. epigastrica superficialis → Vv. thoracoepigastricae → V. axillaris → V. cava superior.

8.11 Lymphgefäße und Lymphknoten ! 1/5

Wie bereits in Kapitel 7.6.4 beschrieben, münden zwei Trunci lumbales und der Truncus intestinalis in die **Cisterna chyli**.

➤ Der **Truncus intestinalis** leitet die Lymphe aus dem Versorgungsgebiet der A. mesenterica superior und der A. mesenterica inferior – also Lymphe, die mit dem aus dem Dünndarm resorbierten Fett angereichert ist – zum Ductus thoracicus. Die **Trunci lumbales** leiten vor allem die Lymphe aus dem Beinbereich, den Beckeneingeweiden und den Organen des Retroperitonealraums zum Ductus thoracicus weiter. Im Ductus thoracicus kann die Lymphe also nur fettreicher sein!

- Von der Cisterna chyli fließt die Lymphe über den Ductus thoracicus in den linken Venenwinkel. ◄

➤ Im Retroperitonealraum liegen längs der großen Gefäße:
- **Nll. lumbales** – liegen in einer Kette beiderseits der Aorta abdominalis und der V. cava inferior. Ihre Zuflußgebiete sind: Nieren, Nebennieren, Keimdrüsen (Ovar, Hoden), Bauchwand, Becken, Bein. Die Lymphe fließt zu den Trunci lumbales weiter.
- **Nll. coeliaci** – erhalten die Lymphe über vorgeschaltete Lymphknoten aus dem Pankreas, Darm, Milz und zum Teil aus der Leber. Von hier fließt die Lymphe zum Truncus intestinalis. ◄

Die anderen Lymphknoten werden bei den jeweiligen Organkapiteln beschrieben.

8.12 Vegetative Nerven

8.12.1 Pars sympathica ! 1/3

Siehe auch die Winterthur-Verlaufsbeschreibung „Vegetatives Nervensystem".

Die Ursprungszellen des Sympathikus liegen in der Substantia intermedia (= Pars intermedia) der Seitensäule des Rückenmarks im Bereich von C8 bis L2/3. Der Sympathikus besitzt 2 Gruppen von Ganglien, von denen die eine Gruppe an beiden Seiten der Wirbelsäule als Grenzstrang (= Truncus sympathicus) eine Ganglienkette bildet.
➤ Diese Ganglien sind untereinander durch Rami interganglionares strangförmig verbunden. ◄

Die zweite Gruppe der Ganglien liegt vor der Wirbelsäule und besteht aus praevertebralen Ganglien. Diese praevertebralen Ganglien nehmen Fasern für die Eingeweidemuskulatur und für die Gefäßwände auf und leiten die entsprechenden Impulse weiter.
Von den Ursprungszellen im Rückenmark ziehen sympathische Fasern, die zum 1. Neuron gehören, durch die motorische Radix ventralis zu den Nn. spinales und durch die markscheidenhaltigen praegan-

glionären Rami communicantes albi zum entsprechenden Grenzstrangganglion.

Im Grenzstrangganglion wird der überwiegende Teil der sympathischen Fasern auf das 2. Neuron umgeschaltet, der kleinere Teil zieht in den Nn. splanchnici zu den praevertebralen Ganglien und wird dort auf das 2. Neuron umgeschaltet.

Vom 2. Neuron ziehen die markarmen oder marklosen Neuriten durch die markscheidenlosen postganglionären Rami communicantes grisei zu den Nn. spinales, um mit den Spinalnerven in die Peripherie zu ziehen, wo sie die glatte und quergestreifte Muskulatur, die Gefäßwände und die Drüsen innervieren.

Der Sympathikus wird in einen Hals-, Brust-, Bauch- und Beckenteil unterteilt.

Bauchteil des Sympathikus

Der Bauchteil des Sympathikus besteht aus Ganglien, die auf der ventralen Seite der Wirbelsäule liegen. Der rechte und linke Grenzstrang werden im Bauch- und Beckenbereich durch quer verlaufende Rr. transversi miteinander verbunden, im Brustbereich kommen diese Rami nur selten vor.
In den praevertebralen (prae-aortalen) Ganglien liegen die Perikaryen des 2. Neurons.

➤ An Ganglien kommen vor:
- **Ganglia coeliaca** – liegen am Anfangsteil der Aorta abdominalis und um den Truncus coeliacus herum. Sie bilden den Hauptteil des Plexus coeliacus (s. weiter unten). Von ihnen ziehen postganglionäre Fasern zur/zum : Leber, Pankreas, Milz, Nebenniere, Magen und Duodenum.
- **Ganglion mesentericum superius** – liegt an der Abgangsstelle der A. mesenterica superior aus der Aorta abdominalis. Seine postganglionären Fasern versorgen den Darmbereich zwischen Duodenum und Colon transversum.
- **Ganglion mesentericum inferius** – liegt an der Abgangsstelle der A. mesenterica inferior aus der Aorta abdominalis. Seine postganglionären Fasern versorgen den Darmbereich zwischen Colon transversum und Rektum. ◄
- Ganglia aorticorenalia – liegen am Abgang der Aa. renales aus der Aorta.
- Ganglia renalia – liegen um die Aa. renales.

Diese Ganglien erhalten Fasern vom Symphatikus, N. vagus, N. phrenicus und von den Nn. splanchnici major und minor. Von den Ganglien ziehen vegetative Fasern zum **Plexus aorticus abdominalis**, der die Aorta abdominalis in voller Länge (bis zur Aufteilung in die Aa. iliacae communis) geflechtartig umhüllt. Der Plexus aorticus abdominalis bildet den größten Plexus des autonomen Nervensystems. Neben der Innervation der glatten Eingeweidemuskulatur führt er den Drüsen sekretorische Fasern zu, verengt Gefäße und führt sensible Fasern aus den Eingeweiden weiter.

Aus dem Plexus aorticus abdominalis gehen u.a. hervor:
- **Plexus coeliacus** (syn.: **Plexus solaris = Sonnengeflecht**) – liegt um den Truncus coeliacus.
  Klinik: Bei einem Schlag auf den Plexus solaris kann es zu vegetativen Störungen in Form einer Erhöhung der Herzfrequenz und von Atemnot kommen.
- Plexus mesentericus superior und inferior.

Außerdem gibt er eine Reihe von Plexus zu den Bauchorganen ab, deren Bezeichnung von den Bauchorganen abgeleitet ist, z.B.: Plexus hepaticus – Leber (Hepar), Plexus splenicus – Milz (Splen) usw.

Der Plexus aorticus abdominalis geht über in
- die paarigen Plexus iliaci, die die Aa. iliacae communes begleiten und
- den unpaarigen Plexus hypogastricus superius, der über das Promontorium ins kleine Becken zieht und sich in einen rechten und linken N. hypogastricus teilt. Die Nn. hypogastrici ziehen zum Plexus hypogastricus inferior, der um das Rektum liegt.

Beckenteil des Sympathikus

Der Beckenteil des Grenzstrangs liegt medial von den Foramina pelvina des Os sacrum (= Kreuzbein). Er besteht aus vier paarigen Ganglien und dem unpaarigen Ganglion coccygeum impar. Als Nn. splanchnici sacrales ziehen die Grenzstrangnerven zu den praevertebralen Ganglien.

Der Plexus aorticus abdominalis ist über den Plexus hypogastricus superior mit dem im Bereich des Rektum und der Harnblase liegenden Plexus hypogastricus inferior verbunden. Der Plexus hypogastricus inferior erhält über die Nn. pelvici splanchnici parasympathische Fasern. Im Bereich dieses Plexus liegen viele Ganglienzellen, die zu den Ganglia pelvina zusammengefaßt werden.

8.12.2 Pars parasympathica ! 0/1

Siehe auch die Winterthur-Verlaufsbeschreibung „Vegetatives Nervensystem“.

➤ Die Zellkörper des Parasympathikus liegen

- als kranialer Teil des Parasympathikus im Mittelhirn und im verlängerten Mark (= Medulla oblongata),
- als kaudaler Teil im sakralen Abschnitt des Rückenmarks. ◄

➤ Der kraniale Teil des Parasympathikus benutzt bestimmte Gehirn- und Rückenmarksnerven als Leitungskabel. Gehirnnerven mit parasympathischen Anteilen sind: N. oculomotorius, N. facialis, N. glossopharyngeus und N. vagus Hierbei kommt dem N. vagus eine besondere Rolle zu. ◄ Die Fasern des Parasympathikus verlaufen mit Ausnahme der parasympathischen Fasern des N. vagus unterhalb des Abgangs des N. laryngeus recurrens und der Nn. pelvici splanchnici zusammen mit anderen Nerven.

Der kaudale Teil des Parasympathikus geht aus der Zona intermedia des Rückenmarks in Höhe des 2.–5. Sakralsegments hervor.

➤ Über die Radix ventralis verlassen diese Fasern das Rückenmark, um mit den 2.–4. Sakralnerven zum Plexus sacralis zu ziehen, von wo sie als Nn. splanchnici pelvi zum Ganglion pelvinum verlaufen, wo der größte Teil der Fasern auf das postganglionäre Neuron umgeschaltet wird. ◄

Der Parasympathikus ist der Antagonist (= Gegenspieler) des Sympathikus, was aus der nachfolgenden Tabelle ersichtlich wird.

➤ Bei einer Aktivierung kommt es zu folgenden Reaktionen:

➤ Erfolgsorgan	Sympathikus	Parasympathikus
Pupille	erweitert	verengt
Herz		
– Sinusknoten	erhöht die Herzfrequenz	erniedrigt die Herzfrequenz
– AV-Knoten	verkürzt die Überleitungszeit, erweitert die Herzkranzgefäße	verlängert die Überleitungszeit, verengt die Herzkranzgefäße
Lunge (Bronchialmuskeln)	Relaxation (⇒ Erweiterung)	Kontraktion (⇒ Verengung)
Magen/Darm		
– Motilität	nimmt ab	nimmt zu
– M. sphincter	Kontraktion	Relaxation
Harnblase	⇒ Harnverhaltung	
– M. sphincter	Kontraktion	Relaxation
– M. detrusor	Relaxation	Kontraktion
Penis	Ejakulation	Erektion ◄

8.13 Peritoneum

!! 5/9

Das **Peritoneum** (= **Bauchfell**) wird in zwei seröse Häute unterteilt:

- als **Peritoneum parietale** (= parietales Blatt) kleidet es die Innenwand der Bauch- und Beckenhöhle aus,
- als **Peritoneum viscerale** (= viszerales Blatt) überzieht es die intraperitoneal (= innerhalb des vom Peritoneum ausgekleideten Höhlenteil) liegenden Bauch- und Beckeneingeweide.

Das insgesamt etwa 2 qm große Peritoneum kann als seröse Haut bestimmte Substanzen sezernieren (= abgeben) und resorbieren (= aufnehmen). Als seröse (= feuchte) Haut ermöglicht es das Peritoneum den von ihm umgebenen Organen sich gegeneinander zu verschieben.

Innervation und Gefäßversorgung

➤ Das Peritoneum parietale wird von Nn. intercostales, dem N. iliohypogastricus und dem N. ilioinguinalis innerviert. Es ist sehr schmerzempfindlich. Das Peritoneum viscerale wird von autonomen Eingeweidenerven innerviert und ist fast schmerzfrei. Stellenweise kommen im Peritoneum Lamellenkörperchen (Vater-Pacini-Körperchen) vor. Das Peritoneum ist von vielen Blutgefäßen durchsetzt und enthält viele Lymphkapillaren. ◄

Mikroskopische Anatomie

➤ Das Peritoneum besteht aus einer Schicht platter Mesothelzellen (Serosazellen), die zur Peritonealhöhle hin mit Mikrovilli besetzt und mit einem dünnen Flüssigkeitsfilm überzogen sind, weshalb die Oberfläche des Peritoneum spiegelnd und glatt erscheint. ◄

Unter dem Epithel liegt als dünne Bindegewebsschicht die Lamina propria, die stellenweise einer Tela subserosa aufsitzt.

Peritonealverhältnisse

➤ Die Bauchorgane, die vollständig vom Peritoneum viscerale umhüllt sind, werden als intraperitoneal liegende Organe bezeichnet. Diese Organe sind über ein Mesenterium, an dem sie beweglich fixiert sind, mit der Bauchwand verbunden. ◄

Organe, die entwicklungsgeschichtlich gesehen außerhalb der Bauchhöhle angelegt wurden, werden als **primär retroperitoneal** (syn.: **extraperitoneal**) liegende Organe bezeichnet.

Organe, die ursprünglich innerhalb der Bauchhöhle angelegt wurden, im Laufe der Fetalentwicklung jedoch an die Bauchwand gedrängt wurde, sind an den Stellen, an denen sie mit der Bauchwand verwachsen sind, nicht vom Peritoneum umgeben und werden deshalb als **sekundär retroperitoneal** liegende Organe bezeichnet.

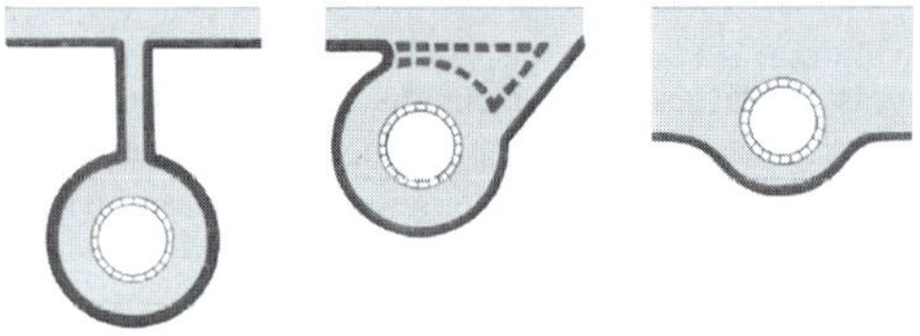

Abb. 8.65 Peritonealverhältnisse

➤ **Intraperitoneal liegen:**
- im Oberbauch: Leber, Gallenblase, Milz, Magen, Pars superior duodeni,
- im Unterbauch: Jejunum, Ileum, Caecum, Appendix vermiformis, Colon transversum, Colon sigmoideum.

Primär retroperitoneal liegen:
Niere, Nebenniere, Ureter, Aorta abdominalis, V. cava inferior, Ductus thoracicus, Grenzstrang. ◄

Merksatz:

Nehmt	– **Ne**benniere
niemals	– **Nie**re
unseren	– **U**reter
Toren	– Ductus **tho**racicus
grünen	– **Gr**enzstrang
Kaffee	– V. **ca**va inferior
ab	– Aorta **ab**dominalis.

➤ **Sekundär retroperitoneal liegen:**
- im Oberbauch: Pars descendens duodeni, Pars horizontalis duodeni, Pars ascendens duodeni, Pankreas;
- im Unterbauch:Caecum, Colon ascendens, Colon descendens, ein Teil des Rektum. ◄

Merksatz:

Du	– **Du**odenum
Punker	– **P**ankreas
komm **auf**	– Colon ascendens (= **auf**steigender Teil)
und **ab**	– Colon descendens (= **ab**steigender Teil)
ins **Rektum**	– Teil vom Rektum

Mesenterien

Bei der Darmdrehung verkleben während der Fetalzeit Teile des viszeralen und parietalen Peritoneum miteinander und verschmelzen mit der dorsalen Bauchwand. Diese peritonealen Duplikaturen dienen als Aufhängeband und werden Mesenterien (= Darmgekröse) genannt. Sie kommen an sehr weit in die Peritonealhöhle vorgestülpten Darmbereichen vor und verbinden diese Darmbereiche beweglich mit der hinteren Bauchwand.

Das Mesenterium ist bandartig (nicht strangförmig). Es besteht neben den beiden Peritonealblättern aus einer dazwischenliegenden Tela subserosa, in der die Nerven, Blut- und Lymphgefäße verlaufen.

➤ Die Mesenterien haben vor allem die Aufgabe, die Blut- und Lymphgefäße und die Nerven zum jeweiligen Darmabschnitt zu leiten. Außerdem dienen sie der Fettspeicherung und der Abwehr (sie besitzen viele Makrophagen). ◄

Folgende Mesenterien kommen u.a. vor:
- Mesogastrium (= Mesenterium des Magens),
- Mesocolon (= Mesenterium des Kolon),
- „Meso" (= Mesenterium des Dünndarms).

Die Mesenterien können sich zwischen den Organen ausspannen und dabei Räume abgrenzen und bilden.

Die Stelle, an der das parietale in das viszerale Peritonealblatt umschlägt, wird als Mesenterialwurzel (= Radix) bezeichnet. Die Mesenterialwurzeln bilden die Ein- und Austrittsstellen für die Gefäße zum Mesenterium.

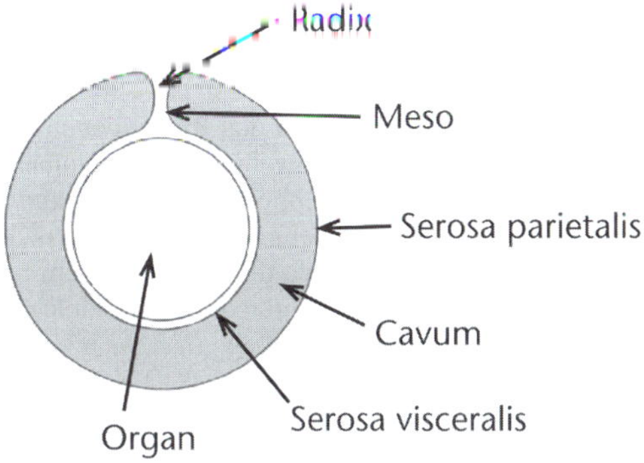

Abb. 8.66 Darstellung der Serosaverhältnisse (schematisiert)

Es kommen drei Mesenterialwurzeln vor:
➤ **Radix mesenterii** (= Dünndarmgekröse) – für das **Mesenterium**.
Das Mesenterium beginnt an der Flexura duodenojejunalis in Höhe des 2. Lendenwirbels, zieht über den M. psoas major hinweg, überkreuzt den rechten Ureter (= Harnleiter) und beim Mann die A. und V. spermatica bzw. bei der Frau die A. und V. ovarica und zieht zum Ostium ileocaecale. Diese Radix ist etwa 15 cm lang, die Entfernung der Mesenterialwurzel zum Darm beträgt ebenfalls etwa 15 cm. Am Mesenterium sind das Jejunum und das Ileum befestigt. Im Mesenterium verlaufen die A. und V. mesenterica superior.

Radix mesocoli transversi (= Querkolongekröse) – für das **Mesocolon transversum**.
Das Mesocolon transversum liegt unter der Leber und dem Magen. Das Mesocolon transversum zieht von der Flexura coli dextra über die rechte Niere, die Pars descendens des Duodenum und das Caput des Pankreas bis zur Flexura coli sinistra, die in Höhe der linken Niere liegt. Nach kaudal begrenzt es die Bursa omentalis. Ventral ist es über das Colon transversum mit dem Omentum majus verbunden. Im Mesokolon verlaufen die A. und V. colica media und Äste der A. mesenterica superior.

Radix mesocoli sigmoidei (Sigmagekröse) – für das **Mesocolon sigmoideum**.
Das Mesocolon sigmoideum verläuft S-förmig vom linken Os ilium (Darmbein) zum Promontorium, wobei es die A. und V. iliaca communis und den Ureter kreuzt. In ihm verlaufen Äste der A. mesenterica inferior. ◄

8.13.1 Peritonealstrukturen

!!! 11/30

➤ *Prüfungsrelevant: Gesamtes Kapitel.* ◄

Als Peritonealduplikaturen (= Bauchfellduplikaturen) kommen im Oberbauch das Omentum majus und das Omentum minus vor. Die Omenta sind auf beiden Seiten vom Peritoneum bedeckt, in ihnen verlaufen ein Großteil der Blut- und Lymphgefäße für die Organe.

Omentum majus (= großes Netz)

Das Omentum majus ist eine Bindegewebsplatte, die vom Peritoneum umhüllt ist. Das Omentum majus ist läppchenartig aufgebaut und zumeist sehr fettreich, nur bei mageren Menschen sieht es netzartig aus.

Das Omentum majus ist an der Curvatura major (= große Kurvatur) des Magens befestigt, von der es schürzenartig herabhängt und damit den Darm bedeckt. Die Rückseite des Omentum majus ist mit dem Colon transversum fest verwachsen.

Als **Lig. gastrocolicum** wird der Teil des Omentum majus bezeichnet, der von der Curvatura major des Magens zum Colon transversum zieht, mit dessen Taenia omentalis es ebenfalls verwachsen ist. Im Lig. gastrocolicum verlaufen die Aa. und Vv. gastroomentalis dextra und sinistra.

Den oberen Teil des Omentum majus bildet das Lig. gastrophrenicum, das den Fundus des Magens mit dem Zwerchfell verbindet. Das Lig. gastrophrenicum bildet die obere Fortsetzung des Lig. splenorenale und des Lig. gastrosplenicum.

Das Omentum majus ist reich an Makrophagen und Lymphozyten (siehe Milchflecken, weiter unten) und dient damit der Abwehr. Bei Entzündungen verklebt es häufig an der entzündeten Stelle. Als eine Art Fettpolster schützt es den Darm und die hinter ihm liegenden Organe vor Stößen. Außerdem dient es als Fettdepot und der Resorption von z.B. Flüssigkeit, die sich in den Spalten der Peritonealhöhle (= Bauchfellhöhle) ansammelt.

Im Stroma des Omentum majus liegen Strukturen, die als **Milchflecken** (= **Maculae lacteae**) bezeichnet werden. Innerhalb dieser Milchflecken kommen viele arteriovenöse Anastomosen vor, zwischen denen viele Lymphozyten und Histiozyten liegen. Die Milchflecken besitzen keine Organkapsel. Sie dienen der Abwehr.

Weitere wichtige Peritonealduplikaturen sind:
- **Lig. gastrosplenicum** (syn.: **Lig. gastrolienale**) – zieht als vordere Peritonealduplikatur von der

Curvatura major des Magens zum Hilus der Milz. Im Lig. gastrosplenicum verlaufen die A. und V. gastrica brevis und die A. gastroomentalis sinistra.

- **Lig. splenorenale** (syn.: Lig. lienorenale, Lig. phrenicosplenicum, alt: Lig. phrenicolienale) – zieht vom Zwerchfell, der Niere und der Cauda des Pankreas zum Milzhilus. Kaudal setzt sich das Ligamentum in das Mesocolon transversum fort. Es begrenzt den Recessus splenicus der Bursa omentalis. Im Lig. splenorenale verlaufen die A. und V. splenica.
- **Lig. phrenicocolicum** – liegt auf der linken Körperseite zwischen dem Zwerchfell und dem Colon descendens. Es bildet den Boden der Milznische.

Omentum minus (= kleines Netz)

Das Omentum minus ist eine Peritonealplatte, die sich fast frontal zwischen der Eingeweidefläche der Leber und der kleinen Kurvatur des Magens sowie der Pars superior des Duodenum ausspannt. Das Omentum minus besteht aus 2 Anteilen:

- **Lig. hepatogastricum** – zieht als zartes Band von der Curvatura minor des Magens zur Leber. Es bildet eine Grenze der Bursa omentalis. In ihm verlaufen die A. und V. gastrica dextra.
- **Lig. hepatoduodenale** – zieht als derbes Band von der Leber zur Pars superior des Duodenum. Der Unterrand des Lig. hepatoduodenale bildet die Vorderwand des Foramen omentale (syn.: Foramen epiploicum) und begrenzt den Eingang in das Vestibulum der Bursa omentalis.

Das Lig. hepatoduodenale enthält die Leitungsbahnen zur Leberpforte, die in charakteristischer Weise angeordnet sind:

- ventral – Ductus choledochus,
- in der Mitte – A. hepatica propria,
- dorsal – V. portae,
- sowie Nerven und Lymphgefäße.

> **Merksatz:** **Chole**riker (= Ductus **chole**dochus) **hel**fen (A. **he**patica propria) **Port**ugal (V. **port**ae).

Der obere schmale Teil des Omentum minus, der vom Magen zum Zwerchfell zieht, wird **Lig. phrenicogastricum** genannt.

8.14 Angewandte und topographische Anatomie

Der Bauch wird kranial durch den Rippenbogen und kaudal u.a. durch die Cristae iliacae (= Darmbeinkämme) begrenzt. Die Bauchhöhle (= **Cavitas abdominalis**) wird kranial kuppelartig durch das Zwerchfell, ventral und lateral durch die Bauchmuskeln mit ihren Sehnen, sowie dorsal durch die Wirbelsäule und das Os sacrum (= Kreuzbein) begrenzt. Nach kaudal setzt sich das Cavum abdominis in die Beckenhöhle (= **Cavitas pelvis**) fort.

Eine Grenze zwischen der Bauch- und der Beckenhöhle ist nicht genau zu ziehen, da Darmanteile auch im Becken liegen.

Festzuhalten bleibt, dass die äußere Grenze des Bauches nicht mit der Cavitas abdominalis übereinstimmt, da sich das Zwerchfell unter den Rippen nach kranial vorwölbt.

8.14.1 Oberflächenanatomie, Abdomen ! 1/4

➤ Beim mageren und beim muskulösen Menschen bilden sich auf der vorderen Bauchwand ab:

- Linea alba,
- Intersectiones tendineae des M. rectus abdominis,
- die Muskel-Sehnengrenze des M. obliquus externus abdominis,
- die lateralen Ränder der Mm. recti abdominis. ◄

Gliederung der Bauchwand in Regionen

Aus der Abbildung 8.26 können Sie ersehen, daß die Bauchwand in 3 Etagen und 9 Regionen unterteilt wird:

- **Epigastrium** (= Oberbauch) – liegt zwischen dem Zwerchfell und einer zwischen den beiden untersten Punkten des Rippenbogens gezogenen Linie.
- **Mesogastrium** (= Mittelbauch) – liegt zwischen der oberen Linie und der zwischen den beiden Cristae iliacae gezogenen Linie.
- **Hypogastrium** (= Unterbauch) – liegt zwischen der unteren Linie und dem Lig. inguinale.

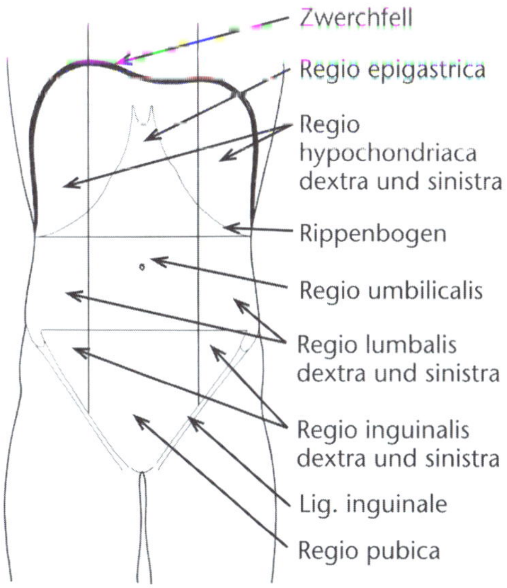

Abb. 8.67 Gliederung des Bauch- und Beckenbereichs.

Head-Zonen

➤ Erkrankt ein inneres Organ, so kann der Schmerz auf bestimmte Hautzonen projiziert werden und dort über einen viszero-kutanen Reflex Überempfindlichkeiten in Form von Schmerzen hervorrufen.Die Schmerzen treten dabei auf der ipsilateralen (= gleichen) Seite auf, wo das unpaarige Organ liegt. Diese Hautzonen (= Hautbezirke) werden Head-Zonen genannt. ◄

➤ Die Schmerzübertragung läßt sich dadurch erklären, dass das animale und das vegetative Nervensystem über kleine Äste miteinander in Verbindung stehen. Dadurch entstehen Beziehungen zwischen den Eingeweiden und Organen mit bestimmten Hautzonen.

Umgekehrt ist es möglich, über die entsprechende Hautzone auf bestimmte innere Organe einzuwirken (= kuto-viszeraler Reflex), was bei der physikalischen Therapie (Massagen, Bäder usw.) genutzt wird. ◄

Wichtige Head'sche Zonen

Organ	Projektionsort
Zwerchfell	C_4 – linke und rechte Schulter.
Herz	C_{3-4} und Th_{3-4} – Schmerzen im Bereich der 4. Rippe bis in den Oberarm.
Oesophagus	Th_{4-5} – unterer Sternumbereich.
Magen	Th_8 – Epigastricum und linke Regio hypochondriaca
Leber mit Gallenblase	Th_{8-11} – rechte Regio hypochondriaca (manchmal auch bis zur Scapula).
Dünndarm	Th_{10} – Regio umbilicalis (Nabelbereich).
Dickdarm	Th_{11} bis L_1 – Regio umbilicalis, Regio abdominalis.
Niere und Hoden	Th_{10} bis L_1 – Leistenbereich bis in den Hodensack (Labien).
Harnblase	Th_{11} bis L_1 – Regio pubica.

8.14.2 Organprojektionen auf die Bauchwand

Die Projektion der einzelnen Organe auf die Bauchwand wird ausführlich unter „Topographie" in den einzelnen Organkapiteln beschrieben.

8.14.3 Röntgenbilder

Siehe Winterthur-Atlas 4. Auflage.

8.14.4 Gliederung der Bauchhöhle, Topographie der Bauchorgane !! 3/16

Die Bauch- und Beckenhöhle können in eine Cavitas peritonealis (= Peritonealhöhle = Bauchfellhöhle) und in ein Spatium retroperitoneale (= Retroperitonealraum) unterteilt werden.

Als **Peritonealhöhle** wird der Raum zwischen dem parietalen und dem viszeralen Blatt des Peritoneum, also der kapilläre Spaltraum zwischen den Eingeweiden und der Wand der Leibeshöhle bezeichnet. Einige Autoren bezeichnen mit Cavitas peritonealis die Bauchhöhle in ihrer Gesamtheit.

Das **Spatium retroperitoneale** liegt als Bindegewebsraum zwischen der hinteren Bauchwand und dem parietalen Blatt des Peritoneum. In diesem Spalt, dem Retroperitonealraum, liegen die primär retroperitonealen Organe (s. Kapitel 8.13).

Die Topographie der einzelnen Organe wird ausführlich in den jeweiligen Organkapiteln beschrieben.

Im Bereich der Bauchhöhle sind nachfolgende Peritonealtaschen (= Bauchfelltaschen) von Bedeutung:

Bursa omentalis (= Netzbeutel)

➤ Die Bursa omentalis ist die wichtigste Peritonealtasche. Sie dient bei Atem- und Körperbewegungen als Gleitspalt für die Leber, den Magen und die Milz. Die Bursa omentalis besteht aus einem Hauptraum (= Vestibulum bursae omentalis) und einigen Recessus. ◄

➤ Die Bursa omentalis wird begrenzt:

ventral:
- Omentum minus,
- Magen (stellt den größten Teil der Vorderwand der Bursa),

dorsal:
- Lig. gastrocolicum,
- Pankreas,
- linke Nebenniere,
- oberer Pol der linken Niere,
- Aorta abdominalis,
- linker Teil der Plica gastropancreatica (mit der A. und V. gastrica sinistra),
- rechter Teil der Plica gastropancreatica (mit der A. hepatica communis und der V. gastrica dextra),

kranial:
- Lobus caudatus der Leber,
- Zwerchfell,

kaudal:
- Colon transversum mit Mesocolon transversum,

lateral rechts:
- Leber,
- Duodenum,
- V. cava inferior,

lateral links:
- Milz.
- Lig. gastrosplenicum,
- Lig. gastrophrenicum. ◄

Klinik: ➤ Einen operativen Zugang zur Bursa omentalis schafft man:

1. indem Sie von vorn das Lig. gastrocolicum durchtrennen, das sich zwischen der Curvatura major des Magens und dem Colon transversum ausspannt (= supracolischer Weg = der zumeist angewendete Weg),
2. indem Sie von unten das Mesocolon transversum durchtrennen (= intracolischer Weg) – hierbei muß jedoch darauf geachtet werden, dass die Gefäße für den Darm nicht verletzt werden,
3. indem Sie von oben durch das Omentum minus zwischen der Curvatura minor des Magens und der Leber eindringen,
4. indem Sie das Omentum majus unter Umgehung des Colon transversum abtrennen. ◄

➤ Als natürlicher Eingang zur Bursa omentalis dient das 2–3 cm breite **Foramen omentale** (alt: Foramen epiploicum), das in Höhe des 1. Lendenwirbelkörpers rechts von der Wirbelsäule liegt.

Das Foramen omentale wird abgegrenzt durch:
- kranial – Lobus caudatus der Leber,
- kaudal – Pars superior des Duodenum,
- ventral – Lig. hepatoduodenale und Unterrand des Omentum minus,
- dorsal – V. cava inferior und rechte Nebenniere. ◄

An weiteren Peritonealtaschen kommen vor:
- **Recessus subphrenici** – liegen zwischen dem Zwerchfell, der Leber und dem Lig. falciforme.
- **Recessus subhepatici** – liegen zwischen dem Zwerchfell und dem Colon transversum. Sie setzen sich in den Recessus hepatorenalis fort, der von der Niere und der Nebenniere begrenzt wird.
- ➤ **Recessus duodenalis superior** – liegt hinter der Plica duodenalis superior, in der die V. mesenterica inferior verläuft. Dieser Recessus kann als Bruchsack dienen. ◄
- **Recessus duodenalis inferior** – liegt kurz vor der Flexura duodenojejunalis.

In der Nähe des Caecum (= Blinddarm) liegen:
- **Recessus ileocaecalis superior** – liegt oberhalb der Einmündung des Ileum in das Caecum. Er wird ventral von der Plica caecalis vascularis begrenzt.
- **Recessus ileocaecalis inferior** – liegt unterhalb der Einmündung des Ileum in das Caecum. Er wird ventral von der Plica ileocaecalis und dorsal vom Mesoappendix begrenzt. Die Plica ileocaecalis erstreckt sich zwischen dem unteren Ileum, der Appendix vermiformis und dem Caecum.

- **Recessus retrocaecalis** – liegt zwischen dem Caecum und der hinteren Bauchwand.

8.14.5 Gliederung des Cavum pelvis, Topographie der Beckenorgane

Die Topographie der Beckenorgane wird ausführlich in den jeweiligen Organkapiteln behandelt. Die Gliederung des Beckens lesen Sie bitte in Kapitel 6.4.4 nach.

8.14.6 Regio perinealis 0/0

Durch eine gedachte Linie zwischen dem rechten und linken Tuber ischiadicum (= Sitzbeinhöcker) unterteilt man die Regio perinealis (= Dammregion) in eine Regio urogenitalis und eine Regio analis.

Die Regio urogenitalis enthält die äußeren Geschlechtsorgane, die Regio analis umfaßt das Gebiet um den Anus. Zwischen Anus und Vagina bzw. der Peniswurzel liegt der **Damm** (= **Perineum**).

Der Bereich um den Anus wird von den Nn. rectales inferiores, die Haut des Damms von den Nn. perineales (alle Äste des N. pudendus) innerviert.

8.14.7 Intraabdominaldruck

Das Zusammenspiel von Bauchwand und Zwerchfell für die Bedeutung der Bauchpresse wird in Kapitel 6.3.2 beschrieben.

8.14.8 Schwangerschaft und Geburtsvorgang ! 0/1

Die Schwangerschaft dauert beim Menschen vom 1. Tag der letzten Regel gerechnet durchschnittlich 280 Tage oder 40 Wochen (früher wurde die Schwangerschaft nach Mondmonaten angegeben, die jeweils 28 Tage betrugen). Die Schwangerschaft dauert real also etwa 280 Tage minus der Zeit zwischen dem 1. Tag der letzten Regel und dem Befruchtungstag.

Ist der genaue Konzeptionstag (= Befruchtungstag) nicht bekannt, so errechnet man den Geburtstermin nach der Naegele-Regel: 1. Tag der letzten Regel minus 3 Monate plus 7 Tage.

➤ Während der Schwangerschaft vergrößert sich synchron zum Wachstum des Feten der Uterus, wobei die Uterusvergrößerung hauptsächlich durch die Hypertrophie der vorhanden Muskelfasern und zum kleineren Teil durch Hyperplasie (= Zellvermehrung) erfolgt (s. Kapitel 8.7.3).

Da der Uterus besonders im Bereich des Zervix (= Muttermund) durch starke Bänder im kleinen Becken fixiert ist, erfolgt die Ausdehnung des Uterus zur Bauchhöhle hin. ◄

Größenzunahme des Uterus

Gegen Ende des 3. Schwangerschaftsmonats ist der Uterus so groß geworden, dass der Fundus des Uterus aus dem kleinen Becken herausragt. Um die 20. Schwangerschaftswoche erreicht der Fundus den Nabel und zwischen der 28.–30. Woche das Epigastrium.

➤ Ende der 36. Schwangerschaftswoche erreicht der Uterus seinen höchsten Stand, wobei der Fundus kurz unterhalb des Processus xiphoideus (= Schwertfortsatz des Brustbeins) steht. ◄ Zwischen der 37. bis 40. Woche neigt sich der Fundus etwas nach vorn und senkt sich damit auf die gleiche Höhe, die er um die 34. Woche erreicht hatte.

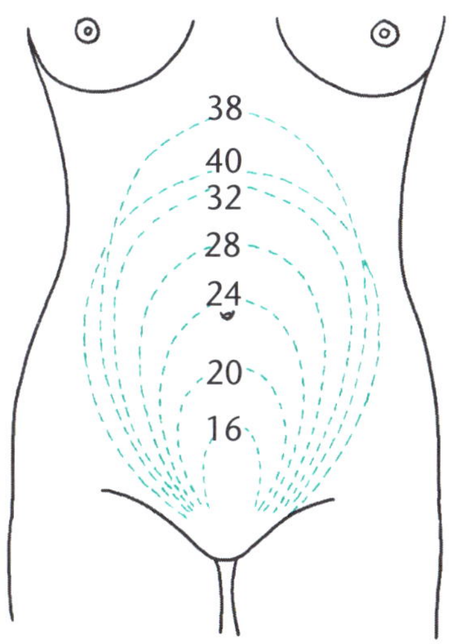

Abb. 8.68 *Stand des Fundus uteri in den verschiedenen Schwangerschaftswochen*

Gegen Ende der 40. Schwangerschaftswoche hat sich das Gewicht des Uterus von 50–100 g (= nicht schwangerer Uterus) auf 1–1,5 kg erhöht. Das Volumen der Uterushöhle beträgt zu diesem Zeitpunkt etwa 5 l.

Während der Schwangerschaft lockert sich das mittelbar an der Geburt beteiligte mütterliche Gewebe (u.a. die Zervix) unter Hormoneinfluß auf und wird dadurch weicher und bei der Geburt dehnbarer.

Geburtsvorgang

Die Geburt wird wahrscheinlich durch Hormone aus der Nebennierenrinde des Fetus ausgelöst. Das in der Neurohypophyse der Mutter gebildete Hormon Oxytocin beeinflußt die Dauer und die Intensität der Wehen.

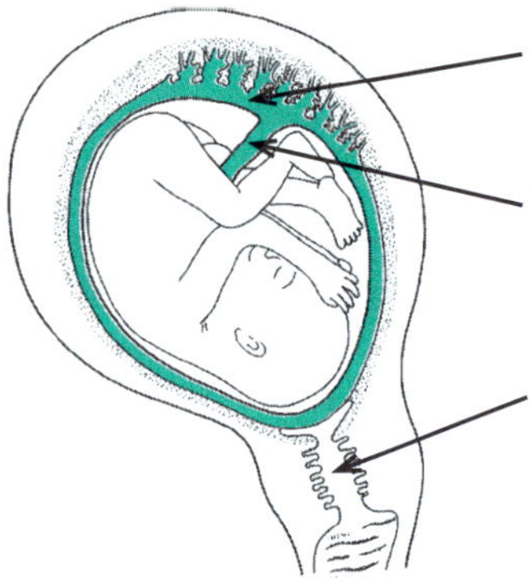

Abb. 8.69 *Lage des Kindes kurz vor der Geburt.*

Beim Geburtsvorgang unterscheidet man drei Stadien:

1. Stadium = Eröffnungsperiode

Dieses Stadium reicht vom Beginn der Wehen (= Kontraktionen der Uterusmuskulatur) bis zur vollständigen Öffnung des Zervikalkanals. Die Dauer dieses Stadiums ist sehr variabel, bei einer Erstgebärenden dauert es durchschnittlich 12 Stunden, bei einer Mehrgebärenden etwa 7 Stunden.

➤ Zu Beginn dieses Stadiums bildet sich im Bereich des inneren Zervikalkanals (= innerer Muttermund) ein aus Amnion und Chorion gebildeter Keil, der sich infolge der Uteruskontraktionen immer weiter in den Zervikalkanal vorschiebt und den Kanal damit eröffnet.

Gegen Ende des 1. Stadiums reißt dieser Keil, damit kommt es zur Ruptur der Fruchtblase und das Fruchtwasser tritt aus. Durch die Wehen wird der Zervikalkanal nun vollständig eröffnet. ◄

2. Stadium = Austreibungsperiode

➤ Dieses Stadium reicht von der vollständigen Eröffnung des Zervikalkanals bis zur Geburt. Die Austreibungsperiode dauert zwischen 20–60 Minuten. ◄

Durch die weiteren Uteruskontraktionen wird der Fetus durch den Geburtskanal (= Zervikalkanal und Vagina) nach außen gedrückt, hierbei spielt die von der Gebärenden bewußt eingesetzte Bauchpresse eine unterstützende Rolle.

Einstellung des Feten während der Geburt

➤ Für die reibungslose Geburt ist der Durchmesser des Beckenkanals der Schwangeren von entscheidender Bedeutung. Der Durchmesser des ovalen Kopfes eines Neugeborenen beträgt etwa 11–12 cm x 8–9 cm. Die engste Stelle eines normal entwickelten Beckens bildet mit 11 cm die Conjugata vera (siehe Kapitel 6.4.2). Die noch nicht zusammengewachsenen Kopfknochen des Neugeborenen ermöglichen im begrenzten Rahmen eine Anpassung des Kopfes an die Beckenweite (s. Kapitel 5.1.1). ◄

Während der Geburt dreht sich der Körper des Kindes innerhalb des Geburtskanals entsprechend dem geringsten Widerstand. Bei der **Hinterhauptslage** (= Kopf wird zuerst geboren) dreht sich der Kopf des Kindes zunächst in Querrichtung (= die Sutura sagittalis = Pfeilnaht liegt quer). Nach dem Durchtritt durch den Muttermund dreht sich der Kopf des Kindes in Längsrichtung (= Sutura sagittalis liegt längs), wobei das Gesicht des Kindes dem Os sacrum (= Kreuzbein) zugewandt ist. Um aus dem Geburtskanal austreten zu können, muß der Kopf anschließend gestreckt werden.

Bei einer Steißlage tritt zuerst das wesentlich breitere untere Rumpfende durch den Geburtskanal.

3. Stadium

Dieses Stadium reicht von der Geburt des Kindes bis zur Geburt der Nachgeburt. Kurze Zeit nach der Geburt des Kindes löst sich die Plazenta von der Decidua basalis und wird ebenfalls mittels Kontraktionen des Uterus als Nachgeburt ausgestoßen.

Die Rückbildung des Uterus erfolgt innerhalb von 6 bis 8 Wochen nach der Geburt, der Zervikalkanal schließt sich innerhalb von etwa 10 Tagen nach der Geburt.

Klinik: Bei mangelhafter Hygiene besteht nach der Geburt eine erhöhte Infektionsgefahr für die Mutter, da durch den noch offenen Zervikalkanal pathogene (= krankheitsauslösende) Keime in den Uterus eindringen können und dort auf die große Wundfläche stoßen. Solche Infektionen waren früher als Kindbettfieber gefürchtet.

9 Zentralnervensystem

Das **zentrale Nervensystem** (**ZNS**) soll aus etwa 10–40 Milliarden Nervenzellen mit 100 Billiarden Synapsen aufgebaut sein. Hinzu kommen die Gliazellen, die die Nervenzellen stützen und ernähren. Aus diesen Schätzungen können Sie ableiten, dass das ZNS ein sehr komplexes Organ ist, bei dem die einzelnen Strukturen über viele Verschaltungen miteinander verbunden sind.

Das zentrale Nervensystem wird in einen
- extrakranial und einen
- intrakranial liegenden Bereich unterteilt.

Das extrakranial liegende ZNS wird als **Rückenmark** bezeichnet. Vom Rückenmark ziehen Spinalnerven zum Rumpf und zu den Extremitäten. Im Bereich des Foramen magnum geht das Rückenmark in das verlängerte Mark über, das zum Rautenhirn gehört.

Das intrakranial liegende ZNS wird **Gehirn** genannt. Es unterteilt sich in
- Rautenhirn (Rhombenzephalon),
- Mittelhirn (Mesenzephalon),
- Zwischenhirn (Dienzephalon),
- Kleinhirn (Cerebellum),
- Endhirn (= Großhirn = Telenzephalon).

Um das ZNS vor äußeren Einflüssen zu schützen, ist es von Knochen umgeben. So liegt das Rückenmark, umgeben von den Wirbelsäulenknochen, im Wirbelkanal, und das Gehirn im Gehirnschädel (= Kalotte).

Das Rückenmark und das Gehirn sind außerdem von drei Hirn- bzw. gleichnamigen Rückenmarkshäuten umgeben, die das ZNS von den Knochen trennen und gleichzeitig mit einem dünnen Flüssigkeitsmantel umgeben, der das ZNS „weich abpolstert", so dass von außen auftretende starke Erschütterungen (die z.B. beim Aufprall des Kopfes bei einem Sturz entstehen können) abgemildert werden.

Im Inneren des ZNS befindet sich ein ebenfalls mit Flüssigkeit gefülltes Hohlraumsystem, das im Gehirn als Gehirnkammersystem (= Ventrikelsystem) besonders ausgeprägt ist, während es im Rückenmark als Zentralkanal teilweise zurückgebildet ist.

9.1 Entwicklung

9.1.1 Ausgangsmaterial !! 2/6

Wie in Kapitel 1.4.5 bereits ausführlich beschrieben, entwickeln sich aus der Wand des **Neuralrohrs**
- im kranialen Bereich kleine Hirnbläschen, die die Anlage des Gehirns bilden,
- im kaudalen Bereich das spätere Rückenmark.

Während sich das Neuralrohr noch abfaltet, lösen sich aus seinem Ektoderm Zellen, die die **Neuralleiste** bilden. Solange das Neuralrohr noch nicht geschlossen ist, liegt die Neuralleiste als Zwischenschicht zwischen dem Oberflächenektoderm und dem Neuralrohr. Nachdem das Neuralrohr geschlossen ist, wandern amöboid bewegliche Zellen aus der Neuralleiste in den ganzen Körper aus. Dabei bilden die Zellen auf beiden Seiten des Neuralrohrs im Bereich jedes Somiten Zellaggregate, aus denen die Spinalganglien hervorgehen. Im Kopfbereich bilden die Zellen die sensiblen Ganglien für die Hirnnerven 5, 7, 9 und 10 und die parasympathischen Ganglien für die Hirnnerven 3, 7, 9 und 10. Die aus der Neuralleiste hervorgehenden Strukturen lesen Sie bitte in Kapitel 1.4.5 nach.

➤ Das aus der Neuralleiste stammende Mesoderm wird Mesektoderm genannt. Die Zellen des **Mesektoderm** verhalten sich wie Mesenchymzellen. Aus den Zellen des Mesektoderm entwickeln sich die weichen Hirnhäute (siehe Kapitel 9.10.2). Außerdem entstehen aus den Mesektodermzellen Knorpelzellen für die Kiemenbögen sowie Odontoblasten, die das Zahnbein (= Dentin) bilden.

Im Kopfbereich fehlt das Mesoderm, seine Aufgaben übernimmt hier das Ektoderm.

Anfang der 5. Entwicklungswoche differenzieren sich die Neuroepithelzellen des Neuralrohrs in Neuroblasten und Glioblasten. Aus den **Neuroblasten** gehen die Nerven und Ganglienzellen, aus den **Glioblasten** über weitere Vorstufen die Oligodendrozyten und die Astrozyten hervor. Außerdem entsteht in der Seitenwand des Neuralrohrs innen eine

Ependymzone, aus der sich über die Ependymoblasten die **Ependymzellen** entwickeln.

Die Ependymzellen kleiden die innere Oberfläche von Hohlräumen im Gehirn und im Rückenmark wie z.B. die Hirnventrikel und den Zentralkanal aus.

Die **Sympathikoblasten** haben als Neuroblasten der Sympathikusganglien den gleichen Ursprung wie die chromaffinen Zellen des Nebennierenmarks – beide produzieren auch Adrenalin und Noradrenalin.◄

➤ Aus dem Hohlraum des Neuralrohrs und seiner Derivate entstehen (siehe Abbildung 9.3):
- im Rückenmark der Zentralkanal,
- im Rautenhirn der 4. Hirnventrikel,
- im Mittelhirn der Aqueductus cerebri,
- im Zwischenhirn der 3. Hirnventrikel,
- im Endhirn der Seitenventrikel. ◄

9.1.2 Rückenmark

!! 1/5

Im Rumpfbereich entwickelt sich das Neuralrohr zum Rückenmark.

Die Entwicklung geht von den Zellen des mehrreihigen **Neuroepithels** aus, das die Wand des Neuralrohrs zum Zentralkanal hin auskleidet.

Ein Teil der Neuroepithelzellen differenziert sich zu **Neuroblasten**, die als primitive Nervenzellen aufgefaßt werden können. Neuroblasten besitzen einen großen Zellkern und einen dunkel gefärbten Nukleolus.

➤ Die Neuroblasten lagern sich außen mantelartig dem Neuroepithel an, weshalb die von ihnen gebildete Schicht **Mantelzone** genannt wird. ◄ Die Neuroblasten bilden Fortsätze aus, von denen das Axon (Nervenfaser) zur Oberfläche des Neuralrohrs vordringt und dort die **Marginalzone** bildet. Die Fortsätze der Neuroblasten sind von Glioblasten umgeben, die sich ebenfalls aus den Neuroepithelzellen differenzieren.

➤ Als weitere Schicht gehen aus dem Neuroepithel die Zellen der **Ependymzone** hervor, die das Neuralrohr innen auskleiden und damit den Zentralkanal des Rückenmarks umkleiden. ◄

➤ Die Wand des Neuralrohrs besteht somit von innen nach außen aus:
- Ependymzone,
- Mantelzone,
- Marginalzone. ◄

➤ Nur im Bereich der ventralen und dorsalen Wand des Neuralrohrs bilden sich aus dem Neuroepithel keine Neuroblasten. Diese beiden Bereiche bleiben dünn und werden als **Boden-** und als **Deckplatte** bezeichnet.

Aus der Mantelzone entsteht die graue Rückenmarkssubstanz und aus der Marginalzone die weiße Rückenmarkssubstanz, wobei die weiße Farbe durch die Myelinhüllen hervorgerufen wird, die die Fortsätze der Nervenzellen umgeben.

Im 2. Entwicklungsmonat entstehen in der **Mantelzone** zwei Zellsäulen, die durch einen längs verlaufenden rinnenartigen Sulcus limitans voneinander getrennt werden. Die dorsal liegende Zellsäule entwickelt sich zur Flügelplatte, die ventral liegende Zellsäule zur Grundplatte. ◄

Die beiden **Grundplatten** wölben sich während des weiteren Wachstums weiter aus, wodurch zwischen beiden Grundplatten als mediane Spalte die **Fissura mediana anterior** entsteht.

Die beiden **Flügelplatten** lagern sich nun aneinander, wobei sie nur durch eine mediane Scheidewand, das **Septum medianum dorsale**, voneinander getrennt sind.

Aus der Flügelplatte entwickelt sich das **Hinterhorn** (= Cornu posterius), das die sensiblen Kerne enthält und die somato-afferenten (= somato-sensiblen) Erregungen leitet.

Aus der Grundplatte entwickelt sich das **Vorderhorn** (= Cornu anterius), das die motorischen Kerne enthält und die somato-efferenten (= somato-motorischen) Erregungen leitet.

Zwischen dem Hinter- und dem Vorderhorn entsteht das **Seitenhorn**, das aus der Grund- und Flügelplatte hervorgeht. Das Seitenhorn (= Cornu laterale) leitet die viszero-afferenten und die viszero-efferenten Erregungen weiter. Die 3 Säulen sehen bei der Aufsicht auf einen Querschnitt durch das Rükkenmark hornartig aus, weshalb sie im Querschnitt Horn genannt werden.

In der **Marginalzone** entstehen analog zur Mantelzone drei Stränge (siehe Kapitel 9.2.3):
- Hinterstrang = Funiculus posterior,
- Seitenstrang = Funiculus lateralis,
- Vorderstrang = Funiculus anterior.

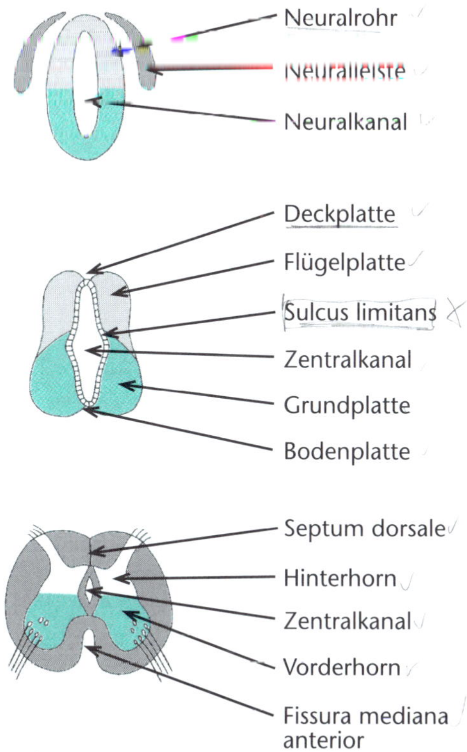

Abb. 9.1 Schematisierte Darstellung der Entwickung des Rückenmarks vom 4. bis zum 9. Entwicklungsmonat

Lageveränderung des Rückenmarks

Während beim Embryo das Rückenmark noch den gesamten Wirbelkanal ausfüllt, so dass die vom Rückenmark abgehenden 31 Spinalnervenpaare in Höhe der jeweiligen Foramina intervertebralia liegen (siehe Kapitel 6.1.6), wächst die Wirbelsäule in den nachfolgenden Entwicklungsmonaten schneller als das Rückenmark.

➤ Beim Neugeborenen reicht das Rückenmark noch bis zum 3. Lendenwirbel, beim Erwachsenen nur noch bis zum 1. bis 2. Lendenwirbel. Dies wird auch als Ascensus des Rückenmarks bezeichnet. ◂

9.1.3 Gehirn !!! 6/12

Das **Gehirn** entwickelt sich am Kopfende des Neuralrohrs in Form von drei bläschenförmigen Verdickungen. Diese Verdickungen werden **primäre Hirnbläschen** genannt. Sie unterteilen sich in ein:

- Pros enzephalon (= Vorderhirn),
- Mes-enzephalon (= Mittelhirn),
- Rhomb-enzephalon (= Rautenhirn).

In der 5. Entwicklungswoche teilt sich das Vorderhirn in das:
- paarige Tel-enzephalon (= Endhirnbläschen),
- unpaarige Di-enzephalon (= Zwischenhirnbläschen).

Das Rautenhirn (Rhombenzephalon) teilt sich in das:
- Met-enzephalon (= Hinterhirn) und in das
- Myel-enzephalon (= Nachhirn = Markhirn).

Somit sind aus den 3 primären 5 **sekundäre Hirnbläschen** entstanden.
Während des in Kapitel 1.4.6 beschriebenen Wachstums des Neuralrohrs kommt es in der Längsachse der Keimscheibe zur Krümmung (= Abfaltung). Ähnlich der Krümmung des Embryonalkörpers krümmt sich die Gehirnanlage.

➤ In der 4. Entwicklungswoche zeigt das Gehirn zwei Krümmungen:
- die **Scheitelbeuge** (syn.: Mittelhirnbeuge) – sie liegt als stärkste Krümmung im Bereich des Mittelhirns,
- die **Nackenbeuge** – sie liegt zwischen dem Rautenhirn und dem Rückenmark. ◂

➤ Zu einem etwas späteren Zeitpunkt entsteht als 3. Krümmung die **Brückenbeuge,** die im Bereich des Rautenhirns liegt. ◂

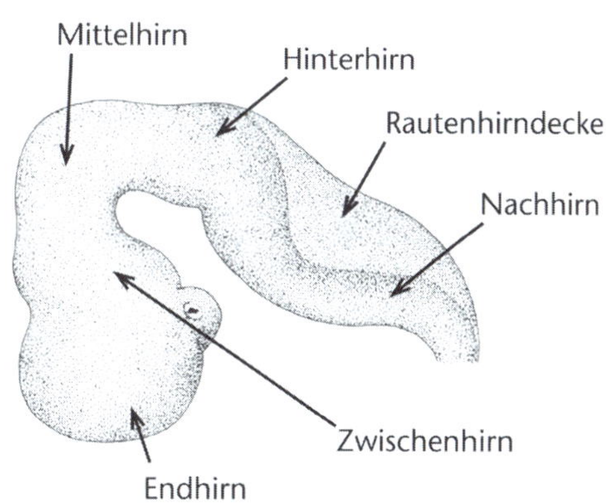

Abb. 9.2 Lage der Hirnabschnitte

➤ Während das Gehirn zu Beginn der Entwicklung noch den gleichen Grundaufbau wie das Rückenmark zeigt, kommt es durch das unterschiedliche Wachstum der grauen und weißen Substanz zu deutlichen Unterschieden, was u.a. dazu führt, daß die Flügel-

und Grundplatte im Hirnbereich nur noch im Mittel- und Rautenhirn deutlich unterscheidbar sind. ◄

Entwicklung des Vorderhirns (= Prosenzephalon)

Mitte der 5. Entwicklungswoche entstehen lateral vom Vorderhirn die Augenbläschen, aus denen sich die Augen entwickeln (siehe Kapitel 10.2.1). Einige Tage später buchtet sich vor den Augenbläschen auf jeder Seite des Vorderhirns ein Endhirnbläschen (= Telenzephalon) aus. Die beiden Endhirnbläschen sind durch das zwischen ihnen liegende Zwischenhirnbläschen (= Dienzephalon) miteinander verbunden.

► Die Grenze zwischen End- und Zwischenhirn bildet als Grenzfurche der Sulcus terminalis. Aus den Lumina der Endhirnbläschen entwickeln sich die Seitenventrikel (siehe Kapitel 9.9.1), aus dem Lumen des Zwischenhirnbläschens entwickelt sich der 3. Hirnventrikel (Kapitel 9.9.3). Die Seitenventrikel stehen durch das Foramen interventriculare mit dem 3. Ventrikel in Verbindung. ◄

Entwicklung des Endhirns (= Telenzephalon)

Ende des 2. Entwicklungsmonats dehnen sich die beiden Endhirnbläschen ballonartig aus und überwachsen das Zwischen-, Mittel- und Rautenhirn. Die **Hemisphären** (= „Halbkugeln") der beiden Endhirnbläschen treffen schließlich in der Mittellinie aufeinander, wobei sich das zwischen ihnen liegende Mesenchym zur **Falx cerebri** (= Großhirnsichel – siehe Kapitel 9.10.1) verdichtet. Am Boden der Endhirnbläschen entwickelt sich als Basalganglion je ein **Corpus striatum** (= Streifenkörper).

Die von und zur Hirnrinde (= Kortex) verlaufenden, gebündelten Nervenfasern ziehen als Projektionsbahnen durch das Corpus striatum hindurch und unterteilen es in einen **Nucleus caudatus** und das **Putamen.**

Während die Oberfläche der beiden Hemisphären zunächst noch glatt ist, kommt es durch das Wachstum der Hirnrinde Anfang des 7. Entwicklungsmonats

- 1. zur Lappenbildung und
- 2. zur Faltung der Oberfläche der Hirnrinde in Gyri (= Windungen).

Zwischen den Gyri liegen die Sulci (= Furchen). Durch diese Entwicklung bildet sich das für das Großhirn charakteristische Relief, wobei die endgültige Ausbildung erst nach der Geburt beendet wird.

Durch die Faltung der Hirnoberfläche vergrößert sich das Volumen der Großhirnrinde erheblich.

Die in der Hirnrinde angesiedelten Neuroblasten bilden Axone, die

- 1. als **Assoziationsfasern** in der gleichen Hirnhälfte verbleiben,
- 2. als **Kommissurenfasern** zur anderen Gehirnhälfte (= Hemisphäre) ziehen,
- 3. als **Projektionsfasern** zu den anderen Hirnteilen oder zum Rückenmark ziehen (siehe auch Kapitel 9.7.4).

Entwicklung des Zwischenhirns (= Dienzephalon)

In der lateralen Wand des 3. Hirnventrikels entstehen der Epithalamus, der Thalamus und der Hypothalamus. Die beiden Thalami verwachsen in der Mitte häufig, wodurch die **Adhaesio interthalamica** entsteht. An der Unterseite des Hypothalamus entwikkeln sich die beiden Corpora mamillaria.

Aus dem Epithalamus entstehen die Habenulae und die Glandula pinealis (= Epiphyse).

Entwicklung des Mittelhirns (= Mesenzephalon)

Das Mittelhirnbläschen verändert sich weniger als die beiden anderen primären Hirnbläschen.

Aus der am Mesenzephalon deutlich zu erkennenden Grundplatte differenziert sich das **Tegmentum** (= Mittelhirnhaube), in dem sich der **Nucleus ruber,** die Formatio reticularis und die Kerne des 3. und 4. Hirnnerven (= N. oculomotorius und N. trochlearis) entwickeln. Die Neuroblasten der Flügelplatte differenzieren sich zu den Colliculi superiores und inferiores (= Vierhügelplatte), außerdem bilden die Neuroblasten die Lamina tecti.

Die von der Großhirnrinde kommenden Projektionsbahnen bilden die Pars anterior pedunculi cerebri (s. Kapitel 9.4.2).

Das Lumen des Mittelhirnbläschens verengt sich zum Aqueductus cerebri (syn.: Aqueductus mesencephali), (siehe Kapitel 9.9.2).

Entwicklung des Rautenhirns (= Rhombenzephalon)

Das rautenförmig aussehende Rautenhirn geht im Bereich der Nackenbeuge in das Rückenmark über. Später teilt die Brückenbeuge das Rautenhirn in das Hinterhirn (= Metenzephalon) und in das Nachhirn (= Myelenzephalon).

Das Lumen des Rautenhirns bildet den 4. Hirnventrikel, der sich in den Canalis centralis (= Zentralkanal) des Rückenmarks fortsetzt. Im Dach des 4. Ventrikels entsteht der Plexus choroideus.

Entwicklung des Kleinhirns (= Cerebellum)

➤ Das Kleinhirn entwickelt sich im Bereich der Rautengrube durch das Zusammenwachsen von 2 lippenartigen Fortsätzen (Rautenlippen). Infolge der Brückenbeuge entsteht daraus die Kleinhirnplatte, an der gegen Ende des 3. Entwicklungsmonats die Vermis (= mittlerer Abschnitt) und die beiden Hemisphären (= Kleinhirnhälften) unterschieden werden können. Die Kleinhirnplatte besteht u.a. aus Zellen des Neuroepithels, aus dem Neuroblasten zur Kleinhirnoberfläche ziehen und dort die äußere Körnerschicht bilden. Aus der äußeren Körnerschicht wandern Zellen bis gegen Ende des 2. Lebensjahres nach innen und wandeln sich in Körner-, Korb- und Sternzellen um, die die Purkinje-Zellen umhüllen. Somit endet die Neurogenese im Kleinhirn erst gegen Ende des 2. Lebensjahres. ◄

Entwicklung des Hinterhirns (= Metenzephalon)

Am Boden des Metenzephalon entsteht die Brücke (= Pons). Im Dach des Metenzephalon verdicken sich die beiden Kanten der Flügelplatte zu zwei Rautenlippen. Die beiden Rautenlippen vereinigen sich zur Kleinhirnplatte.

Entwicklung des Nachhirns (= Myelenzephalon)

Aus dem Myelenzephalon entsteht die Medulla oblongata. Wie das Rückenmark, so besitzt auch das Myelenzephalon eine gut voneinander unterscheidbare Flügel- und Grundplatte.

Aus der Flügelplatte wandern die Neuroblasten aus und bilden medial den Nucleus gracilis und lateral den Nucleus cuneatus.

Außerdem bilden die Neuroblasten der Flügelplatte auf jeder Seite 3 Kernsäulen für:

- Afferenzen aus den Eingeweiden (= viszero-sensible Kerne),
- Afferenzen aus den Geschmacksknospen (= gustatorische Kerne),
- Afferenzen des N. trigeminus und des N. vestibulocochlearis (= somato-sensible Kerne).

Die Neuroblasten der Grundplatte bilden ebenfalls auf jeder Seite 3 Kernsäulen:

- somatomotorische Kerne (für den N. hypoglossus),
- viszeromotorische Kerne (für den N. vagus, den N. glossopharyngeus und den N. accessorius),
- parasympathische viszeromotorische Kerne (für den N. glossopharyngeus).

Entwicklung der Hypophyse (= Hirnanhangdrüse – Kapitel 9.6.2)

➤ Die Hypophyse besteht aus einem Vorder- und einem Hinterlappen, die beide vollkommen verschiedener Herkunft sind. ◄

➤ Der Hypophysenvorderlappen (= **Adenohypophyse**) schnürt sich um den 24. Entwicklungstag bläschenförmig aus dem Ektoderm der Mundbucht des Rachendaches ab. Diese Einschnürung wird **Rathke-Tasche** (= **Saccus hypophysialis**) genannt. Gleichzeitig entwickelt sich der Hypophysenhinterlappen (= **Neurohypophyse**) aus einer Aussakkung des Zwischenhirns, die Infundibulum genannt wird. ◄

Beide Teile (= Adeno- und Neurohypophyse) wachsen zusammen. Aus der unterschiedlichen Herkunft läßt sich die unterschiedliche Funktion der beiden Lappen erklären. So speichert die Neurohypophyse die beiden aus dem Hypothalamus kommenden Hormone Vasopressin und Oxytoxin, während die Adenohypophyse als endokrine Drüse glandotrope (= auf Drüsen wirkende) Hormone sezerniert (= abgibt), die andere endokrine Drüsen beeinflussen.

Hirngewicht

Das Gehirn wiegt insgesamt:

- beim Neugeborenen etwa 400 g,
- Ende des 1. Lebensjahres etwa 800 g,
- Ende des 4. Lebensjahres etwa 1200 g,
- Ende des 21. Lebensjahres etwa 1400 g.

➤ Die Gewichtszunahme nach der Geburt hängt mit dem Wachstum der Axone und Dendriten zusammen. Die Nervenzellen vermehren sich nach der Geburt nicht mehr. Geht beim Erwachsenen eine Nervenzelle zugrunde, so kann sie nicht mehr ersetzt werden. ◄

Das Gehirn einer erwachsenen Frau wiegt etwa 9 % weniger als das eines Mannes, was darauf zurückzuführen ist, daß bei der Frau der Anteil des Gehirns für den Bewegungsapparat kleiner ist.

Von den 1400 g Hirnmasse entfallen etwa 87 % auf das Endhirn, wobei die Hirnrinde mit etwa 55 % am Endhirn beteiligt ist.

ZNS

Entwicklung der Hirnstrukturen aus den primären Hirnbläschen				
3-Bläschen-Stadium	**Krümmungen**	**5-Bläschen-Stadium**	**wichtige Strukturen**	**Hirnventrikel**
Vorderhirn (= Pros-enzephalon)		Endhirn (= Telenzephalon)	Großhirnrinde, Nucleus caudatus, Putamen	Seitenventrikel
		Zwischenhirn (= Dienzephalon)	Thalamus, Hypothalamus, Neurohypophyse, Chiasma opticum, Epithalamus, Corpora mamillaria	III. Hirnventrikel
Mittelhirn (= Mes-enzephalon)	Scheitelbeuge	Mittelhirn	Tektum, Tegmentum, Crura cerebri	Aqueductus cerebri
Rautenhirn (= Rhomb-enzephalon)	Brückenbeuge Nackenbeuge	Hinterhirn (= Metenzephalon)	Cerebellum (= Kleinhirn) und Pons (= Brücke)	IV. Hirnventrikel
		Nachhirn (= Myelenzephalon)	Medulla oblongata (= verlängertes Mark), Oliven	IV. Hirnventrikel

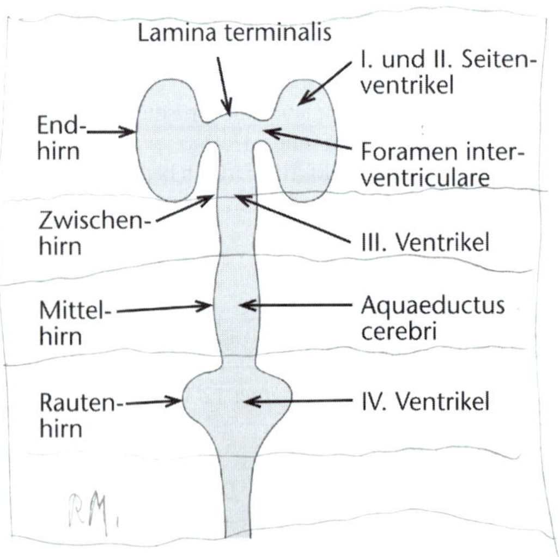

Abb. 9.3 Bläschenstadium

9.1.4 Angeborene Mißbildungen

! 0/0

➤ *Prüfungsrelevant: Grundkenntnis der fett hervorgehobenen Mißbildungen.* ◄

Angeborene Mißbildungen des ZNS sind zumeist auf einen unvollständigen Verschluß des Neuralrohrs zurückzuführen, wobei sich die Mißbildung auf das ZNS beschränken kann oder auch die umgebenden Strukturen (Knochen und Muskeln) betroffen sein können.

An Mißbildungen kommen vor:
Spina bifida occulta – Spaltbildung der Wirbelsäule, zumeist in der Lendenregion. Der Spalt ist von Haut bedeckt, Rückenmark und Rückenmarksnerven sind intakt.

Spina bifida cystica – sie stellt die schwerste Form einer Spaltbildung der Wirbelsäule dar. Bei der Spina bifida cystica ist der Spalt nicht von Haut bedeckt. Es kommen zwei Formen der Spina bifida cystica vor:

- **Meningozele** – hierbei treten die Meningen (= Hirnhäute) zystenartig aus dem Spalt heraus
- **Meningomyelozele** – hierbei treten neben den Meningen das Rückenmark und die Wurzeln der Spinalnerven aus dem Spalt hervor.

Myelozele (= Rachischisis) – hierbei verschließt sich im schwersten Fall das Neuralrohr in einem Bereich nicht. Die Ränder des Neuralrohrs gehen im Spaltbereich in das Hautektoderm über. Das Rückenmark wird nicht vom Liquor umspült (Liquor siehe Kapitel 9.9.5). Die Neugeborenen sterben innerhalb weniger Tage.

Anenzephalus (= „Froschkopf") – bei dieser schwersten Gehirnmißbildung fehlen die Schädeldecke und Teile des Gehirns (siehe Kapitel 5.1.3).

9.2 Rückenmark

9.2.1 Gestalt, Gliederung, Lage !!! 10/19

Die in Kapitel 6.1.4 beschriebene Wirbelsäule umschließt den Wirbelkanal (= Canalis vertebralis). Der Wirbelkanal wird von den Wirbelkörpern und den zwischen den Wirbelkörpern liegenden Disci intervertebrales (= Bandscheiben) gebildet.

Der Wirbelkanal beginnt am Foramen magnum (= großes Hinterhauptsloch) und endet am Hiatus sacralis, dem Ende des Kreuzbeins (= Os sacrum).

Der Wirbelkanal umschließt das Rückenmark (= Medulla spinalis), das analog zum Gehirn, von den in diesem Kapitel weiter unten beschriebenen Rükkenmarkshäuten umhüllt wird.

➤ Das Rückenmark ist etwa 45 cm lang und 1 cm breit. Entsprechend der Wirbelsäule wird das Rükkenmark in ein Hals-, Brust-, Lenden-, Kreuz- und Steißmark unterteilt, wobei die Unterteilung jedoch nicht der tatsächlichen Lage des jeweiligen Rükkenmarkabschnittes zur Wirbelsäule entspricht (siehe hierzu Kapitel 9.1.2). ◄

➤ Beim Erwachsenen reichen das:
- Halsmark bis zum 7. Halswirbel,
- Brustmark bis zum 9.–10. Brustwirbel,
- Lendenmark bis zum 12. Brustwirbel,
- Sakralmark bis zum 1. bis 2. Lendenwirbel. ◄

Rückenmark-segment	Wirbelkörper-projektion
C_1 – C_5	C_1 – C_5
C_6 – C_8	C_6 – C_7
Th_1 – Th_6	Th_1 – Th_5
Th_7 – Th_{12}	Th_6 – Th_9
L_1 – L_5	Th_{10} – Th_{12}
S_1 – S_5 und Co_1	L_1 – L_2

Aus dem Rückenmark treten auf beiden Seiten Wurzelfäden **(= Filia radicularia)** aus, wobei diese

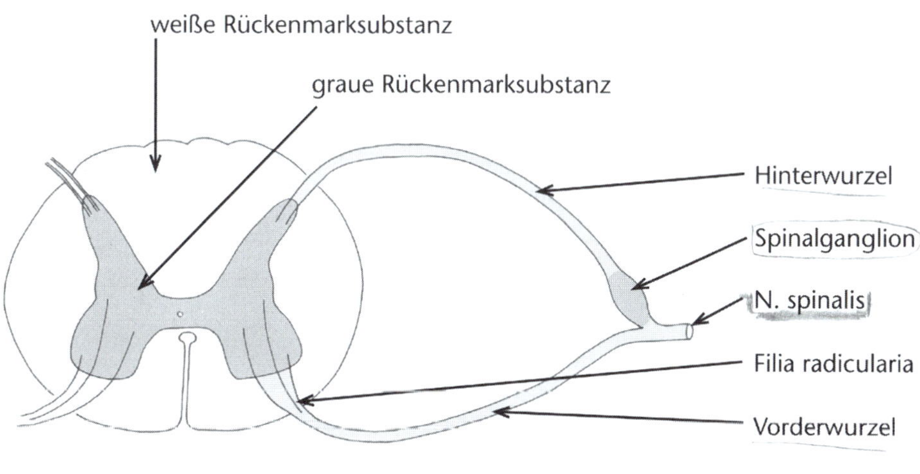

Abb. 9.4 Querschnitt duch das Rückenmark

Wurzelfäden auf der ventralen Rückenmarksseite zu 2–3 Längsreihen und dorsal zu einer Längsreihe angeordnet sind. Die ventralen und dorsalen Wurzelfäden vereinigen sich zu jeweils einer Vorder- bzw. Hinterwurzel, die beide wiederum zusammen den **N. spinalis** (= Spinalnerv) bilden.

➤ Die Nn. spinales verlassen den Wirbelkanal durch die Foramina intervertebralia (= Zwischenwirbellöcher). Wie die Foramina, so sind auch die Spinalnerven segmental angeordnet. Das Rückenmark selbst zeigt jedoch keine Segmentierung! Es besteht am Rückenmark aber eine somatotrope (= eintrittshöhenbezogene) Schichtung der Rückenmarksbahnen, die dadurch entsteht, daß neu hinzukommende Axone sich den bereits vorhandenen Axonen anlagern, so dass die Axone aus bestimmten Körperregionen jeweils nebeneinander liegen. ◄

Aus dem Rückenmark gehen auf beiden Seiten jeweils 31 (selten 32) Spinalnerven hervor (= 31 Spinalnervenpaare).

Die Spinalnervenpaare sind entsprechend dem Rükkenmarksbereich, aus dem sie austreten, unterteilt in:

- 8 Halsnervenpaare (= Nn. cervicales),
- 12 Brustnervenpaare (= Nn. thoracici),
- 5 Lendennervenpaare (= Nn. lumbales),
- 5 Kreuzbeinnervenpaare (= Nn. sacrales),
- 1 (manchmal 2) Steißnervenpaar (= Nn. coccygei).

➤ Im Unterschied zur Wirbelsäule, die nur 7 Halswirbel besitzt, treten 8 Nn. cervicales aus, was dadurch zu erklären ist, dass der erste Spinalnerv zwischen dem Os occipitale (= Hinterhaupt) und dem 1. Halswirbel (= Atlas) austritt und zu den sieben nachfolgend austretenden Spinalnerven gezählt wird.

In Höhe des 1.–2. Lendenwirbelkörpers verjüngt sich das Rückenmark an seinem kaudalen Ende kegelförmig zum **Conus medullaris,** aus dem als dünner, etwa 20–25 cm langer Endstrang das **Filum terminale** hervorgeht. Das Filum ist an der dorsalen Seite des Os coccygis befestigt. Funktionell ist das Filum jedoch ohne Bedeutung.

Das Conus medullaris reicht als Ende des Rükkenmarks beim Erwachsenen bis zum 1. bis 2. Lendenwirbelkörper und beim Kind bis zum 3. Lendenwirbelkörper. ◄

Die aus dem Lenden- und Sakralmark abgehenden Wurzeln der Spinalnerven bilden unterhalb des Conus medullaris die pferdeschweifähnlich aussehende **Cauda equina,** zwischen der das Filum terminale liegt.

➤ An zwei Stellen ist das Rückenmark spindelförmig verdickt, was als Intumescentia bezeichnet wird. Die Verdickung entsteht dadurch, dass

- in diesen beiden Bereichen vermehrt graue Substanz (siehe weiter unten) vorkommt und
- in der weißen Substanz der Eigenapparat (s. Kapitel 9.2.4) stärker ausgebildet ist, weil im Bereich der Intumescentiae besonders viele Nervenfasern das Rückenmark verlassen.

Die oberste Anschwellung (Verdickung) wird **Intumescentia cervicalis** genannt. Sie liegt in Höhe des 3. Hals- bis 2. Brustwirbels (= C3 bis Th2) und umfaßt die Rückenmarkssegmente C3 bis Th2. In diesem Bereich gehen die Nervenfasern für den Armbereich ab.

Die untere Anschwellung wird **Intumescentia lumbosacralis** genannt. Sie liegt in Höhe des 9. (10.) bis 12. Brustwirbels (teilweise bis 1. Lendenwirbel) und umfaßt alle Rückenmarkssegmente von Th12 bis Co1. In diesem Bereich gehen die Nervenfasern für den Beinbereich ab.

Rückenmark im Querschnitt

Bei einem Querschnitt durch das Rückenmark erkennen Sie in der Mitte eine graue Substanz, die von weißer Substanz umgeben ist.

Die graue Substanz wird in Kapitel 9.2.2 und die weiße Substanz in Kapitel 9.2.3 ausführlich beschrieben.

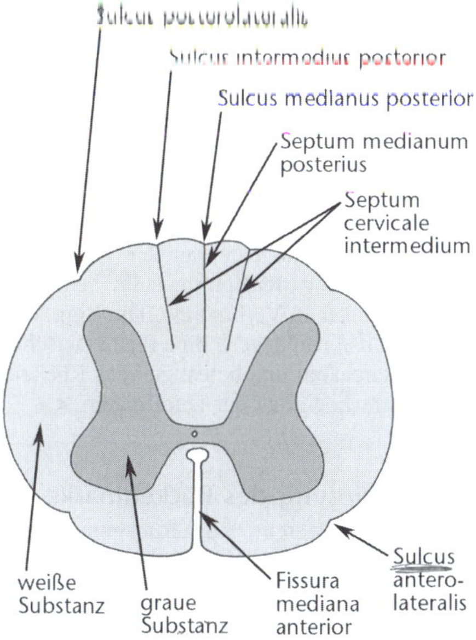

Abb. 9.5 *Querschnitt durch das Rückenmark*

Außerdem erkennen Sie in Abb. 9.5 an der Außenseite des Rückenmarks fünf längs verlaufende Furchen:

- **Fissura mediana anterior** (= vorderer tiefer Spalt) – teilt zusammen mit dem Sulcus medianus posterior das Rückenmark in zwei symmetrische Hälften. In der Fissura mediana anterior verläuft die A. spinalis anterior.
- **Sulcus medianus posterior** (= hintere mediane Furche) – auf der hinteren Seite bildet sich kein Spalt aus, hier sind die beiden Rückenmarkshälften nur durch das bindegewebige Septum medianum posterius voneinander getrennt, das an den Sulcus medianus grenzt.
- **Sulcus posterolateralis** (= Hinterseitenfurche) – hier treten die sensiblen Wurzeln (= Radices posteriores) der Spinalnerven in Form von bis zu 10 Wurzelfäden (= Fila radicularia) ein.
- **Sulcus anterolateralis** (= Vorderseitenfurche) – in ihm treten die motorischen Wurzeln (= Radices anteriores) der Spinalnerven aus.
- **Sulcus intermedius posterior** – ist ziemlich flach. Er markiert außen den Grenzverlauf zwischen dem Fasciculus gracilis und dem Fasciculus cuneatus (beide Fasciculi werden in Kapitel 9.2.4 beschrieben).

Rückenmarkshäute

(s. auch die Kapitel 9.10.1 und 9.10.2)

Das gesamte Rückenmark wird von der **Membrana limitans gliae** umhüllt. Diese Membran wird aus Fortsätzen der Astrozyten gebildet und liegt der Pia mater unmittelbar an.

Das Rückenmark ist von drei Häuten umgeben:

- Pia mater spinalis,
- Arachnoidea spinalis,
- Dura mater spinalis.

➤ Die **Pia mater spinalis** liegt dem Rückenmark direkt auf und kleidet auch die Sulci aus.

Die **Arachnoidea spinalis** lagert sich der Dura mater an.

Die **Dura mater spinalis** umhüllt sackartig das Rückenmark. Außerdem umhüllt die Dura taschenartig **(= Durataschen)** jeweils die ventralen und dorsalen Wurzeln die aus dem Rückenmark aus- bzw. eintreten und begleitet die Wurzeln bis in das Foramen intervertebrale, wo die Dura das von der hinteren Wurzel (= Radix posterior) gebildete Spinalganglion (s. weiter unten) umhüllt. Im Gegensatz zum Gehirn, wo die Dura mater fest mit dem Periost (Knochenhaut) des Schädelknochens verwachsen ist, ist die Dura mater spinalis nur punktuell mit dem Periost der Wirbelsäule verbunden (s. Befestigung des Rückenmarks).

Zwischen der Pia mater und der spinngewebsartigen Arachnoidea spinalis liegt der **Subarachnoidalraum,** der mit Liquor cerebrospinalis gefüllt ist (s. Kapitel 9.9.1f). Die Zellen der Arachnoidea sind zur Phagozytose befähigt.

Zwischen der Arachnoidea und der Dura mater befindet sich der **Subduralraum,** dem im Gegensatz zum Gehirn beim Rückenmark wenig Bedeutung zukommt. Der Subduralraum ist nur spaltartig vorhanden, weil die Dura und die Arachnoidea im Rückenmarksbereich miteinander verwachsen sind.

Durch den **Epiduralraum** (= Cavum epidurale) ist die Dura mater von dem die Wirbelbögen auskleidenden Periost (= Knochenhaut) getrennt.

Der Epiduralraum ist mit Fett ausgefüllt. In ihm verläuft als mächtiges Venengeflecht der Plexus vertebralis internus.

Im Bereich des Sakralkanals (= Teil des Wirbelsäulenkanals) ist der Epiduralraum relativ geräumig, da sich in diesem Bereich das Rückenmark zum Filum terminale verschmälert, daß zusammen mit der Cauda equina weniger Platz als das Rückenmark beansprucht. ◄

Pia mater
→ Cavum subarachnoideale
Arachnoidea
→ Cavum subdurale
Dura mater
→ Cavum epidurale
Periost

Klinik: Zu einer **Meningitis** (= Entzündung der Hirn- oder Rückenmarkshäute) kann es u.a. infolge einer bakteriellen (z.B. Meningokokken, Pneumokokken) oder viralen Infektion (z.B. Mumps-Virus) oder z.B. infolge einer Strahlenexposition kommen. Die Patienten haben Kopfschmerzen, die sich infolge der Dehnung der Hirnhäute durch Kopfbeugung nach vorn noch verstärken. Teilweise bestehen Krämpfe und Bewußtseinsstörungen.

Lumbalpunktion – zur Diagnose bestimmter Erkrankungen (z.B. einer Hirnhautentzündung) wird aus dem Subarachnoidalraum des Rückenmarks Liquor (= „Hirnflüssigkeit") entnommen und mikroskopisch und laborchemisch untersucht. Zur Liquorentnahme sitzt der Patient vornübergebeugt, dadurch weichen die Dornfortsätze der Wirbel etwas auseinander.

Wie zuvor beschrieben, reicht das Rückenmark beim Erwachsenen bis zum 2. Lendenwirbel und beim Kind bis zum 4. Lendenwirbel. Um das Rückenmark bei der Liquorentnahme nicht zu gefährden, muß daher der Subarachnoidalraum beim Erwachsenen unterhalb von L3 (liegt in Höhe einer Verbindungslinie der beiden höchsten Punkte der Cristae iliacae) punktiert werden.

➤ Bei der Lumbalpunktion werden zuerst das Lig. supraspinale (ist am deutlichen Widerstand zu erkennen) und dann das Lig. interspinale und das Lig. flavum durchstoßen. Durch die Lamina externa der Dura mater spinalis gelangt die Punktionsnadel in das Cavum epidurale, in dem der Plexus venosus vertebralis internus posterior liegt. Bei einer Verletzung dieses Plexus durch die Nadel kann Blut austreten.

Durch die Lamina interna der Dura mater gelangt die Nadel in das Cavum subdurale, und durch die Arachnoidea in das Cavum subarachnoidale, was Sie daran merken, dass Liquor abtropft. Beim Erwachsenen liegen unterhalb des 3. Lendenwirbels im Subarachnoidalraum die Wurzeln der Cauda equina, die der Nadel ausweichen. ◄

Bei der **Spinalanästhesie** geht man auf die gleiche Weise vor wie bei der Lumbalpunktion. Das Anästhetikum wird in den Subarachnoidalraum injiziert und verteilt sich bei entsprechender Körperlage unterhalb der Injektionsstelle im Liquor. Es betäubt alle Nervenfasern unterhalb der Einstichstelle.

Die Epiduralanästhesie wird in Kapitel 6.1.7 beschrieben.

Befestigung des Rückenmarks

➤ Die Dura mater spinalis ist nur im Bereich des Foramen magnum fest mit dem Periost des Os occipitale verbunden. Die Durataschen dienen ebenfalls dazu, die Dura mater an der Wirbelsäule zu fixieren. Über **Ligg. denticulata** steht die Dura mater mit der Pia mater in Verbindung. Die Ligg. denticulata verlaufen als bindegewebige Platte zwischen den Spinalnervenpaaren und befestigen das Rückenmark quasi freischwebend an der Dura mater. ◄

Gefäßversorgung des Rückenmarks

Ungefähr die vorderen 2/3 des Rückenmarks werden aus der A. spinalis anterior versorgt, die in der Fissura mediana verläuft. Das dorsale Drittel wird aus den beiden Aa. spinales posteriores versorgt. Die Arterien gehen aus der A. vertebralis hervor.

Der Abfluß erfolgt über die Vv. spinales anteriores und die Vv. spinales posteriores zum Plexus venosus vertebralis externus anterior bzw. posterior.

Spinalnerven

(= Nn. spinales = Rückenmarksnerven)

Wie zuvor bereits erwähnt, bilden sich die Spinalnerven aus Wurzelfasern (= Filia radicularia), wobei sich die

- ventral im Bereich des Sulcus anterolateralis austretenden motorischen Wurzelfasern zur motorischen Wurzel, der Radix anterior (alt: Radix ventralis) und sich die
- dorsal im Bereich des Sulcus posterolateralis austretenden sensiblen Filia zur sensorischen Wurzel, der Radix posterior (alt: Radix dorsalis) zusammenschließen (s. Abb. 9.4).

Radix anterior

➤ Sie führt ausschließlich motorische (= efferente) Nervenfasern, die über die vordere Wurzel das Rückenmark verlassen. Die Perikaryen (Zellkörper) der Nervenzellen liegen in der Vorder- oder in der Seitensäule des Rückenmarks (siehe Kapitel 9.2.2). Die Axone der motorischen Fasern sind somato-motorisch oder viszeromotorisch.

Die Axone der somatomotorischen Nervenzellen ziehen von den motorischen Vorderhornzellen (s. weiter unten) des Rückenmarks zur quergestreiften Muskulatur. Dabei werden 2 Fasertypen unterschieden (s. auch die Tabelle in Kapitel 2.8.6):

- Aα-Nervenfasern – sind dicker als die Aγ-Fasern. Sie innervieren die extrafusalen Fasern der Skelettmuskulatur;
- Aγ-Nervenfasern – innervieren die intrafusalen Fasern der Skelettmuskultur.

An viszeromotorischen Nervenfasern kommen vor:

- präganglionäre sympathische Nervenfasern – im Rückenmarksbereich C8–L2
- präganglionäre parasympathische Nervenfasern – im Rückenmarksbereich S2–S4(5). ◀

▶ Die Perikaryen der viszeromotorischen Nervenfasern (= 1. Neuron) liegen im Vorderhorn des Rückenmarks. Durch die Radix anterior gelangen die präganglionären sympathischen (= vor den Ganglien liegenden) Nervenfasern zum R. communicans albus, durch den die Fasern zum Ganglion des Grenzstrangs gelangen. Im vegetativen Grenzstrangganglion (= Ganglion des Sympathikus) werden die meisten präganglionären Nervenfasern auf das im Ganglion liegende 2. Neuron (= postganglionäres Neuron) umgeschaltet. Einige Nervenfasern ziehen durch das Ganglion hindurch und gelangen als sympathische Nerven (z.B. als Nn. splanchnici) zu den prävertebralen Ganglien, wo sie umgeschaltet werden. ◀

Nachdem sie im Grenzstrangganglion auf das nächste Neuron umgeschaltet wurden, ziehen die nun markarmen oder marklosen postganglionären

- Fasern zu den Eingeweiden oder
- über den R. communicans griseus zum Spinalnerven und von dort zu den Blutgefäßen der Haut und zu den Drüsen.

Radix posterior

Sie führt ausschließlich sensible (= afferente) Nervenfasern aus dem Ganglion spinale zur Hintersäule des Rückenmarks. Das etwa 0,5 cm große, zumeist spindelförmige **Ganglion spinale** (= Spinalganglion) liegt, von einer Duratasche umhüllt, innerhalb des Foramen intervertebrale in der Radix posterior.

Die Spinalganglien sind von einer Kapsel aus straffem Bindegewebe umhüllt, die in das die Spinalnerven umhüllende Perineurium übergehen.

▶ Die Spinalganglien enthalten überwiegend pseudounipolare Nervenzellen, von deren Perikaryen ein Ast zum Rückenmark und einer in die Peripherie zieht. Es kommen sowohl markhaltige als auch marklose Nervenfasern vor. ◀

Bei den Nervenzellen in den Spinalganglien wird unterschieden zwischen:

- A-Zellen – sind somato-sensibel (= somatisch afferent) und leiten Reize der
  - exterozeptiven Wahrnehmung (Oberflächensensibilität) u.a. von den Mechanorezeptoren (Druck, Berührung, Vibration), Thermorezeptoren (Wärme, Kälte) und Nozirezeptoren (Schmerz);
  - propriozeptiven Wahrnehmung (Tiefensensibilität) u.a. von Propriorezeptoren (Muskel- und Sehnenspindeln – s. Kapitel 2.3.7.1);
- D-Zellen – sind viszero-sensibel (= viszeroafferent) und leiten Reize der
  - interozeptiven Wahrnehmung aus Eingeweiden und Gefäßwänden.

Die Perikaryen sowie die in den Ganglien liegenden Teile der Zellfortsätze sind von **Mantelzellen** umgeben (s. Kapitel 2.2.8.4).

Kurz hinter dem in der Radix posterior liegenden Spinalganglion vereinigen sich die vordere und hintere Wurzel (= Radix anterior und posterior) zu dem etwa 1 cm langen **N. spinalis,** der sich zumeist noch innerhalb des Foramen intervertebrale in folgende Äste teilt:

- R. dorsalis (= hinterer Ast) – innerviert motorisch die autochthone Rückenmuskulatur und sensibel die Haut des Rückens;
- R. ventralis (= vorderer Ast) – bildet den stärksten Ast des N. spinalis. Die Rr. ventrales lagern sich zu nachfolgenden Plexus zusammen:
  - Plexus cervicalis (Halsgeflecht),
  - Plexus brachialis (Armgeflecht),
  - Plexus lumbosacralis (Beingeflecht).

  Im Brustbereich bleiben die Rr. ventrales als Nn. intercostales erhalten. Die Rr. ventrales innervieren motorisch die Muskulatur der ventralen Rumpfwand und die Muskeln der Extremitäten (s. Plexus), sowie sensibel die Haut der vorderen und seitlichen Bauchwand.
- R. meningeus – zieht als rein sensibler Nervenast sofort nach Verlassen des N. spinalis wieder in den Wirbelkanal zurück. Er innerviert sensibel die Rückenmarkshäute.
- Rr. communicantes albus und griseus – treten mit den längs der Wirbelsäule verlaufenden paravertebralen Grenzstrangganglien des Sympathikus in Verbindung, wobei die Rr. communicantes albi über die Nn. thoracici sowie die Nn. lumbales präganglionäre markhaltige Fasern vom Rückenmark zum Grenzstrangganglion leiten und die Rr. communicantes grisei postganglionäre markarme oder marklose Nervenfasern vom Grenzstrangganglion zum Rückenmark leiten.

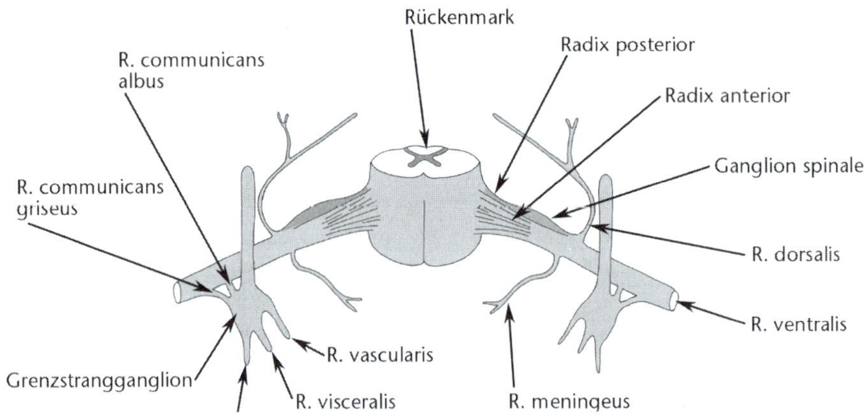

Abb. 9.6 Spinalnerv

9.2.2 Graue Substanz !! 3/4

Wie bereits in Kapitel 9.2.1 beschrieben, hat die innen liegende graue Rückenmarkssubstanz (= Substantia grisea) bei einem Querschnitt die Form eines Schmetterlings.

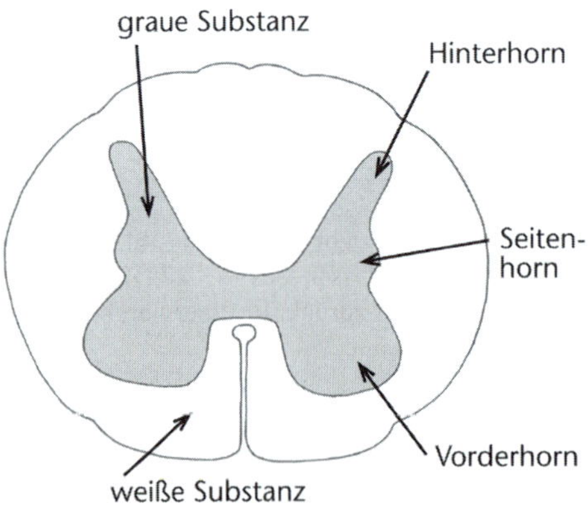

Abb. 9.7 Querschnitt durch das Rückenmark

Die **graue Substanz** besteht aus:

- Perikaryen der Binnen- und Strangzellen (Erklärung weiter unten), wobei die Perikaryen entweder einzeln oder in Gruppen vorliegen. Die gruppenweise vorkommenden Perikaryen werden Nuclei (= Kerne) genannt;
- kurzen, noch marklosen Nervenzellfortsätzen,
- Neuroglia,
- Blutgefäßen (dienen dem hohen Sauerstoffbedarf der Rückenmarkszellen).

Wie Sie aus der Tabelle ersehen können, ändert sich bei einem Rückenmarksquerschnitt in unterschiedlicher Höhe die Ausdehnung und das Aussehen der grauen Substanz.

Beim Querschnitt wird die graue Substanz in nachfolgende „Hörner" unterteilt:

- Vorderhorn (= Cornu anterius),
- Seitenhorn (= Cornu laterale),
- Hinterhorn (= Cornu posterius).

Die im Querschnitt hornartig erscheinenden Strukturen durchziehen als „Säulen" das Rückenmark, so daß sie analog zu den Hörnern

- Vordersäule (= Columna anterior),
- Seitensäule (= Columna lateralis),
- Hintersäule (= Columna posterior)

genannt werden (es kommt somit nur auf den Blickwinkel an, das „Horn" ist der Querschnitt der „Säule")!

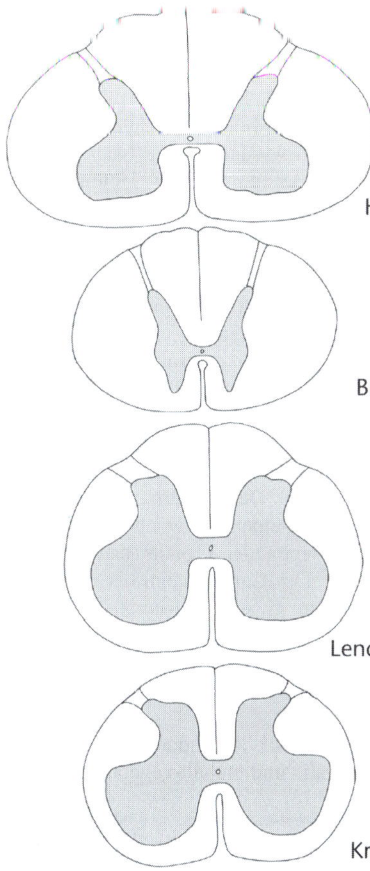

Abb. 9.8 Querschnitt durch das Rückenmark in unterschiedlichen Höhen

Vordersäule (= Columna anterior)

Die Vordersäule geht aus der Grundplatte hervor (zur Entwicklung s. Kapitel 9.1.2).

➤ Die Vordersäule enthält die Perikaryen der motorischen Vorderhornzellen, deren Axone als Radix anterior aus dem Rückenmark austreten und zu den Skelettmuskeln ziehen.

An Vorderhornzellen kommen die großen α- und die kleinen γ-Motoneuronen sowie Renshaw-Zellen vor (Erklärung siehe weiter unten). Über die Vorderhornzellen werden Erregungen von übergeordneten Hirnteilen über Bahnen (Pyramidenbahn und extrapyramidalmotorischen Bahnen) als **„gemeinsame motorische Endstrecke"** weitergeleitet. Ihre Axone verlaufen durch die vordere Rückenmarkswurzel. ◄

Klinik: Bei einer Erkrankung im Bereich der Vordersäule kann es zur
- spinalen Muskelatrophie oder zur
- Kinderlähmung (Poliomyelitis) kommen.

Das dadurch entstehende Vorderhornsyndrom ist gekennzeichnet u.a. durch Muskelatrophie und schlaffe Lähmung der betroffenen Muskeln.

Seitensäule (= Columna lateralis)

➤ Die Seitensäule liegt zwischen der Vorder- und Hintersäule. Sie kommt vor allem gut erkennbar im Brustmark und weniger gut differenzierbar im Sakralmark vor. In der Seitensäule liegen die Perikaryen des vegetativen Nervensystems, die diffus bzw. zu Kernsäulen (Nuclei) angeordnet sind. Die Perikaryen der präganglionären Neurone des Sympathikus liegen innerhalb der Seitensäule in der Columna intermediolateralis (syn. Substantia intermediolateralis) in Höhe von C8–L2. ◄

Charakteristische Merkmale von Rückenmarksquerschnitten in verschiedenen Höhen

Rückenmarks-abschnitt	Aussehen im Querschnitt	Substantia alba	Substantia grisea	Besonderheit
Halsmark (= Pars cervicalis)	queroval	sehr reichlich vorhanden	sehr reichlich vorhanden (= Intumescentia cervicalis)	Fasciculus gracilis und Fasciculus cuneatus (siehe Kapitel 9.2.3)
Brustmark (= Pars thoracica)	rundlich	reichlich	weniger reichlich Seitensäule gut ausgebildet, Vorder- und Hintersäulen schlank	Nucleus thoracicus (im Gegensatz zu den anderen Bereichen sehr gut zu erkennen)
Lendenmark (= Pars lumbalis)	rundlich	wenig reichlich	sehr reichlich (Intumescentia lumbosacralis)	
Kreuzmark (= Pars sacralis)	rundlich	wenig vorhanden	reichlich vorhanden	

➤ Medial von der Columna intermediolateralis liegt die Substantia intermediomedialis. Ihre Axone ziehen zum Grenzstrang und innervieren die Eingeweide viszeromotorisch (dienen der Kontraktion der glatten Muskeln, der Gefäßverengung und der Drüsensekretion).

In Höhe von S2 bis S4 liegen in den Nuclei parasympathici sacrales die Perikaryen des sakralen Anteils des Parasympathikus. Ihre Axone ziehen als Nn. splanchnici pelvici zum Ganglion pelvinum sowie zu den intramuralen Ganglien.

- An die Seitensäule grenzt die netzartige Formatio reticularis (zur Funktion s. Kapitel 9.3.2). ➤

Hintersäule (= Columna posterior)

➤ Die Hintersäule geht aus der Flügelplatte hervor (s. Kapitel 9.1.2). In der Hintersäule wird der größte Teil der sensiblen Fasern auf das 2. Neuron umgeschaltet (das 1. Neuron liegt im Spinalganglion). ➤

Die Impulse werden dann über Bahnen (siehe weiße Substanz) zum Gehirn geleitet.

➤ Das Hinterhorn besteht vor allem aus:

- Substantia gelatinosa – erscheint wie die Bezeichnung schon aussagt, als glasige Substanz. In ihr werden die Erregungen der Hautrezeptoren (Schmerz- und Temperaturempfindungen) umgeschaltet. Diese Axone verlaufen im Tractus spinothalamicus lateralis zum Thalamus.
- Columna thoracica (Stilling Clark, syn.: Nucleus thoracicus, Nucleus dorsalis) – hier werden die Axone umgeschaltet, die die propriozeptiven Impulse (= sensible Afferenzen der Tiefensensibilität aus den Muskelspindeln und Sehnenrezeptoren) leiten. Deren Axone bilden den Tractus spinocerebellaris posterior (s. Kapitel 9.2.4).
- Nucleus proprius – bildet den Hauptteil des Hinterhorns. In ihm werden wie im Nucleus dorsalis die sensiblen Afferenzen der Tiefensensibilität umgeschaltet. Diese Axone bilden den Tractus spinocerebellaris anterior (s. Kapitel 9.2.4). ➤

Die drei Säulen jeder Seite werden durch die Commissura grisea (= Mittelfeld) miteinander verbunden, die aus zwei Anteilen besteht:

- Substantia intermedia centralis – verbindet die beiden Hälften der grauen Rückenmarkssubstanz miteinander. Sie enthält Ganglienzellen. In ihrer Mitte liegt der Zentralkanal (= Canalis centralis), der den Rest des embryonalen Lumens des Neuralrohrs darstellt. ➤ Der Canalis centralis ist mit Ependym ausgekleidet, das wuchern kann, so daß beim Erwachsenen der Canalis häufig teilweise obliteriert ist. Der Canalis centralis ist von einer nervenzellfreien gliösen Substanz (= Substantia gelatinosa centralis) umgeben. Soweit nicht obliteriert, steht der Canalis centralis zu den Liquorräumen des Gehirns in Beziehung, er enthält Liquor. ➤
- Substantia visceralis secundaria – liegt vor dem Canalis centralis und enthält vegetative Ganglienzellen.

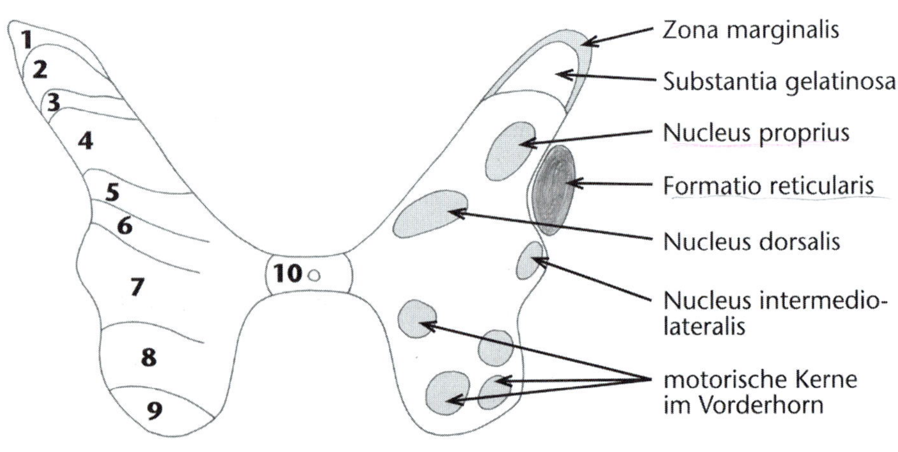

Abb. 9.9 *Querschnitt durch die graue Substanz des Rückenmarks mit Darstellung der Schichten*

Mikroskopische Anatomie

Mikroskopisch läßt sich die graue Substanz des Rückenmarks in 10 Zellschichten (= Laminae) unterteilen.

Die Laminae 1–6 bilden die Hintersäule, die Lamina 7 und die Laminae 8–9 das Vorderhorn.
In der Lamina 1 liegen die Waldeyerschen Marginalzellen (mittelgroße Neurone).
Die Lamina 2 enthält den Hauptteil der Substantia gelatinosa.
Die Lamina 4 entspricht dem Nucleus proprius.
Die Laminae 5 und 6 enthalten die Columna thoracia.
Die Lamina 9 enthält die α- und γ- Motoneurone.
Die Lamina 10 umgibt den Canalis centralis.

Zellen der grauen Rückenmarksubstanz

Nervenzellen kommen nur in der grauen Rückenmarksubstanz vor. Diese Nervenzellen sind multipolar. Der Form und Funktion nach werden diese Nervenzellen unterteilt in:

- Wurzelzellen (so genannt, weil ihre Axone das Rückenmark durch eine Nervenwurzel verlassen);
- Binnenzellen (weil ihre Axone die graue Substanz des Rückenmarks nicht verlassen);
- Strangzellen (weil sich ihre Axone häufig zu langen Bahnen zusammenlegen).

➤ **Wurzelzellen** – sind efferente Nervenzellen, die vor allem im Vorder- sowie im Seitenhorn vorkommen. Ihre Axone verlassen das Rückenmark durch die vordere Wurzel (= Radix anterior), die sich später mit der hinteren Wurzel (= Radix posterior) zum Spinalnerven (= N. spinalis) vereinigt.

Bei den Wurzelzellen unterscheidet man zwischen

- 1. somato-motorischen Wurzelzellen (= Motoneurone), die in der Vordersäule liegen,
- 2. viszeromotorischen (vegetativen) Wurzelzellen, die in der Seitensäule liegen. ◄

Die Motoneurone werden in α- und γ-Motoneurone unterteilt.

- **α-Motoneurone** (= große **Vorderhornzellen**) – sind in der Vordersäule zu Nuclei zusammengelagert. Ihre Axone werden Aα-Fasern genannt. Noch im Bereich der grauen Substanz gehen vom Axon Kollaterale ab, die sich teils mit den Renshaw-Zellen (Funktion s. weiter unten) verbinden. Die Motoneurone enden mit der motorischen Endplatte an einer Skelettmuskelfaser.

  Die Anzahl an Motoneuronen, die einen Muskel innervieren, erhöht sich proportional zur Funktion (Feinbewegung) des Muskels – so werden die Handmuskeln von weitaus mehr Motoneuronen innerviert als z.B. die Rückenmuskeln, die vor allem Haltefunktion haben.

> **Definitionen:**
> Unter einer **motorischen Einheit** werden ein α-Motoneuron und alle von ihm innervierten Skelettmuskelfasern zusammengefaßt.
> Als **neuro-muskuläre Einheit** wird das α-Motoneuron mit all den von ihm innervierten Muskelfasern bezeichnet.
> Als „**gemeinsame motorische Endstrecke**" faßt man eine Vorderhornzelle des Rückenmarks und das dazugehörige α-Motoneuron zusammen.

- γ- **Motoneurone** (= kleine Vorderhornzellen) – ihre Axone werden Aγ-Fasern genannt. Sie innervieren die intrafusalen Muskelfasern einer Muskelspindel.

Die viszeromotorischen Wurzelzellen kommen als sympathische sowie parasympathische Wurzelzellen vor, wobei die Wurzelzellen das 1. Neuron bilden. Das 2. Neuron liegt in den Ganglien. Es kommen vor:

- Nervenzellen des Sympathikus – liegen in der Seitensäule in Höhe der Rückenmarkssegmente C8 – L2 und innervieren die glatte Eingeweidemuskulatur. Durch die vordere Wurzel gelangen die Axone der Sympathikus-Wurzelzellen zu den Spinalnerven.
- Nervenzellen des Parasympathikus – liegen in der Seitensäule in Höhe der Rückenmarkssegmente S2–S4. Sie dienen der Viszeromotorik und der Viszerosekretion.

➤ **Binnenzellen** – sie verlassen, im Unterschied zu den Wurzelzellen, das Rückenmark nicht. Man unterteilt die Binnenzellen in **Interneurone;** das sind die nachfolgend beschriebenen Zellen, die den Eigenapparat des Rückenmarks bilden: Schaltzellen, Kommissurenzellen und Assoziationszellen (einige Autoren rechnen auch die Strangzellen zu den Binnenzellen).

Schaltzellen – sie verbinden zwei Neurone miteinander, wobei ihre Axone im gleichen Segment und auf der gleichen Seite des Rückenmarks bleiben.

Kommissurenzellen – sie verbinden 2 Neurone miteinander, wobei ihre Axone im gleichen Segment verbleiben, aber durch die Commissura alba zur gegenüberliegenden Seite des Rückenmarks kreuzen.

Assoziationszellen – ihre Axone teilen sich T-förmig in einen auf- und einen absteigenden Ast auf. Die Äste verlaufen als Fasciculi proprii (= Grundbündel) auf der gleichen Rückenmarksseite (= ipsilateral) durch die weiße Substanz des Rückenmarks (die Perikaryen und Dendriten liegen in der grauen Substanz!). Die Axone der Assoziationszellen verbinden Neurone (besonders der Vorderwurzelzellen) verschiedener Segmente derselben Rückenmarksseite miteinander.

Renshaw-Zellen – sie bilden eine besondere Art der Binnenzellen. Ihre Dendriten stehen mit den Axonen eines α-Motoneurons in Verbindung. Das Axon der Renshaw-Zelle zieht zum Perikaryon des gleichen α-Motoneurons. Durch die Dendriten wird die Renshaw-Zelle über die Aktivität des α-Motoneurons informiert und kann über das Axon bei Bedarf dämpfend auf das α-Motoneuron einwirken (= inhibitorische Rückkoppelung). Ihre Wirkung vergrößert sich mit der Erregungsstärke des Motoneurons. ◄

➤ **Strangzellen** – bilden die Perikaryen des zweiten Neurons. Die afferenten Strangzellen sind die größten Binnenzellen. Ihre Perikaryen liegen überwiegend in der Hintersäule, wo sie zu Kernen zusammen liegen. Ein gut im Rückenmark ausgebildeter Kern ist die Columna thoracica (= Nucleus thoracicus). Die Axone der Strangzellen liegen gebündelt im Vorder- und Seitenstrang der weißen Substanz und bilden die aufsteigenden Leitungsbahnen (= Tractus) des Rückenmarks zum Gehirn (s. Kapitel 9.2.4). Die Axone verlaufen ipsilateral (= auf der gleichen Rückenmarksseite, wo die Perikaryen der Strangzellen liegen) oder kontralateral (= auf der gegenüberliegenden Rückenmarksseite) – siehe Kaptiel 9.2.3 und 9.2.4. ◄

9.2.3 Weiße Substanz ! 1/2

Die weiße Substanz des Rückenmarks besteht aus:

- aufsteigenden (= afferenten) Bahnen aus der Hintersäule der grauen Rückenmarkssubstanz, die zum Gehirn ziehen,
- absteigenden (= efferenten) Bahnen, die vom Gehirn zumeist zur Vordersäule (seltener zur Hintersäule) der grauen Rückenmarkssubstanz ziehen,
- zu Grundbündeln (= Fasciculi proprii) zusammengefaßten Axonen, die zu den auf- oder absteigenden Segmenten des grauen Rückenmarks ziehen. Die Grundbündel gehören zum Eigenapparat des Rückenmarks.

➤ Die weiße Substanz besteht überwiegend aus markscheidenhaltigen sowie aus markscheidenlosen Axonen, deren Perikaryen in der grauen Rükkenmarkssubstanz liegen. Außerdem enthält die weiße Substanz Neuroglia in Form von Astrozyten, Oligodendrozyten und Mikroglia (s. Kapitel 2.2.8.4) sowie Blutgefäße. Perikaryen kommen in der weißen Substanz, wenn überhaupt, nur vereinzelt vor.

Die weiße Farbe der weißen Substanz wird durch die Markscheiden verursacht, die viel Lipid (= Fett) enthalten. ◄

Die weiße Substanz nimmt von kranial nach kaudal hin an Umfang ab, was dadurch zu erklären ist, daß die Nervenfasern, die die motorischen Informationen leiten, das Rückenmark verlassen, so daß zwangsläufig bis zum unteren Ende des Rückenmarks die meisten motorischen Nervenfasern aus dem Rückenmark ausgetreten sind, während kopfwärts immer mehr Nervenfasern hinzukommen, die sensible Informationen leiten.

Wie Sie aus der Tabelle in Kapitel 9.2.2 entnehmen können, variiert das Verhältnis der grauen zur weißen Substanz in Form und Größe je nach Rückenmarksbereich sehr stark.

➤ Die weiße Substanz wird in 3 Stränge unterteilt, was jedoch im Gegensatz zur grauen Substanz keiner funktionellen Unterteilung entspricht, denn im Vorder- und Seitenstrang verlaufen sowohl sensible als auch motorische Bahnen. ◄

An Strängen kommen in der weißen Substanz vor:

- Vorderstrang (= Funiculus anterior) – umfaßt den Bereich von der vorderen motorischen Rückenmarkswurzel (Radix anterior – s. Kapitel 9.2.1) bis zur Fissura mediana. Der Vorderstrang geht ohne scharfe Grenze über in den
- Seitenstrang (= Funiculus lateralis) – liegt zwischen der Vorder- und der Hinterwurzel, also zwischen dem Austritt der motorischen Rückenmarkswurzel und dem Eintritt der sensiblen Wurzel;
- Hinterstrang (= Funiculus posterior) – liegt zwischen der dorsal liegenden Hinterwurzel des Rükkenmarks und dem Septum medianum posterius, das zum Sulcus medianus posterior zieht. Im Bereich des Hals- und des oberen Brustmarks wird der Hinterstrang durch das Septum intermedium in den Fasciculus gracilis und den Fasciculus cuneatus unterteilt (s. Kapitel 9.2.4).

Der Vorder- und der Seitenstrang werden häufig auch zusammen als Vorderseitenstrang bezeichnet.

Innerhalb der drei Stränge sind die Axone bündelartig zu Bahnen (= Tractus und Fasciculi) angeordnet, wobei die Bahnen nur unscharf gegeneinander

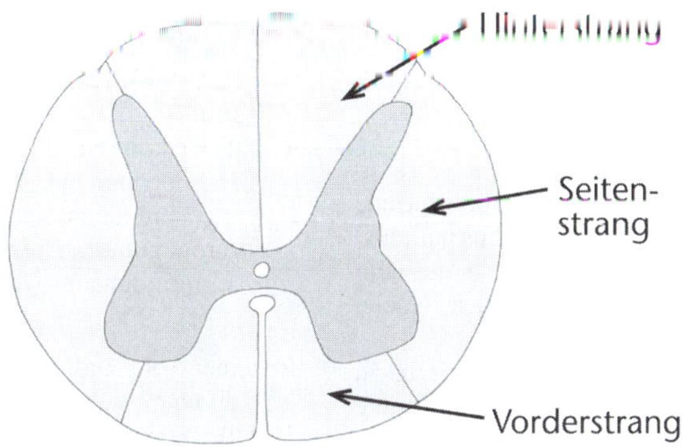

Abb. 9.10 *Querschnitt durch das Rückenmark*

ZNS

abgegrenzt werden können, was u.a. dadurch bedingt ist, daß die einzelnen Bahnen nicht von Bindegewebshüllen umgeben sind. Die einzelnen Bahnen werden ausführlich in Kapitel 9.2.4 beschrieben.

Die Vorderstränge beider Rückenmarkshälften stehen durch die Commissura alba miteinander in Verbindung. Das Septum medianum posterius trennt hingegen die beiden Hinterstränge voneinander.

9.2.4 Leitungssystem

!!! 14/37

➤ *Prüfungsrelevant: Sie sollten Grundkenntnisse über die Funktion, den Verlauf und die Kreuzungsstellen der fett hervorgehobenen Bahnen besitzen um so Ausfallerscheinungen bei Patienten erkennen und die Höhe des Ausfalls diagnostizieren zu können.* ◄

Wie in Kapitel 9.2.3 beschrieben, verlaufen in der weißen Substanz vor allem die vom Rückenmark zum Gehirn aufsteigenden (= afferenten) und die vom Gehirn zum Rückenmark absteigenden (= efferenten) Bahnen.

Die über die aufsteigenden Bahnen des Rückenmarks an das Gehirn geleiteten afferenten Erregungen werden in den einzelnen Bezirken des Gehirns wie z.B. der Medulla oblongata (s. Kapitel 9.3.1) umgeschaltet und zum Teil zum Großhirn weitergeleitet, wo sie verarbeitet werden und als Impulse an die Axone der absteigenden Bahnen weitergegeben werden. Die absteigenden Bahnen leiten die efferenten Impulse aus den vegetativen und motorischen Zentren zum Eigenapparat des Rückenmarks (s. weiter unten), von wo sie entsprechend weitergeleitet werden.

Die aufsteigenden Bahnen liegen im wesentlichen im Hinterstrang, außerdem kommen aufsteigende Bahnen im Seiten- und Vorderstrang vor. Die absteigenden Bahnen kommen nur im Vorder- und Seitenstrang vor.

An aufsteigenden Bahnen (= Tractus oder Fasciculus) kommen vor (die ausführliche Beschreibung erfolgt in den Tabellen):

- Tractus spino-bulbaris (im Hinterstrang) – unterteilt sich in
  - Fasciculus gracilis,
  - Fasciculus cuneatus,
- Tractus spino-thalamicus lateralis (Seitenstrang),
- Tractus spino-thalamicus anterior (Vorderstrang),
- Tractus spino-cerebellaris anterior (Seitenstrang),
- Tractus spino-cerebellaris posterior (Seitenstrang),
- Tractus spino-tectalis (Vorderstrang),
- Tractus spino-olivaris (Vorderstrang).

An absteigenden Bahnen kommen vor (die ausführliche Beschreibung erfolgt in den Tabellen):

- Pyramidenbahn – wird unterteilt in:
  - Tractus cortico-spinalis anterior (= Pyramidenvorderstrangbahn),
  - Tractus cortico-spinalis lateralis (= Pyramidenseitenstrangbahn);
- extrapyramidale Bahnen
  - Tractus reticulo-spinalis (Vorderstrang),
  - Tractus tecto-spinalis (Vorderstrang),
  - Tractus vestibulo-spinalis (Vorderstrang),
  - Tractus rubro-spinalis (Seitenstrang),
  - Tractus olivo-spinalis (Seitenstrang);
- vegetative Bahnen.

Beachten Sie bitte, dass Sie aus der Bezeichnung des jeweiligen Tractus zumeist auf dessen Herkunft und Zielgebiet schließen können, so zieht z.B. der Tractus spino-thalamicus vom Rückenmark (= Medulla spinalis) zum Thalamus.

➤ Die **extrapyramidalen Bahnen** (syn.: subkortikalen Bahnen) entspringen unterhalb der Großhirnrinde aus subkortikalen Zentren (Striatum, Globus pallidus) sowie aus den Kernen des Hirnstamms (u.a. aus dem Nucleus ruber, der Substantia nigra, den Nuclei olivares und den Nuclei vestibulares).

Die extrapyramidalen Bahnen sind schwierig zu differenzieren. Sie verlaufen im Vorderseitenstrang des Rückenmarks und enden an den α-Motoneuronen und an den γ-Motoneuronen (= motorischen Vorderhornzellen).

Die extrapyramidalen Bahnen beeinflussen die unwillkürliche Motorik (den Tonus der Skelettmuskulatur) und dienen der zeitlichen und räumlichen Koordination der Muskeltätigkeit sowie nach neuerer Lehrmeinung der willkürlichen Muskeltätigkeit. ➤

Klinik: Beim Ausfall der Bahnen kommt es zu schweren Bewegungsstörungen (= Lokomotionsstörungen).

Die Nervenfasern der vegetativen Bahnen sind markarm oder marklos, sie sind nur selten bündelartig angeordnet. Über ihren Verlauf ist noch wenig publiziert. Einige Fasern ziehen vom Hypothalamus zu den Nuclei parasympathici sacrales. Es wird angenommen, dass sie der Genitalfunktion, Miktion und Defäkation dienen.

Klinik: Rückenmarkssyndrome
Bei einer Schädigung des Rückenmarks kommt es zu bestimmten, von der Segmenthöhe der Schädigung abhängigen Ausfallerscheinungen (die Ausfallerscheinungen bei einer Schädigung einzelner Tractus wird bei den Tractus abgehandelt).

Bei einer **Querschnittlähmung** sind je nach Höhe alle Tractus betroffen, wobei unterschieden wird zwischen einer

- halbseitigen Querschnittlähmung und einer
- totalen Querschnittlähmung.

Eine halbseitige (= partielle) Querschnittlähmung (= Halbseitenläsion) entsteht z.B. durch einen Tumor, der auf das Rückenmark drückt. Unterhalb der Schädigung fallen aus:

- auf der Seite der Lähmung (ipsilateral)
  - epikritische Sensibilität (Tractus spinobulbaris),
  - willkürliche Motorik (Pyramidenbahn) – später kommt es zur spastischen Lähmung der Extremität
- auf der kontralateralen Seite
  - Temperatur- und Schmerzempfindungen (Tractus spinothalamicus lateralis),
  - protopathische Sensibilität (= Druck- und Tastempfindungen – Tractus spinothalamicus anterior).

Zu einer vollständigen Querschnittlähmung kann es z.B. durch eine Wirbelsäulenverletzung infolge eines Unfalls kommen. Dabei fallen alle unterhalb der geschädigten Stelle aus dem Rückenmark austretenden motorischen und eintretenden sensiblen Nervenfasern aus:

- motorisch – Lähmung aller Muskeln, die von Nervenfasern ab der Schädigungsstelle innerviert werden. Die Reflexe (s. weiter unten) können nicht mehr ausgelöst werden. Nach einiger Zeit treten die Reflexe gesteigert (= krankhaft) wieder auf, weil eine Hemmung seitens des Gehirns nicht mehr möglich ist, die Motoneurone aber wieder „arbeiten".
- sensibel – bei Schädigung oberhalb des Sakralmarks kommt es zur Lähmung der Blasen-, Mastdarm- und Genitalfunktion.

➤ Bei einer Querschnittlähmung in nachfolgender Höhe fallen aus:

1. oberer Halsmarkbereich – Atemlähmung + Ausfall 2., 3. und 4.;
2. oberhalb des 5. Halssegments – Lähmung der oberen Extremitäten + 3. und 4.;
3. oberhalb des Lendenmarks – Lähmung der unteren Extremitäten + 4.;
4. oberhalb des Sakralmarks – Ausfall der willkürlichen Blasen- und Mastdarmentleerung. ➤

Reflexbogen

Als ein Reflexbogen werden hintereinandergeschaltete Neuronen bezeichnet, bei denen z.B. afferente Impulse aus der Haut, den Muskeln (Muskel- und Sehnenspindeln), den Gelenken oder Eingeweiden in der Hintersäule des Rückenmarks auf eine Strangzelle umgeschaltet und zum Gehirn weitergeleitet werden. Im Gehirn erfolgt die Verarbeitung. Die efferenten Impulse ziehen zu den Motoneuronen, die die Muskeln innervieren.

Ein Reflexbogen (= Leitungsbogen) besteht aus dem Eigenapparat (= Elementarapparat) und dem, dem Eigenapparat übergeordneten Leitungsapparat. Der Eigenapparat regelt die einfachen motorischen Funktionen des Rückenmarks. Über den Leitungsapparat werden die Zentren im Gehirn einbezogen.

Der **Eigenapparat** besteht aus den bereits in Kapitel 9.2.3 beschriebenen Binnenzellen (= Schalt-, Assoziations- und Kommissurenzellen). Die Axone der Assoziationszellen verlaufen als Fasciculi proprii (Grundbündel) in der weißen Substanz, wobei sie der grauen Substanz direkt anliegen. Außerdem gehören zum Eigenapparat die aus dem Tractus spinobulbaris (Hinterstrangbahn) absteigenden kurzen Nervenfasern (Schultze-Komma, ovales Flechsig-Feld, Philippi-Gomault-Triangel – s. in Tabelle Tractus spinobulbaris).

Der **Leitungsapparat** besteht aus in der weißen Substanz

- zum Gehirn aufsteigenden Axonen der Spinalganglienzellen und Strangzellen,
- vom Gehirn zum Rückenmark absteigenden Axonen

Die Axone sind zumeist zu Tractus gebündelt. Die Axone teilen sich häufig in eine bis viele Kollaterale, die zu anderen Neuronen Kontakt aufnehmen, was als Divergenz bezeichnet wird. Andererseits erhalten die Nervenzellen (Motoneurone) eine bis viele Kollaterale von anderen Axonen, was als Konvergenz bezeichnet wird. Dadurch entsteht eine umfassende Vernetzung, wobei die synaptischen Kontakte hemmend oder erregend auf die Neurone wirken können.

Bei einem Reflex kommt es infolge eines Reizes (z.B. Dehnungsreiz) zu einer unwillkürlichen, immer gleich ablaufenden Reaktion, deren Grundlage die Leitungsbögen bilden.
Man unterscheidet zwischen

- Eigenreflex (= einfacher Reflexbogen) für die Muskulatur;
- Fremdreflex (= zusammengesetzter Reflexbogen).

(weiter s. S 533)

ZNS

Bahnen im Rückenmarksbereich

Bahn	Funktion/Qualität	Lage und Verlauf
Tractus spinobulbaris (= Hinterstrangbahn) *aufsteigende Bahn im Hinterstrang*	Dient als Leitungsbahn der epikritischen Sensibilität, indem er 1. extero-zeptive Impulse (= Informationen über Ort und Art der Tastempfindungen = Berührung, Druck und Vibration) von den Mechanorezeptoren der Haut (epikritische Sensibilität) und 2. proprio-zeptive Impulse (= Informationen über die Stellung der Extremitäten = Tiefensensibilität) zum Gehirn leitet.	Der Tractus spinobulbaris verläuft im Hinterstrang des Rückenmarks. Die exterozeptiven Impulse werden von Dendriten aus den Mechanorezeptoren, z.B. den Meissner Tastkörperchen, und die propriozeptiven Impulse von den Dendriten z.B. aus den Vater-Pacini Körperchen, den Muskelspindeln oder den Sehnenorganen zum Spinalganglion geleitet (= 1. Neuron). Deren Axone teilen sich innerhalb der Hinterstränge in einen kurzen und einen langen Ast. Der lange Ast des Axon zieht mit den Ästen der anderen Axone im Tractus spinobulbaris ungekreuzt zur Medulla oblongata (= verlängertes Mark), wo die Umschaltung auf das 2. Neuron erfolgt. Die kurzen absteigenden Fasern sind teilweise zu nachfolgenden Bündeln angeordnet: • im Halsmark als Schultze-Komma (= Fasciculus interfascicularis), • im Brustmark als Flechsig-Feld (= Fasciculus septomarginalis), • im Sakralmark als Philippe-Gombault-Triangel. Der zunächst einheitliche Tractus spinobulbaris wird im Bereich des 5. Brustwirbels durch eine dünne Scheidewand, dem Septum intermedium, in den medial liegenden Fasciculus gracilis und in den lateral liegenden Fasciculus cuneatus unterteilt. **Klinik:** Beim Ausfall des Tractus spinobulbaris kommt es auf der ipsilateralen Seite zum Verlust der feinen Berührungsempfindungen. Daneben fallen die Druck- und Vibrationsempfindungen aus.

Bahn	Funktion/Qualität	Lage und Verlauf
Fasciculus gracilis (= Goll Strang)	Leitet die Erregungen aus der unteren Rumpfhälfte und den Beinen zum Gehirn.	Der Fasciculus gracilis und der Fasciculus cuneatus ziehen zur Dorsalseite der Medulla oblongata, wo die 1. Neurone des Fasciculus gracilis im **Nucleus gracilis** und die des Fasciculus cuneatus im **Nucleus cuneatus** auf die 2. Neurone umgeschaltet werden. Die Axone der 2. Neurone der Fasciculi gracilis und cuneatus verlaufen als Fibrae arcuatae internae durch die Medulla oblongata und kreuzen unter der Rautengrube liegend in der Decussatio lemniscorum zur Gegenseite, wo sie als **Lemniscus medialis** (= mediale Schleife) durch die Medulla oblongata, den Pons (= Brücke) und das Mittelhirn zum Thalamus ziehen. Der Teil der Bahn, der zwischen den beiden Nuclei cuneatus und gracilis sowie dem Thalamus liegt, wird **Tractus bulbothalamicus** genannt. Im Thalamus werden die Fasern des Tractus bulbothalamicus auf das 3. Neuron umgeschaltet. Deren Axone bilden den **Tractus thalamocorticalis,** der zum Gyrus postcentralis der Großhirnrinde zieht. **Zusammenfassung:** Tractus spinobulbaris → Fasciculus gracilis bzw. cuneatus (im Nucleus gracilis bzw. cuneatus auf 2. Neuron) → Tractus bulbothalamicus (im Thalamus auf 3. Neuron) → Tractus thalamocorticalis.
Fasciculus cuneatus (= Burdach Strang)	Leitet die Empfindungen der oberen Rumpfhälfte und der Arme zum Gehirn.	*Siehe Fasciculus gracilis.*
Tractus spinothalamicus lateralis *aufsteigende Bahn im Seitenstrang*	Dient der Leitung der protopathischen Sensibilität für Schmerz- und Temperaturempfindungen (Kälte- und Wärmeempfindungen) aus Haut und Eingeweiden zum Gehirn.	Die 1. Neurone des Tractus spinothalamicus lateralis liegen im Spinalganglion, die 2. Neurone in der Substantia gelatinosa der Hintersäule des Rückenmarks. Die Axone der 2. Neurone kreuzen noch auf spinaler Ebene (= Rückenmarksebene) durch die Commissura alba zur gegenüberliegenden Rückenmarksseite. Dadurch werden die Empfindungen aus der linken Körperhälfte auf der rechten Seite des Rückenmarks zum Gehirn (Thalamus) geleitet. Im Thalamus liegt das 3. Neuron, dessen Axon die Empfindungen an die Hirnrinde (Gyrus postcentralis) weiterleitet. **Klinik:** Beim Ausfall z.B. infolge einer Quetschung des Vorderseitenstrangs fallen beim Patienten die Schmerz- und Temperaturempfindungen auf der kontralateralen Seite unterhalb der Läsion aus.
Tractus spinocerebellaris anterior (ventralis) **(= Gowers Bündel)** (= vordere Kleinhirnstrangbahn) *aufsteigende Bahn im Seitenstrang*	Dient der Tiefensensibilität und leitet exterozeptive und propriozeptive Impulse (= Informationen über den Muskeltonus und die Gelenkstellung) besonders aus der unteren Körperhälfte zum Gehirn.	Die 1. Neurone liegen im Spinalganglion. An den Strangzellen der Hintersäule werden im Bereich des Nucleus proprius die 1. Neurone auf die 2. Neurone umgeschaltet. Die Axone der 2. Neurone kreuzen überwiegend durch die Commissura alba zur Gegenseite und bilden den Tractus spinocerebellaris anterior, der zum Pons (= Brücke) zieht, und von dort durch den Pedunculus cerebellaris superior (= Mittelhirnstiel) zur Rinde des Kleinhirnwurms, wo er endet. Die Axone, die im Rückenmark zur Gegenseite gewechselt sind, kreuzen im Kleinhirn zur ursprünglichen Seite zurück.

Bahn	Funktion/Qualität	Lage und Verlauf
Tractus spinocerebellaris posterior (dorsalis) **(= Flechsig Bündel)** (= hintere Kleinhirnstrangbahn) *aufsteigende Bahn im Seitenstrang*	Wie Tractus spinocerebellaris anterior, jedoch entstammen die Erregungen vorwiegend der oberen Körperhälfte.	Die 1. Neurone liegen im Spinalganglion. Von hier ziehen die Axone der 1. Neurone zur Columna thoracica (syn.: Nucleus thoracicus = Stilling-Clarke-Säule), wo sie auf das 2. Neuron umgeschaltet werden. Die Axone der 2. Neurone ziehen in einem Bogen zum Vorderseitenstrang und ungekreuzt (!) auf der gleichen Seite des Rückenmarks hirnwärts. Durch die Medulla oblongata und den unteren Kleinhirnstiel (= Pedunculus cerebellaris inferior) gelangt der Tractus zur Rinde des Kleinhirnwurms, wo er endet. **Merke:** Die Axone des Tractus spinocerebellaris anterior kreuzen überwiegend zur Gegenseite, der Tractus spinocerebellaris posterior kreuzt nicht! Dem Kleinhirn wird durch die Information der beiden Tractus spinocerebellares anterior und posterior eine feinere Abstufung der Impulse ermöglicht, die der Bewegung dienen (= feinere Bewegungsabstufung).
Tractus spinothalamicus anterior *aufsteigende Bahn im Vorderstrang*	Dient der Leitung der protopathischen Sensibilität für Druck- und grobe Berührungsempfindungen.	Der Tractus spinothalamicus anterior nimmt den gleichen Verlauf wie der Tractus spinothalamicus lateralis (siehe weiter oben). Wichtig zu merken ist, daß der Tractus spinothalamicus lateralis und der Tractus spinothalamicus anterior auf spinaler Ebene zur gegenüberliegenden Seite des Rückenmarks kreuzen. Die Oberflächensensibilität (Schmerz- und Temperaturempfindungen sowie grobe Druck- und Tastempfindungen = protopathische Sensibilität) der linken Körperhälfte wird auf der rechten Seite des Rückenmarks zum Gehirn geleitet.
Tractus spinotectalis *aufsteigende Bahn im Vorderstrang*	Leitet Schmerz- und Temperaturempfindungen.	Zieht zum Tektum und endet im Colliculus superior.
Tractus spinoolivaris *aufsteigende Bahn im Vorderstrang*	Leitet propriozeptive Impulse zum Nucleus olivaris.	Er kreuzt zur Gegenseite und endet am Nucleus olivaris.

ZNS

Bahn	Funktion/Qualität	Lage und Verlauf
Tractus corticospinalis (= Pyramidenbahn) *absteigende Bahn im Seitenstrang*	Dient der bewußten willkürlichen Muskelbewegung. Er leitet nervöse Impulse für die willkürliche Bewegung sowohl an das Rückenmark als auch an motorische Kerne der Hirnnerven. Reflexe werden gedämpft. Die Funktion der Pyramidenbahn liegt in der Ausführung der feinen Willkürmotorik, die im Laufe des Lebens erlernt wird. Dazu gehören die motorische Sprachbildung, die Motorik der mimischen Muskulatur und die Feinbewegungen der Hände und Finger.	Die Pyramidenbahn ist die wichtigste absteigende Bahn. Sie hat ihren Ursprung im Bereich des primären motorischen Rindenfeldes der Großhirnrinde des Lobus frontalis (Gyrus praecentralis), sowie dem angrenzenden Bereich des Lobus parietalis. Sie entspringt an den kleinen Pyramidenzellen, die in der äußeren Pyramidenschicht liegen. Außerdem haben etwa 5 % der 1. Neurone der Pyramidenbahn ihren Ursprung in der inneren Pyramidenschicht der Großhirnrinde an den großen Pyramidenzellen (Betz'sche Riesenzellen). Die Axone der 1. Neurone werden **Fibrae corticospinales** genannt, sie bilden zusammen die Pyramidenbahn. Die Pyramidenbahn zieht durch den hinteren Schenkel der Capsula interna und durch die Pars ventralis der Pedunculi cerebri (= Großhirnschenkel, siehe Kapitel 9.4.1) abwärts. Durch das Mittelhirn und den Pons (= Brücke) gelangt die Pyramidenbahn zur Medulla oblongata (Kapitel 9.3.1), wo ein Teil der Fasern mit den Kernen der motorischen Hirnnerven in Kontakt tritt. An der Ventralseite der Medulla oblongata wechseln in der **Decussatio pyramidum** (= Pyramidenkreuzung) etwa 80 % der Pyramidenfasern die Seite und ziehen als **Tractus corticospinalis lateralis** (= **Pyramidenseitenstrang**) im Seitenstrang des Rückenmarks abwärts. Die restlichen, nicht gekreuzten, etwa 20 % der Fasern, ziehen als **Tractus corticospinalis anterior** (= **Pyramidenvorderstrang**) im Vorderstrang des weißen Rückenmarks abwärts. Diese Fasern kreuzen, nachdem sie in die graue Rückenmarksubstanz eingetreten sind, zur Gegenseite. Der Tractus corticospinalis anterior reicht nur bis etwa in Höhe des Zervikalmarks. Vor und nach der Kreuzung werfen die Fasern der Pyramidenbahn die an den beiden Seiten der Medulla oblongata liegenden Pyramiden auf, die der Bahn auch den Namen geben. Die Pyramidenkreuzung wird häufig als Grenze zwischen Gehirn und Rückenmark angesehen. Bei der Pyramidenbahn reicht das 2. Neuron vom α-Motoneuron bis zur Muskelzelle. Wird dieses Neuron ausgeschaltet, so tritt eine schlaffe Lähmung der Muskeln auf. Bei einer Unterbrechung des zentralen Neurons (Pyramidenbahn) tritt eine schlaffe oder spastische Lähmung der Muskeln ein. **Klinik:** Bei einer Schädigung der Pyramidenbahn innerhalb des Gehirns z.B. infolge einer Blutung innerhalb der Capsula interna (= Apoplex = Schlaganfall – s. Kapitel 9.7.4) kann es zu einer schlagartig auftretenden Lähmung der kontralateralen Muskulatur kommen, die nach einer gewissen Zeitspanne in eine spastische Lähmung (= die betroffene Muskulatur ist dauerkontrahiert) übergeht. Der Babinsky-Reflex (= Bestreichen des lateralen Fußrandes führt zur Dorsalextension der Großzehe) ist frühzeitig positiv. Bei der Poliomyelitis (= Kinderlähmung) sind die motorischen Vorderhornzellen befallen. Dadurch kommt es zur schlaffen Lähmung der von den befallenen Rückenmarkssegmenten innervierten Muskeln, d.h. die betroffenen Muskelfasern werden von keinem Motoneuron mehr innerviert. Der Reflexbogen ist somit unterbrochen.
Tractus spinoreticularis *aufsteigende Bahn*	leitet dumpfe und chronische Schmerzempfindungen	Zieht mit dem Tractus spinothalamicus hirnwärts. Er endet in der Formatio reticularis der Medulla oblongata.

Extrapyramidale Bahnen		
Bahn	**Funktion/Qualität**	**Lage und Verlauf**
Tractus reticulospinalis	Dient der unwillkürlichen Atmung	Er zieht von der Formatio reticularis des Rautenhirns durch den Seiten- und Vorderstrang zu den γ-Motoneuronen der Atemmuskulatur.
Tractus tectospinalis	Er leitet optische und akustische Reize für die reflektorischen Augen- und Kopfbewegungen.	Der Tractus tectospinalis hat seinen Ursprung in den Colliculi superiores (= obere Hügel des Tectum mesencephali – s. Kapitel 9.4.1). Im Mittelhirn kreuzt er zur Gegenseite und endet im Zervikalmark.
Tractus vestibulospinalis	Dient der Aufrechterhaltung des Gleichgewichts, indem er über die Motoneurone den Tonus der Streckermuskeln erhöht.	Der Tractus vestibulospinalis zieht zum größten Teil von dem im Rautenhirn liegenden Nucleus vestibularis lateralis (= Deiter-Kern) zum Rückenmark. Ein Teil seiner Axone zieht zu den Augenmuskelkernen.
Tractus rubrospinalis	Er dient der extrapyramidalen Motorik, indem er auf die α- und γ-Motoneurone einwirkt.	Der Tractus rubrospinalis hat seinen Ursprung am Nucleus ruber. Seine Fasern kreuzen teilweise in der Decussatio tegmenti zur kontralateralen Seite. Mit der Pyramidenseitenstrangbahn zieht er bis ins Halsmark zu den Motoneuronen des Rückenmarks.

➤ Der **Eigenreflex** (= direkter Reflex = propriozeptiver Reflex) ist aus einem afferenten und einem efferenten Neuron und der zwischen beiden Neuronen liegenden Synapse aufgebaut. Der Eigenreflex ist also monosynaptisch.
Charakteristisch ist, dass

- der Rezeptor und Effektor im selben Organ (Muskel – Dehnungsreflex) liegen;
- die Reflexzeit kurz und jede Auslösung des Reflexes konstant ist;
- die Kontraktionsstärke von der Höhe der Reizimpulse unabhängig ist. ◄

Eigenreflexe sind die am Ende der Kapitel 3.5.3 und 4.5.3 aufgeführten Nervenreflexe wie:

- Trizepssehnenreflex (Neurone liegen im Rükkenmark in Höhe von C_{6-8}),
- Bizepssehnenreflex ($C_{5,6}$),
- Patellarsehnenreflex (L_{2-4}),
- Achillessehnenreflex (L_5–S_2).

Klinik: Kann ein Reflex nicht ausgelöst werden, so ist dies ein Anzeichen für eine mögliche Unterbrechung des Reflexbogens in der für den Reflex typischen Segmenthöhe des Rückenmarks.

Beim **Fremdreflex** (= indirekter Reflex) liegen zwischen dem afferenten und dem efferenten Neuron als Verbindungsneurone eine oder mehrere Binnenzellen. Somit kommen 2 und mehr Synapsen vor – der Fremdreflex ist also polysynaptisch (multisynaptisch).

➤ Charakteristisch für den Fremdreflex ist, daß

- Rezeptor und Effektor in verschiedenen Organen liegen;
- die Reflexzeit relativ lang ist und von der Reizzeit und der Reizstärke abhängt. ◄

Fremdreflexe sind u.a.:

- Bauchhautreflex (Th_{6-12}) – beteiligt ist die Bauchmuskulatur über den N. subcostalis, N. iliohypogastricus, N. ilioinguinalis und die Nn. intercostales 8–11;
- Kremasterreflex ($L_{1,2}$) – durch Bestreichen der Innenhaut des Oberschenkels kontrahiert sich der M. cremaster über den N. genitofemoralis und der Hoden hebt sich.

Unterschiede zwischen Eigen- und Fremdreflexen	
Eigenreflex	**Fremdreflex**
2 Neurone	mehr als 2 Neurone
monosynaptisch	polysynaptisch
Reflexzeit ist kurz (10 msec)	Reflexzeit ist lang (50–150 msec)
sehr geringe Ermüdbarkeit	starke Ermüdbarkeit

Klinik: Der bei der Pyramidenbahn bereits erwähnte Babinski-Reflex ist nur beim Säugling physiologisch. Dieser Reflex wird wahrscheinlich über den Eigenapparat ausgelöst und ab dem Kleinkindalter durch die Pyramidenbahn unterdrückt. Ein Ausfall der Pyramidenbahn zeigt sich u.a. darin, daß dieser Reflex wieder auslösbar ist.

9.3 Rhombenzephalon

9.3.1 Gestalt, Gliederung, Lage — !!! 12/18

➤ *Prüfungsrelevant: Gesamtes Kapitel.* ◂

Das Rückenmark (= Medulla spinalis) geht in Höhe des Foramen magnum ohne erkennbare Grenze in die etwa 2,5 cm lange Medulla oblongata (= verlängertes Mark) über. Die Medulla oblongata ist Teil des Rautenhirns.

Als **Rautenhirn (= Rhomb-enzephalon)** werden die Bereiche zusammengefaßt, die den 4. Hirnventrikel umschließen. Die Bezeichnung „Rautenhirn" ist dabei von dem rautenförmig aussehenden Boden des 4. Ventrikels abgeleitet, der als Rautengrube bezeichnet wird.

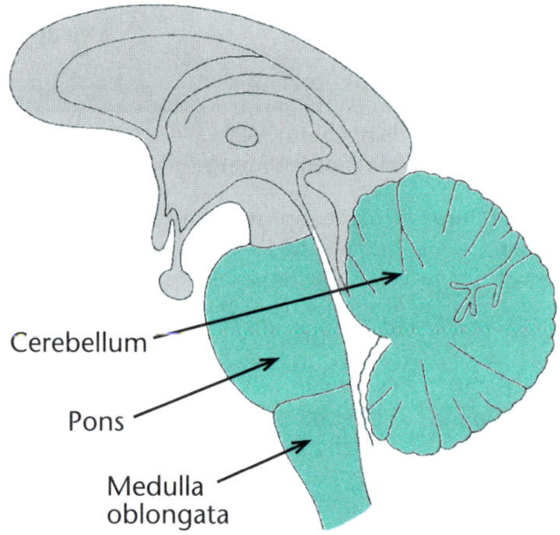

Abb. 9.11 *Hirnstamm von lateral*

Das Rhombenzephalon wird unterteilt in
- Myel-enzephalon (= Nachhirn) – besteht nur aus der Medulla oblongata (= verlängertes Mark).
- Met-enzephalon (= Hinterhirn) – besteht aus
  - dem ventral liegenden Pons (= Brücke) und
  - dem dorsal liegenden Cerebellum (= Kleinhirn).

Das Rautenhirn liegt in der hinteren Schädelgrube. Kranial (= rostral) grenzt es an das Mittelhirn. Medulla oblongata, Pons und Mittelhirn werden als Truncus encephali (= Hirnstamm) zusammengefaßt. Einige Autoren rechnen zum Hirnstamm auch noch das Zwischenhirn und die Stammganglien des Endhirns.

Die **Rautengrube (= Fossa rhomboidea)** ist eine etwa 3 cm lange und 1,5 cm breite Grube, die den Boden des vierten Hirnventrikels bildet. Dieser Boden wird von der Medulla oblongata und dem Pons gebildet.

Im kranialen Teil der Rautengrube ragt als rundliche Vorwölbung der **Colliculus facialis** hinein, der durch das Knie des N. facialis (= Fazialisknie) verursacht wird. Rostral vom Colliculus facialis liegt eine bläulich pigmentierte Nervenzellgruppe, die **Locus coeruleus** genannt wird und die größte noradrenerge Zellgruppe des ZNS bildet.

Im Boden der Rautengrube liegen die Kerne der meisten Hirnnerven (s. Kapitel 9.3.2).

Zur Begrenzung des 4. Hirnventrikels siehe bitte Kapitel 9.9.3.

Medulla oblongata

Die Medulla oblongata (= verlängertes Mark) hat von ventral aus betrachtet annähernd das gleiche Aussehen wie das Rückenmark (= Medulla spinalis), weshalb man diesem Teil die Bezeichnung „verlängertes Mark" gegeben hat.

Das Rückenmark geht in Höhe des 1. Zervikalnerven (= 1. Halsnerv) ohne besondere Grenze in die Medulla oblongata über (die Grenze kann am Foramen magnum gezogen werden, durch das das Rükkenmark in die Schädelhöhle eintritt).

Kranial geht die Medulla oblongata im Bereich des Sulcus bulbopontinus in den Pons (= Brücke) über.

Von außen betrachtet, sehen Sie auf der ventralen Seite des Hirnstamms als Furche die Fissura mediana anterior, die sich vom Rückenmark auf die Medulla oblongata fortsetzt und am Unterrand des Pons endet.

Auf beiden Seiten der Fissura mediana anterior ist die Medulla oblongata wulstartig verdickt. Diese beiden Verdickungen werden **Pyramiden** genannt, sie enthalten die Pyramidenbahnen (s. Kapitel 9.2.4). Am Übergang zum Rückenmark kreuzen die meisten Fasern der Pyramidenbahn in der Decussatio pyramidum (= Pyramidenkreuzung) zur gegenüberliegenden Seite. Die Decussatio können Sie in der Tiefe der Fissura mediana anterior erkennen.

Lateral von der Pyramide liegt als olivenähnliche Struktur die Olive. In der Olive liegt der Nucleus olivaris (= Olivenkern), der bei einem Querschnitt an seiner sackartig gewölbten Form zu erkennen ist.

Aus der zwischen der Pyramide und der Olive liegenden Rinne (= Sulcus anterolateralis) treten die Wurzelfasern des N. hypoglossus aus.

Der dorsale Teil der Medulla oblongata hat weniger Ähnlichkeit mit dem Rückenmark. Der Sulcus medianus posterior des Rückenmarks setzt sich auf der Medulla oblongata bis zum Obex (einem quer verlaufenden Markblatt am unteren Riegel) fort.

Zu beiden Seiten des Sulcus medianus posterior liegt als Verdickung je ein Tuberculum cuneatum und ein Tuberculum gracile, die durch den Nucleus cuneatus bzw. den Nucleus gracilis aufgeworfen werden. In den Nuclei werden die 1. Neurone des Tractus spinobulbaris (= Hinterstrangbahn) auf die 2. Neurone umgeschaltet (s. hierzu die Tabelle in Kapitel 9.2.4 Fasciculus gracilis und Fasciculus cuneatus).

Im Bereich der Medulla oblongata verlassen die nachfolgenden Hirnnerven das Gehirn:

Hirnnerv	Austrittsstelle
N. abducens (VI)	zwischen Pyramide und hinterem Rand des Pons
N. facialis (VII)	zwischen Pons und Medulla oblongata, lateral von der Olive
N. vestibulocochlearis (VIII)	wie N. facialis
N. glossopharyngeus (IX)	hinter der Olive (im Sulcus lateralis posterior)
N. vagus (X)	wie N. glossopharyngeus
N. accessorius (XI)	wie N. glossopharyngeus
N. hypoglossus (XII)	zwischen Olive und Pyramide (im Sulcus lateralis anterior)

Olive

Die Olive wird durch den unter ihr liegenden Nucleus olivaris aufgeworfen (s. Kapitel 9.3.2). Die Olive ist etwa 1,5 cm lang. Sie liegt lateral der Pyramis zwischen der Wurzel des N. vagus und des N. hypoglossus. (Als Pyramis wird ein länglicher Wulst bezeichnet, der aus Fasern der Pyramidenbahn besteht und zu beiden Seiten der Fissura mediana ventralis liegt).

Pons

Der Pons (= Brücke) liegt als mächtiger, etwa 2,5 cm breiter Wulst zwischen der Fossa interpeduncularis und der Medulla oblongata. Dorsal liegt dem Pons das Kleinhirn (= Cerebellum) an.

Die basale Fläche des Pons besitzt eine mediane Längsfurche (= Sulcus basilaris), in der die A. basilaris verläuft. Auf beiden Seiten ist der Pons lateral durch einen sehr kräftig ausgebildeten weißen Strang, den mittleren Kleinhirnstiel (= Pedunculus cerebellaris medius), mit dem Kleinhirn verbunden.

Der dorsale Teil des Pons, Tegmentum pontis genannt, bildet den kranialen Teil der Rautengrube (s. Kapitel 9.3.2).

Kranial grenzt der Pons an die Pars ventralis des Pedunculus cerebri (= Hirnschenkel des Mittelhirns). Im Bereich des Pons verlassen als Hirnnerven das Gehirn:

Hirnnerv	Austrittsstelle
N. trigeminus	Übergang des Pons zum mittleren Kleinhirnstiel
N. abducens	Unterrand des Pons

Zwischen dem Pons, dem Kleinhirn (= Cerebellum) und der Medulla oblongata liegt eine Einsenkung, die **Kleinhirnbrückenwinkel** genannt wird.

Klinik: Die im Kleinhirnbrückenwinkel entstehenden Geschwülste können die in diesem Bereich lokalisierten Hirnnerven sowie die Kleinhirnhemisphäre und später den Hirnstamm komprimieren (= „darauf drücken"). Dadurch kann es zum Hörverlust und zu Schwindelzuständen (über den N. vestibulocochlearis), manchmal zu Fazialisparesen (N. facialis) oder zu Trigeminusschmerzen (1. Ast des N. trigeminus) kommen. Selten werden Ausfälle in diesem Gebiet beschrieben, die den N. glossopharyngeus, den N. vagus, den N. hypoglossus oder den N. accessorius betreffen.

Hirnstamm

Das Rautenhirn (Rhombenzephalon) bildet zusammen mit dem in Kapitel 9.4.1 beschriebenen Mittelhirn (Mesenzephalon) den Hirnstamm (= Truncus encephali). Einige Autoren zählen im Hinblick auf die funktionelle Zusammengehörigkeit auch das Zwischenhirn und die Stammganglien des Endhirns mit zum Hirnstamm.

Der Hirnstamm besteht somit aus:
- Medulla oblongata,
- Pons,
- Mittelhirn,
- sowie Zwischenhirn und Stammganglien.

Jeder der ersten drei Teile des Hirnstamms ist über jeweils ein Kleinhirnstielpaar (Pedunculi cerebelli) mit dem Kleinhirn (= Cerebellum) verbunden:
- Medulla oblongata – Pedunculus cerebellaris inferior,
- Pons – Pedunculus cerebellaris medius,
- Mittelhirn – Pedunculus cerebellaris superior.

Den Hirnstamm verlassen nachfolgende Hirnnerven:
- ventral: N. oculomotorius, N. abducens, N. hypoglossus;
- dorsal: N. trochlearis;
- lateral: alle übrigen Hirnnerven.

9.3.2 Innere Gliederung des Rhombenzephalon !!! 20/34

➤ *Besonders prüfungsrelevant: Tabelle der auf- und absteigenden Bahnen, sowie Grundkenntnisse der fett hervorgehobenen Hirnnervenkerne (Tabelle).* ◄

Wie bei dem in Kapitel 9.2.2 beschriebenen Rückenmark, so wird auch das Rautenhirn von einer grauen Substanz (= Substantia grisea centralis) durchzogen, die im Rautenhirn als Tegmentum bezeichnet wird. Im Gegensatz zum Rückenmark, bei dem die graue Substanz um den Canalis centralis liegt, kommt die graue Substanz im Rautenhirn exzentrisch, am Boden der Rautengrube liegend, vor.

Das **Tegmentum** (= graue Substanz) des Rautenhirns besteht vor allem aus:
- der am Boden der Rautengrube liegenden periventrikulären (= um den Ventrikel liegenden) Substanz;
- in der weißen Substanz liegende Kerne (Nuclei);
- der Formatio reticularis.

Die weiße Substanz des Rautenhirns besteht vor allem aus
- langen Projektionsbahnen (Lemniscus medialis, Pyramidenbahn – siehe Tabelle);
- kurzen Assoziationsbündeln.

Bei Querschnitten durch die Medulla oblongata und den Pons sehen Sie (s. die schematischen Zeichnungen 9.13 bis 9.17)
- Kerngebiete (in den Zeichnungen dunkelrot);
- viele Hirnnervenkerne (in den Zeichnungen hellrot);
- auf- und absteigende Bahnen (in den Zeichnungen grau);
- die Formatio reticularis (= Eigenapparat).

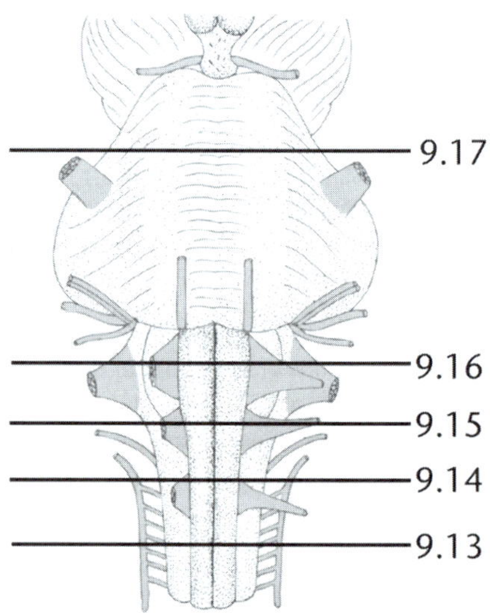

Abb. 9.12 *Hirnstamm von basal mit Einzeichnung der Schnittebenen für die Abb. 9.13 – 9.17.*

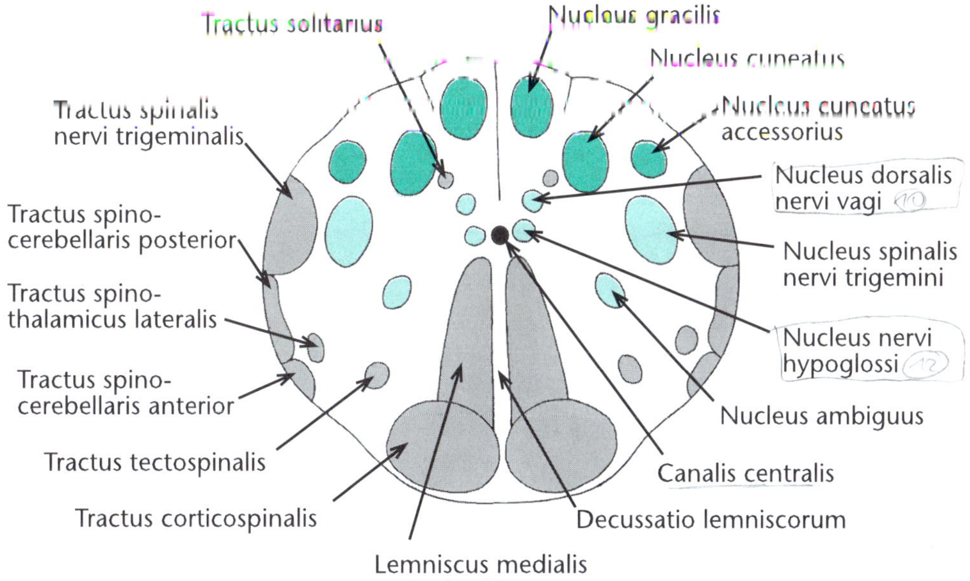

Abb. 9.13 Querschnitt durch die Medulla oblongata in Höhe 1

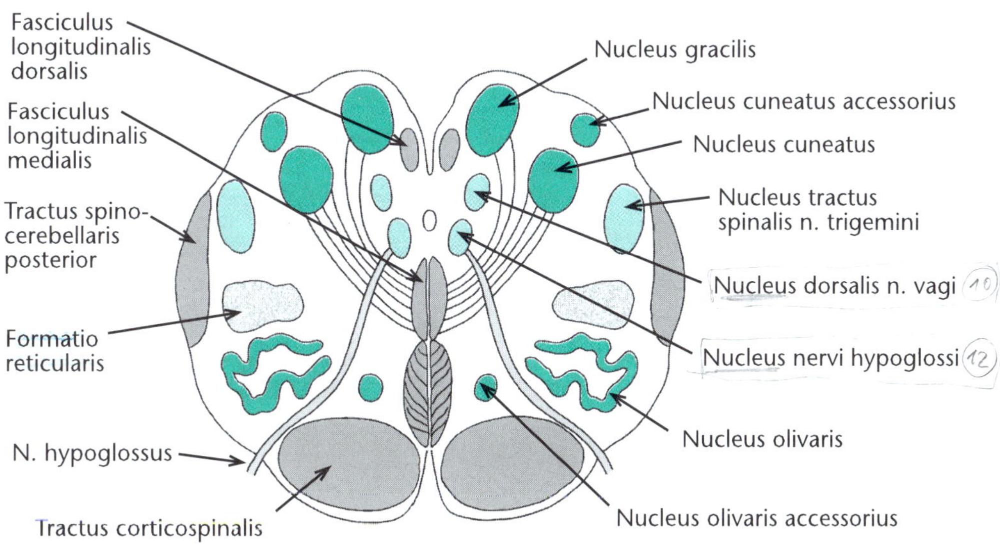

Abb. 9.14 Querschnitt durch die Medulla oblongata in Höhe 2

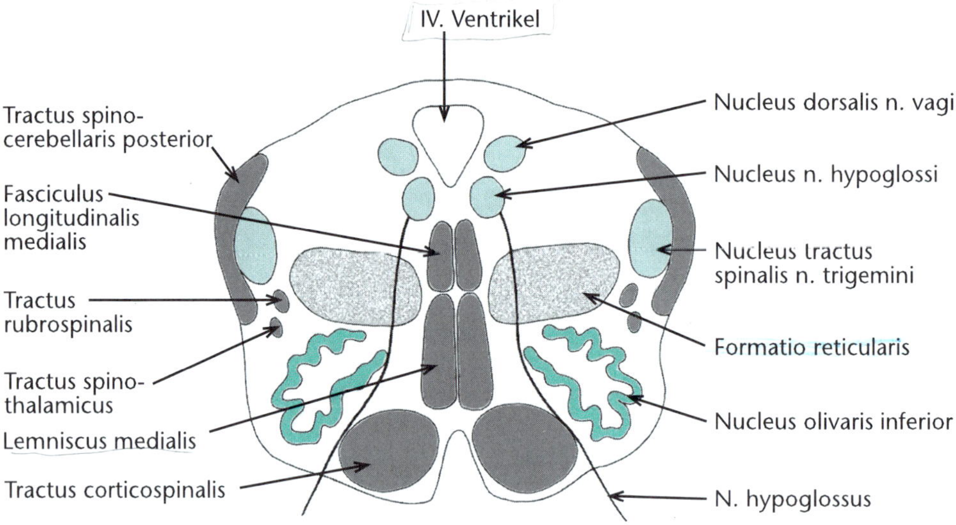

Abb. 9.15 *Querschnitt durch die Medulla oblongata in Höhe 3*

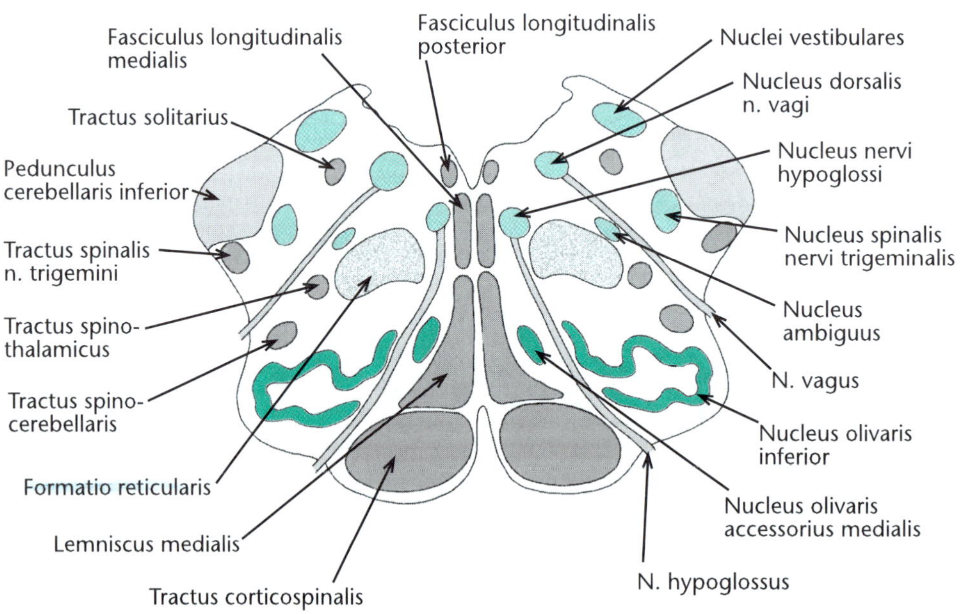

Abb. 9.16 *Querschnitt durch den Pons in Höhe 4*

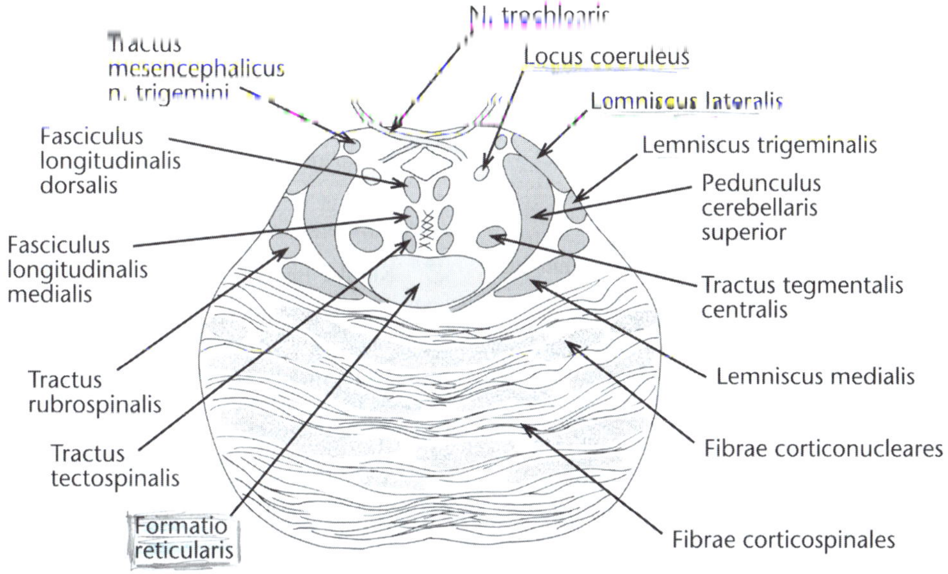

Abb. 9.17 Querschnitt durch den Pons in Höhe 5

Formatio reticularis

Die Formatio reticularis (= Netzsubstanz) bildet den Eigenapparat des Rautenhirns. Sie erstreckt sich vom Rückenmark durch die Medulla oblongata und den Pons bis ins Zwischenhirn (= Dienzephalon).

Bitte beachten Sie, dass einige Autoren die Formatio reticularis auf das Tegmentum von Medulla oblongata, Pons und Mittelhirn beschränken.

Die Formatio reticularis besteht aus einem netzartig aussehenden Geflecht von vielen kleinen und großen Perikaryen, die zumeist verstreut vorliegen, sowie aus den von den Perikaryen abgehenden Faserverbindungen der Neurone. An einigen Stellen liegen die Perikaryen zu großen Kernen verdichtet vor. Die größten dieser Kerne sind:

- Nucleus olivaris inferior (s. weiter unten),
- Nucleus vestibularis inferior und Nucleus vestibularis lateralis (s. Tabelle Hirnnervenkerne),
- sowie der im Mittelhirn liegende Nucleus ruber.

Einige Autoren rechnen auch die im Mittelhirn liegende Substantia nigra mit zu den Kerngebieten der Formatio.

Die Axone der Neurone der Formatio sind bilateral verzweigt (= T-förmig) – ein Ast steigt nach unten, der andere nach oben, wobei die Nervenfasern mit anderen Neuronen zahlreiche Synapsen bilden (also polysynaptisch verschaltet sind!). Die Axone ziehen als sensorische (afferente) Nervenfasern zu den höher gelegenen Hirnabschnitten und als motorische (efferente) Nervenfasern zu den γ-Motoneuronen, die in der Vordersäule des Rückenmarks liegen.

Die Neurone enthalten cholinerge oder aminerge Transmitter (= Überträgerstoffe). Die monaminergen Zellgruppen bilden in spezifischen Zellgruppen vor allem Dopamin, Noradrenalin und Serotonin.

Die Kerne der großen Neurone liegen mit den auf- und absteigenden Axonen im medialen Teil der Formatio reticularis. Die Kerne der kleinzelligen Neurone liegen als Assoziationsfelder im lateralen Teil.

Die Formatio reticularis dient vor allem als Assoziationsapparat, indem sie die Hirnnervenkerne untereinander und mit den Spinalnerven (= Nn. spinales) verbindet. Sie dient somit der Koordination.

In der Formatio reticularis werden motorische, sensorische und vegetative Funktionen verknüpft. Dabei bildet die Formatio reticularis eine Art Nebenbahn für die Sinnesbahnen. Außerdem ist die Formatio in der Lage, Erregungen der Sinnesbahnen zu verstärken.

Die Formatio reticularis erhält u.a.:
- sensible Impulse von den Nuclei vestibulares und den Trigeminuskernen;
- akustische Impulse über die Fasern des Lemniscus lateralis (s. weiter unten);
- optische Impulse über Fasern des Fasciculus tectoreticularis.

Die Formatio reticularis steht über den Tractus reticulospinalis mit dem Rückenmark in Verbindung. Außerdem ist die Formatio indirekt über extrapyramidale Kerne mit dem Rückenmark verbunden.

Der Fasciculus reticulothalamicus zieht zu den Kernen des Thalamus. Über ihn steht die Formatio mit der Großhirnrinde in Kontakt. Vegetativ ist die Formatio mit dem Hypothalamus (s. Kapitel 9.6.2) verbunden.

In der Formatio reticularis liegen Zentren für die nachfolgenden Reflexe:
- Schutzreflexe = Brechreflex, Nies- und Hustenreflex, Korneal- und Lidschlußreflex;
- Reflexe zur Nahrungsaufnahme = Schluckreflex, Speichelsekretionsreflex, Saugreflex;
- Reflexe zur Tränensekretion.

Die in der Formatio reticularis des Rautenhirns liegenden Zentren werden in Kapitel 9.3.3 ausführlich beschrieben.

Kerngebiete der Medulla oblongata

In der Medulla oblongata liegen die Nuclei olivares, die zusammen als Olivenkomplex bezeichnet werden. Dieser Olivenkomplex ist ein wichtiges motorisches Zentrum, das der Koordination und Feinabstimmung für Präzisionsbewegungen der Extremitäten und des Rumpfes dient. Der Hauptkern ist der Nucleus olivaris inferior. Als Nebenkerne kommen in der Olive der Nucleus olivaris accessorius medialis und posterior vor.

Ein lateral vom Corpus trapezoideum vorkommender Nucleus olivaris superioris steht mit dem Olivenkomplex nicht in Verbindung (dieser Kern erhält vielmehr Afferenzen von den Nuclei cochleares und dient dem Hören).

Der Nucleus olivaris inferior besteht aus einer sackförmig angeordneten dünnen Schicht grauer Substanz.

Der Nucleus olivaris erhält Afferenzen aus:
- motorischer Großhirnrinde (über Tractus corticoolivaris);
- Nucleus ruber, Corpus striatum, Globus pallidus (über Tractus tegmentalis centralis);
- Formatio reticularis;
- Rückenmark (über Tractus spinoolivaris).

Efferent ist er verbunden mit:
- Kleinhirn (über Tractus olivocerebellaris).

Klinik: Bei einer Läsion der Olive ist der feinmotorische Bewegungsablauf gestört. Außerdem können Gehstörungen auftreten.

In der Mitte der Medulla oblongata bilden die zur Gegenseite kreuzenden Fasern eine **Raphe** (Naht). Paramedian von der Raphe liegen Nuclei raphes (Raphekerne), die serotoninerge Neurone enthalten. Diese Neurone entsenden Fortsätze zum Hypothalamus, Riechhirn und zum limbischen System.

Kerngebiete des Pons

Beim Pons (= Brücke) können zwei Bereiche unterschieden werden:

- Pars ventralis – in diesem Bereich liegen die Nuclei pontis, sowie verschiedene Bahnen;
- Pars dorsalis – bildet das Tegmentum (= Brückenhaube).

Die zerstreut im ganzen Pons liegenden Nuclei pontis dienen als Umschaltstation des Tractus corticopontocerebellaris (= Großhirn-Brücken-Kleinhirnbahn). Die afferenten Nervenfasern dieser Bahn ziehen als Tractus corticopontinus von der Rinde des Stirn- und Schläfenlappens (Großhirnrinde) durch die Capsula interna zu den Nuclei pontis. In den Nuclei pontis werden sie umgeschaltet und ziehen als Tractus pontocerebellaris durch den Pedunculus cerebellaris medius (= mittlerer Kleinhirnstiel) der kontralateralen Seite zum Kleinhirnwurm und zu den beiden Hemisphären des Kleinhirns (Kleinhirn – s. Kapitel 9.5.1).

Die Nuclei pontis leiten Informationen über Bewegungsabläufe vom Großhirn zum Kleinhirn, damit im Kleinhirn die Feinabstimmung der Bewegungen erfolgen kann. Dabei kommt es zu einem Regelkreis, indem die Informationen über die Feinabstimmung vom Nucleus dentatus des Kleinhirns über den Thalamus zur Großhirnrinde weitergeleitet werden.

Hirnnervenkerne

Die Verbindungen der Hirnnervenkerne werden sehr übersichtlich in der anatomischen Tafeln „Hirnnerven" dargestellt – wenn Sie die Tafel zur Hand haben, sollten Sie parallel zum Text lernen.

Im Hirnstamm liegen als graue Säulen die Kerne der Hirnnerven 5–11, die im Längsschnitt länglich erscheinen. Der 2. Hirnnerv wird in Kapitel 10.2.4 Die Kerngebiete des 3. und 4. Hirnnerven liegen im Mittelhirn und werden in Kapitel 9.4.2 beschrieben.

Die Hirnnervenkerne werden unterteilt in

- Ursprungskerne (= Nuclei originis) – sie sind der Vordersäule des Rückenmarks vergleichbar. An ihnen haben afferente Hirnnervenfasern ihren Ursprung. Die Ursprungskerne werden wiederum unterteilt in
  - somatomotorische Kerne – liegen neben der Mittellinie;
  - parasympathische (autonome) Kerne – deren 1. Neurone beginnen am Kern; auf das 2. Neuron wird im Ganglion umgeschaltet. (Bitte beachten Sie, daß die Kerne des Sympathikus dagegen ausschließlich im Rückenmark liegen!)
- Endkerne (Nuclei terminales) – an diesen somatosensiblen Kernen enden die afferenten Fasern der 1. Neurone und werden auf das 2. Neuron umgeschaltet. Diese Kerne liegen lateral von den somatomotorischen Kernen.

Die im Rhombenzephalon vorkommenden Kerne sind in der Tabelle ausführlich beschrieben. *Wissensnotwendig ist die Kenntnis, welche Hirnnerven den Nuclei zugeordnet werden müssen, sowie die Kenntnis der Hauptafferenzen und -efferenzen (sind durch rote Pfeile hervorgehoben) und die Funktion und Klinik.*

Wie Sie aus der Tabelle weiterhin ersehen können, haben einige Hirnnerven mehrere Kerne als Ursprung (u.a. N. trigeminus, N. facialis, N. vestibulocochlearis).

Auf- und absteigende Bahnen

Im Rautenhirn kommen an Bahnen vor:

- lange Bahnen, die nur durch das Rautenhirn hindurchziehen. Sie ziehen als afferente (= aufsteigende) Bahnen vom Rückenmark zur Großhirnrinde und als efferente (= absteigende) Bahnen zum Rückenmark;
- Bahnen, die ihren Ursprung an den Kernen des Rautenhirns haben oder in diesen Kernen umgeschaltet werden.

An afferenten (= aufsteigenden) Bahnen kommen vor:

- Lemniscus medialis,
- Lemniscus lateralis,
- Tractus spinocerebellaris anterior,
- Tractus spinocerebellaris posterior,
- Tractus olivocerebellaris,
- Fibrae arcuatae externae.

An efferenten (= absteigenden) Bahnen kommen vor:

- Tractus corticopontinus,
- Tractus corticospinalis,
- Bahnen des extrapyramidalen Systems,
- Fibrae corticonucleares.

Weiter s. Seite 582.

ZNS

Hirnnervenkerne	
Nucleus motorius nervi trigeminalis viszeromotorischer = viszeroefferenter Kern des N. trigeminus	➤ **Afferenzen:** Über Tractus corticonuclearis aus Großhirnrinde (Gyrus praecentralis der Gegenseite); Gyrus praecentralis (ipsilateral). **Efferenzen:** Radix motoria des N. trigeminus. **Lage:** Am Boden der Rautengrube. **Funktion:** Innerviert die Muskeln des 1. Kiemenbogens (Kaumuskeln, Gaumenmuskeln, M. tensor tympani). **Klinik:** Bei einer Läsion des Kerns ist die Kaumuskulatur der betroffenen Seite gelähmt. ◄
Nucleus pontinus nervi trigeminalis (alt: Nucleus sensorius principalis n. trigemini) somatosensibler = somatoafferenter Kern) des N. trigeminus	➤ **Afferenzen:** Radix sensoria des N. trigeminus. **Efferenzen:** Die abgehenden Nervenfasern kreuzen im Lemniscus trigeminalis zur Gegenseite und ziehen im Lemniscus medialis zum Thalamus, wo sie umgeschaltet werden und zur Großhirnrinde (Gyrus postcentralis) weiterziehen. **Lage:** Ist der Hauptkern des N. trigeminus. Er liegt im Pons am Boden der Rautengrube. **Funktion:** Projektionskern für die epikritische Sensibilität aus dem Gesichts- und Mundhöhlenbereich (feine Druck- und Berührungsempfindungen). **Merke:** Perikaryen des afferenten Neurons liegen im Ganglion trigeminale. **Klinik:** Bei einer Läsion des Kerns kommt es zum Sensibilitätsausfall im Versorgungsbereich. ◄

Hirnnervenkerne	
Nucleus tractus mesencephali nervi trigeminalis somatosensibler = somatoafferenter Kern des N. trigeminus	➤ **Afferenzen:** Tractus mesencephalicus n. trigeminalis (Teil der Radix sensoria des N. trigeminus). **Efferenzen:** Ziehen im Lemniscus medialis zum Thalamus, wo sie umgeschaltet werden und zur Großhirnrinde (Gyrus postcentralis) weiterziehen. **Lage:** Reicht von der Rautengrube bis ins Mittelhirn. **Funktion:** Endkern für die propriozeptiven Reize aus: Zähnen, Palatum durum und der Kaumuskulatur (leitet die Tiefensensibilität). **Merke:** Die sensiblen Fasern werden nicht im Ganglion trigeminale sondern erst im Kern, wo die 1. afferenten Neurone liegen, umgeschaltet. **Klinik:** Bei einer Läsion des Kerns kommt es zum Sensibilitätsausfall im Versorgungsbereich. Masseterreflex (= Eigenreflex der Kaumuskulatur) wird über den Nucleus tractus mesencephalicus auf den Nucleus motorius n. trigeminalis übertragen. ➤
Nucleus spinalis nervi trigeminalis somatosensibler = somatoafferenter Kern des N. trigeminus	**Afferenzen:** Tractus spinalis nervi trigeminalis aus dem Ganglion trigeminale (Teil der Radix sensoria des N. trigeminus); sensible Fasern des N. glossopharyngeus aus dem hinteren Zungendrittel, dem Pharynx und der Tuba auditiva; sensible Fasern des N. vagus aus dem Kehlkopf. **Efferenzen:** Ziehen kontralateral im Lemniscus medialis zum Thalamus, wo sie umgeschaltet werden und zur Großhirnrinde (Gyrus postcentralis) weiterziehen. **Lage:** Liegt in der Medulla oblongata und reicht bis in die Rautengrube. **Funktion:** Projektionskern der protopathischen Sensibilität aus dem Gesichtsbereich (Schmerz- und Temperaturempfindungen). **Merke:** Perikaryen des 1. afferenten Neurons liegen im Ganglion trigeminale. **Klinik:** Bei einer Läsion des Kerns kommt es zum Sensibilitätsausfall im Versorgungsbereich.
Nucleus nervi abducentis somatomotorischer = somatoefferenter Kern des N. abducens	**Afferenzen:** Colliculus superior (optisches Reflexzentrum); Großhirnrinde; Blickzentrum im Mesenzephalon und Pons; über Fasciculus longitudinalis medialis aus Nuclei vestibulares. **Efferenzen:** N. abducens. **Lage:** Unter dem Colliculus facialis im rostralen Bereich der Rautengrube (Tegmentum pontis). **Funktion:** Innerviert den M. rectus lateralis. **Klinik:** Bei einer Läsion des Kerns sieht der Patient Doppelbilder.
Nucleus n. facialis viszeromotorischer = viszeroefferenter Kern des N. facialis	**Afferenzen:** Großhirnrinde; Rückenmark (Hintersäule). **Efferenzen:** N. facialis. **Lage:** Im Boden der Rautengrube. Die aus dem Nucleus hervorgehenden Nervenfasern umschlingen als Genu n. facialis den Nucleus n. abducentis. **Funktion:** Innerviert die mimische Gesichtsmuskulatur des 2. Kiemenbogens (s. Tabelle Kapitel 5.1.2). **Klinik:** Bei einer zentralen Fazialislähmung ist die Bahn vom Großhirn zum Nucleus n. facialis geschädigt (s. Kapitel 5.5 N. facialis "Klinik").

Hirnnervenkerne	
Nucleus solitarius (alt: Nucleus tractus solitarii) viszerosensibler = viszeroafferenter Kern vom: N. facialis, N. glossopharyngeus, N. vagus	**Afferenzen:** Über N. facialis von Perikaryen der 1. Neurone im Ganglion geniculi, vom N. glossopharyngeus, vom N. vagus (wenige Fasern). **Efferenzen:** Im Nucleus erfolgt die Umschaltung auf die 2. Neurone. Die meisten Fasern ziehen zur Gegenseite und mit dem Lemniscus medialis zum Thalamus, wo die Umschaltung auf die dritten Neurone erfolgt, deren Axone zur Großhirnrinde (Gyrus postcentralis) ziehen; Ein Teil der Axone der 2. Neurone ziehen zum Hypothalamus. **Lage:** Hinterer Teil des Tegmentum. **Funktion:** In diesem Kern werden die Geschmacksfasern der nachfolgend aufgeführten Hirnnerven umgeschaltet (dieser Kern dient also der Geschmacksempfindung): • N. facialis (Chorda tympani) – leitet die Geschmacksempfindungen aus den vorderen 2/3 der Zunge; • N. glossopharyngeus – leitet die Geschmacksempfindungen aus dem hinteren Zungendrittel; • N. vagus – leitet die Geschmacksempfindungen aus der Epiglottis und dem Gaumen. **Klinik:** Bei einer Läsion fällt die Geschmacksempfindung auf der betroffenen Seite aus. ◄
Nucleus salivatorius superior parasympathischer = viszeromotorischer Kern des N. facialis	**Afferenzen:** Fasern vom Hypothalamus (im Fasciculus longitudinalis dorsalis); olfaktorisches System. **Efferenzen:** Über N. intermedius (N. facialis). **Lage:** Vom Boden der Rautengrube bis zum oberen Halsmark (Rückenmark). **Funktion:** Versorgt die Glandulae lacrimalis, sublingualis und submandibularis. **Besonderheit:** Gibt Fasern zum Ganglion pterygopalatinum und zum Ganglion submandibulare ab. **Klinik:** Bei einer Läsion kommt es infolge der fehlenden Sekretion der Tränendrüse (Gl. lacrimalis) zur Austrocknung der Horn- und Bindehaut des Auges; außerdem zur Mundtrockenheit.
Nucleus cochlearis anterior sensorischer Kern des N. vestibulocochlearis (Pars cochlearis)	**Afferenzen:** Über N. cochlearis des N. vestibulocochlearis aus den Haarzellen des Cortischen Organs. **Efferenzen:** Die meisten Axone kreuzen zur Gegenseite, wobei sie das Corpus trapezoideum bilden. Ein Teil der Axone endet im Corpus trapezoideum bzw. im Nucleus olivaris superioris. Die meisten Axone ziehen im Lemniscus lateralis zum Colliculus inferior, wo ein Teil endet. Der Rest zieht zum Corpus geniculatum mediale und von dort als Hörstrahlung zur Hörrinde, die im Schläfenlappen (Gyrus temporalis transversus) liegt. Vom Corpus trapezoideum und vom Nucleus olivaris superioris ziehen Fasern als Reflexbahn zum: Nucleus n. abducentis, Nucleus n. oculomotorii, Nucleus n. trochlearis – dadurch kommt es bei einem akustischen Reiz zur Augenbewegung in Richtung des Reizortes. **Lage:** Am Boden der Rautengrube. **Funktion:** Projektionsort des Hörens. **Merke:** Die ersten afferenten Neurone werden im Ganglion cochleare (liegt in der Schnecke) umgeschaltet. Im Nucleus erfolgt die Umschaltung auf das 2. Neuron. **Klinik:** Bei einer einseitigen Läsion kommt es nicht zur Taubheit sondern nur zu einer Hörminderung (= Hypakusis) des kontralateralen Ohrs, weil ein Teil der efferenten Fasern des Nucleus nicht kreuzen.
Nucleus cochlearis posterior sensorischer Kern des N. vestibulocochlearis (Pars cochlearis)	**Afferenzen:** Wie Nucleus cochlearis anterior. **Efferenzen:** Die meisten Axone kreuzen als Striae medullares zur Gegenseite und verlaufen dann zusammen mit den Axonen des Nucleus cochlearis anterior in Lemniscus lateralis. **Lage, Funktion:** Siehe Nucleus cochlearis anterior.

Hirnnervenkerne	
Nucleus vestibularis superior (= Bechterew-Kern) sensorischer Kern des N. vestibulocochlearis (Pars vestibularis)	**Afferenzen:** Pars vestibularis **Efferenzen:** Zum Cerebellum (wobei der größte Teil der Fasern zur Gegenseite kreuzt); Vorderhornzellen des Rückenmarks. Alle Nuclei vestibulares sind über den Fasciculus longitudinalis medialis mit den Kernen der Augenmuskeln verbunden. **Lage:** Boden der Rautengrube. **Funktion:** Projektionskern für das Gleichgewicht. **Besonderheit** (gilt für alle vestibulären Kerne): Im Ganglion vestibulare (liegt im Porus acusticus internus des Felsenbeins) liegen die Perikaryen der 1. afferenten Neurone. **Klinik** (gilt für alle Nuclei vestibulares): Bei einer Läsion kommt es zu: Drehschwindel, Übelkeit und Brechreiz.
Nucleus vestibularis inferior (= Roller Kern) sensorischer Kern des N. vestibulocochlearis (Pars vestibularis)	➤ **Afferenzen:** Teils gekreuzt aus Pars vestibularis. **Efferenzen:** Über Tractus vestibulospinalis zu den Motoneuronen des Rückenmarks (Strecker-Motoneurone werden aktiviert, Beuger-Motoneurone gehemmt); Formatio reticularis. **Lage:** Im Boden der Rautengrube. **Funktion:** Projektionskern für das Gleichgewicht. **Klinik:** Bei einer Läsion kommt es zu Spasmen der Extensoren (Strecker). ◄
Nucleus vestibularis medialis (= Schwalbe Kern) sensorischer Kern des N. vestibulocochlearis (Pars vestibularis)	**Afferenzen:** Teils gekreuzt aus Pars vestibularis. **Efferenzen:** Über Tractus vestibulospinalis zu den Motoneuronen des Rückenmarks. **Lage:** Im Boden der Rautengrube. **Funktion:** Siehe Nucleus vestibularis inferior.
Nucleus vestibularis lateralis (= Deiter Kern) sensorischer Kern des N. vestibulocochlearis (Pars vestibularis)	**Afferenzen:** Pars vestibularis; Cerebellum. **Efferenzen:** Wie Nucleus vestibularis medialis. **Lage und Funktion:** Wie Nucleus vestibularis medialis.
Nucleus salivatorius inferior parasympathischer = viszeromotorischer Kern des N. glossopharyngeus	**Afferenzen:** Fasern aus Hypothalamus (im Fasciculus longitudinalis dorsalis). **Efferenzen:** Im N. glossopharyngeus zur Gl. parotis. **Lage:** Im Boden der Rautengrube bis zum oberen Halsmark. **Funktion:** Versorgt sekretorisch die Gl. parotis. **Besonderheit:** Gibt Fasern zum Ganglion oticum ab.
Nucleus ambiguus viszeromotorischer = viszeroefferenter Kern vom: N. glossopharyngeus, N. vagus und N. accessorius	➤ **Afferenzen:** Über Tractus corticonuclearis aus der Großhirnrinde; aus Nucleus spinalis nervi trigeminalis (Reflexbogen). **Efferenzen:** Über N. glossopharyngeus zur Schlund- und Gaumensegelmuskulatur; über N. vagus zur Kehlkopfmuskulatur; N. accessorius (Radices craniales) ◄ **Lage:** Tegmentun der Medulla oblongata. **Funktion:** Er gibt die motorischen Fasern für die genannten drei Nerven ab und versorgt so motorisch die Schlundmuskeln (des 3. Kiemenbogens) und die Kehlkopfmuskeln (des 4.–6. Kiemenbogens).
Nucleus dorsalis nervi vagi parasympathischer = viszeromotorischer Kern des N. vagus	➤ **Afferenzen:** Hypothalamus; olfaktorisches System; Nucleus solitarius (Reflexbogen). **Efferenzen:** Ursprungskern für die viszeromotorischen Nervenfasern, die über den N. vagus den Brust- und Bauchraum (Gastrointestinaltrakt bis Flexura coli sinistra) parasympathisch versorgen. **Lage:** Im Boden der Rautengrube (Kerngebiet der Viszeromotorik). **Funktion:** Parasympathische Innervation der Brust- und Bauchorgane (Darm bis zum Cannon-Böhm-Punkt).s). ◄ **Klinik:** Bei Siehe N. vagus, Kapitel 5.5.

Hirnnervenkerne	
Nucleus spinalis nervi accessorii viszeromotorischer = viszeroefferenter Kern des N. accessorius	**Afferenzen:** Aus dem Rückenmark **Efferenzen:** Über Radices spinales an den N. accessorius. **Lage:** Vorderhorn des Rückenmarks von C1-5. **Funktion:** Innervation des M. sternocleidomastoideus und des M. trapezius.
Nucleus nervi hypoglossi somatomotorischer = somatoefferenter Kern des N. hypoglossus	➤ **Afferenzen:** Großhirnrinde. **Efferenzen:** N. hypoglossus. **Lage:** Am hinteren Ende der Rautengrube. **Funktion:** Innervation der Zungenmuskulatur (= M. genioglossus, M. hypoglossus, M. styloglossus). **Klinik:** Die Nuclei n. hypoglossi beider Seiten grenzen medial aneinander, so daß von einer Läsion beide Nuclei betroffen sein können. Zum Ausfall siehe N. hypoglossus Kapitel 5.5. ◄

Auf- und absteigende Bahnen im Rautenhirn

Bahn	Funktion/Qualität	Lage/Verlauf
Lemniscus medialis (= innere Schleife) *aufsteigende Bahn*	Bildet einen Teil der Körperfühlbahn und leitet Informationen über die Oberflächen- und Tiefensensibilität	Siehe den Fasciculus gracilis in Kapitel 9.2.3 (Tabelle).
Lemniscus lateralis (= äußere Schleife) *aufsteigende Bahn*	Ist Teil der Hörbahn	Der Lemniscus lateralis ist ein Teil der Hörbahn. Er besteht aus den in den Nuclei cochleares posterior und anterior umgeschalteten Neuronen (s. hierzu die „Hörbahn" in Kapitel 9.8.1). Der größte Teil der Axone aus den Nuclei cochleares kreuzt zur Gegenseite und bildet den Lemniscus lateralis. Ein kleiner Teil der Axone verläuft ipsilateral im Lemniscus lateralis. Der Lemniscus lateralis zieht am Pedunculus cerebellaris superior (= oberer Kleinhirnstiel) medial vorbei und läuft im Mittelhirn durch das dorsal von der Pars ventralis pedunculi cerebri (= Großhirnschenkel) liegende Trigonum lemnisci zum Colliculus inferior (Teil der Vierhügelplatte), wo eine weitere Umschaltung erfolgt (der weitere Verlauf wird in Kapitel 9.8.1 „Hörbahn" beschrieben).
Tractus spinocerebellares anterior und posterior *aufsteigende Bahnen*	Leiten Impulse über den Spannungszustand der Muskeln u. die Stellung der Gelenke im Raum (= Tiefensensibilität) zum Kleinhirn	*Der Verlauf wird in Kapitel 9.2.3 (Tabelle) beschrieben.*
Tractus olivocerebellaris *aufsteigende Bahn*	Dient als Verbindungsbahn zwischen dem extrapyramidalen System und dem Kleinhirn und dient der „Präzision der Willkürbewegungen".	Der Tractus olivocerebellaris kommt von der Olive, zieht zur kontralateralen Seite und gelangt durch den Pedunculus cerebellaris inferior (= unterer Kleinhirnstiel) zur Kleinhirnrinde, wo er Fasern zum Nucleus dentatus abgibt und an den Kletterfasern des Kleinhirns endet.

ZNS

Bahn	Funktion/Qualität	Lage/Verlauf
Fibrae arcuatae externae (Tractus bulbocerebellaris) *aufsteigende Bahn*	Dienen der Tiefensensibilität (leiten Impulse der Armmuskeln)	Die Fibrae arcuatae externae ziehen von dem Nucleus gracilis und dem Nucleus cuneatus durch den Pedunculus cerebellaris inferior (= unterer Kleinhirnstiel) zur Kleinhirnrinde.
Tractus cortico-pontino-cerebellaris (= Großhirn-Brücken-Kleinhirnbahn) *absteigende Bahn*	Koordination von Bewegungen	Der Tractus corticopontocerebellaris zieht als **Tractus corticopontinus** von der Hirnrinde des Stirn- und Schläfenlappens zum Pons, wo er an den Nuclei pontis (= Brückenkernen) auf den **Tractus pontocerebellaris** umgeschaltet wird. Der Tractus pontocerebellaris kreuzt zur Gegenseite und zieht durch den Pedunculus cerebellaris medius (= mittlerer Kleinhirnstiel) ins Kleinhirn, wo seine Nervenfasern als Moosfasern an den Körnerzellen enden (siehe Kapitel 9.5.2).
Tractus corticospinalis *absteigende Bahn*	*Siehe Kapitel 9.2.4 (Tabelle)*	
Fibrae corticonucleares *absteigende Bahn*	Über die Fibrae kann der Kortex (= Großhirnrinde) die subkortikalen Zentren kontrollieren und auf sie dämpfend oder hemmend einwirken.	Die Axone des pyramidalen Systems entspringen von den Zellen des motorischen Rindenfeldes des Großhirns. Diese Axone werden zu den Fibrae corticonucleares und den Fibrae corticospinales zusammengefaßt, die zu den Hirnnerven bzw. zum Rückenmark ziehen. Die Fibrae corticospinales ziehen als **Pyramidenbahn** (Kapitel 9.2.3) zum Rückenmark. Die Fibrae corticonucleares ziehen von den motorischen Rindenfeldern der Großhirnrinde durch die Capsula interna zu den motorischen Ursprungskernen der Hirnnerven V., VII., IX., X., XI. und XII. Die Fasern kreuzen bei ihrem Verlauf teilweise zur gegenüberliegenden Hirnseite. Die Fasern des N. facialis (VII) kreuzen überwiegend, die des N. hypoglossus (XII) kreuzen alle zur Gegenseite, was beim N. facialis für die Diagnose einer zentralen oder peripheren Fazialislähmung wesentlich ist (siehe Kapitel 5.5).

9.3.3 Funktionelle Anatomie ! 0/2

Wie in Kapitel 9.3.2 beschrieben, werden in der Formatio reticularis u.a. Hirnnervenkerne untereinander und mit Zentren im Hirnstamm verschaltet.

In der **Formatio reticularis** liegen nachfolgende lebenswichtige Zentren, die die ihnen zufließenden Informationen aus der Peripherie und übergeordneten Hirnzentren koordinieren und damit regulierend wirken.

In oder überwiegend in der Medulla oblongata liegen die Zentren für die Atmung, den Kreislauf (Herzschlag und Blutdruck) und für das Erbrechen und Schlucken.

Im Pons (= Brücke) liegen die Zentren für akustische und vestibuläre Impulse und für die Nahrungsaufnahme.

Das **Atemzentrum** reicht von der Medulla oblongata bis zum Pons. In diesem Bereich liegen die Zentren für die Ein- und Ausatmung. Diese Zentren sind in beiden Hirnhälften angelegt und stehen miteinander in Verbindung. Beim Ausfall eines Zentrums kann jedoch das andere die Funktion nicht mit übernehmen.

Die Atemzentren werden gereizt durch:
- Kohlensäuredruck (CO_2) im Blut,
- pH des Blutes,
- über Chemorezeptoren im Karotissinus (Reize werden vom N. glossopharyngeus geleitet),

- reflektorisch über den N. vagus, der u.a. den Dehnungszustand der Lungenalveolen übermittelt.

Das **Kreislaufzentrum** umfaßt einen größeren Bereich in der Medulla oblongata. Das Kreislaufzentrum ist an der Steuerung der Herzfrequenz und an der Kontraktionskraft des Herzens beteiligt. Es wird durch den Kohlensäuredruck und den pH des Blutes sowie durch Impulse von den Chemorezeptoren im Karotissinus und im Aortenbogen stimuliert.

Der Blutdruck wird durch ein **Vasomotorenzentrum** reguliert, das den Kontraktionszustand der Gefäßwand kontrolliert. Bei Reizung des Vasomotorenzentrums werden die Gefäße verengt, so daß der Blutdruck ansteigt, bis die Pressorezeptoren (= „Druckempfänger") über Rückmeldung zentral hemmend wirken.

An der Regulierung des Blutdrucks und des Herzschlags beteiligen sich auch die vegetativen Kerne des N. vagus.

Das **Schluckzentrum** liegt wahrscheinlich in der Formatio reticularis der Medulla oblongata und des Pons. Am Schluckakt, der in Kapitel 5.4.9 ausführlich beschrieben wird, sind die motorischen Kerne des N. trigeminus (Nucleus tractus motorius), des N. hypoglossus (Nucleus n. hypoglossi) sowie der Nucleus ambiguus beteiligt.

Das **Brechzentrum** liegt im Bereich der Medulla oblongata in der Area postrema. Die Area postrema liegt auf der Dorsalseite des Hirnstamms am Boden der Rautengrube. Die Area postrema registriert den Druck im angrenzenden 4. Hirnventrikel (Kapitel 9.9.3). Außerdem wird die Area postrema z.B. nach Aufnahme von Giften über viszero-afferente Fasern des N. vagus und des N. splanchnicus stimuliert. Über einen Reflexbogen kommt es z.B. bei erhöhtem Hirndruck zum reflektorischen Erbrechen.

Ebenfalls in der Formatio reticularis liegt das Zentrum für den Schlaf- und Wachzustand, wobei die genaue Lokalisation noch hypothetisch ist. Von diesem Zentrum aus werden Impulse zum Kortex (= Großhirnrinde) gesendet und so die Weckreaktion vermittelt.

9.4 Mesenzephalon

9.4.1 Gestalt, Gliederung, Lage ! 2/2

Das **Mittelhirn (= Mesenzephalon)** ist etwa 1,5 cm lang. Es reicht vom Oberrand des Pons (= Teil des Rautenhirns) bis zu der zum Zwischenhirn gehörenden Hinterwand der Corpora mamillaria. Das Mittelhirn wird vom Großhirn bedeckt. Es zieht durch die Incisura tentorii des Tentorium cerebelli.

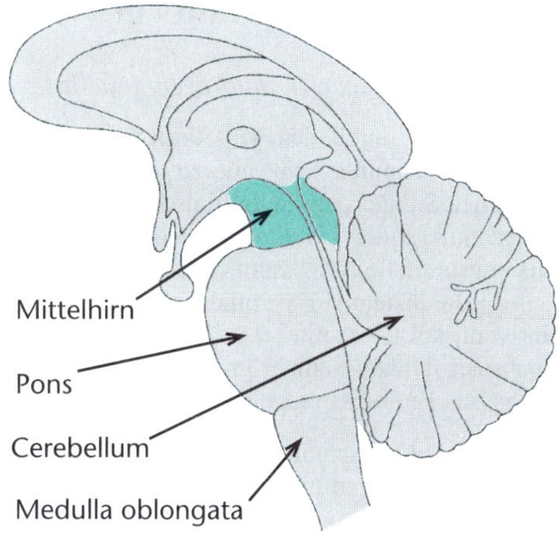

Abb. 9.18 Hirnstamm von lateral

Bei der ventralen Aufsicht auf das Mittelhirn erkennt man die Pars ventralis des Pedunculus cerebri (= Hirnschenkel oder Hirnstiel; alt: Crus cerebri). Zwischen den beiden Pedunculi cerebri liegt die Fossa interpeduncularis (= Zwischenschenkelgrube), deren Boden von vielen Arterien durchlöchert wird und deshalb Substantia perforata interpeduncularis genannt wird.

Bei der Aufsicht von dorsal sehen Sie die Lamina tectalis (alt: Lamina quadrigemina = Vierhügelplatte). Die Lamina tectalis besteht aus den beiden Colliculi superiores (= obere Hügel) und den beiden Colliculi inferiores (= untere Hügel). Zwischen dem rostralen (kranialen) Teil der beiden Colliculi superiores ragt das zum Zwischenhirn gehörende Corpus pineale (= Zirbeldrüse – s. Kapitel 9.6.1) hervor.

ZNS

Im Bereich des Mittelhirns verlassen zwei Hirnnerven das Gehirn:

Hirnnerv	Austrittsstelle
N. oculomotorius	am Boden der Fossa interpeduncularis
N. trochlearis	verläßt als einziger Hirnnerv das Gehirn an der dorsalen Hirnseite unterhalb der Colliculi inferiores

9.4.2 Innere Gliederung !!! 17/34

Es wurden bereits mehrere Bildfragen gestellt.

Ein Querschnitt durch das Mittelhirn ist von den anderen Querschnitten sehr gut zu unterscheiden. Dorsal sehen Sie auf dem Schnitt als kleine Aussparung den mit Liquor gefüllten Aqueductus cerebri, der als engste Stelle des Liquorsystems das gesamte Mittelhirn durchzieht. Er verbindet den 3. mit dem 4. Hirnventrikel (s. Kapitel 9.9.2). Der Aqueductus ist von einer dünnen Schicht grauer Substanz (Substantia grisea centralis) umgeben.

➤ Auf einem Querschnitt kann das Mittelhirn in nachfolgende 3 Etagen unterteilt werden:

- Dach (liegt dorsal vom Aqueductus cerebri) – wird vom Tectum mesencephali (= Mittelhirndach) gebildet. Zum Tektum gehören die Colliculi superiores und inferiores (Vierhügelplatte).
- Mitte (liegt ventral vom Aqueductus) – wird vom Tegmentum mesencephali (= Mittelhirnhaube) gebildet. In diesem Bereich liegen die weiter unten beschriebene Substantia nigra, der Nucleus ruber sowie die Hirnnervenkerne für den N. oculomotorius und den N. trochlearis.
- basal (ventral) – wird von der Basis der Großhirnstiele gebildet (= Pars anterior der Pedunculi cerebri). ➤

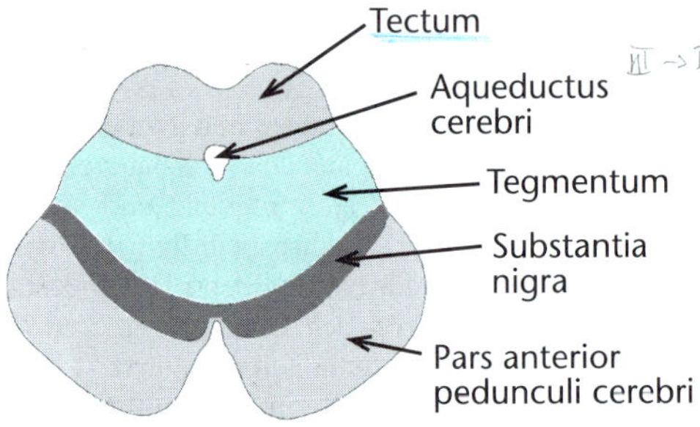

***Abb. 9.19** Schnitt durch das Mittelhirn*

Tectum mesencephali

Das **Tektum** (= Mittelhirndach) trägt eine dünne Platte, die **Lamina tectalis** (alt: Lamina quadrigemina = Vierhügelplatte) genannt wird. Auf der Lamina tectalis befinden sich die in Kapitel 9.4.1 bereits erwähnten vier hügelartig nach ventral herausragenden Colliculi superiores und inferiores.

Funktionell bildet das Tektum ein übergeordnetes Reflexzentrum für die Motorik.

➤ Vom Colliculus superior zieht als Faserbündel das Brachium colliculi superioris (= oberer „Bindearm") zum Corpus geniculatum laterale (= lateraler Kniehöcker) des Zwischenhirns. Vom Colliculus inferior zieht das Brachium colliculi inferioris (= unterer „Bindearm") zum Corpus geniculatum mediale (= medialer Kniehöcker) des Zwischenhirns.

Die beiden **Colliculi superiores** (alt: Colliculi craniales oder Colliculi rostrales = obere Hügel) bilden einen Kernbezirk, der aus abwechselnd in sieben Schichten angeordneter grauer und weißer Substanz besteht.

Afferenzen erhalten die Colliculi superiores aus/von:

- Retina (über N. opticus);
- frontalem Augenfeld und der Sehrinde der Großhirnrinde (über Tractus corticotectalis);
- Colliculi inferiores;
- Rückenmark (über Tractus spinotectalis).

Efferent sind die Colliculi superiores verbunden mit:

- Nuclei der Hirnnerven: N. oculomotorius, N. facialis (über Tractus tectotegmentalis);
- Formatio reticularis;
- Rückenmark (über Tractus tectospinalis).

Die Colliculi superiores koordinieren optomotorische Reflexe, das heißt, Muskelkontraktionen werden durch optische Impulse ausgelöst. Die Colliculi superiores bilden das optische Reflexzentrum für den

- Pupillenreflex;

- „visuellen Greifreflex“ (= Orientierungsreaktion – Augen bewegen sich z.B. in Richtung eines Geräuschs – s. Kapitel 9.4.3).

Die **Colliculi inferiores** (alt: Colliculi caudales = untere Hügel) sind in die Hörbahn zwischengeschaltet. Ein Teil der von den Nuclei cochleares der Hörbahn kommenden Axone enden in den Colliculi inferiores. Der größte Teil wird in den Colliculi umgeschaltet und zieht im Brachium colliculi inferiores zum Corpus geniculatum mediale, wo eine weitere Umschaltung erfolgt. Die Colliculi inferiores bilden ein akustisches Reflexzentrum. ◀

Tegmentum mesencephali

Das Tegmentum (= Mittelhirnhaube) stellt die Hauptmasse des Mittelhirns. Das Tegmentum enthält als graue Substanz:

- die Kerne von den Hirnnerven N. oculomotorius und N. trochlearis;
- die Formatio reticularis;
- den Nucleus ruber und die Substantia nigra;

als weiße Substanz:

- auf- und absteigende Leitungsbahnen.

Hirnnervenkerne

Im Mittelhirn liegen die Kerngebiete der beiden Augenmuskelnerven N. oculomotorius und N. trochlearis, sowie der Nucleus mesencephalicus nervi trigeminalis, der jedoch aus didaktischen Gründen in der Tabelle in Kapitel 9.3.2 beschrieben wird.

Die Formatio reticularis füllt den Raum des Tegmentum, der zwischen den Leitungsbahnen und den beiden Kerngebieten verbleibt. Die Formatio erfüllt vegetative und motorische Aufgaben – siehe zur Formatio bitte Kapitel 9.3.2 und 9.3.3.

In der Formatio reticularis des Tegmentum liegen zwei größere Kerngebiete: Nucleus ruber und Substantia nigra.

➤ Der **Nucleus ruber** (= roter Kern) ist bei einem Querschnitt als rötlicher, großer runder Bereich zu erkennen. Der Nucleus ruber besteht aus grauer Substanz, die durch eingelagertes kolloidales Eisen in vivo eine rötliche Farbe erhält.

Der Nucleus ruber reicht vom Tegmentum bis ins Zwischenhirn. Er liegt medial vom Lemniscus medialis und dorsal von der Substantia nigra.

Hirnnervenkerne	
Nucleus nervi oculomotorii somatomotorischer = somatoefferenter Kern des N. oculomotorius	**Afferenzen:** Großhirnrinde; Blickzentrum im Mesenzephalon und Pons; Nucleus nervi abducentis (zur Koordination der von beiden innervierten Muskeln); über Fasciculus longitudinalis medialis aus Nuclei vestibulares. **Efferenzen:** N. oculomotorius. **Lage:** Tegmentum mesencephali. **Funktion:** Motorische Innervation aller äußeren Augenmuskeln bis auf den M. rectus lateralis und den M. obliquus superior. **Klinik:** Siehe Kapitel 5.5 „N. oculomotorius".
Nucleus oculomotorius accessorius (Edinger-Westphal) parasympathischer = viszeromotorischer Kern des N. oculomotorius.	**Afferenzen:** Colliculus superior (optisches Reflexzentrum); Blickzentrum im Mesenzephalon und Pons; Hypothalamus. **Efferenzen:** N. oculomotorius. **Lage:** Im Tegmentum mesencephali. **Funktion:** Motorische Innervation des M. sphincter pupillae (= Pupillenverengung) und des M. ciliaris (= Akkommodation des Auges).
Nucleus nervi trochlearis somatomotorischer = somatoefferenter Kern des N. trochlearis	**Afferenzen:** Großhirnrinde; Blickzentrum im Mesenzephalon und Pons; über den Fasciculus longitudinalis medialis aus Nuclei vestibulares. **Efferenzen:** N. trochlearis. **Lage:** Im Tegmentum mesencephali. **Funktion:** Motorische Innervation des M. obliquus superior. **Klinik:** Siehe Kapitel 5.5 „N. trochlearis".

Der Nucleus ruber wird unterteilt in:
- Pars magnocellularis – besteht aus großen Zellen und bildet stammesgeschichtlich den älteren Teil des Nucleus ruber;
- Pars parvocellularis – besteht aus kleinen Zellen und bildet den größten Teil des Nucleus ruber.

Der Nucleus ruber ist der wichtigste Schaltkern für die vom Kleinhirn, den Basalganglien und der Großhirnrinde kommenden efferenten Bahnen, wobei er vorwiegend dem extrapyramidal motorischen System dient.

Afferenzen erhält der Nucleus ruber vom
- Cerebellum (Kleinhirn) – über den Tractus cerebellorubralis (wichtige Bahn). Dieser Tractus zieht vom Nucleus dentatus und vom Nucleus emboliformis (beide liegen im Kleinhirnmark) durch den Pedunculus cerebellaris superior, kreuzt zur Gegenseite und endet am Nucleus ruber.
- Colliculus superior – (über Tractus tectorubralis) gehört zum sensorischen System.
- Großhirnrinde – über Tractus corticorubralis aus dem Gyrus praecentralis (verläuft ipsilateral!).
- Globus pallidus (Basalganglion) – (über Tractus pallidorubralis) gehört zum extrapyramidalen System.
- Thalamus – (über Tractus thalamorubroolivaris) verbindet den Thalamus mit dem Nucleus ruber und dem Nucleus olivaris.
- Nuclei vestibulares – (über Tractus vestibulorubralis).

Der Nucleus ruber gibt an Efferenzen ab:
- zur Olive (über Tractus rubroolivaris) – zieht als wichtigste absteigende Bahn des Nucleus zur Olive. Von der Olive gelangen die Informationen zur Kleinhirnrinde, weiter zu den Kleinhirnkernen und dann zum Nucleus ruber zurück oder zum Thalamus;
- Rückenmark (über Tractus rubrospinalis) – zieht mit der Pyramidenseitenstrangbahn zu den γ-Motoneuronen des Rückenmarks;
- Colliculus superior (über Tractus rubrotectalis);
- Thalamus (über Tractus rubrothalamicus) – zieht zum Thalamus und von dort zur Großhirnrinde.

Der Nucleus ruber dient als Kontroll- und Schaltstelle. Er erhält, wie zuvor beschrieben, u.a. Impulse aus dem Groß- und Kleinhirn und vom Thalamus. Der Nucleus ruber sendet andererseits wiederum Impulse zum Rückenmark und zum Kleinhirn. Seine Impulse sind u.a. für den Muskeltonus und die Körperhaltung wichtig.

Klinik: Fällt der Nucleus ruber aus, so kommt es zum Ruhetremor (= Zittern) und zu einem veränderten Muskeltonus.

Die **Substantia nigra** (= schwarze Substanz) liegt als Platte zwischen der Pars ventralis der Pedunculi cerebri und dem Tegmentum. Die Substantia nigra dient der unwillkürlichen Motorik. Sie gehört zum extrapyramidal-motorischen System.

Die Substantia nigra wird mikroskopisch unterteilt in:
- Pars compacta – in diesem Bereich liegen viele melaninhaltige Perikaryen von Nervenzellen dicht beieinander, die der Substantia nigra ihr typisches schwarzes Aussehen geben. In der Pars compacta wird Dopamin gebildet, das über die Axone zum Putamen geleitet wird.
- Pars reticulata – besitzt nur wenige Nervenzellen, die Eisen und Lipofuszin enthalten. Die Pars reticulata hat eine rotbraune Farbe.

Afferent steht die Substantia nigra in Verbindung mit:
- Striatum sowie den anderen Basalganglien (s. Kapitel 9.7.2);
- Großhirnrinde (motorischer und praemotorischer Kortex).

Efferent ist die Substantia nigra verbunden mit:
- Striatum sowie den anderen Basalganglien (also afferent und efferent) – als Transmitter dient das Dopamin, das mittels axonalem Transport zum Striatum gelangt;
- Thalamus.

Klinik: Ist die Dopaminsynthese gestört, so kommt es zur Parkinson Krankheit, die u.a. durch Ruhetremor (= Zittern), Rigor (= Muskelsteife), Akinese (= Bewegungsarmut mit Maskengesicht) und eine erhöhte Speichel- und Tränensekretion gekennzeichnet ist. ◄

An Bahnen kommen im Tegmentum der Tractus tegmentalis centralis und die Fasciculi longitudinales medialis und dorsalis vor.

Zum **Tractus tegmentalis centralis** (= zentrale Haubenbahn) werden alle vom Tegmentum ausgehenden efferenten (= absteigenden) Bahnen zusammengefaßt. Der Tractus tegmentalis centralis zieht vom Tegmentum durch den Pons bis zur Olive. Ein kleiner Teil der Fasern zieht von der Olive zum Rückenmark weiter.

Der Tractus tegmentalis centralis leitet efferente Impulse des extrapyramidal-motorischen Systems zu den Nerven im Gehirn und Rückenmark.

Der **Fasciculus longitudinalis medialis** (= inneres Längsbündel) wird zum Assoziationsapparat der Formatio reticularis gezählt. Der Fasciculus longitudinalis medialis verläuft durch das Tegmentum und umschließt V-förmig die Kerne des N. oculomotorius und des N. trochlearis (beides Augenmuskelkerne). Nach kaudal erreicht der Fasciculus longitudinalis medialis das Rückenmark.

Der Fasciculus verbindet die Augenmuskelkerne mit den im Rautenhirn liegenden Nuclei vestibulares, Nuclei cochleares und den motorischen Kernen der Halsmuskeln – dadurch ist das Gleichgewichtsorgan an die Augenmuskelmotorik angeschlossen. Durch Impulse kann der ebenfalls in diesen Kreis eingeschlossene N. accessorius den M. sternocleidomastoideus und den M. trapezius entsprechend einstellen.

Der **Fasciculus longitudinalis dorsalis** (= hinteres Längsbündel = Schütz-Bündel) liegt dorsolateral vom Fasciculus longitudinalis medialis. Er verläuft vom Hypothalamus (s. Kapitel 9.6.2f) durch die um den Aqueductus mesencephali herum liegende Substantia grisea centralis (= zentrales Höhlengrau) und zieht am Boden des 4. Hirnventrikels zu den Hirnnervenkernen, die sich bis in den Bereich der unteren Medulla oblongata erstrecken.

Der Fasciculus longitudinalis dorsalis führt Leitungsbahnen zwischen dem Hypothalamus als vegetativem Zentrum und den Kernen des Hirnstamms:
- Nucleus n. oculomotorius (III. Hirnnerv),
- Nucleus motorius n. trigeminalis (V. Hirnnerv),
- Nucleus salivatorius superior (VII. Hirnnerv),
- Nucleus dorsalis n. vagi (X. Hirnnerv),
- Nucleus n. hypoglossi (XII. Hirnnerv).

Pedunculi cerebri

Die Pedunculi cerebri (= **Großhirnstiele** = Großhirnschenkel) bilden im Querschnitt den ventralen Teil des Mittelhirns. Sie bestehen aus geordnet vorliegenden kortikospinalen (vom Kortex zum Rückenmark), kortikonuklearen (vom Kortex zu den Nuclei) und kortikopontinen (vom Kortex zum Pons) Faserbündeln (= Pyramidenbahn und Großhirn-Brücken-Kleinhirnbahn).

Der Pedunculus cerebri besteht nach neuer Definition aus den beiden nachfolgenden Anteilen:
- Pars anterior (alt: Crus cerebri = Großhirnschenkel) – bildet den vorderen Teil des Pedunculus cerebri. Die Pars anterior pedunculi cerebri reicht von der Capsula interna (s. Kapitel 9.7.4) bis zum oberen Rand des Pons. Dorsal wird die Pars anterior durch die Substantia nigra vom Tegmentum getrennt.
- Tegmentum.

➤ Die **Pars anterior pedunculi cerebri** ist etwa 1,5 cm lang. Sie enthält nachfolgende, von der Großhirnrinde kommende (absteigende) Bahnen:
- Fibrae corticopontinae (alt: Tractus frontopontinus) – zieht vom Lobus frontalis (Stirnlappen) der Großhirnrinde zu den Nuclei pontis.

ZNS

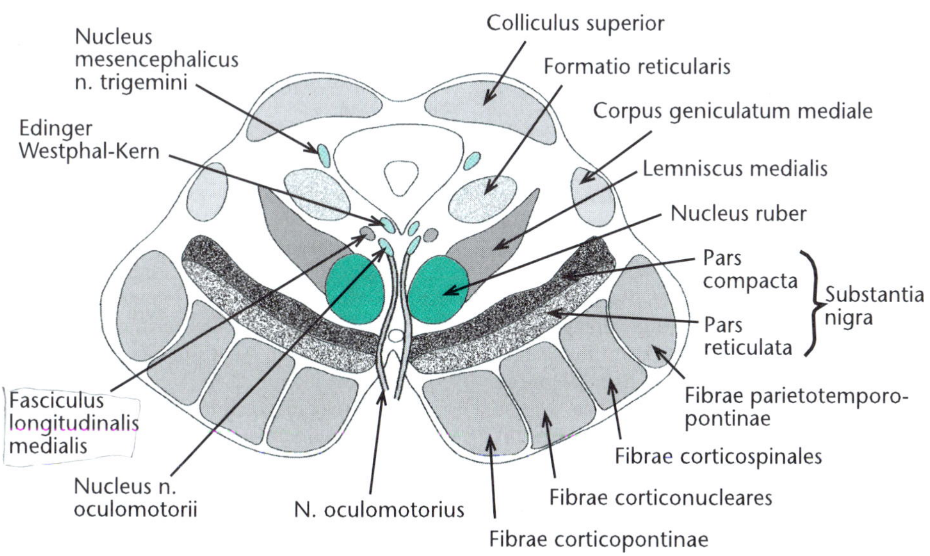

Abb. 9.20 Bahnen im Pedunculus cerebri

- Fibrae corticonucleares (alt: Tractus corticonuclearis – Fasern der Pyramidenbahn) – zieht von der praezentralen motorischen Großhirnrinde zu den somatomotorischen Hirnnervenkernen.
- Fibrae corticospinales (alt: Tractus corticospinalis = Pyramidenbahn) – zieht von der motorischen Großhirnrinde (Kortex) zu den α- und γ-Motoneuronen des Rückenmarks (s. Tabelle in Kapitel 9.2.4 „Tractus corticospinalis – Pyramidenbahn").
- Fibrae parieto-temporo-pontinae (alt: Tractus occipitopontinus) – zieht vom Lobus temporalis (= Schläfenlappen des Großhirns) und vom Lobus occipitalis (= Hinterhauptslappen) zu den Nuclei pontis. ◄

9.4.3 Funktionelle Anatomie

! 0/2

➤ *Prüfungsrelevant: Sie sollten den Reflexbogen für den Pupillenreflex und die Akkommodation kennen.* ◄

Die funktionelle Anatomie der einzelnen Bereiche des Mittelhirns wird in Kapitel 9.4.2 abgehandelt. Weil die Kerne der Augenmuskeln (N. oculomotorius und N. trochlearis) im Mittelhirn liegen, sind in diesem Kapitel noch die optischen Reflexe zu beschreiben.

Unsere beiden Augen stellen sich synchron auf einen Lichtreiz (hell oder dunkel) und auf ein nahe oder fern liegendes Objekt ein, reagieren auf Hörreize usw. Dazu bedarf es einer Fülle von Abstimmungen z.B. unter den verschiedenen Augenmuskelkernen sowie mit den Augenmuskelkernen der Gegenseite.

Pupillenreflex

Die Reflexe können Sie sich leicht anhand der Verlaufsbeschreibung „Hirnnerven" $A_{2,3}$–C_2 einprägen.

Die Einstellung unserer Augen auf hell oder dunkel erfolgt durch den Pupillenreflex (= Pupillarreflex), durch den bei Lichteinfall die Pupille verengt wird.

Der Reflexbogen wird durch einen Lichtstrahl ausgelöst, der auf die in der Retina liegenden Stäbchen und Zapfen fällt. Von der Retina werden die Signale über den N. opticus und den Tractus opticus zum Colliculus superior und weiter zum Nucleus oculomotorius accessorius (= Edinger-Westphal) geleitet. Im Nucleus oculomotorius accessorius werden die afferenten Fasern auf die efferenten Fasern umgeschaltet, die über den N. oculomotorius und das Ganglion ciliare zu den Nn. ciliares breves gelangen. Die Nn. ciliares breves innervieren den M. spincter pupillae, der die Pupille verengt.

Da die Nervenfasern eines Auges zum Teil im Chiasma opticum kreuzen, kann der Reiz, der in einem Auge hervorgerufen wird, zum rechten und linken Nucleus oculomotorius accessorius weitergeleitet werden, so daß beide Pupillen reagieren.

Optokinetischer Reflex

Bei diesem Reflex wird der Sinneseindruck vom Auge über den N. opticus und den Tractus opticus zum Corpus geniculatum laterale und von dort über die Gratiolettsche Sehstrahlung zur Großhirnrinde geleitet. In der Großhirnrinde wird der Reiz verarbeitet und über efferente Fasern zum Blickzentrum (liegt im Mesenzephalon) und von dort zu den Kernen der Augenmuskeln geleitet, die die jeweiligen Muskeln entsprechend so synchron kontrahieren, daß wir einen sich bewegenden Gegenstand visuell verfolgen können.

Naheinstellung

Bei der Naheinstellung unseres Auges verändert sich
- die Krümmung der Linse (= Akkommodation),
- die Blicklinie (= Konvergenz),
- die Pupillenweite (s. oben).

Zur **Akkommodation** siehe Kapitel 10.2.3. Der Reflexbogen der Akkommodation verläuft wahrscheinlich wie der des Pupillarreflexes vom N. opticus über den Colliculus superior zum Nucleus oculomotorius accessorius, wo die Fasern umgeschaltet werden. Über den N. oculomotorius gelangen die Impulse zum Ganglion ciliare, wo die prä- auf die postganglionären Fasern umgeschaltet werden, die den M. ciliaris innervieren.

Als **Konvergenz** bezeichnet man die sich mit dem Abstand eines Gegenstandes zu unseren Augen verändernden Schnittlinien beim Sehen. Wenn wir einen Gegenstand in der Ferne fixieren, so verlaufen die Blicklinien unserer beiden Augen annähernd parallel zueinander. Führen wir den Gegenstand (z.B. einen Kugelschreiber) von fern immer näher an unsere Augen heran, so schneiden sich die Blicklinien des rechten und linken Auges in einem immer größeren Winkel.

Die Konvergenz erfolgt durch die Adduktion des Augapfels, woran u.a. die beiden Mm. recti mediales beteiligt sind (s. Kapitel 10.2.5). Der Reflexbogen für die Konvergenz verläuft über den N. opticus zum Colliculus superior und von dort zur Großhirnrinde. Von der Großhirnrinde ziehen die efferenten Fasern über den Tractus corticonuclearis zu den Kernen der Augenmuskeln, die sie entsprechend beeinflussen.

9.5 Cerebellum (= Kleinhirn)

9.5.1 Gestalt, Gliederung !! 2/5

Das **Kleinhirn (= Cerebellum)** ist etwa 10 cm breit und 140 g schwer. Seiner Entwicklung nach gehört es zum Rautenhirn, aus dessen Flügelplatte es hervorgegangen ist.
Von außen betrachtet, besteht das Cerebellum aus zwei halbkugeligen Seitenteilen, die Kleinhirnhemisphären (= Hemispheria cerebelli) genannt werden. Diese beiden Hemisphären sind durch ein Mittelstück, den Kleinhirnwurm (= Vermis cerebelli) miteinander verbunden. Zwischen den beiden Kleinhirnhemisphären spannt sich sichelförmig als Blatt der Dura mater die Falx cerebelli (= Kleinhirnsichel – s. Kapitel 9.10.1).

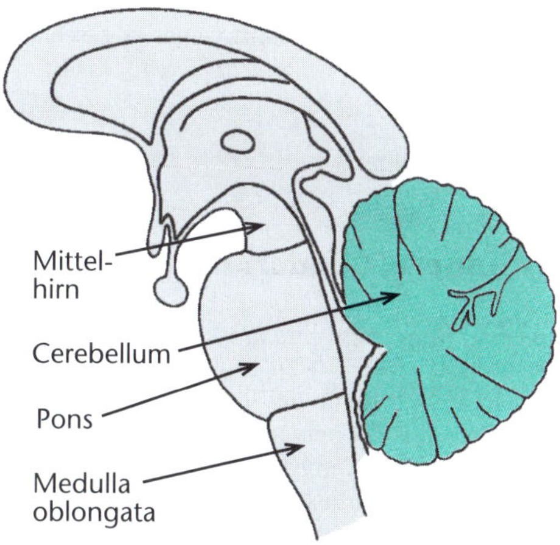

Abb. 9.21 Hirnstamm von lateral

Die beiden **Kleinhirnhemisphären** werden durch zwei Furchen in drei Hauptlappen (= Lobus anterior cerebelli, Lobus posterior cerebelli und Lobus flocculonodularis) unterteilt:

- die Fissura prima trennt den Lobus anterior cerebelli vom Lobus posterior cerebelli, die zusammen als Corpus cerebelli bezeichnet werden;
- die Fissura posterolateralis trennt auf der Kleinhirnunterseite den Lobus posterior cerebelli vom Lobus flocculonodularis.

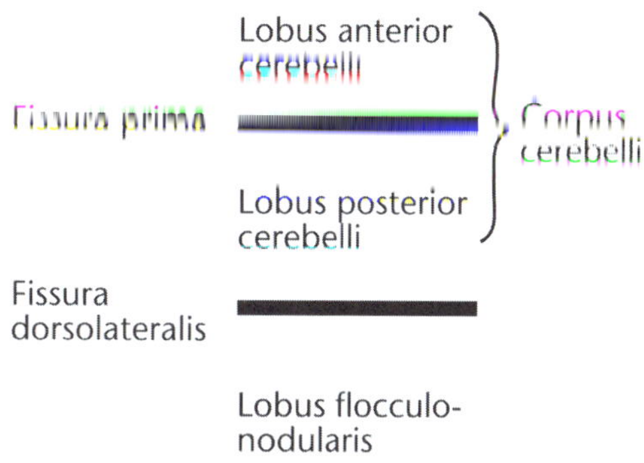

Die drei Hauptlappen werden wiederum in Läppchen (= Lobuli) unterteilt, die jedoch nur für den Spezialisten interessant, aber nicht prüfungsrelevant sind.

Klinisch sind noch die **Tonsillae cerebelli (= Kleinhirntonsillen)** von Bedeutung, die lateral der Medulla oblongata oberhalb des Foramen magnum liegen.

Klinik: Bei einem stark erhöhten intrakraniellen Druck, z.B. infolge einer Gefäßwandruptur, können die beiden Tonsillae cerebelli in das Foramen magnum gedrückt werden, was als „untere Einklemmung" bezeichnet wird. Dadurch entsteht von außen ein Druck auf die Medulla oblongata, durch den die in der Medulla oblongata liegenden lebenswichtigen Zentren (s. Kapitel 9.3.3) geschädigt werden können, was zum Versagen dieser Zentren und damit zum Tode führen kann.

Die Oberfläche des Cerebellum wird durch zahlreiche Furchen in schmale Windungen unterteilt, die fast parallel zueinander verlaufen.

Neben der zuvor erwähnten Einteilung kann das Cerebellum auch anhand der stammesgeschichtlichen (phylogenetischen) Entwicklung und der Funktion unterteilt werden in:

- **Altkleinhirn (= Palaeocerebellum)** – wird überwiegend vom Lobus anterior cerebelli gebildet. In ihm enden die spinalen Bahnen (= Rückenmarksbahnen), die im Dienst der propriozeptiven Sensibilität der Muskulatur stehen. Das Altkleinhirn dient vor allem dazu, den Körper aufrecht zu halten.
- **Urkleinhirn (= Archaeocerebellum)** – wird überwiegend vom Lobus flocculonodularis gebildet. Das Urkleinhirn ist mit den Nuclei vestibulares (= Ursprungskerne des N. vestibulocochlearis) afferent verbunden. Das Urkleinhirn dient dem Erhalt des Gleichgewichts.

- **Neukleinhirn (= Neocerebellum)** – bildet den stammesgeschichtlich jüngsten Teil des Cerebellum und wird überwiegend vom Lobus posterior cerebelli gebildet. Das Neukleinhirn erhält über Kerne im Pons Impulse von der Großhirnrinde. Es ist für die Feinabstimmung der willkürlichen Bewegung verantwortlich und dient damit dem aufrechten Gang.

Kleinhirnstiele

= Brachium conjunctivum

Auf jeder Seite besitzt das Cerebellum drei Kleinhirnstiele, die das Cerebellum mit dem Hirnstamm verbinden. Diese Stiele bestehen aus zu Bündeln angeordneten Tractus (= Bahnen), die in Kapitel 9.5.3 einzeln beschrieben werden.

➤ An Kleinhirnstielen kommen vor:

- **Pedunculus cerebellaris superior** (alt: Pedunculus cerebellaris cranialis = oberer Kleinhirnstiel) – verbindet das Cerebellum mit dem Mittelhirn (= Mesenzephalon). Er enthält überwiegend efferente (= wegführende) Bahnen.
- **Pedunculus cerebellaris medius** (= mittlerer Kleinhirnstiel) – ist der am kräftigsten ausgebildete Kleinhirnstiel. Er verbindet das Cerebellum mit dem Pons. Er enthält überwiegend afferente Bahnen.
- **Pedunculus cerebellaris inferior** (alt: Pedunculus cerebellaris caudalis = unterer Kleinhirnstiel) – verbindet das Cerebellum mit der Medulla oblongata. Er enthält überwiegend afferente Bahnen. In ihm verläuft ein Teil der spinocerebellaren Bahnen sowie die zu den Nuclei vestibulares ziehenden Fasern des N. vestibulocochlearis. ◄

Topographie

➤ Das Cerebellum füllt den größten Teil der hinteren Schädelgrube (= Fossa cranii posterior) aus. Die obere Fläche des Cerebellum wird durch das Tentorium cerebelli (= Kleinhirnzelt) vom Hinterhauptslappen des Großhirns getrennt (s. Kapitel 9.10.1). Die untere Fläche des Cerebellum liegt dorsal über der Rautengrube und grenzt an die Medulla oblongata und den Pons. In diesem Bereich ist das Cerebellum nur durch eine dünne Ependymschicht vom 4. Hirnventrikel getrennt, dessen Dach es bildet (zu 4. Ventrikel s. Kapitel 9.9.3).

Zwischen dem rechten und linken Pedunculus cerebellaris superior spannt sich segelartig das dünne Velum medullare superius (Marklamelle).

Zwischen dem Cerebellum und der Medulla oblongata liegt die Cisterna cerebello-medullaris (s. Kapitel 9.10.2). ◄

Gefäßversorgung

Das Cerebellum wird von den nachfolgenden Arterien mit Blut versorgt (s. anatomische Tafel „Arterien" B4):

- A. inferior posterior cerebelli – geht direkt aus der A. vertebralis hervor,
- A. inferior anterior cerebelli – geht aus der A. basilaris hervor. Diese Arterie gibt als Ast die A. labyrinthi zum Innenohr ab,
- A. superior cerebelli – geht aus der A. basilaris ab. Sie versorgt u.a. die Kleinhirnkerne (s. Kapitel 9.5.2).

Das Blut fließt ab u.a. zur (s. anatomische Tafel „Venen" B3):

- V. magna cerebri;
- Sinus sigmoideus;
- Sinus petrosus superior;
- Sinus rectus.

Klinik: Über das gut ausgebildete Kollateralnetz können kleinere Verschlüsse gut kompensiert werden. Bei einem Verschluß der A. superior cerebelli kann der Pedunculus cerebellaris superior geschädigt werden.

9.5.2 Innere Gliederung !!! 13/22

Prüfungsrelevant: Das gesamte Kapitel.

Bei einem Schnitt durch das Cerebellum sehen Sie

- die außen liegende, etwa 1 mm dicke Kleinhirnrinde (= Cortex cerebelli), die aus der grauen Substanz aufgebaut ist, sowie
- das innen liegende weiße Kleinhirnmark (= Corpus medullare). Im Kleinhirnmark liegen mehrere graue Kerne.

Außerdem erkennen Sie bei einem Schnitt, daß das Kleinhirn durch die zahlreichen Furchen in schmale Windungen unterteilt wird. Durch diese vielen kleinen Windungen wird die Kleinhirnrinde erheblich vergrößert. Da beim Kleinhirn die Furchung ausgeprägter ist als beim Großhirn (Kapitel 9.7.3), ist die Kleinhirnrinde in Relation zur Größe gesehen größer als die Großhirnrinde.

Ein Sagittalschnitt durch das Kleinhirn erinnert, bedingt durch die vielen Furchen und die damit verbundene baumartige Verzweigung, an einen Lebensbaum, weshalb man auch vom Arbor vitae cerebelli sprach.

Mikroskopische Anatomie

Die Kleinhirnrinde ist von außen nach innen in drei Schichten unterteilt:

- Stratum moleculare (= Molekularschicht),
- Stratum ganglionare (= Purkinje-Zellschicht),
- Stratum granulosum (= Körnerschicht).

Stratum moleculare

➤ Das Stratum moleculare ist relativ zellarm. Es besteht überwiegend aus:

- Korbzellen,
- Sternzellen,
- marklosen Nervenfasern (besonders Parallelfasern).

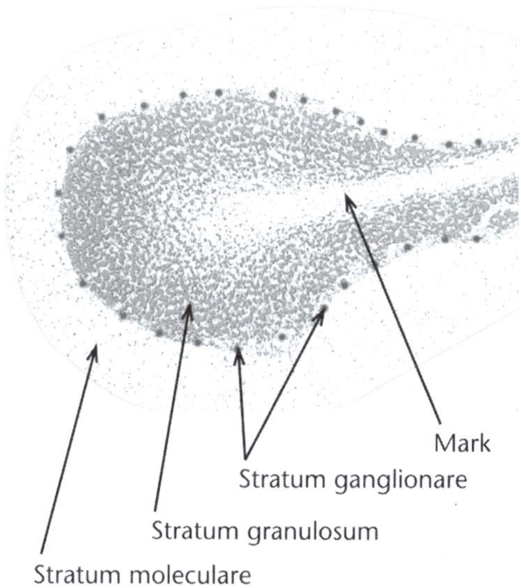

Abb. 9.22 *Schnitt durch eine Kleinhirnwindung*

Die **Korbzellen** sind besonders charakteristisch für diese Schicht. Ihre Perikaryen sind klein. Die langen Axone der Korbzellen ziehen ins Stratum ganglionare, wo sie Kollateraläste abgeben, die sich korbartig um jeweils mehrere der im Stratum ganglionare liegenden Perikaryen der Purkinje-Zellen legen und dadurch mehrere Purkinje-Zellen miteinander verbinden. Die Korbzellen wirken dabei hemmend auf die Purkinje-Zellen.

Die **Sternzellen** haben ihre Bezeichnung wegen des Aussehens ihrer Dendriten erhalten, die sich sternförmig verzweigen. Die Axone der Sternzellen ziehen zu den Purkinje-Zellen, mit deren Dendriten sie verbunden sind. Sie wirken hemmend (= inhibitorisch) auf die Purkinje-Zellen.

Als **Parallelfasern** werden die Axone der Körnerzellen aus dem Stratum granulosum bezeichnet. Diese Axone werden „Parallelfasern" genannt, weil sie im Stratum moleculare aufsteigen, sich dort T-förmig teilen und dann parallel zur Oberfläche verlaufen. Die Parallelfasern sind synaptisch mit den Dornen der Dendriten der Purkinje-Zellen sowie mit den Korb- und Sternzellen verbunden.

Stratum ganglionare

Das Stratum ganglionare bildet die schmalste der drei Rindenschichten des Kleinhirns. Das Stratum ganglionare besteht aus einer Lage dicht nebeneinanderliegender Purkinje-Zellen. Die Perikaryen der Purkinje-Zellen haben einen Durchmesser von etwa 50 µm. Damit sind sie die größten Zellen des Cerebellum. Von den Purkinje-Zellen ziehen 2–3 Dendriten in das Stratum moleculare, wo sie sich fächerförmig verästeln. Ihre Endäste bestehen aus kurzen Dornen.

Die Axone der Purkinje-Zellen ziehen durch das Stratum granulosum zu den im Kleinhirnmark liegenden Kernen des Cerebellum, an denen die meisten Axone mit inhibitorischen Synapsen enden. Einige Axone ziehen bis zu den Nuclei vestibulares, die im Rautenhirn liegen (s. Kapitel 9.3.2).

Die Axone der etwa 15 Millionen Purkinje-Zellen bilden das einzige efferente (= „wegführende") Fasersystem der Kleinhirnrinde. Alle afferenten Impulse die zum Cerebellum gelangen, enden teils nach Umschaltung an den Purkinje-Zellen.

An jeder Purkinje-Zelle enden jeweils:

- eine Kletterfaser (s. weiter unten),
- etwa 20 Korb- und Sternzellen,
- viele Tausend Parallelfasern.

Als **Kletterfasern** werden Axone von Nervenzellen bezeichnet, deren Perikaryen innerhalb der kontralateralen Olive (Teil der Medulla oblongata) im Nucleus olivaris inferior liegen. Die Kletterfasern sind synaptisch mit den Dendriten der Purkinje-Zellen verbunden, wobei eine Purkinje-Zelle jeweils mit nur einer Kletterfaser in Verbindung steht.

Stratum granulosum

Das Stratum granulosum ist die zellreichste Schicht der Kleinhirnrinde. Sie wird wegen der in ihr liegenden Körnerzellen auch Körnerschicht genannt. Im Stratum granulosum kommen vor:

- viele Körnerzellen,
- Golgi-Zellen,
- Glomeruli cerebellares.

Die **Körnerzellen** bilden die kleinsten Nervenzellen unseres Körpers. Im histologischen Präparat kann man häufig nur ihre Perikaryen erkennen.

ZNS

Zwischen den zumeist gruppenweise angeordneten Körnerzellen liegen als Zwischenräume kernfreie Parenchyminseln, die Glomeruli cerebelli genannt werden. In diesen Glomeruli sind die Dendriten der Körnerzellen synaptisch mit Moosfasern verbunden (Moosfasern s. weiter unten). Alle afferenten Verbindungen des Kleinhirns enden (bis auf die Kletterfasern) als Moosfasern an den Körnerzellen. Nur die Kletterfasern enden direkt an den Purkinje-Zellen.

Die Axone der Körnerzellen bilden, wie bereits erwähnt, im Stratum moleculare Parallelfasern, die sich zunächst T-förmig spalten und anschließend parallel zu den Furchen der Kleinhirnrinde verlaufen. Die Axone ziehen:

- zu den Dendriten der Purkinje-Zellen sowie
- zu den in der Molekularschicht liegenden Korb- oder Sternzellen, über die sie indirekt mit den Purkinje-Zellen verbunden sind.

Golgi-Zellen sind große Körnerzellen, die jedoch nur vereinzelt vorliegen (sie stellen etwa 10 % der Körnerzellen). Die Axone der Golgi-Zellen sind in den Glomeruli cerebelosi synaptisch mit den Dendriten der Körnerzellen verbunden. Die Dendriten der Golgi-Zellen stehen im Stratum moleculare synaptisch mit den Parallelfasern der Körnerzellen in Verbindung. Die Golgi-Zellen wirken inhibitorisch auf die Erregungsübertragung von den Moosfasern auf die Körnerzellen.

Neben den Nervenzellen kommen im Kleinhirn folgende **Gliazellen** vor: Oligodendrozyten, Astrozyten (beide s. Kapitel 2.2.8.4), sowie die nur im Kleinhirn zu findenden Bergmann-Stützzellen, die zwischen den Purkinje-Zellen liegen. An der Kleinhirnoberfläche verbreitern sich die Ausläufer der Bergmann-Stützzellen zu Gliafüßchen, die in ihrer Gesamtheit dadurch eine dünne gliöse Membran bilden, die das Kleinhirn überzieht.

An afferenten Projektionsfasern kommen neben den zuvor bereits beschriebenen Kletterfasern die Moosfasern vor.

An efferenten Fasern kommen nur die Axone der Purkinje-Zellen vor!

Die afferenten **Moosfasern** haben ihren Ursprung:

- im Pons,
- an den Nuclei vestibulares (liegen in der Medulla oblongata),
- im Rückenmark.

Die Axone der Moosfasern verzweigen sich im Stratum granulosum sehr stark („moosartig“). Jeder dieser kleinen Endästchen bildet in den zuvor beschriebenen Glomeruli cerebellares eine synaptische Verbindung mit einem Dendriten einer Körnerzelle oder mit dem Dendriten einer Golgi-Zelle.

Die Moos- und Kletterfasern wirken direkt oder indirekt exzitatorisch (= erregend) auf die Purkinje-Zellen, während die weiter oben beschriebenen Zellen der Kleinhirnrinde mit Ausnahme der Körnerzellen inhibitorisch (= hemmend) auf die Purkinje-Zellen wirken.

Der wesentliche Unterschied zwischen Kletter- und Moosfasern besteht darin, dass jeweils eine Purkinje-Zelle von einer Kletterfasern erregt wird, während eine Moosfaser ihre Erregung an viele Körner- und damit Purkinje-Zellen weitergibt. ◄

Kleinhirnmark

Das Kleinhirnmark bildet die weiße Substanz des Cerebellum. Das Kleinhirnmark besteht aus Nervenfasern. Außerdem liegen in ihm die Kleinhirnkerne (s. weiter unten).

Wie die weiße Substanz des Rückenmarks, so besteht auch das Kleinhirnmark aus

- **Assoziationsfasern,** die die Kleinhirngebiete der gleichen Kleinhirnhemisphäre miteinander verbinden,
- **Kommissurenfasern,** die die Kleinhirngebiete der rechten und linken Hemisphäre miteinander verbinden,
- **Projektionsfasern,** die als afferente Fasern Impulse zur Kleinhirnrinde leiten und als efferente Fasern Impulse von der Kleinhirnrinde zum Hirnstamm leiten.

Kleinhirnkerne

Jedem der nachfolgend beschriebenen Kleinhirnkerne kann ein Bereich der Kleinhirnrinde zugeordnet werden, dessen Purkinje-Zellen ihr Axon zum jeweiligen Kleinhirnkern entsenden. An den Kleinhirnkernen haben die efferenten Bahnen ihren Ursprung.

Die Kleinhirnkerne enthalten multipolare Nervenzellen, die Afferenzen von den Purkinjezellen sowie über Kollaterale von den Kletter- und Moosfasern erhalten. Dabei wirken die

- Purkinjezellen inhibitorisch und die
- Kletter- und Moosfasern exzitatorisch auf die Nervenzellen.

Im Kleinhirnmark liegen vier Kleinhirnkerne:

- Nucleus dentatus,
- Nucleus emboliformis,
- Nucleus globosus,
- Nucleus fastigii.

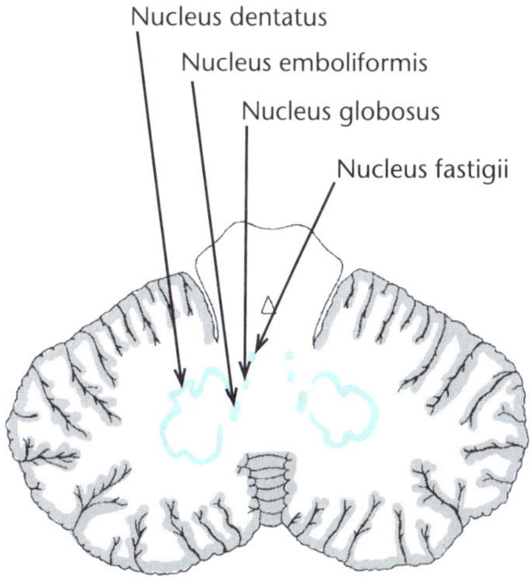

Abb. 9.23 Schnitt durch das Cerebellum mit den Kleinhirnkernen

➤ Den etwa 2 cm großen **Nucleus dentatus** (= Zahnkern) erkennen Sie beim Schnitt durch das Kleinhirn an seinem sackartigen Aussehen. Der Nucleus dentatus erhält, wie bereits erwähnt, über die Axone der Purkinje-Zellen Impulse (Afferenzen) aus der Kleinhirnrinde. Diese Impulse werden im Nucleus dentatus umgeschaltet und über Bahnen, die durch den Pedunculus cerebellaris superior ziehen, zum Thalamus sowie zum Nucleus ruber der Gegenseite weitergeleitet. Die zum Nucleus ruber verlaufenden Axone sind zum Tractus cerebello-rubralis zusammengefaßt. Durch diesen Tractus steht der Nucleus dentatus mit dem extrapyramidal-motorischen System in Verbindung.

Der **Nucleus emboliformis** (= Pfropfkern) ist etwa 1,5 cm lang. Von ihm ziehen Fasern zum Nucleus ruber der Gegenseite.

Der **Nucleus globosus** (= Kugelkern) ist etwa 0,5 cm groß. Von ihm ziehen Fasern zum Nucleus ruber der Gegenseite.

Der **Nucleus fastigii** (= Dachkern) ist etwa 1 cm groß. Er liegt im Dach des 4. Hirnventrikels. In ihm enden afferente Fasern aus dem Lobus flocculonodularis. Seine efferenten Fasern ziehen durch den Pedunculus cerebellaris inferior zu den Nuclei vestibulares, die in der Medulla oblongata liegen. ◄

9.5.3 Kleinhirnbahnen !! 6/16

Wie in den vorhergehenden Kapiteln bereits beschrieben, gelangen afferente Bahnen durch die Pedunculi cerebellares u.a. vom Großhirn (werden im Pons umgeschaltet), von der Olive, den Nuclei vestibulares und dem Rückenmark (leiten Informationen der Tiefensensibilität) zum Cerebellum, geben im Kleinhirn Kollaterale zu den Kleinhirnkernen ab und enden an den Purkinje-Zellen. Von den Purkinje-Zellen gelangen die Impulse zu den Kleinhirnkernen und von dort über efferente Bahnen durch die Pedunculi cerebellares zu dem/den in der kontralateralen Hirnseite liegenden

- Thalamus (und von dort weiter zur motorischen Großhirnrinde), zum
- Nucleus ruber,
- Nuclei vestibulares,
- Formatio reticularis.

In den Pedunculi verlaufen nachfolgende Bahnen (die wichtigen Tractus sind fett hervorgehoben):

	Afferente Bahnen	Efferente Bahnen
Pedunculus cerebellaris superior	• Tractus tecto-cerebellaris • Tractus spino-cerebellaris anterior	• Tractus cerebello-rubralis • Tractus dentato-thalamicus (cerebello-thalamicus)
Pedunculus cerebellaris medius	Tractus ponto-cerebellaris	
Pedunculus cerebellaris inferior	• Tractus spino-cerebellaris posterior • Tractus vesti-bulo-cerebellaris • Tractus olivo-cerebellaris • Tractus nucleo-cerebellaris • Tractus cuneo-cerebellaris • Tractus bulbo-cerebellaris • Tractus reticulo-cerebellaris	• Tractus cerebello-nuclearis • Tractus cerebello-vestibularis • Tractus cerebello-reticularis

Auf- und absteigende Bahnen des Kleinhirns		
Bahn	**Funktion/Qualität**	**Lage/Verlauf**
Tractus tecto-cerebellaris *afferent* *im Pedunculus cerebellaris superior*	Leitet optische und akustische (sensorische) Eindrücke.	Der Tractus tectocerebellaris zieht vom Colliculus superior (= wichtiges Sehzentrum) und vom Colliculus inferior (= akustisches Reflexzentrum), die beide Teil des Tektum sind (Kapitel 9.4.2), durch das Velum medullare craniale (= vorderes Marksegel) zum Pedunculus cerebellaris superior, durch den er ins Cerebellum gelangt.
Tractus spino-cerebellaris anterior (= Gower-Bahn) *afferent* *im Pedunculus cerebellaris superior*	Dient der Tiefensensibilität und leitet extero-zeptive u. propriozeptive Impulse (= Informationen über den Muskeltonus und die Gelenkstellung), besonders der unteren Körperhälfte.	*Zum Verlauf siehe die Tabelle in Kapitel 9.2.4.* **Merke:** Die Axone der 2. Neurone kreuzen überwiegend zur Gegenseite, im Cerebellum kreuzen sie zur ursprünglichen Seite zurück.
Tractus cerebello-rubralis *efferent* *im Pedunculus cerebellaris superior*	Leitet Impulse zum extrapyramidal-motorischen System und beeinflußt damit die willkürliche Bewegung des Körpers.	Der Tractus cerebellorubralis ist eine wichtige Bahn des Cerebellum, die für die willkürliche Körperbewegung von großer Bedeutung ist. Axone der Purkinje-Zellen ziehen zum Nucleus dentatus, wo sie umgeschaltet werden und als Tractus cerebellorubralis durch den Pedunculus cerebellaris superior ziehen. Sie kreuzen zur Gegenseite und enden am Nucleus ruber des Mesenzephalon (Kapitel 9.4.2).
Tractus dentato-thalamicus *efferent* *im Pedunculus cerebellaris superior*	(alt: Tractus cerebello-thalamicus) Informiert die Großhirnrinde über die Lage des Körpers.	Der Tractus dentatothalamicus wird von einigen Autoren auch als **Tractus cerebello-thalamicus** bezeichnet. Er zieht vom Nucleus dentatus durch den Pedunculus cerebellaris superior zu den Nuclei ventralis und lateralis des Thalamus. Vom Thalamus gelangen die Impulse zu den Pyramidenzellen der Großhirnrinde, wodurch wiederum die Impulse der Pyramidenbahn entsprechend beeinflußt werden.
Tractus ponto-cerebellaris *afferent* *im Pedunculus cerebellaris medius*	Leitet Impulse zur Koordination von Bewegungsabläufen (dient der Großhirnkontrolle).	Der von der Großhirnrinde kommende Tractus corticopontinus (= 1. Neuron) wird in den Nuclei des Pons auf den Tractus pontocerebellaris (= 2. Neuron) umgeschaltet. Beide Tractus bilden zusammen die Großhirn-Brücken-Kleinhirn-Bahn (= Tractus cortico-pontino-cerebellaris). Im Bereich der Raphe des Pons kreuzt der Tractus pontocerebellaris zur gegenüberliegenden Seite. Durch den Pedunculus cerebellaris medius gelangt er ins Cerebellum, wo die Axone als Moosfasern enden. Der stark ausgebildete Pedunculus cerebellaris medius besteht aus den Fasern dieses Tractus.
Tractus spinocerebellaris posterior (= Flechsig-Bahn) *afferent* *im Pedunculus cerebellaris inferior*	Leitet Informationen über die Tiefensensibilität (propriozeptive Sensibilität aus Muskelspindeln und Sehnenorganen) besonders aus der unteren Körperhälfte. Die in ihm geleiteten Informationen helfen wahrscheinlich, die Bewegungen der unteren Extremität zu koordinieren.	*Zum Verlauf siehe die Tabelle in Kapitel 9.2.3.* **Merke:** Der Tractus spinocerebellaris posterior kreuzt nicht! Der Tractus spinocerebellaris posterior zieht durch den Pedunculus cerebellaris inferior, der Tractus spinocerebellaris anterior durch den Pedunculus cerebellaris superior ins Cerebellum.

Bahn	Funktion/Qualität	Lage/Verlauf
[illegible] cerebellaris *afferent* *im Pedunculus cerebellaris inferior*	[illegible] des Gleichgewichts.	[illegible] Cristae ampullares, die das Sinnesepithel der Bogengänge enthalten (zum Gleichgewichtsorgan siehe Kapitel 11.4.2). Teilweise werden die primären Neurone in den Nuclei vestibulares auf sekundäre Neurone umgeschaltet. Der Tractus vestibulocerebellaris zieht (ungekreuzt!) durch den Pedunculus cerebellaris inferior ins Cerebellum, wo er Kollaterale zum Nucleus fastigii abgibt und seine Axone als Moosfasern enden.
Tractus olivocerebellaris *afferent* *im Pedunculus cerebellaris inferior*	Leitet Informationen des extrapyramidalen Systems.	Impulse des extrapyramidalen Systems gelangen vom Nucleus ruber über den Tractus rubro-olivaris zum unteren Teil der Olive. Außerdem erhält die Olive Informationen aus dem Rückenmark und von der Großhirnrinde. Die afferenten Bahnen werden in der Olive auf den Tractus olivocerebellaris umgeschaltet, der innerhalb der Olive zur Gegenseite kreuzt und durch den Pedunculus cerebellaris inferior ins Cerebellum gelangt, wo seine Axone als Kletterfasern enden.
Tractus nucleocerebellaris *afferent* *im Pedunculus cerebellaris inferior*	Leitet taktile (= dem Tastsinn betreffende) Impulse aus dem Gesichtsbereich.	Der Tractus nucleocerebellaris zieht von den Endkernen der sensiblen Hirnnerven, besonders denen des N. trigeminus, durch den Pedunculus cerebellaris inferior ins Cerebellum.
Tractus reticulocerebellaris *afferent* *im Pedunculus cerebellaris inferior*	Leitet exterozeptive Impulse.	Er zieht von der Formatio reticularis durch den Pedunculus cerebellaris inferior ins Cerebellum.
Tractus cuneocerebellaris *afferent* *im Pedunculus cerebellaris inferior*	Leitet Informationen über die Tiefensensibilität und Taktilität (propriozeptive Informationen) der oberen Extremität.	Er zieht vom Nucleus cuneatus accessorius, der in der Medulla oblongata liegt, zum Cerebellum.
Tractus bulbocerebellaris *afferent* *im Pedunculus cerebellaris inferior*	Er leitet Impulse der Tiefensensibilität.	Im Nucleus cuneatus und im Nucleus gracilis wird der größte Teil der Fasern des Tractus spinobulbaris (= Hinterstrangbahn) auf den Fasciculus cuneatus bzw. auf den Fasciculus gracilis umgeschaltet (siehe die Tabelle in Kapitel 9.2.3). Ein kleiner Teil der Fasern verläuft nicht mit den Fasciculi sondern zieht als **Fibrae arcuatae externae** (auch Tractus bulbocerebellaris genannt) durch den Pedunculus cerebellaris inferior ins Cerebellum.
Tractus cerebellonuclearis Tractus cerebellovestibularis Tractus cerebelloreticularis *efferent* *im Pedunculus cerebellaris inferior*	Koordinieren u.a. die Augenbewegungen.	Tractus cerebellonuclearis – seine Fasern ziehen überwiegend zum Nucleus oculomotorius; Tractus cerebellovestibularis – zieht zu den Nuclei vestibuli; Tractus cerebelloreticularis – zieht zur Formatio reticularis und erhält dadurch Anschluß an das extrapyramidale System

9.5.4 Funktionelle Anatomie

! 0/0

Wenn wir die Impulse, die in den Leitungsbahnen (Tractus) vom Gehirn zur Peripherie und von der Peripherie zum Gehirn verlaufen, als eine Art Regelkreislauf ansehen, so ist das Cerebellum in diesem Regelkreislauf als eine Art „Nebenschluß“ eingeschaltet.

Das Cerebellum steht mit allen motorischen Zentren sowie mit den meisten Sinnesorganen in Verbindung. Es dient als Koordinations- und Kontrollzentrum der Motorik.

Mit dem Großhirn ist das Kleinhirn doppelläufig verbunden (d.h. Bahnen ziehen vom Groß- zum Kleinhirn und umgekehrt). Diese Verbindung erfolgt jedoch über den Pons, wo die Bahnen (Fasern) umgeschaltet werden – die Beziehung Groß- zu Kleinhirn ist also indirekt.

Das Cerebellum hat nachfolgende Aufgaben:

- es dient dem Erhalt des Gleichgewichts,
- es kontrolliert den Muskeltonus und wirkt wenn nötig hemmend oder fördernd auf die Motorik der Muskeln ein (s. oben),
- es dient als Koordinations- und Kontrollzentrum der ihm über die Tractus zugeleiteten Informationen, die es koordiniert. Es wirkt wenn nötig hemmend oder fördernd auf die Motorik der Muskeln ein, damit die notwendigen Bewegungsabläufe unserer Muskulatur glatt und präzise ablaufen (es überwacht und reguliert somit auch alle willkürlichen Bewegungen). **Merke:** Im Cerebellum werden selbst keine Bewegungen ausgelöst!

Erhalt des Gleichgewichts

Das Gleichgewicht wird über einen Reflexbogen aufrecht erhalten. Informationen über die Stellung des Kopfes und die Bewegungen des Kopfes (Lokomotion) gelangen von den Bogengängen zu den Nuclei vestibulares und von dort zur Rinde des Urkleinhirns (s. hierzu auch Kapitel 11.4.1 „Weiterleitung der Hör- und Gleichgewichtsempfindungen"). In der Rinde des Urkleinhirns werden die Fasern auf die Purkinje-Zellen umgeschaltet. Die Purkinje-Zellen verarbeiten die Impulse und leiten sie zum Nucleus fastigii (Kleinhirnkern) weiter, wo sie wiederum umgeschaltet werden und über die Tractus zu den Nuclei vestibulares (doppelläufig!) sowie zur Formatio reticularis geleitet werden. Über die Formatio steht das Cerebellum mit dem extrapyramidalen System in Verbindung. In den Nuclei vestibulares und der Formatio werden die Bahnen (Fasern) umgeschaltet. Als Tractus vestibulo- und reticulospinalis gelangen sie zu den Motoneuronen des Rückenmarks. Über diesen Weg wird die Motorik reguliert, außerdem werden die von anderen Zentren ausgelösten Bewegungen koordiniert und gleichzeitig das Gleichgewicht des Körpers aufrecht erhalten.

Die Kontrolle, ob die Bewegungen sinnvoll ausgeführt werden, erfolgt über afferente Bahnen aus dem Rückenmark. Diese Bahnen (Tractus spinocerebellaris anterior und posterior sowie der Tractus cuneocerebellaris) enden an den Purkinjezellen des Altkleinhirns, wo die Impulse verarbeitet und Korrekturen am Bewegungsablauf über die Kleinhirnkerne (Nuclei fastigii, emboliformis und globosus) u.a. zum Nucleus ruber und von dort wiederum zu den Motoneuronen des Rückenmarks geleitet werden.

So kontrolliert das Cerebellum fortlaufend das Gleichgewicht beim Stehen und Gehen.

Nachfolgend wird ein vereinfachter Ablauf einer Willkürbewegung schematisch dargestellt.

Klinik: Wie Sie aus den obigen Ausführungen ableiten können, kommt es bei einem akuten Ausfall des Cerebellum nicht zum Ausfall von Bewegungen, es ist vielmehr der Ablauf der Bewegungen und des Gleichgewichts gestört. Bei einem Ausfall einer Seite des Cerebellum ist vorwiegend die gleiche Körperseite betroffen, da die meisten Bahnen der gleichen Körperseite zugehörig sind.

Beim Ausfall des Cerebellum kann es zu einer Vielzahl von Ausfällen kommen, von denen die für Sie wichtigen nachfolgend aufgeführt sind:

- Ataxie – Störung der Bewegungskoordination der einzelnen Muskeln (besonders der die Gliedmaßen bewegenden Muskeln). Die betroffenen Patienten haben einen torkelnden Gang.
- Asynergie – das synergetische Zusammenspiel der einzelnen Muskelgruppen für eine koordinierte Bewegung ist nicht mehr möglich.
- Intentionstremor (besonders bei Schädigung des Nucleus dentatus) – dieser Tremor stellt eine besondere Form der Ataxie dar. Bei der Ausführung einer willkürlichen Bewegung kommt es zu grobem Zittern, was besonders gut nach der Aufforderung an den Patienten zu erkennen ist, den Zeigefinger zur Nase zu führen.
- Tonusveränderungen – da das Cerebellum dabei hilft, den Muskeltonus aufrecht zu erhalten, kommt es bei seinem Ausfall zu einem verminderten Muskeltonus.
- Nystagmus (= „Augenzittern") – die Augäpfel zucken rhythmisch. Ein Nystagmus kann jedoch viele Ursachen haben!
- Dysdiadochokinese – die Diadochokinese ist gestört, d.h. der Patient ist nicht in der Lage, schnelle antagonistische (= gegensinnige) Bewegungen auszuführen, z.B. seine Finger beim Klavierspielen schnell zu beugen und zu strecken.
- Rebound-Phänomen – drückt ein Patient mit voller Kraft gegen die Hand des Untersuchenden und zieht der Untersuchende seine Hand plötzlich zurück, so kann der Patient seine Hand nicht stoppen sondern macht mit seiner Hand einen unkontrollierten Stoß in Richtung des vorher ausgeübten Drucks.
- Skandierende Sprache – die Sprache ist langsam und schlecht artikuliert (infolge der fehlenden Synergie zwischen den Sprachmuskeln).

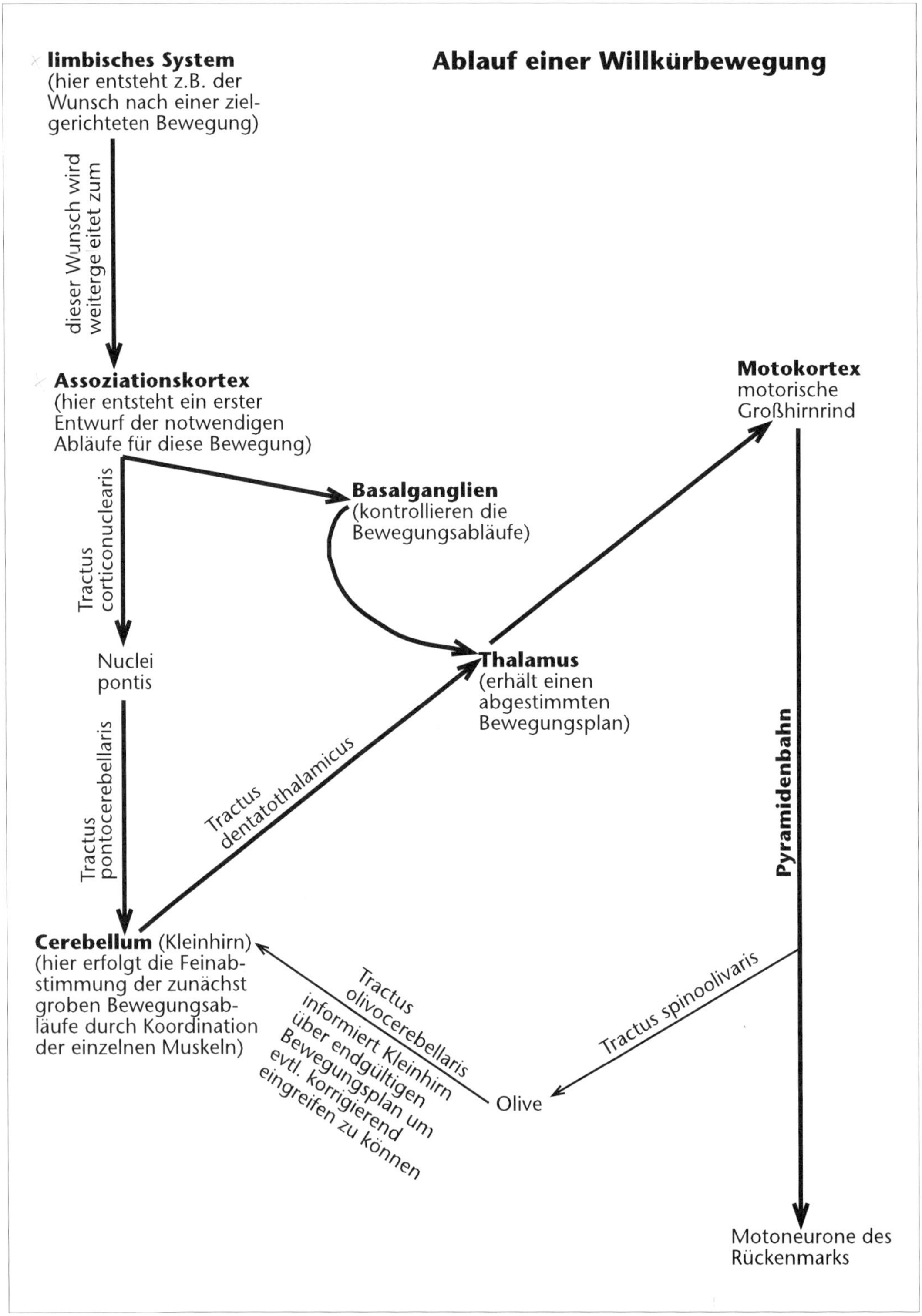
limbisches System
(hier entsteht z.B. der Wunsch nach einer zielgerichteten Bewegung)
Ablauf einer Willkürbewegung
dieser Wunsch wird weitergeleitet zum
Assoziationskortex
(hier entsteht ein erster Entwurf der notwendigen Abläufe für diese Bewegung)
Motokortex
motorische Großhirnrind
Tractus corticonuclearis
Basalganglien
(kontrollieren die Bewegungsabläufe)
Nuclei pontis
Thalamus
(erhält einen abgestimmten Bewegungsplan)
Tractus pontocerebellaris
Tractus dentatothalamicus
Pyramidenbahn
Cerebellum (Kleinhirn)
(hier erfolgt die Feinabstimmung der zunächst groben Bewegungsabläufe durch Koordination der einzelnen Muskeln)
Tractus olivocerebellaris
informiert Kleinhirn über endgültigen Bewegungsplan um evtl. korrigierend eingreifen zu können
Tractus spinoolivaris
Olive
Motoneurone des Rückenmarks

9.6 Dienzephalon

9.6.1 Gestalt, innere und äußere Gliederung !! 5/9

Als **Zwischenhirn (= Dienzephalon)** wird der Bereich bezeichnet, der kranial ans Mittelhirn anschließt. Das Zwischenhirn reicht vom Oberrand der Colliculi superiores bis in Höhe des Foramen interventriculare. Die Grenze zwischen Mittel- und Zwischenhirn ist nur unscharf zu ziehen, weil der Nucleus ruber und die Substantia nigra des Zwischenhirns bis zum Hypothalamus reichen. Das Zwischenhirn ist dorsal fast vollständig vom Endhirn (= Telenzephalon) bedeckt.

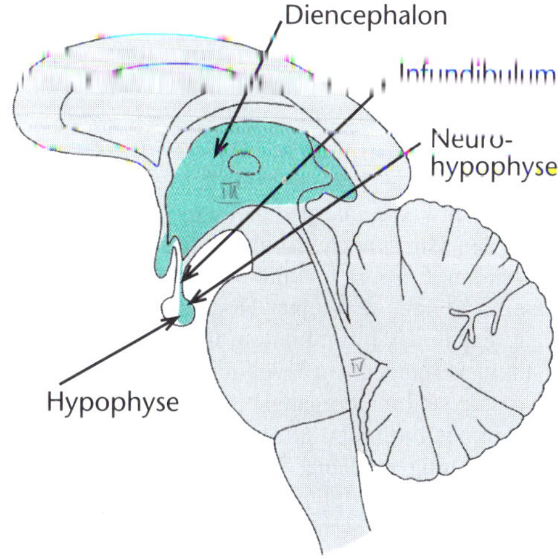

Abb. 9.24 *Hirnstamm von lateral*

➤ Das Zwischenhirn umschließt seinerseits auf beiden Seiten den dorsal von ihm liegenden 3. Hirnventrikel, in dem der Plexus choroideus ventriculi tertii liegt. Dabei begrenzt der Thalamus den kranialen Teil und der Hypothalamus den basalen Teil des 3. Hirnventrikels. Der im Seitenventrikel gebildete Liquor cerebrospinalis fließt durch das Foramen interventriculare in den 3. Hirnventrikel (s. Kapitel 9.9.5). ◄

ZNS

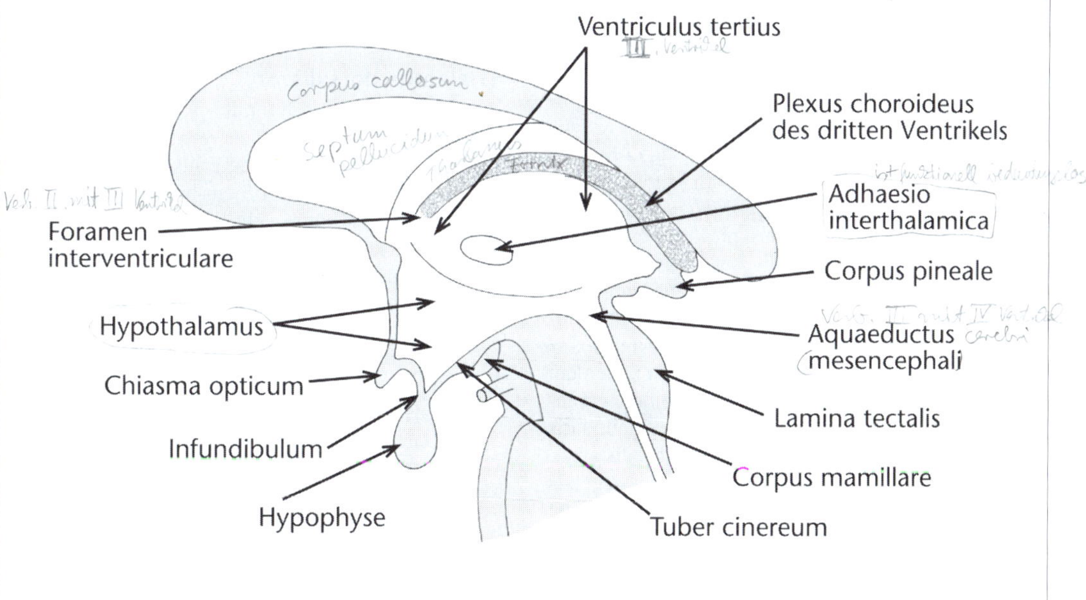

Abb. 9.25 *Zwischenhirn von medial*

Zu beiden Seiten des 3. Hirnventrikels sehen Sie als große eiförmige Gebilde den rechten und linken Thalamus, dessen hinterer Pol, Pulvinar genannt, höckerartig hervorsteht.

Auf der basalen (ventralen) Seite des Zwischenhirns sehen Sie kranial von der zum Mittelhirn gehörenden Fossa interpeduncularis (der Grube zwischen den Hirnschenkeln) als kleine Vorwölbungen die beiden Corpora mamillaria. Vor den Corpora mamillaria liegt als kleiner Höcker das Tuber cinereum, das in das Infundibulum übergeht. Das Infundibulum verbindet den Hypothalamus mit der Neurohypophyse. Im Übergangsbereich vom Tuber cinereum in das Infundibulum liegt als kleine Erhebung die Eminentia mediana. Vor dem Tuber cinereum liegt das Chiasma opticum (= Sehnervenkreuzung), das von den beiden Nn. optici (Sehnerven) gebildet wird. Vom Chiasma opticum geht auf beiden Seiten je ein Tractus opticus ab (zur Sehbahn siehe Kapitel 9.8.1).

Um den kranialen (dorsalen) Teil des Zwischenhirns betrachten zu können, müssen Sie zunächst mittels eines Horizontalschnitts durch die beiden Hemisphären des Endhirns sowie durch das Corpus callosum (= Balken) und die Fornix (= Gewölbe) die Endhirnlappen entfernen.

Direkt oberhalb der Colliculi superiores liegt an der Grenze vom Mittel- zum Zwischenhirn die **Area praetectalis** mit den Nuclei praetectales. Afferent sind die Nuclei praetectales mit dem Tractus opticus und der Großhirnrinde (Lobus occipitalis), efferent mit dem Nucleus oculomotorius accessorius (und damit mit dem N. occulomotorius) der ipsi- und kontralateralen Seite verbunden. Die Nuclei praetectales dienen als wichtiges Reflexzentrum des Pupillenreflexes.

In der Mitte des Zwischenhirns liegt kurz oberhalb der Colliculi superiores (gehören zum Mittelhirn) das unpaarig vorliegende Corpus pineale.

Direkt oberhalb des Corpus pineale verläuft die Commissura habenularum, in der Fasern aus den beiden **Habenulae** die Seiten kreuzen. Die Habenulae bilden die Fortsetzung der Striae medullares thalamica. In beiden verlaufen u.a. Fasern aus der Fornix (= Gewölbe). Auf dem Thalamus können Sie außerdem eine dünne Abrißlinie, die Taenia choroidea, erkennen. An der Taenia choroidea und der Stria medullaris ist der Plexus choroideus des 3. Hirnventrikels angeheftet. Lateral von der Taenia choroidea liegt als markhaltiger Längsstreifen die **Stria terminalis,** die vom Corpus amygdaloideum kommt und zwischen dem Thalamus und dem Nucleus caudatus verläuft. Unter der Stria terminalis liegt die V. thalamostriata.

Zwischen der Stria terminalis und der Taenia choroidea liegt die **Lamina affixa,** die als Ependymschicht diesen Thalamusbereich überzieht und den Boden des Seitenventrikels bildet.

Kranial/lateral vom Colliculus superior liegen das Corpus geniculatum laterale und das Corpus geniculatum mediale (s. hierzu Kapitel 9.6.2, Metathalamus).

Gefäßversorgung

Arteriell wird das Zwischenhirn überwiegend von der A. cerebri posterior, der A. choroidea anterior und der A. communicans posterior versorgt.

Das venöse Blut gelangt über die V. basalis und die V. cerebri interna zur V. cerebri magna.

9.6.2 Gliederung **!! 7/16**

Das Zwischenhirn besteht zum größten Teil aus grauer Substanz, die in nachfolgende Bereiche unterteilt wird, wobei sich die Bezeichnungen von der größten Struktur, dem Thalamus, ableiten:

- Thalamus (= Thalamus dorsalis),
- Metathalamus – liegt dorsal vom Thalamus,
- Epithalamus,
- Hypothalamus – liegt kaudal vom Thalamus,
- Subthalamus (= Thalamus ventralis) – liegt ventral vom Thalamus.

Thalamus dorsalis

Als Thalamus dorsalis (alt: Thalamus) wird ein Zellkomplex bezeichnet, der etwa 80 % des Zwischenhirns bildet. Der eiförmig aussehende Thalamus ist etwa 3 cm lang und 1,5 cm breit.

Am Thalamus können ein vorderer und ein hinterer Pol sowie vier Flächen unterschieden werden.

➤ Der vordere Pol zeigt zum Nucleus caudatus (= Schweifkern), von dem er durch die Stria terminalis getrennt ist.

Der hintere Pol bildet das **Pulvinar.** Lateral vom Pulvinar liegt das Corpus geniculatum laterale, weiter ventral das Corpus geniculatum mediale.

Die laterale Fläche des Thalamus grenzt an die Capsula interna, von der der Thalamus durch die Laminae medullares externae getrennt wird.

Die ventrale Fläche ist mit dem Hypothalamus verwachsen.

Die mediale Fläche des Thalamus bildet einen Teil der Wand des 3. Hirnventrikels. In diesem Bereich sind die beiden Thalami durch die aus grauer Substanz bestehende Adhaesio interthalamica miteinander verbunden.

Unter dem Pulvinar liegt als Anhängsel des Thalamus dorsalis der Metathalamus, der aus dem Corpus geniculatum laterale und dem Corpus geniculatum mediale besteht. Beide Corpora dienen als Schalt- oder Relaiskerne, in denen die Seh- bzw. Höreindrükke umgeschaltet werden.

Epithalamus

Der Epithalamus grenzt dorsal an den Thalamus.

Zum Epithalamus gehören:
- Corpus pineale,
- Habenula mit den Nuclei habenulae,
- Striae medullares,
- Commissura habenularum,
- Commissura epithalamica.

➤ Das **Corpus pineale** (syn.: Glandula pineale, alt: Epiphyse = Zirbeldrüse) ist etwa 0,6 cm lang. Es ragt oberhalb der Colliculi superiores zapfenartig aus dem Zwischendach hervor. Nach innen hin grenzt das unpaarig vorliegende Corpus pineale an das Dach des 3. Hirnventrikels, wobei vom 3. Ventrikel der kleine Recessus pinealis in das Corpus pineale hineinreicht. Das Corpus pineale ist von der Pia mater überzogen (zur Funktion s. Kapitel 9.6.3). ◄

Die beiden **Striae medullares** sind Markstreifen, deren hintere Enden sich auf dem Corpus pineale zu den Habenulae (= Zügeln) vereinigen. In den Habenulae verläuft die Commissura habenularum, die beide Nuclei habenulae miteinander verbindet. Der vordere Teil der Striae medullares dient dazu, den Plexus choroideus des 3. Hirnventrikels zu befestigen.

In der **Commissura epithalamica,** die im Bereich des Recessus pinealis liegt, kreuzen u.a. Fasern der Colliculi superiores zur gegenüberliegenden Seite.

Hypothalamus

➤ Der Hypothalamus liegt an der basalen Seite des Zwischenhirns. Er ist in seinen Teilen bei Aufsicht auf das Zwischenhirn sichtbar. Der Hypothalamus bildet den Boden und einen Teil der Seitenwände des 3. Hirnventrikels. Lateral grenzt der Hypothalamus an die Capsula interna. Ventral reicht er bis zur Lamina terminalis, dorsal endet er mit den Corpora mamillaria. Rostral grenzt das Chiasma opticum an den Hypothalamus. Dorsal vom Chiasma entspringt das Infundibulum (s. weiter unten).

Der Hypothalamus besteht, wie in Kapitel 9.6.1 bereits beschrieben, im wesentlichen aus dem/den:

- **Corpora mamillaria** – liegen als Vorwölbungen zwischen den Großhirnstielen. Sie bilden eine wichtige Schaltstelle im limbischen System;
- **Tuber cinereum** – liegt als unpaariger Höcker zwischen dem Chiasma opticum und den Corpora mamillaria. Das Tuber cinereum ist als Fortsetzung der Substantia grisea centralis des Mittelhirns (= zentrales Höhlengrau) anzusehen. Das Tuber cinereum bildet einen Teil des Bodens des 3. Hirnventrikels;
- **Infundibulum** (= Hypophysenstiel) – entspringt trichterförmig aus dem Hypothalamus und verbindet den Hypothalamus mit der Hypophyse. ◄

Subthalamus

Der Subthalamus (neue Bezeichnung: Thalamus ventralis) liegt unterhalb (ventral) des Thalamus, wobei der Sulcus hypothalamicus die Grenze zwischen Thalamus dorsalis und Thalamus ventralis (= Subthalamus) bildet.

ZNS

9.6.3 Grundlagen der inneren und funktionellen Gliederung !! 3/8

Im Zwischenhirn werden die meisten von den Sinnesorganen sowie die aus anderen Hirnbereichen kommenden afferenten Impulse umgeschaltet, verarbeitet und zu bestimmten Regionen der Großhirnrinde weitergeleitet – das Zwischenhirn, und besonders der Thalamus, sind quasi der Großhirnrinde vorgeschaltet.

Thalamus dorsalis (alt: Thalamus)

Im Thalamus dorsalis werden die aus der Peripherie stammenden somatosensiblen und sensorischen Bahnen (außer der Riechbahn!) sowie die vom Hirnstamm (Formatio reticularis), dem Hypothalamus und dem Cerebellum kommenden Bahnen umgeschaltet. Die von diesen Bahnen transportierten Impulse werden im Thalamus dorsalis kontrolliert und mit Impulsen aus anderen Regionen verglichen und koordiniert, bevor sie in der Thalamusstrahlung zu den jeweiligen Bezirken der Großhirnrinde weitergeleitet werden.

Impulse, die uns bewußt werden, haben zuvor den Thalamus dorsalis passiert, daher wird der Thalamus dorsalis nicht nur als große Umschaltstation sondern auch als „Tor zum Bewußtsein" bezeichnet.

Die Riechbahn sowie einige Fasern aus der Formatio reticularis werden im Thalamus nicht umgeschaltet. Die Riechbahn wird im Trigonum olfactorium umgeschaltet (s. Kapitel 9.8.1 „Riechbahn").

Anteriore Kerngruppen	
Nuclei anteriores	**Afferenzen:** Über Fasciculus mamillothalamicus vom Corpus mamillare (Hypothalamus); Gyrus cinguli (doppelläufig – auch efferent). **Efferenzen:** Über Tractus mamillothalamicus und Fornix zum Gyrus cinguli (Teil des limbischen Systems) des Großhirns. **Lage:** An der Spitze des dorsalen Thalamusbereichs. **Besonderheit:** Sind eine wichtige Schaltstelle zwischen dem Hypothalamus und dem limbischen System. Sie sind Teil des Papez-Neuronenkreises. **Funktion:** Sie beeinflussen das emotionale Verhalten und die Motivation. Außerdem sollen sie Auswirkungen auf das Kurzzeitgedächtnis haben.
Nuclei mediani	**Afferenzen:** Riechhirn, Hippocampus. **Efferenzen:** Area subcallosa, Corpus amygdaloideum (doppelläufig). **Funktion:** In ihnen werden olfaktorische Impulse umgeschaltet.
Mediale Kerngruppe	
Nuclei mediales	**Afferenzen:** Hypothalamus; Über Ansa lenticularis aus dem Globus pallidus; Formatio reticularis. **Efferenzen:** Frontallappen des Großhirns. **Lage:** Medial von den inneren Marklamellen. **Funktion:** Leiten emotionale Empfindungen (Einfluß auf die „Stimmung") und stehen im Dienst der intellektuellen Leistungen. **Klinik:** Früher wurde bei depressiven Patienten vereinzelt die Verbindung von den Nuclei mediales zur Hirnrinde durchtrennt, was jedoch zu starken Veränderungen der Persönlichkeit führte.
Nuclei ventrolaterales	**Afferenzen:** Über Lemniscus medialis aus dem Rückenmark und dem N. trigeminus. **Efferenzen:** Frontal- und Parietallappen des Großhirns, Cerebellum, Globus pallidus. **Lage:** Lateral von der Lamina medullaris interna. **Funktion:** In den Nuclei ventrolaterales werden die sensorischen und somatosensiblen Impulse aus der Peripherie (ohne Riechbahn!) umgeschaltet und über die doppelläufigen Fasciculi thalamo-corticales und cortico-thalamici den Assoziationsarealen der Großhirnrinde (im Bereich des Gyrus postcentralis) zugeleitet. Sie dienen der Schmerzleitung und der Geschmacksempfindung.
Nucleus ventralis anterior (Teil der Nuclei ventrolaterales)	**Afferenzen:** Formatio reticularis, Corpus striatum, Nucleus dentatus (Cerebellum). **Efferenzen:** Motorische und prämotorische Großhirnrinde. **Funktion:** Wichtiges Zentrum um die Willkürmotorik zu beeinflussen. **Klinik:** Bei einer operativ herbeigeführten Kernläsion wird der Tremor beim Morbus Parkinson abgeschwächt.
Nucleus ventralis posterior (Teil der Nuclei ventrolaterales)	**Afferenzen:** Tractus bulbothalamicus (Fortsetzung des Lemniscus medialis); Tractus spinothalamicus (s. Kapitel 9.2.4); über Lemniscus trigeminalis aus dem sensiblen Kern des N. trigeminus; Nucleus solitarius (Geschmackskern). **Efferenzen:** Zum Gyrus postcentralis; zur Inselrinde (Geschmacksfeld). **Funktion:** In ihm werden die meisten Fasern der somatosensiblen und sensorischen Bahnen (mit Ausnahme der Riechbahn) umgeschaltet.
Nuclei posteriores	**Afferenzen:** Corpus geniculatum laterale (Sehbahn); Corpus geniculatum mediale (Hörbahn). **Efferenzen:** Parietallappen des Großhirns (Hörrinde); Okzipitallappen des Großhirns (Sehrinde); Rindenfelder für Sprachbildung. **Lage:** Im Pulvinar. **Funktion:** Wichtiges optisch-akustisches Koordinationszentrum. **Klinik:** Bei einer Läsion kommt es zu Sprachstörungen.

Intralaminäre Kerngruppe	
Nuclei intralaminares	**Afferenzen:** Rückenmark, Formatio reticularis, Hypothalamus, Cerebellum (doppelläufig). **Efferenzen:** Nucleus caudatus, Globus pallidus, Putamen. **Lage:** In der Lamina medullaris interna (= Marklamellen). **Funktion:** Bilden den Hauptteil der unspezifischen Thalamuskerne. Sie beeinflussen die Schmerzleitung und Motorik.
Nuclei reticulares	**Afferenzen:** Formatio reticularis, Globus pallidus. **Efferenzen:** Zu spezifischen Thalamuskernen. **Lage:** In den Marklamellen. **Funktion:** Integrationskerne (sind mit anderen Thalamuskernen verbunden).

Einige Fasern aus der Formatio reticularis ziehen vermutlich direkt zur Großhirnrinde.

Da der Thalamus afferent wie efferent (= doppelläufig) mit der Großhirnrinde verbunden ist, gelangen Impulse der Großhirnrinde für das extrapyramidalmotorische System über den Thalamus zu den Basalganglien. Dabei kann der Thalamus modifizierend auf die Motorik einwirken.

Im Thalamus lassen sich etwa 150 Kerne (= Nuclei) differenzieren, wobei die Kenntnis der einzelnen Nuclei bis auf die in der Tabelle fett hervorgehobenen Nuclei für Sie nicht wissensnotwendig ist. Die Nuclei werden durch weiße Marklamellen (= Laminae medullares thalami) in nachfolgende Gruppen unterteilt:

- Nuclei anteriores,
- Nuclei mediales,
- Nuclei ventrolaterales,
- kaudal liegt als vierter Kernbereich das Pulvinar thalami.

Die Kerne werden nach ihrer Funktion und ihrem zytologischem Aufbau weiter differenziert.

➤ Bei den Thalamuskernen wird unter funktionellen Gesichtspunkten unterschieden zwischen

- spezifischen Thalamuskernen (= Palliothalamus = Projektionskerne) – sie haben direkte Verbindung zur Großhirnrinde. Diese Kerne erhalten über sensible und sensorische Bahnen (mit Ausnahme der Hörbahn) Impulse aus bestimmten peripheren Regionen. Im Thalamuskern erfolgt die Umschaltung. Von jedem Kern ziehen die efferenten Fasern zu genau umschriebenen (= spezifischen) Bereichen der Großhirnrinde (= Punkt zu Punkt Zuordnung).
- unspezifische Thalamuskerne (= Truncothalamus = Projektionskerne) – sie haben keine direkte Verbindung zur Großhirnrinde. Sie erhalten Afferenzen besonders aus der Formatio reticularis, außerdem aus den Basalganglien und dem Kleinhirn. Nach Umschaltung geben sie Efferenzen an die spezifischen Thalamuskerne sowie zu den Basalganglien (s. Kapitel 9.7.2) ab, über die sie unspezifisch mit fast allen Bereichen der Großhirnrinde verbunden sind – eine Zuordnung zu einem bestimmten Areal der Großhirnrinde ist nicht möglich. ◄

An unspezifischen Thalamuskernen kommen vor:

- Nuclei mediani,
- Nuclei intralaminares.

Die Nuclei sind durch Assoziationsfasern untereinander verbunden.

Klinik: Bei einer Läsion des Thalamus z.B. infolge einer Blutung oder eines Tumors kann es zum Thalamussyndrom mit u.a. nachfolgenden Symptomen kommen, die auf der gegenüberliegenden Körperseite auftreten:

- Störung der Sensibilität – besonders der Tiefensensibilität infolge einer Unterbrechung vom Thalamus zum sensorischen Kortex. Die Reizschwelle ist erhöht. Wird die Reizschwelle jedoch überschritten, so werden die Reize als spontane Schmerzen (teils als Dauerschmerzen) empfunden;
- Hemiatyxie (= die Koordination der Bewegungsabläufe ist gestört) – infolge der Unterbrechung der Bahn vom Kleinhirn zum Thalamus und weiter zum motorischen Kortex;
- Affektive Störung (Zwangslachen, Zwangsweinen) – infolge der Unterbrechung zwischen dem Thalamus und den Basalganglien;
- Intentionstremor (choreatisch-athetotische Bewegungsunruhe) – bei dem Versuch z.B. bei geschlossenen Augen mit dem Zeigefinger die Nase zu treffen, kommt es kurz vor dem Ziel zu ruckartigen Bewegungen des Fingers.

ZNS

Metathalamus

Manche Autoren rechnen auch das Corpus geniculatum laterale und mediale zu den Kernen des Thalamus. Definitionsgemäß bilden beide jedoch den Metathalamus.

➤ Das **Corpus geniculatum laterale** (= seitlicher Kniehöcker) ist Teil der Sehbahn. In ihm enden die gekreuzten und nichtgekreuzten Fasern des Tractus opticus. Vom Corpus geniculatum laterale aus ziehen die Axone zur Area striata (siehe Sehbahn in Kapitel 9.8.1).

Das **Corpus geniculatum mediale** (= mittlerer Kniehöcker) ist Teil der Hörbahn. Über afferente Fasern, die zusammen als Brachium colliculi inferioris bezeichnet werden, steht das Corpus mit dem Colliculus inferior in Verbindung (Kapitel 9.4.2). Über efferente Fasern ist das Corpus mit der Heschlschen Querwindung verbunden (s. Hörbahn in Kapitel 9.8.1). ◄

Epithalamus

Der Epithalamus wurde früher ausschließlich dem olfaktorischen System zugerechnet. Neuere Untersuchungen haben jedoch gezeigt, daß der Epithalamus auch Verbindungen u.a. zum limbischen System besitzt.

➤ Das zum Epithalamus gehörende **Corpus pineale** ist durch Bindegewebssepten unvollständig in Läppchen unterteilt.

Das Parenchym des Corpus pineale besteht aus:

- **Pinealozyten** (= Pinealzellen), die für das Corpus pineale charakteristisch sind und zu Strängen angeordnet vorliegen. Die Pinealozyten werden zu den parakrinen Zellen gezählt, die Gewebshormone bilden. Die Pinealozyten haben einen großen, gelappten Zellkern. Mit ihren langen Fortsätzen treten sie mit benachbarten Gefäßen in Verbindung;
- interstitiellen Zellen, die an Astrozyten erinnern und eine Art Glia bilden;
- Mastzellen, die Histamin enthalten;
- viele, überwiegend postganglionäre sympathische Nervenzellen, die dem oberen Halsganglion entstammen sollen und mit den Pinealozyten synaptisch verbunden sind.

Das Corpus pineale ist eine endokrine Drüse, die wahrscheinlich endokrine Organe beeinflußt. Im Corpus pineale entsteht aus Serotonin das Hormon Melatonin, wobei die Produktion einem circadianen Rhythmus unterliegt, der lichtabhängig ist (nachts ist die Produktion erhöht).

Melatonin wirkt u.a. hemmend auf die Freisetzung von gonadotropen Hormonen und beeinflußt damit die Entwicklung der Gonaden – Melatonin hat eine antigonadotrope Wirkung auf den Hypothalamus-Hypophysen-Hoden/Ovar Regelkreis, indem es vor der Pubertät die Entwicklung der Gonaden (Keimdrüsen) hemmt.

Klinik: Bereits im Kindesalter kommt es im Corpus pineale zu regressiven (= zurückbildenden) Veränderungen der Zellen. Bei einer Läsion in der Kindheit kann es zur vorzeitigen Pubertät und zum Hypergenitalismus kommen. Im fortgeschrittenen Alter kommt es zu Ablagerungen in Form größerer Verkalkungen, die Hirnsand genannt werden. ◄

Olfaktorische Impulse (Gerüche) werden im Nebenschluß von der Substantia perforata (Teil des primären Riechzentrums) über die Striae medullares thalami zu den zum Epithalamus gehörenden Nuclei habenulae geleitet. Außerdem verlaufen in den Striae medullares Impulse aus der Regio praeoptica und dem Corpus amygdaloideum. In den Nuclei habenulae werden die Impulse umgeschaltet und efferent weitergeleitet zu den/zum

- Colliculi superiores;
- Tegmentum und von hier über den Fasciculus longitudinalis dorsalis zu Hirnnervenkernen (Nucleus motorius nervi trigeminalis);
- Nucleus interpeduncularis und weiter zu den vegetativen Zentren in der Formatio reticularis.

Gerüche können über diese Verbindungen die Speichelsekretion sowie die Verdauungsvorgänge anregen.

Hypothalamus

➤ Der Hypothalamus dient als übergeordnete Regulationszentrale für alle vegetativen und endokrinen Vorgänge. Er kontrolliert und koordiniert die vegetativen Vorgänge in unserem Körper. Durch seine Verbindung zu übergeordneten Hirnbereichen, z.B. dem Thalamus, können die vegetativen Vorgänge mit den anderen nervalen Vorgängen koordiniert werden.

Außerdem spielt der Hypothalamus durch seine Beziehung zur Hypophyse (= Hirnanhangdrüse) eine zentrale Rolle im neuroendokrinen System (s. weiter unten).

Beim Hypothalamus kann zwischen einem ventral liegenden markreichen und einem größeren, dorsal liegenden markarmen Abschnitt unterschieden werden.

Markreicher Teil des Hypothalamus

Der markreiche Abschnitt (= Regio hypothalamica posterior) enthält viele afferente und efferente Bahnen. In ihm liegen u.a. nachfolgende Kerne:

- Nucleus corporis mamillaris medialis – liegt im Corpus mamillae. Von ihm zieht der Fasciculus mamillothalamicus zu den Nuclei thalamici anteriores und der Fasciculus mamillotegmentalis zu Kernen in der Formatio reticularis des Tegmentum (Mittelhirn).
- Nucleus corporis mamillaris lateralis – liegt im Corpus mamillare. In ihm enden vorwiegend Fasern des Fornix, die vom limbischen System (Hippocampus) zum Thalamus und zum Hypothalamus ziehen.
- Die Nuclei corporis mamillaris sind Teil des limbischen Systems und gehören zum Papez-Neuronenkreis (s. Kapitel 9.8.3). Funktion: Die Nuclei corporis mamillaris sollen beim Selbsterhalt und der Fortpflanzung eine Rolle spielen.
- Nucleus hypothalamicus posterior – liegt oberhalb des Corpus mamillae.

Die aufgeführten Kerne dienen der Koordination lebenswichtiger Funktionen wie Kreislauf, Atmung, Nahrungsaufnahme und Fortpflanzung.

Markarmer Teil des Hypothalamus

Der vordere und mittlere Teil des Hypothalamus ist markarm. Dieser an Nervenzellen reiche Teil besteht überwiegend aus grauer Substanz. Die in diesem Bereich liegenden Kerne werden unterteilt in:

- hypophysäre Kerne – stehen neurosekretorisch mit der Hypophyse in Verbindung. Sie werden wiederum unterteilt in Kerne des
- Hypothalamus-Neurohypophysen Systems (Neurohypophyse = Hypophysenhinterlappen – s. Kapitel 9.6.5). Diese Kerne enthalten großzellige Nervenzellen;
  - Hypothalamus-Infundibulum Systems, nicht-hypophysäre Kerne (stehen mit anderen Hirnstrukturen in Verbindung).

Kerne des Hypothalamus-Neurohypophysen-Systems

Die zu diesem System gehörenden Kerne bilden Hormone, die mittels axoplasmatischem Transports (in den Axonen) zur Neurohypophyse transportiert werden.

An Kernen kommen vor:

- **Nucleus supraopticus** – liegt über dem Chiasma opticum. Der Nucleus supraopticus entsendet durch den Tractus hypothalamo-hypophysialis Fasern zur Neurohypophyse (zur Funktion s. weiter unten „Funktion des Hypothalamus").
  Im Nucleus supraopticus wird vor allem Vasopressin (= antidiuretisches Hormon, ADH) sowie, wenn auch in geringerer Menge, Oxytocin gebildet.
- **Nucleus paraventricularis** – liegt unter dem Ependym des 3. Hirnventrikels. Er entsendet Fasern durch den Tractus hypothalamohypophysialis zur Neurohypophyse.
  Funktion: Im Nucleus paraventricularis wird vor allem Oxytocin und in geringerer Menge Vasopressin gebildet.
  Klinik: Beim Ausfall des Nucleus supraopticus und des Nucleus paraventricularis kommt es zum Vasopressin-Mangel. Dadurch kann das Wasser in der Niere nicht mehr ausreichend rückresorbiert werden. Die Patienten scheiden pro Tag bis zu etwa 20 l an niedrigkonzentriertem Urin aus. Dieses Krankheitsbild wird Diabetes insipidus centralis (= extreme Harnausscheidung) genannt. ◄

Hypothalamus-Infundibulum-System

Die Kerne dieses Systems bilden Steuerhormone.

➤ An Kernen kommen vor:

- Nucleus praeopticus – liegt vor dem Chiasma opticum. Er ist afferent mit dem Riechhirn und efferent mit Kernen des Tuber cinereum verbunden.
  Funktion: Er reguliert die Körpertemperatur und beeinflußt die Freisetzung gonadotroper Hormone aus der Hypophyse.
- Nucleus hypothalamicus anterior – liegt hinter dem Nucleus praeopticus. Er steht afferent mit der Großhirnrinde und dem Thalamus, efferent mit motorischen und vegetativen Kernen in Verbindung.
- Nuclei tuberales – liegen in der Hinterwand des Infundibulum.
- Nucleus hypothalamicus ventromedialis – liegt am Anfangsteil des Infundibulum.
- Nucleus hypothalamicus dorsomedialis – liegt am Anfangsteil des Infundibulum.
- Nucleus infundibularis – liegt in der Hinterwand des Infundibulum. Funktion: Er produziert vor allem ACTH und Endomorphin. ◄

Funktion des Hypothalamus

Der Hypothalamus wirkt als übergeordnetes Steuer- und Regulationszentrum auf alle lebenswichtigen Vorgänge, die das innere Milieu unseres Körpers entsprechend den äußeren Anforderungen anpassen sollen. Im einzelnen wirkt der Hypothalamus u.a. regulierend auf Atmung, Kreislauf (Blutdruck), Wasserhaushalt, Nahrungsaufnahme, Darm- und Harnblasentätigkeit (Defäkation und Miktion), Körpertemperatur.

Der Hypothalamus beeinflußt die nachgeordneten Organe

- humoral, indem er verschiedene Hormone bildet, die als
  - Steuerhormone oder
  - Effektorhormone wirken;
- nerval (vegetatives Nervensystem).

Die Steuerhormone (= Releasinghormone) wirken auf endokrine Organe (Drüsen). Die Steuerhormone sind in einem Regelkreis eingebunden, der auf die Produktion nachgeordneter Hormone fördernd oder hemmend einwirkt. Die Steuerhormone werden daher in fördernde (= Releasing factors) und hemmende Hormone (= Release inhibiting factors) unterteilt. Die

- Releasing-Hormone bewirken bei den entsprechenden Drüsen die Bildung und Freisetzung von Hormonen;
- Inhibiting-Hormone hemmen die Bildung und Freisetzung von Hormonen.

➤ Die in den Nuclei des Hypothalmus gebildeten Steuerhormone gelangen durch den Tractus tuberoinfundibularis zur Eminentia mediana, die am Eingang des Infundibulum als kleine Erhebung zu erkennen ist. Diese Erhebung wird durch ein Kapillarknäuel verursacht, von dem Sammelvenen, die Portalvenen genannt werden, zu einem zweiten Kapillarknäuel ziehen, das die Adenohypophyse umgibt – dieser Pfortaderkreislauf umfaßt somit 2 Kapillargebiete.

Die Axone des Tractus tuberoinfundibularis geben die transportierten Hormone mittels Neurosekretion in das Kapillarknäuel ab. Die Hormone gelangen somit über den kurzen Blutweg zur Adenohypophyse, wo sie wiederum aus dem Blut aufgenommen werden und in den jeweils spezifischen Zellen der Adenohypophyse die Hormonbildung anregen. Die Eminentia mediana kann daher als neurohämale Zone bezeichnet werden.

Dieser kurze hämale Weg hat den Vorteil, daß der große Blutkreislauf umgangen werden kann und die Hormonkonzentration nur auf diesem kurzen Weg

Hypothalamus	Bewirkt in der Adenohypophyse die Freisetzung von:
FSH-RF (Follicle stimulating hormone-releasing factor)	FSH (= Follikelstimulierendes Hormon) – stimuliert die Follikelreifung im Ovar und die Spermatogenese im Hoden.
LH-RF (Luteinizing hormone-releasing factor)	LH (= luteinisierendes gonadotropes Hormon) – stimuliert die Bildung von Hormonen im Hoden und Ovar.
TRF (Thyrotropin releasing-factor)	TSH (= thyreotropes Hormon) – Schilddrüsenhormon, das das Wachstum stimuliert.
CRF (Corticotropin-releasing factor)	ACTH (= adrenocorticotropes Hormon) – stimuliert die Bildung von Hormonen in der Nebennierenrinde.
GHRF (Growth hormone-releasing factor)	STH (= somatotropes Hormon) – stimuliert das Körperwachstum.
SRIF (Somatotropin-release inhibiting factor)	Hemmt die Bildung von STH.
MRF (Melanotropin-releasing factor)	MSH (= Melanotropin) – Funktion beim Menschen noch unklar.
MIF (Melanotropin-release inhibiting factor)	Hemmt die Bildung von MSH.
PRF (Prolactin-releasing factor)	PRL (= Prolactin) – stimuliert in der Mamma die Proliferation der Milchgänge und die Sekretion (= Milchbildung).

dem Bedarf entsprechend angepaßt werden muß – also wesentlich weniger Hormone produziert werden müssen.

An Steuerhormonen werden in der Hypophyse gebildet:

Die Effektorhormone (Oxytocin und Vasopressin) wirken auf nicht-endokrine Drüsen.

In den Perikaryen der im Nucleus supraopticus und der im Nucleus paraventricularis liegenden Nervenzellen werden als Peptide die Prohormone der beiden Neurosekrete Vasopressin (= antidiuretisches Hormon = Adiuretin = ADH) und Oxytocin gebildet. Durch einen axoplasmatischen Transport gelangen die Prohormone entlang der Axone des Tractus hypothalamo-hypophysialis zur Neurohypophyse, wo die Hormone gestapelt und bei Bedarf in die Blutbahn abgegeben werden.

Oxytocin fördert die Kontraktion glatter Muskelzellen u.a. auch die der Uterusmuskulatur, bei der es bei wehenbereitem Uterus kontrahierend wirkt. Außerdem beeinflußt Oxytocin bei der Mamma die Kontraktion der Myoepithelzellen, die in den Alveolen und Ausführungsgängen der Mamma liegen. Oxytocin dient damit der Laktation (Milchsekretion).

Vasopressin fördert die Wasserrückresorption in den distalen Tubuli sowie in den Sammelrohren der Niere. Vasopressin bewirkt, daß mehr Wasser über die Niere rückresorbiert wird. Außerdem dient es der Blutdruckregulierung durch osmotische Drucksteuerung.

Diese beiden Hormone werden an eine Trägersubstanz, dem Neurophysin, gekoppelt. Mittels axoplasmatischem Transports gelangen die Hormone durch den Tractus hypothalamo-hypophysialis zur Neurohypophyse. Hierbei ist zu beachten, daß der Tractus hypothalamohypophysialis nicht nur diese beiden Hormone sondern auch nervale Impulse zur Neurohypophyse transportiert. Bei den Axonen des Tractus findet man manchmal einige, durch Neurosekret verursachte Axonanschwellungen, die als Herring-Körper bezeichnet werden.

Nerval beeinflußt der Hypothalamus nachfolgende endokrine Drüsen, die vom Hypothalamus nicht hormonell gesteuert werden: Glandulae parathyroidea (Epithelkörperchen), Langerhans-Inseln des Pankreas, Nebennierenmark. ◄

Klinik: Der Hypothalamus kann u.a. durch eine Schädelbasisfraktur, ein intrazerebrales Hämatom oder einen Tumor geschädigt werden. Dadurch kann es u.a. zum bereits beschriebenen Diabetes insipidus kommen. Wegen der topographisch engen Beziehung zum Chiasma opticum ist ein Gesichtsfeldausfall zumeist begleitend vorhanden.

Subthalamus

Die wesentlichen Strukturen des Subthalamus sind:

- Nucleus subthalamicus;
- Globus pallidus.

Der **Nucleus subthalamicus** liegt medial von der Capsula interna. Er ist doppelläufig über den Fasciculus subthalamicus mit dem Globus pallidus verbunden. Der Nucleus subthalamicus gehört funktionell zum extrapyramidal-motorischen System.

Das **Globus pallidus** (syn.: Pallidum = bleicher Kern) steht über Nervenfasern mit dem Putamen (Teil des Endhirns – s. Kapitel 9.7.2) in enger Verbindung. Globus pallidus und Putamen werden zusammen als Nucleus lentiformis bezeichnet.

Das Globus pallidus zählt zu den wichtigsten extrapyramidal-motorischen Zentren. Es sendet motorische Impulse aus. Dem Globus pallidus ist das Corpus striatum (s. Kapitel 9.7.2) als höheres Koordinationszentrum der Motorik übergeordnet.

Klinik: Beim Ausfall des Globus pallidus kommt es zu ähnlichen Symptomen wie bei der Parkinson Erkrankung: Muskelsteife, Ruhetremor (= Zittern) und Bewegungsarmut.

9.6.4 Verbindungen

! 0/1

Bahnverbindungen des Thalamus

Der Thalamus steht überwiegend afferent in Verbindung mit

- Kernen des Hirnstamms;
- Rückenmark – über Tractus spinothalamicus anterior und lateralis (s. Tabelle in Kapitel 9.2.4);
- Cerebellum (Kleinhirn) – über Tractus dentatothalamicus.

Mit der Großhirnrinde (= kortikal) ist der Thalamus verbunden über:

- **Radiationes thalamicae anteriores** – ziehen vom Nucleus anterior des Thalamus zum Gyrus cinguli und von den Nuclei laterales thalamici zum Stirnlappen des Großhirns.
- **Radiationes thalamicae centrales** – ziehen von den Nuclei ventrolaterales thalamici zu den Gyri prae- und postcentrales des Großhirns.
- **Radiationes thalamicae posteriores** – ziehen u.a. vom Pulvinar zum Schläfen- und Hinterhauptslappen des Großhirns sowie zur Insel. Außerdem enthalten die Radiationes Fasern der Sehstrahlung (Radiatio optica) aus dem Corpus geniculatum laterale, die zum Sulcus calcarinus des Hinter-

hauptlappens des Großhirns ziehen.
Alle Radiationes ziehen auf ihrem Weg zur Großhirnrinde durch die Capsula interna, bei der sie einen wesentlichen Anteil stellen.

Subkortikal ist der Thalamus verbunden u.a. über:
- Fasciculus mamillothalamicus (Vicq d'Azyr-Bündel) – zieht vom Corpus mamillare zu den Nuclei anteriores des Thalamus, wo die Fasern umgeschaltet werden und zum Gyrus cinguli ziehen;
- Tractus dentatothalamicus – kommt vom Nucleus dentatus des Kleinhirns und zieht zum Nucleus ventralis lateralis des Thalamus;
- Fasciculus lenticularis – zieht vom Nucleus lentiformis zu den Nuclei ventrales des Thalamus;
- Tractus pallidothalamicus und Tractus thalamopallidalis – ziehen vom Globus pallidus zu den Nuclei anterolaterales bzw. vom Thalamus zum Globus pallidus und verbinden damit den Thalamus mit dem extrapyramidal-motorischen System.

Bahnverbindungen des Hypothalamus

Der Hypothalamus ist afferent mit dem zum limbischen System gehörenden Hippocampus und Corpus amygdaloideum sowie mit dem Rückenmark, der Formatio reticularis sowie mit sensiblen Kernen der Hirnnerven verbunden. Außerdem erhält der Hypothalamus über den Tractus retinohypothalamicus markarme Fasern vom N. opticus, wodurch erklärbar wird, daß optische Impulse vegetative Reaktionen hervorrufen können. So beeinflußt Licht z.B. den Biorhythmus (24 Stunden Rhythmus), das Wachstum und die Geschlechtsreife.

Efferente Fasern ziehen vom Hypothalamus zum Thalamus und zur Großhirnrinde (limbischer Kortex), zu den viszeromotorischen Kernen der Hirnnerven sowie zur Formatio reticularis und zum Rückenmark.

➤ Der markreiche Hypothalamus besitzt als Bahnen den:
- **Fornix** – wichtige Bahn, die von den Pyramidenzellen des Hippocampus (gehört zum limbischen System) bogenförmig von dorsal über den 3. Hirnventrikel nach ventral zu den Kernen des Corpus mamillare zieht und dabei u.a. Fasern zum Nucleus anterior des Thalamus und zum Nucleus praeopticus abgibt.
- **Fasciculus mamillothalamicus** (doppelläufig, jedoch vorwiegend efferent) – Bahn zwischen Corpus mamillare und dem Nucleus anterior des Thalamus (Teil des limbischen Systems);
- **Fasciculus mamillotegmentalis** – efferente Bahn, die vom Corpus mamillare zu den Kernen im Tegmentum mesencephali (Mittelhirn) zieht. ◄

Der markarme Hypothalamus besitzt an Bahnen:
- **Fasciculus longitudinalis dorsalis** – wichtige Bahn, die efferent Fasern vom Hypothalamus zu den parasympathischen Kernen in der Formatio reticularis des Hirnstamms und zum Seitenhorn des Rückenmarks führt. Parasympathische Fasern werden zu folgenden Kernen abgegeben: Nucleus oculomotorius; Nucleus salivatorius; Nucleus lacrimalis; Nucleus dorsalis n. vagi;
- **Fasciculus prosencephalicus medialis** (alt: Fasciculus telencephalicus medialis = basales Vorderhirnbündel) – verbindet den Hypothalamus mit dem Riechhirn. Der Fasciculus prosencephalicus medialis zieht von der Riechrinde des Großhirns durch den Hypothalamus zur Formatio reticularis des Mittelhirns. Im Hypothalamus gibt der Fasciculus prosencephalicus medialis olfaktorische und kortikale Afferenzen zu den allermeisten Kernen ab und verbindet gleichzeitig diese Kerne untereinander;
- **Stria terminalis** – verbindet das zum limbischen System gehörende Corpus amygdaloideum (s. Kapitel 9.7.2 und 9.8.3) mit den Nuclei praeoptici und dem Nucleus hypothalamicus ventromedialis. Diese Stria leitet Afferenzen des limbischen Systems;
- **Tractus hypothalamo-hypophysialis** – bildet ein neurosekretorisches Faserbündel, das vom Nucleus supraopticus und vom Nucleus paraventricularis durch das Infundibulum zur Neurohypophyse zieht.

9.6.5 Hypophyse !! 0/7

Der Hypothalamus ist über das **Infundibulum** (= Hypophysenstiel) mit der Hypophyse verbunden. Die unpaarig vorliegende Hypophyse (syn.: Glandula pituitaria = Hirnanhangdrüse) ist etwa 0,6 g schwer. Sie liegt in einer von der Sella turcica (= Türkensattel – s. Kapitel 5.2) gebildeten grubenartigen Vertiefung des Os sphenoidale (= Keilbein), die Fossa hypophysialis genannt wird. Die Fossa hypophysialis ist innen von der Dura mater (= harte Hirnhaut – s. Kapitel 9.10.1) ausgekleidet, die damit die Hypophyse umhüllt.

Die nach kranial offene Fossa wird durch eine horizontal gespannte Platte der Dura mater verschlossen, die Diaphragma sellae genannt wird. Das Diaphragma sellae enthält nur eine kleine Aussparung, durch die das Infundibulum hindurchzieht.

Klinik: Bei der Sektion muß für die vollständige Entnahme des Gehirns inclusive der Hypophyse, das

Diaphragma vorsichtig durchtrennt werden, da angenommen das Infundibulum reißt und die Hypophyse in der Fossa verbleibt.

Topographie

➤ Lateral von der Hypophyse liegen die Sinus cavernosi, die mit den Sinus intercavernosi ringförmig verbunden sind. In topographischer Beziehung zur Hypophyse steht das Chiasma opticum, das kranial oder dorsal von ihm liegt. Für die Klinik ist es wichtig zu wissen, daß folgende Nerven und Gefäße im Sinus cavernosus verlaufen: A. carotis interna und N. abducens; in der lateralen Wand des Sinus verlaufen: N. oculomotorius, N. ophthalmicus, N. maxillaris und N. trochlearis. ◄

Unterteilung der Hypophyse

Wie in der Entwicklung der Hypophyse bereits beschrieben (Kapitel 9.1.3), besteht die Hypophyse aus zwei entwicklungsgeschichtlich verschiedenen und makroskopisch voneinander unterscheidbaren Teilen:

- dem Drüsenteil = Adenohypophyse und
- einem Hirnteil = Neurohypophyse.

➤ Die **Adenohypophyse** geht aus der Rathke-Tasche hervor, die als Abschnürung des Rachendaches entsteht. Die Adenhohypophyse ist somit kein Hirnteil. Die Neurohypophyse hingegen ist Teil des Zwischenhirns. ◄

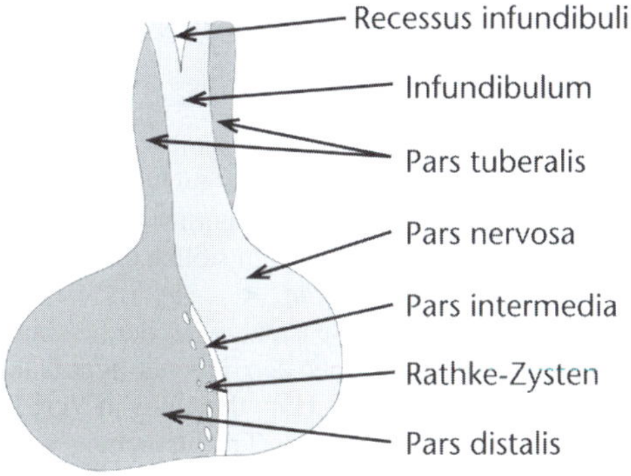

Abb. 9.26 *Hypophyse*

Adenohypophyse

Die Adenohypophyse (= Hypophysenvorderlappen = Lobus anterior) bildet etwa 3/4 der gesamten Hypophyse. Der Aufbau der Adenohypophyse ist typisch für eine endokrine Drüse. In der Adenohypophyse werden eine Reihe von Hormonen gebildet, die als Effektor- oder Steuerhormone wirken.

Die Adenohypophyse besteht aus drei Teilen:

- Pars distalis – bildet den größten Anteil;
- Pars intermedia (= Mittellappen) – bildet eine schmale Grenzzone zur Neurohypophyse, in der sich mit zunehmendem Alter Zysten ausbilden, die mit Kolloid gefüllt sind und Rathke-Zysten genannt werden;
- Pars tuberalis (syn.: Pars infundibularis) – liegt dem Infundibulum an.

Pars distalis

In der Pars distalis sind die Epithelzellen zu unregelmäßigen Strängen angeordnet, zwischen denen dünnwandige, weite sinusoidale Kapillaren (zum Teil mit gefenstertem Endothel) verlaufen. Das Blut gelangt über das Pfortadersystem in die Sinusoide (s. weiter unten). In der Pars distalis kommen entsprechend ihrem färberischen Verhalten drei verschiedene Drüsenzelltypen vor:

- chromophile Zellen – erscheinen stark angefärbt und unterteilen sich in
  - azidophile Zellen (= α-Zellen) – erscheinen bei der HE- oder Azanfärbung rot. Sie stellen rund 40 % der Drüsenzellen;
  - basophile Zellen (= β-Zellen) – erscheinen bei der HE- oder Azanfärbung blau. Sie stellen etwa 10 % der Drüsenzellen;
- chromophobe Zellen (= γ-Zellen) – erscheinen nur blaßviolett. Sie besitzen zu den Färbemitteln der beiden Färbemethoden keine Affinität und stellen annähernd 50 % der Drüsenzellen. Man vermutet, daß es sich bei den chromophoben Zellen zumeist um degranulierte chromophile Zellen handelt.
- Sternzellen – dienen wahrscheinlich als Stützzellen und gehören zum RHS (= retikulo-histiozytären System). Sie sind nur schwer anfärbbar.

Die azidophilen und basophilen Zellen lassen sich funktionell noch weiter differenzieren:

Pars intermedia

In den Zellen der Pars intermedia wird MSH (Melanotropin) gebildet.

Pars tuberalis

Die Funktion dieser Zellen ist unbekannt.

Pfortadersystem der Hypophyse

Wie bereits beim Hypothalamus beschrieben, befindet sich unter der Eminentia mediana des Hypothalamus ein Kapillarknäuel, in das die Axone des Tractus tuberoinfundibularis ihre Hormone (Releasing- und Inhibiting Hormone) abgeben. Dieses Ka-

Zellart		von der Zellart gebildete Hormone
azidophil	α - Zellen (somatotrope Zellen)	STH (= Somatotropin)
	ε - Zellen (Mammotrope Zellen)	PRL (= Prolaktin); syn.: LTH (laktotrophes Hormon)
basophil	α - Zellen (gonadotrope Zellen)	FSH (= Follitropin) LH (= Lutropin)
	α - Zellen (thyrotrope Zellen)	TSH (= Thyreotropin)
	β - Zellen (kortikotrope Zellen)	ACTH (= adrenokortikotropes Hormon = Kortikotropin); MSH (= Melanotropin)

pillarknäuel bildet den Primärplexus. Von hier gelangt das mit Hormonen angereicherte Blut durch die Vv. portales hypophysiales zum zweiten Kapillarknäuel (= Sekundärplexus), das in der Neurohypophyse liegt. In beiden Bereichen können die Hormone die Blut-Hirn-Schranke überwinden.

Klinik: Tumore im Bereich der Hypophyse kommen häufiger vor. Bei einem eosinophilen Adenom der Adenohypophyse kann die Produktion z.B. des Wachstumshormons STH stark erhöht sein. Bei Kindern führt die STH-Überproduktion zum Gigantismus (= Riesenwuchs). Beim Erwachsenen, bei dem die Epiphysenfugen bereits verknöchert sind, reagieren die Knochen nur noch mit Breitenwachstum, was als **Akromegalie** bezeichnet wird. Hinweise auf eine Akromegalie können sein, wenn dem Patienten der Hut, die Schuhe und die Handschuhe zu klein werden.

Eine verminderte STH-Produktion in der Kindheit führt zum hypophysären Minderwuchs.

Bei einem basophilen Adenom kommt es zur ACTH-Überproduktion. Dieses Krankheitsbild wird **Morbus Cushing** genannt. Charakteristisch sind Stammfettsucht, Hypertonie, Osteoporose (= Knochenabbau) und sexuelle Störungen.

Symptome eines Hypophysentumors können u.a. sein:

- bitemporale Hemianopsie (Ausfall beider temporaler Gesichtsfeldhälften) – was durch den Druck des Tumors auf das benachbart liegende Chiasma opticum zu erklären ist;
- verfrühte Menopause – der Tumor drückt auf die anderen Zellen, wodurch sich die Produktion von FSH und LH vermindert.

Die Hypophyse ist relativ schwer zugänglich. Für eine Operation kommen 2 Wege infrage:

1. der transsphenoidale Weg – hierbei dringt man durch die Nase vor, eröffnet die Cellulae ethmoidales (Siebbeinzellen) und das Os sphenoidale (= Keilbein);
2. von ventral öffnet man den Schädel und arbeitet sich über den Boden der Schädelbasis durch die vordere Schädelhöhle bis zur Fossa hypophysialis vor.

Neurohypophyse

Die Neurohypophyse (= Hypophysenhinterlappen = Lobus posterior) wird unterteilt in:

- Infundibulum (= Hypophysenstiel),
- Lobus nervosus.

Die Neurohypophyse besteht aus

- vom Hypothalamus (vor allem vom Nucleus supraopitcus und Nucleus paraventralis) kommende marklose Nervenfasern;
- kernhaltiger Neuroglia mit Pituizyten;
- Kapillarnetz.

➤ Die **Pituizyten** bilden eine Gliazellart, die nur in der Neurohypophyse vorkommt. Pituizyten besitzen viele Fortsätze. In ihrem Innern lagern sich Fetttröpfchen und Pigmente ab. Pituizyten stellen eine besondere Form der Astrozyten dar. ◄

➤ Die Neurohypophyse steht, wie bereits beim Hypothalmus erwähnt, über den Tractus hypothalamo-hypophysialis mit dem Hypothalamus in Verbindung. Durch die Axone dieses Tractus gelangen die Hormone Oxytocin und Vasopressin (= ADH) vom Nucleus supraopticus und Nucleus paraventricularis zur Neurohypophyse. In den neurosekrethaltigen Enden der Axone sammeln sich die Hormone an und verdicken dadurch zu den sogenannten Herring-Körpern. Bei Bedarf gibt die Neurohypophyse die gespeicherten Hormone in die Blutbahn ab. Die Neurohypophyse dient somit nur als Speicherbereich und Abgabeort von im Hypothalamus gebildeten Hormonen. ◄

9.7 Telenzephalon ! 0/0

Das **Endhirn (= Telencephalon – Cerebrum – Großhirn)** ist den anderen Hirnbereichen übergeordnet. Es stellt mit über 85 % am Gesamtgewicht den größten Anteil am menschlichen Gehirn.

Das Endhirn besteht aus einer rechten und linken Großhirnhälfte (= Hemisphäre), bei denen wiederum unterschieden wird zwischen:

- Großhirnrinde (= Cortex cerebrales, syn.: Pallium = Großhirnmantel);
- Großhirnmark – besteht aus weißer Substanz und ist von der Großhirnrinde umhüllt. Im Großhirnmark liegen:
  - Basalganglien (syn.: Endhirnkerne, liegen innen);
  - Verbindungen zwischen beiden Hemisphären: Corpus callosum und das Kommissurensystem – s. Kapitel 9.7.4;
- Bulbus und Tractus olfactorius – sind Teil des 1. Hirnnerven (Nn. olfactorii), bei denen es sich nicht um einen peripheren Nerv sondern um ein nach außen verlagertes Hirnteil handelt, das zum Riechhirn gehört.

Stammesgeschichtlich (phylogenetisch) unterscheidet man beim Endhirn zwischen:

- **Palaeokortex (= Althirnrinde,** alt: Paleopallium) – bildet den stammesgeschichtlich ältesten Teil der Großhirnrinde. Der Palaeokortex liegt basal und entspricht dem Riechhirn. Zum basalen Teil des Riechhirns (= Rhinenzephalon) gehören der Bulbus und der Tractus olfactorius, sowie die in Kapitel 9.8.1 beschriebenen Striae olfactoriae und die Substantia perforata anterior.
- **Archaeokortex (= Urhirnrinde,** alt: Archipallium) – bildet ein Assoziationsgebiet, das auf der medialen Seite der Hemisphäre (Erklärung s. weiter unten) im Bereich um den Balken liegt und hauptsächlich aus Verbindungen zum Riechhirn besteht. Der Archaeokortex besteht u.a. aus dem zum limbischen System gehörenden Hippocampus und dem Gyrus dentatus (s. Kapitel 9.8.3).
- **Neokortex (= Neuhirn,** alt: Neopallium) – stellt den stammesgeschichtlich jüngsten Anteil und bildet mit etwa 90 % gleichzeitig den größten Teil der Großhirnrinde.

Mikroskopische Anatomie

Das Endhirn ist wie die anderen Hirnabschnitte aus weißer und grauer Substanz aufgebaut. Die graue Substanz liegt an der Oberfläche und wird beim Endhirn Großhirnrinde (= Cortex cerebralis) genannt (s. Kapitel 9.7.3). Die Großhirnrinde umschließt die weiße Substanz (= Großhirnmark – s. Kapitel 9.7.4). Im Innern des Großhirnmarks kommt graue Substanz in Form der mächtigen Endhirnkerne vor (s. Kapitel 9.7.2).

9.7.1 Gestalt, Gliederung !! 5/15

➤ *Besonders prüfungsrelevant: Kenntnis der wichtigsten Rindenfelder und in welchen Gyri welche Rindenfelder liegen.* ◄

Wenn Sie von oben auf das Gehirn blicken, so sehen Sie auf die in der Mitte verlaufende (mediane) Längsspalte, die Fissura longitudinalis cerebri genannt wird und die das Gehirn in zwei gleich große Hälften teilt. Diese beiden Hälften werden Hemisphären (= Großhirnhälften) genannt.

Die **Fissura longitudinalis cerebri** reicht in der Tiefe zwischen den beiden Hemisphären bis zum Balken (= Corpus callosum). Den Balken können Sie erkennen, wenn Sie die beiden Hemisphären im Bereich der Fissura longitudinalis cerebri etwas auseinander drücken. In der Tiefe sehen Sie dann auf den Balken, der die beiden Hemisphären miteinander verbindet.

Bei einem Medianschnitt durch das Gehirn imponiert das weiß aussehende **Corpus callosum** durch seine große Ausdehnung (weiter s. Kapitel 9.7.4 „Kommissurenfasern").

Unter dem Balken liegt der ebenfalls weiß aussehende **Fornix** (= Gewölbe), der den Hippocampus mit den Corpora mamillaria verbindet.

Corpus callosum und Fornix sind durch das zweiblättrige **Septum pellucidum** voneinander getrennt. Das Septum trennt außerdem die beiden Vorkammern der Seitenventrikel voneinander. Unterhalb des Fornix liegt das Dach des 3. Hirnventrikels (= Ventriculus tertius).

Bei einem Frontalschnitt durch das Endhirn erkennen Sie, daß im Innern jeder Hemisphäre je ein Seitenventrikel (= Ventriculus lateralis) liegt – s. Kapitel 9.9.1.

Die beiden Hemisphären entwickeln sich aus jeweils einem der in Kapitel 9.1.3 beschriebenen Endhirnbläschen. Aus jedem Hirnbläschen entwickeln sich nachfolgende Endhirnlappen:

- Stirnlappen = Lobus frontalis = Frontallappen,
- Scheitellappen = Lobus parietalis = Parietallappen,
- Schläfenlappen = Lobus temporalis = Temporallappen,
- Hinterhauptlappen = Lobus occipitalis = Okzipitallappen,
- Insel (Insula).

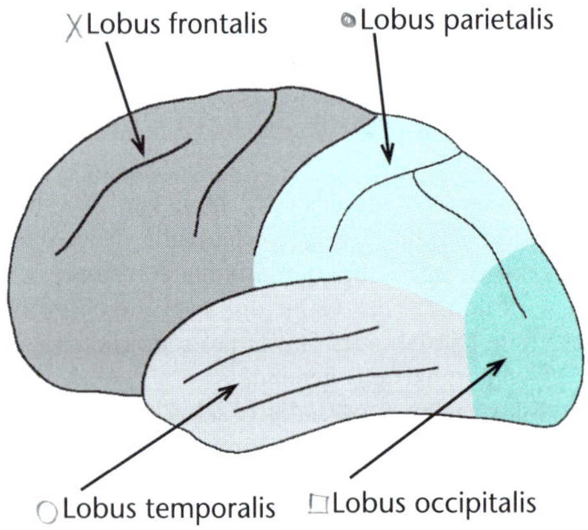

Abb. 9.27 *Endhirnlappen von lateral*

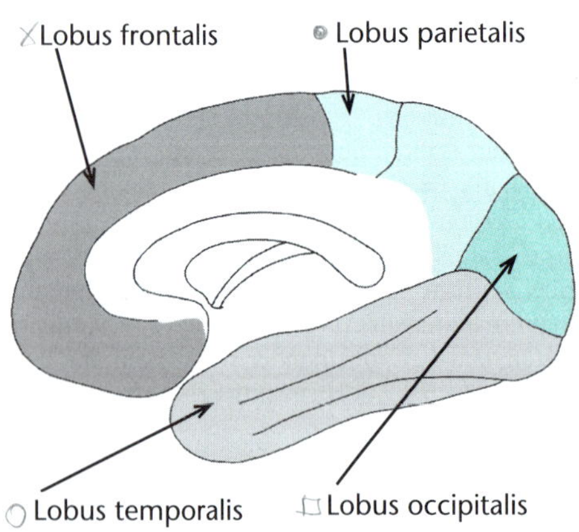

Abb. 9.28 *Endhirnlappen von medial*

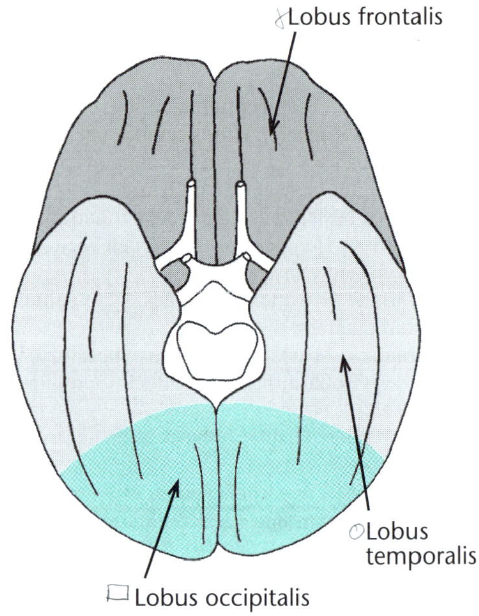

Abb. 9.29 *Endhirnlappen von basal*

Jede Hemisphäre wird unterteilt in eine mediale, laterale und basale Fläche. Der Bereich, in dem sich die dorsolaterale mit der medialen Fläche treffen, wird Mantelkante (= Pallium) genannt.

Außerdem unterscheidet man zwischen 3 vorspringenden Rundungen, die als Pole bezeichnet werden:

- Stirnpol – bildet das vordere Ende des Stirnlappens,
- Schläfenpol – bildet das vordere Ende des Schläfenlappens,
- Hinterhauptspol – bildet das hintere Ende des Hinterhauptlappens.

Endhirn von lateral

Hierbei sehen Sie auf alle vier Endhirnlappen, die weiter unten ausführlich beschrieben werden.

Endhirn von basal

Hierbei sehen Sie den Frontal-, Temporal- und Okzipitallappen, die den Hirnstamm umgeben.

Endhirn von medial

Bei der Sicht von medial sehen Sie zwischen den von der Großhirnrinde gebildeten Sulci und Gyri (Erklärung weiter unten) als mächtige Faserverbindung den Balken (= Corpus callosum), der bereits weiter oben erwähnt wurde. Das Corpus callosum verbindet die beiden Hemisphären miteinander und wird in Kapitel 9.7.4 beschrieben. Ventral endet das Corpus callosum mit einer Lamina, an der sich die Commissura anterior anschließt (s. Kapitel 9.7.4). Oberhalb des Corpus callosum liegt der Gyrus cinguli, der zum limbischen System gehört und in Kapitel 9.8.3 beschrieben wird. Kaudal vom Corpus callosum liegt die Fornix, die eine bogenförmige Verbindung zwischen dem Hippocampus (s. Kapitel 9.8.3) und dem Corpus mamillare (Teil des Zwischenhirns) bildet. Unterhalb der Fornix liegt das Dach des 3. Hirnventrikels, darunter der Thalamus. Zwischen Corpus callosum und Fornix spannt sich das Septum pellucidum, das die beiden Vorderkammern des rechten und linken Seitenventrikels voneinander trennt.

Wie beim Kleinhirn, so kommt es auch beim Endhirn durch Zellverdichtung in der aus grauer Substanz bestehenden Großhirnrinde zu Windungen (= Gyri), zwischen denen die Furchen (= Sulci) liegen. Durch die Gyri wird die Oberfläche des Endhirns um etwa das dreifache vergrößert.

Die Furchen (Sulci) entstehen zunächst an der Grenze zwischen den einzelnen Endhirnlappen, die deshalb Primärfurchen genannt werden. Während die Primärfurchen eine bei allen Menschen gleiche Lage haben, sind die sich in den einzelnen Hirnlappen ausbildenden Sekundärfurchen variabel. Die sich im Anschluß an die Sekundärfurchen ausbildenden Tertiärfurchen gehen von den Sekundärfurchen aus und sind bei jedem Menschen individuell ausgebildet (inkonstant).

➤ An **Primärfurchen** (= Sulci cerebri) kommen vor:

- **Sulcus centralis** (= Rolando-Spalte) – trennt den Stirn- vom Scheitellappen;
- **Sulcus lateralis** (= Sylvius-Spalte) – liegt über der Insel und trennt die Stirn-, Scheitel- und Schläfenlappen voneinander;
- **Sulcus parietooccipitalis** – zieht von der Mantelkante entlang der medialen Hemiphärenseite zum Sulcus calcarinus. Er trennt den Scheitel- vom Hinterhauptlappen;
- **Sulcus calcarinus** – liegt an der Innenseite des Hinterhauptlappens. Um ihn liegt der Gyrus calcarinus;
- **Sulcus cinguli** – liegt an der Medianseite der Hemisphären und zieht bogenförmig über das Corpus callosum (= Balken) hinweg. ◄

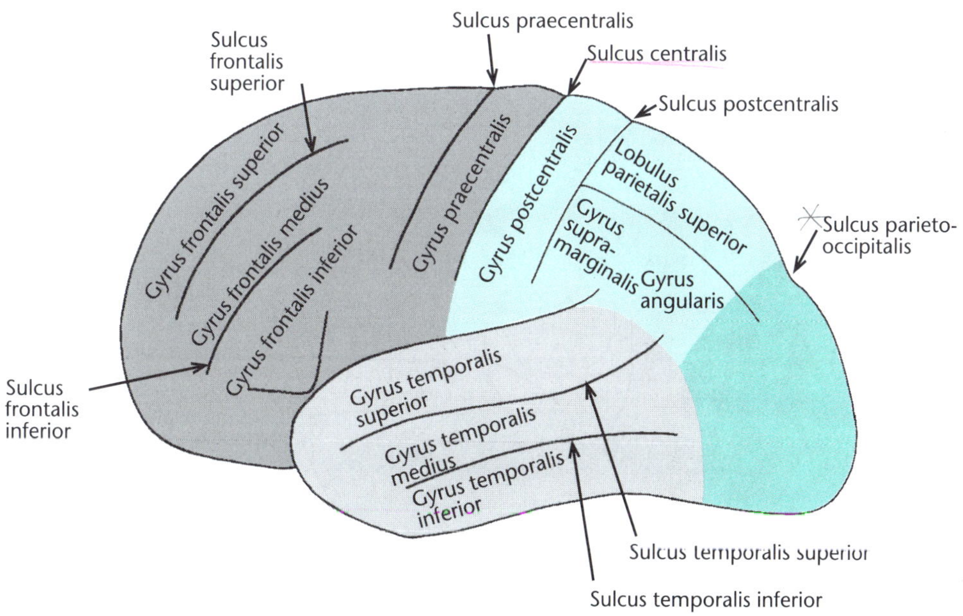

Abb. 9.30 Sulci und Gyri von lateral

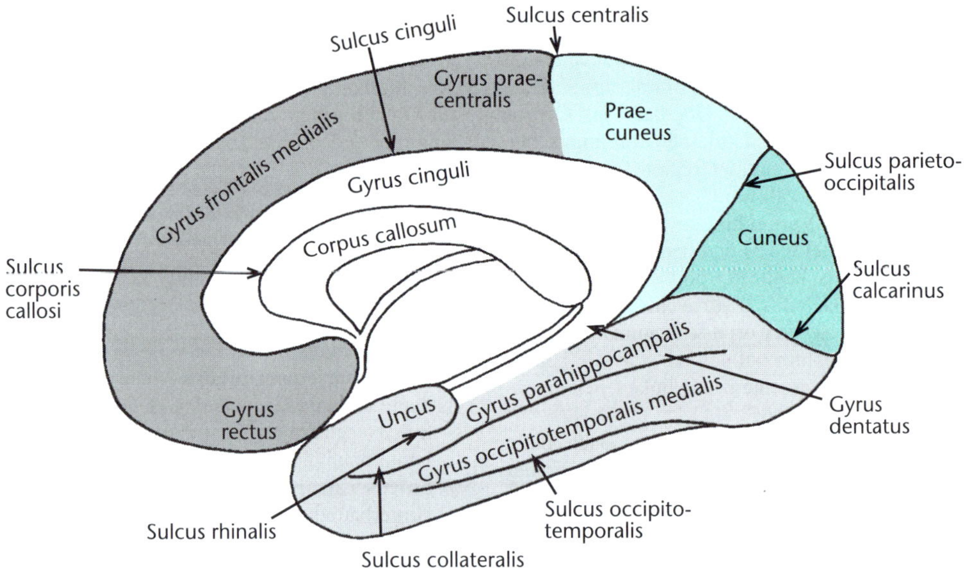

Abb. 9.31 *Sulci und Gyri von medial*

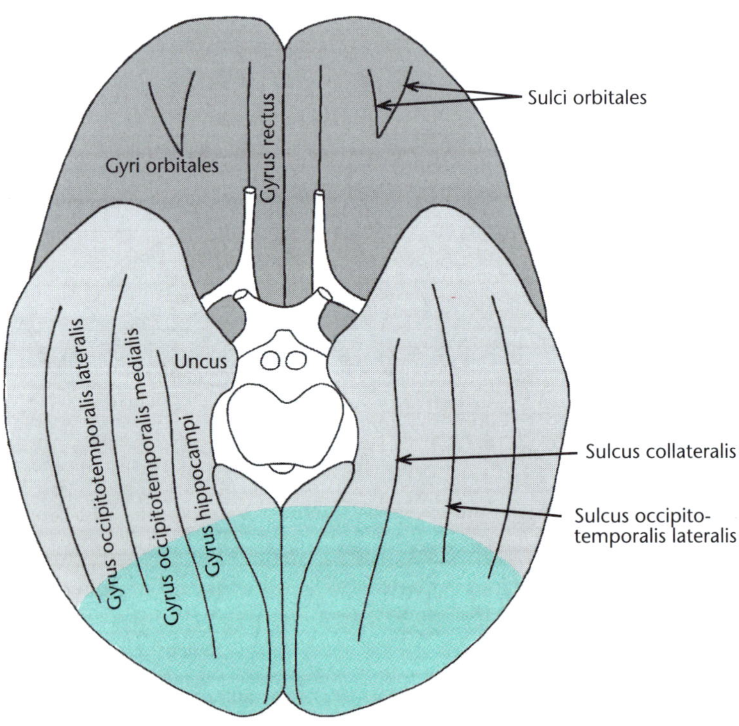

Abb. 9.32 *Sulci und Gyri von basal*

Wie Sie aus den Abbildungen ersehen können, sind die Endhirnlappen nur teilweise durch Furchen von einander getrennt. Teilweise gehen die Endhirnlappen ohne scharfe Grenze ineinander über.

Endhirnlappen

Stirnlappen (Frontallappen = Lobus frontalis)

Bei lateraler Aufsicht (Seitenaufsicht) wird der Frontallappen durch den Sulcus centralis vom Scheitellappen und durch den Sulcus lateralis vom Schläfenlappen getrennt.

An wichtigen Sulci besitzt der Frontallappen auf der lateralen Seite:
- **Sulcus praecentralis** – verläuft parallel zum Sulcus centralis;
- Sulci frontales superior und inferior.

Die Sulci trennen folgende Gyri voneinander:
- Gyrus praecentralis,
- Gyri frontales superior, medius und inferior.

➤ Der **Gyrus praecentralis** (= Motokortex) liegt zwischen dem Sulcus centralis und dem Suclus praecentralis. Er enthält das primärmotorische Rindenfeld.

Der Gyrus praecentralis ist somatotopisch gegliedert. Darunter versteht man, dass ein bestimmter Bereich für einen bestimmten Muskel/Muskelgruppe und damit eine bestimmte Bewegung zuständig ist. Besonders große Bereiche (Areale) besitzen die Körperteile, die sehr vielseitige und feine Bewegungen ausführen wie die Hand, das Gesicht und die Zunge.

Der Gyrus praecentralis dient der willkürmotorischen Versorgung der kontralateralen Körperseite, dabei werden vom Gyrus praecentralis besonders Impulse für die bereits erwähnten feinmotorischen Bewegungen ausgelöst. Im Gyrus praecentralis ist u.a. auch das Zentrum für die willkürliche Entleerung der Harnblase lokalisiert.

Impulse für die Willkürmotorik entstehen wahrscheinlich im limbischen System. Vom limbischen System gelangen die Impulse zum Assoziationskortex der diese Impulse
- direkt zum motorischen Kortex oder
- zu den Basalganglien und dem Kleinhirn weiterleitet, von wo sie über den Thalamus zum motorischen Kortex gelangen.

Der Gyrus praecentralis bildet somit die Endstation, quasi das „ausführende Organ", für die im limbischen System entstandenen Bewegungsimpulse.

Afferenzen erhält der Gyrus praecentralis
- über den Thalamus aus den Basalganglien und dem Kleinhirn;
- von den Gyri frontales (Assoziationskortex);
- vom Gyrus postcentralis.

An Efferenzen gibt der Gyrus praecentralis ab:
- Pyramidenbahn (Tractus corticospinalis – s. Kapitel 9.2.4) ◄

Im Gyrus frontalis medius liegt das Blickzentrum.

Der **Gyrus frontalis inferior** unterteilt sich in die
- Pars orbitalis – ist nur durch eine dünne Knochenplatte von der Orbita (= Augenhöhle) getrennt;
- Pars triangularis;
- ➤ Pars opercularis – bedeckt die weiter unten beschriebene Insel. Im Bereich der Pars opercularis und einem Teil der Pars triangularis liegt das motorische Sprachzentrum (Broca), das beim Rechtshänder und Linkshänder zumeist in der linken, beim Linkshänder selten in der rechten Hemisphäre ausgebildet ist. Im Bereich des motorischen Sprachzentrums sind die motorischen Engramme („Erinnerungen") gespeichert um die über den Motokortex (Gyrus praecentralis) innervierten Sprechmuskeln in der richtigen Reihenfolge und Stärke zu koordinieren.

Afferenzen erhält das motorische Sprachzentrum vom
- primären Sprachzentrum,
- sekundären Sprachzentrum,
- Gyrus angularis.

Efferenzen entsendet es zum
- Gyrus praecentralis.

Klinik: Da das motorische Sprachzentrum nur auf einer Seite vorkommt, kann es bei einer Läsion zum Totalausfall kommen. Der Patient versteht das Gesprochene, kann sich verbal aber nicht mehr äußern. ◄

In den **Gyri frontales** ist das frontale Assoziationsgebiet lokalisiert, das für die intelektuellen Fähigkeiten und die Psyche zuständig zu sein scheint.

Klinik: Bei einer Läsion kommt es zur Persönlichkeitsveränderung, wobei die Patienten stark verlangsamt und enthemmt wirken. Die intellektuellen Fähigkeiten sind stark vermindert.

Auf der basalen Hirnseite erkennen Sie, dass beim Frontallappen zwischen der Fissura longitudinalis cerebri und dem Sulcus olfactorius der Gyrus rectus und lateral vom Sulcus olfactorius die Gyri orbitales liegen.

Afferenzen erhalten diese Gyri vor allem vom limbischen System und aus anderen Großhirnbereichen. Efferent sind die Gyri wiederum mit vielen anderen Großhirnbereichen verbunden (Assoziationskortex!).

Auf der medialen Seite des Frontallappens verläuft der Sulcus cinguli parallel zum Balken (Corpus callosum) und trennt damit den Gyrus frontalis medialis vom Gyrus cinguli, der zum limbischen System gehört und in Kaptiel 9.8.3 beschrieben wird.

Topographie

➤ Der Stirnlappen liegt in der vorderen Schädelgrube, in der er nur durch eine dünne Knochenplatte von der Orbita (= Augenhöhle), der Nasenhöhle, dem Sinus frontalis und den Celluale ethmoidales (= Siebbeinzellen) getrennt liegt.

Klinik: Über den Sinus frontalis kann der Stirnlappen mit Krankheitskeimen infiziert werden. ◄

Im Sulcus olfactorius verlaufen der Bulbus olfactorius und der Tractus olfactorius. Tractus und Bulbus liegen auf der Lamina cribrosa des Os ethmoidale (= Siebbein) – der Bulbus und der Tractus olfactorius werden in Kapitel 9.8.1 unter „Riechbahn" beschrieben.

Scheitellappen (= Parietallappen = Lobus parietalis)

Der Parietallappen wird teilweise durch den Sulcus centralis vom Stirnlappen und durch den Sulcus lateralis vom Schläfenlappen getrennt. Seine Trennung vom Hinterhauptlappen ist auf der äußeren Hemisphärenseite nicht durch eine eindeutige Trennungslinie gekennzeichnet. Eine gedachte Trennungslinie kann jedoch vom Sulcus parietooccipitalis aus gezogen werden.

Bei lateraler Aufsicht können Sie folgende Sulci erkennen:

- **Sulcus postcentralis** – liegt dorsal vom Sulcus centralis;
- Sulcus intraparietalis;
- Sulcus parietooccipitalis – trennt den Scheitel- vom Hinterhauptlappen.

An Gyri enthält der Parietallappen auf der lateralen Seite:

- Gyrus postcentralis,
- Gyrus supramarginalis,
- Gyrus angularis.

➤ Der **Gyrus postcentralis** enthält das primäre somatosensible Rindenfeld, in dem die kontralateralen Bahnen für Schmerz-, Tast- und Temperaturempfindungen enden, wobei die einzelnen Körperbereiche Punkt zu Punkt lokalisiert werden können.

Afferenzen erhält der Gyrus postcentralis vom:

- Thalamus (Nucleus ventralis posterior),
- Fasciculus gracilis und cuneatus (Teil des Tractus spinobulbaris – s. in Kapitel 9.2.4 die Tabelle);
- Tractus spinothalamicus lateralis;
- sensible Nuclei des N. trigeminus.

An Efferenzen gibt der Gyrus postcentralis ab:

- Tractus corticospinalis (= Pyramidenbahn).

Klinik: Bei einer Läsion des Gyrus postcentralis kommt es auf der kontralateralen Seite zur starken Verminderung der Druck-, Berührungs-, Schmerz- und Temperaturempfindung. ◄

Der **Gyrus angularis** liegt um das dorsale Ende des Sulcus temporalis superior. In der linken Hemisphäre dient er dazu, Impulse aus der sekundären Sehrinde und der sekundären Hörrinde zu verknüpfen.

Auf der medialen Hemisphärenseite wird der Scheitellappen durch den Sulcus subparietalis vom Gyrus cinguli (s. Kaptiel 9.8.3) getrennt.

Schläfenlappen (= Temporallappen = Lobus temporalis)

Der Schläfenlappen wird durch den Sulcus lateralis vom Stirn- und Scheitellappen und durch eine gedachte Verlängerungslinie des Sulcus parietooccipitalis vom Hinterhauptlappen getrennt.

Bei lateraler Aufsicht können Sie folgende Sulci erkennen:

- Sulcus temporalis inferior,
- Sulcus temporalis superior.

An wichtigen Gyri kommen vor:

- Gyri temporales superior, medius und inferior.

Der **Gyrus temporalis superior** zieht medial bis in Höhe der Insel, wobei der Teil, der die Insel bedeckt als Operculum temporale bezeichnet wird. Drückt man das Operculum nach kranial, so entstehen Querwindungen, die als Gyri temporales transversi bezeichnet werden.

➤ Im Bereich der **Gyri temporales transversi** (= Heschl-Querwindungen) endet die Hörstrahlung an der primären Hörrinde (syn.: primär akustisches Zentrum). Dorsal von den Heschl-Querwindungen liegt das Wernicke Sprachzentrum, in dem einmal gehörte Wörter gespeichert und mit erneut gehörten Wörtern verglichen werden (= Wortklangerinnerungsbilder). ◄

Im Gyrus temporalis inferior liegt u.a. das tertiäre Hörzentrum.

Auf der medialen Hemisphärenseite besitzt der Temporallappen u.a. nachfolgende Sulci:
- Sulcus hippocampi – trennt den Gyrus hippocampi vom Gyrus dentatus;
- Sulcus collateralis – trennt den Gyrus hippocampi vom Gyrus occipitotemporalis.

An wichtigen Gyri sind zu erwähnen:
- Gyrus hippocampi,
- Gyri occipitotemporales.

Der **Gyrus hippocampi** (syn.: Gyrus parahippocampalis) besitzt ein hakenförmiges vorderes Ende, das Uncus genannt wird. Der Gyrus trägt den Hippocampus, in dem das Geruchs- und Geschmackszentrum liegen und der in Kapitel 9.8.3 beschrieben wird. Der Gyrus hippocampi ist dorsal durch einen Isthmus mit dem Gyrus cinguli zu einem Halbkreis verbunden.

Topographie

Der Schläfenlappen liegt lateral von der Sella turcica im lateralen Teil der mittleren Schädelgrube. Durch eine dünne Knochenplatte ist er vom Dach der Paukenhöhle (= Paries tegmentalis des Cavum tympani) getrennt.

Klinik: Durch diese enge Nachbarschaft kann eine Mittelohrentzündung auf den Schläfenlappen übergreifen.

Hinterhauptlappen (= Okzipitallappen = Lobus occipitalis)

Der Hinterhauptlappen wird medial sowie auf der lateralen Seite zum Teil durch den Sulcus parietooccipitalis und unscharf durch die gedachte Fortführung dieses Sulcus nach kaudal vom Scheitel- und Schläfenlappen getrennt.

Der Okzipitallappen besitzt an Sulci:
- Sulci occipitales (auf der lateralen Hemisphärenseite);
- Sulcus calcarinus (auf der medialen Hemisphärenseite).

Auf der medialen Hemisphärenseite bilden der Sulcus parietooccipitalis und der Sulcus calcarinus ein Dreieck, das als Cuneus bezeichnet wird. Oberhalb des Sulcus parietooccipitalis liegt der Praecuneus.

Im Bereich des Sulcus calcarinus liegt in der Area striata das primäre Sehzentrum, in dem die Sehbahn endet.

Topographie

Der Hinterhauptlappen liegt auf dem Kleinhirnzelt (= Tentorium cerebelli), durch das der Hinterhauptlappen vom Kleinhirn getrennt ist.

Insel

Zur Insel (= Insula) gelangen Sie, indem Sie mit dem Finger im Sulcus lateralis in die Tiefe vordringen. Die Insel ist von außen nicht zu sehen. Um die Insel darzustellen, müssen die die Insel wie einen Deckel überlagernden Teile des Stirn-, Scheitel- und Schläfenlappens abgetragen werden. Diese drei Deckel werden Opercula genannt. Die Insel wird durch den Sulcus circularis insulae begrenzt. Die Windungen werden Gyri insulae genannt. Die Funktion der Insel ist noch unklar. Durch Stimulierung verschiedener Inselregionen kann der Magen-Darm-Bereich gereizt werden, was Übelkeit auslösen kann.

Topographie: Über der Insel verläuft die A. cerebri media.

Topographie für das gesamte Endhirn

➤ Das Endhirn grenzt, getrennt durch die Hirnhäute, an allen Seiten an die Kalotte (= Schädeldach) und bedeckt den gesamten Hirnstamm.

Unter den Hemisphären liegt das Zwischenhirn. In die Fissura longitudinalis cerebri ragt die in Kapitel 9.10.1 beschriebene Falx cerebri (Hirnsichel) hinein und trennt damit die Hemisphären voneinander. ◄

9.7.2 Subkortikale Kerne

!! 5/17

➤ *Prüfungsrelevant: Gesamtes Kapitel.* ◄

Die Endhirnbläschen verdicken sich während der Embryonalzeit im basalen Teil zu sogenannten Ganglienhügeln. Aus den Ganglienhügeln entstehen die zur grauen Hirnsubstanz zählenden subkortikalen Kerne des Endhirns, die innerhalb des weißen Großhirnmarks liegen (subkortikal = unterhalb des Cortex cerebralis liegend). Da die Endhirnkerne an der Basalseite des Endhirns liegen, werden sie auch als **Basalganglien** (= Nuclei basales) oder von einigen Autoren als Stammganglien bezeichnet.

Durch vom Mark vordringende, weiß aussehende Nervenfasern (= Projektionsfasern – siehe Kapitel 9.7.4) werden die einzelnen Endhirnkerne makroskopisch sichtbar voneinander getrennt.

An Endhirnkernen kommen vor:
- Nucleus caudatus,
- Putamen,
- Globus pallidus,
- Claustrum,
- Corpus amygdaloideum.

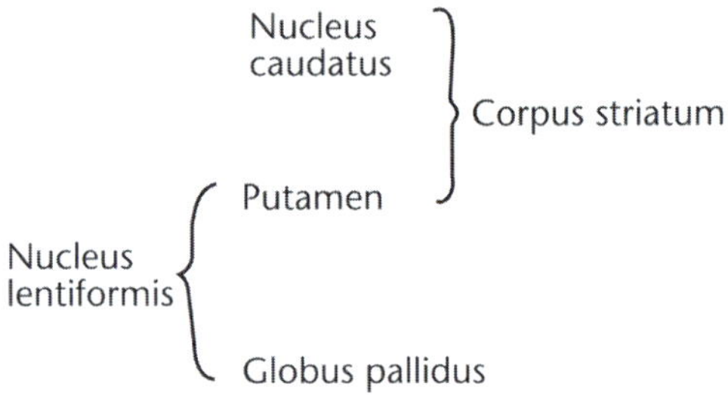

Laut internationaler Nomenklatur bilden diese fünf Kernbereiche die Endhirnkerne. Einige Autoren rechnen auch noch den Nucleus subthalamicus und die im Mesenzephalon (= Mittelhirn) liegende Substantia nigra mit dazu.

Das Globus pallidus und der Nucleus subthalamicus zählen entwicklungsgeschichtlich zum Dienzephalon (= Zwischenhirn) und werden dort auch beschrieben.

➤ Der Nucleus caudatus und das Putamen haben entwicklungsgeschichtlich den gleichen Ursprung. Erst durch die zwischen beiden vorwachsende Capsula interna werden sie voneinander getrennt. Da jedoch der Nucleus caudatus und das Putamen über graue Streifen miteinander verbunden bleiben und beide Endhirnkerne mikroskopisch gleich gebaut sind, werden sie zum Striatum (syn.: Neostriatum oder Corpus striatum) zusammengefaßt.

Das Putamen und der Globus pallidus werden zum Nucleus lentiformis (= Linsenkern) zusammengefaßt, beide sind jedoch in ihrer Funktion und Entwicklung grundverschieden. ◄

Nucleus caudatus

Der Nucleus caudatus (= Schweifkern) hat ein C-förmiges Aussehen. Er wird in einen Kopf (= Caput nuclei caudati), einen Körper (= Corpus) und einen Schweif (= Cauda nuclei caudati) unterteilt.

Der Schweif des Nucleus caudatus wird durch die Capsula interna vom medial liegenden Thalamus getrennt. Mit seiner Spitze reicht der Schweif bis an das Corpus amygdaloideum. Zwischen dem Nucleus caudatus und dem Putamen liegt wie bereits erwähnt, die Capsula interna. Der Nucleus caudatus liegt in seiner ganzen Ausdehnung der lateralen Wand des Seitenventrikels an.

Wegen seines C-förmigen Verlaufs ist er bei Frontalschnitten durch den dorsalen Hirnbereich häufig zweimal angeschnitten – kranial im Kopf- und kaudal im Schweifbereich.

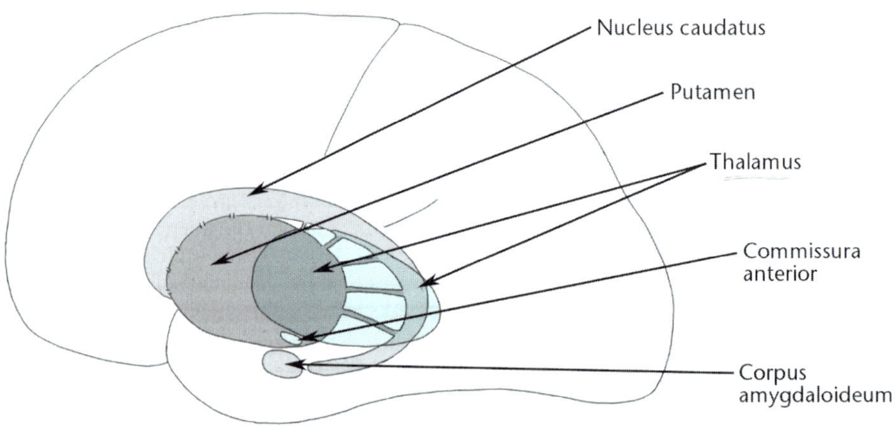

Abb. 9.33 Endhirnkerne von lateral

➤ Für das **Corpus striatum** (= Nucleus caudatus und Putamen) gilt:

Afferenzen erhalten sie von/vom:

- Motokortex,
- sensorischen Kortex,
- Assoziationskortex,
- Substantia nigra (wirkt hemmend auf den Nucleus caudatus und das Putamen),
- Thalamus.

Efferent sind sie verbunden mit

- Globus pallidus,
- Substantia nigra.

Als Transmitter dient überwiegend GABA.

Funktion: Das Corpus striatum bildet die zentrale Schaltstelle im extrapyramidalen System, wobei es inhibitorisch (= hemmend) auf Bewegungsimpulse wirkt, die so teilweise oder ganz unterdrückt werden können. Über die hemmende Wirkung der Substantia nigra auf das Striatum kann dessen inhibitorische Wirkung wiederum unterdrückt werden. ➤

Klinik: Beim Ausfall des Corpus striatum kann es zur Chorea (= Veitstanz) mit Muskelzuckungen (= blitzartigen Bewegungen) und Grimassenbildung kommen. Die Chorea wird zu den Hyperkinesen gerechnet.

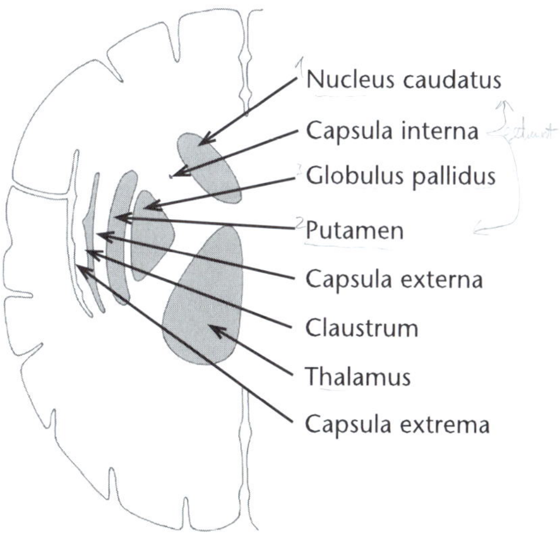

Abb. 9.34 Schematische Darstellung der subkortikalen Endhirnkerne

Putamen

Das Putamen (= Schale) grenzt lateral an die Capsula externa und medial an das Globus pallidus. Der vordere Teil des Putamen verschmilzt teilweise mit dem Globus pallidus. Zusammen mit dem Nucleus caudatus bildet es das Corpus striatum. Mit dem Globus pallidus wird das Putamen zum Nucleus lentiformis zusammengefaßt.

Zu Afferenzen, Efferenzen und Funktion siehe bitte Nucleus caudatus.

Globus pallidus

➤ Das Globus pallidus (syn: Pallidum = bleicher Kern) ist dienzephaler Herkunft. Es steht über Nervenfasern mit dem medial von ihm liegenden Putamen in enger Verbindung. Globus pallidus und Putamen werden zum Nucleus lentiformis zusammengefaßt.

Die Ansa lenticularis verbindet das Globus pallidus mit allen Hirnstammkernen des extrapyramidal-motorischen Systems.

Afferenzen erhält das Globus pallidus vom:

- Striatum (wirkt funktionell als Antagonist zum Globus pallidus),
- Nucleus subthalamicus,
- Thalamus.

Efferent ist es verbunden über den Thalamus mit der/dem

- prämotorischen Hirnrinde,
- motorischen Hirnrinde,
- Nucleus subthalamicus.

Funktion: Das Globus pallidus zählt zu den wichtigsten extrapyramidalen Zentren. Es sendet motorische Impulse für grobe Muskelbewegungen aus (s. Efferenzen). Das Corpus striatum ist dem Globus pallidus als höheres Koordinationszentrum der Motorik übergeordnet. ➤

Klinik: Beim Ausfall des Globus pallidus kommt es zu ähnlichen Symptomen wie bei der Parkinsonschen Krankheit mit Muskelsteife, Ruhetremor (= Zittern) und Bewegungsarmut.

Die Ursache für einen Morbus Parkinson sind wahrscheinlich degenerierte Zellen in der Substantia nigra, wodurch weniger Dopamin zum Globus pallidus gelangt, was enthemmend auf das Globus pallidus wirkt.

Corpus amygdaloideum

➤ Das Corpus amygdaloideum (= Mandelkern) liegt im Bereich des vorderen Teils des Schläfenlappens an der Spitze des Seitenventrikels. Das Corpus amygdaloideum gehört zum limbischen System (s. Kapitel 9.8.3). Über die Area olfactoria ist es mit dem Riechzentrum verbunden. Es verbindet die Riechrinde und die anderen Teile des limbischen Systems miteinander.

Funktion: Das Corpus amygdaloideum ist an der Regulierung der vegetativen und sexuellen Funktionen beteiligt. Es spielt eine Rolle bei Affekten (Wut, Flucht) mit Blutdruckanstieg, Erhöhung der Herz- und Atemfrequenz, Pupillenerweiterung usw. Andererseits kann durch experimentelle Reizungen in bestimmten Bereichen auch eine emotionale Ruhelage ausgelöst werden. ◄

Afferenzen erhält das Corpus amygdaloideum von:
- fast allen Bereichen der Großhirnrinde,
- Thalamus.

Efferent ist das Corpus amygdaloideum besonders über die Stria terminalis u.a. verbunden mit:
- Hypothalamus,
- Schläfenlappen.

Claustrum

Das Claustrum (= Vormauer) bildet eine dünne graue Platte, die in Höhe der Inselrinde liegt und lateral durch die Capsula extrema von der Inselrinde und medial durch die Capsula externa vom Putamen getrennt liegt. Die Kenntnisse über das Claustrum sind noch gering. Mit den anderen Basalganglien scheint es in keiner Verbindung zu stehen.
Die genaue Funktion ist noch unbekannt.

Nucleus subthalamicus

Der Nucleus subthalamicus gehört zum Dienzephalon (= Zwischenhirn) und wird dort beschrieben. Er ist Teil des extrapyramidalen Systems. Afferent und efferent steht er in enger Beziehung zum Globus pallidus. Außerdem erhält er Efferenzen vom Motokortex.

Klinik: Bei einer Läsion kommt es zum ballistischen Syndrom (= grobe, blitzartig eintretende unwillkürliche Schleuderbewegungen).

Funktion der Basalganglien

➤ Die Basalganglien dienen wahrscheinlich vor allem dazu, ihnen zugeleitete Bewegungsimpulse zu überprüfen und die Information „Bewegung ausführen" oder „Bewegung unterdrücken" zum Thalamus zu leiten, wo vom Kleinhirn die Information über die Feinabstimmung dieser Bewegung eintrifft. Soll die Bewegung laut Basalganglien ausgeführt werden, werden die Informationen aus dem Kleinhirn zum Motokortex weitergeleitet. Von den Basalganglien scheinen keine direkten motorischen Bahnen zum Rückenmark abzusteigen. ◄

Klinik: Beim Ausfall der Basalganglien kommt es zur:
- Dystonie (= Muskeltonus ist gestört),
- Hyperkinese (= unwillkürliche Bewegungen).

Extrapyramidal-motorisches System (= EPMS)

Eine gute, wenn auch etwas ungenaue Definition für das EPMS lautet: „Zum extrapyramidal-motorischen System gehören alle motorischen Bahnen, die nicht durch die Pyramide verlaufen". Wie die Pyramidenbahn, so enden auch die extrapyramidalen Bahnen an den α- und γ-Motoneuronen (= motorischen Vorderhornzellen) des Rückenmarks.
Zum EPMS gehören:
- die somatomotorische Hirnrinde;
- Fasern, die von der somatomotorischen Hirnrinde zu
  a) folgenden Endhirnkernen ziehen:
  - Nucleus caudatus,
  - Putamen,
  - Nucleus subthalamicus;

  b) zu nachfolgenden Strukturen des Hirnstamms ziehen:
  - Nucleus ruber (im Tractus corticorubralis),
  - Substantia nigra (im Tractus corticonigra),
  - Formatio reticularis (im Tractus corticoreticularis),
  - Fasern die im Tractus corticopontocerebellaris zum Kleinhirn ziehen.

Die meisten Bahnen ziehen durch die Capsula interna. Ein Teil der extrapyramidalmotorischen Bahnen zieht wahrscheinlich durch die Capsula externa.

Im EPMS werden die unwillkürlichen und nach neuerer Lehrmeinung auch die willkürlichen Muskeltätigkeiten koordiniert.

Die Unterteilung in: pyramidales System = willkürliche und extrapyramidales System = unwillkürliche Muskeltätigkeit ist veraltet.

9.7.3 Großhirnrinde !!! 11/27

➤ *Besonders prüfungsrelevant: Tabelle (Kenntnis in welchem Gyrus welches Rindenfeld liegt), sowie Aufbau des Isokortex.* ◄

Die zur grauen Hirnsubstanz gehörende Großhirnrinde **(= Cortex cerebralis)** ist zwischen 1,5 und 4,5 mm dick und soll über 10 Milliarden Nervenzellen enthalten. Der Cortex cerebralis überzieht mantelartig das gesamte Endhirn, weshalb er auch als Pallium (= Mantel) bezeichnet wird.

Die Großhirnrinde kann nach folgenden unterschiedlichen Kriterien unterteilt werden:

nach phylogenetischer (= stammesgeschichtlicher) Herkunft – s. Kapitel 9.7;

- anhand des Schichtenbaus der Großhirnrinde in Iso- und Allokortex;
- nach funktionellen Gesichtspunkten in somatosensible, motorische, visuelle und akustische Gebiete;
- nach zytoarchitektonischen Kriterien (nach Brodmann) in mehr als 200 Areale.

Anhand des Schichtenbaus kann die Großhirnrinde unterteilt werden in:

- **Allokortex** – besitzt gegenüber dem Isokortex einen einfachen Aufbau aus 3 bis 5 Schichten. Der Allokortex umfaßt weitestgehend die Gebiete der phylogenetisch älteren Großhirnrinde (= Palaeo- und Archikortex);
- **Isokortex** – besteht aus 6 Schichten, die jedoch regional unterschiedlich ausgeprägt sind. Der Isokortex entspricht weitestgehend dem Neokortex.

Allokortex

Der Hippocampus bildet den größten Teil des Allokortex. Von außen nach innen gliedert sich der Hippocampus in:

- **Molekularschicht (= Lamina molecularis)** – in ihr liegen vorwiegend die Dendriten der Pyramidenzellen. Sie besitzt wenig Nervenzellen.
- **Pyramidenzellschicht (= Lamina pyramidalis)** – in ihr liegen die Pyramidenzellen, deren Dendriten zur Molekularschicht ziehen und deren Axone durch die multiforme Schicht in die weiße Substanz (= Großhirnmark) ziehen.
- **Multiforme Schicht (= Lamina multiformis)** – in ihr liegen vielgestaltige Nervenzellen. Diese Schicht grenzt an das Großhirnmark.

Beim ebenfalls zum Allokortex gehörenden Gyrus dentatus besteht die 2. Schicht überwiegend aus Körnerzellen.

Isokortex

Der Isokortex umfaßt mehr als 90 % der Großhirnrinde. Der Isokortex besteht von außen nach innen aus folgenden sechs Schichten:

- **Molekularschicht (= Lamina plexiformis,** syn.: Stratum moleculare, Lamina I) – besitzt nur wenige Nervenzellen (Cajal-Tangentialzellen), deren markhaltigen Axone im wesentlichen parallel (= tangential) zur Großhirnoberfläche verlaufen. Diese Nervenzellen dienen als Schalt- und Assoziationszellen.
  Das zwischen den Nervenzellen liegende Neuropil besteht aus vielen Astrozyten (Neuroglia), sowie aus den aus den tieferen Schichten aufsteigenden Axonen und Dendriten. Die Astrozyten bilden mit ihren Fortsätzen die dünne Membrana limitans gliae superficialis, die die Großhirnrinde überzieht.
- **Äußere Körnerschicht (= Lamina granularis externa,** syn.: Stratum granulare externum; Lamina II) – besteht aus dicht beieinanderliegenden kleinen Körnerzellen (Sternzellen), die als Schaltneurone dienen.
- **Äußere Pyramidenzellschicht (= Lamina pyramidalis externa,** syn.: Stratum pyramidale externum; Lamina III) – bildet eine relativ breite Schicht, in der die pyramidenartig aussehenden Pyramidenzellen vorkommen. Die unterschiedlich großen Perikarynen der in dieser Schicht vorkommenden Pyramidenzellen haben einen Durchmesser bis zu 40 µm. Von den kleineren Pyramidenzellen verbleiben alle Fortsätze in der Großhirnrinde. Von den größeren Pyramidenzellen geht basal ein Axon aus dem Perikaryon ab, das als markhaltige Nervenfaser zur weißen Substanz des Großhirns zieht.
  Diese Axone dienen als Assoziations- oder Kommissurenfasern. Von den Perikaryen der Pyramidenzellen ziehen sogenannte Spitzendendriten (= Apikaldendriten) bis in die Molekularschicht, wo sie sich verzweigen. Lateral gehen aus den Perikaryen kürzere Basaldendriten hervor. Alle Dendriten sind mit Dornsynapsen übersät.
- **Innere Körnerschicht (= Lamina granularis interna,** syn.: Stratum granulare internum; Lamina IV) – ist eine schmale Schicht, die stellenweise kaum ausgebildet ist oder auch fehlt. Diese Schicht besteht aus dicht beieinanderliegenden Körnerzellen, die als Schaltneurone dienen. Die markhaltigen Nervenfasern dieser Zellen verlaufen parallel (= tangential) zur Oberfläche des Großhirns und bilden dabei die Striae laminae granularis interna. Diese Nervenfasern sind teilweise so stark ausgebildet, daß sie als weiße Streifen erkennbar sind (= äußere Baillager-Streifen und Gennari-Streifen). Im Bereich der Sehrinde bilden diese Nervenfasern den makroskopisch sichtbaren Vicq d'Azyr-Streifen, weshalb dieses Gebiet als Area striata bezeichnet wird.
- **Innere Pyramidenschicht (= Lamina pyramidalis interna,** syn.: Stratum pyramidale internum; Lamina V) – besitzt große Pyramidenzellen, die

ZNS

als Betz-Riesenpyramidenzellen bezeichnet werden und einen Durchmesser von bis zu 100 µm haben. Die innere Pyramidenschicht ist besonders gut im Bereich des Gyrus praecentralis ausgebildet. Die Axone eines Teils der Pyramidenzellen bilden einen Teil der Pyramidenbahn. Von den anderen Pyramidenzellen verlaufen die Axone parallel zur Oberfläche und bilden die Stria laminae pyramidalis.
Die Pyramidenzellen der inneren und äußeren Pyramidenschicht sind die wichtigsten Zellen der Großhirnrinde. Pyramidenzellen können wahrscheinlich Erregungen auf andere Pyramidenzellen übertragen.

- **Multiforme Schicht (= Lamina multiformis** = Lamina VI = Spindelzellschicht) – enthält unterschiedlich große, häufig spiralförmig aussehende Ganglienzellen, wobei zwischen Spindelzellen und Martinotti-Zellen unterschieden wird. Die Axone der Spindelzellen ziehen ins Großhirnmark. Die Axone der Martinotti-Zellen steigen dagegen in höhere Schichten der Rinde auf (verlaufen kortikopetal = aufsteigend).

Wichtige Rindenfelder

Rindenfeld	Lage	Qualität/Funktion	Ausfallerscheinungen
psychomotorisches Zentrum (= primär motorisches Zentrum)	Gyrus praecentralis (Stirnlappen)	Ursprung der corticospinalen (Pyramidenbahn) und corticobulbären Bahnen.	s. Pyramidenbahn
Broca'sches Sprachenzentrum (= motorisches Sprachzentrum)	Pars triangularis und Pars opercularis des Gyrus frontalis inferior (Stirnlappen). Ist nur auf einer Seite ausgebildet! Beim Rechts- und Linkshänder zumeist in der linken, nur in 2 % in der rechten Hemisphäre ausgebildet	motorisches Zentrum für die Koordination der zum Sprechen benutzten Muskeln (u.a. Kehlkopfmuskeln).	Motorische Aphasie = Störung der Sprachformulierung. Merke: Broca = motorische, Wernicke = sensorische Aphasie
primäres Hörzentrum (= primäres akustisches Rindenfeld)	Gyri temporales transversi = Heschl-Querwindung (Schläfenlappen)	Ende der Hörbahn. Die Höreindrücke eines Ohrs werden zu beiden primären Hörzentren geleitet, wobei nur die akustischen Impulse (Ton oder Klang) nicht aber das Gesprochene an sich bewußt werden.	Schwerhörigkeit auf dem Ohr der gleichen Ausfallseite, Rindentaubheit auf dem Ohr der anderen Körperseite.
sekundäres Hörzentrum	Gyrus temporalis superior, Trigonum olfactorium, Area perforata anterior, Stria olfactoria medialis und lateralis	akustische Erinnerungsbilder (Engramme)	Seelentaubheit, weil Patient Worte und Töne nicht mehr verstehen (einordnen) kann.
tertiäres Hörzentrum	Gyrus temporalis inferior	Für das Bewußtwerden akustischer Eindrücke (z.B. Sprache).	
Wernicke'sches Sprachzentrum = akustisches Assoziationszentrum	Gyrus temporalis superior Liegt beim Rechtshänder in der linken Hemisphäre (Schläfenlappen)	Zentrum für Wortklangerinnerungsbilder – hier werden die gerade gehörten mit den früher gehörten Wörtern verglichen und gedeutet.	Sensorische Aphasie = Störung des Sprachverständnisses (Gehörtes wird nicht verstanden)

Wichtige Rindenfelder (Fortsetzung)			
Rindenfeld	**Lage**	**Qualität/Funktion**	**Ausfallerscheinungen**
Akustisches Sprachzentrum (= sensorisches Sprachzentrum)	Gyrus supramarginalis und Wernicke'sches Feld (Schläfenlappen)	Zentrum des Sprach- und Wortverständnisses.	
Sekundäres Rindenfeld des limbischen Systems	Gyrus parahippocampalis (Schläfenlappen)	Emotionen	
Blickzentrum	Gyrus frontalis medius (Stirnlappen)	Steuert konjugierte Augenbewegungen.	
Gleichgewichtszentrum	wahrscheinlich Gyrus postcentralis (Scheitellappen)	Dient der Raumorientierung und dem Gleichgewicht.	
Primär sensibles Rindenfeld (Körperfühlbahn) (somatosensibel)	Gyrus postcentralis (Scheitellappen)	Ende des Tractus thalamocorticalis (Hinterstrang- und Trigeminusbahn). Empfängt Reize der Oberflächensensibilität wie Druck, Temperatur, Berührung, Schmerz, die hier „bewußt" werden.	Sensibilitätsausfall auf der Gegenseite (Hemianästhesie).
Sekundäres sensibles Rindenfeld für die Körperfühlbahn (somatosensibel)	Gyrus postcentralis (Scheitellappen)	Vergleicht Oberflächenempfindungen mit früheren Erinnerungsbildern von Empfindungen.	Taktile Agnosie = Unfähigkeit, durch Betasten Gegenstände zu erkennen.
Gustatorische Projektionsfelder	Operculum, parietaler Teil des Gyrus postcentralis (Scheitellappen)	Ende der Geschmacksbahnen.	
Optisches Sprachzentrum (Lesezentrum)	Gyrus angularis (Scheitellappen)	Lesezentrum, akustisch-optische Assoziationen. Hier werden die Seh- und sekundäre Hörrinde miteinander verschaltet.	Wortblindheit, Unfähigkeit zu lesen (= Alexie) und zu schreiben (Agraphie).
Sekundäres Riechzentrum	Gyrus parahippocampalis	Speichert Geruchsempfindungen	
Primäres Sehzentrum (optisches primäres Rindenfeld)	Area striata – in der Umgebung des Sulcus calcarinus (Hinterhauptlappen)	Ende der Sehbahn Hier werden visuelle Reize des Augenfeldes bewußt.	Rindenblindheit (beidseitige Hemianopsie)
Sekundäres Sehzentrum	Gyrus occipitalis (Hinterhauptlappen)	Speichert optische Erinnerungsbilder.	Seelenblindheit (= Unfähigkeit, zuvor gesehene Gegenstände wiederzuerkennen).

In der Großhirnrinde kommen zwei wichtige Zelltypen vor:

- **Pyramidenzellen** (sind efferent) – stellen etwa 70 – 80 % der Nervenzellen der Großhirnrinde. Sie haben einen Durchmesser von 10 – 100 µm. Von der Spitze der Pyramidenzelle zieht ein apikaler Dendrit zur Hirnoberfläche. Weitere Dendriten gehen von den Seiten und der Basis des Perikaryons der Pyramidenzelle ab. Die Dendriten sind mit Dornen besetzt. Von den Axonen der Pyramidenzellen gehen Kollaterale ab. So steht jede Pyramidenzelle mit zumeist vielen anderen Pyramidenzellen in Kontakt, wird jedoch nur von einem Axon erreicht. Die Axone der Pyramidenzellen bilden die Assoziations- und Kommissurenfasern sowie die Projektionsfasern, die sich zu benannten Bahnen zusammenlagern.
- **Körnerzellen** (= afferent) – kleine Pyramidenzellen und Sternzellen erscheinen lichtmikroskopisch als Körnerzellen. Diese Zellen besitzen viele dornenbesetzte Dendriten. Ihre Axone verbleiben im Kortex, wo sie mit anderen Zellen synaptisch verbunden sind. Sie wirken inhibitorisch (= hemmend).
  Die **Sternzellen** umschließen jeweils viele Pyramidenzellen zu säulenartigen Gebilden. Diese Säulen sind senkrecht zur Oberfläche angeordnet. Die in der Säule enthaltenen Pyramidenzellen können isoliert erregt werden.
  In einigen Bereichen der Großhirnrinde sind die Körnerschichten stark entwickelt (vor allem die zweite Schicht), weshalb diese Rindenbereiche als granulärer Kortex bezeichnet werden. Hierzu zählen die sensorischen Rindenbereiche (Gyrus postcentralis), sowie die Seh- und Hörrinde.
  In anderen Rindenbereichen ist die Pyramidenzellschicht besonders stark ausgebildet, während die Körnerschichten schwach ausgebildet sind oder fehlen. Diese Bereiche werden agranulärer Kortex genannt. Hierzu zählen die motorischen Rindenbereiche (Gyrus praecentralis).

Zusammenfassung:

Im 6-schichtigen Isokortex dienen die in der äußeren und inneren Körnerschicht liegenden Körnerzellen als Schaltneurone.

Die in der äußeren und inneren Pyramidenschicht liegenden Pyramidenzellen sind die wichtigsten Zellen der Großhirnrinde. Von den Perikaryen der Pyramidenzellen ziehen Dendriten bis in die Molekularschicht, die Axone ziehen teilweise in das Großhirnmark und beteiligen sich an der Pyramidenbahn. Die besonders großen Pyramidenzellen der inneren Pyramidenschicht werden Betz'sche Riesenpyramidenzellen genannt.

In der Molekularschicht (= äußere Schicht) liegen viele Astrozyten. In der Spindelzellschicht (= innerste Schicht) liegen Martinotti'sche Zellen.

9.7.4 Bahnen der Großhirnrinde   !!! 9/23

➤ *Besonders prüfungsrelevant: Zu Abb. 9.36 wurden bereits viele Fragen gestellt.* ◄

Von der Großhirnrinde gehen Nervenfasern ab, die durch das Großhirnmark ziehen. Das Großhirnmark besteht aus Nervenfasern sowie aus Neuroglia, zu der die Oligodendrozyten und die Astrozyten gehören. Außerdem kommen im Mark Blutkapillaren vor.

Die von der Hirnrinde kommenden Nervenfasern werden unterteilt in:

- Assoziationsfasern – verbleiben in der gleichen Hemisphäre und verbinden 2 Hirnareale miteinander;
- Kommissurenfasern – ziehen zu Hirnarealen der gegenüberliegenden Hemisphäre;
- Projektionsfasern (afferente und efferente) – ziehen zu subkortikalen Hirnbereichen wie den Endhirnkernen, dem Thalamus usw..

Assoziationsfasern

Die zu Bahnen zusammengefaßten Assoziationsfasern stellen den größten Anteil an der weißen Substanz des Gehirns. Die Assoziationsfasern verbinden verschiedene Rindenfelder der gleichen Hemisphäre miteinander, z.B. das im Stirnlappen liegende motorische Sprachzentrum mit dem im Schläfenlappen liegenden sensorischen und im Scheitellappen liegenden optischen Sprachzentrum. Bei uns Menschen ist das System der Assoziationsfasern besonders gut entwickelt.

Die Assoziationsfasern bestehen aus:
- langen Assoziationsfasern (= Fibrae arcuatae longae), die die benachbarten Gyri sowie die Hirnlappen der gleichen Hemisphäre miteinander verbinden;
- kurzen Assoziationsfasern (= Fibrae arcuatae breves), die benachbarte Gyri miteinander verbinden.

➤ An langen Assoziationsfasern kommen vor:
- **Fasciculus longitudinalis superior** – bildet das größte Assoziationsbündel. Er verbindet den Stirnlappen mit dem Hinterhauptlappen und dem Scheitel- und Schläfenlappen;
- **Fasciculus longitudinalis inferior** – zieht vom Schläfen- zum Hinterhauptlappen;
- **Fasciculus uncinatus** – verbindet den Stirnlappen mit dem Schläfenlappen;
- **Cingulum** – liegt als Faserbündel im Mark des Gyrus cinguli direkt über dem Corpus callosum. Es wird zum limbischen System gerechnet und verbindet in einem bogenartigen Verlauf die Area subcallosa des Stirnlappens mit dem Gyrus hippocampi. ◄

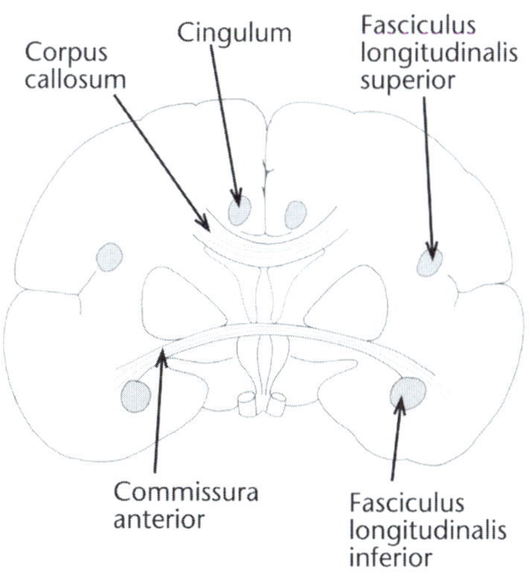

Abb . 9.35 Bahnen der Assoziationsfasern im Frontalschnitt

Kommissurenfasern

Durch die zu Bahnen zusammengefaßten Kommissurenfasern werden die Rindenfelder der rechten und der linken Hemisphäre miteinander verbunden. Die Kommissurenbahnen haben die Aufgabe, in der einen Hirnhälfte wahrgenommene und gespeicherte Informationen der anderen Hemisphäre zu übermitteln. Dabei werden besonders visuelle, auditive, somato-sensible (= Seh-, Hör- und Fühl-) Informationen übermittelt. Dadurch wird der einen Großhirnhälfte mitgeteilt, was die andere Hemisphäre tun will oder ausführt. Da die beiden Hemisphären teils unterschiedliche Funktionen ausüben, dient dieser Informationsaustausch auch der Koordinierung.

Für bestimmte Funktionen ist eine Hemisphäre dominant. So dient die dominante Hirnhälfte verbalen und analytischen Aufgaben sowie dem Bewußtsein und die untergeordnete Hemisphäre nonverbalen, musikalischen und synthetischen Aufgaben.

➤ An Kommissurenfasern kommen vor:
- **Corpus callosum** (= Balken) – bildet mit etwa 200 Millionen markhaltigen Nervenfasern das größte Kommissurensystem. Bei einem Medianschnitt durch das Gehirn imponiert das weiß aussehende Corpus callosum durch seine große Ausdehnung. Am Corpus callosum unterscheidet man das ventral liegende Rostrum, das über ein Knie (= Genu) in den Truncus (= Stamm) des Balkens übergeht. Der Balken endet mit dem Splenium. Das Splenium liegt über der Epiphyse und reicht bis zum Mittelhirn.

  Das Corpus callosum wird von einer dünnen Schicht grauer Substanz bedeckt, die als Indusium griseum bezeichnet wird und zum limbischen System gehört. Unter dem Balken liegt der ebenfalls weiß aussehende Fornix (= Gewölbe).

  Der Balken ist im Längsschnitt kürzer als das Endhirn, daher strahlen die Fasern des Balkens ventral und dorsal fächerförmig als Radiatio corporis callosi (= Balkenstrahlung) in die einzelnen Endhirnlappen ein.

  Klinik: Bei einer Durchtrennung des Corpus callosum, die früher bei einigen Epilepsiepatienten durchgeführt wurde, kommt es weder zu einer Veränderung des Verhaltens noch des Intellekts. Zu Ausfällen kommt es jedoch infolge der Dominanz einer Hemisphäre. So waren die betroffenen Patienten in der Lage, sensible und sensorische Informationen (u.a. Tastempfindungen), die der dominanten linken Hemisphäre zugeleitet wurden, verbal und schriftlich zu benennen. Wurden die Informationen der nichtdominanten rechten Hemisphäre zugeleitet, so war der Patient nicht in der Lage, diese Empfindungen zu erkennen und zu benennen – er blieb „stumm". Ebenfalls konnten Informationen, die über die rechte Retinahälfte (= Netzhauthälfte) aufgenommen und zur rechten Hemisphäre weitergeleitet wurden, nicht benannt sondern nur mit der Hand „umschrieben" werden. Die Patienten konnten nur mit der linken Reti-

ZNS

nahälfte lesen wenn die linke Hemisphäre dominat war.

- **Commissura anterior** (syn.: Commissura rostralis) – verläuft an der Vorderwand des 3. Hirnventrikels. Sie bildet die stammesgeschichtlich älteste Kommissur. Ein Teil der Fasern zieht zum Gyrus piriformis und verbindet damit die beiden Riechlappen miteinander. Der andere Teil verbindet den Schläfenlappen mit dem Hippocampus (überträgt Impulse des limbischen Systems). ◄
- Commissura fornicis – liegt als dünne Platte zwischen den beiden Fornixschenkeln.
- Commissura habenularum – verbindet die beiden im Bereich des 3. Hirnventrikels liegenden Nuclei habenulae miteinander, sowie die Epiphyse und den Thalamus (leitet olfaktorische Impulse).
- Commissura supraoptica – liegt im Bereich des Chiasma opticum und verbindet wahrscheinlich u.a. den Nucleus subthalamicus mit dem Globus pallidus der anderen Hemisphäre.
- Commissura epithalamica (syn.: Commissura posterior) – liegt als dünner Strang im Bereich des Epiphysenstiels zwischen dem Recessus spinalis und dem Eingang zum Aquaeductus cerebri. In ihr kreuzen die Nervenfasern der Nuclei praetectales zu den Colliculi superiores (optischer Reflex, z.B. Pupillenreflex).

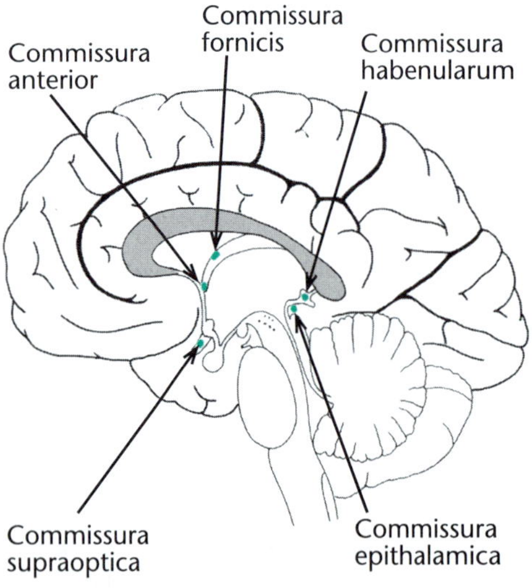

Abb. 9.36 Kommissuren im Medianschnitt

Projektionsfasern

➤ Die Projektionsfasern verlaufen als weiße Substanz zwischen den einzelnen subkortikalen Kernen des Endhirns (= Basalganglien), wobei sie die Capsula interna, Capsula externa und Capsula extrema bilden (s. Abb. 9.37).

Die Projektionsfasern verbinden die Großhirnrinde mit anderen kaudal gelegenen Hirnabschnitten u.a. den Endhirnkernen sowie über den Thalamus mit dem Kleinhirn und dem Globus pallidus. Die Projektionsfasern können in efferente (= von der Großhirnrinde absteigende) und afferente (= zur Großhirnrinde aufsteigende) Nervenfasern unterteilt werden.

Die afferenten (= kortikopetalen) Projektionsfasern leiten einen in der Körperperipherie aufgenommenen Reiz oder einen Impuls aus nichtkortikalen Hirnzentren zu den Endhirnkernen und zu den zugehörigen Rindenfeldern des Großhirns.

Die efferenten (= kortikofugalen) Projektionsfasern bilden u.a. den Tractus corticonuclearis und die Fibrae corticospinales (Teil der Pyramidenbahn), sowie die Fibrae corticorubrales und corticoreticulares. Sie leiten Impulse vom jeweiligen Rindenfeld der Großhirnrinde zu einem bestimmten Kerngebiet, wo sie umgeschaltet und zu den Erfolgsorganen in der Peripherie (z.B. einem Muskel) weitergeleitet werden.

Die aufsteigenden Fasern verbreitern sich oberhalb der Capsula interna fächerförmig zu einem Strahlenkranz, der Corona radiata genannt wird.

Zu den wichtigsten Projektionsbahnen gehören die Radiatio acustica (= Hörstrahlung) und die Radiatio optica (= Sehstrahlung). ◄

Capsula interna

In der Capsula interna (= innere Kapsel) verlaufen die wichtigsten Projektionsbahnen.

Bei einem Horizontalschnitt durch diesen Hirnbereich kann die Capsula interna in ein Crus anterius (= vorderer Schenkel), ein Crus posterius (= hinterer Schenkel) und ein Genu (= Knie) unterteilt werden (s. Abb. 9.37).

➤ Das Crus anterius liegt zwischen dem Nucleus caudatus und dem Nucleus lentiformis. Das Crus posterius liegt zwischen dem Thalamus und dem Nucleus lentiformis. Der Nucleus lentiformis besteht wie in Kapitel 9.7.2 beschrieben, aus dem Putamen und dem Globus pallidus (= Pallidum).

Das Putamen und der Globus pallidus bilden somit die laterale, der Kopf des Nucleus caudatus und der Thalamus die mediale Begrenzung der Capsula interna. ◄

Wie Sie aus der Abbildung 9.37 entnehmen können, verlaufen die Projektionsfasern in bestimmten Bahnen durch die Capsula interna.

Im Crus anterius verlaufen:

- Tractus frontopontinus – zieht vom Stirnlappen zum Pons (= Brücke)
- Radiationes thalamicae anteriores (= vorderer Thalamusstiel) – ziehen vom Thalamus zum Stirnlappen und zum Gyrus cinguli.

Im Genu verläuft:

- Tractus corticonuclearis – zieht als Teil der Pyramidenbahn vom Gyrus praecentralis zu den motorischen Kernen der Hirnnerven.

Im Crus posterius verlaufen:

- Fibrae corticospinales (syn.: Tractus corticospinalis) – ziehen als Teil der Pyramidenbahn vom Gyrus praecentralis zu den Vorderwurzelzellen des Rückenmarks.
- Fibrae corticorubrales bzw. corticoreticulares – ziehen von der Großhirnrinde zum Nucleus ruber bzw. zur Formatio reticularis.
- Radiationes thalamicae centrales (= oberer Thalamusstiel) – ziehen vom Thalamus zum Gyrus prae- und postcentralis.
- Tractus temporopontinus bzw. occipitopontinus – ziehen vom Lobus temporalis (Schläfenlappen) bzw. vom Lobus occipitalis (Hinterhauptlappen) zum Pons.
- Radiationes thalamicae posteriores (= hinterer Thalamusstiel) – enthalten Fasern aus dem Corpus geniculatum laterale und ziehen zum Hinterhauptlappen.
- Radiatio optica (= Sehstrahlung – s. Kapitel 9.8.1) – gehört zur zentralen Sehbahn und zieht kaudal an der Grenze des hinteren Bereichs durch die Capsula interna.

Merke: Die Radiatio acustica (s. Kapitel 9.8.1) zieht nicht durch die Capsula interna sondern unterhalb der Radiatio optica entlang der Capsula interna und des Putamen nach lateral.

Die zuvor aufgeführten Radiationes thalamicae verbinden den Thalamus mit fast allen Großhirnfeldern.

Nachdem die zu Bahnen angeordneten absteigenden Projektionsfasern die Capsula interna verlassen haben, gelangen sie zum Mittelhirn, wo sie sich zum Pedunculus cerebri (= Großhirnstiel) vereinigen. Vom Pedunculus cerebri gehen Fasern zu verschiedenen Hirnbereichen ab. Kaudal vom Pons bilden die Projektionsfasern die Pyramide, von wo sie zum Rückenmark ziehen.

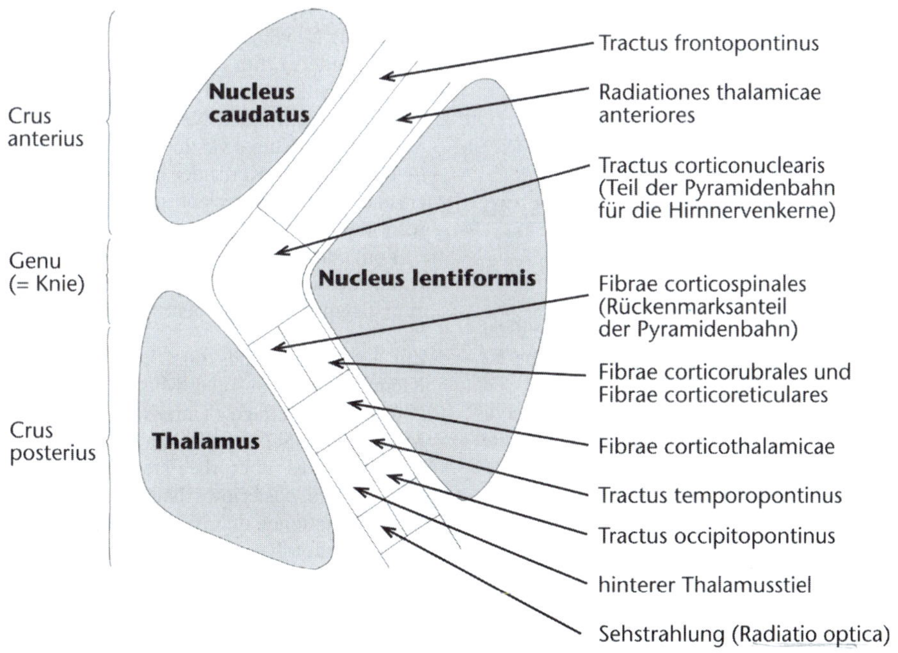

Abb. 9.37 *Capsula interna*

Gefäßversorgung

Die Capsula interna und die Endhirnkerne werden versorgt über:

- Aa. centrales anterolaterales (syn.: Aa. thalamostriatae anterolaterales) – aus der A. cerebri media;
- Rr. capsulae internae – aus der A. choroidea anterior.

Klinik: Da in dem relativ kleinen Bereich der Capsula interna so viele Bahnen verlaufen, kann eine Einblutung mit nachfolgender Kompression der Bahnen große Funktionsausfälle zur Folge haben. Rund 80 % aller größeren Blutungsherde im Hirnbereich betreffen die Capsula interna. Diese Massenblutungen werden Apoplexie (= „Schlaganfall") genannt – etwa 85 % der Schlaganfälle haben ihre Ursache jedoch in einer arteriellen Durchblutungsstörung, 15 % in der erwähnten Massenblutung.

Bei einem Apoplex kann es je nach Lokalisation u.a. zu nachfolgenden Störungen kommen:

- kontralaterale Hemiplegie (= Halbseitenlähmung) – infolge einer Schädigung der Pyramidenbahn;
- kontralaterale Empfindungsstörung;
- Hemianopsie (= kontralateraler Ausfall der Gesichtfeldhälfte) – infolge einer Schädigung der Radiatio optica.

9.8 Systeme

9.8.1 Afferente Systeme, neuronale Gliederung, Umschaltorte !!! 15/30

In diesem Kapitel werden die afferenten (= aufsteigenden) Bahnen zur Groß- und Kleinhirnrinde behandelt, zu denen gehören:

- Bahnen des Vorderseitenstrangs – siehe Tractus spinothalamicus lateralis und anterior im Kapitel 9.2.4,
- Bahnen des Hinterstrangsystems – siehe Tractus spinobulbaris im Kapitel 9.2.4,
- spinocerebellare Bahnen – siehe Tractus spinocerebellaris anterior und posterior im Kap. 9.2.4,
- Trigeminusbahn,
- Gleichgewichtsbahn,
- Hörbahn,
- Geschmacksbahn,
- Sehbahn,
- optische Reflexbahn,
- Riechbahn.

Trigeminusbahn

Vom Ganglion trigeminale (syn.: Ganglion semilunare), das zum N. trigeminus gehört, ziehen Axone zu den im Mittelhirn liegenden Endkernen des N. trigeminus, wo sie auf das 2. Neuron umgeschaltet werden. Die Axone der 2. Neurone kreuzen zur Gegenseite und verlaufen mit dem Lemniscus medialis. Sie enden im Thalamus, wo sie auf die 3. Neurone umgeschaltet werden. Die Axone der 3. Neurone ziehen durch die Capsula interna zum Gyrus postcentralis, dem primär-sensorischen Rindenfeld der Großhirnrinde, das über die Trigeminusbahn sensorische Informationen aus dem Kopfbereich erhält.

Gleichgewichtsbahn

➤ Die Sinneszellen des Gleichgewichtsorgans liegen in den Maculae der Vorhofsäckchen (Sacculus und Utriculus) und in den Cristae ampullares der Bogengänge (siehe Kapitel 11.3.1). Diese Sinneszellen leiten die das Gleichgewicht betreffenden Reize zum Ganglion vestibulare (= Vorhofganglion) weiter, in dem das 1. Neuron liegt. Die Axone dieser Neurone ziehen als N. vestibularis des N. vestibulocochlearis (= 8. Hirnnerv) zum Rautenhirn, wo sie in einem der am Boden der Rautengrube liegenden vier Nuclei vestibulares auf das 2. Neuron umgeschaltet werden. Von den vier Nuclei vestibulares ist der laterale Kern (= Deiters'scher Kern) der größte und wichtigste, da er als Koordinationszentrum für die eingehenden Informationen dient.

Von den Nuclei vestibulares zieht ein Teil der Axone der 2. Neurone zum Kleinhirn, der andere Teil zum Tegmentum rhombencephali (= Haube). ➤

Zur Regulierung des Gleichgewichts benötigt das Kleinhirn noch aus der Muskulatur Informationen über die Körperlage (Tiefensensibilität = Reize der Muskel- und Sehnenspindeln und der Gelenkrezeptoren), die es über die Tractus spinocerebellares anterior und posterior erhält. Das Kleinhirn sendet die Informationen durch den Pedunculus cerebellaris superior zum Nucleus ruber. Vom Nucleus ruber gelangen die Erregungen

- über den Tractus rubrospinalis zu den Motoneuronen des Rückenmarks,
- über den Thalamus zur Großhirnrinde, wodurch uns die augenblickliche Körperlage bewußt wird.

Über zum Tegmentum ziehende Nervenfasern können die motorischen Ursprungskerne der Hirnnerven aktiviert werden, um schnelle Augenbewegungen durchzuführen.

Klinik: Bei einer akuten Schädigung im Bereich der Gleichgewichtsbahn kommt es zu Gleichgewichtsstörungen.

Hörbahn

➤ Die im Corti-Organ liegenden Sinneszellen des Hörorgans leiten Erregungen zum Ganglion spirale cochleae (= Schneckenganganglion) weiter (siehe Kapitel 11.3.1). ◄

➤ Im Ganglion spirale cochleae liegen die 1. Neurone. Die Axone dieser Neurone vereinigen sich zum N. cochlearis des N. vestibulocochlearis und ziehen zum Rautenhirn, wobei sich die Nervenfasern aufteilen und am Nucleus cochlearis posterior bzw. Nucleus cochlearis anterior enden. In den Nuclei cochleares liegen die 2. Neurone.

Die vom Nucleus cochlearis anterior abgehenden Axone bilden die **ventrale Hörbahn**. Sie ziehen um den oberen Teil des Nucleus olivaris (= „obere Olive") herum und bilden dabei das **Corpus trapezoideum** (= Trapezkörper), an dem ein Teil der Axone endet. Der andere Teil wird im Corpus trapezoideum auf die 3. Neurone umgeschaltet und zieht zur Gegenseite, wo er sich dem Lemniscus lateralis (= laterale Schleife) anlagert. Einige dieser Fasern enden am Nucleus olivaris, die meisten ziehen jedoch zum Colliculus inferior.

Die Axone, die von Neuronen des Nucleus cochlearis posterior abgehen, bilden die **dorsale Hörbahn**. Sie kreuzen z.T. als Striae medullares im Bereich der Raphe zur Gegenseite und ziehen im Lemniscus lateralis zum Colliculus inferior und von dort zum Corpus geniculatum mediale. Im Corpus geniculatum mediale werden die Fasern auf die 4. Neurone umgeschaltet, deren Axone sich zur Radiatio acustica (= Hörstrahlung) vereinigen und unterhalb des Crus posterius der Capsula interna zur Hörrinde des Großhirns ziehen, wo sie in der Heschl-Querwindung in den Gyri temporales transversi enden (= primäres Hörzentrum). ◄

Zusammenfassung: Sekundäre Sinneszellen in Basalmembran → Ganglion spirale cochleae (= 1. Neuron, liegt im Felsenbein) → Nuclei cochleares (= 2. Neuron, liegen im Rautenhirn) → Corpus trapezoideum (= 3. Neuron) → Lemniscus lateralis der Gegenseite → Colliculus inferior → Corpus geniculatum mediale (= 4. Neuron) → über Radiatio acustica zur Heschl-Querwindung.

Klinik: ➤ Da die Hörbahn einen doppelseitigen Verlauf hat, kommt es nur beim Ausfall des Ganglion spirale und der Nuclei cochleares einer Seite zur Taubheit auf der gleichen Körperseite. Beim Ausfall der darüberliegenden Kerne kommt es zu keiner vollständigen Taubheit. ◄

Geschmacksbahn

➤ Von den im Kapitel 5.4.5 ausführlich beschriebenen Geschmacksknospen des Mund- und Rachenraums werden die Geschmacksempfindungen über folgende drei Kiemenbogennerven weitergeleitet:

- Chorda tympani – zum Ganglion geniculi des N. facialis (= 7. Hirnnerv)
- N. glossopharyngeus (= 9. Hirnnerv) – zum Ganglion superius und inferius n. glossopharyngei. Der N. glossopharyngeus ist der Hauptnerv für die Geschmacksempfindungen, weil er Impulse der Papillae vallatae und der Papillae foliatae weiterleitet
- N. vagus (= 10. Hirnnerv) – zum Ganglion superius und inferius n. vagi. ◄

➤ Von den Ganglien ziehen die Axone, die die Geschmacksempfindungen transportieren, zum **Nucleus solitarius** (syn.: Nucleus tractus solitarii), der am Boden der Rautengrube liegt. Im Nucleus solitarius erfolgt die Umschaltung auf das 2. Neuron, dessen Axone im Lemniscus medialis zur Gegenseite ziehen und dort am Thalamus auf das 3. Neuron umgeschaltet werden. Die Axone der 3. Neurone ziehen durch die Capsula interna zum Gyrus postcentralis der Großhirnrinde, wo das primäre Geschmackszentrum liegt. Andere Geschmacksfasern ziehen wahrscheinlich vom Nucleus solitarius zum Gyrus hippocampalis und zur Area piriformis. ◄

Zusammenfassung: Geschmacksknospen → Chorda tympani, N. glossopharyngeus (Hauptnerv), N. vagus → Ganglion geniculi (VII) und Ganglion inferius (XI, X) (= 1. Neuron) → Nucleus solitarius (= 2. Neuron) → Lemniscus medialis (zur Gegenseite) → Thalamus (= 3. Neuron) → Gyrus postcentralis der Großhirnrinde.

Sehbahn

➤ Wie in Kapitel 10.2.3 (Retina) ausführlich beschrieben, liegen in der Retina drei hintereinandergeschaltete Neurone, die den Beginn der Sehbahn bilden. Diese drei Neurone werden gebildet:

- 1. Neuron = Photorezeptoren (= Stäbchen und Zapfenzellen)
- 2. Neuron = bipolare Ganglienzellen die im Stratum ganglionare retinae liegen
- 3. Neuron = multipolare Ganglienzellen, die im Stratum ganglionare nervi optici liegen. ◄

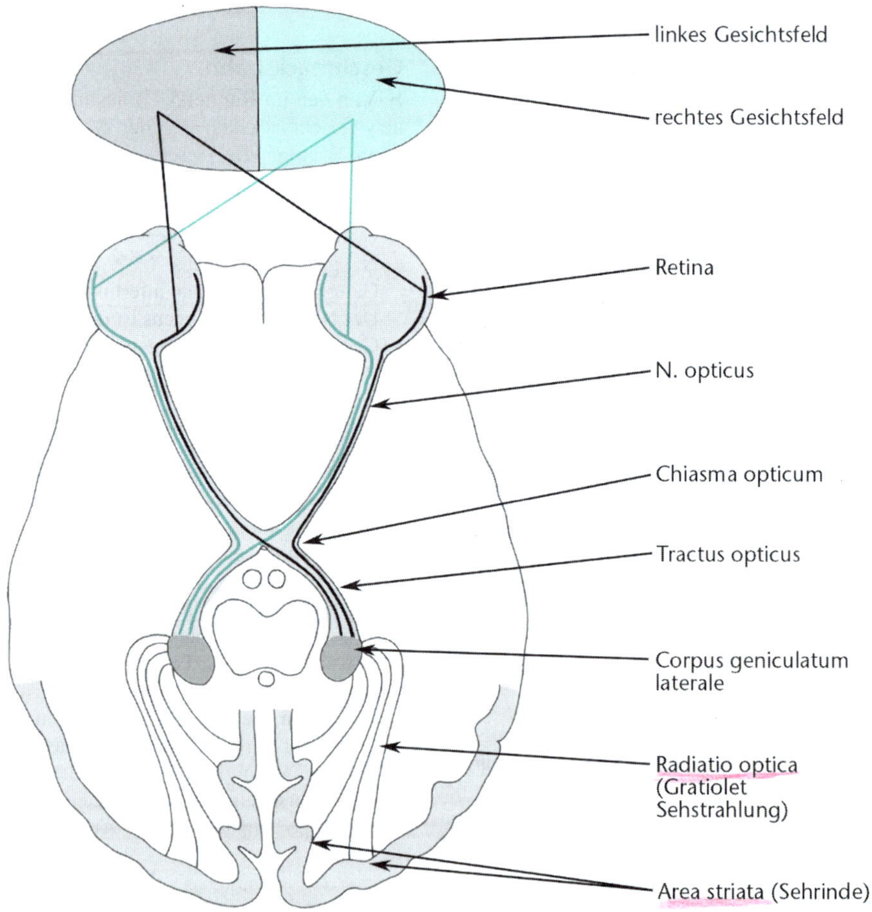

Abb. 9.38 Schematische Darstellung der Sehbahn

Die Axone der multipolaren Ganglienzellen bilden den N. opticus. Im N. opticus sind diese Axone durch bindegewebige Scheidewände in 800 bis 1.000 Bündeln aufgeteilt.

Der N. opticus gelangt durch den Canalis opticus in die Schädelhöhle, wo sich der rechte und linke N. opticus an der Sella turcica vor der Hypophyse zum **Chiasma opticum** (= Sehnervenkreuzung) vereinigen. Aus dem Chiasma geht auf beiden Körperseiten je ein Tractus opticus hervor.

Die medial liegenden Fasern aus dem nasalen Bereich der Retina jedes N. opticus kreuzen im Chiasma opticum zur Gegenseite, während die lateral liegenden Nervenfasern aus dem temporalen Bereich der Retina nicht kreuzen, so dass jeder Tractus opticus die temporalen Fasern der gleichen und die nasalen Fasern der auf der anderen Körperseite liegenden Retina enthält.

Der **Tractus opticus** zieht über das Tuber cinereum und um den Pedunculus cerebri des Metathalamus herum zum Corpus geniculatum laterale (= seitlicher Kniehöcker). Im Corpus geniculatum laterale werden die Axone der 3. Neurone auf die 4. Neurone umgeschaltet. Ein kleiner Teil der Axone der 4. Neurone zieht zum Colliculus superior der Vierhügelplatte, wo sie optische Reflexe auslösen (siehe optische Reflexbahn). Die anderen Axone vereinigen sich zur **Radiatio optica** (= **Gratiolet-Strahlung**). Die Radiatio optica zieht durch die Capsula interna zur Großhirnrinde, wo sie im Bereich des Sulcus calcarinus an der Area striata (= Sehrinde) endet. Die Retina ist mit der Area striata Punkt-zu-Punkt verbunden, das heißt, daß bestimmte Rezeptoren der Retina (= Stäbchen- oder Zapfenzellen) bestimmte ihnen zugeordnete Bereiche der Area striata stimulieren.

Klinik: Entsprechend dem Verlauf der Nervenfasern der Sehbahn entstehen bei Schädigungen nachfolgende Ausfälle:
Ein auf das Chiasma drückender Tumor der Hypophyse verursacht eine bitemporale Hemianopsie (Hemianopsie = Ausfall einer Gesichtsfeldhälfte, bitemporal = beider temporalen Gesichtsfeldhälften).

Wird z.B. der linke Tractus opticus durchtrennt, so kommt es zu Gesichtsfeldausfällen beider Augen (= Hemianopsie). Dabei fällt der nasale Teil der rechten und der temporale Teil der linken Retina – also die rechte Gesichtsfeldhälfte beider Augen aus.
Bei einer Schädigung im Bereich des Sulcus calcarinus kommt es zur Rindenblindheit.

Optische Reflexbahn

Über den N. opticus und den Tractus opticus gelangen die meisten der Nervenfasern der optischen Reflexbahn zum Corpus geniculatum laterale und von dort zum Colliculus superior, wo sie jeweils umgeschaltet werden. Im Colliculus superior der Vierhügelplatte liegt das optische Reflexzentrum. Vom Colliculus werden die Impulse

- über den Fasciculus longitudinalis medialis zu den Ursprungskernen der Augenmuskeln
  - über den Nucleus praetectalis zum Nucleus oculomotorius accessorius,
  - zum Nucleus n. trochlearis und zum Nucleus n. abducentis,
- über den Tractus tectospinalis zu den motorischen Vorderhornzellen des Rückenmarks geleitet.

Einige Nervenfasern der optischen Reflexbahn gehen bereits vom N. opticus ab und ziehen zum Hypothalamus, wodurch eine Verbindung zum vegetativen Nervensystem entsteht.
Die optische Reflexbahn dient dazu, den Akkommodations- und den Pupillenreflex auszulösen.

Die **Akkommodation** dient dazu, ein Objekt scharf auf der Retina abzubilden (= Bildschärfe zu regulieren), dazu dienen neben der Linse der M. ciliaris und das Corpus ciliare.

Durch den **Pupillenreflex** wird der Lichteinfall auf die Retina reguliert, woran u.a. der M. sphincter pupillae beteiligt ist.

Der Reflexbogen verläuft vom Colliculus superior über den parasympathischen Nucleus oculomotorius accessorius (Edinger-Westphal-Kern) zum Ganglion ciliare, von wo die Nn. ciliares breves zu den von ihnen innervierten M. sphincter pupillae und M. ciliaris ziehen.

Riechbahn

Die in der Riechschleimhaut (liegt im Bereich der oberen Nasenmuschel und einem kleinen Bereich des Nasenseptums) liegenden bipolaren Riechzellen bilden das 1. Neuron der Riechbahn. Die Axone der Riechzellen gelangen als Nn. olfactorii durch die Lamina cribrosa des Os ethmoidale (= Siebbein) in die Schädelhöhle, wo sie zum **Bulbus olfactorius** (= **Riechkolben**) ziehen, in dem die Axone der 1. Neurone an den Mitralzellen enden, die das 2. Neuron der Riechbahn bilden.

Der Bulbus olfactorius besteht mikroskopisch aus verschiedenen Schichten. Neben den pyramidenartig aussehenden Mitralzellen kommen noch Körner- und Büschelzellen vor.

Alle Zelltypen sind untereinander durch viele Synapsen knäuelartig verbunden. Diese „Knäuel" werden **Glomeruli olfactorii** genannt. ➤

➤ Während die Körnerzellen auf den jeweiligen Bulbus begrenzt sind, stehen die Büschelzellen über die Commissura rostralis mit dem Bulbus der Gegenseite in Verbindung – die Riechbahn verläuft jedoch ungekreuzt!

Die **Mitralzellen** sind die wichtigsten Zellen des Bulbus, ihre Axone bilden den Tractus olfactorius. Der **Tractus olfactorius** verläuft im Sulcus olfactorius über die basale Fläche des Stirnlappens des Endhirns, bis er sich in zwei Stränge teilt. Die Stelle, an der sich der Tractus in eine lateral und eine medial verlaufende **Stria olfactoria** teilt, liegt kurz vor der Substantia perforata anterior. Die **Substantia perforata anterior** ist von vielen durchtretenden Gefäßen durchlöchert, deshalb ihre Bezeichnung „perforata".

Der zwischen den beiden Strängen liegende dreieckige Bereich wird **Trigonum olfactorium** genannt. In diesem Bereich werden die Axone auf das 3. Neuron umgeschaltet.

Die laterale Stria olfactoria zieht direkt zur Riechrinde des Großhirns, die im Bereich des Uncus (Gyrus semilunaris und ambiens) liegt. Die Fasern der medialen Stria olfactoria enden im Bereich des Gyrus subcallosus, sowie in der Area perforata anterior und dem Trigonum olfactorium. Ein Geruch wird nur wahrgenommen, wenn die Riechstoffe in einer über den Riechzellen liegenden Flüssigkeitsschicht gelöst sind. ➤

Als primäres Riechzentrum werden der Bulbus und der Tractus olfactorius bezeichnet.
Das sekundäre Riechzentrum wird u.a. vom Trigonum olfactorium und von der Substantia perforata anterior gebildet.

9.8.2 Efferente Systeme, neuronale Gliederung, Umschaltorte

Die in diesem Kapitel abzuhandelnden pyramidalen und extrapyramidalen Bahnen werden in Kapitel 9.2.4 ausführlich beschrieben.

9.8.3 Limbisches System

!! 6/14

Der Begriff „limbisches System" ist nicht genau definiert und auch in der Nomina anatomica von 1989 nicht aufgeführt.

Aus den weiter unten aufgelisteten Strukturen, die zum limbischen System gezählt werden, können Sie ersehen, daß es sich beim „limbischen System" nicht um eine räumliche Zuordnung handelt, sondern daß diese Strukturen funktionell miteinander verbunden sind.

Unsere heutigen Kenntnisse über das limbische System sind begrenzt, jedoch kann man feststellen, daß das limbische System ein wichtiges Integrationszentrum für vegetative Abläufe bildet. Das limbische System kann als Zentrum der Emotionen bezeichnet werden, in dem Gefühle wie Wut, Angst und Lust entstehen. Es beeinflußt die vegetativen Vorgänge und die hormonelle Steuerung über seine Verbindung zum Hypothalamus, außerdem wirkt es auf das sexuelle Verhalten und auf den Antrieb. Er dient quasi als emotionales Bewertungszentrum.

Die zum limbischen System gehörenden Rindenbereiche sind größtenteils dem Allokortex zuzurechnen (die Rinde ist dreischichtig). Ein Großteil der Erregungen des olfactorischen Systems (Riechhirn) gelangt zum limbischen System, was die enge Verwandtschaft zwischen Riechhirn und limbischem System zeigt.

➤ Zum limbischen System werden von den meisten Autoren nachfolgende Strukturen gezählt:
1. Zur limbischen Großhirnrinde gehören:
- Hippocampus,
- Gyrus hippocampi,
- Gyrus cinguli,
- Gyrus dentatus,
- Area subcallosa.

2. Zu den limbischen Kerngebieten zählen:
2a) im Endhirn:
- Corpus amygdaloideum – s. Kapitel 9.7.2,
- Septum pellucidum,
- Induseum griseum.

2b) im Zwischenhirn:
- Corpus mamillare,
- Nuclei habenulares,
- bestimmte Kerne des Thalamus. ➤

Diese einzelnen Strukturen werden u.a. verbunden durch:
- **Fornix** – besteht aus markhaltigen Nervenfasern, die vom Hippokampus über den dritten Hirnventrikel hinweg zu den Corpora mamillaria ziehen,

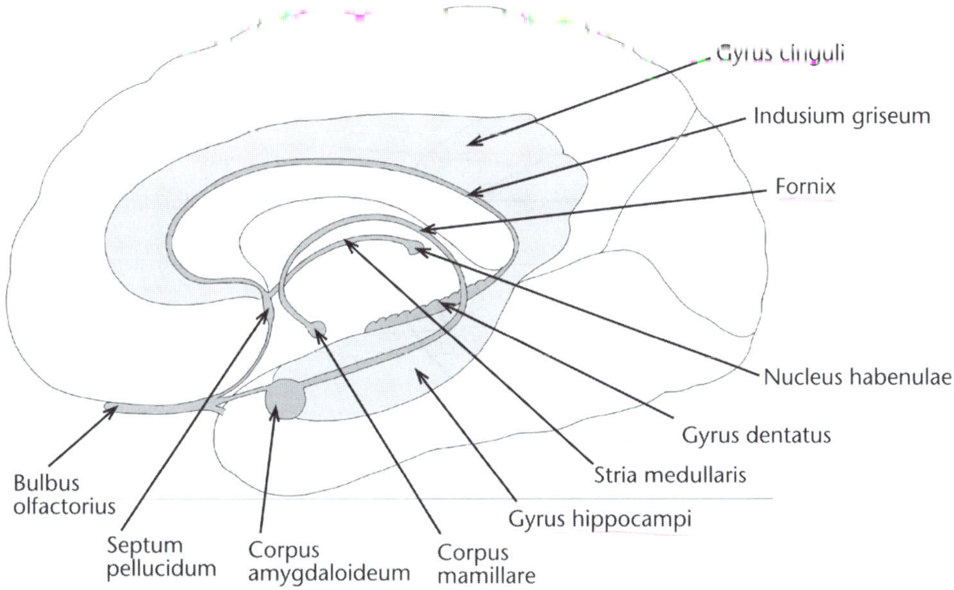

Abb. 9.39 Limbisches System

- Fasciculus mamillothalamicus – zieht vom Corpus mamillare zum Nucleus anterior des Thalamus,
- Fasciculus mamillotegmentalis – zieht vom Corpus mamillare zum Tegmentum des Mittelhirns;
- Stria terminalis;
- Cingulum (s. Kapitel 9.7.4 „Assoziationsfasern").

➤ Als wesentlichen Bestandteil des limbischen Systems ist die **Hippokampusformation** anzusehen, die aus dem Hippocampus, den Fimbria hippocampi, dem Gyrus dentatus und dem Gyrus hippocampi besteht. ◄

Der **Hippocampus** liegt im Bereich der medialen Hemisphäre im Temporallappen. Beim Blick auf die mediale Hemisphärenseite ist der Hippocampus vom Gyrus hippocampi bedeckt. Das tatzenartige Vorderende des Hippocampus wird Pes hippocampi genannt. Auf dem Hippocampus liegt eine dünne Schicht weißer Substanz, die aus den Axonen der Pyramidenzellen des Hippocampus besteht und in die Fornix einstrahlt.

Bei einem Frontalschnitt durch den Hippocampus erscheint die Rinde aufgerollt, was man als Ammonshorn bezeichnet.

➤ Afferenzen erhält der Hippocampus aus:

- Regio entorhinalis – über die der Hippocampus olfaktorische, visuelle und somatische Informationen vom Riechhirn und dem Corpus amygdaloideum erhält,
- Gyrus cinguli,
- Septum pellucidum.

Efferent ist der Hippocampus fast ausschließlich über den Fornix verbunden mit dem/den:

- Thalamus,
- Hypothalamus,
- Corpora mamillaria. ◄

Klinik: Bei einer einseitigen Läsion des Hippocampus treten keine wesentlichen klinischen Symptome auf. Bei einer doppelseitigen Läsion, wie sie bei langjährigen Alkoholikern vorkommen kann, kommt es zum Verlust der Merkfähigkeit und zu einer zeitlichen und räumlichen Desorientierung.

Der **Gyrus hippocampi** liegt im Temporallappen. Durch den Sulcus hippocampi wird er vom Gyrus dentatus getrennt. Das vordere Ende des Gyrus hippocampi wird Uncus genannt. Im Gyrus hippocampi liegt die Regio entorhinalis. Afferent ist die Regio entorhinalis mit dem Riechhirn und mit Assoziationsgebieten verbunden.

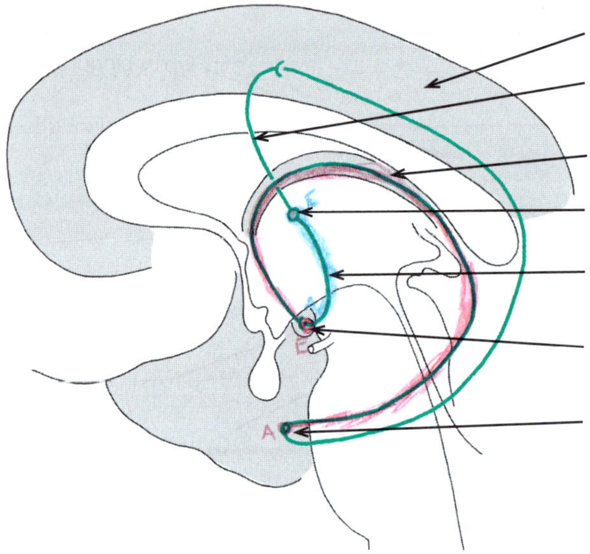

Abb. 9.40 *Papez-Kreis*

Efferent steht die Regio entorhinalis mit dem Hippocampus in Verbindung.

Der **Gyrus cinguli** zieht über das Corpus callosum hinweg, von dem er durch den Sulcus cinguli getrennt ist. Der vordere Teil des Gyrus cinguli liegt im Frontal-, der hintere Teil im Temporallappen.

Klinik: Bei einer Läsion des Gyrus cinguli kommt es zu tiefgreifenden Veränderungen der Persönlichkeit. Der Patient wirkt verlangsamt, emotional abgestumpft und enthemmt.

Der **Gyrus dentatus** besitzt im Querschnitt eine gezahnte Oberfläche. Durch den Sulcus hippocampi wird er vom Gyrus hippocampi getrennt.

Das **Septum pellucidum** spannt sich als zweiblättrige Schicht zwischen dem Corpus callosum und dem Fornix. Das Septum trennt die beiden Vorderhörner der Seitenventrikel voneinander.

Das Induseum griseum liegt an der dorsalen Seite des Corpus callosum. Seine Striae longitudinales ziehen über das Corpus callosum zum Riechhirn.

Papez-Kreis

➤ Die Informationen werden zwischen den einzelnen Strukturen des limbischen Systems in einer Art Regelkreislauf weitergegeben. Bei einem dieser Regelkreisläufe, dem Papez-Kreis, gelangt die Erregung vom Hippocampus über den Fornix zum Corpus mamillare, wo die Umschaltung erfolgt. Von hier gelangt die Erregung über den Tractus mamillothalamicus (Vicq d'Azyr-Bündel) zum Nucleus anterior des Thalamus, von wo die Erregung zum Gyrus cinguli und über Faserbündel des Cingulum wieder zum Hippocampus geleitet wird. ◄

9.9 Innere Liquorräume

!! 1/3

Aus dem Hohlraumsystem des Neuralrohrs entwikkelt sich das **Ventrikelsystem** (= Gehirnkammersystem). Das Ventrikelsystem bildet die vom Gehirn umschlossenen inneren Liquorräume. Die Liquorräume sind mit einer glasklaren Flüssigkeit gefüllt, die Liquor cerebrospinalis genannt wird (siehe Kapitel 9.9.5).

Das Ventrikelsystem besteht aus vier Hirnkammern (= Ventrikeln), sowie dem Aqueductus cerebri.

➤ Lage der Ventrikel:
- Seitenventrikel – im Endhirn,
- 3. Ventrikel – im Zwischenhirn,
- 4. Ventrikel – zwischen Cerebellum und Pons,

- Aqueductus cerebri – im Mittelhirn. ◄

Als äußerer Liquorraum wird der Subarachnoidalraum bezeichnet, der das Gehirn und das Rückenmark außen umgibt.

9.9.1 Seitenventrikel !! 2/5

► *Prüfungsrelevant: Gesamtes Kapitel.* ◄

Die beiden **Seitenventrikel** (= **Ventriculi laterales** = 1. und 2. Ventrikel) liegen im Endhirn. An den beiden Seitenventrikeln kann jeweils ein Vorder-, Hinter- und Unterhorn sowie die alle Teile verbindende Pars centralis (= Mittelteil) unterschieden werden. Diese vier Teile reichen in die vier Lappen des Endhirns hinein. Durch die beiden **Foramina interventricularia** stehen die beiden Seitenventrikel untereinander und mit dem 3. Ventrikel in Verbindung.

Das geräumige **Vorderhorn** (= **Cornu anterius**) reicht etwa 3 cm weit in den Stirnlappen (= Lobus frontalis des Großhirns) hinein.

Die Wände des Cornu anterius werden gebildet:
- Dach – Corpus callosum (= Balken),
- mediale Wand – Septum pellucidum,
- laterale Wand und Boden – Caput nuclei caudati.

Das Vorderhorn geht in die Pars centralis über.
Die spaltförmige **Pars centralis** (= Mittelstück) ist etwa 4 cm lang. Sie liegt im Scheitellappen (= Lobus parietalis des Großhirns). Die Pars centralis reicht vom Foramen interventriculare bis zur Verbindungsstelle des Unter- und Hinterhorns.

Die Wände der Pars centralis werden gebildet:
- Dach – Corpus callosum (= Balken),
- mediale Wand – Fornix (= Gewölbe), sowie Plexus choroideus ventriculi lateralis (siehe weiter unten),
- Boden – Nucleus caudatus, Stria terminalis, Thalamus (Lamina affixa).

Die Lamina affixa thalami trennt als eine sehr dünne Schicht den Seitenventrikel vom Thalamus.

Das **Hinterhorn** (= **Cornu posterius**) liegt im Hinterhauptslappen (= Lobus occipitalis). Das Cornu posterius beginnt etwa in Höhe des Balkenwulstes und kann tief bis in den Hinterhauptpol reichen.

Die Wände des Cornu posterius werden gebildet:
- Dach – Radiatio corporis callosi (= Balkenstrahlung),
- mediale Wand – Calcar avis,
- Boden – Eminentia collateralis.

Als Calcar avis wird eine Vorwölbung der medialen Wand bezeichnet, die durch den tief einschneidenden Sulcus calcarinus verursacht wird.

Das **Unterhorn** (= **Cornu inferius**) reicht etwa 3 cm in den Schläfenlappen (= Lobus temporalis) hinein. An der medialen Wand liegt der Hippocampus, an der Spitze des Cornu inferius das Corpus amygdaloideum. Über dem Hippocampus liegt die Fimbria hippocampi, bis zu der der Plexus choroideus reicht.

Die Wände des Cornu inferius werden gebildet:
- Dach – Radiatio corporis callosi, Nucleus caudatus,
- laterale Wand – Radiatio optica (Sehbahn),
- mediale Wand – Hippocampus, Fimbria hippocampi mit dem Plexus choroideus,
- Boden – Eminentia collateralis, Trigonum collaterale.

Das **Foramen interventriculare**, das die Seitenventrikel mit dem 3. Ventrikel verbindet, wird begrenzt:
- ventral und kranial – Fornix (= Hirngewölbe),
- dorsal – Thalamus,
- kaudal – Hypothalamus.

Plexus choroideus ventriculi lateralis
Der Plexus choroideus ventriculi lateralis (= Aderhautgeflecht – siehe Kapitel 9.9.4) ragt in das Cornu inferius und in die Pars centralis hinein. Der Plexus choroideus fehlt im Cornu anterius und im Cornu posterius.

9.9.2 III. Ventrikel !! 1/6

► *Prüfungsrelevant: Gesamtes Kapitel. Die Fragen wurden teilweise in Verbindung mit Abbildungen gestellt.* ◄

Der **3. Hirnventrikel** (= **Ventriculus tertius**) ist ein schmaler, sagittal gestellter Spalt, der das Zwischenhirn in zwei annähernd symmetrische Hälften teilt. Der 3. Ventrikel steht vorn über die beiden Foramina interventricularia mit den Seitenventrikeln in Verbindung. Dorsal mündet der 3. Ventrikel unterhalb der Commissura posterior in den Aqueductus cerebri (Sylvii), über den er mit dem 4. Hirnventrikel in Verbindung steht.

Das Dach des 3. Ventrikels besteht aus einer dünnen epithelialen Schicht, die als Lamina tectoria zwischen den Striae medullares der beiden Thalami liegt.

Die Wände des 3. Ventrikels werden gebildet:
- Dach – Plexus choroideus ventriculi tertii,

- ventrale Wand – Commissura anterior, Lamina terminalis,
- dorsale Wand – Commissura posterior, Epiphyse,
- Boden – Infundibulum, Chiasma opticum, Corpora mamillaria, Tuber cinereum.

Die dünne Vorderwand des 3. Ventrikels wird von der Commissura anterior und der Lamina terminalis gebildet.

Die Seitenwände werden auf beiden Seiten vom Thalamus und vom Hypothalamus gebildet.

Der 3. Ventrikel besitzt folgende vier kleinen Aussakkungen, die Recessus genannt werden:

- **Recessus pinealis** – liegt an der Hinterwand des 3. Ventrikels und dringt oberhalb der Commissura posterior als Aussackung in das Corpus pineale (= Zirbeldrüse = Epiphyse) ein.
- **Recessus suprapinealis** – liegt an der Hinterwand des 3. Ventrikels, oberhalb vom Corpus pineale.
- **Recessus opticus** – liegt oberhalb des Chiasma opticum (= Sehnervenkreuzung).
- **Recessus infundibuli** – reicht in das Infundibulum des Hypophysenstiels hinein.

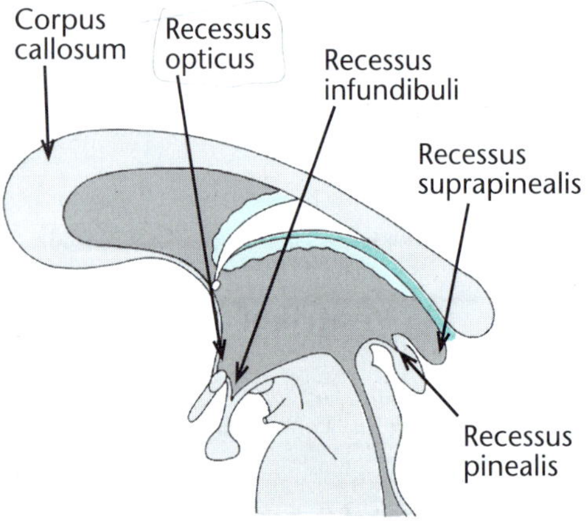

Abb. 9.41 *Recessus im Zwischenhirn*

Im Dach des 3. Ventrikels liegen als paarig verlaufende längliche Wülste der Plexus choroideus ventriculi tertii. Die Wülste stehen dorsal miteinander in Verbindung. Im Bereich der Foramina interventricularia stehen sie mit dem Plexus choroideus der Seitenventrikel in Verbindung.

Der lange, dünne **Aqueductus cerebri** (syn.: **Aqueductus mesencephali**) verbindet den 3. und 4. Ventrikel miteinander. Dorsal vom Aqueductus cerebri liegt die Lamina tecti, ventral das Tegmentum und die Crura cerebri des Mittelhirns.

Klinik: Wird der Aqueductus cerebri z.B. durch einen Tumor verschlossen, so erweitern sich infolge des sich immer mehr anstauenden Liquors (der Liquor wird weiter gebildet) die Seitenventrikel sowie der 3. Ventrikel, was zum Hydrocephalus internus (= innerer Wasserkopf) führt. Durch den erhöhten Druck weitet sich auch der Recessus opticus aus und drückt auf die Sehnervenkreuzung, was zu Sehstörungen führen kann. Außerdem kann durch die Ventrikelvergrößerung die V. cerebri magna eingeklemmt werden.

9.9.3 IV. Ventrikel !! 1/4

➤ *Prüfungsrelevant: Gesamtes Kapitel.* ◄

Der zeltartig aussehende **4. Ventrikel** (= **Ventriculus quartus**) liegt im Rautenhirn. Nach ventral/oben geht er in den Aqueductus cerebri, nach unten in den Zentralkanal (= Canalis centralis) der Medulla oblongata und des Rückenmarks über.

Die Wände des 4. Ventrikels werden gebildet von:

- Dach – wird fast vollständig vom Kleinhirn (= Cerebellum) gebildet. Vorne wird es vom oberen Marksegel (= Velum medullare superius) und von den Pedunculi cerebellares superiores (= obere Kleinhirnstiele), im hinteren Teil vom unteren Marksegel (= Velum medullare inferius) und vom Kleinhirnwurm (= Vermis cerebelli) begrenzt (s. weiter unten). Der vordere Dachteil geht am First, der Fastigium genannt wird, in den hinteren Dachteil über.
- Boden – wird von der Rautengrube (= Fossa rhomboidea) gebildet, die oben vom Pons (= Brükke) und unten von der Medulla oblongata gebildet wird.
- laterale Wand – wird im oberen Teil von den Pedunculi cerebellares superiores, im unteren Teil von den Pedunculi cerebellares inferiores begrenzt.

Lateral ist der 4. Ventrikel auf beiden Seiten zu je einem Recessus lateralis ventriculi quarti ausgestülpt. Der Boden des Recessus lateralis liegt in der Nähe des Kerngebiets des N. vestibulocochlearis (= 8. Hirnnerv).

Plexus choroideus ventriculi quarti

Das Ependym (siehe Kapitel 9.9.4) trennt im Bereich des hinteren Daches als dünne Schicht den 4. Ventrikel vom Kleinhirn. Die Pia mater verbindet sich mit dem Ependym und wird als Tela choroidea ventriculi quarti bezeichnet. Der paarig vorliegende

Plexus choroideus ventriculi quarti geht aus einem Teil dieser Tela hervor.

Der rechte und linke Plexus choroideus ventriculi quarti vereinigen sich im Bereich der Apertura mediana ventriculi quarti (Magendii) miteinander.

Aperturae

Der 4. Ventrikel ist über 3 Öffnungen mit dem Subarachnoidalraum (= äußerer Liquorraum) verbunden. Im untersten Teil des 4. Ventrikels liegt die **Apertura mediana ventriculi quarti** (= Foramen Magendii), die den 4. Ventrikel mit der Cisterna cerebello-medullaris verbindet.

Am basalen Ende des Recessus lateralis liegt auf beiden Seiten des 4. Ventrikels als kleine Öffnung je eine **Apertura lateralis ventriculi quarti** (= Foramen Luschkae), die den 4. Ventrikel mit der Cisterna pontis verbinden.

Wie in Kapitel 9.10.2 beschrieben, sind die Zisternen Ausweitungen des Subarachnoidalraums. Die **Cisterna cerebellomedullaris** bildet die größte dieser Zisternen, sie liegt zwischen dem Kleinhirn und der Medulla oblongata und mündet in den Subarachnoidalraum des Rückenmarks.

Die inneren und äußeren Liquorräume stehen nur durch die 3 Aperturae miteinander in Verbindung.

9.9.4 Plexus choroideus ! 0/2

Mikroskopische Anatomie

➤ Die vier **Hirnventrikel** sowie der Rückenmarkskanal sind von einem einschichtigen Epithel ausgekleidet, das **Ependym** genannt wird. Je nach dem Ort sind die Ependymzellen flach bis hochprismatisch. An ihrem, dem Ventrikel zugekehrten Ende, sind sie von Kinozilien und häufig von Mikrovilli besetzt.

Als Besonderheit wird das Ependym im Bereich des Bodens des 3. Ventrikels von **Tanyzyten** gebildet. Die Tanyzyten sind von Mikrovilli besetzt, sie besitzen einen langen Fortsatz, der zumeist bis zu einem Blutgefäß reicht. ◄

Plexus choroideus (= Aderhautgeflecht)

➤ Die Plexus choroidei produzieren den Liquor cerebro-spinalis, der in den Ventrikeln (= Hirnkammern), dem Aqueductus cerebri und im Cavum subarachnoidale (= Subarachnoidalraum) der Schädelhöhle und den Wirbelkanal fließt. Beim Erwachsenen enthalten die Liquorräume etwa 150 ml Liquor.

Die Plexus choroidei kommen vor:
- an der Innenseite des Cornu inferius (= Unterhorn) und der Pars centralis der Seitenventrikel,
- im Dach des 3. und 4. Ventrikels. ◄

Im Bereich der Plexus choroidei ist die Ventrikelwand, Lamina epithelialis choroidea genannt, sehr dünn. An die Lamina epithelialis choroidea grenzt das gefäß- und nervenreiche Bindegewebe der Leptomeninx (Pia mater – siehe Kapitel 9.10.2). Die Lamina epithelialis choroidea und das Bindegewebe sind fest miteinander verwachsen und bilden zusammen die Tela choroidea.

➤ Aus der Tela choroidea wachsen Gefäßzotten in die Ventrikelhöhle hinein. ◄

Der Plexus choroideus besteht somit aus:
- Lamina epithelialis – besteht aus einem einschichtigen Epithel, das kubische Zellen enthält. Seitlich geht das Epithel in das Ependym über;
- Basalmembran,
- Bindegewebe der Leptomeninx.

Liquor cerebrospinalis

Etwa 50–70 % des Liquor werden in den Plexus choroidei gebildet, der Rest stammt aus den Kapillaren die in der Pia mater liegen, wobei der Liquor durch das Ependym in die Ventrikel gelangt. Nur im Bereich der Tanyzyten tritt kein Liquor durch die Ventrikelwand.

➤ Der Liquor ist eine wasserklare Flüssigkeit, die proteinarm (= eiweißarm) ist und nur wenig Zellen enthält. Die meisten dieser Zellen entfallen auf die Leukozyten (bis zu 3 Leukozyten pro ml Liquor), seltener kommen Monozyten vor. Täglich werden etwa 500 bis 700 ml Liquor gebildet (zur Liquorresorption siehe Kapitel 9.9.5). ◄

Der Liquor dient
- dem Stoffwechsel des ZNS,
- als Schutz für das Gehirn, indem er im Subarachnoidalraum eine Art Wasserkissen um das Gehirn bildet und es damit gegen mechanische Einwirkungen von außen (z.B. einem Stoß) abfedert.

Klinik: Bei einer Erhöhung der Zellzahl auf über 6 Zellen pro ml Liquor besteht der Verdacht auf eine Entzündung innerhalb der Liquorräume (z.B. Meningitis = Hirnhautentzündung).

Blut-Hirn-Schranke

Viele Stoffe, die im Blut zirkulieren, können im Gehirn nicht nachgewiesen werden. Dies hängt damit zusammen, daß diese Stoffe die Endothelzellen der Hirnkapillaren nicht passieren können. Dieses Diffusionshindernis, Blut-Hirn-Schranke genannt, hängt wahrscheinlich damit zusammen, daß die Endothelzellen untereinander durch tight junction verbunden sind.
Die Blut-Hirn-Schranke kann bei der Medikation wichtig sein.

Von der Blut-Hirn-Schranke ist die **Blut-Liquor-Schranke** zu unterscheiden, bei der eine Schranke zwischen dem Liquor und dem Blut, jedoch nicht zwischen dem Liquor und dem ZNS besteht.

9.9.5 Liquorfluß

! 0/2

➤ Der **Liquor** gelangt aus den Seitenventrikeln durch die beiden Foramina interventricularia in den 3. Hirnventrikel und von dort durch den Aqueductus cerebri in den 4. Hirnventrikel.

Vom 4. Ventrikel gelangt der Liquor durch die Aperturae (siehe Kapitel 9.9.3) vom inneren Liquorraum in die Zisternen. Von den Zisternen fließt der Liquor um das Kleinhirn (= Cerebellum) und um die Medulla oblongata herum und unter dem Tentorium cerebelli (Kleinhirnzelt) hindurch zum Subarachnoidalraum, der das Gehirn sowie das Rückenmark umgibt. ➤

Liquorresorption

➤ Der Liquor wird durch Venen und außerhalb des ZNS durch Lymphgefäße resorbiert (im ZNS kommen keine Lymphgefäße vor!). Die Resorption kann erfolgen: ➤

- durch Zotten der Arachnoidea (= Granulationes arachnoideales Pacchioni), die bis an den Sinus durae matris und an die Vv. diploicae heranreichen (die Arachnoidea gehört zu den Hirnhäuten und wird in Kapitel 9.10.2 beschrieben). Die Zellen der Zotten resorbieren den Liquor aus dem Subarachnoidalraum und leiten ihn zu den Venen,
- über Venen, die im Subarachnoidalraum verlaufen,
- entlang der Nervenscheiden der Hirn- und Rückenmarksnerven, in die der Subarachnoidalraum übergeht. Aus diesen Bereichen gelangt der Liquor zu den im Gewebe um die Nerven verlau-

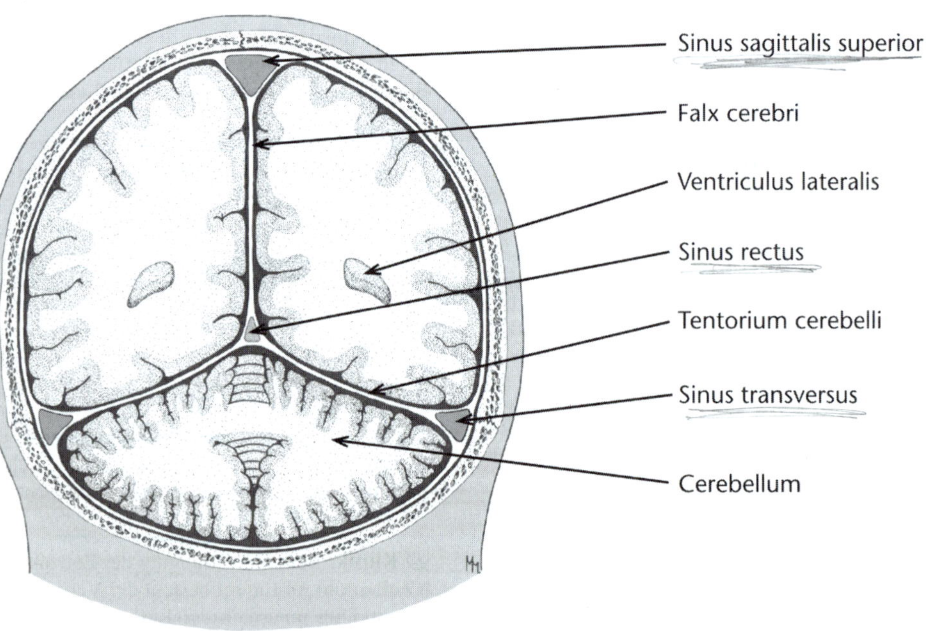

Abb. 9.42 Frontalschnitt durch den Hinterkopf

fenden Lymphgefäßen, hierbei sind die beiden Hirnnerven N. opticus und N. trigeminus besonders wichtig. ◄

9.9.6 Angewandte Anatomie ! 0/0

Bei Verdacht auf z.B. eine Hirnhautentzündung (= Meningitis) kann der Liquor für eine Untersuchung mittels einer Suboccipitalpunktion oder einer Lumbalpunktion entnommen werden (siehe Kapitel 9.10.2).

Als **Hydrozephalus** (= „Wasserkopf") wird eine angeborene oder eine erworbene Erweiterung der Liquorräume bezeichnet. Die Ursache der Erweiterung liegt darin, daß mehr Liquor produziert als resorbiert werden kann.

➤ Beim **Hydrocephalus internus** kommt es zu einer Verlegung der Abflußwege z.B. im Bereich des Aqueductus cerebri oder im Bereich der drei Aperturae, so dass sich der Liquor in den Hirnventrikeln staut und diese damit ausweitet – siehe auch die „Klinik" in Kapitel 9.9.2. ◄

Beim **Hydrocephalus externus** kommt es z.B. nach einer Hirnhautentzündung oder einer Blutung in den Subarachnoidalraum zu einer Ausweitung des Subarachnoidalraums.

9.10 Hirn- und Rückenmarkshäute, äußere Liquorräume ! 0/0

Das ZNS wird an der Außenseite von **Hirnhäuten** (= **Meningen**) umschlossen. Die Meningen werden in eine äußere, derbe und in eine innere, zarte Hirnhaut unterteilt. Die äußere Hirnhaut wird **Pachymeninx** (syn.: Dura mater = Ectomeninx), die innere Hirnhaut wird **Leptomeninx** (syn.: Endomeninx) genannt.

Die Leptomeninx unterteilt sich in eine dünne äußere Schicht, die **Arachnoidea** genannt wird, und in eine gefäßreiche innere Schicht, die **Pia mater** genannt wird.

Zwischen den einzelnen Hirnhäuten liegen folgende spaltförmige Räume:

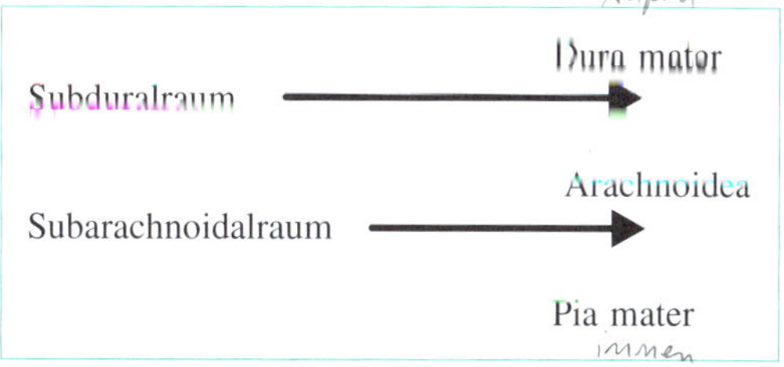

Zwischen den beiden Blättern der Dura mater liegt im Wirbelkanal der Epiduralraum.

Die einzelnen Hirnhäute werden in den nachfolgenden Kapitel beschrieben.

9.10.1 Dura mater spinalis und encephali !! 4/7

➤ *Prüfungsrelevant: Gesamtes Kapitel.* ◄

Die **Dura mater** (= harte Hirnhaut) besteht aus straffem, kollagenem Bindegewebe, das sehnig glänzend ist.

Nachfolgend wird zwischen der das Gehirn umhüllenden Dura mater encephali und der das Rückenmark umhüllenden Dura mater spinalis unterschieden.

Dura mater encephali

Die Dura mater encephali kleidet den Schädelinnenraum vollständig aus. Sie besteht aus zwei Blättern:

- einem äußeren periostalen Blatt, das Stratum periostale genannt wird,
- einem inneren meningealen Blatt, das Stratum meningeale genannt wird.

Das **Stratum periostale** ist mit dem inneren Periost des Schädelknochens zu einer Haut verwachsen.

Das **Stratum meningeale** dient als Schutzhülle für das Gehirn. Es besitzt zur Arachnoidea hin ein einschichtiges endothelartiges Epithel, das **Neurothel** genannt wird. Das Neurothel dient als Blut-Liquor-Schranke.

Zwischen dem Stratum periostale und dem Stratum meningeale liegen als weitlumige Venen die Sinus durae matris. In den Bereichen, wo keine Sinus verlaufen, sind die beiden Durablätter miteinander verwachsen.

Nur bei einem krankhaften Prozeß, z.B. einer epiduralen Blutung (siehe Kapitel 9.11.3) kann zwischen den beiden Blättern der Dura mater encephali ein Epiduralraum (= Cavum epidurale) entstehen.

ZNS

Beachten Sie, daß normalerweise ein Epiduralraum nur im Bereich der Dura mater spinalis im Wirbelkanal vorkommt!

Während beim Kleinkind die Dura mater noch fest mit dem Schädeldach verwachsen ist, kann sie beim Erwachsenen sehr leicht vom Schädeldach abgezogen werden. Nur im Bereich der Knochennähte und der großen Löcher an der Schädelbasis ist die Dura mater beim Erwachsenen fest mit den Knochen verbunden.

An der Schädelbasis setzt sich die Dura mater in die Nervenscheiden der Gehirnnerven fort.

Die Dura mater encephali dient als äußere Schutzhülle des Gehirns und versorgt die Schädelknochen mit Nährstoffen.

Die Dura mater bildet zur Hirnseite hin drei Septen (= Durasepten), sowie drei Aussackungen (Taschen).

Die **Durasepten** (= Scheidewände) dringen in die Spalten des Gehirns ein, wodurch sie das Gehirn unvollständig unterteilen. Die Durasepten verspannen den Schädel und verhindern so, daß sich die Hirnteile gegeneinander verschieben.

An Durasepten kommen vor:
- Falx cerebri (= Hirnsichel),
- Tentorium cerebelli (= Kleinhirnzelt),
- Falx cerebelli (= Kleinhirnsichel).

Die **Falx cerebri** (= **Hirnsichel**) ragt als in sagittaler Richtung verlaufendes Duraseptum in die Fissura longitudinalis cerebri hinein und trennt damit die beiden Großhirnhemisphären voneinander. Die Falx cerebri ist vorn an der Crista galli und an der Crista frontalis, hinten an der Protuberantia occipitalis interna und oben am Schädeldach befestigt. Hinten geht die Falx cerebri in das Tentorium cerebelli über. Vorn trennt sie die beiden Lobi frontales des Großhirns nicht vollständig voneinander.

Am oberen Rand der Falx cerebri liegt der Sinus sagittalis superior, am unteren Rand verlaufen der Sinus sagittalis inferior bzw. im hinteren Abschnitt der Falx cerebri der Sinus rectus.

Das **Tentorium cerebelli** (= **Kleinhirnzelt**) liegt als quer verlaufendes Duraseptum zwischen dem Lobus occipitalis des Großhirns und dem Kleinhirn. Dabei spannt sich das Tentorium über die hintere Schädelgrube und trennt die mittlere von der hinteren Schädelgrube.

Das Tentorium ist am Sulcus transversus und an der oberen Kante des Felsenbeins befestigt. Vorne bildet das Tentorium zwei Schenkel, die u.a. das Dach des Sinus cavernosus bilden. Der spitzbogenartige Schlitz am vorderen Rand wird **Incisura tentorii** (syn.: Foramen tentorii) genannt. Durch die Incisura tritt der Hirnstamm hindurch.

Während der Geburt kann das Tentorium bei einer starken Verformung des Kopfes zerreißen, wodurch
- eine lebensbedrohliche Blutung entstehen kann,
- das Atemzentrum zur Atmung angeregt werden und der Fetus Fruchtwasser aspirieren kann, was den Tod zur Folge haben kann.

Die **Falx cerebelli** (= **Kleinhirnsichel**) bildet eine Fortsetzung der Falx cerebri. Die Falx cerebelli trennt die beiden Kleinhirnhemisphären unvollständig voneinander. Sie verläuft entlang der Crista occipitalis interna mit der sie verwachsen ist.

An Aussackungen der Dura mater encephali kommen vor:
- **Diaphragma sellae** – liegt als Duratasche über der Sella turcica (= Türkensattel) und enthält die Hypophyse. In der Mitte des Diaphragma ist ein Loch, durch das der Hypophysenstiel hindurchtritt.
- **Cisterna trigemini** (Cavum trigeminale) – liegt als Duratasche im Bereich der vorderen Seite der Felsenbeinpyramide und enthält das Ganglion trigeminale des N. trigeminus.

Außerdem bildet die Dura eine Aussackung in der der Saccus endolymphaticus liegt.

Dura mater spinalis

Am Foramen magnum setzen sich die Hirnhäute in die Rückenmarkshäute fort, so dass das Rückenmark von den gleichen Häuten wie das Gehirn umgeben ist, wobei zu merken ist, daß sich die Dura mater encephali am Foramen magnum in folgende zwei Blätter teilt:
- Lamina externa (Endorhachis) – bildet das äußere Blatt des Rückenmarks und schließt den Wirbelkanal nach außen ab. Zu beachten ist, daß die Lamina externa nicht mit dem Periost der Wirbelsäule verwachsen ist.
- Lamina interna – liegt dem Rückenmark an und bildet den Durasack. Dieser Sack bildet Duratataschen, in denen jeweils ein Spinalganglion und die vordere und hintere Wurzel des Spinalnerven liegen.

Zwischen der Lamina externa und interna liegt das **Cavum epidurale**, das am Foramen magnum beginnt. Das Cavum epidurale ist mit Bindegewebe und Fett gefüllt und enthält die Plexus venosi vertebralis interni. Die Lamina externa und die Lamina interna vereinigen sich in Höhe von S_1–S_3 zu einem Blatt.

Die Dura mater encephali ist sehr schmerzempfindlich, sie wird innerviert:

- sensibel von den drei Ästen des N. trigeminus, vom N. vagus und vom N. glossopharyngeus
- parasympathisch vom N. petrosus major (einem Ast des N. facialis)
- sympathisch aus dem Plexus caroticus externus.

Beachte: Im Gegensatz zur Dura ist das Gehirn schmerzfrei!

Zwischen den beiden Durablättern verlaufen neben den Sinus die Aa. und Vv. meningeae. Die Aa. meningeae versorgen nur die Dura und die Schädelknochen, nicht das Gehirn! Auf den Schädelknochen hinterlassen die Aa. meningeae Impressionen (= Abdrücke).

Die Dura mater spinalis wird von den Spinalnerven innerviert.

9.10.2 Arachnoidea mater, Pia mater | !! 1/5 |

Die Leptomeninx (= weiche Hirnhaut) wird in eine äußere, durchsichtige Schicht (= Arachnoidea) und eine innere Schicht (= Pia mater) unterteilt.

Leptomeninx im Hirnbereich

➤ Die **Arachnoidea encephali** liegt der Dura mater an und zieht somit über alle Einsenkungen der Hirnoberfläche hinweg. Die Arachnoidea ist auf beiden Seiten von Mesothel überzogen.

Im Hirnbereich bildet die Arachnoidea an einigen Stellen knopfartige Ausstülpungen, die **Granulationes arachnoideales** genannt werden und Ausstülpungen des Subarachnoidalraums darstellen. Die Granulationes sind gefäßfreie Zotten, die hauptsächlich im Bereich des Sinus sagittalis superior vorkommen und sich in den Sinus vorstülpen. Die Granulationes können sich auch in die Knochen vorstülpen und mit den Diploevenen in Kontakt treten. Sie dienen dazu, Liquor in den Sinus abzuleiten. ➤

➤ Die **Pia mater encephali** wird als die eigentliche Gefäßhaut des Gehirns bezeichnet. Die Pia mater liegt der Oberfläche des Gehirns und des Rückenmarks dicht an, sie folgt dabei den Furchen zwischen den Sulci. ➤ Durch die Membrana limitans gliae superficialis (einer Grenzmembran) wird die Pia mater von dem Nervengewebe getrennt. Die Gefäße der Pia mater erhalten ihr Blut aus dem Circulus arteriosus (siehe Kapitel 9.11.1), wobei die aus den großen Arterien hervorgehenden Äste in basale und kortikale Arterien unterteilt werden. Die basalen Arterien verzweigen sich in der Hirnsubstanz und versorgen als funktionelle Endarterien den Hirnstamm. Die kortikalen Arterien verlaufen in den Sulci und versorgen die Rinde und das Mark des Groß- und Kleinhirns.

➤ Während die Arachnoidea fast gefäß- und nervenfrei ist, wird die Pia mater (wie auch die Dura mater) von vielen Nervenästen innerviert und ist daher sehr schmerzempfindlich. ➤

➤ Die Arachnoidea wird von der Pia mater durch das **Spatium subarachnoidale** (= **Subarachnoidalraum**) getrennt. Zwischen Arachnoidea und Pia mater sind im Subarachnoidalraum viele dünne Bindegewebsbälkchen ausgespannt, durch die das Gehirn sowie das Rückenmark quasi schwebend aufgehängt sind. ➤

➤ Da im Hirnbereich die Arachnoidea encephali über die Einsenkungen des Gehirns hinwegzieht, während die Pia mater den Hirnwindungen folgt, erweitert sich der zwischen beiden liegende Subarachnoidalraum im Bereich der Sulci cerebri zu weiten Räumen, die **Zisternen** genannt werden. ➤

➤ An Zisternen kommen vor:

- **Cisterna cerebello-medullaris** – liegt als etwa 2 cm tiefe Zisterne direkt oberhalb vom Foramen magnum zwischen dem Kleinhirn und der Medulla oblongata. In die Cisterna cerebellomedullaris mündet die Apertura mediana. Die Cisterna cerebellomedullaris ist klinisch von besonderer Bedeutung, da aus ihr bei der Suboccipitalpunktion der Liquor entnommen wird (siehe weiter unten).
- **Cisterna ambiens** – verläuft über die Pars anterior pedunculi cerebri. In ihr verlaufen der N. trochlearis, sowie die A. cerebri posterior und die A. superior cerebelli. ➤
- **Cisterna chiasmatis** – liegt im Bereich des Chiasma opticum.
- **Cisterna interpeduncularis** – liegt über den Crura cerebri. In ihr verläuft der N. oculomotorius.
- **Cisterna pontis** – sie liegt über dem Pons (= Brükke).

Leptomeninx im Rückenmarkbereich

Wie die Dura mater, so setzen sich auch die Pia mater encephali und die Arachnoidea encephali am Foramen magnum in die Pia mater spinalis und in die Arachnoidea spinalis für das Rückenmark fort.

➤ Im Rückenmarksbereich steht die Dura mater mit der Pia mater durch die **Ligamenta denticulata** in Verbindung. Die Ligamenta verlaufen zwischen den Spinalnervenpaaren und befestigen das Rücken-

ZNS

mark quasi freischwebend an der Dura mater. Der Subarachnoidalraum reicht im Wirbelkanal bis zur Höhe des 2. Sakralwirbels (= Kreuzbeinwirbels).

Die Zellen der Arachnoidea sind zur Phagozytose befähigt. ◄

Punktion des Subarachnoidalraums

Zur Gewinnung von Liquor wird der Subarachnoidalraum punktiert. Hierzu gibt es zwei Punktionsorte:
➤ **Sub-occipital-punktion** – hierbei punktiert man den zur Cisterna cerebellomedullaris erweiterten Subarachnoidalraum, der unmittelbar oberhalb vom Foramen magnum liegt. Dabei durchsticht man mit der Punktionsnadel zuerst die zwischen dem Atlas (= 1. Halswirbel) und dem Foramen magnum ausgespannte Membrana atlantooccipitalis posterior, dann die Dura mater und anschließend die Arachnoidea. Der Einstich muß nahe der Medianlinie erfolgen, da sonst eine der beiden Aa. vertebrales verletzt werden kann. ◄

Lumbalpunktion – zur Diagnose bestimmter Erkrankungen (z.B. Hirnhautentzündung) wird aus dem Subarachnoidalraum des Rückenmarks Liquor (= „Hirnflüssigkeit") entnommen und mikroskopisch und laborchemisch untersucht. Zur Liquorentnahme sitzt der Patient vornübergebeugt, dadurch weichen die Dornfortsätze der Wirbel etwas auseinander.

➤ Wie in Kapitel 9.2.1 beschrieben, reicht das Rückenmark beim Erwachsenen bis zum 2. Lendenwirbel und beim Kind bis zum 4. Lendenwirbel. Um das Rückenmark bei der Liquorentnahme nicht zu gefährden, muß daher der Subarachnoidalraum beim Erwachsenen unterhalb von L_3 (liegt in Höhe einer Verbindungslinie der beiden höchsten Punkte der Cristae iliacae) punktiert werden.

Bei der Lumbalpunktion wird zuerst das Lig. supraspinale (am deutlichen Widerstand zu erkennen) und dann das Lig. interspinale und das Lig. flavum durchstoßen. Durch die Lamina externa der Dura mater spinalis gelangen Sie in das Cavum epidurale, in dem der Plexus venosus vertebralis internus posterior liegt, bei dessen Verletzung durch die Nadel kann Blut austreten.

Durch die Lamina interna der Dura mater gelangen Sie in das Cavum subdurale, und durch die Arachnoidea in das Cavum subarachnoidale, das Sie beim erwachsenen Patienten nach etwa 5 bis 7 cm erreichen, was Sie daran merken, dass Liquor abtropft. Beim Erwachsenen liegen unterhalb des 3. Lendenwirbels im Subarachnoidalraum die Wurzeln der Cauda equina, die der vordringenden Nadel ausweichen. ◄

9.11 Gefäßversorgung

Wie alle Organe, so wird auch das Gehirn und das Rückenmark von Arterien mit Sauerstoff und mit Nährstoffen versorgt. Lymphgefäße kommen im Gehirn jedoch nicht vor, ihre Aufgabe übernehmen die Venen.

9.11.1 Arterien — !!! 8/26

Siehe auch die anatomische Tafel „Arterien".
➤ *Besonders prüfungsrelevant: Gesamtes Kapitel.* ◄

Nachfolgend werden die Arterien des Gehirns und des Rückenmarks gesondert beschrieben.

Arterien im Hirnbereich

Das Gehirn wird aus den beiden paarig angelegten Aa. carotes internae und den beiden Aa. vertebrales versorgt. An der Hirnbasis sind die Arterien durch zwei Aa. communicantes zu einem Gefäßring verbunden, der **Circulus arteriosus cerebri** genannt wird.
Die Arterien dringen überwiegend von der Basalseite in die Hirnsubstanz ein.

A. carotis interna

Die A. carotis interna geht als hinterer Ast aus der A. carotis communis hervor. Die A. carotis interna betritt durch den im Felsenbein liegenden Canalis caroticus das Schädelinnere, wo sie im Sinus cavernosus liegend eine S-förmige Schleife bildet, die **Karotidensiphon** genannt wird. Lateral vom Chiasma opticum verläßt die A. carotis interna den Sinus cavernosus und tritt in den Subarachnoidalraum ein, wo sie sich in ihre Endäste, die A. cerebri anterior und die A. cerebri media teilt.

An Ästen gehen aus der A. carotis interna hervor: A. ophthalmica, A. cerebri anterior, A. cerebri media und A. communicans posterior.

➜ **A. ophthalmica** – geht im Sinus cavernosus aus der A. carotis interna hervor. Mit dem N. opticus gelangt die A. ophthalmica durch den Canalis opticus in die Orbita (= Augenhöhle). Die Äste der A. ophthalmica entnehmen Sie bitte Kapitel 5.8.3.

➜ **A. cerebri anterior** (= vordere Hirnschlagader) – verläuft über den N. opticus, zieht anschließend oberhalb vom Corpus callosum (Balken) durch die

über den Balken

Fissura longitudinalis cerebri nach dorsal, wo sie durch die **A. communicans anterior** mit der auf der Gegenseite verlaufenden gleichnamigen Arterie verbunden ist.

Die A. cerebri anterior versorgt die gesamte mediale Großhirnhemisphäre bis zum Sulcus parietooccipitalis. Im Versorgungsgebiet liegen: Lobus frontalis (= Frontallappen des Großhirns), ein Teil des Lobus parietalis, die Commissura anterior, das Corpus callosum (Balken), die Columnae fornicis, die Capsula interna, das Corpus striatum und der Hypothalamus. Über die Endäste wird ein fingerbreiter Streifen der Mantelkante der Endhirnhemisphäre versorgt.

➜ **A. cerebri media** (= mittlere Hirnschlagader) – besitzt das größte Versorgungsgebiet. Sie zieht nach dem Abgang aus der A. carotis interna nach lateral und verläuft über die Substantia perforata anterior (Area olfactoria) zum Sulcus lateralis. Am Eingang zur Fossa cerebri lateralis zerfällt sie in 2 bis 4 starke Äste, die sich über die Außenfläche der Großhirnhemisphäre ausbreiten. Als Ast gibt die A. cerebri media u.a. die A. choroidea anterior ab.

Die A. cerebri media versorgt bis auf die von der A. cerebri anterior versorgte Mantelkante die konvexe Fläche (= Außenseite) der Großhirnhemisphäre und die Seitenkante des Lobus temporalis. Im Versorgungsgebiet liegen jeweils ein Teil des Lobus frontalis, des Lobus temporalis, des Lobus parietalis und des Lobus occipitalis, sowie die Inselrinde und das die Inselrinde bedeckende Operculum frontale. Außerdem versorgt sie die Commissura posterior, das Globus pallidus, die Capsula interna, das Striatum (= Nucleus caudatus und Putamen) die motorischen Rindenfelder und die Sprach- und Gehörzentren.

- **A. choroidea anterior** – geht zumeist direkt aus der A. carotis interna, zu etwa 25 % aus der A. cerebri media hervor. Sie zieht mit dem Tractus opticus um den Hirnschenkel herum zur Tela choroidea des Seitenventrikels.
  Die A. choroidea anterior versorgt zusammen mit den Rr. choroidei posteriores der A. cerebri posterior den Plexus choroideus sowie das Corpus amygdaloideum.

➜ **A. communicans posterior** – bildet eine Anastomose zur A. cerebri posterior und schließt so den Circulus arteriosus cerebri. Von ihr verlaufen viele Rami centrales zum III. Ventrikel, zu den vorderen Thalamuskernen, zu den Crura cerebri, zum Hypothalamus und zum Nucleus caudatus.

A. vertebralis

Die A. vertebralis geht hinter dem M. scalenus anterior aus der A. subclavia hervor. Sie verläuft vom 6. Halswirbel an durch die Foramina transversaria der Halswirbel zum Atlas (= 1. Halswirbel) und hinter dessen Massa lateralis nach vorne, wo sie die Membrana atlanto-occipitalis durchbohrt und in das Cavum subarachnoidale eintritt. Durch das Foramen occipitale magnum gelangt sie in die Schädelhöhle.

Die rechte und linke A. vertebralis vereinigen sich gleich nach ihrem Durchtritt durch das Foramen occipitale magnum auf der Ventralseite des Gehirns zur unpaarigen (= einzeln vorkommenden) A. basilaris.

Kurz vor der Vereinigung zur A. basilaris gibt jede A. vertebralis an Ästen ab:

➜ **A. inferior posterior cerebelli** – versorgt die Unterfläche des Kleinhirns und einen Teil der Medulla oblongata.

➜ **Aa. spinales** (= rückläufige Rückenmarksarterien) – ziehen durch den Wirbelkanal nach kaudal bis zur Cauda equina.

A. basilaris

Die A. basilaris geht aus den beiden Aa. vertebrales hervor und zieht als etwa 3 cm lange Arterie am Pons (= Brücke) entlang bis sie sich in ihre Endäste, die beiden Aa. cerebri posteriores, aufteilt.

Die A. basilaris gibt folgende paarig vorkommenden Äste ab:

➜ Rami ad pontem – zum Pons (= Brücke).

➜ A. inferior anterior cerebelli – liegt in der Nachbarschaft des 7. und 8. Hirnnerven und versorgt einen Teil des Pons, des Plexus choroideus des 4. Hirnventrikels, einen Teil des Tegmentum, sowie den mittleren Kleinhirnstiel und die Kleinhirnrinde.
Als Ast gibt sie die A. labyrinthi ab, die zum Innenohr zieht.

➜ **A. superior cerebelli** – verläuft dorsal vom N. oculomotorius und versorgt die Vierhügelplatte, das Corpus pineale (= Zirbeldrüse), den oberen Kleinhirnstiel, Teile der Kleinhirnrinde und des Kleinhirnmarks sowie die Kleinhirnkerne.

➜ **A. cerebri posterior** – geht am vorderen Rand des Pons als Endast aus der A. basilaris hervor. Um die Pars anterior des Pedunculus cerebri herum verläuft sie zur basal liegenden Großhirnhemisphäre. Oberhalb des Tentorium cerebelli erreicht sie den Lobus occipitalis und damit die dort liegende Sehrinde.

Die A. cerebri posterior versorgt beim Os occipitale das Gebiet des Cuneus sowie einen Teil des Lobus temporalis. In ihrem Versorgungsgebiet liegen: 2/3 des Lobus temporalis mit der Hippocampusformation und dem Lobus occipitalis, sowie der Thalamus, die Capsula interna, der Hypothalamus, das Tektum, das Tegmentum, die Corpora geniculata sowie der Plexus choroideus des 3. Hirnventrikel.

Circulus arteriosus cerebri (Willisii)

Wie bereits erwähnt, sind die zuvor beschriebenen Arterien durch den im Subarachnoidalraum liegenden Circulus arteriosus zu einem Arterienring zusammengeschlossen, wobei die einzelnen Arterien als funktionelle Endarterien anzusehen sind. Die Aa. communicantes sind manchmal so dünn, dass der Blutaustausch zwischen den Stromgebieten der beiden Aa. caroticae internae nur unwesentlich ist.

Klinik: Ein plötzlicher Verschluß der A. carotis interna oder der A. basilaris kann bei älteren Menschen, trotz der zahlreichen Anastomosen über den Circulus arteriosus cerebri zur Gegenseite, oft nicht kompensiert werden, weil die Elastizität der A. communicans anterior und der A. communicans posterior für die benötigte Blutversorgung zu gering ist (Grenzalter etwa 40 Jahre). Die Folgen einer Unterbindung der A. carotis interna sind, je nach der Zeitdauer der Unterbindung, der Tod oder schwere zerebrale Schädigungen.
Dagegen kann bei einem langsam fortschreitenden Verschluß z.B. der A. carotis interna die Versorgung über die Anastomosen ausreichen – hierbei spielen altersabhängige und individuelle Unterschiede eine Rolle.

Bei einem Verschluß der A. carotis interna sind nachfolgende Kollateralkreisläufe möglich:

- A. carotis externa → A. facialis → A. angularis → A. ophthalmica → A. carotis interna.
- A. carotis externa → A. maxillaris → A. meningea media → A. lacrimalis → A. ophthalmica → A. carotis interna.
- A. carotis externa → A. temporalis superficialis → A. supraorbitalis → A. ophthalmica → A. carotis interna.

Neben den am Circulus arteriosus beteiligten Arterien kommen noch meningeale Arterien vor.
Die Aa. meningeae versorgen die Knochen des Schädels und die Dura mater, jedoch nicht das Gehirn!

Es kommen vor:

- **R. meningeus anterior** (alt: A. meningea anterior) – geht aus der A. ethmoidalis anterior hervor. Sie gelangt durch die Lamina cribrosa in die vordere Schädelgrube.
- **A. meningea media** – geht aus der A. maxillaris hervor. Sie gelangt durch das Foramen spinosum in die mittlere Schädelgrube. Die A. meningea media ist die wichtigste meningeale Arterie, da sie zwischen der A. carotis externa und der A. carotis interna eine Anastomose bilden kann.
- **A. meningea posterior** – geht in der Fossa infratemporalis aus der A. pharyngea ascendens hervor. Sie gelangt durch das Foramen jugulare in die hintere Schädelgrube.

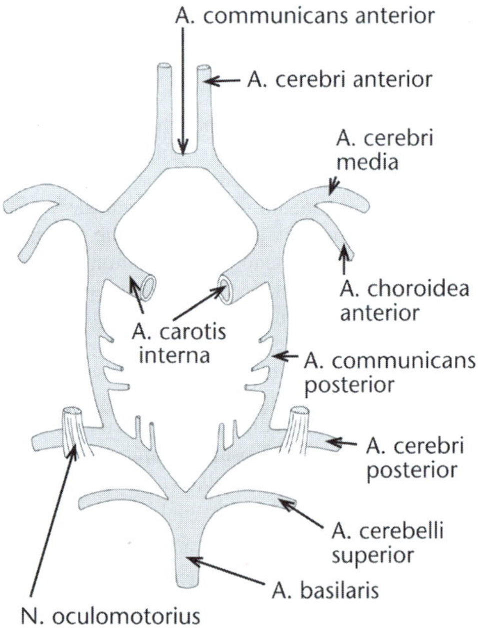

Abb. 9.43 Circulus arteriosus cerebri (Willisii)

Rückenmarksarterien

Das Rückenmark wird im wesentlichen aus den beiden Aa. spinales posteriores und der A. spinalis anterior mit Blut versorgt. Alle drei sind Äste der Aa. vertebrales und gelangen durch das Foramen magnum in den Wirbelkanal.

9.11.2 Venöse Abflußwege

!!! 9/24

Siehe die anatomische Tafel „Venen".

➤ *Besonders prüfungsrelevant: Sinus durae matris.*◄

Die Hirnvenen werden in drei Gruppen eingeteilt: äußere Hirnvenen, innere Hirnvenen und Sinus durae matris. Die Hirnvenen (einschließlich der Sinus) sind klappenlos und verlaufen zum Teil unabhängig von den gleichnamigen Arterien.

Äußere Hirnvenen

Die äußeren Hirnvenen (= oberflächlichen Hirnvenen) liegen im Subarachnoidalraum. Es kommen vor:

- **Vv. superiores cerebri** – sammeln das Blut aus der Rinde der konvexen Seite des Telenzephalon (= Großhirn). Sie münden in den Sinus sagittalis superior.
- **Vv. inferiores cerebri** – sammeln das Blut von der basalen Seite der Großhirnrinde. Sie münden in den Sinus transversus.
- **V. media superficialis cerebri** – verläuft im Sulcus lateralis und mündet zumeist in den Sinus cavernosus oder in den Sinus sphenoparietalis.
- Vv. superiores und inferiores cerebelli (syn.: Vv. hemisphaerii) – nehmen das Blut aus der Kleinhirnrinde auf und münden zumeist in den Sinus petrosus.

Innere Hirnvenen

Die inneren Hirnvenen (= tiefen Hirnvenen) führen das Blut aus den zentralen Gehirnteilen. Sie münden alle in die V. magna cerebri.

Es kommen vor:

- V. septi pellucidi – führt das Blut aus einem Teil des Lobus frontalis.
- V. thalamo-striata – führt das Blut aus einem Teil des Lobus frontalis und des Lobus parietalis, aber nicht, wie der Namen vermuten liese, Blut aus dem Thalamus und dem Striatum.
- V. choroidea – führt das Blut aus den Plexus choroidei.
- ➤ **V. interna cerebri** – entsteht im Bereich des Foramen interventriculare. Sie zieht über das Dach des 3. Hirnventrikels nach dorsal, wo sich die linke und rechte V. cerebri interna zur V. cerebri magna vereinigen.
- **V. basalis** – entsteht im Bereich der Substantia perforata anterior. Sie verläuft über den Tractus opticus und um den Pedunculus cerebri herum zur V. cerebri magna.
- **V. magna cerebri** – entsteht im Bereich des Corpus pineale (= Zirbeldrüse) durch die Vereinigung der beiden Vv. cerebri internae. Sie ist nur etwa 1 cm lang, verläuft zwischen dem Kleinhirn und dem Mittelhirndach und mündet im Tentorium cerebelli (= Kleinhirnzelt) in den Sinus rectus.◄

Sinus durae matris

Der allergrößte Teil des venösen Blutes wird aus dem Gehirn über die Sinus durae matris (= Blutleiter der Dura) abgeleitet. Die Sinus liegen zwischen den beiden Laminae (= Blättern) der Dura mater. Sie verlaufen in den Durasepten (= Falx cerebri und Tentorium) die in den großen Einschnitten der Hirnoberfläche verlaufen.

➤ Die Sinus sind im eigentlichen Sinne keine Venen, denn sie besitzen als eigene Wand nur eine Intima. Eine Muskelschicht fehlt, weshalb die Sinus nicht kontraktionsfähig aber auch nicht dehnbar sind. Ihr Lumen ist stets offen. Da sie keine Klappen besitzen kann sich der Blutstrom unter pathologischen Bedingungen auch umkehren.

Die Sinus stehen über die Vv. emissariae und die Vv. diploicae mit den äußeren Kopfvenen in Verbindung. Außerdem stehen sie über die V. ophthalmica superior mit den Augen- und Gesichtsvenen in Verbindung.

Beim Neugeborenen steht der Sinus sagittalis superior am Foramen caecum mit den Nasenvenen in Verbindung, diese Verbindung obliteriert später.◄

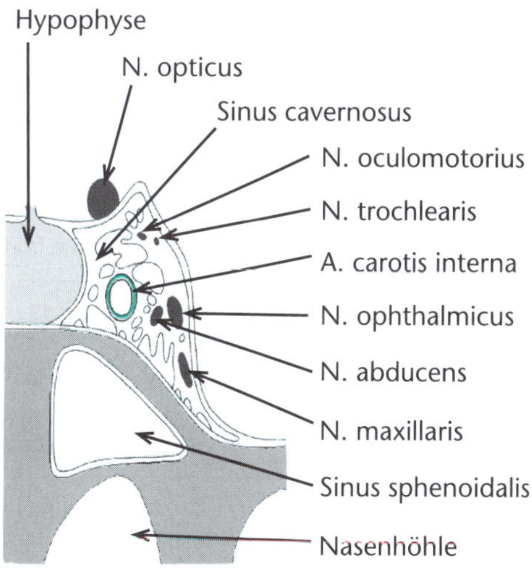

Abb. 9.44 *Frontalschnitt durch den Sinus cavernosus (schematisiert)*

➤ Die Sinus durae matris teilen sich auf in

- **Sinus sagittalis superior** – liegt als unpaariger (einzeln vorkommender) Sinus unter dem Ansatz der Falx cerebri am Schädeldach. Der Sinus sagittalis superior verläuft vom Foramen caecum bzw. der Crista galli nach hinten zum Confluens sinuum. Er besitzt als seitliche Ausbuchtungen **Lacunae laterales**, die die Granulationes arachnoidales enthalten. In den Sinus sagittalis superior münden u.a. die Vv. superiores cerebri. Über die V. emissaria parietalis steht er mit der V. temporalis superficialis in Verbindung.
- **Sinus sagittalis inferior** – liegt als relativ kleiner Sinus am unteren Rand der Falx cerebri und mündet in den Sinus rectus.
- **Sinus rectus** – verläuft an der Vereinigungsstelle von Falx cerebri und Tentorium cerebelli nach hinten. Der Sinus rectus nimmt vorn die V. cerebri magna und den Sinus sagittalis inferior auf und mündet in das Confluens sinuum.
- **Sinus occipitalis** – verläuft als unpaariger Sinus vom Confluens sinuum am Ansatz der Falx cerebelli entlang zum Foramen magnum. Der Sinus occipitalis verbindet das Confluens sinuum mit dem Sinus marginalis. Außerdem steht er mit dem Venengeflecht des Wirbelkanals in Verbindung.
- **Sinus marginalis** – liegt ringförmig um das Foramen magnum herum. Der Sinus marginalis steht mit dem Sinus occipitalis, den Plexus venosis vertebrales interni und dem Plexus basilaris in Verbindung.
- **Confluens sinuum** – liegt im Bereich der Protuberantia occipitalis interna. Im Confluens vereinigen sich der Sinus sagittalis superior, der Sinus rectus und der Sinus occipitalis. Das venöse Blut fließt über die beiden Sinus transversi ab.
- **Sinus transversus** – kommt paarig (auf beiden Hirnseiten) vor. Er liegt in der Basis des Tentorium cerebelli (in Höhe der Linea nuchae superior und der Protuberantia occipitalis externa). Der Sinus transversus beginnt am Confluens sinuum und geht in den Sinus sigmoideus über.
- **Sinus sigmoideus** – liegt an der Hinterfläche der Felsenbeinpyramide und verläuft S-förmig zum Foramen jugulare. Er besitzt topographische Beziehung zu den Cellulae mastoideae und zum Antrum mastoideum. Der Sinus sigmoideus geht in den Bulbus superior der V. jugularis interna über.

Klinik: Durch die Nachbarschaft zu den Cellulae mastoideae kommt es bei einer Mittelohrentzündung häufig zur Übertragung der Infektion auf den Sinus.

- **Sinus petrosus superior** – liegt an der oberen Felsenbeinkante. Er stellt eine Verbindung zwischen dem Sinus cavernosus und dem Sinus transversus dar.
- **Sinus petrosus inferior** – liegt an der unteren Felsenbeinkante. Der Sinus petrosus inferior nimmt das Blut aus dem Sinus cavernosus auf und mündet in den Bulbus der V. jugularis interna.

Sinus	steht über ..... in Verbindung mit	extrakraniales Gefäß
Sinus sagittalis superior	V. emissaria parietalis	V. temporalis superficialis
Sinus sagittalis superior	V. diploica frontalis	V. supraorbitalis
Confluens sinuum	V. emissaria occipitalis	V. occipitalis
Sinus transversus	V. diploica temporalis posterior	V. auricularis posterior
Sinus transversus	V. diploica occipitalis	V. occipitalis
Sinus sigmoideus	V. emissaria mastoidea	V. occipitalis
Sinus sigmoideus	V. emissaria condylaris	Plexus venosi vertebrales externi
Sinus sphenoparietalis	V. diploica temporalis anterior	Vv. temporales profundae

- **Sinus spheno-parietalis** – liegt an der Oberkante des kleinen Keilbeinflügels (= Ala minor) und mündet in den Sinus cavernosus.
- **Sinus cavernosus** – kommt paarig vor. Die beiden Sinus cavernosi liegen beiderseits der Sella turcica (= Türkensattel). Sie werden durch einen vor und einen hinter der Sella liegenden **Sinus intercavernosus** zu einem Geflecht erweitert, das mit seinem Lumen das Siphon der A. carotis interna umschließt. Der Sinus cavernosus reicht von der Fissura orbitalis superior bis zur Spitze der Felsenbeinpyramide.
  Der Sinus cavernosus erhält das Blut aus der V. ophthalmica superior und inferior und aus der V. media superficialis cerebri. Das Blut fließt über den Sinus petrosus superior und den Sinus petrosus inferior in den Sinus sigmoideus.
  Im Sinus cavernosus verlaufen die A. carotis interna und der N. abducens. In der lateralen Wand des Sinus verlaufen der N. oculomotorius, der N. ophthalmicus, N. maxillaris und der N. trochlearis. ➤

Die Sinus stehen über die nachfolgenden Vv. emissariae und Vv. diploicae mit den extrakranial liegenden Venen in Verbindung.

9.11.3 Angewandte Anatomie

! 0/2

➤ *Prüfungsrelevant: Kenntnis, in welchem Bereich sich das jeweilige Hämatom ausbreitet.* ➤

Im Schädelbereich kann es zu einer Blutung (= Hämatom) kommen, wobei man zwischen einem extra- und einem intrakranialen Hämatom unterscheiden muß.

Ein **extrakraniales Hämatom** liegt außerhalb der Schädelhöhle. Liegt es über dem äußeren Periost, so wird es subaponeurotisches Hämatom genannt, liegt es unter dem äußeren Periost, so nennt man es subperiostales Hämatom.
Beide Hämatome sind häufig geburtstraumatisch bedingt.
➤ Subaponeurotisches Hämatom – hierbei sammelt sich das Blut in dem zwischen der Galea aponeurotica und dem äußeren Periost liegenden lockeren Gleitgewebe. Da in diesem Bereich keine Verwachsungen vorhanden sind, kann sich die Blutung großflächig ausbreiten. ➤

Subperiostale Blutung (= Kephal-hämatom) – hierbei sammelt sich das Blut zwischen dem äußeren Periost (= Perikranium) und der Schädelkalotte. Da das äußere Periost mit den Schädelnähten verwachsen ist, bleibt eine solche Blutung regional begrenzt.

Zu den **intrakraniellen Hämatomen** (= innerhalb der Schädelkalotte liegend) zählen:
➤ Epidurales **Hämatom** – hierbei kommt es infolge eines Schädeltraumas durch Zerreißen einer meningealen Arterie, z.B. der A. meningea media, zu einer Einblutung zwischen den beiden Blättern der Dura mater, wodurch sich zwischen den beiden Blättern der Epiduralraum bildet. Unter normalen Bedingungen kommt im Hirnbereich kein Epiduralraum vor! ➤

Subdurales Hämatom – hierbei kommt es, traumatisch bedingt, durch eine Schädigung einer kortikalen Vene (kortikal = zur Rinde gehörend) zu einer Blutung zwischen der Dura mater und der Arachnoidea.

Subarachnoidales Hämatom – die Blutung liegt hierbei in dem zwischen der Arachnoida und der Pia mater liegenden Subarachnoidalraum (= Cavum subarachnoidale). Die Ursache kann ein Aneurysma (= krankhafte Erweiterung) einer Arterie der Hirnbasis sein.

Intrazerebrales Hämatom – liegt innerhalb des Hirngewebes und ist ebenfalls traumatisch bedingt.

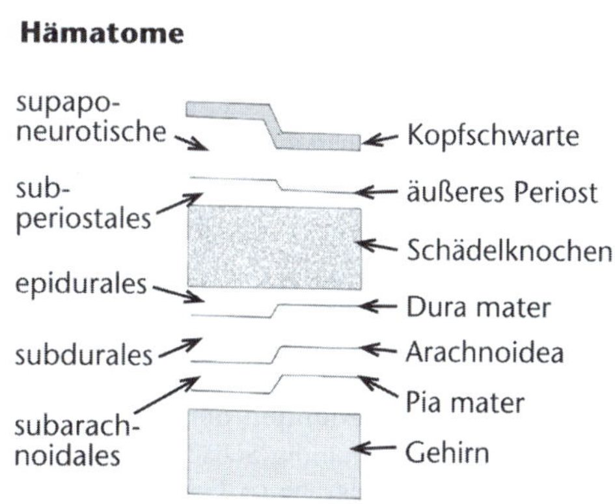

Abb. 9.45 *Lokalisation der Hämatome*

ZNS

10 Sehorgan

10.1 Orbita

Die **Orbita** (= Augenhöhle) kann man mit einer vierseitigen Pyramide vergleichen, die nach hinten hin spitz zuläuft. Der Eingang in die Orbita wird **Aditus orbitalis** genannt.

In der Orbita liegen der Augapfel, fetthaltiges Bindegewebe, der orbitale Teil der Tränendrüse, der N. opticus, die 6 Augenmuskeln, der M. orbitalis sowie Augennerven und Augengefäße.

10.1.1 Form und Lage der Orbita ! 0/2

Die Wände der Orbita werden aus insgesamt 7 Knochen gebildet:

- Dach: Os frontale (= Stirnbein) und Ala minor des Os sphenoidale (= Keilbein).
- laterale Wand: Os zygomaticum und Ala major des Os sphenoidale.
- mediale Wand: Os lacrimale (= Tränenbein) und Os ethmoidale (= Siebbein).
- Boden: Maxilla (= Oberkiefer), Os zygomaticum (= Jochbein) und Os palatinum (= Gaumenbein).

Klinik: ➤ Die mediale Wand der Orbita ist papierdünn. In diesem Bereich können von den Siebbeinzellen (= Cellulae ethmoidales) Entzündungen auf die Orbita übergreifen. ◄

Topographische Beziehungen der Orbita

- ➤ Dach – ist nur durch die Schädelknochen von der vorderen Schädelgrube (= Fossa cranii anterior) mit dem Stirnlappen des Großhirns sowie vom Sinus frontalis (= Stirnbeinhöhle) getrennt.
- mediale Wand – trennt als sehr dünne Knochenwand die Orbita von den Cellulae ethmoidales (= Siebbeinzellen) und der Nasenhöhle.
- laterale Wand – trennt die Orbita von der Fossa temporalis (= Schläfengrube).
- dorsale Begrenzung – trennt die Orbita von der mittleren Schläfengrube.
- Boden – trennt die Orbita vom Sinus maxillaris (= Kieferhöhle); in diesem Bereich verläuft auch ein Endast des N. maxillaris. ◄

Die Ein- und Austrittsstellen der Orbita sind in Kapitel 3.2.3 aufgelistet.

➤ Das die Orbita auskleidende Periost (= Knochenhaut) wird **Periorbita** genannt. Die Periorbita steht am Canalis opticus und über die Fissura orbitalis superior mit der Dura mater des Gehirns in Verbindung. ◄ Die Periorbita enthält glatte Muskelfasern, die in der Nähe der Fissura orbitalis inferior liegen und zusammen als **M. orbitalis** bezeichnet werden. Der M. orbitalis wird vom Sympathikus innerviert. Bei uns Menschen ist dieser Muskel nur noch rudimentär (= verkümmert) vorhanden.

Klinik: Beim Ausfall des M. orbitalis sinkt der Augapfel etwas in die Orbita zurück (= Enophthalmus).

Nach vorne zu wird die Augenhöhle durch das dünne, bindegewebige Septum orbitale abgeschlossen, das die Fortsetzung der Lidfaserplatte bildet.

10.1.2 Peri- und retrobulbärer Bindegewebsraum ! 0/0

Als peribulbären Bindegewebsraum wird der Raum definiert, den die Periorbita im Bereich der Augenhöhle auskleidet. Dieser Raum ist hauptsächlich mit dem **Augapfel (= Bulbus oculi)** ausgefüllt. Um und hinter dem Bulbus oculi liegt als relativ enger Raum, der retrobulbäre Bindegewebsraum.

➤ Im **retrobulbären Bindegewebsraum** liegen die 6 äußeren Augenmuskeln (Kapitel 10.7.5) sowie der M. levator palpebrae (= Lidheber). ◄

➤ Im Retrobulbärraum verlaufen:
- N. oculomotorius,
- N. trochlearis,
- N. abducens,
- N. ophthalmicus,
- A. und V. ophthalmica. ◄

➤ Außerdem liegt in diesem Raum das Ganglion ciliare, in dem die parasympathischen Äste des N. oculomotorius umgeschaltet werden (Nervenverläufe siehe Kapitel 5.5). ◄

Die „leeren" Stellen im retrobulbären Bindegewebsraum werden durch das Orbitalfett (= Corpus adiposum orbitae) ausgefüllt.

Gegen den Augapfel selbst grenzt sich das Corpus adiposum durch die fibröse **Vagina bulbi** (= Tenonsche Kapsel) ab, die wiederum durch zahlreiche Fäserchen locker mit dem Augapfel verbunden ist. Der von den Fäserchen durchsetzte Spaltraum wird **Spatium episclerale** (alt: Spatium intervaginale) genannt, er enthält Lymphe.

10.2 Bulbus oculi

10.2.1 Entwicklung des Bulbus oculi

!! 3/6

➤ Die Augen entwickeln sich aus 3 verschiedenen Baumaterialien:
- Neuroektoderm,
- Oberflächenektoderm,
- Mesenchym. ◄

➤ Zu Beginn der 4. Entwicklungswoche beginnt die Entwicklung des Sehorgans. Auf beiden Seiten des noch offenen Neuralrohrs stülpen sich im Bereich des späteren Vorderhirns die Wände zur Augenfurche aus.

Während sich das Neuralrohr schließt, buchten sich die Augenfurchen zu den **Augenbläschen** aus, die über einen Augenstiel mit dem Vorderhirn in Verbindung bleiben. Die Augenbläschen berühren nun das umgebende Oberflächenektoderm, das sich daraufhin verdickt und die **Linsenplakode** bildet. ◄

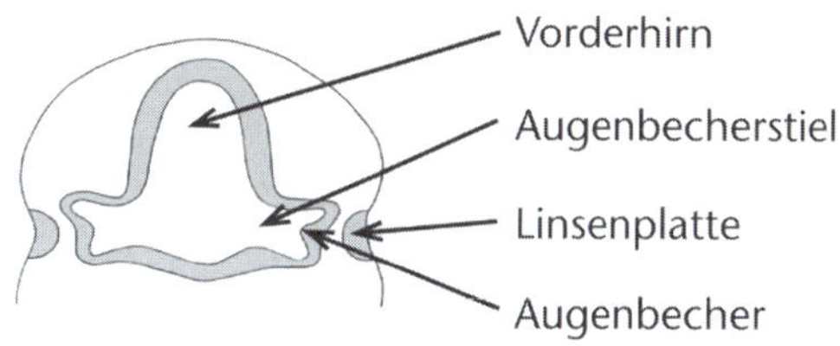

Abb. 10.1 *Augenentwicklung*

➤ In der 5. Entwicklungswoche stülpen sich die Augenbläschen zu den beiden **Augenbechern** ein. Der Stiel des Augenbechers steht mit dem Zwischenhirn in Verbindung. Die Augenbecher bestehen aus 2 Blättern.

Aus dem äußeren Blatt (= der äußeren Wand) gehen das Pigmentepithel der Netzhaut (= Stratum pigmentosum retinae) und die glatten Augenmuskeln (= M. sphincter pupillae und M. dilatator pupillae) hervor.

Das innere Blatt (= die innere Wand) hat eine dem Gehirn vergleichbare Entwicklung. Das vordere 1/5 des inneren Blatts, Pars caeca retinae genannt, teilt sich in die Pars iridica retinae, die die Innenschicht der Iris bildet, und in die Pars ciliaris retinae, aus der das Corpus ciliare entsteht. Die hinteren 4/5 des inneren Blatts verdicken.

Aus der Neuroepithelschicht, die dem Sehventrikel (= Spalt zwischen dem äußeren und inneren Blatt) anliegt, differenzieren sich die lichtempfindlichen Sinneszellen der Retina (= Netzhaut). Die daran anschließende Mantelschicht bildet die Stützzellen und die Neurone.

Der Spalt zwischen den beiden Blättern des Augenbechers steht als Sehventrikel mit dem Ventrikelsystem des Gehirns in Verbindung. Der untere Rand des Augenbechers ist schlitzartig als Augenbecherspalte geöffnet. In diesem Spalt liegen Mesenchym und die **A. hyaloidea**.

Die A. hyaloidea bildet sich später zurück, aus einem Restteil entsteht die **A. centralis retinae**. ◄

Auge

Linsenentwicklung

➤ Das Augenbläschen induziert die Entwicklung der Linse. Gleichzeitig mit der Bildung des Augenbechers stülpt sich die Linsenplakode zum Linsengrübchen ein und schnürt sich anschließend zum Linsenbläschen ab. Das Linsenbläschen ist von einer dünnen Kapsel umgeben. Das vorne liegende kubische Linsenepithel gibt nach hinten Zellen ab, die sich zu Linsenfasern entwickeln und das Lumen der Linse ausfüllen. Die Linsenfasern ziehen vom vorderen Linsenstern um den Äquator herum zum dorsal liegenden Linsenstern. ◄

Die **Kornea** (= Hornhaut) geht aus dem über dem Linsenbläschen liegenden Oberflächenektoderm hervor.

Entwicklung des N. opticus

➤ Der N. opticus ist entwicklungsgeschichtlich gesehen zusammen mit der Retina (= Netzhaut) ein nach außen verlagerter Teil des Zwischenhirns. Somit müssen der N. opticus und die Retina zur weißen Substanz des Gehirns gezählt werden. Von der Retina ziehen die Nervenfasern durch die Augenbecherspalte zum Gehirn.

Mit der Markscheidenreifung der Neuriten verbreitern sich die Nervenfasern und verschließen damit in der 7. Entwicklungswoche den Augenbecherspalt bis auf einen schmalen Kanal, durch den der **Augenbecherstiel** zieht. Während die Zahl der Nervenfasern nun ständig zunimmt, wachsen die innere und äußere Wand des Augenbecherstiels zusammen und ermöglichen es den Nervenfasern damit, sich zusammenzulagern und zusammen den N. opticus zu bilden. Die sich in dem Augenbecherstiel ausbildenden Nervenfasern myelinisieren vom Chiasma opticum in Richtung Retina, wobei die Myelinisierung etwa 3 Monate nach der Geburt abgeschlossen ist. Im Zentrum des N. opticus verläuft die A. hyaloidea, die zu einem späteren Zeitpunkt A. centralis retinae genannt wird. Bei der Geburt ist die Sehschärfe noch unvollkommen, weil die Fovea centralis (= Stelle des schärfsten Sehens) erst um den 6. Lebensmonat voll entwickelt ist. ◄

Entwicklung des Glaskörpers

Der Glaskörper geht aus dem im Augenbecherspalt liegenden Mesenchym hervor, das in den Hohlraum des Augenbechers vordringt und dort die gallertige Glaskörpersubstanz bildet.

Entwicklung der Choroidea und der Iris

In der 5. Entwicklungswoche gehen aus dem losen Mesenchym, das um die Augenanlage herum liegt, die äußere und mittlere Augenhaut hervor. Diese Entwicklung entspricht der Bildung der Hirnhäute.

➤ Aus der mittleren Schicht der Augenhaut, die der Pia mater entspricht, entwickelt sich die gefäßreiche und stark pigmentierte Choroidea. Aus der äußeren Schicht, die der Dura mater entspricht, geht die Sklera hervor, die sich in die Dura mater des N. opticus fortsetzt. ◄

Entwicklung der Augenlider

Die Augenlider entwickeln sich im Bereich der Linsenplakode als Wülste, die im 4. Entwicklungsmonat in der Lidnaht verwachsen. Im 7. Entwicklungsmonat werden das Ober- und das Unterlid voneinander getrennt. In der Folgezeit entsteht die Konjunktiva (= Bindehaut).

Entwicklung der Augenmuskeln

Die quergestreiften Augenmuskeln gehen aus dem Mesoderm hervor.

Merke:

- Aus dem Neuroektoderm entwickeln sich: Retina, die Muskulatur der Iris und der N. opticus.
- Aus dem Oberflächenektoderm entwickeln sich: das Linsenbläschen, sowie das Epithel der Kornea, der Konjunktiva, der Tränendrüse, der ableitenden Tränenwege und der Augenlider.
- Aus dem den Augenbecher umgebenden Mesenchym entwickeln sich das Bindegewebe von: Kornea, Sklera, Choroidea, Iris und des Corpus ciliare.

Augenmißbildungen

Bei der **Anophthalmie** fehlt das Auge vollständig.

➤ Unter einem **Katarakt** versteht man eine Linsentrübung (= „grauer Star"). Zu einem angeborenen Katarakt kann es kommen, wenn z.B. um die 6. Entwicklungswoche die Linsenentwicklung von außen durch eine Rötelninfektion der Schwangeren gestört wird. ◄

Als weitere Augenmißbildung kommt das **Iriskolobom** (= angeborene Spaltbildung der Iris) vor. Normalerweise schließt sich die Augenbecherspalte in der 7. Entwicklungswoche. Ist diese Entwicklung gestört, so bleibt eine Spalte bestehen, die zumeist in der Iris lokalisiert ist, aber sich auch bis in den Ziliarkörper, die Retina, die Choroidea und den N. opticus fortsetzen kann. Das Auftreten eines Koloboms ist häufig mit anderen Augenmißbildungen verbunden.

10.2.2 Gestalt, Gliederung und Form des Bulbus oculi !! 2/8

Der fast kugelige Augapfel (= Bulbus oculi) ist 24 mm lang. Er besteht aus 3 Hüllen und 3 Räumen.

Die 3 Augenhüllen = Augenhäute sind schalenartig aufgebaut. Es kommen vor:
- äußere Augenhaut = Tunica fibrosa bulbi,
- mittlere Augenhaut = Tunica vasculosa bulbi,
- innere Augenhaut = Tunica interna bulbi.

➤ Die **Tunica fibrosa** bildet beim Auge eine feste Hülle. Diese Hülle besteht aus der:
- durchsichtigen, vorne liegenden Kornea (= Hornhaut), und der
- undurchsichtigen, hinten liegenden Sklera (= Lederhaut). ◄

➤ Die **Tunica vasculosa** ist die gefäßführende Schicht des Auges. Sie besteht aus:
- der Iris (= Regenbogenhaut),
- der Choroidea (= Aderhaut),
- dem Corpus ciliare (= Strahlenkörper). ◄

➤ Die **Tunica interna** wird von der Retina (= Netzhaut) gebildet. ◄

Augenhäute			
	vorderer Augapfel	**Übergangsbereich**	**hinterer Augapfel**
äußere Augenhaut	Kornea	–	Sklera
mittlere Augenhaut	Iris	Corpus ciliare	Choroidea
innere Augenhaut	–	–	Retina

Folgende Räume kommen innerhalb des Auges vor:
- vordere Augenkammer – liegt zwischen der Kornea und der Iris,
- hintere Augenkammer – liegt zwischen der Iris, dem Corpus ciliare und der Linse,
- Glaskörperraum – enthält das Corpus vitreum (= Glaskörper).

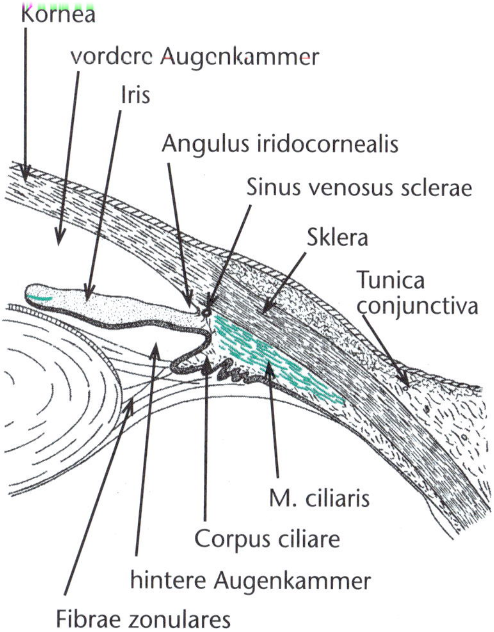

Abb. 10.2 *Schnitt durch den vorderen Teil des Auges*

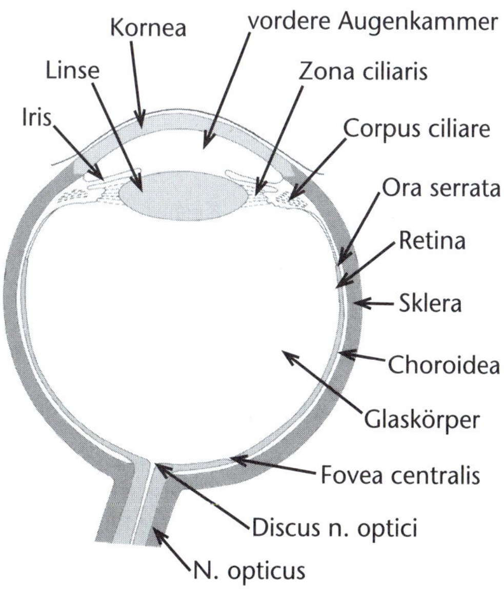

Abb. 10.3 *Schnitt durch das gesamte Auge*

Auge

10.2.3 Bau und mikroskopische Anatomie des Bulbus oculi

!!! 33/66

➤ *Prüfungsrelevant: Gesamtes Kapitel, absolut prüfungsrelevant: Retina.* ◄

Nachfolgend werden die in Kapitel 10.2.2 aufgeführten Teile des Bulbus oculi beschrieben.

Kornea (= Hornhaut)

Die Kornea ist ihrer Form nach mit einem Uhrglas vergleichbar, das eine vordere konvexe und eine hintere konkave Fläche besitzt.

Die Kornea ist gefäßlos und durchsichtig. Sie ist aus Bindegewebe aufgebaut und steht unter einem bestimmten Quellungsdruck, bei dessen Erniedrigung (z.B. beim Tod) oder Erhöhung (z.B. beim Glaukom = „grüner Star") die Kornea trübe und damit lichtundurchlässig wird.

Auf der Außenseite wird die Kornea von Tränenflüssigkeit benetzt, die auch kleinere Unebenheiten auf der Oberfläche der Kornea ausgleicht. Über den Lidschlag wird die Tränenflüssigkeit gleichmäßig über die Kornea verteilt. Dazu ist beim oberen Augenlid der M. levator palpebrae superior (hebt das Lid) und beim unteren Augenlid die Pars palpebralis des M. orbicularis superior (Lidschluß) zuständig. Fehlt die Befeuchtung der Kornea, so kommt es zur Austrocknung und zur nachfolgenden Eintrübung, was zum Erblinden des betroffenen Auges führen kann. Die Innenseite der Kornea steht mit dem Kammerwasser in Kontakt.

Die Kornea ist stärker gekrümmt als die Sklera. Die Kornea besitzt eine Brechkraft von 43 Dioptrien (siehe Akkommodation).

Mikroskopische Anatomie

Von außen nach innen ist die **Kornea** aus folgenden fünf Schichten aufgebaut:

- **Epithelium anterius** (alt: Epithelium corneae) – besteht aus unverhorntem, mehrschichtigem Plattenepithel, das peripher in das Epithel der Konjunktiva übergeht. In dieser Schicht liegen viele Nervenendigungen, die durch Fremdkörper gereizt werden können. Außerdem dient diese Schicht dem Schutz vor Umwelteinflüssen.
- **Lamina limitans anterior = Bowman-Membran** – bildet eine 10–20 µm dicke Basalmembran, die am hinteren Ende in die Substantia propria übergeht.
- **Substantia propria** – bildet die Hauptmasse der Kornea. Die Substantia ist aus Bindegewebslamellen aufgebaut, zwischen denen die sogenannten Saftlücken der Kornea liegen.
  Die einzelne Hornhautlamelle ist aus sehr feinen kollagenen Fibrillen aufgebaut. Zwischen den Lamellen liegen Fibrozyten.
  Außerdem dringen feine Äste aus den Nn. ciliares longi in diese Schicht ein, die an den Nervenendigungen des Epithelium corneae enden und die Kornea sensibel innervieren.
- **Lamina limitans posterior = Descemet-Membran** – bildet die hintere Basalmembran. Durch die Zwischenräume gelangt das Kammerwasser in den Sinus venosus sclerae.
- **Endothelium posterius** (= Hornhautendothel) – besteht aus einschichtigem Plattenepithel. Es grenzt die Kornea zur vorderen Augenkammer hin ab. Die Bedeutung dieses Endothels ersehen Sie daraus, daß bei seiner Verletzung Kammerwasser in die Substantia propria eindringt und dadurch eine Trübung der Kornea entsteht.

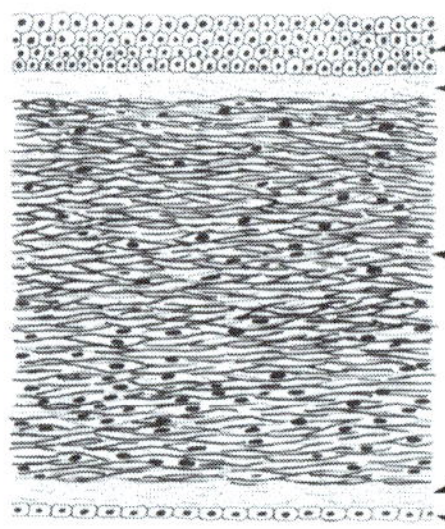

Abb. 10.4 *Schnitt durch die Kornea*

Sklera (= Lederhaut)

Am Limbus corneae geht die Kornea in die Sklera über. Die gefäßlose Sklera bildet bei unserem Auge den weißen Augenteil.

Am Übergang zur Kornea liegt der ringförmige **Sinus venosus sclerae** (= **Schlemm-Kanal** – siehe Kammerwasser am Ende des Kapitels), der über Trabekel mit der vorderen Augenkammer in Verbindung steht. Durch diese Trabekel fließt das Kammerwasser ab.

Im Bereich der Durchtrittsstelle des N. opticus ist die Sklera siebartig durchbrochen. Durch diese Siebplatte, die **Lamina cribrosa** genannt wird, ziehen die einzelnen Nervenfasern hindurch.

Nach außen grenzt die Sklera an das **Spatium episclerale**, das als Gleitraum für den Augapfel dient. Das Spatium episclerale ist seinerseits durch die **Vagina bulbi** (= **Tenon-Kapsel**) vom umgebenden Orbitalfett getrennt.

Von der Choroidea (= Aderhaut) ist die Sklera durch die Lamina suprachoroidea (siehe Choroidea weiter unten) getrennt, die aus lockerem Bindegewebe besteht und viele Melanozyten (= Pigmentzellen) und Fibroblasten enthält.

Mikroskopische Anatomie

Die **Sklera** ist aus 3 Schichten aufgebaut:

- Lamina episcleralis – besteht aus lockerem Hüllgewebe.
- Substantia propria – besteht aus kollagenen Fasern und bildet den Hauptteil der Sklera.
- Lamina fusca sclerae – bildet eine dunkelbraune Pigmentschicht, die an die Choroidea grenzt.

Iris (= Regenbogenhaut)

Die Iris gibt dem Auge seine Farbe (graublau bis dunkelbraun). Als Pigment liegt Melanin vor.
In der Mitte der Iris liegt die **Pupille** (= Sehloch).

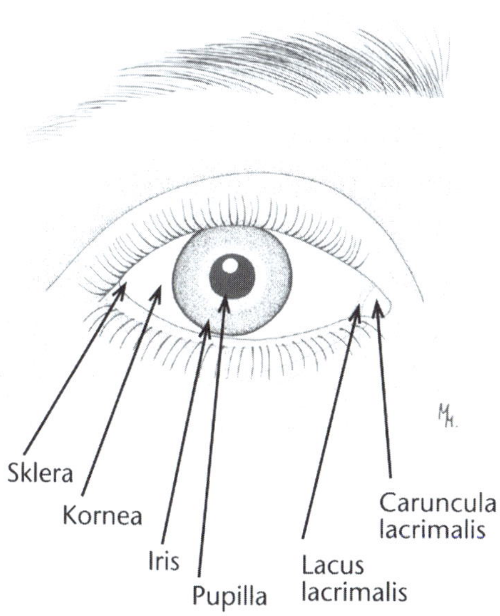

Abb. 10.5 *Auge*

Die Iris dient als verstellbare Blende, die die Pupille aktiv enger oder weiter stellen kann und damit den Lichtdurchtritt reguliert. Die Iris liegt hinter der Kornea und direkt vor der Linse. Sie teilt den zwischen beiden liegenden Raum in eine große vordere und eine kleinere hintere Augenkammer.

Mit ihrem Margo ciliaris setzt die Iris am Corpus ciliare an, mit ihrem Margo pupillaris reicht sie bis zum Pupillenrand. Im radiär verlaufenden Balkenwerk liegen die Irisgefäße.

Durch die sensible Innervation des N. oculomotorius ist die Iris sehr schmerzempfindlich.

Mikroskopische Anatomie

Die Iris besteht aus einem vorderen und einem hinteren Blatt.
Das vordere Blatt (= Facies anterior) wird mesodermales Stromablatt genannt. Zur vorderen Augenkammer hin wird dieses Blatt durch ein plattes Endothel, das lückenhaft ist, begrenzt.

Dem Endothel folgt eine pigmenthaltige Schicht, die Melanin enthält.

Die nächste Schicht, das Stroma iridis, enthält lockeres Bindegewebe und ist blutgefäßreich. In ihr verlaufen parasympathische Nervenfasern des N. oculomotorius und sympathische Nervenfasern aus dem Halssympathikus.

Innerhalb des vorderen Blattes der Iris liegen der **M. sphincter pupillae**, der die Pupille verengt, sowie der **M. dilatator pupillae**, der die Pupille erweitert. Der M. sphincter pupillae wird von parasympathischen Fasern des N. oculomotorius, der M. dilatator pupillae vom Halssympathikus innerviert.
Das hintere Blatt (Facies posterior) der Iris wird ektodermales Pigmentblatt genannt. Es besteht aus 2 stark pigmentierten melaninhaltigen Epithelschichten. Dieses Blatt dient der Lichtabschirmung.

Klinik: Wie erwähnt, bestimmt die Iris die Farbe des Auges. Ist die Iris pigmentarm, so erscheint sie hellblau, ist sie pigmentreich, so erscheint sie braun. Beim Albino fehlt das Pigment, dadurch kommen die vielen kleinen Blutgefäße der Iris zum Vorschein, weshalb sie rötlich erscheint.

Mikroskopierhilfe für Iris, Kornea und Corpus ciliare:
Die Kornea besteht aus einer homogen erscheinenden Schicht, die durch ein dunkles Epithel nach außen und ein ebenfalls dunkles, aber dünneres Epithel, zur vorderen Augenkammer hin begrenzt ist.

An die Kornea grenzt die Konjunktiva (= Bindehaut). Im dunkler erscheinenden seitlichen Bereich geht die Kornea in die Sklera über.

An die Sklera grenzt das Corpus ciliare, das zur Sklera hin eine fast dreieckige Muskelschicht besitzt.

Die Iris besitzt zur hinteren Augenkammer hin eine dunkle, relativ dicke Schicht, darüber liegt eine homogene Masse, die zum offenen Rand hin (zur Pupille hin) einen längs gezogenen Muskelstreifen enthält (die Irismuskeln).

Die vom Corpus ciliare zur Linse ziehenden Zonulafasern (siehe weiter unten) sind meist nicht oder nur angedeutet zu erkennen.

Pupille (= Sehloch)

In der Mitte der Iris liegt als zentrales Sehloch die Pupille.

Die Pupillenweite hängt vor allem vom Lichteinfall ab. Außerdem wird die Pupillenweite durch den vegetativen Tonus und das Alter der Pupille bestimmt. Die Pupillenweite liegt zwischen 1,8 und 8 mm.

Die Pupillenweite wird durch die in der Iris liegenden Muskeln reguliert. Der M. sphincter pupillae verengt (= „schließt") und der M. dilatator pupillae erweitert (= „öffnet") die Pupille.

Fällt helles Licht auf die Retina (= Netzhaut), so verengen die Muskeln der Iris sofort die Pupille (Merke: auch bei der Akkommodation verengt sich die Pupille).

Klinik: Beim vollständigen Ausfall des N. oculomotorius ist die Pupille weit und reaktionslos, weil der N. oculomotorius den M. sphincter pupillae parasympathisch innerviert und bei seinem Ausfall der sympathisch innervierte M. dilatator pupillae überwiegt.

Corpus ciliare (= Strahlen- oder Ziliarkörper)

Das Corpus ciliare erscheint bei einem Querschnitt durch das Auge als dreieckiger und bei einem Längsschnitt als ringförmiger Körper, der in Höhe der Linse an der Innenseite der Sklera liegt (Abb. 10.3). Das Corpus ciliare geht im Bereich der Ora serrata in die Choroidea über.

Das Corpus ciliare besteht aus 2 Zonen:

- **Corona ciliaris** (= **Strahlenkörper**) – ist nach vorne (= zur hinteren Augenkammer und zur Linse hin) ausgerichtet. Die Corona ciliaris ist sehr faltenreich. Diese etwa 70–80 kleinen Erhebungen (Falten) werden **Processus ciliares** (= Ziliarfortsätze) genannt; ihr Epithel produziert das Kammerwasser (siehe weiter unten).
- **Orbiculus ciliaris** – liegt unterhalb der Corona ciliaris. Die Orbiculus ciliaris ist von niedrigen Plicae ciliares besetzt. Die Plicae ciliares liegen teilweise auch zwischen den Processus ciliares. Von den Plicae ciliares entspringen die **Zonulafasern** (= **Fibrae zonulares**), die an der Linse ansetzen (in Abb. 10.2 sind die Zonulafasern als feine Striche markiert).

Mikroskopische Anatomie

Am **Corpus ciliare** können von außen nach innen 3 Schichten unterschieden werden:

- Stratum musculare (= Muskelschicht) – hier liegen die Faserzüge des M. ciliaris (siehe weiter unten).
- Stratum vasculosum (= Gefäßschicht) – bildet eine gefäßreiche Schicht und ist der Lamina vasculosa der Choroidea vergleichbar.
- Epithelschicht – wird in 2 Schichten unterteilt:
  - pigmentiertes Epithel (enthält Melanozyten) und
  - unpigmentiertes Epithel.

Die Epithelschicht des Ziliarkörpers wird vom zweischichtigen Epithel der Retina gebildet, weshalb dieser Epithelbereich Pars ciliaris retinae genannt wird. Die Pars ciliaris retinae bildet mit der Pars iridica retinae die **nicht** lichtempfindliche **Pars caeca retinae** (caeca = „blind").

Die untere, hochprismatische Zellschicht enthält Melanin und ist dem Pigmentepithel der Pars optica der Retina vergleichbar. In der oberen, ebenfalls hochprismatischen Zellschicht ist kein Melanin vorhanden. Es ist der Sinneszellschicht der Retina vergleichbar.

Der im Stratum musculare liegende **M. ciliaris** besteht aus glatten Muskelzellen, die zu Faserzügen zusammengefaßt sind. Bei der Kontraktion des M. ciliaris werden das Corpus ciliare und die Choroidea etwas nach vorne gezogen – dadurch werden die Zonulafasern, an denen die Linse aufgehängt ist, entspannt, so dass sich dadurch die Zugkraft auf die Linse vermindert und sich die Linse entsprechend ihrer Eigenelastizität aus einer elliptischen in eine kugelige Form umwandelt. Mit der Zunahme der Wölbung (= Kugelform) nimmt auch die Brechkraft zu, wodurch das Auge auf die Nähe akkommodiert.

Der M. ciliaris wird überwiegend parasympathisch aus dem N. oculomotorius innerviert, er soll aber auch einige sympathische Nervenfasern aus dem Halssympathikus erhalten.

Die Faserzüge des M. ciliaris können unterteilt werden in

- im histologischen Schnitt innen liegende, quer verlaufende Fibrae circulares, die auch als Müller-Muskel bezeichnet werden,

- im Schnitt außen liegende, längs verlaufende Fibrae meridionales, die auch Brücke-Muskel genannt werden.
- radiär verlaufende Muskelzellen, die den Müller- und Brücke-Muskel miteinander verbinden.

Choroidea (= Aderhaut)

Die Choroidea ist eine dünne, pigmenthaltige Schicht, in der viele Blutgefäße verlaufen, weshalb sie auch als Aderhaut bezeichnet wird. Die Choroidea liegt zwischen der Sklera und der Pars optica der Retina (= Netzhaut). Die Choroidea beginnt an der Austrittsstelle der N. opticus. An der Ora serrata der Retina geht die Choroidea in das Corpus ciliare über.

Mikroskopische Anatomie

Die **Choroidea** besteht von außen nach innen aus folgenden Schichten:

- **Lamina suprachoroidea** – dient als Verschiebespalt gegenüber der direkt angrenzenden Sklera. Sie ist aus lamellar (= schichtig) angeordnetem Bindegewebe aufgebaut.
  Zwischen den Lamellen liegen neben Fibrozyten Melanozyten, deren Produkt, das Melanin, für die schwarze Farbe der Choroidea verantwortlich ist. Der mit Lymphe gefüllte Raum zwischen den Lamellen wird als Spatium perichoroideale bezeichnet, in ihm verlaufen die Nn. ciliares und die Aa. ciliares posteriores.
- **Lamina vasculosa** – besteht aus Bindegewebe, in dem die größeren Arterienäste aus den Aa. ciliares posteriores und die Vv. vorticosae verlaufen.
  Die Lamina vasculosa kann als „die" Gefäßschicht des Auges angesehen werden.
- **Lamina choroidocapillaris** – in ihr verlaufen die kleinsten Äste aus den Aa. ciliares posteriores breves und longae. Über diese Kapillaren dient die Lamina choroidocapillaris der Ernährung der äußeren Retinaschichten.
- **Complexus basalis** (= Grenzmembran = Bruch-Membran) – trennt als sehr dünne Membran die Lamina choroidocapillaris von der Retina.

Linse (= Lens)

Die Linse liegt hinter der Iris und der vorderen Augenkammer, sowie vor dem Glaskörper (siehe Abb. 10.3). Die etwa 1 cm breite und 0,3–0,5 cm dicke Linse ist glasklar, sie besitzt einen bikonvexen Körper, dessen vordere Fläche schwächer gekrümmt ist als die hintere. Die Linse ist gefäß- und nervenfrei. Sie wird mittels Diffusion aus dem Kammerwasser ernährt.

Durch die Zonulafasern (= Fibrae zonulares) ist die Linse am Ziliarkörper (= Corpus ciliare) befestigt. Die Zonulafasern setzen am Äquator der Linse an, sie bilden zusammen den Aufhängeapparat des Ziliarkörpers. Die Funktion der elastischen Linse wird bei der Akkommodation beschrieben.

Mikroskopische Anatomie

Die **Linse** ist von einer lichtbrechenden, kohlenhydratreichen Linsenkapsel (= Capsula lentis) umgeben, in die die Zonulafasern einstrahlen. Im vorderen Teil der Linse liegt unter der Kapsel ein einschichtiges kubisches Epithel.

Aus diesem Epithel erfolgt zeitlebens eine dauernde Neubildung von Zellen, die wiederum in Linsenfasern umgewandelt werden. Die neu gebildeten, im Querschnitt hexagonal aussehenden Linsenfasern verdrängen dabei die alten Fasern.

Da durch die Linsenkapsel hindurch keine alten Linsenfasern nach außen abgegeben werden können, verdichten sich die alten Fasern. Ab etwa dem 30. Lebensjahr bilden die zentral liegenden alten Fasern eine Art Kern (= Nucleus lentis), der sich zu Lasten der elastischen weichen Rindensubstanz (= Cortex lentis) immer mehr verhärtet und vergrößert, was sich negativ auf die Akkommodation auswirkt.

Akkommodation

Unter Akkommodation versteht man die Fähigkeit, durch eine Erhöhung der Brechkraft nahe gelegene Objekte auf der Retina (= Netzhaut) scharf abzubilden.

Unser Auge hat eine Gesamtbrechkraft von 58 Dioptrien, wobei 43 Dioptrien auf die Kornea und 15 Dioptrien auf die Linse entfallen. Die Aufgabe der Linse besteht darin, mit Hilfe der Akkommodation das Bild, das wir vor uns sehen, scharf einzustellen.

An der Akkommodation sind neben der Linse der M. ciliaris und die Zonulafasern (des Corpus ciliare) beteiligt.

Wenn sich der beim Corpus ciliare beschriebene M. ciliaris kontrahiert, wird die Choroidea etwas nach vorne gezogen, worauf sich die Zonulafasern (= Fibrae zonulares), an denen die Linse aufgehängt ist, entspannen. Durch den nun fehlenden Zug entspannt sich die Linsenkapsel und wölbt sich dank ihrer Elastizität kugelartig aus. Durch diese kugelförmige Verformung erhöht sich die Brechkraft.

Merke:

Ferneinstellung = Linse hat Ellipsenform,
Naheinstellung = Linse hat Kugelform.

Klinik: Durch die mit fortschreitendem Lebensalter kontinuierlich zunehmende Umwandlung der Linsenfasern zu einem harten Kern (= Sklerosierung) läßt gleichzeitig die Elastizität der Linse und damit ihre Akkommodationskraft nach, so daß die Linse eines etwa 60 Jahre alten Menschen nur noch eine Akkommodationsfähigkeit von etwa einer Dioptrie besitzt – das heißt, jedes Objekt, das näher als 1 m vor dem Sechzigjährigen liegt, sieht er nur noch unscharf (= Altersweitsichtigkeit).

Glaskörper (= Corpus vitreum)

Der Glaskörper ist ein zellfreier, gallertiger und elastischer Körper, der durchsichtig und glasklar ist. Er liegt zwischen der Linse, dem Corpus ciliare und der Retina. Der Glaskörper stellt den größten Anteil am Augapfelvolumen dar.

Der Glaskörper ist von einem kollagenen Fasernetz und einem Netz aus Hyaluronsäuremolekülen durchzogen, wobei die Hyaluronsäure der Elastizität dient. Durch die Elastizität des Glaskörpers wird die Retina (= Netzhaut) vor Druck und Stoß geschützt.

Daneben dient der Glaskörper wahrscheinlich als Stoffwechselschranke zwischen dem vorderen und hinteren Bulbusabschnitt.

Der Glaskörper ist gefäß- und nervenfrei. Seine lichtbrechende Wirkung ist sehr gering, da sein Brechungsindex dem des Wassers ähnlich ist.

Die kugelige Form des Glaskörpers weist vorne eine Grube (= Fossa hyaloidea) für die Linse auf, von der er durch die Membrana hyaloidea capsularis getrennt ist.

Retina (= Netzhaut)

Die Retina geht als innerste der 3 Augenschichten aus der inneren und äußeren Wand des Augenbechers hervor.

Aus der äußeren Wand des Augenbechers entwickelt sich ein Pigmentepithel, das als **Pars pigmentosa** bezeichnet wird. Aus der inneren Wand gehen die restlichen neun Retinaschichten als **Pars nervosa** hervor (siehe die Tabelle weiter unten). Zwischen der Pars pigmentosa und der Pars nervosa liegt ein kleiner Spaltraum, der bis auf zwei kleine Stellen im Bereich des Austritts des N. opticus (= Discus nervi optici) und an der Ora serrata die Pars pigmentosa von der Pars nervosa vollständig trennt. Durch den Quellungsdruck des Glaskörpers wird die Pars nervosa jedoch gegen die Pars pigmentosa gedrückt.

Klinik: Infolge eines Netzhautrisses oder einer krankhaften Verflüssigung des normalerweise gallertigen Glaskörpers kann sich der Glaskörper verkleinern, wodurch der Druck auf die Pars pigmentosa unterbleibt. Dies führt zur Ablösung der Pars nervosa (= Netzhautablösung = Ablatio retinae), was Erblindung zur Folge haben kann.

Die Retina stellt die lichtempfindliche Schicht unseres Auges dar. Sie ist durchsichtig, 0,2–0,5 mm dick und reicht als innere Augenschicht vom Rand der Pupille bis zum Discus nervi optici.

Die Retina wird in eine zweischichtige Pars optica und in eine mehrschichtige Pars caeca unterteilt. Die **Pars optica** ist der lichtempfindliche Teil der Retina, sie reicht bis zu einer gezackten Linie, die **Ora serrata** genannt wird (siehe Abb. 10.3), und die vor

Aufbau der Retina

Funktionseinheit	Schicht	Neurone
Pars pigmentosa	1. Pigmentepithel = Stratum pigmentosum	
Pars nervosa	2. Stäbchen- und Zapfenschicht = Stratum neuroepitheliale 3. Äußere Grenzmembran = Stratum limitans externum 4. Äußere Körnerschicht = Stratum nucleare externum	I. Neuron = Stratum neuroepitheliale
	5. Äußere plexiforme Schicht = Stratum plexiforme externum 6. Innere Körnerschicht = Stratum nucleare internum 7. Innere plexiforme Schicht = Stratum plexiforme internum	II. Neuron = Stratum ganglionare retinae
	8. Ganglienzellschicht = Stratum ganglionare 9. Nervenfaserschicht = Stratum neurofibrosum 10. Innere Grenzmembran = Stratum limitans internum	III. Neuron = Stratum ganglionare nervi optici

dem Äquator des Augapfels liegt. An der Ora serrata und der Sehnervenpapille sind das innere und äußere Blatt der Retina verwachsen. Der Teil der Retina, der von der Ora serrata bis zum Rand der Pupille reicht, ist lichtunempfindlich und wird **Pars caeca** genannt.

Die Pars caeca überzieht als Pars iridica die Rückseite der Iris und als Pars ciliaris das Corpus ciliare.

Mikroskopische Anatomie der Retina

Die Pars caeca besteht aus einem einschichtigen prismatischen Epithel, das von der Ora serrata bis zum Pupillenrand reicht und das Corpus ciliare und die Iris überzieht.

Die Pars optica ist aus 2 Funktionseinheiten (= Pars pigmentosa und nervosa) aufgebaut, die wiederum aus 10 Schichten bestehen. In der Pars nervosa können 3 hintereinandergeschaltete Neurone unterschieden werden.

Die beiden Funktionseinheiten sind:

- **Pars pigmentosa** (alt: Stratum pigmentosum genannt) – bildet als äußere Funktionseinheit eine dunkelbraune Pigmentschicht, die aus einem einschichtigen isoprismatischen Epithel besteht. Mit ihren bürstenartigen Fortsätzen reicht sie zwischen die Stäbchen und Zapfen (= „Sehzellen“) des Stratum neuroepitheliale hinein. Im Zytoplasma enthalten sie Melaningranula. Basal ist sie fest mit dem Complexus basalis (= Bruch-Membran = Teil der Choroidea) verbunden. Das Pigmentepithel dient dem Stoffaustausch zwischen den Kapillaren der Lamina choroidocapillaris und der Retina. Außerdem phagozytieren die Zellen des Pigmentepithels die abgestoßenen äußeren Segmente der Stäbchenzellen. Das im Zytoplasma enthaltene Melanin absorbiert Streulicht und verhindert damit Lichtreflexionen.
- **Pars nervosa** (alt: Stratum cerebrale) – bildet die innere Funktionseinheit und ist als Gehirnschicht anzusehen. Sie dient der Leitung von Reizen aus den „Sehzellen“.

Wie Sie aus der Tabelle entnehmen können, besteht die **Pars nervosa** aus den nachfolgend 3 hintereinandergeschalteten Neuronen.

Stratum neuroepitheliale (Stratum photosensorium)

In dieser Schicht liegen als primäre Sinneszellen die lichtempfindlichen Stäbchen und Zapfen (= „Sehzellen“), die zusammen als **Photorezeptoren** bezeichnet werden. Die Photorezeptoren bilden das 1. Neuron, das unipolar ist.

Unser Auge besitzt rund 120 Millionen Stäbchen und 6 Millionen Zapfen. Die **Stäbchen** sind lichtempfindlich und dienen bei schwachem Licht (= Dämmerungssehen – skotopisches Sehen) zur Unterscheidung von Grautönen. Die **Zapfen** sind bei heller Beleuchtung farbempfindlich und dienen dem farbigen und scharfen Sehen (= photopisches Sehen).

Die Stäbchen- und Zapfenzellen sind jedoch nicht gleichmäßig über die Retina verteilt, so besitzt die Macula lutea (= Stelle des schärfsten Sehens – siehe weiter unten) nur Zapfen. In der Peripherie der Retina fehlen hingegen die Zapfen.

Die **Stäbchen** werden in ein Außen- und ein Innenglied unterteilt. Zwischen dem Außen- und Innenglied liegt ein dünnes Verbindungsstück, das im Querschnitt 9 Mikrotubuluspaare besitzt und damit einer Kinozilie ähnelt, dem jedoch das innere Mikrotubuluspaar fehlt.
Das Außenglied bildet den lichtempfindlichen Teil, es besteht aus etwa 1.000 flachen Bläschen, die wie Münzen in einer Geldrolle übereinandergestapelt sind. Die Bläschen, die jeweils von einer Membran umschlossen sind, enthalten das Sehpigment Rhodopsin (= Sehpurpur). Das Innenglied der Stäbchenzellen enthält viele Mitochondrien und viel Glykogen. Im Innenglied werden die Sehstoffe hergestellt und an die neu entstandenen Bläschen weitergegeben. Außerdem liegt im Innenglied der Zellkern.

Die **Zapfen** werden ebenfalls in ein Außen- und ein Innenglied unterteilt (sie besitzen jedoch im Gegensatz zum Stäbchen kein Zwischenstück). Das Außenglied besteht nicht aus Bläschen sondern wird von einer vielfach gefalteten Zellmembran umgeben. Im Außenglied liegen als Sehpigment u.a. Jodopsin und Zyanosin. Das Innenglied ist reich an Mitochondrien und enthält den Zellkern.

Die Stäbchen- und Zapfenzellen bilden mit ihren Kernen und Fortsätzen 3 Zonen, die jeweils „Stratum“ genannt werden.

Stratum neuroepitheliale (= Schicht der Stäbchen- und Zapfenzellen) – in dieser Schicht liegen die Außenglieder der Photorezeptoren.

Stratum limitans externum (= äußere Grenzmembran) – besteht aus einer dünnen membranähnlichen Schicht, die durch desmosomale Verbindungen zwischen den einzelnen Stäbchen und Zapfen gebildet wird und in die Fortsätze der weiter unten beschriebenen Müller-Stützzellen hineinragen.

Stratum nucleare externum (= äußere Körnerschicht) – diese Schicht wird von den in den Innengliedern der Stäbchen und Zapfen liegenden Zellkernen gebildet.

Die Stäbchen und Zapfen grenzen an die Pigmentschicht, über die die Diffusion von Nährstoffen erfolgt (siehe weiter unten den Abschnitt „Blutversorgung“).

Auge

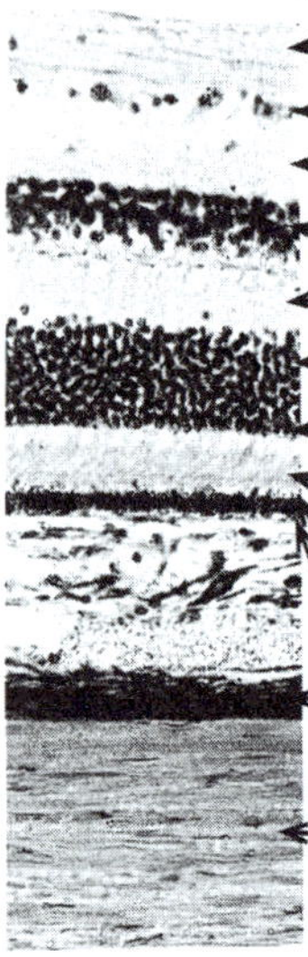

Abb. 10.6 *Querschnitt durch die Retina*

In der Abbildung 10.6 können Sie erkennen, daß die Stäbchen und Zapfen als lichtempfindlicher Retinateil nach außen gerichtet liegen, so dass die Lichtstrahlen erst die anderen Schichten der Retina durchdringen müssen um zu den Photorezeptoren zu gelangen.

Stratum ganglionare retinae

In dieser Schicht liegen als 2. Neuron bipolare Ganglienzellen, die über ihre Dendriten mit den verdickten Fortsätzen der Photorezeptoren verbunden sind. Zumeist ist eine bipolare Ganglienzelle mit mehreren Photorezeptoren verbunden, nur im Bereich der Macula ist jeweils ein Zapfen mit einer bipolaren Ganglienzelle verbunden. Die Dendriten des 2. Neurons nehmen die Erregung aus den Photorezeptoren auf und leiten sie über ihr Axon zu den Dendriten der im Stratum ganglionare nervi optici liegenden multipolaren Ganglienzellen weiter.
Das Stratum ganglionare retinae kann seinerseits in 3 Schichten unterteilt werden:

Stratum plexiforme externum (= äußere plexiforme Schicht) – wird von den Dendriten der bipolaren Ganglienzellen und den Fortsätzen der Photorezeptoren gebildet.

Stratum nucleare internum (= innere Körnerschicht) – wird von den Zellkernen der bipolaren Ganglienzellen gebildet.

Stratum plexiforme internum (= innere plexiforme Schicht) – wird von den Axonen der bipolaren und den Dendriten der multipolaren Ganglienzellen gebildet, die in dieser Schicht über Synapsen miteinander verbunden sind.

Stratum ganglionare nervi optici

In dieser Schicht liegen die großen multipolaren Ganglienzellen, die das 3. Neuron bilden. Über ihre Dendriten erhalten diese Ganglienzellen Erregungen von den bipolaren Ganglienzellen und leiten sie über ihre zunächst marklosen Axone (= Neurite) weiter. All diese etwa 1 Million Axone vereinigen sich im Discus nervi optici, treten gemeinsam durch die Lamina cribrosa der Sklera (= siebartige Durchlöcherung der Lederhaut) und bilden den N. opticus (siehe Kapitel 10.2.4).

Die drei im Stratum ganglionare nervi optici liegenden Schichten sind:

Stratum ganglionare (= Ganglienzellschicht) – wird von den Perikaryen der multipolaren Ganglienzellen gebildet.

Stratum neurofibrosum (= Nervenfaserschicht) – wird von den Axonen der multipolaren Ganglienzellen gebildet.

Stratum limitans internum (= innere Grenzmembran) – umhüllt als dünne Schicht die Retina. Dieses Stratum bildet die Grenzschicht, die dem Glaskörper unmittelbar anliegt. Das Stratum ist aus den Fortsätzen der nachfolgend beschriebenen Müller-Stützzellen aufgebaut.

Neben den hintereinandergeschalteten drei Neuronen liegen in der Retina noch weitere Zellarten, die der Verknüpfung der Zellen innerhalb der einzelnen Neuronenschichten dienen.

- **Horizontalzellen** – liegen in der äußeren plexiformen Schicht. Als Assoziationszellen verknüpfen sie mehrere synaptische Verbindungen (zwischen den Photorezeptoren und den bipolaren Ganglienzellen) netzartig miteinander.
- **Amakrine Zellen** – liegen in der inneren plexiformen Schicht. Sie bilden ebenfalls Assoziationszellen, die wiederum mehrere synaptische Verbindungen zwischen den bi- und multipolaren Ganglienzellen untereinander verknüpfen.
- **Müller-Stützzellen** (= Gliocytus radialis) – durchziehen als Gliazellen die gesamten Retinaschichten und reichen vom Stratum limitans internum (= innere Grenzmembran) bis zum Stratum limitans externum (= äußere Grenzmembran), an deren Aufbau sie jeweils über Fortsätze beteiligt sind.

Mikroskopierhilfe für die Retina: Bei höherer Vergrößerung ist der 10-schichtige Aufbau der Retina unverwechselbar. Zumeist sind noch die Choroidea und die Sklera mit angeschnitten.

Augenhintergrund

Für die Diagnose von Erkrankungen, bei denen die Blutgefäße verändert werden, z.B. beim Diabetes mellitus (= „Zuckerkrankheit") oder dem Bluthochdruck, ist die Retina von großer Bedeutung, denn bei keinem anderen Körperteil können kleinere Gefäße so problemlos begutachtet werden.

Klinik: Um die Retina bei der Fundoskopie (= Augenhintergrunduntersuchung) direkt begutachten zu können, muß zunächst die parasympathische Innervation des M. sphincter pupillae mit einem Parasympatholytikum (z.B. Atropin) blockiert werden, um dadurch die Pupille maximal zu erweitern (ohne diese Maßnahme würde sich die Pupille beim Augenspiegeln durch den Lichteinfall eng stellen). Mit Hilfe einer Lichtquelle und eines Augenspiegels kann man nun durch die Pupille hindurch direkt auf die durchsichtige Retina sehen (Linse und Glaskörper sind ebenfalls durchsichtig).

Wegen der zahlreichen Blutgefäße hat die Retina ein rötliches Aussehen. Die hellrot erscheinenden größeren Äste der A. centralis retinae und die dunkelrot aussehenden Äste der V. centralis retinae laufen auf den Discus nervi optici zu.

Das Gefäßsystem der Choroidea ist bei der Augenspiegelung normalerweise nicht zu sehen, jedoch können beim Albino (= angeborener Pigmentmangel), bedingt durch die geringe Pigmentierung der Retina, die Gefäße der Choroidea durchschimmern.

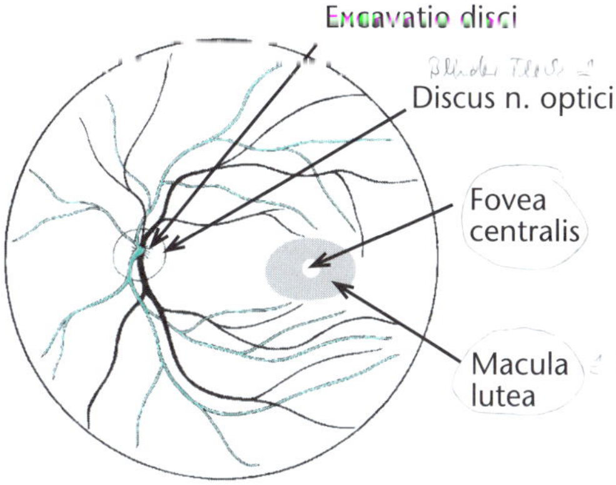

Abb. 10.7 Augenhintergrund

Im zuvor erwähnten **Discus nervi optici** (= „**Sehnervenpapille**") vereinigen sich die Axone der 3. Neurone der Retina zum N. opticus. Der Discus hat einen Durchmesser von ungefähr 1,5 mm und liegt etwa 4 mm medial von der optischen Achse.

Wichtig zu wissen ist, daß im Bereich des Discus weder Zapfen noch Stäbchen auftreten, weshalb dieser Bereich auch als „**blinder Fleck**" oder **Mariotte-Fleck** bezeichnet wird. Der Discus stellt die Stelle des absoluten Sehausfalls dar.

Im Bereich des Discus teilen sich die A. und V. centralis retinae (die ein kleines Sück im N. opticus verlaufen) in ihre Äste.

Als zweite charakteristische Stelle der Retina sehen Sie bei der Augenspiegelung die temporal vom Discus nervi optici liegende, durch vermehrte Pigmentierung gelblich aussehende **Macula lutea**.

Die Macula lutea hat einen Durchmesser von etwa 2 mm. In der Mitte der Macula liegt als kleine Vertiefung die **Fovea centralis**, die als optischer Mittelpunkt anzusehen ist. Die Macula lutea liegt somit direkt in der optischen Achse (= Sehachse) des Auges. In der Macula liegen nur Zapfen. Im Bereich der Fovea centralis fehlen das Stratum ganglionare retinae und das Stratum ganglionare nervi optici (siehe Mikroskopische Anatomie), so dass die Zapfen im Stratum neuroepitheliale nur von einer dünnen Gewebsschicht bedeckt und somit dem Licht direkt ausgesetzt sind.

Da die in der Macula liegenden Zapfen mit jeweils nur einer bipolaren Ganglienzelle verbunden sind, bildet die Macula die Stelle des schärfsten Sehens.

Die in der Peripherie der Retina liegenden Stäbchen und die übrigen Zapfenzellen sind dagegen jeweils zu mehreren mit einer bipolaren Zelle verbunden, weshalb das Sehen in der Peripherie weniger scharf ist. Da die Zapfen andererseits dem Farbsehen dienen (tageslichtempfindlich sind), ist in der Nacht ein scharfes Sehen (wegen des Ausfalls der Zapfen) nicht möglich.

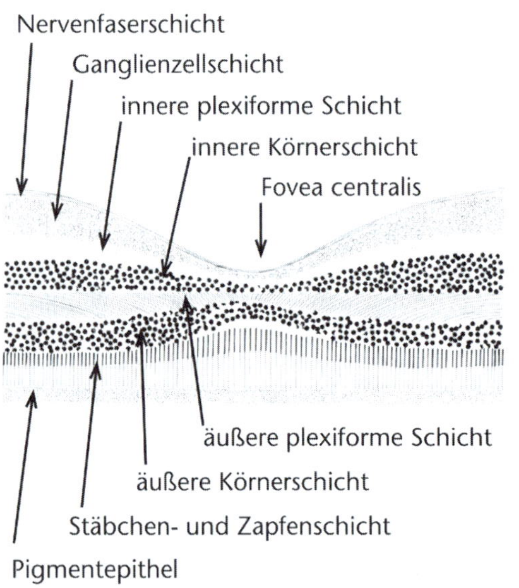

Abb. 10.8 *Schnitt durch die Fovea centralis der Retina*

Blutversorung der Retina

Die Retina wird von 2 Seiten mit Blut versorgt: Die Schichten 10–6 werden über die A. centralis retinae (= Ast aus der A. ophthalmica) versorgt, die kurz vor dem Augapfel von unten her in den N. opticus eindringt und in dessen Mitte liegend zum Discus nervi optici gelangt.

Am Discus teilt sich die Arterie in 2 Äste, die sich wiederum in einer Art Gefäßnetz weiterverzweigen. Das Gefäßnetz bildet ähnlich der „Blut-Hirn-Schranke" für größere Moleküle eine Art „Blut-Retina-Schranke".

Die Schichten 1–5 (= Pigmentepithel bis zur äußeren plexiformen Schicht) besitzen keine Kapillaren, sie werden deshalb mittels Diffusion aus der kapillarreichen Lamina choroidocapillaris versorgt, die zur Choroidea (= Aderhaut) gehört (Diffusionsweg: Choroidocapillaris → Complexus basalis (= Bruch-Membran) → Pigmentepithel der Retina → 2. bis 5. Retinaschicht).

Die Gefäße der A. centralis retinae stellen im Gegensatz zu den Gefäßen der Choroidea Endarterien dar (Endarterien bilden keine Anastomosen untereinander!).

Histophysiologie des Sehorgans

Aus Abb. 10.3 können Sie ersehen, welche Strukturen die Lichtstrahlen durchdringen müssen, um zur Retina zu gelangen. In der Kornea wird das Licht „gesammelt". Die Pupille reguliert den Lichteinfall (bei grellem Licht ist die Pupille eng, bei Dunkelheit weit gestellt). Anschließend trifft der Lichtstrahl auf die Linse, die je nachdem ob wir ein nahe oder ein fern gelegenes Objekt betrachten, kugelig oder eliptisch ist. Durch den Glaskörper trifft der Lichtstrahl auf die Retina, wo er zunächst die äußeren Schichten durchdringen muß, um zu den Photorezeptoren zu gelangen. In den Außengliedern der Photorezeptoren (Stäbchen und Zapfen) liegt das Sehpigment Rhodopsin, das nach Auftreffen eines Lichtquanten aktiviert wird und dadurch Na^+-Ionen-Kanäle verschließt, wodurch es zu einer Hyperpolarisation und damit einem verzögerten Transmitterfluß kommt (umgekehrt zu den anderen Rezeptoren, bei denen ein Potential durch Depolarisation entsteht). Das Rhodopsin zerfällt dabei in Opsin und einen Farbstoff. Durch die Hyperpolarisation wird der Reiz auf das 2. Neuron und von dort auf das 3. Neuron übertragen. Die 3. Neurone bilden den N. opticus – s. Kapitel 10.2.4.

Augenkammern

Die vordere Augenkammer liegt hinter der Kornea und vor der Iris und der Linse. Die Tiefe der Augenkammer hängt von der Akkommodation ab. Die Kammer ist beim Auge, das einen entfernten Punkt anvisiert, flach, beim Auge, das einen in der Nähe liegenden Punkt anvisiert, tief. Die vordere Augenkammer enthält etwa 150–200 mm^3 Kammerwasser.

Das Kammerwasser fließt zum **Kammerwinkel** (Angulus iridocornealis), der am Rand der vorderen Augenkammer liegt und u.a. vom Ziliarkörper, der Sklera und der Iriswurzel gebildet wird. Durch ein im Kammerwinkel netzartig aufgelockertes Gewebe, das Retinaculum trabeculare (= Trabeculum corneosclerale, alt: Lig. pectinatum anguli) genannt wird, erfolgt die Resorption des Kammerwassers.

Das Kammerwasser wird im Kammerwinkel resorbiert und durch das Trabekelnetzwerk (Trabeculum corneosclerale) zum venösen Sinus venosus sclerae (= Schlemm-Kanal) transportiert, der in der Sklera liegt. Von dort fließt das Kammerwasser zu den episkleral liegenden Vv. ciliares anteriores.

Am Reticulum trabeculare setzen einige Sehnen der Ziliarmuskeln an.

Durch die hintere Augenkammer ziehen die Zonulafasern, die als Aufhängebänder der Linse dienen.

Kammerwasser

➤ Das Kammerwasser ist eine wasserklare, zellfreie Flüssigkeit, die Spuren von Proteinen enthält. Das Kammerwasser wird von den Epithelzellen des Ziliarkörpers gebildet und über dessen Gefäßnetz zur hinteren Augenkammer transportiert. Von hier fließt es durch die Pupille zur vorderen Augenkammer. ◄ Der Zufluß aus dem Ziliarkörper und der Abfluß über den Schlemm-Kanal stehen in einem Gleichgewicht, das den Augeninnendruck bildet. Der normale Augeninnendruck liegt bei etwa 15–22 mmHg.

Klinik: ➤ Bei einem Druckanstieg des Kammerwassers kommt es zum Glaukom (= grüner Star). ◄

10.2.4 N. opticus **!! 1/8**

➤ *Prüfungsrelevant: Gesamtes Kapitel.* ◄

Der **N. opticus (= Sehnerv)** ist etwa 4,5 cm lang und 0,4 cm dick. Er entsteht, indem sich die ca. 1 Million Axone der 3. Neurone der Retina, im Discus nervi optici (= Sehnervenpapille) vereinen und dabei den blinden Fleck der Retina bilden. Der Discus n. optici liegt im Augenhintergrund, medial vom hinteren Augenpol (siehe Kapitel 10.2.3).

Kurz bevor der N. opticus den Augapfel verläßt, durchbohren seine Nervenfasern siebartig die Lamina cribrosa der Sklera. Bis zum Durchtritt durch die Lamina sind die Nervenfasern, die aus dem Stratum ganglionare n. optici der Retina kommen, noch markscheidenlos. Nach dem Durchtritt durch die Lamina cribrosa erhalten die Nervenfasern eine Markscheide, die von Oligodendrozyten und Astrozyten gebildet wird.

Als N. opticus ziehen die Axone durch den Canalis opticus zum Chiasma opticum, wo sie teilweise gekreuzt werden (siehe Kapitel 9.8.1). Vom Chiasma gelangen die Axone als Tractus opticus zum Corpus geniculatum laterale (= lateraler Kniehöcker), der das 4. Neuron bildet.

Im retrobulbären Raum liegt der N. opticus im Corpus adiposum orbitae (= Fettkörper) eingebettet. In diesem Bereich verläuft der N. opticus leicht S-förmig, wodurch er eine ausreichende Reservelänge besitzt, um größere Augapfelbewegungen mitmachen zu können.

Im Retrobulbärraum dringen die A. und V. centralis retinae von unten her in das Innere des N. opticus vor, um innerhalb des N. opticus zum Augapfel zu gelangen.

Kurz vor seinem Eintritt in den Canalis opticus umgibt den N. opticus ein Sehnenring, der **Anulus tendineus communis** genannt wird, und der den Augenmuskeln (mit Ausnahme des M. obliquus inferior) als Ursprung dient.

Entwicklungsgeschichtlich ist der N. opticus zusammen mit der Retina (= Netzhaut) ein nach außen verlagerter Teil des Zwischenhirns, der zur weißen Substanz des Gehirns gezählt werden muß. Als Hirnteil wird der N. opticus von den drei Hirnhäuten umgeben (= Dura mater, Arachnoidea, Pia mater). Die Dura mater (= harte Hirnhaut) bildet die derbe äußere Scheide (= Vagina externa nervi optici), die innere Scheide wird von der Arachnoidea und der Pia mater (= weiche Hirnhaut) gebildet. Die Pia mater ist dabei dem N. opticus dicht aufgelagert.

Durch von der Pia mater abgehende Bindegewebssepten wird der N. opticus in etwa 800 bis 1.200 Nervenfaserbündel unterteilt. Zwischen der Pia mater und der Arachnoidea liegt ein mit Liquor gefüllter Verschiebespalt, der Spatium intervaginale genannt wird.

Die aus der Dura mater bestehende äußere Scheide geht kontinuierlich in die Sklera über. Die innere Scheide, die aus der Arachnoidea und der Pia mater besteht, soll in die Choroidea übergehen.

Während die drei Hirnhäute im Bereich der Orbita getrennt voneinander liegen, sind sie innerhalb des Canalis opticus untereinander, sowie mit dem N. opticus fest verwachsen.

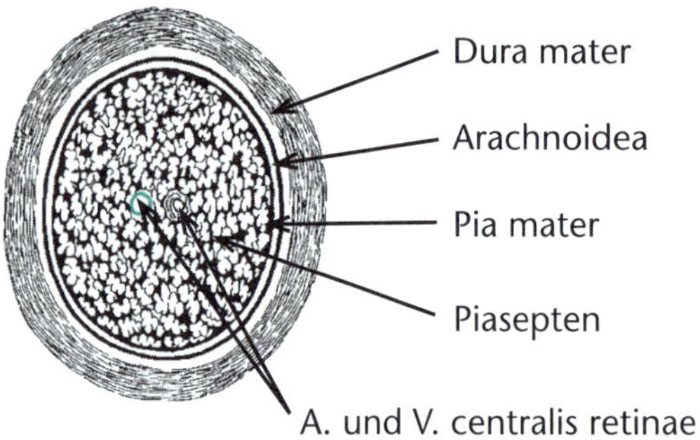

Abb. 10.9 *Querschnitt durch den N. opticus*

Zusatz: Von den peripheren Nerven unterscheidet sich der N. opticus als Hirnteil u.a. dadurch, daß er
- kein Endoneurium (= inneres Bindegewebe eines Nerven) besitzt, dafür aber durch Piasepten unterteilt wird,
- von Hirnhäuten umgeben ist,
- die Hirnhäute bis auf die Pia mater vom N. opticus getrennt sind, während bei den peripheren Nerven das Epineurium mit dem Perineurium verbunden ist,
- die Markscheide beim N. opticus von Oligodendrozyten und Astrozyten gebildet wird, während die Markscheide der peripheren Nerven von den Schwann-Zellen gebildet wird.

10.2.5 Bewegungsapparat des Bulbus oculi !! 2/12

Der Augapfel (= Bulbus oculi) kann wie in einem Kugelgelenk in alle 3 Hauptrichtungen bewegt werden.

Um den Augapfel zu bewegen, besitzen wir 6 Augenmuskeln, die innerhalb des Fettkörpers des Auges (= Corpus adiposum) im retrobulbären Bindegewebsraum (= hinter dem Bulbus oculi) liegen.

Die 6 Augenmuskeln können in 4 gerade und 2 schräg verlaufende Augenmuskeln unterteilt werden.

➤ Die 4 gerade verlaufenden Augenmuskeln sind pyramidenartig angeordnet. Ihre Sehnen entspringen zusammen mit der Sehne des M. obliquus superior (= einem schräg verlaufenden Augenmuskel) und der Sehne des in Kapitel 10.3.1 beschriebenen M. levator palpebrae superioris (= Lidheber) vom Anulus tendineus communis (einem Sehnenring). Der Anulus umschließt kurz vor dem Canalis opticus den N. opticus.

Durch einen Spalt zwischen dem N. opticus und dem Anulus tendineus communis ziehen:
- N. oculomotorius,
- N. abducens,
- N. nasociliaris (= Ast des N. ophthalmicus),
- A. ophthalmica. ➤

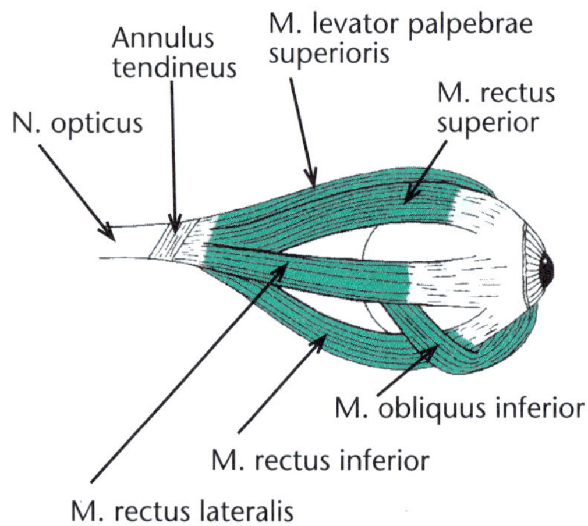

Abb. 10.10 *Äußere Augenmuskeln des rechten Auges*

Zusammenfassung:

Der N. oculomotorius innerviert: M. rectus superior, M. rectus inferior, M. rectus medialis, M. obliquus inferior.

Der N. trochlearis innerviert den M. obliquus superior.

Der N. abducens innerviert den M. rectus lateralis.

➤ Der Augapfel (= Bulbus oculi) wird bewegt durch:
- Adduktion: M. rectus superior, M. rectus inferior, M. rectus medialis.
- Abduktion: M. rectus lateralis, M. obliquus superior, M. obliquus inferior.
- Auswärtsrollen: M. rectus inferior, M. obliquus inferior.
- Einwärtsrollen: M. rectus superior, M. obliquus superior.
- Senken: M. rectus inferior M. obliquus superior.
- Heben: M. rectus superior, M. obliquus inferior. ➤

Gerade Augenmuskeln			
M. rectus superior (= oberer gerader Augenmuskel)	*In.:* N. oculomotorius	*An.:* Sklera vor dem Äquator	*Ur.:* Anulus tendineus communis
	Lage: Liegt oberhalb des Augapfels und zieht schräg über ihn hinweg. **Funktion:** Er dreht den Augapfel nach oben, adduziert und rotiert ihn nach innen.		
M. rectus inferior (= unterer gerader Augenmuskel)	*In.:* N. oculomotorius	*An.:* Wie M. rectus superior	*Ur.:* Wie M. rectus superior
	Lage: Liegt unterhalb des Augapfels. **Funktion:** Er dreht den Augapfel nach unten, adduziert und rotiert ihn nach außen.		
M. rectus medialis (= innerer gerader Augenmuskel)	*In.:* N. oculomotorius	*An.:* Wie M. rectus superior	*Ur.:* Wie M. rectus superior
	Lage: Liegt medial vom Augapfel (= nasenwärts). **Funktion:** Er dient ausschließlich der Adduktion (= Heranführung zur Mittellinie).		
M. rectus lateralis (= äußerer gerader Augenmuskel)	*In.:* N. abducens	*An.:* Wie M. rectus superior	*Ur.:* Anulus tendineus communis und Os sphenoidale (= Keilbein)
	Lage: Liegt lateral vom Augapfel. **Funktion:** Er dient ausschließlich der Abduktion (= Wegführung von der Mittellinie)		

Schräg verlaufende Augenmuskeln			
M. obliquus superior (= oberer schräger Augenmuskel)	*In.:* N. trochlearis	*An.:* Sklera oben hinter dem Äquator	*Ur.:* Wie M. rectus superior
	Lage: Er zieht über den M. rectus medialis hinweg nach vorn. Seine Sehne liegt in der **Trochlea**, die an der medialen Orbitawand als halbringartiger Knorpel befestigt ist. Durch diese Trochlea wird die Sehne abgelenkt und verläuft unter dem M. rectus superior zu ihrem Ansatzort. **Funktion:** Er dreht den Augapfel nach unten, abduziert und rotiert ihn nach innen.		
M. obliquus inferior (= unterer schräger Augenmuskel)	*In.:* N. oculomotorius	*An.:* Sklera, unten hinter dem Äquator	*Ur.:* medialer Orbitarand
	Lage: Er entspringt als einziger Augenmuskel von der Orbita (neben dem Canalis nasolacrimalis). **Funktion:** Er dreht den Augapfel nach oben, abduziert und rotiert ihn nach außen.		

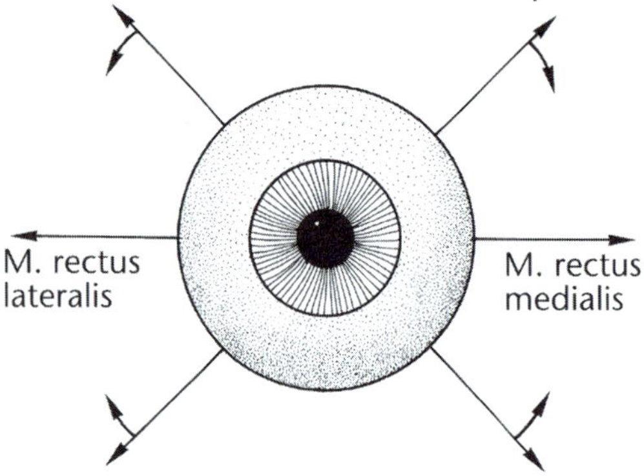

Abb. 10.11 *Funktion der Augenmuskeln*

Vagina bulbi

➤ Zwischen dem Bulbus oculi und dem Corpus adiposum oculi, das den retrobulbären Raum der Orbita auskleidet, liegt als derbe, bindegewebige Gleithülle die Vagina bulbi, auch **Tenon-Kapsel** genannt. Die Vagina bulbi ist mit dem Augapfel vorne an der Sklera und an der Austrittsstelle des N. opticus fest verwachsen. Die Sehnen der Augenmuskeln durchdringen kurz vor ihrem Ansatz die Vagina. ◄

Die Vagina bulbi trennt somit das Corpus adiposum oculi vom Augapfel. Der mit lockerem Bindegewebe angefüllte Raum zwischen der Vagina bulbi und dem Augapfel wird **Spatium episclerale** genannt. Das Spatium ermöglicht es dem Augapfel, sich innerhalb der Vagina bulbi, die quasi als eine Art Gelenkhöhle dient, wie bei einem Kugelgelenk in alle 3 Hauptrichtungen zu drehen.

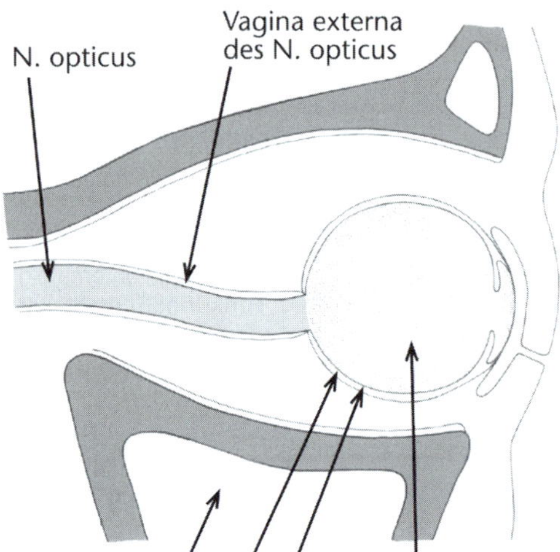

Abb. 10.12 *Hüllen im Augenbereich*

10.3 Schutzeinrichtungen des Auges

Zu den Schutzeinrichtungen des Auges gehören:
- die beiden Augenlider,
- die Augenwimpern,
- die Tränendrüse.

10.3.1 Augenlid

!! 1/7

➤ *Prüfungsrelevant: Kenntnis der Lidmuskeln, ihrer Innervation und Funktion.* ◄

Das obere und untere **Augenlid** (= **Palpebrae**) bedecken den Augapfel.

Die Augenlider haben die Aufgabe:
- das Auge vor mechanischen Einwirkungen und Fremdkörpern zu schützen,

- durch den Lidschlag die Kornea (= Hornhaut) und die Konjunktiva (= Bindehaut) ständig feucht zu halten um so Reibungen beim Lidschlag und eine Austrocknung der Augenhäute zu verhindern und einen ungestörten Schlaf zu ermöglichen.

Mikroskopische Anatomie

Die **Augenlider** bestehen von außen nach innen aus folgenden Schichten:

- Außen liegt eine sehr dünne Haut, die aus mehrschichtig verhorntem Plattenepithel besteht. Unter der Haut (= Epidermis) liegt die lockere Subkutis (= Unterhaut), in der sich ein Lidödem (= Flüssigkeitsansammlung im Lid) ausbreiten kann.
- Unter der Subkutis liegt der M. orbicularis oculi.
- Zum Augapfel hin liegt der Tarsus (= Lidplatte – siehe weiter unten).
- Innen (zum Augapfel hin) sind die beiden Augenlider von der in Kapitel 10.3.2 beschriebenen Konjunktiva (= Bindehaut) ausgekleidet, die aus mehrschichtigem, hochprismatischem Epithel (= Zylinderepithel) besteht.

➤ Die beiden schalenförmig geformten **Tarsi** superior und inferior (im oberen bzw. unteren Augenlid) sind Bindegewebsplatten, die aus dicht verfilzten kollagenen und elastischen Fasern bestehen (besitzen also keinen Knorpel!). Die Tarsi stützen und versteifen die Augenlider. ➤ Die glatten Mm. tarsales superior und inferior strahlen in den oberen bzw. unteren Tarsus ein.

Über ein Lig. palpebrale laterale und mediale sind der obere und der untere Tarsus jeweils an der lateralen und an der medialen Wand der Orbita befestigt.

➤ In den Tarsi liegen als längliche, verzweigte alveoläre Talgdrüsen (holokriner Typ) die **Glandulae tarsales** (= **Meibom-Drüsen**), die als modifizierte Talgdrüsen kurz hinter dem Rand der Lidkante münden. ➤

➤ An der Lidkante liegen in 2–3 Reihen die Wimpernhaare (= Cilia), in deren Haarbalghöhle als kleine alveoläre Talgdrüsen (apokriner Typ) die **Glandulae ciliares** (= **Moll-Drüsen**) und als holokrine Drüsen die **Glandulae sebaceae** (= **Zeis-Drüsen**) einmünden. ➤

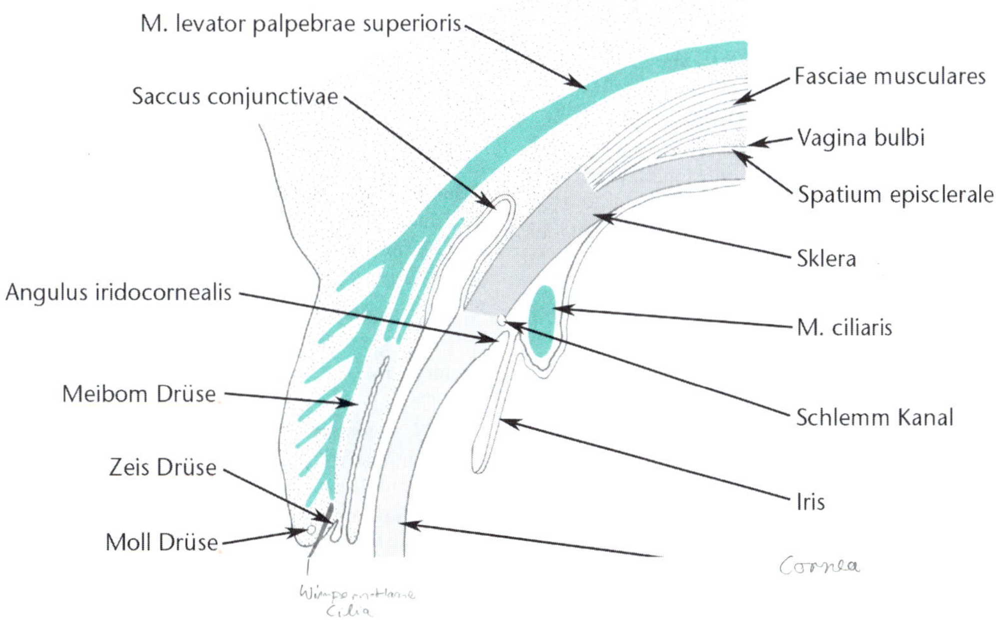

Abb. 10.13 *Querschnitt durch das obere Augenlid (schematisiert)*

Außerdem kommen im Augenlid Gll. lacrimales accessoriae (= Krause-Drüsen) als kleine akzessorische Tränendrüsen vor.

Klinik: Bei einer Entzündung einer Gl. tarsalis entsteht ein Hagelkorn, bei einer Entzündung einer Gl. ciliaris ein Gerstenkorn.

Mikroskopierhilfe für das Augenlid
Bei Lupenvergrößerung sehen Sie als kaum verwechselbares Bild eine relativ dicke Muskelschicht mit den im Tarsus eingelagerten Meibom Drüsen. Häufig ist an der Lidkante ein Haar angeschnitten. Bei höherer Vergrößerung sehen Sie auf der Außenseite mehrschichtig verhorntes Plattenepithel und auf der Innenseite mehrschichtiges Zylinderepithel.

DD: Nasenflügel, Lippe, Ohrmuschel, Epiglottis.

➤ Zu den Muskeln der Augenlider gehören als quergestreifte Muskeln:
- M. orbicularis oculi,
- M. levator palpebrae superioris;

als glatte Muskeln:
- Mm. tarsales superior und inferior. ◄

Der **M. orbicularis oculi** hat ein ringförmiges Aussehen. Er dient willkürlich dem Lidschluß (z.B. beim Einschlafen) und unwillkürlich der Lidbewegung, um die Kornea (= Hornhaut) feucht zu halten. Bei seinem Ausfall ist die Befeuchtung des vorderen Kornealepithels gefährdet.
Innervation: N. facialis.

Der **M. levator palpebrae superioris** dient als Lidheber für das Oberlid.
Er entspringt mit den geraden Augenmuskeln vom Anulus tendineus communis. Durch den oberen Teil der Orbita zieht der Muskel zum Oberlid, wo sich seine Sehne in zwei flächenhafte Schichten (= Aponeurosen) spaltet. Mit der einen Schicht setzt der Muskel am Tarsus an, die andere Sehnenschicht strahlt ins Bindegewebe ein.
Innervation: N. oculomotorius.

Der **M. tarsalis superior** liegt im Oberlid. Er entspringt von der Sehne des M. orbicularis oculi und der Sehne des M. levator palpebrae superioris und setzt am Tarsus des Oberlids an. Der M. tarsalis superior ist neben dem M. levator palpebrae superioris ein leichter Lidheber.

Der **M. tarsalis inferior** liegt im Unterlid. Er entspringt von der Sehne des M. orbicularis oculi. Zusammen mit dem M. tarsalis superior hält der M. tarsalis inferior die Lidspalte offen.
Innervation: Die Mm. tarsales werden aus dem oberen Halsganglion des Sympathikus (= Ganglion cervico-thoracicum) innerviert.

Klinik: Beim Ausfall (Blockade) des Halssympathikus fallen die Mm. tarsales aus, dadurch kommt es zur Ptosis, das heißt, das Oberlid hängt herunter und bedeckt den oberen Teil der Iris.

Bei einer Lähmung des M. levator palpebrae superioris (z.B. infolge einer Verletzung des N. oculomotorius) sind die Mm. tarsales zu schwach, um das Lid offen zu halten.

10.3.2 Bindehaut

! 0/0

Die **Bindehaut** (= **Konjunktiva** = Tunica conjunctiva) ist eine zarte Schleimhaut, die durchsichtig ist, weshalb die unter ihr auf der Sklera (= episkleral) liegenden Gefäße gut sichtbar sind.

Die Konjunktiva überzieht als
- Tunica conjunctiva palpebrae (= Bindehaut des Augenlids) die Innenseite des oberen und unteren Augenlids, und als
- Tunica conjunctiva bulbi (= Bindehaut des Augapfels) die Sklera bis zum Rand der Kornea.

Die Tunica conjunctiva palpebrae geht im Fornix conjunctiva (= „Gewölbebogen der Bindehaut") auf die Tunica conjunctiva bulbi über, wodurch sich zwischen dem oberen und unteren Augenlid, sowie dem Augapfel, zwei von Schleimhaut ausgekleidete Räume bilden, die zusammen als **Konjunktivalsack** (= Bindehautsack) bezeichnet werden.
Die Fornices conjunctivae besitzen Reservefalten, die dem Augapfel eine größere Beweglichkeit ermöglichen.

Innervation

Die Conjunctiva oculi wird vom Sympathikus und vom N. trigeminus (= 5. Hirnnerv) innerviert.
Die Conjunctiva palpebrae des Oberlids wird vom N. infratrochlearis (einem Ast des N. ophthalmicus = 1. Hauptast des N. trigeminus), die Conjunctiva palpebrae des Unterlids von Ästen des N. maxillaris (= 2. Hauptast des N. trigeminus) innerviert.

Mikroskopische Anatomie

Die Tunica conjunctiva palpebrae ist unverschieblich mit den Augenlidern verbunden. Sie besteht aus mehrschichtigem, hochprismatischen Epithel (= Zylinderepithel), das Becherzellen enthält.

Die Tunica conjunctiva oculi ist leicht gegen die Sklera verschiebbar. Sie besteht aus mehrschichtigem, unverhorntem Plattenepithel, das mit wenig Becherzellen durchsetzt ist, dafür aber reichlich Plasmazellen und Lymphozyten besitzt.

10.3.3 Tränendrüse, Tränenwege — !! 6/10

Zum Tränenapparat gehören:

- Tränendrüse,
- ableitende Tränenwege mit den:
  - Tränenkanälchen,
  - Tränensack,
  - Tränennasengang.

➤ Die **Tränendrüse** (= **Glandula lacrimalis**) liegt seitlich oberhalb des Bulbus oculi in der Fossa glandulae lacrimalis des Os frontale (= Stirnbein). Die Tränendrüse wird durch die Sehne des M. levator palpebrae superioris in einen dem Knochen anliegenden größeren oberen Drüsenteil (= Pars orbitalis = Augenhöhlenteil) und einen dem Augenlid anliegenden kleineren unteren Drüsenteil (= Pars palpebralis = Lidteil) unterteilt. ◄

Mikroskopische Anatomie

➤ Die **Tränendrüse** ist eine zusammengesetzte tubuloalveoläre Drüse, die in Drüsenläppchen untergliedert ist. Die Endstücke der Tränendrüse münden direkt in etwa 10 intralobulär (= innerhalb der Drüse liegende) Ausführungsgänge. Die Tränendrüse besitzt also weder Schaltstücke noch Streifenstücke!

Die Endstücke bestehen aus hochprismatischen Drüsenzellen vom serösen Typ, die von kontraktilen Myoepithelzellen, die häufig als Korbzellen bezeichnet werden, umgeben sind. Die Myoepithelzellen drücken bei ihrer Kontraktion das Tränensekret aus den Endstücken in Richtung Ausführungsgang hinaus. Die etwa 10 intralobulären Ausführungsgänge setzen sich außerhalb der Drüse in die gleiche Anzahl extralobuläre (= außerhalb der Tränendrüse liegende) Ausführungsgänge fort.

Die extralobulären Ausführungsgänge sind mit einem zwei- bis mehrzelligen Epithel ausgekleidet. ◄

Mikroskopierhilfe:
Bei der Diagnose von Drüsen sollten Sie sich

- die Endstücke und
- die Ausführungsgänge ansehen.

Bei einer höheren Vergrößerung können die Zellgrenzen in den Endstücken der Tränendrüse gut gegeneinander abgegrenzt werden. Die Zellkerne sind bei der Tränendrüse rund und liegen randständig. Die einzelnen Lumina sind eng – somit handelt es sich um seröse Endstücke.

DD: Rein seröse Endstücke besitzen: Gl. parotis, Pankreas und Gl. lacrimalis. Während die Gl. parotis und das Pankreas Schaltstücke besitzen, fehlen bei der Tränendrüse Schalt- und Streifenstücke.

➤ Die Tränendrüse produziert täglich etwa 300 bis 400 ml dünnflüssiges Sekret (= Tränenflüssigkeit), das durch die extralobulär liegenden Ausführungsgänge (= Ductuli excretorii) im Bereich der Fornix conjunctivae superior in den Konjunktivalsack fließt. ◄

Durch den Lidschlag wird die Tränenflüssigkeit von der Fornix conjunctivae über die Kornea (= Hornhaut) und die Konjunktiva (= Bindehaut) verteilt. Die Tränenflüssigkeit schützt die Horn- und Bindehaut vor dem Austrocknen und verhindert beim Lidschlag eine Reibung mit den Augenlidern.

Ein Teil der Tränenflüssigkeit verdunstet, der Rest fließt zu den ableitenden Tränenwegen, die mit dem im medialen Lidwinkel liegenden Tränensee (= Lacus lacrimalis) beginnen.

➤ Im **Tränensee** wird die Tränenflüssigkeit von den **Tränenpunkten** (= Puncta lacrimales) angesaugt und zu den **Tränenröhrchen** (= Canaliculi lacrimales) weitergeleitet. Über die Tränenröhrchen fließt die Flüssigkeit zum **Tränensack** (= Saccus lacrimalis), der an der medialen Wand der Orbita in einer vom Os lacrimale (= Tränenbein) und von der Maxilla (= Oberkieferknochen) gebildeten Grube liegt, die **Fossa sacci lacrimalis** genannt wird. ◄

➤ Der Tränensack geht in den **Tränennasengang** (= **Ductus nasolacrimalis**) über (beim Weinen läuft daher gleichzeitig die Nase). Der Ductus nasolacrimalis zieht in dem vom Os lacrimale und von der Maxilla gebildeten **Canalis nasolacrimalis** von der Augenhöhle zur Nasenhöhle, wo der Gang an der lateralen Wand des Meatus nasi inferior mündet. Diese Mündung wird von einer Schleimhautfalte (= Plica lacrimalis) unvollständig verschlossen. ◄

Zusammenfassung der Fließrichtung der Tränenflüssigkeit:
Tränendrüse → Ausführungsgänge → Fornix conjunctivae superior → Augapfel (Horn- und Bindehaut) → Tränensee → über die Tränenpunkte zu den Tränenröhrchen → Tränensack → Ductus nasolacrimalis → unterer Nasengang.

Mikroskopische Anatomie

➤ Die Tränenkanälchen besitzen ein geschichtetes Plattenepithel, der Tränensack ein mehrreihiges Zylinderepithel, der Ductus nasolacrimalis ein mit Becherzellen durchsetztes und teilweise mit Flimmerhärchen besetztes mehrreihiges Zylinderepithel. ◄

Tränenflüssigkeit

➤ Die Tränenflüssigkeit wird gebildet:
- von der Tränendrüse,
- von den in der Bindehaut liegenden Becherzellen, häufig als Gll. lacrimales accessoriae bezeichnet, die den schleimhaltigen Teil der Tränenflüssigkeit produzieren,
- von den Meibom-Drüsen. ◄

➤ Die Tränenflüssigkeit enthält zum Infektionsschutz das Enzym Lysozym, das gegen Bakterien wirkt. ◄

Innervation

➤ Die **Tränendrüse** wird von folgenden Nerven innerviert:
- *sensibel* durch den N. lacrimalis, einem Ast des N. ophthalmicus (= 1. Hauptast des N. trigeminus),
- *sekretorisch* über die parasympathischen Nervenfasern aus dem Ganglion pterygopalatinum. ◄ Die präganglionären Nervenfasern für das Ganglion pterygopalatinum verlassen zusammen mit dem N. facialis das Gehirn und gelangen mit dem N. petrosus major (einem Ast des N. facialis) zum Ganglion pterygopalatinum, wo sie umgeschaltet werden und mit dem N. zygomaticus (einem Ast des N. maxillaris) zur Tränendrüse gelangen. ➤ Der Hypothalamus und das Limbische System beeinflussen über die parasympathischen Fasern die Tränensekretion u.a. bei Trauer (Weinen). ◄
- sympathisch vom Halssympathikus.

Die Tränendrüse wird von der A. lacrimalis mit Blut versorgt.

10.3.4 Angewandte Anatomie ! 1/2

➤ *Prüfungsrelevant: Grundkenntnisse des gesamten Kapitels.* ◄

In diesem Kapitel werden die im GK aufgeführten klinischen Bezüge behandelt.

Kornealreflex – dieser Reflex ist ein Fremdreflex. Berührt man die Kornea z.B. mit einem Stoffädchen oder kommt ein Staubkorn auf die Kornea, so führt dies bei beiden Augen reflektorisch zum Lidschluß.

Der Reflexbogen verläuft als afferente Bahn über die Nn. ciliares (= Äste des N. ophthalmicus) und durch den Pons (= Brücke) bis zum Kerngebiet des N. trigeminus. Vom Fazialiskern verläuft die efferente Bahn über den N. facialis zum M. orbicularis oculi, der die beiden Augenlider schließt.

Konjunktivalreflex – der zuvor beschriebene Reflexbogen läuft ebenfalls ab, wenn die Konjunktiva (= Bindehaut) berührt wird.

Hemianopsie – wie in Kapitel 9.8.1 beschrieben, wechseln in der Sehnervenkreuzung (= Chiasma opticum) die Fasern aus der nasalen Retinahälfte die Seiten, während die Fasern aus der temporalen Retinahälfte im N. opticus nicht kreuzen, so dass jeder Tractus opticus Fasern aus den Retinae beider Augen mit sich führt.

Bei der Durchtrennung des linken Tractus opticus oder infolge eines Hypophysentumors, fällt daher das nasale Gesichtsfeld des linken Auges und das temporale Gesichtsfeld des rechten Auges aus. Es kommt somit zu einem Ausfall der rechten Gesichtshälfte beider Augen, was als Hemianopsie (= Halbseitenblindheit) bezeichnet wird.

Lähmungserscheinungen beim Ausfall der Augenmuskelnerven:
Charakteristisch bei allen Lähmungen von Augenmuskeln sind die Doppelbilder, über die die Patienten klagen. Zu diesen Doppelbildern kommt es, weil der eine Augapfel (bei dem die Muskeln nicht gelähmt sind) einen neuen Punkt fixiert, während am anderen Auge die Muskeln infolge der Lähmung nicht in der Lage sind, den Augapfel „neu einzustellen", so daß mit beiden Augen verschiedene Punkte anvisiert werden.

➤ Bei einem Ausfall des N. oculomotorius sind folgende Muskeln betroffen:
- Augenmuskeln: M. rectus superior, M. rectus inferior, M. rectus medialis, M. obliquus inferior.

- Lidmuskel: M. levator palpebrae superioris (= Lidheber).

Innere Augenmuskeln: M. ciliaris (dient der Akkommodation), M. sphincter pupillae (verengt die Pupille). ◄

Der Augapfel kann also nur noch abduziert werden. Neben Doppelbildern kommt es zu:

- Ptosis (= herabhängendes Oberlid – durch die Lähmung des M. levator palpebrae superior),
- Mydriasis (= weite Pupille – durch die Lähmung des M. sphincter pupillae).

Beim Ausfall des N. trochlearis ist nur der M. obliquus superior gelähmt. Ist der linke N. trochlearis betroffen, so kommt es beim Blick nach links unten zu Doppelbildern (beim Ausfall des rechten N. trochlearis umgekehrt).

Beim Ausfall des N. abducens ist nur der M. rectus lateralis betroffen. Der N. abducens ist besonders wegen seines Verlaufs an der Schädelbasis durch Traumata (Schädelbasisbrüche) und Entzündungen gefährdet. Ist der N. abducens gelähmt, so kann der Augapfel nicht mehr abduziert, also nach außen gedreht werden.

Eine Abduzenslähmung (N. abducens) erkennen Sie an dem nach einwärts gerichteten Auge, eine Okulomotoriuslähmung an dem nach außen unten gedrehten Auge.

Hornersches Syndrom – es entsteht beim Ausfall des Ganglion stellatum des Halssympathikus. Dabei tritt folgende Symptom-Trias auf:

- Ptosis (= enge Lidspalte – durch den Ausfall der Mm. tarsales),
- Miosis (= Verengung der Pupille – durch den Ausfall des M. dilatator pupillae),
- Enophthalmus (= tiefer liegender Augapfel – durch Ausfall des M. orbitalis).

11 Hör- und Gleichgewichtsorgan

Das Hör- und Gleichgewichtsorgan wird in folgende drei Abschnitte unterteilt:

- äußeres Ohr mit der Ohrmuschel und dem äußeren Gehörgang (Kapitel 11.2),
- Mittelohr mit der Paukenhöhle, der Ohrtrompete und den pneumatischen Nebenräumen, sowie den Gehörknöchelchen (Kapitel 11.3),
- Innenohr mit der Schnecke und den Bogengängen, die zusammen als Labyrinth bezeichnet werden (Kapitel 11.4).

11.1 Grundkenntnisse der Entwicklung ! 0/3

Entwicklung des Innenohrs

Beim Innenohr (wegen seines labyrinthartigen Aussehens auch „Labyrinth" genannt) wird zwischen einem häutigen und einem, das häutige Labyrinth schützend umgebenden knöchernen Labyrinth unterschieden.

➤ Das Innenohr entsteht am 22. Entwicklungstag an beiden Seiten des Rautenhirns als Verdichtung des Ektoderm. Diese Verdichtung wird **Ohrplakode** (syn.: Labyrinthplakode) genannt. Die Ohrplakode senkt sich etwa um den 28. Entwicklungstag zur Ohrgrube ein. ◄ Die Ohrgrube schließt sich etwas später zum **Ohrbläschen**.

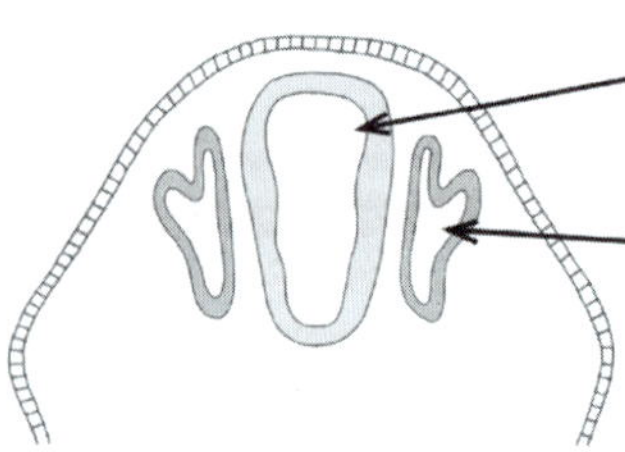

Abb. 11.1 *Ohrentwicklung*

➤ Aus dem Ohrbläschen geht das häutige Labyrinth hervor. Dazu schnürt sich das Ohrbläschen ein, so dass ein ventraler und ein dorsaler Teil entsteht.
Aus dem ventralen (= sakkulären) Teil des Ohrbläschens entwickeln sich:

- der Ductus cochlearis und der Sacculus.

Aus dem dorsalen (= utrikulären) Teil des Ohrbläschens entwickeln sich:

- die 3 Bogengänge, der Utriculus und der Ductus endolymphaticus.

Aus der Verbindung zwischen Ductus cochlearis und dem Sacculus entsteht der Ductus reuniens. ◄

Das sich aus dem Ektoderm entwickelnde Ohrbläschen ist von Mesenchym umgeben. Zunächst verknorpelt dieses Mesenchym zur Ohrkapsel, später verknöchert der Knorpel zum knöchernen Labyrinth.

Entwicklung des Mittelohrs

➤ Das Mittelohr (= Paukenhöhle) entwickelt sich aus der 1. Schlundtasche des Kiemendarms, der in Kapitel 5.1.2 beschrieben wird.
Aus der 1. Kiemenfurche entwickeln sich der äußere Gehörgang und das Trommelfell.
Aus der 1. Schlundtasche geht die Paukenhöhle hervor, die durch die sich langsam entwickelnde Ohrtrompete (= Tuba auditiva) mit dem Nasenrachenraum in Verbindung bleibt. ◄

In der 7. Entwicklungswoche entstehen aus dem 1. und 2. Kiemenbogen die knorpeligen Vorstufen der Gehörknöchelchen, wobei aus dem 1. Kiemenbogen der Hammer (= Malleus) und der Amboß (= Incus) und aus dem 2. Kiemenbogen der Steigbügel (= Stapes) hervorgehen.

Äußeres Ohr

Das äußere Ohr geht aus dem dorsalen Abschnitt der 1. Kiemenfurche hervor.

11.2 Äußeres Ohr

11.2.1 Ohrmuschel, äußerer Gehörgang

!! 3/9

➤ *Prüfungsrelevant: Trommelfell.* ◄

Ohrmuschel

Die Ohrmuschel ist eine Hautfalte, die durch den Ohrknorpel ihre Form erhält. Der Ohrknorpel (= Cartilago auricularis) besteht aus elastischem Knorpel. Das Ohrläppchen ist knorpelfrei.

Die Ohrmuschel besitzt eine dünne, fettarme Haut. In der Ohrmuschel kommen einige kleine Muskeln (= Mm. auriculares) vor, die die Ohrmuschel minimal bewegen können.

Äußerer Gehörgang (= Meatus acusticus externus)

Die Ohrmuschel geht in den S-förmig gekrümmten äußeren Gehörgang über. Der Meatus acusticus externus ist etwa 3,5 cm lang und 0,5 bis 1 cm weit. Er besteht aus einem lateral liegenden knorpeligen und einem größeren, medial (= innen) liegenden knöchernen Teil.

Der knorpelige Teil des Meatus acusticus externus wird vom elastischen Gehörgangsknorpel (= Cartilago meatus acustici) gebildet. Der knorpelige Teil ist durch bindegewebige Zwischenräume verschiebbar. In ihm liegen Haare, Talgdrüsen und als Knäueldrüsen die apokrinen Glandulae ceruminosae (= Ohrschmalzdrüsen). Die Talgdrüsen und die Gll. ceruminosae produzieren zusammen den Ohrschmalz (= Cerumen).

➤ Am Übergang vom knorpeligen zum knöchernen Teil liegt als **Isthmus tubae auditoriae** (alt: auditivae) diese engste Stelle des Meatus acusticus externus.

Der knöcherne Teil des Gehörgangs wird von der Pars tympanica des Os temporale (= Schläfenbein) gebildet. Am Ende des knöchernen Teils wird der Meatus acusticus externus durch das Trommelfell vom Mittelohr getrennt. ◄

Topographie

➤ Kranial vom knöchernen Teil liegt die mittlere Schädelgrube, von der der **Gehörgang** nur durch eine dünne Knochenschicht getrennt ist.

Vom Gehörgang liegen:

- ventral – das Kiefergelenk (wenn Sie den kleinen Finger in Ihr Ohr einführen und den Unterkiefer bewegen, können Sie den Kopf der Mandibula fühlen).
- dorsal – der Proc. mastoideus (= Warzenfortsatz).
- kaudal – die Glandula parotis (= Ohrspeicheldrüse). ◄

Innervation und Gefäßversorgung

➤ *motorische Innervation:*

Die Ohrmuskeln zählen zu den mimischen Muskeln, die vom N. facialis innerviert werden. ◄

sensible Innervation:

- ➤ N. auriculotemporalis (Ast des N. mandibularis) – innerviert sensibel den knorpeligen Teil des Gehörgangs und die vordere Ohrmuschel.
- R. auricularis (Ast des N. vagus) – innerviert sensibel den knöchernen Teil des Gehörgangs und die Außenseite des Trommelfells. Der R. auricularis gelangt durch die Fissura tympano-mastoidea zum äußeren Ohr.
- N. auricularis magnus (Ast aus dem Plexus cervicalis) – innerviert den hinteren Ohrmuschelteil. ◄

Klinik: Beim Einführen eines Ohrtrichters kann über den R. auricularis der N. vagus gereizt werden, was Erbrechen oder Hustenanfälle zur Folge haben kann (sogenannte vagotone Reaktion).

Das äußere Ohr wird über folgende Äste der A. carotis externa mit Blut versorgt: A. temporalis superficialis und A. maxillaris.

Mikroskopische Anatomie

➤ Die Haut des äußeren Gehörgangs besteht aus mehrschichtig verhorntem Plattenepithel. Die Haut ist im knorpeligen Teil mit dem Perichondrium (= Knorpelhaut) und im knöchernen Teil mit dem Periost (= Knochenhaut) fest verwachsen. Eine Unterhaut fehlt, daher kommt es bei einer Entzündung im knöchernen Teil zur Spannung der Haut und damit zu starken Schmerzen. ◄

Trommelfell (= Membrana tympani)

Das Trommelfell ist eine etwa 0,1 mm dicke Membran, die einen Durchmesser von 9–11 mm hat. Das graugelb aussehende Trommelfell trennt den äußeren Gehörgang von der Paukenhöhle (liegt also zwischen dem äußeren Gehörgang und dem Mittelohr).

➤ Mit einem durch Faserknorpel verdickten Rand, dem Anulus fibrocartilagineus, ist das Trommelfell im knöchernen Sulcus tympanicus des Felsenbeins (= Teil des Schläfenbeins) befestigt. ◄

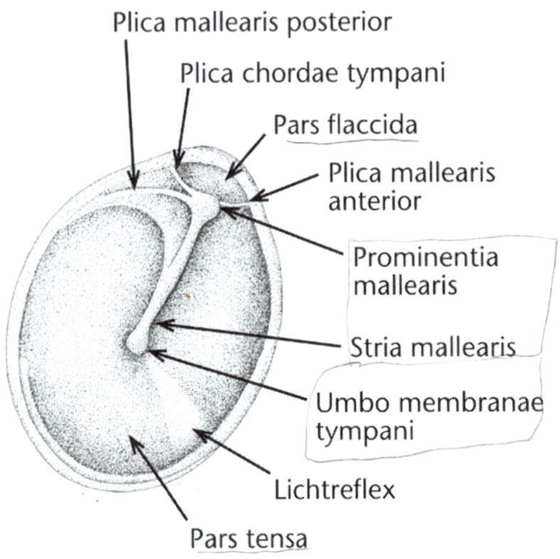

Abb. 11.2 *Rechtes Trommelfell von außen*

In der Abb. 11.2 vom Trommelfell können Sie folgende Strukturen erkennen:

- Oberhalb des Trommelfells liegen die Gehörknöchelchen (Amboß und Hammer).
- Die Stria mallearis mit der Prominentia mallearis und dem Umbo membranae tympani.
- Die Plicae malleares posterior und anterior und die Plica chordae tympani.
- Die Pars flaccida.
- Die Pars tensa.
- Einen Lichtreflex.

Das ovale Trommelfell wird in zwei Bezirke unterteilt: Pars tensa und Pars flaccida.

➤ Die **Pars tensa** ist der straff gespannte Teil des Trommelfells. Sie bildet, wie in der Zeichnung erkennbar, den größten Teil des Trommelfells.
Die **Pars flaccida** (= Shrapnell-Membran), bildet den kleineren Teil des Trommelfells. Sie liegt oberhalb der durch den Fortsatz des Hammers hervorgerufenen Prominentia mallearis. ➤

Mikroskopische Anatomie

➤ Das **Trommelfell** besteht von außen nach innen aus 3 Schichten:

- Stratum cutaneum (= Hautschicht) – wird von der Haut des äußeren Gehörgangs gebildet und besteht aus mehrschichtigem, wenig verhorntem Plattenepithel.
- Stratum fibrosum (= Lamina propria) – ist eine dünne Bindegewebsschicht, die aus in verschiedenen Richtungen verlaufenden kollagenen und elastischen Faserzügen besteht. Im Bereich der Pars flaccida fehlt diese Schicht!
- Stratum mucosum (= Schleimhautschicht) – bildet die Fortsetzung der Schleimhaut der Paukenhöhle und besteht aus einem einschichtigen, isoprismatischen Epithel. ➤

➤ Die Pars tensa wird durch die Lamina propria gespannt, während bei der Pars flaccida diese Schicht fehlt.

Wie Sie in Abb. 11.2 sehen können, ist von den drei Gehörknöchelchen nur der Handgriff des Hammers mit der Pars tensa des Trommelfells verwachsen. Bei der Aufsicht auf das Trommelfell erscheint diese Verwachsung als Stria mallearis. Die Stria endet mit dem in der Mitte des Trommelfells liegenden Umbo membranae tympani (= Nabel). Durch den Umbo wird das Trommelfell trichterförmig nach innen gezogen.

Kranial endet die Stria mallearis an der Prominentia mallearis, die eine kleine Erhebung darstellt. An der Prominentia enden zwei sogenannte Hammerfalten (= Plicae malleares anterior und posterior). Zwischen diesen beiden Plicae malleares liegt die Plica chordae tympani.
In der Plica mallearis anterior verläuft der vordere, in der Plica mallearis posterior der hintere Teil der Chorda tympani, die sich unter der Plica chordae vereinigen (Chorda tympani = Teil des in Kapitel 5.5 beschriebenen N. intermedius).

Auf der inneren Seite des Trommelfells (zur Paukenhöhle hin) liegen zwischen den Hammerfalten und dem Trommelfell sogenannte Trommelfelltaschen (= Recessus membranae tympani). Der Recessus membranae tympani superior (= Prussak-Raum) bildet hierbei die Grenze zwischen der Pars flaccida und der Prominentia des Hammers. ➤

Klinik: Im Recessus membranae tympani superior kann sich Eiter ansammeln.

Bei der Ohrspiegelung entsteht durch das auffallende Licht ein vom Umbo ausgehender dreieckiger Lichtreflex, der nach vorn unten zeigt. Der Lichtreflex entsteht dadurch, daß das Licht bei einem normalen Trommelfell nur in diesem dreieckigen Trommelfellbereich senkrecht auffällt und daher reflektiert wird.

Das Trommelfell wird durch den in Kapitel 11.3.2 beschriebenen M. tensor tympani gespannt.

Innervation und Gefäßversorgung

➤ Das Trommelfell wird sensibel innerviert vom:
- N. tympanicus (Ast des N. glossopharyngeus) – Innenseite des Trommelfells,
- R. auricularis (Ast des N. vagus) – Haut des äußeren Gehörgangs und des äußeren Trommelfells,
- N. auriculotemporalis (Ast des N. mandibularis) – äußerer Teil des Trommelfells.

Mit Blut wird das Trommelfell aus den Aa. auriculares posterior und profunda und aus Ästen der A. temporalis superficialis versorgt. ◄

Klinik: In der Klinik wird das Trommelfell in 4 Quadranten unterteilt, wobei eine Linie durch die Stria und die zweite Linie senkrecht zur ersten durch den Umbo gezogen wird.

11.3 Mittelohr

Das Mittelohr besteht aus der/den
- Paukenhöhle mit den Gehörknöchelchen,
- pneumatischen Nebenräumen,
- Ohrtrompete (= Tuba auditiva).

11.3.1 Paukenhöhle

!!! 16/38

Die **Paukenhöhle (= Cavum tympanica,** alt: Cavum tympani) liegt zwischen dem Trommelfell und dem Innenohr. Die Paukenhöhle ist etwa 10-15 mm hoch und 5 mm breit.

Von oben nach unten läßt sich die Paukenhöhle in 3 ineinander übergehende Etagen (= Epi-, Meso- und Hypotympanon) mit 6 Wänden unterteilen:

Epitympanon (= Kuppelraum) – liegt oberhalb des Trommelfells und enthält den Hammerkopf und den Amboßkörper. Der obere Teil des Epitympanon bildet das Dach der Paukenhöhle.
- Paukenhöhlendach (= Paries tegmentalis) – liegt als dünne Knochenlamelle zwischen der Paukenhöhle und der mittleren Schädelgrube.

➤ **Mesotympanon** liegt in Höhe des Trommelfells. In diesem Bereich liegen die 4 Seitenwände der Paukenhöhle:
- vordere Wand (= Paries caroticus) – liegt neben dem Canalis caroticus der A. carotis interna. In diesem Bereich mündet die Tuba auditiva (= Ohrtrompete) und darüber der Semicanalis m. tensoris tympani, in dem der M. tensor tympani zum Hammergriff zieht
- laterale Wand (= Paries membranaceus) – wird vom Trommelfell gebildet.
- hintere Wand (= Paries mastoideus) – liegt in enger Nachbarschaft zum Warzenfortsatz (= Proc. mastoideus); im oberen Teil der hinteren Wand liegt der Aditus (= Zugang) zum Antrum mastoideum. Weiterhin liegt in diesem Wandbereich die Eminentia pyramidalis, in der sich die Öffnung für den M. stapedius befindet. In der Nachbarschaft verläuft der N. facialis innerhalb des Canalis facialis (liegt im Os temporale).
- mediale Wand (= Paries labyrinthicus) – trennt die Paukenhöhle vom Innenohr (= Labyrinth). In der medialen Wand liegen das Promontorium (= die Basalwindung der Schnecke), die Fenestra vestibuli und die Fenestra cochleae (= das ovale und das runde Fenster – siehe Kapitel 11.4.3). ◄

Hypotympanon (= Paukenhöhlenkeller) – liegt kaudal vom Trommelfell und enthält den Paukenhöhlenboden.
- Boden (= Paries jugularis) – grenzt als dünne Knochenwand an die Fossa jugularis (einer Erweiterung des Foramen jugulare), die den Bulbus v. jugularis enthält.

Klinik: ➤ Der Boden der Paukenhöhle liegt beim stehenden Menschen unterhalb der Tuba auditiva, weshalb sich bei einer Entzündung in diesem Bereich Eiter ansammeln kann. ◄

Zusammenfassung der Nachbarschaftsbeziehungen

- ➤ Tegmen tympani (= Dach) – trennt als dünne Knochenwand die Paukenhöhle von der mittleren Schädelgrube.
- Vordere Paukenhöhlenwand – Nachbarschaft zum Canalis caroticus (mit A. carotis interna); enthält die Öffnung der Tuba auditiva.
- Laterale Wand – wird vom Trommelfell gebildet.
- Hintere Wand – Nachbarschaft: Proc. mastoideus und Canalis facialis (N. facialis).
- Mediale Wand – enthält die Fenestra vestibuli, die Fenestra cochleae und das Promontorium.
- Boden: Nachbarschaft: Bulbus v. jugularis. ◄

Mikroskopische Anatomie

Das Trommelfell und die **Paukenhöhle** besitzen ein einschichtiges Plattenepithel. Die Gehörknöchelchen sind von einem mehrschichtigen Plattenepithel überzogen.

➤ Die Schleimhaut der Paukenhöhle ist schmerzempfindlich, sie wird sensibel vom N. tympanicus (Ast des N. glossopharyngeus) innerviert. ◄

Pneumatische Nebenräume der Paukenhöhle

➤ Als pneumatische Nebenräume des Mittelohrs werden die **Cellulae mastoideae** und das **Antrum mastoideum** bezeichnet (Pneuma = Luft). Die mit Schleimhaut ausgekleideten pneumatischen Nebenräume dienen als akustische Resonanzräume.

Der obere Teil der Paukenhöhle geht dorsal in das kleine bohnengroße Antrum mastoideum über. In das Antrum mastoideum münden mehrere Cellulae mastoideae (= Warzenfortsatzzellen), die im Proc. mastoideus (= Warzenfortsatz) liegen. Den Processus mastoideus können Sie hinter Ihrem Ohr als Erhebung tasten.

Die Cellulae mastoideae sind den Nasennebenhöhlen vergleichbar, sie dienen als pneumatische Zwischenräume des Mittelohrs.

Während das Antrum schon beim Fetus angelegt wird, entstehen die Cellulae mastoideae erst nach der Geburt, indem die Schleimhaut der Paukenhöhle in den Proc. mastoideus eindringt und den Knochen pneumatisiert. Dabei bleibt die Verbindung von den Cellulae zum Cavum tympani bestehen ◄

Topographie

➤ Dorsal sind die Cellulae mastoideae nur durch eine dünne Knochenschicht von dem in der hinteren Schädelgrube liegenden Sinus sigmoideus getrennt, weshalb eine Mittelohrentzündung auf den Sinus übergreifen kann. Außerdem verlaufen im Bereich der Cellulae mastoideae der N. facialis (im Canalis facialis) und der in Kapitel 11.4.2 beschriebene laterale Bogengang des Gleichgewichtsorgans. ◄

Klinik: ➤ Müssen die Cellulae mastoideae z.B. infolge einer Mittelohrentzündung eröffnet und ausgeräumt werden, dann ist besonders auf diese Nachbarschaftsbeziehung zu achten. ◄

Tuba auditiva (= Ohrtrompete = Eustachii-Röhre)

➤ Die Tuba auditiva ist eine 3–4 cm lange Röhre, die die Paukenhöhle mit der Pars nasalis des Pharynx (= Nasenrachenraum) verbindet. Die Tuba auditiva beginnt beim Erwachsenen an der vorderen Wand der Paukenhöhle mit der Tubenöffnung (= Ostium tympanicum). Von dieser lateral-hinten-oben liegenden Öffnung zieht die Tube schräg nach medial-vorne-unten, wo die Tuba auditiva trichterartig hinter der unteren Nasenmuschel mit dem Ostium pharyngeum mündet.

Die Tuba auditiva besteht aus einem lateral liegenden, an die Paukenhöhle anschließenden knöchernen Teil (= Pars ossea) und einem daran anschließenden, medial liegenden knorpeligen Teil (= Pars cartilaginea).

An der Grenze zwischen dem knöchernen und dem knorpeligen Teil der Tuba auditiva liegt als engste Stelle der Tuba der **Isthmus tubae**.

Der knöcherne Tubenteil liegt im **Canalis musculo-tubarius**, der als eine Art Doppelkanal durch das Felsenbein zieht. Der kraniale Teil des Canalis musculotubarius beherbergt als Semicanalis m. tensoris tympani den M. tensor tympani. Durch eine dünne Knochenlamelle ist der kraniale Teil vom kaudal liegenden Semicanalis tubae auditivae getrennt, in dem die Tuba auditiva verläuft. Der knöcherne Tubenteil steht in unmittelbarer topographischer Beziehung zum Canalis caroticus.

Der knorpelige Teil der Tuba auditiva besteht aus einer U-förmigen Platte, deren Wände aus elastischem Knorpel bestehen. Kaudal liegt der knorpelfreie Teil (wie bei einem umgekehrten U), der durch die bindegewebige Lamina membranacea verschlossen ist.

Die Tuba auditiva hat die Aufgabe, die Räume des Mittelohrs (= Paukenhöhle) zu belüften und den Luftdruck in der Paukenhöhle dem der Außenwelt (also dem auf das Trommelfell wirkenden Luftdruck) anzugleichen. Hierzu dienen u.a. der M. tensor veli palatini und der M. levator veli palatini, die von der Tuba auditiva entspringen. Bei ihrer Kontraktion ziehen die beiden Muskeln an der Tube und öffnen sie damit. Durch diese Ausweitung kann die Tube Luft vom Pharynx zur Paukenhöhle leiten. ◄

Klinik: ➤ Willkürlich können die Muskeln durch Schlucken kontrahiert werden, wodurch ein Unterdruck im Ohr, der z.B. beim Flug entstehen kann, wieder aufgehoben wird. Ist die Schleimhaut der Tube durch eine Entzündung geschwollen und die Tube dadurch verschlossen, so kommt es in der Paukenhöhle zu einem Unterdruck, wodurch das Trommelfell mittelohrwärts (= nach innen) gezogen wird. Dies vermindert die Schwingungsfähigkeit und damit die Übertragung der Schallwellen, die Folge ist eine vorübergehende Schwerhörigkeit. ◄

Mikroskopische Anatomie

Die Schleimhaut der **Tuba auditiva** ist von einem mit Kinozilien besetzten Zylinderepithel überzogen, in dem Becher- und Ersatzzellen vorkommen.

➤ Der Schlag der Flimmerhärchen ist schlundwärts gerichtet. Im knorpeligen Teil der Tube geht das einschichtige in ein mehrreihiges Flimmerepithel über, das mehr Becherzellen sowie Schleimdrüsen (= Glandulae tubarinae) besitzt. ◄

Mikroskopierhilfe: Bei Lupenvergrößerung sehen Sie ein längliches Lumen, sowie je nach dem Schnittbereich auf einer Seite quergestreifte Muskulatur (M. tensor tympani). Lumen und Muskulatur werden zu 2/3 von elastischem Knorpel umschlossen.

Nerven im Paukenhöhlenbereich

► Der N. facialis und der N. intermedius sind bei ihrem Verlauf durch die Paukenhöhle nur durch eine dünne Knochenwand vom Mittelohr getrennt, weshalb sie bei Verletzungen des Mittelohrs in Mitleidenschaft gezogen werden können. ◄ Verletzungen können ebenfalls im Bereich des Meatus acusticus internus (= innerer Gehörgang) entstehen, durch den die beiden Nerven ziehen um zum Canalis facialis zu gelangen (Kapitel 5.5.).

► Die Chorda tympani (= Paukensaite) verläuft als Ast des N. intermediofacialis dicht am Trommelfell entlang, wobei sie die Plica chordae tympani aufwirft. Durch die Fissura petrotympanica verläßt sie die Paukenhöhle.

Die parasympathischen Fasern des N. tympanicus (Ast des N. glossopharyngeus) ziehen in der Paukenhöhle zum Plexus tympanicus, der auf dem Promontorium der Paukenhöhle liegt. Aus dem Plexus geht der N. petrosus minor ab.

Die Schleimhaut der Paukenhöhle wird sensibel vom N. tympanicus innerviert. Der Plexus tympanicus ist nur in geringem Maße an der Schleimhautinnervation beteiligt. ◄

Mit Blut wird die Paukenhöhle aus Ästen der A. maxillaris versorgt.

11.3.2 Gehörknöchelchen !! 3/5

Im oberen Bereich der Paukenhöhle liegen die 3 Gehörknöchelchen, die die Schallwellen vom Trommelfell zum Innenohr übertragen und gleichzeitig verstärken.

► In der Kette der Gehörknöchelchen bildet der Hammer das äußere, der Amboß das mittlere und der Steigbügel das innere Glied. ◄

Der keulenartige **Hammer (= Malleus)** unterteilt sich in das Caput mallei (= Köpfchen), das Manubrium mallei (= Handgriff) und zwei Fortsätze (= Proc. anterior und lateralis).

► Das Manubrium ist mit dem Trommelfell verwachsen (siehe Kapitel 11.2.1). ◄

► Der **Amboß (= Incus)** unterteilt sich in den Corpus incudis (= Körper), der hinter dem Hammerkopf liegt, und in die beiden Fortsätze Crus longum und Crus breve. Das Crus breve ist durch das Lig. incudis posterior an der Wand der Paukenhöhle befestigt. Das Crus longum zieht zum Steigbügel.
Der **Steigbügel (= Stapes)** unterteilt sich in ein Caput stapedis (= Köpfchen), zwei Schenkel (= Crura anterius und posterius) und eine Fußplatte (= Basis stapedis). Das Caput bildet mit seiner konkaven Knorpelscheibe die Gelenkpfanne für das Amboß-Steigbügel-Gelenk.
Die Fußplatte wird durch das Lig. anulare an der Fenestra vestibuli (= ovales Fenster) befestigt. ◄

Die 3 Gehörknöchelchen sind untereinander verbunden durch:

- ein Hammer-Amboß-Gelenk und
- ein Amboß-Steigbügel-Gelenk.

Am Malleus und am Stapes setzt je einer der nachfolgenden Muskeln an, wobei sich die beiden Muskeln antagonistisch zueinander verhalten.

M. tensor tympani (= Trommelfellspanner)
Ansatz: Hammergriff
Ursprung: Im oberen Os temporale am Semicanalis m. tensoris tympani.
► *Innervation:* N. pterygoideus medialis
Funktion: Er zieht am Hammergriff und zieht damit das Trommelfell nach innen. Dadurch entsteht ein Druck auf die Steigbügelplatte in der Fenestra vestibuli (= ovales Fenster), wodurch die Schalleitung verstärkt wird. Der Muskelbauch liegt im Canalis musculotubarius ◄

M. stapedius (= Steigbügelmuskel)
Ansatz: Caput des Stapes
Ursprung: Im Hohlraum der Eminentia pyramidalis (= hintere Wand des Mesotympanon)
► *Innervation:* N. facialis.
Funktion: Er ist der kleinste Muskel des Menschen. Er hebelt die Steigbügelplatte aus der Fenestra vestibuli (= ovales Fenster) etwas heraus, wodurch sehr laute Geräusche abgeschwächt werden. ◄

Klinik: ► Fällt der N. facialis vollständig aus, so ist der M. stapedius gelähmt. Dadurch können laute Geräusche nicht mehr abgeschwächt werden, was eine schmerzhafte Hyperakusis (= krankhafte Feinhörigkeit) zur Folge hat. ◄

Zur Bedeutung der Gehörknöchelchen für die Übertragung der Schallwellen siehe bitte Kapitel 11.4.3.

Ohr

11.4 Innenohr

Das Innenohr beherbergt zwei funktionell grundverschiedene Organe:
- das Gleichgewichtsorgan (Kapitel 11.4.2),
- das Hörorgan (Kapitel 11.4.3).

11.4.1 Labyrinth !! 5/7

Das Innenohr (= Labyrinth) besitzt als Mittelstück einen Vorhof, der Vestibulum genannt wird. Über die laterale Wand des Vorhofs, in der als Öffnungen das ovale Fenster (= Fenestra vestibuli) und das runde Fenster (= Fenestra cochleae) liegen, steht das Innenohr mit dem Mittelohr (= Paukenhöhle) in Verbindung.

➤ Am Fenestra vestibuli setzt der Stapes (= Steigbügel) an, das Fenestra cochleae ist durch die Membrana tympani secundaria (= „zweites Trommelfell") gegen das Mittelohr verschlossen. ◄

Beim Labyrinth unterscheidet man zwischen einem
- häutigen Labyrinth und einem
- knöchernen Labyrinth.

Das **häutige Labyrinth** bildet ein in sich geschlossenes System von Röhren und Bläschen, das mit Endolymphe gefüllt ist (siehe weiter unten). Das häutige Labyrinth enthält das Hör- und Gleichgewichtsorgan.

Das **knöcherne Labyrinth** umschließt schützend das häutige Labyrinth. Der Spalt, der das häutige vom knöchernen Labyrinth trennt, wird **Spatium perilymphaticum** genannt. Das Spatium ist netzartig von Bindegewebsfasern durchzogen und mit Perilymphe gefüllt.

➤ Das häutige Labyrinth geht aus dem Ektoderm hervor. Das um das häutige Labyrinth liegende Mesenchym verknorpelt und wird zum knöchernen Labyrinth. Zum Zeitpunkt der Geburt ist die Verknöcherung des knöchernen Labyrinths abgeschlossen. Als Teil des Felsenbeins gehört das knöcherne Labyrinth mit zur härtestens Substanz unseres Körpers. ◄

➤ Das häutige Labyrinth besteht aus:
- Sacculus und Utriculus (= 2 Bläschen),
- 3 Bogengängen (= Ductus semicirculares),
- dem Schneckengang (= Ductus cochlearis),
- einem Endolymphgang (= Ductus endolymphaticus). ◄

➤ Im **Ductus cochlearis** (= Schneckengang) liegt das Sinnesepithel für Schallreize (= Hörorgan). Das Sinnesepithel des Gleichgewichtsorgans liegt im Sacculus, Utriculus und in den 3 Bogengängen. ◄

Das knöcherne Labyrinth besteht aus 4 Teilen:
- Vorhof (= Vestibulum),
- Schnecke (= Cochlea),
- knöcherne Bogengänge (= Canales semicirculares),
- innerer Gehörgang (= Meatus acusticus internus).

Der **Vorhof (= Vestibulum)** bildet das Mittelstück des Labyrinths. Er enthält die beiden Vorhofbläschen Utriculus und Sacculus.

➤ Nach vorn hin führt der Vorhof in die Cochlea (= Schnecke), nach hinten in die Bogengänge. Lateral grenzt der Vorhof an die Paukenhöhle. ◄

➤ Die **Cochlea (= Schnecke** = Canalis cochlearis) besteht aus folgenden 3 Kanälchen:
- Scala tympani,
- Ductus cochlearis (= Scala media = Schneckengang),
- Scala vestibuli.

Während die 3 häutigen Bogengänge, wie oben beschrieben, durch den mit Perilymphe gefüllten Spalt von den knöchernen Wänden getrennt liegen, liegt bei der Cochlea die laterale Wand des häutigen Labyrinths der Knochenwand direkt an. ◄

➤ Die Endolymphe liegt im Ductus cochlearis. Die Perilymphe liegt in der Scala vestibuli und in der Scala tympani, die beide durch eine vorspringende Knochenleiste, die Lamina spiralis ossea, voneinander getrennt sind. ◄

Die **knöchernen Bogengänge** (= Canales semicirculares ossei) werden in einen vorderen, hinteren und lateralen Bogengang unterteilt. Die Bogengänge gehen vom Vestibulum aus, beschreiben einen 2/3 Kreis und ziehen wieder zum Vestibulum zurück.

➤ Der **Meatus acusticus internus** (= innerer Gehörgang) ist etwa 1 cm lang, er liegt an der Hinterwand des Felsenbeins. Der Meatus verbindet das knöcherne Labyrinth mit der Schädelhöhle. Die innere Öffnung des Meatus wird **Porus acusticus internus** (= Eingang zum inneren Gehörgang) genannt. Der Porus acusticus internus mündet in die hintere Schädelgrube, etwas oberhalb des Foramen jugulare.

Der Meatus acusticus internus endet blind an einer perforierten Knochenplatte, durch die die Nerven und Gefäße hindurchziehen. Das Ende des Meatus wird Fundus meatus acustici interni genannt. Der Meatus acusticus internus wird als Ausstülpung der hinteren

Schädelgrube von der Dura mater und der Arachnoidea ausgekleidet ◄

➤ Durch den Meatus acusticus internus ziehen folgende Nerven von den Sinneszellen des Innenohrs zum Gehirn bzw. folgende Gefäße und Nerven zum Innenohr:

- N. vestibulocochlearis mit dem Ganglion vestibulare,
- N. facialis und N. intermedius,
- A. labyrinthi (aus der A. basalis),
- Vv. labyrinthi (münden in den Sinus petrosus inferior). ◄

Weiterleitung der Hör- und Gleichgewichtsempfindungen

➤ Die in den beiden Vorhofsäckchen (Sacculus und Utriculus) sowie in den Bogengängen liegenden Sinneszellen leiten die Empfindungen (für das Gleichgewicht) zum Ganglion vestibulare weiter. Das **Ganglion vestibulare (= Vorhofganglion)** liegt auf dem Boden des inneren Gehörgangs. Die Empfindungen werden ihm zugeleitet über: ◄

- N. saccularis – von der Macula sacculi,
- N. ampullaris posterior – von der Ampulla posterior des hinteren Bogengangs,
- N. utriculoampullaris – von der Macula utriculi und den Cristae ampullares des vorderen Bogengangs.

➤ Das Ganglion vestibulare bildet das 1. Neuron. Die zentralen Fortsätze der bipolaren Ganglienzellen bilden die Pars vestibularis (= N. vestibularis) des N. vestibulocochlearis. Als Teil des N. vestibulocochlearis zieht die Pars vestibularis durch den Meatus acusticus internus zum Rautenhirn, wo sie an den Nuclei vestibulares (= 2. Neuron) endet. ◄

➤ Die Sinneszellen des Hörorgans (liegen im Corti-Organ – siehe Kapitel 11.4.3) leiten ihre Empfindungen zum Ganglion spirale cochleae (= Schneckenganglion) weiter, das ebenfalls bipolare Ganglienzellen besitzt. Das Ganglion spirale cochleae bildet das 1. Neuron. Die zentralen Fortsätze der Ganglienzellen bilden die Pars cochlearis (= N. cochlearis) des N. vestibulocochlearis. ◄

➤ Die Pars cochlearis zieht als Teil des N. vestibulocochlearis durch den Meatus acusticus internus und endet im Rautenhirn an den Nuclei cochleares (= 2. Neuron). Die Hörbahn wird ausführlich in Kapitel 9.8.1 beschrieben. ◄

Endo- und Perilymphe

Wie zuvor beschrieben, enthält das häutige Labyrinth Endolymphe, während im Raum zwischen dem häutigen und knöchernen Labyrinth Perilymphe fließt.

➤ Der perilymphatische Raum des Labyrinths steht im Bereich des Bulbus v. jugularis (an der Unterseite der Felsenbeinpyramide) über den Ductus perilymphaticus sowie über die Scheide des N. vestibulocochlearis mit dem Subarachnoidalraum (= Liquorraum des Gehirns) in Verbindung. ◄

Die Zusammensetzung der Perilymphe läßt vermuten, daß sie teilweise aus dem Liquor cerebrospinalis entstammt, aber auch aus dem Blut herausgefiltert wird.

➤ Die Endolymphe wird gebildet von

- der Stria vascularis (einem Gefäßstreifen des Ductus cochlearis – Kapitel 11.4.3),
- vom Epithel der Macula utriculi und der Macula sacculi (Kapitel 11.4.2),
- vom Epithel der Cristae ampullares. ◄

Im **Saccus endolymphaticus** wird die Endolymphe wieder resorbiert. Der Saccus endolymphaticus liegt innerhalb der hinteren Schädelgrube im Epiduralraum (= Raum zwischen der Dura mater und dem Schädelknochen). ◄

Die Perilymphe hat die gleiche Elektrolytkonzentration wie die Flüssigkeit des Extrazellularraums, die Endolymphe ist der intrazellulären Flüssigkeit vergleichbar.

11.4.2 Gleichgewichtsorgan !!! 7/15

➤ *Püfungsr elevant: Gesamtes Kapitel.* ◄

Dieses und das nächste Kapitel sind sehr ausführlich gehalten, weil Sie sich die komplexen Zusammenhänge nur durch Verstehen erarbeiten und damit das Lernen erleichtern können.

Das Gleichgewichtsorgan (= Vestibularapparat) dient der räumlichen Orientierung und der Aufrechterhaltung des Gleichgewichts. Zum Gleichgewichtsorgan gehören:

- die beiden Vorhofsäckchen (= Sacculus und Utriculus),
- die 3 Bogengänge (= Ductus semicirculares),
- der Ductus endolymphaticus.

Sacculus und Utriculus

Die häutigen Vorhofsäckchen Sacculus (= vorderes Vorhofsäckchen) und Utriculus (= hinteres Vorhofsäckchen) liegen im knöchernen Vestibulum (= Vorhof) des Innenohrs. Über den **Ductus utriculo-saccularis** stehen die beiden Vorhofsäckchen miteinander in Verbindung. Vom Ductus utriculosaccularis zieht als Abzweigung der **Ductus endolymphaticus** zum Saccus endolymphaticus, wo er blind endet. Der Ductus endolymphaticus liegt innerhalb des Felsenbeins in einem Kanal, der Aqueductus vestibuli genannt wird. Der Saccus endolymphaticus ist eine Duraduplikatur, die an der hinteren Pyramide (= Unterseite des Felsenbeins) liegt.

Mikroskopische Anatomie

Im Utriculus und im Sacculus liegt jeweils ein 2–3 mm^2 großes Sinnesfeld, das als **Macula statica** bezeichnet wird. Die Maculae staticae unterteilen sich in die horizontal am Boden des Utriculus liegende **Macula utriculi** und in die senkrecht an der Innenwand des Sacculus liegende **Macula sacculi.**

Das häutige Labyrinth besteht bis auf einige Stellen nur aus einer dem perilymphatischen Spalt zugewandten bindegewebigen Lamina propria und einem dem mit Endolymphe gefüllten Lumen zugewandten einschichtigen Plattenepithel. Nur im Bereich der Sinnesfelder sind die Wände des häutigen Labyrinths verdickt.

Die beiden Maculae bestehen aus
- Stützzellen und
- Sinneszellen.

Die **Stützzellen** liegen als schlanke, hochprismatische Zellen zwischen den Sinneszellen. Die Stützzellen produzieren wahrscheinlich die Substanz für die Deckschicht (= Otolithenmembran – siehe weiter unten).
Die **Sinneszellen** sind Neuroepithelzellen, die von Nervenfasern aus der Pars vestibularis (= N. vestibularis – siehe Kapitel 11.4.1) innerviert werden. Die Sinneszellen (auch Haarzellen genannt) besitzen an ihrer freien Oberfläche viele Stereozilien (etwa 60) und jeweils eine Kinozilie.

Die Sinnes- und Stützzellen der beiden Maculae liegen unter einer dicken gallertigen Deckschicht, die aus Glykoproteinen besteht und auf ihrer Oberfläche von Otolithen (= Statolithen oder Statokonien) bedeckt wird. Diese Deckschicht wird deshalb **Otolithenmembran** (syn.: **Statolithenmembran**) genannt. Die Otolithen bestehen aus Kalziumkarbonatkristallen.

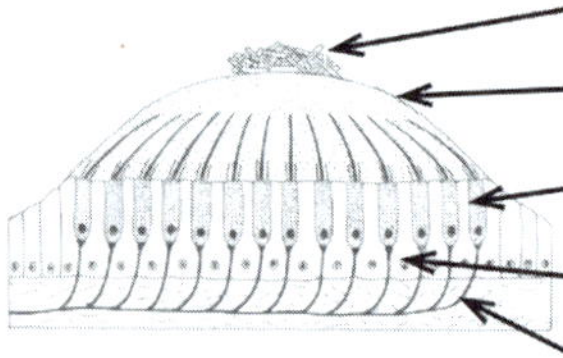

Abb. 11.3 *Macula utriculi (schematisiert)*

In die Otolithenmembran ragen die Kinozilien und die Stereozilien hinein. Die auf der Otolithenmembran liegenden Otolithen haben ein höheres spezifisches Gewicht als die umgebende Endolymphe. Deshalb drückt die Otolithenmembran infolge der Schwerkraft auf die senkrecht stehenden Sinneshärchen der Macula utriculi, und zieht an den senkrecht stehenden Sinneshärchen der Macula sacculi.

Wird nun unser Körper linear beschleunigt, so folgt die Otolithenmembran der Schwerkraft und es kommt zur Verbiegung der Sinneshärchen, die dann als Mechanorezeptoren wirken. Erfolgt die Bewegung nach oben oder unten, z.B. im Fahrstuhl, so wird die Macula utriculi angesprochen, erfolgt die Bewegung nach vorn oder hinten, z.B. im Auto beim plötzlichen Anfahren oder Abbremsen, so wird die Macula sacculi angesprochen.

Im Unterschied zu den Sinneszellen der Bogengänge, registriert das Sinnesepithel der Maculae Veränderungen die die Schwerkraft betreffen, z.B. bei der Translationsbeschleunigung (= Linearbeschleunigung = geradlinig ansteigende Beschleunigung). Das Sinnesepithel der Bogengänge registriert dagegen Drehbeschleunigungen.

Bogengänge = Ductus semicirculares

Die 3 häutigen Bogengänge (= vorderer, seitlicher und hinterer Bogengang) liegen in den knöchernen Bogengängen (= Canales semicirculares). Als Teil des häutigen Labyrinths sind sie mit Endolymphe gefüllt und von Perilymphe umgeben.

Durch netzartig angeordnete Bindegewebsfasern sind die häutigen Bogengänge an den knöchernen Bogengängen befestigt.

Jeder Bogengang verläuft annähernd senkrecht zur Ebene der beiden anderen Bogengänge. Der obere Bogengang grenzt an die mittlere Schädelgrube. Der laterale Bogengang grenzt an das Antrum mastoideum (= Vorhof der Warzenfortsatzzellen). Der hintere Bogengang steht senkrecht zum oberen Bogengang.

Der vordere und hintere Bogengang münden in ein gemeinsames Crus membranaceum, so dass nur 5 Bogengänge in den Utriculus münden.

Mikroskopische Anatomie

Jeder Bogengang ist an einem Ende kurz vor seiner Einmündung in den Utriculus zu einer Ampulla membranacea erweitert (das Crus commune membranaceum besitzt keine Ampulla!). In jeder dieser Ampullen liegt als wulstartige Erhebung eine **Crista ampullaris**.

Jede Crista ampullaris besteht wie die Maculae aus Stütz- und Sinneszellen.

- Die **Stützzellen** liegen zwischen und unterhalb von den Sinneszellen, sie berühren die Basalmembran (= Lamina propria).
- Die **Sinneszellen** sind Neuroepithelzellen, die an ihrer freien Oberfläche von vielen Stereozilien und einem Kinozilium besetzt sind.

Über den Sinneszellen liegt wie bei den Maculae eine aus Glykoproteinen bestehende gallertige Deckschicht, die **Cupula ampullaris** genannt wird. Die Cupula ampullaris ist wahrscheinlich mit der gegenüberliegenden Wand des Bogengangs verwachsen. In die Cupula ragen die Stereozilien und Kinozilien hinein. Die Cupula besitzt jedoch keine Otolithen.

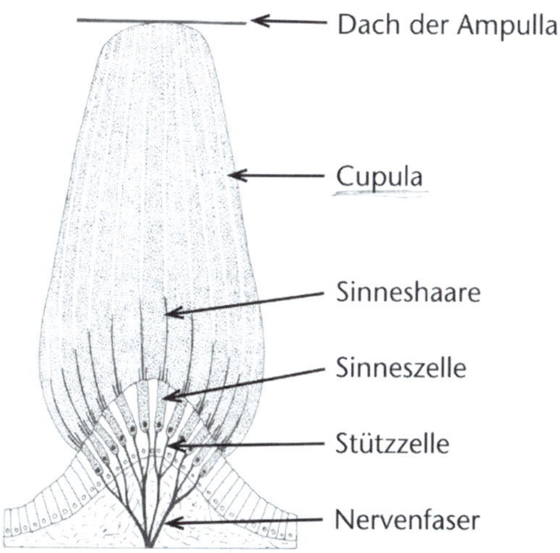

Abb. 11.4 *Crista ampullaris (schematisiert)*

Histophysiologie

Bei Bewegungen unseres Kopfes wird die innerhalb der Bogengänge liegende Endolymphe bewegt. Wenn Sie ein halb mit Wasser gefülltes Glas ruckartig in eine Richtung bewegen, so sehen Sie, daß sich das Wasser dabei an der Hinterwand des Glases „auftürmt". Dies hängt mit der Trägheit des Wassers zusammen.

Das gleiche geschieht mit der Endolymphe. Bei einer schnellen Kopfbewegung (Drehung in eine andere Richtung) wird die Endolymphe in jeweils dem Bogengang bewegt, der in der entsprechenden Bewegungsebene liegt. Infolge der Trägheit bleibt die Endolymphe etwas zurück und drückt damit auf die Cupula ampullaris. Dadurch wird die Cupula in die Gegenrichtung der Kopfbewegung gedrückt, wodurch sich gleichzeitig die in die Cupula hineinragenden Zilien verbiegen (= abscheren) und damit erregt werden. Die Zilien sind Mechanorezeptoren, die diese Erregungen über die Pars vestibularis des N. vestibulocochlearis an das Gehirn weiterleiten. Reflektorisch werden dann bestimmte Muskeln aktiviert um das Gleichgewicht wieder herzustellen.
Die Sinneszellen in den Bogengängen registrieren nur Drehbeschleunigungen.

Klinik: Bei Dreh- oder Schaukelbewegungen z.B. bei hohem Seegang, können die Sinneszellen so überreizt werden, daß es zu Schwindelgefühlen und Übelkeit kommen kann.

11.4.3 Hörorgan

!!! 8/21

➤ *Prüfungsrelevant: Gesamtes Kapitel.* ◄

Das Hörorgan liegt in der **Cochlea (= Schnecke)**. Die Cochlea ist in ihrer Mitte aus spongiösem Knochen aufgebaut – dieser Teil, der dem inneren Tragepfosten einer Wendeltreppe vergleichbar ist, wird **Modiolus** (= Schneckenwindung) genannt. Um den Modiolus windet sich der **Schneckenkanal (= Canalis spiralis cochleae)** spiralartig in etwa 2 1/2 Windungen herum, bis er die Schneckenkuppel (= Cupula cochleae) erreicht. Im Modiolus verlaufen die Pars cochlearis des N. vestibulocochlearis sowie Blutgefäße. Außerdem liegt in diesem Bereich das Ganglion spirale.

Im knöchernen Canalis spiralis cochleae verlaufen die beiden mit Perilymphe gefüllten Scala vestibuli und Scala tympani, sowie der mit Endolymphe gefüllte Ductus cochlearis (= Schneckengang). Die Scala vestibuli ist durch die knöcherne Lamina spiralis ossea von der Scala tympani getrennt.
Die **Scala vestibuli** (= Vorhoftreppe) hat ihren Anfang am Vestibulum (= Vorhof). Über das Vestibulum

steht die Perilymphe der Scala vestibuli mit der in der **Fenestra vestibuli** (= Vorhoffenster = ovales Fenster) eingelassenen Steigbügelplatte (= Teil des Steigbügels – Gehörknöchelchen) in Verbindung. An der Spitze der Cochlea (= Schneckenspitze) steht die Perilymphe der Scala vestibuli über ein kleines Loch, **Helikotrema** genannt, mit der Perilymphe der Scala tympani in Verbindung. Die **Scala tympani** endet ihrerseits an der Membrana tympani secundaria (= sekundäres Trommelfell), die die **Fenestra cochleae** (= Schneckenfenster = rundes Fenster) zur Paukenhöhle hin verschließt.

Der **Ductus cochlearis (= Schneckengang)** ist Teil des häutigen Labyrinths. Der Ductus endet in der Spitze der Schnecke blind als Caecum vestibulare. Über den kleinen **Ductus reuniens** steht der Ductus cochlearis mit dem Sacculus in Verbindung. Der Ductus reuniens ist jedoch nur beim Kind durchgängig, beim Erwachsenen ist er zumeist verschlossen, so dass der Ductus cochlearis beim Erwachsenen ein geschlossenes System bildet.

Der Ductus cochlearis hat einen dreiseitigen Querschnitt. Seine drei Wände werden als vestibuläre, laterale und tympanale Wand bezeichnet.

Die vestibuläre Wand trennt den Ductus von der Scala vestibuli. Diese Wand wird **Membrana vestibularis** (Paries vestibularis ductus cochlearis) = **Reißner-Membran** genannt. Sie besteht nur aus einer dünnen Bindegewebsschicht, die auf beiden Seiten von einschichtigem Plattenepithel bedeckt ist. Die Membrana vestibularis beginnt an der Lamina spiralis und steigt schräg zur lateralen Wand des Canalis spiralis cochleae auf.

Die laterale Wand des Ductus cochlearis grenzt an das knöcherne Labyrinth. Das einschichtige Plattenepithel der Membrana vestibularis geht in diesem Bereich in mehrschichtiges prismatisches Epithel über, das das Lig. spirale bedeckt.

Das **Crista spiralis** (alt: Lig. spirale) ist im Gegensatz zu den Ligamenta der Gelenke nicht straff, es stellt vielmehr ein netzartiges Maschenwerk dar, das mit Flüssigkeit gefüllt ist. In dem Epithel der lateralen Wand verlaufen als einem der wenigen Epithelien Blutkapillaren, weshalb diese Wand **Stria vascularis** genannt wird. Die Stria vascularis scheidet wahrscheinlich die Endolymphe ab.

Die tympanale Wand des Ductus cochlearis grenzt an die Scala tympani. Diese Wand wird von der aus Bindegewebsfasern bestehenden **Lamina basilaris** (= **Basilarmembran**) gebildet. Die Basilarmembran bildet die Fortsetzung der knöchernen Lamina spiralis ossea, an der sie befestigt ist. Über die Crista spiralis (= Lig. spirale) ist sie mit dem Periost der lateralen Wand verbunden.

Die Basilarmembran besteht aus ca. 24.000 Fibrillen (= Bindegewebsfasern), die auch als Hörsaiten bezeichnet werden und als Schallresonatoren aufge-

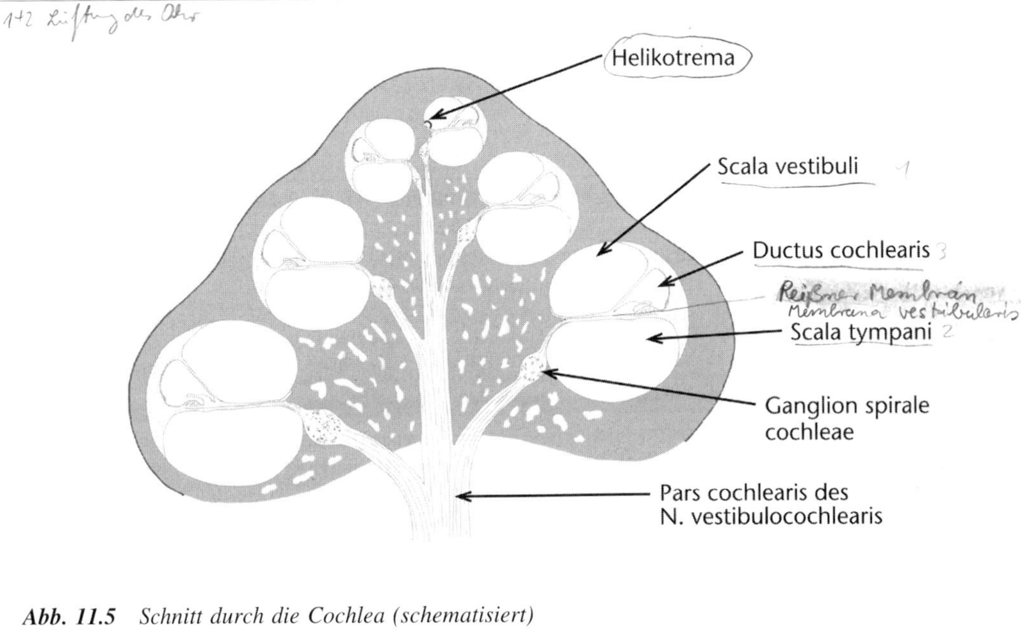

Abb. 11.5 *Schnitt durch die Cochlea (schematisiert)*

faßt werden können. Sie werden durch Druckwellen der Perilymphe in Schwingung versetzt.

> **Merke:** Der Ductus cochlearis bildet beim Erwachsenen zumeist ein geschlossenes System. Beim Kind steht er über den Ductus reuniens mit dem Sacculus in Verbindung.

Mikroskopierhilfe: Einen Schnitt durch das Innenohr können Sie schon bei der „Fensterdiagnose" anhand der charakteristischen Dreiteilung in 2 große Hohlräume (Scala vestibuli und tympani) und dem dazwischen liegenden kleinen Hohlraum (Ductus cochlearis) erkennen. Zwischen dem mehrfach angeschnittenen Schneckengang liegt das Modiolus.
DD.: Keine.

Organum spirale = Corti-Organ

Auf der Basilarmembran liegt als flacher Epithelwulst ein hochprismatisches Sinnesepithel, das als Organum spirale bezeichnet wird.

Das Organum spirale besteht wie die Macula und die Crista ampullaris aus Sinnes- und Stützzellen.
Die **Stützzellen** bestehen aus den nachfolgenden Zellarten, deren Funktionen jedoch noch weitgehend unbekannt sind:

- **Innere und äußere Pfeilerzellen** – reichen bis zur Basilarmembran. An der Oberfläche sind die Zellen zur sogenannten Kopfplatte abgeplattet.
- **Innere** und **äußere Phalangenzellen** – sitzen ebenfalls der Basilarmembran auf. Zwischen ihren schmalen Zellkörpern und auf ihrem apikalen Zellteil liegen die Sinneszellen. Die schmale Oberfläche der Phalangenzellen schließt in Höhe der Kopfplatten der Pfeilerzellen ab (die äußeren Phalangenzellen werden auch als Deiters-Stützzellen bezeichnet).
- **Hensen-Stützzellen** – sind hochprismatisch.
- **Claudius-Stützzellen** – sind isoprismatisch.

In der Aufsicht betrachtet, erscheinen die abgeplatteten Zelloberflächen der Pfeiler- und Phalangenzel-

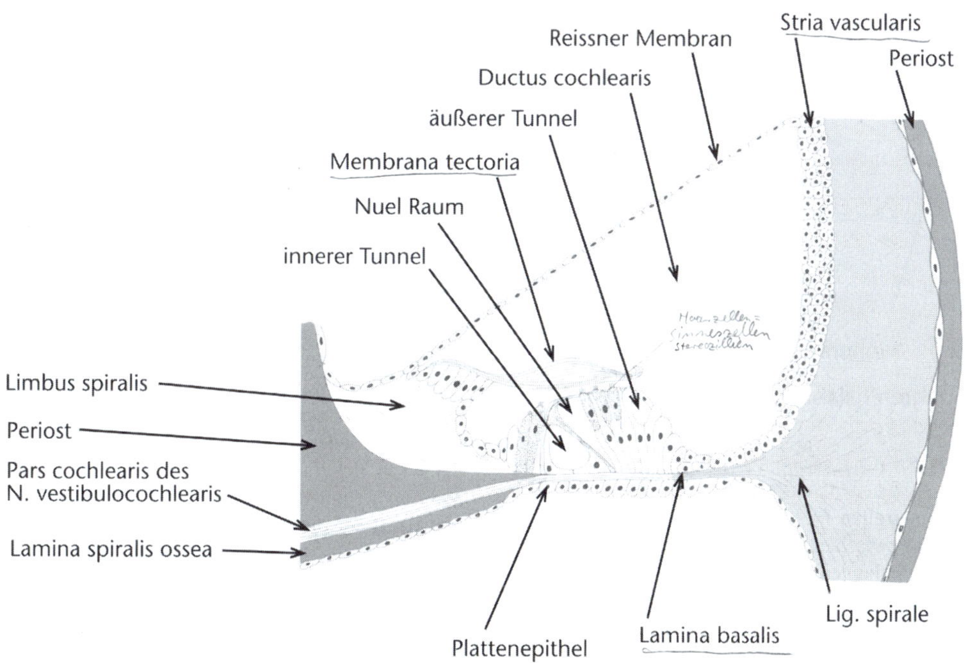

Abb. 11.6 Schnitt durch den Ductus cochlearis

len als zusammenhängende Platte, die **Membrana reticularis** genannt wird.

Die Stützzellen umgrenzen 3 Kanälchen
1. den inneren Tunnel – ist relativ groß und wird durch die inneren und äußeren Pfeilerzellen begrenzt,
2. den Nuel-Raum – liegt zwischen den äußeren Pfeiler- und den äußeren Phalangenzellen,
3. den äußeren Tunnel – ist klein und liegt zwischen den äußeren Phalangenzellen.

Merke: Zu den Stützzellen gehören die Pfeiler- und Phalangenzellen, deren abgeplatteten Oberflächen (= Kopfplatten) die Membrana reticularis bilden.

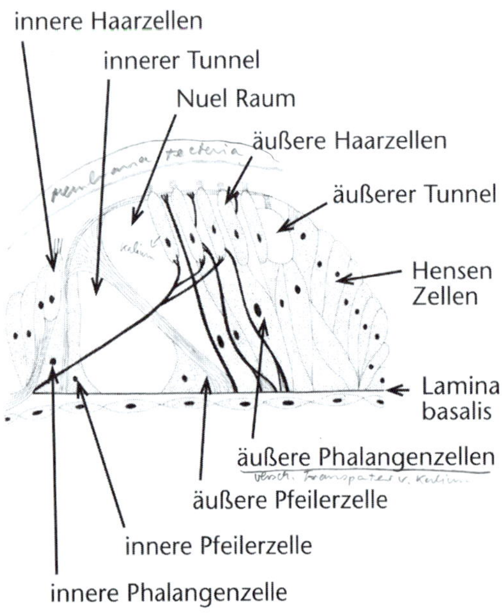

Abb. 11.7 Corti-Organ (schematisiert)

Die **Sinneszellen** (= Haarzellen) sind Neuroepithelzellen, die zwischen und auf dem verdickten unteren Teil der Phalangenzellen liegen und von ihnen gestützt werden (die Sinneszellen erreichen also nicht die Basilarmembran!). Die Sinneszellen besitzen auf ihrer Oberfläche etwa 50 bis 100 Zytoplasmaausstülpungen, die als Sinneshärchen bezeichnet werden. Diese Härchen ragen durch kleine Öffnungen in der von den Stützzellen gebildeten Membrana reticularis hindurch.

Bei den Sinneszellen unterscheidet man zwischen inneren und äußeren Sinneszellen (= Haarzellen), wobei die äußeren Sinneszellen in drei bis fünf Reihen und die inneren Sinneszellen in einer einzigen Reihe angeordnet sind. Die inneren Sinneszellen werden von den inneren Phalangenzellen, die äußeren Sinneszellen von den äußeren Phalangenzellen (= Deiters-Stützzellen) gestützt.

Die Sinneszellen sind in ihrem unteren Teil geflechtartig von dendritischen Nervenfasern (= Nn. spirales) umgeben, wobei die inneren Sinneszellen nur mit afferenten, die äußeren Sinneszellen mit afferenten und efferenten Nervenfasern in Verbindung stehen.

Über die Nn. spirales gelangen die Sinneserregungen von den Sinneszellen zum **Ganglion spirale cochleae** (= 1. Neuron) und von hier über die Pars cochleae des N. vestibulocochlearis (= 8. Hirnnerv) zum Rautenhirn, wo der Nucleus cochlearis (= 2. Neuron) liegt.

Oberhalb von der Membrana reticularis, durch die die Härchen der Sinneszellen hindurchtreten, liegt als gallertige Deckmembran die **Membrana tectoria.** Durch geringe Bewegungen der Endolymphe im Ductus cochlearis wird die Membrana tectoria bewegt, dadurch werden die Sinneshärchen gereizt.

Histophysiologie

Die Schallwellen gelangen durch den äußeren Gehörgang (= Meatus acusticus externus) auf das Trommelfell und von dort über den Malleus (= Hammer) und den Incus (= Amboß) auf den Stapes (= Steigbügel). Die Fußplatte des Steigbügels ist in die Fenestra vestibuli (= ovales Fenster) eingelassen, das die Paukenhöhle von dem mit Perilymphe gefüllten Vestibulum (= Vorhof) des Innenohrs trennt.

Durch die Gehörknöchelchenkette werden die Vibrationen des Trommelfells verkleinert, dafür aber die Kraft der Schwingungen um etwa das 20fache verstärkt. Die Ursache dieser Kraftpotenzierung liegt darin begründet, daß der Hammergriff einen um 30 % längeren Hebelarm als der Amboßansatz besitzt und daß das Trommelfell mit seiner Fläche von 60 mm^2 die Kraft auf die Steigbügelplatte von etwa 3,5 mm^2 überträgt.

Die Schwingungen der Steigbügelplatte übertragen sich auf die Perilymphe im Vestibulum, von wo die Schwingungen durch die Scala vestibuli weitergeleitet werden. Der Bereich, in dem die Schwingungen den größten Ausschlag haben, wird durch die Tonhöhe (= Tonfrequenz) bestimmt. Die Schwingungen hoher Töne enden bereits kurz hinter dem Anfang der Scala vestibuli, die Schwingungen von tiefen Tönen verlaufen bis kurz vor das Helikotrema. Am Ort des größten Ausschlags (= Amplitude) wird die Membrana vestibularis eingedrückt und damit die Schwingung auf die Endolymphe im Ductus cochlearis weitergeleitet. Die dadurch verursachte Endolymphbewegung wirkt sich besonders im Sulcus spiralis internus und im Spalt zwischen der Membrana tectoria und der Membrana reticularis aus. Die durch die Membrana reticularis hindurchragenden Härchen der Sinneszellen werden durch die Bewegung der Membrana tectoria gebogen, der dabei entstehende Reiz wird über die Nervenfasern weitergeleitet. Damit ist aus einer mechanischen Energie (Schwingung) elektrische Energie geworden.

Die Schwingungen der Perilymphe werden von der Scala vestibuli durch das Helikotrema auf die Scala tympani übertragen, deren Perilymphe die Schwingungen auf das in der Fenestra cochleae eingelassene „sekundäre Trommelfell“ (= Membrana tympani secundaria) überträgt. Das Fenestra cochleae dient somit dem Druckausgleich.

11.5 Angewandte Anatomie

0/0

Zugänglichkeit des Trommelfells

Um das Trommelfell begutachten zu können, wird ein Ohrtrichter eingeführt. Da der äußere Gehörgang (= Meatus acusticus externus) zumeist am Übergang vom knorpeligen zum knöchernen Teil etwas abgeknickt ist, zieht man vor Einführung des Trichters den oberen Teil der Ohrmuschel etwas nach hinten oben, wodurch die Biegung aufgehoben wird.

Stellung des Trommelfells

➤ Das Trommelfell ist von hinten-oben-außen nach vorn-unten-innen geneigt. Daher bildet das Trommelfell mit der vorderen Wand des äußeren Gehörgangs einen spitzen und mit der hinteren Wand einen stumpfen Winkel – bei Kindern ist das Trommelfell weniger stark geneigt als bei Erwachsenen. ◄

Index

Die internationale Nomenklatur unterliegt häufigen Änderungen, wobei diese Änderungen jedoch nur teilweise Beachtung finden. Daher ist es möglich, daß in anderen Büchern einige Begriffe anders geschrieben werden z.B. statt anconeus anconaeus usw. Um den nachfolgenden Index zu begrenzen, sind die einzelnen Begriffe nach den Substantiven geordnet, z.B. *arteriovenöse Anastomosen* finden Sie unter *Anastomosen, arteriovenöse.* Bezeichnungen mit Eigennamen sind unter dem jeweiligen Eigennamen eingetragen z.B. *Gower'sches Bündel* unter G. Zur schnellen Orientierung wird unter *»Mikroskopischer Anatomie«* und *»Entwicklung«* auf den jeweiligen Abschnitt in den einzelnen Kapiteln hingewiesen.

A

B

C

D

E

H

I

J

K

L

M

N

O

S

U

V

W

X

Z